LE
THÉÂTRE D'AGRICULTURE
ET
MESNAGE DES CHAMPS.

TOME I.

OLIVIER DE SERRES,

Seigneur du Pradel,

Né en 1539, mort le 2 Juillet 1619.

Gravé d'après le portrait original d'Olivier de Serres peint en 1599
par son fils, et qui est entre les mains du C.ᵗᵉ Darlampde Mirabel,
héritier par les femmes d'Olivier de Serres, et propriétaire du Pradel.

LE THÉÂTRE D'AGRICULTURE

ET

MESNAGE DES CHAMPS,

D'OLIVIER DE SERRES,

SEIGNEUR DU PRADEL;

DANS LEQUEL EST REPRÉSENTÉ TOUT CE QUI EST REQUIS ET NÉCESSAIRE POUR BIEN DRESSER, GOUVERNER, ENRICHIR ET EMBELLIR

LA MAISON RUSTIQUE.

NOUVELLE ÉDITION CONFORME AU TEXTE, AUGMENTÉE DE NOTES ET D'UN VOCABULAIRE;

PUBLIÉE PAR LA SOCIÉTÉ D'AGRICULTURE DU DÉPARTEMENT DE LA SEINE.

TOME I.

A PARIS,

De l'Imprimerie et dans la Librairie de Madame HUZARD, Imprimeur de la Société d'Agriculture du Département de la Seine, rue de l'Éperon, n°. 11.

A n XII. [1804].

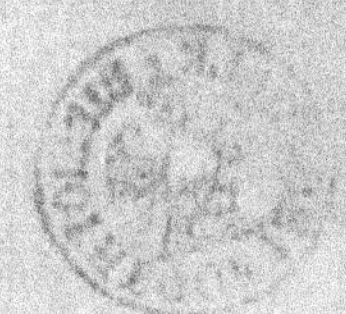

LISTE

DES SOUSCRIPTEURS

A LA NOUVELLE ÉDITION

DU THÉATRE D'AGRICULTURE

ET MESNAGE DES CHAMPS,

D'OLIVIER DE SERRES.

Le Premier Consul et Président BONAPARTE.

A

MM.

Achard, bibliothécaire de l'École centrale du département des Bouches-du-Rhône, à Marseille.

Alexandre, pharmacien, à Rouen, département de la Seine-Inférieure.

Allaire, de la Société d'agriculture du département de la Seine, administrateur des forêts, à Paris.

Allut, à Montpellier, département de l'Hérault.

Amanthon (*M. C. N.*), jurisconsulte, à Auxonne, département de la Côte-d'Or.

Ambert, général de division, armée d'Italie, à Novare.

Amoreux, médecin, correspondant de la Société d'agriculture du département de la Seine, à Montpellier, département de l'Hérault.

Angebault, chef du bureau des forêts, au ministère des finances, à Paris.

Armey, jurisconsulte, à Paris.

Auvray, chef de brigade, préfet du département de la Sarthe, au Mans.

Auxonne (la Ville d'), département de la Côte-d'Or.

B

Baclesse (*J. P.*), avoué, professeur d'his-toire naturelle, à Luxembourg, département des Forêts.

Balguerie, préfet du département du Gers, à Auch.

Barante, préfet du département de l'Aude, à Carcassonne.

Bard, médecin, à Bonneville, département du Léman.

Barrau, de la Société libre des sciences, lettres et arts, libraire, à Paris.

Barré-Boisméan, commissaire du Gouvernement près le Tribunal de première instance, à Châteaudun, département d'Eure et Loir.

Bassaget, membre du Corps législatif, correspondant de la Société d'agriculture du département de la Seine, à Lourmarin, département de Vaucluse.

Batbedat (*François*), correspondant de la Société d'agriculture du département de la Seine, à Vicq, département des Landes.

Baud, correspondant de la Société d'agriculture du département de la Seine, à Saint-Claude, département du Jura.

Baudot (*Marc-Antoine*), médecin, à Estrées, département de Saône-et-Loire.

Baudry, propriétaire-cultivateur, à Chateaudun, département d'Eure et Loir.

Baussancourt (de), propriétaire, à Roanne, département de la Loire.

BAZIN (*R.*) aîné, à Landerneau, département du Finistère.

BEAUFOND (de), à Paris.

BEDFORD (le Duc de), à Londres. *Deux exemplaires.*

BEGOUENS, négociant au Hâvre, département de la Seine-Inférieure.

BELLET-SAINT-TRIVIER, de la Société d'agriculture du département du Rhône, à Lyon.

BELLIGENS (*Elie*), ancien militaire, à Foix, département de l'Arriege.

BELOT DE FERREUX, propriétaire, ex-notable national, à Ferreux, département de l'Aube.

BELZAIS-COURMENIL, correspondant de la Société d'agriculture du département de la Seine, préfet du département de l'Aisne, à Laon.

BENOIST, correspondant de la Société d'agriculture du département de la Seine, à Zuffall, département de la Meurthe.

BERARD, à Dian, département de Seine et Marne.

BENGOS (*Joseph-Alexandre*), de la Société d'agriculture du département de la Seine, administrateur des forêts, à Paris.

BERNARD (*François Xavier*), propriétaire-cultivateur, à Collobrières, département du Var.

BERNARD, juge suppléant au Tribunal de l'arrondissement communal de Saint-Lô, département de la Manche.

BERNARD, propriétaire-cultivateur, à Héry, département de l'Yonne.

BERNARDY (*Philippe*), à l'Espinasse, département de la Vienne.

BERTHELIN, libraire, à Orléans, département du Loiret.

BERTHOUD (*Ferdinand*), de l'Institut national de France, à Paris.

BIBLIOTHÈQUE (la) de l'École centrale du département des Bouches-du-Rhône, à Marseille.

BIBLIOTHÈQUE (la) de l'École centrale du département du Gers, à Auch.

BIBLIOTHÈQUE (la) de l'École centrale du département de la Marne, à Châlons.

BIBLIOTHÈQUE (la) publique, à Lyon, département du Rhône.

BIENCOURT (de), correspondant de la Société d'agriculture du département de la Seine, à Paris.

BIGOTTE (*Joseph*), correspondant de la Société d'agriculture du département de la Seine, notaire public, à Punerot, département des Vosges.

BLANCARD, correspondant de la Société d'agriculture du département de la Seine, à Loriol, département de la Drôme. *Deux exemplaires.*

BLESSENOIS, cultivateur, à Saint-Pierre d'Entremont, département du Calvados.

BLEUET fils, libraire, à Paris.

BOLLEMONT, général de division, membre du Corps législatif, à Longuion, département de la Moselle.

BONAPARTE (*Joseph*), membre du Sénat conservateur et du grand-conseil de la Légion-d'honneur, à Paris.

BONAPARTE (*Lucien*), membre du Sénat conservateur, de l'Institut national de France, et du grand-conseil de la Légion-d'honneur, à Paris.

BONJOUR, membre du Conseil général d'agriculture, arts et commerce du ministère de l'intérieur, à Paris.

BONNATERRE, correspondant de la Société d'agriculture du département de la Seine, professeur d'histoire naturelle à l'École centrale du département de l'Aveyron, à Rodez.

BRAZY, ci-devant conseiller au parlement, à Metz, département de la Moselle.

BONNET-DONION, cultivateur, à Crest, département de la Drôme.

BOUCHEO, inspecteur des domaines, à Besançon, département du Doubs.

BOUCHER, ex-membre du Tribunal de cassation, à Paris.

BOUCHEREAU, à Paris.

BOULLÉ, préfet du département des Côtes du Nord, à Saint-Brieux. *Deux exemplaires.*

BOULLENGER aîné, élève du département de l'Oise, à l'École vétérinaire d'Alfort, département de la Seine.

BOURACHOT (*Edmond*), propriétaire-cultivateur, au Donjon, département de l'Allier.

BOURDIER, secrétaire particulier du préfet du département des Ardennes, à Mézières.

BOURGEOIS, correspondant de la Société d'agriculture du département de la Seine, directeur de l'établissement rural, à Rambouillet, département de Seine-et-Oise.

BOURGEOIS JESSAIN, préfet du département de la Marne, à Châlons.

BOURRAS, receveur de l'enregistrement, à Privas, département de l'Ardèche.

BOURSIER, négociant, à Paris. *Trois exemplaires.*

BREDIN, directeur de l'École vétérinaire, correspondant de la Société d'agriculture du département de la Seine, à Lyon, département du Rhône.

BRELISLE (*J.*), chirurgien, professeur à l'hôpital militaire d'instruction, à Metz, département de la Moselle.

BRINCOURT, père et fils, négocians à Sedan, département des Ardennes.

BRUX, préfet du département de l'Arriege, à Foix.

BRUNET née FALCONNET (Madame veuve), propriétaire, à Montpellier, département de l'Hérault.

BRUXOT, libraire, à Paris. *Douze exemplaires.*

BUFFAULT (*C.*), préfet du département de Saône-et-Loire, à Mâcon.

BUGET, général de brigade, commandant le département des Ardennes, à Mézières.

BUREAU, propriétaire, à Autun, département de Saône-et-Loire.

C

CABART, agriculteur, à Salle, département de l'Aude.

CACHIN, ingénieur, directeur des travaux maritimes, à Paris.

CADET-DE-VAUX, de la Société d'agriculture du département de la Seine, à Paris.

CAFFARELLI (*Charles*), préfet du département du Calvados, à Caen.

CAILLAULT, propriétaire, à Vaux, département de Seine-et-Oise.

CALIGNON, propriétaire, à Dijon, département de la Côte-d'Or.

CALVET, maire, à Guitry, département de l'Eure.

CAMBRY, de la Société d'agriculture du département de la Seine, à Paris.

CAMPMAS, propriétaire, à Villefranche, département de l'Aveyron.

CAPPOT, cultivateur, à Figuières, en Espagne.

CARAYON, négociant, à Paris.

CARBON, homme de loi, à Compiegne, département de l'Oise.

CARRIERE, propriétaire, à Villeneuve, département de Lot-et-Garonne.

CASSE, propriétaire, à la Velanet, département de l'Arriege.

CATINEAU, imprimeur, à Poitiers, département de la Vienne. *Deux exemplaires.*

CAUBERE (*Pierre*), ex-membre du Corps législatif, président du Tribunal criminel, à Foix, département de l'Arriege.

CAVET, propriétaire-cultivateur, à Foix, département de l'Arriege.

CELS, de l'Institut national de France, de la Société d'agriculture, plaine de Montrouge, département de la Seine.

CHABAL (*L.*), notaire, membre du Conseil-général du département de l'Ardèche, à Saint-Pierre-Ville.

CHABERT, directeur de l'École vétérinaire, de la Société d'agriculture, à Alfort, département de la Seine.

CHALLAN, membre du Tribunat, à Paris.

CHALUMEAU, correspondant de la Société d'agriculture du département de la Seine, à Chateauroux, département de l'Indre.

CHAMBRIER DE TRAVANET, colonel, à Neufchâtel, en Suisse.

CHANAL, président du Tribunal de commerce, à Villefranche, département du Rhône.

CHANCEY, de la Société d'agriculture du département du Rhône, à Lyon.

CHAPTAL, ministre de l'intérieur, de l'Institut national de France, de la Société d'agriculture du département de la Seine, à Paris. *Deux cents exemplaires.*

CHAUDRON (Madame *Ridou*, veuve *Pierre*), à Sedan, département des Ardennes.

CHAROST (*Armand-Joseph BETHUNE*), correspondant de la Société d'agriculture du département de la Seine, à Meillant, département du Cher. *Deux exemplaires* (1).

CHASSIRON, membre du Tribunat, de la Société

(1) Cet estimable Citoyen, que l'Agriculture a perdu, est le premier Souscripteur à cette nouvelle Édition, et la Société d'agriculture du département de la Seine, a cru devoir rendre hommage à sa mémoire, en le conservant sur cette liste. (*H.*)

d'agriculture du département de la Seine, à Paris. *Deux exemplaires.*

CHATON (*Jean-Pierre-Louis*), propriétaire, à Castel-Sarrasin, département de la Haute-Garonne.

CHAUDRON-ROUSSEAU, à Bourbonne-les-Bains, département de la Haute-Marne.

CHAUMONTEL, des Sociétés d'agriculture des départemens de la Somme et du Calvados, professeur à l'École vétérinaire, à Alfort, département de la Seine.

CHAUVELIN, membre du Tribunat, à Paris.

CHEFFONTAINES (*Hyacinthe*), à Paris.

CHEREST, à Paris.

CHEVRIER, imprimeur, à Poitiers, département de la Vienne. *Deux exemplaires.*

CHOQUET, libraire, à Amiens, département de la Somme.

CINOT, négociant, à Paris.

COINTET, à Ensisheim, département du Haut-Rhin.

COLCHEN, préfet du département de la Moselle, à Metz. *Deux exemplaires.*

COLLET-MESSINE, ex-membre du Corps législatif, à la Grange-Saint-Jean, département du Cher.

COLLIERE, propriétaire, à la Ferté-sous-Jouarre, département de Seine-et-Marne.

CONIAC (*Pélage*), à Rennes, département d'Ille-et-Vilaine. *Deux exemplaires.*

CONINY (de), à Quintin, département des Côtes-du-Nord.

COQUET, libraire, à Dijon, département de la Côte-d'Or. *Deux exemplaires.*

CORBIGNY, préfet du département de Loir-et-Cher, à Blois.

CORNUDET, membre du Sénat conservateur, à Paris.

CORPS LÉGISLATIF (le), à Paris.

COSMAR, commissaire de la marine, à l'Orient, département du Morbihan.

COSTAZ aîné, membre du Tribunat, vice-président de la Société d'encouragement pour l'Industrie nationale, à Paris.

CUCHET, propriétaire, au Teil, département de l'Ardèche.

CUDELLE, libraire, à Aix-la-Chapelle, département de la Roër.

D

DACIER DE LA CHASSAGNE, de la Société d'agriculture du département du Rhône, à Lyon.

DAMALIX aîné, vétérinaire, correspondant de la Société d'agriculture du département de la Seine, à Besançon, département du Doubs.

DARTIGUIERES (*Jean-Bertrand*), ancien militaire, à Foix, département de l'Arriege.

DAUCHY, conseiller d'état, à Paris.

DAUTURE (*Charles*), cultivateur, à Pau, département des Basses-Pyrénées.

DAVAUX, à Paris.

DEMONS et LA FLECHERE, propriétaires, au Bignon, département de Seine-et-Marne.

DEBROSSE, à Ruemont, département de Seine-et-Marne.

DECHEPPE, instituteur, à Paris.

DEFEBURE MALTAVERNE, à Paris.

DEGRAVE (*Hyacinthe*), receveur des domaines nationaux, à Mons, département de Jemmappe.

DELACOUX MUBIVAUX, président du Tribunal de première instance, à Blanc, département de l'Indre.

DELAVAU, propriétaire, à Mons, département de Jemmappe.

DELEGORGUE, homme de loi, de la Société d'agriculture, à Douai, département du Nord.

DELEGORGUE (*Virgile*), sous-inspecteur des forêts de l'arrondissement d'Abbeville, département de la Somme.

DELENTRE, à Avignon, département de Vaucluse.

DÉLICHÈRES, président du Tribunal civil du deuxième arrondissement, à Privas, département de l'Ardèche.

DELON, secrétaire-général de la préfecture du département des Pyrénées-Orientales, à Perpignan.

DELOR, secrétaire-général de la préfecture du département de l'Ardèche, à Privas.

DELORME (*Antoine*), rentier, à Lyon, département du Rhône.

DELPORTE frères, cultivateurs, à Boulogne-sur-Mer, département du Pas-de-Calais.

DENNEMETZ (*Armand de Bois*), propriétaire, à Cahaignes, département de l'Eure.

DEPÈRE (*Mathieu*), membre du Sénat conservateur, à Paris.

DESERMET, cultivateur-pépiniériste, de la Société d'agriculture du département de la Seine, à Saint-Denis.

DESCORCHES, préfet du département de la Drôme, à Valence.

DESFONTAINES, de l'Institut national de France, de la Société d'agriculture du département de la Seine, à Paris.

DESCROIZILLES (*Joseph*), cultivateur-botaniste, correspondant de la Société d'agriculture du département de la Seine, à Dieppe, département de la Seine-Inférieure.

DESHAIES, chef du bureau des archives au ministère de l'intérieur, à Paris.

DESMARQUETTES, maire, à Chauny, département de l'Aisne.

DESMAZIERES, juge au Tribunal d'appel, à Angers, département de Maine-et-Loire.

DESPREZ, pharmacien en chef et professeur à l'hôpital militaire d'instruction, à Metz, département de la Moselle.

DETOURNELLE, architecte, à Paris.

DEVRY, préfet du département de la Lys, à Bruges. *Deux exemplaires.*

DEVOUGES, propriétaire, à Paris.

DEYEUX, de l'Institut national de France, à Paris.

DISSES, propriétaire, à Villefranche, département de l'Aveyron.

DORSCH, sous-préfet, à Clèves, département de la Roër.

DRAMARD, cultivateur, à Thoury, département d'Eure-et-Loir.

DROZ, homme de loi, de la Société d'agriculture du département du Doubs, à Besançon.

DURIEF, employé à la poste près le Tribunat, à Paris.

DUBOIS (J.-B.), de la Société d'agriculture du département de la Seine, Préfet du département du Gard, à Nîmes.

DUBOIS (*Ph.*), ex-conseiller au Parlement de Douai, à Furnes, département de la Lys.

DUBOIS-CRANCÉ, général de division, propriétaire, à Belham, département des Ardennes.

DUERETAIL, propriétaire, à Perreux, département de la Loire.

DUCHANOY, médecin, à Paris.

DUCHESNE, de la Société d'agriculture du département de Seine-et-Oise, correspondant de celle du département de la Seine, à Versailles.

DUFAU (*Joseph*), notaire public, à Vicq, département des Landes.

DUFORT, propriétaire, à Dian, département de Seine-et-Marne.

DUHAMEL, correspondant de la Société d'agriculture du département de la Seine, maire, à Coutances, département de la Manche.

DUMONT (*Dieu-Donné-François-Hyacinthe*), propriétaire-cultivateur, à Isel, département des Forêts.

DUMONT-COURCET, correspondant de la Société d'agriculture du département de la Seine, à Courcet, département du Pas-de-Calais.

DUPIN, préfet du département des Deux-Sèvres, à Niort.

DUPUY, professeur à l'École vétérinaire, à Alfort, département de la Seine.

DUQUESNOY, maire du dixième arrondissement, de la Société d'agriculture du département de la Seine, à Paris.

DURAND (*Camille*), à Paris.

DURVILLE, libraire, à Montpellier, département de l'Hérault.

DUSSIEUX, de la Société d'agriculture du département de la Seine, propriétaire-cultivateur, aux Vaux, département d'Eure-et-Loir.

DUTREUX (*Jacques*), professeur d'histoire naturelle à l'École centrale du département des Forêts, à Luxembourg.

DUTROUBERNIER, membre du Corps-législatif, à Paris.

DUVAL DE L'EPINAY, propriétaire, à Fougères, département d'Ille-et-Vilaine.

DELESSERT (B.), de la Société d'agriculture du département de la Seine, banquier, à Paris.

E

ÉCOLE VÉTÉRINAIRE D'ALFORT (l'), département de la Seine.

ESCOFFIER oncle, négociant, à Villefranche, département du Rhône.

ESPELDINO, professeur de mathématiques à l'École centrale du département des Forêts, à Luxembourg.

F

Fages-Chaseau (de), à Saint-Paul-de-Coisson, département du Gard.

Falaize, propriétaire-cultivateur, à Paris.

Faure (*Elysée*), à Revel, département de la Haute-Garonne.

Faure de Fournoux (Madame), à Bourganeuf, département de la Creuse.

Fay (*C.*), à Lyon, département du Rhône.

Fayolle (*André de*), correspondant de la Société d'agriculture du département de la Seine, membre du Juri d'instruction publique, à Périgueux, département de la Dordogne.

Fera-Rouville, cultivateur-propriétaire, à Rouville, département du Loiret.

Feugé, sous-préfet, à Nogent-sur-Seine, département de l'Aube.

Filhot-Marans, correspondant de la Société d'agriculture du département de la Seine, à Bordeaux, département de la Gironde.

Finguerlin, de la Société d'agriculture du département du Rhône, à Lyon.

Flamen aîné, cultivateur, correspondant de la Société d'agriculture du département de la Seine, à Sury, département de la Nièvre.

Flaugergues, à Montpellier, département de l'Hérault.

Flaust, propriétaire, à Saint-Sévère, département du Calvados.

Fontaine, de la Société d'agriculture du département du Rhône, à Lyon.

Fontenay (*François - Martial* Roger de), correspondant de la Société d'agriculture du département de la Seine, à la Motte, département de la Haute-Marne.

Fortia née Carre (Madame de), à Marseille, département des Bouches-du-Rhône,

Fougeron de Fayol, conseiller de Préfecture, à Périgueux, département de la Dordogne.

Fourcroy, sous-inspecteur au port de Rochefort, département de la Charente-Inférieure,

François (de Neufchateau), membre du Sénat Conservateur, de l'Institut national de France, de la Société d'agriculture du département de la Seine, à Paris.

Frison (*A. J.*), ex-membre du Corps législatif, à Charleroi, département de Jemmappes.

Frochot (*Nicolas-Benoit-Thérèse*), préfet du département de la Seine, de la Société d'agriculture, à Paris. *Quatre exemplaires.*

Froment-Castille, de la Société d'agriculture du département du Gard, maire, à Argilliers.

G

Gaillard-Rabarin, à Tournon, département de l'Ardèche.

Gaillere (de), à Anduse, département du Gard.

Galard-Brassac de Bearn (*A. L. L.*), à Paris.

Gallot (*N. P.*), propriétaire, à Fontenay-le-Peuple, département de la Vendée.

Gandolphe, propriétaire, à Château-Thierry, département de l'Aisne.

Gardes, de la Société d'agriculture du département du Tarn, à Alby.

Gargam, propriétaire, à Vertus, département de la Marne.

Garnier, président du Tribunal criminel, à Saintes, département de la Charente-Inférieure.

Garnier (*Germain*), préfet du département de Seine-et-Oise, à Versailles.

Gasquet, propriétaire, à Lorgues, département du Var.

Gaudin (*Julien*), agriculteur, à Nantes, département de la Loire-Inférieure.

Gaujac, cultivateur, à Paris.

Gaultier, à Paris.

Gauvilleks, directeur de la régie des domaines, à Blois, département de Loir-et-Cher.

Gayardon-Gressolles, à Perreux, département de la Loire.

Geoffroy père (*Charles-François*), à Poyanne, département des Landes.

Géraudon, commissaire des guerres, à Paris.

Gestau, propriétaire et maire, à Grand-Champ, département des Ardennes.

Gilibert, président de la Société d'agriculture du département du Rhône, correspondant de celle du département de la Seine, à Lyon.

Gillet-Larenomière, correspondant de la Société d'agriculture du département de la Seine, à Noisi-sur-École, département de Seine-et-Marne.

GILLET-LAUMONT, de l'Institut national de France, de la Société d'agriculture du département de la Seine, à Paris.

GIRARD, receveur des contributions, à Grasse, département du Var.

GIROD-CHANTRANS, membre du Corps législatif, correspondant de la Société d'agriculture du département de la Seine, à Besançon, département du Doubs.

GOBERT (*Dominique*), propriétaire, à Blanchampagne, département des Ardennes.

GODAILH, secrétaire-général de la Préfecture, secrétaire-perpétuel de la Société d'agriculture, des sciences et arts, à Agen, département de Lot-et-Garonne.

GODET (*M.*), juge au Tribunal criminel, à Saintes, département de la Charente-Inférieure.

GONDOIN, architecte, de l'Institut national de France, de la Société d'agriculture du département de la Seine, à Paris.

GONCY (*P. C.*), médecin en chef de l'hôpital militaire d'instruction, correspondant de la Société d'agriculture du département de la Seine, à Metz, département de la Moselle.

GOURNAY, propriétaire, à Paris.

GRANDIDIER, cultivateur et maire, à Talanges, département de la Moselle.

GRÉBAN, secrétaire-général de la Préfecture du département de l'Escaut, à Gand.

GRÉGOIRE (*Henri*), membre du Sénat conservateur, de l'Institut national de France, de la Société d'agriculture du département de la Seine, à Paris.

GRELLET DESPRADES, correspondant de la Société d'agriculture du département de la Seine, propriétaire, à Souché, département des Deux-Sèvres.

GRIFFITHS, à Paris.

GROGNIER, professeur à l'École vétérinaire de Lyon, département du Rhône.

GUILLEGOZ, professeur à l'École vétérinaire de Lyon, département du Rhône.

GUILLOT (*L.*), libraire, à Rennes, département d'Ille-et-Vilaine.

GUÉRARD père, à Auch, département du Gers.

GUILLOTIN-FOUGERÉ, correspondant de la Société d'agriculture du département de la Seine, sous-préfet, à Marennes, département de la Charente-Inférieure.

GUYENCOURT, propriétaire-cultivateur, à Amiens, département de la Somme.

H

HAUTERIVE (d'), chef de division au ministère des relations extérieures, à Paris.

HALLE (*Jean*), bibliothécaire de l'École centrale du département des Forêts, à Luxembourg.

HALLÉ, de l'Institut national de France, médecin, à Paris.

HARMAND, préfet du département de la Mayenne, à Laval.

HEIM (*Jos.*), maire, à Fontenay, département de la Seine-Inférieure.

HÉNON, directeur-adjoint, professeur à l'École vétérinaire de Lyon, département du Rhône.

HERVIEU, cultivateur, correspondant de la Société d'agriculture du département de la Seine, à Reugny, département de la Nièvre.

HUTTAU, sous-chef au bureau d'agriculture du ministère de l'intérieur, à Paris.

HUZARD (*J.-B.*), de l'Institut national de France, de la Société d'agriculture du département de la Seine, vétérinaire, à Paris.

I

IMBERT, préfet du département de la Loire, à Montbrison. *Deux exemplaires.*

INSTITUT NATIONAL DE FRANCE (l'), à Paris.

J

JACQUIER DE TERRE-BASSE, à Terre-Basse, département de l'Isère.

JACQUINET, homme de loi, à Nancy, département de la Meurthe.

JARDÉ, libraire, à Paris. *Deux exemplaires.*

JEANMAIRE, pharmacien, à Metz, département de la Moselle.

JOANIN (*Claude-François*), propriétaire-cultivateur, à Condé, département de Saône-et-Loire.

JOUSTEL DE COLNET, à Dunkerque, département du Nord.

JUSSIEU-BRESSOL, de la Société d'agriculture du département du Rhône, à Lyon.

L.

LAA, cultivateur, à Pau, département des Basses-Pyrénées.

LABILLARDIERE (*Jacques-Julien*), de l'Institut national de France, à Paris.

LABOURÉ aîné, à Alais, département du Gard.

LACAZE, membre du Conseil général du département des Basses-Pyrénées, correspondant de la Société d'agriculture du département de la Seine, à Pau.

LAFAYETTE (*le général*), propriétaire, à la Grange, département de Seine-et-Marne.

LAGADEC, à Paris.

LAGARDE (*Augustin*), ministre du culte catholique, à Oléron, département des Basses-Pyrénées.

LAGRANGE, chef de division à la Préfecture du département de la Seine, à Paris.

LAGUITONIERE (*Joseph*), propriétaire, à Rennes, département d'Ille-et-Vilaine.

LALLEMAND, chef du bureau des octrois au ministère de l'intérieur, à Paris.

LALLEMANT-FONTEMEL, à Bar-sur-Ornin, département de la Meuse.

LAMARQUE, ex-préfet du département du Tarn, à Alby. *Deux exemplaires.*

LAMBON, jurisconsulte, à Soissons, département de l'Aisne.

LAMOTHE, préfet du département de la Haute-Loire, au Puy. *Deux exemplaires.*

LANGLEY, officier de santé de l'hospice civil, à Beauvais, département de l'Oise.

LANOUE (*Charles*), président de la Société d'agriculture du département du Gers, à Auch.

LAPALME, à Chambéry, département du Mont-Blanc.

LAPEYROUSE, maire, à Saint-Hippolyte, département du Gard.

LAPORTE-BLANVAL, à Clermont, département du Puy-de-Dôme.

LARCHER (*E.*), membre du Corps législatif, à Chaumont, département de la Haute-Marne.

LARIVIERE (*Nicolas*), sous-préfet, à Castel-Sarrasin, département de la Haute-Garonne.

LASTEYRIE, de la Société d'agriculture du département de la Seine, à Paris.

LATAILLE DES ESSARTS, propriétaire, à Pithiviers, département du Loiret.

LATAILLE-DUBOULAY, propriétaire, correspondant de la Société d'Agriculture du département de la Seine, à Pithiviers, département du Loiret.

LATAPY, professeur de langues anciennes, correspondant de la Société d'agriculture du département de la Seine, à Bordeaux, département de la Gironde.

LATOURETTE, préfet du département du Tarn, à Alby. *Deux exemplaires.*

LAUSMOND, préfet du département du Bas-Rhin, à Strasbourg. *Deux exemplaires.*

LAUREAU, propriétaire, à Saint-André, département de l'Yonne.

LAVAER (*A.*), président de la Société d'agriculture du département du Morbihan, à Vannes.

LAVAL, correspondant de la Société d'agriculture du département de la Seine, maire, à Provins, département de Seine-et-Marne.

LAVALETTE, à Grenoble, département de l'Isère.

LEBER, propriétaire et maire, à Sully-sur-Loire, département du Loiret.

LEBOURGEOIS-BONNET (*C.*), négociant, à Rouen, département de la Seine-Inférieure.

LEBOURLIER, à Athis-sur-Orge, département de Seine-et-Oise.

LEBRETON (*Joachim*), membre du Tribunat, de l'Institut national de France, à Paris.

LEBRUN, troisième Consul, de l'Institut national de France, à Paris.

LEBRUN, ingénieur en chef des ponts et chaussées, à Nevers, département de la Nièvre.

LEFRANC (*Auguste*), à Quimper, département du Finistère.

LEMESLE, cultivateur, maître de poste, à Rambouillet, département de Seine-et-Oise.

LEPIOT SELTOT, directeur du Haras national, à Pompadour, département de la Corrèze.

LEPINOIS, secrétaire particulier du préfet du département des Vosges, à Épinal.

LETRANGE (*Albert*), propriétaire, à Salignac, département de la Charente-Inférieure.

LEVRAULT, libraire, à Strasbourg, département du Bas-Rhin.

LEVRAULT, libraire, à Paris. *Deux exemplaires.*

LEZAY (*Adrien*), à Saint-Julien, département du Jura.

LHOTZ-HABONS, tanneur, propriétaire, de la Société d'agriculture du département des Ardennes, à Méxières.

LIANCOURT (LA ROCHEFOUCAULD-), de la Société d'agriculture du département de la Seine, propriétaire-cultivateur, à Liancourt, département de l'Oise.

LIGERET (*François*), receveur particulier, à Semur, département de la Côte-d'Or.

LINTZ, libraire, à Trèves, département de la Sarre.

LIVRÉ (*East.*), président de la Société libre des arts, au Mans, département de la Sarthe.

LOYAC, propriétaire, membre du Corps législatif, correspondant de la Société d'agriculture du département de la Seine, à Pulteau, département de la Vendée.

LONGRÉ, ancien militaire, à Lectour, département du Gers.

LURET, notaire, à Bassour, département du Gers.

LUGAN LA ROZERIE, à Vielmur, département du Tarn.

LUMINAIS, à Paris.

M

MACCARTHY, ancien capitaine de dragons, correspondant de la Société d'agriculture de la Rochelle, propriétaire, à l'île d'Oléron, département de la Charente-Inférieure.

MACORS (le général), à Paris.

MADAILLAN, propriétaire-cultivateur, à Foix, département de l'Arriege.

MALET-AUDEBERT, banquier, à Paris.

MALFUSON (*Abraham François*), propriétaire et avoué, correspondant de la Société d'agriculture du département de la Seine, à Sancère, département du Cher.

MAMON, propriétaire-cultivateur, à la Varenne-Saint-Maur, département de la Seine.

MARANDA, ingénieur des ponts et chaussées, à Nevers, département de la Nièvre.

MARC-AUBEL, imprimeur-libraire, à Valence, département de la Drôme. *Six exemplaires.*

MARCHAND fils, médecin-professeur à l'hôpital militaire d'instruction, à Metz, département de la Moselle.

MARCHANT, médecin, secrétaire-général de la Société libre d'agriculture, commerce et arts du département du Doubs, à Besançon.

MARILLIER (*P. Ch.*), dessinateur et cultivateur, à Beaulieu, département de Seine-et-Oise.

MARIN, à Chambéry, département du Mont-Blanc.

MARQUIÉ-CUSSOL (*Honoré*) fils aîné, à Marères, département de l'Arriege.

MARSOL, conservateur des forêts, correspondant de la Société d'agriculture du département de la Seine, à Carcassonne, département de l'Aude. *Deux exemplaires.*

MARTIN-CHOISI, juge, à Montpellier, département de l'Hérault.

MARUL (*Albert*), à Lausanne, en Suisse.

MASLIN jeune, propriétaire, à Chantenay, département de la Nièvre.

MATHIEU, membre du Tribunat, de la Société d'agriculture du département de la Seine, à Paris.

MAURIN (*Jean-Antoine*), propriétaire, à Vauvert, département du Gard.

MAUSSION, propriétaire, à Aramsy, département de l'Aisne.

MAZUEL, négociant, à Dunkerque, département du Nord.

MEHERENC DE VERERNES, ancien militaire, à Cricqueville, département du Calvados.

MELON, libraire, à Bordeaux, département de la Gironde.

MENNEVILLE, négociant, à Boulogne-sur-Mer, département du Pas-de-Calais.

MERCADIER (*Jean-Baptiste*), ingénieur en chef des ponts et chaussées, président de la Société d'agriculture, à Foix, département de l'Arriege. *Deux exemplaires.*

MERCIER-BOISSY, à Pithiviers, département du Loiret.

MERIGEAUX, à Pézenas, département de l'Hérault.

MEURON (*Pierre-Frédéric de*), major-général, à Neufchâtel, en Suisse.

MEZAIZE, pharmacien, correspondant de la

Société d'agriculture du département de la Seine, à Rouen, département de la Seine-Inférieure.

MIOTEN DE COURTIVRON (Madame), à Compiègne, département de l'Oise.

MISCAULT (C.), substitut du magistrat de santé, à Briey, département de la Moselle.

MOET (J.), négociant en vins, à Épernay, département de la Marne.

MOLARD (*Claude-Pierre*), de la Société d'agriculture du département de la Seine, directeur du Conservatoire des arts, à Paris.

MOLLET, receveur-général du département des Ardennes, à Mézières.

MONET DE CHABLIS, à Chablis, département de l'Yonne.

MONLAUR (*J.-G.*), propriétaire, à Montesquiou, département du Gers.

MOREAU-SAINT-MÉRY, conseiller d'état, administrateur-général des États de Parme, Plaisance, Guastalla, etc., de la Société d'agriculture du département de la Seine, à Parme.

MORGAN, de la Société d'agriculture de la Rochelle, chef de bataillon, sous-directeur du génie, à Saint-Martin, île de Rhé, département de la Charente-Inférieure.

MORTEAUX (*Jean-François*), ancien militaire, à Foix, département de l'Arriège.

MOTET, cultivateur à Fresnes, département de Seine-et-Marne.

MOURET, inspecteur des postes, à Grenoble, département de l'Isère.

MOURGUE, propriétaire-foncier, à Saint-Hippolyte, département du Gard.

MUSÉUM D'HISTOIRE NATURELLE (le), à Paris.

N

NECTOUX, propriétaire-cultivateur, à Autun, département de Saône-et-Loire.

NOEL, président de la Société d'émulation, à Rouen, département de la Seine-Inférieure.

NOGARET, préfet du département de l'Hérault, à Montpellier.

O

ODIOT-BASCHAMPS, bibliothécaire de l'École centrale du département des Côtes-du-Nord, à Saint-Brieux.

OLIVIER, de l'Institut national de France, de la Société d'agriculture du département de la Seine, à Paris.

OLIVIER, régisseur de la bergerie nationale, à Perpignan, département des Pyrénées-Orientales.

ORBAN, tanneur, à la Roche, département de Sambre-et-Meuse.

OZUN, préfet du département de l'Ain, à Bourg.

P

PAILLOT DE LOGNES, maire, à Troyes, département de l'Aube.

PAIRAURE (*Pierre*), propriétaire, à Vauvert, département du Gard.

PARIS-LASPLAIGNES, propriétaire, à Auch, département du Gers.

PARMENTIER, de l'Institut national de France, de la Société d'agriculture du département de la Seine, à Paris.

PAROLETTI (*Modeste*), de l'Académie des sciences et belles-lettres, et de la Société d'agriculture de Turin, à Paris.

PASTORET, président de la Société d'agriculture du département des Forêts, à Luxembourg.

PAVIN, médecin, à Joyeuse, département de l'Ardèche.

PELET, préfet du département de Vaucluse, à Avignon.

PENSIONNAT DE TOURNON (le Directeur du), à Tournon, département de l'Ardèche.

PÉRIGNON, jurisconsulte, à Paris.

PERIN, commissaire du Gouvernement près le Tribunal criminel du département de la Moselle, à Metz.

PERNON (*Camille*), de la Société d'agriculture du département du Rhône, à Lyon.

PERREGAUX, membre du Sénat conservateur, président de la Banque de France, à Paris.

PERSONNE DE SONGEONS (*Louis-Marie*), propriétaire-cultivateur, de la Société d'agriculture du département de Seine-et-Oise, correspondant de celle de la Seine, à Songeons, département de l'Oise.

PERTHUIS (de), propriétaire, à Paris.

PETIT, membre du Conseil municipal du département de la Seine, à Paris.

PEYRIERE (de la), à Paris.

PICOT LAPEYROUSE (*Philippe*), correspondant de la Société d'agriculture du département de la Seine, maire, à Toulouse, département de la Haute-Garonne.

PIET-BERTON aîné, inspecteur forestier, à Niort, département des Deux-Sèvres.

PICTET (*Charles*), propriétaire-cultivateur, correspondant de la Société d'agriculture du département de la Seine, à Genève, département du Léman.

PINCEPRÉ (*Marie-Louis-Nicolas*), propriétaire-cultivateur, correspondant de la Société d'agriculture du département de la Seine, à Bulre, département de la Somme.

PITTRESOL, à Montauban, département du Lot.

PLUVIÉ aîné, à Hennebon, département du Morbihan.

POEDERLÉ (*Eugène*), propriétaire, correspondant de la Société d'agriculture du département de la Seine, à Bruxelles, département de la Dyle.

POITEVIN, conseiller de Préfecture, de la Société d'agriculture, de celle libre des sciences et belles-lettres, à Montpellier, département de l'Hérault.

PONCE, graveur, à Paris.

PONNAT, maire de Barreaux, département de l'Isère.

PONS-PELISSIER (*B.*), chef de bureau à la Préfecture du département des Pyrénées-Orientales, à Perpignan.

POSTAL fils (*Augustin*), négociant, à Bourg-Saint-Andéol, département de l'Ardèche.

POTHERIE (*Charles*), à Angers, département de Maine-et-Loire.

PUECH (*J.-F.*), propriétaire-foncier, à Fontbonne, département du Gard.

Q

QUENEDEY, à Paris.

QUINETTE, préfet du département de la Somme, à Amiens.

QUINIT, à Bel-Ebat, département d'Indre-et-Loire.

R

RABINEAU, secrétaire du sous-préfet, à Mirande, département du Gers.

RAMBERT, greffier du Tribunal de première instance, à Aix, département des Bouches-du-Rhône.

RAMBERT, propriétaire, à Aix, département des Bouches-du-Rhône.

RAMPILLON (*Gabriel Opportune*), correspondant de la Société d'agriculture du département de la Seine, à Poitiers, département de la Vienne.

RAST-MAUPAS, trésorier de la Société d'agriculture du département du Rhône, à Lyon.

RÉBUFFAT (*Marius*), propriétaire, à Pouilly-sur-Loire, département de la Nièvre.

REGNIER, membre du Corps législatif, correspondant de la Société d'agriculture du département de la Seine, à Sisteron, département des Basses-Alpes.

RENAULT-TALLONEAU, propriétaire-cultivateur, à Bourgueil, département d'Indre-et-Loire.

RENOUARD DE BUSSIERE, à Paris.

RÉVEILLÈRE-LÉPEAUX, de l'Institut national de France, de la Société d'agriculture du département de la Seine, à Andilly, département de Seine-et-Oise.

REYNIER, propriétaire, à Garchy, département de la Nièvre.

RIBES, chef de brigade du Génie, à Toulouse, département de la Haute-Garonne.

RICHARD-DAVRIGNY (*Louis-Thomas*), de la Société d'agriculture du département de la Seine, à Paris. *Deux exemplaires.*

RIMUSSEC, secrétaire de la Société d'agriculture du département du Rhône, à Lyon.

RIGAUD, à Loriol, département de la Drôme.

RIOU, préfet du département du Cantal, à Aurillac. *Cinq exemplaires.*

RIFFAULT, bibliothécaire du Premier Consul, à Paris.

RIVAT, préfet du département de la Dordogne, à Périgueux.

ROBERT, préfet du département de l'Ardèche, à Privas. *Quatre exemplaires.*

ROBERT, propriétaire-cultivateur, correspondant de la Société d'agriculture du département de la Seine, à Matagne-la-Petite, département des Ardennes.

ROCHE, de la Société d'agriculture du département du Mont-Blanc, à Chambéry.

RODRIGUES et GOENTALA, fondateurs du Muséum, à Bordeaux, département de la Gironde.

ROSTAN (*Casimir*), à Marseille, département des Bouches-du-Rhône.

ROUGIER, propriétaire-cultivateur, à Marmande, département de Lot-et-Garonne.

ROUGIER-LABERGERIE, de la Société d'agriculture du département de la Seine, préfet du département de l'Yonne, à Auxerre.

S

SAGERET (*Augustin*), de la Société d'agriculture du département de la Seine, cultivateur, à la ferme de Billancourt.

SAINT-GENIS, propriétaire-cultivateur, de la Société d'agriculture du département de la Seine, à Pantin.

SAINT-PREUX (de), propriétaire-cultivateur, à Bourneville, département de l'Aisne.

SAINT-VICTOR (*Torchet*), de la Société d'agriculture du département de la Seine, bibliothécaire, à l'hôtel national des Invalides, à Paris.

SAINTE-COLOMBE, à Paris.

SALLIER, à Paris.

SALM-SALM (le Prince *Emmanuel de*), à Paris.

SALTEUR-BALLAND, à Chambéry, département du Mont-Blanc.

SANQUAIRE-SOULIGNÉ, propriétaire, à Saint-Jean-Dubois, département de la Sarthe.

SARRON (*M.*), à Lyon, département du Rhône.

SASSAUT (*Jean-Baptiste*), de la Société d'agriculture du département de l'Arriège, à Foix.

SAULIEU (*François*), correspondant de la Société d'agriculture du département de la Seine, à Nevers, département de la Nièvre.

SAUMERI, (*Johanne*), propriétaire, correspondant de la Société d'agriculture du département de la Seine, à la Ville-aux-Clercs, département de Loir-et-Cher.

SAURRAC, à Paris.

SAUTEYRA jeune, à Montélimart, département de la Drôme.

SCHERER (le général), à Paris.

SCHUCHARDT, négociant, à Paris.

SEGONDAT, chef du génie de la Marine, à Nantes, département de la Loire-Inférieure.

SÉGUIER, à Agde, département de l'Hérault.

SÉGUIER (*François-Marc*), notaire public, à Foix, département de l'Arriège.

SEIGNETTE (*E.-L.*), secrétaire de la Société d'agriculture de la Rochelle, propriétaire, à Angoulin, département de la Charente-Inférieure.

SÉNEBIER (*Jean*), correspondant de l'Institut national de France, et de la Société d'agriculture du département de la Seine, à Genève, département du Léman.

SÉRÉ (*H. D. L.*), propriétaire-cultivateur, à Foix, département de l'Arriège.

SÉRÉ (*Magloire*), ancien militaire, à Foix, département de l'Arriège.

SEVAISTRE, chef de brigade, à Paris.

SEVRET (*René*), aide-de-camp, à Paris.

SIACYE, de l'Académie de Mantoue, commissaire des guerres, à Mantoue, république Italienne.

SIFFUD, président de la Société d'agriculture du département de la Drôme, à Valence.

SICRE (*Jean-Baptiste*), cultivateur à Foix, département de l'Arriège.

SILVESTRE (*Augustin François*), secrétaire de la Société d'agriculture du département de la Seine, à Paris.

SOCIÉTÉ D'AGRICULTURE, COMMERCE ET ARTS (la) du département du Doubs, à Besançon.

SOCIÉTÉ D'AGRICULTURE (la) d'Anvers, département des Deux-Nèthes.

SOCIÉTÉ D'AGRICULTURE (la) de la vingt-septième division militaire, à Turin.

SOCIÉTÉ D'AGRICULTURE (la) de Meilhant, département du Cher.

SOCIÉTÉ D'AGRICULTURE (la) de Rodez, département de l'Aveyron. *Huit exemplaires.*

SOCIÉTÉ D'AGRICULTURE (la) du département de la Drôme, à Valence.

SOCIÉTÉ D'AGRICULTURE (la) du département de la Marne, à Châlons-sur-Marne.

SOCIÉTÉ D'AGRICULTURE (la) du département de la Seine, à Paris. *Vingt-cinq exemplaires.*

SOCIÉTÉ D'AGRICULTURE (la) du département de Seine-et-Marne, à Meaux.

Société d'Agriculture (la) du département des Deux-Sèvres, à Niort.

Société d'Agriculture (la) du département du Gers, à Auch.

Société d'Agriculture (la) du département du Mont-Blanc, à Chambéry.

Société d'Agriculture (la) du département du Nord, à Douai.

Société d'Émulation (la), à Rouen, département de la Seine-Inférieure.

Société d'Encouragement pour l'Industrie nationale (la), à Paris.

Société d'Histoire naturelle et des Arts utiles (la), à Lyon, département du Rhône.

Société libre d'Agriculture, Commerce, Sciences et Arts (la) du département de l'Indre, à Châteauroux.

Société libre d'Émulation (la), à Carcassonne, département de l'Aude. *Quatre exemplaires.*

Société libre des Arts (la), au Mans, département de la Sarthe.

Société Littéraire et d'Agriculture (la), à Saint-Brieux, département des Côtes-du-Nord.

Sorbier, général de division, inspecteur-général d'artillerie, à Sury, département de la Nièvre.

Soulié, propriétaire, à Villefranche, département de l'Aveyron.

Sourdeau, à Paris.

Stremberg, directeur du Haras national, à Rozières, département de la Meurthe.

Sultor (*J.-P.*), médecin, à Luxembourg, département des Forêts.

Swediaur (*F.*), médecin, de la Société d'agriculture du département de la Seine, à Paris.

T

Terradon, président du Tribunal de première instance, de la Société d'agriculture du département de la Creuse, à Bourganeuf.

Tesses, directeur des contributions, à Montpellier, département de l'Hérault.

Tessier, de l'Institut national de France, de la Société d'agriculture du département de la Seine, à Paris.

Testet, propriétaire-cultivateur, à Soubise, département de la Charente-Inférieure.

Thomas (*J.*), négociant, à Metz, département de la Moselle.

Thouin (*André*), de l'Institut national de France, de la Société d'agriculture du département de la Seine, à Paris.

Tilliard, libraire, à Paris. *Douze exemplaires.*

Tournay (*Nioche de*), correspondant de la Société d'agriculture du département de la Seine, secrétaire-général de la Société libre des arts du département de la Sarthe, au Mans.

Tourton, banquier, à Paris. *Deux exemplaires.*

Traullé, commandant-d'armes, à Mézières, département des Ardennes.

Treille (*André*), médecin, à Bassoue, département du Gers.

Troisœufs, ex-membre du Corps législatif, à Paris.

Trouard-de-Riolle, de la Société d'agriculture de la Rochelle, propriétaire, à Maillezai, département de la Charente-Inférieure.

V

Valadier, propriétaire, correspondant de la Société d'agriculture du département de la Seine, à Villefranche, département de l'Aveyron.

Vallot (*Jacques-Nicolas*), médecin, correspondant de la Société d'agriculture du département de la Seine, à Dijon, département de la Côte-d'Or.

Verchere-Arcelot, à Dijon, département de la Côte-d'Or.

Vergnes, général de brigade, préfet du département de la Haute-Saône, à Vesoul. *Deux exemplaires.*

Vergnies-Bouischere, correspondant de la Société d'agriculture du département de la Seine, à Vic-Dessos, département de l'Arriege.

Vergnies (*Jean-Joseph*), conseiller de Préfecture, à Foix, département de l'Arriege.

Vidaillan, secrétaire de la Société d'agriculture du département du Gers, à Auch.

VIGNANCOUR (*J.*), homme de loi et cultivateur, à Pau, département des Basses-Pyrénées.

VIGNE, notaire, membre du Conseil-général de Préfecture du département de l'Ardèche, à Autraigues.

VILLAINES (de), propriétaire, à Saint-Sévère, département de l'Indre.

VILLÈLE-CAMPOLIAC, correspondant de la Société d'agriculture du département de la Seine, à Toulouse, département de la Haute-Garonne.

VILLEMET, secrétaire de la Société libre d'agriculture et arts du département de la Meurthe, correspondant de la Société d'agriculture du département de la Seine, à Nancy.

VILLEMSENS (*J.-B.*), chef de division, à la Préfecture du département de la Seine, à Paris.

VILMORGE (de), à Angers, département de Maine-et-Loire.

VILMORIN (*Philippe-Victoire*), de la Société d'agriculture du département de la Seine, à Paris.

VIVAUX, marchand de fer, à Paris.

VOLANT (*Calixte*), libraire, à Paris. *Deux exemplaires.*

VOSS et COMPAGNIE, libraires, à Leipsik. *Dix exemplaires.*

W

WILKENS (*J.-L.*), agent des relations commerciales de sa majesté le Roi de Prusse, vice-président de la Société d'agriculture du département de la Charente-Inférieure, à la Rochelle.

WILLERMOZ aîné, de la Société d'agriculture du département du Rhône, à Lyon.

Y

YVART (*Victor*), de la Société d'agriculture du département de la Seine, cultivateur, à Maisons.

ELOGE
D'OLIVIER DE SERRES,
SEIGNEUR DU PRADEL,
AUTEUR DU THÉATRE D'AGRICULTURE,

Pɴᴏɴᴄᴇ́ dans la Séance publique de la Société d'Agriculture du Département de la Seine, à Paris, le premier jour complémentaire an XI (18 Septembre 1803).

Pᴀʀ N. FRANÇOIS (ᴅᴇ Nᴇᴜғᴄʜᴀᴛᴇᴀᴜ).

INTRODUCTION.

Cɪᴛᴏʏᴇɴs, le Gouvernement vous ayant demandé une nouvelle édition du *Théâtre d'Agriculture*, comme ouvrage classique en fait d'agronomie, vous m'avez fait l'honneur de me charger du soin de placer, à la tête de cette édition, le tribut de l'Éloge que nous devons à son auteur; je viens remplir ici, en qualité de Membre de la Société, ce que, dans un autre moment, j'avois désiré d'elle, en qualité d'organe des Magistrats suprêmes (*): heureux de satisfaire à-la-fois mon penchant pour le premier des arts, et ma juste admiration pour le premier François qui l'a complètement traité !

Toutes les circonstances sont favorables aujourd'hui, pour

______

(*) Voyez ci-après, dans les pièces relatives à cette édition, et annexées à cet Éloge, les lettres des ministres de l'intérieur *Bénézech* et *François (de Neufchâteau)*.

rendre cet hommage à l'illustre OLIVIER DE SERRES. Il écrivoit sous un héros qui avoit retiré la France du cahos des guerres civiles ; nous avons le même avantage. Alors, presque tous les esprits, lassés des factions et des tourmentes politiques, se tournoient vers les arts paisibles et les objets utiles. Avec la même lassitude, nous sentons le même besoin ; nous voulons aujourd'hui que la reconnoissance restitue aux amis des hommes, l'encens que la bassesse prodigua trop long-temps aux fléaux de l'humanité. Quel beau jour pour l'agriculture, que celui où les citoyens de la première de nos villes se rassemblent en foule pour entendre l'Éloge solemnel et public d'un simple laboureur ! Je dis d'un simple laboureur, car aujourd'hui c'est son seul titre. Si OLIVIER DE SERRES n'avoit été que gentilhomme et seigneur du fief du Pradel, nous ne serions pas tous ici réunis pour le célébrer.

Mais, si j'ai bien compris ce que l'on doit entendre par l'Éloge d'un homme digne d'être loué ; si vous me demandez, non pas des phrases oratoires, non pas des épisodes étrangers au sujet, mais une notice historique et des faits qui peignent la vie du respectable auteur du *Théâtre d'Agriculture*, je ne puis vous dissimuler que cette tâche est à-peu-près impossible à remplir, et qu'un talent supérieur à mes foibles efforts ne pourroit suppléer ici au défaut absolu des matériaux les plus simples, et des renseignemens même les plus vulgaires, sur le sujet qui nous occupe. Plus ce sujet vous intéresse, plus votre attente est grande, et plus je crains de la tromper.

Deux frères, du nom de DE SERRES, ont rendu ce nom très-illustre dans le seizième siècle. Le premier étoit *Jean de Serres*, dont le président *de Thou* dit qu'il s'étoit fait une grande réputation dans les belles-lettres. L'autre étoit OLIVIER DE SERRES, dont le même *de Thou* se borne à dire qu'il étoit le frère de *Jean*, et qu'il avoit fait un Écrit sur la *Cueillette des Vers à soie*, pour seconder l'envie que le roi Henri IV avoit de propager en France les vers à soie et les mûriers.

Voilà tout ce que nous trouvons sur ces deux hommes remarquables, dans l'historien de leur temps le plus accrédité.

Il est vrai qu'on a cru reconnoître Olivier de Serres, dans un passage assez frappant d'un autre livre de l'Histoire du président *de Thou*. Il y parle d'un capitaine Pradel, ou Lapradelle (en latin *Pradela*), lequel, en 1573, c'est-à-dire, l'année d'après la Saint-Barthélemy, exerça sur les prêtres d'un synode du Vivarais, les représailles du massacre, dont les matines de Paris avoient donné l'affreux exemple; car toujours les assassinats attirent des assassinats. Mais le capitaine Pradel ne peut être notre Olivier. Ce trait ne sauroit s'appliquer à la conduite pacifique qu'il tint toute sa vie, dont il se loue dans la préface du *Théâtre d'Agriculture*, et dont nous verrons ci-après qu'on a fait un trait distinctif de son panégyrique, puisqu'on le félicite d'avoir les mains pures de sang, dans une époque où les François s'en étoient presque tous souillés. Le président *de Thou* connoissoit Olivier de Serres; il l'appelle bien par son nom (en latin *Serranus*), et il ne l'auroit point appelé *Pradela*. Que ce soit son père, ou un autre, j'y consens; mais j'insiste pour qu'on n'impute pas à Olivier de Serres, sur une équivoque de nom, un fait incompatible avec tout ce qu'on sait de lui d'une manière plus précise. J'avoue que je suis aise de le croire innocent. J'avois besoin de le prouver. Les services qu'il a rendus à notre agriculture ne pourroient, à mes yeux, expier l'horreur d'un massacre; et je n'admire le génie, qu'autant que le génie fait aimer la vertu.

Les deux frères de Serres paroissent, en effet, avoir été deux esprits sages, dans un siècle livré aux esprits de parti.

Le cadet est celui dont le président *de Thou* fait le plus grand éloge; car il ne distingue Olivier que comme le frère de *Jean*. Comment se fait-il donc qu'un homme aussi célèbre, de son vivant, que *Jean de Serres*, soit aujourd'hui si peu connu? C'est un problème embarrassant, mais qu'il faut cependant essayer de résoudre,

d'autant qu'il s'applique aux deux frères. Nous verrons tout-à-
l'heure que la mémoire de l'aîné n'a pas été mieux conservée.

Tacite a remarqué que chaque siècle, en général, se montre indifférent au mérite contemporain ; ce qu'il disoit à Rome n'est pas
moins juste ailleurs. Vous n'ignorez pas, Citoyens, qu'on a reproché aux François leur négligence singulière à l'égard des hommes
illustres qui sont nés parmi eux. *Bayle* répète cette plainte dans
plusieurs de ses lettres. Il demandoit si *Serranus*, traducteur de
Platon, étoit ou n'étoit pas le même que l'historien *Jean de Serres*.
Il ne pouvoit trouver ni livre, ni homme vivant qui pût le lui
apprendre. On avoit perdu la mémoire de cet auteur françois qui
s'étoit si fort distingué dans le seizième siècle, non-seulement
comme théologien, mais comme philosophe, historien et poète,
qu'on le regardoit comme une Encyclopédie vivante. Ses *Commentaires sur l'état de la France* servirent à l'*Histoire Universelle
de J. A. de Thou* (et ils ont été depuis très-utiles à l'auteur de
l'*Esprit de la Ligue*). Il eut le mérite d'introduire dans l'histoire l'exactitude des dates. Il fut historiographe de France après
du Haillan et *Vignier*. Quoique ministre de la religion réformée,
élevé à Lausanne, forcé de se sauver à Berne pour éviter d'être
compris dans la sanglante tragédie du 24 Août 1572, il étoit si modéré, qu'il contribua à la conversion d'Henri IV, en lui avouant
qu'on pouvoit se sauver dans l'Église romaine. Il voulut, comme
Érasme, *Melanchthon*, *Dumoulin*, *Casaubon*, *Grotius*, et tant
d'autres hommes célèbres, concilier ensemble toutes les sectes, ou
plutôt toutes les familles chrétiennes; mais on a remarqué que ces
pacificateurs de religion ne satisfont d'ordinaire aucun des partis
qu'ils veulent rapprocher, et s'attirent presque toujours certainement
la haine du leur. Ce grand ami de la concorde n'en recueillit, en
effet, d'autre récompense que les injures des deux partis, et l'on
soupçonna même qu'il étoit mort empoisonné. *Sanderus* le met à
la tête de ces détestables adiaphoristes, qui n'ont, dit-il, aucune

religion, puisqu'ils veulent que l'on tolère, dans l'État, toutes les religions. C'est ainsi que l'on raisonnoit dans le seizième siècle. J'ai peur que, dans le dix-neuvième, il ne nous reste encore des raisonneurs de cette force. O malheur de l'esprit humain ! quoi ! si des frères sont brouillés, chercher à les raccommoder, est-ce donc un crime envers eux ? *Jean de Serres* en fit l'épreuve. Il avoit composé un grand nombre d'ouvrages. Il alloit publier un *Théâtre du Languedoc*, dont les États de la Province avoient senti l'utilité. Son *Inventaire de l'Histoire de France* fut, pendant très-long-temps, le seul ouvrage élémentaire où l'on pût prendre des notions de notre histoire. Sa traduction de *Platon* en latin, immortalisée par les presses d'*Henri Etienne*, a de bonnes parties, et sur-tout d'excellens sommaires. Il avoit ouvert la lice où se signala depuis le grand *Arnauld*, en composant plusieurs volumes sous le titre d'*Anti-Jésuite*. Cependant tout ce qui le concerne est ignoré. *Koenig* fait de ce *Jean de Serres* trois personnages différens. On ne sait précisément où, ni quand il est né, ni de qui il étoit fils. Aucun biographe n'en a parlé en connoissance de cause. Ceux qui en ont parlé l'ont traité avec dureté, à l'exception de *Prosper Marchand*, qui a rassemblé, sur son compte, des notes curieuses dans son *Dictionnaire historique*, mais qui n'a pu suppléer que très-imparfaitement au silence des autres dictionnaires et au défaut des monumens contemporains.

Nous sommes bien moins avancés pour OLIVIER DE SERRES. Il n'a pas même eu l'avantage de trouver un *Prosper Marchand*. Aucun de nos dictionnaires ne lui a consacré un article de quelques lignes ; car ces lexicographes, qui enregistrent les grands hommes, compilant au hasard des anecdotes hasardées, ou bien enflant leurs catalogues de noms indifférens, que l'on n'y cherche point, ne savent souvent pas les noms vraiment recommandables que l'on s'attend à y trouver.

Le silence des biographes sur l'homme à qui la France a été

redevable du *Théâtre d'Agriculture*, s'explique jusqu'à un certain point, par l'oubli dans lequel cet ouvrage a paru demeurer plus d'un siècle. Après avoir eu coup sur coup un grand nombre d'éditions, depuis la première, dédiée à Henri IV, et publiée à Paris en 1600, jusqu'à la dix-neuvième ou vingtième, en 1675, ce livre a cessé tout-à-coup d'être réimprimé.

Il faut en convenir, le siècle de Louis XIV, si fertile en grands monumens et en chefs-d'œuvres de tout genre, loin d'avoir l'avantage qu'eut le siècle d'Auguste de voir naître les *Géorgiques*, s'est fait remarquer, au contraire, par son indifférence au sujet de l'agriculture. Dans la liste nombreuse de ses hommes célèbres, on trouve des *Sophocle*, des *Cicéron* et des *Horace* ; on n'y voit point de *Columelle* ; car on ne peut considérer comme un corps de doctrine agraire les écrits de *de la Quintinye*, qui n'a traité que des Jardins, ni le dictionnaire compilé par *Chomel*, quoique d'ailleurs fort estimable. A la fin de ce règne, le jésuite *Vanière*, compatriote d'OLIVIER DE SERRES, fit sur l'économie champêtre un poëme admirable ; mais cet ouvrage est en latin, et l'on ne croyoit pas alors que les muses françoises pussent s'abaisser aux détails du ménage des champs. C'étoit un préjugé, mais ce préjugé même peint bien l'esprit anti-rural d'un siècle de luxe et de gloire, siècle très-brillant, il est vrai, mais qui ne fut, en aucun sens, le siècle des campagnes, et qui auroit cru s'avilir, s'il en avoit parlé la langue.

Le malheur est l'école des peuples et des rois. Vers le déclin de ce long règne, les calamités de la guerre et les fléaux de la nature sembloient se réunir pour épuiser la France. Le colosse de sa grandeur périssoit par sa base, et les suites funestes de l'hiver de 1709 avertirent enfin les habitans des villes de l'importance des campagnes. La misère publique fit songer à l'agriculture. A cette époque, un écrivain laborieux, *Liger*, reproduisit, sous mille formes différentes, des compilations qu'il appeloit *Maisons rustiques* ; leur titre les fit réussir. Mais quelles étoient loin du livre d'OLIVIER

DE SERRES! On les préféra cependant, parce qu'elles étoient, dit-on, en françois plus moderne. Les soins qu'on avoit pris pour épurer la langue, firent abandonner le *Théâtre d'Agriculture*, comme un ouvrage suranné. Voilà du moins quelle est l'opinion commune; mais je ne la partage pas : je dois motiver mon avis.

Les révolutions de la langue françoise ont fait vieillir, en effet, un grand nombre de livres; mais il est des auteurs que leur naïveté, ou leur précision a sauvés du naufrage des compositions gauloises. Ces auteurs font aimer leur physionomie antique. Ils ont une couleur à eux : la rajeunir, c'est l'altérer, comme on dégrade un vieux palais qu'on s'avise de regratter. C'étoit l'avis de *Bayle*. *Boileau* se moque aussi de celui qui avoit traduit le françois d'*Amyot*. On ne pourroit pas supporter une version de *Montaigne*. Nous croyons qu'OLIVIER DE SERRES est un peu de la même trempe. L'intérêt d'un livre a trois sources, le sujet, le plan et le style. Le *Théâtre d'Agriculture* réunit ces trois avantages : le sujet en est bien saisi; l'ordonnance en est simple et grande; quant au langage de l'auteur, on voit qu'il avoit fait d'excellentes études, et que les formes de son style sont celles des auteurs classiques. Il jette dans ce moule des notions si justes, des idées si précises, et des conceptions si nettes, qu'une sorte de charme est encore attachée à sa manière de les rendre. En lisant posément le *Théâtre d'Agriculture*, on l'entend sans aucune peine; malgré la grammaire moderne, on s'habitue à ses tournures, on aime à remonter au temps où l'auteur écrivoit. Nous nous plairions à conférer avec un bon vieillard qui eût vécu sous Henri IV, et qui lui eût parlé. En dépit de son vieux langage, s'il avoit de l'esprit, nous saurions l'écouter avec attention. Eh bien! voilà précisément l'espèce de plaisir que donne le livre d'OLIVIER DE SERRES. Ce n'est donc pas son style qui a dû tout-à-coup lasser ses imprimeurs, ou lui dérober ses lecteurs.

Voici une autre conjecture, que je crois plus probable. Peut-être cet ouvrage, étant celui d'un protestant, s'est ressenti, comme bien d'autres, de la proscription prononcée contre la Réforme. Il est certain que cette cause influa sur la renommée de l'historien *Jean de Serres*, et il est apparent qu'on crut devoir envelopper dans les mêmes préventions le *Théâtre d'Agriculture*, composé par son frère aîné, quoique ni le sujet du livre, ni rien, dans la manière dont notre OLIVIER l'a traité, pût prêter à des idées de controverse dogmatique. Mais l'esprit de parti n'y regarde pas de si près : il excuse tout dans les siens, il condamne tout dans les autres, il ne peut rien souffrir qui ne porte pas ses livrées. En révoquant l'édit de Nantes, on retira les priviléges de tous les livres composés par les disciples de *Calvin*, et, pendant un siècle et demi, les presses catholiques n'osèrent reproduire le *Théâtre d'Agriculture*, parce que son auteur étoit, après sa mort, au nombre des non-conformistes.

Ce silence étonnant sur OLIVIER DE SERRES, a duré trop long-temps en France. On en est d'autant plus surpris, que son livre, comme on l'a dit, avoit, dès sa naissance, joui d'un grand succès pendant plus d'un demi-siècle. Les contemporains en jugèrent d'une manière favorable. Voici ce qu'en disoit le fameux *Joseph Scaliger* : «L'Agriculture d'OLIVIER DE SERRES est fort » belle ; elle est dédiée au roi, lequel trois ou quatre mois durant, se » la faisoit apporter après dîner, après qu'on la lui eut présentée ; » il est fort impatient, et si, il lisoit une demi-heure. » (*Scalig. adit. ij*, *pag*. 366.)

Il s'agit du roi Henri IV, et ces lignes de *Scaliger* sont extrêmement curieuses. Mais on ne s'étoit pas avisé de les déterrer dans le recueil assez confus d'entretiens familiers, appelé *Scaligerana*. On avoit donc perdu de vue le *Théâtre d'Agriculture*, et sur-tout son auteur.

Des savans, qui s'étoient chargés de nous faire connoître tous les meilleurs ouvrages anciens et modernes, relatifs à l'agriculture, paroissent avoir ignoré notre OLIVIER DE SERRES. Il n'est pas même cité dans une notice de plus de trente pages, consacrée aux écrivains agronomes, par l'abbé *de Petity*, prédicateur de la reine, auteur d'une *Bibliothèque des Artistes et des Amateurs*, devenue depuis, sur le titre, une *Encyclopédie élémentaire*, en trois volumes *in-4°.* (1766). *Prosper Hérissant*, auteur de la *Bibliothèque physique de la France* (1771, *in-8°.*), se contente de le nommer : il le connoissoit si peu, qu'il l'avoit désigné d'abord comme médecin, et il confondoit son livre, le seul corps de doctrine que nous eussions alors en France, sur l'art de cultiver la terre, avec les compilations de *Charles Estienne* et de *Jean Liébault*, qui ont du mérite pour leur temps, mais qui sont très-inférieures au *Théâtre d'Agriculture*.

Une méprise bien plus forte, est celle qui est échappée à l'abbé *de l'Écluse*, rédacteur des *Mémoires de Sully*, en 1745. Il transforme OLIVIER DE SERRES en un manufacturier provençal, nommé *Serran*, qui entreprit, dit-il, de faire des étoffes de l'écorce la plus fine des mûriers (tome II, *in-4°.* page 473). Il est clair que ce prétendu manufacturier provençal est notre grand agriculteur languedocien, et qu'il s'agit ici de sa découverte importante sur le parti qu'on peut tirer de l'écorce du mûrier blanc.

On ne peut le dissimuler : ce sont des étrangers qui ont commencé à lui rendre une justice entière. *Pattullo*, écossois, auteur d'un *Essai sur l'amélioration des terres*, publié en 1758, soutint, à cette époque, que l'agriculture, du temps d'Henri IV, étoit meilleure que celle du règne de Louis XV, et il ne lui fut pas difficile d'en trouver les preuves dans l'ouvrage d'OLIVIER DE SERRES.

Le *Linné* de la Suisse, le célèbre *Haller*, dans sa *Bibliothèque Botanique*, n'en parle pas avec moins d'estime. Il caractérise en peu de mots, suivant son usage, le *Théâtre d'Agriculture*. De la part de *Haller*, ces mots valent tout un éloge. Il dit que c'est un grand et bel ouvrage, d'un homme qui parle d'après son expérience, qui aime les moyens simples, et qui ne cherche pas des artifices dispendieux. *Haller* ajoute un autre trait non moins caractéristique de l'exactitude et des soins avec lesquels OLIVIER DE SERRES a écrit, c'est qu'il est le premier agronome qui nous ait donné en détail l'histoire de la pomme de terre, alors assez récemment apportée d'Amérique. L'influence de la découverte du Nouveau-monde, qui a changé, à tant d'égards, la face de l'ancien Continent, n'étoit pas encore bien appréciée; on ne faisoit attention qu'aux mines du Pérou; mais la conquête de la pomme de terre, plus précieuse que les mines, ne pouvoit échapper au génie d'OLIVIER DE SERRES.

Dès 1738, dans un petit ouvrage latin, sur le genre de l'ail, *Haller* avoit cité la méthode indiquée par OLIVIER DE SERRES pour faire grossir les aulx.

M. *Arthur Young*, dans son voyage en France, avant la révolution, a voulu se faire conduire au Pradel (ancien domaine d'OLIVIER DE SERRES, occupé aujourd'hui par M. de Mirabel, héritier d'OLIVIER DE SERRES par les femmes). M. *Young* parle du Pradel et de notre OLIVIER avec enthousiasme. Nous savons même que, lorsqu'il apperçut de loin une vieille tour, du temps d'OLIVIER DE SERRES, qui existe encore, et qu'on a eu le mérite de conserver dans les constructions modernes du Pradel, il descendit de cheval, et salua ce monument antique et vénérable par des génuflexions et des exclamations multipliées. La publication du voyage de M. *Arthur Young* n'a pas peu contribué à réveiller, en France, l'attention publique sur la culture en général, et en particulier sur OLIVIER DE SERRES. Mais il faut l'entendre lui-même.

« Arrivé à Villeneuve-de-Berg, le 20 Août 1789, je demandai,
» dit-il, où l'on pouvoit trouver, dans ce pays, Pradelles, dont
» étoit seigneur OLIVIER DE SERRES, écrivain fort célèbre sur
» l'agriculture, pendant le règne d'Henri IV. On me montra, sur-
» le-champ, de la chambre où nous étions, la maison qui lui

» appartenoit dans Villeneuve, et l'on m'informa que Pradelles étoit
» à une lieue de la ville. Comme c'étoit un objet dont j'avois pris
» note avant que de venir en France, cela me donna beaucoup de
» satisfaction. M. *de la Boissière*, avocat-général au parlement
» de Grenoble, qui a traduit *Sterne* en françois, vint me trouver,
» et, comme je paroissois m'intéresser fort à OLIVIER DE SERRES,
» offrit d'aller avec moi à Pradelles. C'étoit une chose que je désirois
» avec trop d'ardeur pour la refuser, et j'ai passé peu d'après-midi
» plus agréablement. Je contemplai la résidence du père de l'agri-
» culture françoise (qui étoit, sans contredit, un des premiers
» écrivains sur ce sujet, qui eût encore paru dans le monde), avec
» cette espèce de vénération, qui ne peut être sentie que par ceux
» qui se sont fortement adonnés à quelque recherche favorite, et
» qui se trouvent, dans de pareils momens, satisfaits de la manière
» la plus délicieuse.

» Qu'il me soit permis (c'est toujours M. *Arthur Young* qui parle
» d'OLIVIER DE SERRES), qu'il me soit permis d'honorer sa
» mémoire deux cents ans après sa mort! C'étoit un excellent cul-
» tivateur et un vrai patriote, et Henri IV ne l'auroit pas choisi
» comme son principal agent dans le grand projet d'introduire la
» culture de la soie en France, s'il n'avoit pas joui d'une grande
» réputation, bien méritée, sans doute, puisque la postérité l'a
» confirmée. Le temps où il pratiquoit l'agriculture est trop éloigné
» pour que l'on puisse donner autre chose qu'une esquisse de ce
» que l'on supposoit être sa ferme. Le fond du sol est de pierre
» à chaux; il y a un grand bois de chênes près du château, et
» plusieurs vignobles avec nombre de mûriers, dont quelques-uns,
» en apparence, assez vieux pour avoir été plantés de la main de
» ce vénérable génie, qui a rendu ce sol classique. La terre de Pra-
» delles, qui rapporte environ cinq mille livres de rente, appartient
» à présent au marquis de Mirabel, qui l'a héritée du côté de sa
» femme, comme descendante de DE SERRES. Je souhaiterois

» (continue encore M. *Young*) qu'elle fût, pour toujours, exempte
» d'impôts. Celui dont les écrits ont jeté les fondemens de l'amé-
» lioration d'un royaume, devroit laisser à la postérité quelques
» marques de la reconnoissance de ses compatriotes. Quand on
» montra au présent évêque de Sisteron la ferme de DE SERRES,
» il dit que la Nation auroit dû élever une statue à sa mémoire. Ce
» sentiment n'est pas sans mérite, quoique ce ne soit qu'une ex-
» pression ordinaire. » (*Voyages en France, pendant les années 1787—1790, par Arthur Young, traduits par F. Soulès,*
tome II, *in*-8°., page 41.)

Tel est le témoignage solemnel, énergique et pur, que rend à
OLIVIER DE SERRES un illustre étranger ! Sans doute, il est beau
qu'un Anglois, lui-même agronome célèbre, soit venu du fond de
son Isle, pour s'incliner avec respect devant une tour du Pradel.
Il ne faut pas croire pourtant que tous les François fussent également insoucians sur OLIVIER DE SERRES, et eussent besoin qu'un
Anglois vînt leur apprendre à l'estimer. Ce qu'il nous dit lui-même
d'un évêque de Sisteron, prouve qu'un prélat catholique disoit
hautement que la France devoit une statue à OLIVIER DE SERRES.
En attendant cette statue, d'illustres écrivains françois avoient déjà
rendu au génie d'OLIVIER des hommages peut-être plus durables
et plus flatteurs que les monumens publics.

Le savant *Boissier de Sauvages*, qui a beaucoup écrit sur la
culture du mûrier et sur les vers à soie, met OLIVIER DE SERRES
à la tête des écrivains qui ont traité de cette matière.

OLIVIER, dans le même temps, recueilloit à Bordeaux un suffrage d'un bien grand poids. Dans une notice biographique sur
J. B. Secondat, fils de l'illustre *Montesquieu,* nous voyons que
M. *de Secondat* s'occupoit particulièrement de la partie d'histoire
naturelle qui regarde l'agriculture, et, qu'entre autres livres d'agronomie qu'il affectionnoit, il savoit par cœur OLIVIER DE SERRES.
M. *de Secondat* est mort en 1796, âgé de soixante-dix-neuf ans;

mais il avoit publié différens ouvrages sur l'histoire naturelle, depuis 1740, jusqu'en 1766. C'est alors qu'il a dû connoître et étudier OLIVIER DE SERRES. Or, c'est précisément l'époque où tous les biographes françois gardoient un honteux silence sur le *Théâtre d'Agriculture*. Honneur au fils de l'immortel *Montesquieu*, qui a su apprécier l'ouvrage d'un homme de génie, condamné à un injuste oubli !

Le célèbre *Rozier* paroît être le premier qui ait rappelé publiquement et à plusieurs reprises, aux François, le mérite d'OLIVIER DE SERRES. En 1781, dans le premier volume du *Cours d'Agriculture*, il s'étaya de son autorité pour prouver que la culture du safran, originaire des Pyrénées et des Alpes, a commencé en France par l'Albigeois, et que, de cette province, elle a passé dans le comtat d'Avignon, en Provence ; et, en tirant du midi au nord, dans l'Angoumois, dans le Gâtinois, en Normandie, en Angleterre, etc.

Dans la préface de son septième volume (publié en 1786), *Rozier* annonçoit qu'il donneroit, immédiatement après son grand ouvrage, une nouvelle édition du *Théâtre d'Agriculture*. Il vouloit mettre son nom, dans l'avenir, sous la sauve - garde de celui d'OLIVIER DE SERRES qui lui paroissoit, même de nos jours, mériter de servir de guide aux agriculteurs.

Notre collègue, le *C. Parmentier*, publia (dans le cours de cette même année 1786) son *Mémoire sur les avantages que la province de Languedoc peut retirer de ses grains* ; il profita de cette circonstance, pour retracer le mérite de l'ouvrage d'OLIVIER DE SERRES, qui étoit languedocien ; il observa avec candeur que plusieurs modernes l'avoient mis à contribution sans le nommer ; et, pour prouver la sincérité de ses éloges, il citoit quatre précieux passages du *Théâtre d'Agriculture*, 1°. sur l'espèce de blé, connu sous le nom de blé de Barbarie, de Smyrne, etc. ; 2°. sur les semences ; 3°. sur la trop grande fertilité des blés ; 4°. sur l'opération de battre au fléau.

Si l'on veut se faire une idée de l'étendue des connoissances que possédoit l'auteur du *Théâtre d'Agriculture*, et de la quantité de choses positives que nous ne saurions pas sans lui, il faut voir le parti qu'a tiré de son livre l'auteur de l'*Histoire de la vie privée des François*. Dans cette curieuse histoire, *le Grand d'Aussi* copie notre OLIVIER à chaque page, et ne désavoue pas qu'il lui est redevable d'une foule de traits qui peignent la vie intérieure et les usages domestiques du temps de nos ancêtres.

Enfin, le moment de la justice complète est arrivé : un autre de nos collègues, le C. *Broussonet*, jaloux de réparer authentiquement l'oubli qu'on avoit fait long-temps de l'un des hommes les plus illustres de sa patrie, proposa un prix à celui qui, au jugement de la Société royale des sciences de Montpellier, feroit le mieux l'éloge historique de cet homme recommandable. Le concours fut ouvert pendant plusieurs années. Les membres les plus distingués de la Société des sciences de Montpellier s'empressèrent de faire revivre la mémoire de leur compatriote. Le C. *Chaptal* consacra une des séances de cette compagnie savante, par un très-beau panégyrique de l'agriculture elle-même, et d'OLIVIER DE SERRES, considéré, en France, comme le premier interprète de ce premier des arts. Le C. *Amoreux* suivit les mêmes traces. Deux réputations du siècle d'Henri IV ressuscitoient en même-temps. Un paysan de la Saintonge, *Bernard de Palissy*, sembloit renaître en quelque sorte, et ses ouvrages reproduits étonnoient les physiciens. L'agronome du Languedoc avoit encore plus de titres pour reparoître avec éclat. Le *Théâtre d'Agriculture* fut relu et apprécié dans un siècle où l'on commençoit à sentir toute l'importance du sujet de ce livre, et à juger plus sainement des connoissances variées qu'il suppose dans son auteur. Enfin, le prix offert si honorablement par le C. *Broussonet*, a été décerné, en 1790, à un discours, composé par feu M. *Dorthès*, qui contient un extrait bien fait des ouvrages d'OLIVIER DE SERRES. C'étoit, sans doute, la meilleure

manière

manière de les louer. L'épigraphe de ce discours m'a paru fort
heureuse : elle est tirée de la préface du *Théâtre d'Agriculture*,
dans l'endroit où OLIVIER dit : « Qui peut nier que ceux qui
» ont escrit les premiers, n'ayent beaucoup faiet, seulement en
» monstrant le chemin, et rompant la glace aux autres ? » Cette
préface prouve que, du temps d'OLIVIER DE SERRES, comme
dans notre siècle, on contestoit déjà le service que rendent les
écrivains agronomiques. « Il y en a, dit-il, qui se mocquent de
» tous les livres d'agriculture, et nous renvoyent aux paysans sans
» lettres, lesquels ils disent estre les seuls juges competans de ceste
» matière. » OLIVIER fait, à ce sujet, une très-forte apologie du
soin qu'il avoit pris, de recueillir, dans son ouvrage, les principes
de la science « la plus nécessaire au genre humain. » M. *Dorthès*
n'a pas de peine à traiter cette question, d'après notre OLIVIER
lui-même ; mais, d'ailleurs, cet éloge ne présente presqu'aucun
détail certain sur la patrie de l'auteur, sur sa naissance, sur sa vie
et sur sa mort.

On y voit seulement la copie d'une lettre que Henri IV adresse,
de Grenoble, le 27 Septembre 1600, *à noble* OLIVIER DE SERRES,
seigneur du Pradel. Cette dépêche annonce la confiance du roi,
qui le prie d'assister un de ses envoyés, chargé d'une mission, dont
M. *Dorthès* croit qu'on ne connoît pas l'objet. Voici la teneur de
la lettre :

« M. du Pradel, vous entendrez par le sieur de Bordeaux, par
» les mains duquel vous recevrez la présente, l'occasion de son
» voyage en vos quartiers, et ce que je désire de vous. Je vous prie
» donc de l'assister en la charge que je lui ai donnée ; et vous me
» fairez service très-agréable. Sur ce, Dieu vous ait, M. du Pradel,
» en sa garde. Ce 27 Septembre, à Grenoble. *Signé*, HENRI. »

Il est étonnant que l'auteur de l'éloge d'OLIVIER DE SERRES,
couronné à Montpellier, dise que nous ignorons l'objet dont
OLIVIER étoit chargé par cette lettre, tandis qu'OLIVIER lui-

même a pris soin de nous en instruire. Il s'agit ici d'une des circonstances les plus importantes de sa vie, sur laquelle, au moins,
nous avons des renseignemens précieux, et qui ont justement
frappé M. *Arthur Young.* Nous voyons, en effet, dans l'ouvrage
sur *La Cueillette de la soye*, dédié à MM. de l'Hôtel-de-Ville de
Paris, par notre excellent agronome, et qui fait partie, aujourd'hui,
du *Théâtre d'Agriculture* (Lieu V, chapitre XV), qu'en 1599,
Henri IV avoit demandé à OLIVIER DE SERRES, un discours, ou
ce que nous appellerions aujourd'hui un rapport, sur les moyens
d'introduire la soie en France, «pour qu'elle se voye rédimée, est-il
» dit, de la valeur de plus de quatre milions d'or, que tous les ans il
» en faloit sortir, pour la fournir des estofes composées de ceste ma-
» tière, ou de la matière mesme.» D'après le rapport d'OLIVIER,
qui eut, à cet égard, l'honneur de l'emporter sur l'opinion de *Sully*,
le roi avoit pris la résolution de faire élever des mûriers blancs.
C'étoit le premier pas à faire, avant d'avoir des vers à soie. Afin de
mieux donner l'exemple, le roi vouloit que ces mûriers fussent
placés «par tous les jardins de ses maisons. Et, pour cest effect,
» continue OLIVIER DE SERRES, l'année ensuivant, que sa
» majesté fit le voyage de Savoye; elle envoya en Provence,
» Languedoc, et Vivares, monsieur de Bordeaux, baron de
» Colonces, sur-intendant général des jardins de France, seigneur
» rempli de toutes rares vertus : et, par ceste mesme voye, le roi
» me fit l'honneur de m'escrire, pour m'employer au recouvrement
» desdits plants, où j'apportai telle diligence que au commencement
» de l'an six cens un (1601), il en fut conduit à Paris, jusques
» au nombre de quinze à vingt mil. Lesquels furent plantés, en
» divers lieux dans les jardins des Tuilleries, où ils se sont heureu-
» sement eslevés..... Et pour d'autant plus accélérer et avancer
» ladicte entreprinse, et faire cognoistre la facilité de ceste manu-
» facture, sa majesté fit exprès construire une grande maison au
» bout de son jardin des Tuilleries à Paris, accommodée de toutes

» choses nécessaires, tant pour la nourriture des vers, que pour
» les premiers ouvrages de la soye (*). . . . Voilà le commencement
» de l'introduction de la soye au cœur de la France. » (*Ibidem.*)

Observez, Citoyens, combien, dans cette lettre si simple en
apparence, et qui semble insignifiante, tout est digne d'attention !
Voyez sa date, son objet, et sur-tout son succès ! Au moment où
Henri l'écrivoit, cette lettre, il étoit à Grenoble, à l'occasion de
la guerre où il avoit été engagé, malgré lui, par la mauvaise foi du
duc de Savoie. Une expédition militaire, pénible et embarrassante,
ne le détournoit pas des soins d'un bon gouvernement. Il avoit à
cœur de faire gagner à des François le prix de la grande quantité
de soie qui se tiroit de l'étranger, pour être consommée en France ; il
désiroit que cet établissement fît, en quelque sorte, l'ouverture d'un
nouveau siècle. Il se rappelle, sur ce point, le discours d'OLIVIER
DE SERRES, et il s'adresse à lui avec la plus entière et la plus juste
confiance ; et, dès l'année suivante, ce grand projet, remis au zèle
d'OLIVIER, se trouve exécuté, et le jardin des Tuileries changé en
une pépinière qui améliore, à-la-fois, l'agriculture et le commerce.
On est étonné d'un tel spectacle. A la voix de Henri, le cultivateur
du Pradel frappe du pied la terre ; et il en sort, dans un instant, des
forêts de mûriers. On est bien aise de savoir aussi qu'il y avoit alors
une charge de surintendant des jardins de France, et que l'homme
important, ou, pour parler le langage de ce temps-là, le seigneur
qui occupoit cette place, député par le roi vers un bon campa-
gnard, alloit le trouver dans sa ferme, et se concerter avec lui.
Voilà certainement le trait le plus capable d'honorer, à-la-fois,
l'auteur du *Théâtre d'Agriculture*, et le monarque qui fut digne
d'en recevoir la dédicace. Cette lettre d'un roi, correspondant d'un
laboureur, cette lettre est un monument bien rare dans les fastes de

---

(*) Toute la partie du jardin connue aujourd'hui sous le nom de l'*Orangerie*, du côté de
la rue Saint-Florentin, au bout de la terrasse des Feuillans, étoit alors destinée à élever les
vers à soie, et à loger les hommes qui en étoient chargés (les *Magnaniers*).

notre économie rurale. Je ne connois pas son pendant. Elle doit faire époque, même dans l'histoire de France. M. *Dorthès* l'a recueillie, sans soupçonner son importance. Je lui sais gré, du moins, de l'avoir conservée, et je me félicite de pouvoir mettre en tout son jour, une preuve si éclatante du discernement de Henri, et des services d'OLIVIER. Aujourd'hui, ces deux noms sont faits pour être unis, et se recommander l'un l'autre. Si l'auteur de *La Henriade* avoit connu cette anecdote, au lieu de feindre une tempête pour jeter son héros dans l'île de Jersey, chez un hermite imaginaire, j'aime à penser qu'il auroit cru devoir, de préférence, le conduire au Pradel, près d'un vrai Socrate champêtre. Et, sous la plume de *Voltaire*, cet épisode, plus conforme à la vérité de l'histoire, auroit encore mieux réuni, ce me semble, les leçons de la politique, aux beautés de la poésie. Du moins, il eût justifié ce qu'il dit si bien, à propos du simple régal qu'offre au roi le solitaire de Jersey :

> Le prince à ces repas étoit accoutumé :
> Souvent, sous l'humble toit du laboureur charmé,
> Fuyant le bruit des cours, et se cherchant lui-même,
> Il avoit déposé l'orgueil du diadème.
>
> (*HENRIADE, Ch. I.*)

Quant à moi, je l'avoue, depuis que j'ai appris que la première pépinière de mûriers, établie en France, fut plantée dans les Tuileries, d'après l'idée de Henri IV, et des mains d'OLIVIER DE SERRES ; ce superbe local, le premier de l'Europe par sa position, par la majesté de son plan, par le grand homme qui l'habite ; ce jardin magnifique a pour moi un charme de plus. Je ne pourrai plus désormais me promener aux Tuileries, sans y porter ces souvenirs, dont malheureusement il ne subsiste aucune trace. Mais n'est-il pas aisé de les y rappeler, de les y consacrer, par un monument simple, analogue au sujet et au lieu de la scène ? Pourquoi ne pas placer, dans un coin de ce beau jardin

(même, s'il le falloit, aux dépens de quelques statues de la mytho-
logie, que j'admire autant que personne, mais qui, toutes belles
qu'elles soient, sont moins intéressantes qu'un monument national); pourquoi, dis-je, n'y pas placer un bosquet de mûriers, un
marbre, et une inscription à-peu-près en ces termes?

C'EST ICI

QU'AU COMMENCEMENT DU DIX-SEPTIEME SIÈCLE,

SOUS LE RÈGNE DE HENRI IV,

ET DE L'ORDRE EXPRÈS DE CE PRINCE,

VINGT MILLE MÛRIERS BLANCS

RASSEMBLÉS ET PLANTÉS

PAR LES SOINS D'OLIVIER DE SERRES,

DONNÈRENT LE MOYEN DE PROPAGER CET ARBRE UTILE,

ET D'ÉLEVER LES VERS A SOIE,

DANS L'HEUREUX CLIMAT DE LA FRANCE.

EN MÉMOIRE DE QUOI

CE MARBRE A ÉTÉ ÉRIGÉ

SOUS LE CONSULAT DE BONAPARTE,

L'AN..... DE LA RÉPUBLIQUE.

Autour de cette inscription, des bas-reliefs pourroient offrir les
divers attributs de l'industrie rurale et manufacturière ; attributs
qu'il importe de ne pas séparer, et de représenter constamment
réunis aux yeux des citoyens.

Enfin, si l'on vouloit joindre au marbre que je propose, une de
ces grandes pensées qui doivent servir d'épigraphes à tous les
monumens publics, on pourroit y sculpter, sur la face opposée à
la première inscription, ou bien sous l'inscription même, ces mots
énergiques de *Pline* : DEUS EST MORTALI JUVARE MORTALEM, ET

HAEC AD AETERNAM GLORIAM VIA (*) ; dont le sens peut , je crois , se rendre assez exactement , par ces deux vers françois :

> Mortel, c'est être un Dieu qu'être utile aux mortels ;
> C'est le chemin qui mène aux honneurs éternels.

J'espère, Citoyens, que ceci ne paroîtra pas une digression , car c'est mon sujet même ; mais , pour traiter le reste , je n'ai plus les mêmes secours.

Cependant , on apprend encore , dans le discours de M. *Dorthès* , qu'il existe au greffe de Villeneuve-de-Berg , une généalogie de la famille de *de Serres*. D'après cette généalogie , OLIVIER eut deux frères , *Jean* , et *Raymond de Serres*. Il avoit épousé *Marguerite d'Arçons* , dont il eut sept enfans , quatre fils et trois filles. On ne sait ce qu'est devenue toute cette postérité. La révocation de l'édit de Nantes paroît avoir été bien fatale à cette famille. *Prosper Marchand* parle d'un M. *de Serres* , mort en prison au château de Guise , qui devoit être un arrière-petit-fils d'OLIVIER. Mais tout cela est extrêmement confus. M. *Dorthès* conjecture que l'historiographe de France , *Jean de Serres* , étoit l'aîné d'OLIVIER , et il se trompe évidemment. Un sonnet adressé à notre auteur , par un contemporain , et placé à la tête du *Théâtre d'Agriculture* , appelle l'historiographe de France , le *puisné* d'OLIVIER. Enfin , M. *Dorthès* dit , en parlant d'OLIVIER DE SERRES : « Nous ignorons l'année de sa naissance. »

Ce n'est qu'en dernier lieu qu'on a recouvré des dates précises à cet égard. Le C. *Caffarelli* , alors préfet du département de l'Ardèche , aujourd'hui préfet de celui du Calvados , a conçu l'heureuse idée d'acquitter , d'après le vœu de l'évêque de Sisteron , la dette de la France , en élevant un monument à la mémoire d'OLIVIER DE SERRES , dans la ville de Villeneuve-de-Berg , qu'OLIVIER lui-

---

(*) C. PLINII *Hist. Nat.* L. II, c. VII.

même appelle sa patrie. Dans le programme de la souscription pour ce monument, nous avons appris que notre auteur, né en 1539, mourut à l'âge de quatre-vingts ans, en 1619. Ces dates étoient, par hasard, consignées au bas du portrait d'OLIVIER DE SERRES, peint par un de ses fils en 1599, conservé au Pradel, et gravé à la tête de notre nouvelle édition.

On aime à étudier, dans ce portrait, la physionomie remarquable de ce patriarche de notre agriculture. *Lavater* croyoit que le front est, en quelque sorte, la carte de l'esprit et du cœur ; la tête d'OLIVIER DE SERRES l'auroit certainement frappé. Il y auroit saisi une preuve nouvelle de ce système ingénieux. Au premier coup-d'œil, on devine que cette tête fut pensante. Il est dessiné à l'âge de soixante ans ; quelques rides gravent sur son front l'empreinte de ses longs travaux : ses yeux spirituels sont d'un observateur, et tout son visage annonce la gaîté de l'humeur, la sagacité de l'esprit, et la sérénité de l'ame. Nous avons une grande obligation au C. *Caffarelli*, de nous avoir procuré ce beau portrait, qui a vraiment un caractère, et qui nous met à portée de faire voir la véritable figure d'OLIVIER DE SERRES à tous les amis de l'agriculture. Eh ! de quel ornement plus riche cette nouvelle édition pouvoit-elle être accompagnée ? Placé à la tête du livre, on diroit qu'OLIVIER l'offre lui-même à ses lecteurs. Je ne sais pas si ce portrait me fait illusion ; mais, en le regardant, je crois qu'il interroge l'avenir. Heureux le siècle qui sera digne de lui répondre ! Heureux les peuples, dont les chefs comprendront bien le sens de ce que dit l'auteur, dans son épître à Henri IV, qu'*en offrant à sa majesté le Théâtre d'Agriculture et Mesnage des Champs, il ne fait que l'entretenir de ses propres affaires !* Ce mot est bien profond, et Henri l'avoit entendu, puisqu'il se proposoit de gouverner de sorte qu'il n'y eût pas en France un seul laboureur qui ne pût, au moins tous les Dimanches, mettre une poule dans son pot : expression aussi naïve que l'intention est sublime. Ah !

sans doute , ce vœu fut inspiré par la lecture du livre d'Olivier ;
et, quand je le répète en présence de son portrait , il me semble
le voir sourire.

C'est déjà quelque chose que d'avoir un portrait fidèle de celui
qu'on admire ; mais on voudroit encore quelques traits de sa vie ,
quelques détails sur sa conduite , ses occupations et ses diverses habitudes. La peinture physique nous est moins chère encore que la
ressemblance morale. On a dit que la vie d'un homme de lettres est
toute entière dans ses écrits. Ceux d'Olivier de Serres suffisent, sans doute , pour le faire connoître de la manière la plus
avantageuse ; mais plus on aime les ouvrages , plus on désire de savoir si l'auteur valoit autant que ses livres , et si l'homme privé ne
démentoit pas l'écrivain. Deux cents ans se sont écoulés depuis la publication du *Théâtre d'Agriculture ;* en reproduisant cet ouvrage ,
il seroit doux de pouvoir dire : voilà quel fut l'auteur , et voici ce qui
nous en reste. Tout ce qui viendroit d'un tel homme , deux siècles
après lui , nous intéresseroit vivement. Par exemple , on voit avec
plaisir, que le C. *Gilibert*, professeur de botanique à Lyon (dans
la quatrième édition des *Démonstrations élémentaires de Botanique*), a soigneusement remarqué qu'il a vu , près de Béziers ,
des mûriers plantés par Olivier de Serres , sous Henri IV ,
et qu'en 1796 , ces mûriers , d'une grosseur énorme , avoient
quinze à dix-huit pieds (cinq à six mètres) de circonférence. On se
plaira , sans doute , à lire aussi la lettre que m'a fait l'honneur de
m'écrire , au sujet d'Olivier de Serres , un des illustres
professeurs de notre Muséum d'histoire naturelle , le C. *Faujas
de Saint-Fond* , à qui j'envie l'avantage qu'il a eu de voir le
Pradel (*). Mais on trouve trop peu de détails de ce genre.

Il est triste qu'on ait perdu les papiers et les manuscrits , qui
furent vraisemblablement laissés par Olivier de Serres. Il

(*) Cette lettre fera partie des pièces annexées à la suite de cet Éloge.

paroît

paroît que, dans leur jeunesse, son frère et lui, avoient été obligés de s'expatrier. Ces voyages forcés devinrent instructifs pour eux. *Jean de Serres*, étant réfugié à Berne, y trouva des secours pour traduire *Platon*. Et quant à OLIVIER, le *Théâtre d'Agriculture* prouve, en plusieurs endroits, que dans toutes ses courses, tout avoit été rapporté au grand objet de ses études. On peut voir comme il parle, en observateur éclairé, de la fameuse Orangerie qui existoit à Heidelberg. Là, malgré le climat, ces beaux arbres des pays chauds étoient en pleine terre; quand l'hiver approchoit, on les couvroit d'une charpente (Lieu VI, chapitre XXVI). Depuis, cet artifice a été imité à Lille, chez l'intendant de Flandre, d'après cette indication du livre d'OLIVIER. Celui-ci avoit sûrement d'autres notes sur ses voyages. Ce qui est certain, c'est qu'indépendamment de ses ouvrages imprimés, il en avoit en porte-feuille, qu'il annonçoit lui-même comme les supplémens du *Théâtre d'Agriculture*. Il se proposoit, par exemple, de donner un Traité exprès sur les parcs, pour la chasse en grand (Lieu V, chapitre XII); mais cet objet ne concernant que les délices des seigneurs et les plaisirs des princes, ne lui sembloit pas si urgent. Au contraire, il regrette d'être si fort pressé, et de n'avoir pas le loisir d'ajouter au chapitre sur les diverses confitures, « l'appareil » journalier des vivres, pour monstrer, dit-il, à nostre mère de » famille, ceste partie de cuisine, tant requise à l'ornement de sa » maison (Lieu VIII, chapitre II). » Si OLIVIER DE SERRES avoit eu le temps de donner cette cuisine économique, dont nous manquons encore, l'*Histoire de la vie privée des François* seroit, à cet égard, et plus complète et plus utile.

Il promettoit un ouvrage plus important, dont on doit regretter la perte. C'étoit, comme il le dit lui-même, «le *Traitté de l'Archi-* » *tecture rustique*, pour donner des avis au père de famille, à » se bien bastir aux champs, selon le vrai art, avec commodité et » espargne : là, continue-t-il, où je n'oublierai, Dieu aidant, de

6

» représenter la menuiserie requise à la maison, pour la meubler
» ainsi qu'il appartient (Lieu VIII, chapitre III). »

Il réservoit, enfin, pour un autre moment, ce qu'il avoit à dire
aussi « des moulins à moudre les blés; du divers naturel des
» pierres dont les meules sont faictes, selon les pays; de leur arti-
» fice, à eau, à vent, à bras. » Il vouloit donner, sur ce point,
« à nostre père de famille, des pertinens avis, qu'utilement il pour-
» roit employer, estant posé en lieu dont la commodité des eaux,
» proximité et abondance des habitans, favorisent cette espèce
» de mesnage (Lieu VIII, chapitre I, article *Pain*). » En cela,
notre auteur pouvoit parler, d'après l'expérience, puisqu'il avoit
trouvé moyen de faire au Pradel un canal imité, en petit, du
fameux canal de Craponne, et que l'eau de son aqueduc finissoit
par se rendre à ses moulins (Lieu VII, chapitre I).

Tels étoient les écrits qu'il avoit préparés, mais qui n'existent
plus. OLIVIER étoit trop âgé pour songer à les publier, quand le
couteau de Ravaillac l'eut privé de son protecteur; et si ses manuscrits passèrent à ses héritiers, ceux-ci, comme on l'a présumé,
ne purent pas en profiter. Quoi qu'il en soit, les titres de ces
nombreux Traités, font voir que leur illustre auteur embrassoit,
dans son étendue, tout ce qui a rapport au ménage des champs; et
c'est, en vérité, à peu de chose près, toute l'économie humaine.

Pour apprécier son travail, il faut le comparer avec ce qu'on
avoit alors, je ne dirai pas en françois, mais en langue vulgaire,
sur le même sujet. Ce parallèle sera fait, d'une manière plus savante,
et pour toute l'Europe, par notre collègue *Grégoire* (*); je ne parle
que de la France. Or, avant OLIVIER, que possédions-nous en ce
genre? Quelques ouvrages détachés, mal écrits et peu répandus; et
en fait de corps de doctrine, rien de satisfaisant : car, ni les versions
des anciens *Géoponiques*, ni les éditions gothiques des *Prouffitz*

(*) Voyez, après les pièces annexées à cet Éloge, l'Essai du C. *Grégoire*, sur l'état de
l'agriculture à l'époque d'*Olivier de Serres*.

ruraulx de *Pierre de Crescens* , ni la traduction des *Vingt journées
d'Agriculture* d'*Augustin Gallo* , par ce *Belle-forest* , qui gâtoit
tout ce qu'il touchoit ; ni même la *Maison Rustique* de *Charles
Étienne* et *Jean Liébault,* quoique supérieure aux autres ; aucun de
ces ouvrages , dis-je , ne pouvoit diriger l'économie rurale. *Étienne*
et *Liébault* étoient deux savans médecins ; ce n'étoient pas des
agronomes. Aussi, compilent-ils , sans choix, les auteurs anciens.
Ils ne donnent rien de précis sur les mûriers , ni sur la soie, parce
qu'ils n'en ont rien trouvé chez les Grecs ni chez les Romains.
Ils parlent de la poule d'Inde , récemment venue en Europe ; mais
ce don des Jésuites leur est suspect, ou peu connu. Pour eux , la
chair du paon vaut mieux que celle du dindon. Ils n'ont aucune
idée des prairies artificielles , sans lesquelles , pourtant, il n'y a
point d'agriculture. Ils ne peuvent citer aucune expérience. Enfin ,
la crudité du style rend cet ouvrage insoutenable.

Il n'en est pas ainsi de celui d'Olivier ; il emprunte des
anciens ce qu'ils ont d'estimable, mais sans épouser leurs erreurs.
Sur les mûriers, les vers à soie, il donne des détails qui lui appartiennent en propre. Sur ce point, il n'a eu personne à copier, et
l'a été par tout le monde. Il ne se trompe point sur les dindons, les
canes d'Inde, et ne leur en veut point de ce qu'ils ont été , pour
nous , un fruit des missions. Il a parlé de la luzerne , quoiqu'il se
trompe sur le nom. Il a créé celui des prairies artificielles ; ainsi
donc , le mot de l'énigme de la prospérité rurale, c'est lui qui
l'a trouvé. On sent , à chaque page , qu'il avoit mis la main à
l'œuvre , avant de la mettre à la plume. Il avoit saisi son sujet,
dans les champs et sur le papier ; et il étoit en droit de nous dire,
aussi bien que l'auteur des *Essais* , son contemporain : « C'est ici
un livre de bonne foi, lecteur ! » (MONTAIGNE , *Essais.*)

Nous avons déjà fait sentir combien il étoit en avance sur les
lumières de son siècle. Non seulement c'est le premier , comme
nous l'avons observé , qui ait traité disertement de la pomme de

terre. Le mays, tout aussi nouveau, ne lui étoit pas inconnu. Il parle très-pertinemment, et à plusieurs reprises, du houblon, qui ne commença d'être usité, en Angleterre, qu'en 1540, lorsqu'OLIVIER étoit bien jeune. Ailleurs, il nous apprend qu'au moment où il écrivoit, il n'y avoit pas fort long-temps qu'une autre plante très-utile, la betterave, avoit été apportée d'Italie (Lieu VI, chapitre VII).

C'est lui qui nous instruit encore des tentatives faites pour élever la canne à sucre, que l'on croyoit alors, comme il le dit lui-même, pouvoir *domestiquer* en France (Lieu VI, chapitre XXVI). Un Italien (*Balbani*) avoit fait à Paris de nouvelles citernes, sans maçonnerie, ni ciment; OLIVIER va les voir, et il a soin de les décrire (Lieu VII, chapitre V). *Richier de Belleval*, chargé par Henri IV de former de nouveau le jardin botanique de l'Université de Montpellier, avoit fourni l'idée d'une montagne artificielle, pour y placer toutes les plantes dans l'aspect le plus favorable. OLIVIER étudie cette espèce d'amphithéâtre, et il en donne les dessins (Lieu VI, chapitre XV). Tout son livre est rempli de détails de ce genre : toute nouveauté agricole étoit de son ressort ; c'est une espèce de prodige qu'un écrivain agronomique, si complètement au courant, dans un temps où l'on sait que les communications étoient difficiles et rares. Il n'y avoit point de journaux ; presque pas de chemins publics, et la guerre civile avoit tout désorganisé. Pour composer, à cette époque, dans un coin du Bas-Vivarais, le *Théâtre d'Agriculture*, où presque rien n'est oublié, il falloit une tête bien extraordinaire. Quel dommage, je le répète, que nous n'ayons pas de mémoires plus détaillés et plus certains, sur la vie et sur les travaux d'un tel homme, qui, pour le zèle, la théorie et la pratique, fut incontestablement le premier laboureur du temps où il vivoit ; qui éleva, en même temps, une famille assez nombreuse, et qui est encore aujourd'hui considéré comme le père de notre agriculture !

Malgré mes soins et mes recherches, je désespérois, Citoyens, de trouver la matière de l'Éloge historique, dont je m'applaudissois d'abord que la rédaction m'eût été confiée. Je disois, comme *Bayle*, au sujet de son *Jean de Serres* : « Ne trouverai-je donc ni livre, ni homme vivant, qui puisse m'informer, au juste, de ce que je voudrois savoir ? » Dans cette disposition, je m'étois proposé de relire en entier, pour la troisième fois, le *Théâtre d'Agriculture*, avec les deux autres ouvrages de notre célèbre OLIVIER, sur *La Cueillette de la Soye*, et sur *La seconde Richesse*, ou *l'Escorce du Meurier-blanc*, afin d'y recueillir minutieusement tous les traits par lesquels l'auteur auroit pu se peindre lui-même. On ne sauroit douter qu'il n'ait eu ce dessein. Le père de famille, qu'OLIVIER met en scène dans le cours de son grand ouvrage, est supposé un homme d'une certaine aisance, qui a été bien élevé, et qui fait valoir son domaine par les mains de ses serviteurs, sous son inspection. C'est ainsi qu'OLIVIER se présente dans sa préface : « adonné principalement chez lui à faire son mesnage et cultivant » sa terre, au milieu des guerres civiles, comme le temps l'a pu » porter. » Il est extrêmement probable qu'il a suivi la même idée dans tout le reste de son livre. Cette remarque ingénieuse est de M. *Dorthès* ; elle m'encourageoit à reprendre le livre, en le considérant comme un drame où l'auteur figure ; mais en ouvrant, dans ce dessein, le *Théâtre d'Agriculture*, j'ai trouvé tout-à-coup, au commencement du volume, ce qui ne m'avoit point frappé jusqu'alors, ce que tant d'autres, avant moi, ont cherché sans succès, et ce qui va faire sur vous la même impression que j'ai reçue moi-même : c'est un éloge magnifique, un éloge contemporain de notre excellent OLIVIER ; c'est une belle épître en grands vers hexamètres, qui lui est adressée par un de ses compatriotes, et qui le montre, en quelque sorte, dans son intérieur. Cette épître nous le détaille d'une manière si parfaite, que j'ai cru, Citoyens, ne pouvoir mieux répondre à vos intentions, qu'en essayant de mettre ces vers latins en vers françois : veuillez donc les entendre , en vous reportant à l'époque où ils ont été composés. L'usage de ce temps étoit que tout livre nouveau fût toujours précédé d'un grand nombre de complimens des amis de l'auteur. Cet usage est passé de mode , soit parce que les écrivains recueillent aujourd'hui moins d'éloges que de satyres , soit parce que les lecteurs même , prévenus contre la louange , ont trouvé trop fastidieuses ces flatteries préliminaires , dont véritablement on avoit un peu abusé. Quoi qu'il en soit, j'espère qu'on saura quelque gré à cette méthode proscrite , quand on verra que c'est par elle , uniquement, que nous nous trouvons aujourd'hui à portée de savoir la vie qu'OLIVIER menoit au Pradel ; de juger de ce qu'il étoit , par les vers qu'il a inspirés ; d'apprendre de lui-même à aimer la campagne , comme il montre à la cultiver ; et de donner enfin, pour frontispice à son chef-d'œuvre, une image morale , et vraiment attachante , de son illustre auteur.

C'est un voisin de cet auteur , et , à ce qu'il paroît , un de ses intimes amis , qui lui parle au moment où il va publier son livre. La pièce latine est de 1599. Ne perdez pas de vue cette circonstance importante ; elle donne à l'original des vers que j'ai tâché de rendre , tout le mérite que , peut-être , ma trop foible imitation pourra leur enlever.

N. B. L'épître originale se trouve ci-après. C'est la dernière en vers latins , composée , dans le temps , en l'honneur d'*Olivier de Serres.* Elle commence ainsi :

Immortale tibi et mundo , SERRANE , *theatrum*
Construis.

J'ai pris aussi quelques détails dans les autres pièces latines. Ainsi donc , tout ce que j'adresse à *Olivier de Serres* , dans l'épître suivante , est tiré , en substance , des monumens contemporains.

ÉPITRE

A OLIVIER DE SERRES,

SEIGNEUR DU PRADEL,

SUR SON THÉATRE D'AGRICULTURE;

Imitée sur-tout de l'Épître en vers hexamètres latins, qui lui fut adressée par François de CHALENDAR, Lieutenant-Général de la Sénéchaussée du Bas-Vivarais, à Villeneuve-de-Berg, pendant les vacances de l'an 1599.

———

Toi, qui de l'âge d'or nous as montré les mœurs,
Quand du siècle de fer nous voyions les horreurs;
Lorsque la France entière, en d'horribles batailles,
Des mains de ses enfans déchiroit ses entrailles;
Toi qui, dans ton Pradel, paisiblement caché,
A cultiver tes champs demeuras attaché;
Vénérable vieillard, ami de la nature,
Honneur du Languedoc et de l'Agriculture,
De Serres! tu construis, sous les loix d'un bon roi,
Un théâtre immortel pour le monde et pour toi.

La science agricole, en France dédaignée,
A l'aveugle routine étoit abandonnée:
Tout se réunissoit, hélas! pour l'avilir;
Mais tu viens l'éclairer, et tu vas l'ennoblir.
La solide raison, la longue expérience,
Contractant, sous ta plume, une heureuse alliance,
T'ont, du premier des arts, dicté les élémens.
Non, le monde n'a point de plus grands monumens.

Nîmes, aux voyageurs, montre en vain ses arènes,
Derniers restes du goût et des grandeurs romaines.
L'immense amphithéâtre, à Vérone admiré,
Et le vaste colosse, à Rhodes consacré,
Et des rives du Nil les hautes pyramides,
Tout, du temps destructeur, sent les coups homicides :
Tout meurt ; mais un écrit, utile au genre humain,
Dure plus que le fer, et le marbre, et l'airain.

De Serres! oui, tel est le titre de ta gloire!
Oui, la postérité, juste envers ta mémoire,
Te rendra des honneurs, dont l'éclat immortel
Fera, dans tous les temps, refleurir ton Pradel.
Les épis de Cérès, les doux fruits de Pomone,
Les grappes de Bacchus formeront ta couronne ;
Tant que le sol françois doit être labouré,
Autant chez les François tu dois être honoré.
Des étrangers aussi tu recevras l'hommage.
Tous les amis des champs, révérant ton image,
S'ils veulent obtenir d'abondantes moissons,
Reliront ton ouvrage, et suivront tes leçons.
J'ignore si ton siècle, aux talens peu propice,
S'illustrera lui-même en te rendant justice ;
Mais, du moins, j'en suis sûr, le prix de tes vertus
Te sera décerné, quand tu ne seras plus.

Si, pourtant, d'un ami qui déjà t'apprécie,
Tu ne dédaignes pas la juste prophétie,
Daigne accueillir ces vers, qu'en dépit d'Apollon,
M'inspira le désir de célébrer ton nom,
En ces momens trop courts, où reste suspendue
Dans l'antre de Thémis la chicane assidue.
D'un peuple de cliens je ne suis plus pressé ;
Mais des gloses du droit mon esprit émoussé
Ne peut, comme il voudroit, dans un repos si rare,
Secouer du barreau la poussière barbare.

Toi,

Toi, vieillard fortuné, plus sage dans ton choix,
De la terre et du ciel interprétant les loix,
Précepteur des colons de notre Occitanie,
Tu dis comment leur soc se guide et se manie;
Tu diriges leur art, qui n'est bien professé
Qu'autant qu'à ton exemple on l'a bien exercé.
Tu montres dans quel temps, pour les rendre fertiles,
Le fer retranche aux ceps les sarmens inutiles.
Le père de famille, et tous ses serviteurs
Conducteurs de ses chars, ouvriers, ou pasteurs,
Apprendront désormais de ta longue pratique
Les mystères sacrés du ménage rustique ;
Comment les bœufs au joug sont mieux accoutumés ;
Comment les fiers coursiers doivent être formés ;
Comment ces compagnons de nos travaux pénibles
Sont nourris par nos soins, et s'y montrent sensibles ;
Comment, de tous leurs maux, nous pouvons les guérir.
L'homme est riche par eux ; il doit les secourir.

De Serres, dis-moi donc : Quand d'un style énergique
Tu traces l'abrégé du code géorgique,
Est-ce un mortel qui parle, ou, comme à nos aïeux,
Osiris seroit-il renvoyé par les Dieux ?
Serois-tu, par miracle, un nouveau Triptolème,
Ou quelqu'autre Cadmus, dont le talent suprême
Fait connoître aux humains, rassemblés à sa voix,
Les guérets, les jardins, et les prés, et les bois ?

Mais qu'avons-nous besoin de recourir aux fables ?
De nos premiers parens les mœurs furent semblables :
Le patriarche hébreu fit paître ses troupeaux,
S'abreuva de leur lait, se vêtit de leurs peaux.
Toujours le goût des champs fut le goût d'un grand homme.

Et ces Pères conscrits, ces oracles de Rome,
Eux, qui du peuple-roi guidoient les étendarts,

Quand leurs concitoyens, pressés au Champ-de-Mars,
Honorant la vertu par un suffrage libre,
Les élevoient au rang des protecteurs du Tibre,
Précédés des faisceaux que portoient les licteurs,
Généraux, Magistrats, Consuls ou Dictateurs,
Tous, sortis de leurs champs, disons-le sans scrupule,
Montoient de leur charrue à la chaise curule,
Changeoient leur faux en glaive, et quittoient leurs sillons,
Pour combattre et pour vaincre avec leurs légions.

De Rome, en son berceau, les profonds politiques
Avoient au premier rang mis les tribus rustiques (1).
Au labour honoré l'État dut sa grandeur ;
La pourpre du Sénat en reçut sa splendeur.
La campagne, à la ville étroitement unie,
Vit déranger depuis cette heureuse harmonie ;
Mais tant qu'elle dura, ces sublimes Romains
Furent, par leurs vertus, les premiers des humains.
On vit Cincinnatus (2), pour sa chère culture,
Empressé de quitter Rome et la dictature,
Refusant les trésors qu'on vouloit lui donner,
Et ne comprenant pas qu'on pût s'en étonner.

Et toi, grand Serranus, dont le nom me rappelle
De Serres, des François le digne Columelle,
Serranus (3), que ta vie offre des traits frappans !
Ton patrimoine, en tout, composoit trois arpens ;

---

(1) *Distinctio honosque civitatis non aliunde erat : rusticæ tribus laudatissimæ : urbanæ verò in quas transferri ignominia esset, desidiæ probro.* (C. Plinii. Hist. Nat. L. XVIII, c. iii.)

(2) Lucius Quinctius Cincinnatus.

(3) M. Attilius Regulus eut le surnom de Serranus, parce qu'on le trouva semant (*serentem*), lorsqu'on lui annonça qu'il venoit d'être fait Consul. Les auteurs des pièces latines insérées ci-après, ont joué, à l'envi, sur cette ressemblance des noms de Serranus et d'Olivier de Serres. Ils tournent et retournent le passage de *Pline : Serentem invenerunt dati honores Serranum, unde cognomen.* (Hist. Nat., L. XVIII, c. iii.)

Tu les semois toi-même, alors que Rome entière
Vint te presser d'entrer dans une autre carrière.
D'un cruel ennemi Rome craint la fureur :
Rome veut un héros, et prend un laboureur.
Ce laboureur est plus qu'un héros ; c'est un sage :
Du sein du Capitole il retourne au village.
Le triomphe à son cœur n'offre point un écueil ;
Des rois qu'il a vaincus il foule aux pieds l'orgueil.
Rome eut besoin de lui ; mais Rome est secourue,
Serranus est content : il reprend sa charrue,
Rentre dans sa chaumière, abdique sans regret
Ces grandeurs, où l'on trouve un si funeste attrait,
Et préfère, en un mot, dans une paix profonde,
L'empire de sa ferme, à l'empire du monde.

ÉVOQUERAI-JE encor ce fameux Curius (1),
Trois fois Consul de Rome et vainqueur de Pyrrhus ?
Quand les Ambassadeurs du superbe Samnite
Allèrent dans son champ lui rendre leur visite,
A quoi trouvèrent-ils le grand homme occupé ?
Il préparoit lui-même un modeste soupé,
Produit de ses jardins, fruit de son industrie (2).
Quand à Rome il rentra vengeur de sa patrie,
Sur quel char, du triomphe obtint-il les honneurs ?
Sur un soc, décoré de lauriers et de fleurs.

O qu'ils furent jadis heureux et respectables
Ces grands cultivateurs, peut-être inimitables,
Qui, fuyant les procès, les palais et les cours,
Libres, sans embarras, couloient en paix leurs jours
Au milieu de leurs champs, dans un réduit modeste ;
Soigneux de leur charrue, oubliant tout le reste ;
Ayant pour leur palais un rustique pourpris ;
Pour lit, des gazons verts ; le chaume, pour lambris ;

_____

(1) M. Annius Curius, surnommé Dentatus, parce qu'il vint au monde avec ses dents.

(2) Il faisoit cuire des raves dans un pot de terre.

Ou l'ombre des forêts que leurs soins élevèrent,
Où les pampres touffus que leurs mains cultivèrent !
Quel magnifique dais, préparé pour les rois,
Peut jamais effacer la verdure des bois ?
Quel luxe égaleroit les dons de la nature ?
Quel trésor peut valoir les fruits de la culture ?

De Serres, tu le sais, tu produis à nos yeux,
D'un art nouveau pour nous l'effet prodigieux.
Sous tes mains, aujourd'hui, quels miracles étale
Un ver débile, enfant de l'Inde orientale !
Ce ver est, tour-à-tour, papillon, vermisseau ;
Ainsi que le phénix, sa tombe est son berceau :
Il renaît de lui-même en ses métamorphoses ;
Emblême merveilleux du changement des choses,
Et de l'ordre éternel, qui sans cesse détruit
Ce qu'en le détruisant, sans cesse il reproduit.
Ce ver ourdit d'un fil la trame précieuse,
Qui du pauvre occupant la main laborieuse,
Va devenir des rois le plus riche ornement ;
Mais lui-même, en ce fil construit son monument.
De ce riche sépulcre il perce la barrière,
Et sous une autre forme il revoit la lumière.
Il vole ; il pond des œufs, où son germe enfermé,
Durant le triste hiver semble être inanimé ;
Mais dès qu'au doux printemps la nature s'éveille,
De ces œufs réchauffés, ô surprise ! ô merveille !
L'insecte ressuscite. Il vit à peu de frais
Des feuilles du mûrier que tu plantas exprès.
Il vit, il recommence une trame nouvelle,
Prolonge ainsi pour nous sa richesse éternelle,
Et seul des animaux, faisant toujours du bien,
Dans sa vie, à sa mort, il ne peut nuire en rien.
Si, dans la France, un jour, le commerce déploie
Les tissus somptueux qu'on doit aux vers à soie,
De Serres, c'est de toi qu'il les aura reçus.
Que ton nom soit gravé sur tous ces beaux tissus !

GRACE à toi, du mûrier et l'écorce et la feuille
Enrichissent deux fois celui qui les recueille.

LES soins que tu prescris, tu les as éprouvés
Dans les champs paternels par tes soins cultivés.
D'autres ont, avant toi, paré leur théorie
D'une façon d'écrire, ou plus ou moins fleurie ;
Leurs conseils pour les champs, sont donnés dans Paris ;
Mais toi seul, de ta ferme as daté tes écrits.
C'est là, c'est au Pradel, que depuis douze lustres,
Méprisant sagement des destins plus illustres,
Laboureur assidu de tes propres guérets,
Tu dis ce qu'on doit faire, et dis ce que tu fais.

CE n'est pas toutefois qu'une aveugle manie
Dans ton pays natal confinant ton génie,
T'ait réduit à ne voir jamais que ton clocher :
Ulysse n'auroit pas illustré son rocher,
S'il n'eût osé quitter Ithaque et les Cyclades ;
Mais ce prince observant les mœurs de vingt peuplades,
Sut enfin, dans son île, après de longs hivers,
Rapporter un esprit mûri par ses revers.
On dit qu'il fut conduit par Minerve elle-même,
Du sage voyageur ingénieux emblême !
Toi, plus prudent qu'Ulysse, et non moins exercé,
Tu ne t'arrêtas point, comme lui, chez Circé.
Ton second frère, hélas ! qu'on admire et qu'on pleure,
Suivit, comme toi-même, une école meilleure ;
Il fut, chez les François, l'élève de Platon,
Lorsque tu leur rendois Columelle et Caton.
Quand les troubles civils tourmentoient ta patrie,
Des peuples étrangers tu connus l'industrie ;
Étudiant par-tout le ciel et le terrein,
Aux bords du lac Léman, sur les rives du Rhin,
Par la main de Cérès ta course étoit guidée ;
Et dans tous les climats, fidèle à ton idée,

Tu ne songeois qu'aux lieux qui t'ont donné le jour :
Tu vis le monde entier, pour orner ton séjour.

Le vallon de Tempé, fameux en Thessalie,
Tivoli, dont le site enchante l'Italie,
Ne sont pas au-dessus de ces lieux si charmans,
Qui te doivent encor de nouveaux agrémens.
L'heureux Pradel domine un beau vallon champêtre ;
Mais ses fruits sont entés de la main de son maître ;
Mais ce pré verdoyant (dont son nom fut tiré)
D'arbres majestueux par toi fut entouré ;
Mais ces prés, ces vergers, ces jardins et ces plantes,
Auroient craint du lion les ardeurs violentes,
Si ton art à leur soif n'eût prodigué les eaux
D'une source épanchée en mille frais ruisseaux,
Et qui, du haut d'un mont, avec un doux murmure,
De cascade en cascade, en onde claire et pure,
Tombe, coule, serpente, et suit tous les chemins
Que, jusqu'en tes sillons, lui creusèrent tes mains.
Ce chef-d'œuvre a sur-tout fait briller ta prudence.
Maintenir la fraîcheur, c'est créer l'abondance.
L'agriculteur n'a pas de plus puissant moyen :
L'arrosement fait tout ; sans eau, l'art ne peut rien.
Ce trésor te manquoit : la Naïade lointaine
Vit changer, par tes soins, le cours de sa fontaine.
Son tribut, au Pradel si long-temps inconnu,
Du domaine embelli doubla le revenu.
Tes champs désaltérés en tout temps prospérèrent ;
Tes bâtimens surpris d'un vivier s'entourèrent ;
Et, dans sa fuite encor, servant tes intérêts,
L'eau fit tourner pour toi les moules de Cérès (1).

---

(1) Ici l'on a tâché de peindre ce qu'Olivier de Serres s'applaudit d'avoir fait pour imiter, dans son domaine, l'ingénieuse invention du canal de Craponne « en la conduicte » d'une petite eau perenne : laquelle, dit-il, passant à l'entour de ceste mienne maison, ar- » rouse ma terre, et finalement se rend à mes moulins. Ayant l'entreprinse au commence-

De l'art de cultiver, maître simple et fidèle,
De Serres, tu donnas la règle et le modèle.

Le modèle des rois est l'ami de nos champs.
Henri, de ton travail sent les charmes touchans;
Des tristes laboureurs il a connu les peines;
Il aime leurs vertus; il veut payer les tiennes.
Malgré tes soixante ans, et quoique dans les cours
Les vieillards au rebut soient mis presque toujours,
Dans la sienne pourtant le grand Henri t'appelle:
Elle est digne de toi; mais es-tu fait pour elle?
Iras-tu, mon ami, laboureur fastueux,
Pour ce Paris si grand et si tumultueux,
Déserter du Pradel les paisibles ombrages,
T'arracher à tes champs, fuir loin de tes bocages,
Quand notre âge, épurant nos penchans et nos goûts,
Nous prescrit d'être en paix et de vivre pour nous?
L'homme se doit au moins la fin de sa carrière.
Ah! de l'ambition la fièvre meurtrière
Est un vautour secret qui dévore le cœur.
Pourquoi rester en proie à ce vautour rongeur?
Mettons, mettons un terme à la gêne importune;
Disons, il en est temps : Adieu, vaine fortune!
Adieu, trompeur espoir! illusions des cours,
Rêves de la faveur, laissez-moi pour toujours!
Tel fut cet empereur, jardinier dans Salône (1);
On eut beau le presser de remonter au trône:
« J'ai régné, disoit-il, je trouve bien plus doux
» D'aligner au cordeau ma laitue et mes choux. »
Tel ce vieux courtisan, retiré dans ses terres,
Ayant goûté sept ans leurs plaisirs solitaires,

» ment esté jugée autant vaine, que l'effect l'a depuis approuvée utile et profitable, »
(*Théâtre d'Agriculture*, Lieu VII, chapitre I.) L'auteur de l'Éloge couronné à Montpellier, rapporte que l'on croit trouver encore au Pradel des lambeaux, c'est-à-dire, des débris de cet aqueduc.

(1) Dioclétien. (Voyez *Aurelius Victor*.)

S'écrioit à la fin : « J'ai mal usé du temps ;
» J'existai près d'un siècle, et j'ai vécu sept ans (1). »

HEUREUX, trois fois heureux, docte et sage DE SERRES,
Si du loisir champêtre estimateurs sincères,
De ce beau Languedoc habitans fortunés,
Nous y vivons, contens de nos destins bornés,
Savourant les doux fruits qu'une terre féconde
Y prodigue à nos vœux, quand ton art la seconde,
Comme aux bords du Galèse, un vieillard autrefois
Egaloit par son cœur les richesses des rois (2)!

QUE le marbre moderne, ou la sculpture antique,
N'ornent pas de nos toits le trop simple portique ;
Que nous ne logions pas sous des lambris dorés,
Qu'importe? D'un ciel pur nous sommes éclairés ;
Nous ne connoissons pas le tourment de l'envie,
Qui des grands de ce monde empoisonne la vie ;
Nous ne redoutons pas le démon de l'ennui,
Que le riche veut fuir et qu'il porte avec lui ;
Nous ne descendons pas dans les basses intrigues
Qui des valets de cour font prévaloir les brigues.
A la table frugale où nous sommes assis,
Le luxe est étranger, comme les noirs soucis.
Mais aux banquets des rois, ce qui frappe ma vue,
C'est l'épée, en tout temps, par un fil suspendue,
Et qui, parmi les mets sur la table entassés,
Menace tous les fronts des convives glacés.

CHER ami, ton Pradel est ta cour et ton Louvre ;
Quelle scène riante à tes yeux s'y découvre!

---

(1) Similis avoit occupé, sous plusieurs empereurs, les premières charges de Rome. A soixante-neuf ans, il abdiqua la dignité de Préfet du Prétoire, pour aller vivre à la campagne, où il passa sept ans. Il fit mettre sur son tombeau : CI GIT SIMILIS, QUI A ÉTÉ SOIXANTE ET SEIZE ANS SUR LA TERRE, ET QUI EN A VÉCU SEPT.

(2) *Regum æquabat opes animis.* (VIRG. Georg. L. IV, v. 132.)

Non

Non, jamais Saint-Germain, jamais Fontainebleau
Ne te présenteroient un spectacle plus beau.
Va, tu n'as pas besoin de la pompe des princes.
Sous l'astre éblouissant qui luit pour nos provinces,
Au bord de tes ruisseaux, tu respires le frais ;
De-là, tu vois tes bœufs sillonner tes guérets ;
De tes arbres, tu vois, ô quel plaisir extrême !
Pendre les fruits exquis que tu greffas toi-même,
Et des rangs de ta vigne en échiquier plantés,
La vendange sourire à tes yeux enchantés.
Voilà les seuls objets, s'il faut que je t'en croie,
Que l'on quitte à regret, qu'on retrouve avec joie.
Lorsque l'ordre du roi t'appelle dans Paris,
Quel chagrin ! quels adieux à tes bosquets chéris !
En sortant du Pradel, tu ne peux qu'avec peine
Quitter tes beaux jardins, saluer ta fontaine.
En sortant de Paris, de quel pied plus léger
Tu reviens au Pradel et cours à ton verger (1) !
La fausse gloire, là, ne vend point de fumée ;
L'ardente soif de l'or, là, n'est point allumée.
Ces viles passions, hôtesses de la cour,
Au village innocent ne font point leur séjour.
Là, sans art et sans frais, ta table est toujours pleine :
Jardins, cours et viviers, y fournissent sans peine ;

---

(1) Dans ce qu'on dit ici sur les agrémens du Pradel, on ne se permet point une fiction poétique ; on se borne à traduire ce que nous ont transmis les écrivains du temps. Après deux siècles, on ne peut juger, par l'état actuel de ce même domaine, de ce qu'il pouvoit être alors. Cependant, on a sur ce point quelques détails intéressans, dans plusieurs N.^{os}, des pièces jointes à cet Éloge. Il faut voir sur-tout, N°. VI, la Notice sur OLIVIER DE SERRES, par le C. *Laboissière*, le même qui accompagna M. *Arthur Young.* Il rapporte un distique conservé au Pradel, et qui renferme, en peu de mots, les diverses beautés que présentoit cette demeure, dans le temps d'OLIVIER DE SERRES. Or, voici à-peu-près le sens de cette inscription :

Champs, prés, vergers, vigne, forêt,
Eau courante, manoir champêtre ;
Au Pradel, tout est plein d'attrait,
Le séjour est digne du maître.

Là, tu dors d'un sommeil qu'invitent, à ton choix,
Les eaux de tes rochers, les oiseaux de tes bois.
Tandis que les échos de leurs concerts résonnent,
Parmi tes prés fleuris tes abeilles bourdonnent.
Si leurs essaims nouveaux songent à s'envoler,
En frappant sur l'airain tu sais les rappeler.
D'un État policé leur ruche est le modèle :
Toutes au bien commun travaillent avec zèle.
Les unes, de leur cire enduisent les cloisons,
Dont les compartimens distinguent leurs maisons ;
Les autres vont piller sur le thym, sur la rose,
Le céleste nectar dont le miel se compose.
Quel bonheur, mon ami ! quels doux amusemens !
Qui voit couler sa vie en ces enchantemens
Peut-il songer encor au tumulte des villes,
Aux orages des cours, à leurs grandeurs serviles ?
Non, mon cher OLIVIER ! non, l'on ne peut jamais,
Ni sur des monceaux d'or, ni parmi les palais,
Ni dans l'éclat des rangs que le luxe accompagne,
Racheter les douceurs qu'on trouve à la campagne.

AUSSI, tous les états, connoissant leur erreur,
Portent envie, hélas ! au pauvre laboureur.
L'homme de loi, d'abord, lui rogne sa pitance ;
L'homme de guerre, après, dévore sa substance ;
L'homme de cour, aussi, doit vivre à ses dépens :
Tous veulent partager avec l'homme des champs.
Le commerce pressant l'éponge sans mesure,
Le soumet quelquefois à l'hébraïque usure.
Il faut qu'il paye encor, au prix de sa sueur,
Les épices du juge et les cens du seigneur.
La sainte église vient, qui réclame les dîmes ;
L'État lève, à son tour, des droits plus légitimes.
Pressés de toutes parts, nos chers agriculteurs,
Sont toujours dépouillés, et par leurs protecteurs.

Dᴇ ce malheur commun veux-tu savoir la cause ?
C'est la terre , dit-on , qui produit toute chose :
Sans doute ! mais son sein , dont tout est retiré ,
En pénibles sillons doit être déchiré.
On aime à moissonner : fort bien ! mais la nature
Ne donne les moissons qu'au prix de la culture.
Il faut les acheter par des travaux constans ,
Les semer au hasard , les attendre long-temps.
A combien de fléaux la charrue est en proie !
Que le ciel nous vend cher les dons qu'il nous octroie !
De la terre , tout sort : tout doit y retourner.
Triste nécessité ! mais ton art sait l'orner.
Ton art est le premier dont notre premier père
Reçut la loi , dirai-je ou fâcheuse , ou prospère ?
Nul autre art n'est plus noble et plus riche et plus doux ;
Il est de tous les temps , il plaît à tous les goûts.
Le père de famille , au sein de son domaine ,
Goûte les biens permis à la nature humaine ;
Ses momens sont remplis , ses guérets cultivés ,
Dans l'amour du travail ses enfans élevés ;
Sous les rapports d'époux , et de père et de maître ,
Il est heureux autant qu'un mortel le peut être.
Du théâtre des champs tel est le digne acteur.

Tᴏɪ , d'un si grand théâtre immortel constructeur ,
Durant long-temps encor , puisses-tu , bon ᴅᴇ Sᴇʀʀᴇs ,
Nous apprendre à jouir des seuls biens nécessaires !
De la cour estimé , puisses-tu vivre aux champs ;
Comme un autre Nestor voir tes petits enfans ;
Savoir que l'on t'imite , et jouir , par avance ,
Du monument qu'un jour doit t'ériger la France !

PIÈCES

RELATIVES A CETTE NOUVELLE ÉDITION

ET A L'ÉLOGE D'OLIVIER DE SERRES.

N°. I.

EXTRAIT de l'Éloge historique d'OLIVIER DE SERRES, par M. DORTHÈS, qui a remporté, en 1790, le prix proposé par la Société royale des sciences de Montpellier.

UN homme dont la vie a été consacrée à instruire sa patrie, non par des recherches frivoles, mais par des écrits lumineux qui présentent les résultats de ses méditations et de la pratique obstinée de la science la plus utile et la plus pénible, livrée avant lui à une aveugle routine et aux erreurs des préjugés, mérite, à bon droit, notre reconnoissance. Tel fut OLIVIER DE SERRES.

Un tel homme étoit bien digne que, dans sa province, une compagnie savante proposât son éloge, et qu'un de ses illustres membres, placé à la tête de l'agriculture en France (1), en fût l'instigateur. Une telle distinction honore ses auteurs, et achève d'illustrer OLIVIER DE SERRES.

J'ose entrer en lice et offrir à la mémoire du patriarche de l'agriculture en France, un hommage dicté par la lecture réfléchie de ses ouvrages, dans lesquels il s'est montré l'interprète simple et sublime de la nature, par la clarté et la franchise avec lesquelles il l'a expliquée.

Puisse ce grand homme servir de modèle à ceux qui voudront approcher du vrai, ennemi du verbiage et des manières ! Puissé-je moi-

même l'imiter en faisant son histoire, et m'attirer l'indulgence des sages qui me jugent !

Le beau ciel de Languedoc le vit naître ; Villeneuve-de-Berg fut son berceau : des parens nobles lui donnèrent le jour ; sa seigneurie du Pradel fut le lieu d'où il dicta ses leçons immortelles d'agriculture. Henri IV les accueillit, daigna en conférer avec lui de vive voix, et les fit goûter à son peuple. Voilà le raccourci du tableau que j'ai à développer.

OLIVIER nous apprend lui-même que Villeneuve-de-Berg, petite ville du Vivarais, en Languedoc, est sa patrie (1).

Nous ignorons l'année de sa naissance (2) ; mais je vois dans un de ses ouvrages, publié en 1603, que plus de trente ans auparavant il avoit employé l'écorce de mûrier à lier des greffes (3) ; ce qui suppose qu'il est né vers le milieu du seizième siècle.

On trouve au greffe de Villeneuve-de-Berg une généalogie de sa famille, à laquelle sont jointes deux quittances en original du ban et arrière-ban, données en 1691 et 1693, à *Constantin de Serres*, arrière-petit-fils d'OLIVIER, et la

---

(1) Le C. *Broussonet*, alors secrétaire perpétuel de la Société royale d'agriculture de Paris.

---

(1) *Théâtre d'Agriculture*. Paris, 1600, in-fol., page 115, ligne 13. Il appelle aussi le bourg Saint-Andéol, sa patrie, page 699, ligne 12.

(2) Nous la savons. Voyez ci-devant, page xxxix.

(3) « Plus de trente ans auparavant, j'avoi employé « l'escorce de tendres jettons de meurier blanc, à lier « des entes à escusson, au lieu de chanvre, dont com- « munément l'on se sert en tel délectable mesnage. » *La seconde richesse du meurier blanc ; nouvelle édition publiée par M. Broussonet, en 1785, à la suite des Opuscules de Belleval, page 10. (Note de M. Dorthès.)*

copie d'une lettre de Henri IV, à OLIVIER DE SERRES, datée de 1600.

Nous ignorons ce dont OLIVIER étoit chargé par cette lettre (1), qui est un monument de la confiance que son prince avoit en lui. Ces pièces nous indiquent en même temps la noblesse de sa famille (2). Nous voyons dans la généalogie dont nous venons de parler, qu'OLIVIER épousa demoiselle Marguerite d'Arçons, dont il eut sept enfans, quatre fils et trois filles.

Il eut deux frères : *Jean de Serres*, écuyer, sieur de la Tour de Serres, et *Raimond de Serres*, écuyer, sieur de Lauriol.

On trouve dans le *Dictionnaire historique de Prosper Marchand*, l'extrait d'une lettre que je rapporterai ici, par ce qu'il instruit sur la famille d'OLIVIER DE SERRES.

« Il y a eu (est-il dit dans la note T de l'article de *Jean de Serres*) un M. *de Serres*, mort en prison, au château de Guise. S'il étoit de la même famille, comme il est assez apparent, il nous en fait connoître l'origine dans une de ses lettres du 3 Mai 1714; en voici un extrait :

» *Ma famille est originaire d'une terre appel- lée la Tour de Serres, proche d'Orange ; mais ce bien a passé, par le partage des filles, à des conseillers du Parlement de Grenoble. Le der- nier marié de ma famille, avoit épousé la sœur du marquis d'Aigremont, en Languedoc, de la maison de Rochemaure. Ce marquis et son père ont fini leurs jours au lit d'honneur, je veux dire dans les prisons de Pierre-Encise à Lyon, pour fait de religion. La branche d'où je sors s'est établie à Paris. Feue ma mère avoit l'hon- neur d'être alliée de M. le marquis de Heu- court, qui s'est retiré en Angleterre, et du marquis de Feuquière. Ma petite fortune étoit réduite en une terre et quelques effets qui m'ont été enlevés. »*

D'après cet extrait, la famille d'OLIVIER DE SERRES est originaire de la Tour de Serres, près d'Orange. *Jean de Serres*, l'historiographe, devoit être l'aîné (1), puisqu'il étoit sieur de la Tour de Serres. Il eut un fils et sept filles ; le fils mourut sans enfans.

Le sieur *de Serres*, qui est désigné dans cette lettre comme le dernier marié de sa famille, étoit *Constantin de Serres*, écuyer, sieur du Pradel, qui épousa demoiselle Françoise d'Aigremont de Rochemaure ; il avoit été capitaine d'infan- terie : il étoit arrière-petit-fils d'OLIVIER DE SERRES. Il eut pour fils *François*.

Le sieur *de Serres*, auteur de la lettre, devoit être un fils de *Gédéon de Serres*, avocat de Paris, autre arrière-petit-fils d'OLIVIER, puisqu'il observe que sa famille s'étoit établie à Paris.

Le fils d'une sœur d'OLIVIER DE SERRES, nommé *Joannes Saignæus*, fit la table d'un ou- vrage de *Jean de Serres*, intitulé : *Defensio pro verâ ecclesiæ catholicæ auctoritate.*

D'après des renseignemens dont nous sommes redevables à un parent d'OLIVIER DE SERRES, bien digne de lui appartenir, nous savons que » la mémoire d'OLIVIER est en grande véné- ration dans son pays; son ouvrage y est très- estimé, quoiqu'on ne suive pas à la lettre tous les procédés qu'il indique.

» La seigneurie du Pradel, où il en faisoit l'expérience, est située au-dessous de Villeneuve- de-Berg, non loin d'un petit torrent qui est à sec la moitié de l'année, et à côté d'un bois de chênes extrêmement agréable : le terrein de cette campagne est très-fertile, il paroit avoir été fort meuble ; mais il ne reste, d'ailleurs, aucune trace des différens genres de culture d'OLIVIER DE SERRES. On croit y reconnoître quelques lambeaux d'un aqueduc qu'il annonce avoir fait à grands frais pour conduire les eaux de sa fontaine (2). M. le marquis de Mirabel, possesseur actuel du domaine, l'entretient supé-

---

(1) Nous le savons. Voyez ci-devant, page xxxij.

(2) Ce n'est point que je prétende lui faire un mérite de sa naissance; mais je crois qu'il peut être loné d'avoir su vaincre un préjugé encore trop enraciné de son temps, et de n'avoir pas craint, quoique noble, de s'occuper de sciences étrangères aux armes. (*Note de M. Dorthès.*)

---

(1) C'est une erreur. Voyez ci-devant, page xxxviij; et ci-après, N°. VI, la Notice sur OLIVIER DE SERRES, par le C. *Laboissière*, qui est beaucoup plus précise, et qui nous apprend que la généalogie de la famille d'OLIVIER DE SERRES est imprimée dans les *Pièces fu- gitives pour servir à l'Histoire de France*, par Daubaïs. (F. D. N.)

(2) Voyez ci-devant, pages xlij et liv.

rieurement, et en tire un gros produit. Il rapporte des grains de toute espèce, du vin, des pâturages de bonne qualité, ainsi que de très-bons fruits (1). »

Il est surprenant que le nom d'OLIVIER DE SERRES ne soit guère connu que des agronomes. Nos biographes n'en ont point parlé dans leurs dictionnaires, tandis qu'ils ont accordé de longs articles à de froids auteurs de prose rimée, ou de phrases entortillées, vides de sens.

Une nouvelle édition du *Théâtre d'Agriculture*, accompagnée de notes instructives, nous a été annoncée par M. l'abbé *Rozier* : notre siècle, privé de cet ouvrage précieux et épuisé, sera mis à même de rendre à OLIVIER la justice qu'il mérite. On y admirera cette simplicité et cette philosophie naturelles, qui font lire avec délices les ouvrages de *Montaigne* et de *Bernard Palissy*, hommes immortels auxquels OLIVIER mérite d'être comparé dans sa partie. Ces trois philosophes ont osé mettre à nu la raison et la nature, en déchirant le voile épais qui les enveloppoit.

Notre siècle sera d'autant plus porté à donner à la mémoire d'OLIVIER DE SERRES des témoignages de reconnoissance, que, par une heureuse révolution, tous les esprits sont disposés à préférer l'utile à ce qui n'est qu'agréable : la philosophie et les sciences, par leurs progrès, ramènent la raison, et rendent l'homme à lui-même, en le faisant penser. L'agriculture commence à être regardée comme la science principale, et nous la voyons mise en honneur. Des Sociétés savantes d'agriculture se multiplient ; elles ne se contentent plus de vaines spéculations de cabinet : elles confèrent avec les laboureurs, et les rendent participans de leurs travaux et de leur gloire. C'étoit-là le vrai moyen de hâter les progrès de l'agriculture. « Les sciences qui sont de pratique, disoit *Fontenelle*, sont les moins avancées. Deux ou trois grands génies suffisent pour pousser bien loin des théories en

peu de temps ; mais la pratique procède avec plus de lenteur, parce qu'elle dépend d'un trop grand nombre de mains, dont la plûpart même sont peu habiles (1). »

C'est dans ce sens qu'OLIVIER DE SERRES a dit de l'agriculture : « Science plus utile que difficile, pourveu qu'elle soit entendue par ses principes, appliquée avec raison, conduicte par expérience, et pratiquée par diligence. Car c'est la sommaire description de son usage, *science*, *expérience*, *diligence*. . . . . . Je leur ad-jouste pour compaigne la *diligence* : afin que nostre mesnager ne pense pas devenir riche par discours, et remplir son nid, ayant les bras croisés. Car nous demandons du blé au grenier, non en peinture. Nul bien sans peine. » (*Préface.*)

Nous devons beaucoup espérer du goût qui se répand pour l'agriculture, dans un moment où la physique, la chimie et l'histoire naturelle ont fait des progrès étonnans. Il n'est point à douter que, par l'application de ces sciences à l'agriculture, nous ne parvenions à avoir des principes solides en agronomie, qu'elles nous apprendront à modifier selon les circonstances.

On a eu tort de dire qu'en agriculture on ne peut pas, comme dans tous les arts et les sciences, avoir des principes généraux. « L'agriculture, a-t-on dit, consistant dans la manière la plus propre à tirer les plus grands produits de la terre, et étant soumise à toutes les différences des terreins et des climats, devient un art particulier pour chaque pays ; et, conséquemment, quelque bonnes que soient les méthodes en elles-mêmes, elles ne peuvent lui être utiles, dès qu'elles sont générales. »

Ce raisonnement n'est qu'un sophisme ; si on portoit la même manière de raisonner sur tous les autres arts et sciences, on les soumettroit aux mêmes conditions. La médecine, par exemple ne pourroit admettre de principes généraux, puisqu'il faudroit des principes particuliers pour chaque pays, selon la différence du climat, des mœurs, etc., et même pour chaque individu, puisque chacun jouit d'un tempérament particulier.

La nature est par-tout soumise aux mêmes lois ; mais elles sont modifiées par une infinité

---

(1) Voyez ci-après, N°. VI, dans la Notice du C. *Laboissière*, et N°. VIII, dans une Lettre du C. *Faujas*, des détails plus circonstanciés, relativement au Pradel. Voyez aussi le passage de M. *Arthur Young*, rapporté ci-devant, pages xxviij et xxix.

(1) *Histoire de l'Académie*, 1701, in-4°., page 121.

de circonstances : c'est au médecin, c'est à l'agriculteur à distinguer ces accidens.

Mais, pour cet effet, il est besoin que ces laboureurs soient rendus plus intelligens par des instructions à leur portée, ou par les conseils des gens vraiment éclairés. « Il faut, disoit *Palissy*, qu'un chascun mette peine d'entendre son art, et pourquoi il est requis que les laboureurs ayent quelque philosophie : ou autrement ils ne font qu'avorter la terre et meurtrir les arbres (1). »

« Je vois, disoit encore le même philosophe, de si grands abus et ignorances en tous les arts, qu'il semble que tout ordre soit la plus grande part perverti, et qu'un chascun laboure la terre sans aucune philosophie, et vont tousiours le trot accoustumé, en ensuivant la trace de leurs prédécesseurs sans considérer les natures ny causes principales de l'agriculture (2). »

La cause principale de l'ignorance et de l'apathie des agriculteurs, est le mépris et l'espèce d'esclavage dans lequel on a tenu trop longtemps cette classe vraiment utile de citoyens. Mais notre Nation s'éclaire, les préjugés se dissipent ; nous voyons luire l'aurore de ce beau jour où, véritablement hommes, nous saurons tout apprécier dans sa juste valeur, où la richesse et la fausse grandeur ne feront plus le mérite ; où la liberté, la franchise et l'honneur seront nos guides, etc., etc. (Tout le reste de ce discours ne contient plus qu'une analyse des écrits d'OLIVIER DE SERRES.)

N°. II.

EXTRAIT d'un projet de Décret présenté à la Convention nationale, au nom du Comité d'Agriculture, en l'an III, par le C. ESCHASSERIAUX aîné.

SECTION VI.

Art. 1er. La Convention nationale voulant récompenser le génie dans quelque siècle qu'il ait vécu,

Décrète que *Bernard Palissy* et OLIVIER DE

(1) *Œuvres de Palissy*. Paris, 1777, in-4°., page 511.
(2) *Ibidem*, page 499.

SERRES ont bien mérité de leur siècle et de la Nation, et que leurs bustes seront placés dans la salle de la Convention (1).

N°. III.

LETTRE du Ministre de l'Intérieur aux Membres composant le Conseil d'Agriculture du Ministère (2).

Paris, le 5 Thermidor an IV.

L'amélioration de l'agriculture françoise, Citoyens, peut seule amener la République au degré de puissance et de prospérité dont elle est susceptible. Le plus puissant de tous les moyens d'amélioration est, sans contredit, l'exemple des cultivateurs éclairés ; mais l'instruction qui se propage par les livres, n'est pas moins précieuse, lorsqu'elle est le résultat d'une pratique reconnue, guidée par une saine théorie : elle tend alors à multiplier les essais, et conséquemment, les exemples, qu'il est si important d'étendre sur tous les points de la République. Jamais les circonstances ne furent aussi favorables, la révolution ayant ramené tous les esprits et dirigé tous les efforts de l'industrie vers l'agriculture.

Nous avons, il est vrai, quelques bons ouvrages de ce genre, quoiqu'en très-petit nombre. Celui qui jouit de l'estime la plus méritée, et qu'on peut regarder comme le modèle de tous ceux qui ont existé depuis, est le *Théâtre d'Agriculture* d'OLIVIER DE SERRES, composé vers la fin du seizième siècle et publié au commencement du dix-septième : aussi a-t-il eu des éditions multipliées ; mais il est devenu bien rare aujourd'hui, et il me semble qu'il seroit digne de vous, Citoyens, d'en pu-

(1) Ce projet de décret, et le rapport qui le précède, contenoient, en 47 pages, les vues et les moyens les plus propres à faire fleurir l'agriculture en France. L'ouvrage fait beaucoup d'honneur au Comité d'Agriculture et au zèle éclairé du C. *Eschasseriaux* ; mais, malheureusement, cet excellent projet n'a pas même été discuté. (*F. D. N.*)

(2) Les CC. CELS, DUBOIS, GILBERT, HUZARD, PARMENTIER, ROUGIER-LA-BERGERIE, TESSIER et VILMORIN.

blier une édition soignée, sous les auspices du Gouvernement, en y faisant les notes et les additions que vous jugeriez utiles.

Je vous invite donc, Citoyens, à vous en occuper. Je crois remplir les devoirs du ministère qui m'est confié, en vous proposant de servir ainsi la chose publique, et de rendre un hommage aussi juste au premier et au plus utile des Écrivains agronomiques François.

Le Ministre de l'Intérieur,

Signé BENEZECH.

N°. IV.

Extrait d'un ordre du Ministre de l'Intérieur, adressé au Secrétaire-général, le 25 Prairial an VII de la République.

LE MINISTRE DE L'INTÉRIEUR,

Vu : I. Sa lettre circulaire du 20 Fructidor an V, adressée aux Administrations centrales et aux Commissaires du Directoire exécutif, pour leur demander un compte détaillé sur les établissemens d'instruction publique ; par laquelle le Ministre a sur-tout provoqué la formation des Sociétés libres d'agriculture (1). (*Recueil des lettres circulaires, instructions, programmes, discours, et autres actes publics, émanés du C. François (de Neufchateau), pendant ses deux exercices du ministère de l'intérieur,* tome I, in-4°. page lxij.)

II. Le modèle des comptes à rendre, tous les ans, par les Administrations centrales des Départemens, annexé à sa lettre circulaire du 30 Frimaire an VII, dans lequel (titre II, section IV, sur l'Agriculture) le Ministre a rappelé succinctement l'utilité dont pourroient être à l'Administration les Sociétés d'agriculture. (§. XI, conçu en ces termes : «La Société d'agriculture peut rendre un service essentiel à l'Administration, en lui aidant à perfectionner les détails de ce chapitre, l'un des plus intéressans

du compte à rendre. On verra, par la manière dont il sera rempli, quel est l'état des lumières et des progrès actuels de l'agriculture dans le Département. C'est la pierre de touche de l'économie politique. » *Ibidem*, page 392.)

III. Le règlement, en XXV articles, arrêté pour la formation de la Société libre d'agriculture du département de la Seine, par les cultivateurs que l'Administration centrale a réunis pour cet effet, d'après l'ordre du Ministre ; ledit règlement fait le 16 Pluviose an VII, signé *Creuzé-la-Touche*, président ; *Cels*, vice-président ; *Huzard*, trésorier ; *Molard*, conservateur ; *Gilbert*, secrétaire ; *Sylvestre*, vice-secrétaire : suivi de la liste des soixante membres et des correspondans de la Société. (*Mémoires publiés par la Société d'agriculture du département de la Seine,* tome I, in-8°., page 7.)

IV. Les observations du Conseil particulier du Ministre, composé des CC. *Gallois* (1) et *Miot* (2), sur la comparaison qu'il a ordonné d'établir entre les dispositions de ce règlement, et celles, tant des règlemens des Sociétés d'agriculture étrangères, que des anciennes lois et règlemens concernant les ci-devant Sociétés d'agriculture en France ; savoir :

1°. Les détails donnés par M. *Arthur Young*, dans son *Voyage en Irlande*, sur l'institution de la Société de Dublin, que l'Irlande dut, en 1731, au zèle du célèbre *Samuel Madan* (voyez ci-après, page 408 de ce volume) ;

2°. Le mémoire que M. *Montaudouin* fit remettre, en 1756, aux États de la province de Bretagne, sur l'agriculture, le commerce et les arts, dans lequel il proposoit d'établir, à Rennes, une Société qui feroit son étude de ces objets, à l'exemple de ce qui s'étoit fait à Dublin ;

3°. Le règlement, en XIV articles, pour la Société d'agriculture, de commerce et des arts, établie, en conséquence, par les États de Bretagne ; présenté par une Commission, le 28 Janvier 1757 ; approuvé par les États, le 2 Février suivant, et confirmé par lettres-patentes (de Louis XV) du mois de Janvier 1762. (*Corps*

---

(1) On a inséré dans le texte, par extrait, les dispositions dont le Ministre avoit seulement rappelé les dates, et l'on a indiqué les recueils où se trouvent les pièces qui sont imprimées.

---

(1) Aujourd'hui Tribun.

(2) Aujourd'hui Conseiller d'État.

d'Observations

d'observations sur l'agriculture et les arts, années 1757 et 1758, rédigé par le C. *Abeille*);

4°. Les règlemens de la Société économique de Berne, instituée en 1759, par le zèle de M. *Tschiffeli*, et ceux des Sociétés correspondantes dans toutes les parties de la Suisse (*Mémoires et observations recueillies par la Société économique de Berne*, année 1762, partie 1re., pages xlv et lxxv);

5°. L'arrêt du ci-devant Conseil d'État, rendu, au rapport du ministre Bertin, le 1er. Mai 1761, contenant trois articles, qui statue qu'il sera établi, dans la généralité de Paris, une Société, divisée en quatre bureaux, à Paris, Meaux, Beauvais et Sens; laquelle fera son unique occupation de l'agriculture et de tout ce qui y a rapport;

6°. Les règlemens que cette Société s'étoit donnés, les 12 Mars 1761 et 20 Janvier 1763;

7°. Le procès-verbal des séances tenues par ses Commissaires (chez M. *de Buffon*), pour aviser aux moyens de rendre plus active cette Société (qui languissoit sur-tout faute de moyens pécuniaires et par d'autres causes relatives à la législation de ce temps-là);

8°. Le projet d'une association patriotique pour propager les bons écrits sur l'agriculture, présenté à cette Société par M. *de Béthune Charost* (*Mémoires d'Agriculture*, année 1791, trimestre d'été, page v);

9°. Le rapport fait par le Bureau du bien public, à l'Assemblée provinciale de la Haute-Guienne, en 1786, pour établir des conférences d'agriculture, qui se tiendroient tous les mois dans chaque arrondissement, sur des programmes distribués d'avance, et dont les résultats seroient recueillis dans un centre commun; rapport dont les vues furent unanimement adoptées par l'Administration provinciale (*Précis des procès-verbaux des Administrations provinciales*, in-8°., tome II, page 78);

10°. Le mémoire sur la Société d'agriculture de Paris, et sur les Comices agricoles de cette ci-devant généralité, contenu dans le procès-verbal de l'Assemblée provinciale de l'Isle-de-France, pour 1787 (*Ibidem*, tome I, page 232);

11°. Le règlement fait par arrêt du ci-devant Conseil d'État (au rapport de M. de Breteuil), le 30 Mai 1788, par lequel, d'après le bien que cette réunion intéressante de cultivateurs éclairés, de savans utiles et de riches propriétaires, avoit déjà opéré et devoit produire encore pour améliorer les divers genres de culture, en perfectionner les procédés, répandre par-tout l'instruction et l'exemple, et enfin, mettre de plus en plus en honneur l'agriculture, le premier des arts et la source de la félicité et de la prospérité publique; en conséquence, la Société d'agriculture de la généralité de Paris devoit former le centre commun et le lien de correspondance des différentes Sociétés d'agriculture de la France, et devoit être composée, à l'avenir, de quarante associés ordinaires, de cent vingt correspondans François, et d'un nombre illimité de correspondans étrangers (*Mémoires d'Agriculture*, année 1788, trimestre d'été, page 4 et suivantes);

12°. La décision du Ministre des Finances (M. Necker, au rapport de M. d'Ailly), du 15 Janvier 1789, par laquelle cette Société étoit dotée d'un fonds annuel de douze mille livres, pour la mettre à portée de distribuer des prix et des médailles d'encouragement, et pour les frais de ses séances;

13°. Plusieurs mémoires publiés en 1793, relativement à cette Société; savoir: les réflexions, anonymes, sur les avantages qui résulteroient de la réunion de la Société d'agriculture, de l'École vétérinaire, et de trois chaires du Collège de France, au Jardin des Plantes (in-8°. de 42 pages); l'opinion de *J. A. Creuzé-Latouche*, membre de l'Assemblée nationale (constituante), au sujet du Jardin des Plantes et des Académies (in-8°. de 20 pages); et sur-tout le mémoire sur les moyens d'accélérer les progrès de l'économie rurale en France, lu à la Société d'agriculture de Paris, par *Malesherbes*, membre de cette compagnie, et dans lequel il propose de lui attribuer quatre fonctions principales (in-8°. de 88 pages);

14°. Le décret de la Convention nationale, du 19 Juillet 1793, qui, sur le rapport des Comités de finance et d'instruction publique, continuoit à cette Société la jouissance provisoire de la somme de douze mille francs par an, pour ses dépenses ordinaires;

15°. Le compte rendu à la Société, le 30 Septembre 1793, de ses travaux faits, commencés et projetés, depuis le 30 Mai 1788, jusqu'au décret de la Convention nationale, du 8 Août 1793, qui supprime les Académies et les Sociétés littéraires (an VII, in-8°.);

16°. La copie de la chartre expédiée le 23 Août 1793, par laquelle, en conséquence d'une motion faite à la Chambre des communes, par M. *Sainclair*, le 15 Mai 1792, et adoptée par cette Chambre, le roi d'Angleterre établit à Londres, pour cinq ans, par forme d'essai, un Bureau ou Société pour l'encouragement de l'agriculture et pour les améliorations intérieures, sur le modèle de la chartre qui a créé aussi, en Angleterre, le Bureau des longitudes; lequel Bureau ou Département d'agriculture, composé de vingt-quatre membres et d'un nombre de correspondans illimité, a été doté d'abord d'un fonds annuel de trois mille livres sterlings (soixante-douze mille livres) dans le budget de la Grande-Bretagne;

17°. Les renseignemens que le Ministre a fait rassembler sur les autres Sociétés d'agriculture en pays étranger, telles que celle des Géorgophiles, établie dans le Jardin botanique de Florence, par le grand duc de Toscane, Léopold; celles des Amis du pays, en Espagne; celles d'Économie rurale, à Leipsick, à Vienne, à Copenhague, à Petersbourg;

18°. Les programmes des prix proposés tous les ans, aux agriculteurs Prussiens, par la direction économique de Berlin;

19°. Les arrêtés pris par les généraux François en Italie, pour conserver et pour doter les Sociétés agraires de Turin et de Vérone;

20°. Enfin, un mémoire imprimé, sur l'utilité et la nécessité d'une Académie d'agriculture dans un État policé (in-folio, sans nom d'auteur, et sans date de lieu ni d'année).

V. La lettre circulaire du Ministre aux Administrations centrales, aux Commissaires du Directoire exécutif, et aux Sociétés d'agriculture, du 21 Ventose dernier, contenant des dispositions pour la fête de l'Agriculture, qui doit être célébrée le 10 du mois prochain; par laquelle le Ministre annonce son intention de faire de nouveau, de la Société d'agriculture de Paris, le centre commun et le lien de correspondance de toutes les autres Sociétés de ce genre, répandues dans la République. (En effet, de plusieurs dispositions que contient cette lettre, le Ministre dit à ceux à qui il s'adresse, qu'il en est une, particulièrement digne de leur attention, celle de l'amélioration des laines en France.

« Le mouton est, sur-tout pour la République françoise, l'un des plus beaux présens de la nature. Aussi utile pendant sa vie qu'après sa mort, il nourrit l'homme, le couvre de sa toison, fertilise ses champs, et sa dépouille alimente nos manufactures. Mais, sa laine est d'une valeur inappréciable, et le degré de finesse auquel on peut l'amener promptement par un croisement bien entendu, décuple cette valeur, et affranchit en même temps nos fabriques d'un tribut annuel à l'étranger; et afin de parvenir plutôt à ce perfectionnement, il est nécessaire de connoître le point d'où l'on part, dans les différens Départemens, et celui auquel il faut atteindre. C'est de ce rapprochement indispensable que naîtra l'émulation, sans laquelle on n'obtient que des résultats stériles.

« Vous ferez donc réunir des échantillons de laine de chaque canton. Lorsque la Société d'agriculture, ou le Jury local, vous aura fait part de son opinion, vous m'adresserez une toison de la laine qui aura obtenu la préférence : je renverrai à la Société d'agriculture du département de la Seine l'examen des toisons qui me seront parvenues des différens Départemens; et celle qui sera jugée la plus belle, sera portée en triomphe à la fête de l'Agriculture. Le nom de l'agriculteur qui l'aura fournie, celui de sa commune et de son département, seront proclamés par le Directoire exécutif. Les autres toisons seront exposées dans le local de la fête, avec des inscriptions qui indiqueront leur origine.

« Le Gouvernement se réserve d'ajouter à ce motif d'émulation, qui doit être bien puissant sur des citoyens amis de leur pays, un témoignage éclatant de sa satisfaction particulière, par des dons publics, tels que celui d'une médaille d'or, de bêtes de race, etc., à ceux qui auront mérité réellement, par des efforts et des succès peu communs, une distinction aussi honorable. » *Recueil des actes publics du ministère du C. François* (*de Neufchâteau*), tome II, in-4°., page 121.)

VI. Enfin, la lettre particulière adressée ce-jourd'hui, 25 Prairial an VII, par le Ministre, à l'Administration centrale du département de la Seine, par laquelle il lui annonce, avec peine, l'impossibilité où il se trouve d'exécuter, dès cette année, son projet d'une fête nationale de l'Agriculture. (Le Ministre avoit demandé, dans tous les Départemens, des renseignemens précis sur les meilleurs agriculteurs, sur les nouvelles découvertes agricoles, et sur les produits les plus importans de l'économie rurale; il devoit en résulter une fête qui auroit été, pour l'agriculture, ce que celle du 1er. Vendémiaire avoit été pour l'industrie. On auroit vu commencer, cette année, le concours annuel que le Ministre vouloit établir entre les cultivateurs, pour l'amélioration des laines et pour d'autres perfectionnemens de l'économie rurale. Les foires de laine, si célèbres en Angleterre, celles de soie, si fameuses en Espagne, les concours qui ont eu lieu en divers pays pour la meilleure charrue, etc., toutes ces idées entroient dans le plan que le Ministre s'étoit fait de la solemnité du 10 Messidor; mais il avoit un vif regret de voir qu'il ne pouvoit réaliser ses vues à cet égard, dès cette année. Il attendoit, des Départemens, des réponses nécessaires: elles n'étoient pas arrivées, etc. *Ibidem*, tome II, page 276.)

Le Ministre désirant de rendre, à l'avenir, indépendans des circonstances, les services qu'on doit attendre des Sociétés libres qui se sont formées, à sa voix, pour la perfection de notre économie rurale, et de reconnoître sur-tout le zéle singulier que lui a témoigné la Société de Paris, il charge le Secrétaire-général de réunir en Comité, les CC. Jaquemont et Dubois, chefs des divisions de l'instruction publique et de l'agriculture; le Président et le Commissaire de l'Administration centrale du département de la Seine; le Président et les autres officiers composant le bureau de la Société libre d'agriculture du département de la Seine;

Et de leur notifier l'arrêté qui suit:

Art. I. Les Sociétés d'agriculture manquant de moyens de correspondance, et leurs travaux partiels ayant besoin qu'on leur imprime une direction uniforme, l'intention du Ministre est que la Société du département de la Seine reprenne, à cet égard, le rang que lui avoit donné le règlement du 30 Mai 1788, avec les modifications et les améliorations que le régime de la liberté doit apporter aux institutions de l'ancien régime, que l'on ne doit changer qu'en les perfectionnant. L'agriculture, délivrée des chaînes féodales, a sur-tout besoin de lumières: il seroit honteux que la révolution ne l'eût affranchie qu'à demi; et tant qu'elle demeure encore esclave de l'ignorance et de la routine, elle n'est pas libre. Les Sociétés d'agriculture peuvent donc être aujourd'hui plus utiles que jamais, si leurs travaux sont bien conduits.

Art. II. La Société d'agriculture du département de la Seine, appelée à une organisation plus importante, proposera elle-même, au Ministre, ses vues pour élever son règlement à la hauteur de cette nouvelle destinée, pour rapprocher constamment l'expérience de la théorie, et pour faire pénétrer par-tout les connoissances, qui ne sont véritablement utiles que lorsqu'elles peuvent passer de la spéculation à la pratique. Dans cette vue, la Société fera un état motivé des fonds qui lui seroient nécessaires pour remplir les intentions du Gouvernement et fixer son opinion sur les moyens les plus sûrs d'améliorer l'agriculture et l'économie intérieure de la France: il lui sera transmis, à cet effet, une copie de toutes les pièces visées ci-dessus. La réponse de la Société d'agriculture sera examinée dans le Comité formé, par cet arrêté, chez le Secrétaire-général; et ce dernier fera, au Ministre, un rapport, dans lequel il distinguera: 1°. la partie des travaux de la Société d'agriculture de Paris, qui, ne concernant que le département de la Seine, doit rester nuement à la charge de l'Administration centrale; 2°. la partie qui, concernant la centralisation des travaux des Sociétés d'agriculture de la République, et qui, sous ce point de vue général, intéressant toute la France, doit être comprise dans l'état des fonds du Ministère de l'intérieur.

Art. III. Dans le compte des travaux projetés par l'ancienne Société d'agriculture de Paris, et qui doivent être repris par la Société actuelle, le Ministre a distingué sur-tout le projet d'une nouvelle édition du *Théâtre d'Agriculture* d'OLIVIER DE SERRES, avec des notes, par les CC. *Broussonet*, *Dubois*, *Lefèbvre* et *Parmentier*. Le *Théâtre d'Agriculture* est considéré, même par les étrangers, comme un ouvrage classique ; à plus forte raison, doit-il être reproduit chez les François : le Ministre demande que la Société d'agriculture du département de la Seine nomme une Commission, dans son sein, pour donner enfin cette édition si désirée, et qu'on a déjà promise. Un des prédécesseurs du Ministre avoit recommandé ce travail aux membres du Bureau consultatif d'Agriculture : ces citoyens, qui sont tous membres de la Société, se réuniront avec elle, pour faire, de l'édition du *Théâtre d'Agriculture*, un monument digne du siècle qui doit le voir renaître. Le nombre des exemplaires pour lesquels le Gouvernement souscrira, sera fixé d'après un rapport particulier. Cette mesure pourra être étendue, 1°. aux OEuvres de *de la Quintinye*, de *Duhamel du Monceau*, et du petit nombre d'agronomes de cette classe que la France doit se féliciter d'avoir produits ; 2°. aux ouvrages importans des agronomes anciens ou étrangers, qui méritent d'être traduits et appropriés au climat de la France.

Art. IV. Le Ministre est instruit que dans la séance publique de cette Société, qui doit avoir lieu le 30 de ce mois, il doit être distribué des médailles d'encouragement à plusieurs personnes, entr'autres à deux bergers et à un jardinier ; le Ministre charge le Secrétaire-général de faire inviter ces hommes estimables, à venir, après la séance, dîner avec lui au Ministère, et de leur annoncer qu'il compte aussi les présenter au Directoire exécutif. On se propose de faire mieux l'année prochaine, si le Ministre peut réaliser le concours qu'il a fort à cœur d'établir entre tous les cultivateurs, à l'exemple de celui qui a déjà eu lieu, avec tant d'éclat et de succès, entre les fabricans.

Art. V. Dans les séances publiques de la Société d'agriculture de Paris, pour les années prochaines, le Ministre désire sur-tout, qu'il soit prononcé l'éloge solemnel d'un agriculteur, François ou étranger, digne d'être proposé à l'imitation des François. Les Anglois ont, dans ce genre, un fameux sermon annuel dans l'église de Saint-Paul de Londres ; c'est ce qu'on appelle la fondation de *Fairchild*. Le Ministre pense que cette institution est naturellement liée à celle de la Société d'agriculture de Paris, qui pourra faire prononcer le discours par un de ses membres, ou en faire le sujet d'un prix, dont le montant fera partie des fonds que le Gouvernement se propose d'attribuer à la Société, aussitôt qu'il aura le rapport demandé par l'article II ci-dessus. Il faudra commencer par l'éloge d'OLIVIER DE SERRES.

Art. VI. etc. (Les autres articles n'ont point de rapport à notre objet.)

Le Ministre de l'Intérieur,

Signé FRANÇOIS (DE NEUFCHATEAU).

Pour copie conforme,

Le Secrétaire-général, *Signé* GEOFFROY.

N°. V.

PROSPECTUS de cette nouvelle édition (1), *ornée de figures, et augmentée de notes et d'un vocabulaire ; publiée d'après un arrêté de la Société d'agriculture du département de la Seine, par une Commission prise dans son sein, et composée des* CC. CELS, CHAPTAL, FRANÇOIS (*de Neufchâteau*), GRÉGOIRE, HUZARD, LASTEYRIE, PARMENTIER, SILVESTRE, TESSIER, VILMORIN, YVART, (2).

IL existe, sur l'économie rurale, une grande quantité d'ouvrages. Le plus grand nombre ne traite que des parties séparées de cette science ;

---

(1) Il y a eu deux Prospectus : le premier, rédigé par le C. *Cels*, a été lu à la séance publique de l'Institut national, le 15 Messidor an V, et publié la même année, et en l'an VIII ; le second a été publié en l'an X. Ils sont ici refondus en un seul.

(2) Ces citoyens ont cru devoir profiter des offres généreuses qui leur ont été faites par plusieurs de leurs collègues, et par quelques autres savans, pour enrichir cette édition. On trouvera la liste de tous ceux qui ont coopéré aux notes de ce premier volume, à la suite de toutes ces pièces ; celle du second volume sera également en tête : chaque note est, d'ailleurs, souscrite des lettres initiales du nom de l'auteur qui l'a fournie.

et les ouvrages généraux qui lui sont consacrés ne consistent guère que dans un petit nombre de compilations plus ou moins estimées.

Les travaux des Anciens sur cette matière, sont recommandables, sur-tout par les vérités de pratique qu'ils contiennent. S'ils sont ternis par des préjugés qui tenoient alors à l'état des connoissances physiques, leurs auteurs ont au moins, sur un très-grand nombre d'ouvrages des Modernes, l'avantage précieux de ne s'être point égarés dans des théories plus ou moins vaines, et de parler seulement de ce que l'expérience leur avoit enseigné. On ne s'étoit point encore avisé de créer l'art, devenu trop commun, d'écrire sur des matières qu'on n'entendoit point, et de croire que des formes brillantes valussent mieux que des vérités utiles.

Un des plus anciens écrivains François, parmi les auteurs de traités généraux sur l'économie rurale, est encore, dans cette carrière, le premier de tous. Cet auteur, trop peu connu, est OLIVIER DE SERRES, et son ouvrage principal, le *Théâtre d'Agriculture*, qui a été réimprimé un grand nombre de fois. « Ce grand et bon ouvrage, dit *Haller*, est celui d'un homme expert qui préfère les moyens simples à ceux d'une grande dépense (1). » Malgré un assez grand nombre d'éditions, il existe à peine pour les hommes auxquels il étoit consacré ; cependant ceux de ses copistes sont très-répandus : il y a peu de cultivateurs qui ne connoissent, par exemple, la *Maison rustique de Liger*, ou quelques autres traités du même auteur. A la vérité, le langage suranné d'OLIVIER DE SERRES a dû empêcher, dans ces derniers temps, qu'il ne fût connu autant qu'il méritoit de l'être; mais la plus grande difficulté de l'ancien langage disparoît, en changeant seulement l'ancienne orthographe, ce qui peut se faire sans altérer la pureté du texte d'un auteur ; c'est un sacrifice nécessaire dans les ouvrages destinés, comme celui-ci, à être généralement répandus.

OLIVIER DE SERRES, à-peu-près contemporain de *Montaigne*, eut de grands rapports avec ce philosophe. Comme *Montaigne*, en se livrant à l'étude, il sut échapper aux horreurs des guerres civiles. Tous deux reculèrent les bornes des connoissances auxquelles ils s'appliquèrent, connoissances fort peu répandues alors, quoiqu'elles fussent cependant du nombre de celles qui devroient être les plus familières aux hommes ; leurs moyens furent différens, mais également victorieux, parce qu'ils étoient bien assortis à leurs sujets : l'un parvint à son but par le doute ; l'autre, en affirmant. *Montaigne*, tout en humiliant l'amour-propre de l'homme, intéresse cependant celui de ses lecteurs, en doutant avec eux ; OLIVIER les force à le suivre, en leur parlant de leur intérêt. Tous deux jouirent, pendant leur vie, de la confiance de leurs concitoyens, et de la considération qui doit en être la suite : *Montaigne* fut maire de Bordeaux, entre deux maréchaux de France, il parut avec éclat aux États de Blois, en 1588 ; OLIVIER fut appelé et consulté par Henri IV, il rapporte ses conversations avec ce souverain. Ce fut d'après les conseils d'OLIVIER que le jardin des Tuileries fut planté en mûriers blancs, et qu'à une de ses extrémités il fut élevé un bâtiment pour l'éducation des vers à soie ; c'est à lui qu'on eut alors l'obligation des plantations de mûriers qui furent faites dans les généralités de Paris, Orléans, Tours et Lyon : le premier, en France, il publia qu'on pouvoit faire de belles étoffes avec l'écorce des branches qu'on retranche à la taille de ces mûriers ; et ce n'est que plus d'un siècle après, que des voyageurs célèbres nous firent connoître le parti que les habitans de la mer du Sud tiroient aussi d'une autre espèce de mûrier (*Broussonetia papyrifera*, ou *Morus papyrifera*, L.) pour un semblable emploi. Il indiqua encore, pour le mûrier blanc, d'autres emplois économiques.

Les ouvrages que nous connoissons d'OLIVIER DE SERRES, sont : 1°. *La Cueillette de la Soie*, qui parut en 1599 ; 2°. *Le Théâtre d'Agriculture*; 3°. *La Seconde richesse du mûrier blanc*. Ce dernier ouvrage, qui parut en 1603, fut réimprimé en 1785, à la suite d'*Opuscules botaniques de Pierre Richer de Belleval*, par les soins du C. *Broussonet*, notre collègue. Il en parle ainsi dans sa préface:

« La découverte de filer l'écorce du mûrier blanc appartient entièrement à OLIVIER DE

____

(1) *Bibliotheca Botanica*, tome I, page 396.

SERRES, auteur recommandable par ses profondes connoissances dans la culture des végétaux, et dont le *Théâtre d'Agriculture*, publié vers le commencement du dernier siècle, offre une preuve des progrès que cet art avoit faits en France, long-temps avant qu'il eût attiré l'attention des peuples chez lesquels il fleurit de nos jours. Quelques personnes ayant d'ailleurs annoncé tout récemment la manière de filer l'écorce du mûrier, comme une découverte qui leur étoit propre, je me fais un devoir de rendre à la mémoire d'OLIVIER DE SERRES la justice qui lui est due à cet égard. Ses ouvrages sont peu répandus, et c'est encore un motif qui m'a engagé à donner une nouvelle édition de celui-ci. Cette manière de retirer la soie de l'écorce de cet arbre, peut devenir, sur-tout, avantageuse dans les lieux où la rigueur des saisons ne permet pas d'élever le ver à soie. »

Le C. *Broussonet*, cherchant à rendre plus d'un hommage à la mémoire d'OLIVIER, avoit aussi proposé son éloge à la Société des sciences de Montpellier : le prix fut décerné dans la séance publique de cette Société, le 29 Avril 1790, au mémoire de feu le C. *Dorthès* (1).

Le principal ouvrage de notre auteur, son *Théâtre d'Agriculture*, est un modèle de précision, un recueil immense de bons principes. Il faut le lire avec attention, pour n'en rien perdre. Il est divisé en huit livres, qu'il appelle Lieux, à la tête desquels sont des tableaux de ce qu'ils renferment : les sous-divisions de ces tableaux donnent les titres des chapitres, ou bien les chapitres ne sont eux-mêmes que les sous-divisions des tableaux. Cette manière trop peu suivie, cependant extrêmement utile, de réduire son travail en tableau, est celle d'un bon esprit qui a bien étudié son sujet. Ces sous-divisions sont au nombre de cent dix ; elles traitent sur-tout des terres, des manières de les faire valoir ; des labours, des engrais, des récoltes; des grains, de leur conservation; des vignes, des vins et des autres boissons ; de tous les animaux domestiques, y compris les abeilles et les vers à soie; de toutes les espèces de jardins ; des arbres; des prairies naturelles et artificielles ; des eaux, des

bois ; des bâtimens ruraux ; des alimens, des remèdes pour les maladies des hommes et des animaux ; de la chasse, de la pêche ; de différens autres objets d'économie rurale, etc. Toute la science entre dans son plan; et quoique l'ouvrage ne forme qu'un volume d'environ mille pages, peu d'objets y sont omis. Ce traité, plein d'excellens préceptes, rempli d'observations exactes, dont plusieurs Modernes n'ont pas dédaigné de s'emparer, est écrit avec rapidité : le style en est plein et serré. L'ouvrage est semé de maximes proverbiales, d'un grand sens : c'est un moyen sûr de fixer dans la mémoire du plus grand nombre des hommes, les vérités utiles qu'il leur importe le plus de retenir. Loin de nous la pensée de regarder comme trivial ce moyen qui peint si bien la simplicité des mœurs de nos aïeux, et d'avilir une des ressources dont nous avons besoin pour opérer la régénération de l'agriculture ! Si les habitans des villes eussent employé l'autorité de ce langage consacré aux champs, ils y auroient été plus écoutés et mieux entendus; ils auroient obtenu des succès pour l'amélioration de cet art, par excellence, qui place le bonheur de l'homme si près de la nature.

Les détails de la vie d'OLIVIER, de cet homme qui s'est élevé au-dessus de son siècle, qui, par ses travaux, a si bien mérité de ses semblables, sont entièrement ignorés. On ne connoît précisément ni le lieu, ni l'époque de sa naissance : on sait seulement qu'élevé au milieu des montagnes du Vivarais, il cultiva sur sa terre du Pradel. Peut-être des recherches plus heureuses en apprendront-elles davantage sur la vie d'un homme qui doit être compté parmi les bienfaiteurs de l'humanité ; c'est en cela que sont utiles les notices biographiques, sur-tout lorsque les Sociétés savantes qui les publient, ne perdent pas de vue que la postérité attend ces matériaux de l'histoire pour faire justice, et pour conserver à la mémoire des hommes ceux qu'ils doivent chérir et imiter.

C'est un devoir religieux à remplir, que de mettre à portée du plus grand nombre des cultivateurs, les dogmes qu'ils doivent pratiquer; et rien n'atteint mieux ce but que la publication des ouvrages d'OLIVIER. Déjà, plus d'une fois,

____

(1) Voyez ci-devant, l'extrait de cet éloge, N°. I.

cette entreprise a été tentée : les Ministres de l'Intérieur, *Beuezech* et *François (de Neufchâteau)*, ont provoqué successivement cette édition ; mais les circonstances se sont toujours opposées à son succès. La Société d'agriculture du département de la Seine, appréciant l'importance de ce travail, et considérant que la paix générale, qui assure à la République une tranquillité si désirée, va faire porter tous les efforts vers les arts utiles qui doivent assurer sa prospérité, a jugé que le moment étoit favorable pour réimprimer les ouvrages du premier des agronomes François ; elle a pensé qu'elle seroit puissamment secondée par tous les amis de l'agriculture ; et en conséquence, dans sa séance du 4 Brumaire au X, elle a arrêté : 1°. qu'il seroit nommé une Commission, prise dans son sein, pour s'occuper de la réimpression du *Théâtre d'Agriculture* d'OLIVIER DE SERRES, avec des notes ; 2°. que, pour faciliter cette réimpression, elle prendroit, pour son compte, un nombre déterminé d'exemplaires de l'ouvrage ; 3°. qu'elle inviteroit le Ministre de l'Intérieur, les Préfets, les Sociétés d'agriculture départementales, et notamment tous ses membres et associés, à souscrire pour cette utile entreprise.

Les mesures adoptées par la Société ont eu l'effet qu'elle avoit lieu d'en attendre ; les travaux de la Commission qu'elle a nommée sont en activité ; le Ministre de l'Intérieur (le C. *Chaptal*) a bien voulu favoriser particulièrement cette nouvelle édition ; un grand nombre de membres ont souscrit. Le C. *Charles Caffarelli*, alors préfet du département de l'Ardèche, aujourd'hui préfet de celui du Calvados, désirant contribuer de tout son pouvoir aux vues de la Société d'agriculture, lui a offert, pour servir de frontispice à cette nouvelle édition, la gravure du portrait d'OLIVIER DE SERRES, et celle du monument qu'il se propose d'ériger à sa mémoire, et pour lequel une souscription est ouverte (1). D'autres savans estimables se sont empressés de remettre les notes qu'ils avoient eu occasion de faire sur OLIVIER DE SERRES, ou sur ses ouvrages ; et il en a été de même de ceux des anciens collaborateurs, que leur éloignement ou leurs travaux ont empêché de coopérer plus activement à cette réimpression.

Cette nouvelle édition, avec les notes, le vocabulaire et les planches, formera deux forts volumes in-quarto, de caractère cicéro, à deux colonnes, pour le texte ; et de petit-romain, aussi à deux colonnes, pour les notes. Chaque page in-quarto, de texte, contient plus d'une page de l'édition in-folio, et chaque page de notes en contient plus du double. On n'a point cherché le luxe typographique ; on s'est borné à bien soigner l'impression, et à mettre le plus de matière possible dans un petit espace.

La Souscription reste ouverte au prix de 30 francs, jusqu'à la publication du second volume, qui est actuellement sous presse, chez madame HUZARD, imprimeur-libraire, rue de l'Éperon-Saint-André-des-Arts, N°. 11. On imprimera une seconde liste des Souscripteurs, s'il y a lieu, en tête de ce volume.

N°. VI.

NOTICE sur OLIVIER DE SERRES, sieur du Pradel, par le C. LA BOISSIÈRE, ancien Avocat-général au ci-devant Parlement de Grenoble. An IX.

OLIVIER DE SERRES, fils de *Jean de Serres*, sieur du Pradel, et de Louise Leyris, naquit en Vivarais, vers l'an 1539 (1).

Au chapitre I, Lieu III, de son *Théâtre d'Agriculture*, il appelle Villeneuve-de-Berg sa patrie. Au chapitre XXVI, Lieu VI, il donne ce nom au bourg Saint-Andéol.

Les probabilités se réunissent tellement en faveur de Villeneuve-de-Berg, que l'on peut assurer que s'il possédoit quelques biens au bourg Saint-Andéol, Villeneuve étoit le lieu de sa naissance. 1°. Sa maison étoit encadastrée dans le compoix de cette ville, fait en 1579 ; 2°. il cultivoit le fief du Pradel, qui n'en est éloigné que de demi-lieue ; 3°. sa femme, Marguerite d'Arçons, en étoit originaire, et sa famille existe

---

(1) *Pièces fugitives de Daubois*, tome II, page 334.

encore; 4°. son fils, *Daniel du Pradel*, y exerçoit, en 1611, la profession d'avocat.

Ce vrai *Columelle* françois, bien supérieur à celui de la république romaine, dit l'abbé *Rozier* (1), traça d'une main savante les préceptes de l'agriculture, pendant les horreurs de la plus désastreuse guerre civile : c'est le seul de nos écrivains agronomes qui ait été véritablement praticien; je dois cet hommage à mon maître.

Cet élan d'un disciple aussi distingué, les soins que se donna, en 1789, le premier agriculteur de son siècle, l'Anglois *Arthur Young*, pour découvrir la patrie d'OLIVIER DE SERRES (2); la joie que lui causa cette découverte, la génuflexion dont son enthousiasme salua la terre classique du Pradel; la confiance d'Henri IV, les éditions multipliées, dans toutes les langues, de son ouvrage; l'estime dont il jouit plus en Europe qu'en France, plus en France que dans sa patrie; le témoignage de deux siècles, enfin, me dispensent d'ajouter un éloge à tant d'éloges.

Parmi les grandes améliorations dont son génie bienfaisant enrichit l'agriculture, on compte particulièrement la culture du mûrier et l'éducation des vers à soie.

Quelques François avoient rapporté de la conquête de Naples, l'affection de pourvoir leurs maisons de telles commodités; ils se procurèrent du plant de meurier, qu'ils logèrent en Provence et à Alan en Dauphiné (3); mais il paroît que cette précieuse culture n'avoit pas fait les progrès que la France devoit en attendre.

OLIVIER DE SERRES, à la voix d'Henri IV, éveilla l'émulation de ses compatriotes, en publiant, en 1599, l'*Art de la cueillette de la soie*.

Un an après (4), invité par une lettre que le roi, allant en Savoie, lui envoya par le baron de Colonces, il y apporta tant de diligence, qu'il fut conduit à Paris jusqu'à quinze ou vingt mille plants de mûriers, lesquels furent plantés dans les jardins des Tuileries. En 1602, des lettres-patentes ordonnèrent la fourniture de tels plants dans les quatre généralités de Paris, Tours, Orléans et Lyon, de façon qu'il ne faut pas douter que, dans peu de temps, par la continuation de ces beaux commencemens, la France ne se voie rédimée de la valeur de plus de quatre millions d'or, que tous les ans il en falloit sortir. Voilà le commencement de l'introduction de la soie au cœur de la France.

Voilà les bienfaits de l'auteur du *Théâtre d'Agriculture*. On lui doit encore l'invention de faire rouir et teiller les gaules sèches du mûrier, pour en extraire du fil (1).

Cortice quin etiam ex mari filamina ducis,
Bombicina, sagax ignota industrias arte (2).

Ses préceptes, éprouvés par la pratique constante qu'il en fit, et par celle que les agriculteurs en font chaque jour, ont déterminé les écrivains encyclopédistes à prononcer que le *Théâtre d'Agriculture* qu'OLIVIER DE SERRES présenta au roi en 1600, est encore le meilleur livre et le plus complet qu'on ait fait sur ce sujet, depuis qu'il a paru (3).

Indépendamment de ce mérite, qui sera toujours réel, les amateurs de l'ancienne littérature peuvent admirer la noble simplicité de son style, son érudition, l'élévation de ses pensées, et cette douce philosophie qui sépare l'homme vertueux de l'agitation du monde, pour l'atta-

---

(1) Lettre de *Rozier* au C. *La Boissière*. Lyon, 8 Mai 1788.

(2) *Voyage d'Arthur Young en France*, tome II, page 39. Voyez ci-devant, page xxvij.

(3) *Théâtre d'Agriculture*, Lieu V, chapitre XV.

(4) *Ibid*. Voyez aussi, ci-devant, page xxiij.

(1) *Ibidem*, Lieu V, chapitre XVI.

(2) Vers de *Chalandar*, au *Théâtre d'Agriculture*, qui ont été rendus ainsi dans l'Épitre françoise :

Grace à toi, du mûrier et l'écorce et la feuille
Enrichissent deux fois celui qui les recueille.

Voyez ci-devant, page liij. (H).

(3) *Encyclopédie*, in-folio, *Supplément*, tome I, au mot *Agriculture*. Cet article, rédigé par *Béguillet*, contient deux erreurs relatives à OLIVIER DE SERRES et à son ouvrage. L'auteur appelle OLIVIER, sire de Pradines, et il dit qu'il dédia son ouvrage au roi, en 1606 (page 216); il n'y a même pas eu d'édition publiée cette année-là. Cette dernière erreur a été reportée par l'abbé *Bonnaterre*, dans le troisième discours qui est en tête du *Dictionnaire d'Agriculture* de l'*Encyclopédie méthodique*, dans lequel il a donné l'extrait du *Théâtre d'Agriculture* (page 242 et suivantes). (H).

cher

cher à la contemplation de la nature et à la recherche de ses vrais trésors.

C'est dans ce sens que le sévère *Scaliger* disoit : « L'*Agriculture* d'OLIVIER DE SERRES est fort belle ; elle est dédiée au roi, lequel trois ou quatre mois durant, se la faisoit apporter après dîner, après qu'on la lui eut présentée ; il est fort impatient, et si, il lisoit une demi-heure (1). »

OLIVIER DE SERRES prit cependant quelque part aux troubles qui agitèrent sa patrie, et cette particularité de sa vie est la seule que les écrivains du temps nous ayent conservée. Il étoit de la religion réformée ; les protestans ayant été chassés de Villeneuve-de-Berg, par Logières et Mirabel, vers la fin de 1572, se réfugièrent au Pradel, et de-là à Mirabel ; à l'aspect de la place qu'ils venoient de perdre, ils formèrent le projet de la reprendre. Un serrurier de la ville en suggéra le moyen à OLIVIER DE SERRES, et lui offrit de rompre, au jour donné, le treillis d'un égout par lequel les troupes pourroient pénétrer dans la ville, de la même sorte qu'on avoit fait à Nîmes, aux derniers troubles (2).

Le plan rejeté par Baron, mais accueilli par DE SERRES, fut fixé au commencement de Mars, en 1573 ; en conséquence, les troupes protestantes filèrent de Privas à Mirabel. Leur concours et les relations des espions donnèrent des soupçons à Logières ; le 1ᵉʳ. Mars, il fit faire des rondes, garnir les remparts et illuminer pendant toute la nuit la ville où il commandoit. Les protestans voyant du sommet du Coiron luire sur Villeneuve des feux allumés, se crurent trahis, et délibérèrent long-temps entre la fougue de *du Pradel*, qui vouloit tout tenter, et le sang-froid de Baron, qui vouloit renoncer à tout. Le temps qui se perdit dans ces irrésolutions, fit croire à Logières qu'on lui avoit donné une cassade ; et comme le point du jour approchoit, ses soldats s'écoulèrent çà et là, et il se retira en sa maison pour prendre du repos.

Les protestans profitant de son erreur et de sa lassitude, s'avancèrent à travers les coteaux et les vallons qui séparent Mirabel de Villeneuve-de-Berg, entrèrent à la file par l'égout, dont le treillis avoit été brisé, s'emparèrent des portes de la ville. Tout y fut mis à feu et à sang, et les prêtres qui s'étoient assemblés pour tenir leur synode, furent jetés dans un puits (1).

De Thou a copié ces détails dans les *Mémoires de l'état de la France*, *sous Charles IX*, imprimés à Middelbourg ; et *d'Aubigné*, dans son *Histoire Universelle*, dit notamment que *du Pradel* étoit l'auteur du *Théâtre d'Agriculture*.

Oublions l'erreur qui lui fit porter sa vengeance dans sa patrie (2), et retournons avec lui aux champs du Pradel.

Cette maison de campagne appartenant aujourd'hui à M. Darlempde de Mirabel, par le mariage de *François de Serres* avec Louise de Darlempde, en 1624, est située dans la plaine où se terminent au midi les coteaux qui descendent graduellement de la montagne volcanique du Coiron, sur laquelle Mirabel est assis. La petite rivière de Claduègue la sépare du territoire de Villeneuve-de-Berg.

C'étoit jadis un château fortifié de hautes tours, de murailles hors de l'échelle, de bonnes guérites, et d'un large fossé rempli d'eau (3).

Comme les troupes protestantes s'y renfermoient et incommodoient la communication des Cévennes à Privas, à cause de la proximité du grand chemin, qui passoit alors à Mirabel, MM. de Vantadour et de Mouréal, commandans des catholiques à Villeneuve-de-Berg, résolurent de l'assiéger en 1628, après la retraite de M. de Rohan (4).

Du Pradel, fils d'OLIVIER DE SERRES, en défendit les approches avec trente hommes, et tua ou blessa quinze des assaillans ; mais Marsillac ayant conduit au siége deux canons, eut emporté en deux jours les guérites et les dé-

---

(1) *Scaligerana*, page 321. Voyez ci-devant, page xxvj.

(2) *Mémoires de l'état de la France*, sous *Charles IX*, tome II, page 135. Mais voyez ci-après, N°. VII.

(1) *Histoire des Guerres du comtat Venaissin*, par *Perrulis*.

(2) Voyez, sur ce fait, ce qui a été dit dans l'Éloge, page xxj, et les éclaircissemens contenus dans la première partie du N°. VII.

(3) Manuscrit du *Commentaire du Roldat du Vivarais*.

(4) *Histoire de Montmorenci*, par *Ducros*, page 203.

enses. On alloit ordonner la sappe, lorsqu'au quatrième jour le château se rendit, et fut, peu de temps après, démoli jusqu'aux fondemens. «Les arbres et les vergers furent coupés, dit l'historien, avec moins de dépenses et de labeurs que l'auteur du *Théâtre d'Agriculture* n'en avoit mis pour les élever.»

S'il faut en croire les versificateurs qui ont célébré, à la tête de cet ouvrage, la belle ordonnance de cette maison de campagne, le Pradel étoit un endroit délicieux; ses fontaines étoient aussi pures et aussi belles que celles de Fontainebleau; des vergers plantés en quinconces, des vignes bien alignées, des jardins fertiles, des parterres émaillés de fleurs, des labyrinthes enfin réjouissoient le bon vieillard revenant de la cour d'Henri IV, dans le sein de sa famille.

Lorsqu'on médite les préceptes de cet écrivain-pratique, et qu'on considère sa longévité, ces descriptions ne paroissent pas trop exagérées, et elles ne doivent éprouver d'autre déchet que celui de la poésie sur la prose.

Il ne reste de ses labeurs que le canal de la petite eau perenne, qu'il conduisit de la montagne du Coiron autour de sa maison (1), dont il arrosoit ses jardins, et dont le superflu se rendoit dans les canaux de ses moulins, qui existent.

Deux vers latins, gravés sur la porte d'une chambre, échappés à la fureur des démolitions, sont le seul témoignage local du séjour d'OLIVIER DE SERRES dans la terre natale qu'il cultiva, qu'il embellit, qu'il immortalisa: je les recueille avec la vénération que l'on doit à sa mémoire.

Rus, domus, unda fluens, viridaria, vinea, sylva,
Pradelli dominum, pascua, rura juvant (2).

Il mourut le 2 Juillet 1619.

OLIVIER DE SERRES eut un frère puîné, bien plus connu que lui dans les fastes de l'histoire et de la littérature. Ce fut *Jean de Serres*, ministre à Orange, auteur de l'*Inventaire de l'Histoire de France*, des *Mémoires sur la troisième Guerre civile*, du *Recueil des choses mémorables*, appelé le *Recueil des cinq rois*; de la *Vie de Coligni*, et des Commentaires de *Statu reipublicæ et religionis*. Il fut encore

l'annotateur et l'éditeur du beau *Platon*, connu sous le nom de *Serranus*, imprimé en 1576, par Henri Étienne, et dont les exemplaires sont rares. Historiographe du roi et courtisan d'Henri IV, il fut un des quatre ministres qu'il consulta quand il embrassa la religion catholique. *Jean de Serres* appaisa ses scrupules, et proposa, dans la suite, un plan de réunion des deux religions, trop long-temps divisées. *Du Perron* assure qu'il lui a vu faire l'abjuration (1); et *Cayet* attribue sa mort au poison qui l'en punit (2). Il mourut en Mai 1598, et fut enterré le même jour que sa femme (3).

Les éditeurs de la Généalogie d'OLIVIER DE SERRES, imprimée au deuxième volume des *Pièces fugitives de Daubais*, se trompent en lui donnant pour fils *Jean de Serres*. Le père *Le Long*, dans la *Bibliothèque historique de la France* (4), dit que *Jean* étoit le frère d'OLIVIER, et cette assertion prend une entière certitude dans les vers qu'un auteur contemporain, *Denis le Bay-de Batilli*, lieutenant de la justice à Metz, a mis à la tête du *Théâtre d'Agriculture*.

Pendant que ton puîné, sur le premier modèle
Des choses du passé où son vol le portoit,
De l'état des François l'histoire retraçoit, etc.

Jean de Serres est célébré dans tous les dictionnaires et dans toutes les biographies; OLIVIER y est entièrement oublié. Il faut que le hasard offre au lecteur quelques passages disséminés dans divers ouvrages, pour en composer quelques traits de la vie d'un homme bien au-dessus de son siècle, et qui a fixé la fortune des siècles à venir. Étrange prévention, toujours condamnée et toujours renaissante, qui accorde tout à la célébrité, de quelque manière qu'elle vienne, et si peu de chose à l'utilité, son seul et véritable principe! S'il eût dévasté son pays par des conquêtes, dit l'abbé *Rozier*, son nom seroit consigné dans nos annales; il a fait le bien, et on n'en parle plus (5).

---

(1) *Théâtre d'Agriculture*, Lieu VII, chapitre I.
(2) Voyez la traduction de ces vers, page lvij.

---

(1) *Perroniana.*
(2) *Chronol. Novenaire*, tome III, page 547.
(3) *Spon*, *Histoire de Genève.* Voyez sur *Jean de Serres*, ci-devant, page xxj.
(4) Tome II.
(5) Lettre au C. *La Boissière.*

Espérons, plus que jamais, que la France n'abandonnera plus les soins de la reconnoissance nationale aux Anglois, qui ont naturalisé OLIVIER DE SERRES parmi eux, et qu'un monument érigé dans sa patrie le rendra à la vénération de ses concitoyens, riches de ses bienfaits, sans en connoître le dispensateur.

N°. VII.

ÉCLAIRCISSEMENS sur plusieurs passages de la Notice précédente, par le C. FRANÇOIS (DE NEUFCHATEAU).

1°. Sur la surprise de la ville de Villeneuve-de-Berg.

Je ne connoissois pas cette Notice intéressante, lorsque j'ai composé l'Éloge d'OLIVIER DE SERRES. Je le regrette d'autant plus, qu'elle m'eût épargné des recherches pénibles et une longue incertitude. Privé de ces renseignemens, j'ai lieu de m'applaudir, du moins, de m'être souvent rencontré avec l'auteur de la Notice. Il n'y a qu'un seul point, dans lequel je diffère de son opinion. L'objet m'en paroît important. Voici mes conjectures, que je soumets très-volontiers au jugement de ceux qui pourront les mieux éclaircir.

Je n'ai pu discuter les autorités sur lesquelles l'auteur de la Notice s'appuie pour penser que le capitaine *Pradel*, auteur, ou plutôt conseiller de la surprise faite à Villeneuve-de-Berg, en 1573, n'est autre qu'OLIVIER DE SERRES. J'ai révoqué la chose en doute, d'après le texte de l'Histoire du président *de Thou*, qui a puisé le fait, non pas dans les *Mémoires de l'état de la France*, qui ont paru à Middelbourg, en trois volumes seulement, mais dans les savans *Commentaires*, composés en fort beau latin par le ministre *Jean de Serres*, et publiés en cinq volumes in-8°., de 1570 à 1575 (1).

Ni *Jean de Serres*, qui pourtant devoit bien connoître son frère, ni *de Thou*, ni *Perrulis* même, ne donnent à penser que le capitaine *Pradel* soit OLIVIER DE SERRES; mais le C. *La Boissière* assure positivement que *d'Aubigné* déclare, dans son *Histoire Universelle*, que ce *Pradel* étoit l'auteur du *Théâtre d'Agriculture*. Rien ne sembleroit plus précis, et il n'y auroit rien à répondre à ce témoignage d'un écrivain contemporain.

Mais le C. *La Boissière* ne cite pas la page de l'*Histoire de d'Aubigné*, comme il cite d'ailleurs assez exactement les tomes et les pages des autres auteurs qui ont servi à former sa Notice : j'en conclus, qu'au moment où il attribuoit cette assertion si précise à *Théodore d'Aubigné*, dans son *Histoire Universelle*, il n'avoit pas lu cette histoire, ou ne l'avoit pas sous les yeux. Et en effet, il n'y a rien qui ressemble, le moins du monde, à ce qu'on lui fait dire. Il a parlé de *Jean de Serres*, et il n'a rien dit d'OLIVIER.

On sait que le grand-père de madame de Maintenon étoit un ardent calviniste; il en vouloit à *Jean de Serres*, parce que ce ministre fut le quatrième de ceux qui avouèrent à Henri IV que l'église romaine étoit *une église sans queue*, et qu'*on pouvoit bien faire en elle son salut*. *D'Aubigné* insinue que *Jean de Serres* ne parla ainsi, que parce qu'il avoit dix mille écus à solliciter. (Livre XXXIX, page 290.)

Si *d'Aubigné* avoit pu dire que le capitaine *Pradel* étoit le même que l'auteur du *Théâtre d'Agriculture*, c'eût été lorsqu'il parle de la surprise de la ville de Villeneuve-de-Berg; or, en cet endroit même, il garde là-dessus le plus profond silence. La manière dont il raconte ce trait particulier de nos guerres civiles, prouveroit aussi qu'OLIVIER, s'il étoit vrai que ce fût lui qui eût été connu alors sous le nom de *Pradelles*, auroit bien concouru à faire surprendre la ville, par son activité et un stratagême nocturne, mais sans être coupable des massacres qui s'ensuivirent, et sans que sa mémoire dût en être tachée.

---

(1) Le C. *Barbier*, bibliothécaire du Conseil d'État, m'a indiqué ce bon ouvrage (N°. 7771 du Catalogue de cette bibliothèque choisie, dont j'ai été le fondateur). Il manque, à cet article de la bibliothèque, le cinquième volume de l'ouvrage de *Jean de Serres*. Ce cinquième tome est très-rare. C'est une erreur assez commune, de croire que les *Mémoires de l'état de la France* sont le même ouvrage que les *Commentaires latins* de *Jean de Serres* : ceux-ci sont bien supérieurs.

Voici l'extrait fidèle des *Histoires de d'Au-*
bigné (liv. I, chap. xi), intitulé : *Guerre relevée*
en Languedoc; et à la marge : CIƆ IƆ LXXIII
(1573).

« Villeneufve au Vivarets cousta plus de peine
» à avoir. Logières l'avoit saisie quelque temps
» auparavant. Le capitaine Baron qui y comman-
» doit, s'estoit retiré à Mirabel, entre les mains
» d'un gentilhomme, nommé Pradelles, son ami,
» par le moyen duquel il fut mis dans St.-Privat.
» Les fugitifs de Villeneufve voyoient tous les
» jours de Mirabel en hors leur patrie, ce qui
» les empeschoit encore plus de l'oublier. Entre
» ceux-là, un soldat, serrurier, ayant averti Pra-
» delles que si on vouloit il emporteroit à Ville-
» neufve une grille pareille à celle de Nismes,
» cela fit rappeller Baron, qui apportoit force dif-
» ficultés à l'affaire, et entr'autres qu'ils ne pour-
» roient battre cette garnison, quand mesme
» ils seroient dedans, qu'avec grand nombre;
» comme aussi Pradelles l'incita à son bien,
» plus que son bien mesme. Il fallut, pour avoir
» des hommes, communiquer avec ceux d'Au-
» benas. De ceux-là, quelques faux frères aver-
» tirent Logières. Voilà quand et quand à Ville-
» neufve la garnison renforcée, les gardes dou-
» blées, et Logières qui passoit les nuits sur
» la courtine. Au commencement de Mars, les
» forces d'Aubenas et Baron (pressé par Pra-
» delles) se rendent à Mirabel, ce qui ne se put
» faire avec tel secret que Logières ne fût averti
» quoique faussement plusieurs fois; et tant
» qu'il tint ce dernier avis encore pour une baye.
» Toutesfois, pour accomplir tous les points de
» son devoir, il fait fermer les portes de bonne
» heure, mettre du feu aux fenestres, de l'eau
» aux huis, doubler encore les gardes; met en
» divers endroits sentinelles perdues, fournit
» le courridour de routes et les rues de pa-
» trouilles. Et par ainsi, les entrepreneurs fail-
» loient, s'ils n'eussent failli; et la froideur de
» Baron acheva l'entreprise; car on l'y traisnoit à
» l'escorche-cul, et pourtant il cerchoit toutes
» les difficultés et longueurs qu'il pouvoit inven-
» ter. Peut-estre que la peur qu'il avoit eu à la
» prise n'avoit pas fait encore son oppération.
» Pradelles remporté et par son désir et autho-
» rité, contraignit l'autre à laisser marcher, mais

» si tard pour les traisneries de Baron, qu'ils
» n'arrivèrent qu'au jour. C'estoit lorsque Lo-
» gières et les capitaines, lassez de veiller,
» s'estoient jettez sur des lits. Le serrurier donc
» marche à la grille qu'il avoit élochée aupara-
» vant, l'arrache et entre le premier. Les com-
» pagnons qui le suivirent mettent en pièces le
» premier corps-de-garde, presque tous endor-
» mis. Une partie court par la ville, crians : *ville*
» *gaignée.* Les autres vont, à coups de hache,
» ouvrir les portes au gros. Quelques soldats
» qui se r'allioient à Logières, mettent le feu
» au canon qui estoit sur le rempart, et en tirent
» plusieurs coups. Nonobstant, tout entre, et
» tuent tout ce qu'ils trouvent en armes parmi
» les rues; parmi ceux-là, force prestres qui
» estoient venus à leur synode. Ceux-là furent
» sauvez, qui se jettèrent avec le gouverneur en
» sa maison fortifiée. Quelques soldats aussi se
» sauvèrent dans la tour d'une porte et au clo-
» cher. Tout se rendit dans trois jours; et par
» ce gain, ils joignirent Lagorse et Saunas; le
» chemin du Vivarets à Nismes fut net, et en-
» core y eut de la communication aux Sevenes,
» dedans lesquels rien n'avoit branlé pour la
» Saint-Barthélemi. » (Tome II, page 60.)

Voilà tout ce que j'ai trouvé dans l'*Histoire
de d'Aubigné*; il ne dit nullement que ce gentil-
homme, Pradelles, fût le même qui fit, depuis,
le *Théâtre d'Agriculture :* ainsi, je persiste
toujours à croire que ce n'est point lui (voyez
ce que j'ai dit au commencement de l'Éloge,
ci-devant, page xxj); mais quand même ce seroit lui, dans le fait ainsi raconté, il n'y a plus
rien qui l'inculpe, et qui répugne à ce qu'on sait
d'ailleurs précisément du caractère modéré et de
l'esprit paisible qui l'anima toute sa vie. C'estoit
Baron qui commandoit, et qui, seul, pouvoit
être responsable des désordres commis par ses
soldats dans cette attaque, dont le capitaine
Pradelles, quel que fût ce dernier, n'avoit fait
que donner l'idée et hâter l'exécution.

Au surplus, la Notice du C. *La Boissière* m'a
donné lieu de faire beaucoup d'autres recherches.
On doit ce respect au public, de ne rien épargner pour découvrir la vérité dans les moindres
détails. J'ai trouvé peu de résultats; mais ceux
qui suivent serviront à prouver mon exactitude.

2°. *Généalogie de la famille d'OLIVIER DE SERRES, extraite des diverses productions devant les Commissaires des francs-fiefs de la province de Languedoc, généralité de Montpellier.*

» VIVIERS.　　　　604. SERRES.

» I. *Jean Serres*, seigneur de Pradel, épousa » Louise Leiris, qui le rendit père d'

» II. OLIVIER SERRES, écuyer, seigneur » de Pradel, qui épousa, le 11 Juillet 1559, » Marguerite d'Harcous (1) ; et il en eut, 1°. *Daniel Serres*, seigneur de Pradel, qui suit; » et 2°. *Jean Serres*, historiographe du roi, » par brevet du 30 Novembre 1596 (2).

» III. *Daniel Serres*, seigneur de Pradel, » épousa, le 3 Mai 1599, Anne de Prise, qui » le rendit père de

» IV. *François Serres*, seigneur de Pradel, » qui épousa, le 5 Décembre 1624, Louise Arlampde de Mirabel, et il en eut

» V. *Constantin Serres*, seigneur de Pradel, » qui épousa, le 12 Novembre 1662, Françoise » Rochemore d'Aigremont (3). »

Cette pièce, énoncée dans la Notice N°. VI, page lxxiv, est tirée des *Pièces fugitives pour servir à l'Histoire de France*, tome I, partie seconde, page 324 (Paris, 1759, in-4°.). C'est l'indication donnée par le C. *La Boissière* (page lxxj), qui me l'a fait connoître, quoique la page ne fût pas citée avec exactitude.

Dans le même volume, on trouve un autre article SERRES, faisant le N°. 514, des jugemens rendus par M. de Besons, intendant de Montpellier, sur la noblesse de Languedoc; c'est la généalogie d'une famille noble, commençant à *Charles de Serres*, lieutenant civil et criminel au bailliage de Vivarais, ennobli par lettres-patentes enregistrées à la Chambre des Comptes de Montpellier, le 5 Décembre 1612. Un de ses fils, *Just de Serres*, fut évêque du Puy. On ne sait si cette famille étoit, ou n'étoit pas une branche de celle dont étoit OLIVIER.

L'usage a prévalu, de mettre avant le nom de ce dernier, la particule DE, quoique ses descendans paroissent ne l'avoir pas prise, ou ne l'avoir pas obtenue, en produisant leurs titres devant les Commissaires à la recherche des francs-fiefs. Les francs-fiefs et les particules étoient de bien grandes affaires dans l'ancien régime; mais la véritable noblesse, le titre impérissable que la postérité adjuge à OLIVIER DE SERRES, c'est d'avoir composé le *Théâtre d'Agriculture*. On ne demande plus s'il étoit écuyer : il fut le bienfaiteur du monde.

3°. *Sur OLIVIER DE SERRES.*

Il reste, malgré mes recherches, et même encore après les indications de la Notice précédente, beaucoup de circonstances concernant OLIVIER DE SERRES, sa famille et son livre, lesquelles nous sont inconnues, et qui auroient besoin d'être vérifiées.

J'ai fait demander sur les lieux des éclaircissemens qui ne m'ont procuré que des réponses incomplètes. Voici du moins quelques objets, sur lesquels on peut réclamer de nouvelles instructions.

La tradition porte qu'OLIVIER occupa, dit-on, un office de juge dans la sénéchaussée de Villeneuve-de-Berg (1). Ceci pourroit se constater par des documens du pays.

---

(1) Dans l'Éloge, j'ai appelé la femme d'OLIVIER, Marguerite d'Arçons, sur la foi de M. *Dorthès*; le C. *La Boissière* lui donne également le même nom. Voyez ci-devant, pages xxxviij, lxj et lxxj.

(2) Ceci est une erreur palpable. L'historiographe de France étoit le frère d'OLIVIER. Voyez ci-devant, pages xxxviij, lxix et lxxiv. Suivant la généalogie, OLIVIER s'étoit marié à vingt ans, en 1559. Si *Jean de Serres* eût été son second fils, il n'auroit pu naître, tout au plus, qu'en 1561. Comment auroit-il pu publier, en 1572, à l'âge de neuf ans, le premier volume de ses beaux *Commentaires latins sur l'état de la France*?

(3) Voyez ci-devant, page lxj. On ne se dissimule pas que ces discussions de généalogie sont nécessairement arides; mais ce qui tient à un grand homme est toujours sûr d'intéresser; et, d'ailleurs, on espère que ces données insuffisantes procureront peut-être des renseignemens plus précis. Les observations que fera naître la lecture de cette édition, peuvent être adressées à la Société d'Agriculture du département de la Seine; elle se fera un devoir d'accueillir et de publier tout ce qui seroit de nature à remplir son objet, et qui lui auroit échappé, soit dans l'Éloge d'OLIVIER, soit dans le reste de l'ouvrage.

(1) Extrait d'une lettre du C. *Denoyer*, maire du Saint-Esprit, du 15 Nivose an XII.

On peut remarquer, cependant, que l'épître de *Chalendar*, juge-mage, ou lieutenant civil de ce tribunal, adressée à notre OLIVIER, en 1599, et qui récapitule avec le plus grand soin tous ses travaux, tous ses mérites, ne renferme pas un seul mot qui ait trait à cet exercice des fonctions judiciaires. Il seroit étonnant que le chef de ce tribunal, en louant un de ses confrères, eût oublié précisément le trait qui paroissoit devoir rapprocher davantage l'auteur et son panégyriste; mais peut-être OLIVIER ne prit-il une charge dans la sénéchaussée, qu'après l'époque où *Chalendar* lui avoit adressé ses vers.

Quoi qu'il en soit, j'aimerois mieux voir dans notre OLIVIER un grave magistrat, qu'un fougueux capitaine; et la robe longue me semble bien plus analogue à ses goûts que la casaque militaire.

L'opinion commune est aussi qu'OLIVIER DE SERRES fut, pendant les guerres civiles, un calviniste très-zélé, ce qui le fit nommer, dit-on, un des vingt-quatre Commissaires qu'une assemblée des protestans nomma pour transformer la monarchie en république, et ce qui engagea les catholiques à brûler une partie de son château. Ces croyances vulgaires ne sont fondées sur rien, que sur un souvenir confus des horreurs qu'un faux zèle a trop multipliées en France, et qui ont long-temps rappelé l'exclamation de *Lucrèce*:

Tantùm relligio potuit suadere malorum!

La première anecdote, celle des Commissaires ou députés chargés par une assemblée calviniste, d'organiser la république, feroit aujourd'hui peu de tort à OLIVIER DE SERRES. Mais supposons le fait aussi certain qu'il est douteux, la date que lui donnent les seuls écrivains qui en parlent, est postérieure à la date de la mort d'OLIVIER. Celui-ci étoit expiré en 1619; et c'est en 1621, que les jésuites accusent les protestans d'avoir voulu changer la forme du régime et du Gouvernement de France. Si donc les protestans nommèrent des députés républicains, et si parmi ces députés il y eut un *de Serres*, ce ne put pas être OLIVIER, puisqu'il n'existoit plus.

Il faut se défier beaucoup de ces fraudes pieuses, par lesquelles chaque parti s'efforce d'altérer l'histoire, pour inculper ses ennemis. Les Jésuites nommément en vouloient aux frères *de Serres. Jean de Serres* avoit, comme nous l'avons observé, publié plusieurs livres contre cette société; et la compagnie de Jésus n'avoit pas emprunté de son divin modèle le pardon des injures.

Quant à l'incendie du Pradel par le ressentiment du parti catholique, il paroîtroit, d'après la Notice du C. *La Boissière*, que cet événement n'eut lieu non plus qu'après la mort de notre auteur, et contre un de ses fils. (Voyez ci-devant, page lxxiij.)

4°. *Sur la famille d'OLIVIER DE SERRES.*

Ces contradictions et ces incertitudes règnent également dans tout ce qui concerne la postérité d'OLIVIER. Aussi, n'ai-je point cru devoir parler de deux *de Serres*, l'un catholique distingué, et l'autre, fameux protestant, dont j'ai trouvé la mention, mais sans pouvoir vérifier s'ils descendoient, ou non, de notre illustre auteur.

L'un est l'abbé *André de Serres*, né au bourg Saint-Andéol, diocèse de Viviers. Il fut général de Saint-Ruf. Son éloge historique se trouve dans la *Gazette de France*, et dans un *Journal de Verdun*, de l'an 1728.

L'autre, dont il est question dans le chapitre de *Voltaire*, du Calvinisme au temps de Louis XIV, étoit un protestant, qui joua un grand rôle dans les tumultes des Cévennes.

« La première école de prophétie, dit *Voltaire*, » fut établie dans une verrerie, sur une mon- » tagne du Dauphiné, appelée Peira. Un vieil » huguenot, nommé *de Serre*, y annonça la » ruine de Babylone et le rétablissement de Jé- » rusalem. Il montroit aux enfans les paroles de » l'écriture, qui disent: Quand trois ou quatre » sont assemblés en mon nom, mon esprit est » parmi eux; et avec un grain de foi, on trans- » portera des montagnes. Ensuite il recevoit » l'esprit; ou le lui conféroit, en lui soufflant » dans la bouche; parce qu'il est dit, dans saint » *Mathieu*, que Jésus souffla sur ses disciples » avant sa mort. Il étoit hors de lui-même; il » avoit des convulsions, il changeoit de voix, » il restoit immobile, égaré, les cheveux hé-

» rissés, selon l'ancien usage de toutes les Na-
» tions, et selon ces régles de démence trans-
» mises de siècle en siècle. Les enfans recevoient
» ainsi le don de prophétie, etc. »

Ce passage, où *Voltaire* a voulu vraisemblablement se moquer des prophètes, a-t-il rapport
à un *de Serres*, de la famille d'O l i v i e r ?
Seroit-ce, par hasard, ce M. *de Serres*, dont
parle *Prosper Marchand*, qui mourut en prison dans le château de Guise ? (Voyez ci-devant, pages xxxviij et lxj.) C'est ce que rien ne
m'a appris, et ce qui est indifférent au *Théâtre
d'Agriculture*.

— — —

N°. VIII.

*Extrait d'une lettre du C. Faujas,
Professeur au Muséum d'Histoire naturelle.*

A Saint-Fond, par Lauriol, département
de la Drôme, le 26 Nivose an X.

Je viens de recevoir, au retour d'un voyage,
la lettre par laquelle vous m'apprenez que la
Société d'agriculture de Paris a arrêté qu'elle
s'occuperoit tout de suite d'une nouvelle édition, avec des notes, du *Théâtre d'Agriculture*
d'O l i v i e r d e S e r r e s. Les Commissaires
qui ont été nommés pour exécuter cet honorable travail, s'en acquitteront à merveille, je
n'en doute pas ; et le service réel qui sera rendu
aux cultivateurs, sera le monument le plus utile
et le plus durable que toutes les Sociétés d'agriculture des villes ayent jamais rendu au premier
de tous les arts.

Il y a plus de trente ans que je mets en pratique les préceptes d'O l i v i e r d e S e r r e s,
et je les trouve parfaits ; il est vrai que c'est dans
une possession d'une assez grande étendue, qui
est sous le même ciel, et à une distance peu
éloignée de celle où le père de l'agriculture
françoise faisoit de si belles expériences.

Cet écrivain admirable a eu toujours un si
grand charme pour moi, que j'ai recueilli avec
soin, et réuni dans ma bibliothèque, toutes les
éditions de son livre, non seulement celles qui
ont paru pendant qu'il vivoit, mais celles qui ont
été réimprimées après lui, à commencer de la
première édition in-folio, jusqu'au petit et rare

traité de la *Cueillette de la soye*, en un volume
in-12 (1).

J'ai fait plusieurs voyages au Pradel, où j'ai
fait dessiner, avec beaucoup de soin, tout ce qui
reste de ses jardins, ainsi qu'une charmante vue
de la grande et belle prairie qui étoit en face de
sa maison, disposée en pente douce, arrosée
par une fontaine qui est à la tête, et bordée dans
toute sa longueur, qui est considérable, d'un
triple rang de magnifiques chênes, qui donnent
à ce beau lieu l'aspect d'une décoration théâtrale ;
le fond du tableau est terminé par une montagne
volcanique noire, couronnée par des colonnades
de basalte, au pied desquelles est le village et
le château gothique de Mirabel, dans le département de l'Ardèche.

C'est la vaste et longue prairie dont je viens
de parler, qui a donné son nom au Pradel, dont
O l i v i e r d e S e r r e s étoit seigneur : elle
est telle qu'elle existoit du temps de l'auteur
du *Théâtre d'Agriculture*. Le château a été in-
cendié trois fois du temps des guerres de religion ; une seule tour est restée sur pied, et on
a eu le bon esprit de la conserver dans les nouvelles constructions.

Un des descendans d'O l i v i e r d e S e r r e s,
du côté des femmes, M. de Mirabel, seigneur
de la terre de Mirabel dont j'ai parlé ci-dessus,
a quitté cette terre pour faire sa résidence au
Pradel ; c'est un homme très-estimable. Il voulut bien me confier, il y a trois ans, un petit
portrait, fait dans le temps au lavis, d'O l i v i e r
d e S e r r e s, portrait qui, sans être bien fait,
a du caractère, pour un ouvrage ancien : il n'y
avoit que la tête de terminée ; on lit, au bas,
en écriture ancienne, faite à la plume, que ce
portrait d'O l i v i e r d e S e r r e s a été peint
par son fils, seigneur de Lérise.

J'ai fait copier ce portrait à Paris, par un
très-bon peintre, il est très-ressemblant à côté
de l'original, et je l'ai ensuite fait graver : le
cuivre est en mon pouvoir. C'est absolument le
seul portrait qui existe de ce célèbre agriculteur ;

———

(1) Le C. *Faujas* se méprend ici : ce petit traité, ainsi
que celui de 1603, sont in-8°. Voyez la notice bibliographique des ouvrages d'O l i v i e r d e S e r r e s, ci-
après. (*H.*)

car j'ai fait faire toutes les recherches possibles dans l'immense collection de portraits du recueil des gravures de la Bibliothèque nationale et ailleurs, et jamais l'on n'a rien trouvé. Si ce portrait peut intéresser l'édition qu'on se propose de donner, j'en céderai avec plaisir le cuivre, en n'exigeant que mes déboursés (1). Je tenois ce portrait en réserve, parce qu'ayant recueilli quelques matériaux pour sa vie, je me proposois de le publier un jour, avec celle de *Bernard Palissy*; mais l'histoire naturelle, et particulièrement la géologie, exigeant de moi encore des voyages et de longs travaux, je renonce entièrement à ce projet; et je suis charmé que le sénateur *François (de Neufchâteau)* veuille s'en occuper. J'aurois bien voulu pouvoir lui communiquer tout de suite ce que j'ai recueilli; mais tout est à Paris, et je ne peux m'y rendre qu'à la fin de Mai. D'ici là, je tâcherai d'aller faire une nouvelle incursion au Pradel, où je suis bien aise de vérifier encore quelques faits.

Je pourrai vous donner aussi quelques observations assez piquantes, au sujet de certains arbres plantés par OLIVIER DE SERRES, et qui existent encore dans toute leur force; et je vous ferai part de quelques détails sur le premier mûrier planté en France et apporté de la dernière croisade, par un *Guy-Pape de Saint-Auban*, seigneur d'Allan, à une lieue de Montélimar. OLIVIER DE SERRES fait mention de cet arbre, et détermine son âge à l'époque où il écrivoit son *Théâtre d'Agriculture*. Cet antique mûrier existe encore; M. de la Tour-du-Pin-la-Chaux, mon ami, qui avoit la terre d'Allan, comme douaire de sa femme, fit respecter ce monument d'agriculture, en l'entourant d'un mur, et en défendant qu'on en recueillît la feuille. Il est encore sur pied, ses grands bras sont maigres et caducs, et son tronc est séparé en trois parties; mais il se couvre encore, à chaque printemps, de bourgeons, de fruits et de feuilles, malgré tant d'hivers qu'il a bravés : ses

descendans couvrent à présent le sol de tout le midi de la France, l'on pourroit même dire de la France entière, et produisent à l'État un revenu de plus de cent millions, en soie brute, et de plus de quatre cent millions en soie industrielle. Voyez, d'après cela, combien un seul homme, ami de l'agriculture, a mérité de son pays, et lui a fait du bien, sans faire répandre une larme; et cet homme est à peine connu !

Signé FAUJAS.

N°. IX.

Souscription pour un Monument à élever à la mémoire d'OLIVIER DE SERRES, proposée par le C. CHARLES CAFFARELLI, préfet du département de l'Ardèche, aux Amateurs de l'Agriculture.

LES anciens peuples ne sachant comment reconnoître ce qu'ils devoient aux agriculteurs qui leur apprirent à semer et à recueillir du blé au lieu du gland qu'ils mangeoient dans les forêts, en firent des dieux. Cette exagération, que l'importance d'un pareil service rend concevable, a perdu, à travers les siècles, tout son merveilleux; elle est tombée avec les statues de ces hommes déifiés, avec le culte qu'on leur rendoit; et le nom des premiers bienfaiteurs de l'humanité est aujourd'hui relégué dans les ouvrages mythologiques.

L'histoire a conservé le souvenir de quelques cultivateurs célèbres, de leurs ouvrages, de certaines familles dont le nom tiroit son illustration des légumes qu'ils enseignèrent à cultiver; mais elle nous dit bien peu de choses des honneurs publics qu'on leur rendit.

Ainsi s'est éteint ce sentiment de reconnoissance dont les hommes s'étoient pénétrés pour leurs premiers, pour leurs véritables amis; mais ce devoir n'en est pas moins imposé aux Gouvernemens qui se sont enrichis par leurs découvertes et par l'exemple de leurs travaux.

Cette reconnoissance ne doit pas être un sentiment stérile, elle doit se manifester par des monumens qui instruisent les citoyens à l'amour de leur patrie, et leur donnent cette émulation dont le germe enfante les vertus et les talens.

En

---

(1) Celui que nous devons au C. *Caffarelli*, et qui est en tête de cette édition, a été gravé également d'après le portrait original, par *B. Roger*, sous la direction du C. *Guérin*, peintre, dont les talens sont bien connus dans ce genre. (*H.*)

En embellissant les villes où ils sont placés, ils appellent les étrangers avides d'instruction, ceux qui aiment à contempler les traits d'un homme célèbre, et ils honorent autant la Nation qui les élève, que la mémoire de ceux auxquels ils sont consacrés.

Depuis long-temps celle d'OLIVIER DE SERRES, sieur du Pradel, réclame les honneurs dus aux grands hommes. La voix publique, celle de nos législateurs, l'opinion des savans, le vœu des agriculteurs, celui des étrangers même, lui désignent une récompense digne des services qu'il rendit à la France, et que ses ouvrages classiques lui rendront de plus en plus, tant qu'on méditera les préceptes d'un agriculteur-pratique, qui les prouva par des succès.

Pour en connoître l'importance, il faut se reporter au temps où OLIVIER DE SERRES les promulgua. Depuis 1560, la France étoit en proie aux dissentions intestines; des gens armés fouloient sous leurs pieds les campagnes et en dévoroient les fruits : le cultivateur labouroit à regret des terres condamnées à un pillage périodique. C'est pendant cette cessation des droits du propriétaire, qu'OLIVIER DE SERRES prenant tour-à-tour la charrue et la plume, réparoit les maux de la guerre civile, fixoit dans des écrits lumineux ses pénibles observations, et préparoit la France aux douceurs de la paix qu'Henri IV lui donna.

Il faisoit plus; il méditoit les moyens de concentrer dans sa patrie les sommes immenses qui en sortoient pour l'achat des soies nécessaires à nos manufactures naissantes; et tandis que Sully les élevoit et les encourageoit, le vieillard agriculteur ne cessoit de la pourvoir de ses plants de mûriers, qui devenoient une production nationale. Ainsi son génie bienfaisant, après avoir raffermi les bases de l'agriculture nécessaire à la subsistance du peuple, s'occupoit du luxe qui devoit l'enrichir; ainsi se vérifioit sa prédiction : *et la France s'est rédimée de plus de quatre millions d'or que le Piémont en retiroit annuellement.*

Il faudroit extraire une partie de son estimable ouvrage, si l'on vouloit faire connoître l'importance des leçons qu'il a données à tous les peuples;

elles sont mêlées de maximes laconiques, de proverbes économiques, et enrichies de traits d'une morale pure et de ce quiétisme philosophique qui attache l'homme au sol qu'il cultive et lui montre ses plaisirs dans les travaux de l'agriculture. Ces leçons, d'abord pratiquées autour d'OLIVIER DE SERRES, se sont répandues de proche en proche : elles couvrent la France de moissons, de vignobles, de prairies; elles ont pénétré jusques chez les nations rivales de la France. Mais telle est la fatalité attachée aux soins des véritables bienfaiteurs de l'humanité : le nom de Marius, inscrit sur un bouclier de l'arc d'Orange, y éternise la mémoire de cet homme farouche; un arc triomphal, placé par des Romains sur des campagnes dévastées, perpétuera un nom souvent odieux, tandis que l'écrivain agronome qui aura revivifié les plaines surmontées de ce monument de destruction, ne vivra pas même dans le souvenir de ceux qui lui doivent leur existence, leur fortune, leur bonheur.

Le préfet du département de l'Ardèche, témoin des bienfaits dont OLIVIER DE SERRES a enrichi sa patrie, partageant avec tous les vrais philantropes la vénération que ce grand homme inspire, se propose de venger sa mémoire d'un oubli de deux siècles, et d'élever un monument *au premier et au plus utile des écrivains agronomiques de la France* (1).

Ce monument sera élevé sous les auspices d'un Gouvernement, juste appréciateur du mérite.

Sous le consulat de N. BONAPARTE : il vient de montrer un grand homme de plus à l'Europe, et il est jaloux de lui montrer encore tous ceux que la France a produits. D'ailleurs, les palmes qu'il a cueillies, les lauriers dont son front est couvert, l'olive qu'il présente aux Nations, naissent et croissent par les soins de l'agriculteur. Ces emblêmes avertissent les conquérans qu'ils reçoivent le prix le plus flatteur de leurs travaux, des mains de la simple nature, et que leur gloire est en quelque sorte liée par quelques brins d'herbe au premier des arts et

____

(1) Lettre du C. *Benezech*, ministre de l'intérieur, aux Membres du Conseil d'agriculture. Voyez ci-devant, N°. III.

aux honneurs qu'ils rendent à la mémoire des écrivains distingués qui s'y sont dévoués.

Sous le ministère du C. *Chaptal :* de ce savant recommandable, qui, ne se contentant pas d'accorder aux sciences une protection de convenance, les protége, parce qu'il les cultive, qu'il les aime, et qu'il a la conscience intime de leur utilité et de leur sublimité. Il daignera se rappeler qu'il a souvent publié l'estime dont il est pénétré pour OLIVIER DE SERRES, et que son nom est inscrit parmi ceux des écrivains estimables qui se proposèrent, en l'an VII, de donner une nouvelle édition du *Théâtre d'Agriculture.*

Ce monument sera placé à Villeneuve-de-Berg, département de l'Ardèche, patrie d'OLIVIER DE SERRES : il sera simple comme les goûts de celui à qui il est destiné, comme l'art qu'il s'agit d'honorer. Il consistera en une pyramide de marbre de dix mètres environ d'élévation totale, à laquelle sera attaché le buste en marbre blanc d'OLIVIER DE SERRES, accompagné d'ornemens analogues et exécutés par un habile artiste (1) : une inscription courte apprendra à l'honneur de qui le tout est élevé. L'aperçu de la dépense est de 8,000 francs.

La misère des peuples n'ayant pas permis au Conseil - général du Département de demander l'exécution du monument aux frais du pays, ainsi qu'il l'auroit désiré, le Préfet de l'Ardèche fait avec confiance un appel aux amateurs de l'agriculture, et les invite à réunir leurs souscriptions pour honorer la mémoire d'un des hommes les plus recommandables qu'ait produits la France : il ose espérer que sa proposition sera accueillie favorablement. Déjà, un général qui a rendu de grands services à sa patrie en combattant glorieusement pour elle, le lieutenant-général *Suchet*, instruit de ce projet, a souscrit pour une somme de trois cent francs.

A peine ce prospectus avoit-il été publié, que le consul *Lebrun* a souscrit pour sept cent francs ; beaucoup de Préfets, pour des sommes plus ou moins considérables. La Société d'agriculture du département de la Seine a non seulement souscrit pour deux cent francs, mais encore elle a pris l'engagement de donner une nouvelle édition du *Théâtre d'Agriculture*, et distribué déjà le travail à plusieurs de ses membres. La gravure du monument et du portrait d'OLIVIER DE SERRES, servira de frontispice à cette nouvelle édition.

Toutes les offres seront admises : les particuliers qui voudront souscrire, sont invités à faire parvenir au Préfet le montant de leur souscription, soit en lettres-de-change, soit en numéraire. Le Préfet fera imprimer et publier les noms des Souscripteurs, et le montant de leurs souscriptions, dont le compte sera rendu public par l'impression, inséré dans les journaux, et un exemplaire adressé à chaque Souscripteur.

Les citoyens domiciliés à Paris, qui voudront concourir à cette œuvre vraiment patriotique, sont invités à remettre leurs souscriptions au C. BOLLIOUD, membre du Corps législatif, qui veut bien se charger de les recevoir. Sa demeure est rue de la Concorde, n°. 8 et 29.

Le préfet du département de l'Ardèche,

Signé CHARLES CAFFARELLI.

(1) Le C. *Chinard*, membre de l'Institut national de France, sculpteur, à Lyon.

ESSAI HISTORIQUE

SUR

L'ÉTAT DE L'AGRICULTURE EN EUROPE

AU SEIZIEME SIÈCLE.

PAR LE C. GRÉGOIRE.

L'ÉTERNEL Ordonnateur des mondes a disséminé sur la terre les germes réparateurs de tous les êtres, qui, jouissant de la vie, sont, par-là même, condamnés à la perdre.

Ministre de ses volontés, la nature féconde obéit à la voix de l'homme, qui, par l'agriculture, agrandit le domaine de ses jouissances, et recule, pour ainsi dire, les bornes de la création. Rien ne seroit plus curieux et plus utile qu'une histoire détaillée de ce qu'ont fait, en traversant les âges, dans les différentes régions, les sections diverses de la famille humaine, pour se nourrir, se vêtir et s'abriter. Les aberrations de l'esprit systématique, les pratiques vicieuses, les préjugés ridicules ou désastreux, ne doivent pas échapper aux recherches de l'historien. Il importe également de faire connoître les erreurs qui marquent l'écueil, et les tentatives couronnées de succès, qui indiquent la route. C'est ainsi que le passé devient l'héritage de l'avenir ; et quoique, suivant l'expression de *Fontenelle*, les sottises des pères soient perdues pour leurs enfans, l'histoire, en indiquant les maux, montre les remèdes, comme si, à raison de leur efficacité, on pouvoit se promettre que les hommes auront toujours soin d'y recourir.

Mais où trouver les monumens dont se composeroit cette histoire ? Où puiser les détails circonstanciés de ce qu'ont fait les peuplades humaines pour seconder la fécondité de la nature, pour vaincre les obstacles résultans du sol et du climat, pour les défrichemens, le saignement des terres inondées, l'irrigation des terreins secs, la *cicuration*(1), l'éducation, les maladies des animaux associés aux travaux et aux besoins de l'homme, la nature et l'emploi des engrais, l'assolement des terres, l'acclimatement et la culture des plantes céréales, oléagineuses, textiles, tinctoriales et à fourrages, celle des arbres à fruit, et spécialement celle de

---

(1) Je hasarde ce mot, d'après le verbe latin *cicurare*. Notre langue n'offre rien qui le remplace: *apprivoisement* ne dit pas assez; *domestication* seroit barbare.

l'arbuste dont la grappe fournit la plus précieuse des liqueurs. Ceux qui manioient la charrue et la bêche écrivoient peu ; ceux qui écrivoient eussent craint, pour la plupart, de se ravaler en traitant de l'agronomie. Plus occupés de l'art qui détruit, que de celui qui conserve, les auteurs nous parlent de légions, de batailles, de machines de guerre, plutôt que d'instrumens aratoires. Vainement l'humanité en deuil répand des malédictions sur la tombe de ceux qui ont fait du bruit, au lieu de faire du bien ; vainement elle s'efforce d'inculquer le sentiment de la véritable gloire, en criant que l'oppression n'est que l'ouvrage de l'ineptie et du crime ; que savoir gouverner un peuple libre, est, en politique, le seul indice qui décèle l'homme de génie. Dix mille villes en ruines attestent les fureurs de quelques centaines de brigands qui ont désolé le globe, et ces monstres ont trouvé une foule de panégyristes ; car ils eurent à leurs gages les gens de lettres et les prêtres, qui, depuis la plus haute antiquité, jusqu'à nos jours inclusivement, oubliant leur dignité, et si souvent vils adulateurs, ont, les uns, profané la religion, les autres, prostitué le talent.

L'histoire des Nations est presque ensevelie dans l'oubli ; on n'a guère que celle de leurs bourreaux : qui ne connoît pas Alexandre, César, Auguste, Charles XII ? Mais, qui pourra révéler à notre reconnoissance les noms de ceux qui inventèrent la voûte, la douve, le cric, le van, le crible, le levain, etc., etc. ?

Dans les champs désolés par la grêle, le laboureur recherche quelques épis échappés à la tempête : tels *Polydore-Vergile, Pancirole, Paschius, Goguet, Dickson*, et d'autres écrivains, ont recueilli dans les landes de l'histoire quelques faits isolés sur l'agriculture.

Circonscrit par la nature de mon travail, à la période qu'illustra OLIVIER DE SERRES, j'ai compulsé les archives des nations Européennes, pour connoître l'état-pratique de l'agriculture au seizième siècle et au commencement du dix-septième ; mais lorsque les faits échappent ou sont contestés, parce que les écrivains gardent le silence ou se contredisent, n'a-t-on pas quelque droit à l'indulgence du lecteur qui découvre dans un écrit des lacunes et des erreurs involontaires ? Il demande l'histoire de la science agronomique, dont malheureusement on ne peut guère lui offrir que l'histoire littéraire, c'est-à-dire la nomenclature raisonnée des principaux auteurs qui ont écrit sur cette matière ; or, le nombre de ceux qui méritent d'être cités comme classiques, est très-petit : les autres sont des cultivateurs de cabinet et des compilateurs.

Hippocrate, le seul des philosophes anciens qui ait fait une secte durable, parce qu'il s'est fondé sur l'étude de la nature, seroit encore aujourd'hui le premier des médecins. Ressuscitez *Columelle* et *Varron*, ils égaleront encore nos plus célèbres géoponiques ; car, si l'agriculture s'est enrichie d'acquisitions nouvelles, par les soins des botanistes ; si elle a perfectionné l'éducation des animaux et la culture des arbres, combien d'autres articles sur lesquels elle a réellement fait très-peu de progrès ! Tel est l'avis de *de la Brousse* (1) et celui de *Senebier* (2) ; mais, quand ce dernier, pour établir cette vérité, allègue

____

(1) *Mélanges d'Agriculture. Nismes,* 1789, in-8°.

(2) *Essai sur l'Art d'observer et de faire des expériences. Genève,* 1802, in-8°.

qu'autrefois les récoltes étoient plus abondantes dans l'Italie et la Sicile, la preuve n'est pas concluante. La Chaldée et l'Égypte sont assurément moins éclairées qu'autrefois, s'ensuit-il que les sciences soient arriérées ou stationnaires ?

Les arts d'agrément, qui, dans l'attrait des hommes pour le plaisir, trouveront toujours des encouragemens, ont par-tout recueilli les faveurs, tandis que la modeste agriculture obtint à peine quelques regards protecteurs. Avec la somme que coûte annuellement l'Opéra de Paris à la Nation, qui n'en jouit pas, on donneroit l'impulsion à tout ce que le génie inventeur peut tenter en agronomie. Osez-vous demander à la terre de plus riches moissons, lorsqu'une ariette ou une contredanse sont bien autrement payées qu'une découverte utile ?

Les causes qu'on a indiquées, et celles qui vont l'être, expliquent pourquoi les progrès de l'agriculture ont été si tardifs.

La chimie, qui promet beaucoup, et qui tiendra parole, n'avoit pas encore soumis à l'analyse les principes reproductifs des engrais naturels et artificiels. *Grew*, *Hales*, *Malpighi*, et leurs successeurs, n'avoient pas encore établi les fondemens de la physique végétale. La méchanique, qui associe les forces de la nature à celles de l'homme, étoit loin encore de la perfection vers laquelle elle marche. La météorologie, née seulement dans le siècle dernier, n'avoit pas encore ses *Kirwan*, ses *Cotte*, ses *Toaldo*; quoique celui-ci se soit déclaré le défenseur des influences lunaires sur la végétation, assurément il n'eût pas souffert que l'astrologie, comme au temps de nos pères, gouvernât l'économie rurale.

Si la méditation, l'expérience, ou d'heureux hasards, éclairoient la pratique du cultivateur, rarement cette découverte franchissoit les limites du canton où elle avoit pris naissance, soit que l'égoïsme en fît un mystère, soit que l'homme aime à se traîner dans l'ornière de la routine, soit enfin que le défaut de communications entre les peuples empêchât la circulation des découvertes. Qui pourroit en être surpris, quand on considère que, malgré les efforts des Sociétés agronomiques, les secours de l'imprimerie, et le zèle de cette foule de voyageurs qui visitent les diverses contrées du globe pour y pomper ce qu'il y a d'utile, il est beaucoup de procédés susceptibles d'être adaptés à notre sol, qui, enfouis dans les livres, servent seulement à augmenter le patrimoine des érudits, sans accroître nos jouissances ? Tels sont les détails-pratiques de l'agriculture Chinoise, consignés dans les *Mémoires des Missionnaires*; plus encore de l'agriculture de ces Japonois, qui, nous dit-on, n'ont pas laissé un coin de terre inculte, et dans les champs desquels on ne trouve pas une seule herbe parasite. Leur fléau à trois battans, leur sakki qu'on vend dans toutes les auberges, comme le vin en Europe, la belle espèce d'orge à épis pourprés, l'emploi de diverses plantes comme substances alimentaires, tout cela est décrit par les voyageurs, qui s'extasient spécialement sur l'art des Japonois dans la préparation des engrais ; c'est le langage de *Kæmpfer* (1) et de *Thunberg* (2). *Titzing*, qui a demeuré cinq ans dans ce pays, ajoutera à leur récit, dans l'ouvrage curieux qu'il va publier. *Hirzel* expose les moyens par lesquels *Klyiogg* multiplioit ses engrais, en se

(1) *Histoire du Japon. La Haye*, 1729, in-fol. | (2) *Voyage au Japon. Paris*, 1796, in-8°.

servant même de mousses, de menues branches d'arbres résineux et conifères (1), etc. En sommes - nous plus avancés dans ces diverses branches
d'économie rurale ? Comment profiteroit-on des connoissances venues de loin,
quand on néglige ce qu'il y a de bon chez ses voisins? Dans le nord de la France,
la Hollande, l'Angleterre, on se sert généralement de ce qu'on appelle la tuile
flamande : a-t-on seulement essayé d'en comparer l'usage à celui des tuiles
creuses ou plates employées dans les autres Départemens? La pince à arracher les
chardons est un instrument supérieur au sarcloir ; pourquoi n'est-elle employée,
jusqu'à présent, que dans quelques communes de la ci-devant Normandie (2)?

Arrieta, *Herrera*, *Castellnou*, et d'autres écrivains, se sont récriés contre
l'attelage des bœufs au joug, qu'ils regardent comme un acte de cruauté : ils
soutiennent que les ligatures exerçant une compression douloureuse sur le front
de l'animal, il en résulte qu'au milieu des tourmens il dépense ses forces plus
vite et avec moins de profit. Ces réflexions, dictées par l'humanité et l'économie,
ont-elles détruit un usage blâmable?

Mais le plus grand obstacle aux progrès de l'agriculture ancienne et moderne,
fut le mépris dont elle se trouva frappée par l'abandon exclusif qu'on en fit aux
esclaves, puis aux serfs de la glèbe. Après avoir avili les individus, on avilit
l'industrie et la terre. Il est étrange que dans l'enseignement religieux on ait
conservé l'expression d'*œuvres serviles*, puisque la religion a tant fait pour
honorer le travail, affranchir les hommes, et les rappeler à leur dignité
primitive.

Constantin déclara libres tous les esclaves qui embrasseroient le christianisme.
De Cairol prétend que la saine politique condamne cette mesure, et que le décret
de Constantin nous a produit ces mendians vigoureux, hardis et fainéans, qui
infestent diverses contrées de l'Europe (3) : il s'est abstenu prudemment d'en
déduire les preuves. Autant vaudroit, comme le père *Barre* et *Linguet*, assurer que l'esclavage est un moyen de civilisation et de bonheur.

Il faut que la propriété et les produits de la terre soient libres, pour la faire
prospérer. L'estimable *Malouet* avoue que l'agriculture ne s'est perfectionnée
en Europe, que par la destruction du servage qui, substitué à l'ancien esclavage,
en avoit prolongé les effets désastreux ; et c'est de-là, dit-il, que date la prée-
minence de cette partie du monde (4). Ailleurs, cependant, il prétend que les
Colonies ne peuvent être cultivées par des blancs. On seroit effrayé des conséquences et des contradictions qui sortent d'une telle assertion, si l'on ne pensoit,
avec *de Pradt*, que la maturité des abus dans les Colonies y amènera pro-
chainement un nouvel ordre de choses (5).

Les moines, jadis trop préconisés, aujourd'hui trop décriés ; les moines,

---

(1) *Le Socrate rustique. Lausanne*, 1777,
in-8°., tome I, page 54 et suivantes.

(2) Il y a une bonne gravure de cet instrument dans l'ouvrage intitulé : *Dissertazioni
sopra una Gramigna che nella Lombardia
infesta la Segale. Milano*, 1772, in-4°.,
page 150.

(3) *Réflexions sur les révolutions qu'a essuyées l'Agriculture. Toulouse*, 1786, in-8°.

(4) *Collection de Mémoires sur l'administration des Colonies. Paris*, an X, in-8°.,
tome IV, page 79.

(5) *Les Trois âges des Colonies. Paris*,
1801, 3 vol. in-8°.

espéce de république, dont les règles offroient depuis long-temps l'image du système représentatif, avoient remis en honneur le travail des mains, et recueilli les procédés utiles de l'art rural. Les sciences et les lettres, épouvantées par le cri des barbares qui ravageoient l'Europe, se réfugièrent dans les cloîtres. La charrue et la bêche, les arts et les métiers, trouvèrent un asile autour des monastères ; on y bâtit des villages, dont un grand nombre devinrent des villes. Les enfans de saint Basile, de saint Benoît, de saint Bernard, de saint Norbert, conservèrent les monumens du génie, et défrichèrent les cantons où ils avoient choisi leurs retraites. Dans la foule d'écrivains où l'on peut en puiser les preuves, je citerai : *Pierre de Crescens*, qui, dans sa lettre au général des Dominicains, dont les conseils l'avoient encouragé, le prie, ainsi que les autres moines, de corriger son ouvrage sur l'agriculture (1) ; *Nelis*, qui expose les avantages que l'agriculture a tirés des abbayes fondées dans le septième siècle (2) ; *Lavezari*, traducteur italien de *Mitterpacher*, qui retrace les services rendus à l'agriculture par les moines, spécialement ceux de Chiaravalle (3). La Lombardie leur doit l'art des irrigations, au moyen desquelles l'agriculture de ce pays a devancé d'environ un siècle celle des nations voisines.

En 1694, fut fondée à Bologne une chaire d'hydrométrie, occupée par *Guglielmini* ; mais depuis long-temps l'Italie savoit mesurer la force et la vitesse des eaux, les gouverner, les répartir entre les cultivateurs : la pratique avoit précédé les théories scientifiques.

Souvent les moines échangeoient des fonds améliorés, contre des domaines incultes, mais plus vastes. *Cavanilles*, dans ses *Observations sur le royaume de Valence*, vous promène, en quelque sorte, dans ces champs où les Cisterciens, à force de travail, fertilisèrent des sables arides (4). Il réclame en faveur des curés, contre les chapitres, dont les membres, à quelques exceptions près, sont aussi inutiles en Espagne, que tout ce qui, en France et ailleurs, a porté ou porte ce nom. *Cavanilles* décrit les soins d'un curé pour perfectionner la culture des melons. Ce fait ramène naturellement l'éloge de cette classe si respectable de pasteurs auxquels on doit beaucoup pour l'avancement de l'économie rurale (5), dont un Gouvernement sage réclamera toujours l'intervention, et sur le compte desquels tous les cahiers des bailliages, en 1789, appeloient les regards de l'estime et de la bienveillance. C'est le langage des hommes éclairés dans tous les pays, tels que *Arthur Young*, *J. J. Rousseau*, *Levêque* ; *Quintero*, membre de l'Académie d'histoire à Madrid (6) ; *Griselini*, secré-

---

(1) Voyez cette lettre, en tête de son ouvrage : *Trattato della Agricoltura. Bologna,* 1784, in-4°., tome I.

(2) *Vues sur différents points de l'Histoire Belgique*, dans les *Mémoires de l'Académie de Bruxelles*, tome II.

(3) *Elementi d'Agricoltura. Milano,* 1784, in-8°., tome I, page 7 de la préface.

(4) *Observaciones sobre la Historia natural*, etc. *del reyno de Valencia. Madrid,* 1795, in-fol., tome II, page 207 et suivantes.

(5) Dans le *Semanario de Agricultura* (*Madrid,* 1797, in-4°.), journal utile, entrepris par deux hommes de mérite, et continué par l'un d'eux, on trouve plusieurs traits qui attestent les connoissances agronomiques et le zèle des curés Espagnols.

(6) *Pensamientos politicos y economicos dirigidos a promover en Espana la Agricultura*, etc. *Madrid,* 1798, in-8°.

taire de la Société patriotique de Milan (1), et le vertueux *Colloredo*, dans sa belle *Instruction pastorale*, du 29 Juin 1782 (2).

L'ancienne Société d'agriculture de Paris comptoit un grand nombre de curés parmi ses correspondans les plus actifs, les plus éclairés; elle avoit nommé des Commissaires et approuvé leur rapport sur mon *Mémoire concernant la dotation des Curés en fonds territoriaux* (3); mais le délire de l'intolérance foula au pied ce projet, de peur qu'il ne fût utile à la religion, à la morale, à l'indigence; et par-là fut tarie une source d'instructions favorables à l'agriculture.

Depuis *Pallade* jusqu'à la renaissance des lettres, on ne trouve guère d'auteurs géoponiques que saint *Isidore de Séville*, *Constantin Porphyrogenète*, qui fit recueillir par *Cassianus Bassus* ce qu'il trouva de mieux dans les Anciens; *Vincent de Beauvais*, et *Ebn-el-Awam*, c'est-à-dire, un évêque, un empereur, un moine et un musulman.

Italie.

Le savant *Muratori*, dans sa XXIe. dissertation des *Antiquités d'Italie*, fait des réflexions sur les maux que cause la guerre à l'agriculture. Son pays ne l'a que trop éprouvé. Long-temps en proie aux factions, l'Italie sortoit à peine de cette lutte où la liberté, alternativement victorieuse et vaincue, combattoit le despotisme; les arts commençoient à reparoître sur cette terre classique: un mouvement général, imprimé aux esprits, s'étendit à l'agriculture, dont les procédés n'étoient qu'une science traditionnelle.

Venise peut se vanter, selon *Mills* (4), que son *Camille Tarello* est le premier homme de mérite qui ait écrit sur l'art rural, après la renaissance des lettres (5). *Mills* auroit-il donc oublié ce *Pierre de Crescens*, citoyen de Bologne, dont j'ai déjà parlé, qui, né en 1230, voyagea pendant trente ans dans diverses provinces de l'Italie, pour recueillir tout ce que l'état de l'agriculture présentoit d'intéressant? Il consigna ses recherches dans un traité sur cette matière; l'avoit-il composé d'abord en latin ou en italien? c'est une ques-

---

(1) Il a imprimé à Milan, en 1778, un discours pour faire voir l'utilité des pasteurs, considérés sous ce point de vue.

(2) Touchant l'abolition des pompes religieuses inutiles, l'exhortation à la lecture assidue de la Bible, l'introduction d'un recueil de cantiques en allemand, etc.

(3) Cet ouvrage est imprimé. Les Commissaires chargés du rapport, étoient deux savans devenus depuis mes amis; *Broussonet*, qui arrive des Canaries, avec de nouvelles richesses scientifiques, et *Boncerf*, qui a bien mérité de la France par ses travaux agronomiques, et sur-tout en publiant *les Inconvéniens des droits féodaux*: l'écrit eut l'honneur d'être brûlé en vertu d'un arrêt du Parlement; l'auteur échappa avec peine au supplice. Au commencement de la révolution, *Boncerf*, décoré de l'écharpe municipale, concourut à installer un nouveau tribunal judiciaire dans l'édifice où l'on avoit prononcé l'arrêt qui sera à jamais la honte de ses juges et la gloire de l'auteur; dans le même local, *Boncerf*, traduit depuis au Tribunal révolutionnaire, y fut absous; mais le chagrin l'a conduit au tombeau.

(4) *A new system of practical Husbandry. London*, 1767, in-8°. tome I.

(5) *Ricordo d'Agricoltura. Venezia*, 1567, in-8°.

tion long-temps débattue : quoi qu'il en soit, l'ouvrage fut promptement traduit en plusieurs langues (1). *Lastri* a remarqué que *Crescens* cite *Caton*, *Varron* et *Pallade*, mais jamais *Columelle* (2), qui, peut-être, n'étoit pas encore exhumé de la poussière des bibliothèques.

Les études se ranimèrent, sur-tout à la fin du siècle suivant. Alors parut une foule d'ouvrages sur l'agriculture, l'art vétérinaire, la maréchallerie, la chasse, les fleurs. *Montagne*, dans ses *Voyages*, parle avec éloge des jardins d'Italie; néanmoins cet art étoit défectueux, selon *Hirschfeld* (3). Il prétend, avec *Addisson*, dans ses *Remarques sur l'Italie*, que nous avons emprunté des Italiens, la disposition de nos jardins; assertion dont il nous doit encore la preuve. On trouve dans *Lastri* (4) et dans *Rè* (5) la liste nombreuse des auteurs Italiens qui se sont occupés de l'art rural. Il nous suffira d'indiquer les plus renommés.

Lauro, qui publia une version de *Constantin Porphyrogenète* et de *Columelle* (6). La plupart des géoponiques grecs et latins furent traduits non seulement en italien, mais dans toutes les langues cultivées de l'Europe. Il étoit sage de consulter l'antiquité; mais on devoit encore plus interroger la nature.

Venuto (7).

Africo Clemente (8).

Tatti, qui, dans la préface de son livre, extrait en grande partie des Anciens, dit que l'agriculture est un des principaux membres de la république (9).

Tarello, déjà cité, qui propose d'alterner les cultures (10); invention dont *Rè* fait mal-à-propos honneur à l'Angleterre. Dans le siècle dernier, le père *Scottoni* publia des notes utiles sur ce livre (11). La décadence de l'agriculture chez les Modernes est, à son avis, le résultat de ce qu'il appelle le *Sistema Barbiano*, c'est-à-dire, de la détestable méthode des baux de trois ans seulement, inventée à Rome, dans le treizième ou le quatorzième siècle, par des seigneurs de la maison Barbiani, et qui de-là s'est répandue en Europe. Cette manière d'affermer les terres, trompe les calculs des propriétaires, par-tout où leur avarice mal entendue tient à la mobilité perpétuelle des baux triennaux, au lieu d'attacher les fermiers, de les intéresser à l'amélioration des terres par la longueur et la stabilité de la location.

J. B. Porta, qui, parcourant le champ des sciences, s'exerça sur beaucoup

---

(1) *Opus ruralium commodorum*, etc. *Lovanii*, 1474, in-fol. C'est le premier ouvrage sorti des presses de cette ville. Il fut traduit en françois, sous le titre de *Prouffitz champestres et ruraulx*; en allemand, etc.

(2) *Bibliotheca georgica degli Scrittori di Agricoltura spettanti al l'Italia. Firenze*, 1787, in-4°.

(3) *Théorie de l'art des Jardins. Leipsick*, 1779, 5 vol. in-4°.

(4) *Bibliotheca georgica*, etc.

(5) *Saggio di Bibliographia georgica. Venezia*, 1802, in-8°.

(6) *Costantino Cesare de notevoli et utilissimi ammaestramenti dell' Agricoltura*, etc. *Venetia*, 1542, in-8°. *Vitelli* en avoit publié une autre version à Venise, la même année. — *Lutio Giunio Moderato Columella de l'Agricoltura, lib. XII. Venetia*, 1544, in-8°.

(7) *L'Agricoltura*, etc. *Napoli*, 1516, in-4°.

(8) *Trattato dell' Agricoltura. Venetia*, 1572, in-8°.

(9) *Della Agricoltura. Venetia*, 1561, in-4°.

(10) *Ricordo d'Agricoltura*, etc.

(11) Voyez l'édition du *Ricordo* etc., *Venezia*, 1772, in-4°.

de sujets, réussit dans plusieurs, fit des essais dans ses jardins près de Naples, et publia sa *Maison Rustique*, que l'on consulte encore avec fruit (1).

Vettori, qui, outre ses exercitations sur les auteurs géoponiques, composa un excellent livre sur la culture de l'olivier (2). Il fait autorité pour la langue, chez les grammairiens; et pour les préceptes, chez les agronomes.

Bonardo (3).

Bussato, qui, nonobstant quelques préjugés, recueillit de bonnes observations sur les arbres fruitiers (4). On remarque que son ouvrage est en grande partie dégagé des observations superstitieuses dont fourmillent la plupart des écrits contemporains; il accorde moins aux influences lunaires que *Davanzati*, estimé d'ailleurs pour avoir bien établi la nomenclature des fruits, et pour avoir décrit avec soin la culture de la vigne en Toscane (5); beaucoup d'autres s'occupèrent de cet arbuste intéressant, tels que *Altomare* (6), *Magazzini* (7), *Soderini* (8), *Bacci*, qui publia une *Histoire naturelle des Vins*, ouvrage curieux et savant (9); *Randella* (10), oublié par *Lastri*, etc.

Arma discuta la propriété du riz, pour la panification (11), et adopta la négative. *Crasso* et *Segni* examinèrent les qualités alimentaires et les dangers de l'ivraie (12). Ce dernier employe un chapitre à prouver que l'abondance est utile, et que la famine est un malheur (13). De nos jours, on croiroit qu'il est très-inutile d'établir des vérités si palpables; mais en se reportant à l'époque où écrivoit *Segni*, cela paroît, à notre collègue *François* (*du Neufchâteau*), l'indication d'un fait important; c'est qu'alors les famines étoient fréquentes en Italie, soit par le défaut, soit par l'excès de police : en sorte que ce chapitre seroit une preuve du malheur des temps, et de la mauvaise administration qui présidoit en ce pays.

On conçoit que l'éducation des vers à soie et la culture du mûrier durent appeler l'attention des Italiens. *Corsuccio*, qui dédia aux dames de Rimini un traité sur cet insecte (14), prétend être le premier qui, depuis long-temps, en ait parlé, quoique *Vida* eût déjà composé un poëme (15) qui, à la vérité, peut être considéré comme ouvrage d'imagination, plutôt que d'instruction.

Les Italiens paroissent être la nation la plus riche en poëmes didactiques

---

(1) *Villæ, l. XII. Francofurti*, 1592, in-4°.

(2) *Lodi e Coltivazione degli Ulivi. Firenze*, 1569, in-4°.

(3) *Le Ricchezze dell' Agricoltura. Venezia*, 1584, in-8°.

(4) *Giardino d'Agricoltura. Venetia*, 1592, in-4°.

(5) *Trattato della Coltivazione delle Viti*, etc. *Firenze*, 1600, in-4°.

(6) *De Vinaceorum Facultate et Usu. Neapoli*, 1562, in-4°.

(7) *Coltivazione Toscana. Venezia*, 1625, in-4°.

(8) *Coltivazione Toscana delle Viti. Firenze*, 1600, in-4°.

(9) *De naturali Vinorum Historiâ. Romæ*, 1596, in-fol.

(10) *De Vineâ, Vindemiâ et Vino. Venetia*, 1629, in-fol. Voyez la notice de cet ouvrage et du précédent, ci-après, page 375.

(11) *Che il Pane fatto con il decotto del Riso non sia sano. Torino*, 1569, in-8°.

(12) *De Lolio Tractatus*, etc. *Bononiæ*, 1500, in-4°.

(13) *Discorso intorno alla Carestia e Fame. Bologna*, 1605, in-4°.

(14) *Il Vermicello della seta. Rimini*, 1581, in-4°.

(15) *De Bombycum Curâ et Usu, libri II. Lugduni*, 1537, in-8°.

sur les matières d'économie rurale. Le seizième siècle vit naître ceux d'*Alamanni* (1), le plus beau poëme géorgique de l'Italie ; de *Rucellai* (2) ; de *Tansillo* (3) ; qui ont été suivis de beaucoup d'autres, et dont on a publié un recueil intéressant (4).

Nous venons de nommer *Gallo*. La prééminence de cet écrivain le recommande à la postérité ; et les vrais appréciateurs de son mérite applaudiront à *Rè*, pour en avoir pris la défense (5), contre *Haller* qui l'a maltraité (6). L'*Agriculture de Gallo* (7) a eu plus de vingt éditions en Italie, sans compter les traductions françoises. On trouve dans les discours d'un de ses interlocuteurs, quelques idées fausses ou exagérées, par exemple, quand il soutient que les commerçans feroient mieux de se livrer à l'agriculture ; comme si le négoce n'étoit pas aussi un des élémens dont se compose l'organisation sociale. Avec la plupart des auteurs géoponiques, *Gallo* s'élève contre les rêveries astrologiques. Il écrit sans ornement ; mais ses réflexions sont judicieuses, et l'ouvrage se fait lire avec intérêt. On y voit, entr'autres choses, que les Milanois faisoient cuver leurs vins, vingt-cinq et même trente jours. Louis XII ayant conquis le pays, les François répugnoient à boire ce vin extrêmement dur : les habitans contractèrent en conséquence l'habitude de cuver peu leurs vins. *Gallo* parle de ceux de la Voltolina, qui, peu ou pas cuvés, se conservoient pendant vingt ans.

Ne pourroit-on pas reprocher à plusieurs des artistes qui, dans ces derniers temps, ont écrit sur l'architecture, d'avoir dédaigné les constructions rurales, sur lesquelles notre collègue *Lasteyrie* a publié un traité, traduit de l'Anglois ? Ont-ils pu oublier que, non loin des palais, se trouvent des chaumières d'autant plus multipliées, d'autant plus chétives que les châteaux sont plus nombreux, par la raison que, dans la distribution des richesses, si l'un a trop, l'autre a trop peu ? Rendons justice aux architectes des quinzième et seizième siècles : *Alberti* (8), *Grapaldi* (9), chez les Italiens ; *Ponsard* (10), chez nous, et beaucoup d'autres, se sont occupés des édifices champêtres. Ce dernier, sur-tout, disserte sur la bâtisse des étables, des poulaillers, des colombiers.

Les détails que l'on vient de lire ne sont guère qu'une énumération fastidieuse d'auteurs géoponiques ; mais l'intérêt qu'inspiroit alors l'agriculture à l'Italie, est prouvé par la multiplicité même de ces écrits, et par la variété des objets dont ils traitent. En donnant les préceptes, leur tâche est

---

(1) *La Coltivazione, libri VI. Parigi*, 1546, in-12.

(2) *Le Api*, 1530, in-8°.

(3) *Il Podere*. Ce poëme, qui a été publié pour la première fois, à Turin, en 1769, avoit été composé deux siècles auparavant.

(4) En 1785, à Lucques, on les a réunis en deux volumes in-8°. avec ceux de *Berti*, *il Baco da seta* ; de *Baruffaldi*, *il Canapaio* ; de *Spolverini*, *la Coltivazione del Riso* ; de *Lorenzi*, *della Coltivazione de' Monti* ; de *Giorgetti*, *il Filugello* ; etc.

(5) *Bibliographia georgica*, pag. 35.

(6) *Bibliotheca botanica*, tom. I, pag. 304.

(7) *Le vinti Giornate dell' Agricoltura. Venetia*, 1569, in-4°. La première édition, en dix journées, est de 1550.

(8) *De Re Ædificatorid. Florentiæ*, 1485, in-fol.

(9) *De Partibus Ædium. Parmæ*, sans date (1494), in-4°.

(10) *Traicté de l'élection et choix des Lieux salubres, pour la construction des Bastimens. Paris*, 1617, in-4°.

remplie, celle des historiens ne l'est pas : on désireroit le tableau statistique des divers États, et celui des progrès de la civilisation ; car, à quoi bon tant de chroniques remplies de généalogies, d'intrigues de cour, de récits de guerre, où (suivant l'expression de ce *Frédéric* à qui la philosophie conteste le nom de Grand) les princes jouent les provinces, et les hommes sont les jetons avec lesquels on paie ? A quoi bon tant d'ouvrages où l'on ne voit que des sacrificateurs couronnés, des peuples victimes, et des satrapes qui, par leurs adulations envers ceux-là, ont obtenu le privilége de torturer ceux-ci ?

Honorons la mémoire d'un écrivain du seizième siècle, auquel on ne peut adresser ce reproche, et dont l'ouvrage est une espèce de statistique, sous un autre titre. Dans un livre où se montrent avec éclat deux sentimens inséparables quand ils ne sont pas dénaturés, l'amour de la religion et celui de la liberté, *Sacci* embellit par les charmes d'une diction élégante les détails curieux qu'il donne sur les excellens chevaux de la Pouille, sur les irrigations, les fenaisons, le battage des grains, le lin du Bressan, les asperges de la Laumeline, l'éducation des vers à soie. Dans cette petite contrée on suppléoit aux mauvaises vendanges, en faisant du vin avec le fruit de la vigne sauvage (*vitis labrusca*) (1).

Demandez-vous quels pays de l'Italie avoient la culture la mieux entendue au temps d'OLIVIER DE SERRES? Assurément, ce n'étoit pas cette Sardaigne dont on vante l'antique fertilité, et qui, pour remonter à un état prospère, n'attend que les regards vivifians de la liberté. Pendant quatre siècles, possédée par l'Espagne, qui lui envoyoit des vice-rois dont l'unique occupation étoit de s'enrichir, frappée du fléau des corvées, de la féodalité et de la fiscalité, la Sardaigne étoit tombée dans un état d'apathie dont elle ne s'est pas relevée. L'ignorance y est telle encore, que l'opinion générale exclut l'emploi des mulets, sous prétexte que leur introduction gâteroit la race des chevaux ; c'est *Azuni* qui nous l'assure (2).

Étoit-ce la Sicile, que *Cicéron* appelle un grenier toujours abondamment rempli ? Le froment y croit spontanément, *Fazello* l'avoit déjà remarqué (3).

La canne à sucre étoit-elle connue des Anciens ? L'affirmative est prouvée d'après les témoignages de *Théophraste*, de *Pline*, d'*Arrien*, de *Lucain*, et d'autres auteurs recueillis par *Falconer*, dans son *Essai sur l'Histoire du Sucre* (4), et par *Grainger*, dans les notes de son poëme sur le roseau qui le produit (5).

Ce roseau est indigène en Sicile. *Chiariti* a publié un rescrit de l'empereur Frédéric II, qui cède aux Juifs ses jardins de Palerme, pour y cultiver le

(1) *Bernardi Sacci Patritii Papiensis de Italicarum Rerum varietate et elegantiâ, libri X. Papiæ*, 1565, in-4°., lib. I, cap. V; et lib. IV, cap. IV, VI, VII, etc.

(2) *Histoire de la Sardaigne. Paris*, 1802, 2 vol. in-8°. Nous devons au même écrivain un bon ouvrage sur les *Droits maritimes des peuples*, etc., etc.

(3) *De Rebus Siculis. Panormi*, 1558, in-fol., cap. IV, *de Ubertate Siciliæ*.

(4) *Sketch of the History of Sugar*, etc., dans les *Memoirs of the literary and philosophical Society of Manchester. Manchester*, 1796, in-8°., tome IV, partie II.

(5) *The Sugar-cane : a poem. London*, 1764, in-4°.

palmier et la canne à sucre (1). Il est question de cette plante dans un autre rescrit de Charles d'Anjou, premier du nom, sous l'an 1281, publié par le prélat de Canosa, *Farges-Davanzati* (2).

Les Arabes inventèrent, dit-on, l'art de crystalliser le sucre; et, vers l'an 1471, un Vénitien, si l'on en croit *Pancirole*, faisoit usage de ce procédé (3); mais des monumens incontestables établissent l'antériorité de cette découverte. *Farges* assure avoir lu dans les archives de l'Hôtel de la Monnoie, à Naples, un titre de l'an 1242, dans lequel un certain *Pietro* est désigné sous la qualification de *Magister Saccherarius*. L'historien *Troyli* assure qu'autrefois on faisoit du sucre en Calabre; et si, de nos jours, dit-il, ce genre d'industrie est tombé, c'est que le sucre étranger nous est apporté à très-bon compte (4).

Le mûrier, également indigène dans l'état de Naples, fut cultivé sous Roger I, qui fit venir de Négrepont des ouvriers en soie. Ce travail devenu languissant, fut ranimé par Charles II d'Anjou. La culture du mûrier, très-répandue dans la Pouille, vers le commencement du seizième siècle, y prospéra jusques vers le milieu du dix-septième. Alors des droits exorbitans sur la soie nuisirent à cette branche de commerce.

Parmi les victimes du patriotisme, assassinées judiciairement à Naples en 1799, on trouve le célèbre *Cyrillo*, qui, vers 1766, avoit découvert, en Sicile, le papyrus; quelques années après, on essaya, avec succès, d'en faire du papier, qui n'avoit que l'inconvénient d'être d'un blanc livide : l'inventeur cherchoit les moyens de le perfectionner.

Il paroit qu'au seizième siècle la fécondité du sol de cette île n'étoit pas grandement secondée par la main des hommes. Les contrées d'Italie les mieux cultivées étoient alors la Lombardie, la Toscane, le Ferrarois; le Bressan, dont *Gallo* disoit, quand il naît un Bressan il naît un agriculteur; le Bergamasque, où les préceptes de *Crescens* étoient en honneur; on y publia une édition nouvelle de *Tarello*; le Piémont, si riche en productions variées et en pâturages. L'avocat *Lanzon* soutient qu'annuellement il en sort quatre-vingt mille bœufs (5).

En 1583, le gouvernement de ce pays avoit fait des règlemens sages sur les soies et sur le commerce des grains. Au seizième siècle, on y creusa un grand nombre de canaux, dont les eaux sont réparties aux cultivateurs avec une sagesse qui peut servir de modèle pour cette partie de la police rurale. Le christianisme, qui intervient par-tout où il peut placer une bonne œuvre, stimula le patriotisme par des fondations pieuses et commémoratives. Dans diverses paroisses on acquitte des obits anciennement établis par la reconnoissance, en faveur

---

(1) *Commentario sulla costituzione*, de Instrumentis conficiendis.

(2) *Dissertazione sulla seconda moglie del re Manfredi*, in-4°., page 84. Je dois à ce savant écrivain plusieurs autres indications.

(3) *Rerum memorabilium sive deperditarum*, etc. Francofurti, 1631, in-4°.

(4) *Storia generale del reame di Napoli.* Napoli, 1749, in-4°., tom. I, part. I, fol. 156.

(5) *Sguardo sul Piemonte*, etc. Torino, 1787, in-8°.

de ceux qui avoient bien mérité de leurs concitoyens, en faisant construire tel canal qui arrose les propriétés des habitans (1).

Ici s'intercalle naturellement la mention des marais Pontins, dont on avoit entrepris le desséchement, l'an 55o de Rome ; car, alors, les eaux avoient déjà envahi ce terrein, où l'on avoit compté vingt trois villes (2). M. *Nicolaï*, auteur d'un ouvrage très-savant sur cet objet, observe que les papes, occupés à calmer les troubles politiques, ne purent travailler au desséchement jusqu'à Léon X, qui commença l'ouvrage ; après lui, Sixte - Quint fit de nouvelles tentatives en 1586. Après avoir recueilli les conseils d'hommes éclairés, il entrevoyoit avec joie, dans le lointain, ses efforts couronnés du succès ; espérance vaine ! Aucun pape n'a plus dépensé que Pie VI, pour cette vaste entreprise, qui n'est encore exécutée qu'en partie (3). Ce que n'a pu Rome moderne, eût été fait par la Hollande. Il en est temps encore : appelez à votre aide une compagnie de ces robustes Flamands qui ont desséché des moores vers Dunkerque, et du temps de Sully les marais de cette partie du Poitou à laquelle on donne encore le nom de *Petite Flandre;* ou confiez l'entreprise à ces estimables Bataves qui ont perfectionné l'hydraulique, posé des barrières aux flots irrités, desséché la mer de Deemen, dont le sol, plus bas que les eaux de l'Océan, est couvert de jardins, de maisons de campagne, et qui n'ont pas encore abandonné le projet de dessécher la mer de Harlem.

Espagne.

Sous le gouvernement Romain, l'agriculture de l'Espagne fit quelques progrès, grâces à l'esprit d'observation qui s'introduisit. Ces progrès eussent été plus signalés, si l'Espagne n'eût été cultivée par des mains esclaves, et en proie à ce système des grandes fermes, l'objet de tant de discussions dans ces derniers temps, contre lequel se sont élevés avec force *Mann* (4), *Beunie* (5), *Chalmers* (6), *Banqueri* (7), etc.; système dont la chute est inévitable dans tout pays où la population recevra de grands accroissemens.

L'Espagne s'honore d'avoir donné le jour à *Columelle. Isidore de Séville,* quelques siècles après, se plaça au rang des pères de l'église et des écrivains agronomiques (8). On conçoit que l'invasion des Goths, puis celle des Sarrasins, durent momentanément nuire à la culture. Ceux-ci réparèrent ensuite le mal par des découvertes dans l'astronomie, la médecine, l'agriculture, qui leur assurent un rang entre les nations savantes.

---

(1) Je dois les faits concernant le Piémont, à deux citoyens estimables, *Galli,* conseiller d'État, et *Paroletti,* membre de l'Académie des sciences et de la Société d'agriculture de Turin.

(2) *Plinii Hist. Nat. lib. III. — Arcere, De l'état de l'Agriculture chez les Romains. Paris,* 1777, in-8°., page 29.

(3) *De' Bonificamenti delle terre Pontine. Roma,* 18oo, in-fol., lib. II, cap. VI.

(4) Voyez ses Mémoires, dans ceux de l'Académie de Bruxelles, tome IV.

(5) *Essai chymique des terres.* Ibid. tome II.

(6) *An estimate of the comparative strength of Great Britain,* in-8°.

(7) Traducteur, en espagnol, *d'Ebn-el-Awam,* dont on va parler.

(8) Voyez ses *Origines,* sur-tout le livre XVII, *de Rebus Rusticis,* et le XX°., concernant les instrumens aratoires et domestiques.

L'expulsion des Maures affoiblit considérablement l'Espagne ; le mal fut au comble, lorsqu'en 1610 Philippe III chassa les Moriscos, accusés de n'être chrétiens qu'à l'extérieur. Plus d'un million d'individus, la plupart cultivateurs et artisans, quittèrent le pays. Le roi crut qu'en accordant la noblesse et l'exemption du service militaire à tous les Espagnols qui se feroient laboureurs, il atténueroit les effets désastreux de sa fausse politique. Cette mesure produisit peu d'effets.

Les Maures, refoulés dans les contrées Africaines, y sont retombés dans la barbarie ; il faut chercher sans doute l'explication de ce phénomène dans la disparité de législation, de gouvernement, de climat. A leur expérience, ils avoient ajouté celle des autres siècles, des autres pays. Ils avoient traduit du chaldéen en arabe les écrits agronomiques de *Cucemi*, qui, traduits successivement en ancien castillan, puis en espagnol moderne, l'an 1626, n'ont pas été imprimés (1). On y retrouve le goût des Orientaux pour les apologues ; tel est celui des arbres qui, voyant dormir sous leur ombrage des serviteurs chargés de les élaguer, et soupçonnant que quelques-uns étoient éveillés, pronostiquent la mort de quiconque osera les tailler. Ce stratagème leur réussit (2). Mais dans ces contes, sont intercallés des détails curieux, spécialement sur les pruniers et les palmiers.

Un autre monument très-précieux de l'agriculture des Maures en Espagne, est l'ouvrage d'*Ebn-el-Awam*, de Séville, attendu long-temps, et dont M. *Banqueri* vient enfin de donner une magnifique édition, qui contient le texte, avec une version espagnole (3). Le traducteur ne rapporte aucuns détails biographiques sur cet écrivain. *Casiri* croit qu'il a vécu au sixième siècle de l'hégire, c'est-à-dire au douzième de l'ère chrétienne (4). *Ebn-el-Awam* cite une foule d'auteurs géoponiques Arabes (5). La culture de la canne à sucre et celle du safran sont mentionnées dans cette Maison rustique. Elle embrasse tous les objets dont se compose une exploitation rurale, sans oublier la vétérinaire, les procédés pour conserver tant frais que secs les fruits et les légumes, l'indication des plantes auxquelles on peut avoir recours dans les temps de disette. L'auteur disserte en homme éclairé, sur les engrais et sur les irrigations. L'Espagne doit aux Maures l'usage des *noria*, ou roues à chapelet, sur le contour desquelles sont adaptés des seaux, qui s'emplissent comme celles qu'on voit à Zurich, sur la

---

(1) *Agricultura del Cucemi, author caldeo, y traduzida en arabigo y anadida por Abubecre-a-ben-noxia, author arabe, traduzida en lenguase castillano por Incierto y Buelta, en castillano bono ordinario del' antiguo, etc., por Manuel Serrano de Pas*, 1626. Ce manuscrit m'a été prêté par M. *de la Serna*, Commissaire-général du commerce d'Espagne. Il m'est doux d'avoir à consigner ici mes sentimens de gratitude envers un homme aussi estimable. *Cucemi* seroit-il le même que *Kutsami*, mentionné comme auteur d'un *Traité sur l'Agriculture nabathéenne*, dans l'ouvrage d'*Ebn-el-Awam* ? Je ne trouve pas dans *Casiri*, le nom de *Cucemi*.

(2) Chapitre *de Enxerimiento*.

(3) *Libri di Agricultura. Madrid*, 1802, 2 vol. in-fol.

(4) *Bibliotheca Arabico-Hispana, Matriti*, 1760, in-fol., tom. 1, pag. 323.

(5) Dès 1602, la traduction d'un ouvrage arabe sur les Limons avoit été imprimée à Paris : *De Limonibus Tractatus Embitar nrabis, per Andream Bellunensem latinitate donatus. Parisiis*, 1602, in-4°.

Limath, à sa sortie du lac. Ce moyen, également employé dans le Piémont, la ci-devant Provence, et dans quelques parties des Vosges, est cependant trop peu répandu.

Campomanes, censeur de l'ouvrage, regrette qu'il n'ait pas été connu de *Harrera*, qui en auroit profité pour décrire quelques espèces de fruits et de plantes, cultivées dans les provinces méridionales de l'Espagne, mais inconnues au centre de ce pays, comme le caroubier, le cotonier et le riz. Cette dernière culture avoit été prohibée plusieurs fois en Espagne, entr'autres par Pierre II, dans le royaume de Valence. Alonzo avoit même statué que les infracteurs de cette défense seroient punis de mort.

Communément on attribue l'état languissant de l'agriculture, dans les parties alors possédées par les Espagnols, aux guerres qu'ils eurent à soutenir contre les Maures; cependant ceux-ci, en maniant l'épée, n'avoient pas négligé la charrue. Au seizième siècle, les Espagnols s'éveillèrent, ainsi que les peuples voisins : la découverte de l'Amérique pouvoit seconder leurs efforts agronomiques; mais l'espérance d'y faire rapidement et avec facilité des fortunes colossales, s'étoit emparée des esprits; d'un autre côté, la *grandesse* et le désir de s'avancer à la cour tenoient les riches propriétaires éloignés de leurs domaines : ajoutez à cela que la législation et la politique furent, comme elles le sont très-souvent, en opposition avec le vœu et le bonheur du peuple.

Alors, cependant, parurent beaucoup d'écrivains sur l'art vétérinaire, l'agriculture, etc., dont M. *Rodriguez* publia, il y a treize ans, un catalogue (1); tel est, entr'autres, *Reyna* (2), à qui *Feyjoo* attribue la découverte de la circulation du sang (3). M. *Rodriguez* la donne au fameux *Servet*, autre Espagnol, antérieur à *Reyna*; mais *Dutens* revendique cet honneur pour les Anciens (4).

Parmi les écrivains géoponiques de l'Espagne, vers le temps d'OLIVIER DE SERRES, on cite encore *Louis Perez*, auteur d'un *Traité sur le Chien et le Cheval*, considérés dans leurs rapports avec l'agriculture (5); *Jean de Arrieta*, auteur du *Despertador* (l'Excitateur), excellent discours sur la fertilité de l'Espagne, réimprimé dans la dernière édition de *Herrera* (6);

Gregorio de los Rios, qui disserte sur les jardins (7); *Gutierrez de Salinas* (8); *Agustin*, auteur des *Secrets de l'Agriculture*, qui parurent en 1617; traité bien fait et réimprimé avec l'augmentation d'un cinquième livre qui étoit resté inédit (9);

Lopez de Deça qui, en 1618, se plaint amèrement du manque de labou-

---

(1) *Catalogo de algunos autores Españoles que han escrito de Veterinaria, de Equitacion, y de Agricultura, etc. Madrid, 1790, in-4°.*

(2) *Libro de Albeyteria. Burgos, 1564, in-4°.*

(3) *Theatro critico, etc. Madrid, 1764, in-4°.*, tome VIII, discours XII, page 439.

(4) *Recherches sur l'origine des découvertes attribuées aux Modernes. Paris, 1763, in-8°.*, troisième partie, chap. III.

(5) *Del Perro y del Caballo. Valladolid, 1568, in-8°.*

(6) L'ouvrage avoit déjà paru à Madrid en 1581, in-8°.

(7) *La Agricultura de Jardines. Madrid, 1592, in-8°.*

(8) *Discursos del Pan y del Vino, etc. Alcala, 1600, in-4°.*

(9) *Libro de los Secretos de Agricultura, casa de campo y pastoril. Perpiñan, 1626, in-4°.*

reurs ;

reurs; en conséquence, il veut qu'on supprime les professions de parfumeurs, de musiciens, et sur-tout de comédiens (1);

Gonzalo de los Cazas, qui traite de l'éducation des vers à soie (2); *Mendez de Torres*, qui s'occupa des abeilles (3). Cet ouvrage, réimprimé dans la nouvelle édition de *Herrera*, n'a pas été effacé, dit-on, par celui que *Jayme Gil* publia sur le même sujet, vers le commencement du dix-septième siècle (4). Cependant ce dernier, qui est un homme expérimenté, écrit avec méthode, et paroît avoir atteint le but qu'il s'étoit proposé, de ne rien admettre d'inutile, et de ne rien omettre d'utile.

Un autre écrivain, du même nom, le père *Gil*, des clercs mineurs, a publié un plan d'administration des forêts (5). Les faits cités dans son ouvrage attestent qu'au seizième siècle elle étoit déjà très-vicieuse, puisque Charles-Quint, dans une cédule de l'an 1518, gémit de voir l'Espagne manquer de bois à brûler et à bâtir. Philippe II, en 1582, fit quelques règlemens en conséquence.

Plusieurs patriotes distingués du seizième siècle désiroient qu'on établît des chaires et des académies d'agriculture; et certes on peut encore, comme *Columelle*, comme *Feyjoo*, s'étonner qu'il y ait tant de maîtres à chanter, à danser, et point pour enseigner l'art de cultiver (6). C'est l'objet d'un excellent écrit, publié par notre collègue *François* (*de Neufchâteau*) (7). Tel étoit aussi l'avis du plus célèbre géoponique de l'Espagne, de *Herrera*, dont la réputation l'élève au-dessus de ses contemporains qui ont suivi la même carrière. Le cardinal *Ximenès* encourageoit par-tout les sciences et les arts; c'est par son ordre, dit *Muñoz* (8), que *Herrera* écrivit son ouvrage d'agriculture (9). *Muñoz* a voulu dire, sans doute, sur son invitation : De quel droit la puissance voudroit-elle commander au génie ?

Herrera avoit étudié les Anciens, visité l'Allemagne, l'Italie, le Dauphiné; il rapproche les vieilles pratiques des nouvelles, donne des recettes bonnes pour la plupart; mais il est à regretter, dit M. *Rodriguez*, qu'il n'ait pas étendu ses observations sur toutes les provinces de l'Espagne. Toutes ont, du moins, profité de son ouvrage, traduit en plusieurs langues, si souvent réimprimé, et dont la réputation se soutient au milieu des bons écrits agronomiques qui ont paru depuis.

Un passage d'*Isidore de Séville* prouve que, de son temps, les bœufs étoient employés à la charrue (10). Ils ont cédé la place aux mulets, dont l'usage

---

(1) *Govierno politico de Agricultura.* Madrid, 1618, in-4°.

(2) *Arte nuevo para la Cria de la Seda.* Granada, 1581, in-8°.

(3) *Tratado breve de la Cultivacion y Cura de las Colmenas. Alcala*, 1586, in-8°.

(4) *Perfecta, y curiosa Declaracion, de los provechos grandes, que dan las Colmenas bien administradas : y Alabanças de las Abejas. Zaragoça*, 1621, in-8°. — Notre langue manque de mot pour désigner la personne qui soigne les ruches. Les Espagnols en ont deux, *abejero* et *colmenero*.

(5) *Plan de nueva Ordenanza de Montes.* Madrid, 1794, in-8°.

(6) *Theatro critico*, etc., tome VIII.

(7) *Essai sur la Nécessité et les Moyens de faire entrer dans l'Instruction publique l'enseignement de l'Agriculture. Paris*, an X, in-8°.

(8) *Discurso sobre la Economia politica.* Madrid, 1769, in-8°., préface, page 30.

(9) *Libro de Agricultura que es de la Labrança y Crionça*, etc. *Toledo*, 1520, in-fol. La dernière édition est de 1790.

(10) Lib. II, cap. XVII.

est presque universel : *Herrera* s'en plaint amèrement, ainsi que *Lopez de Deça* (1) et *Arrieta*. Ce dernier assure que c'est une calamité d'avoir quitté le bœuf pour semer, labourer, charroyer, battre le blé, et de lui avoir substitué le mulet, dont il dit beaucoup de mal (2).

La même question, reproduite plusieurs fois, a toujours été jugée de même, entr'autres par l'auteur du *Laboureur Biscayen* (3). En 1787, *Castellnou* publia sur ce sujet, un ouvrage, dans lequel, après avoir exposé les raisons et discuté les objections, il conclut en faveur du bœuf, par le moyen duquel on obtient, dit-il, un sillon plus profond (4). En 1790, un autre écrivain, *Maurueza Barreda*, attaqua de nouveau l'emploi des mulets (5). Ces écrits multipliés sont une nouvelle preuve de la ténacité du peuple dans des usages invétérés, contre lesquels la raison réclame.

M. *Asso* nous apprend divers faits relatifs à l'agriculture de l'Aragon ; par exemple, l'artichaut ne fut introduit dans ce royaume, que vers la fin du seizième siècle. On peut s'étonner de ce retard, s'il est vrai que les autres provinces le connoissoient bien antérieurement, comme paroît le prouver son nom arabe, dans la langue espagnole, *alcachofa*. Le chouffleur et le brocoli ne furent connus, en Aragon, que long-temps après (6) ; mais les vers à soie l'étoient vers le milieu du seizième siècle (7). On voit, par l'ouvrage de *Casiri*, que, depuis long-temps, Grenade en élevoit beaucoup (8).

Autrefois les francolins et les faisans étoient communs en Aragon, où actuellement leur race est éteinte (9). Quoiqu'on n'assigne pas l'époque précise à laquelle l'olivier y fut cultivé, on sait que, vers 1640, on en distinguoit déjà deux variétés, la royale, et celle qui est appelée *empeltres* (10), espèce de petit olivier, dont les branches sont très-multipliées.

Quant aux vignes, celles de Jaca furent renommées depuis le douzième siècle, jusqu'à la fin du dix-septième. M. *Asso* attribue leur dégénération à ce que le climat est devenu plus froid (11). En 1616, elles étoient si abondantes vers Sarragosse, qu'il fut défendu d'en planter davantage (12).

Le bénédictin *Feyjoo* disoit qu'en Galicie, en Asturie, et dans les montagnes de Léon, les laboureurs étoient la classe la plus affamée, la plus malheureuse (13) ; car il est à remarquer que souvent ceux à qui le riche doit les primeurs, les fruits exquis, le pain blanc, manquent du nécessaire ; c'est toujours la sentence de *Virgile* vérifiée : *Sic vos non vobis, etc.* Pour remédier à ce mal, *Feyjoo*

---

(1) *Govierno político, etc.*, fol. 35.

(2) *El Despertador, etc.*

(3) *El Labrador Vascongado, por Ant. de San Martin y Burgoa. Madrid*, 1797, in-8°, page 98.

(4) *Memoria sobre la Preferencia que por su calidad se debe dar al Buei respecto de la Mula para la Labranza, etc. Madrid*, 1787, in-8°.

(5) *Adicion al tratado intitulado : Despertador, etc. Madrid*, 1790, in-8°.

(6) *Historia de la Economia política de Aragon. Zarragossa*, 1798, in-4°., page 122 et suivantes.

(7) *Ibid.*, pag. 174.

(8) *Casiri*, pag. 248.

(9) *Historia de la Economia, etc.*, page 96.

(10) *Ibid.*, pag. 119.

(11) *Ibid.*, pag. 54.

(12) *Ibid.*, pag. 115.

(13) *Theatro critico, etc.*, tome VIII, discours XII, page 439.

propose de créer un conseil de laboureurs, de diminuer le nombre des fêtes (1). Avant lui, *Gutierrez de Salinas*, contemporain de *Herrera*, demandoit une association pour secourir quiconque feroit des pertes de bestiaux, en répartissant le prix sur chacun des associés (2). Telle est l'excellente vue que réalisa dernièrement la Hollande, par une assurance de chaque bête à cornes, au moyen d'une très-modique avance.

Deux pragmatiques, l'une de Philippe II, en 1594, l'autre de Philippe IV, en 1633, avoient accordé aux laboureurs le privilége de ne pouvoir être arrêtés pour dettes, pendant les six derniers mois de l'année, à moins qu'elles ne fussent provenues de délits.

En 1616, on avoit formé à Huesca un Mont-de-piété pour les laboureurs ; établissement utile, si les effets n'en avoient été combattus par une multitude d'obstacles également funestes à l'agriculture et à ceux qui s'en occupoient. Hâtons-nous de consigner ici, qu'en 1802 la Société Aragonoise en a établi un à Sarragosse.

Un oncle de *Columelle* avoit croisé avec succès les bêtes à laine d'Afrique et d'Espagne : dès le temps de *Pline* et de *Virgile*, les laines de cette dernière contrée avoient de la réputation. Le *mérinos*, qui est la race pure d'Espagne, est-il originaire d'Angleterre? Ou, la race angloise est-elle le résultat d'une espèce croisée avec le *mérinos?* Cette question a été discutée par la *Société Biscayenne des Amis du pays* (3), par *Nelis* (4), par *Alstrom* (5), et par notre collègue *Lasteyrie* (6), qui, en ce moment, visite de nouveau l'Espagne avec le zèle et le tact d'un homme exercé dans les objets d'économie rurale. Ce problème historique sera l'objet d'un mémoire particulier de notre collègue *Huzard* (7).

Il est probable que les troupeaux furent transhumans, c'est-à-dire errans, dès la naissance de l'art pastoral. Leurs courses furent restreintes par la circonscription des propriétés dans les contrées populeuses : il faut en excepter l'Espagne, où les troupeaux transhumans devinrent communs vers la fin du quatorzième siècle, de-là naquit la *Mesta* (8).

La *Mesta*, espèce d'État dans l'État, est une confédération des propriétaires de grands troupeaux contre les propriétaires de terres. Cette corporation de bergers est composée de grands seigneurs et de moines opulens : c'est la ligue des forts

---

(1) *Theatro critico*, etc.

(2) *Discurso del Pan y del Vino*, etc.

(3) *Ensayo de la Sociedad Bascongada de los Amigos del país. Vitoria*, 1768, in-8°.

(4) *Mémoire sur les Vigognes*, dans les *Mémoires de l'Académie de Bruxelles*, tome I.

(5) *Essai historique et politique sur la race des Brebis à laine fine*, tiré du suédois. *Saarbrück*, 1774, in-8°.

(6) *Traité sur les Bêtes à laine d'Espagne. Paris*, an VII, in-8°.

(7) La bienveillance avec laquelle il communique les livres rares de sa bibliothèque vétérinaire, la plus complète peut-être qui ait jamais existé, y ajoute un nouveau prix. Cette bibliothèque contient de quoi faire un ample supplément à celles de *Haller, Lastri, Amoreux, Boehmer*, etc.

(8) Le mot *transhumant* ne se trouve dans aucun de nos Dictionnaires. Les Provençaux l'ont tiré de deux mots latins, *trans* et *humus*, pour exprimer le passage des bêtes à laine d'une terre dans une autre. Les Espagnols disent *trashumante*. Le mot *mesta* est analogue à l'espagnol, *mestal*, qui signifie terre aride et inculte, résultat nécessaire du parcours illimité des troupeaux.

contre les foibles, qui ramène de droit ceux-ci à la défense naturelle, quand la loi est impuissante ou torsionnaire.

En 1490, un édit promulgué à Cordoue avoit permis de clorre les terres. Sans doute on avoit déjà entrevu ce qu'a dit *Pattullo*, long-temps après : *Un champ clos vaut le double d'un autre*. Les propriétaires de grands troupeaux jetèrent de hauts cris, et l'exécution de la loi paroît avoir été bornée au territoire de Grenade.

Les bergers acquirent une telle prépondérance, qu'en 1499 la reine de Portugal leur envoya, dit *Alstrom* (1), des ambassadeurs, pour leur proposer la cession des pâturages sur ses terres, moyennant une redevance. La tyrannie de cette corporation, qui, depuis des siècles, pèse sur l'Espagne, s'est accrue spécialement depuis le seizième. Il y a une quarantaine d'années que le Gouvernement voulut remédier au mal. *Campomanes*, mort il y a deux ans, fut chargé de recueillir les plaintes qui éclatoient de toutes parts; et quelle fut l'issue de cette affaire? Le bon sens et la nature avoient prononcé ; mais la justice fut contrainte de se taire devant la puissance. Les actes de cette discussion sont consignés dans sa *Concordia de la Mesta*, ouvrage qui attestera à jamais le patriotisme de l'auteur et les vexations exercées par une minorité puissante qui opprime la nation (2). *Campomanes* y démontre que la transhumation est une erreur d'économie politique ; que les lois de la *Mesta* étant funestes à la culture, le sont à la population; et que ces lois étant contraires au droit naturel, puisqu'elles privent le peuple de ses propriétés, de ses pâturages et de sa liberté, par-là même elles sont frappées de nullité.

Ces vérités ont été reproduites avec force, par le célèbre *Jovellanos*, dans un ouvrage où, avec autant de modestie que de talent, il développe les obstacles qui s'opposent aux progrès de l'agriculture dans son pays (3). Il observe que les sciences exactes ont perfectionné leurs instrumens, tandis que l'agriculture ne peut se glorifier d'un pareil avantage On conçoit que les majorats, les substitutions, la facilité d'amortir les terres, de les mettre entre les mains des moines, ne pouvoient échapper à la censure. Devoit-on lui en faire un crime? Son avis est celui de tous les hommes instruits qui ont traité cette matière; tels que *Vincent Perez* (4), *Quintero* (5), etc. : c'étoit l'avis des assemblées nationales du seizième siècle ; plusieurs fois elles avoient renouvelé les dispositions des *Cortes* antérieurs et des rois qui, depuis long-temps, avoient tâché de fortifier la politique contre la prodigalité d'une dévotion mal entendue.

De 1558 à 1699, diverses lois avoient fixé en Espagne le prix des grains; ces lois eussent été inutiles, si l'on eût affranchi ou aggrandi la navigation

---

(1) *Essai historique, etc.*, page 26 et suivantes.

(2) *Memorial ajustado del expediente de Concordia que trata el honrado Concejo de la Mesta, con la diputacion general del reyno y provincia de Extremadura, etc. Madrid*, 1783, 2 vol. in-fol.

(3) *Informe de la Sociedad Economica de esta Corte, al real y supremo Consejo de Castilla en el expediente de ley agraria. Madrid*, 1794, in-4°.

(4) *Discursos politicos sobre los Estragos que causan los censos, etc. Madrid*, 1766, in-12. Voyez sur-tout page 262 et suivantes.

(5) *Pensamentos, etc.*, page 132 et suivantes.

intérieure, comme le conseilloit *Bails* (1). *Jovellanos*, qui insiste sur ce moyen, observe que les blés de la Beauce et de l'Orléanois, très-éloignés de la mer, arrivent à Cadix avec l'économie de cent pour cent, comparativement à ceux de Palencia, éloigné seulement de vingt myriamètres de Santander. Pour avoir combattu des abus et des préjugés désastreux, quel a été le sort de *Jovellanos?* Sorti de la carrière ministérielle, où il portoit des lumières et de la droiture, assiégé de calomnies, livré à l'Inquisition, il a été relégué dans une chartreuse, à Mayorque. Vainement, par sa lettre au roi, du 8 octobre 1801, il expose qu'attenter à la liberté d'un innocent, c'est menacer celle de tous les autres; il demande qu'on le juge, qu'au moins on lui dise de quoi il est accusé: ce cri de la vertu est regardé comme un nouveau crime. Le triste appanage des amis de l'humanité est-il donc d'être tourmentés pendant leur vie! Souvent la justice tardive ne reparoît que sur leur tombe, et des éloges posthumes ne leur rendent pas la vie. Un jour luira! ce jour de la justice présentera *Jovellanos*, mort ou vivant, à l'estime de son pays, dont il a voulu opérer le bien, tandis que le tribunal dont l'existence calomnie la religion et déshonore l'Espagne, sera voué à l'exécration publique avec les hommes dont il est l'instrument et l'organe.

Portugal.

Le Portugal, souvent considéré comme un satellite attaché au sort d'un plus grand astre, suivit long-temps l'impulsion de l'Espagne. *Mello*, écrivain Portugais, assure que ses compatriotes furent toujours de soigneux cultivateurs (2). L'auteur d'un mémoire inséré dans ceux de l'Académie des sciences de Lisbonne, sur l'histoire de l'agriculture de Portugal, se plaint que les faits lui manquent (3); il désire que, pour remplir cette lacune, on compulse les archives de la *Torre di Tombo*. Il a cependant recueilli assez de documens pour combattre l'assertion exagérée de *Mello*.

L'agriculture avoit été encouragée en Portugal, au quatorzième siècle, par Denis I et Sanche I, honorés l'un et l'autre du titre de *rois laboureurs*. Même éloge est dû à la reine sainte Élisabeth, qui s'occupoit d'élever et de marier les filles des cultivateurs pauvres.

Sous Jean II, l'agriculture fit une conquête, par l'introduction du mays, nommé *grosso de maça-roca*, qui, semé d'abord à Coïmbre, puis à Beira, se répandit dans tout le royaume, où il fait une grande partie de la nourriture du peuple.

Mais depuis Vasco de Gama, le goût de la navigation, les fausses idées de gloire, la soif de l'or, le luxe Asiatique, firent négliger l'agriculture; on ne rêvoit plus que découvertes. Le pays s'affoiblit encore par l'expulsion des Juifs, la multiplication des moines, et le passage d'un nombre incroyable de Portugais, avec les Espagnols, en Flandre, pour y faire la guerre ou s'établir.

Alors les étrangers s'emparèrent du commerce du Portugal, achetèrent ses soies, mirent leurs troupeaux dans ses pâturages, et le rendirent tributaire.

---

(1) *Élémens de Mathématiques*, tome IX.
(2) *Institutionum Juris civilis Lusitani*, lib. III, Olysippone, 1800, in-4°. l. I, c. VII.

(3) *Memorias de Litteratura Portugueza*, publicadas per la Academia real das Sciencias. Lisboa, 1792, in-4°., tome II.

L'abus fit chercher le remède ; de-là naquirent plusieurs lois, émanées de rois assez ignorans pour croire que tout se fait par des réglemens, tandis que les hommes soumis à l'empire de l'éducation, de l'opinion, de l'habitude, sont presqu'entièrement gouvernés par elles.

Un édit de 1504, rapporté par *Duarte Nuñès de Leaõ*, dans sa collection des *Extravagantes* (1), ordonne de nettoyer les champs ensemencés, d'en arracher les mauvaises herbes : si la famille est insuffisante, le chef aura recours à d'autres personnes ; s'il tombe de la pluie, ou des brouillards sans vent, il ira chaque matin avec son fils ou son serviteur, au moyen d'une corde dont chacun tiendra un bout, secouer l'humidité répandue sur la fane, sinon il sera amendé de quatre mille reis par muid de semence, ce qui revient à environ vingt-cinq francs de notre monnoie.

En 1521, le roi Emmanuel fit une ordonnance, portant que tout homme de travail surpris au jeu, un jour ouvrable, payeroit cinq cent reis de cadea, (environ trois francs). En 1527, Jean III condamna aux peines suivantes quiconque exportera des troupeaux de Portugal : s'il est *peaõ* (prolétaire), il sera fouetté avec cri public, exposé au pilori, disloqué d'un pied, déporté à l'île Saint-Thomas, et tous ses biens seront saisis ; s'il est *hidalgo* (gentilhomme), il perdra tous ses biens et subira un exil de sept ans en Afrique (2).

En 1564, une loi renouvelle l'ordre de nettoyer les champs ensemencés, c'est-à-dire, de faire par devoir ce que précédemment on faisoit par goût.

Vers cette époque on perdit encore deux branches importantes : les soies d'Orient firent négliger les mûriers, et le sucre des îles fit négliger l'éducation des abeilles, non seulement en Portugal, mais dans presque toute l'Europe.

La décadence de l'agriculture en Portugal, aux seizième et dix-septième siècles, s'accrut dans une progression alarmante. Il est à remarquer qu'on en trouve des preuves jusques dans le dictionnaire de la langue. Diverses espèces d'arbres et de légumes cultivés par les Maures, et qui l'ont été de même par les Portugais, puisqu'ils ont des noms propres dans les auteurs des quatorzième et quinzième siècles, n'existent plus en Portugal : de ce nombre sont, le pistachier, et le alnixa des Maures (*cordia myxa* des botanistes), qui donne le sebeste.

Parmi les causes qui conduisirent à cet état de dégénération les vainqueurs de l'Inde, on assigne spécialement les suivantes, comme ayant agi avec plus de force : 1°. l'Inquisition, établie en 1539 ; 2°. le système réglementaire, pour taxer les produits les plus importans de la terre ; 3°. les chasses royales ; 4°. les lois sur la remonte de la cavalerie et les haras.

1°. Dans la loi de 1774, qui donne à l'Inquisition une nouvelle forme, le roi Joseph annonce, d'après l'examen des archives, que, dans l'espace de deux siècles, l'Inquisition avoit brûlé plus de quinze cent victimes, et confisqué les biens de plus de vingt-trois mille familles. Le plus grand nombre de ces horreurs appartiennent sans doute au seizième siècle, qui est le premier de ce tribunal : or, il faut remarquer que ceux qui sortoient de l'Inquisition, absous, après bien

---

(1) *Lois Extravagantes, collegidas y relatadas pelo Duarte, etc. Lisboa,* 1569, in-fol.

(2) *Memorias de Litteratura Portugueza,* etc., tome II, pages 31 et 32.

des années de prison, étoient à-peu-près également ruinés, comme ceux dont elle confisquoit les biens ; par conséquent, on est loin de l'exagération , en supposant vingt-trois mille autres familles ruinées. Ce fléau n'étoit pas réparti avec égalité sur tout le royaume ; mais il tomboit tantôt sur une ville , tantôt sur une autre , en laissant des traces profondes de dévastation. En 1785, on montroit encore aux voyageurs , dans les villes d'Avis et de Souzel , les preuves existantes des ravages que l'Inquisition y avoit commis trente ans auparavant : des rues entières étoient désertes, les maisons ruinées ; et de vastes terreins, dans les campagnes fertiles , étoient couverts de buissons et de ronces.

Ces désordres en amenèrent un autre, fatal à l'agriculture. Les mahométans ont une institution qu'ils appellent *vakouf ;* elle consiste à substituer des biens qui restent toujours hypothéqués à une mosquée, ou fondation pieuse, pour le payement d'une somme annuelle : les descendans du substituteur les administrent , et jouissent du surplus de revenu ; à l'extinction de la famille , la mosquée s'en empare, et le souverain en donne l'administration à une autre famille. Ces biens ne peuvent pas être aliénés, et s'ils le sont, ils peuvent être repris. Cette institution mahométane s'est perpétuée en Portugal, où les premiers rois la sanctifièrent , en donnant aux églises ce qui appartenoit aux mosquées.

Une loi fameuse de Jean III, ordonna que de telles fondations, une fois acceptées par l'église, subsisteroient, quand même on prouveroit qu'elles sont instituées pour frauder les créanciers de l'instituteur. Or, du temps des ravages de l'Inquisition, les propriétaires trouvèrent que c'étoit l'unique moyen de conserver des biens dans leurs familles , malgré le saint Office. Insensiblement tout le royaume fut rempli de *capellas*, ainsi nomme-t-on ces substitutions ; la circulation des biens-fonds devint nulle , et l'agriculture en souffrit horriblement. Le marquis de Pombal, au grand chagrin du clergé, fit abolir légalement toutes ces substitutions dont le revenu net seroit moindre de douze cent cinquante francs. Les résultats de cette loi, qui n'exista que quatre à cinq ans , ont été très-heureux. A la mort du roi Joseph , une des premières sollicitudes du légat Muti Bussi fut de faire abolir cette loi ; mais il ne l'obtint qu'en partie. Il est dit dans le préambule, que les messes payées au clergé par ces substitutions étoient si nombreuses, que, d'après un calcul rigoureux, si tous les individus mâles du Portugal étoient prêtres, en disant la messe tous les jours, ils ne pourroient pas encore atteindre au nombre requis. L'honoraire de ces messes étoit un impôt de plus sur l'agriculture.

2°. Le système réglementaire du prix des denrées de première nécessité a été une manie dans plusieurs contrées de l'Europe, à l'époque dont nous parlons ; mais, par des circonstances particulières, il n'a été peut-être nulle part si fatal qu'en Portugal. Dans le quinzième siècle et très-avant dans le seizième , une grande partie des États de Fez et de Maroc étant soumis au Portugal, y entretenoient l'abondance , et même fournissoient de quoi faire un commerce de blé avec l'étranger ; ces provinces africaines furent abandonnées et perdues , pour courir après les richesses de l'Inde. La disette se fit sentir dans les provinces portugaises de l'Europe, qui , à l'exception de l'Alentejo, ne sont pas généralement bien fertiles.

On crut remédier à la cherté, en faisant des maximum ; on voulut que personne n'achetât des denrées de première nécessité pour les revendre. Des réglemens insensés en enfantèrent d'autres, qui l'étoient encore davantage ; le commerce intérieur fut anéanti, et l'agriculture en souffrit horriblement. Toute cette période fourmille de lois de cette nature. Citons-en deux, assez étranges, de la minorité du roi Sébastien. Par la première, il est défendu d'acheter plus de blé ou de pain, que ce qui est prouvé être nécessaire à la consommation de la famille ; l'autre loi, très-solemnelle, que le même roi fit insérer dans la collection rédigée d'après ses ordres, par le juge *Duarte Nunez de Leaõ*, porte que tout homme qui a acheté du blé, de l'huile, etc., pour les revendre, sera condamné à une amende double du prix, et à deux années de déportation à la côte d'Afrique. Peu-à-peu le roi se vit obligé à permettre que l'on pût acheter ces objets pour les revendre dans le territoire d'une autre municipalité, mais de l'aveu des deux municipalités, et en les revendant sous trente jours, avec un profit dont la loi établit le maximum.

3°. Les lois rigoureuses sur les chasses royales sont de cette période. Le roi Sébastien établit les juges privatifs des chasses ; et, ce qui est singulier, l'autorité du grand-veneur a été fixée, mais non limitée, par Philippe III, qui ne résidoit pas en Portugal. C'étoit vraisemblablement un moyen de s'attacher quelques familles nobles qui jouissoient de ces chasses pendant l'absence du prince.

4°. Quand les Portugais possédoient leurs provinces de la Mauritanie, ils étoient riches en beaux chevaux. La perte de ces provinces, et la défense toujours subsistante, en Espagne, d'exporter des chevaux, fit faire des lois qui obligent tout agriculteur, et plusieurs réunis, s'ils ne sont pas riches, à entretenir une jument pour les étalons du roi, et à élever des poulains, qui, ayant les qualités requises, sont achetés par le roi à un prix trop peu considérable pour les dédommager. La noblesse et le clergé, c'est-à-dire les plus riches propriétaires trouvèrent peu-à-peu le moyen de jeter leur quote-part sur le tiers-état. L'oppression étoit insupportable. Le roi Joseph y a porté quelque remède, en déclarant que cette obligation est territoriale, non personnelle ; par conséquent, quel que soit le possesseur, le fardeau est également réparti sur la valeur de toutes les terres du royaume.

La période que nous venons de parcourir ne présente qu'une foule de règlemens dont on peut oublier les dispositions, mais dont on a une juste idée, en se rappelant qu'ils étoient absurdes et que les cultivateurs étoient opprimés (1).

Cependant, il ne faut pas croire qu'il n'y ait eu que des abus dans les anciens réglemens des peuples qui paroissent les plus mal gouvernés : il y avoit en Portugal la loi de la *Sacca* ; c'étoit une espèce de droit de commutation, excellent statut de commerce, qui obligeoit les étrangers, lorsqu'ils vouloient porter des marchandises à Lisbonne, à en enlever la valeur, par estimation, en denrées du cru du pays, ou marchandises portugaises. Pour remplir la condition

---

(1) Je dois, en partie, l'article qui concerne le Portugal, au savant *Correa*, ancien secrétaire de l'Académie de Lisbonne. C'est l'homme qui a le plus approfondi l'histoire de son pays, dont il a publié une foule de monumens. Sa complaisance égale ses talens.

que fixoit la *Sacca*, on accordoit un an de terme à ceux qui recevoient des marchandises étrangères, sans aucunes formalités, ni recherches gênantes. Cet usage ancien subsistoit, à ce qu'il paroît, en 1723. On voit que, cette année, on permit d'importer de la bière à Lisbonne, pourvu qu'on fit sortir des vins de Portugal, dans la proportion de l'entrée de la bière ; mais des précautions si sages ne sont plus observées. Par le traité de Methuen, le Portugal s'est mis à la discrétion du Gouvernement anglois. Voilà la principale cause de la décadence rapide qu'a éprouvée l'agriculture dans ces belles contrées de l'antique Lusitanie.

Turquie.

On a vu les Maures en Portugal, en Espagne, cultiver les sciences et les arts ; par-tout ailleurs l'islamisme fut escorté de l'ignorance. Dans ces brillantes contrées de la Grèce, il refoule, pour ainsi dire, au sein de la terre, les productions spontanées de la nature.

Les auteurs gardent le silence sur l'état de l'agriculture dans la Turquie d'Europe au seizième siècle. *Belon*, qui alors la visita, se borne à nous vanter le goût des Turcs pour les fleurs, et leur habileté dans le jardinage (1), ce qui ne signifie pas toutefois que parmi les bostangis on trouve des *de la Quintinye*.

Chez les Grecs modernes, une routine, quelquefois assez bonne, préside aux travaux rustiques. Dans l'Attique, et particulièrement au mont Hymète, dont le miel conserve sa réputation, *Félix Beaujour* compte environ douze mille ruches. D'après un règlement de Soliman II, mort en 1566, règlement qui est en vigueur dans plusieurs provinces, les mouches à miel ne sont pas confiscables pour payement d'impôts.

Les Grecs continuent à faire usage de ruches cylindriques en terre cuite, et forment, comme leurs ancêtres, de nouveaux essaims, en substituant aux vieilles ruches, pendant que les abeilles sont à la picorée, une ruche nouvelle qu'ils garnissent de quelques rayons et qu'ils frottent avec des feuilles vertes de mélisse. Trompées par la ressemblance, les mouches, au retour des champs, entrent dans cette habitation nouvelle (2).

Mais la routine repousse toute innovation : les Grecs n'ont pas encore adopté la bêche, ils se servent de la houe ; dans l'Attique, ils continuent à gauler les oliviers pour faire tomber le fruit, opération qui le meurtrit et qui endommage les rameaux (3) ; et l'on n'a pu, jusqu'ici, les engager à se servir de la garance fraîche, ce qui épargne la moitié des racines, sans que la teinture soit moins nourrie (4).

Les Grecs de l'Archipel, moins exposés aux avanies et aux actes arbitraires

---

(1) *Les Observations de plusieurs Singularitez et Choses mémorables trouvées en Grèce, Asie*, etc. Paris, 1553, in-4°., liv. III, chap. LI.

(2) *Tableau du Commerce de la Grèce.* Paris, an VIII, in-8°., tom. I, pag. 158 et suiv.

(3) On a reproché avec raison, à *Roucher*, d'avoir vanté cette opération dans son poëme des Mois :

> Que le bâton bruyant frappe à coup redoublé,
> Et qu'en tous ses rameaux l'arbre soit ébranlé.
> (Chant IX, page 46, in-4°.)

(4) *Tableau du Commerce de la Grèce*, tome I, pages 185, 217 et 241.

par lesquels on fixe le prix des grains, tirent parti de leurs terres, sur-tout à Scio, à Naxos; mais il faut en excepter l'île de Crète, où les laboureurs sont tourmentés et découragés. Notre collègue *Olivier*, qui a donné des observations curieuses sur cet objet, regrette qu'ils n'ayent pas la pomme de terre, que peut-être ne leur envieroit pas l'avide musulman (1). Leur agriculture est donc une connoissance traditionnelle sur laquelle ils n'ont rien d'écrit; on n'a que l'ouvrage en grec vulgaire, du moine *Agapius*, publié il y a plus de cent cinquante ans, qui a copié les Anciens sur l'art de planter et de greffer (2). Notre collègue *Ameilhon* se propose d'en donner une notice.

Hongrie.

Qu'importe d'avoir pour maître un pacha ou un magnat, si l'on est asservi? Le régime féodal exerçoit en Hongrie toute sa force au seizième siècle. On voit dans la collection des lois de ce pays, à quoi se bornoient les droits des laboureurs, à l'exemption des travaux gratuits pendant la moisson et la vendange (3). La défense de quitter la Hongrie atteste que l'oppression pesoit sur eux.

Cet état de choses est un peu modifié depuis que les lumières y ont pénétré : l'école d'économie établie récemment à Keszlhely, dans le comtat de Tzalader, par le comte *George Festetil* (4), les *Élémens d'agriculture*, publiés par *Mitterpacher*, à l'usage des écoles hongroises (5), sont des monumens honorables pour les auteurs et utiles pour leurs concitoyens.

Mais que pouvoit être l'agriculture, dans un pays où actuellement encore elle est si peu avancée? La plus grande partie des terres n'y reçoivent pas d'engrais : les habitans prétendent que leur sol est assez riche ; et par une contradiction étrange, ils le laissent reposer tous les trois ans (6).

Nicolas Olaus, qui écrivoit au seizième siècle, faisant l'énumération des vins fins de Hongrie, ne mentionne pas le Tokai, sur lequel, en 1744, *Matolai de Zolna* publia une dissertation curieuse (7). Cet écrivain, qui étoit Hongrois, nous apprend que, depuis 1566 à 1605, les vignes de son pays furent souvent ravagées par la guerre et par l'intempérie des saisons. On ne citoit alors que le vin de Sirmich : on n'a parlé, dit-il, du Tokai, que depuis l'extinction de la race des rois de Hongrie. *Townson* fixe au temps de Ragotzki l'époque à laquelle ce vin obtint de la célébrité (8).

(1) *Voyage dans l'Empire Othoman*, etc. Paris, an IX, in-4°., tome I, page 413.

(2) Βιβλίον καλούμενον ΓΕΩΠΟΝΙΚΟΝ, ἐν τῷ ὁποίῳ περιέχονται Ἐμπειρίαις θαυμασιωτάταις, τῶν κ.τ.λ. etc. Ἐνετίησιν, 1745, in-8°. C'est une édition nouvelle de cet ouvrage, qui est mentionné plusieurs fois par *du Cange*, dans le *Glossarium infimæ græcitatis*.

(3) *Jus Hungaricum*, tom. II, pag. 329.

(4) *Magazin encyclopédique*, N°. V, an XI.

(5) *Rei Rusticæ Elementa, in usum Academiarum regni Hungariæ conscripta.* Budæ, 1777, 2 vol. in-8°.

(6) *Travels in Hungary*, by R. Townson. London, 1797, in-4°., pag. 230.

(7) *Disquisitio physico-medica de Vini Tokaiensis Culturâ, Indole*, etc., dans les *Acta physico-medica Academiæ Cæsareæ*, etc. Norimbergæ, 1744, in-4°., tom. VII, *Appendix*.

(8) *Travels in Hungary*, etc., pag. 262. — Voyez encore ci-après la note (99) du troisième Lieu, page 360 et suivantes.

Pologne.

L'amour de la patrie est un sentiment si louable, qu'on peut lui pardonner quelques exagérations : ainsi, *Staravolscius*, écrivain Polonois, prétend que la Pologne a tout, excepté la soie, les aromates et le vin : elle tire ce dernier article de la Hongrie. Il y a vers Sandomir quelques vignes dont parle *Sarniky* (1). Dans la petite Pologne, on trouve aussi des raisins assez bons ; mais *Cromer* avoue qu'on n'en tiroit qu'un vin de mauvaise qualité (2).

Depuis plusieurs siècles, la Pologne et les pays qui en dépendoient, produisent abondamment du miel, du chanvre, du blé, du lin, des fruits et des arbres d'une grosseur prodigieuse ; de riches troupeaux y couvrent de gras pâturages, au milieu desquels on aperçoit à peine, dit *Rzaczynski*, les cornes des bœufs (3). On peut renvoyer aux ouvrages de cet écrivain pour connoître les productions de cette Ukraine où le cardinal *Commendon* trouva, au seizième siècle, des Juifs cultivant la terre et dont le travail n'étoit pas avili par l'usure (4) ; de cette Lithuanie si fertile, qu'on croiroit, dit le même *Rzaczynski*, que Cérès y est née ; de cette Pologne, qu'il appelle l'Égypte de l'Europe. Le terrein y est si gras que souvent on brûle les pailles pour s'en débarrasser. Veut-on cultiver un sol couvert de halliers ou de genêts ? On y répand de la paille en abondance, puis on y met le feu.

Dans les temps de disette, l'Europe tourne ses regards vers la Pologne, où l'abondance est permanente, et qui a la facilité des transports par la voie de Dantzick, Kœnigsberg, Memel et Riga : de-là s'expédient des bâtimens chargés de blé, pour les contrées qui en manquent. En 1392, on compta à Dantzick trois cent navires de France et d'Angleterre, et tous eurent cargaison complète. En 1565, les greniers de cette ville étant remplis, on déposa l'excédent dans les maisons des citoyens. Tantôt (en 1415) l'empereur et le patriarche de Constantinople réclament les secours de la Pologne ; tantôt (en 1590) elle nourrit Gênes, Rome et la Toscane. L'histoire nous apprend qu'en 1626 l'ambassadeur d'Espagne voulut acheter, de la part de son Gouvernement, tous les blés du pays. À cette contrée favorisée du ciel, habitée par des hommes braves, et sur laquelle à jamais planera le génie du vertueux *Kosciusko*, il ne manquoit que la liberté. On lui a arraché même l'existence politique, et l'on a tenté d'effacer ses enfans de la liste des Nations.

Allemagne.

D'immenses forêts couvroient l'Helvétie et la Germanie ; l'accroissement de la population y multiplia les défrichemens, et les hommes demandèrent à la

---

(1) *Descriptio Poloniæ veteris et novæ. Lipsiæ*, 1712, in-fol.

(2) *Poloniæ, sive de Situ, Populis, Moribus, Magistratibus et Republicâ regni Poloniæ. Coloniæ*, 1578, in-4°., lib. I, pag. 21.

(3) *Historia Naturalis curiosa regni Poloniæ, etc. Sandomiriæ*, 1721, in-4°. — *Auctuarium Historiæ Naturalis regni Poloniæ. Gedani*, 1736, in-4°.

(4) *De Vitâ Joannis Commendoni, libri IV, editi curante Rogesio Kakia (Gratiani). Parisiis*, 1667, in-4°.

terre leur subsistance. Au septième siècle, les Bohémiens tirèrent de la charrue leur duc Primislas ; le champ qu'il cultivoit se nomme encore *le champ du roi*.

Par-tout où vous trouvez une république, là certainement fleurit l'agriculture ; et jamais la terre humectée des larmes d'un esclave ne prodiguera ses dons comme lorsqu'elle est arrosée des sueurs de l'homme libre. C'est la liberté qui, chez ces respectables Helvétiens, fertilisa des rochers, fit croître des moissons à côté des glaciers, et planta des arbres à fruits sur les flancs escarpés du Saint-Gothard. Au seizième siècle, l'agriculture qui, jusques-là, en Suisse, n'avoit été qu'un art, monte au rang des sciences par les soins des *Bauhins*, originaires de France, de *T. Zwinger* (1), de *Conrad Gesner*, qui a composé un ouvrage sur le lait et les laiteries (2).

C'est encore l'avantage inestimable de la liberté, qui, autour des villes Anséatiques, appela et fit fleurir l'agriculture. D'ailleurs, ces cités commerçantes ayant des rapports avec les régions étrangères, en rapportèrent des graines, des plantes, et l'art de les cultiver.

Après l'écriture, l'invention la plus belle est l'imprimerie, et grâces à ce bel art, qui n'eut pas d'enfance, plus de cinquante ouvrages géoponiques, originaux ou traduits, anonymes ou avec noms d'auteurs, plusieurs concernant les Jardins, les uns pour les célébrer, les autres pour en décrire la culture, furent publiés en Allemagne, dans les seizième et dix-septième siècles. Tels sont entre autres, les traductions des agriculteurs grecs et latins, par *Herzen*; celles de *Pierre de Crescens*, de *la Cueillette de la soie*, de notre OLIVIER DE SERRES; les ouvrages de *Cognatus* (3), de *G. Marius* (4), de *J. Camerarius* (5), de *Voigts* (6), de *Donizer* (7), de *Moller* (8), de *Coler* (9), de *Seydeler* (10),

---

(1) *Methodus Rustica Catonis atque Varronis*, etc. *Basileæ*, 1576, in-8º.

(2) *Libellus de Lacte et Operibus Lactariis*, etc. *Tiguri*, 1541, in-8º.

(3) *De Hortorum Laudibus. Basileæ*, 1546.

(4) *Paralipomena et marginalia Hortulanica : das ist, Gartenkunst zum Feldbau angehörig*, etc. *Strasburg*, 1568, in-fol.

(5) Ἐκλογὴ γεωργικὴ, *sive Opuscula quædam de Re Rusticâ, partim collecta, partim composita*, etc. *Norimbergæ*, 1596, in-8º. La première édition est de Nuremberg, 1577, in-4º. C'est à tort que *Haller* (*Bibliotheca Botanica*, tom. 1, pag. 271) en indique une de 1539, in-8º., aussi à Nuremberg, et qu'il attribue cet ouvrage à *J. Camerarius* le père : il est du fils, qui portoit le même prénom, et qui est né en 1534. Le titre de l'édition de 1577, que ne cite point *Haller*, et la souscription de l'épître dédicatoire, ne laissent aucun doute à cet égard : on lit, *à D. Joachimo J. F. Camerario, medico No-*

ribergensi; ce qui étoit nécessaire alors pour qu'on n'attribuât point cet ouvrage à *Camerarius* le père, qui n'étoit mort que depuis peu d'années (1574), et ce qui n'a point été répété dans l'édition in-8º. de 1596.

(6) *Pflanzbüchlein. Breslau*, 1541.

(7) *De Stirpium Culturâ. Francofurti*, 1547, in-8º.

(8) *Winterfeldbau, wie das feld im Herbst am bequemsten zu bestellen. Leipzig*, 1563, in-4º. On voit par les dates des ouvrages cités, que *Moller* n'est pas, comme le dit *Rè*, le premier qui ait donné des préceptes agraires en allemand.

(9) *Oekonomie-oder Haussbuch. Witteberg*, 1593 — 1612, 6 vol. in-4º. Les ouvrages de cet auteur, long-temps classiques en Allemagne, ont été réimprimés un grand nombre de fois, in-4º. et in-fol. Il a donné aussi : *De Bombyce Dissertatio. Giessæ Hassorum*, 1665, in-4º.

(10) *Neues Gartenbüchlein. Dresden*, 1596.

d'*Iunghanssen* (1), de *Knaben* (2), de *Dümler* (3), de *Stengelius* (4), etc.

L'histoire s'arrête avec complaisance sur *Heresbach*, né en 1509, dans le duché de Clèves, mort en 1576. Il est à remarquer que chacune des principales Nations de l'Europe, à-peu-près vers le même temps, a produit un écrivain géoponique devenu classique pour son pays. *Heresbach* s'exerça sur des sujets historiques et politiques. Il fit, entre autres, un ouvrage sur l'éducation des princes (5); et quoiqu'il fût conseiller de celui de Juliers, il veut dans un État, des corps intermédiaires qui, tempérant la puissance, en règlent l'exercice, et sur-tout des lois dont la religieuse observation exclut l'arbitraire. Mais ici nous envisageons *Heresbach* comme le *Herrera*, le *Gallo*, le *Hartlib*, l'Olivier de Serres des Allemands : c'est le rang que lui assure son ouvrage sur l'art rural, réimprimé plusieurs fois (6). Il emprunta beaucoup des Anciens, mais à leurs préceptes il joignit son expérience, car il étoit cultivateur, et le séjour de la campagne lui a inspiré des réflexions très-sensées sur *la misère splendide des courtisans :* ce sont ses expressions.

Lauremberg, de Rostock, qui vint quelque temps après, écrivit sur la culture des Jardins (7). Au lieu de prouver que Jéhova fut le premier jardinier, que les plantes ont une ame végétative et non sensitive, il auroit pu s'étendre davantage sur les détails analogues à l'objet de son ouvrage, qui d'ailleurs est curieux et enrichi de belles gravures des instrumens aratoires, par *Mathias Mérian.*

Auguste I, électeur de Saxe, contemporain de *Lauremberg*, publia en 1636, sur la culture des Vergers, un ouvrage qui est encore lu avec fruit (8). La qualité de prince seroit oubliée, ou tout au plus recueillie sur une tablette chronologique, celle de jardinier lui a donné une créance honorable sur la postérité.

L'Allemagne décerne de justes éloges à d'autres écrivains qui, dans le dix - septième siècle, ont traité avec succès les matières agronomiques : *J. J. Agricola*, plusieurs *Fischer*, *F. P. Florinus*, *Tuberanus*, *Thieme*, *Glorenze*, *Holyck*, *Hochberg*, etc. ; mais ils sont postérieurs à l'époque d'Olivier de Serres. Leurs noms, sans doute, seront rappelés avec distinction dans les ouvrages qui ajouteront à la célébrité de *J. Beckmann* (9), d'*Anton* (10) et de *Sickler*. Ce dernier, à qui je dois plusieurs indications

---

(1) *Neu Künstlich Obstgarteinbüchlein.* 1619.

(2) *Hortipomologium. Ein sehr liebreich und Auserlesen Obst-garten und Peltzbuch. Nürnberg*, 1621, 3 vol. in-4°.

(3) *Erneverter und vermehrter baum-und Obs-garten. Nürnberg*, 1644, in-8°.

(4) *Hortorum, Florum et Arborum Historia. Augustæ Vindelicorum*, 1647—1652, 2 vol. in-12.

(5) *De educandis erudiendisque Principum Liberis, deque Republicâ Christianâ administrandâ. Francofurti ad Mœnum*, 1570, in-8°.

(6) *Rei Rusticæ libri IV. Coloniæ*, 1571, in-8°. A la suite, est un traité, *De Venatione, Aucupio et Piscatione.*

(7) *Horticultura. Francofurti ad Mœnum*, 1631, in-4°.; traduit en allemand, et imprimé à Nuremberg en 1671, in-8°.

(8) *Churfürstens Augusti zu Sachsen Obstgarteinbüchlein.* 1636.

(9) *Grundsætze der Teutschen Landwirthschaft. Gœttingen*, 1783, in-8°. — *Beytrage zur Geschichte der erfindungen. Leipzig*, 1786, 4 vol. in-8°.

(10) *Geschichte des Teutschen Landwirtschaft. Goerliz*, 1800, in-8°.

utiles , s'assure des droits à la reconnoissance publique par son *Histoire des Arbres fruitiers*, dont la partie imprimée va jusqu'à Charlemagne , et qu'il continue (1).

Les coteaux qui avoisinent le Rhin sont , depuis bien des siècles, couverts de vignobles dont les produits sont aussi abondans qu'estimés. *Heresbach* y ajoute ceux des bords du Necker , du Mein et du Danube ; et *Crusius* , sous l'an 1583 , décrit la fête des viguerons célébrée annuellement à Tubingen (2). Avant le seizième siècle , le vin de Baccharach étoit déjà recherché : l'empereur Charles IV l'aimoit beaucoup ; Wenceslas , surnommé le Fainéant , hérita du goût de son père. Les villes impériales ayant été sommées de prêter serment à l'empereur Robert, son compétiteur à l'Empire , les habitans de Nuremberg s'y refusèrent ; mais , pressés par les circonstances , ils écrivirent à Wenceslas , pour qu'il voulût bien y consentir, en lui offrant vingt mille pièces d'or. Des commettans qui demandent à leur mandataire permission de le congédier ! cela est absurde ; mais ce n'est pas de quoi il s'agit. Wenceslas accédant à leur vœu , refusa l'or , à condition toutefois qu'on lui enverroit quelques voitures du bon vin de Baccharach (3).

Des bords du Rhin , la vigne avoit été portée dans l'intérieur de l'Allemagne , et au commencement du seizième siècle il y en avoit dans l'électorat de Brandebourg (4).

Baccius mentionne les vins de Francfort-sur-l'Oder (5) ; il y joint une digression sur les réunions bachiques des Saxons , et il paroît s'être rencontré avec *Obsopœus*. Celui-ci regrette que la nature n'ait pas été envers eux plus prodigue de ses dons à cet égard, car ils les méritent : *digna mero gens* (6).

Il paroît même que , dès le quinzième siècle , la Prusse avoit des vignes , puisqu'en 1455 le grand-maître de l'Ordre Teutonique détruisit celles des environs de Culm. *Waisselius* , qui rapporte ce fait , nous apprend encore qu'en 1379 la maturité des fruits fut tellement précoce en Prusse , que la vendange étoit faite à la Saint-Barthélemi (24 Août) (7).

Autrefois , en Allemagne , les bergers étoient aussi vilipendés que chez les anciens Égyptiens. Ils étoient considérés comme le furent long-temps les *gahets* de Gascogne et les *cagoux* de Bretagne , puisqu'à une époque très-moderne (en 1747) , dans le duché de Brunswick , on crut devoir faire un règlement contre ces préjugés invétérés : il porte que les bergers ne seront pas déshonorés à cause de leur état , et parce qu'ils dépouillent les brebis mortes ; qu'à leur mort on leur donnera la sépulture selon le rit chrétien , et que leurs fils seront admissibles dans tous les corps de métiers.

---

(1) *Geschichte des Obscultur*, etc. 1802, in-8°.

(2) *Annalium Suevicarum. Francofurti* , 1596, in-fol., tom. II , part. III , lib. XII, cap. XXX , pag. 788.

(3) *Martini Schoockii liber de Cerevisiâ*, *Groningæ* , 1661, in-16 , pag. 324.

(4) *Mémoires pour servir à l'histoire de* la *Maison de Brandebourg, Berlin* , 1789, in-8°. , page 39.

(5) *De Naturali Vinorum Historiâ*, lib. VII, pag. 338.

(6) *De Arte Bibendi* , *libri III. Norimbergæ* , 1536 , in-4°.

(7) *Historia Naturalis regni Poloniæ*, etc., pag. 72.

Suède, Danemarck.

A mesure qu'on s'avance vers ces régions glacées où la nature, presque toujours dans la douleur, sourit rarement à ceux qui les habitent, on les voit déployer leur activité et lutter avec succès contre l'âpreté du climat.

Un des ouvrages les plus curieux concernant l'agriculture du Nord, à l'époque d'OLIVIER DE SERRES, est celui d'*Olaus Magnus*, archevêque d'Upsal (1). Au treizième livre, qui a pour objet l'agriculture, *Olaus* nous apprend que le millet, les pois chiches, les concombres, le melon, le cardon, avoient été long-temps inconnus dans ces pays; mais le froment fournissoit de riches moissons.

On faisoit sortir le grain des épis par le piétinement des chevaux; on le conservoit long-temps dans des caisses de bois de chêne; on y conservoit de même, pendant plusieurs années, la farine bien pressée. L'auteur entre dans quelques détails sur la panification. Il raconte qu'à la naissance d'un enfant, on faisoit une espèce de pain qui se conservoit sans putréfaction jusqu'à son mariage.

Gustave Vasa défendit l'exportation des grains de Suède; sans cela l'agriculture eût éprouvé des améliorations sensibles. Du reste, il la favorisa sur certains articles; mais son fils Éric XIV désorganisa tout.

Les cultivateurs s'aidoient réciproquement pour transporter les engrais; un repas d'amitié, dit *Olaus*, payoit cet acte de complaisance.

L'auteur donne des détails précieux sur les animaux domestiques, leurs qualités, leurs maladies. Un chapitre traite des rennes. Ici nous intercalons un fait puisé dans *Cateau* (2). Le premier règlement, en Danemarck, sur l'éducation des chevaux, est de l'an 1686.

Olaus rapporte une anecdote curieuse sur la déironisation de Christiern II, roi de Danemarck. Il avoit défendu aux Goths et aux Suédois l'usage des balistes, ou arbalètes, pour tuer les bêtes féroces qui dévoroient leurs troupeaux. Une inquisition tyrannique fit brûler beaucoup de balistes; mais aussi on en avoit caché beaucoup. La multiplication des animaux nuisibles porta le mal à son comble. Les laboureurs furieux se rassemblèrent au nombre de quarante mille, et, armés de balistes, ils chassèrent à travers les forêts de la Smaalande le roi et ses satellites. « Leur exemple, ajoute l'écrivain, est » une leçon à la postérité; il apprend aux hommes de l'avenir qu'en obéis- » sant aux rois et aux princes, ils ne doivent pas se laisser dévorer, ni leurs » troupeaux, par les bêtes féroces. Que les princes, dit-il, soient en garde » contre les délateurs et les adulateurs, ils n'auront rien à craindre des arcs » ni des flèches (3). » Les insurrections, nommées improprement révoltes,

---

(1) *Historia de Gentibus Septentrionalibus, earumque diversis Statibus, Conditionibus, etc.* Romæ, 1555, in-fol.

(2) *Tableau des États Danois, etc.* Paris, 1802, in-8°., tome II, page 141.

(3) « *Documentum posteris præbentes, ut sic regibus et principibus obediant, ne se, atque proles, et jumenta sua bestiis permitterent devoranda. Caveant principes à delatoribus, adulatoribus, et susurronibus: et de arcubus, ac sagittis non erit formidandum.* » Lib. XVIII, cap. XIV.

ne sont communément que les résultats de la tyrannie ; les excès ont du moins l'avantage de rappeler aux peuples leurs imprescriptibles droits.

L'ouvrage contient des recettes pour préparer l'hydromel et la bière. Les Norvégiens aimoient beaucoup les vers dans le fromage ; quelques-uns de ces fromages étoient si durs, que leur écorce servoit de bouclier à la guerre. *Olaus* prétend que les Vestrogots l'emportoient sur tous les peuples dans la préparation des fromages ; ils en avoient de si gros, que le poids d'un seul excédoit presque les forces de deux hommes (1). *Misson* assure qu'à Parme on en a vu qui pesoient cinq cent livres (2). Je tiens d'un savant Danois, *Heiberg*, qu'à Tye, en Jutland, on en fait de cette énorme grosseur.

Autrefois, dans le Nord, c'étoient les femmes qui s'en occupoient : les hommes n'avoient pas droit d'y assister. Quelque préjugé sans doute les excluoit de cette opération. Ce n'est pas le seul qui soit mentionné dans le livre d'*Olaus* : tel étoit l'usage de faire bénir par un prêtre le champ qui avoit été souillé de sang humain, afin de lui rendre sa première fertilité.

Les femmes même s'exerçoient à dompter les chevaux, car elles n'étoient pas étrangères aux travaux extérieurs, sans négliger les soins du ménage. L'auteur trace un tableau touchant de leurs occupations domestiques (3). Actuellement encore, en Suède, il n'est pas rare que des filles fassent le métier de postillon.

Olaus parle de maisons bâties avec des côtes de cétacées, et il en donne même la figure (4). Ainsi, au Helder, à la pointe de la Nord-Hollande, on emploie les côtes de baleine non à bâtir, mais à clorre les héritages ; et, dans ce canton dénué d'arbres, elles servent encore de point d'appui aux bêtes à cornes pour se gratter.

Le jardinage s'est perfectionné en Prusse, et même plus avant dans le Nord, par les protestans François qu'avoit proscrits un roi bigot qui n'eut pas le courage de s'élever jusqu'à la piété. Une autre circonstance avoit favorisé l'hortolage en Danemarck : *Cateau* remarque que le goût d'Isabelle, épouse de Christiern, pour les légumes des Pays-Bas, sa patrie, fut cause qu'on en fit venir des jardiniers ; on leur céda l'île d'Amalk, voisine de Copenhague ; on leur accorda des priviléges dont leurs descendans continuent de jouir, en conservant le costume, les usages, la langue de leurs ancêtres (5) ; et même, sur quelques articles, ils sont encore gouvernés par les lois de la Frise.

N'oublions pas une circonstance qui a contribué à vivifier l'agriculture en Danemarck et en Suède : les paysans y jouissoient d'une existence politique ; dans les États-généraux de ces contrées, il y avoit l'ordre des laboureurs. Je remarque avec plaisir que, cependant, ils ne furent pas représentés en Danemarck, dans la fameuse assemblée de 1660, qui consacra le despotisme : du moins ils n'ont pas contribué à donner à leurs descendans des fers dont, à la vérité, le poids est allégé par la justice des gouvernans ou par l'ascendant de l'opinion.

---

(1) *Historia de Gentibus*, etc., lib. XIII, cap. XLVI.

(2) *Voyage d'Italie. Paris*, 1743, in-12, tome III, page 177.

(3) *Historia de Gentibus*, etc., lib. XV.

(4) *Ibid.*, lib. XXI, cap. XXIV.

(5) *Tableau des États Danois*, etc., tome II, page 136.

La reconnoissance des laboureurs éleva un monument à *Bernstorf :* son neveu, mort depuis quelques années, et auquel les Danois doivent l'établissement d'une École vétérinaire, en a un autre dans le cœur des Nègres et de tous les amis de l'humanité ; mais où placeront-ils le fils de ce dernier, s'il n'exécute pas la loi concernant l'abolition de la traite ?

J'ai regret de n'avoir pu trouver l'ouvrage d'*Arent Berentsen*, sur la fertilité du Danemarck et de la Norvège (1), ni celui de *Chrétien Gartner*, concernant le jardinage de cette dernière contrée (2). *Pontoppidan*, qui les cite, n'indique pas l'état des connoissances agronomiques de la Norvège au seizième siècle ; elles étoient probablement très-resserrées, puisque, en 1624, des étrangers venus à Sondenfield, enseignèrent aux paysans la manière de convertir leurs forêts en terres arables, et de les fertiliser avec des cendres (3).

La proportion entre la partie cultivée du pays et la partie inculte étoit, selon *Pontoppidan*, comme un à quatre-vingt. Si quelquefois la disette affligea la Norvège, d'autres fois la récolte fut abondante, au point qu'on put vendre un superflu d'orge et de seigle aux provinces limitrophes de la Suède (4).

Les îles Feroë jouissent également d'une certaine fertilité, puisque *Thomas Bartholin* y a vu cinquante épis issus d'un seul grain d'orge (5).

Pourrions-nous passer sous silence cette Islande qui, dans le moyen âge, devenue une république, avoit imposé à ceux de ses habitans qui voyageoient chez l'étranger, l'obligation de se présenter à leur retour devant le Magistrat, pour lui communiquer les observations applicables au bien de leur patrie ?

Snorronius, Islandois, qui a publié un traité historique sur l'agriculture de cette île, établit, par des preuves incontestables, qu'au dixième siècle elle y étoit florissante. Après s'être soutenue jusqu'au quatorzième, elle déclina sensiblement par l'effet des émigrations, des guerres civiles et des maladies contagieuses. *Snorronius* indique la possibilité et les moyens de réparer ces désastres : un sol où la fève croît spontanément, ne se refuse pas à diverses cultures ; il conseille, entre autres, celle du lin de Sibérie (6). *Horrebow* a donné de nouvelles preuves de la fertilité de cette île, où il a trouvé dans un état prospère le groseillier, le chou, le navet, les pois, etc. (7). D'ailleurs, le pays a des pâturages, puisque *von Troil* y a vu des paysans qui avoient de deux cents à quatre cents moutons (8) : ces troupeaux passent l'hiver en plein air. L'Islande participera sans doute à l'impulsion donnée, dans les contrées du Nord, vers les établissemens utiles ; elles sont les premières où l'enseignement de l'agriculture est devenu classique, et celles où l'on marche avec le plus de constance au bien général.

---

(1) *Danmarks oc Norgis fructbar Herlighed*, etc. Kiobenhavn, 1655, in-4°.

(2) *Underviisning*, etc. Nidros., 1746, in-8°.

(3) *The Natural History of Norway*, etc. London, 1755, in-fol., pag. 104.

(4) *Ibid.*, et pag. suiv.

(5) *Ibid.*, pag. 100.

(6) *Tractatus historico-physicus de Agriculturâ Islandorum.* Hauniæ, 1757, in-8°.

(7) *Nouvelle Description de l'Islande*, etc. Paris, 1764, in-12, tome I, page 134 et suivantes.

(8) *Lettres sur l'Islande.* Paris, 1781, in-8°., page 110. L'auteur est mort récemment, archevêque d'Upsal.

Russie.

Dans l'histoire de la société civile, la période la plus remarquable est le passage de la vie nomade à l'état agricole. *Tooke* applique cette réflexion à la Russie (1), sur l'agriculture de laquelle nous allons dire quelques mots, en faisant observer au lecteur, qu'il est bien plus aisé de savoir ce qu'elle est que ce qu'elle fut au seizième siècle.

Gmelin, *Lepechin*, *Guldenstett*, *Pallas*, et d'autres savans, ont jeté un grand jour sur l'état actuel de cet Empire, où la diversité de sols et de climats appelle toutes les tentatives agronomiques et promet des succès. La guède, le chanvre, et d'autres plantes non moins utiles, y sont indigènes. *Pallas* a trouvé des terres productives jusqu'en Sibérie. Le canton de Demiansk, à cinquante-neuf degrés et demi dans le gouvernement de Tobolsk, récolte de l'orge et de l'avoine, et ce n'est pas le dernier terme de latitude pour la végétation. Il y a sans doute des pâturages vers Archangel, qui est encore plus au nord, puisqu'on y a de belles vaches dont la race est venue de Hollande (2). *Pontoppidan* assure que la Finmarchie est productive jusqu'au soixante-huitième degré (3). D'ailleurs, suivant *Horrebow*, dans la Laponie, dont ce pays fait partie, la distance de la semaille à la moisson n'est que de six à sept semaines (4).

Une louable émulation vivifie l'agriculture dans les provinces où la température est moins rigoureuse, sur-tout vers les bords du Don et du Wolga ; le miel et la cire y forment une branche importante de commerce. *Tooke* prétend que la Tauride deviendra la Champagne de la Russie (5) ; la culture de la vigne, dans cette province, lui paroît un reste de la culture grecque : cette opinion n'a rien d'improbable.

Olearius nous apprend qu'en 1613, des marchands de la Perse ayant porté la vigne à Astracan, elle y fut cultivée par un moine Autrichien, résidant alors dans cette ville. Le czar en trouva le fruit excellent ; le moine fut encouragé, et cette contrée dut à ses soins un genre de culture qui prospère (6).

La stérilité de l'histoire de Russie, à l'époque qui nous occupe, fera pardonner la briéveté de cet article. Mais aurions-nous pu garder le silence sur cette immense région, vers laquelle se dirigent si souvent les regards de la politique, sur laquelle se reposent déjà avec intérêt ceux de la philosophie, et qui, liant l'Europe à l'Asie, occupera une place éminente dans l'histoire de l'espèce humaine, lorsque des tribus encore nomades, ayant fixé leur domicile, verront arriver au milieu d'elles tous les arts, enfans de la civilisation ; lorsque la suppression du servage y relèvera les fronts humiliés ; lorsque la déclaration des droits de l'homme, du citoyen, du peuple, éclairant l'horizon du Nord, établissant le jugement par jury, appelant à des assemblées nationales, perma-

---

(1) *View of the Russian Empire*, etc. London, 1802, 3 vol. in-8°.

(2) *Ibid.*

(3) *The Natural History of Norway*, etc., page 98.

(4) *Nouvelle Description de l'Islande*, etc.

(5) *View of the Russian Empire*, etc., tom. II, pag. 248.

(6) *Voyages en Moscovie, Tartarie et Perse*, etc. Amsterdam, 1727, in-fol., p. 456.

nentes ou périodiques, les députés du souverain, y asseoira la liberté publique
sur une constitution inviolable ; c'est-à-dire, lorsque le Gouvernement, sondant l'avenir et connoissant la véritable gloire, anticipera une révolution qui (là
comme ailleurs) seroit un jour l'heureux et inévitable effet du progrès des
lumières ?

Belgique.

Nous avons dit qu'autrefois de vastes forêts couvroient le sol des contrées
boréales. Les montagnes des Ardennes étoient dans le même état ; mais, dès le
douzième siècle, ces dernières avoient été essartées en partie, et l'Escaut étoit
renfermé dans son lit (1).

Vers l'an 1600, on citoit les Flamands comme les meilleurs laboureurs.
Jamais un peuple ayant une agriculture si florissante n'écrivit moins sur cet
objet : il falloit voyager chez eux pour la connoître. Ils vouloient, comme
aujourd'hui, que les fermes ressemblassent à des jardins. La petite culture
étoit presque la seule admise ; la luzerne, le trèfle, le sarrazin, le turneps, y
étoient abondans. Les auteurs du *Fermier complet* leur font honneur d'avoir
les premiers mis les troupeaux dans des parcs, d'avoir découvert sept à huit
espèces d'engrais, dont ils auroient dû nous donner la liste, et d'avoir semé sur
les terres arables des végétaux destinés à les améliorer, en s'y décomposant
lorsque la charrue en avoit retourné la surface (2). Ce procédé étoit pratiqué
chez les Anciens.

Cet article, je le sens trop, doit paroître bien court pour un pays presque
classique en fait d'agronomie. En compulsant les monumens de l'histoire ecclésiastique et civile des Provinces Belgiques, on pourroit recueillir des renseignemens indirects sur l'état de l'agriculture, et principalement sur les causes de
ses progrès. Si, des peuples modernes, les Flamands ont été cités comme les premiers qui se soient distingués dans l'agriculture - pratique, même avant le
seizième siècle, à quelles circonstances du climat, ou du sol, ou des lois, ou
des mœurs, ou de tous ces objets ensemble, doit-on rapporter ce succès ? Quelle
part y ont eue le grand nombre de villes fondées dans ce pays, les canaux qu'on
y a creusés, l'esprit de liberté qui s'y est montré, le mode de gouvernement qui
a favorisé ces germes précieux, ou qui n'a pu les étouffer ? Pourquoi ces causes
n'eurent - elles qu'une influence renfermée dans certaines limites ? Pourquoi
l'exemple heureux des Belges ne fut-il pas suivi de leurs voisins immédiats, etc. ?
Toutes ces questions seroient intéressantes, mais on sent que leur examen
conduiroit trop loin. On trouveroit, à ce sujet, des matériaux détachés dans
les *Mémoires de Paquot,* et dans quelques autres ouvrages purement historiques, que, par cette raison, je n'indiquerai pas ici d'une manière plus précise.

Ces recherches utiles n'avoient pas échappé aux vues de l'Académie de
Bruxelles. Il est à souhaiter que l'on reprenne ce problême, l'un des plus im-

---

(1) *Recueil de Mémoires sur les Établissemens d'humanité, par Duquesnoy. Paris,
an X,* in-8°., Nᵒˢ. 28 et 29, page 137.

(2) *The complete Farmer : or, a general
Dictionnary of Husbandry, etc. London,
1777,* in-4°.

portans que l'histoire des derniers siècles offre à l'économie rurale et politique (1). Ce problème s'applique aussi à l'article suivant, pour lequel néanmoins on a plus de secours, parce que les lumières se propagent toujours avec la liberté.

Hollande.

Dans les riches plaines de la Belgique, il suffit de seconder l'exubérance de la nature; au lieu qu'elle exige de plus grands efforts dans les vastes landes du Brabant Hollandois et d'autres parties de la Batavie, où l'exemple de la Belgique, sur la préparation des engrais, n'a point exercé d'influence. Cette branche d'économie rurale y est, comme par-tout (à quelques exceptions près), très-peu avancée; et jusqu'à nos jours, au-delà d'Alkmaër et ailleurs, s'est conservé l'usage irréfléchi de placer les fumiers en plan incliné, près des canaux, où s'écoulent les eaux chargées des principes les plus précieux de la végétation.

Au seizième siècle, la Hollande n'étoit pas citée pour la beauté des bêtes à laine; mais elle tira des Grandes Indes une variété qui réussit dans la Frise Orientale et ailleurs, et dont la toison égale en finesse les meilleures d'Angleterre (2); elle est remarquable, dit *Lasteyrie*, par la grandeur et la beauté des formes, par de grands produits en laine, en lait, et en agneaux (3). Cette race avoit passé de Hollande en France; et *Querbrat Calloet* assuroit, en 1666, qu'elle prospéroit dans les marais de la Charente, de l'Aunis et du Poitou (4).

Nous avons nommé la Frise, c'est une des provinces les plus riches en pacages et en troupeaux; elle a vendu, en 1802, du beurre et des fromages pour onze millions de florins (vingt-trois millions de notre monnoie) (5). Les procédés au moyen desquels on les prépare furent décrits, vers le milieu du dix-septième siècle, par un savant de cette contrée, *Martin Schoockius* (6), qui fit aussi un traité sur la bière (7), dont ses compatriotes faisoient une grande consommation.

Cette boisson devoit trouver place dans mon ouvrage, à raison de l'emploi du grain qu'elle nécessite, et du houblon, dont la culture a été l'objet de plusieurs traités. La bière fut inventée, dit-on, à Peluse. *Hartig* prétend que les Égyptiens ajoutoient à l'orge des lupins, en place du houblon qu'ils ne connoissoient pas (8). *Valmont de Bomare* indique le ménianthe, ou trèfle des marais, comme un stomachique puissant qui peut remplacer le houblon; et il semble dire qu'en Angleterre, dans le Hampshire, on s'en sert de cette manière (9). Les informations que j'ai prises sur les lieux n'ont pu m'en fournir la preuve.

(1) On pourra lire, à ce sujet, une note de notre collègue *François* (*de Neufchâteau*), insérée dans ce volume, pages 182 — 204.

(2) *Ensayo de la Sociedad Bascongada*, etc., pag. 130.

(3) *Histoire de l'Introduction des Moutons à laine fine d'Espagne dans les divers États de l'Europe*, etc. Paris, 1802, in-8°., page 240.

(4) *Moyen pour augmenter les revenus du royaume de plusieurs millions*, etc. Paris, 1666, in-4°., page 2.

(5) Ce fait m'a été attesté en Hollande par des personnes instruites.

(6) *Tractatus de Butyro. Groningæ*, 1664, in-12.

(7) *Liber de Cerevisiâ*, etc., déjà cité.

(8) *Observations sur les progrès et la décadence de l'Agriculture chez les anciens peuples, traduit de l'allemand, par Leveu-Lozembrune. Vienne*, 1789, in-8°.

(9) *Dictionnaire d'Histoire Naturelle*, etc. Paris, 1791, in-8°., articles *Buck-Bean et Trèfle de marais*.

Les houblonnières, qui formoient sans doute autrefois une grande partie de la culture Hollandoise, ont cédé la place à d'autres productions, parce qu'on fait de la bière sans houblon, et sur-tout parce qu'actuellement, en Hollande, l'usage de cette boisson est extrêmement diminué depuis l'introduction des boissons chaudes en Europe. Amersfort, qui comptoit environ soixante brasseries, n'en a plus que deux. On assure que, par ce changement de régime, les calculs urinaires, autrefois communs, y sont devenus fort rares (1). La rareté des maladies de la vessie est un fait indéniable ; mais la cause qu'on assigne est néanmoins contredite par des médecins François, au dire desquels la bière légère peut être administrée utilement contre la maladie dont on vient de parler. Cette discussion est étrangère à mon sujet, auquel je reviens.

On doit aux Hollandois l'art de rendre les fleurs doubles, secret inconnu au seizième siècle (2) ; de l'agréable ils ont su tirer l'utile : la culture des fleurs devint, à Harlem sur-tout, l'objet d'un commerce et une source de richesses qui n'est pas tarie. *Beckmann* a recueilli divers faits pour prouver à quel point on a poussé la manie sur cet objet : un oignon de tulipe fut vendu quatre mille six cent florins, avec une voiture neuve et deux chevaux ; un autre, à Alkmaër, fut payé sept mille florins ; un autre, échangé contre douze acres de terre, etc. Le jésuite *Ferrari*, qui écrivoit en 1633, vante l'adresse des habitans des Pays-Bas, non seulement à cultiver les fleurs, mais encore à les imiter en soie, de manière à tromper l'œil le plus exercé (3).

Si plusieurs contrées de la Batavie sont encore des déserts, le défaut de population n'en est pas l'unique cause. Le Gouvernement des Provinces-Unies regardant les marais de la partie orientale comme une barrière naturelle contre l'Allemagne, avoit, dit-on, défendu de les dessécher ; l'état de cette contrée seroit donc l'effet réfléchi d'une mauvaise politique. *Émiland Estienne* prétend que, depuis l'assimilation du Brabant batave aux autres Départemens de la République, il a presque changé de face : « Nous osons prédire, ajoute-t-il, » qu'avant trente ans on comptera plus de marais desséchés, plus de bruyères » défrichées, plus d'ateliers nouveaux dans ce Département, que durant les » deux derniers siècles, à-peu-près, qu'il a été traité en pays conquis par l'an- » cien Gouvernement des Provinces-Unies (4). » Au surplus, de quoi n'est pas capable cette Nation respectable qui, dirigée par Civilis, avoit résisté aux Romains ? qui, après avoir, au seizième siècle, conquis sa liberté sur le tyran Philippe II, conquit sur la mer une partie de son territoire, convertit en rians parterres un sol sur lequel naguère flottoient les vaisseaux et nageoient les poissons ? Telle est la mer de Deemen dont j'ai parlé. Les environs de Leyde,

---

(1) C'est l'avis de mon ami le savant et respectable *van Swinden*. Il m'est doux de lui payer un tribut d'estime et de reconnoissance. C'est à lui que je dois un ouvrage très-curieux : *Dissertatio medico - chimica de Causis imminutæ in republicâ Batavâ Morbi Calculosi frequentiæ. Lugduni-Batavorum*, 1802, in-4°. Cette thèse a été soutenue par M. *Schultens*, sous la présidence de M. *Sandifort*.

(2) *Mélanges tirés d'une grande Bibliothèque*, tome X, page 404.

(3) *De Florum Culturâ. Romæ*, 1633, in-4°.

(4) *Statistique de la Batavie. Paris, an XI*, in-8°., page 85.

de Harlem, d'Utrecht, etc., les quatre myriamètres de distance entre cette dernière ville et Amsterdam, qui n'étoient qu'un sable aride, et qui sont devenus un jardin perpétuel, attestent l'industrie de ces généreux Bataves qui, actuellement, s'occupent avec succès de la culture des dunes (1).

Isles Britanniques.

Les Isles Britanniques ayant subi, comme le continent Européen, le joug des Barbares, on conçoit que l'agriculture y éprouva les mêmes désastres. Après leurs irruptions vinrent les querelles sanglantes des rois, et les peuples eurent la stupidité de s'égorger pour des disputes de succession au trône, pour des maitresses, etc.

Des Conciles avoient quelquefois statué sur des objets d'économie rurale, dans les rapports de ces objets avec la compétence ecclésiastique. Celui de Narbonne, de l'an 1054, défendit de couper les oliviers, parce qu'ils fournissent la matière propre au luminaire. En Angleterre, un Concile de Calcuth, tenu l'an 787, avoit défendu de couper la queue aux chevaux, de les essoriller, de les rendre sourds, de leur fendre les naseaux, ce que l'on faisoit par superstition (2); cruauté actuellement encore exercée sur les ânes en Espagne.

Qu'un pamphlétaire, nommé *Donaldson*, insulte les moines dans un écrit que la postérité ne lui reprochera pas, car il n'arrivera pas jusques-là (3), qu'importe? Des injures, en déshonorant toujours celui qui en est l'auteur, honorent quelquefois celui qui en est l'objet. C'est encore aux moines qu'on eut l'obligation d'avoir perpétué les bonnes pratiques de la culture des jardins. *Walker*, qui leur rend cette justice, remarque que leurs travaux furent détruits pendant les troubles religieux (4). Aussi *Fynes Morison*, qui écrivoit sous Élisabeth, nous apprend, dans son *Itinéraire*, que l'Irlande étoit inférieure à l'Angleterre pour les fleurs et les fruits. Celle-ci fournit à l'Irlande le cerisier, qu'y porta *Walker Rawleigh* dans un jardin encore existant vers Waterford (5). Ce fait appelle naturellement une réflexion sur l'introduction de cet arbre en Europe. *Lucullus* l'avoit apporté, dit-on, de l'Asie mineure en Italie; le témoignage de l'histoire, à ce sujet, est énoncé d'une manière assez positive pour repousser les doutes: s'ensuit-il de-là que le Nord de l'Europe doive au général Romain l'acquisition des cerisiers? et ne peut-on pas, comme *Rozier* (6), comme *Poederlé*, croire que dans les Gaules ils sont indigènes, puisqu'on en trouve le type dans nos forêts (7)?

<hr>

(1) Cette culture est l'objet d'un ouvrage intéressant publié, depuis peu, par ordre du Gouvernement. *Tegenwoordige Staat der Duinen*, etc. Leyden, 1798, 2 vol. in-8°.

(2) *Collectio maxima Conciliorum*, per P. Labbe et G. Cossart, etc. Parisiis, 1671, in-fol., tom. VI, pag. 1872.

(3) *Agriculture considered as a moral and political Duty*. London, 1775, in-8°., pag. 46.

(4) *Essay on the Rise and Progress of Gardening in Ireland*, etc., dans les *Transactions of the royal irish Academy*, tom. IV. *Antiquities*, etc.

(5) *Ibid.*

(6) *Dictionnaire d'Agriculture*, etc., tome II.

(7) *Manuel de l'Arboriste et du Forestier Belgiques*. Bruxelles, 1792; in-8°., tome I, page 158.

Mais à l'époque où *Rawleigh* communiqua cet arbre à l'Irlande, l'Angleterre elle-même étoit-elle bien avancée dans l'art du jardinage? Des traités furent écrits sur cette matière, par *Léonard Mascall* (1) et *Thomas Hill* (2); leurs ouvrages furent suivis de beaucoup d'autres, parmi lesquels on distingue ceux de *François Bacon* (3), d'*Austin* (4), de *Hugues Platt* (5), etc.

Alstrom prétend qu'au seizième siècle l'hortolage étoit négligé, en Angleterre, à tel point, qu'on étoit obligé d'acheter chez l'étranger les légumes les plus communs, tels que le chou, le navet (6). Actuellement encore, dans certains cantons, on ne trouve guère que le haricot à fleurs rouges, et l'oseille y est rare.

D'après quelques faits consignés dans un mémoire de *Cliquot de Blervache*, on peut croire que l'Écosse fut long-temps arriérée pour les arts, puisque celui de faire du savon n'y remonte qu'à l'an 1524, et qu'en 1536 François Ier. fit présent à Jacques V de deux hommes de chaque métier et des instrumens propres à l'Agriculture (7).

Bacon cite plusieurs lois de Henri VII, favorables à l'économie rurale (8).

A. Hunter, dans ses notes sur la *Sylva* d'*Evelyn*, place à l'an vingt-sept de Henri VIII la première époque du dépérissement des forêts, lorsque le monarque saisit pour son usage celles du clergé (9). *Tusser*, versificateur du même temps, se plaignoit de ce qu'on étoit plus empressé à couper qu'à planter (10).

On se tromperoit néanmoins en croyant que cette époque ait été très-fatale à l'agriculture. C'est sous Édouard IV, Henri VIII et Élisabeth, que les Anglois, en croisant les races, obtinrent de belles laines (11). En 1534, les troupeaux étoient multipliés à tel point, qu'on fit un statut portant la défense d'avoir plus de deux mille moutons. En 1566, fut renouvelée la loi qui prononçoit des peines sévères contre quiconque exporteroit des laines ou des brebis; la récidive étoit punie de mort (12).

Dès le commencement du seizième siècle, avoit été imprimé, avec figures, l'ouvrage de *Reynolds Scots*, sur la culture du houblon et celle du tabac (13).

En 1534, parut comme un phénomène *Fitz Herbert*, qui publia sur l'agri-

---

(1) *The Art and Manner how to Plant and Graft all sorts of Trees, etc.* London, 1529, in-4°.

(2) *The Art of Gardening.* London, 1572, in-8°.

(3) *Opera omnia.* Londini, 1638, in-fol. *Sermones fideles*, le 44°., page 237, traite de *Hortis*.

(4) *A Treatise of Fruit-trees, Schewing the Manner of Planting, Grafting, etc.* Oxford, 1653, in-4°.

(5) *The Garden of Eden, or account of the Culture of the Flowers and Fruits*, 1651 — 1660, 2 vol. in-8°.

(6) *Essai historique et politique, etc.*, p. 15.

(7) *Mémoire sur l'état du Commerce intérieur et extérieur de la France, depuis la première Croisade jusqu'à Louis XII.* — Voyez aussi l'*Histoire du Hâvre*. Paris, 1789, page 48.

(8) *Opera omnia : Historia regni Henrici Septimi*, pag. 44.

(9) *Sylva, or a Discourse of Forests-trees, etc.* York, 1786, 2 vol. in-4°.

(10) *Five hundred points of good Husbandry, etc.* London, 1546, in-8°.

(11) *Informe de la Sociedad Economica, etc.*, pag. 42.

(12) *Essai historique et politique, etc.*, pages 18 et 19.

(13) *A Perfect Platform of a Hop Garden, etc.* London, 1574, in-4°., nouvelle édition.

culture un ouvrage, suivi d'un second en 1539 (1). Dans le premier, il débute par la description des diverses espèces de charrues, celles de Kent, celles de Sommerset, et autres comtés. Cet article intéressant est très-détaillé. Viennent ensuite la culture des grains, l'éducation et le soin du bétail, etc. L'auteur, extrêmement religieux, indique soigneusement toutes les occupations de la femme dans le courant de la journée, depuis les prières, dont il spécifie la formule, jusqu'au soin de recueillir les œufs.

Fitz Herbert enchante par le ton persuasif et la naïveté de son langage suranné. Dans les *Mémoires de la Société de Bath*, M. *Rack* le cite comme le premier Anglois qui ait examiné la nature du sol et les lois de la végétation ; pendant quarante ans, il en avoit fait son étude. Ses ouvrages éveillèrent l'émulation, tant pour cultiver que pour écrire sur cette partie, et l'on citera toujours *Fitz Herbert* comme ayant eu le double mérite de faire aimer l'art rural et la vertu.

L'éducation des abeilles a beaucoup occupé les écrivains Anglois, tels que *Hylls* (2), *Butler* (3), *Levett* (4), *Guillaume Lawson* (5), *Warder* (6), *Worlidge* (7), *Thomas* et *Daniel Wildman* (8), etc. Leurs ouvrages, pour la plupart, sont assez bien faits, sur-tout celui de *Butler* : il a mérité les éloges de *Worlidge*, c'est-à-dire, d'un écrivain qui, embrassant toutes les parties de l'agriculture Angloise, en régularisa le système (9). Mais voyez à quel point de bassesse se ravalent certains hommes, qui se donnent pour les précepteurs du genre humain ! La plupart de ces auteurs, entre autres, *Butler* et *Warder*, ayant dédié leurs ouvrages à des reines, ne manquent pas de trouver dans le gouvernement d'insectes industrieux l'image et l'apologie du pouvoir absolu, dont la conséquence immédiate est l'obéissance passive. On peut adresser le même reproche à *Jérôme Cortès*, Espagnol, qui s'est aussi occupé des abeilles, dont la soumission lui paroît l'image de celle que doivent les *sujets* (10) ; cependant il reconnoît que le roi des abeilles est électif : cet aveu est déjà quelque chose. Puisque nous imprimons sur leurs fronts une flétrissure bien méritée, citons avec honneur *Conringius*, qui a fait sentir l'ineptie de telles comparaisons (11).

---

(1) *The Book of Husbandry. London*, 1534, in-8°. — *The Book of surveying and improvement, etc. London*, 1539, in-8°. On les a réimprimés en 1767.

(2) *Instruction of Bees. London*, 1593, in-8°.

(3) *The Feminin Monarchi, or the Histori of Bees. London*, 1623, in-4°.

(4) *The Ordering of Bees, etc. London*, 1634, in-4°.

(5) *The Husbandry of Bees.* 1656, in-4°, à la suite des ouvrages de *Markham*.

(6) *Apiarium, or a Discourse of Bees, etc. London*, 1676, in-8°. — *The true Amazons : of the Monarchy of Bees. London*, 1716, in-8°., troisième édition.

(7) *Apiarium, or a Discourse of the Government and Ordering of the Bees. London*, 1678, in-8°.

(8) *A Treatise on the management of Bees; etc. London*, 1768, in-4°. — *A complete Guide for the management of Bees, etc. London*, 1773, in-8°.

(9) *The Mystery of Husbandry discovered, wherein is treated of the several ways of Tilling, Planting, Sowing, Manuring, Ordering of all sorts of Gardens, Orchards, etc. London*, 1669, in-fol.

(10) *Libro, y Tratado de los Animales terrestres, y volatiles, etc. Valencia*, 1613, in-8°., pag. 453.

(11) *Dissertatio de Differentiis Regnorum*, etc., cité par *Pierre Müller*, dans sa Dissertation *de Jure Apum. Ienœ*, 1738, in-4°.

L'Agriculture

L'agriculture de diverses parties de la Belgique et des ci-devant Alsace, Beauce et Normandie, peut soutenir le parallèle avec celle de la Grande-Bretagne, dont le sol est entrecoupé de fermes magnifiques et de landes à perte de vue ; mais les instrumens aratoires sont, plus que chez nous, perfectionnés chez les Anglois, qui en ont des manufactures. La partie la plus brillante de leur économie rurale, et sur laquelle ils laissent en arrière toutes les Nations, c'est l'éducation des animaux domestiques, dont ils ont toujours cherché à perfectionner les races. Nous ajouterons incidemment qu'en agronomie ils ont pour principe, de ne jamais rester stationnaires, mais de tendre toujours à un mieux, qu'ils ne croyent pas l'ennemi du bien, quoi qu'en dise le proverbe.

Obtenir de la vache la plus grande abondance possible de bon lait, obtenir du bœuf et du mouton la plus grande quantité possible de bonne viande, tel est le problème qu'ils ont résolu. Par des croisemens habilement ménagés, dans les bêtes à cornes, les bêtes à laine et les porcs, ils se sont procuré des variétés telles, que la croissance se développe avec plus de force dans les parties les plus susceptibles de fournir une substance alimentaire : de-là cette disproportion dans la grosseur des membres de certains animaux, dont les jambes courtes ou grêles supportent un corps volumineux. Ils en ont multiplié les gravures et ils se proposent de publier successivement celles des animaux de chaque comté ; nous ne citerons que les ouvrages de *Guillaume Pitt* (1), de *George Garrard* (2), d'*Edmond Scott* (3), et nous ajouterons qu'ils joignent à ce moyen celui de les modeler en petit, et de les répandre par-tout. *Garrard* a formé à Londres un établissement encore unique en ce genre (4).

En 1633, *Muscall*, déjà cité, publia sur l'éducation du bétail un ouvrage estimé (5). Dans le nombre de ceux qui enseignent la manière d'élever et de dresser les chevaux, la supériorité paroît acquise à celui de *Cavendish*, duc de Newcastle, écrit en françois, et qui parut vers le milieu du dix-septième siècle (6).

Hugues Platt est reconnu pour un des cultivateurs les plus ingénieux comme les plus modestes ; il établit dans toute l'Angleterre des correspondances agricoles, publia, outre son *Jardin d'Eden*, d'autres bons ouvrages ; s'occupa avec une persévérance infatigable, de recherches sur les engrais, en appliquant à la fertilisation des terres le sable, l'argile, les boues des rues, la terre à foulon, la fougère, les cendres des végétaux, etc.

Gabriel Plattes, génie original, commença ses observations sous Élisabeth,

---

(1) *General View of the Agriculture of the country of Stafford, etc. London*, 1796, in-8°.

(2) *A Description of the different Varieties of Oxen, common in the British Isles ; embellished with engravings ; etc. London*, 1800, grand in-fol.

(3) *Proceedings of the Sussex Agricultural Society, from its institution, to* 1798, *inclusive. Together with engravings of the prize Cattle for that year, etc. Lewes*, 1801, in-fol., seconde édition.

(4) *A Description of the Models of Cattle, domestic and foreign, in the Agricultural Museum ; etc. London*, 1801, in-4°.

(5) *The Gouvernement of Cattle, etc. London*, 1633, in-4°.

(6) *Méthode et Invention nouvelle de dresser les Chevaux, etc. Anvers*, 1658, in-fol.

les continua sous les règnes suivans, et les trois ou quatre premières années de la république (1). Il inventa, dit *Haller*, une machine pour arracher les arbres. Malgré ses talens, ses écrits et les services qu'il avoit rendus, *Plattes*, accablé sous le poids de la misère, périt dans une rue de Londres, n'ayant pas une chemise sur son dos, disent les auteurs du *Fermier complet*, de qui nous empruntons cet article.

On a donné de grands éloges aux nombreux ouvrages de *Gervais Markham*, qui écrivoit dès 1593. L'auteur a la bonhommie de dire que les combats de coqs sont l'amusement le plus délicieux, le plus noble; en conséquence, un chapitre a pour objet l'éducation des *fighting-cocks*, ou coqs destinés aux combats; mais ses ouvrages renferment, d'ailleurs, des vues utiles. Il observe que l'usage de la marne, employée autrefois comme engrais en Angleterre, puis discontinué, avoit recommencé depuis trente ou quarante ans (2). Si l'on juge de la bonté de ses écrits sur l'art vétérinaire et principalement sur l'hippiatrique, par celui que nous avons sous les yeux (3), et dont *Foubert* nous a donné une traduction françoise (4), on en aura une médiocre idée. Un juge irrécusable, notre collègue *Huzard*, remarque qu'à cette époque, ce qu'on avoit de moins mauvais sur cet objet si nécessaire à l'agriculture, c'étoient les traductions des Grecs et des Latins, et quelques ouvrages italiens peu répandus.

Au milieu des guerres civiles, les Anglois avoient souvent changé en armes leurs instrumens aratoires; les troubles étoient-ils calmés, à l'instant l'agriculture reprenoit une nouvelle vie, et beaucoup d'hommes, enrichis des dépouilles du clergé, retournoient à la charrue qu'ils avoient quittée. On remarque sur-tout, vers l'an 1600, de grands efforts pour ranimer le travail des champs, et bientôt après parurent des traités géoponiques, qui ont encore de la célébrité; tel est celui de *Blith*, dédié à Cromwel, et au frontispice duquel on lit, en françois écrit ainsi : *Vive la Républik*. L'auteur donne la description d'une charrue à deux socs. Les vergers, le trèfle, le sainfoin, la guède, le safran, le houblon, la garance, le lin, le chanvre, l'emploi de la marne, de la craie, tout cela occupe successivement l'attention de *Blith*, qu'on peut citer comme un bienfaiteur de son pays (5).

Supérieur aux hommes qu'on vient de citer, *Hartlib*, fils d'un marchand Polonois, vint en Angleterre, vers 1640. Ami de la religion et des bonnes mœurs, il ne cessa de les encourager; il écrivit sur les moyens de mettre la paix entre les théologiens protestans. Seroit-ce le chagrin de n'avoir pas réussi, qui le porta vers des études où il eut plus de succès? Instruit à l'école des Flamands, il publia d'abord son traité sur l'Agriculture de la Belgique (6),

---

(1) *A Treatise of Husbandry*. London, 1638, in-4°., et d'autres ouvrages dont on peut voir la liste dans *Haller, Boehmer*, etc.

(2) *The Whole Art of Husbandry*, etc. London, 1657, in-4°., neuvième édition. Il contient ses adieux à l'Agriculture (*Farewel to Husbandry*). On trouvera le catalogue de ses ouvrages dans *Boehmer*, etc.

(3) *Markham's master-piece revived*, etc. London, 1656, in-4°.

(4) *Le Nouveau et Sçavant Mareschal*, etc. Paris, 1666, in-4°.

(5) *The English Improver improved or the Survey of Husbandry*. London, 1652, in-4°.

(6) *The Discourse of Flander's Husbandry*, etc. London, 1641, in-4°.

ensuite l'ouvrage intitulé *Legs* (1), qui, si l'on en croit les auteurs du *Fermier complet*, est de *Child*; ainsi *Hartlib* n'auroit fait que corriger et publier cet ouvrage, destiné à examiner les défauts et les remèdes de l'agriculture angloise. On y voit que, dans le comté de Kent, on atteloit quatre, six, et même douze chevaux à une charrue; on n'y lit pas sans étonnement qu'en Irlande, quelques laboureurs attachoient leurs chevaux par la queue pour traîner les charriots, etc. L'auteur se plaint amèrement de la grande variété de charrues usitées dans le même canton, au lieu de comparer leurs effets et d'adopter ce qu'il y avoit de mieux. *Hartlib* n'étoit pas encore satisfait de l'éducation des bêtes à laine, et il se répand en plaintes sur cet objet. Il veut qu'on s'occupe davantage des abeilles, car le miel d'Angleterre lui paroît le meilleur que l'on connoisse. Il cite l'urine de vache, employée par les Hollandois, comme un excellent engrais au pied des arbres. Il avoit envoyé en France des questions sur la luzerne; on les trouve dans ses ouvrages, ainsi qu'une foule d'autres questions sur l'agriculture de l'Irlande, avec les réponses. Il désire qu'on s'occupe des vers à soie, et rapporte une lettre du roi Jacques, qui ordonnoit la culture du mûrier.

Dickson dit que les Anglois ont trois saisons pour semer, le printemps, l'été, l'automne; tandis que les Romains n'avoient que la première et la troisième (2). Ce n'est pas là une découverte, mais une indication suggérée par l'humidité de l'atmosphère britannique, à laquelle on doit attribuer en partie le luxe de végétation de cette contrée. Quant aux cultures alternes, d'après *Tarello*, *Hartlib* les introduisit en Angleterre. Il propose d'établir un directeur, ou ministre public de l'art rural, et sur-tout il gémit de ce qu'on n'adopte pas la culture flamande, dont il décrit les procédés. Ses plaintes ne furent pas perdues.

L'Angleterre doit beaucoup à la Belgique, par les connoissances rurales qu'elle a empruntées de ce pays. Nous ajouterons incidemment qu'elle lui est encore redevable pour ses manufactures.

Au commencement du quatorzième siècle, Louvain, dont la population surpassoit de beaucoup celle d'aujourd'hui, avoit une telle multitude d'ouvriers occupés aux fabriques de draps, que, par mesure de police, on sonnoit une cloche à l'heure où les tisserands quittoient l'ouvrage, afin que les parens avertis retirassent les enfans des rues, de peur qu'ils ne fussent écrasés; mais, en 1382, les ouvriers s'étant ameutés, le duc Wenceslas les bannit très-impolitiquement; ils se réfugièrent en Angleterre, où ils portèrent leur industrie. Les cruautés du duc d'Albe occasionnèrent une émigration nouvelle des fabricans de Gand et de Bruges, qui furent accueillis par la reine Élisabeth (3).

Il n'est aucun pays où la dîme soit aussi onéreuse qu'en Angleterre; elle s'étend à toutes les productions que l'on récolte : on exigeoit même, il y a quelques années, celle des ananas. La dîme des vins y étoit autrefois assez considérable : le nom de *vine-yard*, que portent encore divers lieux, atteste que

---

(1) *A Legacy or an enlargement of the Discourse of Husbandry*, etc. London, 1651, in-4°.

(2) *The Husbandry of the Ancients*. In two volumes. Edinburgh, 1788, in-8°.

(3) *Mémoires pour servir à l'Histoire de la Maison de Brandebourg*, page 400 et suivantes.

la vigne fut cultivée. On en trouve, d'ailleurs, des preuves, jusques dans le fameux *Dooms-day-book*, qui est le grand cadastre ou terrier. N'est-il pas remarquable que *Pline* vante, d'une part, la bière de France et d'Espagne, et de l'autre, le vin de l'Angleterre? Telles sont les observations de l'anonyme qui, en 1727, vouloit réconcilier la vigne avec le climat de son île, d'où elle ne fut exclue, disoit-il, que parce que le besoin du pain est plus impérieux que celui du vin (1). Les Anglois, devenus maîtres de la Gascogne, qui leur fournissoit une liqueur exquise, négligèrent les vignes de leur pays. *Hartlib* annonce néanmoins que, de son temps, quelques *gentlemens* faisoient encore leur vin. Enfin, on sentit qu'il valoit mieux s'occuper de faire d'excellent cidre. Depuis long-temps celui du Herefordshire est fameux; c'est de-là qu'au dix-septième siècle la pomme qui le fournit fut portée en Irlande.

Worlidge a publié un traité curieux sur le cidre (2). Celui des comtés de Hereford, Glocester et Worcester, lui paroît le meilleur; on y ajoute actuellement celui du Devonshire (3). *J. H. Meibomius* s'est élevé contre les boissons tirées des fruits (4); mais l'expérience en a fait l'apologie. *Worlidge* rapporte, d'après *Bacon* (5), que huit hommes, ayant entr'eux huit cents ans, exécutèrent une danse; on sut que c'étoient des tenanciers du comté d'Essex, grands buveurs de cidre. *Worlidge* en conclut que cette liqueur est salubre. Elle a obtenu des éloges tels, que *Philips*, dans son poëme sur le cidre, le préfère aux vins de France et d'Italie (6).

Si l'on en croit *Gautier Hart* (7) et les autres écrivains, l'époque de *Hartlib* est celle de la gloire de l'agriculture angloise. Cromwel, convaincu du mérite d'un tel homme, lui assigna une pension annuelle de cent *pounds*, dont il ne toucha que le brevet; semblable en cela à *Descartes*, qui mourut à quatre cent lieues de sa patrie, sans en avoir obtenu d'autre bienfait que le brevet d'une pension de trois mille francs. *Hartlib* étoit ami de *Milton*, qui lui dédia un traité d'éducation. Dans la vie de celui-ci, *Todin* se plaint de ce qu'on n'a pas écrit celle du grand promoteur de l'agriculture angloise, dont le nom n'a pas été recueilli par nos faiseurs de dictionnaires; ils s'appesantissent sur des auteurs d'ouvrages licencieux ou de romans oubliés, et souvent ils n'ont pas même mentionné des hommes qui avoient droit à la reconnoissance de tous les siècles, ceux qui ont allégé les maux de l'humanité, ceux qui ont défendu les droits des peuples, ceux qui ont travaillé à les nourrir; tels sont: OLIVIER DE SERRES, *Jean de Arrieta*, *Jean de Roxas*, *Auguste I de*

---

(1) *The Vine-yard, etc.* London, 1727, in-8°., avis au lecteur, et pages 6 et 7. Je ne trouve nulle part, dans *Pline*, qu'il mentionne le vin de la Grande-Bretagne.

(2) *Vinetum Britannicum or a Treatise of Cyder, etc.* London, 1676, in-8°.

(3) J'ai visité le comté de Hereford, le cidre y étoit bien inférieur à celui que j'ai bu à Woburn, terre du duc de Bedford.

(4) *Liber de Cerevisiis potibusque et ebria-* minibus extrà *Vinum aliis. Helmstadii,* 1664, in-4°.

(5) *Opera omnia: Historia Vitæ et Mortis, etc.*, pag. 408.

(6) *Cyder a Poem.* London, 1720, in-12.

. . . . *Far surmouts,*
Gallic or latin Grapes.
(Liv. I, pag. 159.)

(7) *Essais on Husbandry.* London, 1765, in-8°., pag. 23.

Saxe, *Althusius*, *Sparre*, *Tubero*, *Antoine Perès*, *Buckelz*, *Meeuwis*
Pakker, *Wagenaar*, *Somers*, *Daniel de Foë*, *Hochberg*, *François*
Solis, *Chumacero*, *Ingrassias*, *Genovesi*, *Thomas Coram*, *Hanway*,
Guillaume Shipley, etc.

S'il nous étoit permis de descendre à des époques plus rapprochées, nous
rendrions un juste hommage à cette foule de célèbres agronomes dont s'enor-
gueillit l'Angleterre ; tous, sans doute, occuperont les places honorables qui
leur sont dues, dans l'histoire de l'agriculture que prépare le docteur *Johnson*.

France.

La France ayant partagé avec toute l'Europe les malheurs du moyen âge,
son agriculture éprouva les mêmes désastres. Étouffée ensuite sous le fatras des
règlemens féodaux, eût-elle pu renaître au milieu des orages politiques ? La vie
rurale disparut presqu'entièrement du temps de la ligue ; l'agriculture, réfugiée
dans les vallées des Alpes, y fit cependant quelques progrès sous la main des
Vaudois échappés aux horribles massacres ordonnés par le Parlement d'Aix,
en 1545.

Louis XII avoit encouragé les laboureurs en diminuant le poids des impôts
fonciers. Ils furent frappés d'un sceptre de fer, sous son successeur gouverné par
sa mère, sa maitresse et ses favoris. Ainsi, l'époque de François Ier., tant vantée
par les poëtes, est une période de calamité pour l'agriculture, quoique ce règne
fût brillant, ou plutôt parce qu'il le fut. Ici nous alléguerons une nouvelle
preuve de la disette de faits. *Gaillard* a écrit d'une manière intéressante l'histoire de François Ier. : un volume est consacré aux sciences et aux arts ; et,
pourroit-on le croire ? l'agriculture n'a pas trouvé la moindre place dans cet
ouvrage, ni dans l'*Histoire de France* par *Velly*, *Villaret* et *Garnier*.

Le célèbre capitulaire de Charlemagne, *de Villis* (1), en apprend beaucoup
plus, sur la culture de son temps, que les volumineuses collections dans lesquelles sont décrits les forfaits et les folies des rois et de leurs cours. L'agriculture étoit une pratique et non une science ; la tradition seule servoit de
véhicule aux connoissances agronomiques ; par la tradition se perpétua l'usage
du béton, que nous devons aux Romains, ainsi que la bâtisse en pisé, que
Cointeraux a perfectionnée.

Du temps de Catherine de Médicis, une nuée de monopoleurs désolèrent la
France : les extorsions, les factions, le désordre des finances, achevèrent de
discréditer les biens-fonds, symptôme infaillible d'une agriculture languissante.

Chopin écrivoit alors, à Cachant, près Paris, son traité des priviléges des
paysans (2) ; foibles priviléges, calculés plutôt encore sur l'intérêt des propriétaires que sur celui de leurs fermiers : telle est la défense de saisir pour
dettes les instrumens et les animaux destinés à l'agriculture. Cette disposition,
à très-peu d'exceptions près, existe dans la législation de tous les peuples civilisés.

<table>
<tr><td>(1) Capitalaria Regum Francorum, etc.,
edente Steph. Baluzio. Parisiis, 1677,
in-fol., tom. I, pag. 331 et suiv.</td><td>(2) De Privilegiis Rusticorum. Parisiis,
1574, in-8°. La quatrième édition est de
Paris, 1621, in-fol.</td></tr>
</table>

Les faits se seroient entassés sous la main de l'écrivain courageux qui eût peint les malheurs des paysans accablés sous le poids de la féodalité, des corvées, et de toutes les charges publiques.

Ouvrez le *Code rural* de *Boucher d'Argis*, les trois volumes qui le composent sont le manuel de la tyrannie. Il contient une multitude de réglemens sur la chasse, les banalités, les droits honorifiques, etc., mais presque rien en faveur de l'homme qui travaille à la terre (1). Il en est de même du droit coutumier : à peine trouve-t-on quelques vestiges de bienveillance envers le cultivateur, même dans les codes rédigés par les pays d'État, tels que la Lorraine ; parce que, en dernier résultat, l'autorité législative, qui est une propriété inaliénable du peuple, étoit entre les mains des nobles. J'en excepte la coutume de la Bresse, dans les Vosges, monument de républicanisme antérieur à l'existence de la République.

Sous Henri IV, le commerce des grains jouit de la liberté. Plus bas, nous parlerons de ses efforts pour encourager la culture du mûrier.

Sully, dans ses *Économies royales*, prétend que l'État se passeroit mieux, *pour les commodités de la vie*, des gens d'église, nobles, officiers de justice et financiers, que de marchands, artisans, pasteurs et laboureurs. La première chose à faire étoit de rectifier la législation dans ses rapports avec l'art rustique ; jusques-là qu'avoit-on fait pour elle ? rien ou presque rien.

Malgré les erreurs de la politique, l'agriculture se ressentit, en France, du mouvement imprimé, dans le seizième siècle, aux sciences et aux lettres. Dès 1535, *Charles Estienne* avoit publié un ouvrage sur les jardins ; successivement il en donna d'autres sur les semis et plantations, sur la culture de la vigne, des prés, des bois, sur les étangs, etc. (2). Ces traités, réimprimés plusieurs fois, furent réunis, en 1554, sous le titre de *Prædium rusticum*. En 1565, il publia l'*Agriculture et Maison rustique* (3). Cet ouvrage, augmenté, en 1570, par *Jean Liebaut*, son gendre, n'est guère qu'un extrait des Anciens, copié sans discernement, ainsi que l'avoit fait *Vincent de Beauvais* : on y trouve des inepties, comme de croire, d'après *Varron*, que les chèvres ont toujours la fièvre ; la manière de faire cuire les œufs, en les agitant dans une fronde, ineptie réimprimée dans la *Nouvelle Maison Rustique* ; la manière de faire crever les chenilles sur les choux, en faisant promener dans les carrés une femme échevelée, les pieds nus, etc. Et voyez comme les erreurs traversent les âges ! Cette sottise, attribuée à *Démocrite*, et qu'OLIVIER DE SERRES tourne en ridicule, se retrouve dans *Columelle*, dans *Pallade*, dans *Charles Estienne*, etc. Les meilleurs esprits sont-ils donc condamnés à payer

---

(1) *Code Rural*, ou *Maximes et Réglemens concernant les Biens de campagne ; notamment les fiefs, droits seigneuriaux*, etc. *Paris*, 1774, in-12, troisième édition.

(2) *De Re Hortensi Libellus. Parisiis*, 1535, in-8°. — *Seminarium et Plantarium fructiferarum, præsertim Arborum*, etc. *Parisiis*, 1536, in-8°. — *Vinetum, in quo varia vitium, uvarum, vinorum*, etc. *Parisiis*, 1537, in-8°. — *Arbustum, Fonticulus, Spinetum. Parisiis*, 1538, in-8°. — *Sylva, Frutetum, Collis. Parisiis*, 1538, in-8°. — *Pratum, Lacus, Arundinetum. Parisiis*, 1543, in-8°.

(3) Imprimée la même année, à Paris, in-4°., et à Lyon, in-16.

tribut à la foiblesse humaine ? Ainsi *Lommius*, dans son excellent *Tableau des Maladies*, prétend que la pléthore est constatée quand on rêve qu'on a une crête de coq. Actuellement, comme au temps de *Tite-Live*, on parle de pierres tombées du ciel, *et Biot* discutera savamment tous les récits de l'histoire à ce sujet ; mais *de Thou*, le sage *de Thou*, parle d'une pluie de froment en Carinthie, l'an 1548 ; elle dura deux heures, et l'on en fit, dit-il, d'excellent pain (1). Il faut bien que tous les siècles ayent quelque ressemblance. N'a-t-on pas cité dernièrement une pluie de graines vers Léon, en Espagne ? C'est, dit-on, une espèce de lupin (2).

Dans *Charles Estienne* et *Liebaut* sont insérées des recettes pour guérir les bœufs ensorcelés. Dans le chapitre de la médecine des poules, on conseille de leur faire tiédir l'eau quand elles sont enrhumées, de les laver avec du lait de femme quand elles ont mal aux yeux. Il faut porter aux doigts une bague de diamans pour prévenir les fausses couches, etc.

Cependant on doit savoir gré à *Charles Estienne* d'avoir, le premier, en France, depuis la renaissance des lettres, écrit sur l'art rural. Son ouvrage, dont on a plus de trente éditions, et qui fut traduit en plusieurs langues, dut ce succès, non seulement à l'importance du sujet, mais encore aux contes dont il fourmille, parce qu'ils étoient analogues à l'esprit du temps. N'en lit-on pas d'aussi étranges dans d'autres auteurs contemporains, tel que *Elie Vinet*, qui assure, d'après *Sethi*, qu'un enfant aura de l'esprit, si, dans le cours de la grossesse, la mère a mangé beaucoup de coings (3) ; tel que ce *Mizauld*, qui conseille, pour détourner la grêle, de présenter un miroir à la nuée lorsqu'elle approche ; en se voyant si laide, elle reculera d'effroi, ou, trompée par sa propre image, elle croira voir une autre nuée à qui elle cédera la place (4).

Nous avons dit que la météorologie n'a pris naissance que dans le siècle dernier : cela ne signifie pas qu'auparavant on n'avoit fait aucune tentative pour soumettre à des règles certaines la connoissance des météores, mais seulement qu'on n'avoit pas encore assez de données acquises pour en former un corps de doctrine. Peut-on même déjà donner le nom de science à quelques observations incohérentes ? Ce qu'on trouve, au seizième siècle, de moins absurde sur ce sujet, est l'ouvrage de *J. B. Porta* (5). A cette époque, le bétail, les semailles, et quelquefois la politique, étoient soumis aux décisions des astrologues. Dès le quinzième siècle, on trouve une espèce d'almanach, c'est le *Compost ou Calendrier des bergers*, qui a été réimprimé jusques dans le dix-huitième siècle. L'Europe fut inondée et l'esprit du peuple fut empoisonné par ces ouvrages, où, après avoir établi comme vérité incontestable le

---

(1) *Historiarum sui Temporis*, etc. Londini, 1733, in-fol., lib. V. Dans ce même livre, il assure qu'à Paris, rue Saint-Merry, on a vu un poulet ayant quatre ailes, quatre pieds, deux croupions, qui marchoit à gauche, à droite, devant, derrière, etc., et qui vécut deux jours.

(2) *Annales de l'Agriculture françoise*, etc. Paris, an *XII*, tome XVII, page 247.

(3) *La Maison Champestre et Agriculture.* Paris, 1607, in-4º., page 688.

(4) *Secretorum Agri Enchiridion primum, Hortorum Cultura*, etc. Lutetiæ, 1560, in-8º., lib. I, cap. XIII.

(5) *De Aeris Transmutationibus.* Romæ, 1614, in-4º.

mariage du soleil avec la lune, on en déduisoit l'influence de celle-ci sur tous les élémens, même sur les pierres de taille, le moëllon, les vents du midi et *leurs lieutenans*, ce sont les expressions de ce *Mizauld*, le *Mathieu Lansberg* de son temps, qui semble n'avoir écrit que sous l'inspiration du délire (1). Puisque, à la honte des autorités publiques, on voit encore circuler en Europe des almanachs de Bâle, de Liége, des livres sur les chances de loterie, le tirage des cartes, etc.; puisque les Gouvernemens punissent les erreurs et les crimes qu'ils ont créés ou tolérés, faut-il être surpris que le peuple soit encore superstitieux à tel point, que toutes les folies renaissent ou sont près de renaître? Pourroit-il n'être pas froissé entre l'impiété et le fanatisme, lorsque, par un calcul sacrilége et profondément pervers, on dénature la religion, en lui associant tout ce qui peut la rendre odieuse ou ridicule; lorsque des hypocrites, qui autrefois calomnioient le christianisme en lui imputant des forfaits qu'il abhorre, d'incrédules devenus cagots, calomnient la philosophie, sous prétexte d'abus qu'elle réprouve? Et c'est sous de tels auspices qu'est né le dix-neuvième siècle!

Les phénomènes de la nature proclament l'existence et la puissance du Créateur; mais l'ignorance veut trouver dans tout ce qui l'étonne des prodiges ou des sortiléges. Par suite de cette crédulité, le peuple donne pour auteurs à la plupart des antiques monumens, César, Charlemagne, les Templiers, les fées ou le diable. Et ne dites pas que ces inepties, ou d'autres semblables, ont moins de cours dans les pays protestans : la Suède, l'Allemagne, l'Islande, l'Angleterre, pourroient étaler une longue série de contes aussi niais. Pour ce dernier pays il suffira de renvoyer au *Glossaire* de *Grose* (2) et à l'ouvrage intéressant que vient de publier *Ferry* (3).

On trouve cependant des renseignemens utiles dans divers écrits publiés par ce *Mizauld* (4), et plusieurs fois nous aurons occasion de le citer, ainsi que d'autres auteurs qui, en petit nombre à la vérité, traitèrent incidemment, ou *ex professo*, des objets d'économie rurale.

Jehan de Brie, ainsi appelé parce qu'il étoit de Coulommiers en Brie, écrivoit sous Charles V, en 1379, et si je n'ai pas mentionné son ouvrage avant ceux d'*Estienne*, c'est qu'il ne fut publié qu'en 1542, sous ce titre : *Le vrai régime du gouvernement des bergers et bergères, par le rustique Jehan de Brie, le bon berger. Paris*, 1542, in-12. Ce petit livre, extrêmement rare, et dont je ne connois d'autre exemplaire que celui de la bibliothèque de l'Arsenal, est dégagé d'observances superstitieuses, et assez judicieusement rédigé; il renferme des détails sur le soin des bêtes à laine pour les divers mois de l'année, leurs maladies, le parcage, la propreté des bergeries, les mœurs et l'habillement qui conviennent à un berger. Il est intéressant, même pour la

<hr>

(1) *Le Mirouer du Temps. Paris*, 1547, in-8°. — *Le Mirouer de l'Air. Paris*, 1548, in-8°. — *Secrets de la Lune. Paris*, 1570, in-8°.

(2) *A provincial Glossary, etc., with a Collection of local Proverb's and popular Superstitions. London*, 1750, in-8°.

(3) *Londres et les Anglois. Paris*, an XII, in-8°., tome IV, page 138 et suivantes.

(4) Tels que *Hortus Medicus*, etc. *Lutetiæ*, 1565, in-8°. — *Nova et mira Artificia comparandorum Fructuum*, etc. *Lutetiæ*, 1564, in-8°.

paléographie de notre langue ; la naïveté du style en rend la lecture agréable.

Tandis que *du Bartas* (1), *Robert le Breton* (2), *Pibrac* (3), *Hegemon* (4), *Gaucher* (5), et quelques autres, les uns en mauvaise prose, les autres en vers détestables, faisoient l'éloge de la vie champêtre, *Antoine Pierre*, *Cotereau*, *Darces*, etc., traduisoient en notre langue, encore informe, les anciens Géoponiques (6). Des observateurs, après avoir vérifié par de nouvelles expériences les préceptes de l'antiquité et les aphorismes de la routine, confioient au public les révélations de la nature. Ces connoissances étant devenues vulgaires, on négligea les ouvrages qui les contenoient ; en sorte que plusieurs sont très-rares, ou même introuvables aujourd'hui. Que d'obligations n'avons-nous pas à *Symphorien-Champier* (7), *la Bruyère-Champier*, son neveu (8), *Benoît Court* (9), *la Framboisière* (10), *Gorgole de Corne*, le Frère *Dany*, *Nicolas du Mesnil* (11), *Prudent le Choyselat* (12), *Landric* (13)! Il en est d'autres, dont les noms sont conservés et les écrits indiqués dans les bibliothèques françoises de *la Croix-du-Maine* et de *du Verdier* (14).

Je reviens un moment sur *Gorgole de Corne*. Dans son ouvrage est un chapitre sur le *parciquier*, qu'ailleurs il nomme *perciquier*, et que *Landric* appelle *perceguier* ; ce n'est pas le pavie, car le dernier les distingue. Seroit-ce le pêcher, qu'en italien on nomme également *pesco* ou *persico*, et que *Gorgole de Corne*, qui étoit Florentin, auroit francisé ? Non ; car il dit que le *pescher s'ente mieulx au parciquier*. La description qu'il donne de ce dernier est insuffisante pour déterminer à quel arbre correspond ce mot dans la nomenclature actuelle de la botanique ; mais il paroît certain que c'est une division du genre des pêchers. D'un autre côté, les mots *parciquier*, *perciquier*, *perceguier*, ne se trouvent pas dans les glossaires de notre ancien

---

(1) *Les OEuvres de Guillaume de Saluste, seigneur du Bartas. Paris*, 1583, in-12. Les pièces réunies dans ce volume avoient déjà été imprimées séparément.

(2) *Agriculturæ Encomium. Parisiis*, 1539, in-4°.

(3) *Les Plaisirs de la Vie rustique. Paris*, 1577, in-8°.

(4) *La Colombière, et Maison Rustique. Paris*, 1583, in-8°.

(5) *Les Plaisirs des Champs. Paris*, 1583, in-4°.

(6) *Les XX Livres de Constantin César*, ausquelz sont traictez les bons enseignemens d'*Agriculture. Poictiers*, 1543, in-fol. — *Les Douze Livres de Lucius Junius Moderatus Columella des Choses Rusticques. Paris*, 1551, in-4°. — *Les Treze livres des Choses Rusticques de Palladius Taurus Æmilianus. Paris*, 1555, in-8°.

(7) *Hortus Gallicus. Lugduni*, 1533, in-8°. — *Campus Elysius Galliæ. Lugduni*, 1533, in-8°.

(8) *De Re Cibariâ, libri XXII. Lugduni*, 1560, in-8°. Livre savant et plein de recherches.

(9) *Hortorum libri XXX, in quibus continentur Arborum historiæ*, etc. *Lugduni*, 1560, in-fol.

(10) *Le Gouvernement nécessaire à chacun pour vivre longuement en santé. Paris*, 1600, in-8°.

(11) Les écrits de ces trois auteurs, publiés d'abord séparément, ont été réunis sous le titre de *Quatre Traitez d'Agriculture, et Manière de planter, arracher, labourer, semer, et amander les Arbres sauvages*, etc. *Paris*, 1560, in-8°.

(12) *Discours œconomique, monstrant comme de* 500 *livres, l'on peult tirer par an* 4,500 *livres*, etc. *Paris*, 1569, in-8°.

(13) *Advertissement et Manière d'enter asseurément les arbres en toutes saisons*, etc. *Bordeaux*, 1580, in-8°.

(14) Nouvelle édition, publiée par *Rigoley de Juvigny. Paris*, 1772, 6 vol. in-4°.

17

langage, tels que ceux de *Ménage*, *Borel*, *Lacombe*, etc. *Du Cange* traduit
cependant *persicarius* par le mot *pescher*. N'ayant pu résoudre ce problême,
je l'indique aux recherches des lecteurs (1).

Belon, qui, dans ses longs voyages, avoit recueilli des connoissances étendues
sur la culture, voulut stimuler le zèle de ses compatriotes, et consigna ses
vues dans ses *Remontrances sur le défaut du labour et culture*, imprimées
à Paris, en 1558, in-8°. (2).

Bernard Palissy, potier de terre en Saintonge, mort vers la fin du seizième
siècle, écartant, par la force de son génie, les obstacles d'une éducation non
cultivée, et s'élevant au-dessus de ses contemporains, composa des ouvrages
qui lui ont fait une réputation posthume, et qui, partant, n'est pas usurpée (3).
Charles Estienne ne vouloit pas que les cultivateurs sussent lire et écrire, de
peur qu'ils ne s'en prévalussent; *Palissy*, plus sensé, forme un vœu contraire;
il désire, au surplus, qu'on ramène la Nation à la vie simple et frugale;
mais, malheureusement, *l'ambition et l'avarice ont*, dit-il, *rendu presque
tous les hommes fous et leur ont quasi pourri la cervelle*. Qu'auroit-il dit
s'il eût vécu de nos jours? Il traite en maître diverses parties de la science
économique, et se fâche contre les instrumens aratoires du Bigorre, qu'il trouve
d'une exécution lourde et mauvaise.

Les brûlis dont parle *Virgile*, pour fertiliser les terres (4), sont depuis
long-temps pratiqués dans le nord, particulièrement en Suède. On peut à cet
égard consulter la *Collection académique* (5), qui présente simultanément
l'abus de cette opération; car si des taillis brûlés se recouvrent quelquefois de
bois dans l'espace de vingt ans, à la longue ces terreins deviennent stériles par
le feu. On a même contesté l'utilité de l'écobuage, qui consiste à enlever la
superficie du sol avec le gazon et les racines, qu'on sèche et qu'on embrase au
moyen de petits bâtis en bois, disposés d'espace en espace. *Palissy*, dans
son *Traité des Sels*, en parle comme d'une chose inconnue en France, excepté
dans quelques cantons des Ardennes (6).

On peut voir dans les savans mémoires de notre collègue *Ameilhon* ce
qu'ont fait les Anciens pour rendre à la terre fatiguée les principes productifs (7);
cet art, qui est fondamental en agriculture, occupa beaucoup *Bernard Palissy*.

Quiqueran de Beaujeu, évêque de Senez, sans l'égaler en talens, déploya
le même zèle pour cette branche d'économie rurale. Dans son *Éloge de la
Provence*, il nous apprend que les laboureurs de ce pays ne fumoient jamais

---

(1) Dans le *Dictionnaire Languedocien-
François*, par l'abbé *de Sauvages*, imprimé à
Nismes en 1765, on trouve *passe-gré* et *passe-
gré*, pêche. L'auteur observe avec raison, que
la pêche quitte le noyau, ce que ne fait pas le
pavis. Vers Bordeaux, on a plusieurs variétés,
jaune, rouge, etc., du fruit nommé *perseig* ou
pêche mâle; mais on m'observe qu'ici la pulpe
adhère au noyau, et que c'est le pavis.

(2) Voyez aussi son *Traité des Arbres
résineux conifères*. Paris, 1553, in-4°.

(3) Voyez ses œuvres, publiées par *Faujas
de Saint-Fond*. Paris, 1777, in-4°.

(4) *Sæpè etiam steriles incendere profuit
agros.*   (Georg. lib. 1, v. 85.)

(5) Partie étrangère, tome XI, page 352.

(6) Voyez aussi à la suite du second Lieu,
ci-après, pages 167 et 168, les notes (1) et
(6) de notre collègue *Yvart*, sur cet objet.

(7) *Mémoires publiés par la Société d'a-
griculture du département de la Seine*. Paris,
en IX, in-8°., tomes III et IV.

leurs terres ; en sorte que leur travail n'est guère, dit-il, que semer et moissonner (1). Tel, ajoute-t-il, n'ensemence son champ qu'à la quatorzième raie, croyant par-là suppléer au fumier. L'auteur est loin de partager cette opinion, et il censure la paresse de ses compatriotes à cet égard, quoique d'ailleurs il loue leur zèle pour l'agriculture.

L'ouvrage de *Quiqueran* est indigeste et confus. Semblable à ce prédicateur dont parle *Erasme*, qui de la Trinité passe à la quadrature du cercle, *Quiqueran* intercale dans les détails ruraux une longue digression contre *Cicéron*, etc. ; mais son livre est utile pour connoître les procédés agronomiques de son pays et de son temps. A point nommé, dit-il, on voit arriver des troupes de Savoyards au pied ferré, sales, rudes, laborieux, pour faire la moisson en Provence. L'histoire ne doit pas dédaigner ces migrations périodiques d'une contrée dans une autre, pour y exercer quelques branches d'industrie : telles sont celle de ces estimables Savoisiens répandus dans toute la France ; celle des habitans de la Bresse et du Bugey, pour peigner les chanvres ; celle des Limosins, des Auvergnats, des Gallegos en Espagne, des Westphaliens qui, au nombre de quarante mille, vont annuellement en Hollande pour la fauchaison, l'extraction des tourbes, etc. Je ne sais pourquoi on y a, de ces hommes utiles, une opinion voisine du mépris.

Du temps de *Strabon*, on trouvoit la vigne sur les côtes méridionales de la France, quoique, suivant le même auteur, le raisin mûrit difficilement au nord des Cévennes. Bientôt les défrichemens ayant rendu le pays moins humide, la vigne s'avança rapidement vers le nord, à tel point, que sept ou huit siècles après, on la trouvoit dans des contrées qui ne l'ont plus : tels sont le pays de Caux, les environs de Caen, le Bec, Jumiège, Corbie, l'Artois, la Belgique. *Baccius* dit que Louvain se glorifie de ses vendanges (2). Au surplus, la latitude n'est pas la seule règle d'après laquelle on puisse déterminer la possibilité de cette culture : la hauteur des montagnes qui servent d'abri, une heureuse exposition, et d'autres causes, doivent entrer dans les élémens de ce calcul.

Deux fois les vignes furent arrachées en France, par l'ordre de deux hommes dont les noms ne réveillent que des sentimens d'horreur, Domitien et Charles IX. Ce dernier fit détruire une partie de celles de la Guyenne. Henri III, en 1577, modifia cette injonction, en recommandant seulement aux gouverneurs des provinces d'empêcher que la culture de la vigne n'acquît une extension préjudiciable à celle du froment. Une ordonnance de police avoit déjà statué la même chose, deux ans auparavant.

La vigne avoit été, jadis, cultivée jusques dans les emplacemens qui forment le centre de Paris ; car, en 1160, Louis-le-Jeune avoit assigné au curé de Saint-Nicolas six muids de vin, à prendre annuellement sur le produit d'une pièce de vigne qui étoit dans les jardins du Louvre (3).

---

(1) *De Laudibus Provinciæ. Parisiis*, 1551, in-fol., lib. I, cap. XV. Cet ouvrage a été traduit en françois par *F. de Claret*, sous ce titre : *La Nouvelle Agriculture, ou Instruction générale pour ensementer toutes sortes d'arbres fruictiers, avec divers traictez* des couleurs et naturel des animaux, etc. *Tournon*, 1616, in-8°.

(2) *De Naturali Vinorum Historiâ*, etc. lib. VII, pag. 338.

(3) *Histoire de la Vie privée des Français. Paris*, 1782, in-8°., tome I, page 150.

D'autres quartiers de Paris, depuis long-temps couverts de maisons, l'étoient alors par la vigne. *De la Marre* mentionne spécialement les deux grands vignobles de la montagne Sainte-Geneviève et du territoire de Laas, où sont à présent les rues Saint-André-des-Arcs, Serpente, de la Harpe, etc. (1).

Le Falerne, le Massique, le Cécube, sont déchus de leur réputation. La même chose est arrivée aux vins des environs de Paris, qui ont cependant conservé leur crédit jusqu'à des époques très-récentes. *La Bruyère-Champier*, *Baccius*, *Paulmier*, et après eux, *Hartlib* et l'abbé *de Marolles*, en font encore l'éloge. On citoit particulièrement ceux d'Argenteuil, de Marly, de Ruelle et de Montmartre. *Paulmier*, copié textuellement par *la Framboisière*, dit que ces vins convenoient sur-tout aux citoyens des villes et aux gens sédentaires (2). *La Bruyère-Champier* vante les vins de Toulouse, de Bordeaux, d'Orléans, d'Angers (3); celui d'Arbois étoit déjà estimé du temps d'Henri IV, qui en fit donner au duc de Mayenne; mais le vignoble de Coucy, en Picardie, planté par les ordres de François Ier., étoit considéré comme le plus précieux, par ses produits, qu'on réservoit au roi (4). Des poëtes ont plaidé, en beaux vers, sur la préférence à donner au champagne ou au bourgogne; peut-être est-il plus aisé de juger ce procès, que de résoudre la difficulté relative au temps où ces vins commencèrent à être cités (5).

Grégoire de Tours avoit parlé avantageusement des vins de Mâcon et de Dijon (6); ceux de Reims et autres cantons voisins, sont loués dans une lettre de *Pardule*, évêque de Laon, adressée à *Hincmar* (7). *Béguillet*, voulant contester aux vins de Champagne une réputation déjà fort ancienne, oppose à ces témoignages irréfutables, et qu'on pourroit fortifier de plusieurs autres, une présomption fondée sur ce que, pour le sacre des rois, on envoyoit à Reims des vins de Bourgogne (8). Les fêtes splendides qui accompagnoient une cérémonie à laquelle on attachoit alors de l'importance, devoient naturellement y amener tous les moyens de varier les plaisirs et de flatter la sensualité, voilà tout ce qu'on peut en conclure. D'autres se sont également trompés, en citant *Pérignon*, bénédictin de l'abbaye de Hautvilliers, comme celui à qui le champagne doit sa réputation; mais il en a perfectionné la manipulation, sur-tout par l'art d'assortir les raisins de différens vignobles. C'est ce qu'on lit dans *Pluche* (9), qui impute à *Brossette* d'avoir, dans ses notes sur *Boileau*, pris le nom de *Pérignon* pour celui d'un coteau (10).

---

(1) *Traité de la Police. Paris*, 1705, in-fol., tome I, page 76; tome III, page 534.

(2) *De Vino et Pomaceo, libri II. Parisiis*, 1588, in-8°. — *Le Gouvernement nécessaire à chacun*, etc., chap. XIII.

(3) *De Re Cibariâ*, etc., lib. XVII, cap. I, pag. 913.

(4) *Paulmier* et *la Framboisière*, *ibid*.

(5) Voyez à la suite du troisième Lieu, la note (110) de notre collègue *François (de Neufchâteau)*, ci-après, page 469.

(6) *Recueil des Historiens des Gaules et de la France, par D. Bouquet. Paris*, 1739, in-fol., tome II, page 197.

(7) *Opera omnia. Parisiis*, 1644, in-fol., tom. II, pag. 838.

(8) *OEnologie, ou Discours sur la meilleure manière de faire le Vin*, etc. *Dijon*, 1770, in-12, page 30.

(9) *Spectacle de la Nature. Paris*, 1752, in-12, tome II, page 359.

(10) Cette bévue de *Brossette* ne se trouve pas dans l'édition des *OEuvres de Boileau*, imprimée à Paris, en 1747, in-8°.

Au seizième siècle, *Liebaut* comptoit dix-neuf sortes de raisins ; OLIVIER DE SERRES en trouvoit beaucoup plus (1) : *le Grand d'Aussi* prétend qu'il y en a trois cent variétés en Europe (2). Quand on lit les ouvrages qui traitent de l'œnologie, il est difficile, et souvent impossible de se faire des notions justes sur ces variétés. La disparité des langues et celle des dénominations usitées, même dans des cantons voisins, forment un cahos où s'éclipse la lumière, où se perd la patience. Qui pourroit assigner les diverses sortes de raisins auxquelles correspondent celles qui sont indiquées dans *Porta* (3) ? Les écrivains géoponiques, en général, ont négligé la synonymie, si nécessaire pour l'intelligence de leurs écrits.

Quant à la manière de soigner la vigne, souvent elle fut subordonnée, comme toutes les autres cultures, aux rêveries astrologiques et alchimiques. *Mizauld* conseilloit, d'après les Anciens, copiés en cela par *Liebaut*, d'arroser les ceps avec certaines drogues purgatives.

Il paroît que l'art de faire des rapés étoit connu dès le douzième siècle, de même que celui de faire du vin blanc avec des raisins noirs. Il y a plus de cent ans que, dans certains cantons du Bordelois, on mêloit du sucre avec le vin, pour le rendre meilleur (4). Ce procédé peut être avantageux, ainsi que les foudres en maçonnerie, qui étoient en usage du temps d'OLIVIER DE SERRES (5) ; et l'on devroit au moins avoir la pudeur de ne pas les annoncer comme des découvertes.

Arnaud de Villeneuve parle de la préparation des eaux-de-vie ; *Dutens* croit qu'elle n'étoit pas ignorée des Anciens. En 1646, fut publié un ouvrage sur cet objet, composé anciennement par *Brouaut* (6). Je lis, dans *Helyot*, que les Jésuates, dont l'ordre fut supprimé en 1668, par Clément IX, s'occupoient, non seulement à préparer des médicamens pour les pauvres, mais encore à distiller des eaux-de-vie, d'où leur vint le nom *gli padri dell' acqua vita* (7). Mais l'époque à laquelle on imagina d'extraire de l'eau-de-vie du marc des raisins paroît plus tardive : *Durival* la fixe à l'an 1696 (8) ; j'ignore sur quelle autorité. Diverses autres substances ont été employées à cet usage, les cerises, les prunes, la baie de sureau, la pomme de terre, etc. Il y a long-temps que les Suisses tirent, du fruit de la ronce, une liqueur qu'ils estiment.

L'art de conserver les vins étoit bien imparfait vers 1560, car *la Bruyère-Champier* cite comme une merveille, que des vins de Bourgogne se soient gardés six ans. Dans les caves de l'hôpital, à Strasbourg, on avoit encore, il y a quelques années, ce qu'on appeloit du *vin de Luther*. Cette indication annonce plus de deux siècles. Ce vin étoit, à la vérité, d'une saveur désagréable. *Crusius* nous fournit un fait analogue à celui qu'on vient de lire. De son temps (vers la fin du seizième siècle), une inscription attestoit que le vin contenu

(1) Voyez, troisième Lieu, page 215, et la note (11) de notre collègue *Cels*, à la suite de ce Lieu, page 316 et suivantes.

(2) *Histoire de la Vie privée des Français*, tome III, page 247.

(3) *Villa*, etc., lib. VI, cap. IV.

(4) *Histoire de la Vie privée des Français*, etc., tome III, page 247.

(5) Lieu troisième, chap. VI, page 264.

(6) *Traité de l'Eau-de-vie, ou Anatomie théorique et pratique du Vin*. Paris, 1646, in-4°.

(7) *Histoire des Ordres Monastiques, etc.* Paris, 1714, in-4°., tome III, page 417.

(8) *Description de la Lorraine*. Nancy, 1778, in-4°., tome I, page 88.

dans le foudre de Heidelberg, y avoit été mis en 1343 (1) ; on n'en conclura pas sans doute qu'il fût identiquement le même, mais que les quantités de liqueurs soutirées partiellement à diverses époques avoient été remplacées par d'autre vin d'une date plus récente, et qui, par-là, se trouvoit combiné avec celui qu'on y avoit mis au quatorzième siècle.

Les Anciens ont-ils connu le cidre? L'affirmative est prouvée par des passages de *Pline* et d'autres auteurs. On prétend néanmoins que l'usage de cette boisson, en France et en Angleterre, n'a guère que trois siècles. *Paulmier* dit que les Basques et les Normands s'en disputoient l'invention (2). *Du Perron* nous apprend que, quand la Normandie en manquoit, elle en tiroit de la Biscaye. *Paulmier* ajoute que, depuis un temps immémorial, on en faisoit dans le Cotentin ; mais qu'à Rouen on n'en buvoit que depuis environ cinquante ans. Cet écrivain espéroit que bientôt, dans diverses maladies, le cidre seroit recommandé par préférence au vin. Le versificateur *Saint-Amand*, plus exagéré que le poëte *Philips*, cité précédemment, ne se contente pas, dans une pièce de vers sur le cidre, de lui donner la préférence sur le vin ; si on l'en croit, le cidre est l'or potable que la chimie a préconisé (3).

Il n'entre pas dans mon plan de parler des autres liqueurs inventées par le besoin, ou raffinées par le luxe. La médecine a beaucoup raisonné sur les boissons chaudes qui, actuellement admises dans toute l'Europe, n'étoient pas connues au seizième siècle. *Ellis*, dans un traité sur le café (4), où souvent il a copié celui de *Galland* (5), dit qu'en 1555 la décoction de ce fruit étoit déjà usitée en Turquie. Les prédicateurs musulmans l'attaquèrent par des déclamations. Un mophti décida que les amis du café étoient ennemis de la loi de Mahomet. Un successeur de ce mophti décida le contraire.

Pierre de la Vallé écrivoit, en 1615, de Constantinople, qu'à son retour à Venise il rapporteroit du café pour le faire connoître à l'Italie (6). Il paroît que cette fève ne fut apportée en France qu'en 1644, par des voyageurs de Marseille ; et *Galland* raconte que *Thevenot*, revenu d'Orient en 1658, aimoit cette boisson, dont il régaloit ses amis.

Le chocolat nous vint vers 1661. L'introduction du thé est antérieure, elle date au moins de l'an 1636 : il est devenu tellement à la mode, que, dans certains pays, comme l'Angleterre, la Hollande, *déjeûner* y signifie exclusivement, boire du thé et manger des beurrées.

On a beaucoup parlé du luxe des tables chez les Romains. Jusqu'à nous retentit le scandale des festins de Lucullus, de Cléopâtre, qui, cependant, ne connurent jamais divers alimens, ni une foule de superfluités que le luxe moderne a convertis en besoins ; mais aussi on exclut de nos tables des mets vantés chez les Anciens ; tel est le lupin, qui n'est pas banni des tables en Espagne, en Corse et ailleurs ;

---

(1) *Annalium Suevicarum*, etc., tom. II, pars III, lib. IV, cap. XIII, pag. 242.

(2) *De Vino et Pomaceo*, etc., pag. 38.

(3) Voyez ses œuvres. *Paris*, 1642, in-4°., tome I, page 386. Il a fait aussi un poëme sur le melon.

(4) *An historical Account of Coffee*, etc. *London*, 1774, in-4°.

(5) *De l'Origine et Progrès du Café. Caen*, 1699, in-12.

(6) *Viaggi*, etc. *In Roma*, 1650, in-4°., tom. I, let. III, pag. 154.

ils mangeoient aussi plusieurs espèces d'animaux, qui sont encore aujour-
d'hui recherchés dans certaines contrées, tandis que d'autres les repoussent avec
horreur. Ainsi à la Chine on mange le ver du hanneton (le *man*), et les Sardes
s'accommodent fort bien de la viande de jeunes chevaux. Ainsi les Romains,
amateurs d'escargots, avoient des lieux destinés à les engraisser (1) : ce parcage s'est maintenu dans la ci-devant Lorraine et le pays de Trèves. Il n'est
pas rare d'y voir des *escargotières* ; ainsi nomme-t-on des endroits où au
milieu des pierrailles et de la mousse sont déposés des milliers d'escargots :
on les entoure d'une enceinte en maçonnerie, sur laquelle s'élève une cloison
en fil-d'archal, à pointes recourbées, pour empêcher ces animaux de s'échapper.
Dans un ouvrage élémentaire sur l'agriculture, *Schroenius* indique la forme
convenable à ces bâtimens (2) ; et l'on trouve une description de l'escargotière
des Capucins de Fribourg, en Suisse, dans *Addisson*, qui, n'ayant jamais
rien vu de semblable, en parle avec étonnement (3).

En 1530, *Étienne Daigue*, ou *de Laigue*, publia son traité des tortues,
escargots, grenouilles, etc. (4). *La Bruyère-Champier* et *Gontier* parlent
de l'escargot comme aliment. Des côtes de l'Océan on en fait quelquefois des en-
vois dans les Colonies (5) : on en mange en Espagne, en Allemagne, etc., mais
très-peu à Paris, quoiqu'il y en ait beaucoup dans le voisinage, entr'autres à
Romainville. A cette occasion, j'observerai que des circonstances locales ont quelquefois amené certaines branches de culture ou d'industrie, et j'intercale ici,
sur le régime diététique, quelques observations qui se rattachent à mon sujet.

Sir *Joseph Banks*, à qui les sciences et les savans ont tant d'obligations, a
inséré, dans les *Mémoires de la Société des Antiquaires de Londres*, un
mémoire, jusqu'alors inédit, de l'an 1605, qui présente dans un très-grand
détail le tableau des officiers dont se composoit la maison d'un gentilhomme,
et de leurs devoirs respectifs, receveur, contrôleur, écuyer, dépensier, etc. (6).
Dans les notes destinées à éclaircir le texte, on avoue que certains alimens
dont il parle, sont actuellement inconnus, et l'on ne sait à quelle espèce
d'oiseaux appliquer les noms de quelques-uns indiqués dans cet ouvrage ; il
en est d'autres, très-connus, qu'on trouve avec surprise dans le menu d'un
cuisinier : telle est la cicogne (stork), qui est un manger détestable. Un
ouvrage analogue à celui qu'on vient de citer, fut imprimé à Paris, en 1692. La
dépense annuelle de table, chez un homme riche, ayant tous les jours douze
couverts, soir et matin, y est évaluée à 11,880 livres 15 sols (7).

C'est encore au seizième siècle que nos régions septentrionales acquirent divers

---

(1) *Varron*, livre III, chap. XIV.

(2) *Syntagma de Rebus Rusticis et OEco-
nomicis*, etc. *Erfordiæ*, 1735, in-8°.,
pag. 339.

(3) *Remarques sur divers endroits d'Italie*, à la suite du *Voyage de Misson. Paris*,
1722, in-12, tome IV.

(4) *Singulier Traicté*, contenant la propriété des *Tortues, Escargots, Grenouilles,
et Artichaultz. Paris*, 1530, in-4°.

(5) *Histoire de la Vie privée des Français*,
etc., tome II, page 137.

(6) *Copy of an original Manuscrit entit-
led, a breviate touching the Order and Government of a Nobleman's House*, dans
l'*Archæologia or Miscellaneous Tracts*, re-
lating to *Antiquities. London*, 1800, in-4°.,
tom. XIII, pag. 315 et suivantes.

(7) *La Maison réglée*, etc., par *Audiger.
Paris*, 1692, in-12.

poissons, entr'autres la carpe, dont la patrie, suivant *Bloch*, est le midi de l'Europe. La carpe a été portée en Hollande, en Suède ; *Mascall* la procura, en 1514, à l'Angleterre, et *Pierre Oxe*, vers l'an 1560, au Danemarck (1).

Le *Grand d'Aussi* s'appuie de divers témoignages, pour prouver qu'autrefois, en France, on a mangé de la baleine, et il ne cite pas l'*Histoire du Siège de Metz*, insérée dans les OEuvres d'*Ambroise Paré* (2), qui lui en auroit fourni une nouvelle preuve. On lit dans *Thunberg*, qu'au Japon beaucoup de pauvres ne vivent que de chair de baleine (3). Il en est de même, au rapport d'*Anderson*, dans les îles Feroë (4).

L'usage de manger de l'ânon, introduit par Mécène, fut renouvelé par le chancelier Duprat, son digne imitateur, comme partisan de la tyrannie. On conçoit que, si ces alimens étoient encore à la mode, ainsi que les salades faites des sommités de mauve, de houblon (5) et de brione, dont parle *la Bruyère-Champier* ; si l'usage de se parfumer avec du beurre, qui existoit peut-être du temps de Déjotarus, s'étoit maintenu, la pêche de la baleine, l'éducation des ânes, la culture des plantes qu'on vient d'indiquer, le prix du beurre, etc., auroient éprouvé des modifications.

Et voyez quelle bizarrerie dans ce qui tient au régime diététique : autrefois, en France, on faisoit toujours germer les légumes avant de les faire cuire (6). *Baccius* et *Théodore de Muyden* ont discuté l'importante question de savoir si les Anciens ont bu froid ou chaud (7) ; *la Bruyère-Champier* nous apprend que, dans le Lyonnois et le Vivarais, des personnes qui avoient l'habitude de boire de l'eau chaude, ont vécu très-long-temps (8).

On voit, par la règle de saint Chrodegand, évêque de Metz, que, de son temps, la faîne et le gland servoient encore de nourriture à l'homme. A mesure que les campagnes se couvrirent de moissons, les plantes céréales lui fournirent sa subsistance ; la disette seule obligea de recourir quelquefois au gland : c'est ce qui arriva en 1548, dans le Mans, ainsi que l'assure *du Bellay* ; et certes, ce n'étoit pas le gland doux (*quercus esculenta*, *L.*) que l'on trouve dans le midi de l'Espagne, et qu'on pourroit avoir sur les côtes méridionales de France. Mais des naturalistes prétendent que le mot *gland*, dans les auteurs, a quelquefois une acception étendue, et désigne, en général, les fruits sauvages.

En Provence, le froment étoit, selon *Quiqueran*, le seul grain employé pour la nourriture des hommes. Il ajoute que, même dans les temps de disette, on ne donne pas aux chiens du pain d'avoine, dont usent les Écossois. *Johnson*, dans son *Dictionnaire Anglois*, définit l'avoine, un grain qui sert pour nourrir les chevaux en Angleterre et les hommes en Écosse. Une plaisanterie

---

(1) *Ichtyologie, ou Histoire Naturelle, générale et particulière des Poissons. Berlin,* 1785, in-fol., tome I, page 77.

(2) *Paris*, 1628, in-fol., page 1209.

(3) *Voyage au Japon*, etc., tome IV, page 4.

(4) *Histoire Naturelle de l'Islande, etc. Paris*, 1750, in-12, tome I, page 204.

(5) On mange encore du houblon dans la Belgique.

(6) *Beckmann, Beytrage zur Geschichte der erfindungen, etc.*, tom. II, pag. 404.

(7) *De Naturali Vinorum Historiâ*, l. IV, pag. 173. — *Della Natura del Vino e del Ber caldo o freddo. Parma*, 1608, in-8o.

(8) *De Re Cibariâ, etc.*, lib. XVI, cap. XV.

n'est

n'est pas une définition. Les Norvégiens aiment beaucoup le pain d'avoine. *Poncelet* dit en avoir mangé, dans le Walt-land (1), qui étoit supérieur à tout autre ; il est fâcheux qu'il n'ait pas décrit le procédé par lequel on le prépare. Ces faits répondent à ceux qui nient les propriétés alimentaires de l'avoine : on en tire d'ailleurs un bon gruau. *La Bruyère-Champier* le mentionne comme une invention récente (2) ; et cependant, dès l'an 1506, ce mets étoit, dit-on, usité en Bretagne. *Liébaut* nous apprend que cette province et l'Anjou en faisoient une grande consommation.

La Framboisière, médecin de Henri IV, vantoit l'orge mondé (3). On en mange beaucoup dans quelques départemens de l'est de la France, tandis qu'à Paris cet aliment sain et peu coûteux est presque inconnu.

Les temps de famine étoient autrefois encore plus calamiteux que de nos jours, et ces fléaux étoient plus fréquens. *Maret*, le père, compte dix famines dans le dixième siècle, et vingt-six dans le onzième (4). Les principes d'administration relatifs à la circulation des grains, trop peu connus, étoient étouffés sous les trames des accapareurs : on affamoit une province, pour maintenir l'abondance ailleurs. En 1564, un règlement de police, à Paris, défend aux boulangers d'acheter au marché plus d'un demi-muid de blé, et aux pâtissiers plus d'un setier, sous peine de, etc. ; en 1567, une ordonnance du Conseil du roi, en prohibant l'exportation, établit la liberté commerciale dans l'intérieur ; dix ans après, une autre ordonnance renouvelle ces dispositions, et prohibe la vente à l'étranger, sinon en payant un droit déterminé ; mais en 1634, lorsqu'une famine horrible désoloit le Languedoc, le roi ayant permis de tirer des grains de Bourgogne et d'autres provinces, le Parlement s'y opposa, sous prétexte qu'on faisoit sortir les blés.

Anciennement le mal s'aggravoit encore par le morcellement de la France en plusieurs États, dont chacun ayant sa législation particulière, à la moindre apparence de disette, défendoit sévèrement l'exportation des comestibles. C'est ce qu'avoit fait, en 1333, Humbert II, en Dauphiné : il interdit la sortie des blés, des bœufs, des moutons, des vins, etc.

Ajoutez enfin, que diverses plantes alimentaires, qui sont pour nous d'un grand secours, n'étoient pas encore connues en Europe. On étoit moins éclairé sur la nature de celles auxquelles on pouvoit recourir passagèrement, et sur

---

(1) *Histoire Naturelle du Froment. Paris*, 1779, in-8°., pages 213 et 214. Où est situé le Walt-land ? je l'ignore. Ce mot, en allemand, avec un d au lieu d'un t, signifieroit *pays de forêts* : il est quelquefois employé, par opposition à Korn-land, *pays de blé*.

(2) *De Re Cibariâ*, etc., lib. V, cap. XX, pag. 367.

(3) *Gouvernement nécessaire à chacun pour vivre longuement, etc.*, livre I, chap. X. — *Advis utile et nécessaire pour la conservation de la santé, contre les injures du temps. Paris*, 1637, in-8°. On y voit, page 4, que de son temps, les femmes, vêtues aussi indécemment qu'aujourd'hui, sacrifioient déjà leur santé à leur vanité.

(4) *Mémoire dans lequel on cherche à déterminer quelle influence les mœurs des François ont sur leur santé, couronné à Amiens en 1771. Amiens*, 1762 (erreur de date, c'est sûrement 1772), in-8°., page 122. Il est à désirer qu'on recueille les mémoires épars de ce savant, et qu'on en donne une édition complète ; personne n'est plus en état de le faire que le fils, qui a hérité de ses talens.

18

lesquelles notre collègue *Parmentier* a publié un traité (1); on l'étoit moins, sur la conservation des grains, sur la manière de prévenir les maladies du froment : telle est la carie dont parle *la Bruyère-Champier*, en 1560 ; depuis quelque temps, elle affligeoit les cultivateurs des montagnes du Lyonnois. Si on écrase le blé entre les doigts, il s'en exhale, dit-il, une odeur fétide (2). Ces maladies, et les remèdes à y appliquer, ont été l'objet des recherches profondes de *Tillet* (3), de *Ginanni* (4), de notre collègue *Tessier* (5), et de quelques autres.

Plusieurs écrivains, entr'autres *Sacci* (6), regardent le fléau à battre le blé, comme une invention récente, quoique ce moyen soit indiqué par le bon sens.

L'antiquité avoit les moulins à bras et ceux qui ont l'eau pour moteur. Un chroniqueur de la Bohême a soutenu que, depuis douze siècles, dans son pays, on se servoit des moulins à vent ou pneumatiques ; c'est le nom que leur donne *Heringius*. Ce dernier allègue des faits qui feroient remonter assez haut cette invention, et néanmoins il la croit moderne (7). Il est vraisemblable que les moulins à vent nous arrivèrent au retour des croisades, auxquelles on doit plusieurs objets d'industrie, de culture, et beaucoup de plantes du Levant : ils sont mentionnés dans les Annales des Bénédictins, sous l'an 1105 (8). *Le Grand d'Aussi*, qui s'appuie de cette autorité, prétend que cette espèce de moulin est souvent représentée dans les anciennes armoiries, quoique d'autres contestent le fait. De grands avantages résultèrent de leur emploi : en 1726, on voulut même les appliquer au labour des terres ; mais aucune Nation n'en tire un plus grand parti que les Hollandois, pour tous les genres de mouture, pour broyer le tabac et les bois de teinture, scier les planches, dessécher les marais, etc. A Sardam, sur un myriamètre carré, on compte environ huit cent moulins à vent.

Beckmann croit que le bluteau n'a été introduit qu'au commencement du

<hr>

(1) *Recherches sur les Végétaux nourrissans, qui, dans les temps de disette, peuvent remplacer les Alimens ordinaires, etc.* Paris, 1781, in-8°.

(2) *De Re Cibariâ, etc.*, lib. IV, cap. X, pag. 263.

(3) *Dissertation sur la cause qui corrompt et noircit les grains de Bled dans les épis.* Bordeaux, 1755, 2 vol. in-4°.

(4) *Delle Malattie del Grano in erba.* Pesaro, 1759, in-4°.

(5) *Traité des Maladies des Grains, etc.* Paris, 1783, in-8°.

(6) *De Italicarum Rerum Varietate, etc.*, lib. I, cap. V, et lib. III, cap. III.

(7) *Tractatus singularis de Molendinis eorumque Jure, etc.* Coloniæ Agrippinæ, 1724, in-fol., pag. 17.

(8) *Annales Ordinis Sancti Benedicti.* Lu-

tetiæ, 1713, in-fol., tom. V, pag. 474. Cette date est rappelée dans l'*Histoire de la Vie privée des Français* (tome I, page 43); mais *le Grand d'Aussi* ajoute qu'elle est citée dans *du Cange*, au mot *Molendinum*, ce qui est une erreur. *Du Cange* (*Glossarium ad Scriptores mediæ et infimæ latinitatis, etc.* Parisiis, 1733, in-fol.) cite un décret de Célestin III, que je n'ai pas trouvé, et une charte de l'an 1205, qu'il dit mentionnée dans *Lobineau*, ce qui est une autre erreur. *Lobineau* (*Histoire de Bretagne.* Paris, 1707, in-fol., tome II, page 390) cite une charte de l'an 1245, qui parle d'un moulin, sans dire s'il est mû par le vent. Ces observations serviront peut-être à faire voir combien d'erreurs se glissent dans les citations, et peut-être, moi-même, suis-je tombé involontairement dans plusieurs.

seizième siècle ; cependant *le Grand d'Aussi* le trouve mentionné dans un poëme du treizième siècle.

La mouture économique, qui consiste à faire repasser plusieurs fois les sons sous la meule, étoit déjà usitée en 1546, ainsi qu'on le voit par une ordonnance du prévôt de Paris ; et c'étoit vers Senlis qu'on avoit perfectionné cette méthode ; mais elle n'étoit pas générale.

Que le levain soit une découverte due au hasard, comme le présument *Goguet* (1) et d'autres auteurs, toujours est-il vrai de dire qu'elle fut extrêmement utile. La levure de bière, au dire de *Pline*, étoit connue des Gaulois (2) : l'emploi en fut interrompu pendant des siècles, et reprit faveur à Paris, dans le seizième, ou, selon *Malouin*, au commencement du dix-septième (3), parce qu'alors on mit en vogue un pain mollet qui, étant plus difficile à faire lever, à raison des substances qu'on y mêloit, eut besoin d'un ferment plus actif, ce fut la levure de bière ; mais les médecins se divisèrent sur ses propriétés, bonnes ou mauvaises : on écrivit, on s'injuria, et vers 1670, la dispute duroit encore (4).

Du temps de *la Bruyère-Champier*, pour faire lever la pâte, on employoit même une eau vineuse, et l'on saloit le pain. Cette dernière pratique, qu'il loue, étoit déjà presque générale en Europe.

A la fin du seizième siècle, la panification étoit peu avancée en Italie, puisqu'on y préféroit les boulangers Allemands, comme plus experts dans ce travail. *Montaigne*, qui, en ce temps-là, visita Plombières, dit qu'on y mangeoit de mauvais pain (5). Les choses ont bien changé : aujourd'hui, il égale celui de Gonesse, dont la réputation date de loin. Ce pain et celui de Gentilly sont cités avec éloge par *Houghton*, Anglois, qui écrivoit en 1681 (6). Les observations de cet écrivain ont eu bien peu d'influence dans son pays, sur l'art de la boulangerie. Ce qu'on nomme pain en Hollande et en Angleterre, n'est guère qu'une pâte échauffée, lourde et très-indigeste ; cependant, l'enseigne de quelques boulangers, à Londres, porte qu'on trouve chez eux du *pain françois*. Jusques dans nos campagnes s'est propagée la méthode pour le bien faire : l'*Avis aux bonnes Ménagères*, par notre collègue *Parmentier*, et l'École de boulangerie, créée à Paris, en 1780, y auront beaucoup contribué.

La Bruyère-Champier (7) et d'autres écrivains croyent que le seigle étoit inconnu aux Anciens. Cette opinion est contredite par *Jean Mathias Gesner*, qui a donné en 1735 une bonne édition des *Géoponiques Latins*, et par *Saboureux de la Bonneterie*, qui les a traduits en françois en 1771 ; l'un et

---

(1) *De l'Origine des Lois, des Arts et des Sciences*. Paris, 1758, in-4°., tome I, page 97.

(2) *Historia Naturalis*, lib. XVIII, cap. VII.

(3) *Description et détails des Arts du Meûnier, du Vermicellier, et du Boulanger*. Paris, 1767, in fol.

(4) Voyez, ci-après, à la suite du troi-sième Lieu, la note (113) de notre collègue *François (de Neufchâteau)*, page 476.

(5) *Journal de son Voyage*. Paris, 1774, in-4°.

(6) *A Collection of Letters for the Improvement of Husbandry and Trade*. London, 1681, in-4°.

(7) *De Re Cibariâ, etc.*, lib. V, cap. XVII, pag. 355.

l'autre pensent que le grain nommé *hexastichum*, dans *Columelle* (1), n'est autre que le seigle : quoi qu'il en soit, ce grain formoit, au seizième siècle, une branche considérable d'agriculture. L'expérience avoit appris qu'il convenoit mieux que le froment dans les terres sablonneuses. La longueur de sa paille, utile pour lier les gerbes, fut un motif de plus, à mesure que la dégradation des forêts rendit plus chers les liens de bois.

La Bruyère-Champier et *Liebaut* parlent de l'escourgeon, qu'ils appellent *scourgeon*, comme d'une plante dont on faisoit cas ; l'un et l'autre le croyent, mal-à-propos, un blé dégénéré, peu propre à la panification, et qu'il faut laisser, dit le premier, *rusticorum latrantibus stomachis* (2).

Plusieurs variétés de blé se répandirent successivement : OLIVIER DE SERRES, en 1598, essaya dans son jardin le blé de Smyrne, ou blé de miracle, qui a des épis latéraux ; le produit fut de quarante pour un (3).

Mes recherches ne m'ont procuré aucun renseignement sur l'époque où commença la distillation des eaux-de-vie de grains, dont on fait, depuis très-long-temps, un grand usage dans le nord de l'Europe, et qui s'est introduite en France, vers l'époque de la révolution.

Pierre de Crescens, qui vivoit au treizième siècle, ne parle pas du sarrasin : on peut conclure de son silence, qu'alors il n'étoit pas connu. Les témoignages sont assez concordans pour en placer l'introduction dans diverses contrées de l'Europe, au seizième siècle. *Gérarde* prouve qu'il étoit cultivé en Angleterre, avant l'an 1597 (4). *Noël Fail*, auteur des *Contes d'Eutrapel*, publiés en 1587, dit que, sans ce grain connu depuis soixante ans, les pauvres auroient beaucoup à souffrir ; et *Schoockius* écrivoit, en 1661, que le sarrasin venu de Pologne étoit cultivé dans la Belgique depuis moins d'un siècle (5). *La Bruyère-Champier*, *Heresbach*, et d'autres auteurs, assurent que ce grain a été tiré de Grèce et d'Asie, *aliove orbe*, dit *Champier*. Le sentiment le plus reçu est qu'il a été communiqué à la France par les Maures ou Sarrasins d'Espagne, à qui nous devons également le maïs, nommé aussi blé d'Espagne, blé de Turquie.

Quelques personnes veulent que nous soyons encore redevables aux Maures du safran, que d'autres disent nous avoir été apporté par un pèlerin venu du Levant. La culture de cette plante se trouve mentionnée dans *Ebn-el-Awam*, *Pierre de Crescens*, *Heresbach*, *Quiqueran*, OLIVIER DE SERRES, etc. La France, qui, au seizième siècle, en consommoit plus qu'aujourd'hui, parce qu'alors on en mêloit dans la plupart des alimens (6), en produisoit aussi beaucoup. La Provence, l'Albigeois et l'Angoumois étoient les cantons les plus renommés pour cette culture ; elle fut l'objet d'un ouvrage extrêmement rare,

---

(1) Livre II, chap. IX.

(2) *De Re Cibariâ, etc.*, lib. V, cap. III, pag. 315.

(3) Voyez second Lieu, page 135, et la note (39), à la suite de ce Lieu, page 177.

(4) *The Herball or general History of Plants. London*, 1597, in-fol.

(5) *De Cerevisiâ, etc.*

(6) *Champier, de Re Cibariâ*, lib. IV, cap. II, pag. 239, *de Victu Rusticorum*, se plaint que le luxe a pénétré même dans les villages, où l'on veut des assaisonnemens de poivre, de safran, d'épices, etc. Il regarde cet usage comme une contagion funeste.

sur lequel gardent le silence presque tous ceux qui ont traité du safran. *Le Grand d'Aussi* avoit fait des recherches infructueuses pour le trouver ; il a pour titre : *Le Safran de la Rochefoucaut. Poitiers*, 1567, in-4°., de 40 pages. Si, pour cette époque, on avoit un traité analogue sur chaque branche de l'économie rurale, il seroit facile d'en rédiger l'histoire. Un ton de véracité et de naïveté caractérise ce petit livre, où l'on pourroit désirer un peu plus de méthode, mais qui décrit d'une manière intéressante la plantation, la culture, les maladies, la récolte et le commerce du safran. Avant l'année 1520, on en cultivoit peu ; l'empressement des acheteurs éveilla l'intérêt, et bientôt cette plante couvrit les campagnes de l'Angoumois ; en sorte qu'il en produit assez, dit l'auteur, pour *saouler* toute la Gaule, la Germanie, et plusieurs autres pays. La Rochefoucaut étoit le grand marché : lorsque, dans les environs de cette ville, le sol, fatigué, parut repousser le safran, et se couvrit de froment, la réputation de la Rochefoucaut y conserva l'entrepôt de ce commerce ; de toutes parts y affluoient les vendeurs et les acheteurs (1).

La Taille des Essarts prétend que les premiers oignons de safran furent apportés dans le Gâtinois, vers la fin du quatorzième siècle, et que, jusqu'au commencement du dix-septième, on en vendoit beaucoup aux Hollandois et aux Allemands (2). *Guillaume Morin*, qui écrivoit en 1630, assure que ces derniers en achetoient annuellement pour plus de trois cent mille francs, et que ce commerce se faisoit à Boynes, *petite ville champêtre* ; ce sont les expressions de l'historien (3). Cette culture a obtenu, dans le Gâtinois, un succès qui, depuis long-temps, lui assure la préférence sur le safran que fournissent encore d'autres contrées.

---

(1) *Le Grand d'Aussi* croyoit que l'ouvrage étoit intitulé, *Traité de la Culture du Safran dans l'Angoumois, par la Rochefoucant* (*Histoire de la Vie privée des Français*, tome II, page 191). *Duhamel du Monceau*, dans ses *Elémens d'agriculture* (*Paris*, 1762, in-12, tome II, chap. III, *du Safran*, page 241 et suivantes), et *Rozier*, qui l'a copié, dans son *Dictionnaire d'agriculture*, article *Safran*, sont tombés dans la même erreur. L'auteur anonyme annonce qu'il a composé son ouvrage l'an 1560, à Montignac-Charente.

Depuis un an, plusieurs personnes instruites avoient secondé mes perquisitions pour trouver ce livre, mais sans succès. Le sénateur *la Boissière*, étant à Angoulême, eut cependant lieu de s'assurer qu'il étoit à la bibliothèque de cette ville, mais alors sous le scellé ; et d'après ma demande, le Ministre de l'Intérieur (le C. *Chaptal*) avoit bien voulu donner des ordres pour le faire venir. Dans l'intervalle, j'ai découvert, enfin, à la Bibliothèque de l'Arsenal, l'exemplaire de 1567, que j'ai cité, faisant suite à plusieurs pièces colligées dans un même volume, et j'en ai découvert un autre exemplaire à la Bibliothèque Nationale, de la même édition, mais portant la date de 1568, indiquée aussi dans *Haller* et dans *Boehmer*.

Je crois ces indications utiles pour stimuler le zèle à conserver les livres. La recherche de tel opuscule qu'on néglige aujourd'hui, parce qu'il est commun, fera peut-être un jour le tourment des savans et des bibliographes. Dans certains pays, il y a une chance de plus contre le sort des écrits qui révèlent des vérités désagréables au despotisme. Par-là s'explique la rareté de certains ouvrages de *Saint-Vincent-Ferrier*, *las Casas*, *Savonarole*, *Althusius*, *Clémengis*, *Pierre d'Ailly*, *Hubert Languet*, *Claude Joly*, *Velasco*, *Ramirez*, *Muratori*, *Pereira*, *Campomanes*, *Tamburini*, *Mirus*, etc.

(2) *Mémoire sur le Safran. Orléans*, 1766, in-8°., page viij de l'Avertissement, et page 85 de l'ouvrage.

(3) *Histoire générale des pays de Gâtinois, etc. Paris*, 1630, in-4°.

Quiqueran dit qu'en 1551 les Provençaux tentèrent la culture de la canne à sucre, et sur-tout celle du riz venu d'Orient, qui a été essayée de nouveau en France, à des époques très-récentes. *La Bruyère-Champier* observe qu'elle réussit peu dans le Lyonnois, où cependant on s'en occupa beaucoup, ainsi qu'en Provence, où il fallut régler par un édit la portion de terrein que chaque ville ou village employeroit à cette culture actuellement abandonnée, quoique le gain, dit *Quiqueran*, fût assez considérable. *Le Grand d'Aussi* pense que le riz ayant besoin d'eaux stagnantes, lesquelles auront peut-être occasionné des fièvres, cette considération aura fait négliger une culture qu'il faut laisser au Piémont, où elle prospère.

Nous devons probablement les melons aux conquêtes de Charles VIII, en Italie: ils devinrent communs en France, et furent, en 1586, l'objet d'un traité de *Jacques de Pons*, qui les croit venus primitivement d'Afrique en Espagne et en Italie (1). L'auteur n'est pas de l'avis de *Cardan*, qui auroit voulu extirper à jamais cette plante. Il n'est pas inutile d'observer que, près d'un siècle après (en 1680), le même ouvrage, un peu corrigé pour le style, fut réimprimé et annoncé au frontispice, comme nouvellement mis au jour: il y est dit qu'en Syrie et à Constantinople on trouve une espèce de melon qu'on suspend au plancher et qu'on mange en hiver (2), ce qui prouveroit que le melon d'hiver, si commun en Espagne, et que l'on y conserve jusqu'en Avril, n'étoit pas encore cultivé en France (3).

OLIVIER DE SERRES conseille les cloches de verre pour accélérer la maturité des melons: ce conseil même annonce qu'on en faisoit peu d'usage. Le Languedoc étoit vanté pour cette culture: on ne parloit pas encore des melons de Metz et de Vic, qui acquirent depuis une réputation méritée.

L'Italie nous envoya aussi l'espèce de concombre nommé *serpentin*. Toulouse fut la première ville qui la cultiva. Le même auteur prétend que nous avons tiré la citrouille de Naples et d'Espagne.

Ce dernier pays nous apprit l'usage des truffes, et nous transmit la scorsonère. L'auteur du *Jardinier françois*, imprimé en 1651, prétend l'avoir cultivée l'un des premiers. Le chervi, qu'on néglige actuellement, étoit recherché.

L'épinard, venu de l'Asie mineure, est mentionné dans *Casiri*; par-là même, il est prouvé que les Arabes l'ont cultivé. Il paroît n'avoir pas été connu des Grecs, ni des Romains; c'est l'opinion de *Mizauld* (4), de *la Bruyère-Champier* (5), et de *Boldo* (6). Quelques littérateurs pensent que ce pourroit être le *chrysolaca* des Grecs. Néanmoins *la Bruyère-Champier* assure que cette plante, dont il parle avec mépris, étoit, depuis plusieurs siècles, d'un grand usage, sur-tout à Paris et à Lyon, et que le précepte du

---

(1) *Sommaire Traité des Melons. Lyon*, 1586, in-12.

(2) *Ibid.*, page 8.

(3) Un versificateur françois publia un poëme, intitulé: *Le Procès du Melon, par M. M. L. M. Paris*, in-8°., sans date. C'est une plate invective contre ce fruit, qui s'est rendu coupable de lèze-majesté, en donnant une indigestion à Henri IV.

(4) *Hortus Medicus, etc.*, pag. 58.

(5) *De Re Cibariâ, etc.*, lib. VIII, cap. XII, pag. 475.

(6) *Libro della natura e virtù delle Cose che nutriscono, etc. Venetia*, 1576, in-4°., p. 43.

carême avoit fait en partie la réputation de l'épinard, à raison de sa précocité. *Beckmann* croit, avec beaucoup de botanistes, que cette plante nous est venue d'Espagne (1); aussi, quelques auteurs l'ont nommée *hispanicum olus*, dit *Gerarde*, qui paroît également prévenu contre ce mets, auquel il attribue des qualités nuisibles (2).

Les artichauts, rares du temps de *Pline*, et qui paroissent indigènes dans l'Andalousie, avoient été ensuite abandonnés. *Hermolao Barbaro* raconte qu'en 1473, à Venise, ils parurent une nouveauté. Vers 1466, ils avoient été portés de Naples à Florence, d'où, selon *Ruel*, ils passèrent en France, au commencement du seizième siècle (3), et sous Henri VIII, en Angleterre. *Daigue* dit qu'on voit à présent les jardins remplis d'artichauts (4); cette phrase et la suite du texte insinuent que cette culture étoit récente; et attendu que cette plante est de la famille des chardons, il s'indigne que nous ayons empiété sur la pâture des ânes. *Arthur Thomas*, sieur d'*Enbry*, auteur de l'*Isle des Hermaphrodites*, rapporte que l'on servoit des artichauts aux repas somptueux de Henri III.

Il seroit trop long d'énumérer toutes les acquisitions faites alors; d'ailleurs, la culture fit éclore de nombreuses variétés dans les plantes congénères. *La Bruyère-Champier* parle avec étonnement des choux énormes qu'il a vus vers Senlis (5). OLIVIER DE SERRES dit que le chou-cabus dégénéroit. Il falloit annuellement tirer des graines de Tortose, Savone ou Briançon; actuellement nous sommes dispensés de recourir à cet expédient. Vers la fin du seizième siècle, ou au commencement du suivant, les brocolis furent apportés d'Italie en France. *Beckmann* ajoute, que les choux-fleurs, venus du Levant en Italie, passèrent de là en Allemagne. Le même auteur parle de diverses plantes autrefois cultivées, aujourd'hui négligées; et *Sickler* m'assure qu'indépendamment de ces plantes, qu'il conviendroit de réintégrer dans nos potagers, l'Allemagne possède sept ou huit variétés de légumes qui nous manquent.

Au treizième siècle, *Arnaud de Villeneuve* ne comptoit que trois sortes de choux; *Bonnefonds*, auteur du *Jardinier françois*, y ajoute la liste de plusieurs autres. *Charles Estienne* ne parle que de quatre sortes d'oseilles, et quatre de laitues : un siècle après, le *Jardinier françois* en compte sept de chaque espèce. Actuellement, dit *le Grand d'Aussi*, nous avons plus de cinquante variétés de choux, cinquante de laitues, quarante de melons.

L'introduction de quelques fleurs peut ici obtenir une place. *Conrad Gesner*, le premier qui ait décrit la tulipe, raconte qu'en 1559 on la vit à Ausbourg, où auparavant elle étoit inconnue. Nous devons la tubéreuse à un minime, que le savant *Peiresc* avoit envoyé en Perse (6); c'est l'opinion commune. Néanmoins le père *Dardenne*, de l'Oratoire, prétend que les Indes ont donné *cette*

---

(1) *Beytrage zur Geschichte der erfindungen*, tom. V, cah. I.

(2) *The Herball*, etc., pag. 33.

(3) *De Naturâ Stirpium*, etc. *Parisiis*, 1536, in-fol., lib. III, cap. XIV, pag. 643.

(4) *Singulier Traicté*, etc., chap. XII.

(5) *De Re Cibariâ*, etc., lib. VIII, cap. IX, pag. 471 et 472.

(6) J'ai lu, je ne sais où, qu'autrefois, dans plusieurs villes de France, le droit d'élever des rosiers étoit restreint; c'étoit un privilége particulier.

étrangère charmante à l'Italie, qui l'a fait passer jusqu'à nous (1). D'un autre côté, *Beckmann* s'appuie de l'autorité de *Papon* (2), pour attribuer l'introduction de cette fleur en Europe, avant l'an 1594, à *Tovar*, médecin Espagnol. L'*hortensia* étoit, depuis quelques années, très-répandue en Angleterre et en Hollande : elle commence à obtenir chez nous la même faveur ; et dans quelques parties de la France, des plantes champêtres passent graduellement dans les parterres, qu'elles orneront en s'embellissant elles-mêmes. *Les fleurs sont ce qu'on les fait*, dit *Saint-Simon* ; *la nature ne leur a donné que leurs moindres agrémens*. On pourroit citer en preuve ce qu'il raconte des environs de Harlem, où l'on distingue par des noms différens près de deux mille variétés de jacintes (3), quoique leur type soit unique. Ces considérations, qui s'appliquent à presque tous les genres de cultures utiles, comme à celles d'agrément, doivent encourager les tentatives. Je trouve sous la date de Paris, 1658, in-8°., un ouvrage de *P. Morin*, intitulé : *Remarques nécessaires pour la culture des Fleurs*, à laquelle l'auteur s'étoit livré pendant plus de quarante ans, ainsi que son frère. Il fut, pour son siècle, ce qu'étoit, de nos jours, *Vilmorin*, avec cette différence, que ce dernier s'est occupé de l'utile comme de l'agréable. La mort vient d'enlever cet homme de bien, dont la mémoire sera toujours chère aux agriculteurs et aux républicains.

La conquête du Nouveau-Monde procura à l'Europe des acquisitions nouvelles : la grenadille, indigène au Mexique et au Pérou, fut présentée au pape Paul V ; la capucine est originaire des mêmes contrées ; l'ananas, mentionné dans *Labat*, sous l'an 1694 (4), l'est bien antérieurement, et je pense, pour la première fois, dans *Hernandez de Oviedo*, qui publia son histoire en 1535 (5).

Le tabac, venu du Brésil en Europe, par l'entremise des Portugais, fut, par le cardinal de Sainte-Croix, nonce à Lisbonne, porté en Italie, où, pendant quelque temps, on l'appela *herbe de Sainte-Croix*, comme chez nous il emprunta le nom de l'ambassadeur Nicot, qui, en 1559, l'envoya en France (6). L'usage de cette plante fut interdit à Rome et à Constantinople : ces contradictions mêmes servirent peut-être à le répandre. La Guyenne, et sur-tout Clairac, en produisoient d'excellent ; il devint bientôt une branche importante de commerce, pour l'Alsace. Les Muses le chantèrent ; et dès l'an 1628, on trouve des poëmes sur le tabac, entr'autres, celui de *Raphaël Thorius* (7). Huit ans auparavant, *Neander* en avoit donné un traité complet (8), qui étoit déjà traduit en françois en 1626.

<hr>

(1) *Traité sur la Connoissance et la Culture des Jacintes. Avignon*, 1759, in-12, p. 111.

(2) *Voyage de Provence. Paris*, 1787, in-12, tome II, pages 138 et 139.

(3) *Des Jacintes, de leur anatomie, reproduction et culture. Amsterdam*, 1768, in-4°., chap. I. L'auteur de ce traité est plus connu par un ouvrage intéressant sur les guerres des Bataves contre les Romains.

(4) *Nouveau Voyage aux Isles de l'Amérique. Paris*, 1722, in-12, tome I, page 401.

(5) *La Historia general y natural de las Indias. Sevilla*, 1535, in-fol., lib. VII, cap. XIII ; traduite en françois, et imprimée, en 1555, à Paris, aussi in-fol.

(6) *Georg. Paschii Inventa nov-antiqua. Lipsiæ*, 1700, in-4°., pag. 454.

(7) *Hymnus Tabaci. Lugduni-Batavorum*, 1628, in-4°.

(8) *Tabacologia, hoc est Tabaci seu Nicotianæ Descriptio. Lugduni-Batavorum*, 1622, in-4°.

Du

Du Nouveau-Monde nous vinrent aussi le topinambour (*helianthus tuberosus*, L.), ensuite la patatte ou batate (*convolvulus batatta*, L.), indigène aux deux Indes, et dont la culture vient d'obtenir quelques succès à Toulouse, par les soins de *Ferrière*, de *Puymorin*, et de *Picot la Peyrouse*.

La pomme de terre (*solanum tuberosum*, L.), improprement appelée aussi patatte, vint-elle d'Amérique en Galice, puis en Irlande, comme l'assure *Bowles* (1), ou fut-elle transportée directement, par *Walter Rawleigh*, d'Amérique en Irlande, d'où elle passa dans le Lancashire, comme l'assure notre collègue *Parmentier* (2)? Peu importe. Successivement elle se répandit dans toute l'Europe : c'est une des plus belles conquêtes dont on puisse se féliciter, et l'accueil que cette racine obtient par-tout la venge bien du mépris qui la couvrit trop long-temps (3).

Olivier de Serres parle beaucoup des prairies artificielles ; Henri IV en forma dans diverses contrées. *Hartlib* disoit qu'à Paris il y avoit de la luzerne peut-être supérieure au sainfoin récemment apporté en Angleterre.

Les plantes dont on obtient des huiles, des principes colorans, des tissus, etc., fourniroient matière à d'autres détails, si leur multiplicité même ne forçoit à se restreindre dans l'énumération des faits.

Les plantes à filasse ont peu de variétés, et les contrées qui, autrefois, en cultivoient beaucoup, sont à-peu-près les mêmes; telle est, entr'autres, la ville de Bulles, depuis long-temps fameuse par ses lins, et indiquée comme telle par *Louvet*, au commencement du dix-septième siècle (4).

Quelqu'un a prétendu que la culture de la garance, en France, étoit très-récente : le contraire est prouvé par l'anecdote suivante, que m'a fournie le savant bénédictin *D. Poirier*, enlevé, il y a deux ans, aux lettres et à l'amitié. En 1275, sous

---

(1) *Introduction à l'Histoire Naturelle et à la Géographie physique de l'Espagne.* Paris, 1776, in-8°., page 242.

(2) *Mémoires de l'Académie de Toulouse*, tome III. Sous l'an 1664, je vois cité, dans les auteurs, l'ouvrage de *Forster*, que je n'ai pu trouver : *England's happiness increased by a Plantation of Potatoes. London*, 1664, in-4°.

(3) D'après le célèbre *Haller*, copié par *Boehmer*, et d'autres bibliographes géorgiques, on a cru qu'Olivier de Serres connoissoit la pomme de terre (*solanum tuberosum*), et qu'il l'avoit décrite sous le nom de cartoufle (*Théâtre d'Agriculture*, Lieu VI, chap. X). J'ai suivi, sur ce point, l'opinion qu'autorisoit le grand nom de *Haller* (voyez ci-devant, dans l'Éloge, page xxviij) ; mais ce pourroit être une erreur. Notre collègue *Parmentier*, à qui il appartient sur-tout de parler des pommes de terre, parce qu'il est celui, de tous les agronomes, qui a le plus étudié ces racines utiles, et qui les a le plus fait valoir, croit qu'on ne peut leur appliquer la description des cartoufles, qui ne sont, selon lui, que les topinambours (*helianthus tuberosus*). Il faut observer qu'Olivier dit que cette espèce de truffes qu'il appelle cartoufles, étoit venue de Suisse ; et qu'encore aujourd'hui, en Suisse, on donne à la pomme de terre le nom de *tarteuffel*, qui approche beaucoup de celui de cartoufle. Mais notre illustre *Parmentier* prouvera son avis dans la note sur les cartoufles. Il a bien mérité qu'on s'en rapporte à lui sur les racines esculentes ; et pour lever toute équivoque, j'ai proposé, depuis long-temps, que le précieux tubercule, si mal nommé pomme de terre, reçût des botanistes et des cultivateurs françois, le nom de *Parmentière*. Ce seroit, de leur part, l'acte de la reconnoissance et l'hommage de la justice. (*F. D. N.*)

(4) *Histoire de Beauvais.* 1614, in-4°., pages 51 et 52.

Philippe-le-Hardi, une transaction fut passée entre le prieur de Saint-Denis et le religieux infirmier, qui étoit un officier claustral, au sujet de la dîme de la garance. On faisoit aussi grand commerce de guède, ou pastel, à Saint-Denis, qui a encore une place appelée le Marché de Guèdes.

On sait que la plupart de nos bons fruits sont venus d'Asie : l'abricot, la prune, l'aveline, la figue, la noix, l'olive, le coing, la grenade, etc. Les arbres qui les produisent, sont, depuis bien des siècles, naturalisés en Europe, ou plutôt indigènes ; car une plante l'est dans un climat, dit *Burtin*, lorsqu'elle y exerce toute la puissance végétative de son espèce (1).

OLIVIER DE SERRES place au règne de Charles VIII l'introduction du mûrier en France ; mais en lisant *la Bruyère-Champier*, *Liebaut* et *Quiqueran*, on trouve que cet arbre étoit peu cultivé. On n'en fait pas de cas, dit ce dernier, excepté pour la nourriture des vers à soie. Cependant, dès l'an 1554, un édit avoit ordonné la plantation des mûriers. Toulouse, Moulins, et particulièrement Tours, commencèrent à récolter des soies ; on s'en occupa bientôt avec succès en d'autres lieux : à Mantes, à Rosny et au Jardin des Tuileries, par les soins d'OLIVIER DE SERRES, pour le compte de Henri IV. En 1599, ce roi avoit prohibé l'importation des étoffes de soie, dont l'achat faisoit écouler beaucoup de numéraire en Italie (2). En 1602, il donna des lettres-patentes, dont l'objet étoit de propager les mûriers ; il y exhortoit les ecclésiastiques bénéficiers à le seconder par leur exemple. En conséquence, les entrepreneurs de ces plantations, à la tête desquels étoit *Barthélemy de Laffemas*, contrôleur-général du commerce de France, firent rédiger par celui-ci, un ouvrage élémentaire sur la culture du mûrier, à l'usage du clergé (3).

En 1603, des experts furent envoyés par l'autorité publique, dans les généralités de Paris, Orléans, Tours et Lyon, pour prendre tous les renseignemens ; à leur retour ils déclarèrent que les vers à soie et l'arbre qui les nourrit, pouvoient prospérer dans toute la France. Ces faits sont rappelés avec force par *le Tellier*, auteur de divers écrits sur la culture du mûrier et l'éducation des vers à soie (4) ; mais aucun ouvrage ne fit autant de sensation que celui qu'OLIVIER

---

(1) *Mémoire sur la question : Quels sont les Végétaux indigènes que l'on pourroit substituer, dans les Pays-Bas, aux Végétaux exotiques, etc. Bruxelles*, 1784, in-4°. Dans ce mémoire, couronné par l'Académie de Bruxelles, l'auteur a fait, pour la Belgique, ce qu'avoient fait, pour la Lorraine, *Coste* et *Willemet. Voyez Matière médicale indigène, ou Traité des Plantes nationales, substituées, avec succès, à des Végétaux exotiques, etc. Ouvrage couronné à Lyon en 1776. Nancy*, 1793, in-8°.

(2) *J. A. Thuani Historiarum sui Temporis, etc.*, lib. CXXIII, cap. X.

(3) *Instruction du plantage des Meuriers pour Messieurs du Clergé, avec les figures pour apprendre à nourrir les Vers, etc. Paris*, 1603, in-4°. L'année précédente, *Laffemas* avoit publié un autre opuscule sur le même sujet. *Façon de faire et semer la graine des Meuriers, les eslever, etc. Paris*, 1604, in-12. Il annonce, page 33, qu'à Provins, eu Brie, jadis il y avoit dix-huit cent métiers en draps, qui, de son temps, étoient réduits à quatre.

(4) *Brief Discours contenant la manière de nourrir les Vers à soye, etc. Paris*, 1602, in-4°., oblong, avec de très-belles figures, dessinées par *J. Stradan*, et gravées par *P. Galle.* — *Mémoires et Instructions pour l'establissement des Meuriers, etc. Paris*, 1603, in-4°.

DE SERRES avoit publié en 1599, sur *la Cueillette de la Soye*. Dans *la Seconde Richesse du Meurier blanc*, il établit que l'écorce de cet arbre peut servir à faire des cordages, et même des toiles fines.

Une traduction allemande du premier de ces deux écrits, fut imprimée à Tubinge, en 1603, et une traduction angloise des deux, à Londres, en 1607. A cette époque, on s'occupoit aussi de l'éducation des vers à soie sur la rive droite du Rhin ; de 1583 à 1608, les ducs de Wurtemberg en firent l'objet continuel de leurs soins. Des détails à cet égard sont consignés dans un ouvrage de *Godefroy-Daniel Hoffman* (1), qui, en parlant du tort que fit à nos soyeries la révocation de l'édit de Nantes, l'appelle un *solécisme politique*.

On a soutenu que l'arrivée de l'oranger en Europe étoit due aux découvertes des Portugais dans les Grandes-Indes ; assertion démentie par un fait consigné dans *Valbonnois*, qui, sous l'an 1333, mentionne cet arbre (2), dont la culture fut plus soignée lorsque Henri IV eut fait bâtir une orangerie aux Tuileries, parce que, dans le pays qu'il gouvernoit, on est toujours, en bien ou en mal, servilement imitateur. L'oranger nommé le *grand Bourbon*, dans la belle orangerie de Versailles, où il subsiste encore, et qui a environ trois cents ans, avoit été saisi, en 1523, sur le connétable de Bourbon ; il a un mètre et demi (cinquante-quatre pouces) de circonférence. A Bruxelles, on conserve une magnifique suite d'orangers, nommés les *Isabelles*, parce qu'ils sont contemporains de cette princesse.

L'arrivée du citronnier en France, date sans doute du même temps que celle de l'oranger. Cette culture aura été communiquée à la Provence par les Alpes Maritimes, où depuis long-temps elle est en honneur ; j'en trouve des preuves dans l'Histoire manuscrite de ce dernier pays, transportée de Turin à la Bibliothèque nationale (3), qui finit à l'an 1652, et qui en parle comme d'une culture florissante depuis longues années : elle est magnifique à Menton, où l'industrieuse activité des habitans plante jusques dans les rochers des arbres vraiment arrosés de leurs sueurs. Telle est l'importance de cette récolte pour cette ville, que, pendant cent treize ans et jusqu'à sa réunion à la France, elle eut un magistrat de vingt-sept membres, nommé le *magistrat des citrons*, pour diriger la récolte et la vente de ce fruit, qui s'élève quelquefois à trente millions de citrons ; elle auroit enrichi Menton, si les gelées et l'espèce de galle-insecte, nommée *la morphée*, ne détruisoient quelquefois l'espérance des cultivateurs.

Le caroubier est indigène dans le voisinage de Menton, sur-tout à Roquebrune. *Sestini* se plaint de ce qu'on ne cherche pas à multiplier cet arbre, dont le fruit est utile aux animaux, et dont le bois est excellent pour les boiseries (4).

La Bruyère-Champier, en 1560, ne mentionne que quelques variétés de

---

(1) *Observationes circá Bombyces, Sericum et Moros, etc. Tubingæ*, 1757, in-4°., pag. 47.

(2) *Histoire du Dauphiné. Genève*, 1722, in-fol., Preuves, tome II, page 279.

(3) *Historia dell' Alpi Maritime*, 2 vol. in-fol., tom. I, pag. 45 et 46.

(4) *Descrizione di vari Prodotti dell' Isola di Sicilia, etc. Firenze*, 1777, in-8°., pag. 73.

figues (1) ; *la Brousse*, en 1774, en compte vingt-deux (2) ; quinze ans après, il élève ce nombre à vingt - quatre (3). *La Bruyère - Champier* veut qu'on se défie de celles qui croissent vers Orléans et Paris. La culture en aura sans doute amélioré les qualités, puisqu'on y en mange qui flattent le goût, sans nuire à la santé.

Il paroît, d'après le même *la Bruyère-Champier*, que l'abricot ne fut connu de nos ancêtres que dans le seizième siècle, car il en parle comme d'un fruit nouveau : on en comptoit trois variétés en 1651 ; *Duhamel* les porte à treize.

En 1613, *la Framboisière*, médecin de Henri IV et de Louis XIII, parloit des pêches de Corbeil comme des meilleures ; et le même *Champier* dit qu'à Paris on les estimoit. A quoi donc tient la qualité des fruits ? *De la Quintinye*, au contraire, vers la fin du même siècle, cite comme mauvaise la pêche de Corbeil (4).

La Bruyère-Champier et *Liebaut* mettent au premier rang les prunes de Tours, auxquelles actuellement plusieurs autres sont comparées ou préférées : la brignole, la prune d'Agen, le moyeu de Bourgogne, la mirabelle, la reine-claude, la kouetche, trop peu connue, et qui abonde dans les Départemens du nord-est de la République.

Est-il bien vrai qu'autrefois le châtaignier étoit plus cultivé qu'à présent ? Ceux qui tiennent pour l'affirmative, s'appuyent sur la présomption que les magnifiques charpentes de quelques anciennes basiliques, telles que celle de Chartres, sont en châtaignier. Cette opinion est combattue par *Buffon*, au dire duquel ces charpentes sont en chêne blanc. Quoi qu'il en soit, le châtaignier est un arbre dont nos ancêtres, il y a deux siècles, sentoient mieux le prix que leurs descendans actuels (5).

Le marronnier d'Inde, qui croît spontanément en Asie, et en Amérique chez les Illinois, passa du nord de l'Asie en Angleterre, vers l'an 1550, et de-là à Vienne, vers 1588. On tient pour certain qu'un curieux, nommé *Bachelier*, l'apporta en France, à son retour du Levant, en 1615 (6). L'arrivée de cet arbre chez nous, seroit donc postérieure à celle du faux acacia ou robinier, qu'on lui préfère actuellement pour les avenues, et qui, du Nouveau-Monde, nous fut apporté, vers l'an 1600, par *Jean Robin*, professeur de botanique (7).

Des sauvageons tirés des forêts ont été cultivés et nous ont donné de bons fruits : on cite en ce genre le rambur, le bezy-d'hery, le colmars, la virgouleuse, la silvange, etc., qui, la plupart, ont emprunté leurs noms des lieux de leur origine.

---

(1) *De Re Cibarid*, etc., lib. XI, cap. XXXVII.

(2) *Traité de la culture du Figuier*, etc. Paris, 1774, in-12, page 33.

(3) *Mélanges d'Agriculture*, etc., tome II, page 21.

(4) *Instruction pour les Jardins fruitiers et potagers*, etc. Paris, 1716, in-4°., nouvelle édition, tome I, pages 386—391.

(5) *Mémoire de Bartin*, page 84. L'auteur dit que les châtaignes de Wisbeck, près d'Enghien, surpassent même les marrons dits de Lyon.

(6) *Manuel de l'Arboriste*, etc., tome II, page 59. L'auteur y indique, page 60, la manière de faire une lampe de nuit avec un marron.

(7) *Lettre sur le Robinier*, etc., par François (de Neufchâteau). Paris, an XI, in-12, page 7.

Gontier dit que la calville nous est venue de Danemarck ou de Normandie (1) ; cette alternative n'éclaircit pas le fait.

Olivier de Serres comptoit quarante-six variétés de pommes ; *de la Quintinye*, seulement vingt-cinq. Olivier de Serres comptoit soixante-deux variétés de poires ; *le Jardinier françois* et *de la Quintinye*, plus de trois cent.

Les botanistes, scrutant toutes les parties du globe où la végétation exerce son pouvoir, nous enrichirent successivement de plusieurs milliers de plantes, tant herbacées que ligneuses, les unes propres à nourrir ou à guérir l'homme et les animaux, les autres à le récréer : la confusion se seroit établie au milieu de ces vastes collections, si, d'après les caractères de famille reconnus dans chaque plante, ils ne leur eussent assigné des rangs ; de-là les systèmes, parmi lesquels celui de *Tournefort* avoit obtenu la préférence(2), jusqu'à l'époque où, du fond du Nord, un autre homme de génie commanda, pour ainsi dire, à l'Europe une classification différente, une langue nouvelle, et l'Europe obéit (3). Espérons que les efforts soutenus des savans feront un jour disparoître la dernière classe de *Linné*, celle des cryptogames, qui renferme toutes les plantes dont la reproduction est pour nous un mystère.

Les classifications arbitraires, utiles à la mémoire, en laissoient néanmoins désirer une fondée sur les affinités naturelles des végétaux. Guidé par cette considération, *Antoine Laurent de Jussieu* en a établi une nouvelle (4), qui sort du cercle des systèmes, pour passer au rang des vérités ; et l'Europe savante doit ce bienfait à un François, qui soutient honorablement une célébrité héréditaire dans sa famille.

Le seizième siècle est l'époque où furent établis, en diverses contrées de l'Europe, des jardins botaniques ; et l'Italie eut la gloire de montrer l'exemple. Le premier est celui de Padoue, en 1533 ; quelques années après furent formés ceux de Florence et de Pise. *Ferrari*, en 1632, cite les plus remarquables, qui avoient déjà bien des années d'existence : ceux des Médicis, à Florence ; des Farnèse, à Parme ; des ducs de Brabant, à Bruxelles ; ceux de Vienne, de Salzbourg, d'Eichtet (5), etc., etc. Ce dernier, à ce que nous apprend *Stingelius* (6), avoit été formé par *Jean Conrad de Gemmingen*, évêque de cette ville. Le même auteur assure que, dans celui du cardinal Alexandre de Médicis, une sorte de lin venu des Indes croissoit à la hauteur d'un arbre ; il y a sans doute beaucoup à retrancher de cette assertion. Paris avoit un jardin botanique en 1591 ; *Houel* établit, vers l'an 1600, celui des apothicaires de cette même ville : celui de Montpellier, établi par le médecin *Richer de Belleval*, date de l'an 1598.

Bélon, à qui la botanique et l'agriculture ont de grandes obligations, offrit de fournir annuellement d'arbres exotiques les maisons royales ; le car-

<hr>

(1) *Exercitationes Hygiasticæ, sive de Sanitate tuendâ. Lugduni*, 1668, in-4°, lib. VII, cap. VII.

(2) *Élémens de Botanique. Paris*, 1694, 3 vol. in-8°.

(3) *C. Linnæi Systema Naturæ. Lugduni-Batavorum*, 1735, in-fol., prima editio.

(4) *Genera Plantarum secundùm ordines naturales disposita. Parisiis*, 1789, in-8°.

(5) *De Florum Culturâ*, pag. 85.

(6) *Hortorum, Florum et Arborum Historia*, etc.

dinal de Lorraine l'appuya fortement , et Henri II lui assigna la pension de
six cent francs dont nous avons parlé , qui ne lui fut jamais payée.

Depuis *Isidore de Séville*, jusqu'à *Stratico*, évêque de Lesina , qui publia
en italien , en 1790 , à Venise , des opuscules utiles pour connoître l'état de la
Dalmatie ; jusqu'à l'évêque de Valladolid , qui vient d'établir à ses frais une
chaire d'économie domestique et une d'agriculture (1) , une foule de prélats ont
bien mérité de l'art rural : le seizième siècle nomme , en France , *Quiqueran
de Beaujeu*, évêque de Senez, et *du Bellay*, évêque du Mans, qui fit des efforts
incroyables pour perfectionner le jardinage. Cet homme de bien tiroit des
arbres de l'étranger ; *Belon* lui en avoit procuré beaucoup. *Du Bellay* poussoit
les précautions jusqu'à faire passer par l'eau bouillante les terres destinées à
élever des plantes rares , afin d'extirper les insectes.

Porta fait remonter aux Anciens l'expérience singulière par laquelle de jeunes
arbres arrachés étoient à l'instant replantés , les branches en terre , les racines
en l'air (2). Cette expérience , renouvelée de son temps , l'a été depuis par
Leeuwenhoek, de l'ouvrage duquel *de Vallemont* l'a reportée dans le sien (3),
et récemment par *Duhamel* ; elle avoit du moins un but utile , celui de connoître les phénomènes de la sève.

Au seizième siècle on commença à greffer en flûte. Le même *Porta* en parle
comme d'une invention récente , dont cependant il ne nomme pas l'auteur (4).
Mizauld, qui a écrit sur la greffe (5), dit , dans un autre de ses ouvrages,
avoir vu un arbre qui portoit simultanément des pommes , des noix , des raisins
et des fleurs (6). On mettoit alors de l'importance à la production de ces mons-
truosités vraies ou fabuleuses. Les auteurs de ce temps , pour la plupart,
donnent , à ce sujet , des recettes bizarres ; on en trouve sur-tout dans l'ouvrage
italien de *Bonardo* (7). L'extravagance de ces tours de force a été combattue dans un traité sur les arbres fruitiers , publié sous le nom de *le Gendre*,
curé d'Hénonville , mais dont le véritable auteur est *Arnaud d'Andilly* (8).
Tandis que , sous Louis XIV , *Girardet* à Bagnolet , *de la Quintinye* à
Montreuil , s'occupoient de perfectionner la culture des arbres à fruit , les
illustres solitaires de Port-Royal , destinés à faire le bien , et à ne faire que le
bien , se délassoient de leurs travaux sur la religion et les sciences , en soignant
leurs jardins. A la ferme des Granges , sont encore beaucoup d'espaliers et de
hauts-vents plantés par leurs mains. Quoique ces arbres, dans leur décrépitude,
ne produisent plus de fruits, le fermier , par respect , défend qu'on les arrache.

Les provinces les plus vantées de la France , en agriculture , étoient, comme
aujourd'hui, pour les grains, la Flandre, la Normandie, le Soissonnois, la Brie,

---

(1) *Décade Philosophique*, 10 *Thermidor,*
an XI , page 197.

(2) *Villa* , etc., lib. IV , cap. VII.

(3) *Curiosités de la Nature et de l'Art*, sur
*la Végétation : ou l'Agriculture , et le Jardi-
nage dans leur perfection ;* etc. Paris , 1705,
in-12 , page 162.

(4) *Villa* , etc. , lib. IV , cap. XXI.

(5) *De Hortensium Arborum Insitione
Opusculum. Lutetiæ* , 1560 , in-8°.

(6) *Nova et mira Artificia comparandorum Fructuum, etc.* , cap. VII.

(7) *La Richezze dell' Agricoltura* , etc.

(8) *La manière de cultiver les Arbres fruitiers , où il est traité des Pépinières* , etc.
Paris , 1662 , in-12 , page 76 et suivantes.

la Beauce, le Bassigny, la Picardie ; cette dernière étoit également renommée pour les légumes et pour toutes les plantes potagères. La Touraine étoit déjà appelée le jardin de la France, non à cause du climat, mais, dit *Liébaut*, pour les bons fruits et l'habileté en jardinage.

Les plantes du midi, transplantées dans le nord, s'y acclimatent plus facilement que celles qui passent du nord au midi : c'est un fait connu en histoire naturelle. Néanmoins, dans le grand nombre de celles qui, des pays chauds avoient été portées dans les régions boréales, il en est qui, redoutant les gelées, ne peuvent guère habiter que les serres. On chercha les moyens de les prémunir contre ce danger, sur-tout chez les Anglois et les Hollandois, les deux nations qui aiment le plus le jardinage. *Le Grand d'Aussi* présume que les serres d'hiver ont été d'usage avant les serres chaudes ; quant à celles-ci, on en fit un essai en grand au seizième siècle, dans les jardins de l'électeur Palatin, à Heidelberg. Olivier de Serres en parle comme d'une chose merveilleuse (1). On voit, dans l'ouvrage de *Ferrari* sur les orangers, que les François avoient depuis long-temps employé des procédés analogues pour abriter ces arbres et d'autres plantes contre la rigueur des froids (2).

Annuellement, du Poitou, on envoyoit par la poste, à Paris, des cerises précoces, dont *la Bruyère-Champier* ne fait pas grand cas (3), et dont la maturité avoit été accélérée par de la chaux ou de l'eau chaude au pied de l'arbre. Je trouve, dans les œuvres de *Melin de Saint-Gelais*, une pièce de vers, assez plate, qui accompagne un envoi de cerises à des dames, le 1ᵉʳ. Mai.

La manière d'obtenir des primeurs étoit bien peu avancée au seizième siècle, on peut en juger d'après les époques que *de la Quintinye*, long-temps après, assigne pour avoir des laitues pommées, des fraises, etc., et sur-tout par une lettre, en date du 10 Mai 1696, dans laquelle madame de Maintenon parle des petits pois, comme d'une nouveauté qui, depuis quatre jours, occupoit la vanité gourmande des princes.

On prétend que l'art des espaliers, presque ignoré des Anciens, n'a été bien pratiqué qu'à la fin du seizième siècle : ce n'étoit d'abord qu'une espèce de haie, soutenue par des pieux, d'où l'espalier prit son nom, qu'il a gardé lorsqu'on l'a adossé à des murs. On ne voit pas en France, comme en Angleterre, le groseillier à grappes rouges et le cerisier s'élever en espalier à des hauteurs quadruples de celles qu'ils ont chez nous, et couvrir les murs de leurs fruits, parce que jouissant d'un climat plus favorable et pouvant nous procurer ces fruits en hauts-vents, nous réservons les expositions contre mur pour obtenir d'autres produits.

Quelques observations sur les animaux domestiques précéderont la conclusion de cet ouvrage.

Les Francs étoient passionnés pour la fauconnerie et la chasse ; de-là naquit, et pendant onze cents ans se perpétua, jusqu'à la révolution, à l'abbaye de Saint-Hubert des Ardennes, l'usage d'envoyer annuellement au roi de France six

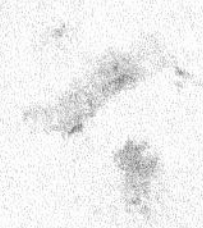

_____

(1) *Théâtre d'Agriculture*, tome II, Lieu VI, chap. XXVI.

(2) *Hesperides, sive de Malorum aureo-* rum *Culturâ et Usu. Romæ*, 1646, in-fol.

(3) *De Re Cibariâ*, etc., lib. XI, cap. VIII, pag. 593.

chiens courans et six oiseaux. On feroit une bibliothèque considérable des ouvrages sur la police des tournois, la chasse, l'éducation des oiseaux de vol amenés à la domesticité. Dès le treizième siècle, on trouve des traités de l'empereur *Frédéric II* et d'*Albert*, dit *le Grand*, sur la fauconnerie (1); plusieurs autres, sur la chasse, datent du quatorzième siècle, entr'autres celui du roi *Modus*, dont le manuscrit est à la Bibliothèque Nationale, et qui fut imprimé en 1486 (2). Celui du roi de Castille et de Léon, *don Alphonse*, augmenté et publié par *Gonçalo Argote de Molina*, en 1582, paroît dater également de ce temps (3). Bientôt après on publia et on traduisit les ouvrages de *Xénophon*, d'*Arrien*, d'*Oppien*, de *Phœmon*, de *Gratius*, de *Némesien*, etc.; et l'assassin des François, *Charles IX*, composa aussi, sur la chasse, un ouvrage qui ne fut imprimé que sous Louis XIII (4). Le seizième et le dix-septième siècles virent éclore des poëmes sur les chiens et sur la chasse, par *le Comte*, *Passerat*, le cardinal *Castellesi*, *Darci*, *Strozzi*, *Angeli*, *Fracastor*, *de Thou*, *Savary*, etc. Une foule d'ouvrages sur les mêmes objets, sur la fauconnerie, la pêche, furent composés chez toutes les Nations savantes; je me bornerai à citer ceux de *Cirino*, *Sforzino*, *de Kaie*, *Paullini*, *Bellisaire Aquaviva*, *Mateos*, *de Espinar*, *Sébastien de Médicis*, *Blondus*, *Gaston Phebus*, *du Fouilloux*, *de Clamorgan*, *Gruau*, *Isachius*, *Cockaine*, *Valvasone*, *Giorgi*, *Harmont*, *Salnove*, *Pruckmann*, *Raimondi*, *de Sélincourt*, *Simon Latham*, *Taverner*, *Coppini*, *de Franchières*, *Gace de la Vigne*, *Artelouche de Alagona*, *Tardif*, *de Gommer*, *d'Areussia d'Esparron*, *de Saint-Aulaire*, le frère *Fortin*, *Baldigara*, *Walton*, *Eglin*, *de Gamon* (5), *de Strosse* (6), *de Ligneville* (7), et autres, que *Kreysig* a fait connoître dans sa biblio-

---

(1) *Reliqua librorum Friderici II, imperatoris, de Arte Venandi cum Avibus; cum Manfredi regis additionibus; ex membranis vetustis nunc primum edita. Albertus magnus de Falconibus, Asturibus, et Accipitribus. Augustæ Vindelicorum*, 1596, in-6°. Un très-beau manuscrit de cet ouvrage, sans lacunes, comme il y en a dans l'imprimé, étoit entre les mains de *Mercier de Saint-Léger*, d'où il est passé dans celles de notre collègue à l'Institut, *Leblond*, conservateur de la Bibliothèque Mazarine.

(2) *S'ensuyt le Livre du roy Modus et de la royne Racio qui parle du déduit de la Chasse à toutes Bestes sauvaiges. Avec le stille de Faulconnerie*, etc. *Chambéry*, 1486, in-fol.

(3) *Libro de la Monteria.—Discurso sobre el Libro de la Monteria. Sevilla*, 1582, in-fol.

(4) *La Chasse Royale. Paris*, 1625, in-8°.

(5) *Les Pescheries, divisées en deux parties; où sont contenues, par un nouveau* genre d'escrire, *et sous des aussi beaux que divers enseignemens, les plaisirs inconnus de la mer, et de l'eau douce. Lyon*, 1599, in-12.

(6) *Le Discours du déduit de la Chasse, suivant les quatre saisons de l'année, pour toutes sortes de Gibiers : et pour sçavoir à quels Oyseaux il fait bon chasser. Paris*, 1603, in-8°.

J'ai cité plus particulièrement ces deux derniers ouvrages, parce qu'ils sont très-rares, et inconnus aux bibliographes; le dernier n'est point la traduction du poëme de *Strozzi*, comme le pensoit *Lallemant*, qui ne l'avoit pas vu.

(7) *Les Meuttes et Veneries de Jean de Ligneville, comte de Bey*, in-fol. Très-beau manuscrit, de plus de 700 pages, écrit en 1636—1641. Le comte *de Ligneville*, grand veneur de Lorraine et Barrois, avoit vécu sous Henri IV, et étoit contemporain de notre OLIVIER DE SERRES. Ce manuscrit, et les deux ouvrages précédens, sont dans la riche bibliothèque de notre collègue *Huzard*.

thèque (1), et dont *Lallemant* a donné une notice raisonnée (2). Si l'on en croit ce *Gaston Phébus*, qui nourrissoit seize cent chiens, il faut devenir chasseur pour faire son salut, parce qu'au moyen de cet exercice on fuit les sept péchés mortels (3). *Du Fouilloux* est à-peu-près du même avis. « La pre-
» mière science, dit-il, après la crainte de Dieu, est de se tenir joyeux,
» usant d'honnêtes exercices (4). »

Un effet assez naturel de l'importance qu'on attachoit à des choses d'agrément, étoit d'en mettre peu aux choses utiles. Ainsi, à la même époque, les chasseurs écrivoient sur les maladies des oiseaux, des chiens et des chevaux de chasse, tandis que l'art vétérinaire étoit dans l'abjection, quoique des épizooties très-fréquentes, sur-tout en Italie (5), dussent rectifier l'opinion égarée sur les avantages de cette partie des connoissances humaines.

Quelques bons esprits s'élevèrent cependant au-dessus du préjugé. *Ruel* publia une version latine des vétérinaires grecs (6); *Grynæus* donna une belle édition du texte seul (7); *Massé* les mit en françois (8), et *Jean Jourdain* en donna, vers le milieu du siècle suivant, une nouvelle version dans la même langue (9); *Charles Estienne* traduisit *Vegèce* (10), et cette traduction, publiée sous le nom de *Bernard du Poy-Monclar*, est revendiquée fortement par *Charles Estienne* (11). Divers autres ouvrages sur la médecine vétérinaire, et plus particulièrement sur l'hippiatrique, furent publiés à cette même époque, ou peu après, par *Heroard*, médecin de Henri IV; *Ruini*, sénateur de Bologne, dont l'ouvrage est étonnant pour l'époque où il vivoit (12); *J. Camerarius, Rusius, Jean Vincent, Laville, Thenand, Beaugrand, Baret, du Mesnil, Lanfray, Rusto* ou *Ruffo*, Calabrois, le premier qui ait écrit sur la ferrure des chevaux; *Naaldwyck*, Hollandois; *Seacco, de l'Espinay, Lœhneisen, Reuschel, Geissert*, et autres, indiqués dans la Bibliothèque des auteurs vétérinaires, par *Amoreux* (13); jusqu'à *Solleysel*, dont l'ouvrage,

---

(1) *Bibliotheca Scriptorum Venaticorum*, etc. *Altenburgi*, 1750, in-8°.

(2) *L'Ecole de la Chasse aux Chiens courans, précédée d'une Bibliothèque historique et critique des Théreuticographes. Rouen*, 1763, in-8°., tome I.

(3) *Des Dédains de la Chasse des Bestes sauvaiges et des Oyseaux de proye. Paris, Verard*, in-4°., gothique, sans date.

(4) *La Vénerie. Poitiers*, 1561, in-fol. Voyez l'Épitre dédicatoire au roi.

(5) *Fracastor, de Contagiosis Morbis,* lib. I, cap. XII, parle d'une épizootie sur les bœufs, en 1514, dans le Frioul, le Véronois, etc. *Wier, de Præstigiis Dæmonum*, lib. IV, cap. XXX, cite la grande épizootie de 1552; c'étoit une maladie charbonneuse. *Antoine Faccio*, de Padoue, décrit celle de 1599, dans les Etats de Venise. Le sénat défendit l'usage du lait, du beurre, du fromage, de la viande, etc.

(6) *Veterinariæ Medicinæ*, libri II. Parisiis, 1530, in-fol.

(7) Τῶν Ἱππιατρικῶν βιβλία δύο. *Basileæ*, 1537, in-4°.

(8) *L'Art Vétérinaire, ou grande Maréchalerie, etc. Paris*, 1563, in-4°.

(9) *La Vraye cognoissance du Cheval, ses maladies et remèdes, etc. Paris*, 1647, in-fol.

(10) *Quatre Livres de Puble Vegèce Renay, de la Médecine des Chevaux malades, etc. Paris*, 1563, in-4°.

(11) *L'Agriculture, et Maison Rustique, etc. Paris*, 1565, in-4°., liv. I, chap. XXIII, feuillet 33.

Sic vos non vobis vellera fertis oves.

dit *Charles Estienne*, en terminant sa réclamation.

(12) *Dell' Anatomia, et dell' Infirmità del Cavallo. In Bologna*, 1598, 2 vol. in-fol.

(13) *Montpellier*, 1773, in-8°. On lui doit une première *Lettre sur la Médecine Vétéri-*

traduit en anglois et en allemand, a eu un si grand nombre d'éditions (1), et *Winter* (2), qui terminent honorablement l'un et l'autre cette nomenclature, vers la fin du dix-septième siècle.

Ingrassias, regardé comme l'*Hippocrate* de la Sicile, ne dédaigna pas la vétérinaire; il loue beaucoup cette science et ceux qui l'exercent, dans l'ouvrage qu'il a rédigé sur la similitude qui existe entre la médecine des bestiaux et celle de l'homme (3). *Tiraqueau*, jurisconsulte célèbre, publioit, dans un de ses ouvrages, une liste des médecins vétérinaires et des savans agriculteurs, qui honore les fastes de ces deux branches d'une même science (4). On conçoit qu'alors elle n'avoit pas encore cette marche assurée et méthodique qu'elle n'a commencé à prendre que dans les ouvrages de *la Guérinière* et de *Gursaut*, et au moyen de laquelle elle a fait tant de progrès de nos jours, entre les mains de *Bourgelat*, créateur des Écoles vétérinaires en France; des *Lafosse*, père et fils; de *Chabert*, *Vitet*, *Vicq-d'Azyr*; de *Paulet*, qui a publié une excellente histoire des épizooties (5); de *Huzard*, *Gilbert*, *Flandrin*, etc. Combien de contes étoient alors débités sur l'hippomanes, que *Daubenton* a prouvé n'être que le sédiment de la liqueur placée entre l'amnios et l'allantoïde! On le trouve non seulement dans la jument, mais encore dans l'ânesse et dans la vache (6).

L'art du manége, sur lequel *François Sacci* et *Jacques Savary* ont composé des poëmes latins (7), fut perfectionné d'abord en Italie, par *Fiaschi*, *Grison*, *Corte*, *Caracciolo*, et sur-tout par *Pignatelli*, à qui la France dut *Labroue*, *Pluvinel* et *Menou*.

La maréchallerie le fut en Allemagne, ensuite en France; l'art d'élever les chevaux et de croiser les races, le fut en Angleterre.

Du temps de *Gaston* il y avoit à Mazères des haras dont parle *Vaissette* (8). Notre collègue *Huzard* prétend que leur destruction, en France, fut indirectement l'ouvrage de Richelieu, qui eut la politique d'appeler à la

---

naire. Montpellier, 1771, in-8°., et quelques autres ouvrages sur l'agriculture, entr'autres: *Traité de l'Olivier. Montpellier*, 1784, in-8°.; *Mémoire sur les Haies de clôture. Paris*, 1787, in-8°., dans lequel il traite des haies épineuses, d'agrément, et productives; *Notice des Insectes de la France, réputés venimeux. Paris*, 1789, in-8°., etc.

(1) *Le Parfait Mareschal, etc. Paris*, 1664, in-4°., première édition; la dernière est de 1775. On lit dans le privilége de la quatrième, imprimée en 1680, l'année même de la mort de l'auteur, qu'il y avoit, à cette époque, plus de dix-sept mille exemplaires répandus de contrefaçons de cet ouvrage.

(2) *Eques peritus et Hippiater expertus. Norimbergæ*, 1678, 3 vol. in-fol.

(3) *Quòd Veterinaria Medicina formaliter una, eademq. cum nobiliore hominis Medicinâ sit, materiæ duntaxat dignitate, seu nobilitate differens: ex quo Veterinarii quoque Medici, non minùs, quàm nobiles illi hominum Medici, etc. Venetiis*, 1568, in-4°.

(4) *Commentarii de Nobilitate et Jure Primigeniorum. Lugduni*, 1617, in-fol., quarta editio, cap. XXXI, pag. 293 et seqq.

(5) *Recherches historiques et physiques sur les Maladies épizootiques, avec les moyens d'y remédier. Paris*, 1775, 2 vol. in-8°.

(6) *Mémoires de l'Académie royale des Sciences*, année 1751, in-4°., page 293.

(7) *Hippicon, libri IV. Romæ*, 1634, in-4°. — *Album Hipponæ, sive Hippodromi Leges. Cadomi*, 1662, in-4°.

(8) *Histoire générale du Languedoc. Paris*, 1665, in-fol., tome IV, page 398.

cour tous les grands tenanciers (1). Quelques ouvrages ont été publiés sur cet objet, à l'époque dont je m'occupe, par *Jean-Baptiste Ferraro* (2), *Jean Tacquet* (3), et un anonyme (4). Ce dernier évaluoit à environ cinq millions par an notre exportation de numéraire pour l'achat de chevaux étrangers ; elle est bien augmentée depuis. Un demi-siècle après, *Querbrat Calloet*, déjà cité à une autre occasion, nous donnoit des avis utiles, mais peu suivis (5), et *Winter* publioit, en quatre langues, son traité des Haras (6).

La Provence étoit, selon *Quiqueran*, un des pays remarquables par l'excellence et l'abondance du bétail. Il parle d'un taureau si gros et si féroce, que, pour le dompter, on lui attacha un cable, auquel étoit suspendu le tronc d'un arbre, pesant environ six cent livres (trente myriagrammes); mais, comme il traînoit ce fardeau à travers les champs cultivés, et les abimoit, on fut contraint de le tuer (7).

Dans les gras pâturages de la Normandie paissoient de nombreux troupeaux, dont le beurre, à raison de la quantité et de la qualité, formoit une branche considérable de commerce. OLIVIER DE SERRES accorde aux Lorrains l'invention de conserver le beurre fondu (8).

On fait remonter à plus de neuf siècles l'art de relever le goût du fromage par le mélange d'herbes odoriférantes. Cette opération, désignée par le mot *persiller*, annonce qu'originairement on y faisoit entrer du persil.

Certaines espèces de fromages de France ont une réputation de plusieurs siècles : tel est celui de Brie, tel est le Roquefort, préparé avec du lait de brebis, qui a été le sujet d'un mémoire de *Marcorelle*, inséré dans ceux des Savans étrangers, présentés à l'Académie des Sciences (9). Il croit que ce fromage est celui dont parle *Pline*, qu'on tiroit des Gaules, et qui étoit fort recherché à Rome. François Iᵉʳ. accorda aux habitans de Roquefort la faculté de percevoir un droit sur les fromages déposés par les particuliers dans les caves de cette commune, ainsi qu'ils en avoient joui de temps immémorial, dit la charte, qui a été confirmée sous les règnes suivans. C'est encore François Iᵉʳ., qui mit à la mode le Sassenage. A cette époque, on recherchoit déjà le Marolles et le Neufchâtel (10).

D'autres fromages estimés ont une réputation plus moderne ; entre ceux-ci on compte le *Gerardmer* des Vosges, dont les Parisiens ont travesti le nom en celui de *Giraumé*. On connoit trop peu celui que fabriquent les anabaptistes de Salm, dans la même contrée ; les procédés en ont été décrits par

(1) *Instruction sur l'Amélioration des Chevaux en France. Paris, an X*, in-8°., page 12.

(2) *Delle Razze, disciplina del Cavalcare, etc. In Napoli*, 1560, in-4°.

(3) *Philippica, ou Haras de Chevaux. Anvers*, 1614, in-4°.

(4) *Mémoires pour l'establissement des Haraz en France, etc.* 1639, in-12.

(5) *Advis, on peut en France, eslever des chevaux, aussi beaux, aussi grands, et aussi bons qu'en Allemagne et royaumes voisins, etc. Paris*, 1666, in-4°.

(6) *Traité nouveau pour faire race de Chevaux, etc. Nuremberg*, 1672, in-fol.

(7) *La Nouvelle Agriculture, etc.*, liv. II, chap. VI.

(8) *Théâtre d'Agriculture*, tome I, Lieu quatrième, chap. VIII.

(9) Tome III, page 585 et suiv.

(10) *Mélanges tirés d'une grande Bibliothèque*, tome XXXII, page 184.

Desmarets, dans le *Dictionnaire des Arts et Métiers* de l'*Encyclopédie méthodique*.

Jusqu'à l'époque d'OLIVIER DE SERRES, on s'étoit peu occupé des abeilles en France ; on ne trouve ce qui les concerne, que dans les traités d'agriculture : il est le premier qui en ait parlé en détail ; et ce qu'il en dit, pouvoit alors être regardé comme un ouvrage complet (1). Ce n'est qu'au milieu du dix-septième siècle que parurent ceux d'*Alexandre de Monfort*, sur ces insectes, plus utiles que les vers à soie (2), mais sur lesquels on a moins écrit, parce qu'ils ne sont qu'utiles (3). J'ignore à quel temps remonte la fabrication de l'hydromel vineux dans quelques parties de la France ; cette liqueur bienfaisante, peu coûteuse, mériteroit d'être plus connue et plus en usage.

À l'article de l'Espagne nous avons parlé de la préférence donnée au bœuf, pour le labour, sur les chevaux et les mulets. Dans les diverses provinces de France, l'emploi de ces animaux, pour les travaux champêtres, varioit comme aujourd'hui, et le choix, à cet égard, ne fut pas toujours déterminé par la raison. La préférence à donner au bœuf, pour la culture dans la Belgique, fut l'objet d'un concours ouvert par l'Académie de Bruxelles, qui, en 1777, couronna le mémoire de *Norton*, recteur des dominicains Anglois à Louvain. Il établit sa thèse sur la quantité respective d'alimens nécessaires à chaque espèce, l'emploi de leurs fumiers, le parallèle de leurs forces, etc. (4). Il auroit pu ajouter incidemment d'utiles observations sur le poids énorme et inutile des colliers qu'on emploie généralement pour les bêtes de somme.

Le mulet convient évidemment plus que le cheval, pour les transports à dos dans les lieux escarpés. Demandez à l'habitant des Vosges pourquoi, dans cette chaîne de montagnes, on n'emploie pas le premier ; peut-être vous répondra-t-on, comme à moi, que le mulet a le pied moins sûr que les autres bêtes de somme. Ainsi l'homme est subjugué par l'habitude. Une révolution salutaire dans l'agriculture s'opéreroit facilement, si l'on pouvoit persuader aux campagnards que ce qui s'est fait par leurs ancêtres n'est pas toujours la mesure du mieux possible.

L'éducation des bêtes à laine, au seizième siècle, étoit, sinon perfectionnée, du moins très-suivie. *Quiqueran* dit que tel propriétaire a quinze mille bêtes à laine, et que les marchands étrangers affluent pour en acheter les toisons.

J'ai déjà fait remarquer qu'autrefois les épizooties, plus fréquentes, exerçoient encore plus de ravages que de nos jours. Et pouvoit-il en être autrement, lorsque les animaux étoient soignés de la manière la plus opposée aux principes de l'hygiène ? On a remarqué que la France et l'Espagne sont peut-

---

(1) *Théâtre d'Agriculture*, tome II, cinquième Lieu, chap. XIV.

(2) *Pourtrait de la Mouche à miel, ses vertus, forme, sons, et instruction pour en tirer profit*. Liège, 1646, in-8°. — *Le Printemps de la Mouche à miel*. Anvers, 1649, in-8°.

(3) On trouvera dans le tome V des *Mé-moires de la Société d'Agriculture du département de la Seine*, une *Notice bibliographique des ouvrages françois sur les Abeilles*, rédigée d'après le vœu de la Société, par notre collègue *Huzard*.

(4) *Mémoires sur les Questions proposées par l'Académie des Sciences de Bruxelles, en 1777. Bruxelles*, 1778, in-4°.

être les pays où, dans ce qui concerne le gouvernement des animaux, on trouve plus de malpropreté et de brutalité.

Les hommes qui unissent une raison cultivée à des sentimens honnêtes, envisageront toujours avec horreur les combats de coqs et de taureaux, le jeu de l'oie, que l'on assomme à coups de bâton, la pratique aussi absurde qu'atroce de tuer les abeilles d'une ruche pour en extraire le miel, de crever les yeux à un rossignol pour le faire chanter dans toutes les saisons, etc., etc. Ils loueront la bienveillance des Banians, des Turcs, envers les animaux, et la tendresse des Arabes pour leurs chevaux; ils citeront toujours avec éloge les écrivains qui se sont constitués les défenseurs de cette portion des êtres doués de sensibilité: *Bernardin de Saint-Pierre* (1), *Cooper* (2), *Young* (3), *Smith* (4), *Melmoth* (5), *Weis* (6), Madame *Trimmer* (7), *Oswald* (8), Miss *Williams* (9), *Pratt*, *Dauberiy*, et sur-tout *Lawrence* (10), dont l'ouvrage est un des plus complets et des mieux faits sur cette matière; il assure que les veaux conduits au marché de Smithfield y sont cruellement jetés à terre du haut des charrettes; cependant sur ce marché est placardée une ordonnance de police, en gros caractères, qui décerne des peines contre ceux qui maltraitent les animaux. Malheur à quiconque voudroit placer ces observations hors du cercle des idées morales! comme si l'homme n'avoit que des droits à exercer et pas de devoirs à remplir envers les paisibles compagnons de ses travaux! Le maréchal de Saxe disoit que quand un charretier est en querelle avec ses chevaux, communément c'est l'animal à deux pieds qui a tort. S'il est permis de les exercer à cultiver nos champs, si le besoin de la peau de certains animaux pour notre vêtement, de leur chair pour notre nourriture, autorise à les tuer, du moins épargnez-leur des douleurs inutiles: c'est chose plus facile que de faire adopter le système de *Descartes*, qui les assimile aux automates. Pourriez-vous même blâmer le mouvement de sensibilité qu'inspire la vue de l'oie stupide, qui fait mouvoir la roue du tournebroche pour rôtir un individu de son espèce?

Buffon remarque qu'on tireroit un plus grand parti des bêtes de somme,

---

(1) *Études de la Nature. Paris*, 1792, in-8°., tome IV, page 331 et suiv.

(2) *The Task*, *a poem*, *books VI. Boston*, 1791, in-8°.

(3) *An Essay on Humanity to Animals.* Ce dernier a pris la défense même des grenouilles et des chats-huants.

(4) *Ueber die Natur und Bestimmung der Thiere wie auch von den Pflichten der Menschen gegen die Thiere. Kopenhagen*, 1790, in-8°.

(5) *The Letters of sir Thomas Fitzosborne on several subjects*, 1742, in-8°., lettre 16. Il blâme la cruauté même envers les insectes.

(6) *Principes philosophiques, politiques et moraux. Paris*, 1789, 5 vol. in-12.

(7) *Lilliputian* Spectacle de la Nature; *or, Nature delineated, in conversations and letters passing between the Children of a family. London* (sans date), 3 vol. in-12.

(8) *The cry of Nature; or, an appeal to mercy and to Justice, on behalf of the persecuted Animals. London*, 1791, pet. in-8°.

(9) *Apperçu de l'état des Mœurs et des Opinions dans la République françoise, vers la fin du dix-huitième siècle. Paris*, 1801, in-8°., tome II, page 205. — *Nouveau Voyage en Suisse*, par la même. *Paris*, 1798, in-8°., tome II, page 64.

(10) *A philosophical and practical Treatise on Horses, and on the moral duties of Man towards the Brute creation. London*, 1796, in-8°.

en les traitant avec douceur. De cette persuasion, sans doute, dériva l'usage immémorial, en Poitou, d'avoir le *noteur*, ou chanteur, qui, accompagnant les bœufs lorsqu'ils fendent les sillons, les encourage par ses airs.

Les réflexions de *Buffon* s'appliquent spécialement au cheval, qu'il appelle la plus belle conquête de l'homme ; animal admirable, qui exerce ses forces jusqu'à tomber d'épuisement sous le fouet sanglant de son assassin. Quelqu'un voyant un monstre à figure humaine frapper impitoyablement un cheval harassé, s'écrioit : Malheureux ! tu n'as donc pas vû l'estampe de *Hogarth ?* Cet horrible spectacle se reproduit journellement dans les rues de Paris, sous les yeux des passans, qui l'envisagent avec une insensibilité que rien n'ébranle ; après cela, parlez d'humanité, si, contre l'expérience de tous les siècles, vous pouvez croire que la bonté envers les hommes puisse s'allier à la cruauté envers les brutes.

L'histoire ne jette aucun jour sur l'époque à laquelle, en France, on pratiqua, pour la première fois, la castration des animaux. Celle des jumens fut prohibée par nos règlemens des Haras (1). Un usage du seizième siècle, qui paroît s'être perdu, est celui de faire subir cette opération aux lapins ; on les lâchoit ensuite dans la garenne, où leur chair devenoit plus tendre et plus délicate. La castration des poissons n'étoit pas connue : on sait qu'elle ne date que d'environ cinquante ans, et que *Tull* en fut l'auteur (2).

Avant *Réaumur*, on avoit tenté de faire éclorre les poulets à la manière égyptienne. François Ier. avoit fait construire, pour cet objet, des fours, à Montrichard, en Touraine.

On voit, par une ordonnance de police, de l'an 1567, que le plus gros chapon est taxé à sept sous, la meilleure poule à cinq, le pigeon à quinze deniers. Malgré les variations du marc d'argent, qui étoit à seize francs du temps de Louis XII, à vingt-sept, sous Henri IV, et malgré la hausse ou la baisse des choses consommables, d'après l'abondance ou la rareté du signe qui les représente, on sent que la différence du prix, comparativement à l'époque actuelle, est exorbitante.

La pintade, venue d'Afrique, avoit été connue des Grecs et des Romains ; mais elle ne reparut en Europe qu'au seizième siècle. Cet oiseau, alors assez commun dans les basses-cours, le seroit encore, s'il n'étoit turbulent et désagréable.

Le canard de Barbarie étoit venu récemment de l'Inde, à ce que nous apprend *Charles Estienne*, en 1550 (3). Son croisement avec la cane commune, donne des métis dont OLIVIER DE SERRES fait l'éloge, mais dont il prétend que les œufs, d'ailleurs très-abondans, sont inféconds (4).

Pierre de Crescens ne parle pas du dindon. *Bouche*, historien de Provence, veut que nous en soyons redevables au roi *René*, mort en 1480 ;

<hr>

(1) *Règlement du roy, et Instructions touchant l'administration des Haras. Paris*, 1717, in-4°., titre V, art. XI, page 30.

(2) *Abrégé des Transactions philosophiques. Paris*, 1790, in-8°., Économie rurale, tome II, article VII, page 223.

(3) *Histoire de la Vie privée des Français, etc.*, tome I, page 297.

(4) *Théâtre d'Agriculture*, tome II, Lieu cinquième, chap. VI.

il les nourrissoit au lieu dit la Galinière, près de Rosset, selon la tradition du voisinage. En contestant ce fait, on peut néanmoins inscrire honorablement *René* dans les fastes de l'agriculture, à laquelle il rendit des services éminens. On lui doit, entr'autres, l'introduction des perdrix rouges, qu'il tira de l'île de Chio (1). D'autres écrivains assurent que le dindon fut introduit, sous François Ier., par l'amiral Chabot. *La Bruyère - Champier* parle de cette acquisition comme d'une chose récente (2), et *Beckmann* réfute ceux qui la croyent plus ancienne en France, que le seizième siècle; il prouve que, de l'état sauvage dans les forêts d'Amérique, cet animal passa à la domesticité en Europe. *De Paulmy* est du même avis (3). Parmi les historiens du Nouveau-Monde, le premier où l'on trouve une description de cet oiseau, paroît être *Gonzale Ferdinand d'Oviedo*, qui écrivoit en 1525 (4).

En 1557, à Venise, un règlement destiné à réprimer le luxe des tables, défend d'y servir du dindon. Vers l'an 1570, *Barthelemi Scappi*, cuisinier de Pie V, dans son ouvrage sur la préparation des alimens, donne la description de ce volatile (5), qui cependant n'est pas nommé dans des ordonnances rendues en France, en 1563 et 1567, rapportées par *de la Mare*, non qu'il fut inconnu, mais il étoit peu commun; et lorsqu'en 1566, les magistrats d'Amiens offrirent douze dindons à Charles IX, ce présent empruntoit son prix de sa rareté. Mais, en 1603, un règlement de Henri IV décerna des peines contre les enquêteurs qui refuseroient les droits d'entrée sur les dindons, sous prétexte qu'ils étoient destinés pour la reine. Enfin, en 1619, les basses-cours en étoient déjà peuplées; j'en acquiers la preuve dans l'ouvrage intitulé: *Triomphe du Corbeau*, par *Uzier*, curé d'Einville-au-Parc, près Lunéville (6); tant il est vrai que des ouvrages absurdes ou ridicules renferment quelquefois des anecdotes piquantes et des documens historiques. Le mémoire de l'an 1605, publié par sir *Joseph Banks*, que j'ai eu occasion de citer précédemment, prouve qu'à cette époque le dindon (turkey) étoit connu en Angleterre, puisqu'on le trouve dans la liste des alimens.

Cette acquisition nouvelle fit négliger l'oie, dont la graisse est employée pour faire la garbure, ragoût languedocien, qu'on dit n'avoir pas été connu du temps de *Belon*.

Le cardinal de Châtillon avoit, près de Lisieux, des troupeaux de perdrix qui, tous les matins, alloient aux champs, et, le soir, revenoient à la basse-cour (7). *Tournefort*, dans ses voyages, raconte avoir vu, près de Grasse,

---

(1) *La Chorographie, et description de Provence, et l'Histoire chronologique du même pays. Aix*, 1664, 2 vol. in-fol., tome II, liv. IX, sect. IV, page 478. — *Mélanges tirés d'une grande Bibliothèque*, etc., tome III, pages 23 et 24.

(2) *De Re Cibariâ*, etc., lib. XV, cap. LXXIII, pag. 831.

(3) *Mélanges tirés d'une grande Bibliothèque*, etc., tome XXIII, page 217.

(4) *Terzo volume delle Navigationi et Viaggi rascolto gia da M. Gio. Battista Ramusio. In Venetia*, 1565, in-fol. Voyez dans ce volume, *Sommario della naturale et generale Historia dell' Indie Occidentali*, cap. XXXVII, fol. 59.

(5) *Dell Arte del Cucinare, con il Maestro di casa e Trinciante.* 1571, in-4°., lib. II, cap. CXLI, pag. 72.

(6) *Nancy*, 1619, in-12, page 43.

(7) *De Re Cibariâ*, etc., lib. XV, cap. XXXII, pag. 791.

un Provençal qui avoit aussi des compagnies de perdrix privées. Cet usage est commun dans l'île de Chio (1).

Bougainville avoit cicuré une belle espèce d'outarde aux Isles Malouines (2). Il y a tout lieu de croire que la France pourroit jouir du même avantage ; on assure même qu'autrefois cet oiseau existoit dans nos basses-cours. L'oie sauvage est devenue domestique à Long-Island, et *Livingston*, en Amérique, a cicuré l'élan, il l'a même attelé (3). Ce fait, inséré dans les nouvelles publiques, m'a été confirmé par l'auteur lui-même, actuellement ministre plénipotentiaire des Etats-Unis d'Amérique près la République françoise.

A côté de nous, en Sardaigne, est le moufflon, sur lequel *Cetti* a rédigé un article curieux. Il s'accoutume facilement à la vie domestique, connoît la voix de son maître et le suit. On assure que la viande de cet animal est préférable à celle du daim et du cerf, et que le lait de la moufflonne vaut mieux que celui de la chèvre (4).

Combien d'autres conquêtes nous restent à faire dans les divers règnes de la nature, sur ses productions tant indigènes qu'exotiques ! Que de végétaux hébrides peut créer encore la connoissance du système sexuel des plantes, dont les Anciens ont eu l'idée sans en tirer avantage ! Que d'animaux dont l'homme peut assouplir le caractère ! Le hocco, le vigogne, le lama, le kanguroos, etc., vivant dans l'habitation de l'homme, multiplieront ses ressources alimentaires et ses jouissances. Dans le parc de Richmond, l'Angleterre a plus de trente kanguroos ; la France en possède deux individus, mâle et femelle, au Muséum d'histoire naturelle, et un couple de lamas est actuellement à la Malmaison. Déjà un de ces derniers animaux et un vigogne ont vécu plusieurs années dans la domesticité, à l'École vétérinaire d'Alfort.

En ébauchant l'état agronomique de l'Europe, au seizième siècle, j'ai cru devoir établir souvent des points de comparaison entre l'époque d'Olivier de Serres et la nôtre, et lier, en quelque sorte, le présent au passé. Je me suis abstenu de mentionner plusieurs îles qui font partie de l'Europe, et qui, favorisées d'un beau ciel, d'un territoire fertile, appellent la charrue et la main industrieuse de l'homme. La disette des faits m'a imposé silence. Ces pays, peu étendus, furent presque toujours, à l'époque dont il s'agit, comme la Corse, en proie à des dissensions civiles, ou le théâtre des guerres entre les potentats qui s'en disputoient la possession. Satellites roulans dans l'orbite d'astres plus grands, ils en éprouvèrent toutes les perturbations.

Si l'on me reprochoit de n'avoir pas indiqué l'état de la législation sur les baux, la police des marchés, l'état des chemins vicinaux, des canaux navigables, etc., je répondrois que les discussions de ce genre ne sont que limitrophes à l'agriculture ; elles peuvent être traitées dans un livre tracé sur un plan plus vaste : telle seroit l'histoire générale de l'agriculture, et cette consi-

---

(1) *Relation d'un Voyage du Levant, etc.* Paris, 1717, in-4°., tome I, page 386.

(2) *Voyage autour du Monde. Paris*, 1771, in-4°., chap. IV, page 66.

(3) *A Philosophical Magazin*, 1802, tom. IX, pag. 92.

(4) *I Quadrupedi di Sardegna. Sassari*, 1774, in-8°., pag. 121 e seg.

dération

dération les recommande à *Reynier*, qui s'occupe, dit - on, de ce grand ouvrage.

Un écrivain qui a voulu assigner aux Nations les rangs en agriculture, accorde le premier aux Anglois; viennent ensuite les François, les Italiens. Ces jugemens, très-hasardeux, peuvent être dictés ou contestés par l'orgueil national, comme par le sentiment de la vérité; et, à cet égard, les Allemands ont droit de faire des réclamations. Néanmoins, en nous reportant à l'époque dont j'ai crayonné le tableau, je ne crois pas que la France le cède à aucun des pays voisins, et l'on voudra bien se rappeler qu'alors, chez nous, l'agriculture étoit sans cesse effrayée par le bruit des combats et les ravages de la guerre civile, dont la religion étoit le prétexte; l'ambition, la cause; et le peuple, toujours la victime. Depuis quinze ans, le même spectacle s'est renouvelé sous nos yeux.

S'il est vrai qu'OLIVIER DE SERRES ait figuré d'une manière peu honorable dans ces dissentions orageuses (2), je dirai : jetons un voile sur ces événemens sinistres, sur des fureurs à jamais déplorables, et ne voyons en lui que l'homme de génie, qui, retiré au Pradel, s'entoure de l'expérience des âges antérieurs, y ajoute son expérience propre, et consigne ses recherches dans ce *Théâtre d'Agriculture*, qui le place à la tête des Géoponiques françois. L'auteur de sa Vie a discuté savamment quelle fut l'influence d'OLIVIER DE SERRES sur son siècle et sur ceux qui l'ont suivi. Il est vraiment grand celui que la postérité appelle à présider une réunion composée de *de la Quintinye*, *Arnaud d'Andilly*, *Réaumur*, *Duhamel du Monceau*, *Roger Schabol*, *Varenne de Fenille*, *Malesherbes*, *Rozier*, *Béthune-Charost*, etc.!

---

(1) Dans l'Éloge de notre auteur, et dans les Éclaircissemens sur la notice de sa vie (ci - devant, pages xxj et lxxv), j'ai eu un tort que je saisis l'occasion de réparer.

J'ai nié fortement que *Pradel*, auteur de la surprise faite à Villeneuve-de-Berg, en 1573, fût OLIVIER DE SERRES. Pour le prouver, le C. *La Boissière* s'appuyoit principalement du témoignage de *d'Aubigné*, et je n'avois pourtant rien trouvé d'approchant dans l'histoire de ce dernier. Mais je me suis ressouvenu que *d'Aubigné* avoit publié, à Genève, une seconde édition de son Histoire Universelle, plus libre et plus hardie. J'ai trouvé cette édition, de 1626, à la Bibliothèque Nationale, et je dois convenir que je me suis trompé. Ce n'est pas l'aveu qui me coûte; la vérité passe avant tout. Aussi, je me fais un devoir d'annoncer mon erreur.

Le C. *La Boissière* avoit bien lu le passage dont il s'agit. Voici comme *d'Aubigné* s'exprime, tome II, page 605 :

« Villeneufve au Vivarez coûta plus de » peine à avoir. Laugières l'avoit saisie quel- » que-temps auparavant : le capitaine Baron » qui y commandoit, s'étoit retiré à Mi- » rabel entre les mains d'un gentilhomme, » nommé *Pradel*, son ami, *autheur du* » *Théâtre de l'Agriculture*, par le moyen » duquel il fut mis dans S. Privat ».

L'exemplaire d'où est tiré ce passage, a appartenu au savant évêque d'Avranches, *Huet*, qui lisoit avec une scrupuleuse attention tous les ouvrages de sa nombreuse bibliothèque. Il avoit coutume de marquer d'un trait de plume les articles qui l'intéressoient le plus, et il en faisoit le relevé sur la page blanche qui se trouve à la fin de chaque volume. *Huet* n'a pas manqué d'annoter ces mots : *Pradel, autheur du Théâtre de l'Agriculture*, il les a reportés à la fin du volume, au milieu de douze ou quinze autres remarques relatives à l'histoire politique ou littéraire.

Cette note corrigera ce que j'ai dit à ce sujet, page lxxv. Je m'en réfère seulement aux réflexions qui terminent la page lxxvj, pour atténuer le reproche que l'on s'est cru en droit de faire à la mémoire d'OLIVIER DE SERRES. (*F. D. N.*)

Il eût été aussi facile que fastidieux d'enfler la liste, déjà peut-être trop nombreuse, des auteurs cités dans cet ouvrage : les plus distingués, ceux qui ont fait faire quelques pas à la science, avoient plus particulièrement le droit d'y figurer.

On a vu des personnes de l'autre sexe, douées des qualités les plus brillantes que donne la nature et que développe l'éducation, se livrer avec succès aux détails de la vie champêtre, dont l'attrait est par lui-même si puissant. Quelques-unes, sans doute, auront fait des expériences et des découvertes dignes d'être enregistrées dans les fastes de l'agriculture, cependant ils gardent le silence à leur égard. *Hypatie* enseigna l'astronomie ; *Laura Bassi* professa la physique ; *Martine de Bertereau* a écrit sur les mines ; la célèbre *Agnesi*, sur le calcul intégral et différentiel ; Madame *Fulham*, sur la combustion ; Mademoiselle *Ardinghelli* a traduit en italien, et annoté la statique des végétaux et des animaux, de *Hales*, que *Sauvages* et *Buffon* avoient traduite en françois ; madame *Priscilla Wakefield* a donné une introduction à la botanique, etc. Parmi les écrivains agronomiques, les seules femmes que je trouve à citer sont mesdames *Cretté de Palluel*, digne compagne d'un homme dont le souvenir est cher à l'agriculture, *Gacon d'Humières*, et *de la Getière*, dont on a plusieurs mémoires dans ceux de la Société royale d'agriculture de Paris, sur les avantages de l'éducation des génisses, sur les moyens de faire travailler les abeilles pendant les plus grands froids, de faire éclorre artificiellement et d'élever des poulets dans les hivers les plus rigoureux ; sur l'entretien et l'engrais des porcs, etc. (1).

On seroit dans l'erreur, si, à l'aspect de cette foule d'écrivains mentionnés dans l'Essai qu'on vient de lire, on croyoit que les connoissances agronomiques étoient généralement répandues en Europe. Ces ouvrages, pour la plupart écrits en latin ou en d'autres langues étrangères, étoient inaccessibles au grand nombre des lecteurs. Les communications étoient difficiles dans un temps où, pour aller à trente lieues (quinze myriamètres), quelquefois on faisoit son testament. Le commerce, ce lien général des Nations, n'avoit pas encore étendu ses spéculations dans toutes les régions civilisées ; les voyages, aujourd'hui si fréquens, étoient rares ; et, depuis *Luther* jusqu'à la paix de Westphalie, conséquemment pendant plus d'un siècle, l'Europe fut presque toujours embrasée. Les procédés de l'agriculture n'étoient et ne pouvoient être que des connoissances locales que la cupidité environnoit encore des ombres du mystère.

Il n'y a guère qu'un siècle, selon *Dickson*, qu'on s'occupe d'expériences (2) ; aussi, de tous les objets sur lesquels peut s'exercer la sagacité de l'esprit humain, l'agriculture est incontestablement un des plus arriérés. *Volney* porte à quatre cent trente-sept millions le nombre des individus épars sur notre globe (3) ; ce calcul est certainement plus voisin de la vérité que celui qui l'élève à neuf

---

(1) *Mémoires d'Agriculture et d'Économie rurale*, etc., trimestres de printemps 1787, d'hiver et d'automne 1789.

(2) *The Husbandry of the Ancients*, etc., volume I, Préface, page xciij.

(3) *Tableau du Climat et du Sol des États-Unis de l'Amérique. Paris*, an XII, 2 vol. in-8°.

cent millions ; quoi qu'il en soit , la terre pourroit admettre une population décuple, si toutes les landes inutiles étoient essartées , si l'industrie supprimoit enfin les jachères, que *Sage* a raison d'appeler une oisiveté périodique (1), nuisible à la société; en un mot, si le travail éclairé par les lumières avoit développé tous les moyens de pourvoir à la subsistance de l'espèce humaine. Malheureusement l'art de la tourmenter, de la détruire, est le plus perfectionné, comme le plus connu ; et quand, las de se dévorer, les hommes reviennent à ce qui est utile , à ce qui est bon, c'est moins par amour de la sagesse, que par besoin. Ainsi, l'accroissement progressif de la population nécessitera le perfectionnement de l'agriculture , et forcera à prendre la mesure trop tardive de replanter les forêts , dont la dévastation amène rapidement la stérilité et des désastres capables , comme on l'a prouvé, de faire reculer la civilisation.

Dans les années les plus brillantes de Louis XIV, la Nation étoit à-la-fois couverte de gloire et tenaillée par la misère : c'est une vérité qui a transpiré malgré les viles adulations de deux poëtes , dont l'un, qui fut le législateur du Parnasse, lui disoit :

> Grand roi , cesse de vaincre , ou je cesse d'écrire ;

et dont l'autre eut la foiblesse de mourir de chagrin, parce qu'un despote avoit parlé de lui avec humeur. Telle fut aussi la condition du peuple Romain, à une époque où deux chantres immortels des plaisirs champêtres s'épuisèrent en efforts inutiles pour faire oublier les horreurs du triumvirat et le crime de cet apologiste de l'esclavage, qui empêcha le rétablissement de la république. La philosophie indignée applique le sceau ineffaçable de l'infamie sur le front d'Auguste et de Mécène, et ceint de lauriers le front d'Agrippa.

La vraie richesse et le bonheur doivent sortir des sillons cultivés : alors on est moins célèbre ; mais, ce qui vaut mieux, on est plus tranquille. Un historien Grec a dit que la femme dont on parle le moins est la plus vertueuse ; communément la Nation dont on s'occupe le moins est aussi la plus morale , conséquemment la plus heureuse.

S'il fut un siècle où l'on put se promettre de grands succès dans les sciences économiques, c'est assurément le nôtre : l'étude des langues vivantes, les progrès des diverses branches de l'histoire naturelle, et plus particulièrement de la chimie , si nécessaire à toutes les autres, et à laquelle donnent tant d'éclat *Berthollet*, *Guyton*, *Fourcroy*, *Vauquelin*, etc. ; les progrès de la méchanique, qui, à *Vaucanson* voit succéder *Watt*, *Fulton*, *Montgolfier*, *Molard*, etc. ; la multiplication des ouvrages , les voyages, la correspondance entre les Sociétés savantes formées de toutes parts , donnant aux Nations civilisées un caractère plus homogène, établissent une circulation de connoissances, qui, à la vérité, seroit encore susceptible d'un grand accroissement. Il y a , à cet égard, dans l'esprit public, une direction favorable , mais malheureusement contrariée dans divers pays par des prohibitions mesquines et tracassières, par une conjuration secrète contre le progrès des lumières. Hommes à vues étroites , qui préférez les éloges mensongers des courtisans aux bénédictions des peuples, les

______

(1) *De la Terre végétale et de ses Engrais. Paris , an XI*, in-8°.

contemporains vous examinent et l'histoire vous attend; ils diront, elle répétera, que vous n'avez ni mesuré la portée de votre siècle, trop avancé pour rétrograder, ni connu la véritable gloire, qui consiste à élever l'esprit humain vers tout ce qu'il y a d'illustre, c'est-à-dire, de libre, de juste, de bon et d'utile.

Les mammelles de l'État sont, dit-on, l'agriculture et le commerce; mais celui-ci est fils de celle-là, et si elle ne fournissoit les matières premières, où trouveroit-on des objets d'échange ? Sur le tombeau de Colbert retentissent encore les reproches que lui adresse la postérité, pour avoir sacrifié l'agriculture à l'industrie manufacturière, au lieu de les faire marcher d'un pas égal. Des sommes exorbitantes furent dévorées par les spéculations lointaines, tandis que des landes immenses couvroient la France. D'autres sommes étoient alors prodiguées pour des fêtes scandaleuses et des spectacles; d'autres s'écouloient dans le sein des prostituées et des vampires, qui assiégeoient les avenues de la puissance: les gouvernans, administrateurs essentiellement révocables et comptables du trésor public, s'en croyoient alors les propriétaires, et l'on vantoit comme des actes de générosité les vols faits à la France. Quel en fut le résultat? la cour éblouissoit par le prestige de son luxe dévorateur; mais le peuple qui est tout, et qui étoit à-peu-près compté pour rien, excepté quand il s'agissoit de payer...., le peuple fut malheureux. Quelques hommes avoient le superflu, les autres n'avoient pas le nécessaire; la Nation eut des épices, et souvent elle manqua de pain.

Que la Hollande, obligée de lutter sans cesse contre la mer, qui menace de l'envahir; qu'autrefois Gênes, sur son territoire resserré, et Venise, au milieu de ses lagunes, aient donné la préférence au commerce, ce choix étoit nécessité par leur placement géographique. La France, assurément, peut et doit réunir le double avantage d'un commerce immense et d'une agriculture prospère; mais portons un peu moins souvent les regards sur les deux Indes, attendons que nous ayons repeuplé les forêts, amélioré les terres arables, établi des prairies artificielles dans tous les lieux qui en sont susceptibles, réparé les routes, écuré les rivières et creusé des canaux, qu'un homme célèbre appeloit des chemins qui marchent. Les mesures prises sur ces objets, par le Gouvernement, sont un heureux présage des destinées futures de la République, ainsi que les concours qu'il a ouverts, les prix qu'il a proposés sur les méchaniques à filer, sur le perfectionnement de la charrue, sur l'amélioration des races de chevaux. Ainsi la puissance publique couvre de son égide et seconde le génie qui invente, le talent qui perfectionne, le travail qui produit. A ces considérations, ajoutez la marche concertée de nos Sociétés agronomiques, et l'hommage solennel que rend celle de Paris au *Columelle* françois, dont elle replace l'ouvrage sous les yeux du public, et qu'elle enrichit en y ajoutant l'expérience de deux siècles révolus.

Dans la carrière des sciences et des lettres, l'envie, l'égoïsme, le préjugé, et chez tant d'hommes pervers, le besoin de nuire, élèvent sans cesse des barrières contre les innovations salutaires. Citez-nous une institution sage, qui n'ait été dénigrée, une vérité, une découverte, reçues sans contradiction? On en conteste la réalité, puis l'utilité, et quand l'évidence a parlé, on en conteste la propriété à l'auteur, qui, à l'exemple d'un célèbre physicien de nos jours, pourroit dire : Si, comme vous l'assurez, les efforts de nos devanciers avoient ouvert la route à cette invention ; si, pour l'atteindre, il ne restoit plus qu'un pas à faire, que ne le faisiez-vous ? En s'occupant d'économie rurale, on rencontre rarement ces êtres tumultueux qui désolent et découragent. Au surplus, la fermeté de l'homme de génie s'aiguise par les contradictions ; même en pardonnant aux méchans, il recueille les sentimens de reconnoissance des hommes vertueux, et lègue ses projets, ses efforts, à ceux qui sont dignes, comme lui, d'être les bienfaiteurs du genre humain.

Jamais, peut-être, aucune Nation ne fut placée dans des circonstances plus favorables à l'agriculture que la France. A l'avantage permanent d'un climat tempéré, d'un sol fertile, se réunissent des avantages de circonstances : la terre est affranchie, le fléau de la féodalité ne pèse plus sur elle ; depuis la vente des domaines nationaux et le partage des communaux, cinq cent mille prolétaires sont devenus propriétaires. Si l'accroissement de la population hausse le prix des comestibles, celui de la main-d'œuvre suit la même progression, et ouvre à tous les produits agricoles des débouchés lucratifs.

Une foule d'individus froissés par le malheur, échappés aux tourmentes politiques, éprouvent le besoin de la solitude, pour se replier sur eux-mêmes, ensevelir des souvenirs amers, cicatriser les plaies du cœur, retrouver la santé et le repos ; doués de connoissances plus étendues que n'en a communément l'habitant des campagnes, par-là même ayant plus de moyens pour assurer le succès de leurs entreprises, ils goûteront encore la douce satisfaction de répandre autour d'eux les lumières, et d'ajouter au bien-être de leurs semblables.

Que ne peut-on inculquer ces vérités à ceux qui, victimes des caprices de la fortune, tristes jouets de l'ambition, s'obstinent à parcourir une route où continuellement ils sont coudoyés par la jalousie, la haine, et toutes les passions les plus abjectes !

La main du Créateur embellit le séjour de l'homme des champs ; autour de lui elle sema les plaisirs honnêtes, pour le détourner de ceux qui ne sont pas avoués par la morale. L'agriculture, la profession la plus ancienne, la plus durable, la plus nécessaire, est encore celle qui trompe le moins les espérances de quiconque s'y livre ; unie à la vertu, elle est, pour l'individu comme pour les Nations, un moyen de bonheur et d'indépendance.

POÉSIES

DES CONTEMPORAINS D'OLIVIER DE SERRES,

SUR SON THÉATRE D'AGRICULTURE.

In Olivarii Serrani Pradelli V. C.
Theatrum Agriculturæ.

Sancte Senex, dignus sæclo meliore locoque,
Ferrea qui licet hæc sint sæcula, sæcla reducis
Aurea, et antiquæ exemplum memorabile vitæ,
Vive diù, fœlixque istum decurre laborem.
Crediderim meritis Dominum rerum atque pa-
    rentem
Indulsisse tuis, vitæ hunc tribuisse tenorem,
Turbato ut solus traheres longa otia sæclo,
Barbara seipsa suo dùm Gallia sanguine fœdat,
Nec virtutis amans, propriæ nec nescia culpæ :
Ut medio Halcyones (sic fama est) æquore nidos
Ponunt, atque illo mox æquora tempore ponunt.
Nimirùm tales habuisse infantia mundi
Creditur agricolas : primi docuère parentes
Et serere, et plantare, et jungere vitibus ulmos,
Mellis opes pecorisque, et agrestis fercula mensæ :
Regali post id viguerunt culta labore
Arva, triumphali acciperent cùm semina dextrâ.
Nunc efficta jacent, hominum indignata scelestos
Ulteriùs mores tolerare, atque impia facta.
Tu tamen, et pietatis amans et ruris avitum
Exerces arvum, atque tuas miraris aristas :
Quin alio natas sub sole reducis in orbem hunc,
Herbasque, plantasque, et quicquid Græcia,
    quicquid
India, quicquid Arabs, quicquid se Seres habere
Præcipuum credunt : usu tibi cognita longo,

Nunc primùm, te auctore, suas nostro explicat
    orbi
Delicias Morus, foliis et cortice dives.
Vive diù fœlix, cognominis atque imitator
Serrani, Serrane : tuos mirata labores,
Et mores imitata ætas hæc, digna rependat
Præmia virtuti, et te posthuma prædicet ætas.

        Petrus Neveletus Doschius.

De Serico Opificio in Galliis instaurando, ex
Olivarii Serrani sententiâ.

Quantis te Gazis beat hic liber ! At cape plenâ
    Quod dant præcipuum, Serica fila, manu :
Hæc olim Seres, populus justissimus orbi
    Contulit, atque auri pondere fila dedit.
Excipit hinc Coos, et stamina pollice versa
    Orditur, quantum hinc Pamphila nomen
        habes !
Græcia Phryxæo, fuit hoc quoque vellere dives.
    Italus at proprium jam cupit esse sibi.
Nunc et Iberus habet, longinquis quisquis ab oris
    Advehit huc merces, hæc tibi fila parat.
Hoc etiam toto divisus ab orbe Britannus
    Exercet placidè nobile pacis opus.
Gallia quid cessas ? Externis abstine ; si vis,
    Te penès et tantæ copia mercis erit.
En tibi Serranus Bombycum semina narrat,
    Nascendique modum, pabula grata, locum ;

Educti fœtûs morbos, curasque, novoque
  Ut se operi involvens, serica pensa vomat;
Exeat ut siliquâ volucris, seseque perennet
  Seminio; utque unus, plurimus esse queat.
Præclarum in terris animal, cui tota nocendi est
  Nescia vita data, at provida, grata, sagax.
Regibus ornatum, populo quæstumque ministrat,
  Quippè usu præstat plurima, fronte nihil.
Quàm citò, quàm tenui sumptu, sed quàm utile
      cunctis
  Urget opus, facto cessat et esse simul!
Nullam escam perfecto opere exigit amplius:
      ecce
  Vere novum repetit sed redivivus opus;
E foliis Mori albæ æquævis, pabula sumit:
  Nec, quæ dat Morus, mora cruenta, placent.
Nam Morus proprium prudentum stemma viro-
      rum;
  Non nisi discusso frigore germen agit:
Scilicet ut tenero Bombyci mollior esca,
  Robustoque magis firmior illa detur.
Verùm horret cædes Bombyx, fœdumque cruo-
      rem;
  Fragrantes herbæ hunc, vinaque, odore juvant.
Pyramus et Thisbe procul hinc, per vulnera quo-
      rum
  Morus non solito læsa colore rubet!
Jam silvescat agris Gallorum pallida Morus,
  Bombyci multo quæ satis esse queat.
Non ea cura, aliis culturæ fructibus obstat;
  Addita verùm illis, commoda multa refert.
                P. B. C. B. *faciebat.*

Pro Theatro Agriculturæ OLIVARII SERRANI
D. Pradellii.

EPIGRAMMA.

PARCITE, Pierides, fallit nos fama, serenti
Quippè datos rerum SERRANO, dicit honores:
Non est certa fides, vel si quid contigit, omnem
Auguriumque legi tali sub nomine rerer.
Hoc in te propriè, cujus Pradellius æquis
Imperiis Domini et læto moderamine gaudet:
Hos in te propriè quadrat, SERRANE, serendi

Cædendique vias felici sydere, vites
Quâ-ve juvet serie lætas disponere, quæ sit
Cura boûm, quod apum studium, cultusque
      satorum,
Quis-ve labos ovium felix faustusque colonis,
Atque oculos quidquid gratâ dulcedine mulcet,
Quæ lapsas hominis revocat Pæonia vires,
Nempe mones doctè, veterumque volumina
      Patrum,
Ex latebris profers, documentaque mille vetusta,
Usu quæ longo dedit experientia rerum,
Suggeris, et doctâ vasto ratione Theatro
Inseris, inque novos mortalibus exprimis usus.
Gloria quanta tibi, quot justa trophæa parantur!
Fœlix augurium! fœlicia cœpta! Theatrum
Mundus erit sublime tibi, vastumque tribunal,
Quo decus usquè tuum, nomenque perenne
      vigebit.
Quàm tua te merito celebrabunt vota Coronam,
Qui præ fronte geras! qualem devota Dearum
Turba tibi pulchrâ contexit imagine florum,
Inventrix oleæ Pallas tibi fecit Olivam;
(Nomine quod posito voluit, velut omine certo
Firmari,) Phœbus laurum, Cytherëa myrtum,
Jupiter ex quercu frondes, decerpta Sorores
Aurea mala decent, decus inviolabile serti,
Conciliat tibi Juno Deos placata faventes.
Nonne vides ut sede sedens Henricus ab altâ
Sub pedibusque tuens concessa per otia lætos
Agricolas, putres occantes vomere glebas,
Te duce, lætanti vultu, dextrâque benignâ,
Annuit optatis, et te complectitur ulnis?
Hinc dum Dædalei statuis tua dona Theatri,
Sponte suâ assertos tibi Vesta fatetur honores,
Atque suas promittit apes, et præmia donat:
Se fortunatos te, tuto præside, dicunt
Agricolæ, et meritâ celebrant tua nomina laude:
Gallia tota sibi tantum gratatur alumnum,
Te duce, quo deinceps argento dives et auro,
Finitimos uno poterit Bombyce recocto
Ditare, et tali divos vestire decoro.
Ergo tibi merito tantum nomenque decusque,
Te scriptis retulisse tuis lætare, triâque
Utere sorte diù volitando per ora virorum.
                JOANNES SAIGNÆUS.
    Serentem invenerunt dati honores Serranum.
        (PLIN., *lib. XVIII, cap. III.*)

*A Olivier de Serres, seigneur du Pradel,
sur son Théâtre d'Agriculture et Mesnage
des Champs.*

PENDANT que ton puisné sur le premier mo-
          delle
Des choses du passé, où son vol le portoit,
De l'estat des François l'histoire retrassoit,
Nous la rendant ainsi qu'une image nouvelle :

Toi, resserrant plus bas les projets de ton æle,
Curieux, as voulu apprendre que c'estoit
De la terre, et quel fruict, si bien on la sçauroit
Cognoistre et mesnager, se peut recueillir d'elle.

Ce qu'ores au public tu vas communiquant,
Et dont comme hériter nous fais dès ton vivant,
Mais avec tel succès qu'autant plus grande gloire

Que ton frère en reçoit, comme a plus grand
          profit
Fut receu l'Olivier que Pallas naistre fit,
Et sur Neptune en eut le prix de la victoire.

     DENIS LE BAY-DE-BATILLI.

Du PRADEL, qui voudroit, comme il faut
          dignement
Tesmoigner du mérite et prix de ton ouvrage,
En rapportant les mots et la chose à l'usage,
La corne d'Amalthée y peindroit seulement.

Vray digne Hiéroglyphic, qui peut plus
          promptement
Représenter la peine au faict du labourage,
Et quant et quant les fruits que par un bon mes-
          nage,
Au mesnage des champs on cueille abondamment.

Comme en cela au vray la fable se réfère,
Disant qu'entre les mains de fortune prospère
Et du bon Genius ceste corne gisoit.

Et qui donc ne tiendra ton livre en telle estime,
Montrant l'heureux succès d'un travail légetime,
Pour les biens et proficts qu'attendre l'on en doit?

     D. LE-BEY DE BATILLY.

*A noble Olivier de Serres, seigneur du
Pradel, sur son docte livre, le Théâtre
d'Agriculture.*

SONNET.

VOUS tous grands escrivains, qui la Maison
          Rustique
Par tant de beaux escrits avez voulu bastir,
Et de rares secrets, icelle revestir,
Pour la rendre aux humains parfaicte et magni-
          fique,

Arrestez vostre cours, et dessain héroïque,
Cédez à OLIVIER qui est voulu partir
Des SERRES le dernier, pour à tous despartir
Les excellens thrésors de sa docte practique.

Il a leu les escrits de tous ses devanciers,
Qui ont sur ce suject discouru les premiers :
Et outre ce marqué par longue expérience,

Les erreurs d'aucuns d'eux, des autres le
          scavoir.
Il te faut donc, lecteur, pour ne faillir, avoir
De ce docte discours la claire intelligence.

     SÉBASTIEN JULIEN.

---

*Autre Sonnet du mesme Auteur sur le mesme
subject.*

ENTRE les arbres verds, l'Olivier tient la place
Du plus fructifiant : et son fruict plant-heureux,
Rend l'huyle de bon goust, plaisant et gratieux
Qui en douce liqueur toutes autres surpace.

Ainsi (noble OLIVIER) d'une fertile race
Tant de bien-nais enfans, doctes et généreux,
En ce monde as produict, comme fruicts pré-
          cieux :
Qui tesmoignent sur toi du Seigneur Dieu la
          grace.

La terre d'autre part, par art tu rends fertile,
Tu portes aux humains un secours très-utile,
Pour jouir de santé, et des biens à foison.

Vive donc à jamais, cest OLIVIER tant beau,
De vertus vray portraict, et très-riche tableau :
Vive, de père en fils, à tousjours sa maison !

     SÉBASTIEN JULIEN.

SUR

*Sur le Théâtre d'Agriculture du Seigneur
du Pradel.*

OLIVIER plantureux (duquel les rameaux verds
La France ornent partout) rameaux chargés
    d'Olives,
Jette à force bourgeons ; afin que tousjours vives :
Vi donc en florissant, maugré tous les pervers.

Jamais tu ne mourras : les Parques ni les vers
En ta gloire n'auront pouvoir, car les en prives,
Repousse ores la mort, et vi afin qu'escrives :
D'autant que tes escripts vivront par l'univers.

En ton Théâtre beau, en tes Lieux on te trouve,
Sans fin on t'y verra, sans que l'oubly t'y couvre,
Et sans fin apprendront de toy tous mesnagers.

Resjouyssez-vous donc, vous qui à l'advantage
Revenus recevrés pour un si bon mesnage
En chose de si peu que sont vers et meuriers.
          P. A. D. C. M.

---

*Sonnet à Monsieur de Serres, sieur de
Pradel, sur son Théâtre des Champs.*

L'OUVRAGE qui ne craint la rigueur de l'envie,
Ny la suyte des ans l'un sur l'autre entassez,
N'a besoin de renfort, mon PRADEL, qui passez
Tous ceux qui ont escrit de la champestre vie.

Car comme je vouslis, mon ame est tant ravie
De tant d'utilités et discours enlassez
De secrets incogneus, qu'au public vous laissez,
Que voir autre que vous du tout je me dévie.

Mes vers n'ont pas pouvoir rendre forts vos
    escris.
Aussi de le penser je n'en seray repris,
Mon petit don, ne vole à si hautain mérite.

Car comme le Soleil de sa vive clarté
Offusque le moins clair, ainsi peu mérité,
J'auroy plus tost de vous ce que tant d'heur
    mérite.
  Par JAQUES DE ROMIEU, *docteur ès droietz,
chanoine et secrestain de Viviers.*

SONNET II.

PALLADE, Columelle, et Varron et Caton,
N'ont rien dit de plus clair, de disert et d'utile
Parmi tant d'art des Champs dont leur page est
    fertile,
Que toy SERRES l'honneur de l'eschole à Platon.

Aussi tu ne crains poinct l'outrage de Clothon,
Ni le regret de ceux qui n'ont l'esprit habile
De survivre à leur nom d'un profitable style,
Telque le tien du ciel, qui tient du plus hault ton.

Les Champs en ta faveur soyent tous couvers
    d'umbrage
Pour du hale d'esté défendre ton visage :
Et pour avoir conduict, couronné de laurier,

Des Thusques aux François les nymphes Se-
    rienes,
Et peuplé de meuriers noz monts, rives et
    pleines,
J'appens à ton PRADEL, un raiseau de meurier.
    Du mesme JAQUES ROMIEU.

---

*Ode sur l'Agriculture du sieur du Pradel,
par* JOSUÉ ROSSEL.

Qui n'a par expérience
    La science
De cultiver les champs beaux :
Et veut prendre en la nature
    Nourriture
Des fruicts exquis, et nouveaux ;

Qui veut en paix sans dommage
    Voir son aage
Parcourir le siècle entier :
Fuyr de Charon la barque,
    De la Parque
Fere oublier le mestier ;

Qui veut, esloigné de vices,
    En délices
Nous faire voir pour encor,
(Toutes noz tristes années
    Terminées)
Succéder le siècle d'or ;

Qui veut sans fendre les ondes
Vagabondes ,
En grand danger de périr ,
Et n'envyer pour sa vie
L'Arabie ,
Et sans les Indes courir ;

Trouver en son tabernacle ,
Par miracle ,
Tout ce qui luy faict besoing ,
Dresser mille beaux parterres
En ses terres ,
Sans trop grand peine , ou grand soing ;

Du Pradel lise ton livre ,
Pour bien suivre
Les traces que tu luy fais :
Il a tout ce qu'il désire ,
Qui le tire ,
Et relève d'un grand fais.

Le lieu sec , la terre aride ,
Vient humide ,
Par l'art de tes beaux engins :
Les monts , ainsi que les plaines ,
De fontaines
Arrousent mille jardins.

Tu guydes si bien les sources ,
Que les courses
De toute nature d'eaux ,
Esgayent la terre dure ,
De verdure ,
Et du bruit de ses ruisseaux.

J'oy résonner ès cabanes ,
Cent pavanes ,
Et dans l'orée des bois ,
Mille Nymphes , mille Fées ,
Descoiffées ,
Sautellans , hausser leur voix.

Tu fais que tout est fertile :
D'inutile
Rien ne se pourra trouver.
Tu nous monstres la manière ,
De bien ferm
La terre , et la cultiver.

Car tout ce qui se désire
D'un Osire ,
D'une Cérès , d'un Bacchus ,
D'un Saturne , ou Promethée ,
Ou Medée ,
Tu l'as et les as veincus.

Appollon , et Æsculape ,
Le satrape
De tous les grands médecins ,
Verront en ton Iatrique ,
La boutique ,
Qui fournit tous ses voisins.

C'est un bel apprentisage ,
A qui , sage ,
Veut mesnager par raison ,
De voir comme tu dispenses
Les despenses ,
Et le train d'une maison.

Tu entraves , et enlaces
Es filasses ,
Le loup , comme le sanglier ,
N'est ours , lion , ni panthère
Qui s'enserre ,
Qu'on ne prenne en son halier.

Le renard y perd sa ruse ;
Et s'abuse ,
Voulant manger ton poulet :
Il ne peut voir la geline
De sa mine ,
Quand tu le tiens au collet.

Le crapaut veut de tes gerbes :
De tes herbes
La taupe le fonds sapper.
N'y a vermine , ou mangille ,
Ni chenille ,
Que tu ne sçache attraper.

La plante la plus nuisible
Est duisible ,
Et porte plus de proffit ,
Par ton art et industrie
A la vie ,
Que celle qui point ne nuit.

L'une mille secrets cache,
   L'autre fasche
Jusques aux esprits malings :
Et rompt de la Nécromance,
   La puissance,
Et les charmes des devins.

L'autre donne la richesse
   A largesse,
Et l'autre esgaye les sens :
Les fleurs, les fruicts qui pendillent,
   Entortillent
Mille rameaux verdissans.

De PRADEL, que veux-je dire ?
   Je désire,
De me taire, et ne parler :
Car tant plus je me demeine,
   Et pourmeine,
Tant moins sçay j'où doy j'aller.

Les roys cerchent ta science
   A outrance,
Comme ilz lisent tes escritz :
Or'ilz piquent, or'ilz chassent,
   Or'ilz tracent,
Le dessain d'un beau pourpris.

Or'ilz abbaissent leur sceptre,
   Pour repaistre
Leur esprit trop opprimé,
Aux Champs, laissant les misères
   Des affaires,
Qui font l'homme consumé.

Ilz veulent voir la liesse,
   Que l'addresse
D'un travail sainct peut donner.
Lors qu'on recueille l'usure,
   Et nature
Veut les hommes guerdonner.

Une geline criarde,
   Et languarde,
Leur donne plus de plaisir,
Que des fols les bouffonnades,
   Trop maussades,
Et des gens trop de loisir.

Le son bruyant des avettes
   Doucellettes,
Travaillantes à leur miel,
Est plus beau qu'une musique
   Trop lubrique,
Qui nous destourne du Ciel.

Tondre d'une main humaine,
   Pour la laine,
C'est la brebis soulager :
Mais pour si peu que l'on pince
   La province,
C'est son eschine charger.

Un bon prince débonnaire
   Nous est père ;
Dans un cabinet espais,
D'une belle entrelassure
   De verdure
Prenant, et donnant la paix.

Nous avons libre la France
   De souffrance,
Rendons en graces à Dieu :
Le bien qui se multiplie,
   Fructifie,
Sans nulle peur en tout lieu :

Cependant que tu cultives
   Et nos rives,
Et nos champs, nos préds, nos monz :
Et que les lieux plus sauvages
   En noz aages,
Se trouvent des plus féconds.

L'Indie, et l'Æthyopie
   Ont envie,
De noz soyes, et meuriers :
Tu colloques les chastaignes
   Des montaignes,
Tout auprès des Oliviers.

Ce que jadis par merveille,
   Nostre oreille
Oyoit de loin raconter,
Tu fais, qu'on le nous apporte
   A la porte :
Et si les voyons planter.

Des-ja, des-ja l'on recueille
De la fueille,
D'un arbre plus de proffit,
Que du fruict qui la bricolle,
La fleur volle,
L'autr' a la fueille, et le fruict.

Un paradis de plaisance
C'est la France,
Car rien n'y est désiré :
De sa richesse elle abonde
Tout le monde,
Ailleurs on est martyré.

Tantost défaudra la vigne,
Là la ligne
Ne peut dresser ses sentiers :
Du PRADEL faict des allées
Es vallées,
Chemins unis, et entiers.

Ses montaignes VIVAROISES
Des ardoises,
Couvrent les toictz des maisons ;
Les pendantz ont moings de peine,
Que la plaine,
Et sont munis de cloisons.

Du PRADEL, si dans Suède,
Et Norvède,
Où la gelée des Nordz
Tue l'herbe délicate,
Qui se gaste
De leurs trop cruels efforts ;

Vous aviés faict entreprise
Par transmise,
D'y planter des orengers,
Ou des menrthes, ou des dattes
Délicattes,
Vous y feriés des vergers.

Mais laissons-les, je vous prie :
C'est folie
D'aller loing de sa maison,
Pour aller voir en Colchide,
Trop avide,
S'on trouvera la toison.

Monstrez-nous une manière,
De bien faire
Noz champs riches et plaisans :
Qui nous die combien vaine,
Est la peine
Et vie des courtisans.

Monstre-nous l'architecture,
La structure
Bien compassée par art,
Où l'hyver soit sans injure
De froidure,
Mais des trois temps ait sa part.

Monstre-nous de la semence
La science,
Par le cours continuel
De la Lune, et de l'année
Relevée,
Et nostre bien annuel.

Enseigne-nous la cabale
D'un Dædale :
Mais hélas ! j'y suis entré :
Et ne puis de ma sortie
L'industrie
Avoir qu'en toi rencontré.

Du PRADEL, tire-m'en donques :
Car quiconques
Voudra voir ton cabinet,
Et courir en tes carrières,
Et parterres,
Il s'y perdra tout-à-fet.

Je te donne en récompense,
Par dispense,
Un bouquet de ton jardin :
Une couronne de lierre,
Qui enserre
Ton chef, comme homme divin.

La teste du bon Lyée
Est coiffée,
De pampre, laissons-le luy ;
Suffit, la vigne bourgeonne,
Qui nous donne,
De sa liqueur le plain muy.

Je te veux donner encore,
Qui décore
Ton front, c'est un beau laurier :
Avec un habit de soye,
Et qu'on voye,
Que profite ton meurier.

Puis, je veux qu'on recognoisse
La liesse,
Que tu donnes à chascun :
Et reçoives l'avantage
De tout aage :
Sans en excepter aucun.

Venez, Nymphes doucellettes,
De fleurettes
Il a remply son verger ;
Prenez ses plantes exquises :
Ses devises
Vous apprestent à songer.

Jeunes, vieillards, qui fleurissent,
S'y nourrissent,
Et oyent les sons divers
Des oiseaux, qui se marient,
Et folient
Avec le chant de mes vers.

A OLIVIER DE SERRES, seigneur du Pradel, sur son Théâtre d'Agriculture (1).

LES mois, les ans et les saisons,
Couloient, et la terre à grand peine
Fournissoit les pauvres maisons,
De quelque substance incertaine.

Le glan, lors matière du pain,
De l'homme estoit la nourriture :
Et le fruict sauvage, et mal sain,
Du corps détruisoit la nature.

L'eau, dont la trop froide liqueur
L'abbreuvoit, limoneuse et fade,

---

(1) Cette pièce est la seule des poésies françoises adressées, dans le temps, à OLIVIER de SERRES, qui paroisse un peu supportable. Sa prose est bien supérieure aux vers françois de ses amis. Les vers latins sont mieux tournés, en général, parce que la langue latine étoit alors plus cultivée. (*F. D. N.*)

Glaçant la force de son cœur :
Le rendoit débile et malade.

Lors que la bladière Cérès,
Joignant l'artifice à l'utile,
De froment sema les gueretz
De l'Atique, et de la Cicile.

Ces grains vaguement espendus,
Cachez parmy l'herbe nouvelle,
Cultivés, nous furent rendus,
D'une substance pure et belle.

Tu formas le soc de tes mains,
Osiris, et toy Triptolème ;
Inventé pour fendre les rains
De la terre grasse qu'on sème.

L'un à l'Égypte le donna,
L'autre en feit présent à la Grèce,
Et chacun des deux ordonna
Tout ce dont la terre on engresse.

Aussi furent-ils immortels,
Dieux, dont l'invention féconde
Leur feit ériger des autelz
Et des temples par tout le monde.

Après ce bon père Denys,
Roi de Naxe, rouge Lenée,
Aux sarmens de sève garnis,
Feit pendre la grappe envinée.

Cultivant le sep endormy
Du lambruchon, verd et sauvage,
Pour en tirer ce franc-amy
Qui nous eschauffe le courage.

Joyeux, alme, gay, Lesbien
Deux fois né, pour mieux faire vivre,
Ce fut toy qui nous feis ce bien,
Dont le suc doucement enyvre.

Nouveau, chaqu'an, tu nous viens voir,
Pendant au pampre de noz treilles,
Et plus viel, nous fais concevoir,
Des oracles et des merveilles.

Delà ton immortalité
Grand Dieu, cerna toute la terre,
Et ta forte divinité
Les Indes domta par la guerre.

Par toy, fils du Cyrénéan,
Sage et prévoiant Aristée,
Qui trouvas le miel hybléan,
La ruche à miel fut inventée.

Tu feis que le laict degoutant,
Servit d'une manne au mesnage,
Qu'il devint beurre, en le batant
Et qu'on l'espessit en fromage.

Pour ce, mis au nombre des Dieux,
Comme fut la belle Pomone,
Donnant ses fruicts délicieux,
Au lieu de ceux-là de Dodone.

Olive, symbole de paix,
Minerve cultiva ta plante,
Et te feit geindre, sous le faiz
Du pressoir, douce découlante.

Minerve, la mère des arts,
Et des tissures l'inventrice:
Déesse à qui de toutes parts,
Le monde faisoit sacrifice.

Mais durant tant de bons parreins,
Nourriciers de plantes nouvelles,
La terre cachoit en ses reins
Des choses encore plus belles,

Que le temps couvoit à loisir
Pour les esclorre avecque l'age,
Quand la Nature à son plaisir
Nous en voudroit donner l'usage.

Pour ce faire, elle qui conceut
Tant d'hommes, d'une ame polie,
Feit que DU PRADEL en receut
Une cognoissance accomplie.

DU PRADEL, qui joignant à l'art
Une prévoyance incroyable,
Meit tous les messagers à part,
Pour sur tous se rendre admirable:

Admirable, d'autant qu'il a
Tout seul leur art et leur science,
Et a beaucoup plus que cela,
Une inventrice cognoissance.

Tout ce que peut et ne peut pas
La terre, ou déserte, ou pétrie,
Se mesure sous le compas
De sa vigilante industrie.

Que si les hommes premiers nez
Inventeurs de choses si grandes,
Comme Dieux, furent couronnez,
Et servis de vœux, et d'offrandes,

Combien mérite DU PRADEL
Pour le parfait de cet ouvrage?
Puis qu'autre n'a rien fait de tel,
Qui puisse égaller son mesnage?

Combien luy devons-nous d'honneur,
D'amour, de respect, et de gloire?
Puis qu'il a quasi ce bon-heur
D'esteindre des Vieux la mémoire?

Et combien luy doit l'univers
De purs et de sacrés services?
Pour tant de beaux secrets divers
Dignes d'autant de sacrifices?

Grand œconome de ce temps,
Tuteur des terres semencées,
Père nourricier de noz champs,
Et de noz vignes agencées!

On te peut donner les saincts vœux
Qu'on donna jadis à Cybelle,
Qui ne peut rien, si tu ne veux,
Et peut tout, quand tu la rends telle.

Mère féconde, qui nourrit
La populeuse Agénoride,
Par le soin de ton bel esprit
Et rend nostre France Floride.

DU PRADEL, j'admire en cecy,
Ton sçavoir qui nous donne à vivre:
Et tu vis immortel aussi,
Sur le Théâtre de ton livre.

Théâtre grand et animé,
De tes discours, qu'on y contemple,
Qui désormais sera nommé
Ton autel, ta gloire, et ton Temple.
DESOSAN.

Au Seigneur DU PRADEL.

SONNET.

CHER filz de la Nature, à qui dez ton enfance
Ceste sçavante mère ordonna son sçavoir ;
Affin que par son filz, féconde, elle feit voir
Les prodigues effects de sa riche abondance.

Combien, mon DU PRADEL, te doit aymer la
    France,
A qui, sage, tu fais son mesnage prévoir ;
Dont la terre, par toy, vague, peut concevoir,
Et produire des fruicts la parfaite accroissance ?

Il n'est rien que ton œil, surveillant mesnager,
Ne sçache comm' il faut dans la terre loger :
Tu fais croistre, et meurir, tout par toy se
    conserve.

Nature, en toy nous donne un miracle nouveau,
Comme quand Jupiter tira de son cerveau,
Pour la donner aux Grecz, l'inventrice Minerve.

DESONAN.

---

*AD Clarissimum et Spectatissimum Virum,
OLIVARIUM SERRANUM, Dominum du
Pradel, de suo miro Opere, Agriculturæ
Apotelesmate et Theatro, FRANCISCI DE
CHALENDAR, Consiliarii Regii, et in Vil-
lanobercensi Præfecturâ, Inferioris Helvio-
rum Vivariensis oræ, Subprœfecti.*

CARMEN HEXAMETRUM (1).

IMMORTALE tibi, et mundo, SERRANE,
    Theatrum
Construis, instituens agrorum hâc arte colonos :
Longius hoc opus, at longos durabit in annos ;
Quàm vel Niliacæ quondam, monumenta Canopi,
Pyramides, vastus prægrandi mole Colossus ;

---

(1) C'est principalement de ces vers latins hexamètres que j'ai tiré l'idée, la marche, et les détails
de mon Épître à OLIVIER DE SERRES, ci-devant,
pages xlvij-lix. (*F. D. N.*)

Quem celebrant Rhodii, atque tuum, Verona,
    Theatrum ;
Atque Nemausenses, quas advena visit, Arenas:
Namque hæc labuntur senio, carieque senescunt.
Hoc opus usque tuum, æternùm, SERRANE,
    manebit.
Non ferrum, aut ignis, quodque omnia conterit
    usu,
Tempus edax rerum, poterunt consumere tantùm
Ingenii specimen, fœtus, animique labores,
Ex quo posteritas tantos tibi debet honores,
Quantos non potis est hominum persolvere
    lingua.
Si tamen et tenuem non aspernaris amicum,
Accipe, jam placido nostra hæc munuscula vultu
Carmina, quæ potui, licet id renuente camœnâ,
Edere, dùm procul à rauco conceditur ægrè
Esse foro : vacat et causas audire clientum :
Quæ caput obtundunt, animum mentemque
    fatigant :
Dùm glossæ legum pariunt fastidia nobis.
Sancte Senex, qui rura colis, qui dirigis artem,
Quo liceat vites incidere falce novellas,
Sydere, telluri vel aratro infindere sulcos,
Quique doces (docuit longa experientia rerum)
Agricolas, ovium custodes, opiliones,
Artem, quâ possint pecudum depellere morbos,
Et quâ depresso taurus jungatur aratro,
Quâque boves terram possint versare jugales,
Subque jugo et stimulo fumantes fronte ligatos
Cornu, et calcipetas agitare ad aratra juvencos,
Usu atque arte doces, dùm tu ista Georgica
    tractas :
Tunc venis Gallus, cœlo non advena nostro,
Alter Triptolemus nobis, velut alter Osiris,
Cadmus Agenorides, et agrorum cultor haberis?
Omine te fausto aspicio, SERRANE, serentem,
Seriò et haud serò : nam res est seria, cura
Agrorum, hortorum, ruris, pecudumque,
    boumque,
Quam Protoplasti nostri coluere parentes,
Atque etiam sancti, veteri sub lege, Prophetæ:
Et Patriarcharum chorus hanc exercuit artem :
Romanique patres, qui rastro, vomere, aratro,
Falce, ligone, boum curâ, vel rure relictis,
Imperii ad fasces, clavum, sanctumque tribunal
Consulis, ad summos vel Dictatoris honores,
Assumpti, unanimi populi clamore, fuerunt.

Non hos erubuit revereri Curia Patres,
Obvius occurrit Romam venientibus urbem,
Murice purpureo fulgens, sanctusque Senatus:
Te Roma invenit ruri, SERRANE, serentem,
Jugeribus contentus eras dùm tu tribus unus;
Te curis vacuum, te Roma invenit urantem,
Dùm te Roma vocat, dùm te Respublica quærit,
Et non quærenti tantos tibi donat honores.
Fascibus abjectis tandem, imperioque relicto,
Rus repetis, redis ad villam, sub paupere tecto:
Vis humiles habitare casas, Capitolia linquens.
Quid Curium memorem? victis qui Marte Sa-
          binis,
Samnitibus, simul et Pyrrho de rege triumphans,
Vomere florenti lauro, est invectus in urbem?
O fortunatos quondam, qui rura colebant,
Agricolas, procul abjectis qui litibus, olim
Sollicitudinibus quas fovit Curia, et Aula,
Immunes, terram occabant, operique vacabant:
Vitabantque forum insanum, subsellia, rostra!
Non illi intrabant aulas, et limina regum;
Parva domus illis: et parva mapalia curæ.
Stramineusque torus, congestum cespite tectum,
Umbrosumque nemus, pendentes vitibus uvæ.
Nominis et, SERRANE, tui observatur origo:
Te SERES mittunt populi, quò serica monstres
Fila trahendi artem, fuerat quæ tam rudis antè.
Bombyx, papilio, vermis, res mira creatur:
Inque alium ex alio transit, mutatque figuram,
Posthumus ipse, sibi morienti posthuma proles,
Post cineres et fata manet, rediviva superstes,
Instar phœnicis, moritur, vivitque vicissim:
Orditur filum, quo non pretiosius ullum;
Folliculo inclusus vermis sic desinit esse,
Papilio alatus prodit, qui dùm egerit ova,
Postquàm temperiem sumpsere humorque
          calorque,
Ex his nascuntur vermes, qui tempore veris,
Pascuntur foliis mori, sensimque adolescunt:
Donec fila suo texant ex ore sagaces,
Et post, se siliquâ includunt, et folle recondunt:
Inde tibi SERES nomen (SERRANE) dedere.
Tu, SERRANE, serens, hæc disseris, inseris,
          ornas,
Agros, arva, pyros, variis et floribus hortos;
Hortus odoratis tibi adest cultissimus herbis,
Quàm ostentat nobis benè culti villa PRADELLI,
Villa Tiburtinæ similis, vel Thessala Tempe:

Illic irrigui currunt convallibus amnes;
Dùm tua dextra tuos sitientes irrigat hortos,
Ipse supercilio clivosi gurgitis undam
Elicis; unda cadens currit, raucoque susurro
Murmurat, et sulcos implet, serpitque fluendo.
Cortice quin etiam ex mori filamina ducis,
Bombycina, sagax ignotâ industrius arte.
Te vocat Henricus ruri, SERRANE, serentem,
Te vocat Aula senem, quamvis hoc tempore
          nostro,
Curia jam senibus clausa est: Nos admonet ætas
Hæc tandem, ut animus liber, curisque solutus,
Otia nunc quærat, somnum, mentisque quietem:
Extrema ætatis debemus tempora nobis,
Et quæ cor urunt, his curis ponere finem,
Dicere jam liceat: Spes et Fortuna, valete!
O nos felices, ò terque quaterque beatos,
Si bona, quæ ruri capimus, cœloque sereno,
Noscamus! Si non auro laquearia fulgent,
Marmore vel Pario, flammasque imitante pyropo,
Non tamen invidiâ premimur, quâ tetrius ullum
Non sensére malum reges, Siculique tyranni:
Si non ponuntur tam lautis fercula mensis,
Regifico luxu, et strato discumbitur ostro,
Destrictus filo tantùm qui pendet equino
Cervici et collo impendens non imminet ensis,
Lapsuro et similis, tremulos non terret ocellos.
Aula tibi et Luparæ est instar, tua villa PRA-
          DELLI;
Fons Bellaquæus non est tibi pulchrior illâ:
Illic te puri soles, lucesque serenæ,
Irrigui fontes, propriâ poma insita dextrâ,
Aut in quincuncem, positæque ex ordine vites:
Et plantata arbor, pendentia in arbore poma,
Te oblectant solum, te consolantur euntem,
Aut redeuntem aulâ, ad patrios propriosque pe-
          nates.
Non te hic sollicitat splendenti gloria fumo,
Atque auri male-suada fames, et avara cupido;
Hic tibi semper adest mensa, et sine arte parata,
Plena tamen; lenes somni, quos provocat unda
Rupe cadens; avium cantus, rivique susurrus,
Et salientis aquæ, velapum per gramina murmur.
Dum volat examen, pulsans tunc æra bacillo
Demulces iras, atque etiam revocare vagantes
Tinnitu conaris apes, includis et ipsas,
Quò molli cerâ, tenui libramine, cellas
Suspendant, mellisque favos, in corticis antro

E cithiso, atque thymo , vel Hyblæis floribus
    edant :
Non benè pro toto vita hæc tibi venditur auro :
Non benè pro totâ vita hæc conceditur aulâ ,
Invidet Agricolæ legum jurisque peritus,
Invidet Agricolæ mercator et aulicus ipse.
Sed premit Agricolam miles , premit aulicus
    idem ,
Mercator premit ; hunc rodit de fœnore fœnus.
Quærit ab Agricolâ judex , petit ipse patronus,
Et Dominus censum petit, ipsa Ecclesia quærit,
Et frugum decimas, rex ipse tributa; necesse est

Omnibus ut solvat : causam si forté requiris,
Omnia de terrâ veniunt , gignuntur eâdem ,
In terram et cineres etiam resoluta redibunt ;
Primum exercitium , cura atque opus illud
    Adami
Agricolæ fuit , et primi ars fuit illa parentis ,
Non est nobilior , non est antiquior illâ.
Vive diù felix , isto licet abditus agro ,
Vive diù felix , Henrici et cognitus Aulâ ;
Vive diù longos , et tot quot Nestor in annos.

Tibi devotiss., et additiss. CHALENDAR.

AVIS.

Les deux opuscules d'OLIVIER DE SERRES sur le Mûrier et les Vers à soie, par lesquels doit commencer la Notice bibliographique de ses ouvrages, formant les chapitres XV et XVI du cinquième Lieu, qui est en tête du second volume, j'ai cru devoir placer cette Notice bibliographique au commencement de ce volume.

Le Vocabulaire, ainsi que la Table générale et alphabétique des matières, se trouveront à la fin de tout l'ouvrage; cette distribution aura d'ailleurs l'avantage de rendre les volumes égaux, le premier ayant plus de 800 pages. (H.)

NOMS DES AUTEURS

QUI ONT FOURNI DES NOTES

A CE PREMIER VOLUME.

ABRÉVIATIONS.	Les CC.
C.	Cotte.
Ce.	Cels.
Ce. et H.	Cels et Huzard.
Ch.	Chaptal.
De.	Deyeux.
Du.	Dussieux.
Du. et H.	Dussieux et Huzard.
F. D. N.	François (de Neufchateau).
F. D. N. et H.	François (de Neufchateau) et Huzard.
H.	Huzard.
H. et T.	Huzard et Tessier.
L.	Lasteyrie.
O. et H.	Olivier et Huzard.
P.	Parmentier.
P. et T.	Parmentier et Tessier.
T.	Tessier.
T. et H.	Tessier et Huzard.
T. et P.	Tessier et Parmentier.
Y.	Yvart.
Y. et H.	Yvart et Huzard.

LE

THÉATRE D'AGRICULTURE

ET

MESNAGE DES CHAMPS.

AU ROI.

SIRE,

Ces excellens et héroïques tiltres, de Restaurateur et Conservateur de son Royaume, que Vostre Majesté s'est glorieusement acquis par la Paix générale, sont les effects de vos saincts vœux et souhaits; et des graces particulières dont Dieu vous a orné et décoré : qui ayant béni vos laborieux travaux, vous a donné ce contentement, que de vénir à bout de si grande œuvre, contre l'attente de tout le monde, à l'honneur de vostre fleurissant nom, et très-grand profit de vostre Peuple; lequel par ce moyen, demeure en seurté publique, sous son figuier, cultivant sa terre, comme à vos pieds, à l'abri de Vostre Majesté, qui a à ses costés la Justice et la Paix. Ainsi, vostre Peuple, SIRE, délivré de la fureur et frayeur des cruelles guerres, lors qu'il estoit comme sur le bord de son précipice, et jouissant maintenant par vostre moyen, de ce tant inestimable bien de la Paix, c'est aussi à Vostre Majesté, à laquelle après Dieu, il a à rendre graces, de sa vie, de son bien, de son repos : comme à son père, son bien-faicteur, son libérateur. Estans donques passées ces horribles confusions et désordres, et revenu ce bon temps de Paix et de Justice, par le bon-heur de vostre règne, lequel de sa clarté, comme Soleil levant, a dissout tous ces nuages. De mesme est arrivée la saison de publier ces miennes Observations sur l'Agriculture : à ce que servans d'addresse à vostre Peuple, pour cultiver sa terre, avec tant plus de facilité il se puisse remettre de ses pertes, que plus de soulagement l'on reçoit par le secours opportunément employé. Plustost n'eust esté convenable : car à quel propos vouloir enseigner à cultiver la terre en temps si désordonné, lors que ses fruicts estoient en charge, mesme à ceux qui les recueilloient, pour crainte d'en fomenter leur ruine, servans de nourriture à leurs ennemis? Une autre considération m'a fait résoudre à ceci : c'est le service que je dois à Vostre Majesté, comme son naturel suject. Il est dit en l'Escriture

Ecclésiaste,
chap. 5. 9.

Saincte, QUE LE ROI CONSISTE, QUAND LE CHAMP EST LABOURÉ : *dont s'ensuit que procurant la culture de la terre, je ferai le service de mon Prince : ce que rien tant je ne désire, afin qu'en abondance de prospérités Vostre Majesté demeure longuement en ce monde. Et d'autant,* SIRE, *que pour l'establissement du repos de vos sujects avés tant pris de peine, et surpassé tant et de si diverses et espineuses difficultés, et qu'en suite de vos louables intentions, désirés les voir pourveus de toute sorte de biens pour commodément vivre, me faict espérer que mes discours, tendans à ce but, vous seront agréables : et qu'il plaira à Vostre Majesté, à laquelle avec toute humilité et révérence je les consacre, les recevoir de son œil favorable. Ils ne contiennent que Terre et Labourage ; si ne sont-ils pourtant abjects et contemptibles, ains de très-grande importance : comme tels sont-ils recogneus, en les contemplans par leurs effects : car rien de plus grand ne se peut présenter aux hommes, que ce qui les achemine à la conservation de leur vie. Il y a de plus,* SIRE, *que c'est parler à Vostre Majesté de ses propres affaires : parce que vostre Royaume, qui tient le plus signalé reng en la terre universelle, estant terre sujette à culture, mérite d'estre cultivée avec art et industrie, pour lui faire reprendre son ancien lustre et splendeur, que les guerres civiles lui avoient ravi. Moyennant lequel traictement, et la bénédiction céleste, par le bon ordre que ja y avés establi, tost reprendra-il son ancien bon visage : si que tous vos sujects auront matière de prier Dieu pour vostre longue et prospère vie : et vos voisins, occasion d'admirer la grandeur et excellence de vostre esprit, et la magnanimité invincible de vostre courage ; d'avoir si bien et si tost remis et restabli les choses tant désespérément destraquées. Tesmoignages évidens de la singulière faveur de Dieu envers vous, qui vous ayant constitué en ce throsne royal de vos ancestres, vous y affermira et les vostres, pour longues années, bénissant vostre sage conduicte, dont la renommée s'en asseurera à la postérité, et en seront vos jours comptés entre les plus heureux de tous les siècles. Ainsi que très-humblement le supplie,*

SIRE,

A Paris, ce premier jour
de Mars mil six cens.

Vostre très-humble, très-fidèle,
et très-obéissant serviteur et suject,
OLIVIER DE SERRES.

PRÉFACE.

Comme la terre est la mère commune et nourrice du genre humain, et tout homme désire de pouvoir y vivre commodément : de mesme, il semble que la Nature ait mis en nous une inclination à honorer et faire cas de l'Agriculture, pour ce qu'elle nous apporte libéralement abondance de tout ce dont nous avons besoin pour nostre nourriture et entretenement. D'où est venu que, comme l'on représente soigneusement par escrit ce qu'on aime, il n'y a eu escrits ni plus anciens, ni en plus grand nombre, que de l'Agriculture ; ainsi qu'on peut voir par le long dénombrement des autheurs, qui, en tous siècles et en toutes nations, ont travaillé en ceste matière, très-excellente et pleine d'admiration, pour l'infinie quantité des exquis et divers biens, que par elle Dieu donne à ses enfans. Pour preuve de quoi, est aussi à remarquer que, bien-que la redicte d'une mesme chose ait accoustumée d'estre importune et ennuyeuse, et qu'à grande peine l'on puisse rien dire qui n'ait ja esté dict, ores mesme qu'il soit couché en autres termes : néantmoins tout ce qui a esté escrit sur ce suject, a esté bien recueilli de tous, selon la mesure de l'esprit et beauté de l'ouvrage. Ainsi les doctes de l'Asie, et de la Grèce, n'ont pas retenu les Africains, ni les Latins : ni eux tous ensemblement, n'ont empesché plusieurs personnages de nostre siècle, de mettre la main à la plume pour traicter la mesme chose, en diverses langues, sans craindre d'estre repris d'avoir travaillé en vain. Entre ceux-là, quelques-uns ont bien pris la peine d'en escrire des livres, avec heureux succès, bien-que leur profession ne leur donnast grand loisir ni moyen de vacquer à l'Agriculture, qui consiste le plus en expérience et pratique. Certes la Nature poulse l'homme à aimer et recercher ceste belle science, qui s'apprend en son eschole, est provignée par la nécessité, et embellie par le seul regard de son doux et profitable fruict. Car qui peut nier que ceux qui ont escrit les premiers, n'ayent beaucoup faict, seulement en monstrant le chemin et rompant la glace aux autres ; et toutes-fois qui est-ce qui ne confessera qu'ils n'ont pas tout veu, et que ceux qui leur ont succédé en ceste louable peine, ont continué la possession de l'honneur deu à tous ceux qui procurent le bien public, mesme en un suject tant beau, utile et nécessaire?

Outre ceste considération générale, une autre particulière m'a faict entreprendre ce labeur. Mon inclination, et l'estat de mes affaires, m'ont retenu aux champs, en ma maison, et faict passer une bonne partie de mes meilleurs ans, durant les guerres civiles de ce Royaume, cultivant ma terre par mes serviteurs, comme le temps l'a peu porter. En quoi Dieu m'a tellement béni par sa saincte grace, que m'ayant conservé parmi tant de calamités, dont j'ai senti ma bonne part, je me suis tellement comporté parmi les diverses humeurs de ma Patrie, que ma maison, ayant esté plus logis de paix que de guerre, quand les occasions s'en sont présentées, j'ai rapporté ce tesmoignage de mes voisins, qu'en me conservant avec eux, je me suis principalement adonné chés moi à faire mon mesnage. Durant ce misérable temps-là, à quoi eussé-je peu mieux employer mon esprit, qu'à recercher ce qui est de mon humeur? Soit donques que la paix nous donnast quelque relasche; soit que la guerre, par diverses recheutes, m'imposast la nécessité de garder ma maison; et les calamités publiques, me fissent cercher quelque remède contre l'ennui : trompant le temps, j'ai treuvé un singulier contentement, après la doctrine salutaire de mon ame, en la lecture des livres de l'Agriculture; à laquelle j'ai de surcroist adjousté le jugement de ma propre expérience. Je dirai donques librement, qu'ayant souvent et soigneusement leu les livres d'Agriculture, tant anciens que modernes, et par expérience observé quelques choses qui ne l'ont encores esté, que je sache, il m'a semblé estre de mon devoir, de les communiquer au public, pour contribuer, selon moi, au vivre des hommes. C'est ce qui m'a faict escrire. Je ne proteste pas que mes amis m'y ayent poulsé contre ma volonté, ni qu'à heures perdues j'y aye travaillé : mais je di, que gayement j'ai tasché de représenter ceste belle science le mieux que j'ai peu; y employant tout mon loisir, sans y rien obmettre de tout ce que j'ai estimé pouvoir servir à l'avancement de ce mien dessein; tant pour son propre mérite, que pour le respect du public.

Mon intention est de monstrer, si je peux, briefvement et clairement, tout ce qu'on doit cognoistre et faire, pour bien cultiver la terre, et ce pour commodément vivre avec sa famille, selon le naturel des lieux, ausquels l'on s'habitue. Non que pourtant je vueille ramasser tout ce qu'on pourroit dire sur ce suject : mais seulement, disposer ès Lieux de ce

Théâtre,

Théâtre, les mémoires de mesnage, que j'ai cogneu jusques ici estre propres pour l'usage d'un chacun, autant que ceste belle science y peut pourveoir.

Il est plus aisé de souhaitter, que de rencontrer un lieu aux champs, accompli de toutes commodités; c'est à dire, qui soit bon et beau, où le ciel et la terre s'accordans ensemble, portent à l'homme tout ce qu'il pourroit désirer, pour plantureusement vivre. Mais d'autant que Dieu veut que nous nous contentions des lieux qu'il nous a donnés, il est raisonnable que les prenans comme de sa main, tels qu'ils sont, nous nous en servions le mieux qu'il nous sera possible, tascheans par artifice et diligence, à suppléer au défaut de ce qui leur manque : suivant ce que dit l'oracle : Ne hai point le labourage, encor qu'il soit pénible ; car c'est de l'ordonnance du Souverain : *et ceste lumière de vérité est remarquable aux Payens.*

Ecclésiastique, chap. 7, 16.

> *Le père n'a voulu que le labeur champestre*
> *Eust chemin si aisé, ains en l'homme a faict naistre*
> *Et l'art et le souci de cultiver les champs,*
> *Et, juste, a refusé les fruicts aux non-chalans (*).*

Celui qui est en délibération d'achepter quelque terre, a bien autre privilége que ceux qui en ont de succession, pour ce que par argent il en peut choisir et acquérir ; et seroit mal-avisé, ayant à choisir, de prendre le pire. Qu'il s'asseure néantmoins, de ne pouvoir jamais treuver un lieu (quelque recerche et chois qu'il en face) entièrement accompli de tout ce qui peut y estre désirable. C'est pourquoi, ceux qui aiment l'Agriculture, doivent premièrement, chacun en son regard, bien cognoistre la qualité et naturel particulier de sa terre, pour l'aider par industrie, à concevoir et enfanter ses fruicts, selon qu'elle en est diversement capable. L'art avec la diligence tire des entrailles de la terre (comme d'un thrésor infini et inespuisable) toute sorte de richesses. Et ne faut doubter, que quiconque la voudra soigneusement cultiver, ne rapporte en fin, digne

---

(*) C'est la traduction des vers par lesquels *Virgile* commence ce qu'il dit sur le labourage :

> *Pater ipse colendi*
> *Haud facilem esse viam voluit, primusque per artem*
> *Movit agros, curis acuens mortalia corda:*
> *Nec torpere gravi passus sua regna veterno.*
>
> (Georg., lib. I, v. 121-124.)

récompence du temps et soin qu'il y aura employés, quelque part que ce soit.

Je ne veux pas dire, qu'il n'y ait différence de terre à terre. Ce seroit avoir perdu le sens commun, d'esgaler tous terroirs en bonté et fertilité : mais bien, que l'expérience n'a pas, sans suject, faict recognoistre la vérité de ce proverbe, un pays vaut l'autre. La montaigne où il y a des arbres et herbages, dont il se retire plusieurs commodités servans à divers usages de très-grand profit, ne cède en revenu à la vallée et campagne, qui ne rapportent le blé qu'avec beaucoup de despence et labeur. Cela se void assés sans en recercher la preuve ailleurs que dans nostre contrée de Languedoc, d'où les plus grandes et riches maisons, sont ès montaignes de Vivarets et Gévaudan.

C'est donc mon but, de persuader au bon père-de-famille, de se plaire en sa terre, se contenter de ses naturelles facultés, et n'en abhorrer et rejetter les incommodités, avec tant de mespris et desdain, qu'il laisse à leur occasion, de s'efforcer à la rendre avec le temps, par son industrie et continuelle diligence, ou plus fructueuse ou moins incommode. Car à quel propos se fascheroit-il du lieu auquel il doit passer sa vie ? Peut-il convertir les montaignes en plaines, et les plaines en montaignes ? Qu'il se console, donques, en la providence de Dieu, qui a distribué à chacun ce qu'il cognoist lui estre nécessaire ; mesme pour ce regard, imposé à l'homme, à cause de son pesché, ceste juste peine, de cultiver la terre en la sueur de son visage : lui faisant néantmoins, par sa bénédiction et suivant ses promesses, savourer le fruict de son travail, en la jouissance des biens terrestres. Et qui doit imaginer aux mesnages, quelque Paradis sans peine et incommodité, puisque les grands Estats du monde, sont enveloppés de tant d'espineuses difficultés ? Par là, nous pauvres mortels, apprendrons, qu'il n'y a rien de parfaict, rien d'asseuré en ceste vie mortelle, pour tendre à l'immortelle. Donques nostre mesnager se souviendra qu'il est en terre, et se résolvant de cultiver la terre pour y vivre avec les siens, prendra ceste belle science pour addresse de son travail.

Science plus utile que difficile, pourveu qu'elle soit entendue par ses principes, appliquée avec raison, conduicte par expérience, et pratiquée par diligence. Car c'est la sommaire description de son usage, SCIENCE, EXPÉRIENCE, DILIGENCE, *dont le fondement est la bénédiction de Dieu, laquelle nous devons croire estre, comme la quintessence et l'ame de nostre* mesnage ; et prendre pour la principale devise de nostre maison ceste belle maxime : SANS DIEU RIEN NE PEUT PROFITER. Là dessus nous bastirons nostre Agriculture, l'usage de laquelle nous représenterons ainsi :

« Le mesnager doit sçavoir ce qu'il a à faire, entendre l'ordre et la cous- » tume des lieux où il vit, et mettre la main à la besongne en la droicte » et opportune saison de chaque labeur champestre. »

Il y en a qui se mocquent de tous les livres d'Agriculture, et nous renvoyent aux paysans sans lettres, lesquels ils disent estre les seuls juges compétans de ceste matière, comme fondés sur l'expérience, seule et seure reigle de cultiver les champs. J'advoue avec eux, que de discourir du mesnage champestre par les livres seulement, sans sçavoir l'usage particulier des lieux, c'est bastir en l'aer, et se morfondre par vaines et inutiles imaginations. J'entends assés qu'on apprend des bons et experts laboureurs, le moyen de bien cultiver la terre : mais ceux qui nous renvoyent à eux seuls, me confesseront-ils pas, qu'entre les plus expérimentés, il y a divers jugemens ? et que leur expérience ne peut estre bonne sans raison ? Aura-on plustost recerché tous les cerveaux des paysans, et accordé leurs opinions, non seulement différentes, mais bien souvent contraires, que de lire en un livre, la raison joincte avec la pratique, pour l'appliquer avec jugement, selon le suject, par l'aide et addresse de la science et de l'usage recueillis en un ? Ceste mesme raison sert-elle pas de livre au paysan ? Certes pour bien faire quelque chose, il la faut bien entendre premièrement. Il couste trop cher de refaire une besongne mal faicte, et sur tout en l'Agriculture, en laquelle on ne peut perdre les saisons sans grand dommage. Or qui se fie à une générale expérience, au seul rapport des laboureurs, sans sçavoir pourquoi, il est en danger de faire des fautes mal-réparables, et s'esgarer souvent à travers champs, sous le crédit de ses incertaines expériences : comme font les empiriques, lesquels alléguans de mesme l'expérience, prennent souventes-fois le talon pour le cerveau, se servans d'une mesme emplastre à toutes maladies. Et qui ne void que l'expérience des laboureurs non-lettrés, est grandement aidée par la raison des doctes escrivains d'Agriculture ?

Mais à quoi sert, dira quelqu'un, de recercher aux livres, ce que vous pouvés treuver chés vous par vostre sens commun, ou chés vostre mettayer, par la mesme addresse naturelle ? Pareille conclusion pourroit-on faire de toutes les sciences qu'on appelle libérales : car les semences et

principes de toutes choses , sont en l'ame de l'homme qui ne peut ap-
prendre aux livres de philosophie , que cela mesme qu'il sçait dès le
ventre de sa mère : mais d'une science confuse et enveloppée , qui a
besoin d'estre produicte en avant par quelque artifice. Les livres de
physique enseignent les causes et effects de nature : l'éthique , le moyen
de bien et heureusement vivre : l'œconomique , de bien conduire la famille :
la politique , l'Estat. L'homme naist bien avec les principes nécessaires à
la cognoissance de ces sciences , mais qui niera sans vanité que ces belles
choses ne soyent mieux cultivées en l'ame de l'homme , par les enseigne-
mens des doctes escrits , que de s'en remettre au seul discours de bouche ,
comme à une cabale? L'ART est un recueil de l'expérience, et l'EXPÉRIENCE
est le jugement et usage de la RAISON. A cela servent les escrits des
doctes , que ce qui est infini et incertain , par la recerche de divers juge-
mens , est fini et certain par les règles de l'ART , façonnées par la longue
observation et expérience des choses nécessaires à ceste vie. Que si nous
prisons les arts en tous subjects , combien plus ceste science nous doit estre
recommandable , qui est la plus nécessaire au genre humain , et sans
laquelle l'homme ne peut vivre ? Et combien plus sa démonstration doit
estre solide et claire , puis qu'elle parle si naïfvement au livre de nature ,
par effects si manifestes , que la raison s'y faict voir à l'œil, et toucher
à la main ?

Il appert donques , que la science de l'Agriculture est comme l'ame de
l'expérience. Elle ne peut estre oisive pour estre recogneue vraiment
science : car de quoi serviroit d'escrire et lire les livres d'Agriculture, sans
les mettre en usage? La science ici sans usage ne sert à rien ; et l'usage
ne peut estre asseuré sans science. Comme l'usage est le but de toute
louable entreprinse, aussi la science est l'addresse au vrai usage , la règle
et le compas de bien faire ; c'est la liaison de la science et de l'expérience.
Je leur ad-jouste pour compaigne , la DILIGENCE : afin que nostre mesnager
ne pense pas devenir riche par discours , et remplir son nid, ayant les bras
croisés : car nous demandons du blé au grenier , non en peinture. Nul
bien sans peine. C'est de l'ordonnance ancienne représentée par Columelle,
et vérifiée par les effects , que pour faire un bon mesnage , est nécessaire
de joindre ensemble , le SÇAVOIR, le VOULOIR, le POUVOIR. En ceste
liaison gist l'usage de nostre Agriculture : le fruict de laquelle estant
commun et salutaire à toutes sortes de personnes , aussi de tous hommes

ceste belle science doit estre entendue : et de faict, c'est à l'Agriculture où tous Estats visent. Car à quoi travailler aux armes, aux lettres, aux finances, aux trafiques, avec tant d'affectionné labeur, que pour avoir de l'argent? Et de cest argent, après s'en estre entretenu, que pour en achepter des terres? Et ces terres, à quelle fin, que pour en retirer les fruicts pour vivre? Et comment les en retirer, que par culture? Ainsi par degrés appert, que quelque chemin qu'on tienne en ce monde, on vient finalement à l'Agriculture : la plus commune occupation d'entre les hommes, la plus saincte et naturelle, comme estant seule commandée de la bouche de Dieu, à nos premiers pères. Ce n'est donques aux habitans des champs que nostre Agriculture est particulière : ceux des villes y ont leur part. Car bien-que pour le jourd'hui, beaucoup de gens se treuvent reculés du mesnage des champs, ils y tendent néantmoins, ou pour eux, ou pour les leurs. Plusieurs mesme se promettent, après avoir donné trefves à leurs fatigues, d'aller finir leur vie en la douce solitude de la campagne, pour se reposer paisiblement en ce monde, si toutes-fois repos aucun s'y peut treuver, en attendant la jouissance de la parfaicte et bien-heureuse tranquilité au Ciel. Ces choses ayans esté bresvement représentées, il reste pour fin, que desseignons le plan général de tout ce grand Discours, pour traicter chacune matière en son propre Lieu, suivant cest ordre :

Au premier lieu, je veux instruire nostre père-de-famille, à bien cognoistre le terroir qu'il désire cultiver, à se bien loger, et à bien conduire sa famille. Qui est le but de tout le travail de l'homme en ceste vie.

Au second, puis que le pain est le principal aliment pour la nourriture de l'homme, je lui monstrerai le moyen de bien cultiver sa terre, pour avoir de toutes sortes de blés propres à cest usage, mesme des légumes qui servent beaucoup à l'entretenement du mesnage champestre.

Au troisiesme, d'autant que le seul manger ne nourrit pas l'homme, mais qu'il faut aussi boire pour vivre, et que le vin est le plus commun et le plus salutaire bruvage, je lui enseignerai la façon de bien planter et cultiver sa vigne, pour avoir du vin, le faire et garder, et tirer des raisins autres commodités. Aussi des autres boissons, pour ceux qui sont sous aer impropre à la vigne.

Au quatriesme, par ce que le bestail apporte très-grand profit au mesnager, pour le nourrir, vestir, servir, et rendre pécunieux, je lui ordonnerai ses prés et autres pasquis, afin d'y entretenir force bestail, et monstrerai la manière d'eslever et conduire toutes sortes de bestes à quatre pieds, avec avantageuse et louable usure.

Au cinquiesme, pour encores fournir de la viande au mesnager, je lui accommoderai le poulailler, le pigeonnier, la garenne, le parc, l'estang, l'apier ou ruchier. Et pour lui faire tant plus expérimenter la libéralité de nature, je lui vestirai et meublerai pompeusement, en lui donnant l'addresse d'avoir abondance de soye, dont, aussi il tirera grands deniers, et ce par l'admirable artifice des vers qui la vomissent toute filée, estans nourris de la fueille du meurier. Passant plus outre, afin de ne laisser rien en arrière de ce qu'appartient à la faculté de tel arbre, je lui monstrerai le moyen de tirer profit de son escorce, la convertissant en matière pour faire des cordages et toiles de toutes sortes, dont l'invention apportera grande commodité à la famille.

Au sixiesme, afin de lui donner avec la nécessaire commodité, l'honneste plaisir, je lui dresserai des jardins, desquels il tirera, comme d'une source vive, des herbes, des fleurs, des fruicts et des simples ou herbes-médécinales. En suite, je lui édiserai un verger, planterai et enterai ses arbres, pour les rendre capables à porter abondance de bons et précieux fruicts. Des lieux aussi seront destinés au safran, au lin, au chanvre, et à autres matières propres au mesnage, mesme pour meubles et habits.

Au septiesme, attendu que l'eau et le bois, sont du tout nécessaires au mesnage, j'en traicterai soigneusement, à ce que nostre père-de-famille entende d'une façon plus exquise, le moyen de s'accommoder de l'un et de l'autre : et par conséquent, ait abondamment chés soi tout ce qui lui est requis et nécessaire, pour plantureusement vivre avec sa famille.

Au huictiesme et dernier Lieu, je monstrerai l'usage des alimens, afin que les pères et mères de famille se puissent commodément et honorablement servir des biens qu'ils ont chés eux. J'instruirai la mesnagère, à tenir sa maison fournie de toutes choses requises, tant pour le vivre ordinaire, que pour les provisions qui servent durant l'année. Je lui enseignerai la vraie façon des confitures, pour confire tous fruicts, toutes racines, fleurs, herbes, escorces, au liquide, au sec, au succre, au miel, au moust, au vin-cuit, au sel, au vinaigre. Aussi je donnerai quelques addresses, pour se pourveoir par mesnage, de lumières, *meubles, habits, afin que rien ne défaille à la famille. Je lui ferai faire des distillations et autres préparatifs, et lui baillerai des remèdes bien expérimentés pour se secourir et les siens en l'occurrence des maladies : comme estant chose infiniment incommode et périlleuse aux champs, de n'avoir prompt soulagement, à tant d'inconvéniens qui souventes-fois et inopinément surviennent, en attendant plus amples remèdes du docte médecin, la nécessité y eschéant. Et d'autant aussi qu'il faut que le mesnager ait soin de ses bestes, ayant parlé des remèdes pour les personnes : je traicterai en suite, des médecines pour le bestail. Je dirai pareillement, quelque chose de la chasse, et des autres exercices du gentil-homme, à ce que nostre vertueux père-de-famille, en faisant ses affaires, se recrée honnestement. Ce qui lui servira aussi à la conservation de sa santé.*

C'est en somme le dessein de ce que j'ai à traicter en ce THÉATRE D'AGRICULTURE ET MESNAGE DES CHAMPS : *ce qu'ayant ainsi représenté en gros, il reste maintenant de monstrer en destail, ce qui est propre à chaque Lieu.*

Le jugement en soit aux doctes mesnagers, le profit à tous ceux qui désirent honnestement vivre du fruict de leur terre, et l'entier honneur à Dieu, lequel en ce commencement, j'invoque à meilleure tiltre, que Varro ses Dieux rustiques et contrefaicts.

ICI EST FACILEMENT REPRÉSENTÉ L'ART DE BIEN EMPLOIER ET CULTIVER LA TERRE EN TOUTES SES PARTIES, SELON SES DIVERSES QUALITÉS ET CLIMATS, TANT PAR LA DOCTRINE DES ANCIENS ET MODERNES, QUE PAR L'EXPÉRIENCE; DE DRESSER LA MAISON, DE L'AUGMENTER EN REVENU, DE BIEN CONDUIRE LA FAMILLE; ET ICELLE POURVOIR DE TOUTES CHOSES UTILES ET NÉCESSAIRES POUR LE VIVRE ET VESTURE, LA CONSERVATION DE LA SANTÉ, LA GUÉRISON DES MALADIES, PLAISIR ET DÉLECTATION, MESME POUR LA CHASSE, ET AUTRES LOUABLES EXERCICES DU GENTIL-HOMME.

PREMIER LIEU

DU THÉATRE D'AGRICULTURE,

ET

MESNAGE DES CHAMPS.

DU DEVOIR DU MESNAGER,

C'est-à-dire, de bien cognoistre et choisir les Terres, pour les acquérir et employer selon leur naturel. Approprier l'Habitation Champestre, et ordonner de la conduite de son Mesnage.

SOMMAIRE DESCRIPTION

DU PREMIER LIEU (1), AUQUEL

Le Père-de-famille est instruit à

S'acquérir et bien accommoder la terre qui le doit nourrir : et par conséquent,

- *D'en bien cognoistre le naturel.* CHAP. I.
- *D'en faire bon chois.* CHAP. II.
- *De la bien mesurer.* CHAP. III.
- *De la disposer selon ses qualités.* CHAP. IV.

Dresser ou approprier son logis.

- *Pour y habiter commodément avec les siens.* CHAP. V.

Bien conduire sa famille : et par ainsi,

- *Se comporter sagement et dedans et dehors sa maison.* CHAP. VI.
- *Sçavoir les saisons ;* CHAP. VII.
- *et*
- *Façons du Mesnage.* CHAP. VIII.

PREMIER LIEU

DU THÉATRE D'AGRICULTURE,

ET

MESNAGE DES CHAMPS.

CHAPITRE PREMIER.

De la cognoissance des Terres.

Le fondement de l'agriculture est la cognoissance du naturel des terroirs que nous voulons cultiver, soit que les possédions de nos ancestres, soit que les ayons acquis : afin que par ceste adresse, puissions manier la terre avec artifice requis ; et employans à propos et argent et peine, recueillions le fruict du bon mesnage, que tant nous souhaitons : c'est-à-dire, contentement avec modéré profit et honneste plaisir.

Par là donques nous commencerons nostre mesnage, et dirons qu'on remarque plusieurs et diverses sortes de terres, discordantes entr'elles par diverses qualités ; lesquelles difficilement peut-on toutes bien représenter. Mais pour éviter la confusion de ce grand nombre, nous les distinguerons en deux principales : assavoir en argilleuses et sablonneuses, d'autant que ces deux qualités-là, sont les plus apparentes en

Naturel des terres.

Argilleuses et sablonneuses.

A 2

tous terroirs, et dont de nécessité faut qu'ils participent. De là procède la fertilité et stérilité des terroirs, au profit ou détriment du laboureur, selon que la composition des argilles et sablons, s'en treuve bien ou mal faicte. Car comme le sel assaisonne les viandes, ainsi l'argille et le sablon estans distribués ès terroirs par juste proportion, ou par nature ou par artifice, les rendent faciles à labourer, à retenir et rejetter convenablement l'humidité; et par ce moyen, domptés, aprivoisés, engraissés, rapportent gaiement toutes sortes de fruicts. Comme au contraire, importunément surmontés par l'une ou l'autre de ces deux différentes qualités, ne peuvent estre d'aucune valeur : se convertissans en terres trop pesantes, ou trop légères; trop dures, ou trop molles; trop fortes, ou trop foibles; trop humides, ou trop sèches; bourbeuses, croienses, glaireuses, difficiles à manier en tout temps, craignans l'humidité en hyver, et la sécheresse en esté; et par conséquent presques infertiles (2).

Leur couleur.

La couleur ne suffit à telle instruction, bien que la noire soit la plus prisée de toutes, pourveu qu'elle ne soit marescageuse, ne trop humide; car estant abreuvée, sera plustost de ceste-là que d'autre. La cendrée, la tanée, la rousse suivent après : puis la blanche, la jaune, la rouge, qui ne valent presques rien (3) : non plus que celles qui ne produisent aucune herbe mangeable, ains de puante, et laide à voir : ou bien, de bonne senteur, comme en quelques endroits du Languedoc et Provence, du serpoulet, du thim, de l'aspic, de la lavande : aussi dit le bon mesnager,

Leur senteur.

> Tu n'employeras ton labeur
> En terre de bonne senteur (4).

Les trop pierreuses, et les importunées de rochers, sont mises au rang de celles, qui, produisans abondance de feugère et de jong, manifestent leur insuffisance à bien faire (5).

Bonne terre.

Les terroirs laissés en jaschère ou en friche, parmi lesquels se treuvent des reliques d'édifices antiques, sont sans doute les meilleurs. La raison est, qu'estans cuits et recuits à la longue, avec le meslinge des sables et chaux des bastimens desmolis, par feu ou vieillesse, se sont rendus plus friables, et ensuite aisés à cultiver; ayans par ce moyen, et de la graisse et de la douceur, qualités nécessaires à la production de tous fruicts.

La preuve de la terre.

Virgile, Columelle, Palladius, et autres anciens, nous ont enseigné des preuves pour cognoistre la portée des terroirs. La terre qui est du tout bonne, ne pourra toute estre contenue dans la fosse d'où aura esté freschement tirée, quelque effort qu'on en face : parce qu'elle s'enfle à l'aer, comme la paste par le levain (6). La

Bonne;

mauvaise et trop légère, par sa décheute estre esventée, se diminuera tellement, qu'elle ne pourra occuper tant de place, qu'elle faisoit avant estre tirée de la fosse.

Mauvaise, &c.

La moyenne, seulement la remplira, sans y en rester ne défaillir. Celle qui tient aux mains, comme glu, estant mouillée et trempée dans l'eau, est grasse et fertile. Ils ont aussi commandé d'en dissoudre dans l'eau, pour juger par la douceur de l'eau qui en coulera à travers d'un linge, de la douceur de la terre : rejettant comme inutile, celle dont l'eau sortira, ou puante ou salée, ou d'autre mauvaise odeur ou saveur (7).

Moyenne.

Autre preuve.

Ouvrir et creuser la terre, est asseuré moyen de cognoistre sa portée : car estant chose confessée de tous, que la meilleure est en sa superficie, ainsi tant plus, en profondant, on y en treuvera de semblable à celle du dessus, tant plus le terroir sera fertile (8). Mais en peu d'endroits rencontre-on, que sa bonté enfonce guières avant (encores est-ce par bénéfice de nature) et y aura de quoi se contenter, si elle pénètre un bon pied dans terre (mesme telle mesure, ou peu davantage, suffira pour les arbres fruictiers) (9), le demeurant estant presques stérile, à cause de son amertume et crudité. Lequel se rencontrant pur sablon, par sa siccité, s'attirera l'humeur et la graisse de la bonne terre, dont elle demeurera maigre et lasche, causant la nécessité de la fumer souvent (comme cela se recognoist en plusieurs endroits de la France, mesme à Paris et ès environs, où l'on tire du sablon pour bastir); mal qu'on ne craint aux terres affermies sur le fonds argilleux, graveleux, mesme plein de rochers, par ne consumer les engraissemens, ains les retenir à l'utilité de la superficie du champ.

Ce sont bien des indices de la portée des terroirs, mais non preuves tant asseurées, que l'expérience. Car à la vérité, les couleurs de la terre trompent quelquefois, y en ayant presques de toutes, de passable revenu : comme on dit des chevaux et des chiens, dont de tous poils s'en treuvent de bons et de mauvais. Et si tant est que ne puissiés sçavoir au vrai quel rapport faict, par communes années, la terre que désirés vous acquérir, recourés à ceste nontrompeuse adresse, qui est au seul regard des arbres de toutes sortes, sauvages et francs, qui vous serviront par leur grandeur et petitesse, beauté et laideur, abondance et rareté, à juger solidement de la fertilité et stérilité de la contrée. Sur tous

lesquels arbres, les poiriers, pommiers et pruniers sauvages, croissans d'eux-mesmes, asseurent le terroir estre propre pour tous blés. Sous ceste particularité, que la terre de froment est celle où les poiriers abondent : et celle de seigle, où les pommiers (10) ; demeurans les pruniers, de facile venue presques par tout bon lieu, soit argilleux ou sablonneux. Servent aussi à telle adresse, les chardons, qui marquent les poiriers ; et la feugère, les pommiers : ces plantes-là, supportans l'argille, et celles-ci, le sablon, selon le divers naturel de tels blés. L'aer aussi intervenant à telle recerche, nous résoudra le plus chaud que froid, favoriser le froment ; et le plus froid que chaud, le seigle.

Les bons et menus herbages croissans naturellement ès champs, vous aideront beaucoup à ceci : car jamais bonnes et franches herbes, que les bestes mangent avec apétit, ne viennent abondamment ès terres de peu de valeur ; adresse particulière pour les terres descouvertes n'ayans aucuns arbres.

Reste maintenant à parler de l'assiete des terroirs, chose très-considérable, pour en augmenter ou diminuer la valeur. Ils ne peuvent estre que de l'une de ces trois, ou en plaine, ou en coustau, ou en montaigne. La plaine et la montaigne, à cause de leurs extrémités, par raison, cèdent au coustau, lequel participant de l'une et de l'autre assiete, tient par là le milieu tant desiré, et par conséquent, est plus propre à tout produire : principalement si le ciel de la contrée est tempéré, et son fonds de bonne volonté : car cela estant, il n'y a fruict en la terre, que le coustau ne porte gaîement. Aussi est-elle la plus plaisante et la plus saine assiete de tontes les autres ; à cause que les vents et les fanges n'y sont trop importunes, comme ès montaignes et plaines, où ces deux incommodités nuisent beaucoup. La montaigne ne peut convenablement servir qu'en bois et pasturages pour le bestail, en quoi elle est très-propre : mais d'en faire du labourage, d'y planter des vignes et arbres, désirans la culture, cela est bien difficile, de grand coust, et de petite durée ; par escouler la graisse de la terre avec les pluies, et lascher trop tost l'humidité, mesme tant plus le fonds se treuve cultivé : qui a faict dire aux bonnes-gens,

En terroir pendant
Ne mets ton argent.

Au contraire, la raze campagne estant trop platte, retient trop longuement les eaux, au détriment du labourage ; lequel ne se peut ni bien faire, ni avancer avec trop d'humidité. Perte qui se recognoist et en la qualité et en la quantité des fruicts. Ainsi void-on que le coustau résistant mieux aux intempéries, que ne la plaine, ne la montaigne, est à préférer à toute autre assiete. Pour laquelle cause, le pays de Brie est beaucoup prisé, dont le grand nombre de belles maisons de gentils-hommes qu'on y void, accomparé au petit de la Beausse, monstre combien plus dès long temps, les coustaux ont esté recerchés que les plaines. Voilà les générales adresses pour la cognoissance des terres.

CHAPITRE II.

Du chois et élection des Terres, et acquests d'icelles.

MAINTENANT il faut monstrer au père-de-famille l'ordre qu'il a à tenir pour bien choisir la terre, et s'en bien servir, entendant lui-mesme ce qu'il achepte, sans s'en rapporter du tout au jugement d'autrui. Qui sont les deux poincts que nous avons à traicter ensuite, avant que de dresser son logis, et lui ordonner la façon de son mesnage.

Nostre intention n'est pas d'imaginer ici des Champs Elysées, ou des Isles fortunées ; ains de monstrer simplement le moyen de distinguer d'entre le fonds qu'on peut avoir, le plus commode, pour se l'acquérir ; et en après le cultiver, avec tel profit qu'on doit raisonnablement espérer. Au chois des terres et en leur culture, nous cerchons ce qui se peut treuver et faire. Mais comme en establissant une république, il en faut representer, pour un préalable, une idée et patron parfaict, où nous rapportions l'estat sous lequel nous prétendons heureusement vivre : aussi en descrivant nostre communauté champestre, qui nous empeschera de monstrer en ce commencement, ce qu'on peut souhaiter avec raison, et tellement espérer, que nous regardions ce que nous pouvons et devons, pour approcher par ce moyen, le plus près qu'il sera possible, de la perfection que nous promet nostre agriculture ? Ce n'est pas donc pour fantastiquer quelque chose impossible, par une vaine curiosité, ou ramener à nostre siècle ricà-rie, tout ce qu'ont escrit les anciens : mais bien pour mettre devant les yeux ceste belle ordonnance, qui nous serve, avec ce jusques-où que nostre terre nous permet. C'est ici donc le dessein du terroir que peut souhaiter nostre mesnager.

Que le domaine soit posé en bon et salutaire aer, en terroir plaisant et fecond, pourveu de donces et saines eaux, tout uni, et joinct en une seule pièce, de figure quarrée ou ronde. Noble, avec toute jurisdiction, à elle sujets les habitans plus prochains (11) : près de bons voisins, et non esloignée d'un grand et profitable chemin. Divisée en montaigne, coustau et plaine. La montaigne, ayant en dos la bise, regardant le midi ; revestue d'herbages pour la nourriture du bestail, et de bois de toutes sortes, pour le chauffage et bastiment. Le coustau, en semblable aspect, au dessous de la montaigne, pour, par elle estre en abri : en fonds propre à vignoble, jardin, verger, et semblables gentillesses. La plaine, non trop platte, ains un peu pendante pour vuider les eaux de la pluïe ; large, de terroir gras et fertil, doux et facile à labourer : arrousée d'eau douce et fructifiante, venant de haut, pour estre despartie par tous les endroits du domaine : afin d'y accommoder des prairies, viviers, estangs, arbres aquatiques : la plaine despartie en deux, l'une à ces usages-là, et l'autre à la culture de la terre-à-grain. Qu'en quelque endroit du domaine, y ait des quarrières et pierrières, afin d'y tirer de la pierre pour bastir : de celle qui est bonne pour la chaux : et d'autre pour le plastre : aussi qu'il s'y treuve de la terre propre à faire des thuiles, pour les couvertures des logis ; à ce qu'on ne soit en peine d'aller cercher loin ces tant nécessaires matières. Que ce fonds ne soit loin de la mer ou de rivière navigable, mais sans ravage : ne de bonne ville, pour débiter les denrées, construire des moulins, et tirer autres commodités : et en général, d'aisé charroi, et le pays non trop pierreux.

On pourroit remarquer plusieurs autres singularités et pour la commodité, et pour le plaisir : mais afin que ce discours n'outre-passe les limites de raison, monstrant plustost des souhaits que des effects, restraignons toutes ces commodités que nous recerchons en nostre lieu, à cinq, comme aux principales, nécessaires et suffisantes pour le soustien de ceste vie : à l'aer, à l'eau, à la terre, au voisin, et au chemin. C'est-à-dire, en la santé de l'aer, en la bonté de l'eau, en la passable ou moyenne fertilité de la terre, au bon voisin, et au profitable ou non-dommageable chemin : et que pour en recueillir les fruicts, on ne soit contraint bailler tous-jours le domaine à ferme, ains quand l'on voudra, le pouvoir commodément tenir à sa main, le faisant cultiver par serviteurs domestiques. Qu'il ne soit aussi totalement desnué de bois, qu'au moins il y en ait de quelque espèce, pour aider au chauffage, en attendant qu'on y en ait édifié abondamment.

Ce sont les commodités nécessaires pour le mesnage champestre, les unes plus, les autres moins : mais si elles défaillent ensemble, le séjour des champs ne peut estre qu'une prison, au lieu d'une plaisante demeure que nous demandons. Ce seroit aussi tesmoignage de peu de jugement, ou d'achepter des incommodités et pertes toutes notoires, ou de s'opiniastrer en une peine pernicieuse.

La cognoissance de l'aer et de l'eau, quoi-que des plus importans articles, est de plus grande facilité que nul des autres. Certes plus grande ne pourroit estre chose que celle, qui, selon les causes secondes, augmente ou diminue la vie de l'homme, comme le sens commun nous monstre, telle faculté appartenir à ces deux élémens. Et touchant la facilité à les recognoistre, rien plus aisé n'y a-il : d'autant que sans vous donner autre peine, il ne faut que fréquenter le lieu où desirés vous loger, seulement trois jours en chacune saison, pour vous résoudre de la portée de l'aer et de l'eau : ainsi dans une année facilement viendrés à bout de chose tant importante. Nul lieu ne peut estre dict sain, s'il ne l'est continuellement ; y en ayant aucuns salutaires en hyver, qui ne le sont pas en esté ; autres au printemps, non en l'automne. Joinct, qu'au visage des habitans, on peut lire aucunement la portée de ces deux élémens : n'estans généralement bien habitués, ne de bonne couleur, ne de franche voix, ceux qui se nourrissent és endroits où l'aer et l'eau sont mauvais. Car l'expérience convainc l'opinion de *Pline*, qui dit, la faculté de l'aer n'estre recognoissable à la disposition des hommes, qui tous-jours se treuvent bien sous quel aer qu'ils soient, quoique pestilent, tel l'ayans accoustumé.

Election particulière du terroir pour la qualité, et Pour le regard de l'assiete et qualité des terroirs, la raison veut que défaillant le coustau, l'on s'arreste plustost à la plaine qu'à la montaigne. Au défaut de la terre du tout bien qualifiée, qu'on élise plustost la pesante, que la légère : la dure, que la molle : la forte, que la foible : l'humide, que la sèche : la cendrée, tannée, rousse, que la blanche, jaune, rouge : la graveleuse, que la pierreuse : l'argilleuse, que la sablonneuse ; pour le chois qu'il y a du froment au seigle (ce grain-là souffrant l'argille, et cestui-ci, le sablon). Que s'il eschet qu'ayés l'eau grasse à commandement, pour arrouser tel terroir, prisés-le par dessus tout autre : parce qu'avec tel bénéfice, suppléerés aux défauts et imperfections naturelles du fonds : duquel par le moyen de la bonne eau, ferés des prairies et terres labourables à volonté : préeant et défrichcant les unes et les autres alternativement par années, pour tous-jours avoir des terres et prez nouveaux, et par ce mesnage, chacune année abondance de blés et foins. En somme, quelque assiete et qualité de terre tant rebource soit-elle, par la faveur de l'eau fertile, sera accommodée, et ses aspretés naturelles de beaucoup aprivoisées, tant telle eau est de profitable revenu ; toutes-fois avec tant plus d'efficace, que plus le ciel de la contrée est chaud, pour la raison des arrousemens (12).

Pour la quantité. De poser ici les termes et limites du domaine, n'est à propos, puis qu'il ne se peut mesurer à autre toise, qu'aux moyens de nostre père-de-famille, pour, selon iceux, restreindre ou amplifier les bornes de sa terre : tiendra néantmoins pour maxime ce conseil de *Virgile*,

> Au grand terroir louange donne,
> A semer le petit t'adonne (13).

Laudato ingentia rura, exiguum colito. plustost que de mettre sa fantasie en trop grande quantité de labourage, pour s'en surcharger. Ainsi en se mesurant, il s'acquerra un lieu de moyenne contenue, plustost petit que grand : lequel satisfera à sa raisonnable intention, estant avec science, diligence et frais modérés, gaiement cultivé et réparé, avec plus de profit, que s'il embrassoit trop pour mal estreindre.

A ces avis sera-il du tout arresté, quand il considérera combien dommageable est

le

la rencontre de l'aer et de l'eau mal-sains : desquels estant contrainct d'user, par l'assiete de la maison, l'on est continuellement tourmenté de plusieurs maladies, comme ayant tous-jours à combattre contre la mort : de labourer une terre désagréable et presques infertile, dont le rapport ne respond à la despense de la culture : d'estre forcé par mauvais voisinage, de vivre en perpétuel souci, et, pour se garder des outrages et violences d'un meschant homme, tumber à telle extrémité, que de recourir à la seureté des armes particulières : d'estre souvent et inopinément incommodé, pour l'approche d'un grand chemin, sans que par iceluy l'on puisse tirer argent des fruicts, par estre de trop difficile charroi, et ne tendre en ville de commerce.

Ces deux derniers articles, se peuvent aucunement adoucir par artifice, mesme les changemens des temps, sans moyen, par morts ou autres événemens, y peuvent apporter remède : mais estans telles attentes chose par trop périlleuse, j'estime ne devoir estre tenu pour prudent homme, celui qui à deniers contans, s'achepteroit telles et tant pernicieuses incommodités. Et tant plus se refroidira-il de tels acquests, contemplant combien de plaisir procède des lieux bien qualifiés ; pour très-grand ornement desquels, s'accompte le bon voisin, à cause des infinies commodités qu'on reçoit de sa douce et vertueuse conversation, ainsi qu'*Hésiode* l'a descript,

> Le bon voisin en ta nécessité
> Accourt plûs-tost secourir ta famille :
> Mais le parent tout-à-loisir s'habille,
> Pour t'aller voir en ton adversité.
> Ne crain donc point que ton bestail périsse
> Par fraude, ayant ton cher voisin propice.

Par quoi l'homme d'entendement, en se servant de ces adresses, les tiendra pour défenses, afin de ne les outrepasser aucunement, s'il désire d'estre bien logé et accommodé aux champs : s'asseurant qu'an rencontre de ces cinq seules qualités, avec leur suite, treuvera de quoi raisonnablement se contenter (14).

Je ne discours ici de l'ordre qu'avés à tenir pour l'asseurance de tels acquests : si ce sera par achapts, eschanges, donations ou autres légitimes et ordinaires tiltres. Je présuppose que n'y procéderes qu'avec bon conseil et avis. Autre adresse que générale ne vous pourroit aussi estre donnée en telles matières, c'est, de bien aviser de vous garder d'estre enferré, en contractant inconsidérément avec un mauvais vendeur : d'aller retenu, et, si possible est par authorité de justice, qui est la plus seure voie, en l'acquisition d'un bien du roi, d'un bien d'église, d'un bien sujet à substitution ou restitution : de celui d'une femme mariée ; d'un mineur ; d'un endebté et hypothéqué ; d'un furieux ; d'un prodigue, à ce que tant plus gaiement le répariés et agenciés, que moins aurés à craindre, ne l'envie de l'avenir, ne tel bien pouvoir jamais estre par aucun évincé : vous représentant aussi, que qui bien acquiert, bien jouit, et ques'il y a de fols vendeurs, il y a aussi de fols achepteurs. Donques, pesant ces circonstances, sans vous eschauffer ne refroidir qu'avec raison, vous hastant lentement, négotieres en cest endroit avec retenue diligence, afin que l'occasion passée, n'ayés matière de vous repentir, pour avoir excédé en l'une ou en l'autre (15).

CHAPITRE III.

La Manière de mesurer les Terres.

A**vant** la cognoissance des terres, en-suit leur mesure: de laquelle il ne faut pas que nostre mesnager soit ignorant. Car combien que ce soit un mestier de publique police, duquel nous ne voulons pas qu'il s'entre-mesle, si est-il pourtant nécessaire, qu'il entende ce qu'il achepte, et sçache ce qu'il a, pour semer tous les ans ses terres avec jugement: leur donnant plus ou moins de semence, selon qu'elles sont fortes ou foibles, afin de n'estre contraint de s'en rapporter à la foi de ses serviteurs. Laissant donc aux arpenteurs la plus exquise intelligence de bien mesurer, nous en traicterons comme en passant, autant qu'il suffira pour l'usage du bon mesnager.

Diverse portion pour le mesurage des terres.

On mesure la terre par portions: les portions ont divers noms selon les lieux, s'estans diversifiées par le temps, dont les plus communes sont aujourd'hui entre nous, arpents, saumées, asnées, journaux, sesterées, acres, couples-de-bœufs, qui néantmoins ont diverses mesures selon les divers pays (16). Desquelles n'est besoin parler plus subtilement, ni des diverses façons de procéder à l'arpentage, représentant les coustumes des provinces. Seulement pour nostre dessein, servant d'exemple, employerons-nous en cest endroit, l'arpent de l'Isle-de-France, et la saumée de certains endroits du Languedoc, pour sur icelles mesures prendre avis; afin de se servir de toutes autres, en

quel pays qu'on soit, chose aisée à tout homme d'esprit. Or comme il y a de la différence ès mesures des terres, différentes de province à province, sont aussi celles des grains. *La mesure de blé mesure de Paris.* Le muid de blé mesure de Paris, contient douze sestiers: le sestier, deux mines: la mine, deux minots: le minot, trois boisseaux: le boisseau, quatre quarts: le quart, quatre literons: le literon, deux demis literons: le demi-literon, dix-huict poulceons. *La saumée du Languedoc, pour le blé.* La saumée de certains endroits du Languedoc, qui est celle dont nous entendons nous servir en cest endroit, commune et pour le blé, et pour la terre qui le produit, est de quatre sestiers: le sestier, de deux emines: l'émine, de deux quarterons: le quarteron, de quatre civadiers, dits aussi boisseaux, divisés par demis. Laquelle saumée est la droite charge d'un mulet, se rapportant au sestier de Paris, lequel estant de bon froment, pèse trois cens soixante livres, poids de ladite ville. Ailleurs en Languedoc la saumée n'est que de trois sestiers et un quarteron; en d'autres, deux sestiers y suffisent: mais par toute icelle province, le sestier se divise en deux émines; l'émine, en deux quarterons, comme dessus. En autres quartiers de ce royaume l'on parle par asnées, bichets, sacs, raz, et autrement; la recerche desquelles appellations, je laisse, pour estre plus curieuse et pénible, qu'utile et profitable: seulement pour moustrer comme le monde se gouverne, ai-je voulu toucher ce mot sur telle matière.

L'arpent de France. Non plus de mesme mesure est généralement l'arpent par toute la France, pour l'inégalité des perches dont il est composé, non pour leur nombre, car tous-jours les cent quarrées, font l'arpent. Plus ou moins de pieds sont employés en la perche,

La saumée pour la terre.

selon les lieux, coustumes et ouvrages qu'on mesure, comme dix-huict, dix-neuf, vingt, et vingt-deux. Du pied n'est ainsi, par demeurer tous-jours de douze pouces, et le pouce de douze lignes, ce qui le fait par tout recognoistre. Mais pour régler ces choses, nous ferons la perche selon la plus générale coustume et plus receue, assavoir, de dix-huict pieds ou de trois toises, à six pieds de roi chacune. Quant à la saumée de terre, elle est de seize cens canes quarrées, mesure de Montpellier; chacune cane, de huict pams, qu'on divise par demis, tiers, et quarts: ainsi, ayant à la saumée quatre sestérées, chacune contiendra quatre cens canes quarrées. Ceste curiosité servira en cest endroit, bien-que non-nécessaire, que rapportant la toise à la cane, par exacte vérification, se treuve la toise contenir huict pams, neuf vingt-sixiesmes, reste à diviser quatre vingt-sixiesmes: et le pam, huict pouces, neuf lignes. Par laquelle supputation, appert, l'arpent faire la troisiesme partie de la saumée, peu plus ou moins, sur quoi l'on pourra faire son compte.

Selon le naturel de tous corps, l'arpent et la saumée se divisent en tant de portions qu'on veut, la moitié duquel arpent contient cinquante perches quarrées: le quart, vingt-cinq: l'octave, douze et demie, etc. La saumée de mesme, dont la moitié, est de huict cens canes quarrées: le quart, c'est assavoir la sestérée, de quatre cens: l'octave, de deux cens, etc. Par semblable méthode, prenant de l'autre costé: le tiers de cent perches et de seize cens canes, pour faire des tiers d'arpent et de saumée, et en suite, des sixiesmes, douziesmes, vingt-quatriesmes et autres particules.

L'arpent, la saumée et autres mesures, inventions pour mesurer la contenue des terres.

Par ceci se void l'arpent et la saumée estre certaine espace de terre mesurée, laquelle ne se peut justement limiter, ne par le labourage, ne par la semence, comme j'ai dit: sous lesquelles mesures, et autres, selon les pays et coustumes indifféremment, toutes places et aires sont mesurées, soient terres-à-grains, vignobles, prairies, bois, pasturages et autres propriétés, de quelque assiete qu'elles soient, plate, enfoncée, relevée: comme l'on fait ès boutiques des marchands, par l'aune, la cane, le bras, et semblables, généralement toutes sortes de marchandises de divers prix, sans distinction de leurs valeurs.

L'arpent romain.

Les antiques Romains ont usé du mot, arpent (dont ils représentoient les mesures des terroirs), qui estoit la terre que deux bœufs accouplés labouroient en un jour. Il estoit large de cent vingt pieds; et long, de deux cens quarante: lesquels multipliés les uns par les autres, font vingt-huict mil huict cens pieds quarrés, que contenoit la superficie de leur arpent.

Le françois.

L'arpent françois, est composé de cent perches quarrées, comme a esté dit, chacune de dix-huict pieds: rendans par la multiplication, trente-deux mil quatre cens pieds quarrés: donc, il excède le romain, de trois mil six cens pieds, ce qui est la neufiesme partie de l'arpent françois. Par lesquelles diversités, se remarque clairement ce qui a esté dit, que fondement asseuré ne peut estre mis pour le labourage des terres et leur ensemencement, ne sur l'arpent, ne sur la saumée; ains que ce sont inventions politiques, pour, à-peu-près, prendre avis sur tel mesnage, ainsi l'ayant voulu nos ancestres. En Languedoc et voisinage, le nom de saumée est retenu, pour mesurer et le blé et la terre, comme j'ai dit : de mosme n'estant de l'arpent, et du muid : cestui-ci servant pour le blé, et cestui-là pour la terre.

La valeur des terres.

C'est quant à la contenue des fonds. Touchant leur valeur pour la mettre en évidence, communément on y procéde par l'ordre suivant (17). Escheant arpentement public (source du particulier) gens experts sont deputés pour faire l'avaluation des propriétés, qui, accompagnans l'arpenteur, tout-d'une-main lui monstrent les limites, tenans et aboutissans des fonds dont est question, desquels ils font quatre ou cinq prix (plus ou moins selon l'usage des pays) appellés, estimés, mettans les plus fertiles et gras, à la première ; ceux d'après, à la seconde; et ainsi par degrés jusques à la dernière estime, qui est le terroir le moins valeureux ou désert. Ce que pour un préalable l'arpenteur notera en son livre : puis mesurera la pièce par deux costés, longueur et largeur, qu'il multipliera l'une par l'autre, d'où il tirera le nombre des perches ou canes quarrées, qu'elle contiendra ; cent desquelles perches font l'arpent, et seize cens desquelles canes la saumée, ainsi qu'il a esté représenté.

Mesurer indifféremment toutes d'une sorte.

Pour les diverses figures des terres, diversement néantmoins ne veulent - elles estre maniées, ains tout d'une façon convient les arpenter ou mesurer, assavoir, en les réduisant en quarré, seul moyen d'en venir justement à bout. Ce qu'aisément se fait, quelques extravagantes qu'en soient les superficies, en estans les faces en droite ligne. Néantmoins, obliques se réduisent-elles en quarré, bien qu'avec difficulté, comme sera veu.

La pièce quarrée.

Par la figure parfaitement quarrée, comme par la plus facile, commencerons nostre démonstration. Ceste-ci ayant en chacune de ses faces, vingt perches, en contiendra superficiellement, quatre cens quarrées : d'autant que vingt, multipliés par vingt, rendent quatre cens, qui feront quatre arpents, à cent perches chacun. Si ce sont des canes, les quatre cens, feront la sestérée, qui est le quart de la saumée, à seize cens chacune.

La barlongue.

Pareille facilité treuvera-on au mesurer de la pièce barlongue ; c'est à dire, plus longue que large, ou en quarré-long : laquelle contenant en sa longueur, trente-quatre perches, en sa largeur, dix-huict : dirons, dix-huict fois trente-quatre, rendre six cens douze perches quarrées, faisans six arpents un octave et un vingt-cinquieme.

L'inégale.

Estant la figure trapeze ou inégale en sa largeur, d'un costé tirant vingt perches, et de l'autre trente ; assemblerons ces deux nombres, qui rendront cinquante : dont la moitié, qui est vingt-cinq, multipliée sur septante, se treuvans en la longueur, produiront dix-sept cens cinquante perches quarrées, qui sont dix-sept arpents et demi. De mesme sera maniée la terre diverse en ses quatre faces, pourveu qu'elles soient en ligne droite : de laquelle prenant les moitiés des longueur et largeur, puis multipliées l'une par l'autre, produiront les perches quarrées comme dessus.

La triangulaire.

Pour bien mesurer le champ triangulaire équilatéral, convient le réduire en quarré-parfait, à quoi justement l'on avient par une seule ligne perpendiculaire, divisant le triangle en deux parties égales. D'un angle jusques à la face opposite, est tirée une ligne, laquelle joindra la face à sa moitié, après icelle moitié mesurée; et les perches qui en proviendront, multipliées, par les contenues en la ligne procédant de l'angle, rapporteront le nombre des perches quarrées, dont le champ triangulaire sera composé.

Encore-bien que le rond aye beaucoup travaillé jusques ici tous les géométriens, antiques et modernes, si est-ce qu'en confessant y avoir employé quelques heures, j'en dirai en passant mon avis, comme un de la foule : non que j'estime que ceste mienne proposition soit à préférer aux escrits de ceux qui ont traicté ceste matière ; mais afin que je ne cache aux esprits curieux de ceste science, la nouvelle procédure que je tiens pour y parvenir, promettant d'en recevoir une autre, quand elle me sera monstrée estre plus asseurée. Je confesse que ceste opération et preuve est méchanique, et incognue à la géométrie, n'en recevant point ses démonstrations ; mais aussi est-elle autant esloignée de fausseté, comme facilement, par le sens naturel, elle peut estre comprise. Dans le rond proposé, pour estre réduict en figure quarrée, soit inscript un triangle équilatéral, touchant de ses anglés la circonférence du cercle : l'une de ces faces du triangle, est la face d'un quarré équilatéral, esgal en sa capacité et superficie, à la figure ronde proposée : et par conséquent, on aura la grandeur d'icelle, en multipliant par soi-mesme, l'une desdites faces du triangle. C'est à dire, si la face du triangle a vingt perches, le quarré en aura quatre cens ; qui sont quatre arpents que contiendra ceste figure ronde. Quant à la preuve que je vous en baille, j'ai eu recours ailleurs qu'à la géométrie, assavoir au poids, lequel vous donnera par cest usage, la cognoissance de la capacité de toute superficie ronde. Soit choisie quelque matière esgale et bien unie, comme papier, parchemin, bois, ou cire, sur laquelle tracés et coupés le rond et le quarré, suivant la précédente méthode ; puis les mettés sur le trébuchet ou la balance, le rond en un costé et le quarré en l'autre, et treuverés leur pesanteur estre esgale, ou du moins si peu différente, qu'elle demeure insensible ; oyant observé précisément toute justesse en la matière, au tracer et couper, au trébuchet et à la table. Si donques en petit volume ceste proposition se treuve véritable, qui est celui de si petite conception, qui ne soit asseuré de ceste mesme règle, exercée sur une grande pièce de terre ?

D'esplucher particulièrement les raisons de telles figures, et autres qui se peuvent présenter, comme, ovales, pentagones, hexagones, heptagones, octogones et semblables, des obliques, mixtes et entre-meslées, ce seroit convertir le mesnager en géométrien, contre mon intention. Ce qui me fera finir mon discours, pour revenir d'où je suis parti ; c'est, que sans entrer en plus grandes spéculations, suffit de rendre en quarré-parfait ou barlong, toutes aires et places, soient terres labourables, vignes, prez, bois et autres, les prenans des costés que mieux s'accordera, les divisans en une ou plusieurs portions, ainsi que la chose le requerra : dont les roigneures se joindront les unes aux autres, pour les réduire aussi en quarré, tant petites soient elles ; par lequel moyen, viendrés aisément à bout de vostre dessein. Et servira aussi telle recerche au mesnager dont le domaine est sujet aux charges publiques, de ne se laisser décevoir aux commis ès impositions, lorsqu'ils en asséent et despartent les deniers, cause principale de l'invention de l'arpenterie (18).

_____

CHAPITRE IV.

Disposer la Terre selon ses propriétés.

POUR bien entendre la propriété de la terre, la recerche des facultés du ciel sous lequel vous habités, est du tout nécessaire. Sans ceste correspondance en vain on laboureroit. Car quel fruict peut apporter la terre sans le bénéfice du ciel? Ce sont *(Climats, et leurs facultés.)* les climats qui par influences célestes donnent loi à la terre, à laquelle on ne doit s'affectionner à faire porter autre chose que ce qu'ils lui permettent, si on en veut avoir profit. Car pour le plaisir, on renverse, par manière de dire, l'ordre de nature. Mais cela appartient particulièrement aux rois, princes et grands seigneurs, que de contraindre la terre, posée sous aer froid à porter des cannes-de-sucre, des oranges, limons, citrons, poncires, poivres, olives, et autres matières propres ès climats méridionaux: comme en plusieurs endroits de la France, en diverses grandes maisons telles magnifiques beautés se voient avec merveille. Nostre père-de-famille pour le principal de son mesnage, ne cerche tant de délicatesses, ains seulement les fruicts que sa terre lui produit volontairement, avec raisonnable culture, et sans excessive despense: bien-que pour le service des grands, je monstrerai les moyens de rendre la terre obéissante, pour extraordinairement porter ces précieuses choses.

(Principales facultés de la terre doivent estre…) En certaines contrées, la terre ne produit qu'herbages: en d'autres, que blés: et ailleurs, que raisins: si qu'il est raisonnable distinguer la terre en trois parties, donnant la première, comme aussi la plus antique, au bestail, qui se nourrit ès herbages. La seconde, au pain, qui se fait des blés. Et la troisiesme, au vin, venant des raisins; qui sont les principaux alimens desquels sommes substantés: pour, le bon mesnager, faire là dessus son compte, de s'estudier à ce d'où le plus de son bien doit procéder; afin de se rendre sçavant en son administration, selon les propriétés de son lieu. Le prenant donques de ce biais, dirai que s'il est en pays d'herbages, les prai- *(Herbage)* ries, les eaux pour les arrouser, les bois, pastis, la cognoissance du bestail, sa nourriture et sa débite, seront toute son estude. Si en lieu de grains, le labourage des terres, *(Blés)* le bon bestail pour y ouvrer, les outils, les semences, leurs saisons, la façon et l'ordre pour coupper les blés, les batre et serrer, en retirer des pailles, occuperont le plus de son esprit. Si en lieu où seule la vigne croist, ne pensera qu'à choi- *(Raisins)* sir les bonnes races de raisins, planter les margoutes et les crossettes, les provigner, tailler, marrer, et autrement traicter sa vigne, selon son mérite et propriété du climat, faire, loger, et conserver les vins. Mais, ou par le bénéfice du ciel, tempérament du climat, et douceur du fonds, la terre se treuve propre et facile à porter foins, blés, et vins, et par conséquent, bois et arbres de toutes espèces: à faire jardinages, garennes, estangs, colombiers et autres commodités; nostre père-de-famille sera parfaictement bien pourveu, ayant par ce moyen chés soi presque tout ce qu'est requis à l'entretenement de ceste vie, jusques aux habits pour soi et sa famille. Aussi aura-il beaucoup plus de souci, d'autant qu'il lui sera nécessaire

tendre son esprit à toutes négociations rustiques; si non contraires, à tout le moins
différentes par entr'elles: n'y ayant autre
sympathie entre le berger, le laboureur,
et le vigneron (discordans au reste par
leurs exercices séparés) que de tendre tous
ensemble à ce but, de nous administrer
les divers fruicts dont sommes nourris.
Harmonie pareille à celle du luth et semblables instruments de musique, provenant de l'inégalité et diversité de leurs
cordes.

Donques faudra que tel père-de-famille,
commandant généralement sur toutes les
parties de son terroir, sçache l'ordre particulier qu'il a à observer en chacune d'i-
celles, pour en retirer le digne rapport.
Se représentera le général-d'armée,
qui pour obtenir la victoire commande
plusieurs hommes, divers en mœurs, en
langues, habits et exercices; se fournit de
diverses armes et munitions; et s'emploie
à diverses expéditions tant pour l'offen-
sive que défensive. A son exemple, nostre
mesnager vigoureusement cultivera sa
terre, ainsi qu'il appartient, se roidissant
contre les difficultés, et selon que chacune
de ses parties requiert labeur et industrie;
qu'il confessera estre convenablement appliquées, puis qu'il est question de la
jouissance de tant et de si divers biens que
Dieu nous donne par l'agriculture, qui
est le but de nostre mesnage.

Nos premiers pères ont ainsi ordonné
de la terre, que de préférer les herbages à
tout autre sien rapport: pour leur simplicité de vivre, se contentans presque du
seul revenu du bestail. Mais les hommes
des siècles d'après, ne s'arrestans à telle
sobriété, ont préposé les blés et vins, au
bestail, le mettant au troisiesme degré de

la mesnagerie. Suivant laquelle règle, je
tascherai de conduire le père-de-famille au
droit usage de ceste industrie champestre,
commenceant par le labourage des terres
à grains: qui sera suivi de la culture des
vignes: puis de la nourriture du bestail.
Après, toutes-fois, avoir préparé la terre
à souffrir tels divers traictemens, selon ses
distinctes capacités. Pour un préalable considérera nostre mesnager, que bien-que
son climat, pour son tempérament, favorise toutes sortes de fruicts, c'est néantmoins avec quelque inégalité, procédante
de la faculté de la terre: afin de s'arrester
là où plus encline le naturel du fonds.
C'est que si la terre se délecte plus à porter
du foin, que du blé, son principal vise
au foin: si du blé, que du vin, au blé:
et ainsi en suite. Par ce moyen en tirera-il
mieux la raison, que la prenant d'autre
biais. Ici est à souhaiter, le plus du domaine estre employé en herbages, trop
n'en pouvant avoir, pour le grand bien de
la mesnagerie: d'autant que comme sur un
ferme fondement, toute l'agriculture s'appuie là dessus: aussi void-on que moyennant le bestail, tout abonde en un lieu;
tant pour le denier liquide, qui sans attente en sort, que par les fumiers causans
abondance de toutes sortes de fruicts. Partant s'il peut ordonner de sa terre à volonté, ayant la carte blanche, c'est à dire,
un terroir neuf, assés fertil, sans sujection, favorisé du ciel, pour rapporter toutes
commodités, convenablement le détaillera
et employera-il, si sous ces maximes il assujettit ses desseins.

Que les deux tiers du domaine soient
donnés à la forest, prairies et pasturages:
et le restant aux autres parties en général,
selon les distinctes qualités de chacune, et

que mieux s'accordera. Que nostre père-de-famille conserve chèrement ses bois : au coupper, allant tellement retenu, que ce soit pour la seule nécessité qu'il en prenne, ou pour l'importun empeschement. Qu'aux lieux plus bas, soient les estangs, saussaies, peuplaies, tremblaies, aunaies, ozeraies et semblables bois aquatiques, et en suite les prairies. Aux plus hauts, les forests et bois sauvages, secs, de toutes sortes, avec les pastis pour le bestail, taillis pour buissons et garennes. Ès moyens ou coustaux, tempérés d'humidité et de sécheresse, les terres-à-grains, vignobles, jardinages, vergers d'arbres-fruictiers : avec toutes-fois ce particulier despartement, qu'ès plus relevés et plus maigres de tels endroits, les vignes ayent quartier : et ôs plus abaissés et gras, les blés. Qu'ès terres plus argilleuses que sablonneuses, et aer plus chaud que froid, il sème plustost du froment que du seigle : ès plus sablonneuses, qu'argilleuses, et aer plus froid que chaud, du seigle que du froment. Que pour le décorement de son lieu, il dresse les avenues de sa maison de tant loin qu'il pourra, par longues et larges allées, droictement alignées, et au parterre bien unies, qu'il fera passer à travers de ses forests, si faire se peut, sans grande tare ; ou bordera ses allées d'arbres de ceux qui seront de plus facile accroist, et de plus grand profit et plaisir. Ainsi aura la maison de nostre mesnager plaisant et agréable abord : et son domaine par telle juste proportion ainsi détaillé et bien mesnagé, moyennant raisonnable estendue, et la faveur d'en-haut, se rendra capable d'entretenir une grande et honorable famille (19).

C H A P I T R E V.

Dessein du Bastiment champestre (20).

COMME ce discours est général, pour monstrer en gros ce qu'il convient faire de chacun terroir, selon sa portée ; aussi la disposition des logis pour les hommes et pour les bestes, sera en cest endroit traictée généralement, réservant en son lieu à particulariser et la culture de la terre, et la diversité des bastimens, pour instruire le père-de-famille du moyen qu'il doit tenir à s'accommoder de l'un et de l'autre, en mesnageant, sans excessive despense et longueur.

Deux choses sont requises aux bastimens : assavoir, bonté et beauté, afin d'en retirer service agréable. Par quoi joignans ensemble ces deux qualités-là, nous asserrons nostre logis des champs en lieu sain, et le composerons de bonne matière, avec convenable artifice : dont sera évité le tardif repentir, qui tous-jours suit l'inconsidéré avis de ceux qui bastissent.

Donques avant qu'entrer en despense, présupposé vostre pays estre sain, encores faudra-il en choisir la partie la plus salutaire, plus plaisante pour vostre habitation, et la plus mesnageable, selon la portée de vostre bien : accommodans ces trois considérations, le mieux que faire se pourra, par l'avis de plusieurs gens d'esprit, entendus en telles matières, qu'aurés assemblés auparavant, comme en consultation.

Les anciens ont ordonné le bastiment champestre à demi-montaigne, regardant le midi, estimans telle assiete la plus salubre,

DU THÉÂTRE D'AGRICULTURE.

lubre, par estre couverte de la bize, à l'a-
bri, reculée de la rivière (qui est souvent
mal-saine), avoir la veuë assés haute et
longue, et n'estre trop humide, ni aussi
trop desnuée d'eau. C'est bien à la vérité
l'assiete préférable à toute autre : néantmoins, comme les choses de ce monde ne
sont parfaictement accomplies, estant chacune commodité suivie de son contraire,
en telle assiete se rencontre ce mal, que le
logis est commandé par la partie de la montaigne relevée : ainsi y défaut-il ce poinct,
qu'il ne peut estre du tout fort, comme
plusieurs désirent ; le temps nous ayant
fait prendre garde de ce notable article.

Les montaignes sont trop sèches et ven-
teuses : les plaines, trop humides et fangeuses. Si ès montaignes on a la veuë
longue, les yeux s'y promenans à l'aise,
leur difficile accès donne beaucoup de peine
aux pieds : comme aussi l'importunité des
fanges rabat du plaisir des longs promenoirs de la plaine.

Ces choses considérées, se faudra tenir
à la première résolution, qui est de se servir du lieu qu'on a, duquel la meilleure et
plus salutaire partie sera prinse, pour bastir comme a esté dit, afin d'y pouvoir séjourner commodément, pour la santé,
pour la seurté, pour le profit et pour le
plaisir. Ne pouvant prescrire loi certaine,
où, comment, et de quoi édifier l'habitation champestre, chacun s'accommodant
selon ses moyens et le lieu auquel il est assis, qui le plus souvent, imposant nécessité, contraint dresser le bastiment autrement qu'on ne souhaiteroit. Et soit ou
montaigne, ou consteau, ou plaine, avec
l'artifice et despens requis, on se logera
très-bien : comme d'infinies et diverses
sortes d'assietes, se voient plusieurs bonnes

maisons, accompagnées de grandes commodités. A quoi prenant garde de près,
on treuvera que quelque bigearre et rebours que soit le lieu, il se peut néantmoins ageancer.

Le logis sera proportionné aux terres
d'alentour, d'autant qu'il faut que de là
sortent les despenses du bastiment et de
son entretien. Et c'est le dire de *Caton* et
autres anciens, qui ont commandé de commencer la maison par la cuisine : c'est-à-
dire, regarder premièrement au revenu.
Se donnera-on aussi garde des fautes (pour
les prévenir) qu'en cest endroit firent ces
deux grands mesnagers romains, *Quin-
tus Scevola*, et *Lucius Lucullus* ; dont
l'un bastit trop petit logis, et l'autre trop
grand ; chacun d'eux avec incommodité.
Car c'est perte de n'avoir lieu assés ample,
pour vous loger à l'aise avec vostre famille,
pour recevoir vos amis, et pour serrer les
fruicts que vostre terre porte et le bestail
qu'y nourrissés : comme au contraire, c'est
jetter son argent dans la rivière, voire
se ruiner et desfaire soi-mesme que bastir
trop amplement et sans nécessité. Et faut
qu'à la longue la vanité de telle entreprise
soit la fable du peuple, quand ayant basti
une grande et superbe maison, elle demeure vuide par faute de revenu : et qu'il
falle employer plus de temps à la balier,
qu'à en labourer les terres : et qu'enfin on
soit contraint pour en payer les serrures,
vendre et la maison et le domaine, et faire
acheter ses folies à autrui.

Puis que la proportion du logis se mesure par le fonds, il ne seroit à propos en
cest endroit d'en faire l'ordonnance, laissant à chacun la liberté de se loger à l'aise
selon ses moyens : joinct que comme de
tous les hommes de la terre, deux visages

Nécessaires et accessoires.

ne se ressemblent entièrement; ainsi en est-il des maisons : lesquelles se diversifient les unes des autres, autant que diverses en sont les situations, revenus, matières, ouvriers qu'on rencontre, et fantasies des seigneurs; pour lesquelles raisons ne peut-on s'arrester à une seule façon de bastir, comme aussi non-nécessaire. Suffira au père-de-famille d'observer le mieux qu'il pourra les générales règles de l'art, selon les adresses de ces poincts généraux: que s'il est en pays froid, ses principales veues et ouvertures regarderont le midi : si en chaud, le septentrion : si en tempéré, le levant ou couchant (21): afin que le logis soit exempt des injures du pays, provenans des froidures, chaleurs et vents : à tout le moins telles intempéries soient en ce faisant adoucies et modérées. Ainsi se rendra belle sa maison, et aprochante de ce qu'il y désire. Et d'autant qu'on ne peut jamais aller tant justement, qu'en laissant le milieu on ne chée en quelque extrémité : il vaut mieux que nostre mesnager tumbe de ce costé, de faire sa maison un peu trop grande, que trop petite: parce qu'avec la bénédiction de Dieu sa famille s'accroist de jour à autre, et en bien mesnageant, la quantité des fruicts de sa terre s'augmente : la faire trop forte, que trop foible, pour résister aux incursions des ennemis du repos publiq : d'en faire les murailles trop espesses, que trop minces; pour pouvoir tenir ferme contre les vents, pluies, neiges, chaleurs et autres violences des temps, qui offensent les édifices: plus toutes-fois ceux de la campagne, que des villes; par estre ceux-ci accompagnés; et ceux-là par leur solitude, faut que d'eux-mesmes subsistent contre telles injures.

Appropriant.

Estant donc question de mesnage, il lui faut nécessairement assujettir l'édifice, et l'approprier à ce à quoi il est destiné, suivant la commune observation de toutes sortes de personnes, qualités et estats. Les bestes mesme nous enseignent à nous loger. Chacune selon son espèce, dispose sa retraite et petit logis avec admiration, et n'avient jamais qu'elles se déçoivent en leurs desseins, proportionnans leurs bastimens à leur usage. Entre un milion de bestes, représentons-nous la seule abeille, laquelle nous apprendra de quoi, quand, et comment nous bastirons. Nous treuverons que ce doit estre du nostre, au besoin, et avec artifice et diligence. Et bien qu'és bastimens y coure grande despense, si nous en faut-il avoir pourtant pour nostre usage, ne nous en pouvant nullement passer, quelque cherté qu'il y ait; dont comme du blé estant à prix excessif, nous nous pourvoirons, seulement pour la nécessité. Ainsi n'entreprenans rien outre nos forces, et plus que de besoin, nous tascherons, en nostre bastiment, d'espargner tant qu'il sera possible, sans nous enfoncer en l'abysme de la richesse de la taille, pierre ou bois, laissans tels superbes ornemens aux grands seigneurs.

Mais quelque petit que l'entreprenions, pour éviter la despense, si ne peut-il estre que grand, pour le rendre capable de nostre intention : car devant que quartier soit donné à gens, à bestes, et à fruicts, c'est merveille du grand espace qu'il convient avoir. Aussi est-ce un pourtraict d'une république, que la seule maison de mesnage bien disposée; où en petit volume, et comme par un modelle, toutes les parties d'une ville se voyent. Autrement elle demeureroit manque et imparfaicte, et ne seroit estimé homme d'entendement, celui qui ayant à commencer une maison en raze campagne, sans sujection ne servitude aucune (comme avient ordinairement ès villes), pouvant jetter ses fondemens, faire ses veües, et escouler ses immondices à volonté, disposeroit sa maison mal-à-propos dès le commencement. Mesme je dis, que les bastimens mal projettés, sont communément de plus grande despense en leur fabrique que les autres : d'autant qu'il convient souventes-fois, refaire plusieurs choses aux édifices, par faute de bonne ordonnance.

Or serés-vous bien logé, si suivant les précédentes règles de la situation, et les générales de l'architecture, touchant la proportion, vostre maison a belle et plaisante entrée : porche : basse-court : l'eau au milieu, par fontaine, puits, ou cisterne: galeries couvertes à arceaux : celier pour les cuves, tinnes et pressoirs : grand lieu à tenir le bois de chauffage : autres, distincts et se joignans ensemble, à serrer huiles, fourmages, cuirs, et semblables provisions de réserve, requérans telle basse situation : deux ou trois caves pour les vins, dont la facile descente invite le père et la mère-de-famille de les aller souvent visiter, comme en se promenans, pour le bien de leur mesnage. Aisée montée aux estages du logis, par escalier-à-repos, vis, ou autrement : cuisine, accompagnée de tous ses offices ; assavoir, charnier, boulengerie, fournil, serre-pain, serre-linge, buanderie, serre-vaisselle, garde-manger, laicterie à faire les fourmages, et autres lieux pour les tenir: une ou deux salles : sept ou huict chambres pour toutes saisons, pour vous, vos enfans, petits et grands, nourrisses, chambrières, maistres d'eschole, amis survenans de diverses qualités; chacune chambre

accommodée de garde-robes, privez, et cabinets, pour aucuns desquels servir à garder tiltres, papiers, linges, et meubles de réserve. Si ès galletas, du costé de septentrion sont dressés des privez communs pour les serviteurs, et d'autres pour les servantes, avec leurs montées séparées, pour l'honnesteté. Si au feste et sous les couvertures du logis droictement sur la porte principale d'icelui, est la chambre des serviteurs, grande et spatieuse, pour estre là comme en sentinelle, ayant l'oreille et l'œil sur la grand-court et escueries. Si près de-là sont les greniers à serrer blés, légumes, fruicts des arbres, chanvres, lins et autres matières de garde. Si au plus haut et eslevé endroit du logis, sur la montée ou ailleurs, est bastie une belle terrasse, pour y sécher des fruicts, et s'y récréer voyant l'aer à desconvert (digne commodité des maisons assises en lieu bas) à laquelle estant joincte la mirande, pour l'aisance d'y estendre la buée à couvert en temps pluvieux, lors s'y promenant des yeux et servir à autres usages, ce sera pour ne défaillir aucune commodité en la maison. Laquelle estant ainsi disposée, et contenant deux estages habitables, l'un sur l'autre, pourra monter de six à sept toises, la mesurant depuis le rez-de-chaussée et plan de la basse-court, jusques à l'entablement et sous les couvertures : sans y comprendre les caves estans sous terre, le lieu le requérant, ne les tours, terrassés et mirandes excédans le logis ; qui sera en-dehors entièrement flanqué par tours rondes ou quarrées ou autres recoins et avancemens, comme viendra le mieux à propos, afin d'estre tant plus fort : et pour mesme cause sera environné d'un large et profond fossé rempli d'eau, ou la maison as-

sise sur le pendant d'un rocher, qu'on ne
puisse gravir, selon toutes-fois la propriété
des lieux, qui donnent loi à tous édifices.

Faudra poser des deux costés, les principaux membres de la maison, tant pour
leur donner jour à suffisance, que pour
la santé, laquelle se rend meilleure par le
libre passage de l'aer. Donnant néantmoins le levant à vostre salle et à vostre
chambre, afin d'y estre le séjour agréable
dès le matin, le soleil y entrant. Le restant des membres, comme indifférens,
seront posés selon que mieux s'accordera:
exceptés les greniers, caves, et lieux à
conserver papiers et meubles, qui auront
quelque ouverture vers le septentrion,
pour estre cest aspect-là, moins sujet à
corruption que nul autre.

La grange, escueries, bergeries, et
autres logis de bestail, ensemble les greniers pour serrer leur fourrage, foins,
pailles, feuilles, pour nourriture durant
l'année, seront posés du costé du couchant
de vostre maison, si faire se peut, quinze
ou vingt toises esloignés d'icelle: faisant
entre-deux une grande court, où y aura
nuit de logis par estables séparées, petites
et grandes, qu'il puisse suffire à contenir
à l'aise tout vostre bestail, selon leurs espèces et vos moyens. Dans laquelle court,
et en l'un de ses costés, près la principale
entrée, sera bastie la maison du mestayer
ou fermier, pour, de sa fenestre luy estre
facile de voir son bestail à toutes heures.
Laquelle maison ne laissera d'estre utile
pour vostre mesnage, encore que n'eussiés aucun fermier, faisant cultiver vostre
terre par serviteurs domestiques. Un grand
couvert, comme hale de marché, y sera
dressé, pour à l'ombre et hors l'importunité du temps, y reposer coches, carrosses,
charrettes, tumbereaux, charrues, socs,
et semblables choses de mesnage: mais ce
sera en tel endroit que les charrettes y
puissent librement entrer et sortir, à l'un
des costés de la court, si possible est, afin
d'occuper tant moins de place. Aussi servira tel couvert, de boucherie, y tuant les
bestes pour la provision de la maison: et
pour, en temps pluvieux, neigeux, venteux et froid, y charpenter, tailler des
pierres, accoustrer des perches, lattes et
osiers pour les vignes, et y faire plusieurs
autres ouvrages, en mauvais temps, plus
commodément qu'à descouvert.

Dehors et près des estableries, reposeront les fumiers, dans deux ou trois
grands lieux, un peu creusés au milieu
et pavés au fond, pour y retenir la graisse:
dans lesquels, si la commodité le porte,
l'eau sera mise et retirée quand on voudra: et seront ces lieux assis en teste des
prairies; afin que les engraissemens y
vuident par les pluies, pour lesquels fortifier, l'esgout des pluies venant de la court
et des chemins voisins, y découlera (22).
Là jettera-on les fumiers à mesure qu'on
les sortira des estables, pour s'y achever
de pourrir: aussi les balieures de la maison, cossats, troncs de choux, et autres
reliefs du jardin, dont les fumiers seront
d'autant augmentés, d'où seront retirés à
mesure du besoin, selon qu'on les employera. Ce sera grand avantage pour la
poulaille, si tels fumiers sont posés à l'abri
de la bize: dautant que quelque froid qu'il
fasse, elle trouvera là quelque vermine à
manger; à quoi est requis d'aviser, pour
ne perdre telle commodité.

Vos jardinages et vignobles, mais ensemble, enfermés dans un grand parc,
seront posés près de vostre maison, du

costé du levant ou midi, tant pour le plaisir d'avoir la veuë sur telles beautés (plus plaisante que du septentrion, mesme ès pays temperés) que d'estre parés par le bastiment, de la violence de la bize. Desquels jardins et vignes, destournerés la bale et bourriers des blés battus en l'aire, de peur que les herbes et fruicts n'en eussént à souffrir, y estans portés par les vents; observation particulière pour les endroicts méridionaux, où l'on bat les blés en campagne. Dans ces jardinages entrerés par une poterne faicte au derrière de vostre maison, pour facilement vous y aller promener, sans passer par vostre grande court; commodité plaisante et profitable selon le cours des affaires.

Ces avis suffiront pour la générale disposition d'une maison-champestre de passable revenu, sans m'arrester à la somptuosité et magnificence des grands seigneurs, afin de n'excéder les limites de mon intention. C'est toutes-fois sous les propriétés des provinces, chacune ayant presque sa particulière façon de bastir, mesme pour le respect du mesnage, ausquelles conviendra s'accommoder. Car d'une sorte l'on dresse le bastiment champestre ès lieux esquels les blés sont battus à couvert, et d'une autre où l'on fait ce mesnage en campagne, comme cela se remarque en voyageant par ce royaume. Ici ajousterai-je seulement la considération requise à la situation de la cuisine, principale partie de la maison, pour l'asseoir si bien que l'issue en soit petite; c'est-à-dire, que le bien ne s'y consume trop tost, ou plus que de raison, ains qu'estant mesnagé comme il appartient, et avec honneste frugalité, il y en puisse plustost avoir de reste que de faute au bout de l'année.

La cuisine donques, à telle cause sera posée au premier estage de la maison, au plan et près de vostre salle, de laquelle entrerés dans vostre chambre : par ainsi ceux qui sont dans la cuisine par l'approche de la salle et de la chambre où estes souvent, s'en treuvent contrerollés, et réprimées les paresses, crieries, blasphemes, larcins des serviteurs et servantes. Mesme la nuict, quand les servantes, sous prétexte de fourbir leur vaisselle, faire leur buée et autres ordinaires mesnageries, demeurent bien tard dans la cuisine : mais vous sentans près d'elles, n'auront lors moyen de ribler avec les serviteurs, à l'aise et sans crainte : ainsi que cela est facile et commun en la cuisine basse, le maistre et la maistresse estans retirés en leur chambre en haut, loin d'elles, et laissées comme en pleine liberté.

C'est avis ne s'accorde avec celui de plusieurs personnes, lesquelles conduites plus par coustume invétérée que par raison, posent la cuisine au plan de la basse-court : ne se prenans garde que c'est la pire assiete de la maison, pour contrarier à la santé, à la seureté, et à l'espargne. Entièrement saine ne peut estre la cuisine basse, à cause de l'humidité dont elle abonde, et de l'aer qui qui lui défaut : dont telle assiete se treuve la pire de la maison. Et estant d'elle-mesme la cuisine assés baignée, par la continuelle mesnagerie, la raison voudroit, domptant ce mal, d'employer plustost à cest effect le plus sec et esventé, que le plus humide et estouffé endroit du logis. Non plus seure, donnant la bassesse de ses fenestres facile accès au diabolique boudin, et à autres maudites inventions que nostre misérable siècle a produites : aussi moyen aux passans d'entr'ouïr et d'entre-voir ce qu'on y dit et fait, ou ce seroit qu'elles respondissent sur la basse-court, ou autrement que le lieu les rehaussast de lui-mesme. Heurtant à la porte principale de la maison, le plus souvent elle est inconsidérément ouverte, par ceux qui sont dans la cuisine basse, par paresse ou incommodité de monter en haut, pour recognoistre si c'est ami ou ennemi, dont la maison est exposée en danger. Et quant à l'espargne, telle ne peut *à l'espargne.* estre en la cuisine basse qu'en la haute, tant pour les raisons dictes, que par n'estre possible tenir l'œil, ainsi qu'il appartient, sur les pilleries qui se commettent par plusieurs larronneaux, lesquels sous ombre de pauvreté ou autre prétexte, tournoient une bonne maison : à quoi les invite la facile entrée en la cuisine basse. Chose qu'ils n'entreprennent si hardiment, quand ils sont contraints s'aheurter à la cuisine haute, pour la difficulté de l'accès.

Et n'y fait rien de dire que la cuisine basse soit à préférer à la haute, pour son aisée entrée et sortie, commodité de disposer à plaisir tous les offices de mesnage, et estre près de l'eau : puis que de tout cela on se peut aussi bien accommoder au premier estage, qu'au rez-de-chaussée et plan de la basse-court. Mesme la montée y sera autant aisée qu'on voudra, par escalier-à-repos, vis, ou autrement : n'y défaillant autre chose que la fontaine, qui possible n'y pourra monter pour le naturel du lieu. Mais quant au puits et cisterne, en jouirés comme il vous plaira : n'estant (par ce seul défaut de la fontaine, qui toutes-fois ne sera trop esloignée, coulant dans la basse-court), raisonnable vous priver sciemment des susdites commodités, des plus importantes du mesnage. Car en vain ferés labourer vos terres, et en serrer curieusement les fruicts dans les greniers, si de là, transportés comme dans un sac percé, se dissipent désordonnément : comme cela avient plus facilement en la cuisine basse, qu'en la haute. Par ainsi ceux se trompent qui ne cassent plustost leurs vieilles cuisines basses, que d'en édifier des nouvelles. N'estimant autre chose devoir recommander la cuisine basse, que la frescheur qu'on y treuve plus grande en esté, et moindres les vents en hyver, qu'en la haute. Lesquelles deux commodités nostre père-de-famille contre-pesera avec les autres, pour en tirer ceste résolution, que vivant à son aise, sans importunité de froidure et chaleur, selon son climat, il puisse très-bien mesnager, but de son négoce, sans s'esloigner de ses gens que le moins qu'il pourra, puis que sa présence est tous-jours requise. Autrement ce seroit contre-faire les grands seigneurs, qui non seulement se servent de cuisines basses, ains ont des corps de logis séparés pour leurs offices : mais comme leurs moyens ne sont communiqués à tous, aussi de tous ne peuvent-ils estre imités.

Le dire de Messire *Anne de Montmorenci* connestable de France est remarquable, que le gentil-homme ayant atteint jusques à cinq cens livres de revenu, ne sçait plus que c'est de faire bonne chère ; parce que voulant trancher du grand, mange à sa salle, à l'appétit de son cuisinier, où auparavant prenant ses repas à sa cuisine, se faisoit servir à sa fantasie. Pour donques compenser ces choses, nostre mesnager aura une anti-cuisine, qui lui servira de sallette ou mangeoir ordinaire, au travers de laquelle de nécessité conviendra passer allant à la cuisine : par ce moyen estant noblement servi en son vivre, sans se mesler avec la lie de ses domestiques, tiendra en office tous les siens : lesquels se rendront plus obéissans et mieux morigenés par telle proximité, qu'estans plus reculés de sa présence.

Du pour-ueu de la grange et es-tableries.

Par semblable raison, ceux se sont le plus déceus, qui le plus ont esloigné de leurs maisons, les granges, estableries et logis du bestail, quoi-que fondés en ce principalement, que ne tenans près d'eux la grossesse du mesnage, sans bruit et à l'aise vouloient vivre de leur revenu. Mais l'expérience monstre qu'estant telle mesnagerie ainsi reculée, le seigneur est privé de la liberté de pouvoir commodément tenir son bien à sa main : ou le tenant d'estre contraint laisser son bestail à l'abandon, et ses gens aussi ; pour, loin de sa présence, estre mal servi, et despendre la moitié plus, que faisant manger ses serviteurs en sa cuisine. Et quand mesme il seroit résolu de bailler tous-jours son domaine à ferme, tel esloignement lui oste le moyen de contreroller son fermier, de se servir de lui en divers endroits, et de se garder du desgast des bois, fruicts, et autres choses, lui avenant à toutes heures, par lui, par ses enfans et serviteurs ; et ce avec plus d'interest, que plus se treuvent reculés de sa présence, cuidans estre en pleine liberté. Joinct que tel esloignement, estant le bien affermé ou non, rend la maison plus solitaire et moins fréquentée que ne requiert le logis des champs, que si elle estoit accompagnée de la mesnagerie, pour aucunement dompter sa naturelle solitude. Pour lesquelles très-importantes causes, ayant nostre père-de-famille à bastir à neuf, sera amonnesté de ne faillir en si beau chemin, ains de poser le logis de son fermier et de ses bestes, non plus loin de sa maison, que de la mesure susdite, si excuse légitime ne l'en destourne. Et aussi de remuer plustost près de soi ses vieilles estableries, que de despendre de l'argent à les réparer.

L'eau et le bois suivent nécessairement le logis : car comment peut-on vivre sans ces deux alimens ? Je n'en traicte toutes-fois ici, pour, en ce commencement, ne lasser le lecteur du discours de telle longue matière : le réservant ailleurs, où le moyen de se pourvoir de ces commodités, sera soigneusement représenté (23).

Au re-gard du bois & l'eau.

CHAPITRE VI.

De l'office du Père-de-famille envers ses domestiques, et voisins.

La police du mesnage.

CES choses seroient vaines sans bon gouvernement, ne pouvant en ce monde rien subsister sans police. En quoi reluit la providence divine d'autant plus, qu'on void l'ordre qu'elle a establi en nature marcher continuellement son train sans interruption : ayant donné à aucuns le sçavoir commander, et à autres, l'obéir ; dont par ce moyen chacun est retenu en office, pour la conservation du genre humain.

Le mesna-ger.

Pour un préalable donques, nostre père-de-famille sera averti de s'estudier à se rendre digne de sa charge ; afin que sçachant bien commander ceux qu'il a sous soi, en puisse tirer l'obéissance nécessaire (ce qui est l'abrégé du mesnage) taschant pour en venir là, de changer, ou du moins d'adoucir, les humeurs qu'il pourroit avoir contraires à tant louable exercice, par n'y estre né. Moyennant ce , et la faveur du ciel , ne doutera de venir tres-bien à bout de ses desseins, bien que pour les mettre en exécution , il soit contraint se servir

> . . . . Des hommes de nul prix
> Dont les corps sont de fer , et de plomb les esprits.

En cela imitant le général-d'armée , qui employe aux fortifications, des pionniers, n'ayans, comme bœufs , autre valeur qu'en la force , sans esprit ni entendement. Sur ce sujet dit le poëte ,

> Que son vers chante l'heur du bien-aise rustique,
> Dont l'honneste maison semble une république.

Ainsi, je m'adresse au gentil-homme , et à autre vertueux personnage , capable de raison, qui ayant déliberé faire valoir le bien que Dieu lui a donné , ou par ses ante-cesseurs , ou par ses honnestes ac-quests, se resoud à prendre joyeusement la peine de le faire cultiver , par serviteurs domestiques, ou par fermiers : pour , sur telle matière , lui donner des avis du tout nécessaires, qu'il amplifiera lui-mesme , par son bon sens et ses expériences.

La mesna-gère. Ce lui sera un grand support et aide , que d'estre bien marié , et accompagné d'une sage et vertueuse femme, pour faire leurs communes affaires avec parfaite amitié et bonne intelligence. Et si une telle lui est donnée de Dieu, que celle qui est descrite par *Salomon* , se pourra dire heureux , et se vanter d'avoir rencontré un bon thrésor : estant la femme l'un des plus importans ressorts du mesnage , de laquelle la conduite est à préférer à toute autre science de la culture des champs. Où l'homme aura beau se morfondre à les faire manier avec tout art et diligence, si les fruicts en provenans , serrés dans les greniers, ne sont par la femme gouvernés avec raison. Mais au contraire , estans entre les mains d'une prudente et bonne mesnagere, avec honorable liberalité et louable espargne , seront convenablement distribués : si qu'avec toute abondance , les vieux se joindront aux nouveaux , avec vostre grand et commun profit, et louange. Aussi ,

> On dict bien vrai , qu'en chacune saison
> La femme faict ou defait la maison.

Par telle correspondance la paix et la concorde se nourrissans en la maison , vos enfans en seront de tant mieux instruicts, et vous rendront tant plus humble obeissance, que plus vertueusement vous verront vivre par ensemble.

Cela mesme vous fera aussi aimer, honorer, craindre, obéir, de vos amis, voisins, sujets, serviteurs. Et par telle marque estant vostre maison recogneue pour celle de Dieu ; Dieu y habitera , y mettant sa crainte : et la comblant de toutes sortes de bénédictions , vous fera prospérer en ce monde, comme est promis en l'escriture,

> Si à ton souverain tu rens obéissance ,
> En la ville et aux champs tu auras abondance
> D'huile , de blé , de vin , de bestail à jamais.

Deut. 12, 2. 3.

Hésiode , Caton , Varron , Columelle et autres anciens autheurs de rustication , quoi-que payens, ne se peuvent souler de nous recommander d'implorer l'aide de Dieu en toutes nos affaires, comme article fondamental du mesnage. Et puis qu'en nostre agriculture nous recerchons leurs enseignemens pour nostre utilité , à plus forte raison devons-nous faire profit de leurs sainctes amonitions , conformes à la piété et religion chrestienne. Par là nous apprendrons de policer nostre maison , spécialement d'instruire nos enfans en la crainte de Dieu, nos serviteurs aussi : afin qu'avec la révérence qu'ils nous doivent , *Le père de famille instruire ses enfans et ses serviteurs.* chacun

chacun face sa charge, sans bruit, vivans honnestement et religieusement, sagement se comportans avec les voisins. Et pareillement d'aimer les pauvres, pour exercer charité envers eux, leur despartant de nos biens, selon nos moyens et leurs nécessités, desquelles nous-nous enquerrons sur-tout en temps de famine et de cherté. Comme aussi en toute saison des pauvres malades, nécessiteux et désolés, pour leur assister opportunément, de vivres, d'habits, de deniers, de consolations; ayans au cœur,

> Que Dieu accroist et bénist la maison
> Qui a pitié du pauvre misérable.

Aimera ses sujets. Le père-de-famille aimera aussi ses sujets, s'il en a, les chérissant comme ses enfans, pour en leur besoin les soulager de ses crédits et faveurs: mesme en cas de nécessité, du passage des gens de guerre et autres occurrences, les gardant de foules et sur-charges, d'exactions indeues et semblables violences, que les temps diversement produisent. Leur fera faire bonne justice par ses officiers, du déportement desquels s'enquerra souvent: ne souffrant jamais que sous ombre de justice, ne autre occasion, son nom et sa réputation soient aucunement souillés. Sera sévère punisseur des vices, à ce qu'extirpés de sa terre, Dieu y soit seul servi et honoré.

Sera pacificateur. Ajoustera à ces œuvres pies et charitables, ceste-ci, de s'employer à pacifier les différens et querelles d'entre ses sujets et voisins, les gardans d'entrer en procès, et les en sortir s'ils y sont: à ce que la paix estant conservée parmi eux, il participe lui-mesme à l'aise et repos qu'elle aura produit. Imitant, par son entremise, plusieurs grands seigneurs et

Théâtre d'Agriculture, Tome 1.

gentils-hommes de ce royaume, lesquels, avec beaucoup d'honneur, ont telle exquise partie en recommandation.

Juste exacteur. N'exigera rien de ses sujets que justement ne lui soit deu: comme au contraire, ne leur quittera, ne laissera courir chose aucune, tant petite soit elle, lui appartenant de ses fiefs ou rentes: et soit blé, vin, argent, chastaignes, poules, chapons, cire, huile, espice, courvées, servitudes, hommages et autres droicts et devoirs seigneuriaux, du tout exactement s'en fera faire la raison, sans rien rabatre, ne laisser accumuler terme sur terme: ou seroit que la pauvreté de l'année, ou autre calamité publique ou particulière, lui fournit matière de faire l'aumosne à quelqu'un de ses débiteurs, le mettant en ce cas, au nombre des pauvres.

Honneste à ses amis, parens et voisins. Sera honneste envers tous, mesme envers ses parens, amis et voisins; les caressant de toutes sortes d'amitié et bons offices; leur faisant bonne chière estant par eux visité, de visage, de courtoisie, de vivres, avec toute libéralité: de quoi il aura tous-jours trés-bon moyen, le tirant de son mesnage: car

> Le debonnaire donne et preste,
> Par raison ses affaires traicte.

Et expérimentera véritable,

> Que bien-heureuse est la maison
> Qui d'amis reçoit à foison.

Plus prêteur, que emprunteur. Mettra ses affaires en tel poinct, qu'il soit plustost en commodité de prester à ses voisins, qu'en nécessité d'emprunter d'eux: et si d'aventure il emprunte, que ce soit des moindres choses, lesquelles néantmoins leur seront tost rendues; croyant que qui bien rend, emprunte deux fois. A quoi parviendra-il, si tous-jours il void à l'œil trois cueillettes de son bien, l'une dans la bource, l'autre ès greniers et caves, et la dernière en la campagne. Et qu'il ajouste à son mesnage, quelque honneste négotiation, laquelle, compatible avec la culture de ses terres, fortifiera la récolte de ses fruicts, d'où sortiront des moyens à suffisance, pour exercer tous offices honnestes, de charité, de libéralité, d'acquests, de réparations. En somme, par là se rendra-il tel que *Caton* désire le père-de-famille: assavoir, plus vendeur, qu'achepteur.

Plus vendre que son père.

Encores que ce ne soit sans louange, que de sçavoir seulement bien cultiver la terre, pour en tirer l'ordinaire rapport, nostre père-de-famille surpassant le vulgaire, ne s'arrestera en si beau chemin: ains par nouvelles et bien choisies fondations et réparations, taschera d'augmenter son revenu: sans toutes-fois s'abandonner à l'immodéré désir d'acquérir et réparer. A ce qu'estans ses affections bridées par la raison, il rejette toutes autres inventions, quoi-que subtiles, et dont plusieurs abondent, pour s'arrester à l'affection propre du bon mesnager, qui est de conserver et avaluer son bien: ce que ne se pouvant faire sans despence, se moquera de ceux, qui sans distinction abhorrent toutes sortes de mélioremens; par là manifestans leur jugement estre offusqué d'avarice: retenant ceste maxime, *que celui n'a que faire des terres, qui n'aime les réparations.*

Autres qualitez du bon mesnager.

Est requis à tout bon mesnager, d'estre hasardeux à vendre, hastif à planter, tardif à bastir; diligent néantmoins à édifier, après avoir planté, non devant, si nécessité ne le presse, ou quelque bonne occasion ne le pousse.

N'entrera jamais en querelle avec aucun, s'il est possible, pour le péril de l'issue; semblable aux excès des guerres civiles, tirans en ruine le vainqueur avec le vaincu. Mais au contraire, envers un chacun sera humain et courtois, non cholère ou vindicatif, en tout raisonnable, de facile convention et loyal compte en ses négoces, exacte payeur de ses debtes, prompt à satisfaire le salaire de ses serviteurs et manœuvres. Sera véritable, continent, sobre, patient, prudent, provident, espargnant, libéral, industrieux et diligent. Parties nécessaires à l'homme qui désire bien vivre en ce monde, mesme au mesnager; estans leurs contraires, ennemies formelles de nostre profit et bonheur, Dieu maudissant le labeur des vicieux et fainéans, et les hommes les ayans en exécration.

Leurs effets.

Ces belles vertus seront à nostre père-de-famille, des asseurées guides et adresses à la vraie science d'agriculture; moyennant laquelle noblement il augmentera son bien, dont il recevra d'autant plus grand profit et honneur, qu'avec plus d'industrie et de diligence, il se gouvernera en ses affaires. Et comme oracle de ses voisins, sera imité d'eux; voyant son labeur prospérer; faisant devenir bonnes, les mauvaises terres; et meilleures, les bonnes: voire, de rien (sans mettre en compte les blés, vins, et autres communes denrées) tirer grands revenus, par aqueducts, moulins, prairies, minières, soies, herbes, racines, pour divers usages; et autres choses perdues, que l'homme d'entendement met en évidence, pour son profit particulier et utilité publique. En somme, d'un désert et misérable lieu, laissé en friche plusieurs siècles (comme à la honte de leurs possesseurs et intérest publiq, de tels se treuvent beaucoup en ce royaume) fera-il une très-plaisante, riche, et commode demeure.

Orné que soit le pere-de-famille de telles qualités, et rendu sçavant en tous les termes du mesnage, commandera hardiment ses gens, lesquels lui obéiront d'autant plus volontiers, que par expérience cognoistront ses ordonnances estre et raisonnables et profitables : et pour la bonne opinion qu'ils auront conceue de sa suffisance, travailleront de bon cœur et sans murmure : ce qui communément n'avient, quand les mercenaires sont sous la charge d'un qui n'entend ce qu'il veut faire, ains s'en rapporte à autrui ; des commandemens duquel ont accoustumé de se mocquer.

Comment repartir les serviteurs.

Distinguer l'ouvrier d'avec l'ouvrage, pour convenablement les approprier, est un notable article de mesnage. A telle cause donques, aux plus robustes de nos serviteurs, seront commises les œuvres les plus grossières : aux plus spirituels, celles où l'engin est plus requis que la force ; et les autres meslées de ces deux qualités, à ceux qui ont et du sçavoir et du pouvoir. Aussi est de grande efficace pour se faire servir, de discerner les humeurs des mercenaires ; pour, selon icelles, commander les uns doucement, et les autres rudement.

Premiers honneurs des manœuvres.

Toutes-fois en nommant par nom, celui ou ceux auxquels on s'adresse : car de commander confusément à toute la trouppe, de faire ceci ou cela ; avant que d'y mettre la main, se regardent l'un l'autre, à l'intérêt de l'ouvrage, qui en reste en arrière, ou se fait mal. En vain tout cela, sans continuelle sollicitation à leur devoir, par régner presque en toute sorte de mercenaires, une générale brutalité, qui les rend sots, négligens, sans

conscience, sans vergongne, sans amitié : n'ayans autre soin que de faire bonne chere et d'observer le temps de toucher argent. Pour lesquelles causes, il est force que le pere-de-famille s'accoustume à se lever ordinairement de grand matin, à telle heure se faisant voir à ses domestiques : à ce qu'estant exemple de diligence, dès-lors chacun se range à sa besongne, pour jouir de l'effect de ces maximes, *que la matinée, avance la journée : que le lever matin, enrichit ; et le lever tard, appauvrit.* Pour ce faire se couchera-il de bonne heure. Sur ce propos dit le sage mesnager,

Le mestier de mesnage est laborieux.

Si tu te couches tard, tard tu te leveras :
Tard te mettras en œuvre, aussi tard disneras.

Ne se mesle donques de mesnage celui qui ne se résoudra à ce poinct, que de conduire lui-mesme ses domestiques et manœuvres, comme le capitaine ses soldats ; de peur que cuidant espargner sa peine, il ne tumbe en honteuse confusion : car,

Non seulement au mesnage telle grande solicitude et vigilance est requise, mais aussi en toutes actions du monde : n'estans mesme les rois exempts de s'employer en personne en leurs affaires, qu'ils font d'autant mieux aller, que plus curieusement les voyent et entendent ; ainsi que ceste maxime se treuve utilement vérifiée au restablissement de ce royaume, par la vertueuse conduite de notre roi HENRI IV, heureusement régnant. Mais comme le capitaine a des lieutenans pour le seconder ; aussi, pour son soulagement nostre pere-de-famille se pourvoira de quelque habile homme, homme-de-bien, de moyen aage, comme de trente à cinquante ans (un plus jeune ou plus vieil ne lui est propre ; à l'un défaillant le sens, à l'autre la force) ;

Se pourvoir un lieutenant pour le bon serviteur.

sur lequel il se réposera aucunement, non entièrement, de toutes ses affaires, desquelles retiendra pour soi la principale administration : mais lui commettra les choses qu'il ne pourroit exécuter lui-mesme sans trop de travail : dont souvent se fera rendre compte, et avec lequel conférera tous les jours de ses besongnes, afin qu'aucune chose n'en demeure en arrière, par faute de prévoyance. Et gardant son authorité sur tous les siens, parlera souvent avec ses mercenaires ; plus privément toutes-fois aux journaliers, qu'aux domestiques : louant ceux qui auront bien fait, et redarguant les autres. Discernera les occasions de se gaudir et courroucer avec eux, pour faire revenir à son profit et l'un et l'autre. Meslera la rigueur avec la douceur, les rudoyant à propos, et non continuellement ; tant de peur d'estre estimé chagrin, que de les accoustumer à ne craindre. Comme par le contraire, ne sera trop facile à contenter en son service, treuvant tout bon et bien fait ; ains y remarquera quelque cas à redire, prenant par là occasion de les exhorter à mieux faire : afin qu'ils en soient plus obéissans ; et se défians de leur suffisance, moins glorieux, taschent à se rendre meilleurs serviteurs. Ne se mettra en cholère jusques là, que de renvoyer et donner congé à aucun de ses serviteurs, à toute désobéissance, ou autre légère occasion, mesme à ceux qui sont les plus suffisans, et ès temps les plus nécessaires, esquels difficilement treuve-l'on gens pour faire les besongnes. Aussi se gardera tant qu'il pourra de les injurier et menacer, et jamais d'en venir jusques aux coups, sur-tout avec ses grands serviteurs : lesquels plustost, ne faisans pour lui, il congédiera, après les

avoir payés : mais aux petits, ne laissera rien passer de travers, les chastiant, selon leurs démérites, pour leur faire entendre par force, ce que la raison ne leur peut persuader. Deux divers temps recognoist-on en l'année, esquels le flatter-serviteurs est requis, pour abatre de leur perverse humeur, ce qui lors sur-abonde au détriment des affaires : c'est, entrant en service, et, quand la cueillette des blés approche. En cestui-là, pour le changement d'habitation, et pour la nouvelle habitude, peu de chose les fait desdire : si qu'à la moindre occasion qui s'offre, impudemment se retirent, avec ou sans congé, mesme que cela est sans aucune de leur perte, pour le peu de temps qu'ils vous auront servi : en cestui-ci, à cause de la générale desbauche de toutes sortes de pauvres gens employés ès moissons, où avec la bonne chère, pour le naturel de l'œuvre, quelquesfois les gages de leurs journées sont grands, ce qui les fait repentir de s'estre asservis à vous, et loués à prix, qu'ils estiment petit, dont ils recerchent occasion pour cause de vous quitter, ce que volontiers ils feroient, sans la crainte de perdre ce que leur devés de leur salaire. Par douces paroles donques les retiendrés en office, à vostre utilité, les repurgeans de telles folles fantasies, et ainsi leur ferés passer ces pas glissans.

Ordonnera le mesnager, tous les soirs de ce qui appartiendra pour ses affaires du lendemain, à ce que chacun sçache, où, et en quoi il doit s'employer la prochaine journée, et que dès le poinct du jour se renge à l'ouvrage qui lui aura esté commandé. Conférera souvent avec ses serviteurs de ce qui est requis à ses affaires, soit ou pour la culture ordinaire du fonds, ou pour quelque nouvelle réparation : faisant semblant de suivre leurs avis en ce qu'ils se rencontrent conformes à son intention ; car par telle ruse , ils travailleront de meilleure volonté , cuidans cela estre de leur invention. Aussi c'est un article de prévoyance, de se résoudre le samedi au soir de ce qu'on a à faire pour la semaine prochaine , mesme ès nouvelles réparations : à ce que dès le dimanche l'on se pourvoye d'ouvriers et autres choses requises. Donnant ce jour-là plus de moyen de communiquer avec les personnes, qu'aucun autre de la semaine.

Selon la portée de leur esprit , le père-de-famille exhortera ses domestiques à suivre la vertu et fuir le vice, afin que bien morigenés , vivent ainsi qu'il appartient, sans faire tort à personne. Leur défendra les blasphèmes, paillardises , larcins et autres vices , ne souffrant iceux pulluler en sa maison, pour demeurer tous-jours maison d'honneur. Leur remonstrera aussi combien la diligence apporte de profit en toutes actions , spécialement au mesnage, moyennant laquelle, plusieurs pauvres personnes ont fait de bonnes maisons : comme au contraire par négligence , infini nombre de riches familles est tumbé en extrême ruine : et qu'en toutes affaires , la négligence est de plus grand labeur, que la diligence , les paresseux estans trompés par les choses rustiques.

Sur ce propos leur alléguera les beaux dicts des Sages , mesme de *Salomon* : *que la main du diligent , l'enrichit : qu'en temps de nécessité , il ne sera point confus , ayant amassé des biens à suffisance et pour lui et pour autrui : que sa chevance est comme une forte* cité : *que l'habile-homme en sa besongne , sera au service des rois : que qui labourera sa terre , sera rassasié.* À l'opposite : *que le paresseux ne voulant travailler à cause de l'hyver, mendiera en esté : que celui qui craint toutes sortes de dangers, qu'il se figure comme des lions en chemin, pour prendre excuse de se tenir dans le lict : qui aime mieux le dormir que le veiller, le ployer les mains, que les estendre au labeur : qui est lasche à la besongne et de cueur failli : qui prend des excuses quand il faut travailler, par orgueil, en ayant honte , est moqué et comparé au fumier et à la pierre souillée d'ordure , et exposé en grande ignominie , par voir ses champs et vignes couvertes d'orties et espines , leurs cloisons démolies , la pauvreté et la famine le saisir, sans lui rester autre chose que vains souhaits , folles espérances , avec une sotte présomption de soi-mesme , s'estimant plus sage que plusieurs de ses voisins.* Lesquels paresseux il renvoye aux fourmis , pour devenir diligens : à ce qu'ils apprennent à travailler en esté, pour l'hyver. *Pibrac* en dit son avis :

> Ce que tu peux maintenant , ne diffère
> Au lendemain , comme le paresseux :
> Et garde bien que tu ne sois de ceux
> Qui par autrui font ce qu'ils pourroient faire.

Aussi fait *Hésiode* :

> Qui son labeur va délayant,
> Son profit aussi va fuyant.

Et *Cicéron : qu'en ne faisant rien, l'on apprend à mal-faire.* À ces salutaires discours ajoustoient les antiques : *que la diligence est la mandragore, que le sot vulgaire estime estre entre les mains de ceux qui font bien leurs affaires : que ce sont aussi les charmes, dont se sert le bon mesnager, pour abondamment faire produire ses terres : que c'est la paresse du fainéant qui donne lustre à la diligence de son voisin, homme soucieux, et qui met en évidence les limites de leurs héritages : à la honte et confusion du paresseux, qui par remises et longueurs, ne treuve jamais loisir de mettre la main à l'œuvre :* dont lui ôvient l'effect de ses menaces,

Qui le temps par trop attendra :
À la fin le temps lui faudra :

pour à la longue, escoulées les bonnes saisons, tumber en extrême ruine, et se rendre lui et les siens du tout misérables : quand pour vivre, aura dissipé son héritage (tant chèrement assemblé par ses prédécesseurs) le mangeant une pièce après l'autre.

Lui-mesme sera vertueusement exercité.

Tels et semblables discours seront les devis ordinaires du sage et prudent père-de-famille avec ses gens : d'où lui-mesme prendra instruction, pour estre le premier à suivre la vertueuse diligence. De la bouche duquel ne sortira jamais aucune parole blasphématoire, lascive, sotte, ne mesdisante ; afin qu'il soit miroir de toute modestie. Et à l'exemple de *Caton*, se patronant à *Manius Curius*, réformera sa maison, réordonnant les choses destraquées, chassant tous vagabons, bouffons, et autres gens-de-néant, à ce qu'aucun inutile, ne de mauvaise vie, n'y mange le pain. Apprendra aussi à mesurer le temps, l'une des principales sciences de la conduite des affaires du monde, pour de rang et en saison expédier ses ouvrages, dont sera prévenue et évitée la confusion, ruine de tout négoce.

trouvera à

Fera bien nourrir ses domestiques et manœuvres, selon leur estat, qu'il continuera tous-jours d'un train, où ce sera quand à la maison se fera quelque extraordinaire honneste, ils participent à la bonne chère. *la nourriture de ses gens.* Pourvoira que leurs vivres, quoi-que grossiers, soyent bons et francs, et distribués par bon ordre, à ce qu'aucune partie ne s'en dissipe. Souffrira à ses gens de prendre leurs repas, à repos, sans les destourner que le moins qu'il pourra, et seulement pour affaires d'importance. Ne prendra en coustume de les regarder manger, comme semblant vouloir compter leurs morceaux, ains avec quelque liberté les laissera dans la cuisine à telles heures, pour se deslasser de leurs labeurs, se chauffans et gaudissans ensemble. Et afin qu'en telle licence n'y ait de l'excès, le père-de-famille les tiendra en office et sujection, les gardant de crier et folatrer de son anti-cuisine, où il sera souvent mesme à l'heure de ses repas, y faisant son ordinaire : et de là se prendra garde, après honneste refection, de les faire retourner à leur besongne. *En hyver disneront devant le jour.* Disneront devant le jour au temps des plus longues nuicts, quatre mois continuels, despuis la mi-Octobre jusqu'à la mi-Février : afin que dès l'aube du jour, chacun se range à sa besongne, estant la matinée l'avancement de toute œuvre. Et par ce moyen gaignant autant de temps, sera aussi espargnée la peine de revenir disner à la maison, ou de leur porter les vivres dehors ; en quoi a tous-jours de l'intérest. *Leurs occupations après le souper d'hyver.* Après leur souper, ceux qui auront charge des bestes, s'en iront les panser, et souventes-fois le père-de-famille en se promenant, descendra aux estables, pour s'en prendre garde : tenant l'œil que le bestail soit traicté ainsi qu'il appartient, tous-jours d'un ordinaire ; pour le profit qui en revient, suivant le proverbe : *que l'œil du maistre engraisse le cheval.* Et tous jusques aux moindres, employeront la veillée des longues nuicts, faisans auprès du feu, des paniers, corbeilles, mandes, vans, et semblables meubles du mesnage, selon le pays et matières qu'on a : desquelles en tels temps et heures se pourvoira pour le reste de l'année ; estant vergongne au mesnager de desbourser argent en l'achapt de tels meubles, et d'employer le temps à en faire hors ladite saison : suivant ceste maxime, *de ne faire jamais de jour, ce qu'on peut faire de nuict : ni en beau temps, ce qu'on peut faire en laid.* A laquelle défense, ont ajousté les anciens, cestui leur avis : *que celui n'entend rien au mesnage, qui en temps clair et serein travaille plustost en la maison qu'aux champs* (*).

Si durant les mauvaises temps de l'année.

Donques tenant en besongne ses gens, ès jours pluvieux, neigeux, et autres importuns, se soignera le père-de-famille de leur faire faire grande provision de toutes sortes d'outils et instrumens de labourage, pour s'en fournir lors à suffisance, voire de la moitié plus qu'il ne lui en faut. Et soient socs, charrues, hoyaux, besches, pelles, haches, et autres meubles dés champs, qu'il en aye à rechange ; envoyant au mareschal forger des outils de fer, et apprestant en la maison ceux de bois : à ce que le tout appareillé comme il faut (et en temps presques perdu, pour ne pouvoir travailler à la terre, où y a de l'espargne) se treuve prest au besoin sans estre con-

traint, ne de les refaire, s'en rompant sur la besongne ; ne d'en emprunter, en ayant faute : par telle réserve s'évitant, outre la honte et danger d'estre refusé, la perte du temps de les aller quérir et rendre. Tels meubles et outils seront curieusement serrés et gardés en cabinet à ce destiné, pour là les aller prendre au besoin, et remettre après le service. Mais ce sera distinctement, selon leurs espèces, matières et usages ; séparant les grands, d'avec les petits, ceux de fer d'un costé, et de bois de l'autre : par tel ordre s'espargne la perte et l'esgarement, causant grand rompement de teste : la peine de les cercher estimée demie-perte. Aussi en mauvais temps le mesnager fera curer ses estables et travailler à autres telles œuvres, qui ne doivent estre faites en bon, gardant à dessein semblables besongnes pour lors employer ses gens : mesme après les pluies, à faire couper les buissons des prairies sèches, les espierrer, charrier matières pour bastir, en attendant la vraie disposition de la terre, pour la continuation de son labourage.

Seront bien payés selon la convention.

Payera bien et gaiement les serviteurs, afin que de mesme il soit servi d'eux, et soit argent, habits et autres choses convennes pour leur salaire, tout cela leur sera baillé au terme arresté ; sans rabat, ne délai. Aussi ne leur sera rien avancé sans nécessité de maladie ou autre légitime cause, pour crainte de perte : à raison du sauvage et pervers naturel des mercenaires (ou de la pluspart) qui pleins d'inconstance et sans honneur, se sentans payés, à la moindre occasion de mescontentement, quitteroient vostre service : auquel maugré eux, souventes-fois ils s'arrestent, de peur de perdre leurs gages. Estant ce une bonne coustume, que de ne

---

(*) *Pessimum, qui sereno die sub tecto potiùs operaretur, quàm in agro.*

Plin. Lib. XVIII, cap. 6.

les payer qu'après le service et non devant, par là les tenans bridés : autrement peu s'en treuveroient s'enfoncer guières avant en vos affaires. Leur arrivant maladie ou blesseure, charitablement fera secourir ses serviteurs par bon traictement et remèdes, les faisant retirer à part en chambre à ce destinée, car c'est cruauté de les renvoyer alors, ou de ne les assister ; sur-tout s'ils sont pauvres, ausquels sans autre obligation, est deu secours.

Et d'autant que c'est grande peine d'estre tous-jours après les mercenaires à les faire travailler : pour aucunement estre soulagé, le moyen est, de ne se charger par trop de serviteurs loués à l'année ; ains justement pour l'ordinaire culture du domaine, convient pendre plustost du costé d'en avoir faute, que de reste ; d'autant qu'avec de l'argent treuve l'on des gens à la journée, pour avancer les affaires ; et les serviteurs ne se voyans en trop grand nombre, en travailleront mieux, sans s'attendre que bien peu, au labeur d'autrui. Dont aussi s'espargne et la confusion et l'excessive despense, provenant de trop grande multitude. D'ailleurs, estans les charges de vos ordinaires serviteurs presques comme tasches, sçachans ce qu'ils ont à faire pour toute l'année, il faudroit bien qu'ils fussent du tout desloyaux et eshontés, s'ils n'y travailloient passablement : sur lesquels, en vous promenant, tiendrés facilement l'œil, par vostre présence et opportunés remonstrances, les sollicitant à leur devoir. Réservant au bout de l'année, à guerdonner et chastier ceux qui auront bien ou mal servi, donnant à ceux-là, quelque chose outre leur salaire ; et bannissant ceux-ci de vostre maison, pour n'y revenir plus.

Quant aux fondations et réparations nouvelles et extraordinaires, extraordinairement aussi convient y besongner, tenant autre ordre qu'à la simple culture de la terre. C'est assavoir, en choisissant les longs jours et beau-temps, pour lors avec bon nombre d'hommes loués à la journée, parfaire vostre ouvrage. Car puis que les fondations et nouvelles réparations (peu exceptées, comme le planter, et quelques autres qui ont leur particulière saison) ne sont restrainctes à certain terme, ne seroit-ce pas très-mauvais mesnage, de préférer les petits aux grands jours, et le mauvais au bon temps, par là volontairement despendre un tiers davantage ? Comme cela résulte de l'inégalité des jours des mois de Novembre et Décembre, à ceux d'Avril et de Mai ; et par la différence de l'automne et de l'hyver, au printemps et à l'esté.

Discernera nostre mesnager la qualité de ses ouvrages, pour les mettre à exécution, chacun selon son ordre. Les nécessaires, les premiers : puis, les utiles : après, les plaisans. Une ruine de feu, ravine d'eau, et autres inconvéniens qui quelques-fois surviennent, contraignent d'en réparer les pertes en quel temps que ce soit. De mesme, avec grande diligence, doit-on mettre la main à la construction, ou redressement d'un moulin, d'un canal de prairie, et semblables pièces de remarque, dont le retardement, compté mesme par heures est préjudiciable, pour l'importance de leurs revenus. Le planter des vignes et arbres en approche de près, à ce que gaignans temps, tant plustost apportent du bien, que l'on les y aura préparés. Touchant les choses de seul plaisir, elles seront dressées les dernières. Ce qu'attendant, qu'attendant, ne sera le père-de-famille sans délectation, voyant ses revenus s'accroistre par sa diligence, employée ès œuvres susdites; le plaisir suivant tousjours le profit.

La distinction des saisons est aussi trèsrequise en ces choses, pour ne les entreprendre qu'en année de moyenne fertilité : afin qu'elles ne soyent de trop grand coust. Car en temps auquel les vivres sont à prix excessif, le bon mesnager, s'abstenant de réparer et d'entreprendre rien de nouveau, vend ses denrées, et en serre les deniers, pour les employer en réparations, la saison revenue meilleure. Ou ce seroit que la nécessité le contraignist, ou que charitablement entreprint quelque ouvrage, pour donner à vivre aux pauvres en la famine ou cherté. Au contraire, estans les fruicts de la terre à fort petit prix (comme quelques-fois avient n'estre d'aucune vente), est lors la vraie saison de les faire manger en réparations. Car pourveu que ses réparations soyent raisonnablement inventées, mieux ne pourroit-il débiter son revenu. Aussi ordonnera-il de ses réparations, en telle sorte qu'elles ayent plusieurs visages; à ce que tant plus gaiement il y face la despense requise, que plus d'utilité il espère de leur fin. A cela regarde un fossé, qui en fermant le champ, l'espuise des eaux nuisibles : les fossés sousterrains, dits, pied-de-geline, faits pour dessécher les terres marescageuses, où des pierres sont enterrées, servent à se dépestrer et des eaux et des pierres tout ensemble : planter la saussaie près de la rivière, sert et à donner du bois, et de défense contre l'eau pour la terre voisine: bastir la muraille du clos, et à fermer les jardinages et vignoble, et de forteresse, à

la maison : édifier le colombier, et à avoir des pigeons, et à se pourvoir de bons funiers: dresser la mureraie, et à recouvrer de la soie, et à s'accommoder de bois pour le chauffage, et à faire des cercles pour les tonneaux : dresser la garenne, et à se munitionner de connins, et du fagotage pour le feu. Ainsi des autres.

Moyennant lesquelles observations, et pressant vos ouvriers par vostre présence, treuverés en vos ouvrages le contentement qu'en telles choses chacun se promet. Pourveu aussi, que prudemment elles soyent entreprinses, comme a esté dit, sans vous enfoncer par trop avant en inventions vaines, ou de peu de profit, si tant est que ne veuillés vous arrester aux nécessaires. Ce que toutes-fois ne devés espérer par vostre absence, mesme si n'avés homme, sur lequel en ce cas, vous vous puissiés reposer : encore moins, que serviteurs loués à l'année vous satisfissent en cest endroit, pour la presque générale desloyauté des mercenaires, servans à l'œil ; spécialement de ceux-ci; tant à cause de l'ennuyeuse peine que la longueur de l'œuvre vous donneroit, les tenans de près, par ne pouvoir avec eux seuls estre tost expédié, pour leur petit nombre (et d'en louer à suffisance pour la haster, ne se peut et ne doit, par les raisons dictes), que pour ne travailler, les domestiques, jamais tant vigoureusement en nouvelles réparations, que les journaliers. D'autant que soulés de vostre bon traictement, sans se vouloir enquérir d'où vient le bien, vivent sans pensement, comme enfans-sans-souci, et cuident vous servir à trop bon marché, quand ils comptent leurs journées ne venir aux prix de celles des journaliers: dont se rendent négligens en vos affaires. Sans vouloir considérer leur condition estre beaucoup meilleure que celle des pauvres manœuvres, qui ne touchent argent que pour les journées qu'ils travaillent en beau temps ; lequel par-après ils ont bon loisir de despendre en chomant, pour l'injure des saisons : au lieu qu'eux espargnent et embourcent à la fois, leurs gages de toute l'année, sans perte d'un jour, gaignans autant les pluvieux que les secs.

Par ainsi y a plus d'utilité de se servir en réparations extraordinaires, d'hommes loués à la journée, qu'à l'année : lesquels journaliers venans de frés en vostre service, et d'estre mal nourris en leurs pauvres maisons, font merveilles de travailler au commencement : ce que plus apparemment se recognoist le lundi, qu'en autre jour de la semaine, par sortir nouvellement de leur ordinaire. Mais aussi telle première ardeur s'esvente tost après, quand sentans avoir gaigné une pièce d'argent à vostre service, remplis de bonne chère, s'allentissent petit-à-petit ; dont finalement par lascheté, deviennent insupportables : et poussés de l'humeur perverse des domestiques, se faschent mesme de la longueur de l'œuvre ; bien-que tant plus ils gaignent, que la fin s'en délaye : ne se soucians, ne de leur devoir, ne de vous donner contentement.

Ne pensés pas aussi, qu'ils vous portent tant d'amitié et de respect, qu'il suffise de vous préférer à un autre en leurs services, bien-qu'ils en ayent occasion (si quelque particulière obligation ne les y contraint) qu'au contraire, extrêmement avares, ne vous serviront, s'ils treuvent à gaigner un denier plus ailleurs, que chés vous. Aussi est-ce chose expérimentée, que si bien ne chevirés de ces gens-ci, en bon, qu'en mau-

vais temps ; si que plus facilement viendront chés vous, le jour s'addonnant à la pluie, qu'estant la matinée claire et sereine. Pour lesquelles fins, et autres légères ou vicieuses, ne retourneront à vostre service (selon l'expérience) le lundi, s'ils ont esté entièrement payés le samedi précédent, peu exceptés : ce qui a faict inventer ce traict de mesnage, que de les tenir gagés de quelque peu d'argent, dont expressément leur resterés debiteur ; pour lequel plus aisément recouvrer, reviendront comme desirerés. Et par là concluës avec le proverbe, que

> Celui qui paye le premier,
> Se treuve servi le dernier.

Je ne doute pourtant, qu'ils ne se treuvent quelques-uns de ces pauvres gens de bonne conscience, qui pour vostre intégrité, ne se laissent manier comme voudriés : mais le nombre en est si petit que par leur seul service ne pourriés beaucoup avancer. A ceux-là, néantmoins, donnerés-vous plus à gaigner qu'aux autres, selon vos affaires. Mais estant question d'une grande et importante besongne, et eux et plusieurs autres, mieux choisis, seront employés, pour (comme a esté dict) en beau temps et avec grande diligence tascher de parfaire vos entreprinses ; congédiant sur l'œuvre mesme, ceux qui par mauvaise élection, se treuveront, ou lasches ou trop ignorans, sans souffrir qu'aucun mange inutilement vostre pain. Auquel chastiment, les autres profiteront. Finalement contenterés gaiement tous vos mercenaires et manœuvres, en beau payement que leur ferés, sans leur rien retenir. Aussi est-il escrit, *tu ne frauderas point le loyer du pauvre mercenaire, afin qu'il ne crie contre toi au Seigneur, et qu'il y ait péché en toi.* A cest oracle s'accorde le dire du payen,

> Tu payeras promptement le salaire
> Qu'auras promis au pauvre mercenaire.

Et ainsi les renvoyerés - vous en leurs pauvres familles, jusques à une autre fois, que les rappelans, les treuverés soupples et disposés à revenir, pour avoir gousté la douceur de vostre table et de vostre bource.

Ayant aucunement discouru des imperfections des gens de service, domestiques et manœuvres, est requis de parler aussi des défauts des maistres envers eux : à ce que soyons instruicts du moyen équitable qu'avons à tenir en ce tant important article, pour estre bien servis en nostre mesnage.

La puissance absolue de vie et de mort, que le temps passé les maistres avoient sur leurs serfs, causoit tant d'insolence, que les maistres, comme tyrans insupportables, exerçoient sur eux toutes espéces de cruauté. Et non-seulement par haine, desdain ou autre malicieuse humeur, ces pauvres gens estoient battus et massacrés, mais aussi souventes-fois pour passe-temps, on les exposoit aux lions, ours, et autres bestes furieuses, voir estoient contraints à s'entre-tuer eux-mesmes. Et seulement les plus humains se contentoient du travail de ces misérables, qui toutes-fois estoient gouvernés comme pauvres bestes. Tout le jour attachés au joug, enchaînés après le labeur, et contraints à travailler à force de coups : la nuict resserrés dans les prisons et cachots. Maigrement nourris, vendus, achoptés, eschangés par leurs foires et marchés, voire pour traffiq en estoient faicts comme des haras, pour en avoir de la race, ainsi qu'on faict des poulains. De laquelle barbare inhumanité, est sorti ce

proverbe antique, *autant de serfs, autant d'ennemis.* Tous les vieux autheurs de rustication enseignent le gouvernement des serfs, pour en tirer profit, selon l'usage de leur temps, avec autant de douceur, que le naturel de la chose le requéroit, en quoi toutes-fois, est recognue une trop sévère rigueur. Mais par sur tous hommes raisonnables, paroist la trop grande rudesse et cruelle avarice de *Caton,* quand ses serfs et esclaves, par vieillesse, devenus presques inutiles, estoient chassés de sa maison, en les vendant, quoiqu'à petit prix, pour crainte de perdre quelque peu d'argent, comme l'on faict des vieux mulets et chevaux, sans vouloir souffrir d'achever leur misérable vieillesse, où ils avoient employé leur jeunesse, en travaillant pour son service.

Par cest inique traictement, les esclaves portans impatiemment le joug de servitude, sans recognoistre que Dieu les y avoit assujétis, estoient en continuelle solicitude, pour treuver les moyens de leur délivrance : qui s'offroient quelques-fois, selon leur desir, à la honte et ruine de leurs maistres, recevans avec violences par divers accidents, punition de leurs cruautés. Ainsi se roidissans les uns et les autres, à la rigueur; tout respect d'honnesteté mis en arrière, n'estoit question que de la force et contrainte.

Et encores que telle rigoureuse loi n'ait plus de lieu en ces terres de franchise, ne s'y voyant ni serf ni esclave; il reste toutes-fois à plusieurs, une trop sévère façon de commander, approchant de la brutalité. Car outre un continuel desdain qu'ils ont de ne treuver aucun service agréable, ne monstrent jamais leur bon visage à leurs serviteurs. Et selon qu'ils sont poussés d'avarice, sans avoir esgard à leurs promesses, ne payent leurs mercenaires, que le plus tard qu'ils peuvent, jamais ainsi qu'ils doivent, et quelques-fois taschent de les contenter de bastonnades au lieu d'argent ; ou par autre mauvaise invention, à leur faire perdre leur salaire, sans avoir esgard à ces sacrées défenses, *ne sois point en ta maison comme un lion, molestant tes serviteurs en tes fantasies, et oppressant tes sujets.* En quoi tels maistres se trompent, contrarians directement au devoir de charité, d'honnesteté, de société. Car puis qu'envers Dieu n'y a acception de personnes, estans tous enfans d'un mesme père, ce n'est pas les traicter en frères, qu'user de ces violences. Et s'il estoit non seulement défendu à l'ancien peuple de Dieu, de se servir de ses esclaves avec trop de sévérité, ains commandé d'affranchir celui qui auroit bien servi : à plus forte raison à présent, que les serviteurs sont de franche et libre condition, et par ainsi volontaires, quoi-que mercenaires, toute excessive et rigoureuse sévérité devroit estre bannie de l'entendement du mesnager, comme chose contrariant au bon service ; parce que la vraie obéissance ne procéde que d'amitié.

Or d'autant que le mercenaire promet vous servir, moyennant salaire convenu, icelui défaillant, défaudra, avec raison, le service. Et ne se trompe en cest endroit qui ne voudra : car outre, que c'est grande folie de cuider s'enrichir par tels deshonestes moyens, et avec gens de telle estoffe, ce n'est le faict d'un sage homme, de vouloir faire ses affaires sans récompense. Dont justement sont moqués ceux qui volontairement ne font la raison à chacun, mesme à ceux desquels on aura opportunément tiré la sueur et la peine. N'estant esmerveillable d'en voir aller les affaires de travers, par fréquents larcins de temps, de denrées, et autres choses que les serviteurs mal-payés font à la ruine de la maison.

Aussi ne la longueur du temps, ne le changement de servitude en liberté, n'ont peu du tout esteindre l'antique rébellion et désobéissance des gens de service, qu'aujourd'hui n'en reste beaucoup à nos mercenaires, sans vouloir recognoistre la grace que Dieu leur faict, d'estre naiz libres, et que la pauvreté ne leur oste pas la franchise, laquelle ils ont commune avec les plus riches. Aucun n'entre en nostre service, qu'avec humilité et bonnes paroles d'obéissance, et de diligence : mais peu par-après se treuvent tenir compte de leurs promesses, ne se ressouvenans tant de leurs conventions, que de faire bonne chère, et du terme de toucher argent. Lesquels finablement par paresse, se rendroient destructeurs et déserteurs de la maison, sans bonne solicitation à leur devoir, qu'on est contraint d'user envers eux, avec beaucoup de souci et peine. En quoi les armes civiles (où plusieurs de tel calibre ont esté employés) les ont rendus tant plus insolents et arrogans, que par la longueur des guerres, ont eu plus de loisir de s'habituer en tous vices et désordres, et à moins se soucier de leur honneur : au préjudice du publiq, mesme de l'agriculture, au sacro-sainct exercice de laquelle, autres gens que purs et mundes, ne devroient estre employés, à l'imitation de nos premiers pères. Et lors la terre se delecteroit à nous produire abondamment ses biens, quand elle se verroit maniée par personnes innocentes et diligentes.

Mais puis que la nécessité nous contraint de nous servir de telle sorte de gens, nous en choisirons des moins vicieux pour nos affaires : et buvans ce calice, dirons avec le commun,

> Qu'avec putains et larrons
> Convient faire nos moissons.

Le doux traictement, le bien-payer, le non-courroucer, le bon visage aux serviteurs, sont choses humaines et fort aisées à l'homme débonnaire ; mais indifféremment employées, beaucoup préjudiciables à son service, pour le mauvais naturel de ses gens. Dont le père-de-famille est contraint mesler en ses commandemens, beaucoup de rigueur avec la douceur, feignant souventes-fois, pour le bien de ses affaires, d'estre en cholère contre ses serviteurs, estant ce un bon moyen pour les tenir en office, pourveu qu'ils n'ayent occasion de se plaindre touchant le payement. Comme la trop grande bonté d'un personnage est estimée, fadèse ; ainsi sont moqués des mercenaires, les commandemens, qui pour trop de douceur, ressemblent aux prières. Se recognoissant par expérience, ceux chevir mieux de leurs serviteurs et manœuvres, qui moins supportent leurs fautes : et que la lie du peuple obéit mieux par force, que par douceur : ce qui a faict dire à plusieurs,

> Oignés vilain, il vous poindra :
> Poignés vilain, il vous oindra.

Tant est la nature de l'ignorance contraire à la vertu. D'où avient communément que les paysans sont mieux servis en leurs labourages, que les honorables mesnagers : aimans les mercenaires tous-jours mieux les paysans, leurs semblables, que tout autre, quoi-que mal nourris et entretenus chés eux, puis que c'est de l'ordinaire de leurs maistres et à leur table, qu'ils vivent.

Il eschoit en ceste partie de mesnage, grande dextérité, voire estime-je le plus fascheux de la rustication, que de se faire bien servir : sans laquelle difficulté, la culture des champs seroit la plus plaisante chose du monde, et par manière de parler, telle vie approcheroit de celle des anges, si on pouvoit recouvrer des gens à cela propres et affectionnés comme il appartient.

Voilà pourquoi est tant recommandé le bon et fidèle serviteur. Et de faict celui qui en a de tels, les doit aimer, pour les commodités qu'il tire de leur loyal service. Mais aussi, qu'il se prenne bien garde du dire de *Salomon*, *qui mignarde son serviteur dès sa jeunesse, à la par-fin il sera comme fils* ; où il ajouste, que c'est chose non-seulement dangereuse, ains monstrueuse, que la présomption du serviteur et de la chambrière ; disant, en propres mots, *que la terre se trouble, quand le serviteur règne : et quand la servante hérite à la maistresse.* Ces admonitions nous serviront, à ce que ne gastions nos serviteurs par trop de douceur, et pour ne les flater que bien à-propos : car puis que telles gens ne sont guières capables de raison, il leur semble que les familiarisant et leur monstrant continuellement bon visage, ils méritent encores plus, si qu'à la longue se rendans insolents, abusent de vostre bonté jusques-là, que par mespris, cuident que ne vous pouvés passer d'eux.

Des bons serviteurs vous vous servirés, autant que telle bonne humeur leur durera, et non davantage : leur donnant congé, lors qu'ils se seront destraqués de leur devoir par orgueil, ou que par remonstrance ne les aurés peu remettre à la raison : supportant toutes-fois charitablement, les petites imperfections qui accompagnent communément toutes sortes d'hommes. S'ils demeurent longuement en vostre service, en bien faisant, leur ferés sentir vostre libéralité par vos faveurs, en fermes, en mariages, en prest d'argent, de denrées, et autres négoces, en dons d'habits et autrement. Ainsi, en vous acquittant de vostre devoir, par-dessus l'honneur que ce vous sera d'estre estimé équitable, donnerés exemple à d'autres de s'affectionner à vostre service. Joinct, que tels ainsi guerdonnés pour leur bon service, confessans vous devoir leur avancement, par obligation, vous demeureront serviteurs toute leur vie.

Quand changer de serviteurs, et de quels.

Par ce que dessus, ce poinct se treuve vuidé, combien de temps vous vous devés servir de mesmes valets ; c'est assavoir, autant longuement qu'ils se maintiendront en leur devoir. De laboureurs, pour le profit de vos terres-à-grain, changerés le plus rarement que pourrés : car, comme aux enfans, la mutation de nourrisses est tous-jours préjudiciable, aussi aux labourages, les diverses mains préjudicient. N'estant à estimer que le vieil laboureur, qui par habitude s'est rendu sçavant en la portée de vos terres, pour les cultiver et semer, ainsi qu'il appartient. Au contraire, du jeune est dit au patois du Languedoc,

Que bouvié sans barbe
Fay aire sans garbe.

Des autres valets ne serés tant scrupuleux ; ains ce sera tous les ans, ou de deux en deux, comme vos affaires le porteront, qu'en prendrés de nouveaux ; desquels pour si peu de temps, ne pourrés estre qu'assés bien servi : parce qu'ils ont ac-

coustumé, pour se faire valoir, ruer au commencement leurs plus grands coups de vaillance.

De quel aage les choisir.

L'aage de vos serviteurs domestiques sera choisi en leur fleur, pour la dextérité et pour la force, qui sera de vingt à quarante-cinq ans. Les grands hommes sont bons pour le labourage, y contraignans le bestail, et avec la force et avec la voix : à porter fardeaux aussi. Les petits au vignoble, pour planter et enter arbres, gouverner les jardins, les mousches-à-miel, à garder le bestail, et à faire plusieurs autres gentillesses, où n'est requis grand travail. Et les moyens, comme participans des autres deux, sont presques tous-jours propres à tous ouvrages. Par quoi préférés cette taille-ci, à toute autre, choisissant d'icelle, pour vos laboureurs, les plus grands et plus forts hommes : et les autres pour les besongnes où plus propres se treuveront, selon leurs inclinations particulières.

Toucher les servantes.

Quant aux chambrières et servantes, domestiques et autres, autre adresse n'y-a-il à les choisir, que les susdites, leur sexe faisant la distinction des ouvrages où elles doivent estre employées.

Des gages ou gain de service.

Du salaire des serviteurs, ne se peut dire autre chose, que de tascher à le réndre le plus petit qu'on pourra, pour la conséquence du haussement tous-jours préjudiciable au mesnager. En ceci aussi ne changerés l'usage, payant vos gens selon la coustume du pays, en argent, habits, et autrement. Non plus le terme de leur service, soit ou pour sa longueur ou pour la saison de l'entrée en charge, choses diverses selon les lieux. En la pluspart, c'est pour l'année entière qu'on loue les serviteurs, y ayant peu de mesnagers champestres qui se contentent du quart, du tiers, de la moitié ou autre portion, estant ce à faire à citoyens de ville, que de louer à mois les serviteurs des champs, pour leurs vignes et jardins. En aucunes provinces, les serviteurs commencent leur année peu devant les moissons; en d'autres après la récolte : ailleurs, au temps des semences : et presques généralement par tout, par l'un de ces jours remarquables, de la Sainct-Jan, Sainct-Michel, Sainct-Martin, la Toussaincts, Noël, Pasques et autres termes de l'année, où convient s'arrester pour la police (suivant laquelle, y a par les provinces des foires et marchés destinés au louage des gens de service) autrement, confusion aviendroit au mesnage : d'autant que laissant passer le poinct de vous pourvoir de serviteurs, en vain l'attendriés-vous par après, le reste de l'année n'en treuvant que par rencontre. Ne ferés esgalle prix de vos serviteurs, ains les diversifierés par leurs suffisances, la raison le voulant ainsi : ce qui donnera occasion aux ignorans d'apprendre, en intention d'avancer en gain, à mesure du sçavoir.

Généralement noterés pour toutes sortes de serviteurs, hommes et femmes, de ne vous charger nullement de personnes estrangères, passagères, belistres, caïmans, sans aveu ne cognoissance ; pour les dangers qui s'en ensuivent: mais les prendrés les plus près de vous que pourrés. Sur tout, donnés-vous garde de ne mettre jamais chés vous aucun diffamé de notable vice, comme de blasphèmes, paillardises, meurtres, larcins, brigandages, yvrongneries, ne sujets à maladies contagieuses : car de plus dangereuse peste ne pourriés estre frappé : en estans les histoires anciennes accompagnées de plu-

sieurs nouveaux et tragiques exemples, en que tout homme de bon entendement préviendra par sa providence.

Pour achever de devider le fuseau, est à propos faire mention de ce que *Caton* vouloit, qu'à faute de besongne, ses serviteurs dormissent : et qu'il y eust tousjours de la division entr'eux, la y semant par artifice, ayant pour suspects, l'esveil et la concorde de ses domestiques. *Caton* avoit à faire de son temps à eschaves, forsats, gens désespérés par mauvais traictement, si qu'il n'estoit sans raison de se craindre d'eux. Mais aujourd'lui que sommes servis de personnes de libre condition, et chrestiennes, l'avis de *Caton* ne peut avoir lieu, joinct que le service de gens vigilans, est tous-jours meilleur que de personnes endormies, n'estans que pièces de chair, sans entendement, ceux qui aiment trop le somne et le repos : contre lesquels *Salomon* crie tant, disant tels ne pouvoir enrichir. Et quant à l'autre poinct, quelle chose plus laide y a-il au monde que la dissension et haine, sur tout entre ceux qui mangent d'un mesme pain, et habitent en mesme maison, comme enfans d'un mesme père? Ains quelle plus belle, que l'amitié et la concorde, que *Jésus-Christ* nostre sauveur nous recommande tant estroictement ? Et si bien par faute de bonne intelligence entre serviteurs d'un mesme maistre, sont descouverts quelques pillages et autres meschancetés, avec utilité, ne faut pourtant tirer cela en conséquence : car ce mal ne manque jamais, que d'estre mal servi de personnes assemblées chés vous, n'estans amis ensemble, employans quelques-fois plus de temps, à s'entre-quereller, qu'à travailler à leur besongne. Mais tirerés tous-jours bon service de vos domestiques, s'ils vivent en commune amitié ; et n'ont autre occasion de s'entre-quereller, que par émulation debattre de l'honneur de bien faire en vostre service : chose souhaitable, quoique rare. Et comme *il ne faut jamais faire mal, afin que bien en avienne* : quelque apparence de raison qu'ait *Caton*, ne laissera le père-de-famille, d'entretenir tous les siens en union fraternelle, à ce que d'une commune main s'employent à ses affaires. Estant ce acte de chrestien, de procurer la paix envers tous, de laquelle lui-mesme plus facilement jouira, quand elle habitera chés soi, et le relevera de la peine d'appointer les querelles et différens des siens. Les fautes de ses serviteurs seront réprimées par sa prudence, avec des moyens justes et équitables, sans se péner beaucoup d'en inventer des obliques et réprouvés. Marquant pour très-importantes meschancetés, contraires au bien et repos de la maison, les paillardises et larcins, à ce que leur sévère chastiment par justice, trenche le cours de tels crimes : car les dissimulant, ou réprimant doucement, ce seroit tous-jours à récommencer, dont pauvreté et confusion aviendroit à la famille (24).

CHAPITRE VII.

Des Saisons de l'Année, et termes de la Lune, pour les affaires du Mesnage.

Pour ne défaillir à nostre père-de-famille aucune partie requise à tout bon œconome, se délectera de sçavoir, tant que faire se pourra, les propriétés particulières des temps, saisons de l'année, et influences des astres, pour les observer : et que par là, prevenant les changemens des temps, dispose ses affaires de telle sorte, que rien ne soit exercé en son mesnage, qu'avec art et raison, et qu'aucune chose ne soit commencée, que les vents et pluies surprenans, puissent destourner ou gaster. Mais d'autant qu'en ce poinct, presque tous hommes se sont trompés, donnans confusément, tout, à la vertu du soleil, de la lune, des autres planètes et estoilles, y ayant indifféremment assujetti tous ouvrages humains, la plus-part sans apparence de raison : est besoin monstrer jusques où il se doit estendre en telles matières, et de mesme manifester l'abus qui là dessus se commet, pour icelui retrenché, venir au légitime usage des temps. Ostant par ce moyen la confusion invétérée que telles scrupuleuses et fantasques observances causent au cours du mesnage, y apportans quelques-fois grande perte : en tant qu'on laisse bien souvent escouler les bonnes saisons, pour attendre les termes et poincts superstitieusement remarqués.

En telle vanité estoient tant attachés les

les anciens Grecs et Romains, qu'ils n'entreprenoient et ne faisoient chose, ni en privé ni en publiq, que sous les signes à ce dédiés (25), et ne leur avenoit jamais rien, pour peu que ce fust, dont ils ne tirassent des augures et conclusions, bonnes ou mauvaises, selon que la superstition leur en suggéroit la matière. Leurs armées avançoient et reculoient par l'avis de leurs aruspices, fondé sur le vol des oiseaux, sur le bequeter des poulets, sur le criement des grues, sur le croaxement des grenouilles, et autres choses frivoles. En leur police civile aussi et gouvernement des champs, n'estoit rien faict sans leur conseil. De telle sorte que pour ces incertitudes, ils n'estoient jamais asseurés en leurs desseins. Erreur qui de longue-main s'est glissée en l'entendement de plusieurs d'aujourd'hui, selon que par divers exemples on le remarque, et parmi les nations, et parmi les villes, jusques aux maisons privées. Et non seulement les livres des pauvres payens se voyent remplis de telles foibles doctrines, dont ils les ont composés comme une salade de plusieurs herbes, de tout ce qui à l'aventure leur est venu en l'entendement : mais aussi des chrestiens, lesquels en ont escrit, si non avec scandale, à tout le moins avec risée et moquerie. N'ayant action au monde, laquelle, selon eux, n'ait sa particulière sujection. Mesme ont-ils remarqué des jours heureux et mal heureux, ausquels, religieusement, s'attachent ceux qui de leur gré se veulent tromper : non seulement pour semer, planter, et autrement ouvrer en la terre, où y a quelque apparence de raison; ains à tout faire, jusques à se marier. Si que n'estans jamais telles gens sans agitation et crainte, ne peuvent

par conséquent, négotier qu'incertainement et à l'aventure.

Hésiode, Virgile, Columelle, Pline, Constantin César et autres antiques ont curieusement et scrupuleusement observé ces choses-là : lesquelles recerchans de près, chacun treuvera par tout quelque reste de superstition payenne couverte du manteau chrestien, observée de père-à-fils jusques aujourd'hui. Et tant ces vanités ont gaigné terre, que par leur adresse (comme interrogeans l'oracle d'Apollo) l'on s'enquiert de l'estat futur : non seulement de la cueillete, si elle sera bonne ou mauvaise, hastive ou tardive, et semblables matières de mesnage, propre gibier du père-de-famille ; ains de toutes affaires de sublime importance, surpassans l'entendement humain : de la vie et de la mort des rois et princes, de l'estat, des séditions populaires, de la discorde des ecclésiastiques, des mariages des grands, de la paix, de la guerre et semblables. Et ce par des grains de blé et des fueilles de bouis, jettés par un enfant sur le foyer chaud et baloié, le premier jour de l'an, ou la veille des Rois : s'asseurans recevoir tant meilleure response, que plus de tours et retours lesdits grains et fueilles feront en pétillant, à cause de la chaleur. Des jours de la sepmaine, esquels eschet, à leur tour, la feste de Noël, tire-on diverses conclusions pour toute l'année, donnant au dimanche, lundi, mardi, et suivans, à chacun sa particulière propriété. Comme de mesme présage-on de ce qui aviendra en chacun mois, par les douze jours après Noël, appellés féries : et selon le temps qu'il fera les jours de sainct Pol, sainct Vincent, la Chandeleur, se fonde-on pour le reste de l'année. Aussi vainement on prévoid la fertilité de la prochaine saison par une mousche engendrée dans la noix de gale, que le chesne produit; et la stérilité par une araigne. Que c'est malheur de rencontrer en marchant une bellette traversant le chemin: et une pie vous tournant le dos en sautellant: de se treuver assis à table parmi le nombre de treze précisément, duquel quelqu'un meurt dans l'année: de respandre du sel à table: de prendre par mesgarde ses habits à la renverse, le matin en sortant du lict: de chausser la jambe gauche la première, et les souliers d'un pied en autre. Ceste dernière superstition est directement de la forge de l'Empereur *Auguste*, lequel (selon *Pline*, dont il se moque) a laissé par escrit, que le jour qu'il fut presques opprimé par sédition de ses soldats, on lui avoit chaussé au matin, le soulier gauche au lieu du droict: et en particulier,

Recerche au bon heur et mal heur pour les jours du mois, selon les Anciens: et

Hésiode et *Virgile* ont recerché le bon heur et le mal heur que chacun jour du mois cause aux ouvrages humains, sans apparence de raison; par voidoir asseurer l'évènement des choses tant incertaines que celles de ce monde. Ils tiennent le premier et le dernier jours du mois estre bons pour tout faire: mesme pour banqueter et faire justice. Le quatriesme et le septiesme estre de Dieu, le septiesme, toutesfois plus sainct, pour la naissance de Latone, et son fils Apollo. Le huictiesme et le neufiesme estre bons pour travailler: ayant en outre cela de propre le neufiesme, que de favoriser les fuyars, et contrarier aux larrons, bons aussi à engendrer fils ou fille. Les onziesme et douziesme estre bons pour tondre brebis et maisonner: particulièrement cestui-ci, à chastrer le mulet, tirer la laine et la filer. Le treziesme pour cu-rer et arrouser les arbres, non pour les semer ou planter, comme aussi le seziesme leur est contraire: mais bon pour engendrer un fils, non une fille, ni aussi pour se marier, chose que le quatriesme a de propre particulièrement, auquel jour faict bon espouser femme et la mener chés soi. Pour engendrer un fils: pour rire: pour ouir des secrets: pour chastrer des boucs, et moutons: pour accoustrer des estables: pour coupper bois à ouvrages: et pour batre le blé en l'aire, est bon le dix-septiesme jour du mois. Et le suivant pour chastrer le beuf et aussi le bouc. Les dixiesme et seziesme sont bons pour engendrer des masles. Singulièrement pour engendrer un sçavant homme et prudent, est bon le vingt-uniesme, qui est dit le grand jour et heureux, lequel néantmoins n'est si bon le soir que le matin. Le vingt-sixiesme faut fuir, comme mal heureux; et aussi les quintes des mois, pour les fascheries qu'elles causent; à raison qu'en icelles, les furies créerent l'enfer pour se vanger des hommes, punissans les parjures. Le matin du dix-neufiesme est bon, et le soir mauvais. Pour perser tonneaux de vin et dompter chevaux, asnes et beufs, sont bons les quatorziesme et vingt-neufiesme. Ordonnent que la femme observera quand l'araigne travaille diligemment, pour lors envoyer son filet au tisseran, afin de le mettre en œuvre, comme en estant la droicte saison.

Jour propre de la Lune selon les inventeurs de Paris

De ces deux antiques personnages, et autres, par trait de temps, ont esté tirées des prognostiques: et à leur imitation, comme ils se sont servis des jours des mois, a-on employé ceux de la lune, où changeant quelques poincts, s'est-on efforcé, mais en vain, de donner autre lustre, que payen : en y ajoustant les naissances d'aucuns grands hommes du passé, et autres notables et anciens événemens. Par ce moyen, voulans célébrer leurs présages, avec des conclusions autant foibles, comme à l'aventure et sans tesmoignage, asseurent les choses qu'ils escrivent. Car quelle raison y a-il de conclurre sur la naissance de Jacob, qu'ils disent avoir esté le seziesme jour de la lune, qu'il fait bon lors achepter et dompter des chevaux et des beufs : que le malade sera en danger de mort, s'il ne change d'aer : et que l'enfant nay audit jour vivra longuement ? D'asseurer que si quelqu'un tumbe malade le premier jour de la lune, en relevera à la longue ; d'autant que c'est le jour de la création d'Adam, comme ils disent (bien qu'au Genese se treuve estre le troisiesme) et pour la mesme cause, que l'enfant qui naistra en icelui, sera de longue vie : et que les songes qu'on fera lors se tourneront en joie ? Que le second, parce qu'ils le donnent à la création d'Eve, soit bon pour croistre lignée : pour requérir princes et grands seigneurs : pour entreprendre voyages par mer et par terre : pour bastir : pour faire jardins : pour labourer et semer les terres ? Ainsi ont-ils parlé jusques à un de tous les autres jours de la lune : donnans à chacun quelque remarquable propriété, que j'omets à escient, pour n'entrer en plus long discours.

Plusieurs autres ont escrit des affaires des champs avec risée, tant impertinens sont leurs préceptes : entre lesquels *Constantin César* est digne d'admiration, ce que nostre mesnager entendra, tant pour contenter sa curiosité, que pour ne s'amuser à telles folies.

Pour faire profiter les semences au champ, ordonnent avant que les y jetter, d'estre trempées en jus de jombarbe, ou dans du vin, ou dans la lie d'huile d'olive, ou dans d'eau nitrée, ou dans du jus de concombre sauvage. Pour le mesme, font passer la semence par un crible faict de la peau d'un loup, auquel n'y ait que trente trous, chacun capable pour y passer le doigt. De peur que le soleil brusle la semence, est défendu au semeur de la faire toucher aux cornes des bœufs, la jettant à terre. Que la semence repose quelque temps dans le vaisseau où aurés accoustumé de la mesurer, couvert d'une peau d'hyène ; afin que par l'odeur d'icelle aucune beste ne s'attache à la semence, pour la degaster en terre. Pour empescher les oiseaux de toucher aux semences estans faictes, sèment à l'entour du champ, du veraire (26), avec un peu de froment parmi, pour tuer les oiseaux qui en mangent : et afin que ce remède serve généralement, font pendre par les pieds quelques-uns de ces oiseaux morts, à des canes fichées droictement par le champ, dont pour exemple, les vifs s'en-fuiront. Contre le desgast des oiseaux, tiennent estre bon, d'arrouser les semences ja faictes, avec de l'eau où auront trempé des escrevisses, ou corne de cerf, ou d'ivoire, meslant parmi des fueilles de ciprès, sèches et mises en poudre. Croient qu'il profite aux semences, si à la charrue, avec laquelle elles sont couvertes, en divers lieux est escrit ce mot, *Raphaël* : si avant estre mises en terre, on les faict toucher avec l'espaule d'une taupe : si de nuict on enterre au milieu du champ nouvellement semé, un crapaut enclos dans un vase de terre, l'ayant auparavant porté à l'entour de la terre et faict faire la ronde ; pourveu aussi qu'avant moissonner le blé qui en proviendra, de peur de l'amertume, le crapaut soit enlevé du lieu où on l'aura mis, qu'à telle cause marquera-on curieusement. Que les rats ne rongeront les semences dans terre, ne les blés dehors estans en herbe, si on mesle parmi la semence, en l'espardant, des cendres de bellette et de fouine : estant toutes-fois à craindre, ce remède donner aux blés la senteur de tels animaux. Que la nielle ne fera aucun dommage aux blés, si parmi le champ semé, sont plantées plusieurs branches de laurier, sur lesquelles seules, la nielle cheant, s'arrestera. Que le blé se conservera bien dans le grenier, si à la porte d'icelui on pend par un pied de derrière, une raine verte. Que la vigne se rendra fertile, si la serpe, de laquelle on la taille, est frotée avec de la graisse d'ours, ou avec des aulx : et que le vigneron soit couronné de lierre. Que le vin ne se gastera, si au tonneau ces paroles sont escrites, *Gustate et videte, quòd bonus est Dominus.* Ou si à mesure qu'on descharge la vendange dans la cuve, et de là le vin tiré, le mettant dans le tonneau, l'on dit tousjours, *Sainct - Martin bon vin :* à la charge de planter un cousteau tout de fer, entre le bois et le premier cercle de la cuve, pour y demeurer tant que le vin séjournera dans icelle, et avec le vin remuer de mesme le cousteau sur les tonneaux l'un après l'autre, à mesure qu'on y entonnelle le vin, et que le cousteau demeure planté au dernier tonneau rempli, jusques à la feste Sainct - Martin d'hyver, sans le sortir de la cave devant ce jour-là. Que le vin se tournera, l'année qu'en temps de vendanges on treuvera un serpent entortillé en la vigne. Que les herbes des jardins se mourront, par l'approche de la femme ayant ses fleurs : et par cela mesme les chenilles seront tuées. Comme aussi mourront les chenilles, par la veue des ossemens de la teste d'une jument, mise à tel effect dans le jardin en lieu éminent.

Par cest eschantillon l'on jugera de toute la pièce : et combien peu d'asseurance y a au mesnage de ceux qui s'amusent à ces ridicules incertitudes : afin que nostre père-de-famille quittant toutes ces vanités, quoi-qu'antiques, s'arrestent à ce que par expérimentée raison et longue pratique, verra estre bon à ses affaires et ouvrages : de quoi aussi prudemment se pourra dispenser selon les occurrences.

Il est certain, que très-grandes vertus et propriétés ont les astres du Ciel, le soleil, la lune, et autres planètes (27), n'y ayant mesme aucune estoile qui n'ait commission expresse de Dieu, de régir quelque chose de ceste terre basse ; et lequel, à toutes ensemble a donné la conduite de ses créatures, ayans vie sensitive et végétative. Mesme les vents, pluies, tonnerres, sécheresses, neiges, gresles, fouldres, tempestes et orages, n'aviennent que par leurs influences selon l'ordre que Dieu a establi en nature. Ce que notoirement se recognoist au flux et re-flux de la mer, s'engrossissant à mesure de la lune. Aux mouëlles des beufs, moutons et autres bestes, et aussi à la chair des poissons-à-escaille, qui croissent et décroissent quant et la lune. Aux fourmis, qui cessent de travailler quand la lune est en conjonction avec le soleil, qui est lors qu'elle nous est cachée. Plusieurs herbes nous font voir à l'œil les vertus du soleil et de la lune, comme entre autres, ceste espéce d'héliotropon, à telle cause dite communé-

ment herbe-au-soleil, la cichorée, les lupins, se tournans ordinairement avec le
soleil, tous-jours le regardans, si qu'à
cela peut-on recognoistre les heures du
jour. Partant il seroit à souhaiter nostre
pére-de-famille estre bien instruit et de la
propriété des astres et signes célestes, et
du naturel des choses, sur lesquelles ils
ont pouvoir; à ce que les approprians ensemble, n'y eustès affaires des champs que
bonne harmonie, telle que nous voyons
estre sur nostre hémisphère. Je dis, à souhaiter plustost qu'à espérer, n'estant possible que l'homme des champs puisse attaindre jusques à telle profondeur d'astrologie. Science, au suprême degré de
laquelle un seul *Salomon* par bénéfice
singulier de Dieu, est parvenu : moyennant laquelle, il a eu la parfaicte cognoissance des noms, propriétés et influences
des astres, planètes, estoiles et images
célestes ; ensemble de tous les animaux,
plantes, racines, semences, fleurs,
fruicts, herbes, gommes, pierres, bois,
et autres matières estans en la mer et en
la terre. Quelques autres excellens philosophes, mais en petit nombre, ont aussi
surpassé le reste des hommes au sçavoir
de telles choses : comme nous lisons de
Thalès, *Démétrius* et de *Sextius*, lesquels en divers temps, préveurent de loin,
par le lever de la poussinière, la cherté de
l'huile, à cause de la future mortalité des
oliviers. Or quand il avient que les grains
rendent vingt-cinq, trente ou quarante
pour un, faut nécessairement conclurre,
que par heureux rencontre, le ciel, et la
terre, qui s'est treuvée parfaictement bien
préparée, ont entièrement favorisé les semences, d'elles-mesmes très-bien qualifiées. Donques, comme telle abondance

se void très-rarement, par droict nom,
l'appellerons-nous, rencontre, et non
science qui réside en l'entendement de
l'homme : Dieu ne lui ayant voulu donner
de l'intelligence des choses célestes et terrestres (de peur d'en abuser par sa légère curiosité), que seulement pour sa
nécessité et légitime usage : à ce que s'arrestant au Créateur, en contemplast les
créatures.

N'estans donques telles sciences entièrement communiquées à tous hommes,
sans nous y enfoncer trop avant, ne mesme
nous arrester au grand nombre d'estoiles,
dont *Virgile* et *Columelle* observent le
lever et coucher pour les affaires des
champs : nous-nous contenterons de la
modérée cognoissance qu'il aura pleu à
Dieu nous en donner. Et nous suffira de
sçavoir en quelle saison, et en quel poinct
de la lune (qui est l'astre duquel nous-
nous servons le plus, pour sa proximité,
nous estant sa faculté plus apparente que
de nul autre) convient expédier nos principales besongnes, comme ci-après sera
particulièrement monstré, le propos s'en
présentant.

Sur quoi est à noter (28), que par tout
généralement l'on ne se treuve d'accord
sur telle matière, pour la diversité des opinions qu'on remarque parmi les hommes.
En France, plusieurs choses de mesnage
se font en la nouvelle lune, lesquelles en
Languedoc l'on n'oseroit entreprendre
qu'en la vieille. Par exemple, les aulx en
France sont semés, pour les faire engrossir, en la nouvelle lune, et pour la mesme
cause en Languedoc et Provence en la
vieille. Et si là dessus on veut dire que la
diversité des climats, distans entre telles
provinces de trois à quatre degrés, cause

telle différence ; l'on ne sçait que respondre sur ceci , que les jardiniers d'Avignon et ceux de Nismes, quoi-que sous mesme climat, ne sont d'accord en tout par-ensemble : faisans heureusement les uns en une lune , ce que de mesme les autres font en une autre. En France , les sarmens à planter la vigne sont cueillis en la nouvelle lune , et presques par tout ailleurs , en la vieille. Plusieurs , pour la réserve des chairs salées, en tuent les bestes au croissant, et infini nombre d'autres au décours. Les uns tiennent la nouvelle lune propre pour tailler la nouvelle vigne , et les autres la vieille. Jusques ici tous les enteurs d'arbres ont tenu comme cabale, les greffes en devoir estre cueillis au décours de la lune , croyans qu'autant d'années tardoient à porter fruict , qu'il restoit de jours de la lune , lors qu'on les cueilloit : mais l'expérience a apprins cela estre tousjours bon , moyennant le beau-temps.

Ainsi , en somme , est-il de tous autres affaires du mesnage , ausquels le prudent agricole pourvoirra par son bon sens, selon les circonstances. Car à quoi aussi tourmenter son esprit , pour se précipiter en l'abysme de curiosité, puis que seulement en se laissant aller au courant des accoustumances, il faict ses affaires ? Là donques s'arrestera-il, comme a esté dict, plustost qu'à autres adresses ayans apparence de raison , laquelle souventes-fois ès actions humaines, est desmentie par l'expérience. En quoi se manifeste l'ignorance de l'homme , qui depuis sa création n'a peu apprendre en spécial pour son particulier usage , ce dont en général il triomphe de discourir. C'est aussi le commun dire ,

> Que l'homme estant par trop lunier,
> De fruicts ne remplit son panier.

Il est vrai qu'il y a des choses sur lesquelles il semble que par commun consentement , arrest ait esté donné , quant à l'observation du poinct de la lune , ce que je ne voudrois enfraindre. La couppe du bois pour bastiment et meubles , est ordonnée estre faite en décours de lune , de peur de vermolissure : mal qu'on ne craint en celui qui est destiné à tremper continuellement dans l'eau , comme en moulins , ponts et semblables ouvrages (29), pour lesquels bois coupper on ne regarde la lune. Puis que nos ancestres l'ont ainsi voulu , et que nous le pratiquons heureusement , nous ne devons , par singularité , mettre en hazard la durée de nos édifices. En ce rang est le moudre des blés pour la garde des farines , qui est meilleure (comme aussi le pain qui en provient moins sujet à moisir) la provision en estant faicte en décours , qu'en croissant. Les vignes languissantes sont secourues par la taille de la nouvelle lune : et par celle de la vieille , est rabatu l'orgueil de celles qui se jettent trop en bois.

Non plus aisé est-il de remarquer exactement les changemens des temps, pour les prévenir , estans leurs adresses très-incertaines , mesme (selon le dire des vieilles gens de ce siècle) les signes changés. *Columelle* aussi remarque telles mutations avenir par succession de temps à autre. Ici un recoin de montaigne , arreste le broüillas , là le donne : ici le bruit d'un torrent , présage de la pluie estre près , là le soufflement des vents. On remarque qu'ès quartiers de Tholoze , le vent de midi dessèche le terroir , et celui de septentrion , leur donne la pluie. Au contraire , despuis Narbonne jusques à Lion , par toute la Provence et le Dauphiné , cestui-ci donne la sécheresse, et cestui-là l'humidité. En Bourgongne les plus fréquentes pluies viennent du couchant, et en Guienne du levant. Donques par là appert, peu de lieux s'accorder ensemble en toutes choses, et chacun avoir ses signes particuliers.

Mais comme en aucuns poincts (30) y a correspondance d'avis sur les facultés de la lune, ainsi en est-il des signes, pour la prévoyance des qualités des temps. Car par tout on croid la pluie estre prochaine, quand les canars et cannes privées se plongent et lavent extraordinairement dans l'eau : quand le sel devient humide : quand les murailles dans la maison suent : quand la suie des cheminées tumbe d'elle-mesme en abondance : quand les mousches, pulces, punaises, picquent plus fort que de coustume : quand les privés et cloaques augmentent leur puanteur : quand la vermine sort de terre, en la rejettant en haut par des trous : quand les scorpions sortent à l'aer, grimpans és murailles : quand le feu ardant dans l'huile, ne brusle le coton qu'en pétillant : quand le soleil à son lever est de couleur blesme ou jaunastre, ayant ses rayons courts et chauds, le corps tacheté, et mesme s'il est veu au travers de la nue : et à son coucher aussi tacheté, couvert d'un nuage obscur, laissant la vesprée courte : laquelle plus ou moins présage de la pluie avec tempeste pour le lendemain, que plus ou moins elle aura esté enveloppée de nue bluastre. Plusieurs semblables signes avons-nous pour adresse à telles choses, dont les contraires promettent contraires effects. Aussi tire-on de la lune prognostiques généraux des temps, universellement receus, et jusques à nous conservés, en la doctrine des an-

ciens. Au quatriesme jour après sa conjonction avec le soleil, elle donne indice de la température du reste de ceste lune, c'est à dire, tel temps qu'aura faict ou du matin, ou à midi, ou au soir : tel temps fera le demeurant du mois ; ou au premier quartier, ou en pleine lune, ou au second quartier. Davantage, si au croissant la corne d'enhaut se monstre plus obscure que l'autre, c'est signe qu'il y aura pluie vers le premier quartier : si c'est la corne d'embas, au dernier quartier : et si au milieu, quand elle sera en son plein. Chacun soir, par l'aspect de la lune, se peut cognoistre quel temps fera le lendemain, en quel degré qu'elle se treuve, en croissant ou décroissant : si donques la corne qui regarde en haut, est droicte et aiguë plus que l'autre, le vent de bise ou de septentrion soufflera le lendemain : et si la corne d'embas est plus droicte et aiguë, ce sera le vent de midi. Cet indice est remarquable en la coronne de la lune appellée des Latins, *Halo*, qui se faict, quand il apparoît un cercle petit ou grand à l'entour du corps de la lune, et lequel signifie indifféremment bon ou mauvais temps : bon, s'il s'esvanouit de tous costés : mauvais, s'il se rompt : commenceant le vent à souffler du costé qu'il se rompra. Que s'il y a plusieurs de ces cercles à l'entour de la lune, et qu'ils se rompent en divers endroits, est presque asseurance de prochaine tempeste. La palleur de la lune promet la pluie : sa rougeur, le vent : et sa clarté, le beau-temps. Sur quoi on dit communément,

> Le rouge soir et blanc matin
> Font réjouir le pélerin.

D'ordonner à nostre père-de-famille les œuvres qu'il doit faire faire à ses gens par chacun mois de l'année, me semble n'estre à propos : et m'excuseront les autheurs de rustication, si en cela je ne les imite, pour les diverses facultés des climats, et des saisons hastives et tardives, causans le mesmo à la maturité des fruicts : but de nostre agriculture. En France et provinces voisines, la couppe des blés est en Aoust : en Provence, Languedoc et voisinage, en Juin et Juillet, voire en Mai pour aucuns blés. Ce n'est seulement de climat à autre, où telles différences se voyent, ains d'horizon à horizon, ne s'entr'accordans pas mesme en toutes choses, deux terroirs contigus. Et comment avec telles difficultés seroit-il possible de prescrire sans confusion, les droictes saisons de mettre la main à l'œuvre? D'ailleurs, peut-on aller tant justement aux choses du mesnage, qu'un mois ne marche sur l'autre? C'est à dire, que ce qui n'aura peu estre achevé en Février, ne se parface en Mars? Il n'y a mesnager qui n'ait expérimenté une pluie, une sécheresse, une froidure, une chaleur, un vent, une maladie, un procès, un voyage ou autre semblable évènement, lui avoir faict changer ses desseins, de sorte que ce qu'il délibéroit faire en Octobre, ne l'ait renvoyé en Novembre. Et comme il avient que le charpentier se treuve esbahi, quand son bois se fend au rebours de son intention, dont toutes-fois ne laisse d'en faire de bon ouvrage : ainsi nostre père-de-famille treuve bien souvent, avec utilité, la fin ne respondre au commencement de ses entreprinses. Chacun sçait la générale ordonnance de Dieu sur l'ordre qu'il a establi en nature. Il a commandé à la terre de recevoir les semences en ces trois saisons de l'année, automne, hyver, et printemps,

et de les rendre avec usure, en l'esté. L'automne rapporte les raisins, dont les vignes auront esté cultivées ès autres saisons. Ainsi des prairies : ainsi des jardinages : ainsi de la cueillete des fruicts des arbres : de la nourriture du bestail, et autres choses de mesnage, lesquelles n'est besoin marquer tant finement.

Donques le bon mesnager sans s'amuser d'attendre par trop les lunes, les signes, les mois, ne les jours, expédiera ses affaires lorsque par bon tempérament le ciel et la terre s'accorderont par-ensemble ; prenant par les cheveux l'occasion venant des bonnes saisons, qui n'estans de longue durée, ne vous donnent tous-jours loisir de parachever à l'aise vos affaires : à ceste fin se munissant de diligence, comme du plus secourable outil duquel l'homme se puisse servir en toutes actions. Si d'aventure le poinct de la lune s'accorde au temps, selon vos expériences, tant mieux ; ce que toutes-fois ne tiendrés que pour accessoire. Et ne soyés si malavisé de prendre occasion de délayer vos ouvrages, sur ce que quelques-fois les avancés trompent : car il est bien encores plus rare d'avoir bonne cueillete des reculés ; mesme des tardives semences, tant rejettées des bons mesnagers, qu'ils tiennent les blés en provenans, quoi-qu'en abondance, devoir estre bruslés : de peur que l'exemple de leur fertilité ne nous rende paresseux avec perte et honte.

CHAPITRE

CHAPITRE VIII.

Des Façons du Mesnage.

AVANT que particulariser la culture de la terre, est nécessaire de monstrer les diverses façons sous lesquelles les mesnages sont conduicts, pour s'arrester là où plus se treuvera de profit et de plaisir. Ces deux principales façons sont dès long temps en usage, de faire cultiver les terres par serviteurs domestiques, et par fermiers ; seules restées à nous de la simplicité de nos ancestres. Car, que le père-de-famille y employe ses mains, la saison en est ja passée, en laquelle les plus riches et meilleurs mesnagers estoient laboureurs : et en vain, pour exemple représenterions-nous un *Manius Curius*, un *Attilius Regulus Serranus*, un *Marcus Cato*, un *Quintius Cincinnatus*, un *Caius Fabricius*, un *Curius Dentatus*, et autres notables hommes de l'antiquité, prenans à grand honneur d'avoir soin des choses rustiques ; et les faire voir, de la charrue, monter à la dignité d'empereur, conduire des armées, et après leurs batailles et victoires, laisser plus volontiers telles suprêmes charges, qu'ils ne les avoient acceptées ; pour retourner à leurs labourages, vivre de raves, du pain et du vin de leurs valets, estant à faire à paysans que d'imiter ces bons pères ; tant sommes nous consits en paresses et délices. En chacune de ces deux façons, se treuvent beaucoup de difficultés, selon le naturel de toutes choses. La peine de conduire un mesnage n'est petite, pour les malignes humeurs de la plus-part des gens de service, causant, mesme en l'absence du maistre, ce tant frauduleux labeur des domestiques, duquel, avec raison, l'on se plaint si fort. Ceci augmentant le mal, que tandis court la despence des vivres et du payement des serviteurs, tellement grande, que souvent c'est à la ruine d'une bonne maison, au lieu du profit espéré ; ce qui a faict dire,

> Si le beuf a rempli ta grange,
> C'est aussi le beuf qui la mange.

Le mesme chaute le poëte,

> Veux-tu sçavoir quelle voie
> L'homme à pauvreté convoie ?
> Eslever trop de païs,
> Et nourrir trop de valés.

Ces difficultés ont ja esté représentées, et aussi l'ordre à les surmonter ; et tumbant de fièvre en chaud-mal : voici celles des fermiers,

> Celui son bien ruinera,
> Qui par autrui le maniera.

C'est la préface de ce discours, afin que pour un préalable l'on face son compte, le bien se descheoir entre les mains des fermiers. Si choisissés riche vostre fermier, comme de nécessité faut qu'il ait du moyen pour fournir vostre domaine, de bestail, d'outils, de semences, de meubles, de vivres, d'argent, et d'autres choses requises, voudra avoir vostre bien à trop bon marché, et n'y entrera qu'avec asseurance de grand profit, sous conditions rudes, et pour vous peu avantageuses. Joinct qu'y estant, son ignorance, son orgueil, son irrévérence, et autres siennes incivilités, vous importuneront. Si pauvre, posé qu'en jouissiés comme voudrés, vous en promettant bon prix, serés contraint, non seulement d'attendre ce qui aura esté convenu entre vous, mais aussi de luy fournir deniers, blé, meubles, bestail, pour avancer vos affaires, autrement demeureroient-ils en arrière, avec danger d'en estre mal remboursé, à cause de sa pauvreté, qui luy oste le moyen d'attendre la vente de ses fruicts, dont bien souvent n'en peut-il tirer la raison. Or si d'aventure le trop de profit que cestui-là faict sur vostre bien vous est odieux, la perte de cestui-ci vous désagrée. Et quel qu'il soit vostre fermier, au lieu d'augmenter vostre bien, le vous diminuera; comme à la longue ainsi le recognoistrés, quand au bout de leurs termes, ils vous rendront vos terres, lasses et recreues, comme chevaux de louage, et vos maisons débillées. Estans tous, ou la plus-part, jettés en ce meslie, que d'estre avares, paresseux et ignorans. Principalement c'est l'avarice qui règne par-sus telles gens; qui pour l'espargne d'un clou ou d'une tuile, laisseront dissiper une partie de la couverture du logis; en danger, par telle particulière ruine, de causer la générale de l'édifice. A faute de tenir un fossé ouvert, l'eau vous dégastera une terre; de mettre un peu en une cloison, ou de relever un pas de muraille, une vigne se dissipera. Quant à laisser brouter au bestail les arbres, et en desrober les fruicts, cela leur est tant fréquent, que mesme en ceci les plus modestes fermiers sont insupportables : par avoir femmes, enfans, et autres domestiques qui indiscrétement s'en fournissent. Défraudent la culture des champs et des vignobles, par avarice et négligence, ne leur donnans les œuvres nécessaires, et en les chargeans plus que de raison; les prairies mesme, quoi-que faciles à gou-

verner se ressentent de leur mauvais mesnage. Si vostre fermier a du bien près du vostre, tenés-vous pour dict, qu'à vostre perte, son domaine se labourera et engraissera, l'allant cultiver et fumer, le bestail se nourrissant en vos fourrages et pasquis, quelques conventions qu'ayés faictes par-ensemble. Jamais en vostre fonds, une seule réparation n'est faicte par fermiers, quoi-qu'à eux nécessaire, et de si petit prix, qu'eux-mesmes en fussent largement remboursés durant leur terme, si après iceluy, elle vous demeure. Encores moins devés vous espérer qu'ils fassent rien de beau és jardinages ou ailleurs, pour vostre délectation, non un seul ente : car, outre que leur esprit est grossier, ils se faschent si vous faictes faire quelque gentillesse en vostre domaine : de peur que tels moyens vous y attirans, ne vous donnent l'entière cognoissance de vos affaires, voyant leur mauvais mesnage, et le trop de profit qu'ils font sur vous, et que finalement les en sortiés. En somme, tout leur mesnage se faict par fraude, en grondant, n'ayans esgard qu'au seul gain, sans penser à l'honneur. Descrient vostre bien, publians ses défauts, et taisans ses commodités. Jamais ne confessent y avoir gaigné, mais tous-jours affirment y avoir perdu : tant pour desgouster d'autres de courre sur leur marché, que pour vous oster la fantasie de le tenir à vostre main; faisans tout impossible, ou du moins très-difficile à gouverner. Seroient contens ne vous voir jamais sur vostre bien, n'en pouvans dissimuler le nourrisson : principalement au temps de la récolte, de peur de se voir contrerollés par vous, en observant la quantité des fruicts qu'ils cueillent en vostre terre. C'est pourquoi les domaines, quoi-que beaux de nature, ayans demeuré quelque-temps entre les mains de telles gens, deviennent laids et hideux, comme portans le dueil pour l'absence de leurs maistres. Attendu, qu'autre chose ne s'y faict durant ce temps-là, que pour les garder d'extrême ruine : sans penser ni aux ajencemens, ni aux nouvelles fondations et réparations, pour l'augmentation du revenu. Ou ce seroit que baillassiés vos réparations à tasche ou à prix-faict, à la mode des grands seigneurs et des grandes villes. Ce que toutes-fois n'est du commun usage des mesnagers champestres : lesquels les font à l'espargne, mieux et plus profitablement, estans sur les lieux, que beaucoup d'autres avec grosses sommes de deniers comptants ; pour les commodités qu'ils tirent de la terre par eux maniée, de vivres, de courvées des serviteurs et bestes du labourage, employées en temps perdu lors qu'on ne peut ouvrer aux champs, pour l'incommodité des temps ; et tout cela se perd pour vous entre les mains des fermiers. *Columelle* discourt au long de telles difficultés, ja de son temps en usage, pour la grandeur de Rome, dont la richesse avoit efféminé la plus-part de ses hommes, et par-là leur avoit faict abandonner les héritages entre les mains des fermiers, si que ce ne sont que plaintes et regrets de son temps, que ce qu'il en dict. Nous avons pour le jourd'hui encores plus d'occasion de plaindre sur telle matière, que *Columelle* n'avoit alors, pour aller les choses en empirant, selon le cours de ce monde : empirées aussi par la longueur des guerres de nostre siècle, qui de paresse et de desloyauté ont corrompu toutes sortes de personnes. Dont se treuve vérifiée la maxime,

qu'avec labeur le bien s'acquiert, et avec langueur se possède : et, que plus couste de le garder, que de l'achepter. Pour lesquelles incommodités, pourtant, l'homme d'entendement ne jettera le manche après la coignée, en laissant ses terres en friche : ains se roidissant contre les difficultés, et des serviteurs domestiques, et des fermiers, discernera prudemment les temps, les lieux, et les personnes: pour, sur le maniment de sa terre, tirer une résolution utile.

Si le temps est troublé par guerres ou autres sinistres occasions : si l'assiete de vostre domaine est mal-saine, ou de terre peu fertile, ou escartée par pièces séparées, esloignées les unes des autres : si vous n'estes affectionné au mesnage ; que vostre femme n'y soit propre, providente et espargnante; que ne soyés sains et bien disposés, ne devés vous charger d'un grand mesnage ; auquel, avec tels obstacles, treuveriés plustost à perdre, qu'à gaigner. Si en outre, estes au service des rois ou princes : si és villes, pourveu d'offices en la justice, és finances, ou en autres grandes charges : si y avés des négotiations et trafiques d'importance, où treuviés beaucoup plus à gaigner, qu'à la culture de vos terres : ne laisserés tels moyens pour vous aller confiner aux champs (le plaisir suivant tous-jours le profit) ou seroit que, poussé de la Divinité, quittassiés les vanités du monde, pour aller servir Dieu en repos, reculé des compagnies, préférant le contentement de l'esprit à toutes considérations humaines. Mais l'estat paisible de la patrie vous favorisant : bonne estant l'assiete de vostre terre, fertile et unie : l'humeur et la santé de vous et de vostre femme s'appropriant au mes-

G 2

nage, tous deux y prenans plaisir: et que n'ayés meilleure, ne si bonne occupation, que le gouvernement de vostre héritage, ne devés mettre en difficulté de le faire valoir par vous-mesme: choisissant à ceste fin, des serviteurs les mieux qualifiés et moins vicieux que vous pourrés. Cela s'entend sans vous surcharger d'affaires, pour la grande quantité de terres qu'aurés à cultiver: ains seulement, d'en prendre à la proportion de vos raisonnables desseins, sans vous ennuyer. Le reste de vostre bien pourrés affermer, suivant ceste antique maxime, et nostre précédent avis,

> De vostre bien baillerés au fermier
> Ce que par vous ne pourrés manier.

Voulans les Anciens dire par-là, que celui n'est sage, qui après avoir beaucoup travaillé à s'acquérir une terre, ou au service des grands; ou au port des armes; ou à la suite des lettres, et finances; au commerce de la marchandise, ou par autres moyens légitimes et ordinaires: mesme l'ayant en don par le bénéfice des parens et amis (ainsi que femme vefve ou enfant orphelin) failli de cœur, l'abandonne prodigalement à un fermier, pour de ses mains, comme de son tuteur, en tirer maigre revenu: cependant voir devant ses yeux, son domaine se déserter et en ses bois, et en toutes ses autres parties; et au contraire son fermier s'enrichir à sa veue.

Honneur et profit à celui qui faict valoir son bien, et au contraire.

Mais digne de louange est l'homme, qui se voyant possesseur légitime d'un beau domaine; passant plus outre, s'esvertue, non-seulement à lui faire produire des fruicts à l'accoustumée, ains par ingénieuse dextérité, contraint, par manière de dire, sa terre, d'elle-mesme obéissante au labeur et soin des hommes, à lui rap-porter plus que de l'ordinaire. A quoi y va de l'honneur: car aussi quelle honte nous est-ce, comme dit *Caton*, d'estre contraints d'achepter, par fainéantise, ce que nostre terre pourroit porter, laissans en arrière, par mespris, les libéralités de Dieu, ne voulans recueillir les biens qu'il nous offre, à faute d'y vouloir penser, et d'employer, non les bras et jambes avec sueur et peine, ains seulement, comme par récréation, nostre esprit et entendement? A telle occasion ceste réprimende a esté faicte,

> Pourquoi achetes-tu du vin
> Ta terre s'en pouvant produire,
> Veu que tu apprestes à rire
> A celui qui est ton voisin?

Censure de Caton.

Caton nous veut emmener là, quand il menace du crime de lèze-majesté ceux qui n'augmentent leur patrimoine de telle sorte, que l'accessoire surmonte le principal: disant aussi, estre grande vergongne, de ne laisser à ses successeurs, son héritage plus grand qu'on ne l'avoit reçeu de ses prédécesseurs. Comment se fera cela? Jamais entre les mains des fermiers, mais bien entre les nostres, si voulans prester à nostre terre, et nostre esprit et nostre argent. C'est le moyen noble d'augmenter le bien, tant célébré des Antiques; desquels le dire se vérifie tous les jours,

Profit de toute son bien à un autre.

> Quoi-que sans art le moissonne, avecques peu d'esprit,
> Conduira beaucoup mieux pour soi son héritage,
> Qu'aucun fermier qui soit; lequel, pour tout mesnage,
> N'a dans l'entendement que son propre profit.

Si ces oracles du temps passé estoient suivis, nous ne verrions tant de disetes de toutes choses, comme nous faisons; ains grande abondance de biens, car chacun pensant à ses affaires, feroit labourer sa terre avec science et diligence; de ses yeux contrerollant et solicitant ses ouvriers : qui seroit non moindre utilité au publiq, que le contraire lui cause de dommage. Avenant quelques-fois par faute de vivres, séditions, et maladies contagieuses : dont avec raison l'on peut dire, que comme l'agriculture est le moyen duquel Dieu se sert pour le soustien de ceste vie; aussi de son interruption, négligée, il tire, pour la punition des hommes, ces trois notables verges, famine, guerre, peste. Aussi est-il escrit, *que l'abondance de la terre est sur tout.*

Or comme les Anciens nous ont permis de bailler-à-ferme de nostre bien, ce que ne pouvons tenir à nostre main : il s'ensuit qu'ils nous commandent d'en faire cultiver par serviteurs domestiques, ce qui est en nostre puissance. Suivant ces ordonnances, curieuse recerche sera faicte de la qualité de nostre bien ; duquel la partie la plus esloignée, la plus escartée, la plus difficile à cultiver, sera baillée à ferme : la plus prochaine de nous, la plus unie, la plus aisée sera retenue. Ceste proximité s'entend, si le père-de-famille y a sa maison d'habitation, y faisant sa demeure ordinaire, sans laquelle tout ira mal en son mesnage : auquel, ne l'expérience des laboureurs, ne la puissance d'y despendre ce qu'il appartient, ne profitent tant, que la seule présence du seigneur, pour retenir chacun en office. De là est sortie ceste sentence,

C'est la présence du maistre, qui faict devenir diligens, les paresseux : sobres, les gourmans et yvrongnes : paisibles, les rioteux et querelleux. C'est aussi ce que dit *Pline,* que la principale fertilité des terres, consiste en l'œil du mesnager, non au talon. Telle présence du maistre sur son mesnage est tant recommandée des Antiques, que *Mago* de Carthage, excellent homme des champs, et l'un des premiers autheurs de rustication, de peur d'oublier chose tant importante, commence son livre par un commandement, faict à celui qui veut achepter une métairie ; de vendre premièrement sa maison de ville, ou ne le voulant faire, lui défend d'acquérir aucune terre aux champs : pour l'incompatibilité de ces deux façons de vivre. Nous ne sommes aujour-d'hui tant austéres, que de nous priver sciemment de la liberté d'avoir des maisons ès villes, où quelques-fois la demeure est, et salutaire et nécessaire, pour plusieurs bonnes causes : quand mesme ce ne seroit que pour s'y aller recréer avec les amis : comme tous-jours ou le plus souvent, les changemens volontaires plaisent ; mais de s'y arrester par trop, est faillir en mesnage. Ainsi,

Nous voyons quel bien nous pouvons affermer ou arrenter : et quel tenir à nostre main. En cas d'afferme, que le seigneur accorde avec son fermier du prix du revenu de son bien, en deniers, fruicts ou autres choses, comme il verra le meilleur : lui en passant contract pardevant notaire, avec tant de seuretés dont il se pourra aviser, y apposant des rétentions, courvées, et autres conditions, selon la portée de son domaine, et conservation de sa liberté ; ce qui ne se peut particulariser, pour les diverses coustumes des pays. Mais qu'il y pense bien, avant que serrer marché, afin que pour son avantage, il n'oublie aucun article : sans espérance d'avoir après par honnesteté, plus que ce qui aura esté convenu et escrit, pour l'avarice et discourtoisie de la plus-part de telles gens. Or comme ceste-ci est la plus seure voie ; de tirer sans despence ne souci, le revenu de vostre terre ; de mesme en est-elle la plus ruineuse façon de mesnage, comme a esté monstré, par laquelle vostre domaine, laissé à l'avarice de vostre fermier, qui en arrache durant son terme tout ce qu'il peut, se diminuera en valeur, et finalement se ruinera ; si en contractant n'y est pourveu en termes exprès.

Quant à tenir son bien à-sa-main, en voici le plus difficile ; la continuelle sollicitation au travail ; et, l'ordinaire distribution des vivres pour la nourriture des serviteurs et manœuvres. Comme ces charges sont distinctes, distinctement aussi sont elles dispersées. C'est de l'ordonnance antique, que les affaires des champs demeurent au mari, et celles de la maison, à la femme, avec toutes-fois communication de conseil, pour tant mieux faire aller le mesnage, que plus d'utilité reçoit-on des choses preveues, que de celles commencées à l'aventure. En ceste négoce rustique, l'avantage est au père-de-famille ; car en se promenant, avec récréation il faict sa charge, ses affaires estans où son plaisir le meine. Mais il n'est ainsi de la mère-de-famille, laquelle sans très-grande peine, ne peut pourvoir à l'ordinaire nourriture des siens : encores-moins les contenter tous, tant pour les diverses humeurs des gens de service, la plus-part personnes mal créées, que pour l'extrême souci d'avoir continuellement en teste, tout ce qui appartient à la nourriture d'une grande famille, sans lui donner une heure de relasche, dont, comme

d'une fièvre continue, elle est tous-jours tourmentée.

Pour le soulagement de la mère-de-famille, le non-nourrir des serviteurs est inventé. Au lieu de la despense de bouche des serviteurs et mercenaires, leur est baillé du blé, ou farine, ou pain, lard, fourmage, huile, sel, légumes, vin, ou autres alimens, pour leur nourriture de toute l'année, dont on convient, et de la quantité, et des payemens, selon les circonstances et les lieux. Aussi un jardin, pour avoir des herbes : un quartier de logis séparé, pour leur retraicte et faire leur ordinaire, ou plustost la maison du métayer, bastie dans la grande court, avec une servante ; afin de leur aprester à vivre. Par tel ordre, vos gens se nourrissent à leur contentement, librement mangeans à leurs heures, sans nullement vous importuner en vostre habitation, si qu'autre soin n'avés que de leur faire bien employer le temps ; et au terme, de les payer de leurs gages.

Ceste façon de mesnage approche de celle dont plusieurs en Languedoc usent, pour la culture des domaines escartés. Tels domaines sont baillés en charge à un maistre-serviteur (au langage du pays appellé *Païré*, c'est-à-dire, père) lequel a d'autres serviteurs sous lui, tant qu'il suffit. Le seigneur lui fournit tout le bestail, outils et semences : accorde avec lui des gages de tous les serviteurs, en deniers et habits, et pour la nourriture de tout le mesnage durant l'année, en blé, lard, huile, sel, légumes, vin, et autres denrées, et avec de l'argent aussi. Moyennant lesquelles conventions se charge de tous les labeurs, et d'en rendre tous les fruicts en provenans. Faut que ce père

Journaliers.

soit marié, pour le besoin que tout mes-nage a de la conduite d'une femme. Le seigneur donne gages à la femme aussi bien qu'au mari, qui sont limités par le nombre de leurs enfans, moindres estans les gages, que plus de petits enfans il y a: les grands capables de servir, estans retenus à gages, selon leurs capacités.

Touchant les journaliers et manœuvres, requis pour la culture des vignes et semblables besongnes, mesme pour les réparations extraordinaires: qui ne se voudra charger de la fatigue de les nourrir, les payera au seul argent, à tant la journée: portans leur munition pour vivre quand ils viennent travailler chés vous. Ceste façon de mesnage, estant grande consommation de deniers, vient souventesfois mal-à-propos au père-de-famille, mesme lors que ses denrées sont à petit prix, et mal-vendables: desquelles commodément ne se peut-il servir en cest endroit, lui estant aux champs, où il est plus convenable de les y faire manger après ses ouvrages, que de les envoyer loin pour les vendre, afin d'en retirer le payement de ses ouvriers. C'est plustost à l'utilité de l'homme de ville, que tel ordre est establi, pour la culture des jardins, vignes, et autres semblables propriétés, auquel est plus commode payer ses ouvriers à l'argent sec, que d'y ajouster la nourriture. Aussi à tel mesnage ne sont beaucoup duites les femmes de ville, qui volontiers souscriront à cest avis.

Autre es-pece de soula-gement.

Voici encores du soulagement. Il est certain que la plus grande fatigue du mesnage est ès moissons, tant pour la difficulté d'avoir des ouvriers pour coupper les blés, que pour la peine et despense de les nourrir, veu le grand nombre nécessaire à telle œuvre. De telle fatigue l'on se descharge entièrement, en baillant à coupper et lier les blés à tâche, ou à prix-faict; c'est à dire, sçavoir que donner en blot pour ce faire: ou passant plus outre, à les rendre nets par battre ou fouler selon les pays, et ce, ou en grain ou en argent. Ou bien sans tant hazarder, accorder à tant pour cent; ou à compte, un pour tant, à la meilleure condition qu'on peut. Ainsi ces diverses façons de mesnage, peuvent estre dictes, parties d'afferme; plus ou moins s'en approchans les unes que les autres. Toutes lesquelles reviennent au seul soulagement de la mère-de-famille, demeurant la charge du père-de-famille, entière et nécessaire pour la conduite de ses affaires. Mais si tant est que, et lui et sa femme, se vueillent communément descharger de l'importune peine et souci du mesnage, ainsi le pourront faire: sans toutes-fois abandonner leur bien à la merci du fermier: ainsi à tel effect, le bailleront à cultiver à demi-fruicts, au tiers, au quart, ou à autres conditions acceptables, selon les pays; par le moyen desquelles, le bien se maintient en assés bon estat (31).

Diversité d'affermes.

Dés long temps ceste façon-ci de cultiver la terre est en usage par les provinces de ce royaume et estrangères, mais non généralement pratiquée de mesme sorte, pour la diversité des mœurs et coustumes. D'où avient, que c'est, ou en gerbe ou en grain, par inégales ou esgales portions, que le seigneur partage avec son métayer: avec aussi apposition de plusieurs conditions, diversement receues ou rejettées, non seulement de province à autre, ainsi presques de voisinage à voisinage, tant les hommes sont particuliers. Si le métayer faict tout le mesnage des blés à ses despens, c'est à dire, qu'il laboure et ensemence les terres, qu'il sarcle les blés, les moissonne, qu'il en charrie les gerbes dans la grange ou en l'aire, selon le climat, les y entasse, les batte ou foule jusques à en rendre le grain net : lui estant par le seigneur fournie la moitié du bestail et outils du labourage, la moitié des semences, toutes les pailles laissées avec quelques journées de pré et autres pasquis, sans desbourcer argent, pour son bestail de labour, la moitié des fruicts des arbres; ne paye le métayer, que la moitié des tailles, censes et autres ordinaires charges y eschéans. J'estime la condition raisonnable, si en la cueillète, les gerbes ou les grains sont partagés par moitié entre le seigneur et le métayer, n'y ayant en icelle aucun ou bien-petit hazard pour des parties.

Mais faire à la mode de plusieurs du Languedoc, du Dauphiné, et de la Provence, est rendre plus chère que de raison, la façon du labourage et conduite des blés. Outre tout le bestail et instrumens de labour, et la moitié des semences qu'ils baillent au métayer, lui aident à semer, sarcler, moissonner, s'accordans à certaine somme d'argent pour la valeur de ces choses: payent les gages d'un homme qui sème tous les grains (servant au seigneur de contrerolleur), donnent de l'argent ou du blé pour sarcler et moissonner, contribuent du sel, pour les bestes de labour (32); du fer, pour les socs. Après, un tiers vient avec des chevaux, mulles ou jumens, fouler les blés en l'aire ; desquels, pour ses peines, il tire la vingtiesme partie, ou autre telle qu'ils accordent, outre la grande despense que ces bestes-là font en l'aire. Finalement, le reste est partagé par moitié, entre le seigneur et le métayer, qui du surplus pour la nourriture du bestail de labour, retient toutes les pailles ; et sans payer aussi, jouit des herbages prochains. Particuliérement en certains endroits du Dauphiné, mesnagent encores plus au détriment du seigneur, d'autant que le granger ou métayer, venue que soit la moisson, baille à coupper et battre les blés à un prix-fachier, qui pour son salaire comprins ses despens, prend sur le monceau du blé, la septiesme ou huictiesme partie, ou autre telle portion convenue par-ensemble. Et le demeurant, est, comme dessus, partagé par moitié entre le seigneur et le métayer : duquel, par ces deux façons de mesnage, appert la condition estre meilleure en cest endroit, que celle de son maistre : en tant que pour le seul labourer, et charrier les gerbes en l'aire, il tire la moitié franche, de tous les grains qui en proviennent. Salaire excédant les limites de bon mesnage.

Quant aux vignes, qui ne les afferme à l'argent, la chose est assés raisonnable de les bailler à moitié : mais c'est à la charge, que le seigneur se prenne bien garde qu'elles ne soyent taillées trop longuement, pour la tromperie qu'en cest endroit font les vignerons: lesquels, afin d'avoir du vin en abondance, laissent aux vignes par trop de bois, dont elles succombent en peu de temps. Aussi pourvoirra qu'elles soyent marrées autant de fois et si bien qu'il appartient, autrement ne seroient de longue durée, pour bien qu'elles fussent taillées. Que les vignes perchées et appuyées soyent fournies de bois, selon le besoin, liées et ployées par art. Les maigres, fumées; et toutes ensemble,

semble, gouvernées curieusement en bon mesnager : autrement elles ne seroient de longue durée, estant la vigne, la partie du domaine moins propre à souffrir la négligence du laboureur. Les arbres fruictiers et jardinages, symbolisans avec la vigne, demandent aussi exquis traictement, lequel leur déniant, leur revenu et beauté seront tost diminués. Touchant aux prairies, rien n'y a-il de plus affermable qu'elles, pour le peu de soin qui leur est requis : tant-y-a, que si abusans de leur facilité, on les vouloit du tout abandonner à la négligence, en fin elles reviendroient à néant. Pour lesquelles ruines prévenir, le père-de-famille apposera en ses contracts, tant de pactes et conditions, qu'elles suffisent à retenir l'avarice et la paresse de ses métayers.

Touchant aux bois, pasturages, et gouvernement du bestail, ils s'afferment en tant de façons et si différentes, pour la diversité des espèces, et pays, qu'il est impossible de représenter justement le moyen qu'on a à se conduire en cest endroit, et pouvoir discerner quelles façons sont plus profitables ou moins nuisibles. Non plus des estangs, garennes, colombiers, et autres gentillesses du mesnage. Ce sera au prudent père - de - famille de penser deux fois, à les commettre à la miséricorde des fermiers, de peur d'en voir bien tost la fin. Aussi se résoudra-il, qu'à mesure qu'il se veut esloigner de souci, il approche son bien de ruine : comme par les précédens discours cela est clairement représenté. Or puis qu'à tirer la raison de la terre, y va de la fascherie, pour la négligence, pour l'ignorance, pour la fraude, pour la despense, et autres incommodités qu'on y treuve en la faisant cultiver, soit

par serviteurs domestiques, soit par fermiers, le meilleur sera de ne vous attacher du tout à une seule façon de mesnage. Ains changeant quelques-fois, tiendrés vostre domaine certain temps à vostre main, et en suite l'affermerés pour quelque petit nombre d'années, non trop longuement. Par ces changemens, en vous deslassant, passerés les difficultés du mesnage ; et de temps à autre, prendrés nouveau avis, selon les occurrences : par ce moyen, conservant tous-jours vostre liberté. Cela s'entend pour les biens qu'on peut commodément tenir à sa main, non pour les autres, lesquels la difficulté du maniment rend pour jamais affermables (33).

Comme nous avons distingué les diverses sortes de fermes, aussi est-il besoin d'en distinguer les fermiers : ce que ferons sous ces deux noms, fermier et métayer, pour ne nous confondre. Le fermier est celui qui prend le bien à certain prix, duquel il se charge à ses périls et fortunes, ainsi qu'on le void pratiqué aux fermes du roi, des princes, des grands seigneurs, des communautés, des pupilles et autres. Le métayer ne se hazarde tant avant, ains seulement s'oblige de cultiver le bien à la portion, selon les pactes convenus. Il est ainsi appellé en France, de métairie : et en Dauphiné, granger, de grange ; l'un et l'autre édifice audit pays, signifiant une mesme chose, bien-qu'en France, la grange ne soit que partie de la métairie. Et d'autant que, et le fermier et le métayer, sont de l'art de la terre, de mesme qualifiés les recercherons - nous. Sur telle élection donques, curieusement avisera nostre père-de-famille : et par semblable adresse, se choisira et l'un et l'autre, leurs charges

symbolisans ensemble, comme a esté dict.
Tel sera le fermier, de mesme le métayer.
Homme de bien, loyal, de parole, et de
bon compte : sain : aagé de vingt-cinq à
soixante ans : marié avec une sage et
bonne mesnagére : industrieux : laborieux : diligent : espargnant : sobre : non
amateur de bonne chère : non yvrongne :
ne babillard : ne plaideur : ne villotier :
n'ayant aucun bien terrien, ou au soleil :
ains des moyens à la bource. Ainsi qua-

lifié et rencontré, sera celui qu'il vous
faut, avec lequel n'entrerés en piques à
peu d'occasion, mais supporterés doucement ses petites imperfections : toutes-fois
avec un jusques où, gardant vostre authorité, afin de ne l'accoustumer à déso-
béir et à ne craindre. Compterés souvent
avec lui, de peur de mescompte. Ne laisserés courir sur lui terme sur terme, ni
aucune autre chose, en laquelle il vous
soit tenu, pour petite qu'elle soit : comme
par le contraire n'exigerés de lui outre
son deu, rien qui lui préjudicie. Lui
monstrerés au reste, l'amitié que lui portés, louant son industrie, sa diligence,
et vous réjouissant de son profit, treuvant
bon qu'il gaigne honnestement avec vous,
pour l'affectionner tous-jours mieux à
vostre service. Ne changerés de fermier
ne de métayer, si le treuvés passable, que
le plus rarement que pourrés : et au contraire, n'en souffrirés aucun, qui n'ait
la plus-part des qualités susdites. Et quel
que soit vostre fermier ou vostre métayer,
n'abandonnés tellement vostre terre,
qu'en toutes saisons ne la visitiés (le plus-
souvent estant le meilleur) pour remédier à temps, aux destracs survenans.
Principalement, en la récolte des fruicts
tenés - vous en de si près, qu'en tiriés
vostre raison. Ne souffrant au reste, en
vostre domaine, affermé ou non, aucune
introduction de nouvelleté qui vous préjudicie, soit de chemins, soit de pasturages, abbruvoirs, couppes de bois, et
autres servitudes. Non plus, laisserés
perdre aucune partie des authorités, préé-
minences, franchises, libertés, priviléges, bonnes coustumes, que vous avés
sur vos sujets, et sur vos voisins (34).

NOTES DU PREMIER LIEU.

SOMMAIRE.

(1) Le sujet de ce premier Lieu est très-exactement le même que celui du Livre premier de la *Maison Rustique*, ou du *Prædium rusticum*, par le père *Vanière* (*Quomodo fundum emi ac reparari oporteat*. Quelles précautions l'on doit prendre dans l'achat d'une terre, et pour son amélioration). *Vanière*, né près de Béziers, par conséquent compatriote du célèbre *Olivier de Serres*, florissoit vers la fin du règne de Louis XIV. Ce jésuite a développé, en très-beaux vers latins, toute l'économie rurale que l'autre avoit traitée en prose, sous le règne de Henri IV. Nous pourrons indiquer quelques autres rapprochemens entre ces deux auteurs. *Rosset*, qui a donné des Géorgiques moins heureuses et pourtant estimables, sous le règne de Louis XV, étoit aussi du Languedoc. C'est une chose remarquable que la succession de ces écrivains agronomes dans la même contrée. *Rosset* commence son poëme par ces vers, qui paroissent empruntés presque mot à mot du texte d'*Olivier de Serres* ;

Voulez-vous assurer des moissons abondantes ?
Connoissez la vertu des terres différentes.
Chacune a son génie : ici le blé mûrit,
Et la vigne prospère où le froment périt.

AGRICULTURE, Chant I.

Il est vrai que *Virgile* avoit dit avant l'un et l'autre :

Toutesfois dans le sein d'une terre inconnue,
Ne vas pas vainement enfoncer la charrue.

Géorg. L. I. trad. par *Delille*.

(*F. D. N.*)

CHAPITRE PREMIER.

(2) Si la connoissance des terres doit être, comme dit l'auteur, le fondement de l'agriculture, la nôtre pêche par sa base. Malgré le progrès des sciences, nous ne sommes guères plus avancés sur ce point que du temps d'*Olivier de Serres*. On s'en est pourtant occupé à diverses reprises. En 1730, *Réaumur* lut à l'Académie des sciences, un mémoire où il promettoit des expériences sur la nature des terres. Il faisoit sentir l'utilité de leur classement pour l'histoire naturelle, la physique et les arts. *Buffon* traçoit aussi (tome I, second discours) la manière dont il désiroit que les terres fussent décrites. L'auteur du Spectacle de la nature formoit des souhaits ardens pour qu'une société de gens de lettres s'établît dans la vue de s'occuper spécialement du discernement des terres (tome VII); mais *Pluche* et *Réaumur*, ne considéroient les terres que relativement à l'architecture. Plusieurs Académies voulurent que cette matière fût traitée expressément pour l'économie rurale. L'expérience indique assez que la terre la plus fertile est celle qui est grasse et meuble. Mais qu'est-ce qui compose ce *pingue et putre solum* ? En 1749, le célèbre *Eller* lut à l'Académie de Berlin, des recherches sur ce sujet intéressant. Il pensoit que toute terre fertile est un mélange de trois terres différentes, de sable, d'argile, et de terre adoptive, ou terre produite par les débris des végétaux putréfiés et fermentés. En 1761, l'Académie de Metz avoit proposé cette question : *quel est le vrai principe de la fécondité de la terre ?* M. *Froger*, curé de Mayet, remporta le prix. Il établit, dans son discours, que le vrai principe de la fécondité de la terre, c'est le concours libre et proportionné des élémens, la terre, l'eau, l'air et le feu. Cette physique est claire et à la portée de tout le monde. Dans ses élémens d'agriculture, couronnés à Berne en 1774, M. *Bertrand* dit qu'il entre dans toutes les terres de l'eau, de l'argile, du sable, des plantes consumées, des sels, des particules minérales. Les doses plus ou moins exactes de toutes les parties qui forment ce mélange, constituent la fertilité ou la stéri-

lité des terres. Mais comment reconnoître avec précision ce qui domine et ce qui manque? Persuadé que l'analyse chimique en est le seul moyen, M. *J. B. de Beunie* a lu à l'Académie impériale de Bruxelles, un essai chimique des terres, extrêmement curieux. Il combat l'opinion de ceux qui attribuent le principe fertilisant à la terre calcaire. Il revendique cet avantage pour l'argile. Selon lui, dix mille livres pesant de fumier ne forment, au bout de quelque temps, que cent quatre-vingt-sept livres et demie de terre argileuse. La terre la plus fertile des environs d'Anvers, ne lui a donné qu'un sixième de sable, et environ cinq sixièmes d'argile. De ses analyses, il résulte que le sable seul est stérile, que l'argile sans mélange est également stérile, et que toute terre fertile doit contenir un mélange d'argile, de sable, de terre tourbeuse ou adoptive, ou de quelque terre crétacée ou calcaire; mais que ce composé est d'autant plus fécond que l'argile y domine plus sur les autres substances. Le C. *Dumont-Courset* a essayé des terres simples et des matières composées. On voit, par ses expériences, que le sable de mer fertilise les autres terres et matières stériles. Moitié de ce sable de mer, avec moitié de marne blanche ou craye de la surface, a produit plus que du terreau. L'auteur de ces essais sur l'étude du sol, et sur les moyens de le corriger, en a rendu compte dans l'introduction de son livre, intitulé: *Le Botaniste cultivateur*. Ses vues paroissent mériter un examen approfondi. Dans ces derniers temps, M. *Kirwan* a remporté le prix de l'Académie royale d'Irlande, par un mémoire sur les engrais, où il examine la nature des sols fertiles, et les moyens d'apprécier leur fertilité. Il se fonde sur les expériences de *Giobert*, à Turin; de *Bergman*, en Suède; de *Tillet*, et du C. *Hassenfratz*, à Paris. Il trouve, dans les sols fertiles, un mélange de silice, d'argile, et de chaux aérée. La silice et la chaux dominent, l'argile y est inférieure; mais M. *Kirwan* fait beaucoup d'attention à la quantité moyenne de pluie, pour juger de la constitution des terres fertiles. Son chapitre trois donne les moyens chimiques de déterminer la composition d'un terrein. Dans sa conclusion, il désire sur-tout que l'on trouve les moyens, 1°. de rendre le carbone soluble dans l'eau, pour favoriser la végétation; 2°. de découvrir la composition des terres les plus propres à retenir ou à laisser évaporer la proportion convenable de la quantité moyenne d'eau qui tombe dans chaque pays. La fertilité des terres dépend essentiellement, selon lui, de ces facultés et de ces rapports. Leur amélioration régulière dépend aussi de la connoissance des substances qui leur manquent, et de la quantité absolue de ce défaut. Malheureusement, les procédés nécessaires pour ces analyses, ne sont pas à la portée des simples cultivateurs; et tant que l'agriculture ne fera pas une partie spéciale de l'enseignement public, il est à craindre que les propriétaires eux-mêmes ne soient pas, à cet égard, plus instruits que leurs fermiers. Les chimistes rendroient un grand service à l'économie rurale, s'ils pouvoient simplifier les procédés de l'analyse des terres, au point de les rendre usuels. Cela paroit très-difficile, vu l'infinie variété des sols. En attendant, il seroit possible de remplir, du moins, le vœu très-raisonnable de *Plûche*. Le Gouvernement pourroit, à peu de frais, donner à la Société d'agriculture de Paris, un laboratoire, où elle seroit chargée d'analyser et de comparer toutes les terres dont on lui feroit parvenir des échantillons ou parallélipipèdes réguliers, avec des notes sur l'exposition et le climat du lieu d'où ces terres auroient été tirées. On sent quels immenses avantages en résulteroient pour le public. Ces expériences, comme le dit M. *Kirwan*, sont peut-être celles qui contribuent le plus directement au bonheur du genre humain. À ce titre, elles feront la gloire du siècle où elles seront exécutées. (*F. D. N.*)

(3) La couleur des terres ne suffit pas, ainsi que vient de le dire *Olivier de Serres*, pour déterminer la plus ou moins grande fertilité du sol. Il est, en effet, une espèce de terre qui offre à l'œil un aspect blanchâtre, et qui néanmoins est très-fertile. Cette qualité de terre convient sur-tout à la culture du froment, et se trouve dans plusieurs lieux de la ci-devant province de Beauce. (*L.*)

(4) La mauvaise odeur des plantes est un signe non moins équivoque de la stérilité du sol. On voit, en effet, croître sur nos terres de meilleure

qualité, et principalement dans nos jardins, des plantes très-puantes. (*L.*)

Page 4, colonne II, ligne 4.

(5) On ne doit point regarder comme impropre à la culture, un sol qui produit la fougère en abondance. Cet excès de végétation dénote au contraire un terrein doué du principe de fertilité, et susceptible de produire de bonnes récoltes. Il suffit alors de le seconder par l'art, et de savoir lui confier les semences analogues à sa nature. (*L.*)

Idem, ligne 23.

(6) Le gonflement des terres, signe de leur bonté, est un des moins fautifs parmi ceux qui n'exigent pas les procédés de la chimie. On avoit eu l'idée de fabriquer un instrument, nommé l'*Extensimètre*, parce qu'il auroit pu mesurer les degrés d'extensibilité des terres. Ce moyen de connoître et d'estimer un sol, seroit, par sa simplicité, à la portée de tout le monde. Il est à désirer que l'on revienne à cette idée, et que l'on sache au juste le parti que l'on peut tirer de cet Extensimètre, proposé par M. *Barthès.*
(*F. D. N.*)

Idem, ligne 32.

(7) La mauvaise odeur ou saveur d'une terre n'est pas toujours une preuve de stérilité. En effet, les matières végétales et animales en décomposition, qui donnent au sol une odeur et une saveur très-désagréables, sont cependant un des agens les plus actifs de la végétation. (*L.*)

Page 5, colonne I, ligne 1.

(8) La meilleure manière de reconnoître les substances dont les couches se trouvent sous la surface de la terre, c'est d'employer la sonde ou tarière, décrite et recommandée par *Turbilly*, dans le mémoire sur les défrichemens. Il devroit y en avoir une dans toutes les sous-préfectures, avec une instruction sur la manière de s'en servir, et une prime en faveur de ceux qui feroient, par ce moyen, des découvertes utiles. On sait que cette sonde est composée de plusieurs tiges de fer qui s'emboîtent l'une dans l'autre, terminées par une cuiller qui rapporte des échantillons de la couche de terre où elle a pénétré (*Encyclopédie méthodique, Dictionnaire des Arts et Métiers*, t. 1, p. 527). Cette tarière est l'instrument que les Anglois connoissent sous le nom de *perçoir*, et qui est ainsi désigné dans la traduction des œuvres de M. *Young.* Les

États de Bretagne avoient eu soin de procurer à leurs bureaux d'agriculture, de ces sondes bannales, de vingt mètres ou soixante pieds de long. On en faisoit usage en sondant la terre à six mètres ou dix-huit pieds de profondeur, pour trouver de la marne, de la pierre à chaux, ou du plâtre. Il faudroit aller à vingt mètres ou environ soixante pieds, pour trouver du charbon de terre, de la terre à foulon, etc. Il faudroit aussi qu'on suivît le conseil donné dans les mémoires de la Société royale de Médecine, de faire examiner les diverses substances trouvées dans les fouilles que l'on fait pour creuser les puits. Faute de connoître le sol, combien on laisse perdre de trésors qu'il recèle? Grace à *Guettard, Hellot, Buache*, nous savons en gros que la France contient trois espèces de sols, formant autant de cercles enfermés l'un dans l'autre. Le premier n'est que sable, et n'a de métal que le fer (Paris, l'Orléanois, la Normandie, et jusqu'à Londres). Le second n'est que marne (Champagne, Picardie, Touraine, Berri, Perche, et partie de la Normandie). Le troisième fournit de l'ardoise, des pierres dures, toute sorte de minéraux (limites de la France et contrées montueuses). Voilà le coup-d'œil général de notre territoire; mais il varie à chaque pas. Quand le sable est à la surface, souvent l'argile est sous le sable. L'un est le correctif de l'autre. Il n'est point de mauvaises terres qu'un mélange bien calculé ne parvienne à rendre fertiles. Combien il est donc important que les agriculteurs, ou du moins les propriétaires, soient instruits en physique, en minéralogie, et sur-tout en chimie, s'ils ne veulent pas s'exposer à être étrangers chez eux-mêmes, et à fouler aux pieds des richesses cachées pour la seule ignorance? (*F. D. N.*)

Page 5, colonne I, ligne 10.

(9) *Columelle* dit, au contraire, qu'il faut pour les fromens, deux pieds de bon *humus*, et qu'il suffit de quatre pieds de bonne terre pour les arbres (*Colum.* liv. 2, ch. 2.). On a vu des tiges de blé qui avoient des racines de quinze à dix-huit pouces. Comment un pied de bonne terre pourroit-il leur suffire? C'est encore bien pis pour les arbres fruitiers, et je ne conçois pas que notre auteur ait pu se contenter pour eux d'un pied de bonne terre; il y insiste cependant,

lorsqu'il parle des fosses où l'on plante les arbres. Lien VI, ch. 19. (*F. D. N.*)

Page 5,
colonne II,
ligne 2.

(10) La croissance des pommiers ne prouve pas que le sol soit moins propre à la culture du froment qu'à celle du seigle. On obtient, en Normandie et ailleurs, d'abondantes récoltes de froment, dans les champs où le pommier offre une belle végétation. (*L.*)

CHAPITRE II.

Page 7,
colonne I,
ligne cit.

(11) Celui qui veut acquérir une terre, doit chercher à remplacer les anciens priviléges par des combinaisons non moins utiles au particulier, et beaucoup plus conformes au bien général. Il est plusieurs espèces de fabriques qui non-seulement peuvent être combinées avec les travaux des champs, mais qui, par leur nature, leur donnent et en reçoivent de plus grands accroissemens. Telles sont, d'après les localités, la distillation des grains, la fabrication des briques, des poteries, la préparation de quelques plantes économiques, etc. Cette réunion d'industrie agricole et manufacturière, dont les premiers exemples ont été donnés dans la ci-devant Flandre, est aujourd'hui assez commune en Angleterre et en Allemagne. C'est un flamand qui a porté en Silésie la culture de la garance. (*L.*)

Page 8,
colonne II,
ligne cit.

(12) L'irrigation est un moyen puissant de fertiliser les terres, et ne doit pas être omis dans les calculs de celui qui veut acheter un bien, surtout si ce bien est situé dans les départemens méridionaux. Il seroit facile de donner un accroissement considérable aux produits de notre sol, si l'on savoit mettre à profit le cours des eaux, et le diriger avec intelligence sur les terres. Il n'est que trop ordinaire de voir perdre, pour l'agriculture, non-seulement les eaux des pluies, celles des ruisseaux et des rivières, mais encore les eaux douées d'un plus grand degré de fécondité, telles que celles qui charrient les immondices accumulées autour des habitations, ou même les parties les plus actives des fumiers. (*L.*)

Idem,
ligne cit.

(13) Ces mots célèbres de *Virgile* se trouvent dans les *Géorgiques*, et semblent s'appliquer aux vignes, dans l'intention du poëte, plutôt qu'à toute autre culture. Je les avois traduits ainsi, pour les inscrire sur la porte d'une maison des champs :

> Par la voix des Muses romaines,
> La sagesse nous avertit
> D'admirer les vastes domaines
> Et d'en cultiver un petit.

Mais que doit-on entendre par un petit domaine? C'est ce qui n'a jamais été bien défini. Il nous reste, sur ce sujet, un monument très-remarquable d'un auteur ancien. *Ausone* a fait de jolis vers sur sa petite métairie ; *de sua Villula.* Il recherche, pour la décrire, les mots les plus modestes, les plus diminutifs. Voici l'énumération de ce qui composoit cette ferme, à l'entendre, si modique et si mince. Il y compte deux cents arpens de terre labourable, puis cent arpens de vignes, puis cinquante arpens de prairies ; enfin, sept cents arpens de bois :

> *Agri bis centum colo jugera ; vinea centum*
> *Jugeribus colitur, prataque dimidium.*
> *Sylva super duplum quàm prata, et vinea, et arvum.*

Telle étoit la possession dont l'exiguité faisoit dire à *Ausone* :

> *Parvum hæredolium, fateor, etc., etc.*

Ces mille arpens d'*Ausone*, considérés par lui comme un très-petit héritage, sont bien loin des deux *jugera* que Romulus avoit assignés autrefois à chaque citoyen romain. Après l'expulsion des rois, la portion agraire fut fixée à sept *jugera.* Le *jugerum* étoit de vingt-huit mille huit cent pieds carrés. Les sept arpens romains ne passoient guères deux hectares. Dans la lettre que *Regulus* écrivit d'Afrique au sénat, il parle de deux laboureurs sur sa ferme de sept arpens ; mais ce ne pouvoit être qu'une culture à bras. *Curius Dentatus* ayant rendu de grands services, le sénat lui offrit cinquante *jugera*, environ quinze hectares. Il ne voulut que sept arpens, comme tout autre citoyen ; mais cette modération ne dura pas long-temps à Rome, et *Pline* dit que l'étendue et l'immensité des biens fonds perdirent l'Italie. De nos jours, on a disputé sur la grandeur des fermes. Elles sont très-bornées dans les cantons des Pays-Bas, qui sont les plus fertiles et les mieux cultivés. Dans le Hainaut autrichien, les fermes étoient bien plus vastes. Le 2 Septembre 1755, l'impératrice Marie-Thérèse rendit une ordonnance qui fixe à soixante bonniers de terre labourable et dix bonniers de prairies, ce qu'un seul fermier peut *défructuer*, ou exploiter: c'est près de cent hectares. On dit que cette loi a produit un très-bon effet, et que la valeur des terres et la population ont reçu des accroissemens rapides. C'est un fait à vérifier, et qui jetteroit un grand jour sur une question d'économie rurale et d'économie politique, extrêmement controversée.

Au surplus, le père *Vanière* a su rendre en beaux vers, tout ce qu'*Olivier de Serres* a dit de plus judicieux sur le choix d'un bien de campagne. Je vais risquer une imitation de ce passage pour ceux qui n'entendent pas le latin. Je dédommagerai les lecteurs plus instruits, en rapportant ensuite le texte de *Vanière*:

Qu'un autre, ambitieux de terres étendues,
Veuille, en ses vastes champs, fatiguer cent charrues!
L'éclat de ces grands biens ne peut vous éblouir;
On en est accablé plus qu'on n'en peut jouir.
Un enclos que soi-même on peut rendre fertile,
Unit plus sûrement l'agréable et l'utile.
Il faut le bien connoître avant d'en être épris;
Par un premier coup-d'œil craignez d'être surpris:
Au champ qu'on veut avoir, à l'ami qu'on veut faire,
De l'usage et du temps l'épreuve est nécessaire.
Défiez-vous de l'art. Aimez sur-tout les lieux
Que la simple nature embellit à vos yeux.
Cherchez un site heureux, dont les beautés naïves
Offrent des prés riants, des forêts, des eaux vives;
Non ces terrains de luxe, à si grands frais ornés,
Par qui leurs possesseurs sont bientôt ruinés.
Jugez, par ses produits, un domaine champêtre;
Au lieu de l'épuiser, il doit nourrir son maître.

Immensos alii tractus, et vasta requirunt
Prædia, contenti quæ vix subigantur aratris:
Cui placet utilitas et amœni gratia ruris,
Quo potiatur emat, non unde gravetur;...
Non cupidè visamque semel mercabere fundum;
Sæpè soli facies quoque fallit: amicus, agerque,
Quos vis esse tuos, longo noscuntur ab usu.
Naturæ, non artis ama decus: elige villam
Quam nemus et fontes, longoque virentia tractu
Prata, situsque loci, non quam labor improbus ornat;
Quæque suos bieu fructus alioumat inani;
Ne qui debuerat te pascere fundus, alatur
Ipse tuis opibus: etc. (VANIER. Præd. rust. L. I).

(F. D. N.)

Page 9, colonne II, ligne 6.

(14) Tous les détails de ce chapitre annoncent qu'*Olivier de Serres* n'adresse ses conseils qu'à l'homme aisé, qui veut acquérir une terre pour demeurer à la campagne et faire valoir son domaine. Il y auroit peut-être un autre bon chapitre à faire et d'utiles préceptes à tracer, pour celui qui veut prendre une ferme et exploiter les fonds d'autrui. La classe des riches fermiers mérite d'être encouragée, et a besoin d'être éclairée. Il convient, ce me semble, à très-peu de propriétaires, de gérer leurs biens par eux-mêmes. Ils doivent les connoître, les améliorer, être en état de bien régler les conditions de leurs baux; c'est sur-tout sous ce point de vue, qu'il est intéressant pour eux d'être instruits en agriculture. Le manque de ces connoissances détourne plus d'un homme aisé de songer à l'achat des terres pour l'emploi de ses capitaux. C'est pourtant le moyen le plus sûr, le plus agréable, et le plus lucratif de les faire valoir. *Vanière* a bien saisi ce point dans ses conseils pour l'acquisition d'un fonds. Il veut qu'on s'attache sur-tout aux terres bonnes par elles-mêmes, qui ont été mal cultivées, et qui sont susceptibles de doubler de valeur en des mains plus intelligentes:

Hâtez-vous: que ces fonds qu'un autre a négligés,
Par vos soins plus heureux soient bientôt corrigés.
Les pierres, le chiendent, les joncs et la fougère,
Ont rendu leur surface à Cérès étrangère;
La fougère, les joncs, les pierres, le chiendent,
Rien ne peut arrêter un laboureur ardent.
Le soc extirpe l'herbe; et la pierre amassée
En des fossés profonds disparoît enfoncée.
Vous ranimez les prés par de nouveaux engrais;
Vous replantez les bois; vous séchez les marais.
O que si vous pouviez tirer de dessous l'onde
Et montrer au soleil cette terre féconde,
Cet antique limon, ces fonds long-temps noyés,
O de quelles moissons vos soins seroient payés!
Ainsi, près de Béziers, la puissance romaine
A fait que la charrue aujourd'hui se promène
Dans un sol riche et gras qui, caché sous les eaux,
Vit son sein sillonné jadis par des vaisseaux, etc.

Incipe, et Agricolæ quod inertia longa peiavit
Perdidit, in melius felici corrige curâ.
Expediendus eris saxis et gramine campus
Et filice et junco; filicem satione fabarum

Interimis; juncos vinces et gramen aratro;
Sed lapides manibus remove, ...
O! tibi torpentes si desiccare paludes
Fata darent, cedantque novas ostendere terras!
Semina restitues quanto proh! fœnore emptus
Et linea satur, et longa requietus ab ævo.
En Biterram propter quàm pinguia findit arator
Æquora vomeribus, quæ navibus antè secabat.
Namque sub totum quondam gens Romula mundum
Sub ditione tenens, etc. (VANIÈR. Præd. rust. L. I.)

Ce ne sont pas les seuls Romains qui ont donné en France l'exemple fructueux de ces dessèchemens. Nous avons vu de grands ouvrages achevés en ce genre par de simples particuliers. M. *Mouron* a desséché, aux portes de Calais, un marais très-considérable. D'autres ont conquis sur la mer des terreins précieux. Dans le ci-devant Dauphiné, des canaux d'arrosage ont triplé le produit des terres de plusieurs cantons. Mais combien ne reste-t-il pas en France d'étangs à dessécher, de marais à combler, de landes, de bruyères, de terreins à améliorer ? Quelle vaste carrière et quelle mine fructueuse pour les agriculteurs et les capitalistes ! On ne sauroit, dans une note, donner à cet égard, qu'une indication bien vague ; mais on peut assurer qu'il y a dans la France, un million d'hectares à tirer du néant. L'auteur de cette note a proposé de faire des Colonies intérieures, et de consacrer la première sous le nom du Premier Consul. Il avoit, dès l'an V, fait donner un projet de loi pour former de nouveaux villages. Notre territoire actuel a besoin qu'on en établisse plus de quatre à cinq mille. Puissent donc les spéculateurs se tourner vers l'agriculture !

(*F. D. N.*)

Page 9, colonne II, ligne 9,

(15) Ces considérations, pour l'assurance des acquêts, ne sont pas les seules qui doivent être bien mûrement pesées avant d'acquérir un domaine. Il faut s'informer, avant tout, si les terres sont réunies autour du corps de ferme, ou si elles sont morcelées ; il faut savoir si les clôtures en sont en bon état : si le reste barbare de nos coutumes féodales n'asservit point les terres à ce que l'on appelle les droits ou les usages de parcours, de vaine pâture, etc. Le Languedoc, étant pays de droit écrit, n'étoit pas infecté de cette rouille des coutumes ; et *Olivier de Serres* n'en a pas parlé dans son livre. Mais il est évident que des propriétés grevées de ces terribles droits, ne sont pas susceptibles d'un bon système de culture. La compascuité ou l'état d'indivis et de communauté des champs et des prairies, détruit la possibilité des améliorations. Cependant les trois quarts des terres de la France sont dans ce misérable état qui maintient les jachères, et empêche qu'on n'établisse des prairies artificielles, ou des assolemens mieux combinés que ceux qu'ont dictés la routine, la pénurie ou l'ignorance. Voilà un des plus grands obstacles à la prospérité de l'agriculture françoise : par-tout où cet obstacle existe, il faut bien se garder d'acheter des propriétés qu'on ne peut améliorer. On ne peut calculer la perte qui en résulte pour l'État, et le Gouvernement a autant d'intérêt que les particuliers à faire cesser ces abus. *Olivier de Serres* exige, avec raison, que le domaine soit joint en une seule pièce ; mais les biens ainsi arrondis sont extrêmement rares, et nos lois actuelles tendent à les subdiviser et démembrer à l'infini. C'est ici que l'agriculture a besoin d'éclairer la législation.

(*F. D. N.*)

CHAPITRE III.

Page 10, colonne I, ligne 26,

(16) Les mesures, dit *Paucton*, sont la règle de l'utile et respectable laboureur. Cette règle a été long-temps bien vague. Aussi voit-on régner dans tout ce chapitre, sur les mesures, une confusion que le bon *Olivier de Serres* ne pouvoit éviter, et que l'improbité et le charlatanisme n'ont fait durer que trop long-temps. Par-tout on s'en est plaint : on n'y a remédié qu'en France.

On lit, dans les *Mémoires de la Société économique de Berne*, pour 1770, une description des poids et des mesures de la ville de Berne, où l'on observe, avec justesse, que la différence des poids et des mesures est aussi incommode dans la société que la diversité des langues. A ce dernier égard, on s'est borné jusqu'à présent à faire des vœux et des livres, ingénieux et inutiles, depuis l'ouvrage de *Wilkins*, évêque de Chester, sur la langue philosophique (à Londres, 1668),

1668), jusqu'à la pasigraphie du C. *de Mai-*
mieux (à Paris, an VI); mais du moins, en
Europe, l'usage du latin et sur-tout la langue
françoise tiennent lieu, à un certain point,
d'un idiôme universel. Quant aux poids et mesures, deux hommes extraordinaires, *César* et
Charlemagne, ont eu la volonté de ramener leurs
différences à un terme commun. Dans un capitulaire de 789, *Charlemagne* ordonnoit que tous
se servissent loyalement de mesures semblables
et de poids justes et égaux (*æquales mensuras
et rectas, pondera justa et æqualia omnes ha-
beant*). En 813 et 814, d'autres capitulaires
veulent que les poids et mesures soient par-tout
justes et égaux (*pondera et mensuræ ubique
sint æqualia et justa*). Mais sous le règne féodal, la France fut mise en lambeaux, et chaque
subdivision eut ses mesures différentes. Plusieurs
savans du dernier siècle, frappés des inconvéniens de cette bigarrure, avoient cherché dans
la nature une mesure universelle. En 1735,
Mairan proposa d'adopter la grandeur du pendule simple qui bat les secondes sous la latitude
de Paris, et qui est, selon lui, de trois pieds
huit lignes cinquante-sept centièmes. Ce vœu de
la science effraya tous les partisans de la diversité des poids et mesures; ils se réunirent, pour
lui opposer des raisons plus ou moins spécieuses.
En 1747, *La Condamine* présenta fidèlement
ces prétextes, et les réfuta d'une manière invincible (*Mémoires de l'Académie des Sciences*,
année 1747). Quand on institua les Administrations provinciales, presque toutes s'expli-
quèrent ouvertement sur la nécessité de remédier à l'effrayante variété des poids et mesures.
L'Assemblée provinciale du Hainaut entendit,
en 1788, un très-bon rapport sur le cadastre.
Dès le premier examen qu'on voulut faire de
cette question si importante, on fut arrêté par
une difficulté; c'est que dans cette province,
composée de trois cent treize communes, il y
avoit deux cent soixante-treize manières différentes de mesurer les terres. L'Assemblée provinciale de la Haute-Guyenne, comptoit soixante
espèces de sétérées dans les villes et les principaux bourgs. Elle prenoit le parti de réduire les
poids et mesures locales aux poids et mesures de
Paris. Dès 1787, l'Assemblée provinciale de

Rouen, animée de l'esprit du célèbre et malheureux *Thouret*, rédacteur de son procès-verbal, regardoit aussi l'unité des poids et mesures
comme un des établissemens les plus utiles pour
l'agriculture et le commerce. Elle demandoit,
en conséquence, l'admission, dans toute la généralité de Rouen, des poids et mesures de
Paris; mais les mesures de Paris elles-mêmes,
n'étoient rien moins que constantes. Leur vérification, à différentes époques, avoit donné des
résultats contradictoires. *La Condamine* nous
apprend que, suivant le plan du vieux Louvre,
l'ouverture du pavillon sur la rue Froid-manteau
devoit avoir précisément douze pieds de largeur. Lorsque l'on voulut réformer l'étalon de
la toise, on prit la moitié juste de cette porte
du vieux Louvre; mais la nouvelle toise, fixée
d'après cette donnée, se trouva de cinq lignes
plus courte que l'ancienne (*Mémoires de l'A-
cadémie des Sciences*, année 1772). On croit
même que la toise du temps d'Henri II,
étoit plus longue que celle de Louis XIV, de
six lignes et demie. Il seroit impossible de rappeler, dans une note, les procès, les divisions
et les ruines des familles, qui ont été les fruits
de cette inconcevable incertitude des poids et des
mesures dans un même pays, soumis aux mêmes
lois. Enfin, l'Assemblée nationale constituante
a consulté à ce sujet l'Académie des Sciences.
Ainsi c'est parmi-nous, que la puissance et la
science ont senti le besoin de s'allier ensemble
et d'agir de concert. On a eu une grande idée.
L'unité fondamentale, prise dans la mesure
même de la terre, a été ainsi rapportée à un étalon, hors de l'atteinte des hommes et des élémens. Pour connoître la circonférence de la terre,
on a mesuré l'arc du cercle, compris entre Bar-
celone et Dunkerque, et l'on a pris pour unité
la dixmillionième partie du quart du méridien,
ou trois pieds onze lignes, deux cent quatre-
vingt-seize millièmes de ligne. C'est ce qu'on appelle *le mètre*, auquel correspondent toutes les
autres mesures de capacité, de superficie, etc.
Cette heureuse uniformité de nos poids et mesures, vainement repoussée par une routine ignorante ou de vils intérêts, est sur-tout très-utile
pour les agriculteurs. Avant cette réforme, on
ne pouvoit s'entendre, je ne dis pas d'une pro-

vince, mais souvent d'un village et d'un ferme à l'autre, pour acheter, vendre, échanger, louer ou affermer les terres; pour en fixer les bornes; pour en distribuer les diverses parties, suivant l'assolement qu'on vouloit adopter; pour se rendre des comptes de frais et de produits; pour évaluer les terreins, relativement à l'impôt, etc. Rendons grace aux savans et aux législateurs qui nous ont donné un système de poids et de mesures fixe, uniforme, impérissable! Les détails du système ont été présentés dans un très-grand nombre d'ouvrages. Le *Manuel républicain* a rendu ces détails de la manière la plus claire, et il a été répandu avec profusion. Ensuite on a fait plus; on a fait traduire en mesures du système métrique, toutes les mesures locales. Enfin, on a eu le projet de rendre ce système visible à tous les yeux, en faisant ériger, sur les places publiques des principales villes, un monument solide et simple, qui eût été le MÉTROMÈTRE, et qui auroit offert les types et les dimensions linéaires et cylindriques de nos poids et mesures. C'étoit une pensée heureuse de faire ainsi servir à l'instruction générale les décorations des villes, qui n'offrent, trop souvent, que des emblèmes insipides et des flatteries passagères. Cette idée, qui n'est que jetée dans la métrologie de feu *Paucton*, a été reproduite et mieux développée dans les observations de MM. *Tillet* et *Abeille*, adoptées par la Société royale d'Agriculture de Paris, lorsqu'elle fut consultée, en 1792, sur l'uniformité des poids et mesures.

Les Anciens nous ont conservé le prototype indestructible de leur mesure universelle, dans la grande pyramide d'Égypte. Je ne propose pas de construire des pyramides; un obélisque suffiroit. Puisse cette note être lue par de bons administrateurs, qui sachent s'honorer en exécutant ce projet! (*F. D. N.*)

Page 12, colonne I, ligne 7. (17) Les personnes qui voudront connoître plus en détail la manière dont on procédoit dans l'arpentage des terres, et les instrumens employés à cette opération, peuvent consulter le *Dictionnaire d'Agriculture* de *Rozier*, au mot *arpentage*. (L.)

Page 13. (18) Cet objet, en agriculture, est plus important qu'on ne pense. *colonne II, ligne 2.* Il faut tarir sur-tout les sources des procès, et aucune n'est plus féconde que celle des chicanes sur la contenance des terres. La science de l'arpentage, ou la planimétrie, qui est nommée par notre auteur *l'arpenterie*, étoit une science compliquée et fort difficile, avant le système métrique. Les arpenteurs avoient besoin de plusieurs chaînes différentes. Leurs opérations exigeoient des calculs et des rapports continuels. Dans notre système actuel, il ne faut plus aux arpenteurs qu'une chaîne d'un décamètre. (Voyez l'*Instruction sur les nouvelles mesures pour les terreins, à l'usage des notaires, arpenteurs, gens d'affaires, etc.*, insérée dans le *Manuel républicain*. Le terme d'*arpentage* ne peut plus guère s'appliquer à la planimétrie, en France. Le mot d'*arpent*, que *Columelle* attribue aux Gaulois, venoit, selon les glossateurs, d'*arvi-pendium*, ou de la corde qui servoit à mesurer jadis ce qu'on appeloit un arpent. La corde est remplacée aujourd'hui par la chaîne. Avec cette chaîne de fer, nous mesurons des ares; il seroit donc plus juste de dire aujourd'hui l'*Aréage*, que de nous parler d'arpentage, lorsque nous n'avons plus d'arpent. Au surplus, *Olivier de Serres* ne voyoit la profession de ces géomètres ruraux que comme une matière de *publique police*. Mais cette police publique étoit bien mal réglée. L'impéritie des arpenteurs donnoit lieu à de grandes plaintes dans presque toutes les provinces. On lit, à ce sujet, des réclamations frappantes dans le procès-verbal de l'Assemblée provinciale de la généralité d'Auch. « Eh ! comment » ces hommes, à qui les propriétaires confient » le soin de reconnoître leurs possessions, d'en » fixer la position, d'en évaluer, d'en détermi- » ner exactement l'étendue, pourroient-ils ne » pas commettre des erreurs préjudiciables aux » intérêts des uns et des autres? Esclaves, pour » la plupart, d'une simple pratique, qui n'est » éclairée par aucune connoissance ni des prin- » cipes de la géométrie, ni même de ceux de » l'arithmétique, ils doivent nécessairement » marcher sans règle et opérer au hasard, sur- » tout lorsque le terrain qu'ils mesurent offre » une surface de figure irrégulière, ou inégale » et montueuse, ou inclinée, ou coupée par de

» larges ravins : alors, leur routine est le plus
» souvent en défaut, ils s'égarent et portent at-
» teinte au droit sacré de propriété, etc. ». Le
système métrique a tellement simplifié tous les
détails pratiques de l'*agri-mensuration*, qu'il
n'est pas de propriétaire qui ne puisse, en peu
d'heures, se mettre au fait lui-même de ce qu'il
faut savoir, pour n'être pas victime des erreurs
ou de l'ignorance des mesureurs vulgaires. Cette
ignorance fut une des causes principales qui fit
échouer le projet du cadastre général qu'on voulut établir en 1764. Il devoit coûter cent millions.
Il eut fallu cinquante ans pour le faire. Ainsi,
avant d'être achevé, il auroit fallu le changer.
Le système métrique rendroit cette opération
plus facile et moins longue ; mais ce n'est pas
ici le lieu de balancer ses avantages avec ses inconvéniens. Seulement nous désirerions que l'on
eût trouvé le moyen indiqué à-peu-près par
feu *Robert de Hesseln*, de faire servir la carte
de l'Académie, d'une sorte de terrier général.
Ici l'agriculture doit encore invoquer la législation. Entre tous les *agri-mensureurs*, il n'y en a
peut-être pas deux qui suivent la même méthode dans leurs opérations. On ne connoît pas
deux plans de terres confinantes, dont les
échelles s'accordent, ni un seul arpentage qui
laisse des traces invariables et faciles à reconnoître, tant sur le terrein que sur le papier. Il
semble qu'il seroit aisé d'assujettir au calcul dé-
cimal et à une échelle uniforme, toutes les levées partielles des biens fonds, des forêts, etc.
Ce seroit un très-grand service rendu aux propriétaires et à l'État même. On peut consulter,
au surplus, la *Nouvelle Topographie, ou Description détaillée de la France, divisée par carrés uniformes*, par *Robert de Hesseln*, Paris,
1783. (*F. D. N.*)

- - -

CHAPITRE IV.

Page 16,
colonne I,
ligne 40.

(19) Quelle est la distribution la plus avantageuse et l'emploi le plus profitable de tous
les fonds de terre ? Cette importante question a
été discutée avec un grand détail dans plusieurs
ouvrages anglois, par le célèbre *Arthur Young*.
Il examine tour-à-tour les capitaux qu'il faut
pour une ferme toute en terres labourables, et

pour une autre en pâturages ; les produits qu'on
en tire ; les moyens d'augmenter plus ou moins
ces produits ; leur influence relative sur le bien
du fermier, sur celui du propriétaire, sur l'a-
vantage de l'État, etc. Labourages et pâturages,
ces objets de comparaison étoient les seuls que
lui offroit l'agriculture angloise. Mais malheureusement, les données de M. *Young* et ses
évaluations, se rapportent à des mesures peu
intelligibles pour nous. D'ailleurs, le climat de
la France admet beaucoup d'autres cultures, et
aggrandit, par conséquent, la sphère de l'a-
gronomie. Le texte d'*Olivier de Serres* donneroit lieu ici à de grands développemens qu'on ne
peut renfermer dans une simple note. Mais il est
très-intéressant de voir avec quel art *Vanière*
a resserré, dans une centaine de vers, ce que l'on
peut dire de mieux sur le sujet de ce chapitre
du *Théâtre d'Agriculture*, qu'il désigne lui-
même à la marge de son poëme, par ces deux
mots latins : *Distributio fundi*, la distribution
du fonds. Excepté le maïs et d'autres objets de
culture, qui n'étoient pas encore bien connus
alors, *Vanière* n'a rien oublié. L'on ne sait ce
qu'on doit admirer le plus dans ses vers, de la
sagesse des préceptes, ou de la beauté des détails.
Ce tableau, qui n'a pas encore exercé nos poëtes,
appartient naturellement aux notes d'*Olivier de
Serres*, et nous nous sommes hasardés d'en donner une foible esquisse, non pour lutter avec
Vanière, qui manioit avec le talent d'un grand
maître, une langue plus poétique, mais pour offrir
du moins à nos lecteurs françois, une idée imparfaite de cet admirable morceau, qui est l'inventaire abrégé des richesses rustiques.

Placez autour de vous le verger, le parterre ;
Tenez près de vos yeux tout ce qui peut leur plaire ;
Il faut garder vos fruits, il faut soigner vos fleurs ;
Il faut craindre sur-tout de tenter les voleurs.
Aux traits piquans du nord, opposez un bois sombre,
Qui, prêtant à l'été la fraîcheur de son ombre,
Et dérobant l'hiver à la rigueur des vents,
Vous offre un double abri sous ses dômes mouvans.
Le légume demande une humide vallée ;
Sur un côteau plus sec l'olive est étalée,
Dans les champs spacieux flottent les blonds épis.
Les prés, au bord des eaux, forment un verd tapis,
Enfin, sur la colline, au soleil étendue,
La vigne à ses appuis doit monter suspendue ;

Par sa riche verdure, au bout des longs guerets,
Bacchus termine au loin l'horison de Cérès.
Le calcul doit régler les arpens qu'on assigne
Au froment, au fourrage, à l'olive, à la vigne.
La balance à la main, pesez d'abord les frais;
Des produits, par la vente, on peut juger après.

Le sol où de Cérès les présens peuvent naître,
Semble être le vrai fond du domaine champêtre;
Confiez-lui des grains, il les rend; mais hélas!
Sans eux ce qu'il prenait il ne le rendra pas.
Après de longs travaux quels dangers on essuie!
On craint toujours l'absence ou l'excès de la pluie;
L'herbe étouffe les blés, la grêle les détruit;
Et, de deux ans d'attente, un jour perd tout le fruit.

La vigne plus féconde, et moins certaine encore,
Vous rend bien cher des dons qu'elle même dévore.

L'olive est bien fragile; elle veut peu de soins;
Mais le froid et le chaud ne lui nuisent pas moins.
De la pluie, au printemps, si sa fleur est touchée,
Elle meurt; et la terre en est au loin jonchée.

Les prés ne courent point tous ces tristes hasards;
Ils craignent peu le froid, les vents et les brouillards;
La pluie imprudemment sur eux est attirée,
Tantôt par le Zéphire, et tantôt par Borée,
L'herbe, pour y pousser, n'attend pas vos secours,
Pourvu qu'un clair ruisseau l'arrose dans son cours.
De l'avare fermier l'herbe fait la richesse;
Sous le pas des faucheurs elle renaît sans cesse;
Sous la dent des moutons elle renaît encor.
Mais c'est peu que des champs elle soit le trésor;
Elle en est la parure. Et soit que des prairies
On admire l'émail et les rives fleuries,
Soit qu'un lit de gazon, par sa molle épaisseur,
Semble du doux sommeil inviter la douceur;
Soit que, sans exiger de nouvelle semence,
Le foin, deux fois par an, s'élève en meule immense;
Ta gloire, ami des champs, doit être dans tes prés:
Leurs revenus pour toi sont les plus assurés.
Donne leur quelques soins. Par une douce pente,
Qu'un filet d'une eau pure en tout sens y serpente.
Fais, aux prés naturels, succéder au besoin,
Ta vivace luzerne, et l'odorant sainfoin.
Tes bœufs reconnoissans, et tes brebis heureuses,
Convertiront en chair ces plantes savoureuses;
Et tes champs, à leur tour, en auront plus d'engrais.

"Mais les prés, à tes yeux, ont-ils seuls des attraits?
Dois-tu cueillir plutôt l'olive de Minerve,
Ou bien est-ce à Bacchus que ton soin se réserve?
Écoute: entre Cérès, et Bacchus, et Pallas,
Même en faveur des prés, je ne décide pas.
Prononcer au hasard n'est pas d'un homme sage.

Des laboureurs du lieu connois l'antique usage;
Toute espèce de sol ne peut pas tout porter;
De ce qu'il peut produire il faut se contenter.

Regarde dans son cours la superbe Garonne,
Et la variété du sol qui l'environne.
A sa source, elle voit un peuple de Vulcains,
Cherchant au sein des monts des métaux souterrains.
Son onde coule ensuite en de gras pâturages;
Des arbres de Pomone elle suit les ombrages,
Bientôt, avec surprise, elle voit sur ses bords,
Des moissons de Cérès ondoyer les trésors.
Enfin, lorsqu'à la mer, sa course est terminée,
Des pampres de Bacchus sa rive est couronnée.

Mais, quoiqu'on puisse être, et quel que soit l'espoir
Que les champs paternels te fassent concevoir,
Je t'en conjure au moins; d'une tâche inhumaine
Préserve les vieux bois qui parent ton domaine;
Ne les immole pas à des calculs trompeurs,
Du terrestre charbon respirant les vapeurs,
Vois l'anglois par le spleen chassé de sa patrie,
A l'air de Montpellier redemander la vie.
O cité salutaire! élargis tes remparts,
Les françois y viendront bientôt de toutes parts.
Ainsi que les Bretons, grace à leur imprudence,
Pleurant de leurs forêts la triste décadence,
A la tourbe, à la houille, ils vont être réduits.
Ils pouvoient, dans les bois que leur sol a produits,
Sans chercher les secours d'une rive étrangère,
Trouver de leurs foyers l'aliment nécessaire,
Réparer leurs maisons, construire, à peu de frais,
Le vaisseau de Neptune et le joug de Cérès;
Mais leurs bois sont détruits, et ce crime s'expie.

Ne livre pas les tiens à la coignée impie:
Des arbres jusqu'à toi transmis par tes aïeux,
Transmets l'ombre sacrée à tes derniers neveux.

DISTRIBUTIO FUNDI.

Proxima sint villæ pomaria, floreus hortus,
Et quæcumque placent oculis, quæcumque rapaces
Invitant ad furta manus. Aquilonis ab ortu
Sylva truces frangat ventos, effugere tollat
Umbriferis quæ deinde comis æstate redonet;
Atque hyemes cohibe nimiosque attemperet æstus.
Humida vallis olus, vivaces vallis olivas
Educet in plano vel fluctuet æquore messis;
Val longo fundant se prata virentia tractu.
Hæc procul assurgant vites, oculosque morentur
Camporum per aperta vagos. Quot jugera prato,
Quot seget dabis, aut oleis, vel vitibus almis,
Ex opera redituque simul metire, labori
Componens fructus; et rerum mente revolvens
Quanti vendideris, non quantum innascitur agro.

Quæ Cereri visa est humus opportuna serendæ
Sæpe redit manibus versanda; datasque reposcens
Mutuat in senos fruges; æquè perfida pactam
Liberat usque fidem; seu messibus abfuit annus
Siccior aut pluvius; steriles seu fudit arenas
Infæcundus ager; fractis seu grandine culmis
Procubuit, flavuse segex stetit arida granis.

Sumptibus ipsa suos interdum vincit fructus
Devorat; incerto quoque casu pendet oliva;
Et quanquam tenui ose latissima cultu
Sustineat, tamen et glacie sterilescit et æstu;
Ac nebulis flos vere novo contactus iniquis
Emoritur, tristique selum tegit omne ruina.

Non faciunt hos prata metus; secura pericli
Diffusas cælo nebulas Boreamque, Notumque
Accipiunt; frigus non curant triste, nec æstum,
Deductus facili rivus quem temperat unda,
Pratensis minimum desiderat herba laborem;
Et semel orta, suas nullis obnoxia curis
Fundit opes; reditu nec simplice ditat avarus
Agricolas; hyemi nam fænum atque annua secla
Pascua dat laxus; armentaque læto tuetur;
Eximiumque decus cedentibus adficit agris:
Roscida seu flores vernantcet herba rubentes,

Seu jacet prostrata solo, mollemque cubanti
Sufficiat thalamum temere congesto; vel alto
Accipiat silens ductos è tramite rivos,
Atque novam parat usque novo sine semine messem.

Quare agite et duris si non decedat iniquo
Præcipites neque fundat ager præruptior undas;
Nec bibat humorem graciles imitatus arenas,
Stagnantes neque contineat depressior imbres;
Jugera quanta patent, medicam, viciamque, boumque
Gramina torpenti non injucunda palato
Spargite, et assiduos pratis inducite rivos;
Ipsa aïa melles uligine pinguior herba;
Nutriat irriguæ tellus non indigo lympha.

Sed neque possibilis oleas an ponere pratis,
Messibus an præstet, vel habenda incumbere viti,
Definire velit; veteres imitare locorum
Agricolas; non omnis enim fert omnia tellus.
Ipse Garumna suo populos qui spectat in ortu
Forcipibus massas chalybis tractare liquentes,
Et montes aperire cavos; per opima valistis
Pascua, vel pressis nobilum lac cogere formis
Agricolas videt, aut ponis instare ferendis;
Triticeas posthinc segetes miratur, utroque
Mox compertarus gravidas in littore vites.

Quidquid erit, quamcunque tibi spem patria tellus
Fecerit; antiquos serva pe dejice lucos.

Aspicis effossa terris carbone Britanni
Quàm malè dissolvunt frigus, quàm ducitur ægrè
Spiritus; infesta nisi tabescentibus igne
Monspeliensis opem tulerit pulmonibus aër.

Circuitu majore novam, urbs inclyta, muros
Extrue; divitibus decorata suburbia tectis,
Et quæ Persalis hospes laudaret in agris,
Hinc illinc positos amplectere mænibus hortos;
Ægra salutifero potiatur ut aëre tectum
Gallia, quæ focalos uno carbone Britannum
Mox struat od ritum, ligno caritura; graæque
Hauriet et fumos, et anheli semina morbi;
Ni caveant quibus est nemorum mandata potestas.

Victrices pelago naves, ramosa calenti
Ligna sinu, demilumque trabes, et aratra juvencis
Sufficiat lucus; sed avorum manere natos
Tu quoque sylvarum transmitte nepotibus umbras.
(VANIER. Præd. rust. L. 1.)

(F. D. N).

CHAPITRE V.

(20) L'architecture des campagnes est loin de
la perfection que cet art atteint dans les villes.
Il est bien nécessaire que les propriétaires s'instruisent des moyens de perfectionner, non-seulement les édifices qu'ils doivent habiter aux
champs, mais tous ceux qui conviennent à l'exploitation des terres. Les détails que renferment,
sur ces objets, les ouvrages d'*Alberti*, de *Grepaldi*, de *Ponsard*, de *C. Estienne*, de *Colerus*,
de *Florini*, sont peu connus, et pas assez à la
portée de ceux auxquels ils sont destinés; il en
est de même de ceux publiés en Italie et en
Allemagne depuis peu, par *Capra*, *Moroszi*,
Behrens, *Riem*, *Reutter*, *Heine*, etc. On
trouve, à ce sujet, des notions intéressantes,
dans la dernière édition des *Élémens d'Agriculture* de notre célèbre agronôme, *Duhamel du
Monceau*. Il avoit fait bâtir à Denainvilliers une
ferme qui présentoit plusieurs exemples des
améliorations que l'on peut introduire dans la
manière de construire et de distribuer les habitations des champs. Le Bureau d'agriculture britannique a recueilli, en dernier lieu, des renseignemens étendus sur les constructions rurales
d'usage en Angleterre, et il a publié, dans le
recueil de ses Mémoires, un Traité général de

Page 16, colonne 11, ligne 2.

ces constructions, qui a été traduit par le C. *Lasteyrie*, avec des notes et des planches. Enfin, la Société d'agriculture du département de la Seine, a cru devoir faire des constructions rurales, l'objet d'un concours solemnel. Le prix a été décerné à un mémoire du C. *Perthuis*, qui est accompagné de planches, et qui peut être très-utile, soit en dirigeant ceux qui veulent faire bâtir des fermes, soit en faisant naître des vues plus parfaites encore à ceux qui réunissent des connoissances suffisantes pour adapter précisément les ressources de l'architecte aux besoins de l'agriculture. L'art de loger les hommes, les animaux et les récoltes, avec simplicité, solidité, économie, est le premier problème que l'on ait à résoudre dans la science des campagnes. A cet égard, l'ouvrage du C. *Perthuis* offre des résultats heureux, et sa lecture peut encore inspirer des idées utiles.

(F. D. N. et H.)

Page 2, colonne I, ligne 14.

(21) L'exposition du midi, ou celle du levant, doit être préférée à toute autre dans les climats tempérés. Les bâtimens situés vers le couchant, sont, en général, sujets à être battus des vents et des pluies; ils ont, en outre, l'inconvénient d'être moins chauds en hiver. (*L*).

Page 20, colonne II, ligne 15.

(22) Il seroit plus avantageux de transporter sur les champs, avec des tonneaux, les urines et les égoûts des fumiers. Une trop grande abondance d'eau délaye les fumiers, entraîne leurs parties les plus actives, et s'oppose à leur bonne confection. (*L*.)

Page 23, colonne II, ligne 14.

(23) Nous avons vu plus haut (Note 19) le parti que *Vanière* a su tirer, dans son poëme de la Maison rustique, des détails d'*Olivier de Serres*, sur la manière d'employer et distribuer les terreins. Quant aux constructions rurales, il imite encore en ce point le *Théâtre d'Agriculture*, mais en l'embellissant et en divisant ce sujet; car il décrit premièrement le logement du maître, puis celui du fermier, ce que l'on distingue aujourd'hui en maison de campagne et en ferme proprement dite. On peut voir, dans son premier livre, les morceaux indiqués par ces mots à la marge : *villæ ædificatio*, et *villa rustica*. La *villa* des Latins et des Italiens, est une

expression qui manque à notre langue. Il est sur-tout bisarre que cette langue, empreinte du cachet féodal, ait appelé *villains* les malheureux serfs de la glèbe qu'elle vouloit flétrir, et qu'elle ait cependant désigné sous le nom de *villes* les cités peuplées de bourgeois et non pas de *villains*. Au reste, il seroit difficile de transporter en vers françois la grace et l'harmonie du latin de *Vanière*, sur les deux *villa* qu'il décrit, et dont nous ne pouvons rendre le simple nom que par des périphrases. Il entre dans tous les détails; il enseigne, en beaux vers, à fabriquer des briques, à cuire de la chaux, etc. Mais ces particularités sont un peu trop techniques et trop minutieuses pour notre poésie. Nous nous bornerons à un seul trait, qui nous paroît bien digne de l'attention des lecteurs; car il s'agit de la maxime la plus essentielle sur le sujet de ce chapitre.

Avant de s'occuper du soin de *réparer* ou de *construire* le *bâtiment champêtre*, *Vanière* veut, comme *Caton*, que l'on *sème* et *plante* des arbres. Il dit sur tous les soins rustiques :

Livrez-vous sans réserve à ces soins attachans :
L'œil du maître sur-tout fait prospérer ses champs.
Qu'au centre du domaine, un logement commode,
Soit fait pour le besoin et non pas pour la mode.
Mais songez, avant tout, aux vergers, aux forêts;
Plantez, plantez d'abord, vous bâtirez après.

. . . .
. . . . *Dabis tamen otia prima serendis
Arboribus, postremu domo stabulisque parandis.*
(VANIER. Præd. rust. L. I.)

Nous croyons devoir insister sur ce conseil très-sage et, par malheur, très-peu suivi dans plusieurs parties de la France, où cependant les terres sont si déboisées et si nues, que l'habitant de la campagne ne peut couvrir son toit ni se chauffer qu'avec du chaume, emblème de misère, signe de barbarie, qui déshonore des contrées d'ailleurs très-florissantes. La police publique devroit intervenir pour corriger un tel abus. L'administration des bois ne remplit qu'à demi ses importantes fonctions, si elle se borne à régir le peu de forêts qui nous restent; elle doit avoir les moyens de suppléer aussi à celles qui nous manquent; et, quoiqu'en général, nous pensions que la loi ne doit prescrire, ni proscrire aucune espèce de culture, cependant les plantations, d'abord encouragées, devroient enfin être forcées, s'il est vrai que l'économie, la raison, l'intérêt privé, ne suffisent pas pour porter les particuliers à planter et à se procurer des bois dans la proportion des terres qu'ils cultivent. Cette proportion seroit facile à calculer. En Angleterre, toute ferme est environnée de clôtures, et son enceinte est décorée par de belles plantations. Une ferme de cinq cents acres a dix acres de bois taillis, et quinze de futaies. C'est le vingtième du terrein, destiné à des bois, dans un pays qui ne consomme pourtant que du charbon de terre. Nous avons des départemens où cet usage existe. Dans la ci-devant Flandres, dans le pays de Caux, chaque cultivateur élève autour de sa maison, et trouve, sur sa ferme, les arbres dont il a besoin. Ailleurs, je le sais trop, tous les champs sont ouverts; et dans les champs ouverts, on ne sauroit planter. C'est un des grands fléaux de notre économie rurale; c'est la plaie de l'agriculture. Combien il est à désirer que le Gouvernement sonde enfin cette plaie, et qu'il la cicatrise! On pourroit désirer ensuite que l'on imposât le devoir à tout propriétaire et à toute commune, d'avoir en bois au moins un hectare sur vingt (ou telle autre proportion, qui seroit jugée convenable); que la portion de terrein où l'on auroit rempli cette obligation sacrée, fût exempte d'impôt pendant un temps déterminé; qu'on doublât, en revanche, la contribution de ceux qui auroient négligé de remplir leur part forestière; que cette loi fût précédée d'une instruction paternelle; qu'on prît, en même-temps, les moyens d'établir des semis et des pépinières; qu'il ne fût pas permis d'abattre et de couper un arbre, sans prouver, avant tout, qu'on en a replanté un autre, etc. Alors, on pourroit espérer que la France ne seroit pas exposée aux malheurs dont elle est menacée, par une disette de bois. *Pluche* disoit, en 1740: *C'est une prophétie répandue par-tout, que la France périra un jour faute de bois* (Spectacle de la Nature, tome I). *Voltaire* a répété, en 1767, ce terrible avertissement, qui provoque une loi sévère. En attendant qu'on porte et que l'on fasse exécuter cette loi si urgente, ne cessons pas de répéter à tous ceux qui veulent bâtir, sur-tout à la campagne, les deux vers du sage *Vanière*:

On doit ses premiers soins aux vergers, aux forêts;
Plantez, plantez d'abord, vous bâtirez après.

(*F. D. N.*)

CHAPITRE VI.

(24) Ce chapitre de notre auteur est un chef-d'œuvre de raison et de science économique. Ceux qui vivent à la campagne ou qui veulent s'y retirer, ne sauroient trop se pénétrer de l'esprit de ce beau chapitre. *Vanière* s'en étoit nourri; il en a conservé et embelli les traits, dans le livre second de sa *Maison rustique*, qui roule sur le choix des serviteurs et ouvriers, et sur le ministère de tous ceux qu'on employe pour cultiver les champs. Le tableau des mœurs du fermier, la conduite de la fermière, et sur-tout l'éducation des garçons et des filles, sont des morceaux pleins d'intérêt, et dignes d'être joints à celui d'*Olivier de Serres*. Nous ne pouvons entrer ici dans ces détails touchans, mais trop multipliés. Nous nous bornerons à donner une idée imparfaite de ce que dit *Vanière* sur l'espèce d'instruction que le jeune enfant des campagnes reçoit de la bouche d'un père, et qui forme pour lui un cours d'agriculture, tracé par la pratique et sur le terrein même. Ce sont des vers élémentaires, et qui mériteroient peut-être qu'on les fît apprendre par cœur dans les écoles de campagne.

Le fermier à son fils enseigne la culture;
Il lui dit comment l'art, secondant la nature,
Sur le ciel et le sol règle tous les travaux;
Pour le régler lui-même, il lui parle en ces mots:
« Il est là haut, mon fils, un arbitre suprême,
Auteur de l'univers et de l'homme lui-même.
Ici bas, un moment, son choix nous a placés,
Pour cultiver les fruits qu'il nous a dispensés.
Et la terre, et ses dons, et l'eau qui les féconde,
Et cet astre de feu, l'œil et l'ame du monde,
Tout vient de Dieu, mon fils. Nous ne pouvons le voir:
Mais part-out sa bonté fait sentir son pouvoir;
Mais lui-même, en tout temps, nous voit tels que
    nous sommes.
En vain l'on se déguise; on trompe en vain les
    hommes;

On ne peut tromper Dieu. La pureté du cœur
Est la plus digne offrande à ce grand Bienfaiteur,
C'est par-là, seulement, que l'homme est son image,
Dans les jours solennels porte lui cet hommage,
Au bœuf, qui dans les champs partage tes travaux,
Fais aussi des saints jours partager le repos.

Ménage tes voisins ; sois pour eux un modèle ;
Prens leurs champs, leurs troupeaux, sous ta garde
    fidèle,
Si tu veux, qu'en retour de ces égards touchans,
Ils protègent aussi tes troupeaux et tes chants.
Sur leurs moissons jamais ne porte un œil d'envie.
Eh ! pourquoi ce poison corromproit-il ta vie ?
Les récoltes d'autrui ne sauroient t'offenser ;
C'est en cultivant mieux qu'il faut le surpasser.
Evites les procès : cette guerre civile
T'enlève à ta charrue et t'entraîne à la ville,
Où l'éternel débat de leurs droits ambigus
Ruine également et vainqueurs et vaincus.
Obliges quand tu peux ; mérites que l'on t'aime ;
Ne comptes sur personne autant que sur toi-même ;
La terre et le travail sont tes premiers amis ;
Ceux-là tiennent toujours tout ce qu'ils ont promis.
Admires les grands biens ; mais que ta destinée
Soit de tirer parti d'une heroue bornée,
On n'y périt pas, mon fils. Cent arpens, bien tenus,
Valent, pour le bonheur et pour les revenus,
Mieux que les mille arpens d'une immense domaine,
Déserts, que l'on sillonne et qu'on engraisse à peine,
Quand il lui faut lutter contre des champs trop forts,
L'art du cultivateur fait d'impuissans efforts.
Cet art est un combat entre l'homme et la terre ;
Qui n'est pas bien armé, ne fait pas bien la guerre.

Mon fils, sois réservé sur les nouveaux essais
Dont le temps n'aura pas garanti le succès.
Mets un terme à tes vœux. Dieu plaça la sagesse
Loin de la pauvreté, comme de la richesse.
Souvent pour la vertu le riche n'est pas né ;
Vers le crime souvent le pauvre est entraîné.
L'opulence éblouit ; peut-être elle est à plaindre
Autant que l'indigence elle-même est à craindre.
Tiens un juste milieu ; ne sois point envié ;
Mais ne sois pas non plus un objet de pitié.

Que ta conduite égale, et juste, et modérée,
Trace dans ta maison une règle assurée.
D'une vaine colère évites les éclats ;
Avec la violence on ne gouverne pas ;
C'est l'équité qui règne, et la douceur qu'on aime,
Vois, dans tes serviteurs, ta famille elle-même,
Il faut, par leur amour, t'assurer de leur foi.
Tu seras content d'eux, s'ils sont contens de toi ;

L'aiguillon le plus vif est le désir de plaire,
Ne les fraudes jamais de leur juste salaire.
Sains, fais les travailler ; malades, prends soin d'eux.
Sois honnête homme enfin, si tu veux être heureux ;
A la seule vertu sois sûr que tout prospère ».

Dans les champs, à son fils, ainsi parle un bon père,
Qui de tout ce qu'il sait aime à lui faire part,
Et de loin l'initie aux secrets de son art.
On ne peut, sans étude et sans expérience,
Du ménage des champs acquérir la science :
D'autres, par leurs erreurs, y sont trop tard instruits ;
Mais des leçons d'un père un fils cueille les fruits.
Le vieillard abdiquant l'empire de la ferme,
Guide son successeur, qui, d'une main plus ferme,
Tient le sceptre rustique et plie aux mêmes loix,
Les champs accoutumés d'obéir à sa voix.
Par sa fertilité, la moisson fait connoître
Que le sol ne croit pas avoir changé de maître.

RUSTICANORUM PUERORUM EDUCATIO.

Rusticus agrestes puer informatur ad usus :
Interea, variâ pro tempestate relique
Ingenio, proprias naturæ pater edocet artes :
Multa monetur, pluviæ imprimis frugumque dotarem
Et precibus votisque Deum veneretur ; et aris
Afferat occulto puram sine crimine mentem ;
Imparitet terris, sed pareat usque patrati
Terrarum domino, tempestatesque serenas
Oret, et adversas contra prævmuniat agros :
Festa piè celebret ; quod lex vetat, omne dolosâ
Cesset opus sine fraude domi ruríque ; laborum
Ipse quoque immunis bos prata per herbida festus
Ambulet, et posito vires confirmet aratro.

Vicinos amet agricolas, et ne quid eorum
In pecora et segetes committat ; ut arva vicissim
Illius et pecudes servent, furesque repellant.
Incident nulli ; sed quæ miratur optimas
Alterius segetesteniat superare colendo.
Ambiguas vitet lites, quæ civica bella
Victori victoque parem dant sæpe ruinam.
Officia quantum potest bonus adjuvet amicus :
Sed sibi nec multos neque nullos quærat amicos,
Non in amicitiis quantum in tellure reponat ;
Hanc colat imprimis ; hanc spes certissima : vastos
Laudet agros, amet exiguum, Fœcundior, inquit,
Est brevitas culti ruris, quàm millia fiendi
Jugera, quæ rerum pauper nec vomere possis
Assiduo versare, fimo nec spargere pingui :
Pugnat enim, sterilesque citans cùm prævalet herbas,
Allidit dominum tellus ; nisi rustica cogant
Arma reluctantem vigili parere colono.

Parce

Parce peregrinos cultus tentare, novasque
Explorare vias: imitare quod approbat usus.
Pone modum votis; nec opum te dira cupido
Pauperiesve doment: obstat virtutibus auri
Sacra fames, scelerique animos inclinat egestas;
Atque ubi res est arcta, suis vel pauper amicis,
Vel sibi paupertas oneri est: hanc inter opesque
Sic medium insistes iter, ut nec pagus habenti
Invideat, neque te rursum miserescat egentem.

Servitia exemplis moderare; magisque silentem
Te famuli metuant, rabidâ quàm voce tonantem;
Crudelemque domus non detestata, severum
Formidet dominum, sed amet magis æqua jubentem.

A famulis ut amere, tuo quasi sanguine natos
Dilige, nec dulci fraude mercede: fideles
Ut facias confide: manus ad furta rapaces
Cautior invitat custos. Herus omnia norit,
Multaque dissimulet; sanos exerceat, ægros
Sollicitè foveat servos: placet omnibus, uni
Quidquid opis datur invalido; stimulasque laboris
Optimus est amor in dominos studiumque placendi.

Sic puerum instituit pater; et vergentibus annis
In senium, valeat quanquam, nec segnis inersque
Mens sit ad imperium, nec dextra laboribus impar,
Dat tamen egestum nato moderamina rerum:
Ut quem cura manet rurisque domûsque regendæ,
Consiliis usus patriis, formetur ad artes
Quas alii discunt peccando multa; quietis
Non ut omnis, vitæ genitor se tradat inerti.
Filius exemplis opulentes et arte paterni,
Ruris in imperium succedit; et ubere tritus
Messe ferax, dominum non sentit abesse priorem.

(VANIER. Præd. rust. L. II.)

(*F. D. N.*)

CHAPITRE VII.

(25) L'opinion du peuple sur les jours heureux ou malheureux, sur les influences des astres, et sur-tout sur celles de la lune, à l'égard des opérations relatives à l'agriculture, est un préjugé bien ancien. La curiosité naturelle à l'homme, le désir de connoître les causes des événemens, la pente qui l'entraîne presque toujours vers le merveilleux, le portent à recourir à des causes occultes, à se livrer à des idées superstitieuses, lorsqu'il ne peut ou ne veut pas se donner la peine d'en chercher de raisonnables. Tels sont les préjugés répandus sur l'influence de la lune, rela-

tivement à nombre d'opérations agricoles, préjugés qui ont pour base de prétendues observations faites par quelques cultivateurs ignorans, et qui se sont singulièrement propagés par la voie des almanachs et d'autres petits livrets où toutes ces puérilités sont consignées. Le peuple agricole, qui ne lit que ces sortes d'ouvrages, les croit sans examen : les pères les transmettent à leurs enfans; voilà une tradition établie, et que les raisonnemens les plus sensés, appuyés même d'observations contradictoires, auront bien de la peine à détruire. Il est plus facile d'attribuer un événement à une cause occulte, que de se donner la peine de chercher celle qui a véritablement influé. Rien ne favorise davantage la paresse de l'esprit que l'ignorance volontaire qui dispense de la réflexion et de l'examen.

Un cultivateur, par exemple, aura remarqué que des bois qu'il avoit fait abattre dans le décours de la lune, ont été plus promptement attaqués des vers que ceux qui avoient été abattus à l'époque de la lune croissante : de cette observation isolée, il a conclu, comme règle générale, qu'il falloit avoir égard aux différentes phases de la lune pour abattre les bois. Il en est de même de toutes les autres remarques relatives aux jours lunaires, plus ou moins favorables aux semis, aux plantations, à la taille, à la reproduction des animaux, etc. *Post hoc, ergo propter hoc*, telle est la logique du peuple. On aura beau lui dire que plusieurs causes naturelles dépendantes de la température, de l'exposition, de la nature du sol, de l'état des animaux, etc., peuvent occasionner beaucoup de variations dans le succès des travaux champêtres; on aura beau lui citer l'autorité d'agronomes et de cultivateurs éclairés qui, par une sorte d'égard pour ses préjugés, n'ont pas dédaigné de les soumettre à l'expérience et à l'observation; on lui alléguera en vain l'exemple du savant et véridique *Duhamel*, qui a eu l'attention, pendant plusieurs années, de tenir un registre exact de l'état des bois qu'il avoit fait abattre à différentes époques d'une lunaison, et qui s'est assuré que la vermoulure de ces bois étoit absolument indépendante des époques où ils avoient été coupés; qui a ainsi soumis à l'observation nombre d'autres préjugés populaires sur l'agriculture, dont il a également reconnu la futilité. Toutes ces représentations sont inutiles, et ne peuvent effacer la première idée dont le peuple est imbu, et dans laquelle il persiste, en alléguant quelques cas fortuits qui la favorisent, et auxquels il s'arrête exclusivement, parce qu'ils sont d'accord avec ses préjugés, ne faisant aucune attention aux faits qui pourroient les contrarier. Cependant, pour apprécier plus exactement l'influence quelconque de la lune, voyez ce que nous en disons dans la note 30, ci-après, page 75 et suivantes. (C.)

Page 43, colonne II, ligne 10.

(26) *Veraire* ou *Varaire*, *Veratrum album*, L., *Ellébore blanc*. Haller, *Historia stirpium Helvetiæ*, tom. II, p. 98, citant *Rœdder*, obs. 15, s'exprime ainsi : « *Americani radices hellebori albi in aquâ coquunt; in eo decocto macerant suum Mays quod sementi destinant; ita bestias inebriat, neque homini nocet*». « Les Américains font cuire dans l'eau les racines de l'hellébore blanc; dans cette décoction ils font macérer leur mays qu'ils destinent aux semailles : ainsi (préparé) il enivre les bêtes, et ne nuit point à l'homme ». (Cz.)

Page 44, colonne II, ligne 19.

(27) *Olivier de Serres* a, en quelque sorte, payé le tribut à son siècle ; il paroît ici reconnoître une espèce d'influence de la part des astres sur les événemens physiques et moraux de cette *terre basse*; aussi a-t-il eu soin, dans le cours de son ouvrage, de rappeler les époques de la lune plus ou moins favorables aux opérations du cultivateur, quoiqu'il n'y eût pas grande confiance, et qu'il sût, dans sa pratique, s'affranchir de ces préjugés. (C.)

Page 45, colonne II, ligne 18.

(28) L'auteur, dans cet article, ainsi que dans le cours du chapitre que nous examinons, et sur-tout dans l'article qui le termine, fait bien voir quelle étoit sa façon de penser sur les influences des astres, dont il paroît même se moquer; c'est donc moins par conviction que pour se conformer à l'usage de son siècle, qu'il les a rappelés en parlant des différens travaux propres au labourage et au jardinage. (C.)

Page 46, colonne II, ligne 11.

(29) Lorsque *Olivier de Serres* assuroit que le bois destiné à tremper continuellement dans l'eau n'étoit point sujet à être attaqué par les vers, il ne s'agissoit, comme encore aujourd'hui, que de l'eau douce; on ne connoissoit que très-peu alors ceux qui se sont si multipliés depuis, et qui ont occasionné tant de ravages dans les vaisseaux, dans les digues, et dans beaucoup d'autres ouvrages faits sous l'eau. Ce n'est que long-temps après, que *Jonston*, *Vallisneri*, *Deslandes*, *Hans-Sloane*, *Massuet*, *Putoneus*, *Rousset*, *Sellius*, et quelques autres, nous ont bien fait connoître ces vers, et ont indiqué les moyens propres à empêcher leurs ravages. (H.)

Page 47, colonne I, ligne 6.

(30) *Olivier de Serres* rend compte, dans cet article, des pronostics qu'on peut tirer, pour prévoir le temps, de certains signes naturels, ainsi que de l'aspect de la lune et de ses différentes phases. On ne peut, en effet, disconvenir que la lune n'ait une sorte d'influence sur la température de notre atmosphère et sur ses variations; c'est ce que nous allons examiner ; d'un autre côté, des observateurs assidus et intelligens, tels que MM. *Duhamel*, ont fait plusieurs remarques utiles propres à prévoir les changemens de temps ; ils ont tiré des observations météorologiques, perfectionnées dans ces derniers temps, des résultats intéressans par l'application qu'ils en ont faite à l'agriculture; ils se sont rendus attentifs à certains signes naturels qui indiquent les époques plus ou moins favorables aux travaux de la campagne. Il en est résulté un certain nombre de pronostics fondés sur l'observation de personnes attentives et éclairées, exemptes d'ailleurs de préjugés, et ne donnant les résultats de leurs observations que comme des probabilités. Il n'y a pas de doute que ces pronostics méritent plus de confiance que ceux dont on a bercé jusqu'ici les habitans des campagnes.

Je mets au rang des préjugés, la prétendue observation qu'on dit avoir faite; savoir: que le vent qui souffle la veille ou le jour de la Saint-Denis (d'autres disent de la Toussaint), est celui qui domine pendant les trois mois d'hiver; que le vent observé le jour de l'équinoxe, est celui qui soufflera le plus souvent pendant les six mois suivans; qu'autant de brouillards en Mars, autant de gelées en Mai; que lorsqu'il pleut le jour de Saint-Médard ou de Saint-Gervais, il pleut quarante jours après, etc., etc. Je puis assurer, d'après l'examen que j'ai fait de mes registres d'observations, pour apprécier ces prétendues remarques, qu'elles n'ont aucun fondement, et qu'elles sont démenties par les résultats que cet examen m'a fournis. Tel est le sort de presque toutes les assertions populaires de ce genre, lorsqu'on se donne la peine de les soumettre à une critique exacte.

Voici un échantillon des pronostics fondés sur l'observation et à la portée des cultivateurs; ils étoient connus des anciens, et on en trouve de fréquens exemples dans *Virgile*, dans *Pline*, etc.

1º. Si les feuilles tardent à tomber en automne, c'est, dit-on, l'annonce d'un hiver rude et âpre.

2º. Si les grues et les autres oiseaux de passage arrivent de bonne heure en automne, signe d'un hiver très-froid. C'est l'annonce d'un hiver précoce dans le nord, dont nous avons notre part ordinairement, quinze jours ou trois semaines après l'époque où les grands froids ont eu lieu en Russie.

3º. Lorsque les feuilles commencent à tomber, c'est le temps propre pour semer.

4º. Lorsque les chatons du chêne laissent tomber leurs graines, c'est le temps de semer les orges.

5º. Lorsque le mûrier pousse ses feuilles, c'est le temps de sortir les plantes de la serre.

6º. Lorsque la grue se fait entendre, c'est le temps de labourer.

7º. Lorsque le premier chant du coucou est accompagné de deux ou trois jours de pluie, les semailles retardées réussiront aussi bien que celles qui sont avancées.

8º. Il faut cesser de bêcher la vigne, lorsque les escargots commencent à sortir et à grimper sur les ceps.

9º. L'anémone des bois fleurit, lorsque les hirondelles arrivent.

10º. Le souci des marais s'épanouit, lorsque le coucou commence à se faire entendre.

On pourroit joindre à ces pronostics et à ceux que l'on trouvera dans le *Dictionnaire d'Agriculture* de l'*Encyclopédie méthodique* et dans le *Cours complet d'Agriculture* de *Rozier* la plupart des proverbes cités par *Olivier de Serres*; ils sont, en général, pleins de bon sens, et le résul-

tat de l'expérience et de l'observation. La réunion de ces proverbes avec les pronostics relatifs au temps, formeroit une espèce de code rural pratique, utile aux cultivateurs; et en le publiant sous forme d'Almanach ou d'Annuaire, ce seroit le moyen de le répandre dans les campagnes, où il seroit lu avec plus d'utilité et de profit que cette foule de livres bleus qui ne servent qu'à propager les erreurs, à entretenir l'ignorance, et à nourrir les idées superstitieuses sur l'influence des astres, et mille autres puérilités. On connoît l'excellent recueil publié par le célèbre *Franklin*, sous le titre de *Science du Bonhomme Richard*. Ce petit livre a réussi en Amérique et en Europe. On trouvera, ci-après, note 34, des matériaux pour un ouvrage du même genre. Nous nous bornons ici à donner une idée succincte de l'application de la météorologie à l'agriculture.

Il est intéressant de savoir à quoi l'on doit s'en tenir sur l'opinion qui attribue à la lune une influence relative aux variations de l'atmosmosphère.

Les physiciens et les météorologistes sont partagés sur la manière dont cette influence se manifeste. Les uns pensent que toutes les dix-neuvièmes années ont une température générale à-peu-près semblable, fondés sur ce que la lune se trouve tous les dix-neuf ans, à-peu-près dans la même position à l'égard de la terre; c'est ce qu'on appelle la *période lunaire de dix-neuf ans*.

Il y a près de quarante ans que M. *Grandjean de Fouchi*, chargé de suivre les observations météorologiques à l'Observatoire, me fit part de cette remarque sur la période de dix-neuf ans. L'examen que j'ai fait de cinq périodes lunaires, relativement à la température des dix-neuvièmes années correspondantes, m'a inspiré de la confiance dans la remarque de M. *de Fouchi*. J'ai vu, en effet, qu'en rapprochant, dans un tableau, les températures générales des dix-neuvièmes années correspondantes, elles se ressembloient assez pour qu'on pût prévoir, avec quelque vraisemblance, que telle année sera chaude ou froide, sèche ou humide, parce que les dix-neuvièmes années qui lui correspondent en remontant, ont été marquées par telle ou telle température ; et , de fait , je n'y ai guères été trompé.

La présente année 1802 , par exemple , répond à 1783 , époque du tremblement de terre de la Sicile et de la Calabre , d'une éruption considérable du mont Hécla , en Islande, des brouillards secs qui durèrent plusieurs mois , et furent suivis d'orages violens et fréquens ; l'année 1802 est également remarquable par une sécheresse opiniâtre pendant trois mois , par une chaleur excessive qui en a duré près de deux , et par des tremblemens de terre qui se sont fait sentir dans plusieurs parties de l'Europe , de l'Afrique et de l'Amérique.

Je pense donc que de toutes les opinions qu'on a proposées sur l'influence de la lune à l'égard de la température de notre atmosphère , celle qui a pour base la période lunaire de dix-neuf ans , est la plus vraisemblable.

M. *Toaldo* a établi , en 1774 , une théorie qui a pour principe l'influence des points lunaires dans chaque lunaison. Il appelle *points lunaires*, les syzygies, les quadratures, les absides , ou le périgée et l'apogée de la lune, les quatrièmes jours avant et après chaque syzygie et chaque quadrature, ce qui forme quatorze points lunaires pour chaque lunaison. Selon ce savant , le périgée , et ensuite la pleine lune , sont les points les plus influens; le concours de plusieurs points lunaires est aussi marqué par des changemens de température. Les combinaisons qui influent davantage , sont la rencontre des nouvelles et pleines lunes , avec les apogées et les périgées. Les grands orages , dit M. *Toaldo* , concourent presque toujours avec quelques - uns de ces points unis ou séparés. Il a eu assez de confiance dans sa théorie , pour établir une suite d'aphorismes météorologiques sur les pronostics des températures auxquelles les différens points lunaires doivent donner lieu.

Les rapprochemens que j'ai faits, d'après cette théorie , ne m'ont pas encore donné des résultats assez satisfaisans pour pouvoir prononcer en sa faveur : notre climat est si variable , qu'on ne peut guères prévoir des changemens de température aussi rapprochés que le sont les époques des points lunaires trop multipliés. Tant de causes influent sur la température , qu'il est bien difficile de saisir celles qui sont les plus influentes et les plus régulières dans un espace de temps aussi court que celui d'une lunaison.

Enfin , M. *Lamarck* dit avoir observé que la lune influe différemment sur l'atmosphère , selon la partie du ciel , boréale ou australe, qu'elle occupe. Il appelle *constitution lunaire boréale* , l'espace de temps que la lune , dans chaque lunaison , met à parcourir l'hémisphère boréal ; alors , dit-il , les vents sont le plus souvent méridionaux , les temps humides , venteux et pluvieux sont plus fréquens , et le baromètre descend. Au contraire , dans la *constitution lunaire australe* , lorsque la lune se trouve dans l'hémisphère de ce nom , les vents deviennent septentrionaux , l'air est plus sec et plus froid en hiver , et le baromètre tend à monter. L'influence lunaire , dans chaque constitution , a d'autant plus d'énergie , que la lune s'approche davantage du tropique , c'est ce que l'auteur appelle *lunistice* , ou le terme extrême de sa course dans chacune de ses constitutions.

Le savant botaniste qui a établi cette théorie , publie , depuis trois ans , un *Annuaire météorologique* , dans lequel il indique d'avance , pour chaque jour , les températures probables auxquelles on doit s'attendre , et telles qu'elles résultent de sa théorie et de ses calculs ; il est donc facile d'apprécier ces probabilités , en les comparant avec les températures réelles à mesure qu'on les observe : il est à désirer qu'elles puissent un jour soutenir cette comparaison.

Quelle que soit la manière dont la lune influe sur la température , je pense qu'il est encore plus essentiel de constater par l'observation celle qu'ont effectivement eue les différens météores et les variations de l'atmosphère sur la végétation. On ne peut , en effet , disconvenir que si les bonnes ou les mauvaises récoltes dépendent de la nature des terres auxquelles on a confié la semence , et des préparations qu'elles ont reçues , elles ne dépendent aussi de la température de l'air , de l'influence des météores , des circonstances plus ou moins favorables où elles ont eu lieu. Il est donc intéressant de connoître , autant qu'il est possible , cette influence , bonne ou mauvaise , qu'ils peuvent avoir sur les productions de la terre , en comparant les progrès plus ou moins lents de la végétation avec les variétés observées en même-temps dans la température de l'air. Cette comparaison n'est pas un simple objet de curiosité : elle apprendra au cultivateur ce qu'il a à craindre d'une température qui semble d'abord ne causer aucun mal apparent à ses grains, mais dont les suites peuvent cependant leur être très-préjudiciables ; elle l'instruira des précautions qu'il doit prendre pour les prévenir, s'il est possible ; elle fera connoître au naturaliste l'origine des maladies auxquelles les grains sont exposés, et la cause une fois connue, il lui sera plus facile d'y apporter remède. L'utilité de ces sortes d'observations a été sentie, comme je l'ai dit plus haut, par le savant et estimable *Duhamel du Monceau* : dans la préface de ses *Élémens d'Agriculture*, il avoue que les résultats de ses observations lui ont été fort utiles pour la composition des divers ouvrages qu'il a publiés sur les différentes branches de l'art agricole. Pour familiariser les cultivateurs de son canton avec les instrumens météorologiques, il avoit établi dans la cour de sa ferme à Denainvilliers, un baromètre, qu'ils alloient consulter et auquel ils avoient pris confiance. Le savant agronome leur avoit fait comprendre que la condensation et la raréfaction de l'air influoit singulièrement sur les progrès de la végétation, ainsi que son état de sécheresse ou d'humidité ; de là, la nécessité d'observer le thermomètre, dont la marche descendante ou ascendante de la liqueur, indiquoit les variations que l'air éprouvoit dans sa condensation et dans sa raréfaction. L'observation de l'hygromètre devoit leur faire connoître l'état de sécheresse ou d'humidité de l'atmosphère ; et l'inspection du cours des nuages ou d'une bonne girouette, leur apprenoit à s'assurer de la direction du vent, pronostic le plus certain des changemens prochains de température. Il seroit donc à souhaiter que ces instrumens fussent plus connus qu'ils ne le sont des cultivateurs, et qu'ils s'accoutumassent à les consulter ; ils joindroient à ces observations celles dont je vais tracer le plan, en parcourant les différens objets de leur culture.

Terres.

On indiquera les effets de la gelée, des pluies,

de la sécheresse, sur les terres, selon leurs différentes natures, c'est-à-dire, selon qu'elles sont plus ou moins mélangées de terre franche, d'argile ou glaise, de sable, de marne, de craie, de tourbe, etc. On notera aussi les températures qui ont concouru avec les différens labours qu'on a donnés à ces terres.

Froment et Seigle.

Quelles ont été les circonstances de la température, froide ou chaude, sèche, humide ou pluvieuse ; les vents dominans à l'époque des semailles et pendant l'hiver ?

Quelle a été la température générale de chaque mois du printemps, celle qui a concouru avec les époques du développement des tuyaux et des épis, époques que l'on notera, ainsi que celles des brouillards et les effets qu'ils ont produits sur les grains ?

Quelles ont été et la température générale et les vents dominans de chaque mois de l'été, celle qui a concouru avec la floraison des grains et avec leur récolte ? On en marquera les époques ; on parlera de leur produit et de leurs qualités.

Orge, Avoine et autres Grains, connus sous le nom de Mars.

Quelle a été la température correspondante à l'époque de leurs semailles, à celle de la levée de ces grains, du développement des épis, de la fleur et de la récolte ? Chaque espèce de grain cultivé formera une section particulière de cet article.

On tiendra note des différentes maladies des grains qui se développeront, et des températures qui y auront concouru et auxquelles on croira devoir les attribuer.

Fourrages et Plantes légumineuses.

On notera les températures qui ont été plus ou moins favorables aux prairies, tant naturelles qu'artificielles, en distinguant les différentes espèces de ces dernières, soit relativement aux progrès de leur végétation, soit à leur récolte ; on fera les mêmes observations sur les plantes légumineuses, telles que pois, haricots, fèves de marais, lentilles, etc. On notera l'époque de leur floraison, de leur récolte, la quantité et la qualité de leurs produits.

Pommes de terre, Topinambours, etc.

Quelle a été la température correspondante à l'époque de leur plantation, de leur floraison et de leur récolte, dont on notera la quantité et la qualité.

Plantes propres à la Filature et à la Teinture.

On fera les mêmes observations sur l'influence de la température à l'égard du chanvre, du lin, du safran, de la garance, de la gaude, etc., etc.

Arbres fruitiers.

On indiquera les époques de la feuillaison, de la floraison et de la maturité des fruits de chacune des différentes espèces d'arbres fruitiers que l'on cultive ; les effets que les gelées de l'hiver et celles du printemps, plus dangereuses, ainsi que les vicissitudes de la température de l'été ont produit sur chacun d'eux ; la multiplication plus ou moins grande des insectes qui les attaquent ; l'époque de la chûte de leurs feuilles ; les causes favorables ou non à la conservation des fruits, dont on fera connoître la quantité plus ou moins abondante de chaque espèce.

Vigne.

On parlera de l'effet de la température de l'hiver sur le bois de la vigne, de celle qui a concouru avec la taille ; des époques des pleurs de la vigne, du développement de ses bourgeons et de la température qui a accompagné cette circonstance critique de sa végétation ; de l'époque de sa floraison et de la température correspondante ; de celles qui ont régné pendant les différentes façons qu'on a données à la vigne. On observera les effets que produit la température sur les différentes espèces de vignes, et relativement à leur exposition, sur-tout dans les mois Thermidor et Fructidor, époques de la maturité du raisin. On notera l'époque des vendanges, la température qui a concouru avec la récolte, la durée plus ou moins longue de la fermentation du moût dans les cuves, la quantité et la qualité du vin récolté.

Dans les pays où l'on cultive les pommiers pour convertir les pommes en cidre ; on fera de pareilles observations sur les époques de la végétation, comparées avec les températures régnantes et sur les produits en cidre.

La culture du houblon donnera lieu aussi à des observations du même genre.

Bestiaux.

Si quelque maladie dépendante de la température se manifestoit sur les bestiaux, on noteroit le caractère de la maladie propre à chaque espèce d'animal ; le rapport de cette maladie avec la température correspondante, ses symptômes, le traitement suivi, et les succès qu'on a obtenus.

Oiseaux de passage et Insectes.

On tiendra compte des époques du départ, du retour ou de l'apparition ou du premier chant des oiseaux connus sous le nom d'*oiseaux de passage*, quoique plusieurs d'entr'eux ne quittent pas notre climat, tels que l'alouette, le loriot, la grive, l'hirondelle, le coucou, la caille, le rossignol, etc.

On fera mention de la multiplication plus ou moins grande des insectes malfaisans, tels que chenilles, pucerons, hannetons, limaçons, cantharides, fourmis, etc., et des dégâts qu'ils auront faits.

Abeilles.

Ces insectes précieux doivent occuper une place distinguée dans le registre du cultivateur ; il parlera de l'effet de la température de l'hiver sur les ruches ; de celle du printemps sur la récolte de la cire et du miel ; de celle de l'été plus ou moins favorable à la multiplication des essaims ; de celle de l'automne, temps où les abeilles font leurs provisions d'hiver ; des maladies que les abeilles éprouveront, et de leur cause présumée ; de la quantité de la récolte de miel et de cire, de leurs qualités relatives à la nature des plantes qui sont à leur disposition.

Hauteur des Eaux.

Il sera bon de noter aussi, dans les différentes saisons, la hauteur des eaux, soit de rivière, soit de source ou de puits, en disant seulement qu'elles ont été ou hautes, ou basses, ou à leur niveau moyen.

Je crois avoir parcouru les points d'agriculture les plus intéressans qui doivent fixer l'attention des cultivateurs. Les Sociétés d'Agriculture, établies dans chaque Département, réuniroient toutes les observations qui leur seroient adressées par les cultivateurs, chaque année, et de cette réunion, résulteroit nécessairement une masse de lumières qui nous éclaireroit plus sur le véritable objet de la météorologie appliquée à l'agriculture, que toutes les théories qu'on a publiées jusqu'à présent. (C.)

Nous allons joindre à ces détails deux observations, sur le même sujet important pour l'agriculture.

1°. Ce n'est pas assez de connoître les effets de la raréfaction et de la condensation dans l'air. Celle qui s'opère dans la terre, est un agent actif et puissant des mouvemens de la séve, qui n'avoit pas encore été apperçu avant le C. *Mustel*. On voit dans son *Traité de la végétation* (livre III, chapitre X), la description d'un instrument nouveau qui sert à prouver et à marquer les effets de cette aspiration et de cette répulsion dans la terre, qu'il regarde comme le principal mobile de la végétation. Il appelle cet instrument, par lui imaginé, Thermomètre terrestre. Il veut démontrer, par cette expérience, 1°. que pendant la chaleur du jour, temps de la raréfaction, les particules d'air et d'eau dilatées dans la terre, y forment une pression en tout sens, dont l'effet se fait sentir sur la liqueur de son tube; d'où il conclud que dans le jour, la séve est pressée dans les racines des plantes, avec la même force qui pousse la liqueur dans le tuyau de son instrument; 2°. que pendant la nuit, temps de la condensation, les particules d'air et d'eau diminuant de volume et occupant un moindre espace, il se forme dans la terre une sorte d'aspiration, d'où il tire aussi la conséquence que cette aspiration qui soulève la liqueur dans le tube, allonge les petites racines des plantes, et leur communique une grande force de succion, pour attirer, dans la nuit, la séve descendante. Selon lui, la séve montante est la séve terrestre; la séve descendante est la séve aérienne. Ces idées neuves sont développées dans l'ouvrage du C. *Mustel*;

elles seroient dignes d'être vérifiées avec soin. Ici la théorie pourroit avoir une heureuse influence sur la pratique, et l'invention du thermomètre terrestre deviendroit aussi utile au cultivateur, que l'est au physicien celle du thermomètre ordinaire. C'est une preuve qu'il reste encore beaucoup de choses à étudier et à découvrir dans les mystères de la végétation. Malheureusement pour notre âge, il y a trop peu de temps qu'on s'en occupe. A peine sommes-nous aux premiers feuillets de la véritable histoire de la nature. Il faut des siècles pour en déchiffrer une page; et les hommes, en général, ont plus d'imagination pour composer le roman des systèmes, qu'ils n'ont de patience et de sagacité pour recueillir et constater les faits.

2°. Il n'y a pas cent ans qu'on tient registre en France des observations météorologiques. Nos historiens d'Occident ne donnent point la suite exacte des tremblemens de terre, des sécheresses, des déluges ou grandes inondations, des froids et des chaleurs, et des autres grands phénomènes dont les naturalistes et les physiciens voudroient connoître les époques. Dans les annales de la Chine on trouve, pour plus de vingt siècles, le registre tenu, jour par jour, dans toutes les villes, de tous les événemens météorologiques. Le onzième volume des *Mémoires chinois* (Paris, 1786, in-4°.), contient deux extraits curieux des chroniques météorologiques de deux capitales de provinces chinoises, depuis l'an 180 et 190 ans avant l'ère chrétienne, jusques vers la fin du siècle de Louis XIV. Ces journaux, tenus dans les villes, sont envoyés exactement à la Cour de l'Empereur, et au Tribunal de l'histoire. Il seroit fort utile de traduire cette partie des grandes annales chinoises, qui sont à la Bibliothèque nationale. Les savans pourroient y trouver des choses singulières sur les comètes anciennes, sur les pluies de cendres, de bois, sur les *pierres tombées du ciel*, etc. Notre agriculture pourroit tirer un grand parti d'une suite complète d'observations de ce genre, si l'on eut commencé plutôt à les faire avec soin, et à les consigner dans les actes académiques. C'est un bienfait tardif que nous pourrons léguer à la postérité, nous et nos successeurs. Il y a des travaux qui paroissent stériles dans le moment où on les fait ; mais qui, continués avec persévérance, peuvent enfin servir à la perfection et au bonheur du genre humain. Cela est vrai, sur-tout des observations et des expériences que réclame la plus utile de toutes les sciences, c'est-à-dire l'agriculture. C'est là qu'on a besoin d'un zèle qui songe à l'avenir. La devise des agronomes doit être le vers de Virgile :

Insere, Daphni, pyros! carpent tua poma nepotes.

Un vieillard respectable, qui aimoit à planter et à greffer des arbres dont il ne devoit pas jouir, me pria de lui faire quelques vers qu'il pût faire inscrire sur la porte de son verger. Je remplis son idée, en le faisant parler ainsi dans le sens du vers de Virgile :

> J'ai planté ce verger. Ce n'est pas que j'espère
> De mes greffes voir les produits;
> Mais je songe qu'un jour, en bénissant leur père,
> Mes enfans cueilleront mes fruits.

(F. D. N.)

CHAPITRE VIII.

Page 55, colonne II, ligne 18

(31) *Olivier de Serres* semble préférer une exploitation faite par un métayer ou cultivateur partageant les produits avec le propriétaire, à celle qui est conduite par un fermier qui paye son bail en argent ou en denrées. Cette manière de voir provient sans doute de ce que ce cultivateur avoit vécu la plus grande partie de sa vie dans les provinces méridionales de France, où tous les biens fonds sont donnés à des métayers. Il pensoit aussi que cette espèce de location, en exigeant une plus grande surveillance de la part du possesseur, le rapprochoit de son fond, et le mettoit à même de prendre une part plus active dans la culture. Mais si l'on compare les avantages et les inconvéniens de l'une et de l'autre de ces deux méthodes, on n'hésitera pas à donner la préférence à celle du fermage. La balance est, en effet, en faveur de celle-ci ; soit qu'on la considère sous les rapports de l'intérêt du propriétaire, ou sous ceux du locataire, ou enfin sous le rapport des avantages qui en résultent pour l'agriculture en général. (*L.*)

Page 55, colonne II, ligne 26

(32) On voit par ce passage d'*Olivier de Serres*, et par ce qu'il dit, en parlant des bêtes à laine (Lieu quatrième), que non-seulement le sel étoit en usage de son temps pour les animaux domestiques, mais encore qu'on sentoit tellement l'importance de leur en donner, que par une des clauses du bail, le propriétaire, ou le métayer, s'imposoit l'obligation d'en fournir. Au surplus, quelqu'avantageux que soit l'emploi du sel, il étoit néanmoins restreint aux pays où la gabelle n'exerçoit pas son despotisme vexatoire et ruineux, et devenoit impossible, sans de grandes dépenses, dans les autres ; aussi avoit-on cherché les moyens de l'employer avec le plus d'économie possible, en le mêlant avec d'autres substances que l'on croyoit propres à le remplacer, et qui ne servoient réellement qu'à masquer la pénurie où l'on étoit. Depuis la suppression de cet impôt exhorbitant, l'usage du sel est devenu plus fréquent dans les campagnes ; mais il est loin encore d'être aussi général qu'il seroit à désirer qu'il le fût. Nous aurons occasion de revenir sur ce sujet dans le cours de ces notes. (*H.*)

Page 59, colonne I, ligne 16

(33) Si, pour suivre ce conseil, le propriétaire d'un domaine, après une exploitation pour son compte, par des hommes à ses gages, comme cela a lieu dans plusieurs pays, ou après l'expiration d'un bail fait à un fermier, le faisoit valoir par lui-même quelque temps, pour le faire exploiter de nouveau par des domestiques, ou pour l'affermer, le reprendre encore, et ainsi de suite alternativement, ce ne pourroit être que pour le rétablir, le remettre en bon état, et en tirer un meilleur parti ; chaque fois que ses gens le cultiveroient, ou qu'il le loueroit à un fermier. Cette nécessité supposeroit, ou un défaut de surveillance de la part du maître, quand il fait exploiter pour son compte, ou des fermiers négligens, peu industrieux, payans mal, etc. Mais ces soins seroient inutiles, il n'y auroit rien à craindre, aucune précaution à prendre, si, au lieu de n'affermer que pour *peu d'années*, le propriétaire faisoit des baux *très-longs*. Les baux à longs termes sont avantageux aux propriétaires, aux fermiers, et à l'État. Celui qui prend un domaine pour un espace de temps considérable,

sidérable, se substitue au propriétaire, il regarde ce qu'il loue comme son bien, il a intérêt de le conserver en bon état ; bien plus, il
fait des efforts et des sacrifices pour le bonifier,
le rendre plus productif, parce qu'il est assuré
de recueillir le fruit de ses avances, etc. Ces
idées, adoptées de nos jours, ne l'étoient pas
du temps d'*Olivier de Serres*. Il restreint, il est
vrai, le conseil qu'il donne, à certaines natures
de biens, c'est-à-dire, à ceux qu'on peut *commodément tenir à sa main* ; mais, les principes
sur les avantages des longs baux, sont applicables aux petites, comme aux grandes tenures.
Il vaut mieux, pour la conservation et l'amélioration d'un fonds quelconque, que le propriétaire soit lié par un engagement long, que d'a-
voir la *liberté* de le reprendre de temps en temps.
La perspective d'en être bientôt dépouillé devient, pour le fermier, un sujet de rallentisse-
ment de zèle, et de découragement, qui nuit à
sa culture et fait tort au propriétaire. (*T.*)

Page 58,
Tome II,
p. 55.

(34) Nous croyons devoir ajouter à la fin de
ce premier Lieu, un choix de vieux adages et
d'antiques proverbes, tous relatifs à la campagne, et qui sont usités chez différentes nations.

Saint-Augustin a dit dans un de ses sermons :

Souvent le dicton populaire
Renferme un avis salutaire.
*Saepè lingua popularis
Est doctrina salutaris.*

Salomon attribue au Sage le soin de rechercher le sens caché dans les proverbes : *occulta
proverbiorum exquiret sapiens*. Cela est sur-tout
applicable à ceux qu'on va citer. Il n'en est
presqu'aucun qui ne donne à penser. Tel proverbe, en deux lignes, souvent même en deux
mots, vaut mieux qu'une longue morale.

Olivier de Serres a su s'approprier beaucoup
de ces maximes usuelles, qui sont la science des
peuples et l'ouvrage des siècles. Ces sentences
rimées, du moins pour la plupart, sont un des
ornemens de son excellent livre. On a donc cru
pouvoir y joindre des maximes du même genre,
ou qu'il a oubliées, ou qu'il n'a pas connues.

On auroit pu trouver de quoi faire un juste
volume des seuls proverbes qui concernent l'é-

conomie rurale. On s'est borné à ceux qui ont
paru les plus piquans. Quelques-uns ne sont
que naïfs, ou ne servent qu'à peindre les préjugés du temps ou du peuple qui les vit naître.
Sous ce seul point de vue, ils ont dû être
conservés.

Nous commencerons par les françois.

Notre langue est riche en proverbes, dans le
genre de ceux qui ont rapport à la campagne.
Nos bons aïeux mettoient, comme en dépôt,
dans ces maximes, tout ce qu'ils avoient recueilli d'une longue tradition sur divers points
d'agriculture, sur la météorologie, etc. On va
présenter un extrait de plusieurs collections de
proverbes françois. Il n'y en a pas un qui ne pût
donner lieu à des notes très-curieuses ; mais
nos lecteurs n'ont pas besoin que nous surchar-
gions ces maximes d'un commentaire auquel
ils suppléeront sans peine.

§. I.

ANCIENS PROVERBES FRANÇOIS
relatifs à l'Agriculture.

1°. *Extrait du* Thrésor des Sentences *publiées
par G. Meurier, en 1577, et dont plusieurs
ont été traduites en vers latins.*

Avant que de te marier,
Aye maison pour habiter,
Et terre noire à cultiver.

Année neigeuse,
Année fructueuse.
*Anno de nieves,
Anno de bienes.* Espagnol.

Janvier et Février
Comblent ou vuident le grenier.

Février, le court, est le pire de tous.

Au commencement ou à la fin,
Mars a du poison et venin.

Mars, sable ;
Avril, humide ;
Mai, le gel, tenant de tous deux,
Présagent l'an plantureux.

Ou autrement :

Avril pluvieux,
Mai, gai et venteux,
Dénotent l'an fécond et gracieux.

Ces présages rustiques ont été retournés en cent mille manières dans nos proverbes anciens. Voici d'autres leçons qu'on trouve à la fin du volume de *Gabriel Meurier*.

1. Année nubileuse et neigeuse,
   Est fructueuse et plantureuse.

2. Année ayant un Mars aride,
   Février neigeux, Avril humide,
   Mai vert, gai, doux, et rousineux,
   Présage des temps plantureux, etc.

Après Pâques et Rogation,
Fi de prêtre et d'oignon.

Entre la Toussaint et Noël,
Ne peut trop pleuvoir, ni venter.

A la Saint-Barnabé,
La faulx au pré.
Sanctus Barnabas falcem jubet ire per herbas.

Tous les proverbes qui indiquent des fêtes ou d'autres époques pour les travaux de la campagne, étoient antérieurs à la réformation du Calendrier Grégorien. Conséquemment, les dates qu'ils donnent ne se rapportent plus aux jours qui semblent leur correspondre dans le Calendrier actuel. C'est une remarque du C. *Duchesne*. Nous pourrons saisir l'occasion de la développer dans l'Annuaire agronomique que nous nous proposons de joindre à cette édition d'*Olivier de Serres* et d'approprier à son texte.

Avoine rouillée,
Croît comme enragée.
Si luto avena fluit, rabida quasi fænore crescit.

Bruine est bonne a vigne,
Et à bled la ruine.

Bruine obscure,
Trois jours dure.

Brume matinée,
Belle et claire journée.

Bourbes en Mai, épics en Août.

Celui ne sait qu'est vendre vin,
Qui de Mai n'attend la parfin.

En Mai,
Blé et vin naît.
Et Bacchi et Cereris producit munera Maius.

En Avril, nuée;
En Mai, rosée.

En Août fait-il bon glaner.
Æstibus Augusti sunt tempora grana legendi.

En petit champ croit bien bon blé.
Læta seges parvis ubertim crescit in agris.

En procès, dont le cas est clair,
Mestier n'est avocat ni clerc;
Et quand la matière est obscure,
Juge et procureur ne procure.

Donc c'est, dans tous les cas, une insigne folie que d'avoir des procès. Il n'est point de manie plus funeste aux cultivateurs et aux citoyens des campagnes.

Fai ton huis au sylvain,
Si tu veux vivre sain.

Grains siégleux, pain fructueux.

Grande fécondité,
Ne parvient a maturité.

Il n'est chose aucune si vile,
Qui ne duise et ne soit utile.

Jamais le grain ne fructifie,
Si premier ne se fortifie.

La faulx paye les prés.
Falx bené quæ scindit, pratis sua præmia solvit.

Le feu, jamais, ni moins l'amour,
Ne dient: va-t-en à ton labour.

Le meilleur pain et salutaire,
Est le sué pour l'ordinaire.

Il n'est si gentil mois d'Avril
Qui n'ait son chapeau de grésil.

Noir terrein porte gain et bien;
Le blanc terrein ne porte rien.

Neige au blé est tel bénéfice,
Qu'au vieillard la bonne pelisse.

Nul ne se doit enorgueillir,
Voyant son arbre à gré fleurir;
Car une nuit vient la bruine,
Qui feuille et fleur gâte et ruine.

Ouaille cornue,
Et vache panue,
Ne change et ne mue.
Parce qu'elles sont les meilleures.

Par la blanche gelée,
La pluie est présagée.

Pâques vieilles, ou non vieilles,
Ne viennent jamais sans feuilles.

Pluie de Février
Vaut du fumier.

Quand il pleut et le soleil luit,
Lors le pasteur se réjouit.
C'est parce que l'herbe croit.

Qui sème bon grain,
Recueille bon pain.

Qui dort en Aoust,
Dort à son coust.

Quand en hiver est été,
Et en été l'hivernée,
Cette contrariété
Ne fit jamais bonne année.

Quand il pleut en Aoust,
Il pleut miel et bon moust.

Quand l'abricotier est en fleur,
Jour et nuit sont d'une teneur.

Quand il a tonné et encore tonne,
La pluie approche et montre la corne.

Qui vin ne boit après salade,
Est en risque d'être malade.

Qui sauroit la chance du dez,
La vente et la valeur des bleds,
Il seroit bientôt riche assez.

Quand le soleil est joint au vent,
On voit en l'air pleuvoir souvent.

Terre bien cultivée,
Moisson espérée.

Vin, chevaux et bleds,
Vendez-les quand pouvez.

2°. *Extrait du* Florilegium ethico-politicum, *de* Gruter, *édition de* 1610.

A bon bluteur, Mai est propice.

Il y a plusieurs pique-bœufs,
Mais peu de bons laboureurs.

Pluie de Saint-Michel, soit devant ou derrière,
Elle ne demeure au Ciel.

Point de pêches, point de raisins.

Si le blé ne vient,
Le chardon vient.

Si l'osier fleurit,
Le raisin mûrit.

Souvent advient au laboureur,
Par trop fumer n'avoir meilleur.

Tout est bon puisqu'il gèle.

Quand Mars fait l'Avril, l'Avril fait le Mars.

On ne fait point de processions pour tailler les vignes.

Septembre est le mois de Mai d'automne.

Onze mois ont tost mangé un mois de fenaison.

3°. *Extrait des* Proverbes en rimes, *ou* Rimes en Proverbes, *publiés par* Leduc, *en 2 vol.* 1664.

A hiver, qui est en eau,
Succède été, bon et beau.

A la Toussaint, blé semé,
Et aussi le fruit serré.

A la fête Saint-Martin,
Tout le moût est au bon vin.

A la fête de Saint-Vincent,
Le vin monte dans le sarment;
Et en va bien autrement
Si il gèle, il en descend.

A la fête de Saint-Clément,
Cesse de semer le froment.

A la terre n'est rien de pire,
Que ce que la roue désire. (*Sécheresse*).

Almanach, qui nous fait peur,
Est le plus souvent trompeur.

Août mûrit; Septembre vendange;
En ces deux mois tout bien s'arrange.

Au cinq de lune tu verras,
Quel temps, dans le mois, tu auras.

Pallida luna pluit, rubicunda flat, alba serenat.
ENNIUS.

Au décours du mois de Janvier,
La serpe au bois et le lévier.

Au mois de Mai la chaleur,
De tout l'an fait la valeur.

Au paresseux laboureur,
Les rats mangent le meilleur.

Bonne terre est qui la main lasse,
Ou qui se trouve noire ou grasse.

Bourgeon qui pousse en Avril,
Met peu de vin au baril.

Brebis qui paroissent ès cieux,
Font temps venteux et pluvieux.

Brouillard en Mai bientôt pleut,
On gèle en Mai plus qu'on veut.

Brouillard qui ne tombe pas,
Donne après de l'eau en bas.

De gèle n'est mauvaise année,
Sinon où elle s'est donnée.

Des neiges et un bon hiver,
Mettent bien du bien à couvert.

En lieu bas, sème ton froment;
En lieu haut, plante ton sarment.

Février, qui beaucoup neige,
Est d'un bel été le pleige.

Hiver, qui est par trop beau,
Nous promet été en eau.

Jamais pluie, dans le printemps,
Ne passa pour mauvais temps.

La neige que donne Février,
Met peu de blé dans le grenier.

Neige qui tombe en temps qu'il faut,
C'est or qui tombe, ou son prix vaut.

Petite pluie abat grand vent,
Et donne blé et vin souvent.

Pour pluie qui du matin donne,
Ou brouillard, ne t'en étonne.

Quand en Mars beaucoup il tonne,
Apprête cercles et tonne.

Quand en Avril par-tout gèle,
Vigneron est en cervelle.

Quand les choux surpassent la vigne,
Vigneron baisse bien l'échine.

Quand Mars bien mouillé sera,
Bien du lin se cueillera.

Quand rouge est la matinée,
Vent ou pluie dans la journée.

Quand sec est le mois de Janvier,
Ne doit se plaindre le fermier.

Qui moissonne et sème soudain,
Sur chaque sillon perd un pain.

Rosée d'Avril et de Mai,
Rend Aoust et Septembre gais.

Serein d'hiver, pluie d'été,
Ne font pas grande pauvreté.

Aestates pluvias, hiemesque optate serenas,
Agricola: multo latissima pulvere farra.
VIRGILE.

Si en Mars la gelée serre,
Apprête cuve et baril.
S'il gèle fort en Avril,
Ta cuve et baril resserre.

Soleil rouge promet de l'eau,
Et soleil blanc fait le temps beau.

Temps qui se fait beau la nuit,
Dure peu, quand le jour luit.

Temps couvert, longue matinée;
Mais est bien courte la journée.

Vigne ou femme bien façonnée,
Ne manque jamais dans l'année.

4°. *Extrait du* Recueil des Proverbes *qui a paru en dernier lieu (par le C. d'Humières).*

Tant vaut l'homme, tant vaut la terre.

Doublez votre fumier, vous doublez votre champ.

Le pré fait le champ.

Labourez pendant que le paresseux dort, et vous aurez du blé à vendre et à garder.

Il n'y a pas de petit chez soi, ou A chaque oiseau son nid paroît beau.

L'auteur d'un Livre curieux, intitulé : *les Matinées Sénonoises*, dit à propos de ce proverbe : « C'est quelque chose de pouvoir se dire le maître du plus chétif domicile, quelque part qu'il soit situé ».

Est aliquid, quocunque loco, quocunque recessu,
Unius dominum sese fecisse lacertæ.
JUVENAL.

Panard, dit un peu longuement, mais avec vérité :
Un petit asile champêtre
Plaît toujours aux yeux de son maître.
Lorsque l'on se promène, il est bien doux de dire:
Je marche en ce moment sur quelque chose à moi.
Ce ruisseau, dont le frais m'attire;
Ce tilleul, cet ormeau, qu'agite le zéphyre,
Cette fleur que je sens, cette autre que je voi,
Sont autant de sujets à qui je fais la loi.
Tout rit où l'on a de l'empire;
Tout est charmant où l'on est roi.

Aussi les Anciens donnoient-ils le nom de royaume à la propriété foncière de chaque citoyen. Dans l'*Orateur de Cicéron*, *Scévola* dit : « Si nous n'avions pas été *chez vous*, nous ne l'aurions pas souffert : *Id, nisi* IN TUO REGNO *essemus, non tulissemus* ».

In tuo regno est mis pour *in tuâ villâ*.

Il nous semble que l'on pouvoit enrichir ces citations du beau vers que *Virgile* met dans la bouche d'un berger :

Après quelques moissons, portant ici mes pas,
Mes yeux seront charmés de revoir mes états.

Post aliquot, mea regna videns mirabor, aristas.

Le temps rouge le soir,
Le lendemain beau se fait voir.

Parce que l'ouest et le sud-ouest étant les vents qui font ordinairement pleuvoir en France, le couchant rouge marque qu'il y a sérénité de ce côté-là, et que les nuées pluvieuses sont dissipées. Tiré du *Recueil des Pensées et Proverbes choisis*, publié en 1712.

Ces deux digressions peuvent donner l'idée des remarques qu'on pourroit faire sur presque tous nos vieux proverbes. Ce ne seroit pas un article à négliger dans ceux qu'il faudroit réunir pour faire un bon dictionnaire de la langue françoise.

Les Institutes coutumières du célèbre *Loysel*, ne sont presqu'en entier qu'un tissu de proverbes ou d'adages vulgaires, érigés par le temps en règles singulières de notre droit françois. C'est-là qu'on trouve la maxime :

Pour néant plante, qui ne clost ;

Et beaucoup d'autres axiómes qui attestent la barbarie des siècles féodaux. Nous n'avons pas puisé dans ce recueil bisarre que nos lois actuelles ont rendu inutile. Nous allons posséder un excellent code civil. Nous pouvons espérer un bon code rural. Le Gouvernement ne peut faire un plus beau présent aux campagnes. Elles ne fleurissent qu'à l'ombre d'une police simple, claire et strictement exécutée. C'est un bienfait qu'elles attendent avec impatience.

Passons maintenant aux proverbes concernant la campagne, dans plusieurs autres langues.

§. II.

PROVERBES FLAMANDS

Tirés des anciens Proverbes flamands et françois, *imprimés à Anvers en 1568, par* Christophe Plautin.

Jamais année sèche ne fera pauvre son maitre.

Dans un pays humide comme la Flandre.

L'argent, quand l'orge.

Tant vente, qu'il pleut.

Quantes gelées en Mars, tant de rosées en Avril.

Hélas !
Quand il tonne en Mars.

Rameau court, vendanges longues.

Grasse terre, mauvais chemin.

Les fosses doit remplir Février,
Et le mois de Mars essuyer.

Rosée de Mai, et pluie d'Avril.

A Noël moucherons,
Et à Pâques sont les glaçons.

Qui en mi-Août n'a son mantel,
Il ne l'a mie tout l'hiver.

Faillir ne peut terre bien cultivée.

De tout poil, bon cheval.

On siffle en vain, quand le cheval ne veut pas pisser.

C'est-à-dire, quand on s'obstine à attendre une chose impossible.

Toute haie défend du vent.

Garder les moutons pour l'engrais.

C'est-à-dire, avoir peu de profits pour beaucoup de peine.

§. III.

PROVERBES ESPAGNOLS

Extraits des Refranes o Proverbios Castellanos, de César-Oudin, *édition de 1614.*

Avril et Mai sont la clef de l'année.

Avril froid, c'est pain et vin.

Eau à la Saint-Jean, ôte le vin, et ne donne point de pain.

Eau du mois de Mars, est pire que la tache au drap.

Eau de Mai, c'est du pain pour toute l'année.

Au commencement, ou à la fin,
Avril a de coutume d'être mauvais.

Année de glands, année de peste.

Année de gelée, année de blés.

Recule-toi de moi, et je donnerai pour moi et pour
toi, dit un arbre à l'autre.

Bonne est la neige qui vient en sa saison.

Chaque chose en son temps,
Et des naveaux en l'Avent.

Maison pour ta demeure, du vin pour ta boisson,
Et des terres tant que ta vue peut porter.

Fièvres automnelles,
Ou longues, ou mortelles.

Avec la bise, il pleut pour sûr,
En été, bon; en hiver, non.

Acheter à la foire, et vendre à la maison

Des couleurs, l'écarlate,
Des fruits, la pomme.
De los colores, la grana.
De las frutas, la maçana.

Dieu te donne santé et joie,
Et maison avec cour et puits !
Dios te de salud y gozo,
Casa con corral y pozo !

Deux poules et un coq, mangent autant qu'un cheval.
Dos gallinas, y un gallo
Comen tanto come un cavallo.

Le bon soldat, tire-le de la charrue.

Le mauvais an
Entre en nageant.
C'est-à-dire, par la pluie.

Le fumier n'est pas saint; mais où il tombe il fait
miracle.

L'Espagnol dit : *al estiercol,* et *Oudin* traduit
le fient.

Le blé qui croît près du village, mets-le en ton grenier.

En bonne année, le grain est du foin,
Et en mauvaise, la paille est grain.

Entre Avril et Mai, fais de la farine pour toute l'année.

En Mai froid, élargis ton grenier.

Hiver qui a beaucoup de soleil, fait l'été bon balayeur.

Parce qu'il y a peu de grain, et qu'on est
soigneux de le bien ramasser.

Mai, jardinier, beaucoup de paille et peu de grain.

Brouillard de Mars, eau tout promptement, ou gelée
en Mai.

La nuit rouge (ou colorée),
Le jour blanc (c'est-à-dire clair).
Noche tinta,
Blanco el dia.

À la Saint-François, l'on sème le blé:
La vieille qui le disoit, l'avoit déjà semé.

À la Saint-Mathias, la nuit égale le jour.

À la Saint-André, tout le temps est nuit.

Peu de vin, vends du vin.
Beaucoup de vin, garde du vin.

Quand il pleut de la bise, il pleut pour tout de bon.

Quand décroîtra la lune,
Ne sème chose aucune.
Quando menguare la luna,
No sembres cosa alguna.

Qui laboure et nourrit, file de l'or.

Septembre emporte les ponts, ou tarit les fontaines.

Sème de bonne heure, et taille tard; et tu recueilleras
pain et vin.

Tout n'est rien, fors le blé et l'orge.

Vigne entre vignes,
Et maison entre voisines.

Un mois après Noël, tout comme un mois devant,
C'est l'hiver à bon éscient.

Gelée de février, donne lui du pied, et vas en la
bourage.

Jette du fumier et de la fiente de pigeon sur le blé, car
les terres te le payeront.

Le fond du labourage est toujours riche d'espérance.
El caudal de la labrança
Siempre rico de esperança.

Pain de froment, bois de chêne, et vin de treille,
entretiennent la maison.
Pan de trigo, y leña de encina,
Y vino de parra, sustenta la casa.

Où ira le bœuf, qu'il ne laboure ?

Oiseau pour oiseau, le mouton, s'il voloit !

Chevreau d'un mois,
Agneau de trois.

Les bouchers sont à la messe, et prient Dieu qu'il
meure force moutons.

Un œuf veut du sel et du feu.

Le pié du propriétaire est le meilleur engrais de sa terre.

En Décembre, tenez-vous chaudement, et dormez.

Puissai-je avoir une maison bâtie par mon père,
Et une vigne plantée par mon grand père !

Cheval gris pommelé,
Mourra avant d'être fatigué.

Si vous restez long-temps au lit, votre bourse s'en ressentira.

Dans une grande gelée, un cheval ne vaut pas un chou.

Si vous vendez à bon marché, vous vendrez autant que quatre autres.

Je ne vendrai à crédit que demain.
Ecriteau placé sur la porte d'une boutique.

A perdre votre temps, vous ne gagnerez point d'argent.

Ensemencer sa terre, c'est se fier à Dieu.

Celui qui se lève tard, manque ses prières et ses provisions de bouche.

Des valets sont des ennemis dont on ne sauroit se passer.

Qui donne son bien avant de mourir, aura besoin de patience dans ses derniers jours.

Si vous voulez que votre affaire soit bien faite, faites la vous-même.

Bêche en poussière, et bine en fange,
Et tu feras bonne vendange.

Cava me en polvo,
Y bine me en lodo,
Y dante ha vino hermosa.

§. IV.

PROVERBES ITALIENS

Extraits de différens Recueils.

Le meilleur arrosement est celui qui vient du Ciel.

La petite cuisine fait la grande maison.

On peut tout faire, excepté un fossé sans levée.

Des chagrins et du pain, sont après tout fort bons.

On doit laisser tremper long-temps les affaires et le poisson salé.

Les grands arbres donnent plus d'ombrage que de fruits.

Avez-vous du pain et du vin! chantez, et réjouissez-vous.

Je ferai pleuvoir, dit le Curé, quand vous serez tous d'accord sur l'instant où la pluie doit commencer.

Jean le *fainéant* étoit fils de la bonne femme *file peu*.

Celui qui s'engage pour un autre, entre dans une corne par l'extrémité la plus large; c'est à lui d'en sortir, s'il le peut, par l'extrémité la plus étroite.

Celui qui compte pour rien un liard, ne sera jamais riche d'un demi-sou.

La bonne agriculture est un grand pas vers la richesse.

Si vous avez une fois un fonds de ferme, votre richesse s'accroîtra d'elle-même.

Si vous voulez être bien servi, ne prenez jamais pour valet, ni un parent, ni un ami.

Avril fait la fleur,
Mai en a l'honneur.

A la Saint-Martin,
L'hiver est en chemin.

Janvier fait le pont (par la gelée),
Février le rompt.

Pain d'un jour, vin d'un an, et farine d'un mois.

L'eau vaut mieux entre Avril et Mai, que les boeufs avec le chariot.

Au cinq Avril, le coucou doit venir;
Et s'il ne vient le six, ou le sept,
C'est qu'il est pris, ou qu'il est mort.

Avril! Avril! tu ne me feras pas quitter ma camisole !
Aprilone! Aprilone!
Non mi farai metter giù il pelliccione.

Maison tant qu'on voudra;
Terres tant qu'on pourra.
Casa quanta vuoi,
Possessione quanta puoi.

Maison bâtie, vigne plantée,
Nul ne sait ce qu'elles ont coûté,
Et ne se vendent ce qu'elles valent.

Qui a maison et métairie, il a plus qu'il ne lui faut.
Chi ha casa e podere,
Ha piu ch'il suo dovere.

Où est abondance de bois, là est cherté de blé.

Poule noire, et oie blanche.

Lorsque Janvier est sec, le villageois est riche.

La pêche veut du vin, la figue veut de l'eau.

Marchand de vin,
Marchand mesquin.
Marchand de froment,
Marchand de tourment.

Quand la cigale chante en Septembre,
N'achète point de blé pour le vendre.

Il faut trois choses à nos champs
Pour leur assurer abondance :
Bon laboureur, bonne semence,
Et par-dessus tout, un bon temps.

La Saint-Martin boit le bon vin,
Et laisse aller l'eau au moulin.

A la Saint-Valentin,
Le printemps est voisin.

A la Saint-Urbain,
Le froment a fait son grain.

La Lombardie est le jardin du monde.

Semez avec la main, et non avec le sac.

La vraie pierre philosophale est une bonne terre, dont on économise les revenus.

Nous aurons, dans l'autre monde, une maison sans défaut.

Depuis Saint-Laurent, grand chaud dure ;
Depuis Saint-Vincent, grand froid dure ;
Mais, l'un et l'autre, bien peu dure.

Quand le blé est encore aux champs,
Il est à Dieu et à ses Saints.
Quand il est amont aux greniers,
Il n'en a point qui n'a deniers.

Qui édifie en grande place,
Fait maison trop haute ou trop basse.

A qui achète, il faut cent yeux ;
A qui vend, il suffit d'un seul.

Cherté prévue n'arrive pas.
Caristia prævisa, non venne mai.

Qui veut labour mal fait, doit le payer d'avance.

Janvier a fait le mal, et c'est Mai qu'on accuse.

Si tu laboures mal, tu moissonneras pis.

§. V.

PROVERBES ALLEMANDS

Extraits du Florilegium ethico-politicum, *de* Gruter, *édition de* 1610.

C'est au gentilhomme de promettre ; mais c'est au paysan de tenir ce qu'il a promis.

Achat passe louage.

Les pois sont chers dans leur primeur.

Quand les œufs sont dans la poële, il n'en vient plus de poulets.

Les grands poëles chauffent bien, mais il leur faut du bois.

Plus il y a de pâtres, moins il y a de gardes.

L'envie ne se glisse pas dans une grange vide.

Terre fertile, gens paresseux.

Petit cheval, petite journée.

Poule qui glousse beaucoup, ne pond guère d'œufs.

Quand l'avoine se coupe, les poules sont sourdes.

Quand le soleil se lève, adieu la rosée.

C'est dans la moisson qu'il faut couper le blé.

Beaucoup de paille, peu de blé.

Le vin sent la vigne,
La caque sent le hareng.

Trois femmes, trois oies, et trois grenouilles, font une foire.

Une petite poule pond tous les jours un œuf, tandis que l'autruche n'en pond qu'un par an.

Telle étable, telle bête.

On mange plutôt un village, qu'on ne gagne une maison.

Plutôt riche paysan, que pauvre gentilhomme !

Tête de saule et orgueilleux paysan, veulent être rognés tous les trois ans.

On sent que ce proverbe respire un pur esprit de féodalité. Il n'a pu être imaginé que dans une contrée et dans un temps où la culture étoit exercée par des serfs. Et c'est ainsi que les proverbes peignent les siècles et les peuples.

Pour trouver noise, on n'a qu'à prêter aux Seigneurs, ou aux Prêtres.

Le cheval fantasque fait le bon cavalier.

On doit manger le lait, et non pas la vache.

§. VI.

PROVERBES ANGLOIS

Tirés des Elegants Extracts, *ou* Choix des meilleurs morceaux, écrits en anglois, *édition de* 1796.

La grace de Dieu vaut une foire.

Parce qu'une foire, en Angleterre, est un grand bien pour le canton où elle se tient.

Il y a de l'esprit à crocheter une serrure, et à dérober un cheval; mais c'est sagesse de le laisser dans son écurie.

Aime ton voisin; cependant n'abbats pas ta haie.

Un demi-acre et bonne terre.

Qui veut faire fortune, doit se lever à cinq heures du matin.

Celui qui l'a faite, peut dormir jusqu'à sept.

La gelée et la fraude finissent par la fange. (Ou sont toujours fangeuses à la fin.)

Grands cris et peu de laine, dit le diable, quand il tond ses cochons.

Où la haie est abattue, tout le monde passe.

Jeune valet, vieux mendiant.

Celui qui achéte une maison toute bâtie, a pour rien un grand nombre de chevilles et de clous.

Ce sont deux vers anglois.

Les fous bâtissent les maisons; les sages les achètent ou les louent.

Pensez au loisir que donne l'aisance; mais travaillez.

Si un fermier reste long-temps au lit, la terre s'en ressent.

Cherchez au coin du feu, un gentleman, un levrier, et une boëte au sel.

Ma maison! ma maison! tant petite sois-tu,
Tu vaux pour moi l'Escurial.

Ce sont deux vers traduits d'un proverbe espagnol.

Ces sortes de maximes ont fait le tour du monde; mais la langue espagnole est celle des langues modernes qui a fourni le plus d'adages et de sentences usuelles.

Il est plus aisé de bâtir deux cheminées, que d'en entretenir une.

Qui veut faire une porte d'or, doit tous les jours y chasser un clou.

La bonne agriculture est une bonne divinité.

Sic Jean Grain-d'Orge est le plus fort des chevaliers.

Planter des arbres, est la vieille économie de l'Angleterre.

§. VII.

PROVERBES RUSSES

Tirés de la Bibliothèque Russe, *publiée par* M. Bacmeister, *Pétersbourg*, 1787, *volume X.*

Le lièvre court devant le renard, et la grenouille devant le lièvre.

Le cigne vole après la neige, et l'oie après la pluie.

Au défaut de pâtisserie, mange du pain.

L'Astracan est riche en esturgeons; mais la Sybérie a des zibelines.

Les raisins verds ne sont pas doux, et un jeune-homme n'est pas fort.

Les plumes décorent le paon, et l'instruction l'homme.

On couthoit en joue une grue, et l'on a tué un moineau.

La pomme a le goût bien doux, si le jardinier n'est pas là.

Sans sel et sans pain, mauvaise compagnie.

Les brebis, sans berger, ne font pas un troupeau.

Qui recueille grain par grain, remplit la mesure.

Mesures dix fois; tu ne coupes qu'une fois.

L'année n'a pas deux étés.

Prières adressées à Dieu, et charges acquittées au Czar, ne sont pas choses perdues.

Quand on a le blé, on trouve bientôt la mesure.

Ce que Dieu arrose, Dieu le séche.

Ce qui doit devenir loup, ne deviendra pas renard.

L'été amasse, l'hiver consume.

Plutôt pauvre, que riche et esclave!

Ne crache pas dans le puits; il peut t'arriver d'en boire.

Ce n'est pas le champ, c'est le champ cultivé qui nourrit.

Prépares-toi à la mort; mais ne négliges pas de semer.

Avec un morceau de pain, on trouve son paradis sous un sapin.

Le pain et le sel ne se querellent pas.

Qui n'a pas mangé de l'ail, ne sent pas mauvais.

L'ail est la nourriture la plus agréable au peuple en Russie.

Qui bat le blé, n'a qu'à l'entasser aussi.

En été, préparez le traîneau; en hiver, le chariot.

En voyage, le pain n'est pas un fardeau.

Allusion aux auberges de Russie, où l'on ne trouve qu'à boire.

A tronc dur, cognée tranchante.

Peu de Nations ont un goût aussi prononcé pour les proverbes que les Russes. Il y a une collection de quatre mille deux cent quatre-vingt-onze vieux proverbes russes, imprimés à l'Université impériale de Moscou, en 1770; mais il est difficile de rendre, dans les autres langues, l'énergie et le laconisme que ces proverbes ont en russe. Cette langue fait peu d'usage des deux verbes auxiliaires *être* et *avoir*. Elle fait, en revanche, un fréquent usage de l'infinitif, etc.

§. VIII.

PROVERBES CHINOIS

Tirés des Mémoires concernant les Chinois, *par les Missionnaires de Pé-kin*, 1784, tome X.

Le garde-bois n'achète point de cendres.

On connoît le cheval en route, et le cavalier à l'auberge.

Le fruit le plus mûr ne vous tombera pas dans la bouche.

Toutes les poules qui pondent ne crient pas.

Le riz est toujours bien cuit pour ceux qui ne mangent chez eux que du mil.

Il ne faut pas attendre la soif pour tirer l'eau du puits.

Le bœuf mange la paille, et la souris le blé.

Un champ de mille ans, compte plus de huit cent maîtres.

Quand il n'y a point de champ à vendre, il y a bien du grain à acheter.

Plus l'ormeau est droit, plus la vigne se plie;
Plus la vigne s'élève, plus l'ormeau se baisse.

La vigne a été connue à la Chine cent vingt-cinq ans avant l'ère chrétienne. Il y a des raisins gigantesques, dont les grains sont gros comme des prunes de damas violet; mais le gouvernement chinois a cru ne devoir pas encourager la culture de la vigne.

Le vent ne fait pas tomber toutes les fleurs;
Le soleil ne mûrit pas tous les fruits.

Dans moins de vingt générations, presque tous les niveaux ont changé; le fond des rivières est plus haut, et le sommet des montagnes plus bas.

Il vaut mieux essuyer une larme du colon, que d'avoir cent souris du ministre.

Si la cuisine n'est pas un art dans les campagnes, la pharmacie aussi n'y est pas une science.

Qui emprunte pour bâtir, bâtit pour vendre.

Il vaut mieux remplir ses greniers que ses coffres.

Ce n'est pas le puits qui est trop profond; c'est la corde qui est trop courte.

Un jour en vaut trois, pour qui fait chaque chose en son temps.

Ce n'est pas ce que les colons donnent à l'Empereur qui les ruine; c'est ce qu'on lui vole.

Les arbres des pays méridionaux ont l'écorce dure et le cœur mol; ceux du nord ont la peau fine et le cœur ferme; les hommes sont au rebours.

Laboure, fume, sème, arrose, sarcle ton champ, disoient les Anciens, *et demande ta moisson par tes prières, comme si elle devoit tomber du Ciel.*

Un paysan, honnête homme, est plus grand dans sa chaumière, qu'un Empereur scélérat sur son trône: donc être Empereur seulement, n'est rien, et être honnête homme est tout.

Quels seroient les meilleurs engrais pour les terres? Les cendres de tout ce qu'on n'avoit point du temps de *Yao* et de *Chun.*

Yao est le prince auquel commence l'histoire authentique de la Chine. Il associa *Chun* à l'empire, dans un temps qui correspond à celui de la dispersion de Babylone.

Le colon, le soldat, le marchand, l'artisan, le magistrat, le moraliste, voilà les hommes de la patrie, de toujours et de par-tout: pour les autres, plus il y en a, plus elle est à plaindre.

La piété filiale a inventé l'agriculture.

La décadence de l'agriculture a toujours été l'effet de l'affoiblissement de la piété filiale.

La piété filiale est à la Chine, depuis plus de trente-cinq siècles, ce que fut à Lacédémone l'amour de la liberté, et à Rome l'amour de la patrie. C'est la vertu nationale des Chinois, et la base de leur Gouvernement, appuyée sur cette maxime fondamentale de *Confucius : Qui n'aime pas ses parens, ne peut aimer personne.*

L'on ne peut donner en françois qu'une idée imparfaite des proverbes chinois. La plupart sont rimés, et la rime date à la Chine depuis quatre mille ans. Des langues primitives, la chinoise est la seule qui soit une langue vivante.

Nous ne connoissons qu'à demi tout ce qui a rapport à l'agriculture chinoise. Les productions naturelles de ce vaste pays, mériteroient pourtant d'être transplantées en Europe. On y nourrit les vers à soie avec le feuillage d'un frêne, d'un poivrier, d'un chêne. On y a un cotonnier arbre et un cotonnier herbacé. Les mines de la Chine lui valent moins que ses bambous. Les missionnaires assurent que ces bambous pourroient se cultiver en France dans les provinces méridionales. Une espèce de riz précoce ; des prunes-abricots ; des pé-tsai ou des choux ; des mo-kou-zin, ou champignons particuliers à cet empire ; des coings et des oranges-coings ; les melons de Khamil, si faciles à conserver que l'on en sert toute l'année ; d'autres fruits singuliers, tels que le po-lo-mye, le plus grand fruit de l'univers ; le froment de kirin-ula, blé qui tient le milieu entre le froment et le riz ; six autres espèces de riz ; trois espèces de vers à soie ; les arbres du vernis, de la gomme, du suif, etc. Combien d'autres objets importans ou utiles, pourroient être extraits de la Chine avec plus d'avantage que ceux qu'y va chercher le commerce de notre Europe ? En fait d'agriculture, d'économie et d'alimens, les Chinois et les Japonois ont des procédés curieux qui ne sont pas assez connus, parce qu'ils n'ont été observés ou décrits que superficiellement. J'ai interrogé des Chinois qui avoient parcouru la France et l'Angleterre ; ils m'ont dit que ces deux pays leur paroissoient incultes, en comparaison de la Chine, comme des cantons de l'Espagne semblent déserts à des François, en comparaison de la France. De cette idée, que fait concevoir aux Chinois l'aspect de notre Europe, on peut conclure, avec justice, que leur économie rurale diffère beaucoup de la nôtre ; et il seroit à désirer que des voyageurs agronomes nous eussent mis plus à portée d'apprécier ces différences. En physique et en politique, les Chinois nous sont opposés ; mais il n'existe pas, entre leur morale et la nôtre, des contrastes aussi frappans ; et pour citer encore un proverbe chinois : *La raison et la conscience sont les mêmes dans tout l'univers.*

Mais, à la Chine, la morale sert de base à la politique. La littérature chinoise est liée au gouvernement ; et son grand fonds, c'est la morale. C'est l'objet des instructions que l'on adresse au peuple. On y réimprime sans cesse de petits traités de morale. Les Chinois ont un livre qui répond au *Théâtre d'Agriculture.* Cet ouvrage, en quatre volumes, commence par des élémens de morale. Il contient ensuite tout ce qu'il est nécessaire de savoir à la campagne sur l'agriculture, le jardinage, les lois, la médecine. Ce recueil est intitulé : *Tchoung-kia-pao.* Il fait partie des écrits sur l'agriculture, qui furent exceptés de la proscription générale des livres, dans le troisième siècle après l'ère chrétienne. Les Chinois ont un beau poëme sur les jardins, publié en 1086. L'auteur est un des premiers écrivains de la Chine et des plus grands ministres qu'elle ait produits. Son jardin, qui donne une idée générale du genre des jardins de la Chine, contenoit seulement vingt arpens de terre. Une salle remplie de cinq mille volumes, est mise, par l'auteur, à la tête des beautés utiles de ce jardin. Du côté du midi, il offre un salon au milieu des eaux, des cascades, des galeries bordées d'une double terrasse, des palissades de rosiers et de grenadiers ; à l'ouest, un portique isolé, des arbres toujours verds, des cabanes, des prairies, des nappes d'eau encadrées dans du gazon, un labyrinthe de rochers ; au nord, des cabinets placés au hasard sur des monticules, des côteaux, des bosquets de bambous entrecoupés de sentiers sablés ; à l'est, une petite plaine, un bois de cèdre, des plantes odoriférantes, des plantes médicinales, des arbrisseaux, des citronniers, des orangers, une allée de saules, une grotte, une garenne, des îles semées de volières, des ponts de pierres et de bois, un étang, de vieux sapins, et une vue étendue sur le fleuve Kiang. Tel étoit le lieu de délices où l'auteur du poëme s'amusoit de la chasse, de la pêche, et de la botanique. Nous n'avions alors en Europe aucune espèce de jardin comparable à celui-là, ni aucun homme en état de le décrire en beaux vers. Madame *Dubocage* a traduit en vers une idylle chinoise, intitulée : *le Laboureur*, et qui date du même temps que ce poëme des Jardins. La cérémonie imposante de l'ouverture des labours par l'Empereur lui-même, au commencement du printemps, est encore plus ancienne à la Chine. Elle fut rétablie cent cinquante ans avant l'ère chrétienne. Les soldats, à la Chine, labourent, sèment et moissonnent. Dans les tribunaux de l'Empire, il y a des emplois de président, de surintendant, et de directeur-général de l'agriculture. *Voltaire* se demande ce que doivent faire les Gouvernemens de l'Europe, en lisant ces détails de la police de la Chine, relativement au premier des arts ? Et voici sa réponse :

ADMIRER ET ROUGIR, ET SUR-TOUT IMITER.

Cette digression sur l'agriculture chinoise ne doit pas sembler déplacée ici. La Chine étoit trop peu connue dans le temps d'*Olivier de Serres*, pour qu'il pût en parler ; mais s'il avoit lu ces détails, nous ne saurions douter que ce digne agronome n'eût applaudi, comme *Voltaire*, à la politique éclairée d'un peuple dont le chef donne tous les ans l'exemple solemnel de son respect pour la charrue, et d'un Gouvernement assez sage pour concevoir que le soin de l'agriculture est l'objet du plus important et du premier des ministères.

(*F. D. N.*)

FIN DU PREMIER LIEU.

SECOND LIEU

DU THÉATRE D'AGRICULTURE,

ET

MESNAGE DES CHAMPS.

DU LABOURAGE DES TERRES-A-GRAINS,
Pour avoir des Blés de toutes sortes.

SOMMAIRE DESCRIPTION

DU SECOND LIEU, AUQUEL EST CONTENU

Le moyen d'estre abondamment pourveu de blés de toutes sortes. Et pour disposer la terre à les produire gaiement, est représenté, l'ordre tenable pour la deffricher ayant longuement demeuré en jachère ; et pour la descharger de tous empeschemens; comme du trop d'arbres, de pierres, et des eaux croupissantes : et par ces œuvres la préparer au labourage. } Chap. I.

Ainsi disposée la terre, et rendue apte à tel service, sera bien labourée. } Chap. II.

Et afin qu'elle satisface mieux à son devoir, y sera aidée par engraissemens, y employant plusieurs sortes et espèces de fumiers. } Chap. III.

Par lequel traictement recevra à propos les semences des blés de toutes races et espèces, jusques aux légumes. } Chap. IV.

Dont les Blés en provenans, seront curieusement conservés en herbe, jusques à leur maturité, par sarcler, et préserver du dégast du bestail, du ravage des eaux, et semblables inconvéniens, ausquels ils sont sujets. } Chap. V.

Et en leur maturité, moissonnés : leurs grains et pailles recueillies, selon les diverses façons des provinces. } Chap. VI.

Finalement, les blés serrés ès greniers, pour y estre conservés jusques au besoin ; pour l'usage ordinaire, et pour la vente. } Chap. VII.

SECOND LIEU

DU THÉATRE D'AGRICULTURE,

ET

MESNAGE DES CHAMPS.

CHAPITRE PREMIER.

Préparer la Terre pour le Labourage.

Les terres donques ainsi recogneues, doivent estre cultivées par art et diligence, pour en tirer service : mais avant qu'en venir là, il les faut préparer au labourage : afin que souffrans le maniment, avec facilité, puissent estre utilement gouvernées. Tout terroir porte en soi de la difficulté, laquelle si on ne peut ou oster ou domter, pour-néant et le temps et le travail y seroient employés. C'est pourquoi, il y a tant de terroirs estimés inutiles, ou par faute de cognoistre ce qui destourne le rapport, ou n'ayant la science d'y remédier.

Trois principales causes apparemment nuisent à la culture des terres, au détriment des grains; c'est assavoir, les arbres, les pierres et les eaux, rendans le terroir de peu de rapport, quoi-que de soi-mesme il soit bon, quand ils s'y rencontrent en trop grande abondance. Car les racines et les rameaux de plusieurs grands arbres assemblés, ne permettent ni à la terre,

ni au soleil, de faire leur devoir : l'importunité des pierres, perd une partie de la terre, et engarde l'autre d'estre maniée ainsi qu'il appartient : mais la pire maladie vient des eaux sur-abondantes, destrempans trop la terre, dont ne se peut jamais bien labourer, ne recevoir les semences à propos, s'y noyans presques tousjours à la première survenue des pluies. Puis qu'à ces maux l'on peut pourvoir, mesme à frais modérés, ne seroit-ce pas trop lourdement faillir en mesnage, que de n'y apporter les utiles remèdes ?

Pour un préalable, il se faut soigneusement descharger de ces fascheux empeschemens, lesquels ostés, serés tout esmerveillé du subit changement des terroirs lesquels d'inutiles, laids, et importuns, dans la première année, se rendront fertiles, plaisans et faciles à cultiver: et par conséquent, propres à produire toutes sortes de grains, moyennant la faveur du ciel. Tel mesnage ne peut estre dict culture ordinaire, ains extraordinaire et perpétuelle réparation : parce que la despence que vous y employés, est pour une seule fois, où n'est nécessaire de retourner, si elle est bien et profitablement faicte au

commencement , considération qui vous
doit inciter à mettre vigoureusement la
main à si excellente réparation.

Descombrer les terres.

Chacun est assés instruit de l'ordre requis à se dépestrer des arbres nuisibles,
n'y ayant à cela autre mystère, que de les
coupper, et en arracher profondément et
curieusement les racines. Si le bois qu'en

Usage du bois couppé.

ostérés n'est propre en bastimens , on ne
le voulés employer au chaufage, le bruslerés sur le lieu mesme, après l'y avoir faict
seicher : mais que ce soit à la veille de la
pluie (1). Par ce moyen, le feu cuira une
partie de la superficie de la terre, et l'eau
fera pénétrer les cendres dans le fonds ,
qui lui serviront d'autant d'amendement :
ainsi évitant les vents , lesquels emporteroient les cendres , où gist la graisse de
ceste bruslure , de mesme éviterés le mal
que les flammes du feu pourroient causer,
estans portées ès arbres et maisons voisines, comme de tels dangereux exemples
se sont veus plusieurs fois : preuve de
grande imprudence. Ce seroit autant mauvais mesnage , voire encores plus à rejetter, de deffricher inconsidérément les bonnes forests , que de laisser entières celles
de peu de valeur : par quoi distinguerés

Distinction des lieux pour tel mesnage.

ces choses , pesant les circonstances. Si
vous estes en pays eschars de bois et d'herbages, ne vous vienne jamais en pensée,
d'en coupper aucun arbre, quel qu'il soit :
au contraire, estant vostre domaine surabondamment en forests, ne sera que mesnagé d'en rompre quelques parties, des
moins peuplées d'arbres , et des plus
plattes en leur fonds, par là estre plus
propre le labourage, qu'en pente : joinct
aussi que plus facilement se reherbent les
lieux abaissés, que les eslevés : ce qui est
nécessaire de prévoir, pour ne se priver

de la liberté de les remettre en leur premier estat, changeant d'avis. Les bois en
seront retirés , estans utiles en quelques
ouvrages ; les autres , ou bruslés sur les
lieux , comme ci-dessus , ou envoyés au
four pour cuire le pain , où à la cuisine. Il
est aussi quelques-fois à propos de se desfaire des arbres fruictiers, et souventes-fois
des noyers, pour leur importun ombrage.
A cela pourvoirés en mesurant le profit
par la perte , pour s'arrester au plus raisonnable. Laissant quelques arbres dans
vostre labourage , faictes que ce soient de
ceux qui mieux le méritent, pour leur valeur , et en petit nombre , lesquels , si
possible est , ferés rencontrer aux bords et
orée de vos champs. Par-ainsi , vostre labourage se rendra tel que desirés : car
c'est sans doute que chacune espèce de
fruicts demande sa part du ciel , du soleil,
de la terre , avec séparé gouvernement.

Les espierrer les terres.

Facilement aussi peut-on espierrer les
terres. Si elles sont occupées et de pierres
et d'eaux tout-ensemble , de mesme à la
fois et tout-d'une-main les deschargera-on
de ces deux malignités, comme sera monstré en son lieu. Mais n'y ayant que des
pierres, on les transportera, d'où on les
enlèvera, dans des valons ou fondrières
prochaines ; lesquelles défaillans , on les
enfouira en terre sur le lieu mesme, dans
des grands trous qu'on y creusera. Selon
l'estendue du champ et abondance de
pierres, ces trous et fosses seront faictes,
et en nombre et en grandeur, laissant leur
figure à la liberté d'un chacun. Tels réceptacles sont appellés, caisses, comme enfermans les pierres qu'on y met reposer : pour les creuser est requise la main
d'hommes forts et robustes , mais à les
réamplir , toutes sortes de gens peuvent
travailler

travailler jusques aux femmes et enfans, portans et charrians les pierres par corbeilles, panniers, mandes, brouetes, et avec autres propres instrumens. Les caisses ne seront du tout remplies de pierres, ains seulement jusques à deux pieds près du bord, et le restant sera comblé de la terre qui en aura esté tirée la première, comme de la meilleure, dont la superficie du champ sera réaplanie. Sur lesquelles pierres ainsi enfermées, moyennant la susdite quantité de terre les couvrant, le coutre jouera à l'aise pour toutes sortes de grains : mesme ne pourront faillir de s'y bien porter et arbres et vignes et autres choses qu'on y voudra loger. Le demeurant de la terre sera uniment escarté par le champ, qui s'en rendra d'autant meilleur, que plus y en aura de bonne et fertile. Ainsi tout vostre champ sera bien espierré et nettoyé, dont sans empeschement se pourra facilement labourer.

Aucuns ramassent les pierres nuisibles en certains endroits du champ moins valeureux, y en faisant des monceaux, et là les confinent, aimans mieux perdre une partie de la terre, que si toute en estoit occupée à l'intérest du labourage : ce que je n'approuve, ou ce seroit en lieu auquel le creuser profondément fut empesché par les rochers. Mais où y a du terrain, bon ou mauvais, ne s'en faut priver à son escient d'aucune partie, tant petite soit-elle. Car d'un costé cela difforme le champ, et de l'autre, c'est perte, veu que la terre, quoi-que maigre et légère, par culture et amendement, se rend de passable fertilité.

Indifféremment de toutes terres, n'en faut oster les pierres sans distinction, d'autant qu'aucunes sont utiles en certains lieux. Les terres argilleuses sont rendues aisées à labourer, par les menues pierres : c'est pourquoi n'en faut enlever que les grosses, y laissant celles de la grandeur d'unenoix et au-dessous, qui ressemblans au gravois, aident à la culture, engardans la terre de s'entre-presser par trop, dont elle est rendue plus gaie et souple à manier. Sur quoi l'exemple de la Sicile est remarquable; le terroir de laquelle estant deschen par trop curieux espierrement, fut restauré, quand par décret publiq, y furent remises des menues pierres, autant qu'il suffisoit pour le bien du labourage, ainsi que tesmoigne *Pline* (2).

Pour descharger les terres des eaux nuisibles, le plus commun remède est, qu'on les vuide par fossés ouverts, principalement ès plaines et lieux bas; servans aussi ces fossés, à clorre les possessions. On fossoyera donques les terres à l'entour, donnant telle largeur et profondeur aux fossés, qu'ils soyent propres à ces deux usages. On les nettoyera une fois, de deux en deux ans, peu de temps devant l'ensemencement des terres, dans lesquelles sera jettée la graisse qu'on prendra au fonds des fossés pour servir d'autant d'amendement. Mais s'il avient que le champ soit par le dedans occupé de fontaines et sources sous-terraines crouppissantes, les seuls fossés aux bords des terres ne suffisent, ains sera besoin d'autre remède plus particulier, comme sera monstré, pour desgager le milieu de la terre de ces incommodités. Et d'autant que le vice du trop d'eau, excède en malice, et celui des ombrages, et celui des pierres, ainsi qu'à esté dict; plus qu'à ceux-ci faut-il aussi employer de labeur pour y remédier : dont finalement le profit, pour récompense,

Théâtre d'Agriculture, Tome I.   N en sort plus grand , que de mille autre réparation qu'on puisse faire à la terre , tant fructueuse est celle qui la despestre des eaux malignes : car non-seulement par là , les terres trop humides sont amendées , ains les marescages et palus , sont converties en exquis labourages. Les exemples nous servent de bons maistres, à faire nos besongnes. Qui est le mesnager considérant les beaux blés que produisent les estangs desséchés , ne désire , par émulation , d'imiter tel profitable mesnage ? La cause de cela provient de l'eau , qui a engardé la terre estant sous elle , de travailler aucunement de plusieurs années , au bout desquelles, se treuvant reposée , et par telle oisiveté , avoir fait amas de fertilité , la rapporte avec admiration et profit (3). Et combien plus d'espérance aurés vous de ceste-ci , qui par l'antique importunité des sources , n'a jamais rien peu faire ; dont vous la treuverés toute neufve et remplie de graisse , par telle descouverte ? Outre lequel revenu , l'apparence est grande , que des eaux nuisibles , esparses par-ci par-là en vostre terre , ramassées en un lieu , s'en pourra former une source de fontaine , selon les lieux , tellement grande et abondante en eau , qu'elle suffira pour l'arrousement des prairies , que serés à telle occasion, au dessous des quartiers desséchés : voire pour y dresser des moulins, si l'assiete et autres qualités requises sont favorables.

Est nécessaire le fonds que voulés dessécher, avoir pente , petite ou grande , sans laquelle les eaux n'en pourroient vuider. Cela présupposé, un grand fossé sera faiet despuis un bout du lieu jusques à l'autre , de long en long , commenceant tousjours par le plus bas endroit , et par où remarquerés des sources et humidités : dans lequel fossé , plusieurs autres , mais petits , pendans en plume , des deux costés se joindront , pour y descharger leurs eaux , qu'ils ramasseront de toutes les parties du terroir : par ce moyen , en contribuant chacun sa portion au grand fossé, icelui les recueillant toutes, les rapportera assemblées à son issue. Le grand fossé, à telle cause , est appellé , mére , et tous ensemble , pied-de-géline, pour la conformité qu'ils ont, ainsi disposés, à la figure du pied de cest animal , dont les griffes tendent au tronc de la jambe. La contenue et l'assiete du lieu , donnent la forme aux fossés : car tant plus longs et larges les convient faire , que plus grande et plus platte est la terre que voulés dessécher : et au contraire , est requis demeurer plus courts et plus estroits , tant plus elle est petite et pendante. D'autant qu'en un petit lieu , communément , ne se ramasse tant d'eau qu'en un grand ; et qu'autant ou plus en vuide un fossé estroit , fort pendant , qu'un large , ayant petite pente. De la profondeur des fossés n'est pas ainsi , parce qu'en quelque part qu'on les creuse , faut y aller jusques à quatre pieds ou environ , pour bien coupper les racines des sources , but de ce négoce. Aussi est du naturel du lieu , que la disposition des fossés. S'il est en vallon enfoncé , y ayant terrain eslevé des deux costés , la mère se fera au milieu et plus enfoncé du champ , de long en long , comme a esté dict , dans laquelle tumberont les autres fossés des deux mains , dressés en plume. Mais n'ayant à desséccher qu'une pente de coustau seulement , en ce quartier-là y aura des petits fossés se rendans à la mère , disposés selon qu'on avisera pour le mieux, l'ouvrage guidant l'ouvrier : comme aussi la longueur de tous les fossés dépend de l'œuvre qui en faict l'ordonnance, selon l'assiete et le plan du lieu. Ayant le plan, raisonnable pente et estendue, raisonnablement larges seront aussi les petits fossés, de trois pieds, et la mère, de cinq, moyennant laquelle mesure, satisferont à vostre intention. Et à ce qu'on ne se déçoive, faut faire tant de fossés, en tant d'endroits, si longs et si amples, sans crainte d'excéder en cest endroit, que source et fontenelle aucune ne soit oubliée, afin de parfaictement bien desséchcr le terroir, par le général ramas des eaux d'icelui. Ces fossés, et grands et petits, seront à-demi remplis de menues pierres, et le demeurant achevé de combler de la terre qui en aura esté tirée auparavant, dont on le réunira par le dessus avec le plan, si bien, que la trace mesme n'y paroisse, pour la commodité du labourage : lequel s'y fera très-bien, y treuvant le soc de terre à suffisance, avant que toucher aux pierres, à travers desquelles, ayant l'eau son libre passage, s'escoulera au lieu que lui aurés destiné, laissant la superficie de la terre vuide de toute nuisible humidité, pour n'estre rendue propre à porter gaiement toutes sortes de blés. Mesnage communicable à toutes possessions, vignobles, prairies, vergers, et autres, par n'y avoir fruict aucun, ne haïr le trop d'humeur. Si n'avés sur les lieux que de grandes pierres plattes pour la fourniture de vos fossés, avant que les y mettre les ferés briser pour les rendre plus propres à ce service, les posans au fossé de bout et non de plat, et autrement, les agenceans si dextrement, que par ne s'entre-toucher elles n'empeschent

le chemin de l'eau. Et à ce que la besongne s'achève bien, il la faut bien commencer ; c'est à dire, artistement et par ordre, dont à l'aise et sans confusion, en viendrés très-bien à bout. Pour première main, sera faicte la trace de tous vos fossés, remarquant curieusement les endroits par où ils doivent passer : puis commencérés à les faire creuser, par les plus bas endroits et issues, jettant la terre qui en sortira, toute d'un costé, et au dessous du fossé ; laissant l'autre costé libre, pour y pouvoir aisément porter les pierres, lesquelles tout aussi-tost y seront jettées, de peur que tardant, le fossé ne se recomblast de lui-mesme, par les vents, par le passage des bestes, et autres événemens. Ainsi vostre entreprinse s'achevera par l'un des bouts, à mesure qu'on la commencera ; en la continuant jusques au plus haut endroit du lieu. Cependant l'eau prendra son cours, voire dès-aussi-tost que l'ouverture de son chemin en aura esté faicte : ce qui n'adviendroit, commenceant la besongne par le plus haut endroit, à faute de n'avoir l'eau, quelque issue : mesme destourneroit-elle l'œuvre, en s'y deschargeant. Aviserés aussi que les issues de l'eau soyent si bien accommodées, qu'elles ne se puissent boucher par le temps, de peur qu'à faute de passage, l'eau rétrogradant, rendit inutile vostre peine. A cela sera pourveu, avec de bonnes pierres maçonnées de bonne main et à profit, pour durer longuement : principalement en l'endroit auquel la mère ou grand-fossé, réceptacle des autres, rend les eaux pour y servir, ou engarder de nuire. Finalement serés avertis que les extrémités et bouts de vos petits fossés ès parties plus hautes, de nécessité ne doivent estre si larges qu'ès basses : par n'estre contraints recueillir là, tant d'eau, qu'en bas ; demeurant, néantmoins, cela à vostre discrétion ; car trop larges ne pourroient-ils estre en aucun endroit pour recevoir non-seulement les eaux naissantes au fonds, ains les survenantes des pluies, ce qui est nécessaire de prévoir. Ceste réparation a plusieurs usages, puis qu'à la fois et les eaux et les pierres importunes d'un terroir sont ostées : et ces eaux-là, de nuisibles converties en serviables : pour prairies, pour moulins, mesme pour fontaines, leur naturel le voulant. Pour lesquelles utilités, elle se rend recommandable : aussi telles réparations sont recerchables de tous mesnagers. D'ailleurs, en ce mesnage rien ne se perd : car par estre les fossés remplis de terre en leur superficie, toute leur terre se met en évidence, pour servir en labourage, jusques à un pouce, ce qu'on ne peut dire des fossés demeurans ouverts, qui occupent beaucoup de place, et pour les postposer à ceux-là, sont sujets à réparer de temps à autre, comme a esté dict.

A faute de pierres est ici employée la paille.

S'il avient que pour le remplage des fossés, la pierre défaille, ne vous mettés en peine d'en faire porter de loin avec grands frais : mais en lieu d'icelle, servésvous de la paille ; ce que pourrés utilement faire en ceste sorte. La paille pour la force, sera plustost choisie de seigle que d'autre espèce, et à son défaut sera employée celle de froment. On en fera un plancher dans le fossé, pour, suspendu, causer un vuide en bas, pour le passage de l'eau, et au-dessus d'icelui plancher, y estre mise deux pieds de terre. Le vuide sera d'un pied de haut, l'espesseur du plancher d'un autre pied, et les deux autres de terre, feront les quatre donnés à la profondeur des fossés. De deux pieds et demi, sera leur largeur, plus estroits de demi-pied que les précédents, pour la sujection de la paille : de peur de boucher le vuide en bas, par s'affaisser : à cause de la pesanteur de la terre, mise au-dessus. La mère, réceptacle des eaux, n'excédera telle mesure, attendu la considération de la paille : mais pour pourvoir à ce dont est question, au lieu d'une mère, deux en seront faictes ou une seule si profonde, qu'elle suffise à recueillir toutes les eaux qu'on lui adressera. La paille s'accommodera en faisseaux, longs de deux pieds et demi, espès d'un pied, liés de la mesme matière, en trois divers endroits, équidistamment. Pour lesquels faire tenir, où, et comme il appartient, faudra à cela assujétir le fossé, en le façonnant plus estroit par bas, que par haut, non en pente et talussant, ains à plomb et droicte ligne, se rétractant en quarré, en l'endroit que poserés le plancher, pour, comme sur des murailles, demeurer ferme et asseuré. Le rétractement de chacun costé, sera de demi-pied, par-ainsi restera en bas, et au lieu plus estroit du fossé, un pied et demi, et en haut au plus large, les deux et demi susdits. Si doutés de la petitesse de vos fossés et vuidanges, le remède est, non d'en augmenter la largeur, attendu la sujection de la paille, ains le nombre ; car, comme j'ai dict, ne pouvés excéder en tel article, par trop bien ne se pouvoir vuider l'eau d'un terroir marescageux ou inondé. Par quoi aviserés d'en faire à suffisance, et si bien, qu'ils se deschargent les uns sur les autres par branches, s'entretenans ensemble, pour rendre toute l'eau du terroir à la mère, afin de la vuider au lieu destiné. La paille ainsi employée servira longuement: car on tient, comme cabale, qu'enfermée dans terre sans sentir l'aer, demeure saine plus de cent ans. Je suis tesmoin oculaire, de certaine paille treuvée saine et entière, au milieu d'une vieille mazure, et si marquoit la muraille estre ouvrage de plusieurs siècles. Parquoi sans scrupule, servés-vous-en, à la charge qu'estant pourrie, au bout de cent ans, ceux qui viendront après la renouvelleront, si bon leur semble (4).

Corriger les vices de l'argille et du sablon des terroirs, est un très-bon préparatif au labourage: duquel remède, tout bon mesnager s'aidera. Les terres trop argilleuses, seront amendées par le sablon: et les trop sablonneuses, par l'argille: desquelles matières en sera charrié si grande quantité où il appartiendra, qu'elles domptent chacune l'imperfection de son contraire. Telle réparation s'entreprendra, si la proximité de quelque rivière ou fondrière, donne moyen de recouvrer du sablon et de l'argile à frais modérés, non autrement: car d'aller cercher ces choses loin, et à grand prix, ne se doit délibérer. L'argille est plus difficile à recouvrer que le sablon, par n'estre, comme du sablon, toute argille propre à cest usage; ains seulement celle qui avec soi porte de la graisse; car de la pure argille infertile, on ne se pourroit prévaloir. Par tel ordre, le terroir de difficile culture et presques infructueux, se rend aisé à labourer, à conserver et rejetter convenablement les humidités, et par conséquent, de raisonnable fertilité. Et tels remèdes estans perpétuels (par ces amendemens-ci ne se consumer) ne sera en peine le père-de-famille de les réitérer, comme il est contraint faire

de toute sorte de fumiers, qui se dissolvent bien tost dans terre. C'est le moyen descript par *Columelle*, duquel se servoit *Marc Columelle* son oncle, sçavant agricole, pour rendre fertiles ses terres-à-grains et ses vignes.

Le temps pour faire ces réparations n'est limité à certaine saison de l'année, estant tous-jours propre d'y travailler, hors-mis quand la terre est trop mouillée: s'entend aussi sans destourner les ordinaires cultures de la terre, ne la récolte des fruicts. Mais telles choses marchans leur train, l'on ne fera difficulté de mettre la main à ce que dessus, soit hyver ou esté. Il est vrai qu'à meilleur marché cela se fera aux grands, qu'aux petits jours; en quoi y a un notoire mesnage et profit, observable en toutes sortes de réparations volontaires.

Voilà les lieux ombrageux, pierreux, aquatiques, argilleux et sablonneux, mis en estat de bien servir au labourage. Si en outre, avés en vostre domaine des terres laissées long temps en jaschère ou en friche, des landes, halliers, et lieux presques déserts, couverts d'arbustes de nulle valeur; comme bouis, brusc, genest, et semblables plantes n'apportans ne fruict ne fueille de prix; empeschans mesme la terre de produire herbe à suffisance pour pasturage, et n'estant le fonds propre à faire garenne, pour plus de commodité, ne faudrés à les convertir à autres usages. Si le lieu est plat ou peu pendant, facilement s'appropriera-il en labourage, pourveu qu'il ne soit par trop chargé de pierres et rochers, ne se pouvans transporter. En ce cas les arbrisseaux seront couppés, séchés, et finalement bruslés sur le lieu, à la manière susdite: par lequel artifice, la terre s'aprestera de telle sorte , que cuite par le feu , produira de beaux blés , bien-que le fonds soit terre légère , dont changera de naturel , et rapportera profit , tant le plus souvent tels essars rencontrent bien. Ainsi quelques-fois tire-on revenu de lieu estimé inutile , suivant ceste maxime, *que beaucoup de choses se perdent par ignorance et négligence.*

Les vieilles prairies se ployent très-bien en labourage , à cela estans préparées. Si elles sont aquatiques , pour un préalable convient les dessécher , puis les rompre : après toutes-fois salutaire avis , car de deffricher inconsidérément toutes sortes de prés , n'est le faict d'un bon mesnager , pour le grand besoin d'herbages qu'il a pour nourrir ses bestes. Mais en estant suffisamment pourveu , ne mettra en difficulté de rompre partie de ses moins valeureuses prairies : s'asseurant , ainsi maniées , d'en tirer plus de profit d'un an , en blé : qu'en foin , de six. Donques , estant tous-jours plus à priser l'escu , que le teston , ne seroit-ce pas preuve de peu de jugement que de préférer l'un à l'autre ? Joinct que cecy augmente le mesnage , que la prairie , pour sa vieillesse , rendue presques inutile , après avoir donné abondance de beaux blés , huict ou dix ans de suite , plus ou moins , selon la faculté du fonds , reproduira par-après des foins , si à cela voulés réemployer , six fois plus qu'elle ne faisoit auparavant , pour avoir le fonds acquis nouvelles forces , moyennant la culture , et s'estre engeancé de jeunes et franches semences(5). Et bien-que telle grande fertilité ne soit de perpétuelle durée , se consumant sa bonté avec le labeur , par le plus d'icelle consister en la motte ou superficie du pré , si est-ce que le labourage

procédé des deffrichemens , est tous-jours des meilleurs : pourveu qu'il soit gouverné en bon père-de-famille , qui après en avoir tiré quelques cueillètes de suite , sans toutes-fois en espuiser toute la graisse , quoi-qu'il le voye de bonne volonté , le mette en rang avec ses autres terres , pour reposer un an , après le travail d'un autre , ainsi qu'il convient raisonnablement faire de champ passable en bonté.

Entre les diverses façons de deffricher les prairies , deux principales sont en usage , très - contraires néantmoins , en elles-mesmes : puis-que l'eau et le feu sont opposés l'un à l'autre , effectuans mesme chose ; c'est assavoir , emmenuisant la terre pour la rendre propre à recevoir les semences. Ces deux façons seulement vous représenterai-je , comme les plus utiles et receues. Le plus commun deffrichement se faict au soc , tiré par bestes de labourage : puis vient celui du brusler de la motte ou gazon , par le feu qu'on y met , après l'avoir enlevée et à ce préparée. Le temps gouverne entièrement ces œuvres , lequel de nécessité convient avoir favorable , froid et humide pour cestui-là : et chaud et sec , pour cestui-ci. Donques pour deffricher au soc , c'est la seule saison de l'hyver qu'il faut employer : et au feu , choisir le cueur de l'esté ; ainsi approprié l'ouvrage au temps , la chose se parfera à souhait , avec frais modérés. Commenceant par le deffrichement au soc , je dirai qu'arrivé que soit l'hyver , après les pluies de l'automne , sera le vrai poinct de mettre la main à l'œuvre : d'autant que lors aura-on bon marché de rompre les prairies , pour la commune foiblesse de l'herbe et de la terre , l'une emmatie et l'autre humectée , par l'arrivée des froidures et humidités , chose dont ne pourriés venir à bout en aucune des autres saisons, qui toutes ensemble donnent vigueur aux herbes, et par conséquent, pour peu que la terre fut sèche, ne les pourroit-on arracher. Le soc qu'on employera à ce deffrichement, n'aura qu'une aureille, appellée en France, l'escu; afin que par icelle seule les gazons ou mottes se puissent renverser toutes d'un costé, l'herbe justement jettée contre terre, pour là estre estouffée. Cela se fera ainsi, moyennant que le laboureur monte d'un costé du sillon, et descende par l'autre, faisant continuellement toucher de l'escu de son soc à la terre ja labourée; dont fera que la motte se renversera à lopins s'en-dessus-dessous, si que peu ou poinct d'herbe paroistra par le dessus, ains seulement les racines avec la terre. Ce que ne pourriés justement faire avec le soc à deux aureilles, ne par le labourage ordinaire, icelui n'ayant autre pouvoir que de fendre la motte sans la renverser que bien peu. A la charrue faut fermement ajouster un grand cousteau, dont la pointe, tendant en bas, fendra la motte pour préparer la voie au soc; afin de tant plus faciliter l'œuvre. Pour gaigner temps et soulager le bestail, à ceste première fois ne faut prendre de la motte, que deux ou trois doigts d'espesseur : à quoi aussi servira beaucoup, si la terre a esté gelée auparavant, et puis baignée par quelque pluie, car le fonds prins mollet, est facile à rompre. Pour laquelle cause, au défaut de pluie, on l'arrousera, en ayant le moyen. Prenant la terre ainsi mouillée, l'on pourra dire se deffricher presque pour-néant : attendu que vos serviteurs et bestail chommeroient à faute d'autre besongne, en ceste œuvre employans utilement le temps. Il est nécessaire estre pourveu de bons et puissans beufs ou de forts chevaux, mullets ou mulles de grosse taille et robustes, et les bien nourrir pour résister à ce travail, qui n'est petit, sur tout si le fonds est argilleux, car le sablonneux est de plus facile convention. Aussi faut estre fourni de plusieurs coutres et socs proprement accommodés, leur fer bien forgé et aceré, et leur bois neuf, dur et solide, et en avoir de réserve pour substituer en la place de ceux qui se rompent. Les gelées survenantes après ce premier deffrichement y serviront de beaucoup, tant pour achever de tuer les racines de la motte, que pour en cuire la terre, qu'elles transperceront de toutes parts. Mais à ce que des racines rien n'en puisse rebourgeonner, pour prendre nouvelle vie; peu avant l'arrivée de la primevère, avant la fin du mois de Février, une seconde œuvre y sera donnée, et ce avec le soc à deux aureilles et coutre ordinaire, pour commencer d'emmenuiser les mottes ja demi cuites par les gelées et froidures. De là en avant, sans autre regard que du loisir, conviendra labourer le lieu fort souvent, réitérant la culture en travers et en long, en tout temps, froid et chaud (toutes-fois non trop humide) jusques à ce que finalement la terre se réduise en poudre, la motte estant toute consumée.

Par le seul travail des bestes comment qu'on puisse labourer, cela ne se peut parfaictement bien faire, qu'il ne reste des mottes de terre endurcies comme pierre : d'autant que le soc passant près des mottes, au lieu de les briser, seulement les renverse ou les remue d'un lieu en autre comme pierres. Pour à cela remédier, est de besoin à chacune œuvre, hors-mis à la première, le laboureur estre suivi de certains

La main de l'homme aidera au fer.

hommes avec besches et massues , pour casser les mottes qui resteront du soc et labourage : et pourveu que la terre soit temperée , par tel moyen se rendra-elle assés déliée , pour recevoir les semences , et tant plussubtile, que plus curieusement on y travaillera.

Es journées des hommes employés à cest ouvrage , court de la despence , à cause de la longueur de l'œuvre ; pour espargner , un instrument est inventé de si bon service , que moyennant iceluy , un seul homme avec une ou deux bestes, le promenant par le champ, brise plus de mottes , que ne feroient dix hommes à tout des massues et besches. C'est une grande herse-roulante, composée de deux cylindres ou rouleaux, chacun de la grosseur de l'ensuble de tisseran , et couvert de fortes chevilles de fer , lesquelles par le mouvement des rouleaux , montent sur les mottes et les brisent entièrement. La pesanteur de la herse sera mesurée par l'effect, de là procédant son service ; à laquelle l'on donnera tant de poids , qu'il suffise pour mettre les mottes en poudre. Le tirage en est aussi fort aisé avec peu de travail , une ou deux bestes le faisant , puis que c'est en roulant , comme charretes, et non en rempant , comme la herse commune (6). Ce deffrichement ainsi faict, mettra la terre en tel poinct , qu'au commencement d'Octobre la pourrés ensemencer de froment, seigle, ou meteil : en faisant toutes-fois vostre compte de n'en avoir grand profit la première année , sur tout en blé hyvernal , pour la crudité de la terre , par ne pouvoir estre du tout bien assaisonnée en si peu de temps. Cela a causé à plusieurs de n'y mettre la première année que de l'orge ou de l'avoine : à ce

qu'ayant tout l'hyver encore à se séparer, puisse bien nourrir tels grains , et pour l'année d'après recevoir tous autres qu'on lui voudra commettre , et les suivantes aussi : gouvernant de là en hors vostre nouvelle terre , à la manière des autres bons labourages (7).

Puis que labourer la terre n'est autre chose que l'emmenuiser et résoudre, pour la rendre capable à recevoir, nourrir et meurir les semences , il s'ensuit que plus louable que nul autre est l'artifice , qui mieux et plustost cause cela. C'est le cuire ou brusler de la motte ou gazon qui emporte l'honneur de ce mesnage par dessus tous labourages, par le moyen duquel, la terre se prépare parfaictement-bien, si que deschargée de toutes durtés , racines et herbes , se rend déliée comme cendre , et en suite , fructifiante en toutes sortes de semences. La terre ainsi renouvellée par le feu, d'elle-mesme ne produira aucune chose de plusieurs années (n'ayant poinct de semence dans ses entrailles) ; mais bien gaiement tout ce que lui commettrés , dont vos blés en sortiront entièrement nets, la semence en estant belle. Les jardinages , les arbres fruictiers, les vignobles se délectent en la terre préparée par cest artifice , mieux qu'en toute autre. Les prairies s'y font très-belles , voire plus fécondes qu'en quelconque autre lieu que ce soit. En somme, ce mesnage, pour son excellence , peut estre dit la quint-essence de l'agriculture et digne d'admiration : ayant par iceluy l'homme treuvé moyen de faire dans dix jours, ce en quoi le soleil employe plusieurs années , préparant en si peu de temps et si bien , la terre , et ce par le feu, qu'elle se rend souple et obéissante à tout produire. Ceste invention est

venue

venue des bois essartés et bruslés sur les lieux, desquels en plusieurs parts le peuple tire abondance de blés. De telle culture s'est-on dès long temps servi aux montaignes froides, y empruntans du feu, ce qui leur défaut du soleil.

Avec raison a esté dit ces deux deffrichemens discorder entre-eux, non en leur fin, ains en leur temps et façon : car comme pour l'un est requis choisir le poinct, auquel la motte est endormie ; afin de plus facilement la rompre et à ceste cause, prendre l'hyver : pour l'autre tout au rebours est nécessaire l'herbe estre en sa plus grande force, pour le gazon tenant ferme, pouvoir estre enlevé et manié, comme il appartient ; ce qu'en autre saison qu'en esté ne pourroit-on faire. Le vrai temps donques de mettre la main à ce bruslement, commencera à l'issue du mois de Mai, ou au commencement de Juin, après que vostre pré aura esté fauché ; ou si c'est autre herbage que défrichés, l'aurés faict manger au bestail : lequel bruslement se continuera jusques à la fin du mois d'Aoust. A bras de puissans hommes ferés décruster le dessus de vostre pré, duquel ils enleveront des gazons, autant grands et larges qu'il sera possible, sans crainte d'excéder ne défaillir en figure, à aucune n'estant requis s'assujettir : car quelle que soit, c'est tout un, n'estant pour telle occasion nullement à propos de tracer le pré en alignemens, comme aucuns veulent, ains seulement le despartir à l'œil, selon que mieux viendra à propos. L'espesseur des gazons sera de deux ou trois doigts ; de plus grande seroient trop difficiles à arracher, et de plus petite ne pourroient bien souffrir le maniment. Avec patience et modéré labeur

les piocheurs les enleveront sans les briser, pourveu qu'ils les prennent de tous costés en se contournant selon la guide de la besongne. Les outils desquels l'on se sert à ceste décrustation sont besches ou pioches de quatre doigts de large par le trenchant, qui sera acéré et entrant comme haches, et pour leur facile maniment seront proprement forgées plustost légères que pesantes. A mesure qu'on fera les gazons, on les préparera à sécher, sans interruption : de peur que par les rozées de la nuict ou pluies survenans, l'herbe ne reprit nouvelle force, en se réattachant au fonds : à telle occasion seront-ils dressés debout, l'un contre l'autre deux à deux, à la mode des thuilliers, joignans les deux herbes par le dedans, monstrans la terre en dehors, à travers desquels passans les vents et le soleil les pénétreront dans neuf ou dix jours, et seront par ce moyen au poinct que les desirés pour recevoir le feu, à la charge toutes-fois de relever de coup à coup ceux qui chéent d'eux-mesmes ou par autre cause. Pour l'espargne, tel dressement de gazons se fera par femmes et enfans, suivans pied-à-pied les travailleurs, qui ne s'amusans qu'à rompre et décruster, avanceront d'autant plus la besongne, que moins on les en destournera. Séchées que soyent les mottes ou gazons, ne faut tarder à les brusler, ne pouvant ce mesnage souffrir le délayer ; parce que difficilement les mottes se séchent pour la seconde fois, après avoir esté mouillées à la survenue des pluies, chose qui seroit contre nostre désir. Et bien que telle difficulté n'y fut, c'est tous-jours de la despence que de les redresser, comme de nécessité y faut retourner, comment qu'elles chéent, mesme surpriuses de

O

pluies, n'y aura pièce qu'il ne convienne remuer jusques à une, pour tascher de les remettre en leur premier estat. Parquoi prévenant ces peines et inconvéniens, le meilleur sera, que pressant le temps, ne retarder nullement à leur donner le feu estans une fois prestes.

Pour cuire on brusler les mottes, on les emmoncelle en fourneaux ronds, qui estans parfaicts en dehors, ressemblent à petits monceaux de foin sur le pré nouvellement fauché, ou à la moitié d'un globe couppé par le milieu : et lesquels sont de telle mesure, qu'ils contiennent quatre ou cinq pieds de diamètre, autant en hauteur, peu plus ou moins. On les pose équidistamment de quatre à cinq pieds l'un de l'autre, et les arrange-on en ligne droicte des deux costés, comme arbres plantés à la quinqu'once, pour esgalement despartir la terre bruslée par tout le champ. En formant les fourneaux

gist la maistrise, à quoi défaillant, défaudra aussi la terre à prendre feu, en s'y estouffant, incontinent estre allumé, car c'est le vent enclos donné à propos qui faict prendre et arrester le feu. Comme si on vouloit construire une petite tour, de mesme commence-on ces fourneaux : pour fondement, avec ces mottes sèches sans autre matière, l'on bastit une muraille courbe, selon la circonférence du fourneau, faisant en dedans un vuide de deux pieds de diamètre, ou environ : la muraille est espesse de la largeur de la motte : à la renverse s'en - dessus - dessous l'herbe contre terre, employe - on les gazons ou mottes, dont la muraille se compose perpendiculairement et à plomb sans nulle pente, de la hauteur d'un pied, peu d'avantage, y entrant quatre ou cinq mottes

l'une sur l'autre : une porte d'un pied d'ouverture est laissée dès terre en faisant la muraille, du costé d'où souffle le vent, quel qu'il soit, pour faire prendre feu : sans plus attendre, on met le bois requis, qui est autant qu'en peut contenir l'intérieur, dont il est rempli. C'est tout fagottage et menu bois, excepté une grossète pièce traversante pour le soustenir, qui comme poutre, est mise sur les murailles.

La porte en est aussi occupée avec de la paille parmi, pour l'aisance de donner et faire prendre feu au fourneau. Après, le bastiment se continue ; non en muraille, ains en posant motte sur motte tous-jours à la renverse, par le dehors, suivant la rondeur du fourneau et le parachevant en forme de voute. Le bois en est tout couvert, mais c'est tout doucement, sans le presser, de peur que s'affaissant, le feu en fust estouffé. Les mottes à telle occasion se supportent l'une l'autre, en les faisans avancer petit-à-petit, à la manière des maçons, faisans des saillies pour porter des avancemens, de telle sorte que sans presser le bois, tout s'en trenve couvert comme d'une voute. Ce faict sans attendre que le fourneau soit achevé, le feu y est mis par la porte, et icelle incontinent bouchée avec des mottes, et en suite diligemment met-on les autres mottes pour la perfection de l'œuvre. On les jette tous - jours sur les lieux d'où la fumée sort, taschant, en fermant ses issues, de contraindre le feu à se resserrer dans le centre du fourneau : autrement laissant à la fumée quelque libre passage, le feu s'évaporant par là, rendroit inutile l'ouvrage ; comme semblable chose se void pratiquée ès charbonnières. Ainsi vos fourneaux à mesure qu'ils brusleront, s'en grossiront et hausseront aussi par les mottes qu'on y adjoustera , pour finalement venir jusques à leur proportion dernière , ayant employé toutes les mottes du champ, observant tous-jours ceci, que de poser les mottes à la renverse , l'herbe contre terre, comme a esté dict. Le vuide qui se treuve entre les mottes , par ne se pouvoir joindre ensemble , à cause de leur espesseur , donne suffisante respiration au feu pour y faire son office : ayant ceux-ci quelque conformité avec les fourneaux à-vent, esquels l'on fond l'artillerie, où sans rien souffler, la matière se prépare ainsi qu'on désire.

A l'entour des fourneaux y aura tous-jours des hommes pour redresser les mottes, que la violence du feu fera avaler, ou qui par autre occasion pourroient estre cheutes ; aussi pour rallumer le feu qui par accident seroit esteint ; et à ces fins ne seront les fourneaux abandonnés , ne nuict ne jour, jusques à la perfection de l'œuvre, qui pourra estre dans vingt-cinq ou trente heures , que le feu y demeurera. La terre estant allumée , pour sa couleur rouge, ressemble proprement au métal fondu dans une fournaise, ou au verre ardant au milieu d'une verrière : laquelle terre ayant une fois prins feu, ne s'esteindra nullement, pour aucune pluie survenante ; ains bruslera plus violemment, se sentant arrousée, à l'imitation des fournaises des mareschaux, qu'à dessein ils mouillent d'eau , pour renforcer le feu d'avantage. Sans artifice ne moyen le feu s'esteindra de lui-mesme au bout du terme susdit, qu'il aura rédigé en poudre la terre des mottes, excepté de celles qui auront servi de couverture aux fourneaux : lesquelles par n'estre resser-

rées d'autres, n'auront peu estre pénétrées par le feu et partant demeureront crues et presques entières. En somme, autant y demeurera le feu comme il y treuvera de matière , laquelle fournira le temps susdit, estans les fourneaux de la mesure projettée. Plus grands ou plus petits pourroient-ils bien estre faicts , voire toutes les mottes d'un grand pré se brusleroient en un seul fourneau. Tant plus petits sont les fourneaux , tant plus de bois ils despendent, et tant plus de mottes restent à cuire de celles des couvertures : aussi tant plus de terre ils préparent, de celle , dis-je , qu'ils occupent en leur assiete ; et tant moins de peine a-on pour assembler les mottes ès fourneaux. Au contraire , tant plus grands , tant moins de bois ils consument, et moins de mottes des couvertures restent à cuire : mais tant plus de peine donnent les mottes à porter et moins par leurs siéges ou bases améliorent-ils de terre. Ausquels en outre, ce mal se treuve , que pour leur grandeur , le feu y demeure plus longuement que des vingt-cinq ou trente heures susdites, en attendant la consommation de toute la matière , dont la terre premièrement attainte du feu , par trop recuite se rend de peu de substance. Donques , puis qu'à l'expérience la mesure susdite se treuve profitable, sans changer de dessein, nous nous y arresterons , comme aussi à la façon de ce mesnage la plus simple et faisable ; nonobstant les imaginations de plusieurs, mesme de ceux qui y ajoustent de l'argille, comme en Piédmond , sans estre besoin s'en donner autre peine , que ce que j'en ai dict, ainsi l'ayant plusieurs fois heureusement pratiqué chés moi.

O 2

Esteint que soit le feu, la terre se refroidira d'elle-mesme dans peu de temps. Elle demeurera emmoncellée jusques à la venue d'une forte pluie, laquelle prévoyant, la terre sera escartée par le champ esgallement, uniment, et universellement ; afin qu'il n'y ait endroit qui ne s'en ressente : exceptés les lieux sur lesquels les fourneaux auront esté faicts, qu'il faut du tout descharger d'icelle, par avoir esté suffisamment cuits et préparés, durant le séjour des fourneaux sur iceux, ce qui apparoistra évidemment par le blé en son temps, qui là sera plus grand qu'ailleurs, comme si en tels endroits seuls, on y avoit mis abondance de bons fumiers. Et avoir desdits lieux rasclé toute la terre, en change d'icelle on y laissera les mottes crues, qui auront resté des couvertures des fourneaux, lesquelles, comme a esté dict, le feu n'aura peu pénétrer, qu'on brisera là avec le hoyau.

Après, le champ sera labouré avec le soc ordinaire, mais fort légèrement, en ne prenant que deux ou trois doigts de terre ; afin de peu-à-peu incorporer la cuitte avec la crue du fonds, et que les deux ensemble s'en préparent bien. Aux autres œuvres on profondera d'avantage, plus toutes-fois ès derniers qu'ès premiers, jusques à ce que finalement on soit venu à la juste mesure qu'on désire labourer. Et si tant est que le bruslement ait esté expédié dans le mois de Juin, survenant une bonne pluie, on y pourra semer du millet, des raves, des naveaux, meslingés ou séparés : puis au mois d'Octobre ensuivant, du seigle, du froment, du méteil, séparément toutes-fois : et consécutivement les trois ou quatre suivantes années charger tel terroir de toutes sortes de blés hyvernaux qu'on voudra. Si le temps est sec ou venteux, n'escartés vostre terre cuite, ains la laissés emmoncelée sans y toucher ; de peur que pour sa subtilité elle ne s'envolast en poussière ; mais attendés patiemment le temps humide qui arrivera en sa saison : joinct qu'il n'est nullement nécessaire de se haster en cest endroit, ne mesme d'ensemencer trop tost le champ ; de peur qu'estans les blés trop primerains, leur grande gaillardise, provenant du bénéfice de telle excellente culture, les fist verser par terre : mais retarder un peu, en attendant l'approche des froidures de l'hyver, pour tempérer la chaleur de la terre procédée du feu. Aucuns n'escartent leur terre cuitte que sur le poinct des semences, quelque tard qu'ils les facent, encores qu'elle ait esté préparée long temps auparavant. Ce qu'attendans, aux mois d'Aoust ou de Septembre après la pluie, ils labourent le champ, c'est à dire, l'entre-deux des monceaux, sans toucher à la terre cuitte : donnans au fonds un couple d'œuvres avec le soc, en travers et en long, sans prendre plus de deux doigts de terre ; afin de la préparer à s'unir avec la cuitte. Pour faciliter ce labourage, par prévoyance, en dressant les fourneaux on les aura rengés en ligne droicte de tous sens, car posés confusément, ceste culture ne se pourroit bien faire à propos. Les froments craignent plus le verser par terre, que les seigles, pour laquelle cause, plusieurs aiment mieux mettre sur leur terre cuitte, de ceste semence-ci, que de celle-là, pour la première année : passée laquelle, la terre ayant un peu rabaissé de sa chaleur, se rendra du tout propre à recevoir et les froments et toute autre sorte de blés qu'on

lui voudra commettre. Ceste considération n'a pourtant lieu indifféremment par-
tout, ains seulement ès terroirs qui d'eux-
mesmes sont fort fertils, car ès légers, dès
la première année les froments profitent
très-bien. En somme, ce sera autant d'années qu'on chargera ceste terre, que sa
faculté le permettra, désistant lors de la
faire travailler, qu'on l'appercevra descheoir de sa fécondité : laquelle dure plus
en un endroit qu'en un autre, selon le
fonds et le climat. Alors sera le temps de
remettre le champ en prairie, si ainsi l'avés
délibéré, sans attendre que par trop long
travail, la substance en soit du tout espuisée ; à telle cause faisant cesser le labourage pour le redresser en pré, selon
l'art. Si le voulés continuer en labourage,
faire le pourrés en le gouvernant à la façon
de vos autres terroirs à grains, dont tirerés contentement pour sa facile culture et
bon rapport, qualités à lui acquises par
l'ordre susdict. Non seulement telle terre
cuitte et ainsi préparée enrichira son fonds,
mais aussi amendera - elle de beaucoup
quelque partie des champs voisins, si on
y en faict porter comme fumier, ce qu'on
fera sans tare du fonds, en y allant modérément. Le meilleur toutes-fois seroit,
la commodité du charroi le permettant, de
faire brusler les mottes sur la terre mesme
qu'on désire amender, et là les porter
crues, afin que le fonds se ressente de la
faveur du feu. De ceste subtile terre,
comme d'exquis fumiers, toutes sortes
d'arbres fruictiers seront resjouis, si on
leur en donne au pied : comme aussi servira de beaucoup aux artichaux, asperges, bazilles, capres, et à toutes autres
précieuses plantes de jardin.

L'ignorance d'aucuns a faict rejetter

telle façon de deffricher, pour la cherté
de l'ouvrage, attendu que c'est à bras
d'homme qu'il se faict, sans aide d'aucune beste : pour la quantité du bois qui
s'y brusle : et pour le doute que tel terroir
ainsi manié, ne puisse demeurer longuement en bon estat, cuidant sa vertu se
consumer par le feu, toute à la fois. Il y
court vraiement de la despence, mais voici
d'où elle sort. Les foins et autres herbages
se mesnagent, d'autant qu'ils sont serrés
avant qu'on rompe le fonds, les foins fau-
chés, ou les autres herbages mangés dans
le mois de Mai que ce deffrichement se
commence, ce qui paye une bonne partie
des frais : et l'autre se prend bien largement sur le revenu de la première cueillète, qu'elle rend bon, dès le commencement, sans se faire attendre. Ainsi la despence et du rompre et du bois, se rem-
bource bien, et tost ; ce qu'on ne peut dire
des frais, quoi-que petits, qu'il convient
faire par l'autre voie de deffricher, par les
raisons représentées. Quant à la crainte
de courte durée, ceux qui ne l'ont expérimenté, seulement ont ceste opinion dou-
tans en vain d'une chose toute asseurée :
car tout labourage ainsi préparé, demeure
assés fort et vigoureux, pour servir autant longuement qu'on le sçauroit désirer : pourveu que suivant l'oracle antique, NE TIRE TOUTE LA GRAISSE DU
CHAMP, soit mis au rang des bonnes terres ; pour selon son mérite, ceste-ci estre
gouvernée à la manière portée par les loix
du labourage, et au cultiver et au reposer.
Ces choses contre-pesées, nostre père-
de-famille préférera le deffricher au feu,
à l'autre manière, si la trop grande cherté
du bois ne l'en destourne : seule excuse
qu'il puisse avoir. Et pour fin, quelle

opinion il doit concevoir de ceste mesnagerie, la recueillira du rapport de ceux qui le plus la pratiquent, disans en leur patois, que

> Qui non crème, ou non féme,
> Quan lous autrés missounon, el glène (ô).

CHAPITRE II.

Le Labourage des Terres-à-grains.

COMME nature nous donne infinies espèces de fruicts; aussi c'est par diverses sortes de culture, que nous les tirons de la terre. Et combien que les blés soyent tous-jours semblables à eux-mesmes, en quelque part qu'ils croissent, si est-ce qu'au labourage des terres-à-grains, et à la récolte des blés y a de grandes diversités; non-seulement de région à région, ains de climat à climat : voire mesme ne s'accordent entièrement en ce mesnage, les habitans de deux terroirs contigus : où l'on ne s'apperçoive de quelque diversité, soit au bestail du labourage, soit aux outils, soit aux semences, soit au *Divers cul-* serrer des blés. Ici on laboure la terre avec *ture de la* des beufs; là avec des chevaux. Ici avec *terre.* des mulets; là avec des mules, et ailleurs avec des asnes. Ici la charrue avec des roues portant le soc, est tirée par quatre, cinq ou six bestes : là joue le coutre sans roues, traîné par deux seules bestes. Ici les beufs ayans le joug attaché aux cornes, tirent à la teste; là au col. En la Beausse et ailleurs, les terres sont divisées par grands sillons de cinq à six pas de large, enfermés au milieu de deux lignes parallèles, la terre d'entre-deux emmon-

celée en voulecure ou rond, pour vuider l'eau des pluies ès costés et parties basses. A l'entour de Montargis, par petits sillons, de quatre à cinq raies. Et tant y a de diversité au labourage, en ces quartiers là, qu'y prenant garde de près, l'on treuvera icelui varier beaucoup, despuis ladite ville, jusques à Paris : la terre donc estant maniée en cinq ou six façons, dans ce petit espace de pays, que peut-on dire d'une mer à l'autre ? En l'Isle-de-France et en plusieurs autres endroits, les terres sont ensemencées à la herce, et par conséquent, le plan en est rendu uni en perfection, comme prairie, sans crainte des pluies; bien que le pays soit plat. Par toute la France, Beausse, Picardie, Normandie, Bourgongne, Champagne, Berri, Soulongne, Poictou; et généralement ès provinces approchans plus du froid que du chaud, les blés estans moissonnés, sont incontinent portés en gerbe dans les granges, et là battus à l'aise, durant l'hyver. Au contraire, à descouvert, à l'aire, avec promptitude, durant les chaleurs, ès quartiers tendans au midi, comme en Provence, Languedoc, la plus-part du Dauphiné, principauté d'Orange, comté de Venaissin et son voisinage. Encore tous ne s'accordent ni au moissonner ni au batre, qu'on n'y recognoisse de la différence ès faucilles, fléaux, vans, et autres outils désignés à tels usages, ensemble à leur maniment. Mesme, touchant la séparation du grain d'avec la paille, quelle conformité y a-il du batre avec le fléau, au fouler des bestes, bien-que par ces deux contraires chemins on parvienne où l'on désire ? Pour telles diversités donques, n'est nullement possible, non plus que nécessaire, prescrire certaines ordonnances et loix sur le labourage et conduite des blés, pour s'y assujettir : de quelle espèce de bestail, de quelle façon de charrue, soc et coutre, l'on s'y doit exactement servir ; ains est besoin laisser aux usages, leurs accoustumances, mesme en ce dont dès tout temps de père-à-fils, l'on s'est bien treuvé : pour le danger de perte que toute mutation porte avec elle. Ce qui raisonnablement a faict proférer cet oracle à *Caton*, NE CHANGE POINT DE SOC, *ayant pour suspecte toute nouvelleté*. Et de faict, ceux-là se sont plustost faict admirer, qu'imiter, qui ont inventé des nouveaux socs, tant a de majesté l'antique façon de manier la terre, de laquelle l'on ne se doit destourner que le moins que l'on peut, et avec grandes considérations. Il est vrai, que comme les esprits des hommes s'affinent tous les jours, et que pour le présent nous pouvons sçavoir ce que nos pères ont sceu le temps passé, avec jugement y pourrons-nous ajouter quelque cas de nos inventions expérimentées, pour servir d'adresse à la conduite de nos affaires, ce qu'on ne doit opiniastrement rejetter. Mais c'est toutes-fois avec un jusques-où, pour ne s'abandonner à toutes sortes de nouvelles inventions, de peur que par mauvais rencontre, on ne chée en moquerie, estant ce tous-jours le guerdon d'une curiosité par trop grande (9).

Les beufs, chevaux, mulets, mules, et asnes, sont les bestes employées en tout pays au labourage des terres-à-grains (les seuls hommes à bras, les cultivent en certains endroits, mais où elles sont en petite quantité) et desquelles on se sert, selon la commodité des particulières espèces de ce bestail, le naturel des fonds, et le moyen des peuples. Les premiers labou-

rages ont esté faicts avec des beufs, après avec des chevaux, puis avec des mulets, et finalement avec des asnes ; y employant aussi par nécessité, les femelles de ces animaux, bien qu'à ce les moins propres, exceptées les mules, qui en ce service surpassent les mulets.

Le beuf remue plus profitablement la terre argilleuse et pesante, que nulle autre beste ; pour la force qu'il a plus grande, que ni le cheval, ni le mulet, ni la mule, ni l'asne. Il est de facile entretenement, despend peu en son vivre ordinaire, simple en ses harnois, ne lui estant nécessaire ne fer, ne cuir, ne bourre. Il est peu sujet à maladie, et malade, d'aisée guérison : est d'assés longue vie, laquelle ayant usée à nostre service, engraissé, est puis tué pour la provision de la maison, la fournissant de chairs, de graisses, et de cuirs : ou est vendu pour en tirer de l'argent. Mesme d'aventure s'espaulant, se rompant une jambe, ou mourant par accident, peut estre tous-jours employé à tels usages. Si que ne pouvés jamais perdre en telles bestes.

Mais le cheval est la beste de labourage la plus difficile à entretenir, de plus grande despence que nulle autre en son vivre, harnois et fers : sujète à maladie, et de longue guérison, n'estant d'autre espérance que de son travail, veu que sa chair ne sa peau ne sont d'aucun service au mesnage ; car vous perdés tout-quite le cheval, s'il s'espaule, s'il se rompt ou s'estord une jambe, ou s'il meurt par accident ou par vieillesse : comme de mesme est il des mulets et asnes. Et comme en ceste qualité le cheval cède au beuf, aussi en son labeur il le devance de beaucoup, pour la vistesse de son pas, dont il remue plus de terre en un jour, que le beuf ne faict en quatre. Pour laquelle cause est-il prisé en ce service par dessus tout autre animal ; aimans mieux les bons mesnagers se mettre en despence et hazard, que de faire traisner en longueur tout leur labourage, auquel consiste toute l'espérance de leur négoce (10).

Les mulets et mules costoyent de près les chevaux en ceste action, pour leur diligente et vigoureuse force : en ceci les surpassans, que d'estre plus faciles à nourrir et moins sujets à prendre mal. Les chevaux, mulets et mules sont aussi employés à la selle, au bast et à la charrete pour plusieurs et divers services, où les beufs ne peuvent attaindre, n'estans propres, ontre le labour de la terre, qu'à tirer la charrete, et traisner grands fardeaux, à quoi toutes-fois les chevaux ne cèdent nullement. De faict aux plus grands labourages, le service du beuf n'est guères en usage, ains celui du cheval et de la mule.

La commodité que la France et provinces voisines ont d'avoir et nourrir des chevaux, faict qu'elles se servent plus d'iceux en leurs labourages, que d'autres espèces de bestes : joinct qu'estant leur pays pour la plus-part terre grasse, les pieds larges des chevaux n'y enfoncent si fort, comme ceux des mulets et mules, qui les ont estroits et pointus. Comme de l'autre part l'Auvergne, nourrissant des mulets et mules en abondance, en fournit ses voisins de Languedoc, Dauphiné, et Provence, esquelles provinces, tant pour la propriété de la terre, qui n'est généralement des plus grasses, que la disete d'avoines, les mulets et mules sont retenus pour leurs labourages : les beufs aussi en plusieurs endroits y sont employés.

Quant aux asnes, en quelque part qu'on soit l'on en recouvre facilement, et de mesme les entretient-on, voire despendent-ils moins qu'aucune autre beste de service ; dont se rendent propres pour pauvres gens : encores faut que la terre qu'ils labourent soit légère et sablonneuse. En plusieurs endroits de l'Auvergne, du Poictou, de la Gascongne, du Languedoc, et voisinage, l'on se sert au labourage indifféremment de toutes bestes de labour, selon les affections, moyens, et coustumes des lieux, dont chacun faict ses affaires le mieux qu'il peut. Parquoi sans s'affectionner plus sur une espèce de bestail que sur l'autre, non plus qu'ès façons des charrues, socs et coutres, nous-nous servirons de celles que l'usage commun recommande le plus, et la raison n'y contrarie, parce principalement, qu'avec plus de facilité treuvons-nous des laboureurs propres à conduire la sorte de bestes qu'ils ont pratiquées, que ne ferions pour en gouverner d'autres contre leur coustume pour la grossesse de l'esprit de telles gens, qui difficilement se ployent à faire chose nouvelle, quoi-que facile et de grande utilité.

Seulement le mesnager se pourvoira de bon et puissant bestail, plustost grand que petit, jeune que vieil : et en telle quantité, que la faculté de son terroir le requerra. Tous-jours les plus grandes bestes ne sont bonnes au travail, mais bien souvent celles de moyenne taille et ramassées, sont vigoureuses. Et comme les plus petites, pour leur foiblesse, sont rejettées du labourage, aussi à celui ne sont propres les trop jeunes, quoi-que grandes : parce que la besongne ne s'en faict jamais bien, et se gastent entièrement par travailler plus jeunes que de quatre ou cinq ans. Parquoi

quoi convient avoir patience à ne les abandonner au grand labour avant que avoir
attaint tel aage (11). Quand il s'accorde
qu'avec la grandeur et grosseur du corps,
elles ont le courage de mesme, c'est tout
ce que pouvés désirer de tel bestail, de
la race duquel estant une fois pourveu,
ayant des estalons, jumens, taureaux,
vaches, asnes et asnesses ainsi qualifiés
et provisions d'herbages pour leur entretenement, ne soyez si mal avisé de ne la
conserver chèrement, en subrogeant tous-
jours des jeunes aux vieilles bestes. Desquelles, nées chez vous, tirerés plus
grand et plus long service, que si les re-
couvriés de loin, par se treuver mieux à
leur propre aer, qu'ailleurs. Et touchant
les beufs, outre le service du labourage,
tant plus avés de profit de leur despouille,
que plus grands et corpulens ils se treuvent.

Les bestes du labourage, chacune selon son naturel, seront bien logées en
propres estables, là bien nourries, pan-
sées, estrillées et caressées de la main
et de la voix, peu ou point batues, de
peur de les rebuter, mais convenablement employera-on les coups. Selon leurs
espèces, aussi leur façonnera-on la charrue, le soc et le coutre, à quoi le laboureur se plaira, comme à ses principaux
outils pour les tenir tous-jours en bon train,
leur fer bien forgé et acéré pour trencher
et arracher profitablement et terre et racines. Desquels outils il aura provision,
pour suppléer au défaut de ceux qui se
peuvent esgarer ou rompre sur la besongne, afin de n'estre contraint à les refaire en beau-temps, lors qu'il convient
s'employer à la terre. Le laboureur ne
travaillera ses bestes en temps pluvieux,
negeux, trop froid, ne trop chaud, mais

leur fera bien employer la bonne saison,
sans en rien perdre. Se gardera les morfondre en aucune façon, mesme ne leur
permettant manger ne boire, avant estre
refroidies de leur sueur. Préviendra les
blessures et déferrures; les visitera souvent, mesme tous les soirs par tout le
corps, jusqu'aux pieds, pour les nettoyer
et leur oster les pierres et espines qui souvent s'y attachent, sur-tout en ceux des
beufs qui y sont sujets. Aux chevaux,
mulets et mules, donnera de l'avoine tous
les soirs, leur mesure ordinaire, plus
toutes-fois à ceux-là qu'à ceux-ci. Aux
beufs, quelques poignées de sel durant
l'esté, un jour de la semaine, dont on
leur frottera la langue : observant ceci,
que le lendemain veulent se reposer, c'est
pourquoi le vulgaire entre les jours de la
semaine, tient superstitieusement le seul
samedi estre bon à ceci : leur frottera quelques-fois la langue avec du vin et du vinaigre, pour leur faire avoir bon appétit : et
pour garder que le joug ne les blesse, mettra sous icelui, à la teste ou au col, des pièces de drap ou de feutre. Quant au tirage
des beufs, ou par la teste ou par le col, il
y a de la dispute, pour discerner la meilleure des deux sortes, venue à nous dès
le temps des anciens; de laquelle faict
mention *Columelle*, qui rejette comme
inutile, le tirer la charrue par la teste, et
seulement prise celui du col et de la poitrine : disant, le beuf avoir là plus de
force qu'aux cornes. Son avis est receu de
la plus-part des bouviers d'aujourd'hui :
mais non approuvé par ceux qui font servir leurs beufs à double usage, au labour de la terre, et au tirer de la charrette. D'autant que bien, ni à propos,
la charrette ne se peut attacher qu'aux

cornes, pour estre retenue és descentes et valées, le fardeau de laquelle sortiroit hors du pouvoir des beufs, si elle estoit tirée au col. Les Savoisiens ont mis fin à telle dispute, faisans tirer leurs beufs, et par le col et par la teste tout à la fois, en leur accommodans deux jougs en ces deux endroits-là du corps, ainsi ont-ils entièrement le service de telles bestes avec l'applaudissement d'un chacun. Or soit à la teste ou au col, ou à tous les deux ensemble que les beufs tirent, le plus doucement qu'on les peut mener, c'est tousjours le meilleur (12).

Quelles doivent estre choisies toutes sortes de bestes de labourage selon leurs espèces : quelle leur mangeaille : comment dressés leur logis et establés : comment gouvernées pour en tirer service, sera discouru sur le propos de la nourriture du bestail. Ici je dirai, que comme la maigreur du bestail de labourage, dénote la nonchalance du laboureur à ne le traicter comme il est requis ; aussi leur trop de graisse, manifeste sa paresse à travailler ; à raison de laquelle le bestail l'acquiert par séjour : les deux au détriment du père-de-famille, ne pouvant avec bestail trop maigre ou trop gras, faire à propos son labourage. Mais seulement comme il appartient, de celui qui par tempérament de l'un et de l'autre, est rendu dispost au travail et non trop sujet à se morfondre et prendre mal. Le naturel de la chevaline et de la muletaille, est, qu'estans bien traictées au soir, et repaissans à la disnée, d'employer le reste du jour au labourage, comme en voyageant : celui du beuf n'est de mesme, ne souffrant si long travail, ce que outre son pas lent le faict postposer aux susdites bestes. Mais

pour faire avancer besongne aux beufs, on en entretient deux couples pour un de chevaux ou mules, et cela est sans se constituer en plus grande despence. Car il est tout notoire, que deux beufs ne mangent plus qu'un mulet ; et deux mulets, qu'un cheval : ainsi par degrés on peut mesurer la despence du bestail de labourage, pour en ordonner selon ses provisions (13). Et si bien ne voulés mettre deux paires de beufs en chacune charrue, ains seulement une, un seul homme ne laissera pourtant de mener deux couples de beufs séparés (ainsi qu'heureusement ce mesnage se pratique en plusieurs lieux) assavoir une despuis le grand matin jusques à unze heures, et l'autre despuis midi jusqu'au soir : hors-mis és grandes chaleurs, qu'il faut du tout éviter à les travailler, pour le profit commun des ouvriers et de l'ouvrage : mais seulement labourer les matinées et vesprées. Et pourveu que le laboureur ait un garçon pour lui emmener et ramener ses beufs esdites heures, et lui et les beufs auront du loisir assés pour repaistre, dont la besongne s'avancera très-bien ; car sans perte aucune de temps toute la journée s'employera à souhait. Observation remarquable pour le bien du labourage, à laquelle tout bon mesnager visera pour la pratiquer. Car il n'est pas ici question seulement de bien labourer, mais il y faut ajouster le beaucoup, si on veut avoir honneur et profit de ce négoce. Ce qu'encores mieux il sera, s'il est pourveu de bonne quantité de pasturages, pour pouvoir entretenir grand nombre de bestes de labour, selon la pratique de la Camargue, ci-après monstrée. Quant au labourage des vaches, il dépend aussi de la viande, pour en nourrir un grand trouppeau : afin que d'entre plusieurs d'icelui, on en puisse choisir des brebaignes, et autres plus dispostes, les faisans travailler seulement quelques heures du jour : ainsi, ayant des vaches de relais (comme chevaux de poste) le coutre ne séjournera jamais, et les maniant par tel ordre, avec douceur, utilement l'on s'en servira sans grande tare de leurs portées ne laictages (14).

A la provision du bestail et des outils du labourage, nous ajousterons la SAISON, pour la prendre telle qu'il appartient, sans la laisser escouler : le danger estant tout apparent, que quand par faute de n'avoir prins à poinct-nommé la facilité de labourer nos terres, provenue du bénéfice de la saison, icelle passée, ne la pouvons par-après que mal-aisément recouvrer, et jamais ne se peut, qu'à l'intérest du labourage. Et comme ce n'est pas tout de bien courir, mais de despartir de bonne heure ; ainsi est-il du labourage, lequel de nécessité faut commencer tost, pour n'estre contraint le finir tard : ains pour le parfaire à temps et à propos, est requis d'y mettre la main avec diligence, dès aussi tost que la saison de travailler apparoist.

> Le trop tarder en faict de labourage,
> Est la ruine entière du mesnage.

A ce commandement antique joindrons ceste maxime, laquelle commencera nostre labourage :

DE NE CULTIVER JAMAIS LA TERRE ESTANT TROP SÈCHE, OU TROP HUMIDE. Quelle qu'elle soit de ces deux extrémités nous ravit le plus important de nostre agriculture, qui est le milieu, tant desiré pour tous ouvrages. Craignans donques de tumber en quelqu'une d'icelles, nous

nous garderons de faillir en ce poinct, que de mettre le coutre en nostre terroir au temps d'extrème sécheresse : de peur de le morfondre, et par conséquent le gaster pour long temps. Car l'ouvrant lors, c'est lui oster ce peu d'humeur qui lui reste pour son entretenement, dont trop aride demeure-il par-après, impropre et comme inutile à recevoir les bonnes semences : au lieu desquelles se fourrent de meschantes et nuisibles herbes, comme entre autres l'ivroie prend sa naissance de la sécheresse ; et son accroist de l'humidité de l'hyver suivant (15). Aussi ce mal en avient, que défaillant l'humidité requise la terre pour sa durté, ne se peut manier à propos, empeschant le coutre d'y entrer avant, et de jouer en ligne droicte ; ains contre les préceptes de l'art, le faict aller inégalement et par le fonds et par les costés ; si que la terre ne se peut briser, dont en reste beaucoup d'entière et ferme, sans estre attainte ni aucunement touchée du soc. En outre, ceste perte y est toute apparente, que le bestail du labourage s'y consume, par travail trop importun, n'y pouvant faire un pas, que forcément et avec contrainte. Les charrues, coutres, et socs s'y rompent aussi fort facilement ; et pour augmentation d'incommodité, la besongne ne se peut beaucoup avancer : se voyant par expérience, une couple de bestes faire plus en un jour, treuvant la terre bien disposée, qu'en trois ne quatre, si elle n'est ainsi qu'il appartient ; obéira donques nostre mesnager, à ceste défence

> Qu'au fonds qui est sans humeur,
> Ne touche le laboureur.

sur-tout tant plus sablonneuses sont les terres ; dont le dessécher par culture, les prenans hors temps, et non tempérées de

Ni esté vndé,

pluies ou fortes rosées, empire beaucoup leur première qualité.

Non plus labourerons-nous nos terres estans trop humides, car par l'importune humidité, devenans fangeuses, s'endurcissent par la sécheresse suivante, comme mortier sec. Si que presques autant vaudroit jetter la semence sur des pierres, que sur telles terres : lesquelles tant plus craignent-elles ce mal, que plus elles sont argilleuses (au contraire des sablonneuses, comme a esté dict) : par telle imprudence et ignorance le terroir se corrompt pour plusieurs années, ne pouvant estre remis qu'à la longue, avec grand labeur, et par le bénéfice des meilleures saisons. Aussi, tous les meilleurs mesnagers, antiques et modernes, ont en horreur tel maniement de terre ; s'accordant à ce dire,

> Qu'il vaudroit mieux faire le fol,
> Que de labourer en temps mol.

Ni d'extreme froidure,

Nous ajousterons les glaces de l'hiver, pour les éviter autant soigneusement, que les sécheresses et humidités précédentes. Le sçavant laboureur pendant que sa terre est affermie par les glaces, n'y touche aucunement ; ains avec patience laisse passer leur cholère. Car aussi n'y gaigneroit-il rien, non-seulement à cause de la dureté du fonds, le soc n'y pouvant entrer ; qu'aussi s'en efforceant, seroit en danger de gaster son bestail, et rompre ses outils. Les bonnes gens de village appellent, saigner la terre, quand on la remue hors temps, contans pour l'un des plus remarquables, celui des gelées : lesquelles si pour quelques temps destournent le labour de la terre, par-après récompensent bien telle tardité, en laissant la terre facile à manier, souple et cuite, deschargée de plusieurs malignes semences et racines,

que les glaces auront tuées par leur aspreté. Donques,

> Pendant les glaces de l'hyver,
> Ne faut les terres cultiver.

Ainsi l'ont ordonné nos ancestres, et pourveu qu'elles viennent en droicte saison, qui vers le mois de Janvier, c'est grande espérance d'avoir bonne cueillete. Défaillans lors les glaces et gelées, les mois suivans en seront chargés avec grand destrac du labourage : d'autant que selon l'ordre que Dieu a establi en nature, faut que l'hiver se descharge en quelque temps : qui vient tous-jours mieux à propos, tost, que tard : dont l'on dict,

> Que si Janvier est bouvier,
> N'est pas ne Mars ne Février.

Maturation perdu

Or puis que le tempérament des temps avec la terre, cause au fonds ceste tant desirée facilité de culture, pour sa fécondité : il s'ensuit qu'il est nécessaire d'espier curieusement ce poinct-là, pour l'employer avec diligence, et s'asseurer, comme dict le vulgaire, que

> Mieux vaut saison,
> Que labouraison.

Divers tant des terres pour leur agri-prise labourage

Ceci sera noté, que les terres sablonneuses et sèches, veulent estre labourées plustost en l'humidité, qu'en la sécheresse : au contraire, les argilleuses et humides, en la sécheresse, qu'en l'humidité. Que tant plus gras, fort, et fertil est un terroir, tant plustost, tant mieux, et plus longuement désire estre cultivé en tout temps, pour le descharger de l'importunité des herbes dont il abonde. Le maigre et léger, ne requiert tant de façons : mesme de n'estre guères remué en esté, de peur que la chaleur n'en espuise toute la substance. Mais bien és autres saisons, spécialement de l'automne et de l'hiver, veut-

il estre labouré, pour le grand secours
de leur humeur en terre légère, à laquelle
s'incorporant de longue-main, la prépare
à recevoir toute sorte de grains, avec profit. En somme, toutes terres, grasses ou
maigres, sèches ou humides, demandent
diligente culture, selon leurs diverses qualités, sur toutes celles qui proviennent de
la bonne saison; dont une seule œuvre
donnée à propos, profite plus, que plusieurs autres: s'aidant lors la terre à recevoir le bon traictement, quand elle est
bien disposée avec contentement du laboureur: qui sous la faveur céleste, pour
loyer de son industrieuse diligence, reçoit
les fruicts de ses champs à mesure de son
labeur.

Non moindre considération doit avoir
le père-de-famille à la recerche de la faculté et portée de ses terres, qu'à leur culture, à ce que chacune de ses parties soit
non-seulement employée, en ce où elle se
treuve propre, mais chargée de ce que justement, et non plus, elle peut porter, de
peur que succombant sous le fardeau,
comme bestes de voiture, par trop de pesanteur, ne fussent d'aucune utilité. Et
pour tenir tous-jours les terres en bonne
volonté est requis les charger moins, que
trop: ainsi n'en espuisant toute la graisse,
on les treuvera tous-jours disposées au
travail.

Les extrémités de fertilité dont *Pline*
fait mention, sont admirables, célébrant
plusieurs terres pour leurs estranges fé-
condités. A Bizatium de Barbarie, la terre
produit cent cinquante pour un, bien
qu'elle soit très-difficile à labourer, estant sèche; mais humide, si aisée, qu'un
meschant asne accouplé avec une pauvre
vieille, la cultive facilement: preuvant ce

grand rapport, par une plante de froment,
en laquelle y avoit quelque peu moins de
quatre cens jettons et espis sortis d'un grain
et attachés à une seule tige, envoyée à
l'empereur Auguste, par le procureur général d'Afrique. Dict aussi *Pline*, y avoir
des terres en Égypte, en Sicile, et en
Grenade, qui rendent ordinairement cent
pour un: et vers Babylone, les terres estre
tant copieuses en grains, qu'après avoir
tondu deux fois les blés en herbe, et puis
fait dépaistre les moutons là dessus, rapportent encores cinquante pour un, revenant jusques à cent cinquante, lors qu'on
les mesnage bien. Mais par-sus tous ces
admirables terroirs, il faict cas de celuï de
Tapace, cité près de Tripoli de Barbarie; mesme de la merveille d'un olivier
fort grand et large, sous lequel estoit
planté un palmier: sous le palmier, un
figuier: sous le figuier, un grenadier:
sous le grenadier, une vigne: sous laquelle on semoit du froment, puis des légumes, et pour fin, des herbes potagéres
dans un an: disant telle miraculeuse fertilité provenir, tant de la bonté du fonds;
salubrité de l'aer, que de l'arrousement
d'une excellente fontaine, dont tel terroir
aucunement ne pouvoit succomber sous
le labeur et charge, comment qu'on le ma-
niast, tant il estoit fertile. Les vignes en
ces quartiers-là, produisoient des raisins
deux fois l'année: aussi s'y vendoit si bien
la terre, que quatre coudées, encores mesurées le poing fermé, coustoient quatre
deniers, valant alors chacun, dix livres
d'argent.

L'évangile en la comparaison des semences, nous monstre les grains de blé
au pays d'Orient, produire l'un, cent:
l'autre, soixante: et l'autre trente. Isaac

estranger au pays des Philistins, sème en la terre de Gérar, d'où il retire cent pour un. Pour le jour-d'hui est en nature un terroir en Provence situé dans la mer méditerranée, és isles d'Ières (que pour leur bonté on appelle isles-d'or) tant fertil, qu'il rapporte cinquante pour un : mais ce mal y est, que souvent les pirates et escumeurs de mer, enlèvent les blés tous prests à estre serrés au grenier, rabbatans telle abondance avec la grande perte du laboureur. *Columelle* ne faict tant fertil son terroir d'Italie, quoiqu'il ait esté tousjours en grande réputation, affermant ne lui avoir jamais veu rendre en grains, plus du quart. En quoi appert nostre France, ne céder en cest endroit à l'Italie. Il n'est néantmoins possible, représenter justement le rapport des terres, pour les grandes diversités de leurs facultés : ains seulement selon les communes expériences, pouvons dire, que le mesnager a dequoi se contenter, quand généralement son domaine, le fort portant le foible, lui rend de cinq à six pour un : n'estimant y avoir beaucoup de contrées en ce royaume, où d'ordinaire les terres reviennent guères davantage, et peu mesme le faire. Bien est vrai, que comme l'homme sage et prudent, par son industrie, renverse, par manière de dire, l'ordre de nature, aussi le sçavant et diligent mesnager, par artifice, faict changer et de visage et de pouvoir à sa terre (16).

Or sans nous arrester plus que de raison à ces discours, considérans l'estat de nos terres, treuverons presques en toutes contrées y en avoir de trois espèces : assavoir, de grasses, de moyennes, et de maigres ; plus toutes-fois des unes que des autres, selon la générale situation du fonds et température du ciel. Ce qui se treuvera de terre du tout grasse en nostre héritage (comme quelques recoins en rapportent par fois dix, douze, ou plus, pour un) sera chargé tous les ans, l'un de froment, seigle, ou méteil ; l'autre d'orge, d'avoine, de légumes ou d'autres blés marsés. Et les terres moyennes et légéres, ferons travailler de deux ans l'un, à telle cause selon le conseil de *Virgile*, les divisans en deux esgales portions. Par ce moyen travaillans et se reposans par années alternativement, se maintiendront-elles en très-bon estat, le temps donnant loisir de les cultiver ainsi qu'il appartient, d'où procède leur raisonnable rapport. D'autres endroits y a-il, où les terres sont si légéres, que le repos d'un an seul, après le travail d'un autre, ne suffit pour les faire raisonnablement fructifier : parquoi on leur en donne davantage, c'est à sçavoir, deux ou trois, selon leur portée, les laissans durant ce temps là, en repos, en les cultivans toutes-fois ; à ce que les herbes y croissans, n'en succent la substance. Comme au contraire, se treuvent d'autres terres constituées en tel poinct de fertilité, qui ne veulent séjourner qu'un an, après en avoir travaillé trois ou quatre de suite ou davantage. Au naturel de toutes lesquelles convient se ployer, pour dextrement tirer profit du labourage. Ainsi le pratiquent presque par tout les meilleurs mesnagers et plus experts en l'agriculture (17).

Suivant ces enseignemens et usages, par l'ordre ci après monstré, labourerons celles de nos terres que désirons laisser reposer une année, pour après icelle la faire travailler. La première œuvre que leur baillerons (appellée en France, esgérer et jaschérer ; en Normandie , froisser la jaschère , et en Languedoc , mouvoir) sera le plustost que faire se pourra estre moissonnées , voire incontinent le blé estre enlevé , après toutes - fois une forte pluie , laquelle ayant temperé l'excessive chaleur de l'esté , et aucunement rafreschi le champ altéré pour son port et précédent travail , le regaillardira , en lui faisant reprendre nouvelle force , et facilitera le premier labour , qui sans eau ne se doit entreprendre. Moyennant laquelle œuvre , la paille des chaumes et estules restante droicte des blés , se meslera avec la terre pour lui servir d'autant d'amendement. Plusieurs mesnagent encores mieux l'esteule , en la bruslant sur la terre mesme , dont par le feu se prépare le fonds à recevoir le coutre , et se descharge d'infinies racines , semences et bestioles nuisibles , nourries avec les blés : moyennant que la pluie survienne sur tel bruslement , laquelle , de nécessité , convient attendre , et fuir les vents pour les raisons des essars. Et combien que ce ne soit que feu de paille , ne doutés pourtant icelui n'estre fort profitable , plus toutes - fois ès grasses et fertiles terres , qu'ès maïgres et foibles : d'autant que plus abondent les pailles en celles-là , qu'en celles-ci , augmentans la raison de ce mesnage. *Virgile* approuve ce bruslement ; et la pratique des bons mesnagers l'a auctorisé dès long temps , si qu'il ne faut douter de sa valeur , qu'on recognoistra par l'usage (18). Pour aisément donner ceste première œuvre , le laboureur ne profondera le soc guières avant dans la terre , mais seulement y entrera quelques quatre doigts , et pour mesme cause , fera ses raies fort près l'une de l'autre et droictes , dont n'y

aura partie aucune en la superficie de la terre , qui ne soit attainte du soc , et où le bestail ne travaille gaiement , en donnant ainsi peu de terre au contre , qui par ce moyen marche sans s'efforcer. Si c'est en planure , le laboureur prendra le champ du costé qu'il voudra , toutes-fois le meilleur sera , à ceste première œuvre , en croisant le précédent labour , avec lequel il fut ensemencé au soc , pour en cestui-ci commencer à bien rompre la terre. Mais en coustau rude ou montaigne, ne doit venir que de l'endroit le plus aisé , qui est à travers du champ et comme à niveau : à ce que lui et ses bestes y ouvrent avec moins de travail. Aussi marchera-il tousjours dans la raie du labour , y tenant ses deux pieds ; tant à ce que le guerest ne soit foulé en le trépignant , qu'aussi pour mieux viser la besongne , et en bon maistre faire les lignes droictes en perfection ; dont ne pourroit venir à bout , se tenant de costé , comme font plusieurs ignorans. Aussi est nécessaire que le laboureur porte tous-jours quand et soi une hache pendue à sa ceinture , ou attachée à sa charrue , pour raccoustrer de la charrue ce qui s'y destraque , et pour coupper les branches des arbres empeschans son libre passage et de ses bestes , aussi les racines trop fermes ausquelles son soc s'attache , sans s'efforcer de les rompre par la violence de ses bestes , de peur de les affoler et briser la charrue. Lesquels arbres le laboureur espargnera tant qu'il pourra , se gardant de les heurter ni avec ses bestes , ni avec le soc en approcher de trop prés , à ce qu'avec le trenchant d'icelui , il n'en couppast les principales racines. Ceste avancée culture semblera à plusieurs plus profitable , qu'agréable , leur ostant deux commodités : l'une de la nourriture du bestail lanu, qui despaist longuement sur les esteules, en mangeant les herbes par-creües avec les blés : l'autre, qu'en divers endroits de la France, recouppent avec des faucilles ou grands couteaux emman-chés avec des bastons, les chaumes res-tans des blés, pour servir en couvertures de maison, pour chauffer le four et dres-ser la litière aux bestes, faisans tel mes-nage à l'aise, durant l'hyver, à peu de frais, par femmes et enfans. D'ailleurs, qu'ils cuident n'avoir lors loisir de tra-vailler à telle culture, ains estre requis plustost d'employer le temps à achever ce qui reste de la préparation des terres qu'on appreste à ensemencer, la saison talonnant de près, qu'à commencer une nouvelle besongne. Ceste dernière raison pourroit avoir lieu, défaillant le temps : mais le prudent mesnager gardera que cela n'avienne, si estant accommodé d'her-bages, ainsi qu'il appartient, il se fournit de bestes à suffisance, pour pouvoir satis-faire à tout. En la Camargue près d'Arles, joignant la rivière du Rosne, du costé de Languedoc, à l'emboucheure de la mer Méditerranée, pour l'abondance des bons herbages l'on entretient nombre infini de bouvine : d'où avient, qu'on ne l'espargne au labourage des terres à grains, don-nans à chacun coutre quatre ou six grands beufs. Non qu'ils tirent tous à la fois, car c'est seulement par couples qu'on les faict travailler : par intervalles estans mis, ostés, et remis au joug, de telle sorte, que chacun couple ne travaille que la moitié, le tiers, ou le quart de la journée. Dont l'œuvre s'en avance très-bien, car pour avoir souvent des beufs frais, le laboureur ne cesse jamais d'aller le grand pas. Aussi

les gens du pays appellent, *araiyre-cou-rant*, le soc ainsi garni de plusieurs bestes de relais. Par cest ordre, les mesnagers expédient leur labourage comme ils veu-lent, choisissans les bonnes saisons, n'em-ployans jamais les mauvaises que par né-cessité. Si que, et l'ordinaire culture se faict à plaisir, et les semences se jettent en terre au temps que le laboureur l'ordonne : par là prévenant les difficultés que tous-jours expérimentent ceux qui retardent en cest endroit. Quant aux deux autres prétendues raisons, je ne treuve estre mes-nage, que pour un peu d'herbe et de paille qu'on peut profiter sur ses esteules, l'on se doive priver de ceste grande quan-tité de blé, que telle primeraine et avan-cée culture promet avec raison ; car c'est chose asseurée qu'estant la terre ainsi ma-niée de longue-main, elle donne lieu aux gelées, froidures, pluies, et vents de l'hy-ver, qui la disposent à parfaict labourage : d'icelui aussi bannissant de bonne heure, les herbes et plantes malignes, dont la terre est rendue facile à estre labourée.

Après ceste première œuvre, ne pen-sera à rien plus le père-de-famille, qu'à faire ses semences sur les terres ja prestes, postposant toutes autres affaires, à telle importante besongne. Mais icelle expé-diée, reprenant ses erres, retournera à son labourage, de telle sorte que devant Noël la seconde façon (en France, et en plusieurs autres endroits appellée, bis-ner) soit baillée à ses terres de relais : les-quelles, remuées de frais, les froidures de la saison pénétreront à propos, pour les bien préparer : dont aviendra, que de là en hors, ne pourront estre mal labou-rées, facilitant les subséquentes œuvres. Le nombre des œuvres requises aux la-bourages

bourages ne se peut désigner, pour n'estre toutes les terres généralement d'un naturel. C'est bien chose confessée d'un chacun, que, comme a esté dict, tant meilleures sont les terres, tant plus coustent-elles à labourer : et partant de peur de les abuser, ou plustost de nous tromper nous-mesmes, les labourerons selon leur naturel, les unes plus, les autres moins de fois : néantmoins si bien toutes, qu'aucune motte ne partie de terre affermie n'y reste : réitérant le labourage à mesure qu'on verra rebourgeonner les herbes sur le guerest, dont il en sera entièrement deschargé ; afin que net en perfection, puisse estre capable de recevoir les semences. L'assiete des terres gouverne aussi de sa part, et le nombre des œuvres et la façon de chacune d'icelles. En terroir pendant, pour l'importunité des pluies qui en avalent la terre mouvée de nouveau, ne peut-on tant donner d'œuvres, qu'en plat : ni en cestui-là, labourer tant librement qu'en cestui-ci : à raison de sa pente, qui ne souffre l'entrecroisement des raies par angles droicts, comme à volonté cela se faict en planure, d'autant que le bestail ne peut directement monter contremont. Parquoi en ce cas faudra un peu biaiser, faisant qu'une fois le laboureur, marchant à travers le coustau, ne le prenne du tout à niveau, mais un peu en montant d'un costé, et en descendant de l'autre. Ainsi en suite baillera-on les autres œuvres, dont le labourage se croisera, non à angles droicts, ains à obtus et aigus ou comme l'on dict, en tenaille : et par ce moyen la terre, quoi-que plan assés bigearre, se maniera raisonnablement bien. En la Beausse et ailleurs, où les terres sont labourées par sillons voutoyés, ainsi

qu'à esté représenté, on est contraint de les prendre tous-jours d'une sorte, c'est à sçavoir de long en long, dont le labourage ne se peut entrecroiser : à quoi convient s'assujettir, puis que sans confondre l'ordonnance de tel labeur, le bestail ne peut traverser les sillons en ouvrant. Combien nécessaire est l'observation des bonnes saisons, et pourquoi ; combien patiemment veulent-elles estre attendues et diligemment employées, n'en sera discouru plus avant. Seulement à ce que le père-de-famille n'oublie ce très-notable article, mettra en ses tabletes ce beau traict de Virgile,

> Non non, ce n'est pas la culture,
> (Par n'estre tous-jours chose seure)
> Qui remplit de fruicts la maison ;
> Mais c'est bien plustost la saison.

par lequel il nous invite a marier la diligence avec la bonne saison, qui est le vrai poinct de prendre la terre pour en avoir profit.

Or comme les semences des blés hyvernaux, suivent de près la première façon de nos terres de relais ; de mesme celles des printaniers viennent après la seconde : lesquels blés estans mis en terre en leur saison, la troisiesme œuvre sera donnée à nostre labourage : ce qui pourra estre vers le mois de Mars. Et de là en hors, durant le printemps et l'esté y retournera-on autant de fois, que le loisir le permettra, et les herbes croissans ès guerests, le contraindront : excepté ès mois de Juillet et d'Aoust, auquel temps, est défendu de toucher au labourage, sans le secours des pluies (19). Car de remuer la terre durant les extrêmes chaleurs et sécheresses, nullement ou peu arrousée ; c'est la corrompre : attendu que le peu d'humeur qu'elle a, s'en va en exhalaison, dont elle a faute par-après pour son entretenement, et restant foible, ne peut satisfaire à son devoir, comme a esté dict. Et de faict, il faut bien confesser y avoir quelque grand destrac au labourage de la plus-part des bons fonds, veu que leur rapport ne respond ni à leur qualité, ni à la peine qu'on prend à les labourer : car communément ils ne rendent plus de blé, ne quelques-fois tant que plusieurs de moindre valeur, encores légèrement labourés. Lequel destrac, l'apparence est grande procéder de telles œuvres, importémument données, remarquées et défendues par les Anciens. L'exemple de beaucoup de lieux nous confirme à cela ; spécialement se preuve par les grasses terres d'Orange, et par les maigres de leur voisinage du pays de Vivarès, ma patrie, et celles-là estans labourées durant tout l'esté sans interruption ; et celles-ci, jamais ès extrêmes chaleurs, sans la faveur de la pluie. Ainsi, pour bien conduire nostre labourage, ne faut tenir conte des petites pluies des mois de Juillet et d'Aoust, ne faisans que mouiller la superficie de la terre, mais très-bien de celles qui la pénètrent avant, l'abbreuvant en abondance : la commodité desquelles ne faut laisser perdre, mais employer avec diligence.

Ès provinces où l'on met quatre, cinq, ou six bestes à la charrue à roues, faisant des profondes raies en labourant, semblables à petits fossés, on se contente de donner aux terres deux ou trois œuvres avant l'ensemencement, dont elles sont mises en bon estat, par en telle façon remuer un bon pied de terre : mais où l'on n'employe qu'un couple de bestes au soc,

il y faut passer cinq, six ou sept fois et davantage, selon la portée du fonds, afin de faire à la longue et sans importun travail, ce que les autres font en deux ou trois venues. Telle pluralité d'œuvres données aux terroirs pour les rendre fertils, n'est chose nouvelle. *Pline* rapporte que de son temps en la Toscane on en bailloit aux terres de labourage quelquefois jusques à neuf : ce qui s'accorde à la façon des bons laboureurs de la Provence, du Languedoc, du comté de Venaissin, de la principauté d'Orange, qui en certains endroits, viennent jusques à tel nombre. Pour plus commodément labourer le champ, sera besoin le diviser en plusieurs espaces et portions, qu'aucuns appellent, versanes et valées, sans toutes-fois y faire autre séparation que par imagination ; lesquelles on fera de la longueur de deux cens pas, peu plus ou moins. Ainsi ayant le bestail leur ouvrage limité, travaillera de meilleure volonté, que si par faute de tel ordre, estoit contraint tirer tout d'une traicte, d'un bout du champ à l'autre : s'es-jouissans lors qu'ils se voyent près du bout de la raie, pour le repos qu'ils y prennent, pendant que le laboureur descharge le soc de la terre qui s'y attache. Telles divisions au champ ne sont perpétuelles, ains s'y font alternativement, en divers lieux, par années, l'une en un endroit, et la suivante, en un autre : d'autant que la terre portée par le soc s'emmoncelle au bout de la ligne, où le laboureur se retourne, si qu'à la longue la terre s'y rehausseroit par trop : mais estant escartée par champ, il en demeure plus uni, et se ressent aucunement de la bonté de telle terre, qui tous-jours est de la meilleure, la mauvaise ne s'attachant com-

munément au soc. Les terres ainsi maniées à la longue, seront mises au poinct
requis : et cas estant, que par le bénéfice
des pluies, puissent avoir leur dernière
façon sur la fin du mois d'Aoust, ce sera
le comble de leur bon traictement. De là
en hors, en attendant le temps des semences, autre peine ne s'en faut donner :
car aussi seroit - elle plustost nuisible,
qu'utile, destournant la parfaicte cuisson
de la terre.

Ce poinct de culture est remarquable,
que les œuvres du labour des terres, se
doivent quelque peu diversifier par entre-
elles : faisant plus sommairement les premières, que les secondes : celles-ci, que
les troisiesmes ; ainsi des autres : c'est à
dire, qu'il faut prendre moins de terre
du fonds et des costés au commencement,
qu'à la fin, selon l'ordre des œuvres. En
quoi toutes-fois n'y a certain limité, ou
ce seroit que par expérience on eust re-
cognu la terre estre au fonds infertile,
ou pour sa crudité, ou pour son amertume, ou pour autre cause, car en ce cas,
ne faudroit y entrer trop profondément ;
ains seulement autant qu'il seroit requis
pour le bien du labourage. Ceci se pratique en Languedoc, depuis Beaucaire
jusqu'à la mer, et par toute Camargue,
où estant la terre salée au fonds, le laboureur n'en prend que trois ou quatre doigts
de la superficie : allant à cela tellement
retenu, qu'il s'asseure gaster ses guerests,
pour n'en tirer aucun blé de plusieurs années, s'il s'oublie d'y profonder plus avant,
de peur que la terre à fonds qui est salée,
venant au dessus, se duise en Sensouïre,
mot duquel on use pour exprimer le vice de
ladicte terre, lequel s'augmente à mesure
que la terre sent la chaleur du soleil (20).

Et se recognoist notoirement la Sensouïre,
à certaine humidité que la terre rend en
petites et diverses places, tant maligne,
que le lieu où elle est formée ne produit
ni blé ni herbe dont il en est rendu infer-
til. Naturellement se forme la Sensouïre,
quand les eaux des estangs versent sur les
terres voisines, y laissans du limon infecté de la malice du sel, duquel elles sont
incommodées pour long temps. Au contraire, naturellement en est-elle guérie
par l'eau de la rivière du Rosne, laquelle
inondant les lieux dont est question, y
charrie de la graisse tant fertile, que le
fonds s'en emmeliore beaucoup. Mais estant incertaine l'attente de tel bénéfice
naturel, faict que par artifice est remedié
au mal ; c'est en couvrant la terre avec de
la paille blanche, y en mettant la hauteur
de trois quarts de pied, la laissant consumer sans aucun labourage. Et ce sera
encores avec beaucoup plus d'efficace, si
le parc à moutons et à brebis couche par
dessus la paille ; dont le fumier procédant
de tel bestail, pourrira la paille au grand
profit du champ. Le terroir sujet à la Sensouïre ne craint nullement la mauvaise
saison : car il est utilement labouré en
tout temps ; sec, et humide : chaud, et
froid ; ainsi se compensans les commodités avec les incommodités.

Par le contraire, où la bonté de la terre
pénètre beaucoup, trop ne la pourroit-on
profonder : ains sera bien mesnagé, de la
fouiller avant ; afin que meslée avec celle
de la superficie, communiquent ensemble
leurs facultés, pour le profit des blés qui
y seront semés. Ainsi qu'heureusement ce
mesnage se pratique au pays de Clèves,
par certains vertueux personnages, qui
avec industrieuse dextérité, font passer

deux charrues en un mesme rayon, l'une suivant l'autre, pied-à-pied, dont le soc de la dernière prend la terre plus basse, etla porteen haut avec grande utilité (21). OEuvre qui se faict à frais modérés en esgard à ce qu'elle n'est de guières moindre efficace, que si c'estoit à main d'homme avec beaucoup de despence. Aussi faudra estre avisé de ne précipiter les œuvres du labourage, entre deux desquelles est requis d'intervalle, pour le moins trois semaines; afin de faire saisonner le guerest: donnant par ce délai, temps aux herbes et racines de se mourir et pourrir. D'observer en outre le temps tendant plustost au vent qu'à la pluie, à ce que le guerest s'esvente, et que les herbes et racines se sèchent aisément, ce qu'on ne pourroit espérer la pluie survenant sur le nouveau labeur. A la veille de l'ensemencement, en certains lieux de la Provence et voisinage, on repasse la terre par une œuvre appellée, trousser ou retrousser, et ce tant pour casser le restant des mottes du précédent labourage, que pour ramollir la terre : afin de la rendre du tout propre à recevoir les semences. Laquelle œuvre on donne légèrement et à peine, par estre lors la terre fort déliée à cause de sa bonne culture. C'est le vrai gouvernement des terres de nouvellis, de relais, de repos, de guerest-vieux, diversement appellées selon les contrées, duquel le père-de-famille recevra contentement : car la fréquente culture ès bonnes saisons, le repos opportun, les amendemens par fumiers, les engraissent et rendent de bon et long service. Quant à celles qui pour leur grande fertilité, veulent estre chargées tous les ans, autre façon ne leur faut que la susdite, en reglant le nombre des

œuvres de leur culture, au loisir que nous en donnera le temps, auquel elles seront à délivre, dequoi conviendra se contenter. Celles destinées pour les orges, avoines et légumes, seront labourées durant l'hiver, le plus souvent et le mieux qu'il sera possible, espiant les bonnes saisons, afin d'estre prestes à ensemencer aux mois de Janvier ou de Février.

Outre lesquelles œuvres, certains bons mesnagers en donnent une extraordinaire à leur labourage, par le moyen de laquelle, les terres se remettent en vigueur, quand, ayans travaillé dix ou douze années, elles se treuvent lasses et comme recrues. Par l'ordinaire culture, on ne profonde tant la terre qu'on en désengeance entièrement toutes sortes de malignes herbes, lesquelles pour peu de place qu'elles treuvent, se sauvans du soc, multiplient et s'engrossissent estrangement au champ, etce à son grand préjudice, qui en estanschargé et ensalli, ne peut produire que olés chétifs et langoureux. Pour à quoi remédier, ceste supernuméraire œuvre est inventée, laquelle on donne au labourage, de dix en dix ans, ou de douze à douze, dont la terre se remue presques autant avant que si on plantoit la vigne, meslant ensemble les terres de la uperficie et du fonds : et tout d'une main, soitans du fonds toutes racines, herbes, e pierres nuisibles, laissans le champ netoyé en perfection. C'est à bras d'homme et non par le travail des bestes, que cela faict, avec des pelles de bois, garnies défer par le bout, à tout lesquelles la terre ne fois ouverte d'un costé, est taillée de l profondeur requise, et renversée à lopin: lesquels cuits par les temps se brisent à plaisir, dont le

fonds reste par-après très-aisé à labourer;
et fort fertil avec, mesme à raison du
meslinge des terres vieille et nouvelle,
lui donnant nouvelle vigueur. Pourveu
toutes-fois, qu'on ne profonde tant qu'on
en sorte la terre amaire, ains convient y
aller jusques là retenu, selon la propriété
du terroir. En lieu pierreux, cela ne se
peut faire avec la pelle ferrée, qu'on appelle en France besse, et en Languedoc,
luchet, ains au lieu d'icelle l'on employe
le hoyau, avec utilité, le rencontre des
pierres ne l'empeschant d'enfoncer à suffisance. Et soit ou avec le luchet ou avec
le hoyau, ne faut prendre la peine de sortir la terre du profond à l'aer avec la pelle
commune, ains se doit-on contenter de
desrompre le terroir, en le meslingeant,
comme a esté dict. Et à ce que commodément l'on puisse faire ce mesnage, qui
n'est de petite despence, le général du
terroir est desparti en dix ou douze portions esgalles, pour en gouverner ainsi
une par chacune année : à ce que finalement, tout le domaine demeure au superlatif degré de bonté, selon sa naturelle suffisance. C'est que par ce moyen,
estant mise en évidence toute la force du
terroir, aucune portion n'en demeurant
en arrière comme auparavant, le fonds
en fructifie abondamment. S'il semble au
père-de-famille telle réparation estre trop
pénible, en se contentant du quart des
fruicts de la première année, la fera faire
par autrui, sans se mesler de rien, comme
l'on faict à Loriol en Dauphiné, et autres
endroits d'icelle province. Condition,
tout bien compté, treuvée raisonnable,
veu l'abondance du blé sortant de cest artifice, excédant de beaucoup le précédent
port du terroir, qui en estant accommodé

pour plusieurs années, reste nettoyé de
ses immondices et empeschemens, comme
a esté dict : et ainsi pour néant et sans
frais, treuvera l'avoir mis en si bon
estat (22).

CHAPITRE III.
Des Fumiers.

LE fumier des terres est une très-notable
partie de mesnage, estant notoire à tous
ceux qui font profession de manier la
terre, que c'est le fumier qui res-jouit,
réschauffe, engraisse, amollit, adoucit,
dompte, et rend aisées les terres faschées
et lasses par trop de travail, celles qui de
nature sont froides, maigres, dures,
amaires, rebelles et difficiles à cultiver,
tant il est vertueux. C'est du fumier d'où
procède celle grande fertilité recerchée
par tous les mesnagers, faisant produire
à la terre toute abondance de biens, car
blés, vins, foins, fruicts des jardins et des
arbres par le fumier viennent richement,
estant assaisonné par l'eau et convenablement employé. La distinction des fumiers,
les lieux et les temps de leur emploi et
application, en sont les nécessaires observations. La valeur du fumier consistant
en la chaleur, faict que plus il est prisé,
plus il abonde en ceste qualité-là : comme
le moins recerchable, est le plus froid (23).
Les terres humides dissolvent mieux et
plustost le fumier, que les sèches : pour
laquelle cause, à celles-là baillerons-nous
le fumier plus chaud, qu'à celles-ci ; lesquelles pour leur siccité, n'en peuvent
faire pénétrer la vertu beaucoup avant
dans terre : et encores regarderons-nous

voire mesme attendrons-nous le secours des prochaines pluies, car icelui défaillant, on ne doit entreprendre de fumer les terres maigres et légères. Or puis qu'il est nécessaire d'ajouster l'humidité au fumier, pour le faire valoir, à bonne raison en ce mesnage préfère-on l'hyver, au printemps; et le printemps, à l'esté. Les terres qu'on ensemence de blés hyvernaux, seront fumées dès l'automne; et dès l'hyver celles où l'on désire mettre des blés printaniers; par ce moyen l'humidité des saisons dissolvant les fumiers, en faict pénétrer la substance dans la terre, au grand profit du fonds, qui en rend abondance de fruict. Aussi, par mesme raison, donnerons-nous plus de fumier à la terre humide, qu'à la sèche. La sèche sera fumée souvent, et peu à la fois; afin qu'à la longue elle se puisse engraisser, et par conséquent humecter. Ainsi les terres auront la quantité de fumier requise pour l'accroissement des fruicts; et non pour les estouffer, comme cela aviendroit, si sans discrétion on leur en bailloit par trop à la fois.

Le premier et meilleur de tous les fumiers, desquels l'on puisse faire estat, est celui du colombier (24), pour sa chaleur, qu'il a plus grande que nul autre, dont il est rendu propre à tout usage d'agriculture, de telle sorte, que peu, profite beaucoup: mais c'est à condition, que l'eau intervienne tost après pour corriger sa force, autrement il nuiroit plustost qu'il ne profiteroit, attendu que seul, sans estre tempéré d'humidité, brusle ce qu'il touche. C'est pourquoi, autre saison n'y a-il pour son application, que l'automne et l'hyver, le printemps estant suspect, pour la proximité de l'esté. Le fien de toute sorte de

volaille vient aprés, hors-mis de l'aquatique, comme canards, oyes, cygnes, et autres, qui pour leur grande froidure ne sont d'aucune ou bien petite utilité (25): et en suite celui des moutons et brebis, chévres, chevaux, mulets, beufs, asnes, pourceaux, qu'on augmente avec des pailles et fueilles servans de litière au bestail. Les Anciens ont faict grand cas du fien de l'asne, mesme *Palladius*, qui le met au premier rang pour les jardins, d'autant que telle beste mange fort lentement, et par ce moyen digérant bien la viande, en rend le fumier qualifié en perfection. Plusieurs conseillent ne mesler les fumiers, ains les renger à part par espèces séparées, et après les employer selon leurs propriétés. Cela se faict aisément de ceux du colombier, du poulallier, et de la bergerie; mais des autres, la chose ne se peut accommoder, pour la difficulté de telle distinction. Parce qu'estant tout l'autre bestail presque logé ensemble en estables contiguës, leurs fumiers se meslent és lieux, où des estables sont portés reposer. Aussi telle pénible curiosité n'est nullement nécessaire, voire plustost nuisible, d'autant que bons ne peuvent faillir d'estre les fumiers de diverses sortes de bestes, unis et saisonnés en un corps, les uns faisans valoir les autres: ce qu'on ne peut dire des séparés, dont s'en treuve de peu de valeur. Les plus pourris et menus, seront employés aux prairies des-jà faictes, et aux jardins: les moyens, aux terres-à-grains, et vignes: et les plus grossiers, aux prairies que vous faictes de nouveau pour estre incorporés avec la terre; afin de produire, par leur crudité, abondance d'herbes. Vos fumiers seront charriés és terres-à-grains dès le commencement de

Septembre, après que les grandes chaleurs seront passées, évitant par ce moyen le hasle du soleil, qui les dessécheroit par trop : j'entens touchant les terres de repos, qu'on prétend ensemencer les premières. Toutes-fois ès-environs de Paris l'on n'attend le mois de Septembre pour charrier les fumiers sur telles terres, ains c'est dans le mois de Juin, couvrant alors le fumier, avec un labour, qui est celui appellé bisner. Avec discrétion sera distribué le fien du colombier, de peur que par trop grande quantité la semence n'en fust bruslée : parquoi, on le sème par la terre à la façon du blé, et presques aussi rarement. De mesme faict-on de celui du poulallier, d'autant qu'ils symbolisent ensemble en vertu et chaleur, tous deux causans grande abondance de grains. Et non seulement ès terres labourables, et aux prairies, sur toutes à celles d'abbreuvage, les fumiers de telle volaille sont de grande utilité, mais aussi aux vignobles, esquels, spécialement celui du pigeon, faict produire abondance de bon vin : ce qui n'avient par aucun autre fumier, qui ne sert que pour la quantité, demeurant le vin petit, de goust des-agréable, et sujet à se corrompre. Le fien du bestail lanu s'employe un peu diversement des autres : c'est que sans frais de charroi il se treuve tout porté sur les terres de relais, par le moyen du parc où tel bestail, et le caprin, couche durant la nuit, la plus-part de l'année ; et qui s'y promenant à plaisir, engraisse fort bien les terres. De mesme sans despence, est employé celui du gros bestail, couchant en campagne dans le parc : mais le fumier, que toutes ces bestes font dans leurs estables durant l'hyver, à la manière des autres, est charrié où leur service est destiné. Plusieurs autres sortes de fumiers y a-il pour l'amendement des terres, qui toutes-fois ne sont en usage par-tout, tant pour l'ignorance, que paresse des mesnagers.

La chaux neuve est de grande efficace *La chaux sert de fumier ; aussi faict* pour telles choses, laquelle meslée avec quelques terriers, balieures, ou autres fumiers, et jettée au champ au commencement de l'hyver, l'engraisse très-bien : et selon son naturel chaud, tue les bestioles et les racines des herbes nuisantes. En quoi la cherté n'est tant considérable, quoi-que la chaux couste de l'argent, que le profit en revenant, est asseuré, comme ce mesnage s'est dès long temps pratiqué aux pays de Gueldres et de Juilliers.

Les féves engraissent les terres où elles *L'herbe des féves, et* auront esté semées et recueillies, y laissans quelque vertu agréable aux fromens qu'on y faict par-après : mais plus grande et plus profitable y sera-elle, si sans espoir d'autre commodité que de la graisse, on laboure les féves ja grandes et en fleur, environ la fin d'Avril, ou au commencement de Mai, renversant avec le soc toute l'herbe, en la meslant avec la terre, pour là se pourrissant servir d'amendement, selon l'ancienne façon des Macédoniens et Thessaliens. Et s'il faict pensement au père-de-famille, de gaster ainsi les féves presque prestes, qu'il considère que c'est tous-jours tout un, où il mette son argent, pourveu que ce soit à son utilité : s'asseurant que deux escus employés en féves, à ceste seule intention, lui porteront plus de profit, que six en fumiers. Telle manière de fumer les champs, par les féves, s'observe heureusement en Dauphiné vers le Diois, un peu diversement toutes-fois : car ils attendent que les féves ayent grené, et après avoir exposé les gousses des féves aux pauvres, les leur donnans par aumosne, avec l'herbe labourent le champ. Encores plus utilement font ce mesnage, ceux qui se servent des féves à la mode des lupins, ci-après monstrée. Par ainsi ont-ils loisir de bien labourer le champ durant le printemps : et ceste commodité, que, pour semer, se servent des féves cueillies la mesme année, y employans les menues et chétives, séparées des autres avec le crible (26). Aucuns avec raison gouvernent autrement la graisse des féves. En terre tenue en relais, bien labourée, et, si possible est, fumée, sèment de l'orge; après avoir cueilli l'orge, des féves d'hyver ; et icelles recueillies, l'année d'après, du froment ; lequel après avoir moissonné et enlevé, la terre est labourée en sa saison, et laissée reposer un an, pour recommencer ce mesnage : dont la terre porte gaiement trois années de suite, et seulement s'en repose une ; ainsi se maintenant très-bien au labourage. Aussi engraissent la terre, les pois, la vesse, les orobes ou ers, et autres légumes ; exceptés les ciches, qui notoirement l'emmaigrissent. Le riz aussi sert en cest endroit, mais l'on n'en peut faire estat certain, pour n'estre eslevable en autre fonds qu'accommodé d'eau pour l'arroser à toutes heures.

Des lupins. Les lupins sont beaucoup à priser pour l'engraissement des terres, pourveu toutes-fois que le climat le permette. Les Anciens à telle occasion les semoient au mois de Septembre, et en renversoient l'herbe dans terre lorsqu'elle avoit jetté sa seconde, ou troisiesme fleur : mesme en semoient-ils parmi leurs vignes pour les engraisser. Mais la pratique de ce temps-ici, en la Toscane, en Piedmont, et ailleurs, où tel engraissement est en un usage, monstre la droicte saison de semer les lupins, estre sur la fin du mois de Juin, ou au commencement de Juillet, sur les terres de guerest-vieux, qu'on prépare pour les blés d'hyver, lors que leur labour est fort avancé : donnant ce tard semer, loisir de bien cultiver le champ, ce qu'on ne pourroit faire par l'ordre antique. En ce temps-là doncques avec un labour faict au soc, nous jetterons la semence des lupins en terre : laquelle tost après couverte et ombragée par l'herbe en provenant, sera conservée en quelque humidité : et par son amertume, toutes sortes de bestioles seront chassées, et tuées les racines et herbes malignes : si que le guerest deschargé de telles nuisances, et engraissé par l'herbe meslée avec la terre par un labour donné sur le commencement de Septembre, sans attendre ne fleur ne fruict, se rendra propre à recevoir et eslever les semences des blés avec grand profit. Par elle-mesme se conserve l'herbe des lupins en campagne ouverte, son amertume lui estant asseuré rempart contre toute sorte de bestes, aucune n'en osant approcher. Facilement, elle se meurt et pourrit, à cela n'estant requis que le seul toucher du soc. C'est aux terres maigres où les lupins se plaisent, comme aussi à elles appartient proprement le méliorement. En ceste sorte l'on se prive de la semence des lupins, mais pour s'en fournir, il en faut semer et traicter à la manière des autres légumes, comme sera monstré en son propre lieu (27).

La Marne ne doit estre oubliée, pour la grande vertu engraissante qu'elle a ; à bon droict appellée d'aucuns, Manne. La Mar-
ne sert aussi à
fumer.

Pline

Pline la prise beaucoup, estant de son temps en grande réputation, affermant sa vertu durer trente ans en terre, sans y en remettre de nouvelle. Elle est fort cogneue en l'Isle de France, en la Beausse, Picardie, Normandie, Bretaigne et autres provinces de ces contrées-là. Ce n'est autre chose qu'une mine de terre, endurcie presque comme pierre, laquelle on cave quelques-fois fort profondément dans terre. Selon les lieux elle est colorée : en aucuns elle est blanche, en autre grise ou rousse. Estant sortie de la fosse on la met sur le champ en petits monceaux despartis, ainsi que fumier, pour y estre fuzée, comme chaux, par le soleil, la pluie, le froid ; dont elle se dissoult et réduict en poudre dans quelques jours : puis esparse et incorporée en modérée quantité avec la terre, l'eschauffe très fort, voire de telle sorte, que pour le premier an, les blés n'y profitent guières, par trop de chaleur et graisse, les faisans verser à terre : mais celui d'après et les suivans, dix ou douze, plus ou moins, selon la valeur de la marne, sans y en ajouster d'autre, le fonds s'en ressent merveilleusement, avec grand avancement pour les blés (28).

Les cendres des buées, celles des fournaises à tuilles, à chaux, à charbon : les poussières des chemins, les reliefs des bastimens n'y ayans trop de pierres, les scieures des arbres, les immondices des privés, esviers, esgousts et cloaques, les baliénres de la maison et basse-court : toutes sortes de despouilles de jardin, comme troncs de choux, les fueilles sèches des melons, concombres, courges, cossats et pailles de fèves, pois, moustarde et semblables choses : comme aussi le marc des raisins, après en avoir exprimé et le

vin et le trempé. En somme, tout ce qu'on peut ramasser de nul prix, dedans et autour de la maison, sert à augmenter les fumiers, estant mis avec eux et mesle ensemble. A la vigne sert de bon fumier, les cimes et tendres jettons de bouis, voire et aux oliviers, et à tous autres arbres fruictiers. Aussi engraisse la vigne le foin à demi pourri, estant là utilement employé, quand par inconvénient il ne s'appreste bien sur le pré, ou que le bestail ne le veut manger, pour estre trop grossier, comme celui des palus et marescages : en autre endroit, de mesme sert-il, estant meslé avec les susdictes matières, et avec elles, pourri et saisonné ainsi qu'il appartient (29).

Quant au poinct de la lune, auquel les fumiers, doivent estre mis en terre pour s'en servir, ne quels fumiers, récens ou rances, sont les plus à priser, ne s'en peut faire grand jugement : n'estimant à ce mesnage, meilleur le croissant que le décours de la lune, ne généralement les vieux que les nouveaux fumiers, comme aucuns veulent. Qu'aussi telle distinction ne se peut commodément pratiquer en ceste négoce rustique, pour avoir le père-de-famille tant d'occupation au cours de ses affaires, qu'en cest endroit il ne se trompera nullement, distribuant ses fumiers comme ci-devant est monstré, en s'assujettissant au temps de leur application, qui est devant ou dans l'hyver : à ce que l'humidité de la saison en face pénétrer la substance dans la terre, pour garentir les fruicts, des chaleurs et sécheresses importunes ; si d'aventure le printemps se rencontre avec peu de pluie, d'où souvent avient à l'arrivée de l'esté les orges, avoines et légumes estre suffo-

quès et bruslés. Et bien que les blés marsés et tremés ne soyent semés qu'après
l'hyver, le sçavant agricole n'attendra
tant à fumer les terres où il les voudra
mettre, ains à la seconde culture d'icelles,
qui pourra estre environ Noël, y espardra les fumiers qui auront esté faicts dans
ses estables, despuis les semences d'hyver
jusques à lors, pour de bonne heure incorporer leur substance dans terre, à l'utilité susdicte. S'asseurant qu'ainsi mesnageant ses fumiers, ne faudra guières à bien
rencontrer en telles semences, lesquelles
bien souvent trompent le laboureur, par
faute de telle prévoyance. Les fumiers qui
se feront de Noël en hors, seront serrés
pour les blés hyvernaux, qui en seront
d'autant mieux accommodés, que la provision en aura esté faicte plus grande. Touchant le fumier des jardins, grande sujection n'y a-il, pour la diversité des
viandes qui y croissent : lesquelles diversement aussi désirent-elles estre semées,
plantées, et par conséquent fumées. Mais
c'est l'eau qui fait valoir le fumier en cest
endroit, de laquelle le jardinier se sert
durant tout l'esté, selon son climat ; et de
mesme du fumier ; non toutes-fois en telle
quantité, comme durant l'hyver et autres
saisons de l'année (30).

CHAPITRE IV.

Des Semences.

L'ÉLECTION des bonnes semences est
l'un des plus importans articles du gouvernement des terres-à-grains, car quelle
cueillete que misérable pouvés-vous espérer des blés mal qualifiés, semés en vos
terres, quoi-que bien labourées ? Ceci
donne coup à nostre mesnage ; donques
nous y regarderons curieusement, à ce
que choisissans des bonnes semences,
nous puissions tirer profit et honneur de
nostre labourage. Pour un préallable,
considérera le père-de-famille, quels sont
les grains qui mieux fructifient en son terroir, pour les préférer à tous autres : et
suivant les précédens enseignemens, en-
semencera tous-jours sa terre, des grains
que plus gaiement elle produit ; jamais de
ceux qu'elle refuse. Et encorés que ses
grains soient beaux, bien nets, et bien
nourris, si est-ce que tous-jours ne s'en
doit-il servir pour semer ; ains s'en doit
fournir quelques-fois d'ailleurs, pour le
profit que la mutation a accoustumé de
rapporter : selon le commun désir de
toutes choses, qui se délectent en diversité. Ce qui notoirement se recognoist en
ceste action, car la terre se réjouit d'estre
quelques-fois ensemencée d'autre blé que
du sien propre : et au contraire, se fasche
de la continuation des semences nées en
elle-mesme, s'y abatardissans à la longue,
quelque bonté qu'aie le fonds : et ce tant
plustost et plus fort, que le terroir se
trouve plus humide.

De trois en trois ou de quatre en quatre ans ,
De remuer la semence il est temps :
Et si poursuis le bien de ce mesnage ,
Sur tes voisins gaigneras l'avantage.

En ce changement remarquerons-nous pour bon mesnage, la mutation d'une espèce de blé en autre ; de froment en seigle ; de seigle en froment, et ainsi des autres. Comme, ayant nostre terre porté quelques années du froment, donnés-lui par-après, du seigle ; et en suite de l'orge, de l'avoine, des légumes ; dont tirerés profit, pourveu que le fonds s'y accommode, selon qu'en quelques endroits s'en rencontre, qui temperés d'argille et de sablon, souffrent porter alternativement ces diverses espèces de grains (31). Ce poinct donques avec bonne raison, sera retenu pour nécessaire maxime, *de changer de semence de trois en trois ans, ou de quatre en quatre.* Prendre du blé de vostre voisin pour semer, n'est le changement que j'entens, car ce seroit tous-jours en revenir là, que de semer comme du vostre propre : mais le faut envoyer quérir loin de vous, une ou deux journées, afin que la diversité de l'aer vous satisface en cest endroit. Chacune province a ses particulières observations là dessus, ayant par longues expériences, remarqué les endroits d'où les semences sont les plus profitables ; à quoi se faudra arrester. Comme par exemple, despuis Lyon jusqu'à la mer Méditerranée, comprenant trente ou quarante lieues en travers, les semences qui montent sont les meilleures ; c'est à dire, prinses du midi, pour estre portées au septentrion. És environs de Paris, le changer de semence est aussi treuvé profitable, par la pratique des meilleurs mesnagers : avec mesme obser-

vation du monter que la susdite. Mais ce monter-là, se prend au regard des rivières, qui en ce pays-là, descendent vers la Normandie et environs (32). Ainsi des autres, chacun pays en ce tant important article de mesnage, tenant pour loi inviolable, ses profitables coustumes. Et de quelque part qu'on tire les semences, faut tous-jours regarder que ce soit de terre maigre, pour les loger en terre grasse : ou pour le moins, en terre de semblable suffisance, car de les mettre en pire, le profit en seroit douteux : se voyans tous les jours, les plantes arrachées en lieu maigre, s'accroistre très-bien en gras ; et au contraire, ne faire que languir, transplantées de fort en foible terroir. En outre, Qualités
du bon grain de quelque espèce de blés que ce soit, pour semence, en choisirés le grain bien meur, fort pesant, de belle couleur, non langui ne ridé, car ainsi bien qualifié, ne pourra faire que bonne fin. Telle curieuse eslection ne se peut exactement faire, tirant la semence d'ailleurs que de chés vous, aussi n'en estes-vous contraint chacune année. Parquoi, lors qu'il escherra d'en venir au change, faudra recevoir la semence telle que la treuverez ; toutesfois de l'endroit qu'il appartient, la convient choisir, et la plus approchante de vostre intention que faire se pourra : mais ès autres années sera à vostre liberté d'y pourvoir à souhait. Lors destinerez pour Choisir la
bonne se-
mence , et semence, les blés parcroissans en vos plus maigres terres, peu ou point fumées, et qui n'ayent esté en herbe, ne tondus, ne mangés par le bestail : les laisserez meurir en perfection : estant moissonnés, tout aussi tost seront battus ou en la grange ou en l'aire, et ce fort légèrement, sans violence, afin d'en tirer le blé le plus meur,

qui est celui qui plus facilement se desve-
lope de la paille comme le premier né, à
telle cause se treuvant au bout de l'espi.
Cela se faict comme l'on désire, si avec le
fléau on escout les gerbes par le bout sans
les délier en battant tout doucement la
sommité des espis (33). Aucuns y allans
plus singulièrement, arrachent les plus
beaux espis des gerbes, estans portées, ou
en la grange ou en l'aire, et tels choisis,
sont serrés à-part, puis battus comme dessus. Ainsi la plus franche et plus fertile semence, se retire, pour estre employée en
saison. De ceste semence, encores par le
van et crible en discernerons-nous le bon
d'avec le mauvais qui y pourroit estre :
pour retenir l'un, et rejetter l'autre, à ce
qu'autre semence que fertile, ne soit jettée en terre. Chacun tient que du froment
vert, chanci, ridé et léger, provient
l'yvroie, dégénérant en telle maligne
plante, quand ainsi mal qualifié, semé
en terre aquatique, ou que l'hyver est
extraordinairement pluvieux. J'ai moi-
mesme esgrené un espi de froment, dans
lequel se treuverent quelques grains d'y-
vroie : qui me faict ne révoquer en doute
le dégénérer du froment, en telle maligne graine d'yvroie. Aussi c'est chose
creue de plusieurs, que de l'yvroie procédée du froment, sémée en bonne saison, provient quelques-fois du froment de
belle monstre : mais retenant du naturel
de l'yvroie, il rapporte la malice d'icelle
au pain qui en est faict, causant mal de
teste à ceux qui en mangent : en outre,
que ce froment semé, produit de l'yvroie
et non du froment (34).

La prépa-
rer, pour la
faire produi-
re.

A la recherche de la bonne semence sera
ajoustée l'eau, dans laquelle, pour la
perfection d'espreuve, le blé prest à estre
mis en terre, sera jetté et trempé, duquel la plus saine partie, comme la plus
pésante, tumbera au fonds : l'autre et
infertile, pour sa légèreté, nagera au
dessus, d'où elle sera dès aussi tost recueillie avec une cueiller percée, pour
estre donnée à manger à la poulaille,
ou envoyée moudre pour le pain du mesnage. La bonne, estant un peu séchée,
jusques à ce qu'elle ne tienne plus aux
mains, ce qui se faict en la remuant et esventant, ainsi humide sera semée : dont
elle poussera de terre hastivement et évitant par là, le danger d'estre rongée au
champ par les bestioles sousterraines ; et
de s'y estouffer, en attendant le temps
propre à la faire naistre, qui souvent
tarde beaucoup. Que ceci ne vous semble
ne trop curieux ne trop pénible ; pour
vous destourner d'un si profitable mesnage. Deux cuvettes de pareille grandeur aurés, chacune accommodée d'un
robinet en bas, pour vuider l'eau après
en avoir osté le blé léger nageant sur
l'eau, en escumant. L'une sera tous-
jours pleine, et l'autre vuide : l'eau de
ceste-là, sera mise sur ceste-ci, et le bon
blé estant à sec, prins et mis esventer
sur des linceuls, et de là dans des sacs
porté au champ : ainsi alternativement
servans ces deux cuvettes, avec beaucoup
d'utile aisance. Et cela, sans perte de
temps se faict la matinée, lors que les laboureurs et le bestail disnent, s'appres-
tans pour leur ouvrage. Ceste observation est nécessaire. De semer plustost
le blé nouveau, que le vieil, pour tous-
jours le plus récent, estre le plus fertil ;
et au contraire, le rance impropre à fructifier, voire ne faut faire nul estat, pour
semence, du blé de deux ans, peu de cé-

Abonde-
ment, &c.

lui d'un ; ains convient préférer à tout autre, le cueilli la mesme année qu'on le sème. Voici un autre artifice pour faire profiter plus que de l'ordinaire la semence jettée en terre ; dont l'intention est d'autant plus subtile, que la preuve l'a authorisée. Le blé destiné pour semence, soit froment, seigle ou orge, sera mis tremper durant vingt-quatre heures dans l'eau engraissée avec le meilleur fumier que pourrés treuver : et la façon de l'engraisser est telle. Ayés un grand cuvier, et d'icelui remplissés environ les deux tiers, de ce fumier-là ; en-après achevés de remplir vostre cuvier, d'eau de rivière, laquelle y laisserés séjourner environ deux jours ; et puis en tirerés le fumier, qui par ce moyen, aura laissé toute sa force et vertu dans ceste eau ainsi engraissée, pour la communiquer à la semence que mettrés tremper dans icelle, mais faut observer, que sortant de ceste eau la semence qui y aura esté mise, la faut faire sécher à l'ombre ; et dès aussi tost que sera sèche, la semer, sans attendre que par trop se dessécher elle perde sa vertu nouvellement receue. Par ce moyen, la semence ainsi préparée, rendra avec esbahissement dix-huict ou vingt pour un. Si en l'année suivante désirés avoir sur le mesme blé, une telle multiplication, vous faudra pratiquer ce mesme remède, car ceste vertu du fumier ne s'étend plus loin que d'une année (35).

Les mesures des terres n'estans par tout semblables, ni les propriétés des terroirs généralement d'une sorte, font qu'on ne peut justement ordonner, ne de la semence, ne du temps qu'on a à employer au remplage et à la culture de chacun arpent de terre. Seulement le laboureur sera averti de ne donner tant de semence à la terre maigre, qu'à la grasse : pour la foiblesse de ceste-là ne souffrir tant de charge que la force de ceste-ci. Toutes-fois contre l'opinion d'aucuns qui veulent le contraire, fondés en ce que la terre grasse, pour sa fertilité, faict abondamment troncher ou closser les grains, c'est à dire, qu'un grain y faict plusieurs espis, et pourtant le blé y devoir estre semé clairement : au rebours de la maigre, à laquelle le blé ne faict autre chose que naistre sans closser ne multiplier, et que n'estant chargée de beaucoup de blé, elle se treuveroit trop claire semée, joinct que tous-jours, en quelque endroit que ce soit, quelque portion de semence se perd dans terre. Ces deux contraires avis ont esté anciennement soustenus par *Columelle* et *Pline*, la décision desquels appartenant à tout mesnager, sera que la patience d'un couple d'années, le résoudra de ce doute, pour y prendre avis, selon le naturel de son aer et de sa terre (36). On est par-tout d'accord, que plus de blé convient donner à la terre, que plus chargée d'arbres, et plus aquatique elle est, et que plus tard se font les semences : parce que les ombrages, les eaux, et les prochaines froidures de l'hyver, en font tous-jours perdre quelque peu, contre lesquelles tempestes, résistent aucunement les semences estans fortifiées de la bonasse de l'automne, à quoi est requis prendre garde. Touchant le temps, ce sera le moins qu'on y pourra employer, en allant à ceste œuvre (la plus remarquable du labourage), avec extrême diligence, tant pour le naturel de l'œuvre, tous-jours plus profitable, avancée que retardée, que pour donner temps à nos laboureurs, de continuer leur charge pour les champs qui restent à cultiver.

Après avoir monstré la vraie manière de preparer la terre pour loger toute sorte de blés ; en ce lieu est maintenant à propos de traicter particulièrement de leur nature, de leurs espèces et différences. Sur quoi est à noter, que ce mot *blé*, plustost barbare, corrompu de l'italien, que tiré d'autre langue, est prins généralement pour tous grains jusques aux légumes, bons à manger. Et celui de *froment*, venu directement du latin, et jusques à nous des anciens Romains, estre un peu plus particulier, comprenant néantmoins toutes sortes de grains à faire pain pour la nourriture des hommes, qui sont ceux qu'aujourd'hui nous appellons, fromens, espeautres, seigles, orges, millets et avoines. En plusieurs endroits de ce royaume, par le blé, est entendu le pur froment, comme anciennement par le mot de semence, l'espeautre.

Du froment, receu par nous à la longue, se sont faictes des subdivisions, en estans recognues de six à sept espèces, qu'on remarque aujourd'hui : dont les aucuns sont barbus ; c'est à dire, ayans des arestes en leurs espis, et les autres raz, n'en ayans aucunes. Quant à leurs noms, et les anciens et les modernes leur en ont tant donné, que qui voudroit s'y arrester n'y trouveroit que confusion ; estans autant diversifiés les uns des autres, comme il a de terres qui les produisent (37). *Triticum*, est le mot latin, par lequel les Anciens ont exprimé toutes sortes de fromens dont généralement ils usoient, qui se peuvent rapporter aux nostres de ce temps, lesquels ils ont particularisé en plusieurs espèces, comme *siligo*, qui est un froment fort blanc et bon ; *tragos*, *olyra* et autres

diversement nommés, qui sont tous fromens dissemblables en quelque partie les uns des autres : et les aucuns comme bastards, dégénérans aucunement des légitimes. *Columelle* faict mention de six espèces de froment, deux de raz, et quatre de barbus, qu'il nomme *blancé*, *rougeastre*, *poullé*, et le barbu, *marsés*, autrement *escourgeon* (38). Sur toutes lesquelles espèces, les Anciens ont plus faict estat du rougeastre que de nul autre, qu'ils ont appellé *froment rouge*, et par honneur, *far adoreum* : car de ce mot *far*, est venue la farine, comme voulant dire, ceste-ci estre la seule espèce de blé produisant chose tant précieuse et nécessaire : bien qu'elle se tire de tout autre blé, mesme des légumes ; tous grains indifféremment faisans farine. Touchant l'épithete *adoreum*, il est vrai-semblable qu'elle lui a esté baillée, ou par excellence, comme méritant d'estre adorée pour sa valeur ; ou parce que les anciens payens présentoient de ce blé à leurs Dieux, en les adorans. Ce sont la couleur et la figure des fromens qui aujour-d'hui nous les font discerner, non les noms, divers selon les lieux où l'on est. Dont avec raison l'on peut dire, le froment rouge, estre celui duquel presque partout ce royaume, l'on se sert le plus, appellé en plusieurs endroits, le *rousset*, à cause de la couleur de sa barbe qui est rousse ; duquel la semence a esté chérement conservée de pére à fils jusques à nous, tant pour la bonté d'un tel grain, que facilité de sa conduite, venant aisément en terroir de moyenne bonté, sans par trop craindre les bruines, ni autres injures des temps. A cestui-ci nous accouplerons une autre sorte de froment pour la conformité de leur nature en gouvernement et rapport, en nulle autre chose dissemblables qu'en la couleur, n'estant si haute, c'est l'*aufegue*, ainsi appellé par d'aucuns et par d'autres, la *seissete*. Le *siligo*, ou *blancé* de *Columelle* se peut rapporter au gros blé-blanc qui a l'espi quarré, fort estimé pour son bon rapport, semé en bonne et grasse terre. Une espèce de froment y a-il discordante des autres au temps du semer; car elle se met en terre au printemps comme les orges. C'est le *barbu-marsé* de *Columelle*, dict l'*escourgeon*; des Savoisiens, *primavo*, et des Piedmontois, *marzol*. Les Italiens, Piedmontois, ceux de Languedoc et de la Provence, s'accordent à ce mot, *tozelle*, qui est un froment-raz, prisé par sur tout autre pour sa délicatesse à faire pain, et aussi pour son facile accroist; mis en terre de moyenne bonté, ne craignant par trop le mauvais temps. *Columelle* faict deux espèces de froment-raz, préférant le plus gros ayant l'espi quarré, à l'autre. Le *bouchard* à sa couleur brune et à son espi gros, se peut facilement remarquer: il faict bonne fin, fructifiant autant que nul autre, mis en terre grasse et bien cultivée. Or comme nous ne recognoissons en ce temps-ci, les autres noms des Anciens, ainsi les nostres d'aujourd'hui ne peuvent estre receus par-tout. Dequoi ne se souciera pourtant nostre mesnager, gardant telle curiosité à la recerche du naturel de ses semences et de ses terres, selon leurs diversités, pour les assortir ensemble: à ce que par telle correspondance, et le blé et le fonds, facent leur devoir, pour remplir ses greniers par leur abondance.

Une autre espèce de froment y a-il de grande valeur. Elle produit un grand espi plat, de chacun coste duquel sortent trois ou quatre petits espis avec leur queue courte, faisans ensemble comme un gros bouquet porté par un seul tronc. Mais pour sa rareté le mesnager n'en peut faire estat certain, bien que désirable pour son grand rapport. Ce froment a rendu chez moi quarante pour un, semé dans un jardin: et employé en terre commune, douze à quinze. Quant à son service il faict le pain très-bon et fort savoureux, mais non si blanc comme l'autre blé: parce qu'ayant la pelure de grain (qui est assez gros) fort déliée difficilement se peut-il moudre grossièrement, comme est requis pour faire que le pain soit bien blanc, ains se convertit presque tout en farine, avec peu de son, tel desfaut revenant néantmoins à la commodité du mesnage (39).

L'espeautre dite des Grecs *zeia*, et des Latins *zea*, ou *semen*, est une espèce de froment: le grain de laquelle esbourré et despouillé de ses pellicules, demeure par-après des plus délicats fromens, très-propre à faire pain blanc et friand. Mais d'autant qu'en cela n'y a du profit, ne rendant que fort peu de farine, pour l'abondance du son qu'elle faict estant moulue ou pellée, cause qu'en ce royaume maintenant telle sorte de blé n'est beaucoup prisée: au contraire du temps passé en Italie, où par les anciens Romains l'espeautre estoit mise au premier rang des blés, par singularité l'appellans *semence*, comme j'ai dict. Mesme *Hésiode* a donné le titre principal à la terre produisant l'espeautre, la nommant, *zeidoros aroura*, qu'aucuns ont interprété, *terre donnant la vie :* comme si de ce seul grain, les premiers hommes faisoient du pain pour vivre : bien que ce titre, représenté à la lettre signifie, *terre portant espeautre.* Encores en certains endroits d'Italie et d'Allemagne et par toute la Suisse elle est en réputation. Il y en a de diverses espèces, anciennement aussi nommées, *arynca*, *typha*, et autrement. Deux principales en recognoissons-nous aujour-d'hui, dont l'une est plus prisée, et beaucoup plus grosse que l'autre : aucune n'est pourtant délicate, souffrans les deux estre mises en terre légère et argilleuse, et en laquelle le froment et le seigle ne peuvent profiter. Qui est la cause que les mesnagers se servent de l'espeautre, pour employer leurs pauvres terres, où tel grain profite assés bien, moyennant qu'on le sème de bonne heure : estant le blé le plus hastif à semer, et le plus tardif à moissonner ; demeurant en terre plus que nul autre. Sa paille n'est guières bonne nourriture pour le bestail, dure et de petite substance. L'espeautre a cela de commun avec le froment que de dégénérer en autre espèce : mais c'est en avoine en laquelle se change à la longue, quand la semence mal qualifiée de trop de vieillesse ou autre vice, se treuve jettée en terre aquatique, maigre, et mal labourée (40).

Seigle.

Touchant le seigle, appellée en latin, *secale*, ou *farrago ;* elle est remarquée de deux espèces, dont l'une est de l'hyver, et l'autre du printemps : ceste-ci par aucun estant appelée, *tremèze.* Tous lesquels fromens et seigles, veulent estre semés devant l'hyver, exceptés ces deux remarqués du printemps. Mais c'est sous ceste particulière observation, comme a

esté touché, que de loger les fromens en terre plus argilleuse que sablonneuse, plus humide que sèche, et sous aer plus chaud que froid : au contraire, les seigles en celle qui tient plus du sable, que de l'argille, du sec que de l'humide, et en aer plus froid que chaud. Pour donques convenablement semer les fromens, est requis attendre la venue des pluies, et icelles estre passées, pour adoucir et humecter la terre : à quoi n'est besoin viser pour le respect des seigles ; c'est suivant l'ancien commandement,

> Les fromens semeras en la terre boueuse,
> Les seigles logeras en la terre poudreuse.

Méteil.

Le méteil est une composition de froment et de seigle, ainsi appellée en France, soit ou à cause de ce que les métayers en font leur pain de mesnage, ou soit pour estre ce mot derivé du latin *metellum.* En plusieurs lieux du Languedoc et de la Provence est nommé, *mescle* et *coussegail.* On sème le méteil quand et en mesme lieu que les fromens et seigles : abondant plus en l'une de ces deux espèces de blé, que plus particulièrement le fond s'y approprie (41).

Orges.

Des orges, il y en a et de l'automne et du printemps. Ceux de l'automne se sèment en terre grasse, bien fumée et bien labourée. Ce sont ceux qu'on appelle *chevalins*, pour estre leur herbe, très-bonne pour purger et engraisser les chevaux à la primevère. Ils sont de grand secours aux pauvres gens, quand les premiers meurs, on les moissonne en arrière-saison de l'année, bien que de grossière nourriture. Et comme ce blé est hastif et au semer et au moissonner, aussi l'est-il au manger, ne se pouvant longuement conserver : pour laquelle cause, l'on n'en

n'en garde que pour semence. La droicte
saison des autres orges , pour estre mis
en terre , est après les froidures de l'hyver. Aucuns néantmoins en font en l'automne , mais c'est avec hazard d'estre
tués par le prochain froid : joinct ce mauvais mesnage , que communément l'on ne
loge tels grains en terre de relais (comme
il conviendroit faire les semans si-tost)
ains en celle qui ayant porté ou du froment ou du seigle , pour sa bonté encores
telle année reçoit de l'orge au printemps.
Tels orges sont communément appellés
paumés ou *paumoules*. Il y en a de diverses espèces , dont les aucunes ont plus
de deux rangées de grains en leurs espis.
Ils profitent bien , ayans le fonds et le
temps propres à leur naturel : qui est terre
plus légère , que pesante , plus sèche ,
qu'aquatique : grasse , bien fumée , facile
à labourer : et qu'en la primevère soit arrousée par fréquentes pluies ; lesquelles
défaillans , ne faut beaucoup espérer des
orges. S'ils ne gastent la terre , à tout le
moins la dessèchent-ils bien tant , que ce
qui y est mis en suite s'en ressent beaucoup , par-après n'y pouvant guières profiter : mesme par leur grande siccité ,
faschent-ils toute sorte d'arbres , quand
sur leur maturité , rendent un aer importun par trop de chaleur , spécialement aux
jeunes plantes , dont elles sont suffoquées.
C'est d'où les Anciens ont ordonné les
orges estre mis en terre si grasse , qu'ils
ne puissent trop importuner ; ou si maigre ,
qu'elle n'en peust estre empirée. Les orges
sont de bon service , et pour les hommes
et pour les bestes ; desquels le père-de-famille doit faire estat pour le pain du commun ; tant pour rendre beaucoup de farine , que pour la vertu qu'ils ont d'es-

teindre la malignité de l'ivroie : car l'orge
meslé avec d'autres blés chargés de tel
grain vicieux , empesche de nuire à la
teste , par telle commodité employant
toute sorte de blés , pour le pain du mesnage , quoi-que chargés et non guières
nets ; autrement et au défaut des orges
seroit-on contraint donner tels blés safes ,
aux poulailles et autre bestail. D'autre-
part , les orges sont très - profitables et
sains à estre mangés en potage , pellés et
mundés ; aussi à divers usages de médecine qui les rend recommandables (42).

Les millets suivent les orges , c'est à
sçavoir , en utilité , servans comme eux ,
au vivre des hommes : non quant au temps
des semences , veu qu'entre-deux convient
faire les avoines. Les millets sont fort
propres à la mesnagerie , tant pour estre
mangés en pain faict de ce seul grain ,
cuit , ou au four , ou en l'eau bouillante ,
en potages pellés et mundés comme les
orges , que meslés avec l'autre blé de l'ordinaire : lesquels en temps de famine ou
de cherté , sont de grand secours au
pauvre peuple ; et tous-jours nécessaires
pour la nourriture de la volaille. Ayant
le fonds et la saison à commandement ,
qui sont terres bonnes , bien labourées ,
et fumées , et souventes-fois arrousées
par les pluies de l'esté , multiplient estrangement : ce qui leur a imposé le nom
de *mil* ou *millet* ; comme voulant dire
que d'un en procèdent mille , aussi void-
on souventes-fois de peu de poignées de
semence de millet en sortir plusieurs
charges. Il y a diverses sortes de millet ,
nommées aussi diversement , selon les
contrées où l'on est. Les plus prisées et
principales , sont celles qui ont le grain
rond et jaune , qu'on appelle seulement ,

mil et *panil*. L'espi du mil ressemble à un pennache branchu, celui du panil, à la queue de renard, estans au reste de semblable couleur, et de grain et de paille qui est jaune. De ces deux sortes de millet y en a de diverses hauteurs, attaignans les tiges d'aucuns, jusques à celle d'un grand homme. En ceste qualité surpassant les mil et panil une autre espèce de millet; car son tige monte de dix à douze pieds, estant au reste son grain semblable aux susdits. Il rend admirablement, mis en bonne terre, un peu humide et arrousée. Son tige a le bois ferme comme rozeaux, ainsi noué, mais rempli de mouelle: pour sa fermeté et légèreté l'on s'en sert à faire des canisses ou tables à nourrir des vers-à-soie, et à sécher des fruicts, à quoi se trouve fort propre. Le millet-sarrazin en est une autre espèce, toutes-fois très-différente des précédentes en toutes ses parties, c'est celui qu'en France l'on appelle *bucail*. Il a la paille rouge, bas enjambé, le tige branchu, le grain noir, faict à angles, la farine en dedans fort blanche. Son principal service est d'estre meslé avec l'autre blé du mesnage pour le pain du commun. Séparé aussi n'est pas à rejetter. Est propre à engraisser les pourceaux, leur en donnant en farine avec leur boire. La volaille, pigeons et poules, refusent de le manger à cause de sa couleur noire, mais l'ayans gousté, s'en paissent très-bien. Il profite en toute terre, mesme en maigre, ou communément aussi on le loge, laquelle il emméliore (43).

Quant au gros grain de Turquie, sa grosseur, sa couleur et la figure de son espi rendent incertain en quel rang de blés on le doit coucher, n'ayant autre chose de commun avec les autres millets, que le

nom et la saison de les semer. *Pline* l'appelle *millet d'Inde*: en Italie est diversement nommé, selon les lieux, sçavoir, *melega*, *melyca*, *saggyna*, *sorgo*. Son tuyau ou chalumeau, est gros comme un petit rozeau ou canne, non guières eslevé sur terre: ses grains en figure et grandeur, ressemblans à petits pois. Il y en a de diverses couleurs, de blancs, de rouges, de jaunes, de tannés et autres, l'espi enfermant les grains couvert d'une grosse gousse, toute semblable à celle de l'herbe que les apoticaires appellent *larrus*. Il rend beaucoup de farine, veut estre semé rarement, un grain loin de l'autre: et pourveu qu'il soit en bonne terre, fructifie abondamment (44). En bonne terre aussi bien cultivée et bien fumée, desirent estre les millets communs. C'est pourquoi plusieurs les sont sur les terres de nouvelis ou de guerest vieux, qu'on prépare pour les fromens ou seigles, pour les y semer après avoir moissonné les millets. Mais d'autres, avec plus d'avantage pour le fonds, les sément après avoir enlevé les fromens et seigles, comme sera monstré ci-après.

Plusieurs sortes d'avoines avons-nous, en figure peu différentes par-entre-elles. C'est seulement de couleur, de grandeur et de poids, qu'elles varient selon les lieux où elles croissent, et temps de leurs semences. Les meilleures sont les plus noires, les plus grosses, les plus pesantes, esquelles qualités plus abondent, que plus le terroir leur agrée, plus tost elles sont mises en terre, et en temps le plus approchant de la pleneur de la lune, en sa descente. Comme au contraire, demeureront blanches, petites, et légères, si on les sème en terre leur des-agréant, tard, et en lune nouvelle. Pour bonne semence, sera choisi l'avoine qualifiée comme dessus, qui ait esté moissonnée bien meure et parfaictement bien séchée en gerbe, avant que la serrer; de peur de l'eschauffement, qu'elle craint par-dessus tous autres grains, jusques à en estre rendue stérile, n'estant possible de faire naistre et sortir de terre l'avoine qui aura esté eschauffée (45).

Quant aux légumes, ce sont les blés qui abondent en plus d'espèces que nuls autres : diverses en toutes qualités. Les principales et plus généralement cogneues, sont les féves, pois, fazéols, geisses, pois-ciches, poissillons, vesces, lupins, orobe ou ers, cumin, fenugrec. Ils sont appellés légumes, du mot latin, *legere*, signifiant, arracher. És endroits esquels la terre n'est du tout propre aux légumages, l'on se contente d'en faire quelque peu dans les jardins, des espèces les plus faciles à venir, selon le lieu, comme pois et féves, qui fructifient presques par-tout. Mais où entièrement le climat et le fonds leur agréent, sont les légumes exposés en pleine campagne, comme les autres grains, pour le profit revenant de tel mesnage : heureusement pratiqué au Puy en Velay et environs, d'où pour la provision des provinces voisines sort abondance de légumes. Ils se sèment ès deux saisons de l'automne et du printemps, exceptés les ciches qui ne pouvans souffrir de froidures, ne veulent estre mis en terre, qu'après l'hyver. Ceux qui sont faicts en l'automne, fructifient bien, si le ciel n'est trop froid et la terre non trop forte, toutes-fois vigoureuse; sur tous, les menues féves qui sortent mieux de l'hyver que les grosses. Mesme

considération doit-on avoir au choix des semences des légumes, qu'à celles des autres blés; c'est assavoir, de les prendre de lieu maigre, pour les mettre en gras; et aussi de les tremper dans l'eau pour vingt-quatre heures, avant que les jetter en terre, tant par telle espreuve, discerner le bon d'avec le mauvais, que pour ramollir la semence, afin d'en germer et lever plus facilement. Comme les qualités des légumes sont différentes, aussi demandent-ils différentes sortes de terroirs : fructifians néantmoins, plus en bonne qu'en mauvaise terre : mesme les ciches, qui ne font jamais bonne fin, qu'en terre neufve ou autrement fort fertile : au contraire des lupins, qui se plaisent mieux en maigre qu'en gras fonds : les autres légumes demeurans indifférens.

Résolus que serons de nos semences, et le mois d'Aoust estant passé, dès l'entrée de Septembre commencerons à labourer-à-blé nos terres, comme on parle en France, c'est à dire, à jetter la semence en terre, sans autre attente que du beau temps. Voire dans le mois d'Aoust semerons les seigles, si le pays est froid : à ce qu'elles soyent en motte, avant l'arrivée de l'hyver, pour pouvoir résister aux excessives froidures, qui tuent quelques-fois les blés, estant le seigle, la sorte de blé qui sous tous climats, veut estre la première semée. Les orges, chevalins et hyvernaux viennent après, puis les fromens, méteils et avoines-d'hyver. Si au gouvernement de la mesnagerie y a du hazard (comme aucune chose de ce monde n'en est exempte) c'est en ce poinct des semences que plus on y en remarque : car quelque peine qu'on aie prinse durant toute l'année à accoustrer

et préparer la terre, en toutes les façons
dont l'on se sera peu aviser, ce aura esté
pour néant, s'il n'y escheoit rencontre de
bonne saison en l'ensemencement, provenant du tempérament de sécheresse et
d'humidité, selon le particulier naturel
des grains, plus ou moins les uns que les
autres, requérant le sec ou l'humide,
comme a esté monstré. Moyennant lequel, le fonds se treuvant humecté par les
précédentes pluïes, et esventé par le
beau-temps présent, sec et serain, se rend
propre à recevoir les semences, pour facilement germer, tost lever et sortir de
terre, sans estre exposées à la merci des
fourmis, vermines et autres bestioles qui
les y rongent, et ce avec tant plus d'intérest, que plus demeurent à naistre : et ne
seront suffoquées des méchantes herbes,
qui par le labour arrachées de terre, ne
s'y pourront reprendre à faute d'humeur.
Autre chose ne nous peut faire jouir de ce
rencontre, que la diligence, pour avec
elle prendre par les cheveux le vrai poinct
de la bonne saison des semences, les ex-
pédians avec toute extrémité de labour :
craignans que les pluïes de l'automne survenans sur l'ouvrage, ne nous renvoient
trop loin dans l'hyver, et par tel destrac,
nous facent cheoir en grande perte. L'antiquité dict là dessus,

> Si tu veux bien moissonner,
> Ne crain de trop tost semer;

dont sommes poussés à avancer nos semences avec espoir de profit. Les meilleurs mesnagers, instruits par longues
expériences, mesprisent les tardives semences, quoi-que fructueuses, souhai-
tans leur rapport estre bruslé, pour
l'exemple, ainsi que ci-devant a esté
touché : afin que leur fertilité n'anoncha-

lisse le laboureur; car c'est chose autant
rare d'en avoir bonne issue; que mauvaise, des hastives, faictes en saison, et
favorisées du temps suivant. C'est néantmoins selon la faculté des terroirs et climats, voulans plus-tost ou plus-tard estre
ensemencés les uns que les autres : comme
l'expérience monstre la plus-part du terroir d'Orange ne vouloir estre semé si
tost, que celui de son voisinage. Avis
duquel ceux du pays feront leur profit :
et cestui-ci sera généralement receu,
*qu'il vaut mieux s'avancer que de re-
culer à jetter les semences en terre.*

Les premières fueilles des arbres chéans
d'elles-mesmes en l'automne nous donnent avis de l'arrivée de la saison des semences : les araignes terrestres aussi par
leurs ouvrages, nous solicitent à jetter nos
blés en terre ; car jamais elles ne filent en
l'automne, que le ciel ne soit bien-disposé
à faire germer les blés de nouveau semés,
ce qu'aisément se cognoist à la lueur du
soleil, qui faict voir les filets et toiles de
ces bestioles traverser les terres, en ram-
pans sur les guerests. Instructions générales, qui peuvent servir et estre communiquées à toutes nations, propres à chacun
climat ; chaud, froid, tempéré, provenans directement du bénéfice de nature
qui par ces choses abjectes et contemptibles, solicite les paresseux à mettre la
dernière main à leur ouvrage, sans user
d'aucunes remises ne longueurs. Six semaines y a-il de bon temps pour les semences, et non guières d'avantage, commençans ès lieux tempérés, environ le
quinziesme de Septembre : encores les
meilleurs jours sont les dix de la fin de
Septembre, et les dix du commencement
d'Octobre : lesquels ou la plus-part, se

rencontrons au décours de la lune, se rendront du tout propres à ceste action : selon la commune opinion des bons laboureurs, qui par excellence, appellent ce terme-là de l'année, la bonne-lune. Plusieurs bons mesnagers ne se soucient de ceste observance, soit ou pour la presse de telle fatigue, ne leur donnant loisir de s'enquérir du poinct de la lune, ou que leurs coustumes les ayent résolus n'estre besoin d'en distinguer les termes pour semer les blés, à quoi je les renvoie : mesme à ce dont ils se sont bien treuvés de père-à-fils, estant chose certaine qu'au maniment de la terre son naturel et sa situation sont de grande efficace. *Palladius* tient les ouvrages des champs n'estre trop avancés ou reculés, faicts quinze jours plus-tost ou plus-tard, que de leur vrai poinct. Ce sera à l'avis d'*Hésiode* où nous arresterons : il commande au laboureur, de cultiver sa terre, la semer, en moissonner le blé, estant nud, c'est à dire, en beau temps, auquel convient diligenter sans estre chargé d'accoustremens. Partant, sans laisser escouler les bonnes saisons, et avant l'empeschement de l'hyver, nous expédierons nos semences.

La semence sera esparse le plus esgalement qu'on pourra, et couverte de terre seulement de deux à trois doigts ; afin de la faire naistre et accroistre avec profit : plus ou moins de terre lui estant nuisible. Le blé inégalement semé, ne peut naistre qu'inégalement : c'est assavoir, espessement d'un costé, et rarement de l'autre : d'où avient qu'en un endroit par trop pressé ne peut s'avancer qu'en langueur : en l'autre, les nuisibles herbes s'accroissans parmy, au vuide qu'elles y treuvent, le suffoquent : et celui trop chargé de terre, s'estouffe à cause de la pesanteur d'icelle n'en pouvant sortir : ainsi void-on telles inégalités préjudicier beaucoup à ce mesnage. Presques tous les mesnagers se déçoivent en cest endroit ; ceux-là seuls tenans la vraie méthode pour bien semer, qui couvrent les blés à la herce, laquelle esgalement les espard, en les fourrans dans terre à la proportion de ses chevilles, selon la longueur que leur aurés voulu donner et treuvée propre à l'expérience. De faict, il est raisonnable de confesser que la plus-part des semences se perdent dans terre, veu qu'elles ne font communément, mesme ès bonnes terres, que cinquener ou sixener, comme a esté touché ci devant ; au lieu que toutes les semences venans à bien, faudroit qu'elles rendissent cinquante ou soixante pour un, voire et d'avantage : d'autant que d'un grain plusieurs espis viennent, et que chaque espi produit plus de vingt grains, ainsi que cela se remarque oculairement. Les fourmis, les vermines, les oiseaux et autres bestioles en desgastent bien une bonne partie : mais non tant qu'il nous en manque à nostre compte, la plus-part de celle perte procédant de la façon du semer et couvrir : à laquelle ajoustant, le non-bien choisir la semence, n'est de merveille si nos terres ne respondent à nostre intention. Prenant la peine d'aller après le laboureur lors qu'avec le soc il couvre la semence, vous le remarquerés facilement. Le semeur quelque bonne main qu'il ait, jette la plus-part du blé dans le fonds des lignes, où en roulant s'emmoncelle, comme dans des vallons, sans se pouvoir arrester sur la creste des raies, pour leur rehaussement : dont se treuve plus de semence en un endroit qu'en l'autre. Là où la poincte du soc passe, un seul grain de blé ne reste, ains ès costés tous s'assemblent par les aureilles ou les escus du soc, qui en confusion les y entassent les uns sur les autres, causant que la moindre partie de la semence vient à bien, qui est celle qui se rencontre commodément couverte de terre, qu'on void pousser la première, paroissant à la creste et ès costés du rayon, selon le chemin du soc. Et si bien se treuve du blé parcreu au fonds du rayon, c'est par le bénéfice du tempérament des temps et fertilités de la terre ; faisant troncher, closser et multiplier à la longue ce peu de grains qui s'y treuvent nais ; se dissipant le reste, comme si de-propos-délibéré on le jettoit dans la rivière, à nostre intérest et deshonneur de nos terres. Couvrant les semences à la herce, est remédié à ce défaut, entant que l'art a du pouvoir, parce qu'esgalement les blés sont espars sur terre, comme a esté monstré, laissant les évènemens à Dieu, qui donne le naistre et l'accroissement de toutes choses. Par tout l'on se peut pourvoir de bonnes semences, mais non par tout se servir de la herce, pour les diverses qualités et situations des terroirs. Où le fonds n'est pierreux, ne trop pendant, la herce jouera à plaisir : auquel cas servés-vous en, sans mettre en considération les coustumes, d'autant qu'à meilleure occasion ne les sçauriés rompre : mais ne s'y accommodant le lieu, force vous sera de faire vos semences au soc. Et à ce que cela soit à moins de perte, en adoucissant le naturel du soc, que des deux dernières œuvres, que baillerés à vostre terre, l'une peu devant, et l'autre incontinent après le semer, les lignes soyent prés-à-prés l'une de l'autre, pour apla-

nir tant qu'on pourra le plan général de la terre, en imitant l'ouvrage de la herce, afin d'espandre là dessus uniment la semence : ce qui se pourra faire assés bien ; pource qu'il n'y a beaucoup d'enfoncemens ni rehaussemens en la terre ainsi maniée. Quant au couvrir, ce sera au laboureur de limiter cela, donnant à son soc autant de terre qu'il voudra, peu ou prou, et selon la mesure dont il sera résolu charger sa semence : mais de réformer le vice du soc en ce qui est d'emmonceler la semence ès costés, n'y a aucun remède. Pour laquelle cause, à ceste action demeure la herce, le plus propre de tous instrumens, faisant naistre et lever la semence esgalement, et sortir de terre comme herbes de jardinages et prairies : chose très-belle à l'œil, ainsi qu'avec plaisir cela se remarque en l'Isle-de-France, vers Sainct-Denys et ailleurs. C'est pourquoi raisonnablement on se peut esbahir de voir la herce rejettée de beaucoup d'endroits, esquels commodément elle pourroit servir, seulement retenue en peu de contrées, erreur des plus apparentes en l'agriculture. Encore que le fonds ne soit entièrement deschargé de toutes sortes de pierres, la herce ne laissera pourtant de jouer, j'entens la roulante, qui facilement passera par dessus les menues pierres, n'excédans la grosseur d'une noix, ce que la rempante ne pourroit faire, par son cours estre en trainant et arrachant (46). Et quelle que soit des deux herces, outre l'utilité susdicte, ce remarquable service s'y treuve, que de mener six fois plus de terre que le soc, très-opportun en telle pressée saison de semences ; en laquelle les heures et momens se comptent, pour avec diligence expédier la besongne.

Mesme encores qu'il faille que pour couvrir la semence la herce passe par dessus deux fois, l'une en long, et l'autre en travers, au lieu que le soc faict cela avec une seule venue : si ne laisse-elle toutes-fois d'estre de plus grand avancement que le soc, ainsi que la pratique le manifeste. Plusieurs au contraire, tiennent les blés estre semés ainsi qu'il appartient, quand toutes les raies laissées ouvertes, paroissent évidemment avec grand rehaussement et enfoncement : à telle cause, faisant les lignes de l'ensemencement, fort loin l'une de l'autre, fondés sur ce que les grains ainsi couverts, ne craignent tant les eaux de l'hyver, qu'autrement logés, lesquelles s'escoulans au fonds du rayon, les blés demeurent à sauveté ès crestes et costés d'icelui. Mais cela n'est que crespir la muraille, qui chcoit de vieillesse, au lieu de la rebastir : telles sommaires vuidanges ne guérissans le mal que les blés endurent par les eaux, pour leur petitesse ; incapable de les recevoir ni escouler. C'est seulement par fossés profondément creusés, tenus ouverts, ou comblés partie de pierre, comme ci-devant a esté enseigné, qu'on espuise les eaux nuisibles sousterraines : et par les rayons faicts sur la superficie du champ, celles de la pluie, à l'aide aussi desdits fossés : et tous-jours demeure celle perte provenante de l'importun et confus assemblage des grains semés au soc, ou tant plus y a d'intérest, que plus grande est la distance d'une ligne à l'autre. La crainte des eaux faict qu'en beaucoup d'endroits on dispose le labourage par sillons voûtoyés et rehaussés en rondeur, enfermés entre deux lignes parallèles, larges et profondes, semblables à petits fossés,

selon la pratique de la Beausse et d'ailleurs, aimans mieux se mettre au hazard de mal labourer la terre, que d'exposer leurs blés à la merci des extrêmes humidités ; sur quoi sans crainte d'enfraindre les privilèges des coustumes, je dirois qu'on faut, puis-que, contre les préceptes de l'art, la terre n'est entre-croisée par la culture, pour la briser ainsi qu'il appartient : la fertilité du terroir de la Beausse (recogneue grande par l'abondance des grains qu'il rapporte) suppléant au défaut du laboureur. Aussi tiennent aucuns que despartir la terre en sillons, lors qu'on l'ensemence, est commodité pour le respect du moissonner, qui avec moindres frais se faict, ayans les moissonneurs leur besongne esgalement taillée, dont chacun est contraint d'employer sa journée sans fraude, que si à leur discrétion ils se la donnoient, ainsi qu'ils font ayans la carte-blanche par la campagne sans limite de leur ouvrage. En quoi véritablement y a de la raison pour brider la desloyauté des mercenaires : mais pour telle aisance, laquelle toutes-fois se peut ajouster à l'ensemencement de la herce par marques, à l'imitation des sillons, n'est mesnage de se priver des commodités ci-dessus représentées. Or couvrant la semence par quel qu'il soit de ces deux moyens, ce sera sous les observations susdictes, et de ceste-ci, que peu devant le semer on espardra les fumiers par le champ, et icelui après sera aplani avec la herce (47), si d'elle vous-vous servés, ou lui donnerés un œuvre au soc, pour ramollir le guerest, et ce sera celle œuvre dont avons parlé qu'aucuns appellent, *retrousser*, qui utilement sert à rendre la terre apte à recevoir les semences.

Vuider les eaux du champ semé.

Ces choses expédiées, est nécessaire faire escouler de la terre, les eaux survenantes des pluies, à ce qu'aucune partie ne s'y arreste croupissant par dessus, de peur de pourrir les blés. Ce sera par petits fossés ou grosses raies faictes au soc lors de l'ensemencement, qu'on pourvoira à ceci, que serés tirer en plusieurs endroits du champ, des plus hauts aux plus bas endroits d'icelui, par où l'eau superficielle vuidera hors, si que sans importune humidité, les blés resteront libres. A cela sera ajousté, que la chavassine ou chantre, qui est l'endroit auquel la charrue se retourne, ne pouvant pénétrer jusques au bout et autres extrémités du champ occupées par murailles, haies, palissades, fossés, bastimens, arbres et semblables, où la herce ne le soc ne peuvent librement jouer, seront cultivées à la main, à ce qu'aucune partie de terre ne demeure inutile, ains la semence couverte par tout jusques au sommet des fossés et pieds des arbres (les deschargeans aussi de toutes importunités) puisse fructifier. Les fossés environnans ou traversans le champ, seront curés avant que faire les semences, comme a esté dict : tant pour la vuidange des eaux, que pour en faire profiter la gresse : et afin aussi, d'en fermer les fonds et par telle ré-ouverture en rendre l'accès difficile avec le redressement des murailles, haies, palissades et autres cloisons. Chose trés-nécessaire ; à ce qu'estant le champ le mieux fermé que faire se pourra, ne puisse estre importuné ne par hommes ne par bestes. Autrement laissant par négligence à réparer telles clostures, on ne se prendra garde que dans peu d'années, elles viendront à néant, avec perte et honte.

Le temps propre pour les semences hyvernales, et la moyen pour refaire [...]

Le temps des semences hyvernales a esté exactement remarqué : et à ce qu'il ne s'escoule avant qu'avoir mis fin à telle fatigue, donnera ordre le père-de-famille de se pourvoir de suffisante quantité de bestail de labour, pour avec icelui despescher promptement son ouvrage. Mais cas estant, que faute de pasquis et fourrage le contraigne, suivant la façon commune des mesnagers, de n'entretenir du bestail de labour que justement pour son ordinaire, qu'il se résolve qu'avec icelui seul, ne pourra-il mettre heureuse fin à ses semences, pour peu d'empeschemens qui surviennent. Par quoi n'espargnera l'argent au louage du bestail qu'il verra lui estre requis, pour achever vistement ses semences (à autre action de mesnage ne pouvant mieux estre employé) de peur que les délayant, par l'arrivée de l'hyver, qui est le commun et inévitable destourbier, il ne reçoive ceste incommodité, ou de ne pouvoir parachever à temps ses semences, ou les faire si mal, qu'elles ne soyent de grande valeur. Ainsi mesnageant, il employera les meilleurs quinze ou vingt jours de la saison, prins dans la fin de Septembre et commencement d'Octobre, ci-devant remarqués, afin de reprendre par-après les erres de son ordinaire labourage, pour les terres de nouvelis, et celles destinées à loger les blés du printemps : ce qui lui reviendra à grand avantage, à ce qu'à l'aide des gelées et glaces de l'hyver, ses terres se puissent bien préparer. Et comme le commencement de la bonne saison des semailles nous est indiqué par la première cheute des fueilles des arbres ; aussi par les dernières tumbans d'iceux, nommément des poiriers et pommiers, sommes enseignés

de

de leur fin et le terme estre venu de quitter telles semences d'hyver, pour le danger, ou d'estre tuées par les froidures, ou de peu profiter. Et parce que tel avancement d'œuvre despend du suffisant nombre de bestes de labour, comme a esté dict, et qu'il peut escheoir qu'autant de difficulté y aura-il d'en treuver à louer, comme d'en entretenir abondamment le long de l'année, par estre le temps des semailles fort empressé chacun voulant faire ses besongnes en telle saison : un moyen a esté inventé pour satisfaire à telle nécessité, non toutes-fois communicable à tous laboureurs, ains seulement propre à ceux qui cultivent la terre avec autres bestes que beufs, comme chevaux, mules et semblables. C'est, que bien qu'au cours du labourage deux de telles bestes, ou davantage, soient mises au contre, en ceste affaire des semences une seule y suffit, tirant gaiement le soc ou la herce, avec une sorte d'araire que les Provençeaux, Dauphinois, et ceux de Languedoc appellent, *fourquat*, si bien accommodé qu'avec icelui vous faictes ce que désirés. Pourveu que, comme de raison la terre par bonne conduite, soit devenue souple et déliée : en laquelle non seulement un bon cheval, mulet ou mule pourra faire gaiement tel service, ains aussi le plus meschant asne qu'on y voudra employer. D'autant qu'en ceste action, n'est besoin de rompre ne profonder la terre avec force, mais seulement de l'escarter comme en se jouant, pour en couvrir la semence. Par-là aura-on chés soi tout ce qu'on pourroit désirer en cest endroit, doublant ou triplant par cest artifice, les bestes du labourage avec grande espargne.

Théâtre d'Agriculture, Tome I.

C'est l'ordre qu'il convient tenir pour bien loger les blés hyvernaux, et les façons qui raisonnablement leur peuvent estre données : sous lequel aussi, les printanniers veulent estre gouvernés. Car autre culture que la précédente, ne demandent-ils, excepté du temps de leurs ensemencemens, ayans leur particulière saison d'estre mis en terre, selon leurs espèces. Obmettant à dessein, tant d'autres ornemens, ageancemens, et mignardises qu'aucuns y font, ou pour le moins escrivent, comme choses superflues, par estre hors cela le mesnager assés embesongné à la conduite de ses terres, sans se soucier d'autre curiosité, que de suivre les avis sus-escrits : comme de passer la terre par un crible de fer d'archail, pour la rendre déliée ; la rasteller de sillon en sillon avec des rateaux ferrés, afin de l'emmenuiser et ensouplir : et pour faire fructifier les semences, les tremper en jus de jombarbe, ou en eau nitrée, ou autres liqueurs, selon l'enseignement d'aucuns ; laissant telles subtilités pour les gentillesses des jardinages, servans au seul plaisir et passe temps, si toutes-fois telles choses sont jugées raisonnables et devoir estre employées en aucun endroit. Sur-tout, se donnera-on bien garde d'excéder en despences superflues au maniment de la terre, de peur que le trop préjudicie au laboureur, par se treuver au bout du négoce, plus de mise que de recepte. Mais il y faut aller retenu, à ce qu'avec la nécessaire despence et raisonnable espargne, on œuvre en cest endroit : et que finalement on puisse moissonner avec réjouissance, voyant les blés rembourcer largement les frais de ce mesnage.

Puis-que de ton labeur tu veux et gain et los,
Despendre à ton terroir convient bien à propos.

La qualité de chacune espéce de blé, sa propriété particulière, et quels fonds elle désire, ont ainsi esté représentés, aussi comment doivent estre accommodés en terre ; ayans, comme dict est, les printaniers cela de commun avec les hyvernaux, que d'estre gouvernés de mesme qu'eux. Parquoi évitant redite, ici sera seulement parlé du temps qu'on doit faire les semences de la prime-vere, appellées, *les mars*, et en plusieurs endroits, *transailles* et *arrerailles*.

Semences du printemps.

Ce mot *transailles*, tiré du verbe latin *transerere*, signifie resemer et replanter, en cest endroit prins pour toutes sortes de blés mis en terre au printemps : qui est la seconde saison de l'année pour les semences, en laquelle les terres, qui la précédente cueillete et dans la mesme année, ont porté des blés d'hyver, sont communément resemées : sur lesquelles terres, pour leur fertilité, les transailles sont faictes. Ou bien sur celles qui ayans esté semées en l'automne, et dont le blé en aura esté tué par l'hyver, on est contraint pour en tirer rapport, y resemer de nouveau, non des blés hyvernaux comme auparavant, en estant la saison passée ; ains des printaniers, desquels est présentement question. Quant aux mots, *marsés* et *tremés*, l'un procéde du mois de Mars, dans lequel, pour tous délais, telles semences se font : et l'autre, de ce que dans trois mois, elles sont moissonnées, ne demeurans en terre que durant ce temps-là. *Columelle*, *Palladius* et autres Anciens, tiennent pour erreur, d'estimer y avoir des particulières semences de blés marsés et tremés, asseurans tous blés profiter plus semés en l'automne, qu'au printemps. Et que la nécessité provenante de ce que quand commodément on n'a peu faire les semailles d'automne à temps, ou ont esté tuées par les froidures de l'hyver, on les faict au printemps : en quoi eux-mesmes se déçoivent ; car c'est chose asseurée y avoir eu de tout temps du blé de trois mois, voire de deux, et de quarante jours avec ; selon le tesmoignage de *Pline*, telle semence par les Grecs estant appellée, *trimenos* : mesme l'ordinaire expérience monstre, qu'à peine les orges peuvent souffrir les froidures. C'est pourquoi avec raison, et selon l'immémoriale pratique, on laisse passer les mauvais temps de l'hyver, avant que de loger les transailles en terre.

Pour le temps donques de faire les transailles, ceste distinction est nécessaire, que si vostre lieu est chaud, le froment appellé *primavo*, ou *marzol*, le seigle *tremeze*, et l'orge *paumé*, seront semés sur la fin de Décembre, ou au commencement de Janvier ; si tempéré, à la fin de Janvier, ou au commencement de Février : si froid, pour tout le mois de Mars : lesquels blés seront incontinent suivis des avoines. Touchant les légumes, ceux qui n'auront esté semés en l'automne, le seront incontinent après Noël, faicte au préallable la générale et susdicte distinction pour toute sorte de blés, desquels les féves veulent marcher les premières, puis les pois, et conséquemment les autres légumes, comme lentilles, fazeols, geisses, vesces, orobes ou ers, ciches, lupins, de diverses figures et noms, bons à manger, et pour les hommes et pour les bestes : desquels les

plus tardifs sont les ciches ; et les lupins
pour engraissement. Touchant les millets , aucune espèce n'y a-il qui vueille
estre semée avant que l'hyver se soit bien
escoulé , le printemps mesme leur estant
fort suspect , pour les froidures qui souvent l'accompagnent bien avant , d'autant qu'en leur naissance et au cours de
leur vie , spécialement les communs , les
millets haïssent les froidures ; et sur la
fin , au contraire , aiment les frescheurs :
sans lesquelles , et les rozées de la nuict
du mois de Septembre , ils ne pourroient
faire bonne fin. Pour ceste raison , on
sème les millets-communs à la fin d'A-
vril , ou par tout le mois de Mai , sur les
terres de guerest-vieux ou de relais ,
comme a esté dict : non toutes-fois sans
préjudice des bons blés qui y sont semés
par-après , selon qu'il sera monstré. Aucuns , et plus à louer , retardent encores
davantage , en mettant ces millets-ci en
terre , vers le commencement de Juillet ,
sur l'esteule des fromens ou seigles ré-
centement couppés , ou par le bénéfice
de la pluie , avec un seul labour , le
fourrent en terre , souventes-fois , avec
heureux succès. Mais cela ne s'accorde
généralement par-tout : c'est seulement
ès lieux favorisés de la fécondité du fonds
et bénéfice du climat que cela advient ,
sans quoi ce seroit peine perdue que de
les semer en saison si tardive. Par ce
moyen les terres ne sont nullement incommodées , d'autant qu'après la cueillète des millets , elles se reposent un an ;
durant lequel on les laboure et prépare
pour servir comme dessus. Aussi tient-on
d'expérience , que ces millets en l'ensemencement se plaisent de l'humidité :
c'est pourquoi , espie-on pour les semer

la prochaine pluie , laquelle chéant incontinent dessus, les faict tost lever et croistre.
Défaillant ou retardant la pluie , on sème
ces millets sur le soir , sans les couvrir
jusques au lendemain : afin que la rozée
de la nuict les humecte ; et le matin revenu , après les avoir couverts ou avec la
herce ou avec le soc , on y passe par dessus une claie pesante , pour affermir la
terre : croyans aucuns , que la terre ainsi
tapie , voire endurcie , est plus propre
pour les millets , que celle qui est exquisement eslevée en sa superficie : pourveu
qu'au-paravant elle ait esté bien labourée , pour commodément recevoir les millets en son intérieur.

Nous ajousterons aux transailles , le
riz , en latin *oriza* ; afin qu'en le domes-
tiquant chés nous , en puissions estre accommodés. Chose désirable , estant icelui la sorte de blé qui rapporte beaucoup ,
voire plus que nul autre , des plus exquis
à manger en potages et bon à faire du
pain , meslé avec d'autres grains. Et bien
qu'en ce royaume son usage soit plus fréquent , que sa culture , si n'en devons-
nous pourtant refuser l'essai , à l'exemple
des Piedmontois ; lesquels ayans tiré des
Indes (d'où encores aujour-d'hui on en
apporte abondamment en Flandres , en
Angleterre , et en France) la semence
et le gouvernement du riz , en sont si
bien pourveus , qu'outre leur usage , ils
en fournissent plusieurs provinces de ce
royaume. Les Anciens n'ont logé le riz
entre les mars , d'autant qu'ils ne l'ont
cogneu. *Pline* seul en parle , assés confusément. En Piedmont l'arpent de terre
employée en riz , par communes années
en rapporte de vingt à trente charges ,
chose , pour sa merveille , méritant faire

ouvrir les yeux à nostre mesnager, afin de s'en prévaloir. Et encores que sa terre ne face tant que cela, si aura-il de quoi se contenter, quand ce ne seroit que du seul tiers ou quart de ce revenu. Si donques nostre père-de-famille veut entendre à ce mesnage, que principalement il regarde au ciel, à la terre, et à l'eau : au ciel, le choisissant tempéré, toutes-fois approchant plus du chaud que du froid : à la terre, qu'elle soit du tout en planure sans nulle pente, pour retenir l'eau : et à l'eau qu'elle soit fertile, et tellement obéissante qu'elle découle à plaisir au lieu destiné. Avec tout cela, l'apparence est grande ne pouvoir perdre ses peines : car ce sont en semblables endroits où les Piedmontois logent les riz. La terre de passable fertilité est bonne pour le riz. Elle sera bien labourée et fumée, après despartie en plusieurs espaces, comme par quarreaux divisés de jardinages, chacune environnée à l'entour d'une petite levée ou chaussée de terre, relevée sur son plan d'un pied et un quart, et espesse de deux, pour suffire à retenir l'eau, et à porter un homme passant et repassant dessus pour l'arrousement, si bien le tout accommodé, que l'eau y découle aisément et séjourne uniment par tout le parterre, sans verser en aucun endroit, ains y pouvoir estre retenue, comme dans un petit estang, c'est pourquoi est nécessaire le fonds ne pendre du tout rien, ains estre en parfaicte plaine. L'eau entrera d'un quarreau à l'autre, par petites ouvertures, faictes en martelières ou esparciers, tant proprement, que fermans avec un aix coulant en la caveure faicte ou dans la pierre, ou dans le bois, elle soit mise et ostée à volonté.

Sur tel lieu ainsi préparé sera semé le riz au commencement du mois d'Avril, après les froidures passées, autant espessement comme le froment, soit ou à la herce ou au soc, comme l'on voudra. La semence avant que la jetter en terre, sera trempée dans l'eau, par l'espace d'un jour ou deux et toute humide, voir commenceant de germer, pour tant plus-tost la faire pousser, sera esparse, puis couverte : et sans séjourner l'eau mise par dessus de la hauteur de deux doigts, de telle mesure l'y tenant continuellement, voire et plus grande, selon le besoin. Dans peu de temps le riz sortira de dessous l'eau, se poussant sur icelle gaillardement, quelques-fois, par trop en danger de se perdre en versant. Ce dont s'appercevant, conviendra lui oster l'eau pour quelques jours, et jusques à ce que par faute d'humeur il se remette en bon estat. Car comme l'eau est la nourriture de ce blé, la lui ostant, de mesme lui oste-on la vie. Donques le voyant quelque peu emmati par le soleil, l'eau y sera remise et en plus grande quantité que devant ; c'est à sçavoir, de la hauteur de quatre à cinq doigts, pour accompagner tous-jours le riz : l'augmentant alors qu'on s'appercevra le riz fleurir, et par conséquent grener (avec les autres fromens cestui-ci faisant aussi les deux à la fois) pour n'en estre réosté qu'à l'approche de la moisson, tant pour l'accroissement du riz, que pour le préserver de la nielle, qui sans l'eau en seroit gasté. Il y a grand soin en ce mesnage, estant nécessaire aller tous les jours visiter tous les endroits du champ, les chaussées, les acqueducts, les martelières ou esparciers, à ce que l'eau n'y défaille, ains séjourne continuellement de la mesure susdicte : y

Quand moissonner le riz.

en remettant à cest effect tous les jours de nouvelle, au lieu de celle que la terre consume. Ce blé sera couppé estant meur, qui sera dans le mois d'Aoust, en ayant quelques jours auparavant osté l'eau pour la dernière fois, afin de le faire du tout sécher. Le moyen de moissonner le riz et de le recueillir, estans communs avec la récolte générale des grains, sera n'en parler ici plus avant, vous renvoyant au serrement de vos autres blés, pour à leur façon retirer cestui ci dans vos greniers.

Il engraisse la terre où il croît.

Pour fin de ce mesnage, je dirai la vertu du riz estre d'engraisser la terre, laquelle en ayant porté deux ou trois ans de suite, se rend par après propre à produire toutes sortes de blés hyvernaux et printaniers, tant le fonds par ce traictement se treuve bien disposé, comme ayant prins nouvelle vigueur. Telle fertilité lui avient principalement du bénéfice de l'eau, dont le naturel est d'amender le lieu de son séjour : tant par certaine vertu engraissante qui la suit, que par les bestioles, racines et herbes nuisibles qu'à la longue elle estouffe : desquelles nuisances se treuvant deschargé le fonds au bout de cinq mois, que continuellement l'eau y a crouppi, demeure vigoureux pour tout service d'agriculture. Mesnage du tout notable, approchant celui des estangs desséchés, duquel le prudent père-de-famille fera son profit. L'eau dormante si longuement en tels endroits, mesme en la saison de l'esté, cause quelque mauvais et des-agréable aer, provenant non-seulement de sa qualité ; mais aussi de celle du riz, qui est cause que plusieurs condamnans tel blé, n'en veulent point eslever. Mais à cela le remède sera de faire les riz si loin de la maison, qu'ils

ne puissent incommoder les habitans par leur voisinage.

Preuve pour sçavoir si la semence a esté bien ou mal esparse.

En la conclusion de ce discours général des semences, sera mise ceste curiosité, prinse de *Constantin Cesar*, pour cognoistre si la semence est esparse en terre avec juste proportion. Il ordonne imprimer sur la terre semée et non encores couverte, la main, tenant les doigts ouverts, et après l'avoir levée, compter les grains qui se treuveront dans sa figure insculpée au terrain : tenant pour bien semé le froment, s'il s'y en treuve, du moins cinq grains, ou au plus, sept : l'orge, y en ayant de sept à neuf : et les féves, de quatre à six ; estimant néantmoins le plus désirable, le moyen d'entre ces deux nombres selon les espèces des blés. L'essai monstrera la faculté de ceste espreuve, qu'avec peu de peine l'on pourra pratiquer.

Quels blés travaillent le plus la terre, et quels le moins.

Toutes sortes de blés travaillent la terre, à cause de leur nourriture qu'ils en tirent : mais beaucoup plus ou moins les uns que les autres, pour leurs divers naturels ; y en ayant mesme de si malings, qu'ils en attirent la graisse pour plusieurs années : comme au contraire, de si débonnaires, qu'ils l'engraissent sans moyen. Ceux-là sont les orges, pois-ciches, et millets : et ceux-ci, les féves, pois-communs, lupins, et riz, demeurans les autres indifférens. L'importunité des orges s'addoucit aucunement par le fumier qu'on leur donne en l'ensemencement, dont la graisse restante aide aux fromens qu'on y faict en suite. Touchant les ciches, s'ils ne viennent gaiement en vostre lieu, ne vous travaillés d'en semer en abondance, pour le peu de profit qu'ils rendent en terre qui ne leur agrée,

Nourcel des pois-ciches.

laquelle , pour fertile qu'elle soit , en est fort travaillée. Parquoi sera ce légume-ci , logé en gras fonds , ou plustost en terre défrichée de nouveau , ès crostes des fossés freschement creusés , ou en semblables endroits , dont la fécondité lui fournisse suffisante nourriture.

Quant aux millets-communs , c'est chose confessée de tous , qu'ils incommodent beaucoup les terres où on les loge , comment qu'on les manie. Car soit qu'on les face ès guerests destinés et préparés pour les blés d'hyver , soit sur les esteules des fromens et seigles couppés , c'est tousjours au détriment du fonds : pour la grandeur de leurs racines s'attirans grande nourriture , aussi pour leur malice contraire aux bonnes semences venans en suite : et ce qui augmente le mal , est , que toutes sortes de mauvaises herbes s'avoisinent volontairement du millet. Qui est la cause que moindre intérest reçoit le fonds , que plus touffu y croist le millet : parce que naissant sans perte , la terre s'en treuve toute couverte , d'où les meschantes herbes n'y pouvans avoir place , sont bannies. Au contraire se fourrent parmi le millet rarement nai. De tout lequel meslange , le fonds est encores plus ensalli , que par le seul millet , quoi-que de maligne nature , comme a esté dict : attendu la peine plus grande de desgager le fonds de cest embarras , que s'il n'estoit question que d'une seule sorte d'herbage. Si le ciel et la terre souffrent de faire les millets sur les esteules des blés freschement couppés , eslisés ceste seule façon de les loger : car le repos d'un an après les avoir moissonnés , avec fréquente et bonne culture , deschargent aucunement les terres du venin provenant du millet.

Médecine qu'on ne peut espérer qu'au bout de plusieurs années , moyennant aussi labourage exquis , en fonds , auquel après le millet on seme des bons blés d'hyver , qui vient au grand préjudice du père-de-famille. Là dessus dit le proverbe de Languedoc ,

Qui mange lou meillas
Mange lou segealu ;

voulant dire ; que , qui pour l'espargne se sert du millet , ne se prend garde qu'il employe le seigle pour sa nourriture. Ainsi avisera prudemment le mesnager à ne troubler son labourage par ceste semence ; ains par estre le millet nécessaire à la maison , comme a esté représenté , lui donnera quartier à part , destinant pour lui , quelque recoin de terre grasse , dont il fera sa perpétuelle milleraie : et par ce moyen , sans deschet de ses bons blés , il aura tousjours abondance de millets , qu'il gouvernera au semer , sarcler , et moissonner , sans contrainte ne sujection selon leur naturel , à son utilité. Mais si par nécessité l'on faict le millet ès guerests des terres de nouvelis , faut qu'après l'avoir moissonné , sur son esteule l'on seme le froment et seigle , avec une seule œuvre au soc , sans autre précédent labourage : à ce qu'on ne mesle avec la terre , les pailles et racines du millet , comme l'on feroit si on réitéroit le labour ; d'autant que le premier met à l'aer les racines du millet , et le second les réenterre. Chose autant à craindre en cest endroit , comme a souhaiter estre curieusement sorties du champ telles racines , afin que leur amertume n'offense les bonnes semences. Pour toutes lesquelles incommodités , mesme pour la contrainte du semer-tard les fromens et seigles , s'accommodant à la maturité et couppe des millets, sera bien avisé le père-de-famille de ne s'amuser à faire beaucoup de millets, si quelque bonne occasion ne le pousse, comme pourroient estre les fréquentes pluies de l'esté, et la rarité de la générale cueillète de la saison; au défaut de laquelle, quelques-fois très-opportunément les millets suppléent. Et s'il lui est possible, qu'il ne face des millets autrement, ni ailleurs, qu'en la manière susdicte. Au contraire, ne pourra trop faire de la sorte des blés qui engraissent le fonds, pour la double utilité de ce mesnage : sur-tout s'ils rencontrent bien en son terroir, et leur débite est facile (48).

CHAPITRE V.

Sarcler les Blés, et autrement les conduire jusques à leur maturité.

C'est une très-notable partie du gouvernement des blés, que le sarcler ou es-herber, laquelle obmettant ou négligeant, la moisson monstrera évidemment la paresse du laboureur, à sa honte : ne pouvant jamais faire bonne fin le blé enveloppé de meschantes herbes, ni estre moissonné à propos, les chardons et semblables plantes, picquans les mains des moissonneurs. La terre bien cultivée espargne beaucoup de peine au sarcler des blés, d'autant qu'elle pousse et avance fort les bonnes semences, lesquelles ayans gaigné terre dès leur naistre, ne donnent tant de lieu aux meschantes herbes, que si estant mal labourée, entretenoit les blés en langueur. Mais aussi quelque-bien

maniée qu'elle soit, tous-jours parmi les bons blés s'accroissent quelques herbes nuisibles, et tant plus, que le printemps aura esté pluvieux : lesquelles herbes de nécessité convient oster, avec autant de curieuse diligence, qu'on désire en avoir du contentement. Et qu'on ne se flate en cest endroit, car par ce trou l'eau se perd, avec très-grand intérest : estant ce, se moquer, et de la terre et de sa culture, que faillir en si beau chemin. On espiera donques soigneusement le temps de ce mesnage, afin de ne le laisser inutilement escouler. Ce sera lors le poinct de commencer à sarcler les blés, qu'on s'appercevra les meschantes herbes estre ja parcreues avec icelui : car de les prendre trop jeunes, ne les pourroit-on aisément toutes discerner d'avec les bonnes plantes, dont il y auroit danger d'arracher du blé avec elles. Comme aussi d'attendre qu'elles soient du tout agrandies, le blé en pourroit estre estouffé, ou du moins renversé par terre en les allans séparer d'avec lui. D'ailleurs, que par telle attente, grainans telles meschantes plantes, ce seroit en sallir le champ pour l'année d'après. Le temps de ce mesnage ne se peut justement restraindre à aucun terme, cela procédant et du climat et du fonds qui avancent et reculent ceste œuvre. Les Anciens ont eu diverses opinions sur le sarcler, les aucuns tenans les blés n'estre nullement sarclables, attendu que leurs racines en sont descouvertes ou couppées : et les autres ne se pouvoir passer de telle œuvre pour parvenir au poinct requis. Ces diversités d'avis ont produit diverses façons de sarcler les blés, et en divers temps. Aucuns pour ce faire remuoient la terre et après en recouvroient les racines des blés, et ce par deux fois, l'une devant et l'autre après l'hyver. Autres, sans nul remuement de terre, l'hyver estant passé, se contentoient d'en arracher les mauvaises herbes, comme nous faisons aujour-d'hui. Il est tous-jours requis que la terre soit humectée par quelque précédente pluie, avant qu'y aller pour sarcler ; afin d'en sortir les pernicieuses racines, ce qui commodément ne se peut faire la terre estant séche ; d'autant que les racines des malignes herbes se couppent dans terre cuidant les en tirer, dont rejettent à foison, d'une plante en sortans plusieurs à la venue de la pluie. C'est ouvrage de menu peuple, que le sarcler, auquel femmes et enfans travaillent utilement, n'y ayant autre chose à faire qu'à arracher les herbes avec la main seule, ou à l'aide de quelques petites fourchetes : desquelles herbes n'en pouvans entièrement descharger les blés à une seule fois, on y retournera pour la seconde, voire pour la troisiesme, et en somme, tant qu'il suffise : à ce que les blés restans seuls au champ, puissent sans destourbier s'achever d'accroistre et meurir, dont le profit qui en aviendra, récompensera largement et tost, le soin de ceste curiosité (49). Pour ces raisons, toutes sortes de blés requièrent l'exquis es-herbement, mais par sur tout autre, les mils et les panils, qui ne peuvent beaucoup avancer parmi les mauvaises herbes, leur naturel les attirant, comme a esté dict, mais à leur dam. Par ainsi désirans avoir de bons mils, de nécessité les faut sarcler plusieurs fois, une seule n'y pouvant suffire, commenceant à y mettre la main dès aussi-tost qu'on void paroistre le millet : car avec lui naissent les malignes herbes,

Plusieurs fois les blés seront sarclez, etc.

et parmi icelles se discerne apparemment, chose qui facilite ceste œuvre.

Mesme souci convient avoir des légumes, parmi lesquels ne faut souffrir aucune herbe maligne, s'il est possible : les lupins seuls exceptés, qui n'endurent le sarcler, mourans tout aussi tost qu'ils se sentent blessés. Les pois-ciches aussi dessèchent sur terre, si on les touche lors qu'ils sont en fleur ou couverts de rozée : pour ceste cause les faut sarcler avant qu'ils florissent, et après que les rozées auront esté consumées par la vertu du soleil. Une estrange façon de labourage ajoustoient anciennement les Piedmontois à leurs blés : c'estoit de les provigner ja grandelets et commenceans à monter en tuyau, les renversans dans terre avec la charrue, dont ils se rechaussoient de nouvelle terre, se multiplians en tiges. Et bien que la charrue en arracheast quelques plantes, les restantes en réamplissoient bien largement la perte. Par accident telle invention vint en usage. Les Salussiens et Verseillois estoient en guerre contre les habitans de la Val-d'Oste. Ceux-ci courans les terres de leurs ennemis, à faute de ne pouvoir brusler leurs mils et panils, pour ce qu'ils estoient encores en herbes et verds, les relabourèrent avec grand nombre de bœufs, les renversans dans terre pour les dégaster, et par là cuider affamer leurs ennemis. Mais l'événement en fut tout autre ; car contre leur intention, ces blés-là, au lieu de mourir, reprindrent nouvelle vie, voire s'en rendirent meilleurs qu'au-paravant, par ce renversement dans terre s'y provignans, et par conséquent s'augmentans en tiges, d'une en sortans plusieurs avec profit : ce que tiré en conséquence pour

toutes

Les anciens Piedmontois provignoient leurs blés et herbes.

Moyens de chier ou de trop fertilité blé.

toutes sortes de blés, cest accident fut rédigé en art, et pratiqué quatre ou cinq cens ans après (50).

Si par la fertilité du fonds et bénéfice du ciel vos blés s'agrandissent par trop, en danger, versans par terre, de ne pouvoir grener: il y a deux moyens pour leur abbatre tel orgueil, c'est de les tondre, et faire paistre au bestail, se servant au besoin de l'un ou de l'autre. Ce remède se doit tous-jours employer en temps sec, jamais en humide; afin que par le trépigner des hommes et des bestes, on n'enfonce la terre molle au détriment des blés. Aussi le plustost est le meilleur, afin que prenans les blés encores endormis, on ne destourne leur course, comme l'on feroit en retardant par trop. Ce sera donc devant Noël, ou pour plus long délai, pour tout le mois de Janvier. S'il escheoit de faire manger les blés au bestail, que ce soit plustost à menu, qu'à gros, pourveu que ce ne soyent pourceaux, ausquels raisonnablement, l'entrée est tous-jours défendue, à cause du dégast qu'ils y font, avec leur groin, fouillans indifféremment toute terre. Despuis les semences jusqu'à lors, n'est requis faire autre despence à vos blés, que la susdicte: ne de là jusques à leur maturité, que d'avoir soin que les eaux des pluies n'y croupissent jamais, ains les faire escouler par les vuidanges, qu'à cest effect l'on visitera souvent, prenant garde, par curer et nettoyer, que telles issues et esgouts ne se bouchent. De ne laisser entrer dans les terres, pendant qu'elles sont chargées de blé, aucun bestail, que lors et pour les causes dictes. Finalement, de garentir les blés, tant que l'entendement humain se pourra estendre, de la

Théâtre d'Agriculture, Tome I.

Et de viles des bruines.

tempeste des bruines, qui souvent les perdent.

Les bruines ou fortes rozées du printemps endommagent estrangement les blés, quand sur la fin du mois de Mai, et commencement de celui de Juin, dès une heure devant le jour, elles tombent sur les blés ja avancés approchans leur maturité: où l'eau d'icelles arrestée, s'eschauffe de telle sorte, par le soleil frappant dessus, que l'espi du blé s'en noircit de pourriture, dont peu de grain sort paraprès, et encores mal qualifié, si que presques n'en faut espérer que de la paille. A ce mal le seul remède est d'en abbatre la rozée, avant que le soleil ait loisir de l'eschauffer; à l'exemple des fruictiers, desquels les fruicts par secouer et esbranler les arbres, sont garentis de telle tempeste. Mais en ceci gist la difficulté, qu'il semble ce moyen ne pouvoir estre employé en cest endroit, pour la diversité du sujet: laquelle difficulté par artifice est surpassée, rendant la chose aisée. Deux hommes esbranlent les cimes des blés avec un cordeau, que chacun tient d'un bout, roidement tendu au-dessous des espis, marchant à pas mesurés l'un deçà et l'autre delà le champ, en y repassant tant de fois qu'il suffise. En champ de grande estendue les hommes seront montés à cheval: au col des chevaux l'on accommodera le cordeau à la hauteur du blé, et ainsi à moindre peine, satisferont à ceste entreprinse. Pourveu aussi que ce soit en raze campagne, où n'y ait aucuns arbres; car où la terre en est occupée, cela ne se peut faire qu'en portions, esquelles le champ sera desparti, en tant et telles, que les arbres le permettront, à ce que librement le cordeau

V

puisse jouer par tout le contenu d'icelle.

L'arrousement des blés n'est tant commun ni nécessaire, comme quelques-fois utile. Pour la disette des eaux ce mesnage n'est beaucoup recercheable, joincte l'opinion que la plus-part dés laboureurs ont, qu'estans meurs les blés devant les grandes sécheresses, n'ont besoin d'estre arrousés. Mais on void plus souvent qu'il ne seroit à desirer, les blés périr de sécheresse : non tant seulement pour n'avoir eu les pluies telles, ni en saison convenable, que pour les extrèmes vents du mois de Mai. Par le bénéfice de l'eau est aucunement pourveu à tels défauts, et se pourra dire heureux le mesnager, s'il est accommodé de fertiles eaux, pour en nécessité les faire couler par ses champs. Donques ne mesprisant l'excellence d'une telle manne, disposera ses terres à la recevoir : afin que l'eau allant par tous les endroits d'icelles, les rende d'autant plus fertiles, que les prairies d'abbruvage surpassent les sèches en rapport. Il a esté ci-devant faict mention de la prodigieuse fertilité de la terre de Tapace, venant en partie de l'arrousement d'une excellente fontaine. En outre, *Pline* dict ailleurs, qu'au terroir de Sulmone et Fabiano, en la Bruzze, les vignes et terres-à-grains sont arrousées avec grand fruict : non toutesfois tel pour le vin, qui à telle occasion y croist rude, quoi qu'en abondance, que pour les blés qui y profitent merveilleusement, par la grande nourriture qu'ils tirent de l'eau : laquelle tuant les malignes herbes, en descharge la terre, dont la substance reste toute pour les blés. Aussi en la terre de Babylone les blés estoient anciennement arrousés avec grand rapport. Les avoines, millets, fèves et pois,

sont les grains qui plus désirent l'eau : aux autres n'en sera donné qu'en grande sécheresse, et en la distribution faut aller avec modestie. A cela l'on accommodera les aqueducts par petits fossés, selon le lieu, afin que l'eau puisse découler doucement sans courir que bien peu, de peur d'escorcher le blé, et à ce qu'elle ne le pourrisse y croupissant, en puisse vuider comme l'on voudra. Ainsi le père-de-famille garentira ses blés de la sécheresse, nonobstant la rigueur de la saison, moyennant aussi la faveur du ciel. En ces arrousemens la présence continuelle d'un homme est nécessaire, pour tousjours accompagner l'eau : l'ostant des blés autant de fois qu'il se retirera du champ, de peur qu'en son absence n'y mésadvienne ; ou ce seroit que pour la planure du fonds, elle y puisse estre laissée pour quelques heures seulement, sans pouvoir sortir de ses limites.

CHAPITRE VI.

Les Moissons , ensemble le recueillir des Blés et Pailles selon les diverses façons des Provinces.

La fin de la culture des terres-à-grains, est la moisson : récompense attendue et digne du travail du laboureur. Joyeusement donques le père-de-famille, mettra la dernière main à sa terre, pour en tirer le rapport selon la bénédiction de Dieu, faisant mestiver ou moissonner ses blés avec diligence : laquelle d'autant plus grande est requise, que plus apparent est le danger de perte, par négligence, quand inopinément les vents impétueux , pluies violentes , et autres tempestueux orages , surviennent sur la maturité des blés dont souvent ils sont jettés et renversés par terre avec très-grand desgast. Il aura de longue-main faict ses provisions pour telle fatigue , de deniers , de vivres , d'ouvriers , d'outils ; aura aussi réaccommodé ses granges et greniers , à ce que rien ne défaille à faute de prévoyance. Les outils seront , faucilles bien trenchantes et autres instrumens receus ès endroits où l'on est ; sans s'amuser d'en recercher curieusement ne de l'antiquité , ne d'invention nouvelle , d'aucune façon inusitée. La maturité des blés se cognoist aisément à la couleur , qui est jaune ou blonde , et quand les grains sont affermis , non encores du tout endurcis. C'est lors le vrai poinct de les coupper ; à quoi s'accordent les Anciens et les modernes , avec ceste commune raison , que les prenans un peu verdelets et non extrêmement meurs , s'achèvent de meurir et préparer en gerbe , et n'est-on en danger d'en perdre beaucoup en moissonnant et charriant , comme l'on feroit les prenans par trop meurs et dessechés : dont grande quantité de grains s'escoulans sortent de l'espi , allans à terre sans en pouvoir estre recueillis. Par ceste raison vaut beaucoup mieux s'avancer de deux ou trois jours , que de retarder aucunement ; joinct que le blé pourtant n'en descheoit nullement de couleur , laquelle il s'acquiert bonne et belle , se confissant un peu en gerbe. Le blé qu'aurés destiné pour semence , ne sera couppé qu'en parfaicte maturité , estant nécessaire , pour le faire bien fructifier , de le laisser meurir en perfection , sans avoir esgard au deschet qui pourra

estre , en attendant cela. De choisir le poinct de la lune et les heures du jour pour la couppe des blés , comme aucuns ont commandé , est chose impossible , bien-que cela fut à désirer (la vieille-lune et les matinées et vesprées , pour telle action , estans à préférer à tout autre temps (51)) : car les blés ne vous donnent ce loisir-là , d'attendre ni délayer aucunement : pour s'avancer d'heure à autre , despuis qu'ils ont prins le vol de se meurir ; voire se bruslent-ils presque de moment à autre , par la véhémente chaleur du soleil. Parquoi à moissonner employera-on toutes les minutes du jour , monstrans par diligence combien nous chérissons ceste précieuse manne que le blé , laquelle pour nostre nourriture Dieu nous donne tant libéralement. Aussi par excellence telle saison est du vulgaire appellée , *le temps des besongnes;* comme voulant dire toutes autres œuvres de la terre , n'estre que préparatifs pour ceste-ci , ou ses accessoires. Et de peur que du grain n'en chée par trop en terre en le transportant , comme tous-jours quelque portion s'en perd , pour doucement qu'on le manie , le blé couppé et lié , sera laissé sur terre , jusques au lendemain grand matin , pour lors avant que le soleil frappe fort , les gerbes estre enlevées et accumulées en petits monceaux , chacun d'une ou de deux charretées , ou de sept à huict charges de mulet. Lesquelles gerbes , par avoir esté quelque peu humectées des rozées et frescheur de la nuict , pourra-on manier sans crainte d'en faire couler ou glisser le blé , l'accompagnant telle humeur , toute la journée , dont commodément il sera charrié en la grange , ou en l'aire , selon l'usage du pays. S'il escheoit

qu'on soit contraint coupper partie de
blé non-encores meur (comme cela avient
quelques-fois de celui qui se treuve és ombrages, sous les arbres, prés des murailles ou ailleurs : ou bien que la commodité d'ouvriers presse, craignant d'en
avoir faute par-aprés), le moyen de ce faire
avec utilité, est, qu'estant ce blé-là couppé
et lié, dès-aussi-tost dix ou douze gerbes
toutes verdes seront entassées l'une sur
l'autre, pour ainsi demeurer tout le jour,
et icelui passé seront escartées et mises
debout en esparpillant les espis ; afin de
leur faire recevoir les rozées de la nuict.
Le matin revenu, seront re-amoncellées
comme devant, de peur que le soleil ne
les pénètre : et ainsi continuera-on deux
ou trois jours de suite, au bout desquels
par l'humeur ainsi enserrée, les gerbes
s'eschaufferont, et cela les fera meurir,
pourveu que l'on les expose au soleil pour
les y faire sécher en perfection.

Pour la nécessaire et prompte expédition des moissons, convient avoir nombre
suffisant de couppeurs, autrement les
blés se retarderoient avec grand deschet,
comme a esté dict. Mais d'autant qu'és
quartiers esquels est l'abondance des blés,
les seuls habitans des lieux n'en pourroient
venir à bout ; Dieu, souverain mesnager,
par sa providence a pourveu à ce défaut,
en faisant descendre des montaignes et
lieux froids, aux plaines et pays chauds,
nombre infini de peuple pour moissonner
les blés : qui à poinct-nommé, sans autre
avis que du temps, comme par inspiration divine, se rendent opportunément
és endroits esquels leur service est requis :
d'où, après les moissons s'en retournans
en leurs maisons, par-tout où ils repas-
sent, treuvent de la besongne. D'autant

que marchans de pays chaud en froid, ici
se meurissent les blés de jour à autre, à
mesure que la saison s'eschauffe. Par ce
moyen, avec de l'argent on treuve des
gens extraordinaires, et à volonté, par
tous les endroits où Dieu a ordonné l'accroissement du blé : et ces pauvres gens
là, hommes, femmes et enfans jà grandelets, gaignent leur vie et de l'argent
pour leur subvention en hyver, n'ayans
aussi lors chés eux besongne à suffisance
pour les entretenir. Ainsi Dieu, père
commun du genre humain, pourvoid à
la nourriture de tous ses enfans, selon
les diverses vocations qu'il leur a données.

En la culture de la terre, la prenant
despuis le premier deffrichement jusques
au serrer des blés dans le grenier, ne se
void que diversité d'avis, comme a esté
dict ; seulement estans d'accord ensemble
ses laboureurs, en ce poinct, que d'en tirer les blés pour nostre nourriture. Principalement, c'est au recueillir où plus on
remarque de contrariété entre les mesnagers : provenante telle dernière division,
non tant du divers naturel des hommes,
que de la propriété des climats, imposant nécessité à ceste action. En pays
froid, les fruicts ne sont si tost meurs,
qu'en chaud, d'où avient qu'és parties
septentrionales, plus froides que chaudes,
les blés ne sont couppés qu'en Aoust ; duquel mois, à telle cause, la cueillete en
porte le nom, de lui, en tels endroits
dite *l'Aoust* : comme les semences du
printemps sont appellées, *les-Mars*, de
ce mois-là auquel pour tous délais, elles
sont jettées en terre, ainsi qu'a esté dict.
Telle tardiveté aussi a causé l'invention
de serrer les blés à couvert, pour là sans

craindre ne les pluies ne les froidures, les
batre à loisir et à l'aise. Par ainsi, les
blés couppés, sont aussi-tost transportés
dans la grange; où durant l'année sont
battus petit-à-petit, selon la nécessité et
volonté, pour envoyer au moulin, ou pour
vendre. Au contraire, en pays oriental et
méridional, plus chaud que froid, au
cœur d'esté, l'on moissonne; et en suite
incontinent, en l'aire à descouvert, le
blé est séparé d'avec la paille, serrans et
l'un et l'autre en propres greniers, avec
grande diligence.

Ces diversités causent les divers moyens
dont l'on se sert à retirer les blés, car en
pays froid, c'est à force de les batre au
fléau: et en chaud, par le trépis des grosses
bestes, à la mode ancienne de l'Orient;
comme se prenve par l'escriture saincte,
en la défense de lier la gueule du bœuf
qui foule le grain (52). Lesquelles bestes
marchans hastivement en rond, un homme
les tenant attachées avec des cordes, lui
demeurant fixe au milieu du rond, comme
pour centre, les faict aller par dessus les
gerbes, arrangées en l'aire, l'espi contremont, tant et si longuement qu'il suffise. Ceste façon-ci est la mesme de l'Espaigne, du Portugal, de l'Italie, de la Sicile et semblables contrées chaudes, pratiquée en Languedoc, Provence et en
leur voisinage (où toutes-fois le fléau est
cogneu, mais rarement employé) et ceste-
là, ès autres provinces de ce royaume,
imitans l'Angleterre, l'Escosse, la Flandre, l'Alemagne, pays froids. De représenter particulièrement comme l'on se
manie en ce mesnage, comment l'on serre
les gerbes dans la grange, la manière de
les y accommoder à l'entour des murailles
pour les conserver longuement, mesme

contre les rats: comment pour les mesmes
causes et pour les parer des pluies, à l'aire
en campagne elles sont entassées en gerbiers de figure pyramidale ou en ger-
bières dextrement arrangées, ainsi que
pierres de bastiment, dont se compose
comme une maison massive: quels sont
les fléaux, fourches, vans, ventoires (53),
cribles, mesures et autres outils: quelles
les bestes employées au fouler (qu'en
Languedoc et Provence on appelle *cauca*,
des anciens Latins appellé, *triturire*) si
ce sont chevaux, mulets, beufs, asnes
ou leurs femelles, quelles à ce les plus
habiles, n'est possible, pour la diversité
de telles choses, chacune province ayant
ses propriétés. Non plus peut-on asseurer laquelle des deux façons est la meilleure pour retirer le blé; car et le battre
et le fouler font très-bien ce mesnage, si
que peu de grain reste dans la paille
quand l'on manie le fléau et les bestes
ainsi qu'il appartient. Seulement dirai-je
de l'aire à recueillir le blé, que soit ou à
couvert ou à descouvert, est nécessaire
d'en affermir si bien le plan, que la violence du batre ne du fouler n'en puisse
enlever la terre pour empouldrer le blé,
ains qu'on l'en retire pur et net.

Pour ce faire convient remuer demi-
pied de terre avec le hoyau du lieu d'où
est question, afin d'en oster tous empeschemens. Après y mesler de pure argille
assés bonne quantité, incorporant bien
ensemble les deux terres: en applanir la
superficie justement sans aucune pente;
en l'arrousant petit-à-petit, avec de l'eau,
dans laquelle l'on aura infusé du fien de
beuf, pour la garder de crevasser et
fendre: et lors qu'elle sera un peu endurcie, la batre avec un battoir de paveur;

large par bas, pour en affermir le fonds. Ainsi sera l'aire trois ou quatre fois arrousée et battue, dont elle se rendra solide et unie pour très-bien servir. Les Anciens ont bien ordonné d'autres mystères à la façon de l'aire, comme d'y mettre de la lie d'huile d'olive, du sang de bœuf et autres drogueries, dont toutes-fois les mesnagers d'aujour-d'hui ne se soucient, se contentans de la susdicte simplicité, pour faire une bonne aire.

L'aire dure plus à couvert qu'à descouvert.

Ceste préparation d'aire est commune pour les couvertes et descouvertes, toutes-fois ceste-ci n'est tant durable que ceste-là, par se conserver mieux et plus longuement dans la grange, qu'exposée à l'aer à la campagne. Parquoi chacun an à la veille de la récolte, sera de nouveau arrousée celle qui est à la merci du temps, avec de l'eau sus-mentionnée, et battue, en y adjoustant de l'argille où y en aura besoin, pour en réparer les ruines, et tout d'une main en oster les herbes et autres empeschemens qui s'y treuveront. Mais si on se veut exempter de telle peine, et se faire l'aire de perpétuelle durée, en faudra convertir le parterre en pré commun, dont l'herbe couppée fort rès de terre, quand l'on y veut reposer les gerbes, les reçoit commodément pour y estre battues et foulées : où sans deschet s'y ramasse le blé autant nettement qu'il est possible sans estre nullement empoudré : d'autant que la motte tenant ferme, ne souffre la terre s'eslever.

On sera de faire l'aire de la campagne, et comment disposée.

L'aire de la campagne sera sise près des estableries et greniers à fourrage, pour la commodité du serrer des pailles et de ne les transporter loin. On la faict grande et spacieuse, pour à l'aise s'y manier : on la ferme de quelque légère pal-

lissade, afin de n'empescher le passage des vents, qui est grandement nécessaire, et à ceste cause il doit estre libre pour vanner ou venter le blé : servant la cloison à engarder qu'aucun bestail y entre, car tous-jours est-il dommageable et fort nuisible, bien que le blé n'y soit, sur tous les pourceaux en temps pluvieux ou humide avec le groin y fouissans le fonds. Deux portes seront faictes à l'aire, opposite l'une à l'autre pour commodément y charrier le blé des deux costés, lesquelles l'on fermera et ouvrira selon le besoin. A l'un des bouts sera bastie une loge, pour y serrer à couvert les outils du négoce, les vivres des ouvriers et eux-mesmes s'y retraire à l'ombre quand ils voudront. Si le lieu le permet, l'aire sera relevée sur un terrain, comme en platte-forme, environnée d'une muraille, n'excédant le plan, pour retenir la terre de verser en hors. Ainsi sera l'aire bien esventée, bien fermée sans autre cloison, et de mesme sèche pour vuider l'eau de la pluie, si bien qu'aucune nuisible humidité n'y arrestera, observation nécessaire.

C'est de l'ordonnance des Nations, fondée sur la raison, que l'usage de ces deux divers moyens à recueillir les blés ; dont par toute la terre habitable l'on se sert, diversement toutes-fois, selon les situations, comme a esté dict. A quoi nous tenans, tascherons de travailler en cest endroit si dextrement et diligemment, sans altérer nos accoustumances, que puissions atteindre au but de bon mesnage. Et comme ès choses de ce monde n'y a commodité, qui ne soit suivie de son contraire : ainsi remarque-on en chacune de ces deux façons de mesnage, du bien et du mal : plus pour sçavoir comme le monde se gouverne, que pour espérer d'y apporter réformation.

Ceux qui battent le blé sous les couvertures, sont fort soulagés au temps de la moisson ; quand ces deux fatigues, coupper et battre, ne s'assemblent en une, dont la seule donne de la besongne à suffisance. Mais que pouvans estre divisées, le coupper, et le serrer des gerbes dans la grange, est seulement ce où ils sont contraints s'employer alors ; mesnage qui se faict à l'aise et à peu de frais. Aussi s'accompte à commodité, de ce que les blés et pailles ne sont en danger d'estre mouillés en campagne par les pluies dont le mesnager est deschargé de grand pensement. Qu'à loisir, en tout temps, chaud, froid, humide ; aux courts et longs jours ; à toutes heures, de nuict, de jour on peut travailler à escourre les grains, y employans les serviteurs, quand ils ne peuvent ouvrer ès champs.

Au contraire, on peut dire que de telle commodité procède ceste incommodité, quand par telle longueur ne peut le père-de-famille serrer ses blés sous la clef tout à la fois : ains qu'il est contraint les laisser dans la grange presques durant toute l'année, exposés à la merci des fermiers et de toute autre sorte de mercenaires, qui ne sont tous-jours loyaux ; dont s'en perd de jour à autre quelque partie, soit ou pour ce qu'on en desrobe de faict, ou pour ce qu'on en donne des gerbes au bestail mal-à-propos, pour l'aisance qu'apporte telle longueur. A quoi faut ajouster, que battant le blé, peu à la fois, à mesure du besoin, ne peut-il sçavoir que bien tard, voire jusques au bout de l'année, combien ses terres lui auront rapporté : et cela encores avec rompement

de teste, pour la difficulté d'en tenir compte en petites parties, avec hazard d'erreur de calcul : que cela mesme lui oste le moyen de commodément partager ses grains avec son fermier, et d'en faire vente en gros que presques sur la fin de l'année.

Ceux qui habitent plus près du midi convertissent ces défauts en commodités, lesquelles ils treuvent d'autant plus grandes, que plus-tost ils mettent fin à leur récolte. Par le fouler promptement s'expédie ceste œuvre : car pour mettre dans le grenier cent ou six vingts charges de bon blé, il ne faut que trente-deux bestes durant un jour ; soient chevaux, jumens, mulets ou mules, qui font, parlans en termes de l'art, *deux rodes* ; chacune de huict liens, et chaque lien, de deux bestes ; avec vingt hommes pour les conduire et pour manier la fourche, avec laquelle ils tournent et revirent plusieurs fois la paille et le grain : et les deux jours suivans, seulement six hommes pour achever ; car moyennant que le temps se treuve propre, eschauffé le premier jour et les deux autres esventés, comme s'accorde souvent, on ne faudra à cela. Sur quoi nostre mesnager faisant son compte, treuvera qu'il serre telle quantité de blé à bon marché, puis que trente deux journées d'hommes, et autant de bestes y satisfont. Et si bien il y a de la despence en telle hastive négoce, comme il faut confesser y estre grande, tant au payement des ouvriers, qui gaignent plus alors qu'en autre saison, et ausquels convient faire faire bonne chère pour le naturel de l'œuvre : si n'excède-elle toutes-fois celle du battre à loisir, laquelle, tont bien compté, n'est moindre. Joinct que pour telle promptitude le père-de-famille à ce contentement, que n'estant longuement attaché après ses gens en la récolte, serre tost ses grains en lieu asseuré, pour, sans laisser rien arrière de telle négoce, vaquer puis après en autres affaires. Quant *Le grain se nourrit en gerbe.* à la valeur du blé, encores qu'és pays méridionaux, par le bénéfice du climat, la terre le produise bon et bien cuit, si est ce qu'il devient meilleur par le garder quelques mois en gerbe, s'achevant là de préparer en perfection, s'acquérant ceste qualité tant requise, pour estre excellent en beauté et substance. Ce que par accident quelques miens cognoissans ont apprins, quand contraints par la peste de laisser leurs blés en gerbe jusques au mois de Mars, lors foulés et recueillis, les trouvèrent très-bien nourris, voire engrossis, et par conséquent sans deschet, nonobstant la longueur de la garde, et qu'ils eussent demeuré tout l'hyver en campagne, exposés aux pluies, vents et glaces de la saison, entassés en gerbiers. Qui avec raison me faict dire, que si l'usage de serrer les blés en gerbe sous couvertures, pour là à la longue les batre ou fouler, estoit commun à toutes les provinces de ce royaume, que les méridionales le gaigneroient sur les septentrionales, veu le bénéfice de leur ciel. Ainsi, l'artifice de garder le blé en gerbe suppléant au défaut du soleil, donne au blé du pays froid, autant de bonté qu'il est requis pour atteindre celle des meilleurs blés qui se recueillent és endroits chauds. Comme évidemment appert par le pain qu'on mange en l'isle de France : mesme par celui qui se faict à Gonesse, que de là l'on porte à Paris, ne cédant en rien au plus exquis du Languedoc. C'est en somme en

la paille où les septentrionaux le gaignent, *Conclusion.* estant là battue à couvert, hors du danger de la pluie, petit-à-petit, à mesure qu'on s'en veut servir, meilleure que la foulée ; l'une ressemblant toute nouvelle par le fléau, lui ostant la mauvaise odeur, d'humidité, et de rats, qu'elle pourroit avoir acquise durant le long séjour en la grange : et l'autre pour s'atterrir au bout de quelque temps, par estre trop rompue au trépis des bestes. Néantmoins il y a plusieurs mesnagers és lieux où le seul battre est en usage, qui ne donnent à manger à leur bestail aucune paille escousse, que premièrement ils ne l'ayent froissée entre les mains, ou à coups de baston sur un banc, une poignée après l'autre, l'estimans par trop roide et dure demeurant entière.

Diversement aussi garde-on la paille *Garde de la paille.* par les Provinces. L'on ne se donne en France grande peine à cela, la paille y estant employée au partir du fléau toute fresche : mais avenant d'en faire garde de quelque quantité, c'est à couvert hors du danger des pluies, et non ailleurs : en Languedoc et voisinage, et à couvert et à descouvert. Ceux qui n'y sont accommodés de greniers à fourrage (qu'ils appellent grange) à l'imitation des gerbiers, entassent leurs pailles en pailliers, ronds, barlongs, et d'autre figure à fantasie, qui ainsi serrées, exposées à l'aer, s'y conservent autant longuement qu'on désire : et plus sainement que dans les bastimens, attendu que l'aer et les vents les préservent des rats, et de s'acquérir aucune mauvaise senteur, à l'utilité du bestail qui s'en nourrit, la treuvant meilleure, que celle qui est gardée dans les granges, ceste-ci estant tourmentée des

rats,

rats, et sentant l'humide lors qu'elle joinct aux murailles. Mais aussi s'en pourrit-il en campagne quelque partie, comment qu'on l'accommode (ce qui toutes-fois n'est compté à perte ès endroits abondans en blés, d'autant que c'est tous-jours du fumier) ne pouvant résister au temps, la paille qui est en l'extrémité des paillers, servant de couverture. Toutes-fois ce sera à moins de deschet, si les couvertures des pailliers ont grande pente, estans droictes comme celles des maisons de France, et que par dessus y soit ad-joustée une incrustation de bonne argille, bien pestrie avec de l'eau où aura esté infusée de la fiente de beuf, pour la garder de crever, de quatre doigts d'espesseur: laquelle incrustation résistant à la pluie, presques aussi bien que tuiles, préservera la paille assés bien. La peine que ces paillers donnent à dresser par chacune année, et la crainte de la surprinse des pluies sur l'œuvre avant sa perfection, causent qu'on ne s'en sert qu'en la nécessité, à faute de logis à ce convenable.

CHAPITRE VII.

Des Greniers-à-Blé. De la garde des Blés et de leur débite.

Diversité aux tous ces logis-à-blé.

NON plus est-on généralement d'accord, sur le serrer et la garde des blés. Aucuns font leurs greniers-à-blé, au plus bas de la maison, et rès de chaussée : autres au plus haut, près des couvertures. Aucuns gardent leurs blés enfermés dans des grandes quaisses : autres, ne se servent nullement de tels meubles, chacun ayant

des raisons particulières pour fortifier ses usages, tant les hommes sont divers en opinion. Tenir le blé en bas, lui conserve beaucoup d'humeur, dont il reste plus pesant, et en suite plus vendable que le logé en haut, où s'esventant par trop, se dessèche à l'intérest de sa vente. Mais aussi là, par humidité est en danger de se corrompre, non ici, où par sécheresse, sain et entier, se garde tant qu'on désire. Aussi treuve-on ces deux assiettes défectueuses. Aucune de ces pertes n'est à craindre au blé séjournant en grenier assis au milieu de la maison, par, s'esloignant des deux extrèmes, s'y maintenir qualifié ainsi qu'il appartient. En tel endroit donques dresserons-nous le grenier, la disposition du logis le permettant. Cela ne se pouvant accorder qu'avec importunité, nous-nous accommoderons de grenier par-tout ailleurs de la maison où le mieux viendra à propos, bas ou haut, sous ces observations. Si c'est en bas, que le plan du grenier soit relevé sur terre de deux bons pieds, à ce que l'eau n'y puisse séjourner : pavé, non de pierre ne de brique, ains de bois de bons aix, bien joincts et unis, au-paravant ayant enfermé par dessous, du charbon ou d'escume de mareschal, pour, par telle droguerie en bannir toute nuisible humidité : qu'il y ait deux fenestres opposites l'une de l'autre, du septentrion au midi, ou du levant au couchant, pour les tenir ouvertes ou fermées, selon le temps et les occurrences ; donnant autant d'aer au blé qu'il suffise pour sa conservation. Si en haut, que le plancher soit quarrellé de brique ; à ce que par sa frescheur soit corrigée la chaleur du bois, au profit du blé séjournant au dessus. Semblables ouvertures et de

Le grenier-à-blé convenablement dressé.

mesme aspect aura ce grenier-ci, que l'autre, mais un peu plus petites : qu'on tiendra fermées la plus-part du temps, pour tempérer le trop d'exhalaison du lieu. De la capacité des greniers n'est grand besoin de parler, puis-que cela despend des terres de la maison qui en font l'ordonnance. Tant y a qu'il vaut tousjours mieux le faire grand que petit : afin de s'y manier à l'aise, nettoyans et meslans les grains à volonté, sans se confondre : et pour la mesme cause y aura au grenier, bas ou haut, des séparations d'aix ou de plastre, faisans des réceptacles divisés, esquels les blés se logeront par distinctes espèces. Quant aux quaisses ou aucuns tiennent leurs blés, elles sont louables, en ce que le blé s'y garde fort nettement, hors des poussières, et du desgast des rats, et chats et oiseaux, si elles sont bien faictes. D'ailleurs, posées ou en bas ou en haut, sont tous-jours fort utiles à la conservation du blé, tempérant et l'humidité du bas, et la sécheresse du haut. Mais de tels meubles communément l'on ne se sert ès pays abondans en grains : c'est seulement ès endroits où pour leur petite moisson, les blés y peuvent estre enfermés, pour eux aussi inventés. En outre, ce profit se tire du service de ces quaisses, qu'eschéant de faire vente du blé qui est dans la quaisse, d'icelle puisé avec un cabas et mis sur la mesure tout doucement, s'en treuve plus que le prenant directement du monceau, estant sur le pavé, soit à la main ou à la pelle, par ne s'entasser tant de blé mesuré d'une façon que d'autre. Touchant la corruption du blé, elle est à craindre en quelque part qu'on le tienne, si on l'enferme mal qualifié, mesme s'il n'est bien

Des quaisses à blé.

sec, s'y engendrans des hannetons, coussons, bequerus, et autres bestioles, à sa totale ruine (54). A quoi convient curieusement aviser devant que le loger dans le grenier, et encores plus devant que l'enquaisser ; par estre plus dangereux dans la quaisse, à faute d'aer, qu'en grenier, exposé au jour. C'est aussi chose dangereuse de mesler les blés provenus de divers endroits, et sans distinction les loger ensemble, comme des conses, rentes, fermes, moulins, debtes et semblables, sans au préalable les avoir faict séjourner pour quelque temps en lieux séparés, pour là dessus prendre avis : car, comme par contagion, ne faut qu'un peu de blé mal qualifié, pour en infecter beaucoup. Mais le mal estant ja avenu en vostre blé ; pour le guérir, tout doucement en faut enlever un bon pied au dessus du monceau, en l'escumant universellement, et porter cela en campagne, pour exposer au soleil deux ou trois jours, là l'esventer avec la pelle tant et si bien, que finalement l'on recognoisse à l'œil les bestes estre mortes ou absentées, et par-après le rapporter dans le grenier ; non directement sur le monceau duquel l'aurés tiré, ains le reposer à part pour quelques jours, afin d'avoir loisir de voir si le mal s'en sera du tout allé. Ceux se trompent qui cuident remédier à tels accidens par le seul esventer à tout la pelle ; car, contre leur intention, cela leur cause l'entière perte du blé : d'autant que ces meschantes bestioles ne se mettent qu'à la superficie, et non au milieu ni au fonds du monceau ; parquoi ainsi le remuant, on incorpore telle vermine avec le blé, dont il est entièrement infecté. Meilleure raison ont ceux-là qui voyans leurs blés ainsi couverts de ces bestioles, font mettre des poules dans leurs greniers, lesquelles mangent ces animaux-là jusques à un, ne touchans au blé, tant qu'ils durent : mesme si ce sont hannetons ou coussons, qui par leur grosseur se laissent voir, ce que tant facilement ne font les bequerus pour leur petitesse estans ces besteletes fort menues et noires. La saumure des chairs de pourceau sert en cest endroit, laquelle ces meschantes bestioles aimant fort, laissent le blé pour l'aller manger : si d'icelle le monceau de blé est environné, d'une bande de quatre doigts ou demi pied de large, par ce moyen demeurant desgagé de telles nuisances. Autre moyen y a-il pour prévenir ce mal selon la pratique d'aucuns, c'est de mesler parmi les bons blés, du millet en grande quantité, lequel par sa froideur naturelle les conserve très-bien, et d'où par-après fort facilement on le retire, avec un crible, ayant les trous ronds, à travers desquels le seul millet passe, laissant l'autre blé dans le crible. D'y mettre pour la mesme cause de la brique ou croie brisées, comme certains Anciens ont commandé, ne me semble raisonnable, cela portant plus de dommage au blé, l'empoudrant de telle poussière que de profit, le préservant de chaleur par la froidure de ces matières.

Reste à parler d'une autre sorte de grenier, autant estrange à qui ne la veue, comme il semble la raison contrarier à l'expérience de bonté qu'on y treuve, par la Gascongne et par la Guyenne, où plus l'on se sert de telle espèce de greniers, qu'en autre province de ce royaume. Ce sont des fosses profondes creusées dans terre, qu'on appelle *cros*, dans lesquelles on descend avec eschelles pour y porter et rapporter le blé. *Pline* tient telles fosses estre la plus asseurée manière de conserver les blés, selon que de son temps se pratiquoit en Thrace, en Cappadoce, en Barbarie et en Espagne. *Varron* est aussi de son opinion, asseurant le froment s'y pouvoir garder sain et entier, cinquante ans, et le millet, cent : disant pour fortifier son avis, que du temps que Pompée le grand nettoyoit la mer de pyrates, fut treuvée à Ambratia une grande provision de féves, bonnes et sans corruption, dans une caverne, où elles avoient demeuré serrées dès le temps que le roy Pyrrhus faisoit la guerre en Italie ; et néantmoins on comptoit y avoir lors, près de six vingts ans (55). Le naturel des blés aide beaucoup à leur conservation : et comme on les void ne s'accorder généralement ensemble en qualités, aussi leur durée n'est universellement semblable, cela provenant de la dureté ou mollesse de leur peau et couverture, résistant mieux aux injures des temps l'une que l'autre. C'est pourquoi les légumes, d'eux-mesmes sans moyen se gardent plus longuement que les autres grains ; et nos fromens, moins qu'autre espèce de blé : comme au contraire, les millets se défendent mieux contre les temps et longue-garde, que nul autre, pour leur durté et naturelle frescheur.

Pour fin de ce négoce, but de nostre labourage, nous dirons l'usage des blés estre double pour le père-de-famille estant en pays abondant en grains : assavoir, et pour la provision, et pour la vente, qu'il tirera de ses greniers à mesure de ses nécessités et volontés. Quant au moudre pour le pain de l'ordinaire despence de sa maison, ci après au discours de l'usage des alimens, cest article tient le premier rang, comme estant le pain le principal aliment pour l'entretien de ceste vie, et partant en cest endroit n'en sera rien touché. Ce sera à l'ordre de la débite des blés où je m'arresterai présentement, lequel bien entendu, satisfera à toutes les nécessités de la maison. De là les paysans du Languedoc chantent en leur patois :

> Fasse que voudra la meynade,
> Mas que lou bourié sio en l'araïre.

Bon procédé du labourage. Voulans dire, que pourveu que le laboureur marche continuellement son train et que les grains soient débités ainsi qu'il est requis, quelque desbauche qu'il y ait en la famille, néantmoins elle s'entretiendra par le moyen du labourage de la terre. Proverbe qui se treuve vérifié plus naïfvement qu'il ne seroit à souhaiter, par les guerres civiles de nostre siècle : dont les furieux ravages ayans interrompu le cours du labourage, ont produit toutes sortes de misérables pauvretés et ruines. Par excellence ce mot de, *labourage*, a esté donné à la culture des blés, *Le principal officier de la maison est le laboureur.* encores qu'il soit communiqué à tout autre travail : et le laboureur, estimé le principal officier de la maison, comme administrant le pain. D'entre les bons mots de *Caton* sur ce propos, l'on tire ceux-ci :

> Le labourer et l'espargner,
> Est ce qui remplit le grenier.

Débite des blés. Afin donques que nostre père-de-famille tire la raison de ses blés, il s'estudiera à recercher le vrai poinct de leur vente, pour le profit ou perte de ce mesnage, estant bien ou mal conduict. Il n'en souhaitera tant le haussement du prix, pour remplir sa bource, qu'il désirera d'en secourir opportunément toute sorte de per-

sonnes en ayans besoin ; mesme par charité, les pauvres en leurs nécessités, pour recognoissance des biens que Dieu lui distribue, lui donnant abondance de blés et pour lui et pour autrui. Mais aussi c'est Dieu qui fournit l'homme de prudence pour faire ses besongnes, desquelles il ordonnera tous-jours avec raison estant conduit par son esprit. Or débitera-il ses blés comme il appartient au profit du publiq, et à sa privée utilité, si à Noël et non devant, il ouvre ses greniers pour vendre un tiers de ses grains à qui lui en demandera aux prix courans : gardant le reste pour débiter petit-à-petit jusques à la cueillète. Et pendant ledict temps, fermera ses greniers lors que le prix du blé se ravalera, pour les réouvrir, quand il sera à prix raisonnable, bien que plusieurs, par impatience, pratiquent le contraire. Selon telle adresse, il fera ses affaires au contentement d'un chacun. Car vendre son blé incontinent après l'avoir recueilli, n'est le faict d'un bon mesnager, ne d'un bon politique, aimant les pauvres (ou ce seroit, pressé, par quelque extraordinaire événement) d'autant que de la cueillète jusques à Noël, pour de l'argent chacun en treuve assés, y ayant plusieurs personnes nécessiteuses, qui pour s'accommoder en vendent durant ce temps-là : et cependant le bon mesnager ayant le sien de réserve, le fera servir de provision pour toutes sortes de gens en ayans besoin, qui en treuveront dans ses greniers jusques aux nouveaux. Ce faisant le père-de-famille treuvera à la fin de l'année avoir vendu son blé, sous divers prix, selon qu'ils se seront haussés ou baissés, chèrement ou à bon marché, ce qui lui reviendra à profit et honneur,

et le gardera de la perte où ceux chéent,
qui avarement en attendent l'extrême
cherté ; en quoi souventes-fois ils se déçoivent, estans contraints, après avoir
longuement gardé leurs blés, de les laisser à meilleur marché, qu'à la cueillète.
D'en faire vente en gros, pour les transporter en grande quantité hors la province, est besoin d'un bon avis, en distinguant le temps. Si la saison a esté fertile et abondante, c'est sans scrupule
qu'on s'en peut desfaire de la bonne moitié de ce qui sera dans les greniers, dont
par ce moyen somme notable de deniers
tumbera à la fois dans vostre bourse, et
cela sans faire tort au publiq ; en estant
d'ailleurs bien accommodé. Par le contraire, ayant esté la cueillète ou stérile
ou de moyenne fertilité, n'est raisonnable d'en desfaire le pays, veu mesme
que dans vostre maison ne pouvés faillir
de bien vendre vostre blé sans vous mettre
en autre peine. De le faire charrier par
les marchés et villes d'alentour pour le
débiter, n'est chose plaisante ni profitable : par y avoir en cela trop de souci
et tracas, et peu de gain, pour l'inégalité des mesures et infidélité des serviteurs
et autres gens, dont de nécessité en tel
cas vous-vous servés, entre les mains desquels tous-jours quelque chose demeure à
vostre intérest. N'estant si bonne vente
que celle qui se faict dans vostre grenier,
en vostre présence, et comme par vous
mesme. Cet article sera commun pour le
débit de toute sorte de fruicts et denrées,
dont le père-de-famille désire tirer argent ; assavoir, qu'il ne les doit jamais
faire transporter à ses despens hors de sa
maison, que par contrainte, non de
gaieté de cœur ; estant la vente tous-jours

meilleure chés soi qu'ailleurs, quoi-qu'à
moindre prix ; c'est aussi le dire des marchands, qu'ils tiennent pour maxime,

> Achète tant loin que voudras,
> Mais vends tant près que tu pourras.

Pour à quoi parvenir est requis au père-
de-famille de mettre ses affaires en tel
estat, qu'il puisse gaiement attendre le
poinct de la vente de ses fruicts, et n'estre
contraint de la rechercher impatiemment.
Ainsi tirera-il la raison du rapport de sa
terre, selon les diverses qualités de ses
biens, en leurs saisons, avec contentement. D'emmonceler et assembler blé sur
blé, année sur année, quelques-fois est
fort profitable et au publiq et au particulier : au publiq, quand en temps de famine ou de cherté, on treuve amas de
blé, dans les greniers d'un vertueux
homme, lequel à l'exemple d'un Joseph,
en Égypte, en distribue à prix commun
à toutes sortes de gens, leur espargnant
la peine d'en aller cercher loin ; gardant
aussi aucune fois de mourir de faim le
pauvre peuple : au particulier, c'est sans
doute que cela avenant à propos, le mesnager en tire beaucoup d'argent à son
grand avantage. Mais estant ce chose hazardeuse, que telles attentes, et lesquelles
Dieu maudit, quand le but tend à l'avarice, le père-de-famille fera bien d'essayer de se desfaire de ses blés par chacune année, sans toutes-fois s'y peiner,
si ses affaires ne le pressent. Et selon que
le temps lui en fournira des avis, il avancera et reculera en cest endroit, ne refusant de secourir de blé ceux qui en auront
besoin ; en ce cas tenant ses greniers ouverts en tout temps. Observera ceci, que
de garder tous-jours ses blés nettement
et seurement, tenant l'œil qu'aucun grain

ne s'en dissipe, encores que le prix en soit petit, et qu'il n'ait aucune débite. Ne faisant comme plusieurs mal - avisés qui ne tiennent compte du blé, non plus que du sable, que lors seulement qu'il se vend bien. Trois ou quatre fois de l'an les blés du grenier seront remués, revisités, et esventés avec la pelle, pour en oster la poussière et toute la mauvaise senteur qui y pourroit estre. Tout d'une main, seront racoustrées les fentes et nouvelles ouvertures du grenier, pour en bannir les rats, et en suite les blés remesurés, pour là dessus le père-de-famille faire son compte (56). Eschéant d'en faire vente en gros, n'oubliera pour un préallable, tel esventement, qui lui profitera, pour le moins, de deux ou trois pour cent, qu'il perdroit, mesurant le blé du monceau qui auroit demeuré pressé du-rant toute l'année. Au contraire, par tel artifice s'enfle le blé dès-lors qu'il sent l'aer, dont par-après il occupe plus de place. Et s'arrestant à l'avis des Anciens pour vendre son blé attendra la pleneur de la lune, d'autant que le blé croist et décroist quand et telle planete. C'est chose bien expérimentée, que les blés se diminuent d'eux-mesmes séjournans au grenier, quelques bien qualifiés qu'on les y mette, et ce despuis la récolte jusques à Noël, de quatre à cinq pour cent, plus ou moins, selon que le grenier se rencontre sec ou humide. Ainsi accouplans en cest endroit la capacité du blé, avec son poids, duquel ci-devant avons parlé, ce sera pour ne laisser rien en arriere de ce qui appartient à ceste espèce de mesnage (57).

NOTES DU SECOND LIEU.

CHAPITRE PREMIER.

Page 96, colonne I, ligne 15.

(1) L'INCINÉRATION du bois, considérée comme amendement, conseillée ici par *Olivier de Serres*, dans certains cas, présente les mêmes inconvéniens que l'écobuage, dont nous aurons occasion de parler plus loin, note (6), et ne pourroit, d'ailleurs, être praticable aujourd'hui que dans un très-petit nombre de circonstances, eu égard à la rareté du bois, qui se fait sentir presque par-tout en France. (*Y.*)

Page 99, colonne II, ligne 15.

(2) *Pline* rapporte, liv. XVII, chap. 4, d'après *Théophraste*, que des cultivateurs étrangers étant arrivés à Syracuse, rendirent la terre tellement compacte, en l'épierrant, qu'elle en devint totalement improductive, et resta telle jusqu'à ce qu'ils eussent remis les pierres qu'ils avoient enlevées.

L'agriculture moderne fournit aussi quelques exemples de ce genre. Indépendamment de l'utilité des pierres de moyenne grosseur, dans les terreins aquatiques, compacts et argileux, sur lesquels elles peuvent agir méchaniquement, en les divisant; toutes les pierres de nature calcaire, ou gypseuse, produisent de très-bons effets sur une grande variété de terreins, en les amendant annuellement par leur détritus successif, résultant de la décomposition opérée par les labours et l'influence des météores. Il existe, dans plusieurs Départemens, des terreins tellement couverts de pierres de cette nature, qu'à peine la terre y est visible, et ils produisent cependant des récoltes très-abondantes, lorsqu'ils sont convenablement traités. La vaste plaine de la Crau, située près de l'embouchure du Rhône, prouve qu'il peut exister aussi d'excellens pâturages sur des terres très-pierreuses; car quoiqu'une prodigieuse quantité de cailloux couvre cette plaine, elle fournit à de nombreux troupeaux transhumans, une nourriture suffisante, et de la meilleure qualité. (*Y.*)

Page 98, colonne I, ligne 19.

(3) *Olivier de Serres* suit ici l'opinion des Anciens, d'après laquelle la terre se fatiguoit et avoit besoin de repos. Les découvertes modernes et la pratique constante des cultivateurs les plus éclairés, ont prouvé le peu de fondement de cette opinion, en démontrant la possibilité d'en obtenir constamment des produits avantageux, au moyen de labours, d'engrais, et d'assolemens convenables. L'amas de fertilité dont il parle, est bien moins dû au repos de la terre qu'à l'engrais que les eaux y apportent, en déposant successivement le limon dont elles sont chargées, et qu'on observe toujours plus ou moins, lors du desséchement des étangs. (*Y.*)

Page 101, colonne I, ligne 10.

(4) Il seroit plus prudent et plus économique, dans le cas dont il est ici question, d'employer des bourées d'aune, qui se conservent très-bien dans l'eau; et, à leur défaut, d'autres branchages qui, placés au fond du fossé, laissent, par leur entrelacement, un libre cours à l'eau, et ont tous les avantages de la paille, sans avoir aucun de ses inconvéniens. (*Y.*)

Page 101, colonne I, ligne 37.

(5) Quoique la meilleure manière de traiter les terres neuves ne soit pas assurément d'en exiger huit à dix récoltes consécutives de grains, et quoique, par la culture seulement, le fonds n'acquiere pas de nouvelles forces pour produire du foin, il n'en est pas moins vrai que la conversion alternative des prairies en terres labourables, et des terres labourables en prairies, est un des moyens les plus assurés d'obtenir constamment d'abondantes récoltes en tout genre, la culture détruisant la mousse et les autres végétaux nuisibles aux prairies, et l'établissement de la prairie fournissant à la culture une nouvelle provision de terre végétale. (*Y.*)

Page 104, colonne I, ligne 31.

(6) L'instrument dont il est ici question, est trop peu connu, et il est bien préférable aux maillets dont on est encore réduit à se servir dans un trop grand nombre de nos Départemens,

pour briser les mottes. Le *spiky* ou *dibbling roller* (rouleau à pointes) des anglois, a beaucoup d'analogie avec ce précieux instrument. Celui dont je me sers, depuis plusieurs années, avec beaucoup d'avantage, est un cylindre de vingt décimètres (deux pieds environ) de diamètre, garni, dans toute sa circonférence, de fortes chevilles, placées en échiquier, à neuf centimètres (trois pouces) de distance, et qui divisent très-bien les mottes les plus fortes. (*Y.*)

Page 104,
colonne II,
ligne 7.

(7) Les observations modernes faites en France et en Angleterre, ont aussi prouvé que l'avoine et l'orge étoient les grains qui réussissoient généralement le mieux la première année, sur les défrichemens des vieilles prairies; mais il n'est pas nécessaire, comme le recommande ici *Olivier de Serres*, de laisser auparavant la terre inculte une année entière, et de lui donner, pour cela, des labours répétés; un seul suffisant ordinairement, dans ce cas, pour l'avoine, et deux pour l'orge. (*Y.*)

Page 110,
colonne I,
ligne 8.

(8) L'écobuage, opération sur laquelle *Olivier de Serres* s'étend si complaisamment, a l'avantage, il est vrai, de détruire une grande partie des graines et des racines nuisibles; mais, si l'on compare cet avantage, qu'on peut d'ailleurs obtenir par d'autres moyens, avec les frais considérables de main-d'œuvre qu'elle occasionne, si l'on fait attention à la perte de l'engrais végétal que la combustion nécessite, si l'on se rappelle que les terreins ainsi brûlés, finissent par tomber dans un état de stérilité complète, au bout de quelques années; et si l'on ajoute à ces considérations majeures, celle des accidens qui n'en sont que trop souvent résultés, on conviendra, peut-être, qu'exceptés quelques cas particuliers qui peuvent rendre l'écobuage nécessaire, il est généralement préférable d'enfouir à la charrue, ou, avec tout autre instrument, le gazon qui, en pourrissant insensiblement, procure à la terre cet état de liaison, d'ameublissement et de fertilité, qui assure et perpétue les récoltes abondantes. Ceux qui pourroient encore douter des inconvéniens réels de l'écobuage, en trouveront de nouvelles preuves dans les statistiques de nos Départemens. J'en rappellerai ici deux frappantes, tirées de deux Départemens très-

éloignés l'un de l'autre, celui de l'Ourthe, et celui des Deux-Sèvres.

Le C. *Desmousseaux*, préfet de l'Ourthe, s'exprime ainsi, page 37, de la Statistique de ce Département.

« On pèle avec le hoyau la superficie des landes les mieux fournies en bruyères et genêts; on ramasse les mottes en petits tas, auxquels on met le feu. Les cendres répandues sur la terre lui donnent une fertilité momentanée; elle fournit deux, rarement trois récoltes, et redevient stérile, pendant vingt ou trente ans ».

Le C. *Dupin*, préfet des Deux-Sèvres, confirme cette vérité, page 123, de la Statistique du Département.

« L'écobuage, dit-il, a l'avantage de détruire les racines et les semences des plantes nuisibles, mais aussi tous les principes essentiels à la végétation sont décomposés et volatilisés, et après deux récoltes, la terre écobuée tombe dans la classe des terres ruinées et stériles. L'expérience a tellement convaincu les propriétaires de cette vérité, qu'ils stipulent dans leurs baux, que l'écobuage ne sera point pratiqué sur leurs terres ». (*Y.*)

CHAPITRE II.

Page ...,
colonne I,
ligne ...

(9) Quoique cette sentence de *Caton*, rappelée par *Olivier de Serres*, *Ne change point de soc*, ait servi de texte à un ouvrage moderne, intitulé : *Manuel d'Agriculture*, il n'en est pas moins vrai qu'on auroit le plus grand tort d'y attacher un sens littéral; et la preuve la plus complète qu'on puisse en donner, c'est que les socs ont bien changé depuis *Caton*, et que personne n'est tenté aujourd'hui de faire un pas rétrograde vers le type de cet utile instrument. Et il en est ainsi de beaucoup d'autres. La seule induction raisonnable qu'on puisse tirer de cette sentence, c'est qu'il ne faut pas trop précipitamment abandonner les instrumens en usage, pour leur en substituer légèrement de nouveaux; mais, il faut bien se garder de se traîner dans l'ornière de la routine, comme cela n'est que trop commun; et tout en se servant des instrumens aratoires de son canton, un cultivateur éclairé,

éclairé, loin de les regarder comme parfaits, doit sans cesse s'occuper à les perfectionner.

La Société d'Agriculture du département de la Seine a senti la nécessité de faire concourir la science de l'agriculture et de la méchanique pour le perfectionnement de la charrue. Deux rapports lui ont été présentés à ce sujet par le C. *François (de Neufchâteau)*, au nom d'une Commission spéciale, composée des CC. *Chabert*, *Lasteyrie*, *Molard*, et du rapporteur. Ces rapports sont imprimés ; ils ont été suivis de l'annonce d'un concours solemnel, dont l'amélioration de la construction de la charrue est l'objet, et dont le programme a été rendu public. Cette question importante sera donc traitée avec le soin qu'elle mérite. On peut voir l'importance que les étrangers y attachent, par les lettres que MM. le duc de *Bedford*, *Arthur Young*, et lord *Sommerville*, ont adressées, sur ce sujet, au C. *François (de Neufchâteau)*, et qui ont été imprimées dans les *Annales de l'Agriculture françoise*, par le C. *Tessier*, tome XIII. (*Y. et H.*)

Page 112, colonne I, ligne 2.

(10) L'on a beaucoup écrit, et l'on écrit encore aujourd'hui, sur la préférence à accorder aux bœufs sur les chevaux, et *vice versâ*, sans qu'on ait vu beaucoup de convertis de part et d'autre. Chacun paroît tenir exclusivement aux bestiaux qu'il a d'abord adoptés ; et s'il s'est opéré quelque révolution en ce genre, je crois qu'elle a été plutôt favorable aux chevaux qu'aux bœufs, dont le nombre employé à la charrue et aux charrois, paroît diminuer insensiblement en France comme en Angleterre. Quoiqu'il soit bien constant qu'ils sont plus patiens, plus posés, et moins susceptibles de se rebuter des obstacles que les chevaux ; que leur entretien est plus économique, sous tous les rapports, et qu'ils présentent, en cas d'accidens et dans leur vieillesse, une ressource que n'offrent pas les chevaux ; quoique l'exemple de Lisbonne, où les bœufs font encore aujourd'hui tous les charrois, comme ils les faisoient autrefois dans Paris et presque par-tout, prouve qu'ils sont très-propres à cet exercice, sur-tout dans les pays montueux et difficiles ; et quoiqu'à force de soins on soit même parvenu à accélérer leur marche

naturellement lente, il paroît que la vitesse de la marche des chevaux, si utile à l'époque des semailles et de la moisson, et dans plusieurs autres opérations qui exigent de la célérité, l'a emporté généralement sur les avantages nombreux et incontestables que présente l'emploi des bœufs. (*Y.*)

Page 113, colonne I, ligne 5.

(11) On ne fait pas généralement assez d'attention aux graves inconvéniens résultans de l'emploi prématuré des animaux au travail ; et il est incontestable que, par la même raison que beaucoup de races s'abâtardissent, parce que les individus sont employés à la multiplication de l'espèce, avant l'âge convenable, beaucoup aussi sont ruinés, parce qu'on les soumet, trop jeunes encore, et sans graduation, à des travaux pénibles qui exigent l'entier développement des forces musculaires. C'est ainsi qu'en voulant hâter ses jouissances, l'homme inconsidéré les recule et les détruit souvent. (*Y.*)

Page 114, colonne I, ligne 14.

(12) L'usage pratiqué en Savoie, du temps d'*Olivier de Serres*, et encore ailleurs aujourd'hui, de faire tirer les bœufs par la tête et par le col, paroît généralement répandu en Portugal, où, selon le rapport du lord *Sommerville*, qui en donne la description, on n'adapte point deux jougs en ces deux endroits, comme en Savoie, mais un seul autour duquel on fixe une longue courroie, qui enveloppe et assujettit la base des cornes, et qui vient se rattacher au joug, après avoir passé sous le col. (*Y.*)

Page id. colonne II. ligne 15.

(13) Il est probable que l'auteur veut parler ici de la dépense relative à chaque espèce d'animaux, eu égard à la qualité de la nourriture, et non à la quantité, qui ne présente certainement pas les différences dont il fait mention. (*Y.*)

Page 115, colonne I, ligne 10.

(14) On voit, par les conditions qu'exige ici *Olivier de Serres*, par les précautions qu'il conseille, et par les inconvéniens qu'il ne peut se dissimuler, combien cette pratique, de faire travailler les vaches, qui a encore lieu aujourd'hui dans quelques parties peu aisées de la France, présente généralement peu d'avantages ; elle n'a souvent pas d'autre cause que la modicité des facultés pécuniaires de ceux qui ont recours à cette triste ressource. (*Y.*)

Page 116,
colonne II,
ligne 16.

(15) La sécheresse ne favorise pas directe-ment la germination de l'ivraie, plus que celle des autres graines; mais les circonstances dans lesquelles les grains semés se trouvent, lors-que la terre a été labourée à contre-temps, étant moins favorables à la végétation de ces derniers, on conçoit que l'ivraie et les autres graines parasites se trouvent par-là dans une chance plus avantageuse pour se développer, aux dépens des premiers, au lieu d'en être étouffés, comme il arrive lorsque les grains éprouvent une végétation vigoureuse. C'est sans doute ce fait, mal observé, qui a donné lieu à l'erreur que nous relevons, et qui n'est encore que trop répandue aujourd'hui. (*V.*)

Page 118,
colonne I,
ligne 34.

(16) Les exemples de fertilité extraordinaire, rapportés par *Pline*, cités par notre auteur, et qui nous sont présentés comme particuliers à certaines régions privilégiées, cessent, ainsi que beaucoup d'autres du même genre, de pa-roître aussi merveilleux, lorsqu'au lieu de se borner à les admirer et à regretter d'en être privé, on prend le parti de les soumettre à un examen attentif.

Il est bien reconnu aujourd'hui, par des ex-périences répétées de nos jours, qu'un seul grain de blé planté dans des circonstances favo-rables, et convenablement traité aux différentes époques de sa végétation, est susceptible de produire chez nous et ailleurs, un grand nombre de tiges, et chaque tige une grande quantité de grains; d'où il résulte qu'il est possible d'ob-tenir, en beaucoup d'endroits, avec une culture soignée, quelques centaines de grains d'un seul grain isolé, en observant les précautions con-venables pour cet essai, et qu'on néglige géné-ralement dans la culture ordinaire. C'est pro-bablement ce qui est arrivé dans les endroits ci-tés, d'où l'on a pu conclure, au général, de quel-ques faits particuliers, dus peut-être au hazard. Quoi qu'il en soit, et sans prétendre nier l'in-fluence bien positive de certaines terres, et no-tamment de celles nouvellement défrichées, ou formées par des alluvions de rivières, des laisses de mer, etc., sur les semences qui leur sont con-fiées, nous sommes portés à croire, d'après l'as-sertion contradictoire de témoins oculaires, ir-

récusables, que les rapports qui ont été faits sur la fertilité extraordinaire de plusieurs contrées, sont au moins suspects d'exagération. *Cicéron*, qui avoit été receveur-général en Sicile, et qui devoit bien connoître les ressources du pays, atteste, dans son plaidoyer, pour les habitans, contre *Verrès*, leur gouverneur, que les terres des environs de Lontium, que *Pline* regarde comme les plus fertiles de la Sicile, et produi-sant cent et cent cinquante pour un, ne pro-duisoient au plus que dix pour un, ce qui cesse d'être extraordinaire.

Le voyageur anglois *Shaw*, bon observateur, affirme aussi que les terres de la Lybie ne pro-duisent pas cent, mais bien dix à douze envi-ron pour un, ce qui est bien différent. Enfin, quelque fertile que soit le limon déposé par les débordemens périodiques du Nil, sur les terres de la basse Égypte, le rapport ordinaire en grains, d'après les renseignemens exacts et ré-cens qui nous sont parvenus, est loin d'être au centuple. Il en est de même des Isles d'or dont parle *Olivier de Serres*. Ainsi, si l'on excepte le millet, qui tire son nom de *millia*, mille, le sarrasin ou blé noir, et quelques autres grains qui, en culture ordinaire, produisent quelque-fois jusqu'au centuple et au-delà; les autres grains n'atteignent pas généralement ce pro-duit, à beaucoup près, quoiqu'on puisse les y faire parvenir par des soins et des procédés mi-nutieux, ce que prouvent le plantage et l'emploi du semoir à roues, au moyen desquels on a quel-quefois obtenu, avec une foible quantité de se-mence, des produits considérables; mais ces moyens ingénieux ne sont pas susceptibles d'un usage général. (*V.*)

Page ...,
colonne ...,
ligne 37.

(17) Nous avons déjà eu occasion d'observer qu'*Olivier de Serres* partageoit l'opinion des An-ciens sur la lassitude de la terre, et la nécessité de son repos à diverses époques. Cette opinion prévaut encore dans l'esprit de bien des cultiva-teurs; cependant, la pratique constante de ceux qui ne suivent pas aveuglément la routine, et qui raisonnent leurs opérations, démontre, de la manière la plus satisfaisante, que, lorsque, par des assolemens bien dirigés, par l'emploi des engrais et des labours convenables, on entre-

tient ses terres dans un état de netteté, de fertilité, et d'ameublissement nécessaires ; elles ne se lassent pas de donner, sans interruption, des produits avantageux, et n'ont, par conséquent, besoin d'aucun repos. (*F.*)

(18) Les inconvéniens et les avantages de cette méthode, qui n'a que trop souvent occasionné des incendies, sont les mêmes que ceux de l'écobuage. Voyez la note (8) relative à cette opération. (*Y.*)

(19) M. *Fabroni*, dans ses *Réflexions sur l'état de l'agriculture*, attribue aussi la fertilité actuelle des terres de la campagne de Rome, au petit nombre de labours qu'elles reçoivent. Il cite un fait qui mérite d'être rapporté. Les derniers agriculteurs Romains, dit-il, se plaignoient que leurs terres devenoient stériles progressivement, qu'elles étoient fatiguées, qu'elles vieillissoient. Ces mêmes terres, qu'on s'attendoit à voir bientôt réduites à la stérilité totale, n'ont plus aujourd'hui la moindre marque de stérilité, et se trouvent grasses et fertiles comme des terres neuves. On ne peut rendre raison de ce phénomène, ajoute-t-il, qu'en se rappelant que les anciens Romains labouroient excessivement leurs terres ; et que ceux à qui ces mêmes terres sont confiées aujourd'hui, les labourent le moins qu'ils peuvent. (*Y.*)

(20) Les cultivateurs de la Camargue redoutent tellement l'action corrosive du sel sur le froment, dans les années sèches, qu'ils sont dans l'usage de semer du kali (*salsola sativa*, L.) avec le froment, de sorte que, lorsque le dernier est détruit par la sécheresse, le premier, qui demande un terrein salé, prospère, et dédommage de la perte du froment. Lorsqu'au contraire, le froment réussit, la récolte du kali est nulle. (*F.*)

(21) Au lieu de faire passer deux charrues successivement dans la même raie, ce qui double l'opération du labourage, il est plus expéditif et plus économique d'adapter, à la même charrue, deux socs placés sur la même ligne, et à des profondeurs différentes ; ce que j'ai vu pratiquer avec beaucoup de succès, sans une grande addition de fatigue pour les chevaux. (*Y.*)

(22) Quelqu'avantage qui puisse résulter de la bêche ou du louchet, employé dans le petit état de Lucques, et dans quelques cantons méridionaux de la France, l'emploi de cet instrument sera toujours considérablement restreint, à cause des frais de main-d'œuvre et de l'emploi du temps ; et il est possible d'y suppléer, en grande partie, comme *Olivier de Serres* vient de l'observer lui-même, par l'emploi d'une charrue qui remue plus profondément la terre qu'à la manière ordinaire. (*F.*)

CHAPITRE III.

(23) *Rozier* a complètement démontré, à l'article *engrais* (qu'on peut consulter dans son *Cours complet d'agriculture*), que cette distinction de fumiers en chauds et froids, étoit purement idéale ; tous les excrémens de nos animaux domestiques, mêlés avec de la paille, et imprégnés d'une humidité suffisante, sont susceptibles d'acquérir, par la fermentation, un degré de chaleur considérable ; mais lorsqu'après cette fermentation, on les incorpore à la terre, ils ne sont pas réellement alors plus chauds que les autres substances qui les environnent, ou avec lesquelles ils se trouvent confondus. (*Y.*)

(24) Les excrémens humains dont *Olivier de Serres* fait simplement mention plus loin, sous la dénomination d'*immondices des privés*, sont encore plus actifs que la colombine. Les Anciens connoissoient bien ce puissant engrais, et les Flamands s'en servent de nos jours, avec le plus grand succès, en le délayant, et le répandant sur les terres, sous forme liquide. Mais il étoit réservé au C. *Bridet*, d'inventer un procédé au moyen duquel cet engrais rebutant, en subissant, par l'amoncèlement, un degré de fermentation considérable, se réduit en poudre presque inodore. Par ce moyen, on le sème comme le grain, et il a le précieux avantage d'être transportable à peu de frais, à de grandes distances. (*Y.*)

(25) N'est-ce pas plutôt l'abondance des parties salines que renferme la fiente des oiseaux aquatiques, qui fait que la première année elle

fait jaunir l'herbe, qui devient très-vigoureuse l'année suivante, lorsque l'eau a suffisamment détrempé cet engrais ? C'est du moins le même effet que celui produit par le sel semé surabondamment, ou en temps chaud. On pourroit citer beaucoup d'exemples à l'appui de cette conjecture, et il est incontestable que tous les engrais qui abondent en parties salines, telles que la cendre, la chaux, la poudrette, la colombine, etc., deviennent plus nuisibles qu'utiles, lorsque l'eau ne tempère pas leur action, immédiatement après leur emploi. (*Y*.)

Page 108, colonne I, ligne 12.

(26) Quelle que soit la cause qui rende la culture des fèves si favorable aux cultures subséquentes, soit qu'on doive l'attribuer aux fréquens binages qu'elles exigent pour prospérer, et qui ont le double avantage d'ameublir et de nettoyer parfaitement la terre, soit qu'elle soit due à la nature tendre de la tige, et à ses nombreuses et larges feuilles, qui soutirent une quantité considérable d'alimens de l'atmosphère, à laquelle elles présentent une grande surface, comparativement à l'étendue des racines qui les supportent ; soit peut-être que ces deux causes concourent à cet effet avantageux ; toujours est-il bien reconnu, sur-tout en Flandre et en Angleterre, que cette première culture est une des meilleures préparations que l'on puisse donner dans l'année de jachère, aux terres compactes et argileuses, pour recevoir du froment. Nous aurons occasion de parler plus loin des avantages de son enfouissage en verd. (*Y*.)

Page id. colonne II, ligne 36.

(27) L'usage de fertiliser la terre en y enfouissant en fleurs, les fèves, les vesces, les pois, les lupins, et autres plantes légumineuses, remonte à la plus haute antiquité ; et il paroît, par divers passages de *Caton*, *Columelle*, *Varron*, *Virgile* et *Pline*, que les Anciens faisoient le plus grand cas de cet engrais végétal qui, s'il n'est le plus puissant, est au moins le plus économique de tous. Quoique la nature nous l'indique fortement par les exemples encourageans qu'elle met constamment sous nos yeux, il ne paroît pas que les cultivateurs modernes en fassent l'emploi que mérite, à tous égards, un engrais si précieux, qu'il est si facile de se procurer par-tout, et qui est si recommandable

pour les terres éloignées, ou d'un difficile accès. S'il n'a pas toute la force et la durée des engrais animaux, il est exempt aussi des inconvéniens qui les font proscrire des meilleurs vignobles, et c'est-là sur-tout qu'on devroit l'employer souvent, à l'imitation des Anciens ; il est si économique, que les partisans des jachères, qui, le plus souvent, n'ont aucun engrais à leur donner, au lieu de les fatiguer par de fréquens et onéreux labours, devroient, au moins, chercher à les engraisser, en y enfouissant les plantes qu'ils y sèmeroient à loisir. J'observerai que le sarrasin ou blé noir, dont je fais annuellement un très-grand usage, avec un succès constant, m'a paru aussi efficace et beaucoup plus économique encore, que les légumineuses précitées, que j'ai plusieurs fois semées comparativement. J'aurai occasion d'en parler dans la suite. (*Y*.)

Page 10, colonne I, ligne 26.

(28) Les bons effets de la marne ne sont généralement sensibles qu'à la troisième année, ce qui ne peut être attribué à un excès de chaleur et de graisse, comme le pense *Olivier de Serres* ; puisque, loin de faire verser les grains, ses effets sont presque nuls alors, mais plutôt au défaut de combinaison intime avec le sol, ce qui s'opère à la longue, par l'action des météores, des labours, et des engrais. Cette vérité se trouve journellement confirmée par l'expérience des cultivateurs qui, désirant accélérer les effets améliorans de la marne, fument la terre en même-temps qu'ils y déposent cet amendement, ou bien, le mêlent, dans la cour même, couche par couche, avec le fumier, ce qui ne manque jamais de le mettre en action dès la première année. (*Y*.)

Page 10, colonne I, ligne 17.

(29) *Olivier de Serres* ne parle point des plantes marines, connues sous les noms de *fucus*, *varecs*, *goesmons*, *algues*, etc., dont les cultivateurs, placés près des côtes de l'Océan et de la Méditerranée, tirent un parti si avantageux pour l'engrais de leurs terres.

On ne sauroit trop répéter qu'on ne fait généralement point assez de cas des engrais végétaux que la nature présente, presque par-tout, en abondance, et je ne puis me dispenser de rappeler ici l'exemple, bien digne d'imitation, du vertueux cultivateur suisse, connu sous le nom de *Kliyogg*, ou *Petit-Jean*. Sans cesse occupé à augmenter la masse de ses engrais, il profitoit, avec empressement, de l'utile ressource que lui présentoient les sommités des pins et sapins, qu'il faisoit macérer, et qui lui fournissoient une ample provision d'un engrais économique, abondant et durable.

Combien de terres stériles pourroient facilement être améliorées par ce moyen trop peu connu! Combien de cultivateurs ne se doutent pas qu'ils ont souvent à côté d'eux ce qu'ils vont chercher bien loin à grands frais!

Dans l'énumération des engrais, faite par *Olivier de Serres*, il ne parle ni de la suie, ni de la cendre de tourbe, ni du plâtre. Ces engrais, très-puissans, ne paroissent pas avoir été connus des Anciens, aucun de leurs auteurs agronomiques n'en parlant. La découverte de leurs bons effets est moderne; et, comme ils ne sont encore ni assez connus, ni assez généralement employés, il peut être utile d'entrer ici dans quelques détails généraux à ce sujet.

Les terres auxquelles ces engrais conviennent plus particulièrement, sont les terres compactes, argileuses, et aquatiques. Les saisons les plus propres à leur emploi sont, l'automne, l'hiver, et le commencement du printemps. La quantité le plus généralement convenable, est le double de celle du grain nécessaire pour la même étendue de terrein. On peut les semer simultanément avec le grain, ou avant, ou immédiatement après la semaille. Ces règles générales admettent quelques exceptions; mais il est essentiel d'observer, qu'en quelque circonstance qu'on les emploie, leurs effets ne deviennent bien sensibles que par l'intermède d'une humidité constante; et il convient d'ajouter que l'efficacité du plâtre et de la cendre de tourbe, a été jusqu'ici plus constatée sur les prairies artificielles, et notamment sur le trèfle, la luzerne, et le sainfoin, auxquelles ils conviennent essentiellement, que sur les plantes graminées. (*Y.*)

Page 120, colonne I, ligne 30.

(30) Dans un temps où on subordonnoit à l'influence lunaire un très-grand nombre d'objets, *Olivier de Serres*, en reconnoissant que la lune n'en exerce réellement aucune sur les fumiers, nous donne une nouvelle preuve de son excellent jugement; mais il est surprenant que son expérience ne lui ait pas appris à faire une grande différence entre les vieux et les nouveaux fumiers; les derniers ne manquant jamais, faute d'avoir subi un degré de fermentation et de décomposition suffisans, d'apporter sur les terres, avec un engrais mal préparé, une prodigieuse quantité de graines nuisibles, qui, après avoir dévoré la substance du bon grain, se perpétuent dans le champ, et deviennent très - difficiles à extirper ensuite. (*Y.*)

CHAPITRE IV.

Page 121, colonne I, ligne 12.

(31) La culture successive des différentes graminées, sur le même terrein, est contraire aux principes d'un bon assolement. En vain varieroit-on l'espèce de grain; avec une pareille rotation, la terre ne peut manquer de s'épuiser, de se couvrir de graines nuisibles aux récoltes, et d'être, en peu d'années, hors d'état de donner de belles productions. Il est donc indispensable d'alterner constamment la culture des graminées avec celle des plantes fourrageuses, légumineuses, et potagères: c'est le moyen infaillible d'établir une succession de récoltes, qui, en donnant les plus grands produits possibles, conserve toujours la terre dans un état de netteté, d'ameublissement et de fertilité convenables. (*Y.*)

Page id. colonne II, ligne 4.

(32) Nous ignorons ce qui se passe aujourd'hui dans le midi de la France, relativement aux points d'où les grains de semence sont tirés par préférence à d'autres points; mais ce qui se passe dans les environs de Paris, paroît entièrement opposé à ce que rapporte ici *Olivier de Serres*. Il est constant que les cultivateurs de toute la partie située à l'est et au midi de Paris, et notamment de la ci-devant Brie, tirent la majeure partie de leurs fromens de semence des points opposés, c'est-à-dire de la ci-devant Beauce, Picardie, etc.; Crépy leur en fournit beaucoup. Il paroît même qu'en général les grains prospèrent plus tirés du nord au midi, que du midi

au nord ; et si cette observation est constante , elle est contraire à celle qu'on a faite pour les animaux , qu'il est généralement plus avantageux de porter du midi au nord.

Nous ajouterons , au reste , que plusieurs agriculteurs distingués regardent aujourd'hui le renouvellement des semences comme tenant plus au préjugé qu'à une nécessité réelle ; ils pensent que si chaque cultivateur épuroit ou nettoyoit ses grains par des sarclages répétés , dans les champs , et par des vanages et criblages suffisans , il n'auroit pas besoin de changer ses semences ; notre collègue, le C. *Tessier*, connoît des fermiers soigneux qui ne les renouvellent jamais , et qui ont toujours de superbes récoltes. (*Y. et H.*)

Page 182,
colonne I,
ligne 9,

(33) Le moyen que j'emploie avec succès , ainsi que plusieurs cultivateurs , me paroît bien préférable au fléau. C'est un tonneau couché et assujetti par des pièces de bois , ou des pierres qui le fixent , et sur le milieu duquel on abbat légèrement une portion de gerbe qu'on tient avec les deux mains. Par ce moyen , fort simple et très-expéditif, aucun grain n'est brisé comme avec le fléau, il ne sort que celui qui est le mieux nourri et le plus net , et tous les petits grains et les mauvaises graines restent dans le cul de la paille , qu'on bat ensuite au fléau. (*Y.*)

Idem ,
ligne 38.

(34) *Olivier de Serres* partage encore ici l'opinion des Anciens sur la dégénération d'une espèce de plante en une autre espèce. On a lieu d'être étonné qu'un observateur aussi attentif que lui ait été séduit par une vieille erreur , au point de croire avoir vu quelques grains d'ivraie dans un épi de froment. Malgré tout ce que les Anciens , et même quelques Modernes , ont écrit sur la possibilité d'une semblable transmutation, d'une espèce en une autre , la saine physique répugne à de semblables suppositions. Tout le mystère se réduit à ceci : des circonstances désavantageuses dans lesquelles une plante se trouve , peuvent bien en altérer la graine au point de la rendre méconnoissable quelquefois à ceux qui se contentent d'un examen superficiel ; mais la métamorphose se borne là ; et toutes les fois que les graines , ainsi détério-

rées , ont conservé la faculté germinative , elles reproduisent bien entièrement leurs analogues , et non une autre espèce. (*Y.*)

Page 18.
colonne I.
ligne 34.

(35) Quoique la préparation fertilisante indiquée ici par *Olivier de Serres* , répétée depuis par tous ceux qui l'ont copié, et diversifiée d'une infinité de manières par le fameux Abbé *de Vallemont*, dans ses *Curiosités de la Nature* , ne produise malheureusement ces effets extraordinaires , annoncés toujours avec tant d'emphase , qu'aux yeux des esprits crédules , qui aiment mieux croire aveuglément que d'examiner attentivement les faits ; quoique les expériences ingénieuses et décisives de *Poncelet* et de *Bonnet* , sur le développement du germe et les fonctions des deux lobes ou cotylédons qui l'enveloppent, ayent prouvé jusqu'à l'évidence l'inefficacité des recettes les plus compliquées en ce genre ; il faut avouer cependant que notre auteur ne faisant aucune mention de l'utile opération du chaulage , les lotions qu'il recommande ne peuvent avoir qu'un effet utile, considérées comme un moyen supplémentaire de cet excellent préservatif de la carie. (*Y.*)

Page 1.
colonne II.
ligne 36.

(36) La différence d'opinion des Anciens sur la quantité de semence qu'exigent comparativement les différentes espèces de terre , existe encore aujourd'hui parmi les auteurs qui ont entrepris de tracer des règles sur cet objet , ainsi que parmi les cultivateurs de différens cantons , probablement parce que chacun considère pour règle générale et invariable les résultats accidentels de quelques faits particuliers , dont il a été témoin. Il est incontestable qu'un très-grand nombre de circonstances concourent à apporter des différences notables dans les résultats annuels des mêmes espèces de terre, et il est très-difficile d'établir une règle fixe sur un point naturellement aussi variable. S'il est permis cependant de hasarder une opinion , sur un objet aussi délicat , je dirai que la qualité intrinsèque de chaque nature de terre éprouvant des modifications considérables par son état d'amélioration ou de détérioration , relativement à son assolement ou à sa préparation ; cette circonstance , purement accidentelle , doit toujours être prise en grande considération , ainsi

que l'état d'ameublissement et de netteté qui sont aussi des qualités accidentelles très-variables. Les façons que l'on peut donner aux grains pendant le cours de leur végétation, sont encore un objet important à considérer ; ainsi, de deux terreins de même qualité, dont l'un sera en mauvais état de culture, et où le grain doit être abandonné à lui-même, et dont l'autre sera en bon état, et où le grain recevra différens binages : le premier exigera généralement plus de semence pour étouffer les mauvaises herbes, et il en faudra moins dans l'autre, où chaque grain, indépendamment d'une végétation plus active et plus vigoureuse, sera encore débarrassé des herbes par les sarclages. La pratique du plantage et de la charrue-semoir, qui exigent une terre bien préparée et des binages répétés, et qui économisent beaucoup la semence, en est une preuve convaincante ; mais cette pratique ne peut être d'un usage général. (*Y.*)

(37) La nomenclature du genre *froment* est très-incertaine. Les secours de la botanique, pour cet objet, sont insuffisans. La plupart des botanistes ont regardé, par exemple, comme des espèces différentes, le *triticum hybernum*, *blé d'hiver* ou *d'automne*, et le *triticum œstivum*, *blé de printemps* ou *de Mars*. Ils se sont uniquement fondés sur les différentes époques de leurs semis (cause unique des différences qu'on apperçoit entre ces plantes). Cependant, il est prouvé qu'on peut cultiver les blés de printemps comme blés d'hiver : et ramener ceux-ci à devenir des blés de printemps.

Les caractères de blés barbus, ou de blés raz, pour former des espèces, ne sont pas plus fondés, puisqu'il est prouvé que ces mêmes fromens ont des barbes, ou en sont privés, suivant les lieux de leurs cultures, ou les circonstances qui peuvent influer sur leur végétation. Il est vrai cependant que certains fromens éprouvent beaucoup plus difficilement ces variations dans leurs barbes.

D'un autre côté, les botanistes modernes voulant éviter de prendre des variétés pour des espèces, ainsi que les anciens botanistes l'avoient fait, ont négligé de véritables espèces. On pourroit citer pour exemple de ce fait, le *siligo*

des Anciens, *blé blanc*, omis généralement depuis *Tournefort*.

Si la botanique est ici un guide peu sûr, l'économie rurale n'en est pas un plus fidèle. La concordance des espèces et des variétés est presque devenue impossible, parce que les noms vulgaires se sont accrus à l'infini (cela devoit être pour l'objet du premier soin de tous les cultivateurs) ; parce que les variétés se sont extrêmement multipliés par la culture ; parce que l'érudition des commentateurs a encore embrouillé ce que l'antiquité nous a laissé sur cet objet. On sait que rien n'est plus difficile que de reconnoître les plantes dont les Anciens ont parlé ; la science de la botanique n'existant point pour eux, les mots qu'ils ont employés n'ont aucun sens précis, et ils ont négligé la description des parties des plantes qui seules pouvoient les faire reconnoître.

Vouloir vaincre ici ces difficultés, seroit s'écarter du plan de l'ouvrage. Un volume ne suffiroit pas pour discuter toutes les opinions sur la nomenclature ancienne et moderne des blés. Le travail sur le mot *far*, seroit lui seul assez considérable. On se bornera donc, d'après ce qui est le plus généralement adopté, à présenter la nomenclature des fromens, en tâchant de rapporter, sous chaque espèce ou variété, le mot employé par *Olivier de Serres*. On n'insérera, dans cette nomenclature, que ce qui paroît le plus indispensable pour atteindre ce but.

Les noms d'*Olivier de Serres* qu'on n'a pu rapporter à aucune espèce, sont : l'*aufegue* ou la *seissette*, et le *bouchard*. Ces noms locaux désignent, sans doute, des variétés de couleurs qui appartiennent à des blés d'hiver.

I. *Triticum hybernum. Linné.*

Froment d'automne,

Blé d'hiver.

T. hybernum aristis carens. C. Bauhin, Pinax.

Froment sans barbes, ou raz.

Touzelle. *Magnol, Flore de Montpellier.*

Tozelle des { Italiens . . . . . Piémontois . . . Languedociens. Provençaux . . } *Olivier de Serres.*

Observations. Plusieurs auteurs pensent que

le *siligo* des Anciens est ce même froment. On rapportera le *siligo* d'*Olivier de Serres* à une autre espèce.

Variétés. T. aristis circumvallatum. Gerard.

Froment d'hiver barbu (cité par *C. Bauhin*, sous sa onzième espèce), quoique sans doute différente.

Vulgairement *froment. Magnol.*

Observations. Cette espèce de froment, ou variété, étoit un des *far* des Gaulois. C'est à lui qu'il faut rapporter les noms employés par *Olivier de Serres.*

De Froment rouge.

Far adoreum.
Rousset.
Barbe rousse.
Rougeâtre. . . .
Barbu. . . . . $\left.\right\}$ de *Columelle.*
Poullé . . . .

Ce dernier est une variété dont la couleur est plus obscure.

On ne parle point des autres variétés, soit relativement à la couleur du grain, soit à celle de la barbe. On suppose, avec le plus grand nombre des botanistes (quoiqu'on ait établi le contraire dans ce qui a été dit ci-dessus), que le *triticum hybernum* est une espèce, et qu'elle a des variétés, que c'est une souche qui a produit diverses races.

II. *Triticum æstivum. Linné.*

Froment de printemps.

Blé de Mars.

Blé trémois.

T. trimestre des Anciens.

Variétés. Blé de Mars barbu, de différentes couleurs.

Barbu-marsés (Mars-barbu), de *Columelle.*
Primava (de printemps), des Savoisiens.
Marzol (de Mars), des Piémontois.
$\left.\right\}$ *Olivier de Serres.*

Ces blés appartiennent à cette espèce, ou à ses variétés.

Observations. Olivier de Serres s'est trompé en disant que le *barbu-marsés* est aussi appelé *escourgeon*, ce nom appartient à l'orge d'hiver.

III. *Triticum siligineum. C. Bauhin.*

Blé blanc raz.

T. candidum. . . .
Olyra . . . .
Siligo . . . . . . $\left.\right\}$ des Anciens.
Sandalum . . . .

Observations. Ce froment, quoique regardé par quelques-uns comme une variété du blé d'hiver, paroît être une espèce. Celui dont *Olivier de Serres* parle sous le nom de *siligo*, paroît être celui-ci; il le décrit comme étant bon et fort blanc, et le rapporte au blé blanc de *Columelle.*

IV. *Triticum album. Gærtner.*

Blé blanc barbu.

T. aristis longioribus spicâ albâ. C. Bauhin.

Observations. On croit devoir rapporter à celui-ci le blancé de *Columelle*, cité par *Olivier de Serres.* C'est sans doute le deuxième *far* des Gaulois, le *far clusinum* des Anciens.

Variétés. T. typhinum simplici folliculo. C. Bauhin.

Blé roux barbu.

Observations. Les blés luisier, locar, turquet, se rapportent peut-être à cette variété. Ce nom de locar se donne aussi à l'épeautre.

V. *Triticum turgidum. Linné.*

Blé renflé.

Blé d'Angleterre.

Variétés. Blé à barbes.

Blé raz.

Observations. Voyez les observations sur le *triticum spelta.*

VI. *Triticum compositum. Linné.*

Blé de miracle.

Blé de Smirne.

Blé de Barbarie.

T. spica multiplici. C. Bauhin.

Froment, grand épi plat, de chaque côté sortent trois ou quatre petits épis. *Olivier de Serres.*

Blé qui truche (qui pousse des branches).

Cette espèce paroît avoir du rapport avec le *triticum æstivum.*

Variétés. Peut dégénérer et redevenir à épi simple.

Observations. Rozier, dans son *Cours d'Agriculture*, article froment, publié en 1784, dit que *Linné* ne connoît point cette espèce. Cependant

pendant elle existe dans le *Systema vegeta-*
bilium de *Linné*, publié dix années auparavant
par *Murray*.

VII. *Triticum polonicum. Linné.*

Blé de Pologne.

Suivant quelques auteurs, ce pourroit être le
triticum semine oblongo. C. Bauhin.

Long-gran (grain long) des Maconnois, de
Bauhin et de *Dalechamp.*

Observations. Les Anciens ont parlé d'un blé
de l'Achaïe et de l'île d'Eubée, qui semble avoir
du rapport avec celui-ci. Il est assez étonnant
qu'*Olivier de Serres*, qui a publié son ouvrage
plus de douze ans après celui de *Dalechamp*,
n'ait point parlé de ce blé de Pologne.

VIII. *Triticum spelta. Linné.*

Épeautre.

Fausse épeautre.

Zea dicoccos, vel major.
Far. . . . . } *C. Bauhin.*
Typha . . . .
Espeautre. . . . . .
Zeia des Grecs . . . . } *Olivier de Serres.*
Zea des Latins . . . .
Semen (par excellence).

Arynca, typha ; deux seulement *à présent*,
l'une plus grosse que l'autre. *Olivier de Serres.*

Variétés. On n'en connoît point.

Observations. Dalechamp, et *C. Bauhin*
d'après lui, donnent le nom de *far sive adoreum
veterum*, au *triticum rufum grano maximo*,
qui est peut-être une variété de l'épeautre, ou
même du *triticum turgidum.*

L'*arynca*, ou *l'olyra*, ce qui est la même
chose, n'est point une espèce différente de l'é-
peautre ; les Anciens n'en connoissoient que
deux, celle-ci et celle qui suit, quoiqu'*Olivier de Serres* ait pu penser le contraire. Divers
noms, dans l'antiquité, ne supposent pas des
plantes différentes ; car ces noms s'appliquent,
tantôt au pays, tantôt à des préparations ou
emplois de la plante. Il est plus difficile de savoir auquel des deux épeautres s'applique précisément tout ce qui en a été rapporté.

Ce qui a été dit sur le *typha* est assez incertain ; cependant, ainsi qu'on le voit ci-dessus,
C. Bauhin le rapporte à la présente espèce.

Quant au *tragus* (*tragos* d'*Olivier de Serres*),

il paroit vraisemblable que c'est le nom que l'on
donnoit à un potage fait d'*olyra*. Malgré cela,
quelques auteurs l'ont décrit et figuré comme
une espèce de blé.

L'*alica* étoit encore un potage, ou bouillie,
fait avec l'épeautre ; ou, suivant d'autres, c'étoit
le nom du froment qui servoit à le préparer.
On sait que les Romains mangèrent, pendant
long-temps, de la bouillie, avant qu'ils eussent
adopté l'usage du pain.

IX. *Triticum monococcum.*

Épeautre.

Petite épeautre.

Zea brisa dicta. . . . .
Spelta vulgò. . . . .
Frumentum loculare . . . . } *C. Bauhin.*
Monococon frumentum bar-
batum . . . .
Far venniculum rubrum . .

La speouta des Languedociens. *Gouan.*

Spelda. . .
Sira. . . . } Des Italiens. *Manetti.*
Biada. . .

Variétés. On n'en connoît point.

Observations. Voyez ce qui a été dit sur l'espèce précédente. Celle - ci entroit plus particulièrement dans la bouillie nommée *crismnum*.

Il suit de ce qui précède, que le nom de *far*,
dont est venu celui de farine, s'appliquoit à différens grains, et même à leurs préparations.
Ainsi, il y avoit le *far* naturel, ou la plante ;
et le *far* artificiel, ou la bouillie, d'une ou de
plusieurs plantes. Dans chaque circonstance ce
mot, en général, recevoit une épithète. (*Cx.*)

(38) Nous désignons aujourd'hui sous le nom
d'*escourgeon* une variété d'orge hivernale à six
rangs, *hordeum cæasticon*, L. Il est évident
qu'*Olivier de Serres* appelle ici, et plus loin
(page 135), du nom d'*escourgeon* le blé de mars
ou trémois. (*Y.*)   *Page 134, colonne II, ligne 9.*

(39) Cette espèce de froment est ce que nous
appelons communément *blé de miracle.* Indépendamment de l'inconvénient que lui reconnoît
Olivier de Serres, il a celui d'avoir une paille
très - grosse et moins bonne pour la nourriture
des animaux que celle des fromens ordinaires.
Il se bat difficilement, le grain étant très-adhé-   *Page 135, colonne II, ligne 22.*

rent à la balle qui l'enveloppe ; il s'écrase beaucoup sous le fléau et se casse facilement. Il est aussi plus sensible aux froids, mais il peut se semer avec succès après l'hiver, comme j'ai eu occasion de l'éprouver, et il est très-productif. (*Y.*)

Page 156,
colonne I,
ligne 30.

(40) L'épeautre est encore aujourd'hui plus cultivée en Italie, en Suisse et en Allemagne qu'en France. Quant à la prétendue dégénération d'une plante en une autre, comme du froment en ivraie, et de l'épeautre en avoine, voyez la note (34). (*Y.*)

Page id.
colonne II,
ligne 27.

(41) Ce mélange du froment et du seigle pour semence, devient de plus en plus rare, et devroit être entièrement abandonné, en exceptant, peut-être, quelques cas particuliers qui, heureusement, se rencontrent fort rarement. Pour se convaincre de cette vérité, il suffit d'observer que la maturité de ces deux grains a toujours lieu à des époques différentes, et plus ou moins éloignées entre elles, le seigle étant généralement bon à récolter de huit à quinze jours plutôt que le froment, d'où résulte inévitablement la nécessité de sacrifier une partie de l'un des deux grains à la perfection de l'autre. Une considération nouvelle, d'un intérêt assez majeur, se présente aussi contre cette vieille méthode, c'est que la mouture de deux grains d'inégale grosseur, est toujours imparfaite. Ainsi, d'un côté, l'on perd une partie de sa récolte, et de l'autre, on obtient moins de farine. (*Y.*)

Page 157,
colonne II,
ligne 13.

(42) L'orge qu'*Olivier de Serres* appelle *chevalin*, est celle que nous nommons *escourgeon*, *hordeum exasticon*, L., note (38), qu'on sème encore aujourd'hui en plusieurs endroits, et principalement dans les environs de Paris, avec beaucoup de succès, pour donner en vert aux chevaux, au printemps.

On n'observe point aujourd'hui que l'orge hivernale, ou escourgeon, se conserve moins long-temps que les autres grains ; car on l'emploie, en tout temps, avec succès, à la confection de la bierre, à laquelle elle est très-convenable.

Nous cultivons deux variétés d'orge : une, qu'*Olivier de Serres* paroît n'avoir pas connues, et qui sont très-recommandables, tant par la grosseur et la pesanteur du grain que par leur précocité, et la quantité et la blancheur de la farine, qui fait un pain très-savoureux et très-nourrissant. Je récolte constamment cette précieuse variété quinze jours avant l'orge ordinaire, semée dans les mêmes circonstances. Elle pèse généralement dix hectogrammes (deux livres) de plus, par hectolitre (huit boisseaux), et j'en obtiens un pain très-blanc, aussi délicat que nourrissant.

Il est probable que, si l'orge corrige les mauvais effets de l'ivraie, comme l'assure *Olivier de Serres*, c'est moins par une propriété particulière que parce qu'étant mêlée avec le froment qui en est infecté, elle atténue, par l'effet méchanique de son mélange, la malignité de l'ivraie qui se trouve alors plus divisée. (*Y.*)

Page
colonne
ligne 36.

(43) Le sarrasin (*polygonum fagopyrum*, L.) connu aussi sous le nom de *blé noir* ou *bouquette*, s'emploie rarement aujourd'hui, comme aliment, mêlé avec d'autre blé, ainsi que le dit *Olivier de Serres*. La manière la plus ordinaire et la plus naturelle de l'employer est en bouillie, qui est légère et très-délicate, ou en espèces de gâteaux, ou biscuits, qui sont aussi très-savoureux et de facile digestion. Mais je ne saurois trop recommander, d'après ma pratique constante et ancienne, l'emploi de cette précieuse plante comme engrais. C'est le plus économique et le plus commode que j'aie trouvé. Quinze à vingt kilogrammes (trente à quarante livres) de semence, qui ne coûtent ordinairement que trente à quarante sous, suffisent pour un demi-hectare (un arpent). On peut l'enfouir deux mois après l'avoir semé ; il étouffe, par son ombre, les plantes nuisibles, pendant sa végétation, et il est promptement réduit en terreau, lorsqu'il est enfoui. (*Y.*)

Page
colonne,
ligne 17.

(44) Cette expression *gros grain de Turquie*, et la description qui la suit, ne laissent aucun doute que ce ne soit le mays ou blé de Turquie (*zea mays*, L.), dont il s'agit ici, et que son existence n'étoit pas ignorée en Europe au moment où *Olivier de Serres* écrivoit ; mais il s'en faut de beaucoup que sa culture fût alors aussi répandue qu'elle l'est actuellement ; elle a amené, dans les cantons qui l'ont adoptée, une richesse que leurs habitans ne connois-

soient pas , lorsqu'ils n'ensemençoient que du froment ou du millet. Il remplace avantageusement l'avoine, engraisse promptement les cochons , et est recherché par les oiseaux domestiques ; il n'y a rien , en un mot , que les animaux de toute espèce aiment autant et qui leur profite davantage. C'est donc un des plus utiles présens que le Nouveau Monde ait faits à l'ancien. A la vérité , comme cette plante est extrêmement sensible au froid , qu'elle exige environ quatre mois de chaleur pour compléter sa végétation et sa dessication , elle ne sauroit convenir aux Départemens situés au nord ; mais l'expérience démontre qu'elle prospère dans les parties tempérées de la France , pourvu que les semailles se fassent à propos , dans une terre meuble et fumée ; que la distance entre chaque pied soit régulièrement observée , et que le sarclage et le buttage ne soient pas oubliés.

Le mays blanc et le mays jaune sont les principales variétés cultivées parmi nous. La première est de quinze jours plus hâtive ; elle produit davantage et se plaît dans les terres fortes. On la préfère dans les départemens des Landes , des Hautes et Basses-Pyrénées. Le mays jaune , au contraire , exige un sol moins gras ; et sa culture est plus généralement adoptée dans les départemens de la Gironde, du Rhône, de Saône et Loire , de la Côte-d'Or et du Doubs. Il y a encore du mays précoce, connu en Italie sous le nom de *quarantain* , par la raison que cette espèce croît et mûrit dans le cercle de quarante jours. On le nomme , en Amérique, *petit mays* ; il est moins productif ; il est à l'autre , ce que les blés de Mars sont à ceux d'hiver ; mais il lui faut , dans nos climats , trois mois pour parcourir le cercle de sa végétation ; et vu la petitesse des épis , il vaut mieux cultiver le grand mays. On prépare du pain de sa farine ; mais c'est sous la forme de bouillie ou de *polenta* que le mays offre le plus d'avantages. Presque toute l'Amérique septentrionale , une partie de l'Asie et de l'Afrique , plusieurs contrées de l'Europe trouvent dans ce grain une nourriture substantielle pour les hommes et pour les animaux.

Les détails concernant la culture du mays, et tous les emplois qu'il est possible d'en faire dans l'économie domestique, sont consignés dans un Mémoire couronné par l'Académie de Bordeaux , sur cette question : *Quel seroit le meilleur procédé pour conserver le plus long-temps possible, ou en grain , ou en farine , le mays ou blé de Turquie ?* (P.)

Page 174, colonne I, ligne 12.

(45) Il en est de l'avoine comme de beaucoup d'autres choses ; il en est de bonnes de toutes les couleurs ; et quoique la noire soit souvent préférée , il est des contrées , et notamment dans les Départemens septentrionaux , où la blanche est presque toujours exclusivement cultivée. La qualité essentielle n'est donc pas la couleur ; mais le poids , qui est l'indice le plus sûr de la supériorité d'une variété sur l'autre , toutes choses égales d'ailleurs.

J'ai déjà eu occasion de relever l'erreur qu'*Olivier de Serres* partageoit quelquefois avec son siècle , sur l'influence prétendue des phases de la lune sur les semailles.

L'observation qu'il fait de la stérilité de l'avoine échauffée , n'est pas particulière à cette plante , qui , comme toutes les autres , ne peut germer lorsqu'un degré de fermentation considérable a détruit le principe de végétation en désorganisant le germe. (Y.)

Page 141, colonne II, ligne 24.

(46) Ce qu'*Olivier de Serres* appelle ici *herce rampante* , n'est autre chose que le rouleau garni de dents , dont il a parlé plus haut , et dont j'ai fait mention note (6). (Y.)

Page 142, colonne II, ligne 56.

(47) C'est de la *herse roulante* ou rouleau à dents dont il est ici question , et dont je viens de parler dans la note précédente. (Y.)

Rozier a fait , dans le *Cours d'Agriculture* , article *Froment* , une observation critique que je crois devoir rapporter sur ce qu'*Olivier de Serres* dit , en cet endroit , du labourage par sillons rehaussés , pratiqué dans la Beauce et ailleurs. « *Olivier de Serres* se trompe ici : toute la terre est travaillée. On commence par labourer, en prenant les nouveaux sillons dans le sens contraire de celui des anciens billons ; ce qui met le terrein de niveau. On croise et on recroise ensuite , de manière que la superficie du sol est plate. Ce sont les derniers travaux qui forment le billon , ainsi qu'il l'explique dans cet article, et on a l'attention d'établir le billon sur la partie qui auparavant étoit creuse, et la partie ci-devant billonnée devient la partie creuse. La superficie est ainsi successivement relevée et abaissée ; c'est de cette manière que j'ai vu opérer. Le laps de temps n'a rien changé à la coutume aujourd'hui établie : on m'a assuré qu'on la suivoit de père en fils, et je le crois ». (*H.*)

Page 151, colonne 1, ligne 16.

(48) Les mauvais effets résultant de la culture du millet doivent être bien plutôt attribués à ce qu'il épuise considérablement la terre, qu'à une prétendue amertume qu'il lui communiqueroit et qui nuiroit aux récoltes subséquentes, comme *Olivier de Serres* paroit le croire. (*Y.*)

CHAPITRE V.

Page 152, colonne 1, ligne 30.

(49) Le sarclage des grains est plus nécessaire qu'on ne paroit le croire communément, non-seulement pour la récolte actuelle, mais sur-tout pour les récoltes subséquentes. En vain parvient-on, à force d'engrais, à donner à la terre un grand degré de fertilité ; si elle renferme dans son sein beaucoup de semences étrangères, elles germent bientôt et végètent avec une vigueur qui étouffe la semence précieuse qu'on lui a confiée ; elles sont alors tellement multipliées qu'il est souvent impossible de les extirper, et toutes les dépenses d'amélioration sont en pure perte, lorsqu'on a négligé celle si essentielle de la purger préalablement de toutes les plantes nuisibles. On ne voit que trop fréquemment d'aussi fâcheux exemples, et on ne sauroit trop répéter que le grand art du cultivateur est de tenir constamment la terre, d'abord dans un état de netteté, et ensuite d'amendement convenables. (*Y.*)

Page 153, colonne 1, ligne 5.

(50) *Pline*, qui rapporte ce fait (livre XVIII, chapitre 20), nous apprend qu'il donna l'idée aux cultivateurs de labourer les blés en herbes, c'est-à-dire lorsqu'ils avoient poussé plusieurs feuilles et que le tuyau commençoit à paroître. Cette opération étoit désignée de son temps, sous le nom d'*artratio*, par corruption d'*aratio*, *labour surnuméraire*. On trouve dans l'*Économique de Xénophon* (livre III, chap. 4) un conseil donné par *Socrates* à *Ischomaque*, qui a le plus grand rapport avec cette singu-

lière opération. « Quand vous aurez semé votre blé, dit-il, et que les influences du ciel auront échauffé le germe au point de le faire monter en herbe, vous n'aurez qu'à le renverser avec la charrue et le recouvrir de terre, votre récolte sera aussi abondante que si vous aviez ameubli votre champ à force de fumier. » Je ne sache pas que ce renversement du blé en herbe, au moyen de la charrue, soit en usage aujourd'hui en aucun endroit, et il est évident qu'il ne peut être avantageux que dans le cas où le grain auroit été semé très-dru et où la terre se trouveroit aussi couverte de plantes nuisibles aux récoltes. Dans ce cas, beaucoup trop ordinaire sans doute, il auroit le double avantage, en diminuant l'excédent du plant, de faire taller celui qui se trouveroit, pour ainsi dire, butté par l'opération à laquelle il résisteroit, et de détruire le plus grand nombre des mauvaises herbes qui se trouveroient enfouies. (*Y.*)

CHAPITRE VI.

Page 155, colonne II, ligne 8.

(51) Voyez la note (25) du premier lieu, et la note (30) de ce second lieu, sur la prétendue influence lunaire. (*Y.*)

Page 157, colonne 1, ligne 21.

(52) Cette expéditive opération, pratiquée avec succès dans nos Départemens méridionaux, y est désignée sous le nom de *dépiquage*. Son grand avantage est de terminer tout le battage en peu de jours ; mais elle a l'inconvénient d'amonceler une grande quantité de paille broyée que les animaux mangent avec d'autant moins d'appétit, qu'on la leur présente à des époques plus éloignées de celle du battage ; qu'elle est souvent mêlée de leur fiente et de leurs urines, et qu'elle a, lorsqu'elle est ancienne, une plus ou moins forte odeur de souris, ou d'échauffé, qui leur répugne. (*Y. et H.*)

Page 157, colonne 1, ligne 5.

(53) C'est probablement le tarare, ou quelqu'autre instrument analogue qu'*Olivier de Serres* désigne ici sous le nom de *ventoire*. (*Y.*)

CHAPITRE VII.

Page 158, colonne II, ligne 2.

(54) Il est évident, par les détails subséquens dans lesquels entre *Olivier de Serres*, que ce

qu'il appelle *hanneton* ou *cousson*, doit être le même insecte que celui qui est connu dans les parties méridionales de la France, sous le nom de *cadelle* (*Olivier*, *Encyclopédie méthodique*, *Histoire naturelle des Insectes*, article *cadelle*). C'est la larve du *trogossita mauritanica* (*Olivier*, *Entomologie*) ; *tenebrio mauritanicus* de *Linné*. Le *bequerus* est très-probablement aussi le *charanson*, *curculio frumentarius*. L. Pour connoître les différens moyens de se garantir de leurs dégâts, il faut consulter cet article dans le *Cours d'Agriculture* de *Rozier*, où l'on trouve l'indication des différens moyens employés pour les détruire. (*Y. et H.*)

(55) On découvrit, en 1707, dans la citadelle de Metz une grande quantité de blé, placé en 1528, dans un souterrain, où il s'étoit si bien conservé, que le pain qu'on en fit, deux siècles après son enfouissement, fut trouvé très-bon. Il existe encore aujourd'hui à Ardres, département du Pas-de-Calais, un de ces souterrains pratiqué par les Romains.

On pourroit citer une foule d'exemples de grains très-bien conservés dans de semblables fosses souterraines, qui doivent toujours être établies dans des endroits très-secs, avec la précaution d'intercepter tout accès à l'air extérieur, en couvrant le tas de grain d'une couche de chaux en poudre légèrement humectée. Si l'on veut avoir des détails plus étendus sur cette manière de conserver les grains, ainsi que sur les étuves employées avec succès au même objet, de nos jours, il faut consulter l'article *froment* dans le *Cours d'Agriculture* de *Rozier*, où l'on trouve les méthodes de *Duhamel*, de *Parmentier* et de *Bucquet*. On doit aussi méditer l'ouvrage de *Barthélemy Inthiery*, intitulé l'*Art de conserver les grains*. Ces différens ouvrages ne laissent rien à désirer sur un objet d'une aussi grande importance, qui a aussi été très-bien traité par M. *Cuilleau*, dans un Mémoire inséré dans le recueil publié par la Société royale d'Agriculture de Paris, trimestre de printemps, année 1788. On peut encore consulter l'*Encyclopédie méthodique*, *Dictionnaire d'Agriculture*, au mot *conservation*.
(*Y.*)

(56) Dans le très-grand nombre de moyens proposés pour conserver des approvisionnemens de blé, il n'en est pas de plus économique et de plus conforme à la saine physique, que celui qui consiste à mettre les grains, dès qu'ils sont parfaitement ressués, nets et secs, dans des sacs ; à tenir ces sacs fermés, isolés, éloignés des murs, et assez écartés les uns des autres, pour que l'air puisse circuler autour, et favoriser le passage nécessaire entre les rangées. Cette méthode présente une multitude d'avantages dont on va réunir ici les principaux, afin de pouvoir les comparer aux inconvéniens des autres pratiques usitées.

1°. C'est une vérité démontrée que le blé divisé en petites masses, s'échauffe et fermente moins aisément que quand il est amoncelé en gros tas ; les sacs isolés doivent être considérés comme autant de petits greniers contenus dans un grand.

2°. On peut aisément, et il sera facile de juger sur-le-champ du rapport entre la mesure livrée et celle que présente la mise en sacs, déduction faite des criblures.

3°. Il n'en coûte plus aucun frais de main-d'œuvre et de déchet, quelque long que soit le séjour du blé au grenier.

4°. On évite le dépérissement du blé abandonné à l'action de l'air, aux animaux qui y ont accès, aux ouvriers employés à la manutention.

5°. Le même grenier peut contenir du blé en sacs, une fois autant, et même plus, que lorsqu'il est répandu sur le plancher à la manière ordinaire ; on pourroit même, dans des circonstances, augmenter et doubler les sacs, en les mettant au-dessus de la première rangée.

6°. Les fermiers sont à portée de conserver les produits de leurs moissons d'une année à l'autre, sans dangers, sans frais, sans quitter leurs champs un jour favorable aux ensemencemens, à la récolte ; en un mot, sans qu'il soit nécessaire d'employer un aussi grand emplacement.

7°. Les particuliers logés étroitement, ont la faculté de conserver à peu de frais leurs provisions, dans tous les endroits de la maison, sans courir aucun risque de la part du local.

8°. On peut, à volonté, visiter les sacs, les

examiner, les déplacer, les remuer sans occasionner d'embarras, de déchets et de mélange.

9°. Si les rats et les souris percent un sac, ils ne pourront s'y retrancher long-temps sans être apperçus; s'ils parviennent à établir leur domicile dans le grenier, les chats leur feront la chasse avec plus de facilité; on pourra d'ailleurs se servir, pour les exterminer, de tous les moyens connus, sans dangers pour la denrée.

10°. Un grain gâté peut, à la manière des levains, jeter la corruption dans des masses où il est difficile ensuite d'arrêter ses effets rapides, tandis que dans ce cas il n'y auroit qu'un sac à séparer et à travailler.

11°. Si un sac placé au fond d'un bateau ou resté un certain temps auprès des murs, a déjà contracté une disposition à s'échauffer et à fermenter; pour y remédier, il sera possible de l'éloigner des autres sacs, de le remplacer ou de l'employer, sans que la totalité puisse en recevoir du dommage.

12°. Le nombre des sacs pouvant se compter par rangées, et le vide qu'un seul occasionne devenant très-sensible, on s'appercevroit à l'instant du tort qui se feroit au grenier.

13°. Ceux auxquels la direction et la manutention des magasins sont confiées, n'auront plus de prétextes pour compter des frais d'entretien et de déchets, qui montent souvent à deux pour cent du prix d'achat des grains.

Cette méthode de conservation n'est pas seulement applicable aux grains et aux farines; elle convient encore aux semences légumineuses, telles que les pois, les fèves, les haricots et les lentilles. Comme assez ordinairement on est plus frappé des dépenses du moment, que des bénéfices à venir, on a objecté que la première mise de fonds pour l'achat des sacs et leur entretien donneroient lieu à beaucoup de frais; mais cette dépense une fois faite seroit amplement compensée par les avantages infinis qui en seroient la suite. Pour manœuvrer les grains abandonnés en couches, n'est-il pas toujours nécessaire d'avoir des cribles, des balais, des pelles? Calcule-t-on tous les déchets et autres frais de main-d'œuvre que la saison, le local et la nature de l'objet rendent journellement indispensables? D'ailleurs, ne faut-il pas tou-

jours une certaine quantité de sacs pour porter les grains au marché ou au moulin, et les rapporter à la maison? En les vidant, les remplissant, les entassant les uns sur les autres, ne s'usent-ils pas plus vite qu'en les laissant debout et isolés? (*P.*)

(57) C'est avec un grand sens et une profonde raison, que notre auteur fait succéder à ses préceptes généraux, contenus dans le premier Lieu du *Théâtre d'Agriculture*, ce qu'il avoit à dire sur l'objet le plus important de cet art nourricier. Son second Lieu traite du blé, c'est-à-dire de ce gramen qui est, par excellence, la plante céréale; qui fait, dans nos climats, le fond, non-seulement de la subsistance des Peuples, mais de la richesse des États, et la mesure universelle du prix de toutes les denrées. Le blé est, en effet, de toutes les denrées, celle dont le débit est le plus assuré. Tout pays qui en manque, ne sauroit jamais être ni riche, ni peuplé, ni libre. Pour être indépendant, il faut d'abord du pain.

»Le riz se consomme en potages, en gâteaux, en bouillies. Le mays fait la *polenta*. Le blé a, sur eux, l'avantage de la panification. La médecine observe que les peuples qui vivent de nourritures fermentées, sont plus courageux que les autres. Si l'Europe est supérieure aux trois autres parties du monde, peut-être le doit-elle au pain, et par conséquent au froment.

La récolte du blé est fondée principalement sur l'art du labourage. Aussi (et *Olivier de Serres* en a fait la remarque expresse) les Anciens et les Modernes ont donné aux cultivateurs le nom de *laboureurs*. C'est leur titre patronymique. Dans les bons écrivains du siècle de Louis XIV, on ne trouve guère ces mots: *agriculture*, *agriculteur*, etc.; mais par-tout on cite, on exalte, on préconise uniquement et *labourage* et *laboureur*.

L'art de ces hommes respectables consiste donc sur-tout à faire produire à la terre les plus belles récoltes de blé, sur-tout de blé-froment. Mais la terre ne peut donner tous les ans ces récoltes, qui l'auroient bientôt épuisée. Si l'on ne semoit que du blé, ce gramen seroit à lui-même son plus grand ennemi. Sa culture en suppose et en nécessite beaucoup d'autres. Ainsi l'on ne peut s'occuper de la production du blé sans s'occuper des accessoires. Tous les objets du labourage forment une chaîne étendue, dont les divers anneaux se tiennent et se soutiennent à la fois. Un anneau ne fait pas la chaîne; la chaîne est moins solide, si un seul anneau est brisé.

Quels sont tous les anneaux qui composent la chaîne du travail agricole? qui les a jamais bien classés? qui les a jamais réunis? A leur tête, *Olivier de Serres* a placé la culture du blé. Il publioit son livre sous le règne de Henri IV. Depuis que son livre a paru, qu'a-t-on ajouté aux lumières qu'il y a fait briller? Les laboureurs sont-ils plus ou moins avancés qu'ils ne l'étoient à cette époque?

Il est bien difficile de répondre à ces questions; mais elles sont si importantes, que l'on ne doit rien négliger de ce qui peut conduire à leur solution. C'est pour y concourir, qu'on a cru devoir ajouter, à la fin de ce second Lieu un apperçu de la culture qui passe pour la plus parfaite des cultures modernes. Les laboureurs Flamands sont incontestablement, de l'aveu des Anglois eux-mêmes, les premiers laboureurs du monde. M. *Arthur Young* a dit, en propres termes, qu'il seroit ignorant en agriculture, tant qu'il n'auroit pas vu la ci-devant Belgique.

La bonne théorie devroit, en général, éclairer la pratique; mais, en agriculture, les théoriciens sont restés en retard; le besoin des hommes pressoit; la pratique est venue avant la théorie. La pratique de Flandre, étudiée par les Anglois vers 1650, ne leur a point paru une routine aveugle. Ses effets étoient ceux d'une méthode heureuse. L'Angleterre s'en est servie pour perfectionner la sienne; et, dans ces derniers temps, elle y revient encore. Le Bureau d'Agriculture Britannique n'a pas été plutôt en possession de sa chartre, qu'il a envoyé à Bruxelles plusieurs questions importantes. Les réponses de M. *Mann* et du C. *Poederlé* à ces questions géorgiques, sont imprimées dans les *Communications rurales* (en anglois, in-4°, nos. 21 et 22). Ces questions roulent sur le meilleur assolement, ou la meilleure rotation des récoltes; sur les meilleurs engrais; sur l'entretien du bétail; sur le colsa et le trèfle, consi-

dérés comme les deux bases de la prospérité de l'agriculture flamande; sur la grandeur des fermes, etc. Une des questions est conçue en ces termes, qui, sous la plume des Anglois, sont certainement honorables pour les fermiers flamands : « Les grandes récoltes de la Flandre » ne sont-elles pas dues autant à l'excellence du » travail qu'à la richesse du terroir; et un la- » boureur flamand ne retireroit-il pas de bonnes » récoltes, même d'un mauvais terrein »? Voilà précisément ce que nous allons éclaircir. C'est dans ce pays même que nous chercherons le modèle d'une ferme vraiment flamande, dont le tableau nous a paru devoir faire l'objet de cette note spéciale.

Depuis environ cinquante ans, on a beaucoup écrit sur l'agriculture. On a fait quelques découvertes, les théories se sont multipliées, mais la science-pratique est encore peu avancée. Cependant, on convient que pour faire de bons élémens d'agriculture, il faudroit avoir d'abord, de la manière la plus circonstanciée, des détails clairs et précis sur la nature du sol de chaque Département, de chaque district, peut-être de chaque village; sur le genre de culture en usage dans chaque lieu; sur les mœurs des habitans, sur leurs facultés; sur l'influence du climat. C'est une foible partie de ce grand travail que l'on offre ici, d'après les détails recueillis par d'excellens observateurs, et vérifiés avec soin par l'auteur de la note.

On va donc présenter ici le tableau, non pas de ce que l'on devroit faire, mais de ce que l'on fait réellement dans la partie du département du Nord, connue, dans l'ancien régime, sous la dénomination de Châtellenie de Lille, ancienne dépendance de cette ci-devant Belgique, regardée comme la plus riche pièce de terre de l'Europe (avec la Lombardie, dont le climat est plus heureux).

Les renseignemens qui servent de base à cette note portant sur des expériences faites en 1776, on a cru devoir conserver les anciennes dénominations de poids et mesures, pour éviter les fractions, et conserver la fidélité primitive de ces mêmes renseignemens. Mais on aura soin de les traduire en mesures de Paris, ou en mesures nouvelles.

C'est un préjugé assez répandu dans les livres, que les terres de la Flandre sont d'une fertilité inconcevable ; cette erreur s'est multipliée avec d'autant plus de facilité, que presque tous les auteurs se copient, quand ils n'étudient pas l'agriculture sur le terrain.

Les terres de la Châtellenie de Lille, sont en général argileuses, compactes, froides et pesantes ; elles ne fermentent pas dans le vinaigre ; elles retiennent la pluie ; la chaleur les dessèche, les gerce ; quand on les laboure dans un temps humide, elles se coupent comme du beurre. Dans quelques endroits, on trouve l'eau à trois ou quatre pieds (un mètre trente-trois centimètres) ; en d'autres, l'eau est précédée d'une couche de terre plus dure, plus compacte que la première couche de terre végétale, c'est une sorte de tuf, plus ou moins profondément enfoncé ; quelquefois, sous cette terre, se trouve de la glaise ; en d'autres endroits, principalement sur la petite éminence que l'on appelle la *plaine*, le fond est une substance pierreuse qui paroît n'être composée que de détrimens de coquilles, formant des blocs de pierres tendres et légères, dont on se sert pour bâtir, et qui durcissent à l'air.

Un trait caractéristique de ces terres, c'est leur extrême humidité. Les neuf dixièmes des fermes du territoire de Lille sont, à cause de cette grande humidité, limitées entre elles par des fossés d'environ cinq à six pieds (deux mètres) de largeur, sur trois à quatre pieds (un mètre trente-trois centimètres) de profondeur. De cent trente communes comprises dans la Châtellenie de Lille, cinquante-quatre possèdent des marais qui ne sont desséchés et défrichés que depuis trente ans ; il reste encore au moins quatre cents arpens (deux cents hectares) de terre sous les eaux.

Le sol de la Flandre est, en général, comme on voit, inférieur à celui de quelques cantons de la France, dans ce que l'on appelloit ci-devant la Touraine, la Normandie, le Valois, la Bretagne, la Picardie, etc. A quelles causes faut-il donc attribuer les progrès de l'agriculture dans la Châtellenie de Lille ? Les principales sont dues sans doute, 1°. à la répartition de l'impôt ; à la suppression de tous les droits sur le sel, le tabac ; aux adoucissemens de la milice, de la corvée, etc. ; 2°. à la division des propriétés ; 3°. à l'économie des laboureurs ; 4°. à la manière de multiplier les engrais. Ces vérités seront plus particulièrement apperçues en examinant le tableau et le compte ci-joints, et les éclaircissemens par lesquels on va les expliquer.

On a présenté, dans le tableau, la distribution des terres, les fumiers, les labours et les semences qu'elles reçoivent, et les produits qu'elles donnent. Cette forme a paru la plus propre à présenter les faits, sans y mêler aucune espèce de système. L'explication des colonnes de ce tableau ne contient que les renseignemens indispensables pour le rendre plus intelligible.

Il seroit à désirer peut-être, que les formules du Tableau et du Compte fussent remplies avec le même soin dans tous les districts de la République. On auroit sous les yeux, par ce moyen, les résultats de toutes nos cultures, et l'on pourroit les comparer.

Quoiqu'il en soit, on verra dans celui-ci quels soins et quelles peines se donnent les laboureurs flamands, et l'on concevra que si leur terre est productrice, ses dons sont achetés par des travaux et des engrais dont on n'a guère d'idée ailleurs. C'est un modèle précieux qu'on offre à la réflexion et à l'imitation des cultivateurs de tous les pays. On n'a pas par-tout la température particulière, ni le sol du département du Nord ; mais on a déjà vu que ce sol et cette température opposoient plus d'obstacles au fermier qu'ils ne lui présentoient d'avantages. On jugera, par ce tableau, des efforts qu'il doit faire pour vaincre ces obstacles.

Ce n'est pas qu'on ne pût y faire des remarques, même critiques. Sur quoi n'en fait-on pas ? M. *Arthur Young* a censuré quelques parties des *méthodes flamandes*, dans ses *Annales d'Agriculture*. Prévenu pour les grandes fermes, il ne sauroit imaginer qu'un pays divisé en fermes si modiques, soit mieux cultivé qu'aucun autre. Pour asseoir un vrai jugement, dépouillons tous les préjugés. Voici les faits et les calculs ; les faits présentés au tableau, les calculs en ligne de compte.

Voyez d'abord le tableau ci-contre.

CULTURE

CULTURE FLAMANDE.

TABLEAU d'une Ferme de seize Bonniers, près de LILLE, département du Nord.

EMPLOI DES TERRES et REMPLACEMENT DES GRAINS PENDANT QUATRE ANNÉES.				FUMURES.			LABOURS.	SEMENCES.	PRODUIT DES TERRES.
PREMIÈRE ANNÉE.	DEUXIÈME ANNÉE.	TROISIÈME ANNÉE.	QUATRIÈME ANNÉE.	Charretées de fumier.	Charretées de courte-graisse.	Cent de tourteaux.			
» . 2 Emplacement de la ferme.	» . » Ferme.	» . » Ferme.	» . » Ferme.	»	»	»	»	Néant.	Le logement du Fermier et des bestiaux.
» . 1 Jardin légumier.	» . 1 Jardin.	» . 1 Jardin.	» . 1 Jardin.	»	3 ½	»	à la bêche.	Diverses graines que le fermier récolte.	Les légumes nécessaires au Fermier.
» . 13 Verger.	» . 13 Verger.	» . 13 Verger.	1 . 13 Verger enherbé.	»	16 ¾	»	»	Les fonds de grange et de greniers.	Le produit se compare à un champ de trèfle.
» . 12 Flanchon. » . 6 Navets. » . 6 Choux collet.	1 . 8 Avoine.	» . » Trèfle. » . 6 Lin.		»	»	»	4	[illegible]	[illegible]
4 . 8 Blé froment.	» . » Hyvernage. » . 8 Seigle. » . 8 Scourion. » . 8 Trèfle. » . ¼ Pommes-de-terre. » . » Betteraves. » . 2 Carottes.	» . 8 Colsa.	4 . 8 Blé froment.	»	»	»	4	70 Havots.	80 Sacs de blé froment, et 13,500 gerbes.
» . » Trèfle. » . 8 Lin.	» . 12 Flanchon. » . 6 Navets. » . 6 Choux collet.	» . 8 Fèves.		»	»	»	4		
» . 8 Colsa. » . 6 Fèves.	4 . 8 Blé froment.	1 . 8 Avoine.	» . » Trèfle. » . 6 Lin.	64 Paniers de cendres.	»	»	»	24 Litres.	16 Voitures de foin ou deux coupes.
			» . 6 Lin.	24	»	3	5	9 Havots.	300 Bottes de lin, et 3 sacs de graines.
1 . 8 Avoine.	» . » Hyvernage. » . 8 Seigle. » . 8 Scourion. » . 8 Trèfle. » . 4 Pommes de terre. » . » Betteraves. » . » Carottes.	» . 8 Colsa.		120	»	28	3	480,000 Plantes.	35 Sacs de graines, et 8,000 bottes de tiges.
	» . 8 Fèves.		» . 8 Fèves.	»	»	»	»	12 Havots.	3,000 Bottes de tiges, et 15 sacs de graines.
	» . 12 Flanchon. » . 6 Navets. » . 6 Choux collet.	1 . 8 Avoine.		»	»	»	»	24 Havots.	60 Sacs de grain, et 4,500 gerbes.
			» . » Hyvernage.	»	»	»	1	5 ½ Havots vesce 10 ½ Havots seigle	3,200 Bottes de fourrages.
» . » Hyvernage. » . 8 Seigle. » . 8 Scourion. » . 8 Trèfle. » . 4 Pommes de terre. » . » Betteraves. » . » Carottes.	» . 8 Colsa.	4 . 8 Blé froment.	» . 8 Seigle.	»	»	»	»	8 Havots.	20 Sacs de grains, et 1,400 gerbes.
			» . 8 Scourion.	»	16	»	»	9 Havots.	20 Sacs de grains, et 1,600 gerbes.
			» . 8 Trèfle.	52 Paniers de cendres.		»	»	10 Litres.	3 Voitures de foin en deux coupes.
			» . 4 Pommes-de-terre.	16	8	»	3	5 Sacs.	70 Sacs de fruits.
			» . » Betteraves.	5	4	»	4	3 Livres.	Les 7/8 du produit des pommes de terre.
			» . » Carottes.	3	4	»	3	3 Livres.	Idem.
			» . 12 Flanchon.	49	»	»	4	10 Livres colsa.	Produit les plantes pour colsa.
	» . 8 Fèves.		» . 5 Navets.	24	»	»	4	3 Livres.	Le tiers du produit des pommes de terre.
			» . 6 Choux collet.	24	»	»	4	64,500 Plantes.	Le tiers du produit des pommes de terre.
16 . » Bonniers.	16 . » Bonniers.	16 . » Bonniers.	16 . » Bonniers.	271 c. f. 96 p. c.	67	28			

Explication des diverses colonnes du Tableau, intitulé : Culture flamande.

Nous allons développer successivement, dans l'ordre du tableau d'autre part :

1°. La quantité des terres de la ferme qui en fait l'objet.

2°. Leur distribution et leur emploi, ou leur assolement.

3°. Les engrais qu'elles reçoivent.

4°. Les labours qu'elles exigent.

5°. Les semences qu'on leur confie.

6°. Les récoltes qu'elles produisent.

§. I. *Explication des mesures de terre.*

Dans les colonnes de l'emploi des terres, les chiffres indiquent les mesures locales dont il faut d'abord se faire une idée.

La mesure qui a dû servir de règle, est le *bonnier*, qui contient trois mille sept cent trente-quatre toises vingt pieds soixante-quatre pouces carrés. L'arpent, mesure de Paris, ayant neuf cent toises carrées ; le *bonnier*, en mesure de Paris, égale quatre arpens cent trente-quatre toises vingt pieds soixante-quatre pouces, ou quatre arpens et un neuvième d'arpent. Le *bonnier* est plus grand que l'hectare, puisque l'hectare ne contient que deux mille six cent trente-deux toises carrées, et quarante-trois centièmes.

Le *bonnier* se divise en seize parties égales, que l'on appelle *cent*. Le *cent* équivaut à un peu plus de onze ares, ou onze décamètres carrés.

La ferme dont il est question, distante d'une lieue (cinq kilogrammes) environ de la ville, est composée de seize *bonniers*, ou soixante-cinq arpens de Paris, et une fraction, qu'il faut négliger pour les passages d'une terre à l'autre, et de quelques emplacemens nécessaires à l'exploitation. Ces seize *bonniers* représentent vingt-deux hectares et un tiers. Ce n'est pas le sixième du terrein que comprend, dans la Béauce et la Picardie, une ferme de trois cents arpens, de la grande mesure ; ces sortes de fermes y sont très-ordinaires ; mais on est bien loin d'en retirer, dans la proportion, ce que le fermier Flamand fait produire à ses seize *bonniers*.

Cependant, il faut être bien persuadé qu'il n'est pas de cultivateurs, en général, plus mal nourris et plus mal logés que le fermier de la Châtellenie ; c'est souvent sous le chaume, et en vivant d'alimens simples et grossiers, qu'il vient à bout de faire les dépenses journalières dont on va parler. De la vache salée, enfumée, et du lait de beurre, sont à-peu-près sa seule nourriture. C'est à l'économie la plus sévère, c'est à la quantité de bestiaux qu'il nourrit, et auxquels il ne refuse rien, qu'il doit l'abondance si nécessaire à une culture qui ne laisse presque point de terres en jachères.

§. II. *Explication des quatre premières colonnes du tableau, qui présentent l'emploi des terres et le remplacement des grains pendant quatre années, ou l'assolement de la ferme.*

Des seize mesures de terre, ou des seize *bonniers* qui forment cette ferme, un *bonnier* se trouve occupé par le logement du fermier, par son jardin et son verger.

1°. L'emplacement de la ferme contient ordinairement deux *cent* verges de terre, sur lesquelles se trouvent le bâtiment propre à l'usage du fermier ; les écuries, étables, granges, poulailler, porcher et remise au bois ; tous ces édifices, construits dans le contour, forment, par leur ensemble, une clôture. Le long des bâtimens est un trottoir, de quatre pieds et demi (un mètre et demi) de largeur, fait en brique. Le centre est une cour creusée de deux à trois pieds (un mètre), où se jettent les litières des bestiaux et les ordures de la ferme, pour servir au plus grand objet de tout cultivateur flamand, c'est-à-dire au fumier.

2°. Un *cent* de terre en jardin potager, où se cultivent quelques verges de tabac, des oignons, des choux pommés, verds et rouges, des haricots, des pois, des carottes, des salades et autres gros et petits légumes, qui se consomment dans le ménage du fermier.

3°. Treize *cent* de terre en herbages, forment le verger, qui est entouré d'une haie d'épines, chargé dans le tour de quatre-vingt à cent arbres montans, et de quatre-vingt à cent arbres fruitiers, épars, mais plantés avec soin.

On trouve ordinairement sur ce terrein , un petit bâtiment , qui est le fournil , où se fabrique
et se cuit le pain , ainsi qu'un emplacement construit en bois , et couvert en paille , nommé *char-
terie* , ou *charrie* , sous lequel se déposent les
charriots , herses , charrues , et autres instrumens nécessaires au labourage.

Ces trois articles contiennent généralement
un *bonnier* de terre (ou cent quarante-deux
ares). Leur distribution pourra faire elle seule
l'objet d'un mémoire instructif ; mais nous ne
faisons qu'une note , et notre objet n'est pas de
décrire le logement , mais la culture du fermier.

Il reste , pour cette culture , quinze *bonniers*
de terre (environ vingt - un hectares et demi) ,
qui , assez régulièrement , se distribuent comme
il suit.

Le dixième de ce terrein , comprenant un
bonnier huit *cent* , est regardé comme jachère ,
et se prend dans la place qui a été occupée par
le blé. Ce n'est pas une jachère purement inculte et inutile , comme on entend ce mot de
jachère dans les environs de Paris. Ici l'on
sème après le blé , 1°. de la graine de colsa ,
pour avoir de jeunes plantes , dites *planchons* ,
que l'on repique , avant l'hiver , dans une terre
préparée exprès , pour y mettre le colsa ; on
en sème un *cent* de terre , pour en repiquer
trois *cent* ; 2°. le surplus se met en choux-
collets et navets , ci . . . . . 1^{bon.} 8 *cent*.

Les 13 *bonniers* 8 *cent* restant ,
se divisent en trois parties égales ,
faisant chacune 4 *bonniers* 8 *cent*
(5 hectares 40 ares).

La première partie se met en
blé froment, ci 4   8

Le deuxième partie en trèfle ,
lin , fèves , et graines grasses (par
graines grasses on entend colsa ,
œillette et camomille).

En trèfle , $\frac{1}{1}$ d'un		
bonnier 8 *cent*	1^{bon.}	0^{cent.}
En lin	0	8
En colsa	2	8
En fèves	0	8

4   8

La troisième partie , en avoine ,
hyvernage , seigle , soucrion ,

9^{bon.} 8^{cent.}

Report.   9^{bon.} 8^{cent.}

trèfle , betteraves , carottes , et
pommes de terres.

Autant d'avoine		
que de jachères . . .	1^{bon.}	8 *cent*.
En hyvernage . . .	1	0
En seigle et sou-		
crion	1	0
En trèfle , $\frac{1}{1}$ d'un		
bonnier 8 *cent* . . .	0	8
En betteraves , ca-		
rottes , et pommes de		
terre	0	8

4   8

TOTAL . . . . 15^{bon.} 0^{cent.}

Les remplacemens se font d'année en année ;
savoir : la première partie remplace la deuxième ;
la deuxième , remplace la troisième ; la troisième , remplace la première , à l'exception que
l'avoine remplace les jachères , et qu'une même
quantité de la première , se laisse en jachère.

Voilà le coup-d'œil général de cet assolement ; il offre des objets qui méritent d'être
notés.

On voit que des seize *bonniers* qui composent
la ferme , il y en a tous les ans quatre et demi
qui portent du blé , et que la succession des
récoltes est arrangée de manière que ces quatre
bonniers et demi en blé , varient perpétuellement , et font , d'année en année , le tour du
terrein. Toutes les autres productions circulent
de même autour de cette récolte principale ,
tiennent le sol toujours garni , et le fermier
toujours occupé. Qui est-ce qui a révélé aux
fermiers Flamands l'avantage de faire succéder
une plante qui trace , à un végétal qui pivote ?
Qui leur a donné le secret de cette merveilleuse alternative ? C'est ce qu'on ignore. Ici
la science n'a point précédé la routine. Elle
pourroit aujourd'hui , peut-être , la rectifier en
quelque point ; mais elle ne l'a point devancée.
Dans tous les arts , les règles ne viennent qu'a-
près les chefs-d'œuvres. Continuons - donc à
étudier et admirer celui de la culture flamande.

Après le blé-froment , la plante qui tient
constamment le plus de terrein , c'est le colsa.
Tout le monde sait que c'est une espèce de

chou qui ne pomme pas, et dont la graine sert à faire de l'huile. On verra, dans les colonnes suivantes, les frais considérables qu'exige ce genre de culture, et les produits qui en sont le résultat. Le colsa a été un des grands véhicules de la perfection de l'agriculture flamande. Comme il ne payoit point de dîme, on peut croire que c'est la circonstance qui a le plus favorisé sa propagation.

Une autre plante très-riche, c'est le lin. L'on n'en trouve ici qu'un demi-*bonnier*, ou huit *cent*, tous les ans. Il y a trente ans qu'un fermier mettoit beaucoup plus de lin, par l'appas du bénéfice excessif que cette plante rapporte quelquefois; mais on en a reconnu l'abus. Ce végétal est vorace. *Virgile* a dit que sa moisson brûle la terre (*Urit enim lini campum seges*). *Columelle* dit que le lin est surtout nuisible à la terre (*Agris præcipue noxium est*). Il demande beaucoup d'engrais et de culture; il manque très-souvent; ses racines sont aussi étendues en terre que sa tige en sort; il détériore tellement le sol, que si on le met sur un même champ deux à trois fois dans neuf années, la force végétale en est enlevée. Il faut alors plusieurs années d'une culture suivie, pour rendre à la terre sa première vigueur. En général, un bon cultivateur fait peu de lin; encore a-t-il la précaution de n'en remettre que sur une terre où il y a dix-huit à vingt ans qu'il n'a pas été cultivé.

Il y a tous les ans un *bonnier* et demi de trèfle. Les deux tiers se sément dans l'avoine, et l'autre tiers dans le blé-froment. On se sert, pour enterrer cette graine, d'un instrument qu'on appelle, dans le pays, *redoir*; c'est un gros rouleau. Le trèfle se trouve levé, quand on coupe l'avoine et le blé.

Le soucrion est l'espèce d'orge qui sert à faire la bierre (note 42). On en coupe en verd une partie au mois de Mai, pour nourrir les bestiaux.

Le chou-chollet, ou chou-collat, s'élève beaucoup, et ne pomme pas; il pousse de larges feuilles, que l'on ôte, en commençant toujours par celles du bas de la tige. On en nourrit les vaches, jusqu'aux approches des fortes gelées. La tige est séchée en tas; elle sert à chauffer le four.

L'*hyvernage* est un mélange de seigle et de vesce. Il y a dans les grandes fermes, la *dravière*, qui est un mélange de fèves, d'avoine et de vesce. L'hyvernage, ou le seigle mêlé avec des fèves, devient un champ impénétrable à un chien de chasse.

On cultivoit autrefois beaucoup de tabac, suivant la quantité de fumiers dont on pouvoit disposer. Le blé qui pouvoit remplacer le tabac, venoit ordinairement fort haut. Aujourd'hui l'on n'en met que quelques verges dans le potager, pour la consommation du fermier. Cette culture demande trop de travail, et des soins trop minutieux. Ce sont les laboureurs, exploitans au-dessous de six *bonniers*, qui cultivent cette plante.

Le seigle est le grain qui, mêlé avec du blé-froment, fait le pain dont le fermier et les domestiques se nourrissent. On le fait de seigle pur pour nourrir les chiens de la ferme. On en donne aussi, de temps en temps, quelques tranches aux chevaux, et aux autres animaux.

On peut observer que cette culture, c'est-à-dire celle des quinze *bonniers*, ou des champs proprement dits, roule sur quatorze espèces de plantes;

1°. Quatre espèces de céréales; le blé, le seigle, le soucrion, l'avoine.

2°. Deux espèces de choux; le colsa, le chou-collet.

3°. Trois plantes légumineuses; la fève, la vesce, le trèfle.

4°. Une plante textile; le lin.

5°. Quatre racines alimentaires et fourrageuses; la pomme de terre, la betterave, la carotte, le navet.

Tels sont les matériaux essentiels de la reproduction végétale et annuelle de cette ferme. On voit qu'à l'exception peut-être de la pomme de terre, toutes ces plantes étoient connues dans le temps où *Olivier de Serres* écrivoit son *Théâtre d'Agriculture*; mais leur emploi méthodique et alternatif dans le même terrein, n'étoit pas calculé de son temps avec la même précision et la même suite qui se trouvent dans l'exploitation de cette ferme flamande. Il y a certainement peu de critique à en faire, et ce n'est pas ici le lieu de relever ce qu'on pourroit y désirer.

Voyons maintenant par quels moyens le fermier des environs de Lille peut accumuler ainsi perpétuellement dans un terrein borné, et sur un sol naturellement médiocre, une si grande quantité de productions. C'est l'objet des colonnes suivantes du tableau.

§. III. *Explication des cinquième, sixième et septième colonnes, qui concernent les fumures.*

Pour l'intelligence de cette colonne, il est nécessaire de savoir qu'on entend par charretée de fumier le poids de seize quintaux (quatre-vingt myriagrammes), ou environ, de fumiers de vaches et de chevaux, mêlés ensemble, et bien pourris. On retire, en Flandre, de la récolte, un tiers de paille de plus que dans les autres pays. Il n'est pas rare de voir des avoines de cinq pieds (un mètre soixante-six centimètres) de haut. On fauche le blé à raze terre, pour ne pas laisser de chaume. On employe tous les moyens possibles pour avoir beaucoup de fumier, et pourtant l'on se trouve à court.

La charretée de *courte-graisse*, contient huit tonneaux, pesant ensemble dix-huit à dix-neuf quintaux (quatre-vingt-quinze myriagrammes), et remplis d'urine de bestiaux et d'excrémens humains, mêlés ensemble; on conserve ces matières dans de grandes fosses destinées à cet usage; elles sont en plein champ, et couvertes de paille; l'urine des bestiaux est inférieure aux excrémens humains; mais tout se mêle dans une ferme. On devine aisément combien le transvasement des tonneaux dans la fosse, et de la fosse dans les tonneaux, doit être dégoûtant; mais il l'est cependant beaucoup moins que l'on ne se l'imagineroit d'abord. On vide, en Flandre, les latrines tous les quinze jours; et comme le produit qui résulte de la vente de cet engrais fait le profit des domestiques, il est de leur intérêt de l'augmenter, soit en ne perdant pas les urines, soit en jetant dans les latrines toutes leurs relavures: aussi les acheteurs de courte-graisse ont-ils différens moyens de s'assurer de la fidélité des vendeurs. J'abrége le plus qu'il est possible ces détails; il ne me reste plus qu'un mot à dire sur la manière égale et expéditive avec laquelle on répand cet engrais.

Un homme tient en main une longue perche au bout de laquelle est emmanché un plateau de bois qu'il remplit de matière prise dans un tonneau défoncé; il jette au loin ce que contient le plateau, et arrose à cinquante pas ce qui l'entoure; l'habitude donne l'adresse nécessaire pour exécuter ce genre d'arrosement.

Il y a deux espèces de cendres que l'on répand sur les trèfles, celles qui proviennent du bois et celles de charbon de terre; c'est au cultivateur à connoître les plus favorables à ses terres; on répand ordinairement trente-deux paniers de cendres par *bonnier* de trèfle; le panier coûte environ 1 livre 10 sous.

Une observation importante qui n'échappera pas sans doute à celui qui lira cette note, c'est que la ferme, composée de seize *bonniers*, et n'ayant que quatorze à quinze bestiaux, ne peut pas fournir la quantité de fumiers nécessaire à son exploitation. On ne peut guère évaluer qu'à trois cent tonneaux, ou trente-huit charretées, les urines de la basse-cour; encore, pour obtenir ce résultat, est-il nécessaire d'avoir des écuries bien construites en pente, et qui conduisent, par le moyen d'un canal, les urines dans un réservoir. La quantité d'urines dépend beaucoup de la qualité du fourrage; celui qui est vert, en procure plus que le sec; mais on ne doit pas compter que douze vaches donnent plus d'un tonneau d'urine par jour.

Quelques soins que l'on se donne, la ferme manque de près de deux cent charretées de fumier qu'il faut se procurer à la ville.

On commence à voir ici clairement l'impossibilité où l'on est, en Flandre, d'avoir de grandes fermes, sans être forcé d'en laisser la moitié en jachères faute d'engrais. La colombine, la fiente des volailles, mêlées avec de l'eau, et jetées dans la fosse aux urines, peuvent bien augmenter la masse des fumiers, mais il y auroit toujours un grand déficit, malgré cette ressource dont on parlera tout à l'heure.

Quelques cultivateurs pourroient croire qu'en plaçant un troupeau de moutons dans une ferme de seize *bonniers*, comme celle qui nous sert d'exemple, ils augmenteroient beaucoup leurs engrais; mais il convient de leur faire observer qu'il n'y a point, en Flandre, de jachères, ni d'autres parcours que les chemins. La consommation de fourrages, occasionnée par un troupeau de moutons à l'étable pendant toute l'année, pourroit être à charge au fermier : c'est du moins l'opinion du pays. Loin des villes et des habitations, on trouve un très-petit nombre de métairies qui ont un peu plus de seize *bonniers* de terres à cultiver ; alors le propriétaire, qui ne veut pas voir sa ferme se détériorer, oblige son fermier à entretenir un foible troupeau de moutons ; la clause en est formellement énoncée dans le bail, comme un gage assuré que les terres seront bien fumées ; mais comme ces dispositions dérangent quelquefois les spéculations du fermier, celui-ci stipule toujours pour entretenir le moins de moutons possible ; ainsi, il ne tient qu'à très-peu de chose, que cette belle race de moutons, dits *flandrins*, ne disparoisse de la ci-devant Châtellenie de Lille. C'est une des imperfections de la culture flamande, à laquelle il n'est pourtant pas impossible de remédier.

Dans ses réponses aux questions du Bureau d'agriculture britannique, M. l'abbé *Mann* dit qu'en Flandre, on regarde généralement le fumier de cheval, de vache et de cochon, comme le meilleur engrais. « Le fumier de bergerie, » ajoute-t-il, est à peine connu dans les districts » bien cultivés, relativement au manque de pâ- » ture. La terre est trop précieuse pour l'em- » ployer en pâturage pour les brebis. On voit » seulement des troupeaux de moutons sur les » grandes fermes, où la terre est conséquem- » ment d'une moindre valeur ».

Il reste une ressource au cultivateur qui, éloigné des villes, ne pourroit pas se procurer, sans de grands frais, les fumiers qui lui manquent. On fait aujourd'hui un grand usage des tourteaux, ou du marc que laissent les graines grasses, lorsque l'huile en a été extraite. Les tourteaux réduits en poudre, se répandent sur les terres, de la même manière qu'on sème le grain, ce qui ne se pratique que dans les temps pluvieux. En tout autre temps, on délaye ce marc dans l'eau, et on le jette comme les courtes-graisses ordinaires. Cet engrais huileux échauffe la terre et fait pousser les plantes. Ces tourteaux s'achètent 8, 9 à 10 francs le cent. Un cent de tourteaux pèse deux cent quarante à deux cent

cinquante livres (douze à treize myriagrammes). Le prix suit toujours celui des grains.

C'est notre illustre agronome françois, *Duhamel du Monceau*, qui a parlé le premier de cet engrais, dans son *Traité de la culture des terres* (tome VI, page 193). A cet égard, les François ont eu l'initiative. Les Anglois s'en trouvent si bien, que leurs écrivains proposent d'importer exprès des graines de lin uniquement pour cet usage. M. l'abbé *Mann* ignoroit l'emploi qu'on en fait en Flandre, lorsqu'il a répondu aux questions du Bureau d'agriculture de Londres.

On se sert encore, en Flandre, pour fumer les lins, de la fiente de pigeon. C'est l'engrais qui leur est le plus propre. On achète la colombine dans les environs d'Arras, département du Pas-de-Calais, où se trouvent beaucoup de fermes avec de grands pigeonniers. Les cultivateurs des environs de Lille louent ces pigeonniers pour toute la fiente qu'ils produisent pendant l'année. Ils en font même des baux pour trois ans. Vers les mois de Février et Mars (Pluviose et Ventose), ils vont, avec leurs charriots et ceux de leurs amis, en chercher le produit. Un colombier de quatre à cinq cent pigeons, se loue ordinairement 72 à 80 francs. Il peut faire l'engrais d'un demi-*bonnier*, ou de huit *cent* de terre. Cet engrais ne convient qu'aux terres froides.

On fume encore les terres sur lesquelles on doit semer les planchons, ou plantes de colsa, avec de la suie de cheminée, qui s'achète 1 franc la manne, contenant un pied cube (trois décalitres quatre litres). On en met huit mannes par *cent* de terre.

On s'en sert également sur les colsas ; mais cet engrais ne se jette alors sur la terre qu'au printemps.

Les Anciens mettoient toute la religion en allégories relatives sur-tout à l'agriculture ; ils avoient fait un dieu du fumier (*Pitumnus sterquilinus*, *Stercutius*). On peut dire que les agriculteurs Flamands sont les vrais prêtres de ce dieu, ou du moins ceux qui pratiquent le mieux son culte. C'est là le vrai type de leur supériorité. M. *Arthur Young* a dit une grande vérité dans son voyage en France : c'est que si l'Alsace, par exemple, n'est pas aussi bien cultivée et aussi productrice que la Flandre, c'est le défaut d'engrais qui en est la cause.

Cet article doit être médité par tous ceux qui veulent profiter de la lecture d'*Olivier de Serres*.

Les engrais échauffans sont plus nécessaires au sol et au climat humide de la Flandre, qu'ils ne le seroient sous un autre ciel et dans un terrein de nature plus sèche. Cependant, il faut convenir que cet article est le triomphe de l'agriculture flamande, et que par-tout ailleurs on devroit imiter, de près ou de loin, l'industrie des fermiers de ce pays, pour se procurer des engrais de toute espèce, et pour les employer à propos. Ici, peut-être, quelques cultivateurs se récrieront, et diront : « Comment » faire pour obtenir cette quantité de fumiers? » Les Flamands ont bien plus aisé. Que ferons- » nous pour approcher de ce modèle inimi- » table » ? — Ce que vous ferez ! la réponse est dans les beaux vers de *Vanière*, sur ce grand point d'agriculture. Il est d'autant plus convenable de donner ici ce morceau du *Virgile* moderne, qu'en même-temps qu'il laisse sans excuse la négligence des fermiers sur un objet si capital, il a, de plus, le mérite de renfermer, en quelques lignes, la substance de plusieurs gros livres, et que ses vers peuvent tenir lieu d'un traité des engrais. Les lecteurs seront assez justes pour excuser l'auteur de cette note, si ses vers françois sont loin de valoir les vers latins de *Vanière*. On sentira qu'il n'étoit pas aisé de rendre en notre langue un sujet dont le titre, dans *Vanière* même, est *la stercoration des terres*.

Les champs qui sont privés d'engrais réparateurs,
Du fermier paresseux sont les accusateurs.
Allons ! purgez vos cours de cette eau croupissante ;
Enlevez des chemins la fange renaissante ;
Des corps qui ne sont plus recueillez les débris,
Les feuillages séchés, les végétaux pourris ;
Tout ce que des torrens la course débordée
Traîne, avec le limon, sur leur rive inondée ;
Les chaumes, les rebuts ; sachez tout ramasser ;
Dans un fossé profond sachez bien l'entasser ;
Qu'il y mûrisse un an ; puis, quand l'automne avance,
Qu'il aille, dans vos champs, reporter l'abondance.
O laboureur soigneux ! connois ton vrai trésor :
Les meules des fumiers, voilà tes mines d'or.

Qu'à leur défaut, du moins, ta glèbe soit nourrie
Par la fève, enterrée aussitôt que fleurie.
Que dis-je ? Deux terreins rebelles à tes vœux,
Peuvent se secourir et s'amender tous deux.
Dans le sol trop compact, il suffit de répandre,
Comme un riche fumier, du sable, ou de la cendre ;
Quand le sol, au contraire, est un sable léger,
Avec l'argile épaisse il peut se corriger :
L'une par l'autre, ainsi, l'art féconde les terres ;
Mais l'art a des secrets encor plus salutaires ;
Et si, durant les nuits de la douce saison,
Les troupeaux innocens qui portent la toison,
Couchent, serrés entr'eux, sur la terre épuisée,
La terre, sous leurs pas, renaît fertilisée.

STERCORATIO.

Arva patri non posse fimo saturare, coloni
Desidis est : pagi sordes, cœnosaque villæ
Purgamenta, comas nemorum, frondemque caducas,
Et paleas, et quidquid aquis spumantibus amnis
Invehit ad ripas torrentior, omnia fossis
Ingerite ; et totum veterascere jussa per annum,
Autumno redeunte, pigris effundite campis.
Florentes inarate fabas pro stercore ; siccos
Vel cineres, sterilemque, fimi vice pinguis, arenam
Fundite, si fuerit gravior cretaque terra :
Rarior at contra sabuloque simillima, densam
Accipiat cretam ; quas emendata per artes
Auxilium sibi dona feret per mutua tellus.
Ast ope vix alia magis exultabit, aperto
Sub Jove pernoctans quàm si pecus incubet agris ;
Mollior hybernis parcet dum flatibus eurus.

(VANIER. Præd. rust. L. VIII.)

§. IV. *Explication de la huitième colonne, qui concerne les labours.*

Cette colonne n'a besoin que de peu d'explication. Il suffit seulement d'observer que le colsa, outre la peine de le planter, exige une préparation particulière. On fait de douze pieds en douze pieds (quatre mètres), et même de dix en dix (trois mètres trente-trois centimètres), une rigole de la largeur et de la profondeur d'un bon fer de bêche. La terre que l'on tire de cette rigole se jette au pied du colsa, le renterre, fait un nouveau fumier, et met le jeune plant à l'abri des fortes gelées. C'est ce qu'on appelle *rouchot-ter*. Cette opération est recommencée au printemps. C'est une pratique fort vantée par les Flamands. Il faut observer que ce sillon, ou rigole, est changé chaque année, de sorte que ;

dans l'espace de dix ans, la même pièce se trouve creusée et défoncée pour cet effet.

Le colsa est la plante qui, en tenant lieu de jachères, a donné au fermier Flamand le moyen de les supprimer. Sa culture fournit du travail aux manœuvres, des huiles au commerce, de l'engrais au bétail, du chauffage au fermier, de l'amendement à ses terres. Le proverbe flamand dit qu'il faut *une bêche d'or pour remuer la terre*. Si le cultivateur Lillois se sert de cette bêche, il le doit au prix du colsa.

Il est nécessaire, pour la culture du lin, de rendre la terre fort meuble, avant que de lui confier la semence. Cette semence, très-petite et très-coulante, ne demande qu'à être très-peu en terre; il lui faut une terre très-meuble et très-unie, ce qui ne peut s'obtenir que par plusieurs labours, par des *rondelages* (terme du pays, pour exprimer l'action du rouleau); et, en outre, il faut beaucoup herser. Les fermiers Lillois disent que *pour semer lin*, *il faut lasser l'herche*.

Pour les pommes de terre et les navets, on donne trois, ou même quatre labours. Ces plantes, produisant en terre, ont besoin d'être à l'aise pour grossir et multiplier.

Le *planchon*, ou la pépinière du colsa, demande une terre bien meuble pour préparer de belles plantes. On lui donne également trois ou quatre labours.

Le labour, suivant *Turbilly*, est le commencement ou le fondement de l'agriculture. On peut voir que la culture flamande ne pèche point par la base. Il n'y a point de sols qui soient tenus dans un aussi grand état de netteté et d'ameublissement. Si l'on joint à l'idée de ces travaux continuels et de ces soins infatigables, la moiteur continue du terrein et de l'atmosphère, on pourra concevoir les miracles de la culture et le prodige des récoltes, d'un pays qui pourtant est privé de grands avantages, puisqu'il ne peut connoître ni la vigne, ni le mays, ni les autres richesses des pays moins septentrionaux, ou plus abrités. C'est aux miracles de la culture flamande que l'on peut appliquer ce vers :

Le travail est le dieu qui rajeunit la terre.

§. V. *Explication de la neuvième colonne, sur les Semences.*

Il suffit de connoître la valeur des mesures employées dans cette colonne, pour les rapporter à la quantité de terrein que l'on veut cultiver.

Quatre havots font une razière.

Deux razières font un sac.

Un sac est ordinairement du poids de deux cent quarante livres (douze myriagrammes), comme le setier de Paris.

Une observation que les cultivateurs de l'arrondissement de Lille regardent comme très-essentielle, c'est qu'ils changent de graines de semence tous les deux à trois ans. Ils ne sèment jamais les graines qu'ils récoltent, ni celles qu'on a dépouillées dans le même territoire. Ils tirent leurs graines de semence de huit à quinze lieues (quatre à huit myriamètres) de chez eux, assez généralement d'une partie de l'arrondissement d'Hazebruck et des frontières du Pas-de-Calais. Ces grains, toujours choisis et de la première qualité, se payent en conséquence, et un quart même plus cher que le prix ordinaire des plus beaux grains de leur récolte. Les semences de trèfle se tirent de la ci-devant Belgique. Étant produites dans des terres sablonneuses, elles sont plus nettes et moins mêlées des semences étrangères, qui les infestent dans les environs de Lille. Les graines de lin viennent de Riga. Il est généralement convenu, et l'on assure que les expériences ont prouvé que si un laboureur sème les graines de sa récolte, elles dégénèrent d'année en année dans leurs productions et leur qualité. Voyez la note (32).

Si c'est un préjugé, il est bien ancien. Il étoit du temps de *Virgile*. Mais peut-être qu'en Flandre le climat fait plus promptement dégénérer les germes. *Vanière* dit que les semences les meilleures, les mieux choisies, se dégradent bientôt dans les sols trop humides :

Semina degenerant humentibus optima terris.
(Præd. rust. L. VIII.)

§. VI. *Explication de la dixième colonne, qui présente le produit des Terres en nature.*

Cette colonne indique le rapport des terres, au taux de leur plus grand produit, ce qui est

bien

bien éloigné d'avoir lieu tous les ans, et ce qui n'arrive pas une fois dans le cours d'un bail de neuf ans. Mais la variété des objets de culture fait qu'il y en a toujours qui réussissent, et que le succès de l'un dédommage quelquefois du malheur de l'autre.

Puisque la production du blé est le premier objet de cette note, commençons par ce grand article, et pour en mieux juger, cherchons des objets de comparaison.

Quant à la culture ordinaire, les récoltes flamandes sont de beaucoup supérieures à ce qu'on en retire commumément en France.

Suivant *Vauban*, l'arpent de blé ne rendoit, sous Louis XIV, que deux setiers un tiers, ou cinq à six quintaux (vingt-cinq à trente myriagrammes).

En 1750, *Duhamel du Monceau* évaluoit ainsi le rapport des terres à blé dans le ci-devant Gâtinois : il croyoit qu'il falloit au moins deux mines et demie de blé (la mine de quatre-vingt livres), pour ensemencer un arpent. Les bonnes terres produisoient environ cinq fois la semence (*Traité de la culture des terres*, tome I). C'est huit quintaux (quarante myriagrammes) de produit net, par arpent emblavé.

M. de *Châteauvieux*, ami de *Duhamel*, et syndic de Genève, avoit tenu exactement des registres de ses récoltes pendant quarante années. Par l'examen de ces registres, il s'étoit convaincu que le produit des terres, dans le siècle alors précédent, étoit le même que celui qu'on en retiroit de son temps. De tous ses examens, qui remontoient jusqu'à l'époque de 1668, et qui venoient jusqu'à l'an 1754, il résultoit également que les terres, près de Genève, dans les années réputées bonnes, rapportoient trois fois la semence (*Ibid.*, tome IV, page 385). Ceci est au-dessous des champs du Gâtinois.

Enfin, le même *Duhamel* donne un extrait fort curieux du produit des récoltes faites sur un même domaine (à Fontclaire, près d'Avignon), depuis l'année 1677, jusqu'à 1766. MM. d'*Elbène*, bisayeul, grand-père, père et fils, propriétaires de Fontclaire, avoient tenu de leurs récoltes des états successifs, dont les originaux se conservoient à Avignon. Or, d'après ces états, une saumée de terre, de mille deux cent toises

carrées, la toise de six pieds de roi (deux mètres), avoit produit communément cent neuf livres et une once de grain, valant, au prix moyen, 7 livres 13 sous, pendant quatre-vingts ans (*Ibid.*, tome VI, pages 102—136). Cette saumée est presque le septième d'un grand arpent, ou d'un demi-hectare. Ainsi, le produit reviendroit aux huit quintaux (quarante myriagrammes) du Gâtinois.

Maintenant, quelle différence dans les récoltes de la Flandre! Les quatre *bonniers* et demi qui sont en blé-froment dans la ferme qui nous occupe, produisent quatre-vingt un sacs. Ces quatre *bonniers* et demi peuvent représenter treize demi-hectares. Les quatre-vingt-un sacs, chacun de deux cent quarante livres, pèsent, par conséquent, cent quatre-vingt quatorze quintaux (neuf cent soixante-dix myriagrammes). C'est, à très-peu de chose près, quinze quintaux (soixante-quinze myriagrammes) par grand arpent, ou par demi-hectare. C'est donc presque le double des produits moyens ordinaires.

Mais ces produits sont bien plus forts, dans ce qu'on nomme, en France, les pays de grande culture. C'est-là que de riches fermiers et de fortes avances doivent assurer des rentrées bien plus considérables. Nous devons donc aussi comparer la ferme modeste des environs de Lille, avec les plus grands ateliers de l'agriculture françoise. Que dirons-nous, si même dans un semblable parallèle, si fort à son désavantage, la petite ferme flamande parvient non-seulement à soutenir la concurrence, mais à l'emporter d'un sixième sur ses importantes rivales? C'est ce qu'il faut développer.

On a souvent exagéré le rapport de ces grandes fermes. Nous ne copierons pas les évaluations excessives de leurs produits, qui ont été données dans l'*Encyclopédie*, et depuis, à la tribune des Assemblées nationales. Nous prendrons le calcul que présente le C. *Isoré*, cultivateur-propriétaire, dans son *Traité récent de la grande Culture des terres*. Suivant lui, les départemens de l'Aisne, de Seine-et-Marne, d'Eure-et-Loir, de Seine-et-Oise, de l'Oise et de la Somme, contiennent quatre millions quatre cent quarante mille arpens de cent perches, à vingt-deux pieds de douze pouces la perche (valant chacun cin-

quante-un ares , ou cinquante-une perches carrées, en mesures nouvelles). Ces six départemens
produisent en tout dix-neuf millions soixante-un
mille quintaux (quatre-vingt-quinze millions
trois cent cinq mille myriagrammes) de grains
de mouture. Une ferme de trois cents arpens
(cent cinquante hectares) , en trois soles , donne
par an mille quatre cent cinquante quintaux
(sept mille deux cent cinquante myriagrammes)
de grains de mouture , dont il faut défalquer
deux cent quintaux (mille myriagrammes) , ou
presque un sixième , pour la semence. Reste
mille deux cent cinquante quintaux (six mille
deux cent cinquante myriagrammes) de produit
net. C'est quatre quintaux un sixième (environ
vingt-un myriagrammes) par arpent de grande
mesure, ou huit quintaux trois cinquièmes (quarante-trois myriagrammes) par hectare.

Or , trois cents arpents de cent perches , à
vingt-deux pieds la perche , équivalent à plus
de deux cent cinquante hectares : cette ferme
contient donc onze fois et plus , l'étendue de la
ferme flamande de seize *bonniers*. *Le bonnier*
vaut , comme je l'ai déjà dit , cent quarante-
deux ares , ou cent quarante-deux perches carrées de la nouvelle mesure. Les seize *bonniers*
ne font qu'un peu plus de vingt-deux hectares ,
ou près de quarante-cinq arpens de la grande
mesure.

On voit , dans le tableau , que cette ferme flamande donne tous les ans , savoir : en blé ,
quatre-vingt-un sacs pesant deux cent quarante
livres (douze myriagrammes) ; et en seigle , dix
sacs du même poids , équivalens à vingt-quatre
quintaux (cent vingt myriagrammes) , dont il
faut défalquer un neuvième seulement pour la
semence : ce qui donne de produit net plus de
deux cent quatorze quintaux (mille soixante-
dix myriagrammes); c'est quatre quintaux quatre
sixièmes (vingt-quatre myriagrammes) par arpent , ou neuf quintaux un tiers (quarante-
huit myriagrammes) par hectare.

Il en résulte qu'à ne calculer que le produit
en grains de mouture , comme les désigne le
C. *Isoré* , la culture flamande a déjà sur l'autre
un grand avantage ; elle met tous les ans plus de
grains au marché.

Il est vrai qu'une grande ferme à jachères a
une sole en avoine et en grains de Mars. Mais
ce qu'elle produit dans un tiers seulement de sa
vaste étendue , peut-il entrer en parallèle avec
les immenses récoltes de tous genres que la
ferme flamande présente tous les ans dans les
deux autres tiers de son enclos ?

On ne croit pas devoir les énumérer ici. On
essaiera d'en faire l'évaluation dans le compte
suivant des dépenses et des recettes.

On a balancé long-temps pour savoir si l'on
joindroit au tableau des cultures et des récoltes
l'estimation en argent des frais et des produits.
Cette estimation est si fautive , si difficile à arbitrer , si variable d'année en année , que l'on
craint de commettre ou d'insinuer très-involon-
tairement de grandes erreurs , même avec le plus
religieux scrupule et les intentions les plus
droites. On est donc bien loin de présenter ce
compte avec la même confiance que le premier
tableau. La partie foible de tous les cadastres , de
tous les terriers , de toutes les statistiques , c'est
la traduction en langue monétaire des prix et des
valeurs usuelles. Cette langue n'est jamais fixée ;
elle est plus mobile encore que les autres idiômes
vivans ; elle a des nuances plus incertaines et
plus fugitives. On ne hazarde donc le compte qui
va suivre , qu'avec la circonspection et la dé-
fiance les plus prononcées. On croit même devoir
s'élever d'avance contre quiconque voudroit abuser de ces apperçus , qui ne sont nullement au-
thentiques. Ce sont des hypothèses que l'on croit
pouvoir hazarder en faveur de ceux qui étudient
les procédés de l'agriculture ; mais ce ne sont pas
des données d'où doivent partir les arithméti-
ciens politiques.

Cette observation est essentielle. On a tellement abusé en finance , sur-tout dans les temps
antérieurs à celui-ci , des renseignemens vagues
et des notions incomplettes , qu'il en est resté
dans le public une crainte excessive de livrer les
moindres documens sur le rapport exact des propriétés. On imagine toujours que ces détails sont
un secret qui se dit à l'oreille des Gouvernemens,
et l'on est enclin à penser que cette confidence
est indiscrète. C'est un des grands obstacles
qui s'opposent , en tous pays, à la perfection des
études statistiques. En ce genre , les réponses
officielles sont suspectes dans un sens , et

celles qui ne sont pas officielles le sont dans un autre.

Nous qui n'avons ici en vue que l'intérêt public et l'instruction agricole, nous ne voyons aucun danger à publier notre apperçu des dépenses et des recettes de la ferme dont nous venons d'esquisser le tableau. Nous désirons en outre que l'on ait par-tout la candeur de publier un compte exact des exploitations rurales. Dans toutes les affaires, il faut compter : c'est en comptant qu'on s'enrichit. Les particuliers ne sont ruinés que par leurs mécomptes ou par ceux du fisc.

Un très-digne agronome anglois, M. *Marshall*, a dit que sans des comptes annuels, méthodiques et réguliers, la profession agricole resteroit éternellement dans l'état d'un aveugle et grossier empyrisme. Par-tout où il y a emploi d'argent, les comptes sont la pierre de touche de tous les plans et de toutes les opérations. Le manufacturier tient des livres, non-seulement pour calculer ses profits annuels, mais encore pour toutes les branches et tous les articles de son établissement. L'agriculture est une espèce de manufacture d'un genre très-compliqué. Les calculs qui y sont relatifs, demandent d'être faits avec beaucoup de soin. Par ces raisons, M. *Marshall* dit qu'un compte de chaque année est l'opération finale de l'agriculture-pratique ; et nous nous faisons gloire de penser comme lui.

On prendra, si l'on veut, ce que l'on vient de dire pour le préambule du compte.

L'ordre en sera très-simple. Le bordereau de l'agriculture se compose d'abord de dépenses, sans lesquelles il n'y auroit pas de recettes, et de recettes qui ne sont jamais qu'en raison et en proportion des dépenses. Heureux les propriétaires et les fermiers, heureux les peuples, si tout Gouvernement admettoit annuellement les agriculteurs à compter avec le fisc *de clerc à maître*, c'est-à-dire s'il les autorisoit à porter tous les ans en recette et en dépense, ne fut-ce que par bref état, tous les profits, toutes les pertes, tous les frais qu'ils font sur leur laborieuse commission !

C O M P T E

Des Dépenses et des Recettes de la culture flamande.

I.

DÉPENSE relative à l'exploitation de seize Bonniers *de terre*, *exploités suivant le* Tableau précédent.

Observation générale. Ces dépenses ont été calculées pour l'époque à laquelle les notes du tableau de culture ont été recueillies, c'est-à-dire, en 1776.

CHAPITRE PREMIER.

Prélèvemens sur les Produits.

Article 1. Impositions, 1 livre 10 sous le *cent* de terre, ou 24 livres par *bonnier*. Pour les 16 *bonniers*, c'est un objet de. . . . . 384 liv.

Art. 2. Loyer, ou rente payée au propriétaire, 7 liv. 10 s. par *cent* de terre, ou 120 liv. par *bonnier*. Pour les 16 *bonniers*, c'est un total de. . 1,920

Art. 3. Taxe des pauvres, 10 s. le *cent* de terre, 8 liv. par *bonnier*. Ci, pour les 16 *bonniers*. 128

Art. 4. Dîme ; on la mentionne ici seulement pour mémoire ; on en donnera la raison dans les notes qui suivront le compte . . . . Mémoire.

Art. 5. Entretien de la ferme, à la charge du fermier, évalué à . . 50

TOTAL de ce chapître. . . 2,482 liv.

CHAPITRE II.

Prélèvemens pour les Fumures, suivant les 5, 6 et 7ᵉ. colonnes du Tableau.

Art. 1. 234 charretées de fumier, à 3 liv. . . . . 702 liv.

Art. 2. 96 paniers de cendres, à 1 liv. 10 s. 144

Art. 3. 67 charretées de courte graisse. (Elles se trouvent à-peu-près et se manipulent dans la ferme.) Mémoire.

Art. 4. 28 cent de tourteaux, à 9 liv. le cent. 252

1,098 liv.

Report. . . . . 1,098 liv.
Art. 5. Colombine. (Le loyer d'un pigeonnier.) 72
Art. 6. Suie, 24 mannes, à 1 liv. la manne. 24

    TOTAL de ce chapitre. . . . 1,194 liv.

CHAPITRE III.

Prélèvemens pour les Semences, suivant la neuvième colonne du Tableau.

Art. 1. Blé-froment, 8 sacs à 24 liv. le sac. . . . . 192 liv. s.
Art. 2. Trèfle, 24 livres d'une sorte, et 12 de l'autre, font 36 livres, à 10 s. la livre. 18
Art. 3. Lin, 9 havots, ou un sac et un huitième, à 48 liv. le sac. 54
Art. 4. Colsa. Voyez Planchon, art. 13 ci-après. . . . . . . Mémoire.
Art. 5. Fèves, 12 havots, ou un sac et demi, à 1 liv. 10 s. le havot 18
Art. 6. Avoine, 24 havots, ou 3 sacs, à 12 liv. le sac. . . . 36
Art. 7. Hyvernage, 5 havots $\frac{1}{4}$ de vesce; 10 havots $\frac{1}{2}$ de seigle, à 3 liv. le havot de vesce, et à 15 liv. le sac de seigle 35 2
Art. 8. Seigle, 8 havots, ou un sac, à 15 liv. le sac. 15
Art. 9. Soucrion, 8 havots, ou un sac, à 12 liv. le sac. . . . 12
Art. 10. Pommes de terre, 5 sacs, à 6 liv. 30
Art. 11. Betteraves, 3 livres, à 1 liv. 10 s. la livre. 4 10
Art. 12. Carottes, 3 livres, au même prix. 4 10
Art. 13. Planchon, 12 livres de colsa, à 10 s. la livre. 6
Art. 14. Navets ou Rapes, 3 livres, à 10 s. 1 10
Art. 15. Choux collet, 3 livres, à 10 s. 1 10

    TOTAL de ce chapitre. . . 428 liv. 2 s.

CHAPITRE IV.

Avances annuelles pour les Bestiaux.

Art. 1. Nourriture de 3 chevaux.   900 liv.
Art. 2. Nourriture de 12 vaches, à 10 s. par jour. 2,160

    TOTAL de ce chapitre . . . . 3,060 liv.

CHAPITRE V.

Domestiques et Ouvriers.

Art. 1. Gages de deux domestiques . . . . 196 liv.
Art. 2. *Idem*, de deux filles de basse-cour 170
Art. 3. 200 journées d'ouvriers extraordinaires dans le cours de l'année, à 20 s. 200
Art. 4. 100 journées plus fortes, pendant la récolte du colsa, à 1 liv. 10 s. 150
Art. 5. Maréchal. 100
Art. 6. Bourrelier. 100
Art. 7. Charron. 100
Art. 8. Cordier. 50

    TOTAL de ce chapitre. . . . 1,066 liv.

CHAPITRE VI.

Entretien du Ménage.

Art. 1. 3 sacs de blé par tête pour nourrir le fermier et ses domestiques, à 20 liv. le sac. . . . . 360 liv.
Art. 2. 1,000 livres de viande salée, à 5 s. 250
Art. 3. Sel, huile, bierre, habillement, maladies, et dépenses imprévues. Ci, pour mémoire, attendu que ces objets ne peuvent guère s'arbitrer . . . . Mémoire.

    TOTAL de ce chapitre . . . . . 610 liv.

CHAPITRE VII.

Intérêts des Avances primitives.

Article unique . . . . 400 liv.

Récapitulation de la Dépense.

Chap. I. Prélèvemens annuels
sur les produits . . . . 2,482 liv.   s.

Ch. II. Fumures 1,194

Ch. III. Semences   428   2

Ch. IV. Bestiaux 3,060

Ch. V. Domestiques et ou-
vriers. 1,066

Ch. VI. Entretien du mé-
nage   610

Ch. VII. Intérêt des avances.   400

Total de la Dépense . . 9,240 liv. 2 s.

Avant de passer au chapitre de la recette, il convient d'expliquer quelques articles de la dépense. On rappellera sommairement à la tête de chaque note, le chapitre et l'article qui donnera lieu à des observations.

Chap. Ier. Art. Ier. *Impositions.*

Il ne faut pas oublier que ceci remonte à l'état des choses en 1776.

Le fermier payoit environ 24 patars, argent de Flandre, ou 1 livre 10 sous par *cent* de terre : cette charge étoit imposée par les États de Lille, pour subvenir aux différentes demandes du Gouvernement. Nulle distinction de terres nobles ou ecclésiastiques. On n'avoit laissé aux nobles d'autre distinction qu'une légère remise sur leur consommation de bierre ou de vin ; les moines et les ecclésiastiques s'étoient affranchis de la moitié de l'impôt sur les boissons. Les deux vingtièmes et les quatre sous pour livre étoient une charge des propriétaires; cette taxe étoit établie d'après d'anciens cadastres. L'impôt se répartissoit par des échevins délégués dans chaque village. Comme toutes les terres sont également bien cultivées, le laboureur étoit fort tranquille ; il savoit à l'avance ce qu'il devoit payer, et ne craignoit pas que l'on vînt diviser sa possession en autant de classes arbitraires qu'il plairoit aux traitans : sa taxe étoit celle de son voisin qui l'imposoit, et qu'il imposeroit à son tour. Ce que l'on appeloit en Flandre *taxe de faux frais,* servoit à acquiter les dépenses de la commune ; elles consistoient principalement dans l'entretien des cloches, le salaire du maître d'école et les

secours accordés à quelques pauvres, que des accidens particuliers faisoient tomber à la charge de la paroisse.

Pour entendre ceci, il faut savoir qu'en Flandre, les infirmes, les orphelins, les pauvres des campagnes, ne sont point reçus dans les hôpitaux des villes ; c'est à chaque commune à prendre soin de ceux qui y demeurent et se trouvent dans l'indigence. On ne peut se refuser à faire connoître la manière simple dont s'exécute le placement des vieillards, des orphelins et des infirmes : parmi une foule d'écrits publiés sur l'économie rurale, on n'en connoît aucun qui ait parlé du genre d'administration en vigueur dans presque tous les villages de la Flandre.

Le jour de la Saint-Jean, on assemble dans l'Église tous les pauvres qui sont à la charge de la paroisse. On les fait monter l'un après l'autre sur une pierre élevée, et on en fait une espèce d'adjudication au rabais ; c'est-à-dire que celui qui demande le moins pour la pension du pauvre ainsi exposé à l'encan, se charge de le nourrir pour le prix convenu. On paie ordinairement 75 livres pour un enfant ; 120 livres pour un vieillard. On a vu une femme en chartre dont on n'a pas voulu se charger à moins de 300 livres.

La commune ne se contente pas de payer la pension du pauvre qui est à sa charge, elle donne encore environ 24 livres, par année, pour le linge et les habits. On le visite ; et l'on surveille sa conduite.

Ce mode d'administration a quelque chose de repoussant au premier coup d'œil ; mais que faisons-nous donc ailleurs, pour le pauvre de la campagne ? On l'abandonne à son triste sort. C'est une faveur s'il peut obtenir la permission de se faire empiler dans les hôpitaux des grandes villes. En Flandre, il meurt du moins dans un air libre et au milieu de ses amis.

Chap. Ier. Art. II. *Loyer.*

Un fermier de seize *bonniers* ne paye 120 livres du *bonnier* que dans les quatre à cinq communes qui entourent la ville de Lille. Encore faut-il pour cela qu'il ait une certaine quantité de terres en prairies, ou pâtures grasses. Le moyen terme du loyer des terres paroît être de 100 livres seulement. Il y a des communes où il n'est que de 55 à 60 livres par *bonnier*, mais elles sont en petit nombre.

Il faut observer que les vingtièmes et sous pour livres n'étoient pas supportés par le fermier. Aujourd'hui, la majorité les paye ; mais cela ne provient que de la suppression de la dîme.

Chap. Ier. Art. IV. *Dîme*.

On n'a point fait mention de la quotité de la dîme, parce que cette charge oppressive de l'agriculture ne pesoit pas beaucoup sur le fermier Flamand. Les dîmes, en Flandre, étoient presque toutes féodales, quoique souvent perçues par des ecclésiastiques. Mais (et c'est sans doute, ce qui avoit contribué au perfectionnement de l'agriculture), il n'y avoit que le blé et le lin qui fussent sujets à la dîme. Les hivernages, le colsa, en étoient exempts. Celui qui vendoit son lin sur pied, le vendoit à la charge d'acquitter la dîme. Ainsi, elle se retrouvoit sur le prix de la denrée.

Quelques écrivains qui paroissent très-zélés, reproduisent aujourd'hui le système attribué à *Vauban*, sur la préférence que mériteroit l'impôt en nature, appellé par lui *la dixme royale*. Ces écrivains sont bien intentionnés ; mais l'agriculture seroit perdue, si cette bonne intention pouvoit être accueillie. *Stewart* a démontré l'illusion de leurs calculs dans ses recherches sur l'économie politique.

Pour persuader aux François de rétablir la dîme, on invoque sur-tout l'exemple de sa perception au profit du clergé anglois ; mais on ignore donc que les cultivateurs anglois ne cessent de réclamer contre. M. *Arthur Young* en démontre l'abus, dans toutes les occasions. Il dit que cet impôt porte directement sur l'amélioration, et que les dîmes nuisent singulièrement aux progrès de la culture angloise. Cependant elles ne sont pas levées par-tout en nature. Sous telle forme que ce soit, M. *Arthur Young* conclut en propres termes qu'elles sont désastreuses. Il nous apprend qu'en Angleterre on a nommé des commissaires pour présenter un plan afin de supprimer la dîme ; et c'est précisément quand l'Angleterre cherche à se délivrer de ce

jeug qu'on propose aux François, qui s'en sont affranchis, de reprendre une charge dont la seule idée est capable d'étouffer l'émulation, et de décourager et ruiner l'agriculture.

Si l'on veut avoir une idée de l'exaction de la dîme et du tort que l'agriculture en ressentoit avant la Révolution, il faut savoir qu'en plusieurs lieux les décimateurs, non contens de prendre les gerbes du champ, poursuivoient le blé jusqu'au four et dîmoient encore le pain. C'étoit ainsi qu'à Bèze, village misérable où quatre cénobites consommoient autrefois cent mille francs de revenu, les fils de Saint Benoît prenoient une gerbe sur dix dans les champs des particuliers, et puis au four un pain sur douze. D'après un calcul assez simple, on voit que cette double dîme emportoit à-peu-près une gerbe sur trois, puisqu'il faut tenir compte des frais et des avances pour obtenir les gerbes, les battre et convertir les grains en farine et en pain. A Mirebeau, c'étoit bien pis ; la dîme y étoit triple : aux champs, de vingt-cinq gerbes, on n'en enlevoit qu'une ; mais ensuite, au moulin, de vingt-quatre mesures, la dîme en prenoit encore une ; enfin, au four banal, vingt-quatre pains en donnoient deux. (*Encyclopédie méthodique*, *Supplément au Dictionnaire de Géographie*.)

Quel étoit l'effet nécessaire de l'admirable invention d'un droit de récolter, sans avoir labouré, ni fumé, ni semé ! L'*Encyclopédie* nous l'apprend. Ce beau territoire de Bèze, situé en Bourgogne, auroit pu porter une ville de quatre ou cinq mille ames. Grace aux dîmes, il n'y avoit que quatre seigneurs moines, avec deux cent nécessiteux.

On dira que la dîme n'étoit pas par-tout aussi forte ; mais on a démontré que ce fardeau n'en étoit pas moins pesant, quand bien même il ne sembloit fixé qu'au dixième de la récolte. Ce dixième apparent étoit le quart réel ; souvent même il pouvoit absorber la totalité du produit net d'un champ ; car le décimateur prenoit toujours son droit dans la même proportion, même dans les années où le champ ne rendoit que le loyer et la semence, ce qui arrive trop souvent. On peut voir les articles intitulés *Valeur de la dîme*, *sur les grains et sur la vigne*, dans les

Observations sur le ci-devant Angoumois, par le C. *Munier*. (Paris 1779, tom. I. *in-8°*. p. 222.) On peut également appliquer à la dîme, la démonstration donnée par le C. *Jollivet*, de la vexation et de la tyrannie des impôts progressifs.

Il est aisé de concevoir que si les laboureurs Flamands avoient dû partager les fruits de leurs sueurs avec les percepteurs de pareils impôts en nature, jamais leur industrie n'auroit essayé de lutter contre les obstacles du sol, et l'on ne citeroit pas aujourd'hui la tenue de leurs fermes comme un modèle à suivre. Le colsa, par exemple, qui fait la richesse de l'agriculture flamande, est une plante qui exige des engrais, des labours, des travaux extraordinaires. Il faut le transplanter, le renterrer, le rechausser. Le fermier a fait ces dépenses, parce que la culture et l'exportation des produits du colsa jouissoient d'une immunité et d'une liberté complette. Sans cette franchise absolue, il n'y eut point eu de colsa; il n'y eut eu que des jachères.

Chap. VII. Art. unique. *Intérêt des Avances.*

On estime, en Flandre, que celui qui prend une ferme de seize *bonniers*, doit avoir en avance 8 à 10,000 francs. On n'a porté l'intérêt de cette somme qu'à quatre pour cent. A l'époque dont il est ici question, il étoit facile de trouver de l'argent à ce taux, sur-tout dans les campagnes, où il existoit des capitaux considérables qui n'avoit pas d'autre placement.

Observations générales, relativement au Bordereau des Dépenses.

1°. Il résulte de ces notes sur le chapitre de la dépense que les progrès de l'agriculture, en Flandre, étoient dûs, en partie, à la modération et à la sage répartition de tous les impôts.

Il faut ajouter que l'habitant des campagnes n'étoit tenu à aucun tirage de milice. Chaque garçon en état de porter les armes, déposoit 3 livres, par année, à la caisse militaire. C'est avec le produit de cette légère taxe, que les Etats de Lille entretenoient, par le recrutement libre, un corps de milice.

2°. On n'a pas dû non plus faire mention d'une autre charge des campagnes. La corvée, qui pesoit si étrangement sur les habitans de l'intérieur, n'avoit pas lieu en Flandre. Les États étoient chargés de l'entretien des grandes routes. On avoit restreint leur largeur. Après de fortes gelées, on fermoit les barrières, pour empêcher de trop fortes dégradations.

Quand les habitans des campagnes vouloient établir des chemins vicinaux reconnus utiles, ils adressoient leur demande aux États, qui leur accordoient la quantité de pavés nécessaire. Les frais de main-d'œuvre étoient au compte de la commune. Chaque fermier se chargeoit de voiturer une quantité de pavés déterminée. Personne n'étoit déplacé, et ce n'étoit pas pour le luxe que le travail étoit fait.

Il faut croire aussi que l'agriculture, en Flandre, a été sur-tout encouragée par le bon état et la multitude des communications, des débouchés, des canaux, des chemins, etc. Partout où les denrées ne peuvent pas circuler, on n'est pas riche avec des denrées dont on ne peut se défaire. On ne cultive alors que pour le besoin le plus strict.

3°. On est étonné de ne rien trouver, dans ces comptes de la dépense, sur un article qui est ruineux en d'autres pays, sur le combustible. Mais le fermier Flamand a des moyens faciles de s'en procurer.

Les terres sont assez ordinairement ramassées, en Flandre, autour de la ferme, elles sont souvent ouvertes; mais le pâturage, l'enclos, le jardin, sont entourés de haies d'épines, entremêlées d'une espèce d'orme à petites feuilles, connu dans le pays sous la dénomination d'orme *tortillar*. C'est cette espèce de bois très-dur qui a donné de la célébrité au charronage de Lille.

L'intérieur du verger est planté en pommiers de bonne qualité: on vend une partie des fruits et on consomme l'autre.

Indépendamment des tiges de colsa et de choux, que l'on conserve soigneusement pour le chauffage, le fermier profite de l'élagage des arbres et des haies. D'ailleurs, il peut se procurer aisément, et à bon compte, du charbon de terre. C'est encore là, n'en doutons pas, un de ces avantages que la localité flamande offre à l'économie rurale, et qu'on ne peut se flatter de trouver à volonté par-tout ailleurs.

I I.

RECETTE relative à l'exploitation des seize Bonniers de terre, exploités suivant le Tableau précédent.

CHAPITRE PREMIER.

Bénéfices intérieurs.

Art. 1. 12 Vaches, 120 livres de beurre chacune par an, à 10 s. la livre . . . . 60 liv.

Art. 2. 10 Veaux, par année, à 6 liv. 60

Art. 3. Lait de beurre, 3 liv. par semaine 166

Art. 4. 2 Cochons, consommation intérieure, ci, pour . . . . Mémoire.

Art. 5. Poules. . . . . *Idem.*

Art. 6. Jardinage. . . . . . . *Idem.*

TOTAL de ce chapitre . . . . 286 liv.

CHAPITRE II.

Produit des Récoltes, suivant la dixième colonne du Tableau de culture.

Art. 1. Froment, 81 sacs de blé, à 20 liv. le sac . . . . 1,620 liv.

13,500 Gerbes, à 10 fr. le cent . . 1,350

Art. 2. Trèfle, 16 voitures d'une sorte, et 8 de l'autre; 24 voitures, ou 2,400 bottes de foin, à 36 liv. le cent. 864

Art. 3. Lin, 320 bottes de lin et 3 sacs de graine, à 45 liv. le cent de bottes, et 48 liv. le sac de graine. . 288

Art. 4. Colsa, 55 sacs de graine, à 20 liv. le sac 1,100

8,000 Bottes de tiges, chauffage de la ferme, estimé 5 liv. le cent de bottes 400

Art. 5. Fèves, 16 sacs de graine, à 12 liv. le sac. 192

3,200 Bottes de tiges, à l'usage de la ferme, estimé 3 liv. le cent. . . 96

Art. 6. Avoine, 50 sacs de grain, à 10 liv. 500

4,500 Gerbes, usage de la ferme,

                   6,410 liv.

Report. . . . . 6,410 liv.

à 8 liv. le cent. 360

Art. 7. Hivernage, 3,200 bottes de fourrage, à 10 liv. le cent. . . . 320

Art. 8. Seigle, 10 sacs de grain, à 15 liv. 150

1,400 Gerbes, usage de la ferme, à 10 liv. le cent. 140

Art. 9. Soucrion, 20 sacs de grain, à 10 liv. 200

1,600 Gerbes, usage de la ferme, à 5 liv. le cent. 80

Art. 10. Pommes de terre, 80 sacs, à 6 liv. 480

Art. 11. Betteraves. Les deux tiers des pommes de terre. 320

Art. 12. Carottes, *Idem.* 320

Art. 13. Planchon, 480,000 plantes de colsa, à 10 s. le millier. 240

Art. 14. Rapes ou Navets. Le tiers des pommes de terre 160

Art. 15. Choux-collet. *Idem.* . . 160

Art. 16. Pâturage du verger, 13 cent de terre, à 30 liv. le *cent.* . 390

TOTAL de ce chapitre. . . . . 9,730 liv.

Récapitulation de la Recette.

CHAP. I. Bénéfices intérieurs de la ferme. . . . . 286 liv.

CH. II. Produit des récoltes . . 9,730

TOTAL de la Recette. . . 10,016 liv.

Avant de nous livrer aux réflexions que doit faire naître le résultat de la balance de ce compte, il faut donner d'abord, sur quelques articles de la recette, les mêmes explications que nous avons déjà cru devoir joindre à ceux de la dépense.

CHAPITRE Ier., ART. Ier. *Vaches.*

La vache bien nourrie, en ne comptant que sept à huit mois de l'année où elle pourra donner du lait, fournira au moins une demi-livre (deux hectogrammes et demi) de beurre par jour; il y a beaucoup de vaches en Flandre qui en donnent une livre (cinq hectogrammes), sur-

tout

tout quand elles ont, pendant l'hiver, des grosses fèves pour nourriture.

Voici, à cet égard, un calcul plus précis.

Douze vaches donnent, l'une dans l'autre, pendant huit mois de l'année, 3 pots ½ de lait par jour. Le pot contient 107 pouces cubes (2 litres 1 décilitre environ). Cela fait, pour l'année...... 10,080 pots.

La consommation de la ferme, tant pour fromages que soupes, etc. etc., peut-être évaluée au moins à 630 pots. C'est à-peu-près 1 pot ½ par jour, ci....., 630

Reste donc...... 9,450 pots.

Il faut 4 pots ½ de lait pour 1 livre (5 hectogrammes) de beurre; 9,450 pots de lait donnent donc en beurre............. 2,100 livres.

On peut porter la consommation de la ferme à 2 livres (10 hectogrammes) de beurre par jour. Les habitans des campagnes mangent beaucoup de beurre, ci...... 730

Reste donc pour vendre.... 1,370 livres.

Ce qui ne fait que cent quatorze livres et demie (vingt-trois myriagrammes environ) de beurre par vache, au lieu que j'en ai porté en recette cent vingt livres (vingt-quatre myriagrammes).

En général, les livres d'agriculture ont exagéré le produit des vaches. Dans les pays de l'Europe où elles donnent le plus de lait et de beurre, le fermier ne regarde comme bénéfice net que leur fumier.

Quant au beurre, il n'a guère varié de prix depuis plusieurs années; il est cher en hiver; mais dans le temps qu'on appelle la *saison des roses*, et dans le mois de Septembre, le beurre ne vaut jamais plus de 10 sous la livre de quatorze onces; et alors on le sale pour en faire des provisions. On a porté le plus bas qu'il a été possible, le produit des vaches, parce que l'on a réservé, sur le produit total, la provision de beurre, de fromage, et de lait nécessaire à la consommation journalière; c'est à la fermière

à combiner ce qu'il faut vendre, ou tenir en réserve.

On pense qu'il est nécessaire d'avoir dans la ferme une génisse au moins, et une vieille vache à engraisser et à saler, pour la consommation de la maison; car il faut bien observer que le fermier, en Flandre, se nourrit surtout de chair salée, et la vache prend très-bien le sel.

CHAPITRE Ier. ART. II. *Veaux.*

Les fermiers vendent leurs veaux aussitôt qu'ils sont nés. Le plus grand prix qu'ils en retirent, est de 5 à 6 livres. Il y a des fermiers qui engraissent leurs veaux; ils les vendent alors 30 et 36 livres, et même plus; mais aussi ils ne peuvent plus vendre que très-peu de beurre. Les veaux qu'ils engraissent consomment beaucoup de lait, et exigent beaucoup de soins. On leur donne ce lait chaud, dans lequel on a fait bouillir des têtes de pavots, et délayé des œufs.

Les fermières ont aussi un grand soin de leurs vaches. Elles leur donnent, lorsqu'elles n'ont plus de verd, une boisson épaisse et très-nourrissante, composée de tourteaux de colsa et de *drague* (c'est ainsi qu'on nomme le marc des grains qui ont servi à faire la bierre). Elles jettent, dans une cuve remplie aux trois quarts d'eau froide, autant de tourteaux qu'elles ont de vaches. Un tourteau pèse une livre et demie (sept à huit hectogrammes). On les y laisse fondre. On y met autant de *drague* que l'on croit être nécessaire, pour que le tout, bien mêlé, ne soit pas trop épais, et puisse être pris en boisson par la vache. On en prépare le matin pour le soir, et le soir pour le matin. Cette boisson est une excellente nourriture pour engraisser toute espèce de bestiaux; mais on voit qu'en ce genre d'industrie rurale, comme en tout autre, si l'on vise à de grands produits, il ne faut épargner ni les soins, ni les avances.

CHAPITRE Ier. ART. III. *Lait de Beurre.*

Il est un autre petit avantage que le fermier retire de ses vaches, avantage qui n'est guère connu qu'en Flandre et en Hollande; il consiste dans la vente du lait de beurre; il s'en consomme beaucoup dans la ferme, ainsi que par les pauvres et les ouvriers qui travaillent habituellement pour le fermier. Le surplus se vend à un sou le pot. Cela peut aller à 3 livres par semaine, si le fermier, comme nous l'avons supposé, demeure près d'une grande ville.

Il faut savoir encore que dans un pays où le fermier ne vit que de viande salée, et par conséquent sujet au scorbut, la soupe au lait de beurre en est le préservatif le plus puissant : ceux qui sont plus recherchés, y ajoutent de la cassonnade et quelques œufs.

CHAPITRE I". ART. IV. *Cochons.*

On n'a point fait état du profit que l'on peut tirer de deux cochons ; comme ils doivent être consommés dans la ferme, on y consommera moins de vache salée, dont on a porté le prix en entier dans le tableau de la dépense.

CHAPITRE I". ART. V. *Poules.*

Le fermier doit avoir peu de poules, étant environné de terres cultivées où elles peuvent faire beaucoup de dégâts. Le bénéfice que donne un poulailler n'est pas aussi considérable que quelques gens l'imaginent : indépendamment de ce que la poule peut ramasser dans la cour, il faut lui donner chaque jour au moins trois onces (un hectogramme) de graine, ou environ soixante-dix livres (trente-cinq kilogrammes) par an ; et elle ne pond guère, dans cet intervalle de temps, que cent ou cent vingt œufs au plus. On a cru ne pas devoir tenir compte de ces petits profits, qui ne peuvent être considérés que comme une douceur accordée aux enfans de la famille. Il en est de même du jardin : au surplus, une bonne ménagère saura toujours bien comment elle doit consommer ses œufs et ses légumes, soit pour des jours de fêtes, soit pour l'utilité générale de la famille.

CHAPITRE II. ART. I". *Froment.*

A l'époque où ces notes se rapportent, le blé froment ne valoit, la moisson étant bonne, que 16 livres le sac. De 1760 à 1789, le prix des blés, année commune, n'a été que de 18 livres; celui du seigle, 12 livres; celui de l'avoine, 6 livres, et les autres grains et denrées à proportion.

On a donné un prix aux pailles, quoique le fermier se garde bien de les vendre.

Il y auroit encore quelques autres observations à faire sur la recette ; mais nos lecteurs peuvent y suppléer sans peine.

Résumé du Tableau de la culture flamande, et du Compte en recette et en dépense de l'exploitation de seize bonniers, *près de Lille.*

En résumant toutes les dépenses, on a trouvé que les avances et les frais pour faire valoir seize *bonniers*, s'élèvent à une somme de 9,240 livres, et que la recette ne peut guère être portée au-delà de 9,316 livres. C'est-à-dire que la recette et la dépense de cette culture laborieuse, se balancent, à peu de chose près.

Que reste-t-il donc au fermier pour son bénéfice annuel ? Avec quel prix de ses sueurs et de son industrie, pourra-t-il faire face au renouvellement des outils aratoires ; à la mortalité des bestiaux ; aux inclémences du ciel ; aux maladies, et à tous les accidens qui sont presque inévitables dans le cours d'un bail de neuf années ?

Il est trop vrai qu'on ne peut lui trouver un bénéfice quelconque, dès que l'on veut supputer en détail sa recette et sa dépense. S'il gagne quelque chose, il ne le doit, 1°. qu'à ce qu'il trouve sa nourriture, ainsi que celle de ses domestiques, ouvriers et bestiaux, dans le produit de ses terres et de sa basse-cour; 2°. qu'à son travail propre et assidu; 3°. qu'aux soins et aux peines qu'il se donne tous les jours, soit pour se procurer des engrais, labourer à propos, se pourvoir de bonnes semences, semer en saison, etc. etc. ; se ménager sur tout, tirer parti des plus petites choses que produit sa basse-cour et son jardin. On dit, avec raison, que le fermier Flamand, pour vivre, lésine sur tout, et fait argent de tout.

On a laissé entrevoir qu'il peut retrancher un peu de la dépense des domestiques, sur-tout s'il a des enfans en état de travailler. Il peut obtenir quelques légumes de son potager ; il diminuera, par ce moyen, la consommation de la viande salée. Une fermière intelligente tirera sans doute quelques profits d'une basse-cour bien réglée ; mais il faut bien lui réserver et à sa famille, quelques douceurs, si nécessaires pour rendre supportables les travaux rudes de l'agriculture.

Il résulte donc que l'économie, un travail assidu, et de fortes avances, peuvent seuls soutenir l'agriculture au point de splendeur où elle se trouvoit dans la Châtellenie de Lille, à l'époque dont il est question. Il ne faudroit cependant qu'un surhaussement dans le prix des baux, ou des pots-de-vin durement exigés, pour ruiner l'agriculture. Le mal ne se feroit sentir que lentement, parce que le petit fermier, ne sachant où se placer, commenceroit par manger ses fonds avant que de quitter la ferme, et laisseroit alors le propriétaire avec un bien fort détérioré.

L'économie est tellement la base du plan d'agriculture que l'on a tracé, qu'il est impossible de s'arrêter à aucune autre idée; il n'est presque pas de propriétaire de ville qui ose faire valoir par lui-même, parce qu'il ne pourroit pas entrer en concurrence avec son fermier pour l'économie intérieure, et le travail extrêmement rude du dehors.

C'est une espèce d'hommes bien respectable que celle des fermiers Flamands. Ils aiment passionnément leur état, et ils sèment, sans réserve, leurs capitaux et leurs épargnes, sur les champs qui les environnent. On a vu un *bonnier* quatre *cent* de terre, loués 130 livres, vendu 10,000 livres. C'étoit un petit fermier qui achetoit ce morceau de terre, persuadé qu'il plaçoit avantageusement le fruit d'une économie de quinze ans.

Une chose dont on est bien convaincu en Flandre, quoiqu'on en doute ailleurs, c'est que si l'on adoptoit le système des grandes fermes, on verroit bientôt s'écouler dans les villes les capitaux destinés à l'agriculture. Supposez la réunion de cinq fermes, comme celle qui a servi d'exemple, ou trois cent vingt arpens de Paris, en une seule culture! Voilà tout-à-coup, cinq familles jetées dans la classe des journaliers; mais ils ne voudront pas s'y ranger; ils se placeront dans les villes; et, avec leurs foibles capitaux, ils se livreront à quelques petites entreprises de commerce. Il faut faire attention qu'il est beaucoup plus facile de trouver cinq hommes laborieux avec 6,000 livres chacun, qu'un capitaliste qui versera

tout-à-coup 30,000 livres sur une terre qui ne lui appartiendra pas. Enfin, si le système des grandes fermes s'introduisoit en Flandre, on retireroit alors une grande partie des capitaux répandus dans la Châtellenie, on dépeupleroit cette belle contrée; le fermier qui s'apercevroit bien qu'il seroit difficile à remplacer, feroit infailliblement la loi aux propriétaires, et négligeroit ses cultures, pour diminuer ainsi ses avances. Alors, peut-être, le système des jachères reviendroit; car, en physique, quand il faut trop de mouvement pour faire aller une machine, toutes les parties tendent au repos.

Mais pourquoi changer le système des exploitations bornées, qui réussit si bien en Flandre? On va voir, d'un seul mot, qu'il en résulte une véritable richesse territoriale, et une population immense.

La France, qui contenoit à l'époque dont il s'agit, vingt-six mille neuf cent lieues carrées, n'offroit que huit cent quatre-vingt-onze habitans par lieue. La Châtellenie de Lille, qui n'a qu'environ dix lieues carrées, sur huit au plus, offroit cent soixante mille habitans, ou deux mille individus par lieue, sans y comprendre la population des villes de Lille, Douay et Orchies. Nulle autre étendue de pays, égale à celle-ci, en France, en Allemagne, en Angleterre, et dans quelques autres contrées que ce soit, n'est ni aussi peuplée, ni aussi productive. Voilà un fait, auquel on n'a besoin d'ajouter aucun commentaire.

Ainsi, l'on a eu raison de penser que c'est dans la ci-devant Flandre qu'il faut aller étudier la pratique de l'agriculture. Le Tableau et le Compte d'une ferme flamande, appartenoient donc essentiellement aux notes sur le livre classique en agriculture d'*Olivier de Serres*. On les a tracés avec le plus grand soin; et l'on s'en croiroit bien récompensé, si l'exemple qu'on donne à cet égard, étoit suivi dans tous les cantons de la République. Il seroit utile de remplir par-tout le même canevas, pour faire connoître, par des tableaux précis et des calculs comparatifs, le bilan particulier des cultures locales, dont se compose le bilan général de l'agriculture françoise.

Mais on n'aura nulle part une aussi grande

et aussi ancienne expérience que celle des fermiers Flamands. Il y a plus d'un siècle que tout ce qu'on vient d'en dire étoit déjà existant et reconnu. On peut voir dans l'*État de la France*, par *Boulainvilliers*, l'extrait du Mémoire sur la généralité ou département de Flandre, dressé par ordre du duc de Bourgogne, en 1698 (tome IV, Londres, 1752, page 488 et suivantes). «Outre » les grains de toute espèce, dit ce Mémoire (à » l'article de Lille, page 559), la terre rap- » porte du lin, des fèves, des carottes, de la » garance, du tabac, des trèfles, des raves ou » gros navets, des foins, et toutes sortes de lé- » gumes. Il n'y a que les colsas et les lins que » l'on transporte hors du pays.... Le pays est si » peuplé, qu'il y a tel village, comme Tur- » coing, où l'on compte douze mille commu- » nians, etc. La grande abondance des bestiaux » ne vient pas seulement de la bonté des pâtu- » rages, mais encore du soin que l'on prend de » les bien nourrir, car on leur prépare à boire » et à manger; on donne aux vaches le marc » du grain dont on a tiré la bière; on leur fait » chauffer l'eau qu'elles boivent; on y détrempe » des tourteaux, etc. Il n'y a point de vache » qui ne rende deux seaux de lait. Le trèfle » leur profite beaucoup. Les lins valent presque » toujours le prix du fonds, etc. »

N. B. On doit avertir que cette note sur la culture flamande, a été extraite, 1°. d'un Mémoire composé par feu *Montlinot*, philantrope très-estimable, qui a été persécuté et calomnié, et qui est mort pauvre; 2°. des observations que le C. *Vancoeour*, ancien procureur-syndic du district de Lille, a bien voulu faire sur ce Mémoire, à la prière de l'auteur de la note; 3°. de quelques remarques faites par ce dernier, sur les lieux même. On a évité les développemens pour ne pas excéder les bornes d'une note. Ceci n'est que le sommaire d'un gros volume. On se flatte que ce sommaire peut faire penser.

On a lieu d'espérer des détails plus complets sur toutes les parties de la culture flamande, d'après l'attention que donne à la statistique du département du Nord, le C. *Dieudonné*, préfet de ce Département, l'un des premiers administrateurs que l'auteur connoisse, et dont il se félicite d'être l'ami. (*F. D. N.*)

FIN DU SECOND LIEU.

DU THÉATRE D'AGRICULTURE,

ET

MESNAGE DES CHAMPS.

DE LA CULTURE DE LA VIGNE

Pour avoir des Vins de toutes sortes : aussi des Passerilles et autres gentillesses procédantes des Raisins. Ensemble de se pourvoir d'autres Boissons, pour les endroits où la Vigne ne peut croistre.

SOMMAIRE DESCRIPTION
DU TROISIESME LIEU, CONTENANT

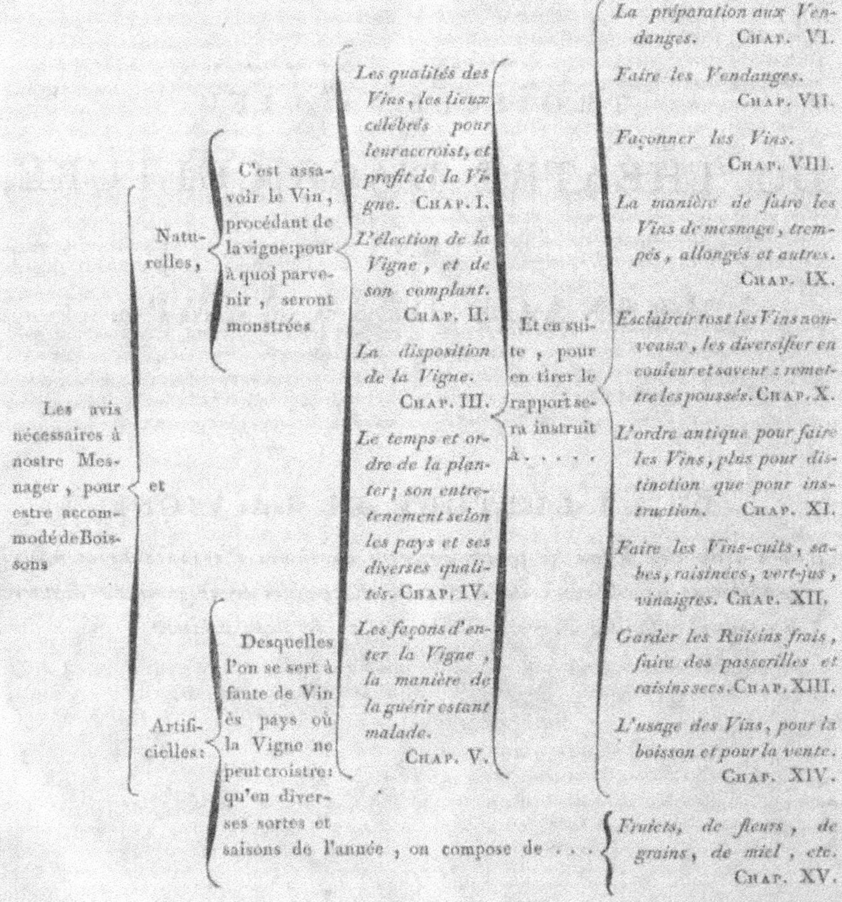

Les avis nécessaires à nostre Mesnager, pour estre accommodé de Boissons

Naturelles, et Artificielles:

Naturelles, — C'est assavoir le Vin, procédant de la vigne: pour à quoi parvenir, seront monstrées

Les qualités des Vins, les lieux célébrés pour leur accroist, et profit de la Vigne. CHAP. I.

L'élection de la Vigne, et de son complant. CHAP. II.

La disposition de la Vigne. CHAP. III.

Le temps et ordre de la planter; son entretenement selon les pays et ses diverses qualités. CHAP. IV.

Les façons d'enter la Vigne, la manière de la guérir estant malade. CHAP. V.

Et en suite, pour en tirer le rapport sera instruit à . . . . .

La préparation aux Vendanges. CHAP. VI.

Faire les Vendanges. CHAP. VII.

Façonner les Vins. CHAP. VIII.

La manière de faire les Vins de mesnage, trempés, allongés et autres. CHAP. IX.

Esclaircir tost les Vins nouveaux, les diversifier en couleur et saveur: remettre les poussés. CHAP. X.

L'ordre antique pour faire les Vins, plus pour distinction que pour instruction. CHAP. XI.

Faire les Vins-cuits, sabes, raisinées, vert-jus, vinaigres. CHAP. XII.

Garder les Raisins frais, faire des passerilles et raisins secs. CHAP. XIII.

L'usage des Vins, pour la boisson et pour la vente. CHAP. XIV.

Artificielles: — Desquelles l'on se sert à faute de Vin és pays où la Vigne ne peut croistre: qu'en diverses sortes et saisons de l'année, on compose de . . . .

Fruicts, de fleurs, de grains, de miel, etc. CHAP. XV.

TROISIESME LIEU
DU THÉATRE D'AGRICULTURE,
ET
MESNAGE DES CHAMPS.

CHAPITRE PREMIER.

Qualités du Vin : lieux célébrés pour l'accroist d'icelui, et le profit de la Vigne.

———

Après le pain, vient le vin, second aliment donné par le Créateur à l'entretenement de ceste vie, et le premier célébré pour son excellence. Il est employé, non seulement au vivre des hommes, mais aussi à la guérison de plusieurs maladies, avec admiration, pour la diversité de ses effects. Car il eschauffe le corps, mis au dedans par la bouche, et le réfroidit, appliqué par dehors en cataplasme. Beu en petite quantité, esveille et faict revivre celui qui par défaillance de cœur, se meurt : et en grande, endort et tue l'yvrongne : devenant instrument de toute intempérance, pour ceux qui dissolument en abusent : et au contraire, esguisant l'esprit, prins selon son légitime usage. Ces choses s'accordent au dire d'*Anacharsis*, que la vigne produit trois grappes, la première de plaisir : la seconde, d'yvrongnerie : la troisiesme, de tristesse et de pleur.

Le vin a esté dès tout temps en grande réputation, comme se preuve par divers tesmoignages : mesme par la dispute des trois jeunes-hommes de la cour du roi Cyrus qui mirent le vin en rang avec les deux autres plus grandes choses du monde ; assavoir, le roi et les femmes. Ce fut la force du vin qui attira les armes des Gaulois en Italie, quand Arrion Clusien, irrité contre Lucumo, qui lui avoit violé et ravi sa femme, les appella en la Toscane, pour y faire la guerre en vengeance d'un tel outrage ; se servant du vin, comme pour amorce, qu'il leur porta, duquel ayans gousté, furent aussi tost délibérés de partir de leur pays, où telle liqueur n'estoit lors cogneue, pour aller conquester la terre produisant si précieuse boisson. Mezentius, roi de Toscane, donna secours aux Rutulois, contre les autres habitans de la campagne de Rome, en intention de piller les bons vins croissans en icelle. Touchant l'inventeur du vin, nous-nous arresterons à celui que la saincte Escriture nous marque, c'est assavoir, *Noé*, laissant les imaginations des payens, dont l'ignorance les a tant fait esgarer, que confusément ils ont donné cest excellent tiltre : les uns à Denys, fils de Jupiter, nommé aussi Bacchus et *Pater Liber*, pour la liberté du vin : les autres à Icare, père de Erigone, à Saturne, à Eumolpe, et à d'autres, que je laisse avec raison.

Longuement se conserve le vin en son entier, si estant bien qualifié est logé ainsi et au lieu qu'il appartient. *Pline* dict avoir esté faict un banquet au prince Caius César, fils de l'Empereur Germanicus, par le poëte Pomponius Secundus, auquel autre vin ne fut beu, que de deux cens ans, qui pour sa rareté coustoit cent deniers l'once. *Theuet* en sa Cosmographie, afferme avoir veu en l'isle de Lemnos un vase de terre contenant demi-mui, treuvé dans des vieilles mazures, rempli de bon vin, qui y avoit demeuré plus de six cens ans, comme apparoissoit par certains mots escrits au vaze. L'an mil cinq cens cinquante sept, en fouillant les ruines du vieux chasteau de Loudun en Languedoc, pour en tirer des pierres à bastir ailleurs, se descouvrit un caveau, dans lequel fut treuvé un tonneau entier, dont le bois ayant senti l'aer, tomba en poudre, laissant la lie affermie en la forme du tonneau, laquelle estant persée fut treuvée remplie de très-excellent vin, au jugement des honorables voisins, ausquels le baron du lieu en envoya pour merveille. La vieillesse de la démolition duquel chasteau, monstroit évidemment ce vin-là y avoir demeuré grand nombre d'années.

Chanter les louanges du vin, et prescher ses vertus, n'est le sujet de ce discours : parquoi nous contentans de ce qui en a esté touché, viendrons au moyen pour le faire produire en toute abondance et perfection de bonté. Dieu pourvoyant à la nécessité et à la volupté de l'homme, lui a donné tant de sortes de raisins différens en figure, couleur, et saveur, que la contemplation en est admirable, et le récit impossible, tant la variété de ce fruict est grande : dont les pays et terroirs, où les plus exquis vins croissent, ont esté du temps des Anciens, et le sont encores, plus remarqués pour telle occasion, que pour autre rapport, soit du blé, soit de la chair, etc. Les antiques Romains, pour les bons vins, faisoient grand cas des isles de Sio, de Cos, de Sicile, de Metelin, de Falerne, de Clauozene, de Linternum (lieu aussi remarqué pour la dernière demeure de ce grand homme, Scipion l'africain) et d'autres parties lointaines dedans et dehors la mer, d'où les excellens vins estoient portés pour leurs banquets. Jule César revenant victorieux d'Espagne, et aussi en son troisiesme consulat, festoya le peuple romain, avec toute largesse, de vins précieux et singuliers apportés de loin. L'Italie au temps de sa grande prosperité, se meubla du plant des espèces de raisins les plus remarquables, prinses ès meilleures contrées de la terre : dont sur plusieurs nations, l'Italie emporta anciennement le bruit de produire de bons vins.

Telles délicatesses ne se sont seulement arrestées en Grèce, ni en Italie, n'ayant peu ni les mers, ni les Alpes, empescher qu'elles n'aient passé jusques en ce royaume, où en plusieurs endroits à présent et le vin de Grèce, et la Malvoisie de Candie, ne sont incogneus, non seulement s'y en treuvant ès boutiques des apoticaires pour médecine, ains des vignes toutes entières, complantées

tées

tées des plus exquises espèces de raisins, prinses directement en ces régions estrangeres, tesmoin, entre autre la vigne du clos du roi à Couci, façonnée du plant de Grèce(1). Qui faict ce royaume ne céder à l'Italie en telles singularités: en quoi l'on s'est si bien dressé, qu'autre chose que curiosité n'en faict aller cercher ailleurs le bon vin, tant précieux et délicat y croist-il en divers endroits. De ceci font preuves les excellens vins blancs d'Orléans, de Couci, de Loudun en Languedoc, d'Anjou, de Beaune, de Joyeuse, de l'Argentiere, de Montreal, de Lambras, de Cornas en nostre Vivaretz: de Gaillac, de Rabastenc, de Nerac, d'Annix, de Grave. Les frians vins-clerets de Canteperdrix terroir de Beaucaire, de Castelnau, de Moussen-Giraud, de Baignolz, de Montellimar, de Villeneuve-de-Berc ma patrie, de Tournon, de Ris, d'Ay, d'Arbois, de Bourdeaux, de la Rochelle, et autres de diverses sortes, croissans ès provinces de Bourgongne, d'Anjou, du Maine, de Guyenne, de Gascongne, du Languedoc, du Dauphiné, de la Provence. Sur tous lesquels vins paroissent les musquats et blanquetes de Frontignan et Miravaux en Languedoc, dont la valeur les faict transporter par tous les recoins de ce royaume. Ne doivent en cest endroit estre oubliées les passerilles (2), que de propres raisins l'on faict ès lieux susdits et environs de Montpellier, très-bonnes, et en si grande quantité, que toute la France s'en ressent.

L'abondance des bons vins que la vigne produit la rend tres-recommandable: outre lequel rapport, donne-elle du vin de despence pour le mesnage, qu'on faict avec de l'eau sur le marc des raisins: des sarmens pour brusler en la taillant: et en d'aucuns endroits, des chevelues et des margoutes dont on tire de l'argent par chacun an. Lesquelles choses servent pour d'autant deschargeant les façons de la vigne, lui faire rendre plus nettement son revenu. En laquelle qualité elle excelle et les herbages et les terres-à-grains, selon le tesmoignage de *Columelle*, qui dict qu'en Italie de son temps, l'arpent de terre converti en forests, pastis ou prairies, ne profitoit par an plus de cent petits sesterces, chacun de dix deniers obole, valans ensemble un escu vingt sept souls six deniers de nostre monnoie: ne les terres-à-grain faire plus du quart, comme a esté dict ailleurs. Mais que la vigne rendoit sans comparaison plus de profit qu'aucune de ces parties-là de terre: d'autant mesme qu'avec les herbages, la vigne a cela de commun, que sans aucune mise de semence, par chacun an elle produit son fruict, si le temps ne lui contrarie: ce qu'on ne peut espérer des terres labourables, lesquelles ne seroient d'aucune utilité sans mise de semences, ne séjour de quelques années. *Pline* à la louange de la vigne, faict un grand roolle des hommes qui le temps passé l'ont heureusement cultivée, estant admirable le récit qu'il faict de sa fertilité. Comme aussi est chose estrange ce que *Columelle* escrit des vignes de *Caton*, de *Varron*, de *Seneque* et autres de son temps, qu'il faict tant fertiles, que l'arpent produisoit les vingt, trente, quarante muids de vin et davantage (3). Aussi dict-il avoir veu des seuls ceps porter deux mil grappes de raisins. En quoi auroit-on plus à s'esbahir (mesme jusques à donter de la continuelle suffisance de la terre, crainte de son envieillissement, dont parle *Columelle*) sans ce que nous voyons quelques recoins de vigne, quoi-que rarement, rapporter admirablement. C'est à la vérité chose très-asseurée, qu'une bonne vigne rend grand profit à son maistre, estant posée en bon lieu, peuplée de bonnes espèces de raisins, artistement et diligemment cultivée, comme on le remarque en plusieurs provinces de ce royaume. Et n'est autre cas qui tant ait faict descrier la vigne (comme il s'en void en divers lieux n'en tenir grand conte) que la brutale paresse : par laquelle la vigne est plustost rejettée, qu'on n'en a voulu cognoistre les causes. Faisant aussi l'ignorance de beaucoup de gens, craindre telle sorte de labourage, y espargnant par avarice, ce qui faict plus honorer et priser la vigne. Ici n'est l'application de l'humeur de *Caton*, en ce qu'il n'estimoit, ni les hommes, ni les terres de grande despence, quoi-que de grand rapport. D'autant que c'est folie de penser que la vigne rapporte beaucoup, si au préallable on n'y employe le labeur requis, qui ne peut estre sans frais : voire d'autant plus grands, que plus grande quantité de vin on désire avoir, l'abondance de raisins procédant infailliblement de la précédente despence. Ne seroit-ce pas donc preuve d'un mauvais jugement, de ne vouloir moissonner, pour l'espargne du semer. En somme, c'est autant qu'on veut, que la vigne porte. Sur laquelle maxime, dict *Columelle*, qu'ayant Paradius Veterense deux filles à marier, et pour tous moyens, une seule vigne, en donna un tiers en dot à chacune de ses filles : employa par après autant de labour à la partie qu'il s'estoit réservée, qu'il souloit faire au total ; dont par l'abondance de fruict qui en sortoit, quoique d'un seul tiers de la vigne entière, treuva avoir marié ses filles sans diminuer son revenu.

A la recommandation de la vigne tend aussi le testament de celui qui partageant son bien entre ses deux fils, en donna à l'aisné, bon mesnager et diligeant, la partie la plus facile à conduire, comme rentes, prairies, pasturages ; et à l'autre, jeune homme desbauché et paresseux, celle où estoit nécessaire le plus de labour, qui estoit une belle et grande vigne. Dequoi cestui-ci se plaignant, supplie son père réformant sa disposition, l'approprier à l'humeur de ses enfans. Mais aussi tost cessa-il sa poursuite, que le père lui eust dict, que dans la vigne y avoit un thrésor caché, lequel infailliblement, avec patient labeur, il treuveroit à son grand profit. Le père décédé, incontinent le jeune homme se mit à la queste de son thrésor, et tant fouilla sa vigne par profonds et réitérés beschemens et houemens, que dans quelques années, elle se rendit très-fertile, rapportant des vins en toute extrémité d'abondance : qui estoit le thrésor entendu par le père. Dont le fils devenu riche, pour double bien se rendit diligent au travail, par habitude, oubliant sa précédente fainéantise et desbauche (4).

CHAPITRE II.

*Élection du Lieu et du complant pour
la Vigne.*

L'AER, la terre, et le complant, sont le fondement du vignoble. De leur assemblage provient abondance de bon vin, de longue garde, non sujet à se corrompre, et charriable pour la débite : sans laquelle concordance, le vin cloche en quelque qualité. Pour à quoi ne faillir, soigneusement sera avisé à ces choses, avant que de se mettre en despence à édifier la vigne ; comme au dresser du moulin, avec la commodité de l'eau, est requise la tumbée du blé pour moudre, but de son revenu. Le climat et le terroir, donnent le goust et la force au vin, selon leurs propriétés, de telle façon qu'il n'est nullement possible, réduire en certaines espèces, les diversités des vins. D'autant qu'un mesme plant de vigne, mis en divers lieux, produira autant de différentes sortes de vins, que diversement ils seront logés (5). Se voyant cela ordinairement, que où le ciel et la terre favorisent entièrement le vignoble, là indifféremment toutes sortes de raisins produisent bon vin : toutes-fois meilleur, tant mieux choisie en est la race. Au contraire, nul raisin, quoi-que bon de lui-mesme, ne rend que pauvre et foible vin, en pays forcé et non du tout agréable à la vigne : surpassant néantmoins là, de tant plus en bonté le commun, que meilleure en sera l'espèce. Réformer l'aer pour l'approprier à la vigne, n'est ouvrage d'homme : parquoi où les froidures règnent trop

longuement et trop violemment, ne faut s'affectionner à planter la vigne, laquelle n'y pourroit venir : ou y venant, elle ne produiroit aucun fruict : ou le produisant, ne pourroit parvenir à maturité. De mesme est-il des ardantes chaleurs, sous lesquelles, ni le bois de la vigne ne peut estre de longue durée, par telle intempérie, trop se desséchant, au danger de sa vie ; ni les raisins y fructifier, ainsi qu'il appartient, par s'y brusler durant les jours caniculaires. A la merci de telles importunes chaleurs n'est exposé aucun endroit de ce royaume, parce qu'estant posé sous l'une des deux zones tempérées, est par conséquent en telle qualité tout tempéré, dont nous ne serons destournés d'y faire des vignes. Mais si serons bien par les froidures en plusieurs endroits, où à cause des pays bossus, y faisans des hautes montaignes et profondes vallées, l'aer est tellement réfroidi, que la vigne n'y peut croistre. Et en outre, les provinces septentrionales sont de tant plus froides, quoi-que sizes en plattes campagnes, que plus ont le pole arctique eslevé sur elles, leur ostant cela l'accroist de la vigne : comme à telle cause l'on void la Normandie, la Picardie, la Bretaigne, et autres refuser la production du vin (6), à son défaut estant contraintes, pour boisson, s'accommoder de fruicts et grains. Ne pouvant atteindre le vrai milieu, ainsi qu'en aucune action humaine presque jamais cela n'avient que par rencontre, le meilleur sera de planter la vigne, plustost en pays chaud, que froid : pour le naturel des raisins mieux aimer la chaleur, que la froidure, tel le recognoissant ès forts et excellens vins procéder des contrées chaudes : pourveu que hors des extrémités méridionales ci-dessus remarquées, si vostre climat souffrant l'accroist de la vigne, est plus froid que chaud, plantés à l'aspect du midi : si plus chaud, que froid, à celui du septentrion : si tempéré, sans autre observation que de vostre commodité, au levant ou au couchant logerés vostre vigne, préférant le levant à tout autre aspect (7), sous toutesfois la distinction de certaines espèces ci-après notées.

Quant à la terre, la vigne la désire vigoureuse et de bonne volonté ; légère, non lasche, ne pesante ; plus sablonneuse, qu'argilleuse ; plus menue et subtile, que grosse et espesse ; plus maigre que grasse ; plus sèche que humide ; meslée plustost de menues pierres et gravois, que d'en avoir aucunes, ou importunée de rochers ; vuide de tous arbres, que d'avoir aucun ombrage tant petit soit-il, pasturages ou terres novales et en friche, plustost que labourages : et labourages, plustost que vieilles vignes : ainsi par dégrés se choisissant logis à la vigne.

A la qualité de la terre convient joindre la situation, dont le coustau l'emporte, par dessus la plaine et la montaigne, pour la commodité du relèvement, ailleurs représentée, et tant utile en cest endroit, que délaissée toute autre assiete, ceste-ci est mise au premier rang. Pour laquelle cause aussitost, pour la vigne seront rejettés les fonds des valées, que les sommets des montaignes ; estans autant ou plus à craindre les bruines de ceux-là, que les froidures de ceux-ci. A quoi sera ajoustée la considération de la maison, de laquelle la vigne veut estre fort près, pour la bien séance du profit et du plaisir.

Il y a du remède au défaut de la terre ; mais c'est avec despence qu'on l'amendera. Ce seront les fumiers, les sablons et les cendres, qui engraisseront la terre trop maigre, enmaigriront la trop grasse, allégeront et emmenuiseront la trop pesante et grosse : et en somme, prépareront la terre pour la vigne, si, sans regarder aux frais, on y faict charrier de ces matières-là, en tant grande abondance, qu'elle suffise pour surmonter les imperfections naturelles. Si la terre-à-vigne est aquatique, l'eau en sera espuisée par trenchées ouvertes ou fermées (8), avec des pierres dedans, selon qu'a esté enseigné, dont tout d'une-main sera aussi remédié à l'incommodité de la planure. Celle de la montaigne ou trop droite pente, sera adoucie par murailles traversantes, appellées bancs et colles, qu'à pierre sèche, pour l'espargne, on y bastira en plusieurs endroits, près-à-près l'une de l'autre, les tirans comme à niveau ; pour retenir la terre, que les pluies et fréquens labeurs n'avallent en bas ; pourveu que la commodité de la pierre, estant sur le lieu ou près d'icelui, favorise l'œuvre. Défaillant la pierre, telles traverses seront faictes de haies vifves, qu'on composera de grenadiers, coudriers, coigners, et semblables plantes de rejet : qui serviront assés-bien à cela, leurs fruicts payans, en outre, la terre qui par ces plantes pourroit estre occupée (9). Corriger le vice du valon, ne se peut quand il est par trop enfoncé : lequel ne souffrant l'espuiser, rend le remède désespéré ; mesme pour l'injure des fréquentes bruines, contre lesquelles il n'y a aucun moyen de résister. Quant au lieu par trop pierreux, le seul moyen est, d'en oster tout le superflu et nuisible, ou en le transportant dehors, ou en l'enfouissant sur la place, mesme, comme a esté monstré ailleurs. Estant le fonds chargé d'arbres, ou occupé de vieux ceps de vigne, en ostant curieusement tels empeschemens, on en sera quitte, à l'utilité de la nouvelle plante, qui se res-jouit d'estre seule, et par le contraire se fasche jusques au mourir, du voisinage d'autre que de son espèce. La vigne estant loin de la maison, ne faut que la bien clorre pour oster l'espérance aux larrons d'y entrer, faisant en sorte qu'aucun n'y ait accès, que par vostre congé. Toutes ces choses se peuvent faire avec de l'argent, asseuré moyen pour faciliter plusieurs difficultés. Dieu ayant donné à l'homme, liberté de manier la terre à son plaisir. Si en outre sommes contraints planter la vigne en endroit ne produisant de lui-mesme guières bon vin, y mettrons les espèces de raisins, rapportans abondamment : afin de récompenser en la quantité, ce qui y pourroit défaillir en la qualité. Estant le lieu plus froid et plus plat que ne désirerions, nous y logerons les sortes de raisins, ayans petite moüelle, pour, à cause de leur naturel, résister mieux que nuls autres, aux bruines et frimats qui sont plus fréquents és lieux enfoncés qu'és relevés : et aussi celles qui ont les grains rares, clairs et durs, et faciles à meurir tost, à ce que n'estans d'eux-mesmes sujets par trop à la pourriture, par leur prompte meureté, et y profitent raisonnablement. Ainsi compensans ces choses, par la tardiveté du fonds, et hastiveté du raisin, la vigne se rendra de passable revenu. Le contraire néantmoins ne doit estre observé en l'assiete contraire à la susdicte : car és lieux chands, secs, sablonneux et eslevés,

fructifient tous-jours mieux les raisins faciles à meurir, que les difficiles. Mais aussi la qualité de telle assiete avançant d'elle-mesme la maturité des raisins tardifs, faict que les meilleurs pour tels endroits, sont ceux qui tiennent l'entre-deux en ceste qualité : et dont en outre, les grappes ont les grains près-à-près l'un de l'autre, subtils et délicats, et lesquels perdans tost leur fleur, ne craignent pas trop les broüées, gelées, ni eschaudures : non-plus se pourrissent-ils ne flétrissent extraordinairement par pluies et sécheresses, ains résistans vigoureusement à l'une et à l'autre intempérie, joincte la faveur de l'assiete, rapportent celle qualité et quantité de vin tant recerchées (10).

L'article du complant est tout à la disposition du mesnager, le pouvant choisir tel qu'il désire. Parquoi, ce sera preuve de son ignorance et à sa honteuse perte, s'il fournit son vignoble de plant de raisins infertiles, ou de peu de valeur. Aussi moyennant digne élection de complant, ayant l'aer et la terre propres, rendra-il sa vigne excellente, pour produire abondance de précieux vins. Ce poinct gist tout en expérience, science seure et certaine pour tel négoce. L'avis de *Columelle*, qu'il tire de *Caton* et de *Celsus*, est, DE NE *planter aucune sorte de vignes, que le bruit commun n'auctorise :* aussi DE NE *garder longuement le complant, s'il n'est treuvé bon par expérience.* Suivant lequel salutaire conseil, nous nous résoudrons de fournir nos vignes des espèces de raisins, qui chés nous, ou près, rapportent grande abondance de bons vins, et de longue garde : à ce qu'avec plus d'asseurance de profit, et moins de hazard, puissions dresser nostre vignoble, que plus ingénieusement nous-nous serons maniés en cest endroit. Ce n'est toutes-fois un commandement si estroit, qu'on ne se puisse dispenser de se fournir de complant de vigne, d'ailleurs que des voisins : et qu'il ne soit raisonnable, défaillans près de nous les bonnes races, d'en aller prendre loin : autrement ce seroit tous-jours en venir là, que de n'avoir autre sorte de vin, que de l'ordinaire. Chose à laquelle gens d'esprit ne s'arrestent ; ains taschent, non seulement à amender les défauts qui peuvent estre en leur mesnage, ains à exceller par-dessus le bon et le beau qui y est : sur tout en matière de vins, où chacun désire de n'estre second à aucun ; pour la gloire que c'est d'avoir chés soi le meilleur vin de la contrée. A cela néantmoins convient aller fort retenu, afin que trop de curiosité ne rende vains nos projets. Moyen d'y procéder pour n'estre déceu. Le moyen de ne glisser en ce passage, n'est impossible, ni trop difficile, pourveu que vous - mesme vous y employés, n'estimant que beaucoup de gens vous y puissent satisfaire. Sans vous arrester donques aux discours et promesses d'autrui, voyageant près et loin de vostre maison, en temps de vendanges, contemplés curieusement les espèces de raisins qu'y verrés, pour y prendre avis : afin d'en tirer en la saison, des races, s'il y en a qui vous agréent. N'obmettant lors à vous instruire avec les gens du pays, de l'ordre qu'ils tiennent à planter et gouverner leurs vignes, et à faire et conserver leurs vins : à ce que comparant ces choses aux vostres, en semblable action puissiez en espérer plus d'utilité, que moins les qualités s'en trouveront discordantes. Et bien qu'y remarquiés quelque

différence, pour peu ne vous arresterés ; mesme si voyés à l'œil telles espèces surpasser de beaucoup les vostres, en délicatesse de raisins, et rapport. Vous asseurant, que le changement d'aer et de terre, ne les fera tant deschoir, qu'il n'y reste encores prou de vertu, afin qu'elles fructifient chés vous, paraventure non du tout si bien que d'où les aurés tirées (par ne rendre le vin entièrement si exquis, que sur leur propre mère), mais si feront-bien sans doute, meilleur que vos communs. Ainsi plusieurs l'ont heureusement pratiqué en ce royaume, en divers endroits duquel ont esté eslevées des vignes grecques, italiennes, et d'autres tirées de loin, comme le sieur de Mombasenc en a planté une de Grèce, et le sieur de Sainct Dezeri une de Malvoisie, dont les crocètes ont esté portées directement de Candie.

Toutes sortes de plantes ont ceci de commun avec les semences, que de désirer la mutation de bon en meilleur terroir, ou pour le moins, de ne perdre rien au change : pour la crainte du deschet, avenant lors, que de bon on les remue en mauvais endroit. Sur laquelle maxime on ne s'arreste entièrement en faict de vignes, parce que désirant en avoir des excellentes, de nécessité s'en faut pourvoir des lieux esquels on les treuve, qui communément sont méridionaux à nostre aspect, plus chands et plus fertils pour la vigne, que les nostres. Auquel cas, biaisant, surpasserons ces difficultés-ci, en les logeans si bien chés nous, dans terre curieusement préparée, qu'elles se resentent du changement le moins qu'il sera possible. Ceci est notable, que de ne se fournir de crocètes de vignes arbustives, pour en faire des basses, ni au contraire ; le gain estant plus asseuré, de les prendre chacune de son semblable, pour continuer leur train sans altération : néantmoins se dispense-on quelques-fois sur cest article selon les occurrences, à quoi est requise prudente considération. Que la fertilité des raisins en abondante année, ne vous déçoive : car en saison riche de vendange, toutes sortes de vignes, jusques aux moins prisées, fructifient largement. En voyant un ou deux raisins en un sarment, ne l'estimés pourtant des meilleures races : mais plustost faictes cas des espèces qui en temps presque stérile, produisent à foison, et de celles dont chacun sarment jette trois ou quatre raisins ou davantage. Gardés aussi d'estre trompé aux noms des raisins, en la recerche desquels gist plus de curiosité, que d'avantage ; voire telle confusion, que s'y arrestant, on n'en pourroit avoir aucun plaisir. La révolution des siècles, et distance des lieux, ont tellement diversifié les appellations des raisins, qu'à peine s'entend-l'on aujourd'hui de terroir à autre, je ne dirai pas de province à province. Car ici l'on nomme telle sorte de raisin, qui est blanche et hastive, qui là se treuve noire et tardive : estant tellement grande la diversité en cest endroit, qu'aucun fondement n'y peut estre assis. La cognoissance du seul raisin musquat nous reste, d'entre l'infini nombre des autres, à ce nom recogneu par toutes nations. Les Antiques le nommoient *apian*, des mousches-à-miel, dictes en latin, *apes* ; bien que ce nom puisse estre communiqué à une autre sorte de raisin, à laquelle les abeilles s'attachent comme au musquat ; à ceste occasion par d'au-

cuns appellée, *abeillanne*, estant de couleur blanche. Quant aux autres espèces, ce sont lettres-clozes pour nous, ce que les Anciens agricoles, *Hésiode*, *Magon*, *Caton*, *Varron*, *Virgile*, *Palladius*, *Columelle*, *Pline*, *Constantin César*, et autres escrivent de leurs vignes, *aminées*, *vénunculles*, *ceraunies*, *de Rodes*, *de Numidie*, *maronnées*, *vesuviennes*, *nomentanes*, *visules*, *eugénies* ou *de bonne nature*, *helvoles*, *argites*, *cocolubes*, *basiliques* ou *royales*, *perqualanes*, *fregellanes*, *murgentines*, *albuelis*, *visula*, *d'Albi*, *helveuques*, *duracins*, *dracontion*, *amethyston*, *beruières*, *archelaques*, *scipiones*.

Non-plus aujour-d'hui ne sont indifféremment recogneus par toutes les provinces, les noms des raisins, dont l'on use le plus en divers endroits de ce royaume, qui sont, *nigrier*, *pinot*, *pique-poule*, *meurlond*, *foirard*, *brumestres*, *piquardant*, *ugnes*, *caunés*, *samoyran*, *ribier*, *beccane*, *pounhete*, *rochelois*, *bourdelois*, *beaunois*, *malvoisie*, *mestier*, *marroquin*, *bourboulenc*, *colitor*, *voltoline*, *corinthien* ou *marine-noire*, *grecs*, *salers*, *espaignols*, *augibi*, *clereté*, *prunelat*, *gouest*, *abeillane*, *pulceau*, *tresseau*, *lombard*, *morillon*, *sarminien*, *chatus*, *la bernelle*, et autres infinis, qu'il seroit impossible de représenter par le menu. *Virgile* en donnant ce tesmoignage, dit que :

> La vigne est différente
> En autant de surnoms,
> Comme on void abondante
> La Lybie en sablons.

Pour laquelle confusion de noms, n'est

La vigne a esté nommée diversement par les Anciens.

Diuersifié par les modernes.

possible assigner à chacune espèce de raisins, sa place et son particulier gouvernement, bien-que pour l'avantage de la vigne, cela fut à désirer; car comment pourrions-nous exactement ordonner de ces choses, veu que ne recognoissons du tout les noms desquels est question (11)? Or quelques noms qu'aient nos vignes, n'importe, pourveu qu'elles soient de la bonté requise. Et afin qu'elles respondent à nostre intention, est nécessaire en la recherche du complant, celle grande curiosité du père-de-famille, consistant en son œil et jugement dont avons parlé : laquelle défaillant, défaudra aussi à son vignoble ce que plus il y désire. On seroit qu'il fut pourveu de quelque suffisant vigneron, duquel la science et la fidélité ne luy fussent suspectes : qu'il payera largement, et non à prix de ceux qui communément manient la terre. Avec raison insistons-nous tant sur cest article, puis-que la mauvaise plante couste autant à eslever et entretenir, que la bonne : et que la terre n'est plus occupée à la nourriture de l'une que de l'autre. Cependant qui ne void la différence de l'une à l'autre ? Ne monstreroit-il pas défaillir en sens commun, celui qui préféreroit l'infertile à la fertile, ou seulement, par imprudente paresse, les esgaleroit ensemble? D'autant mesme que c'est chose qu'on ne refaiet tous les ans, que la vigne (comme les semences des jardins et terres-à-grains) laquelle estant mal choisie en son commencement, ne peut apporter que desdain, voyant perdre la despence employée à son eslèvement. Donques, curieusement doit-on aviser à ne se décevoir au planter de la vigne, puis qu'il y a tant de difficulté à en amender les défauts ; et qu'elle est destinée pour durer longuement ; voire en d'aucuns pays, plusieurs générations.

Par raison et expérience, ne doivent estre retenus pour bons, autres maillots, mailletons, crocétes (diversement nommés selon les contrées : et ainsi dicts, pour la ressemblance qu'ils ont avec les crosses et maillets, à cause du vieil bois qu'on leur laisse au bout), et chapons, que ceux qu'on tire d'un cep fertil, et encores en la partie d'icelui la plus asseurée en fécondité. On y a du chois, d'autant que tout ce qui vient d'un bon cep, n'est pourtant bon à fructifier, ains seulement ce qu'il jette sur le bois tendre de l'année précédente, qu'on appelle teste-de-rapport, ou pourtoirs, parce qu'il apporte le fruict : non és rejettons sortans du bois dur du cep en bas, qui sont faux bourgeons, ni aussi és parties plus eslevées ; ains seulement ce qui naist au milieu du cep. Le demeurant, bien-que gros et dru, qui n'a aucun fruict, monstre seulement l'image de fertilité, sans nul effect : dont vous provoyant, ce sera plus-tost cultiver la vigne pour couverture et ombrage, que pour la vendange : ayant l'ignorance de ne sçavoir bien choisir les crocétes ou maillots, causé premièrement nos vignes estre peu fertiles, et après, par mauvais gouvernement, devenir du tout stériles. De la fertilité requise és crocétes, font preuve les tronçons des raisins restans sur les sarmens, où sera aisé prendre avis : rejettant, comme infructueux, ceux où tels signes ne paroissent, pour le doubte de perdre et peine et despens. Aussi est-ce tesmoignage de fertilité, que d'avoir les yeux prés-à-près l'un de l'autre : estans tousjours

jours peu fructifiantes les vignes, dont les sarmens sont noués au large. Se fant aussi donner de garde, comme d'un passage dangereux, de cueillir des maillots d'une vigne ayant esté tempestée l'esté précédent ; pour le peu d'espérance qu'il y a de faire bonne fin : attendu qu'estant le bois de rejet contraint de n'estre après la tempeste, par trop de jeunesse, ne se peut rendre bien qualifié pour ceste année-là, ains devient inhabile à estre converti en vigne nouvelle. Et laissée la foible opinion de ceux qui tiennent les singuliers vins procéder de raisins n'estans bons à manger, préférés à toute autre race, ceux de meilleur goust, dont ne pourrés faillir tirer contentement. N'estant toutes-fois incompatible, que de raisins rudes au manger ne puissent sortir des vins de requeste : mais cela avient par la longueur du temps, qui donne loisir aux vins de telle race, de s'achever de faire dans le tonneau : et là, par vieillesse, d'acquérir bonté, comme les pommes sauvages, se laissent manger à faute d'autres, quand le temps à la longue, les a rendues entièrement meuries.

CHAPITRE III.

Disposition de la Vigne.

PEUPLER la vigne d'une seule espèce de raisins, quoi-que des meilleures et plus asseurées en bonté, est chose trop hazardeuse : d'autant qu'on seroit en danger de n'avoir aucune vendange, si le temps contrarioit à ceste seule espèce de fruict, de laquelle vostre vigne seroit composée : comme il avient toutes les années, que chacune race de raisins est tourmentée de son contraire. Celle qui aime le chaud, se perd par le froid : celle qui se plaist en l'humidité, se brusle en la sécheresse : et celle qui s'accroist par la seule force du soleil, se pourrit à la survenue des pluies, ainsi des autres. Partant, pour avoir la vigne en l'estat, qu'avec raison on la peut désirer, conviendra la fournir de cinq à six espèces de raisins, des plus parfaicts en bonté que pourrés choisir : à ce que le naturel de quelques-unes, par le rencontre des saisons à elles propres, rendent par chacun an raisonnable quantité de vendange. Telles espèces seront séparément plantées, et distinguées par longs quarreaux, traversans la vigne, accommodant le naturel de chacune espèce, à la qualité de la terre et du soleil, selon les diversités qu'on remarque en tout lieu : afin que plus elles profitent et plus facilement soient gouvernées, que mieux on les aura appropriées : mesme au tailler, où l'intérêt est très-grand, s'il n'est faict comme il appartient ; pour ce que l'une requiert estre

De cinq ou six espèces de raisins faut meubler la vigne.

Comment disposées.

Et à quelle fin.

couppée tost, l'autre tard : ceste-ci court, ceste-là long. Chose difficile à faire quand la vigne est confusément plantée pour l'ignorance des vignerons, lesquels sans voir la fueille des vignes n'en peuvent guières bien discerner les espèces. Le marrer ou houer par ces divisions en est aussi rendu plus aisé, sur tout si estans esgales, les ouvriers y puissent treuver leur besongne taillée, comme tasches : cela revenant à l'utilité du seigneur, qui par ces petites portions avec jugement et moins de crainte d'estre défraudé, peut faire travailler ses gens, que si les espèces des raisins y estoient indistinctement emmoncelées.

Musquat. Ceci est remarquable pour le raisin musquat, qu'en pays plus chaud que froid, la vigne veut estre plantée à l'aspect du septentrion : afin qu'estant plus exhalée telle partie du ciel que nul autre, les bruines soient ostées du dessus des raisins, leur plus dangereuse tempeste, car elles leurs causent des picotures noires, dont ils périssent ; à ce mal estant telles sortes de raisins, pour leur délicatesse, plus sujette qu'aucune autre. Aussi leur profite tel aspect, par sa fraischeur, à tempérer la maturité du raisin, laquelle de nature estant fort avancée ; par trop de chaleur, se précipite à la ruine du raisin qui s'en dessèche, ne pouvant faire bonne fin. Ainsi le pratique-on aujourd'hui vers Frontignan, lieu célèbre pour les exquis vins musquats, l'expérience y ayant faict cognoistre, le septentrion estre plus profitable aux raisins musquats, que le midi. *Columelle* s'estant prins garde en son temps de telle primeur, l'a rédigée en avis : lequel ayant suivi chés moi, par heureux rencontre ai

treuvé la preuve se joindre à la raison. En pays plus froid que chaud, toutes sortes de vignes indifféremment seront logées à l'abri, esloignées des froidures, tant que l'on pourra, ainsi qu'à esté dict. Et touchant la taille, particulièrement la musquate sera taillée long, pour les raisons ci-après représentées.

Ceste est la plus importante utilité de la susdicte distinction, qu'estant la vigne ainsi disposée, on ne sera contraint en cueillir le fruict verd avec le meur, ni en danger de perdre la vendange hastive, en attendant la maturité de la tardive : comme cela avient à la longue, par le temps, les larrons, le bestail et autres inconvéniens qui proviennent du retarder. Ainsi vendengera-on les raisins en leur droict poinct, par journées séparées, selon leurs espèces, logeans aussi séparément les vins dans les caves, pour en après les meslinger en moust ou autrement ; afin de leur donner et le goust et la couleur comme l'on voudra. Dont les vins se rendront nobles, de bon goust, de plaisante couleur, et de longue garde ; ce qu'on ne pourroit espérer meslingeant sans distinction les raisins verds, avec les meurs : les aigres, avec les doux : les rudes, avec les délicats. Ne vous estant pas défendu toutes-fois de vendanger le tout par-ensemble, si en avés désir : ce que pourrés faire en prenant la vigne par le travers des espèces des raisins afin de les mesler esgalement. Les raisins noirs pour leur dureté sont estimés masles : et les blancs pour leur délicatesse, femelles (12) ; pour laquelle cause de ceux-là, les trois quarts de la vigne en seront plantés, et de ceux-ci le quart restant. Par ce moyen, sur-abondant la couleur noire, la conservation des vins en sera plus asseurée, que si c'estoit la blanche : et la délicatesse des raisins blancs, leur donnera ce précieux goust que chacun désire. Ainsi se rendra vostre vignoble proportionnément composé pour tout ce qu'y cerchés.

Non moindre délectation que profitable revenu, aurés de vostre vignoble ainsi disposé : agréable aussi à toute sorte de gens d'entendement, voyans vostre labeur. Mesme quand par telles distinctions, ès allées faictes à l'entre-deux des espèces des raisins, on se pourmenera aisément par toute la vigne : dont serés incité à la visiter souvent, et en suite à lui fournir les choses requises à l'augmentation de son revenu : ainsi que par telle occasion de jour en jour prendrés avis. Au défaut de quoi, manqueront à la vigne beaucoup de nécessités et ageancemens ; d'autant qu'on ne se soucie de ce qu'on ne void point ; aussi dict le proverbe :

> Le cœur ne veut douloir
> Ce que l'œil ne peut voir.

L'on s'abstiendra de planter dans la vigne, aucun arbre ; afin que sans empeschement elle jouisse de la lumière et chaleur du soleil. Ce dire se treuve suffisamment vérifié, que

> L'ombre du bon maistre
> Faict la vigne croistre ;

toute autre lui estant pernicieuse, et préjudiciable. Aussi qu'esloignée du voisinage des racines d'autre plante, aux siennes seules, soit donnée toute la substance de la terre : asseuré que tous-jours la vigne reçoit de l'intérest par l'approche de tout arbre, quel qu'il soit. Mais si tant est qu'on y en vueille, les plus supportables sont les moins dommageables :

comme les oliviers, qui d'eux-mesmes ne nuisent beaucoup à la vigne, pour quelque sympathie qu'on remarque entre ces deux plantes, joincte la petitesse de tels arbres. Les peschers, aubergers, abricottiers, pruniers, amandiers, sont les arbres qui pour leur peu de branchage (exceptés les abricottiers, qui en ont beaucoup en lieu qui leur agrée) nuisent le moins à la vigne (13). Le figuier et la vigne s'entr'aiment aussi, mais estant le figuier fort touffu en branchage, opprimant la vigne, faudra estre fort sobre à y en planter : quoi-que ce soit de l'usage de plusieurs, mais à leur perte ; comme en vendangeant la vigne, cela se recognoist. Et de quelque espèce d'arbres que ce soit le moins qu'on y en pourra mettre, sera le moins nuisible ; non jamais au milieu de la vigne, ni en autre endroit, d'où la vertu du soleil puisse estre du tout ostée au raisin : mais plustost en tour d'icelle, mesme du costé du septentrion, par estre de là moins nuisibles les arbres que d'ailleurs : ou seroit qu'il y eust des larges allées traversans la vigne, auquel cas l'on se pourra dispenser. Grandes diversités se voyent au gouvernement de la vigne, où despuis le planter jusques à la façon des vins, leur garde et débite, n'y a que contrariété d'avis : ne se treuvans en aucun endroit, trois hommes s'accorder par-ensemble en ceste sorte de mesnagerie, si ce n'est en l'affection commune que chacun a, d'avoir en toutes saisons, abondance de bons vins. Ce qui me gardera d'en vouloir particulariser toutes les façons, comme aussi chose impossible et non-nécessaire : ains me fera arrester à ce que j'estime estre le plus requis pour tost avoir un profitable vignoble.

Les Anciens ont divisé leurs vignes en cinq sortes; assavoir, l'une traînante et rempante en terre sans aucune élévation : autre soustenue d'elle-mesme sur son tige et pied, un peu rehaussée, sans autre moyen que de son propre bois : autre eslevée et soustenue par paisseaux et eschalats : autre en treillages hautement : et la cinquiesme, jettée sur les arbres, s'agraffant aux branches. La révolution des temps a osté de ce nombre la première, n'estant telle vigne rempante aujourd'hui en usage (14). Restent les autres quatre, que mettrons en trois ordres, pour ne se confondre, assavoir en basse, moyenne, et haute, desquelles on se sert par tout ce royaume : diversement toutes-fois, selon les propriétés des climats, froidures et chaleurs qui règnent particulièrement par les provinces. La basse accouplerions-nous avec l'eschalassée, pour la sympathie qu'on remarque entre-elles, ne discordans beaucoup en qualités : si ceste-ci ne laissoit la compagnie de ceste-là, s'en montant sur ses paisseaux. Comme aussi pour mesme correspondance, joindrons-nous ensemble toutes sortes de vignes appuyées en quelque sorte, sans la notoire différence qu'il y a entre les eschalassées et quelques perchées, à celles qui sont portées par les arbres. Donc pour l'ordre les distinguerons - nous comme dessus, donnant le nom de basse, à celle qui sans moyen se porte elle - mesme sur son bois; de moyenne, à l'eschalassée, et à peu de perchées, comme celles à lignolot; et de haute, aux arbustives ou branchées, soustenues des arbres, et autres eslevées hautement en treillages. La plus prisée de toutes les vignes est la basse, mesme selon le jugement de *Columelle*, aussi c'est ès endroits où les plus exquis vins croissent, que la seule vigne basse est en réputation ; comme au contraire, l'arbustive ne produit le vin que petit, foible et verd : ce que remarqua Cyneas, agent du roi Pyrrhus, passant par Rizza, anciennement appellée Aricie (*Tite-Live*, première décade, livre second), dont il proféra ce mot de risée, despuis tant célébré, qu'on avoit faict justice d'avoir si hautement pendu la mère, qui avoit produit si meschant vin, que celui que là on lui avoit donné à boire. Tous les Antiques n'ont généralement esté de cest avis, ayans aucuns estimé les vins meilleurs, où les vignes estoient plus eslevées : et plus abondans, ès plus basses. Chose contraire à ce que nous voyons aujourd'hui, et pour le goust, et pour la quantité des raisins, laquelle on remarque beaucoup plus grande ès vignes hautes, qu'ès basses ; et en celles-ci, beaucoup meilleur le vin, qu'en celles-là. Le Languedoc, la Provence, la Gascongne, partie du Dauphiné, de la Guyenne, de l'Anjou, et ailleurs où pour la chaleur de leurs situations, ont presque tous des vignes basses. La France, la Brie, la Champaigne, la Bourgongne, le Bourbonnois, le Berri, et autres provinces, tant pour le naturel de leur ciel, que pour continuer leurs coustumes, n'ont que des eschalassées et perchées. Et au haut Dauphiné près de Grenoble, et en Savoie, le plus est d'arbustives et hautes, grimpans avec admiration hautement sur les arbres, où pour les froidures des prochaines montaignes on est contraint les y loger. En Piedmont et en plusieurs endroits de l'Italie, aussi les vignes fructifient richement sur les arbres : ce qui toutes-fois n'est par contrainte du ciel, qui est là chaud assés pour les plus exquises vignes : mais pour une invétérée coustume tirée de l'antiquité (15). Entre les vignes hautes, comme j'ai dict, sont les perchées et treillées, desquelles on se sert presque par tout: et en aucuns endroits plus pour plaisir, que par nécessité; les façonnans en diverses sortes d'appuis et rehaussemens (comme sera monstré) selon la commodité du bois qu'on a, dont les inventions de tel mesnage sont procédés.

Mesme considération avoient les Antiques sur le gouvernement des vins, que sur celui des blés, touchant la propriété des climats, à laquelle ils s'estoient entièrement ployés. Sous telle ordonnance disposerons nostre vignoble : c'est assavoir, en n'altérant rien des accoustumances, continuerons à planter nos vignes, selon le pays où serons, basses, moyennes, ou hautes : à cause du danger auquel nous nous exposerions, d'encourir perte, par la mutation ; comme aussi tous-jours trop de curiosité est suspecte : taschans par industrieuse et diligente culture, à les rendre parfaictes en bonté, autant que nostre aer et nostre terre le permettront. Mais comme en la matière nous-nous dispensons, cercheans loin les bonnes races de raisins, quand elles nous défaillent près: de mesme nous licentierons-nous en la forme, empruntans, non seulement des prochains, mais des lointains, quelques façons d'eslever et cultiver la vigne à nous nouvelles, si y treuvons de l'avantage. Toutes-fois avec un jusques où : que les inventions soient tant fournies d'apparentes raisons, que sans beaucoup hazarder ne puissions estre trop esloignés de nos espérances.

En la disposition de la vigne est considérable la contenue, afin de la proportionner à nos usages. Si en nostre pays le vin croist, bon et de bonne garde, et s'y débite raisonnablement, ne faut craindre d'excéder en grandeur de vignoble : car les deniers qu'en tirerés, vous donneront ample moyen de le bien entretenir. Ainsi qu'on le void près des grosses villes, des grandes rivières, comme de Loire, d'Alier, de la Seine, d'Ionne ; prenans les vins en Auvergne, en Bourgongne, à l'Auxerrois, et ailleurs, les portans à Paris, et autres endroits, et de la mer, mesme du costé de Bourdeaux et la Rochelle, où l'on embarque les vins en grande quantité, pour l'Angleterre, l'Escosse, la Flandre, la Bretaigne, la Normandie, et autres pays (16). On le void aussi près des montaignes froides, en divers quartiers de ce royaume ; pour tous lesquels pays et autres défaillans en vin, Dieu pourvoyant à leurs nécessités, a ordonné pour vignoble, les terres qui abondent en tel aliment, ou voisines ou bien esloignées. Mais par le contraire, vostre terroir ne produisant que petit vin, ou dangereux à se corrompre; ou si n'estes en lieu pour le vendre, que feriés-vous d'un grand vignoble? Ne seroit-ce pas, à vostre escient, vous surcharger de peine, sans profit ? Auquel cas, contentés-vous d'eslever des vignes, seulement pour vostre grande provision, sans espoir de tirer argent, par l'espargne de vostre vin. Ceste sera donques la règle de nostre vignoble, que, LA DÉBITE, comme l'article du revenu. A la débite ajousterons-nous ceci, que tant plus fructueuse sera la vigne, que plus primeraine : pour le hazard qu'il y a à la longue garde du vin, car encores qu'il ne soit sujet à se corrompre, si n'est-il pas exempt de s'espancher. Joinct que tous-jours l'argent venant de bonne heure, est plus prisé, que celui qui se faict longuement attendre. Les vins musquats ont cela de propre, que d'estre en leur vente, presques aussi tost qu'on les a exprimés des raisins, par telle hastiveté, évitans toute crainte de les perdre. Les blanquetés et vins de Piquardant, croissans à Frontignan, Miravaux et autres lieux près de Montpellier aussi. Il y a en divers endroits de ce royaume, plusieurs autres vins hastifs, blancs et clerets, ausquels premièrement conviendra viser pour s'en fournir, et en suite des autres jusques aux derniers, qui pour leur facile garde, se maintiennent longuement en bonté, sans altération à la louange et à la commodité du père-de-famille. Ausquelles observations prenant de près garde et à temps, ne pourra vostre vigne faillir de respondre à vostre espérance.

Allées dans la vigne, pour le plaisir et profit.

Nous avons parlé des allées distinguans les espèces des raisins. Encores que vostre vigne ne soit ainsi disposée par séparations particulieres, ne laisserés pourtant d'y faire des allées grandes ou chemins larges, à l'entour, en travers et en long, selon la grandeur de la vigne, où mieux s'accordera : non tant pour le plaisir du promenoir, bien que considérable, que pour le service de la vigne, et commodité d'en tirer facilement la despouille, et y apporter les engraissemens, par où les bestes de voiture, avec charrettes ou sans icelles, puissent aisément passer sans y rien dégaster.

Touchant la cloison, il est requis estre si bonne et si bien faicte, que fermant la vigne à clef, les fruicts s'y puissent conserver du ravage des larrons et du bestail : encores qu'ès endroits où sont les amples vignobles, l'on n'y regarde tant finement, où plusieurs vignes de diverses personnes joinctes ensemble, se conservent d'elles-mesmes les unes les autres. Mais estant question de dresser le vignoble particulier d'une maison des champs, tous-jours sera plus profitable et plus plaisant, de le tenir clos, qu'ouvert et abandonné à tous venans. De la matière, ne de la façon des cloisons n'en sera ici dict davantage, en estant ailleurs amplement discouru.

La closture de la vigne.

Au chapitre du Clos, chap. 102.

CHAPITRE IV.

Temps et ordre à planter la Vigne, et son entretenement ; selon la diversité de ses espèces.

Les Anciens et les Modernes s'accordent tous à ce poinct, qu'ès pays chauds et secs, le meilleur temps à planter la vigne, est le plustost qu'on peut après les vendanges, la fueille estant cheute des sarmens : comme despuis le commencement d'Octobre, jusques à la mi-Novembre. Ès pays froids et humides, le plus tard que faire se pourra, qui est despuis la fin de Février, jusques au commencement de Mai. Ès tempérés, en l'une et en l'autre saison, mesme entre les deux, les injures des temps ne l'empeschans. Ceste mesme considération a lieu pour les

Quand planter la vigne en pays chaud.

Froid.

Tempéré.

complants, car les raisins, les sarmens desquels ont petite mouelle, peuvent estre plantés en tout temps : mais ceux qui l'ont grande, non en autre, qu'en la primevère, pour la crainte de les perdre, les froidures pénétrans facilement dedans.

Non tant pour les diverses sortes de vignes les plante-on diversement, que pour les différentes humeurs des hommes, qui, comme a esté dict, discordent plus au gouvernement de la vigne, qu'en autre passage de la mesnagerie. Les vignes basses et les eschalassées pourroient estre commodément plantées d'une mesme façon, pour la sympathie de leurs qualités, ne s'esloignans guières davantage de terre, l'une que l'autre. Toutes-fois, plus par coustume que par nécessité, divers en sont et le planter et la conduite ès provinces où ces deux ordres de vigne ont le plus de cours, comme en l'Isle-de-France, ès pays d'Orléans, de Bourgongne, Berri, Guienne, Gascongne, Provence, Languedoc. En plusieurs endroits on plante la vigne basse, à mesure qu'on en rompt la terre : en d'autres, on attend à y mettre la crocete ou la chevelue, après en avoir universellement desrompu le fonds. L'eschalassée se plante en la plus-part long temps après en avoir creusé les fossés, pour donner loisir au fonds de se cuire, pour bien recevoir la vigne : la terre desquels fossés séjournant cependant sur le terrein d'entre deux, à telle occasion ne se peut lors rompre entièrement, ce qui se délaye jusques à ce que quelques années après l'on provigne la vigne universellement, selon sa particuliere façon. Quant à la vigne haute, treillée ou arbustive, c'est la liberté du vigneron d'en tenir tant qu'il voudra les

fosses ouvertes, pour la planter : à cause qu'estant par rengées, loin les unes des autres, elles ne s'entre-pressent nullement.

Pour particulariser les façons de planter le vignoble, commencerons par la vigne basse, comme à elle appartenant l'honneur de marcher la première, puis que par jugement universel, d'elle sortent les meilleurs vins. En deux manières la plante-on communément: par crocètes ou maillots, et par chevelues ou sautelles : au fossé ouvert, et à la taravelle, d'aucuns appellée, *la fiche*, et en Anjou, *le godeau*. C'est par crocètes ou maillots qu'on plante la vigne basse, défaillant le plant enraciné : et au fossé ou rayon ouvert, quand le pays ne souffre la taravelle, car plus profitent les chevelues, ou sautelles dictes aussi margotes, que les maillots ou crocètes, pour l'avantage des racines qu'elles ont, estans employées. Aussi plus commodément et utilement se dresse la vigne par la taravelle, que par le fossé ou rayon ouvert, moyennant que la terre de la vigne soit, pour un préallable, rompue universellement, comme sera monstré. A faute de quoi, l'usage de la taravelle a esté descrié, quand, par avarice, sans aucun remuement, on se contente de fourrer la crocète dans le trou, faict avec l'instrument de la taravelle, en terre ferme, laquelle pour sa durté, refuse de recevoir les racines du nouveau plant. Si donqués au dresser de vostre vigne ne treuvés aucune sujection, eslisés pour plant les chevelues, et en leur emploi servés vous de la taravelle, dont vostre vigne se disposera profitablement et gentilement, paroissant alignée en tous sens avec belle représentation. Mais une petite difficulté se présente en cest endroit. Les racines des sautelles ne peuvent entrer dans le trou que faict la taravelle, lesquelles à telle occasion est-on contraint de coupper, en les fourrans dans terre. Si sont chevelues d'un ou de deux ans, n'importe, car seulement osterés les plus longues et hautes, laissant les courtes et basses; et ainsi les employerés, sans craindre que de la souchète de la sautelle ne ressortent tost des nouvelles racines, à suffisance, au lieu de celles qu'aurés couppé. Estans les chevelues plus vieilles, comme de trois à quatre ans, le meilleur sera de les planter à-tout leurs racines, sans rien leur roigner : auquel cas, sera force les planter à fossé ouvert, et loger les racines au long du rayon, à mesure qu'on le creusera, comme sera monstré.

La façon.

Ce seroit grand avancement d'œuvre, de treuver des sautelles ou chevelues ja faictes, et ce des espèces que désirés : mais le péril seroit trop grand, d'avoir des vignes de peu de valeur, s'exposant à l'avarice et ignorance des revendeurs. A raison de quoi n'espérés rien de bon de ce costé-là, ains de vostre curiosité, comme du seul moyen de vous fournir de bonne race de raisins. Résolu donques des endroits desquels désirés vous pourvoir de crocètes, maillots, ou chapons, les ferés cueillir en la partie du cep et au temps remarqués ci-devant : en y laissant du vieil bois, qui est celui de l'année précédente, quelques deux doigts (dont ils tirent leur nom, ressemblans à des croces, et maillets) et les tenans de la longueur du rameau ou sarment, sans en roigner rien, en attendant de les coupper de la mesure requise, quand les employerés. En dé-

cours de lune : en beau-jour, non-pluvieux, negeux, bruineux, non-trop froid, ne venteux, cueillirés les crocètes pour aussi-tost, ou gardées durant quelques jours, estre plantées ; ou mises barber ou cheveler, pour en faire des sautelles, comme sera monstré, si ainsi le désirés. Eschéant de tirer vos maillots près de vous, ou non beaucoup esloigné, sans autre mystère, les ferés porter liés à faisseaux à dos de bestes ou par charrettes, à l'usage du pays ; en temps beau, si tel le pouvés eslire : mais estant venteux, les enveloperés avec des linges, pour les garder qu'ils ne desseichent, car ainsi se conserveront-ils trois ou quatre jours. Plus de façon conviendra employer pour leur conservation, si les faictes venir de région loingtaine, comme de Grèce, Candie, et semblables ; car par longueur du chemin, ne peuvent parvenir jusques à vous, qu'à la longue, en danger de s'esventer, s'il n'y est pourveu par artifice. En ce cas, aurés des longues barilles, comme celles à harencs, dans lesquelles enfermerés vos maillots, entre-meslés avec de la terre déliée, et arrousés de fois à autre, par un trou, qui à tel effect sera laissé à l'un des bouts de chacune barille. Ainsi les maillots se maintiendront longuement sains et entiers, voire despuis le mois d'Octobre, jusques à celui de Mars. Estans vos maillots arrivés chés vous, aussi-tost seront mis tremper dans l'eau dormante, pour trois ou quatre jours, afin de les ravigorir, et en suite plantés, selon vostre désir.

S'il est question de convertir vos maillots en sautelles ou chevelues, pour, enracinées, en composer des vignes de toutes sortes ; conviendra y procéder en ceste manière.

manière. Destinerés un recoin de terre-à-vigne, légère et vigoureuse, que curieusement ferés descharger de tous empeschemens jusques à l'emmenuiser et réduire en poudre. Elle sera en lieu arrousable, si faire se peut, pour au besoin humecter le jeune plant, et par ce moyen le garder de desseicher : mesme si estes en Languedoc, Provence, ou autres endroits chauds de ce royaume, cela n'estant à craindre en France et provinces circonvoisines. En tel lieu que cela planterés vos maillots, dans des rayons, d'un pied et demi de profondeur, tirés à ligne droicte, equidistans d'un pied. Mais ce sera sans les y recourber aucunement, ains tous droicts les y poserés ; loin l'un de l'autre de trois à quatre doigts, les faisans resortir hors de terre un quart-de-pied. Avant que les mettre en terre seront roignés tous d'une mesure, d'un pied trois-quarts, peu plus ou moins : et du vieil bois en sera osté tout ce qu'imaginerés pouvoir empescher l'entrée dans le trou de la taravelle, en les replantans. En creusant les rayons, la terre se rompra universellement, sans qu'aucune partie endurcie reste entre-deux, dont sans empeschement s'enracineront les maillots, moyennant la bonne culture : sans laquelle aussi ce seroit travailler en vain en cest endroit. La culture sera de houer ce nouveau plant trois ou quatre fois durant l'esté, et une en hyver, ne souffrant qu'aucune herbe y surcroisse jamais, l'arrousant ès extrêmes chaleurs, le lieu le requerrant. Ne vous souciés de fumer ces chevelues, de peur qu'estant contraint les transplanter en lieu maigre, elles ne décheussent, avec hazard de les perdre. A l'arrouser n'est à douter la

conséquence : parce que quand il pleut, c'est universellement sur toutes sortes de plantes, dont elles s'arrousent, et à cela s'accoustument. Mais avec plus d'avancement s'accroissent celles qui le moins endurent la soif : comme ces chevelues-ci, qui n'en sont jamais tourmentées, ayans l'artifice joinct au naturel. Par tel gouvernement, dans une année seront les chevelues capables d'estre replantées, en ce peu de temps ayans acquis des racines à suffisance. Et si tant est que les vueilliés laisser davantage en terre, n'estant en commodité ou volonté de les transplanter dans tel temps, ainsi le pourrés faire jusques à quatre années : pourveu qu'en chacune les sautelles ou chevelues soient taillées comme vigne ja faicte, et tous-jours profitablement labourées, à ce que le fonds ne produise aucune herbe, qui ne pourroit estre que nuisible au nouveau plant. Toutes-fois le meilleur sera de les replanter sur leur second an, ne les laissans en terre plus longuement, si ce n'est par contrainte. En abondance ferés enraciner des maillots, voire en beaucoup plus grand nombre qu'il ne vous faudra de sautelles : afin que venant à les choisir, n'en employés que des mieux qualifiées, sans que soyés contraint de vous servir d'aucune languissante, ne d'autre que de bonne espérance : veu l'utilité de la bonne élection du plant, la perte de le mal choisir, et la facilité de ce mesnage. De tel plant ainsi enraciné, et choisi, ferés des vignes fructifiantes dans peu de temps ; à quoi ceste voie vous aura acheminé, voire le complant aura en ce lieu-là avancé autant, ou peu s'en faudra, que s'il eust esté planté en crocète pour la dernière fois en sa vigne. En

Théâtre d'Agriculture, Tome I.   F f

quoi y a de l'espargne, d'autant que le peu de terre où les chevelues auront séjourné, n'aura tant cousté à cultiver pendant ce temps-là, que toute la vigne auroit faict : joinct que le rapport du fonds destiné à vigne aura ce pendant servi à quelque autre usage, et ce avec plus de profit, que plus valeureux il sera de nature. A l'asseurée reprinse des chevelues *Profit de se servir de chevelues, à l'office de la vigne.* et avancement à s'accroistre, est joincte ceste notable utilité, que la considération du replanter, lequel par certaine faculté de nature, apporte très-grand profit et affranchissement à toutes sortes de plantes, qui de tel artifice se res-jouissent fort. Les jardiniers ainsi le pratiquent heureusement, replantans presques toutes leurs herbes, restans sauvages les autres, ou la plus-part, qui ne sont traictées de mesme. Cela treuverés certain, que la vigne composée de plant enraciné, se rendra plustost fructueuse, que par maillots, et durera longuement en service.

On tient une autre méthode à se pour- *Autre moyen pour avoir des chevelues.* voir de chevelues, ès-environs de Paris et autres lieux. C'est que sans coupper les sarmens du cep, on les enracine, les recourbans dans terre où ils les tiennent deux ou trois ans, jusques à ce que sevrés de leur mère, sont transplantés ailleurs, pour estre convertis en nouvelle vigne. Le cep duquel on désire tirer de la race, est margotté, en tout ou en partie ; c'est à dire, préparé à donner des margottes ou chevelues. Si c'est en tout, il est universellement couché dans terre et là provigné, faisant servir toutes ses branches et icelles ressortir à l'aer : si en partie, on se contente d'en prendre une ou plusieurs des mieux nourries, qu'on ploye et enfonce dans terre, tant avant qu'on peut, demeurant la mère à descouvert. Du bout des sarmens ainsi couchés, sort sur terre deux ou trois œils, là estans justement couppés. On laisse ces margottes, appellées aussi provins, ainsi accommodées jusques à trois ans, plus ou moins, comme l'on veut : alors on les couppe de leur mère-souche, et sans séjourner on les porte planter en la nouvelle vigne. Quand on les tire de terre, on faict une fosse, deschaussant les ceps : desquels, couppées les margottes, les tronçons restans produisent par-après abondance de raisins, si on laisse la plus grande partie de la fosse descouverte en rond, à la figure d'un plat-escuelle, pour donner aer aux nouveaux bourgeons ressortans des troncs des vieux ceps. Par tel ordre vous estes privé d'avoir des vignes estrangères, ne vous pouvant servir d'autres espèces de raisins, que de celles de chés vous ou de vostre voisinage. Pour laquelle cause ne vous arrestés à telle façon de margotter : joinct que c'est sans nécessité que de se donner tant de peine, veu qu'avec beaucoup moins de labeur, s'enracinent les crocètes et maillots, comme a esté monstré.

Plus fructueusement se plante la vigne *Trois degrés de terre à vignes.* en un endroit qu'en l'autre, selon l'ordre de la division susdicte : dont le premier lieu est donné à la terre novale, n'ayant jamais esté défrichée : le second, à celle à grains : et le dernier, à la vigne vieille : laquelle si par nécessité convient replanter, ce sera à condition d'en arracher si profondément et universellement les racines des vieux ceps, qu'avec icelles, s'en aille le venin procédant du deschet de vieillesse, car faillir en ceci, ce seroit se tromper trop évidemment, attendu que la nouvelle vigne par l'importunité des reliques de la vieille, ne pourroit se reprendre ; ou du moins que vivre en langueur, sans nul profitable accroist. Ne vous arrestés à l'avis de ceux qui pour renouveller les vieilles vignes se contentent, après en avoir couppé les ceps entre deux terres, d'en labourer le champ et y faire du blé pour quelques années, car ils se déçoivent, ne pouvans les racines de la vigne par ce seul moyen, se perdre de fort long temps, voire y en demeurera-il, quel blé qu'on y sème, plus de vingt-cinq ans après. Or quelle que soit la terre, pour la préparer dignement à recevoir la vigne, sera universellement rompue un pied et demi de profondeur, et de telle sorte, qu'en la renversant s'en-dessus-dessous, la bonne et cuite de la superficie soit mise au fonds : et la mauvaise et crue du fonds, à la superficie : dont par tel eschange, à la longue les temps cuiront la crue, pour finalement les deux terres se rendre du tout propres, pendant que la bonne nourrira au fonds les racines de la nouvelle vigne. Ce faisant, toutes ordures et empeschemens de racines et pierres sortiront du dedans de la terre, pour rester libre à l'entretenement de la vigne.

Pour en cest endroit ouvrer ainsi qu'il appartient et avec espargne, l'on commencera à rompre la terre par l'endroit le plus bas et enfoncé, car avec plus d'aisance y besongneront les ouvriers, que la prenant au contraire, jettant la terre de bas en haut, rendant l'ouvrage plus long, et par conséquent plus cher, que de raison, non de guières meilleur. Mais ainsi n'est pas de la culture ordinaire de la vigne après l'avoir plantée : car pour la

bien maintenir, convient ne la prendre tous-jours d'un mesme costé, ains diversement selon les œuvres qu'on lui donne : une fois d'un endroit ; une autre fois, d'un autre ; afin de bien mesler et renverser la terre. Aussi, afin que la terre ne s'avale par trop (à quoi tant plus est sujette la vigne, que plus pendante en est la situation) conviendra des trois œuvres de labourage requises pour son entretenement chacune année, l'une estre prinse au plus haut et eslevé endroit de la vigne : à ce que les travailleurs avec leurs instrumens tirent la terre à mont, par ce moyen la remettant au lieu d'où les eaux de la pluie l'auroient avalée, maintenir la vigne en bon estat. Avis pour toutes sortes de vignes, tant pour les planter, que pour les entretenir.

Et à ce que telle préparation se face sans confusion, la terre premièrement espierrée en sa superficie, sera tracée d'un des costés, avec le cordeau en lignes droictes et paralelles, équidistantes d'un pied et demi, dont les ouvriers auront chacun leur portion égale et leur part taillée de la besongne : lesquels, ou avec le seul hoyau, ou à l'aide de la pelle, mettront la terre au poinct que la désirés, l'applanissant par le dessus, à mesure qu'ils la romproient. Ainsi se rendra preste vostre terre à recevoir le nouveau plant, soient crocètes ou chevelues, qu'on emploiera après en ceste sorte. Premièrement, on se résoudra de la manière qu'à l'advenir on cultivera la vigne pour ordonner de l'entre-cep. Si on a à labourer la vigne avec des bestes, selon la pratique d'aucuns endroits de Languedoc, comme vers Narbonne, la faudra planter plus au large, que si c'est à main

Mesure d'un cep à l'autre.

d'homme. Pour ceste-ci, d'un cep à l'autre suffira la distance de trois pieds en tous sens : mais pour ceste-là, nous y ajousterons trois quarts de pied davantage, ou peu plus ; à ce que les bestes de labourage y puissent commodément ouvrer, sans rompre les ceps. Sous lesquelles mesures, planterons nostre vigne, où ne nous dispenserons que pour l'amplifier si on veut, mais non la restreindre ; ce qu'on ne peut faire sans notable intérest de la vigne, qui s'en treuveroit trop pressée (17). Applanie que soit la terre par le dessus, sera retracée d'un costé, avec le cordeau par lignes équidistantes, selon les dictes mesures, aussi paralelles et droictes : de l'autre endroit sera posé le cordeau, croisant en travers par angles droicts, les lignes tracées : et là où le cordeau entre-taillera la ligne tracée, là sera plantée la crocète ou la chevelue, en la fourrant

Planter la chevelue ou crocète.

toute droicte dans le trou qu'on y fera avec la taravelle ou fiche, où on l'affermira avec un long baston poinctu par l'un des bouts, remplissant peu à peu le trou avec de la menue terre. Par ce moyen, non seulement aucun vent n'y entrera, mais aussi le nouveau plant, soit crocète ou chevelue, y sera si bien affermi, que difficilement en pourroit estre arraché en le tirant à la main. Pour faciliter l'entrée dans ce trou à la crocète et à la chevelue, leur faudra roigner de la teste, tout ce qui apparemment la pourroit empescher, à ce qu'elles puissent attaindre jusques au fonds du trou, accommodant aussi la taravelle à la qualité du complant ; dont est requis estre plus grosse pour la chevelue, que pour la crocète, par avoir plus de grosseur l'une que l'autre. Cet

Description de la taravelle.

instrument ressemble aux grands taraires

des charpantiers. Il est composé d'une barre de fer, longue de trois pieds, et grosse comme le manche du hoyau, le bout entrant dans terre, estant arrondi en poincte, bien forgé et acéré. L'autre regardant en haut, est attaché à une pièce de bois traversante, faisant le tout là figure d'un T, pour le tenir avec les mains. Et à ce que la taravelle ne profonde trop dans terre, ains justement y entre selon la résolution qu'aurés prinse d'y enfoncer le complant, un arrest sera mis à la pièce de fer entrant dans terre et en l'endroit remarqué à telle cause : lequel arrest estant aussi de fer, servira en outre à y mettre le pied dessus, pour, pressant en bas, aider aux mains à faire entrer la taravelle dans terre, cas estant qu'on la rencontre dure et forte (18).

En telle manière estant dressée vostre nouvelle vigne, se treuvera proprement ageancée, droictement alignée en tous sens et de tous costés, par en estre le complant posé d'esgale distance, dont, outre la beauté, sera-elle facile à cultiver. Bien qu'en plantant à la taravelle, presques toutes les racines des chevelues se couppent, ne doutés pourtant de leur reprinse : car de leur souchète en sortent tant de nouvelles qu'il suffit. Toutes-fois avec quelque peu plus d'avancement, pour le respect de la fructification, s'édifie la vigne par sautelles entières, que si on leur roigne aucune racine ; mesme si ce sont chevelues vieilles, comme de trois à quatre ans. Dont je conseille, ayant de tel plant en main, l'employer, non à la taravelle, ains au rayon ou fossé ouvert, le logeant en terre, comme arbres

Les chevelues vieilles se plantent au fossé ouvert, non à la taravelle.

fruictiers, avec toutes ses racines, à mesure qu'on creusera les fossés : sans avoir

Observation naturel terres pour profonder la vigne.

esgard ni au curieux alignement , ni au péril de bien rompre la terre, sur quoi conviendra se dispenser. Ne craignés que la mesure susdicte de planter la vigne ne soit de suffisante profondeur, observant toutes-fois les distinctions des terres sablonneuses , argilleuses , plattes et pendantes, pour profonder plus en un endroit qu'en autre , comme a esté dict : sans vous arrester aux coustumes invétérées de plusieurs , qui font leurs plantemens trop profonds , avec despence , autant superflue que nuisible , pour l'amertume de la terre que le complant, à sa perte, rencontre , plus grande, que plus on le profonde avant. Aucuns plantent, et leurs crocètes et leurs chevelues, quand et le défrichement, sans se servir de la taravelle, pour la mauvaise opinion qu'ils ont de tel instrument. En quoi ils se déçoivent , parce que , ne tant artistement ne tant profitablement avec, ne se dresse la vigne par quelconque autre manière , que par la taravelle , moyennant la précédente rupture de la terre, comme a esté monstré : attendu la confusion qui s'y engendre, en faisant , à la fois, ces deux œuvres , rompre la terre et y loger le complant : et que la terre ne se rompt ni remue si bien , ne si universellement, qu'il est à souhaiter , que lors que seule on la manie, pour le destourbier du complant qui empesche le hoyau de librement joüer, dont certaine durté reste dans l'ouvrage, au détriment du complant. Ou ce seroit qu'on posast le complant derrière le talon du travailleur contre la terre mouvée, selon la pratique d'aucuns qui se sont prins garde de telle curiosité. Mais par ce moyen la vigne ne se peut alligner en perfection , d'autant qu'en ouvrant

A planter à la taravelle à pri... à tout moyen.

ainsi , les traces des mesures s'effacent : et pour double incommodité , la despence, tout bien conté, en est plus grande qu'à la taravelle. Les racines du nouveau plant entrent très-bien dedans le fonds également remué, où gaignans terre sans empeschement d'aucune durté ni d'autre mauvais rencontre, se fortifient dans peu de temps , pour la bonne nourriture qu'elles y treuvent. A cela aidant beaucoup les pluies, lesquelles pénétrant facilement la terre mouvée de nouveau , les arrousent opportunément. Dont la vigne, comme s'esgayant, s'aggrandit avec beaucoup de vigueur, à veue d'œil. Mais si par contrainte des rochers, ne permettans à la taravelle de jouer ou autre notable empeschement on plante au fossé ouvert : c'est à dire, à mesure qu'on défriche on rompt la terre, ce sera en asseant les crocètes toutes droictes dans le fossé, sans nullement les recourber, comme font aucuns (car les chevelues ne se peuvent planter que droictement) qui par telle ignorance , se privent du plus fertil de leurs crocètes : les contraignans par là , à faire leurs jettons par les bouts , qui sont tous-jours ou infertiles , ou les moins fructifians endroits du sarment. C'est une erreur invétérée, que ce recourbement-ci, tant blasmé des Antiques , par le tesmoignage de *Columelle* et *Pline*, que par mespris , le bout du sarment a esté par eux appellé , *flèche* , comme ne servant qu'à estre jetté au loin ; aussi l'ont-ils nommé en latin, *flagellum*, pour le vent qui le bat à cause de sa foiblesse : lequel rejetté , ont défendu de s'en servir, pour crainte d'en faire des vignes infructueuses. Et de faict, puis que les crocètes ou maillots ne doivent estre esleues qu'elles

Effect profitable à la vigne, de l'universel remuement de sa terre.

Comment poser les crocètes en la fosse.

n'ayent porté du fruict, pour avec moins de hazard planter la vigne : par quelle raison nous voudrions-nous servir en cest endroit, de ces bouts-là de sarment, qui n'ont faict aucune preuve de leur valeur ? Là ne croissent jamais des raisins, ou s'il y en croist, ce sont des avortons de nulle estime. Des œils les plus approchans du vieil bois sort l'abondance des raisins, dont le nombre et la valeur se restraignent à mesure que les œils se reculent de tel endroit : dont c'est se tromper à son escient, que de se priver tant soit peu, de ces recommandables parties : ce qu'on faict en recourbant la crocète dans terre ; car d'autant de bons œils qu'on y enterre, desquels nous-nous privons, d'autant de mauvais sommes-nous contraints de nous servir par-après, qui sont ceux qui ressortans à l'aer font le fondement de nostre vigne. Les Anciens ont commandé qu'en cueillant les crocètes ou maillots, leur soit laissé du vieil bois : non que cela de soi serve à la fertilité ; mais afin que par-là l'on fust bridé de ne planter que des œils les plus profitables, lesquels, comme a esté dict, sont tous-jours les plus prochains du tronc. Ainsi ce vieil bois y demeurant, l'on ne peut estre deceu en cela, autrement seroit facile d'une longue crocète en faire par tromperie, deux ou trois, contre l'intention de tout bon vigneron. Par ceste mesme raison, l'enter des ceps est tant prisé, car puis que des œils de sarmens, ne s'en perd en les entant que trois ou quatre ; il s'en suit qu'au quatriesme ou cinquiesme, la vigne commence à jetter ses fondemens, pour laquelle cause, ne peut estre que très-fructueuse. Et si bien l'on vueille dire, que plusieurs bonnes vignes ont esté faictes

les crocètes recourbées : la response est, que comme il y a bon et meilleur, meilleures se trenveroient elles ayans les crocètes esté logées droictement, l'expérience prouvant telles raisons. Comme aussi, c'est l'expérience qui monstre tous les jours, la partie recourbée se pourrir dans terre, ou du moins y faire très-petit accroist : quand en provignant les vieux ceps (ayans esté plantés recourbés) ou par autre occasion les descouvrans jusques au fondement ; on remarque y défaillir ce que du maillot a esté recourbé en plantant : on le treuve-on tant languissant et lasche, que presques demeure-il sans vie : n'ayant produit aucunes racines, ains toutes s'estre logées au défaut de la recourbeure en haut (19).

Pour fin de ceste action, dirons qu'en quelque sorte qu'on ouvre en cest endroit, soit pour planter à la taravelle ou au rayon ouvert, le lieu estant pierreux, les pierres sortans du fonds, seront jettées hors de l'œuvre ; afin de n'en charger le guerest, sur lequel ne les reposera-on nullement : ains sur la terre ferme, à mesure qu'on les tirera, pour de là les transporter de mesme ès entours de la vigne, pour y servir de cloison, et ès traverses, pour bancs ou colles, la pente de la pièce le requérant. Et après en avoir curieusement applani le parterre, si faict n'a esté devant que planter le nouveau plant, chevelu ou maillot, sera taillé sur terre environ quatre ou cinq doigts, contenans deux œils ou bourgeons qu'on y laissera pour fondement des jettons à venir. J'obmettrai à dessein tant de mystères antiques et ridicules qu'on treuve par escrit employés aux vignes nouvelles, comme de tremper dans

la poix fondue les deux bouts du complant, pour le garder d'esventer : et pour
lui faire prendre racine, mesler parmi la
terre des pepins de raisins rostis, des
féves, de l'avoine, des vesses et autres
drogueries. Seulement ajousterai-je ici,
que les fumiers bien pourris ou plustost
quelques bons terriers (20) serviront beaucoup à la reprinse et accroissement de la
nouvelle vigne, desquels toutes-fois ne
se faut servir, ains s'abstenir de tous engraissemens, en ce commencement, si
ce n'est en terre fort maigre et légère.

C'est beaucoup faict que d'avoir planté
la vigne, mais ce n'est pas tout ; car sans
bon entretenement la peine qu'on y aura
prinse tournera à néant ; la vigne pour
son infirmité ne pouvant souffrir la négligence du vigneron. Sur tout, en son
commencement convient de nécessité la
bien gouverner, se deschéant à veue
d'œil, si pendant qu'elle croist n'a toute
la culture requise, voire jusques à ne
pouvoir après estre relevée par aucune
diligence. Donques avisera-on de ne lui
espargner jamais le labour, afin que ne
soyons frustrés de l'espérance de ce mesnage. A vostre nouvelle vigne ne touche-
rés depuis l'avoir plantée jusqu'au temps
qu'il la faudra houer ou marrer pour la
première fois, qui sera divers selon que
diversement aura esté plantée. Si elle est
de l'automne, la première façon que lui
donnerés sera dans le mois de Mars : si
du printemps, par tout celui de Mai,
après une bonne pluie ; sans laquelle ne
doit-on entreprendre d'ouvrir la terre à
l'entrée des chaleurs, craignant icelles
dessécher le nouveau plant. Telle œuvre
se fera autant profondément que si la
vigne estoit vieille, afin de contraindre

les nouvelles à s'enraciner bien avant dans
terre. Ce qu'on ne pourroit espérer la
marrant sommairement, comme font aucuns ignorans, cuidans bien besongner :
dont à la ruine de la jeune vigne, ses racines se logeroient à la superficie de la
terre, exposées à la merci des chaleurs
pour en dessécher dans peu d'années. La
seconde, la troisiesme, et autres œuvres
n'ont aucun terme limité. Elles se donneront lors que verrés la nouvelle vigne
en avoir besoin, qui sera quand les herbes
y recroistront tant soit peu, ou que le
fonds s'affermira de soi-mesme, ou par
fortes pluies. Car jamais ne faut souffrir
en vostre vigne herbe aucune, ni que sa
superficie s'endurcisse par trop, pour les
grands maux que la vigne endure de
telles incommodités, la menant jusques
au mourir. Espierés à telle cause, la commodité de la pluie, pour la prendre quand
elle se présentera ; c'est assavoir, houant
ou marrant vostre vigne durant son premier esté, à toutes les fois qu'il aura pleu
abondamment, si possible est, et cela
sera le limite des œuvres que lui donnerés en son commencement, conduite qui
la solicitera à s'accroistre avec beaucoup
de vigueur : entre lesquels beschemens,
est de grande efficace celui du mois
d'Aoust, par nouveau effort avanceant
la vigne : comme on le recognoist par ses
jettons qui s'en allongent jusques aux froidures qui les retiennent de s'accroistre.
En tel estat demeurera la vigne jusques
au mois d'Octobre ou de Novembre,
qu'on la rehouera de la sorte de labourage, dicte hyverner, pour la saison ;
afin que pour la faveur des gelées et
glaces, sa terre se cuise et prépare, en
ayant d'elle-mesme bon besoin ; par estre

encores crue, comme nouvellement tirée du fonds de la fosse, en la creusant, lors du planter de la vigne.

La bien clorre, la tailler; et au préallable la deschausser.

Cela expédié, autre despence ne faudra employer à la nouvelle vigne (que de la tenir bien close) jusques au temps de la tailler, qui sera après l'hyver : et lors le jour estant beau et serain, non froid, pluvieux, negeux, ne trop venteux on y mettra la serpe. Elle sera au préallable toute deschaussée par une petite fossete qu'on fera à l'entour de chacun cep, assés profondément pour avoir moyen d'en curer le pied, en couppant toutes les racines parcreues en la partie descouverte, afin de faire mieux affermir les autres qui sont au fonds. Tel deschausser s'espargnera, si devant que tailler la vigne on la houe à chevalier, par lequel se treuvans descouvertes toutes les rengées des ceps, à plaisir, l'on les cure et descharge des importunes racines. Grande peine n'y a-il à ce premier tailler, deux coups de serpe à chacun cep en faisans la raison : assavoir couppant entièrement le plus haut jetton, sorti de l'un des yeux qu'y aurés laissé en plantant (j'entens vieux et nouveau, comme en resecant le tronc d'un arbre) et l'autre venant de l'œil bas, sera justement roigné près du tronc, en y laissant seulement un œil ou bourgeon pour produire le bois requis. Les beschemens et labourages susdicts se feront tant uniment qu'on pourra ; c'est à dire, la terre s'applanira par le dessus sans y laisser aucun relèvement. Ouy pour la première année, mais non pour les suivantes ; car durant cinq ou six ans de suite au printemps et pour la première *Houer la jeune vigne à chevalier.* fois de l'année, la jeune vigne sera labourée de ceste sorte d'œuvre appellée

houer ou fousser à chevalier, dont je viens de parler, très-profitable aux nouvelles vignes : d'autant que par icelle, les racines s'arrestent profondément, comme on le doit désirer pour le bien et durée de la vigne. Car ainsi maniée la terre, une creste eslevée en doz-d'asne se faict entre deux rayons, dont estans descouverts les pieds de la vigne, elle se manie commodément, comme il appartient. Ce mot de, *chevalier*, vient de ce que le travailleur assemble la terre entre ses jambes, qu'à telle cause il tient eslargies, la tirant avec son instrument des deux costés, dont il deschausse les ceps, par ce moyen se faisant un relèvement sur lequel il se treuve comme à cheval. Ceste façon de gouverner la terre, vous faict voir les rangs de vostre nouvelle vigne tous descouverts d'un costé, qui est chose plaisante et encores plus profitable ; car sans estre la vigne trop chargée de terre, produit ses rameaux à volonté. Plus belle et *Double-chevalier.* plus utile œuvre, est le double-chevalier, qui se faict de telle sorte, qu'entre quatre ceps y a un relèvement, poinctu comme une pyramide, que le manœuvre faict, y emmoncelant la terre de tous costés ; à la façon qu'en hyver on cultive les chenevières en Berri : ainsi voyès-vous ouverts de tous endroits les rangs de vostre vigne. Outre le bien de faire profondément enraciner la vigne, but de tout bon vigneron, par telle addresse la terre s'apreste parfaictement bien : car par ces crestes et monticules, les gelées passans à travers, en préparent si bien la terre, qu'elle en demeure par-après tant souple et déliée, qu'à la bisner, qui est la seconde œuvre, ne faut que traîner le hoyau pour en abbattre tels rehaussemens ;

Est requis conserver droictement fleurs vi...

mens ; afin d'en rechausser la vigne, pour la parer contre les sécheresses de l'esté. Par tel ordre, la terre se remue et renverse diverses fois, tous-jours à l'extirpation des herbes, racines, espines, ronces ; par ne treuver place aucune en la vigne, laquelle jouissant par ce moyen de toute la vertu du fonds, s'agrandit avec esbahissement.

Prenés ce pendant garde que vos nouveaux plants soient tous-jours droictement tenus, sans estre renversés par aucun événement, soit ou de la cheute de terre, ou pierre, ou de la violence des vents. Surquoi est à désirer avoir commodité de bois, pour fournir des petits paisseaux à suffisance, afin d'en mettre un à chacun cep, comme entre autres endroits l'on faict à Viviers en Vivaretz, pour la fermement attaché, estre préservé de tout nuisible esbranlement : et qu'ainsi, aidant à la jeunesse de la vigne, elle s'avance à s'accroistre tant plus, que moins en sera destournée.

De ne l'espamper de deux premiers ans.

Ne vous mettés en peine de l'espamprer ou esbourgeonner aucunement, durant ces deux ou trois premières années ; c'est à dire, d'en oster les rejets superflus : de peur que les vents rompans les bons drageons (comme cela avient souventes-fois aux mois de Mai et Juin) n'eussiés par-après moyen de la remettre par bas, ainsi que commodément l'on faict par tels rejettons, estimés auparavant inutiles ; dont la vigne d'elle-mesme s'en répare très-bien, moyennant le bon et fréquent labourage, qui à ce la pousse avec grande vigueur.

Au lieu des ceps morts, y en substituer de vifs.

Aussi donnerés ordre qu'en la place des ceps morts, en soyent subrogés des vifs, lesquels y ferés planter tous enra-

cinés, et ce dans la première ou seconde année, car d'attendre plus longuement, seroit peine perdue : d'autant que les racines des premiers ceps auroient tellement occupé le terroir, qu'elles n'en pourroient souffrir d'autres près d'elles. Encore faudra-il que tel plant enraciné, soit de l'aage de vostre vigne ; afin que mieux se reprenne parmi la trouppe de l'autre ja agrandie, que moins d'antipathie y aura-il entre telles plantes ; par ce moyen vostre nouvelle vigne se remplira de bonne heure, sans y demeurer aucun vuide.

Quand doit estre taillée,

Quatre ans de suite, à compter de son commencement, la nouvelle vigne sera taillée en la vieille lune, ou en décours, pour lui faire grossir le pied : à ce que, comme sur un ferme fondement, les testes de rapport se puissent édifier. C'est le propre de tel poinct de la lune, que de faire produire des racines, comme au contraire, celui de la nouvelle, des rameaux. Par laquelle observation, vostre vigne se fortifiera durant ce temps-là, ce qui sera autant de gaigné, puis qu'en telle jeunesse, n'en pouvés attendre vendange de grande valeur. Autrement la taillant en croissant, elle s'en monteroit trop tost, et demeureroit le pied du cep, foible et branlant, incapable de pouvoir porter plus d'une ou deux testes, au lieu de quatre ou cinq, que faut qu'aye un cep raisonnable, pour le moins. C'est avis de tailler la nouvelle vigne, n'est indifféremment receu par tout, y ayant plusieurs, comme j'ai monstré, qui n'employent en cest endroit, que la montée de la lune, fondés sur leurs coustumes, ausquelles je les renvoie. A la façon de la première année, la suivante, la vigne

Et comment. sera taillée ; assavoir , fort court , et si justement , qu'en chacune teste ne reste qu'un œil le plus prochain du tronc. A la troisiesme sera donné au jeune cep, un bourgeon davantage , et seront deux , dont chacune de ses testes sera chargée , y comprenant celui attenant au bois dur, nommé par d'aucuns, *agassin*. Le nombre des testes ne se peut prescrire, cela dépendant de la suffisance du pied. Communément chacun des premiers ans on y en ajouste une dont avient , qu'au bout de quatre ou cinq ans , le cep se treuve chargé d'autant de testes : ce qui facilement se faict, moyennant l'exquis labonrage , qui en fournit le pouvoir. Donnerés ordre tant que pourrés, que les testes viennent du pied du tige : à ce que profondément fondées , demeurent fermes contre les vents , pour tant mieux supporter leur charge. Et commenceant lors vostre vigne à se façonner , commencera aussi à vous rembourser de la despence : payant le maniment de la serpe , par les premiers fruicts qu'elle vous produit, ce qui avient communément la troisiesme année de son aage. Plusieurs se trompent en cest endroit , préférans l'espargne à l'avancement de leurs vignes , comme voulans asseoir leur plus certain revenu, à les entretenir escharsement. Tout au rebours , qui désire avoir profit de son vignoble , l'entretienne plustost prodigalement que libéralement , sans crainte d'excéder en culture ; le fruict, comme j'ai dict, procédant de la précédente despence. Se donnant garde , de conduire la jeunesse de la vigne avec avarice , ains appariant ceste espèce de mesnage , avec la nourriture de toute sorte de jeune bestail , avancera la nouvelle vigne par bon traictement, tant qu'il sera possible.

La taille pour le fruict.

Passés que soient les quatre ou cinq premiers ans, et ja la vigne estant assés bien fortifiée , la saison sera venue de la préparer à la production des raisins, accommodant sa couppe à tel usage, comme gouvernant le fruict , puis-que jusques alors elle n'a esté employée qu'à fortifier le cep. Des œils ou bourgeons sortent les raisins, d'où s'ensuit, que tant plus d'œils y a en un cep , tant plus produit-il de fruict. A cela convient aller retenu, craignant de perdre la vigne par surcharge , icelle se consumant souventes - fois , par trop grand rapport et fertilité ; car non plus qu'un jeune et vigoureux cheval, ne la faut abandonner à sa bonne volonté. C'est presque l'ordinaire , que le dernier œil estant au bout de la teste , est celui qui le plus charge de fruict, comme au contraire , le premier attenant au tronc du cep , le moins. Pour laquelle cause, compensant telles facultés , trois œils sont donnés pour charge à chacune teste de rapport : car puis que le premier, dict agassin , ne sert presques de rien, que rarement, fant que les deux qui le suivent satisfacent à nostre intention. Indifféremment ne convient tailler ainsi toutes sortes de vignes basses, y ayant aucunes espèces qui désirent la taille plus longue, comme le musquat et le piquardant , qui ne veulent presque rien produire taillés de court , et autres races de raisins, que particulièrement chacun remarque par les provinces , où est nécessaire s'arrester , comme à l'article du vin. Ainsi avec le raisonnable rapport, tient-on la vigne en office sans l'exposer à l'extrémité du travail : dont bonne et fructifiante se main-

Faut esgaller les diverses espèces de raisin , pour les tailler selon leur particulier naturel.

tient-elle long temps. Il a esté dict que le nombre des testes de rapport se limite par la suffisance du fonds et l'entretenement. Toutes-fois l'on void qu'en bon terroir bien cultivé, quatre ou cinq, est le moins qu'on en puisse loger sur un bon cep, si on désire avoir raisonnable revenu de la vigne : comme aussi, dix ou douze, est tout ce que la vigne peut porter, estant l'entre-deux de ces nombres-là le plus désirable. En cela ne pouvés estre déceu, car voyant vostre cep jetter des rameaux par les costés de son tige, sortans d'endroit endurci de son tronc, monstre ne se contenter des issues que lui avés données par ses testes; car abondant en humeur, est contraint la vuider en crevant; ainsi que la fontaine son eau, par n'avoir ses canaux proportionnés à son abondance. Comme au contraire, faisant par ses testes les jettons petits, leur bois demeurant court et langui, se plaind de sa trop grande charge. Ausquels cas, par la prudence du vigneron sera pourveu, en augmentant ou diminuant le nombre des testes, selon les circonstances dont la vigne se réjouira, à mesure qu'elle se sentira chargée ou deschargée. Avant qu'on poue ou taille la vigne, on la deschaussera, comme a esté enseigné; mais tant à profit, que la fosse à l'entour du pied soit profondément creusée : pour descouvrir les racines naissantes près de la superficie de la terre, et les coupper; contraignant par là, les autres et principales, à se nourrir en bas. La taille se fera avec des serpes bien trenchantes, légères et subtiles, pour n'esclater le bois: esloignant tant qu'on pourra la trenche du dernier œil, de peur que mourant quelque peu de bois, comme cela avient

Deschausser la vigne avant que tailler.

souvent par les froidures, l'œil ne soit envelopé en ce danger. On la fera en biais et pendante derrière l'œil, pour de ce costé-là, faire vuider les eaux de la pluie, et celle que la vigne jette d'elle-mesme en pleurant, sans incommoder le bourgeon : ostant au reste tous autres rejettons superflus, les couppans rès du tronc. Et si vous voyés n'y pouvoir accommoder le nombre des ceps requis selon la portée du cep, et que par bas le cep rejette abondamment, ne ferés difficulté, pour la bassesse des vergettons, d'en laisser là quelques brins, pour sur iceux l'année d'après, façonner des testes: qui se pourront rendre si bonnes, que dans quelque temps, le principal du cep se formera en tel endroit, en couppant tout le plus haut: par ce moyen, rajeunissant vostre vigne. Aussi s'accorde bien souvent ès vignes vieilles, que tel sarment venant du bas du cep pendant de lui-mesme vers terre, couppé long d'un pied ou davantage, recourbé en archet contre le tige, et là attaché avec un ozier, rapporter en abondance du fruict la mesme année : et la suivante recouppé plus bas, faire là une bonne teste. Gouvernant à la serpe de telle sorte vostre vigne, la tiendrés tousjours basse, sans la laisser monter plus que de raison; dont elle durera longuement. Ce qu'elle ne feroit, si la laissant vager à l'aise, on lui donnoit les longes à sa ruine. D'autant que telle sorte de vigne, n'estant appuyée que sur son propre tige, se doit fermement supporter elle-mesme: autrement, les vents, par leur agitation, l'esbranlent tellement, que les raisins en périssent, s'en allant ainsi en fumée l'espérance de leur revenu.

La trenche de la vigne vert en pente pour euiter l'eau.

Le poinct de la lune pour la taille de

Et coste...

...sant et en décours, pour recevoir alter- natives, sera taillée la vi- gne la forti- fiée.

la vigne, parcreue et estant en port, sera une année en croissant et l'autre en décours : afin de l'entretenir en bon estat, par les diverses propriétés observées en telle planète. Car puis que par influence céleste, toute couppe de bois, faite lors que la lune croist, produit plus de bois, que quand elle décroist : et au contraire, plus de racines ; la vigne par ce moyen est accommodée de ce qu'elle désire, par compensation de différentes facultés, se fortifiant du pied en une année, et se fournissant de rameaux, en une autre : dont elle se rend capable de fructifier abondamment, et longuement (21). Quant au temps, il sera limité par le fonds de la vigne et espèces de ses complants, selon l'adresse du planter. Si la vigne est assise en coustau chaud, de terre maigre et sèche, et composée de races ayans petite mouelle (22) ; sera couppée le plustost qu'on pourra après que ses fueilles seront cheutes : au contraire, le plus tard, celle qui est posée en platte campagne, de terre grasse, humide, et froide, fournie de complant de grosse mouelle. Et où qu'elle soit assise, ne de quelles espèces complantée, tous-jours choisira-on un beau jour pour la tailler, non importuné de froidures ni d'humidités, comme a esté remarqué. Parquoi en un endroit faudra mettre la serpe devant l'hyver, et en l'autre après. Le plus-tost est limité au mois d'Octobre, le plus-tard en celui de Mars : l'entre-deux sera bon pour les vignes qui sont ès lieux tempérés, dont le plus désirable temps, est le mois de Janvier ; pourveu qu'il souffre le travailler. Ceci est tout asseuré, que la taille primeraine, faicte en la montée de la lune, cause abondance de bois aux vignes : et la tardive en sa descente, au contraire, n'en faict produire que bien peu. L'observation de ces deux contrariétés est du tout nécessaire. Car par le premier moyen, on remédie aux vignes languissantes ; et par le second, aux trop abondantes en bois : dont les unes et les autres se perdent, bien que par contraires chemins, mais par là, sont-elles remises en estat de bien fructifier. A ceste-là donnant vertu et force, la taille avancée, pour lui faire produire du bois, dont elle a faute : et à ceste-ci, la retarde, lui rabbatant son trop d'orgueil et luxure, qui la surcharge en rameaux, l'empeschant de fructifier, par y employer toute sa substance. Et ce en lui faisant vuider en larmes telle sur - abondante humeur, qu'en grande quantité l'on void distiller au printemps. Ne craindrés donques d'user de ces remèdes autant longuement que vos vignes le requerront : assavoir, deux, trois, ou quatre ans de suite, et en somme jusqu'à ce que verrés y avoir de l'amendement. Aussi noterés ceste maxime générale ; *que plustost la vigne est taillée, plus elle jette de bois. Et plus tard, plus de fruict.* Ce qui s'accorde à la pluspart des terroirs, mais non tant généralement en toutes les espèces de vignes. Or le fruict ne pouvant venir sans bois, il est donques nécessaire d'en avoir ne peu ne trop pour estre accommodé de vendange, but de la culture de la vigne. Les espèces des complants ayans petite mouelle, seront taillées en toutes saisons, le fonds n'y contrariant : mais ceux qui l'ont grande, où qu'elles soient plantées, tous-jours après l'hyver, de peur des froidures pénétrans dedans par leur grosse entrée. Après que la vigne aura planta-

Le temps de la taille sera distin- gué.

reusement fructifié, pour aucunement la deslasser, conviendra la tailler court, lui donnant peu à nourrir. Et au contraire, n'ayant satisfaict à son devoir, lui baillera-on grande charge la tenant longue en sa couppe : car par telle diversité, elle rapportera contentement, ce que toutesfois convient civilement entendre, afin de n'altérer l'ordre.

Taillée que soit la vigne, les sarmens en seront diligemment liés en faisseaux, petits ou grands, selon l'usage des lieux, aussi tost transportés dehors la vigne, à couvert, et là conservés pour le chauffage : afin d'en labourer le fonds incontinent après. Telle première œuvre appellée, *fousser*, se donne par hommes robustes, avec besches et hoyaux, en profondant tant qu'on peut, pour mettre la terre en bon guerest, et tout-d'une-main en sortir toutes importunités de pierres et racines. Si on la veut faire à chevalier simple ou double, tant mieux vaudra, encores que telle sorte de culture soit particulière pour les nouvelles vignes, en toutes autres s'en abstenans pour l'espargne. Aussi c'est l'espargne, qui a trouvé l'invention de labourer la vigne pour la première fois de l'année, avec le soc trainé par une ou deux bestes. Cinq ou six lignes en sont faictes en l'entrerang, et en somme, autant que l'approche du soc et pieds des bestes le permet, sans l'offence des ceps. A quoi un homme est adjousté, se prenant garde que mal n'y avienne, et tout-d'une-main, avec le hoyau achevant de cultiver les pieds des ceps où le soc ne peut mordre. Et moyennant que la vigne soit disposée à cela, dès le commencement, comme j'ay monstré, et que le fonds ne soit beaucoup pendant ne pierreux, y a du mesnage (23). Car on fera deux ou trois passades à la vigne, s'entre-croisans avec autant d'utilité que le marrer et moins de despence. Ceste première façon, à la main ou au soc, s'employe dans le mois de Mars ou au commencement de celui d'Avril, avant que les vignes bourgeonnent. La seconde, dicte, *bisner*, apres qu'elles auront produit leurs rameaux avec les raisins, non toutes-fois devant la mi-Mai, après avoir pleu, car lors les herbes mourront entièrement. Pour l'empeschement du brancheage, ce labour-ci ne se faict par les bestes, ains par les hommes avec le hoyau, les raisins n'estans en fleur, de peur de les faire escouler par esbranlement, et par là se priver de vendange, mais à telle cause faudra s'avancer ou reculer. Sera bon en mesme temps qu'on bisne la vigne, qu'en certains endroits de Languedoc on appelle, *reclorre*, de la faire espamprer et esbourgeonner ; c'est à dire, d'en faire oster les pampres et rejettons superflus croissans ailleurs qu'ès portoirs ou testes de rapport dont les ceps deschargés plus facilement nourriront leurs raisins, qu'enveloppés de ces importunités. Cela se fera à bon marché par femmes et enfans, lesquels marchans devant les bisneurs, à tout les mains arracheront telles nuisances. J'ai dict pourquoi l'espamprer est défendu aux vignes les plus nouvelles, et combien dommageable en est l'usage les deux ou trois premières années ; à quoi faudra s'arrester. Mais ce terme estant passé, on le trouvera très-utile, et pour le fruict, comme j'ai dict, et pour le cep, qui par telle curiosité se rend facile à estre taillé, au soulagement du vigneron : toutes-fois cela n'est de nécessité, y ayans des bons mesnagers qui ne s'en soucient. La raison s'accorde avec l'expérience, que les raisins s'engrossissent, quand à la fin de Mai ou au commencement de Juin on couppe le bout et cime de sarmens où ils sont nais, par attirer à eux et faire profit de la substance du cep, qu'inutilement ces extrémités-là consument. Lesquelles, avec tous autres tendrons des pampres, mesmes ceux ostés du devant des bisneurs (si ja ne les ont enfouis dans terre, pour y servir d'autant d'amendement) serviront à donner à manger aux pourceaux, opportunément, par faute presque d'autre viande ; estant ce temps-là, l'arrière-saison de ce bestail (24). En ce roignement l'on ira retenu jusques-là, que de n'en coupper par trop, afin que du restant l'on en puisse tirer des crocètes en saison. Durant le reste de l'esté, ne faut faire autre chose à vostre vigne, que la visiter souvent, pour prévenir le dommage qu'elle pourroit recevoir des larrons, du bestail, des vents, du traîner des raisins par terre, et autres événemens, la secourant selon les occurrences jusques à la vendange, qu'en patience on attendra de la bénédiction de Dieu. Ne vous souciez d'arrouser vostre vigne, bien qu'eussiés l'eau à plaisir, dautant que le raisin hait l'eau, plus qu'il ne la désire, estant la chaleur du soleil ce dont le plus il a besoin : ou ce seroit que par extraordinaire sécheresse, devant vos yeux vissiés dépérir les raisins, se bruslans de chaleur : auquel cas, quelque peu d'eau donnée à propos, les garentiroit de ruine (25) ; selon la pratique de certains endroits de la Bresse en Piedmont, et façon ancienne de la Bruze en Barbarie.

La troisiesme et dernière œuvre de la vigne, se donne après les vendanges, très-requise pour l'avancement de la vigne et augmentation de son rapport. La saison lui donne le nom, d'*hyverner*, bien qu'elle s'emploie commodément en l'automne. Si on ne veut attendre la cheute des fueilles, on pourra, dés que les raisins seront enlevez, mettre les manœuvres à la vigne, devant lesquels marchans des femmes et enfans (comme avons dict au bisner) arracheront les fueilles des ceps, qui pour fumier seront meslées avec la terre. On pourra aussi dilayer jusqu'à ce que les fueilles soient tumbées d'elles-mesmes, mais séches ne servent tant au fonds, que vertes : joinct que pour le racourcissement des jours, est mieux mesnagé de s'avancer que de reculer. Toutes-fois le temps gouverne le plus souvent, lequel convient prendre comme il se présente : vous donnant loisir en cest endroit d'ouvrer en vostre vigne despuis la vendange jusques à Noël, que choisirés le plus beau, selon vos commodités. C'est alors la vraie saison de fumer la vigne, si fumer on la veut ; afin de faire par les humidités du temps, profonder la vertu du fumier dans terre : ce qui n'avient tant profitablement au printemps, comme j'ai monstré sur le propos des blés. Le fumer de la vigne n'est universellement requis : seulement celle qui est en terre trop maigre, a besoin d'amendement : car en fonds assés bon, elle ne désire que la bonne culture. Aussi d'employer indifféremment toute sorte de fumiers à la vigne, n'est bien entendre ceste sorte de mesnage. Les fumiers des pigeons et poulailles sont les meilleurs : pour la qualité et quantité du vin, presque tous autres ne faisans que l'augmenter, en empirant son goust : surtons les puants et trop pourris, desquels vous vous abstiendrés en cest endroit. Telle considération a bien tant ouvré à Gaillac, que par décret public, le fumier de la vigne y est défendu, n'estant permis, mesme au particulier, de fumer sa propre vigne : de peur de ravaller la réputation de leurs vins blancs, desquels ils fournissent leurs voisins, de Tholose, de Montauban, de Castres, et autres : et par ce moyen, se priver des bons deniers qu'ils en tirent, où consiste le plus liquide de leurs revenus. Après les fumiers du colombier et poulailler, faictes estat des cimes et tronçons du bouis, du gros foin de marests, immangeable par les bestes, des despouilles des bastimens, comme sables et chaux meslingées, des nouveaux et vigoureux terriers (car toute terre de meilleure nature, que celle de la vigne, lui est fumier agréable) des balieures de la maison et basse-cour, et semblables drogueries, qu'incorporerés dans le fonds de la vigne au temps susdict. La terre de la vigne ainsi, et en telle saison remuée, se cuira par les froidures et glaces de l'hyver, si bien, que souple et déliée, les racines de la vigne facilement la pénétreront : dont elle maintiendra sa vertu et force, pour produire abondance de fruict : se préparant de longue-main à se charger de raisins. Et encores que telle œuvre couste plus que les précédentes, tant pour la petitesse des jours, qu'empeschement des rameaux de la vigne, si est-ce que le bon vigneron ne l'obmettra, pour le bien de sa vigne, l'heureuse pratique l'ayant ja authorisée.

Les Anciens tiennent estre entre toutes plantes, trois divers mouvemens ; assavoir, bouter, fleurir, meurir : et qu'aidant à nature, doivent estre excités par labourage. A quoi pour le regard de la vigne, les trois houemens et œuvres susdictes se peuvent rapporter. Et en les appreprians à leurs usages, treuverons que chacune d'icelles faict son particulier office, au profit de la vigne : et toutes ensemble tendre là, que de la faire abondamment fructifier. Telles facultés semblent estre spécifiées par ce proverbe au patois du Languedoc, *qui fouï, buoï : qui bine, vine : qui terce, verse :* monstrant par dégrés ce qu'on doit espérer de la vigne, bien ou mal cultivée. Cela est tout certain, que trop ne peut-on cultiver le fonds de la vigne, pourveu que le temps favorise : mais afin d'avoir quelque limite en son labeur, par expérience a-on recogneu, que la vigne se contente d'estre dans l'année deschaussée et taillée une seule fois, et labourée ou marrée, trois. Encores que la troisiesme n'est de nécessité, veu qu'avec deux seules, plusieurs bons vignerons entretiennent leurs vignes. Mais à ces exemples ne s'arrestera du tout le bon mesnager, ains dressera l'ordinaire de sa vigne suivant l'ordonnance susdicte, dont il la maintiendra en bonne volonté pour longuement fructifier. Treuvera aussi par expérience, que lui continuant ce trainlà sans interruption ne diminution, qu'avec grand rapport sa vigne s'entretiendra, sans excessive despence : voire les trois œuvres dont est question ne lui cousteront guières plus que deux, cela provenant de la facilité de la culture, estant un coup la terre de la vigne mise en bon guerest. Ce qu'on recerche en ceste sorte. A une vigne de vingt journées, qui peuvent estre environ deux arpens, peu moins, à la houer ou fousser pour la première fois de l'année, faut employer vingt hommes durant un jour, ou un seul durant vingt-jours : quinze, à la bisner : et autres vingt à l'hyverner, à cause de la petitesse des jours et destourbier des sarmens. Cela s'entend pour la première année qu'on commencera à mettre la vigne en ce train-là, car les suivantes, pourveu qu'elle soit taillée et vendangée en temps non trop humide, de peur d'en endurcir le fonds en le trépignant, quarante-cinq ou cinquante journées satisferont largement pour les trois œuvres : attendu que le fonds par tel traictement devenu maléable, se laissera facilement labourer : moyennant laquelle culture, ne serés contraint de fumer vostre vigne : car sans autre engraissement, elle produira abondamment, et d'autant meilleurs vins, et plus servables, que moins la vigne aura senti de fumier.

Provigner. Le provigner en la vigne basse, ne se peut dire labeur ordinaire, ains réparation : par n'en user que lors que par vieillesse ou accident, les ceps défaillent ; desquels est nécessaire la vigne demeurer tous-jours fournie, si on en veut tirer suffisant revenu. Car autant couste de cultiver la vigne rarement complantée, que celle qui est toute occupée de ceps : et ce pendant le rapport est bien différent de l'une à l'autre. Partant le bon mesnager ne souffrira jamais aucun vuide en sa vigne, ains la tiendra tous-jours remplie de ceps autant que le lieu le permettra. L'aage de la vigne change l'ordre d'en réparer ses défauts. En son commencement, au lieu des ceps morts, on

y en surroge des vifs enracinés, ainsi qu'à esté monstré : mais parvenue en accroissement, cela est hors d'usage, pour l'impossibilité de faire reprendre les nouvelles plantes parmi les vieilles : à cause du préplantement de celles-ci, opprimans celles-là, dont faut recourir de nécessité au provignement, seul et asseuré moyen de remédier à telles défectuosités. Le temps de provigner, est celui mesme du planter, avec remarque des circonstances représentées des lieux, chauds, et froids : secs et humides ; des complants ayans grande ou petite mouelle, pour les employer selon leurs propriétés. La pluspart des vignerons couchent dans terre les meilleurs ceps, s'accordans à la nécessité des lieux, afin de tenir tous-jours la vigne fournie de bonnes races. Mais d'autres, plus oculés, pratiquent le contraire, choisissans à telle occasion les infertiles souches qui ont beaucoup de branches, comme le plus souvent cela se void, les moins fructueuses abonder le plus en bois : lesquelles couchans dans terre ils entent tout-d'une-main au bout de chacun sarment, à la manière ci-après enseignée. Ainsi en y mettant de bons greffes, on se peuple des meilleures races de raisins qu'on puisse choisir, de mesme se défaisans des mauvaises, qui est faire deux bonnes œuvres à la fois ; car autant requis est-il de se descharger des plantes infertiles, comme utile, de s'en acquérir des fructueuses. Défaillant rameure pour provigner la vigne ès lieux vuides, faudra laisser à tailler les ceps voisins, pour une année, dans laquelle jetteront du bois à suffisance pour satisfaire à vostre désir.

Donner du fumier au provin, c'est chose

N'est de né-/cessité de fu-/mer le pro-/vin. chose qui le faict aisément reprendre, non que cela soit de nécessité ; car sans engraissement, moyennant la bonne culture, ne laissera de bien profiter. Mais pour le faire tost accroistre, pour pouvoir attaindre les ceps ses voisins, qui sont de plus grand aage, sera bon leur distribuer quelque peu de fumier, du mieux qualifié. Aucuns en provignant, ne remplissent du tout la fosse la première année, ains la tiennent pour quelque temps demie comble de terre, à ce que le provin soit contraint de s'enraciner profondément, pour après, à la longue, réamplir la fosse en l'unissant au plan de la vigne. En tous lieux indifféremment cela n'est bon, estant seulement propre ès endroits secs, légers, et pendants : car ès humides, pesants et plats, y auroit à craindre les eaux croupissantes dans la fosse, en pourrir entièrement les racines (26) ; ce que prudemment l'on discernera, afin ne se décevoir.

Remettre / en vigne / foible et lan-/goureuse. Reste pour fin de ce négoce, monstrer le moyen de remettre en vigueur une vigne languissante ; se perdant, ou par mauvais gouvernement, ou par vieillesse, à ce qu'encores l'on en puisse tirer service. Cela se fera en l'hyvernant extraordinairement ; c'est-à-dire, en la beschant plus profondément qu'on n'a accoustumé ; et ce en hyver, tant à profit, que comme un replantement nouveau, la terre se renverse s'en-dessus-dessous, prenant la vigne presques dès son fondement, tout-d'une-main, couppant toutes les racines, par là se descouvrans : afin que les ceps deschargés de telles superfluités, puissent par-après, reprendre nouvelle force. Ce qu'ils pourront faire par le moyen de la bonne terre de la su-

perficie mise au fonds, parmi laquelle seront meslées les fueilles vertes de la vigne qu'on arrachera de devant les travailleurs, si tant est qu'elles ne soient encores cheutes ; des pailles, bale des blés, et semblables engraissemens, pour lui donner tant plus de vigueur. Cela ne satisfaisant à vostre intention, tenés pour désespéré le renouvellement de vostre vigne, et asseurée la fin de son service, par sa trop grande descheute ne pouvant estre relevée. A ce que sans vous attendre à autre remède, cestui-ci estant l'extrème, vous résolviés à la replanter si en avés désir, ce qu'avec peu davantage de despence ferés aisément, mesme de ses propres espèces la réédifierés, si elles vous agréent, par des crocètes qu'en ferés cueillir, avant que de l'arracher. C'est ce que l'on peut dire du gouvernement de la vigne basse, selon que par les meilleurs vignolans est pratiqué en Languedoc, Provence, Dauphiné, et ailleurs où elle est en service. Qui est celle dicte des Grecs *orthampelos*, par se soustenir d'elle-mesme : appellant *dactylidos*, celle qui en bois n'excède la grosseur du doigt, et qui de nécessité est appuyée, laquelle l'on peut rapporter à la françoise.

La vigne / moyenne. La seconde et moyenne sorte de vignes en comprend plusieurs, comme l'eschalassée, la perchée, à lignolot, en treillages et autres de diverses façons, comme sera monstré. La principale desquelles est celle, qui par souvent provigner, ressemble tous-jours nouvelle, n'en laissans beaucoup engrossir les ceps de vieillesse. Telles sont celles de l'Isle-de-France, d'Orléans, de la Brie, Bourgongne, Berri, et d'autres quartiers de ces climats-là : lesquelles l'on supporte avec paisseaux, eschalats, charniers diversement nommés selon les endroits, un seul mis à chacun pied de vigne. La qualité de ceste vigne eschalassée est d'autant plus à priser pour la bonté de son vin, que plus elle approche des basses, desquelles ne diffère beaucoup : par n'estre que bien peu relevée sur terre, dont le voisinage, en saison, aide à la maturité des raisins : ce petit relèvement les préserve de pourriture ; et de la violence des vents, la ferme attache de ses rameaux aux eschalats. Touchant la quantité, tant plus grande est-elle, que plus y a de bourgeons ou œils logez sur le nouveau bois du cep, comme en ce poinct-ci, ceste vigne surpasse toutes les autres. D'autant que par fréquent provigner les ceps couchés dans terre, s'augmentent en nombre, et par conséquent, en rameaux, lesquels taillés longs, se chargent en suite de beaucoup d'œils ou bourgeons, d'où vient celle abondance de vin, tant admirée en telle sorte de vignes. Très-utilement peut-on planter la vigne françoise ou eschalassée, à la mode de la basse, mais suivant l'ordre le plus receu, on s'y conduira en ceste sorte.

De longue-main la terre qu'on destine à la vigne, sera profondément labourée et deschargée de tous empeschemens, puis unie par le dessus, après universellement rayonnée en travers, par fossés tirés en droicte ligne, larges d'un pied et demi, de pareille profondeur, et de trois pieds en distance l'un de l'autre : lesquels demeureront ouverts, si longuement qu'on pourra, pour donner tant plus de loisir à la terre des costés et du fonds de se préparer, en se cuisant pour le bien du complant. Ce pendant, sur l'entre-deux des fossés (qu'en aucuns endroits l'on appelle, *chevaliers* et *condots*) séjournera la terre qui en aura esté tirée : avec ceste distinction, que la première prinse à la superficie, sera posée d'un costé, et celle du fonds, d'autre, pour séparément et non confusément les employer, ainsi qu'il sera monstré. Comme les humeurs des hommes sont diverses, diversement aussi manie-on en ce mesnage, y en ayans aucuns qui, sans se soucier de la préparation de la terre faicte par le temps, plantent la vigne quand et le creuser des fossés : de mesme avient du complant, car et la crocète et la marquotte ou chevelue sont employées séparément, toutes-fois selon la fantasie du mesnager. Mais plus facilement se reprend le cep en terre cuite par l'attente du planter, qu'en crue, ce qu'on ne doit mespriser (commodité qui n'est au planter de la vigne basse, par n'avoir où séjourner la terre des fossés, veu que tout le fonds se rompt en plantant) ; et plus s'avance la vigne par marquottes, que par crocètes, selon le jugement de tous bons vignerons, et les expériences. Selon les distinctions des temps, lieux et complants ci-dessus remarqués, sera la vigne plantée, avis servant aussi, en son temps, au provigner. Aux bords du rayon ou fossé, des deux costés joignant la terre dure, mettra-on le complant, crocète ou chevelue, qu'on chaussera, premièrement de la meilleure terre séjournée sur le chevalier, avec celle du bord du fossé qu'alors on rompra, et après de la moins valeureuse, l'on achevera de réamplir le fossé : laquelle se trouvant au dessus exposée à l'aer, se préparera à la longue par le temps et la culture. La distance d'une crocète ou margoute à l'autre n'est limitée à certaine mesure, n'en estant besoin, attendu qu'on la confond au futur provignement. Aucuns ne leur donnent qu'un pied, d'autres les plantent encores plus estroictement ou largement, selon leurs coustumes, qui par tout ne sont semblables (27). Se recognoissant à clair, de la différence à la manière du planter et de l'entretenir des vignes, entre celles de Paris, d'Orléans, et de leur voisinage, quoi-que toutes eschalassées. Ainsi l'ayant remarqué, comme j'ai dict ci-devant, avoir faict de mesme des diverses sortes de labourer la terre pour les blés, entre Paris et Montargis. Sur la terre réaplanie, fera-on resortir deux oeils du complant, là justement le couppant pour y fonder ses jettons, à ce que rés de chaussée le cep se fortifie. De là jusques au provigner, ceste vigne eschalassée se gouverne comme la basse, la solicitant à s'accroistre et fortifier par réitérés beschemens, qui comprendront les chevaliers et condots, à ce qu'aucune partie du fonds de la vigne ne demeure inculte. La vigne sera chacun an taillée fort justement, les deux ou trois premiers, à la vieille lune, et le troisiesme ou quatriesme, à la nouvelle, pour la faire jetter en bois, afin de pouvoir souffrir le provigner.

Moyennant tel traictement, au bout de trois ans ou de quatre, la vigne se rendra propre à provigner, et lors prendrés avis sur la qualité du fruict (commençant en ce temps-là, la vigne à produire des raisins) pour, d'un costé, vous desfaire des races ne vous agréans : et de l'autre, par provigner, augmenter le nombre de celles que treuverés dignes d'estre retenues, afin de rendre vostre vigne du tout fructueuse. Sur les chevaliers ou condots, couchera-on les ceps, en y ouvrant la terre en travers autant profondément que la vigne est plantée, pour de mesme loger les provins. Et lors la terre desdicts endroits, qui avoit demeuré affermie depuis le planter, se rompra toute de rang, sans rien y rester de dur : et par ce moyen, la vigne se treuvera entièrement remuée. Sans distinction d'ordre ne de rang, en provignant, assooit-on les sarmens où mieux se rencontrent, près ou loin les uns des autres : comme aussi un, deux, ou trois ceps sortiront de chacune souche, ainsi que mieux s'accordera : car sans nulle sujection de lignes ne de distance, ouvre-l'on en cest endroit. Par telle méthode, la vigne eschalassée perd son alignement et mesure, se confondant entièrement ès rangs et ordre, sous lequel aura esté plantée, que la basse conserve jusqu'à sa fin. Aussi de droicte et large qu'elle estoit en son commencement, par le provigner, se rend tortue et estroite, voire tellement pressée de ceps, que l'accès par entreeux estant tous-jours difficile et quelquesfois nuisible, on n'y passe que par nécessité. Pour laquelle cause espargne-on au travers de la vigne, des sentiers ou petites allées, comme ès jardins, qu'on y aligne droictement de dix en dix pas, plus ou moins : lesquelles, outre le service qu'elles font à la vigne, à en attirer la despouille et y apporter les amendemens, y causent ce profit tant requis, que de la présence du maistre, par telle aisance facilement s'y promenant, et par ces petites divisions, se rendant le vignoble de plaisante représentation.

Voici la vigne formée, et parvenue en aage d'estre traictée comme parcreue. On la taillera après l'hyver, passées que soient les grandes froidures, en jour non importuné de pluies ne de brouillars, ains beau et serain, tel le pouvant choisir, une année en la nouvelle lune et la suivante en la vieille (s'entend si son port a esté presque égal par l'entre-suite des saisons) afin que par les diverses facultés de telle planète, la vigne soit maintenue en estat modéré de fructifier, et pour longuément durer. Défaillant la vigne ou par trop de force, ou par trop de foiblesse, par la taille donnée à propos selon les avis représentés, sera remédié à tels défauts. C'est le propre de ceste sorte de vignes, que d'estre souvent provignée, toutes-fois plus ou moins fréquemment, en un endroit qu'en autre, cela est pratiqué, tant par la coustume que pour la nécessité. Pour maintenir la vigne en jeunesse, et la guérir de ses maladies, le provigner est inventé : estans ce les raisons qui limitent ceste action en la vigne. Partant, lors qu'il vous plaira rajeunir vostre vigne, ou que la verrés malade, servés-vous de ce reméde en tout ou partie, selon le besoin, sans vous assujétir à

autre temps. A chacun provignement, est nécessaire sortir du fonds de la vigne abondance de racines des vieux ceps, voire tant plus grande, que plus la vigne sera avancée en aage, afin de la deschar-ger de telles nuisances. Faute de quoi faire, se rendroit-elle, à la longue, du tout infertile : d'autant que les racines envieillies dans terre, occuperoient tellement le fonds, qu'il n'en resteroit, ni aussi de sa substance, que bien peu, pour l'entretenement de la vigne. Et non

seulement ès choses susdictes est salutaire le provigner, ains donne grande vigueur au fonds, par en estre souventesfois remué : dont la terre se ramollissant, en devient tous-jours plus fertile, au grand avantage de la vigne : laquelle, comme reprenant nouvelle force, avec merveille, rapporte fruict : aussi le provigner est estimé, demi planter. Deux pieds, plus ou moins, sortiront de terre les sarmens provignés, dont se formeront les ceps, là les couppans justement, y laissant autant d'œils ou bourgeons, que nature y en aura mis. Près et joignant chacun desquels ceps, mettra-on un appui, diversement nommé selon les lieux (*charnier*, *eschalat*, *paisseau*), façonné du plus droict et solide bois qu'on pourra choisir. Il sera de la longueur de six à sept pieds, dont les deux seront fichés dans terre par l'un des bouts, qui à telle cause sera apointé, et le reste sortira droictement en haut, pour là fermement attacher le cep, avec une ou deux ligatures d'ozier, non trop serrément, de peur de l'offencer. Mettre l'eschalat du costé de la bize au respect du cep, ce sera pour tenir aucunement en abri le cep, dont il en poussera plustost ses jettons, qu'estant à descouvert exposé au froid : à laquelle curiosité, sera bon de prendre garde. Il n'est nécessaire employer l'eschalat incontinent après avoir provigné la vigne, suffit que ce soit peu de temps après qu'elle aura bourgeonné, pour commencer lors son service. Et d'autant que l'eschalat de soi-mesme, ainsi droictement posé, ne peut servir qu'à tenir ferme le cep, sans en soustenir les rameaux, comme il est très-nécessaire pour préserver les raisins de pourriture trainans à terre ; le bon vigneron , à la fin du mois de Mai , et plustost, selon la saison , relève le premier ject de la vigne contremont le charnier , là l'attachant avec de la paille longue mouillée , qu'on appelle à Paris , *du pleyon* , ou bien avec du jong , ou autre matière douce , afin de ne blesser les tendrons , où les raisins s'accroissent sans destourbier des vents ne de la pourriture : mesme ainsi accommodés , exposés au soleil , ils en meurissent plus facilement. Une seule fois ne suffit de lier ainsi la vigne , ains y faut retourner plusieurs durant l'esté , y adjoustant ce que des rameaux s'accroist de jour à autre , et réattachant ce qui par défaut des liens , verse par terre. Sur tout ne faut faillir à y revenir universellement au mois d'Aoust , pour de nouveau lier au haut du paisseau , le dernier jetton de la vigne : n'oubliant à chacune fois , principalement à la première , d'arracher les rejects superflus par-croissans ailleurs qu'ès bons endroits , pour d'autant descharger les ceps , à ce que les raisins ayent tant plus de substance. Pour l'engrossissement desquels servira beaucoup de roigner les cimes de leurs rameaux , comme a esté touché ailleurs. Or comme ceste vigne eschalassée rend plus de fruict que la basse : plus aussi désire-elle de culture. Communément despuis l'avoir taillée jusqu'à la vendange , on lui donne trois œuvres : on la laboure ou houe au mois de Mars , à la mi-Mai , on la bisne : et on la tierce à la Sainct-Jan. En outre , au commencement d'Avril , après y avoir planté les eschalats , on la ligotte , qui est

oster les pierres , mottes , et herbes qui pourroient empescher le bourgeon : en Juin à cela retourne-on de rechef , ce

qu'on appelle *bignoter*. Aucuns ne se contentent de telle culture , quoi-que grande , l'amplifiant selon le besoin et l'affection qu'ils ont à telle sorte de mesnagerie. Si la vigne est assise en plaine ,

pour la cultiver , sera prinse de tous costés qu'on voudra : mais pour le mieux à la manière des terres-à-grain , ce sera une fois d'un costé , et la suivante d'un autre : ainsi entrecroisant le labour , le fonds s'en maintiendra en bon estat. En pente , cela ne se peut si bien accommoder : par le plus facile endroit , le vulgaire commence à cultiver ses vignes. Les mieux entendus à ce mesnage , ne s'arrestans à l'espargne , font mettre les piocheurs au plus haut endroit de la vigne , tirans la terre à-mont : prévoyant par artifice au mal qui avient à la vigne , et par les pluies et par le naturel de la terre , dont elle est avalée en bas : si que n'estant par là retenue , les ceps d'enhaut , à la longue se treuveroient desnués de terre , et ceux d'embas , trop couverts , à la ruine de toute la vigne , comme a esté veu ci-devant. Après vient en son rang la vendange : passée laquelle , approchans les froidures , la vigne sera hyvernée , œuvre du tout nécessaire et fructueuse. En certains endroits , comme en

Berri , ce faisant l'on enfouit les ceps , les couvrans entièrement de terre pour les parer de la rigueur de l'hyver , demeurans ainsi cachés durant tout ce temps-là , si bien , qu'on diroit , les eschalats enlevés et retirés ailleurs , en ces quartiers-là n'y avoir lors aucunes vignes. Mais revenu le printemps , comme sortans du sépulchre , les ceps sont déterrés et remis en leur premier estat. Chose nécessaire est d'avoir

soin des eschalats , charniers , ou paisseaux, à ce que les faisant longuement durer, pour l'espargne, l'entretien de la vigne en soit plus facile, sans se donner peine d'y en remettre de nouveau chacune année. En leur application y a de l'artifice, moyennant lequel, ils sont de bon service : pourveu aussi que leur matière soit d'elle-mesme profitable. La meilleure est, le bois de chastagnier, celle d'après de chesne droict, et de refente : puis viennent les ormes, fresnes, fousteaux, érables, et autres arbres jusques aux aquatiques, qui fournissent à ce service : toutes-fois, tant mieux et plus longuement, que plus droict et plus durable en est le bois : comme en ceste qualité-ci, les saules, peupliers, et aunes, cédent à tous autres arbres, leur facile pourriture ne leur permettant durer en la vigne plus d'un an. Pour donques entretenir en bonté tels appuis, autant longuement que leur naturel le permet, dès l'entrée de l'hyver, on les arrache de la vigne, pour estre portés reposer sous les prochaines couvertures durant le temps des froidures, afin de n'estre exposés aux injures de la saison : les pluies et gelées leur hastans la pourriture. Passé l'hyver, rapportés en leurs lieux, et réappoinctés par le bout entrant dans terre, sont remis près des ceps, pour y continuer leur service. Au défaut de logis, on emmoncelle les paisseaux dans la mesme vigne, en divers endroits, desquels ont faict des faisseaux liés en deux ou trois lieux, qu'on laisse par terre, non couchez de plat (de peur que l'humidité du fonds n'en pourrisse grande partie) ains relevés d'un costé, par deux paisseaux se traversans l'un l'autre, en croix bourguignonne, dont ne touchans la terre que

de l'un des bouts, se conservent assés bien.

Quant au fumer, s'il y a aucune vigne qui le désire, c'est ceste-ci, pour pouvoir satisfaire à son port, excédant tout autre. Communément l'on lui donne du fumier la troisiesme ou la quatriesme année de son aage, qui est lors qu'elle commence à monstrer son fruict, continuant après par années, selon le besoin et les commodités. On applique le fumier par rayons (mesme pour la première fois, avant que la vigne soit provignée) lesquels on creuse entre deux rangs de ceps, et remplis de fumier sont recouverts de terre enfermant ainsi sa vertu, avec utilité. Nous avons parlé du temps de ce mesnage, et aussi des qualités et différences des fumiers : j'ajousterai ici, que le fumier du cheval est bon pour les vignes de pays froid, et celui de vache, de chaud : ausquelles choses aviserés, avec raisonnable distinction pour l'honneur du vin : la bonté duquel, comme j'ai dict, est tous-jours empirée par le fumier, quel qu'ils soit, hors-mis par celui du colombier et des cimes de rameaux de bouis (28). A cela donques convient aller fort retenu : avec asseurance, que mieux vaudroit faillir au fumer, qu'au labourer. Comme cela s'expérimente au vignoble de Paris, qui plus fumé que de raison, et non du tout si bien cultivé qu'il appartiendroit (par avoir plus de commodité de fumiers, sortans de telle grosse ville et de ses fauxbourgs, que de vignerons y venans des villages d'alentour) rend le vin moins bon, plus verd, et plus petit, que de la portée de son climat, dont il semble estre deshonnoré.

Ceste vigne est voirement de grande

despence, mais aussi de grand rapport : pour laquelle cause, sans avoir esgard aux frais de l'entretenement, est elle beaucoup prisée, couchée au premier rang de fertilité, et au second de bonté de vin : et en ceste qualité-ci, ne céderoit guères à la basse, si de mesme qu'en Languedoc et autres semblables endroits, le climat la favorisoit, et l'on s'abstenoit de la fumer. Estant raisonnable de conclurre, que, ou le défaut de bois pour le soustenement des vignes, ou l'ignorance des vignerons, cause és pays méridionaux, se servir plustost des vignes basses, que des eschalassées. Et est vraisemblable, que si en Languedoc et environs la vigne estoit façonnée à la françoise, la quantité du vin s'y augmenteroit merveilleusement, à cause du grand nombre de ceps dont la vigne eschalassée est composée, et de sa conduite, sans que la bonté du vin en fut de beaucoup empirée, croissans les raisins assés près de terre. Avec aussi ceste notable utilité, qu'estans les ceps fermement attachés aux paisseaux, et les jettons de la vigne, et les raisins, demeureroient asseurés contre la violence des vents (fréquente tempeste de tel pays, dégastant la pluspart des fruicts) et de la pourriture, ne traînans à terre.

Touchant les autres vignes appuyées, aucune d'icelles ne requiert estre généralement provignée, ains seulement à la manière des basses, avec lesquelles ont de commun telle œuvre : aussi, comme elles, maintiennent leurs rangs, jusqu'à leur fin, sans s'y confondre. Desirent pour leur appui, grande quantité de bois, estant nécessaire d'y employer des paux, fourches, perches, et oziers. Moins

toutes-fois à celles à lignolet, qu'aux autres, d'autant qu'elles se contentent d'une barrière à droicte ligne, dont elles tirent le nom, posée sur des petits paux fichés droictement dans terre : de laquelle n'estans ces barrières-là, relevées guères plus de deux à trois pieds, cause le vin provenant de telle sorte de vignes, estre tenu des moyens en bonté. De chacun cep sortent deux sarmens, contenant chacun huict ou neuf œils, lesquels sarmens on attache des deux costés à la perche, les y recourbans en archet, comme aussi y estant le pied de la vigne fermement lié, où sans par trop craindre les vents, la vigne produit ses jettons avec les raisins. Au ployer des sarmens (29) gist la maistrise ; c'est qu'entre le troisiesme et quatriesme œil, le vigneron recourbe le sarment avec violence, afin d'arrester là la principale séve du cep, pour en tel endroit, le contraindre à jetter le plus de sa force, et pour le fruict et pour le bois de l'avenir : à ce que sur icelui bois, l'année suivante, les testes de rapport puissent estre façonnées comme dessus : par ce moyen, la vigne se conservera en bon estat pour y durer longuement, ce qu'on ne pourroit espérer, la laissant jetter à volonté, qui seroit tous-jours au bout des sarmens, loin du tronc, à sa ruine, par s'en monter trop tost : chose qu'il convient éviter en toutes sortes de vignes perchées.

Les oziers sont communément employés pour ligature des vignes, en estant la plus usitée et meilleure matière. Il est vrai, que trop bonne pourroit-elle aussi estre : car il y a des oziers si forts, qui non seulement ne laschent jamais prinse, ains au contraire, se renforcent tous-jours davantage, à mesure qu'ils se dessèchent : au préjudice de la vigne, qui craint fort d'estre serrée trop estroictement, jusques-là, que quelques-fois elle en est couppée. Parquoi faudra curieusement distinguer ces ligatures, donnant les plus fortes, à l'attache du bois mort, comme paux et perches ; et les soupples et desliées, pour les liens de la vigne.

Mesme considération est requise au gouvernement de la vigne treillée, de quelque forme et figure qu'elle soit, platte, en pendant, en berceaux, tonnelles, voulceures ou autrement disposées : excepté, que plus hautement on les relève sur terre, que celles à lignolot ; et plus aussi qu'elles, les charge-on de testes, sans restriction de nombre, iceluy dépendant de la faculté de la vigne. Sur le lier de la vigne, le vigneron notera ceci pour maxime, que, *de faire appuyer les drageons sur les perches*, pour d'elles estre soustenus, et non du lien : de peur que le lien rompant, la vigne ne versast par terre : ou tenant bon, elle n'en fust offensée, sa propre pesanteur faisant entrer l'ozier dedans son bois comme fer tranchant, dont finalement elle en seroit couppée. La vigne qu'on faict grimper contre les murailles des jardins, veut mesme traictement que les précédentes, excepté que son tige vient de plus bas, pour tant plus couvrir de murailles, laquelle (à l'aide du treillis de bois posé au devant d'icelle, soustenant la vigne) s'en couvre entièrement, en y espardant ses rameaux, comme tapisserie, à plaisir s'y agraffans les jettons. Elle est délectable à la veue, et profitable, pour l'abondance de bons raisins en procédans : lesquels par la chaleur venante de la réverbéra-tion que cause la proximité de la muraille, se cuisent en perfection, mesnageant ainsi la chaleur du soleil, qui, par tel artifice, en est de beaucoup augmentée ; aussi telle sorte de treillage est invention de pays froid : en chaud n'estant guières en usage. Hors l'approche des murailles, telles vignes treillissées s'accommodent ès jardins par allées, avec ornement et mesnage : mais ne donnent les raisins tant meurs, que celles qui joignent aux parois.

Le planter de toutes sortes de vignes appuyées, ne diffère en rien de celui des basses, excepté des plus relevées, qui ne peuvent estre édifiées que par chevelues. Tout à la fois on plante et eslève ces vignes-ci sur leur appui, pourveu qu'on aie des chevelues assés longues pour attaindre la hauteur des treillages. Les chevelues et les paux ou fourches, pour les supporter, sont mises ensemble dans la fosse, deux chevelues à chacun pau, l'embrassant de deux costés, et là attachées, demeureront pour tous-jours droictes, sans tortuosité, comme celles qui s'en montent par années. Cela est bien le plus beau, mais non le plus profitable : d'autant que le cep ne se peut si bien renforcer du pied, qu'il seroit à désirer, ayant à nourrir trop de bois en sa première jeunesse, dont la vigne s'en rend moins fertile pour l'avenir. Parquoi, plus profitable sera d'attendre que le temps ait engrossi les ceps, que si par impatience on gastoit la vigne en son commencement. Trois ans en feront la raison, au bout desquels la vigne aura attaint la hauteur du treillage, en l'allongeant chacun an, de ce qu'on verra estre nécessaire pour y parvenir : et lors on ajoindra aux ceps, les paux, fourches, colomnes et autres soustene-mens

mens des treilles : donnant ce terme-là,
loisir de les dresser bien à propos sans se
précipiter, dont la vigne, moyennant
aussi bonne culture, se rendra trés-
fructueuse.

Hautaignes. Ces vignes treillées, appellées ès Cévènes de Vivaretz, *hautaignes*, ainsi
dictes pour leur hauteur, ont quelque
conformité avec les hautains qu'on void
le long de la rivière de Loire, au pays
d'Anjou, en Piedmont, en Italie, et
ailleurs, hors-mis qu'il n'y a aucuns
arbres pour aider à lés supporter, ains
seulement du bois mort. Ce n'est le défaut du climat qui contraint au pays de
Vivaretz, à façonner les vignes de telle
sorte, ains, comme j'ai dict de l'Italie et
du Piedmont, l'accoustumance invétérée
en est la cause. A quoi peut-on ajouster
ceste raison, qu'estant ce quartier-là des
Cévènes, estroit en terroir, et icelui assés fertile, mesnageant la faveur du tempérament du ciel, le peuple le faict heureusement servir à porter blés, vins, et
fruicts des arbres : et vers Alex, en l'Uzège
près du Vivaretz, parties du Languedoc,
au lieu du blé, y cueillent du foin, plan-
tans leurs vignes treillées dans les prairies. Si qu'avec merveille y void-on s'accroistre par-ensemble ces divers fruicts :
mesme l'olivier et le chastagnier, quoi-que
de divers et presque contraire naturel.
Les hautaignes sont arrangées par proportionnés intervalles, comme en lignes
paralelles, pour donner lieu au blé ou au
foin, et aux arbres de s'accroistre entre
elles. La distance de l'une à l'autre n'est
limitée à certaine mesure, accordant
néantmoins tout bon mesnager, que tant
plus grande elle est, tant mieux à leur
aise et plus abondamment les fruicts de

ces trois genres y parcroissent. Tant y a,
que la largeur de dix à douze toises de
l'une à l'autre treille, sera raisonnable
pour satisfaire en cest endroit à l'intention de ceux qui ainsi désirent disposer
partie de leur terroir. A quoi ne se doit-on
nullement affectionner, si sur les lieux,
ou près de là, l'on n'a bonne provision
de bois de couppe pour le soustenement
de telles vignes, qui en consument plus
que nulles autres : car d'en aller cercher
loin avec de l'argent, ne seroit ni agréable
ni profitable mesnage. Le bois, après
avoir servi à la vigne le terme de durée
que nature lui aura donné, selon son espèce, ci-devant représentée, est envoyé
au feu, quand osté de la vigne, en sa
place en est surrogé de nouveau.

Vigne haute ou arbustive. A bonne raison appelle-on, haute,
la vigne arbustive ou branchée et jettée
sur les arbres, puis qu'elle est plus eslevée que les autres. Et si bien l'on communique ce nom à quelques treillées, c'est
pour la différence qu'il y a d'elles, aux
basses, eschalassées, et à lignolot. Telle
vigne est inventée pour la maturité des
raisins, s'accommodant au pays : car au
plus froid pays de vigne, les raisins ne
veulent mourir près de terre, pour sa
grande humidité, mesme en l'arrière-
saison de l'automne, devant laquelle communément ne vendange-on en ces quartiers-là, pour la tardité du climat : parquoi est-on contraint à les esloigner, en
eslevant les ceps. Au contraire des pays
chauds, où pour le bien de leurs vendanges, approchent les raisins de terre le
plus qu'ils peuvent, avec grande utilité,
se servans de la réverbération du soleil
contre le fonds.

Comment la planter. Ceste vigne arbustive se plante de sautelles ou chevelues, non de crocètes ou maillots, pour l'impossibilité de les faire reprendre près des arbres ja avenus; cela estant encores assés difficile, quoi-que de plant enraciné. Pour ce faire, est creusée une fosse longue de quatre à cinq pieds, large et profonde de deux et demi, joignant l'arbre de l'un des bouts : en l'autre bout sont plantées deux chevelues, toutes droictes sans recourbeure, esloignée l'une de l'autre, autant que la fosse est large. Là par bon traictement sont solicitées à s'accroistre, afin de pouvoir attaindre l'arbre en s'allongeans, ce qui pourra estre dans un couple d'années, estans supportées avec des paux et perches. Lors la fosse recouverte jusques au pied de l'arbre, et d'icelui couppées toutes les racines paroissans, les jettons des chevelues seront couchés le long d'icelle fosse, jusqu'au pied de l'arbre, attachés au tronc ; et grimpans contre-mont à mesure qu'ils croistront, s'agraferont aux branches. Deux chevelues jumelles plante-on, à ce qu'une mourant, l'autre satisface à vostre intention, et toutes deux reprenans, tant mieux ouvrer en cest endroit. Si pour la grandeur de l'arbre, deux chevelues ne suffisent à le revestir ainsi qu'il appartient, on y en ajoustera autres deux, par une seconde fosse qu'on fera de l'autre costé de l'arbre, dans laquelle on les plantera et provignera comme dessus. On creusera les deux fosses plus tendantes du costé du Midi que du Septentrion, à ce que les chevelues estans plantées en cest aspect-là, soient tenues en abri, tant que faire se pourra, et ce par le tronc de l'arbre. Ainsi marierés la nouvelle vigne au vieil arbre, moyennant aussi que d'icelui plusieurs branches soient ostées,

pour inviter les jettons du cep à se loger dessus sans importun ombrage.

Beaucoup mieux et plus profitablement, les vignes arbustives s'édifient par le planter des jeunes arbres avec les chevelues tout ensemble, que par la susdicte manière : se reprenans très-bien de compagnie, les arbres et les ceps de mesme aage, et par telle esgalité, s'entretiennent par-ensemble, pour durer longuement : d'autant que chacune plante reçoit sa portion de la substance de la terre pour sa nourriture particulière : ce que ne pourroit faire la vigne plantée après l'arbre, lequel, comme plus robuste, attireroit à soy le meilleur du fonds, au détriment de la vigne. Ainsi vaut mieux se disposer à cela tout-d'une-main, plantant et arbres et vignes ensemblement, pour avoir des meilleures vignes de ceste sorte, que de se contenter des moins fructueuses, en les façonnans par intervalles.

Pour donques sans sujection dresser une bonne vigne arbustive, on y ouvrera en ceste manière. Que le lieu, pour un préallable soit choisi comme il appartient, selon les générales adresses : vuidé de tous empeschemens, comme d'arbres de toutes sortes, de racines, et pierres importunes. Après sera prinse résolution, si parmi la vigne on veut semer du blé, ou non, pour dès le commencement disposer le lieu à ces deux usages, selon qu'en chacun d'iceux on treuve du mesnage. Ceux qui font du blé dans la vigne, tiennent que toute la despence de l'entretenement de la vigne, sort des blés qui en proviennent, de sorte que le vin et les sarmens qu'on en tire, restent de liquide revenu. Les autres ne croyent point que de vigne meslangée le vin sorte en si grande quantité, qu'estant seule : la terre ne pouvant que langoureusement satisfaire à la nourriture de divers fruicts ; et d'abondant estiment que c'est seulement apparence de bon mesnage, que de tirer la despence de la culture de la vigne, du blé croissant parmi elle ; et qu'il vaudroit mieux la tirer du vin mesme : attendu que le restant, tout bien compté, forme un raisonnable reveuu. Joinct que le vin en est beaucoup meilleur, que celui qui croist avec les blés : à quoi est requis avoir esgard, tant pour le choix qu'il y a de vin à vin, que pour l'honneur du climat. Mesme que c'est de l'usage des plus exquis terroirs-à-vigne, qu'ils ne sont employés à autre port qu'à celui des raisins (30).

Plus au large conviendra planter et arbres et vigne, au lieu où l'on prétend semer du blé, qu'en celui destiné pour le seul vignoble. Pour cestui-là, les arbres seront plantés loin l'un de l'autre, de cinq à six toises en rangées équidistantes de huict à dix : et pour cestui-ci, suffira la mesure de trois toises en tous sens, et pour les arbres, et pour les rangées : par ce moyen se treuvans disposés à la quinqu'once. En chacune desquelles ordonnances, les arbres seront plantés par rangées droictes, parfaictement allignées, à ce que la charrue y passe librement sans rien gaster. Ces arbres seront plantés, non par trous séparés, ains pas fosses longues et ouvertes, qui traverseront le fonds : afin que leurs racines et celles des ceps, puissent librement courir le long du fossé dans la terre freschement mouvée, sans qu'aucune durté les en destourne, dont telles nouvelles plantes prendront grand et prompt accroissement. Ces

fosses seront larges de quatre à cinq pieds, et profondes de deux, si c'est en terre forte et argilleuse ; mais en foible et sablonneuse, conviendra leur donner moindre largeur, et plus grande profondeur. Le temps de faire ces fosses, sera le mois d'Octobre et celui de Novembre, ou plustost, si le loisir le permet : lesquelles demeureront ouvertes jusqu'à la fin du Février, ou au commencement de Mars, qu'on y logera les plantes, et cependant les gelées de l'hyver en auront préparé la terre pour les bien recevoir. Le printemps est meilleur pour telles plantes, que l'automne, quelque séche que soit la saison ou la terre : attendu que c'est tous-jours en lieu froid qu'on les édifie (31). L'arbre sera choisi de la grosseur du bras, pour bien servir en cest endroit : car moindre, ne seroit de grande utilité, pour le hastif accroissement de la vigne, qui treuvant foible l'arbre, l'opprimeroit dans peu d'années. Quant à la vigne, elle sera tous-jours propre à planter, pourveu qu'elle aie belle chevelure, moyennant laquelle se reprendra et agrandira-elle très-bien joignant l'arbre : ce qu'elle ne pourroît faire, n'ayant des racines à suffisance pour tenir rang de compagnie avec l'arbre. Tout à la fois, l'arbre et les ceps seront plantés, quatre ceps à chaque arbre, desquels il sera environné : tous lesquels ceps joindront le pied de l'arbre, seulement par le bout du sarment, car les racines de la santelle ou chevelue, s'en reculeront tant qu'on pourra, à telle cause les couchans le long de la fosse, et ce sera pour donner à chacune de ces diverses plantes, sa portion du terroir. Par dessus et joignant les racines des arbres et des ceps, sera mise la plus cuite et meilleure terre tirée la première de la fosse, et l'autre en suite, comme dessus, et pour les raisons dictes. La fosse ne sera du tout recomblée de terre pour la première année (ou seroit que le fonds fust par trop humide), ains seulement à demi remplie de terre, pour contraindre les racines du nouveau plant à se fonder profondément, laquelle fosse, l'année d'après on achevera de remplir, en la réunissant au plan du lieu. En plantant l'arbre, on l'ostera sur terre, sept ou huit pieds, sans lui laisser aucunes branches, ains seulement des longs chiquots en l'endroit où mieux s'accorderont. Pour l'espargne ainsi édifie-on la vigne arbustive ; mais pour le mieux, en lieu plain, le champ est rayonné ou fossoyé des deux costés ; les fossés s'entre-croisans l'un l'autre, faisans par ce moyen, des grands quarrés au champ. L'arbre est posé à l'entre-croiseure, et en suite les quatre santelles chevelues, chacune à part en un fossé ; toutes ensemble environnans l'arbre de tous costés, au grand avancement de l'œuvre : tant pour le branchage des plantes, que pour leurs racines, s'esgayans presques par tout le champ, moyennant la terre mouvée des fossés. Ce qui ne se peut faire si bien par l'autre manière, y défaillant la moitié des fossés requis à l'accroist de la vigne, comme la besongne le monstre. Autant que les précédentes vignes, ceste-ci sortira de terre en la plantant, c'est assavoir, quelques quatre doigts, non guières plus, couppant là justement le bout de la chevelue au pied du tronc de l'arbre ; afin que son tige s'engrossisse de bonne heure pour se bien fonder. Au troisiesme ou quatriesme an, on jettera la vigne sur la fourcheure de l'arbre, l'ayant à ce préparée

au paravant en la remontant le long du tronc de l'arbre chacun an, petit à petit, jusques à ce poinct-là. Tandis l'arbre produira ses jettons, lesquels à mesure de leur accroist, seront disposés pour servir au support des rameaux de la vigne, couppant tous les rejets superflus, roignant et accommodant les autres à propos, guidé par l'ouvrage mesme. Aucuns façonnent l'arbre à deux et à trois estages, pour en autant de lieux, former comme des treilles rondes et plattes, sur lesquelles les jettons avec les raisins se reposent et accroissent. Mais ceste ordonnance n'est la meilleure : d'autant que seulement sont soleillés les raisins croissans au supérieur estage les autres par trop ombreux, ne pouvans du tout bien profiter. Parquoi, vaudra mieux s'arrester à un seul estage, lequel on façonnera grand et suffisamment large, pour contenir tous les rameaux de la vigne, qu'aussi à ce l'on accommodera à-tout la serpe, la deschargeant de tout le superflu. Il n'est toutesfois impertinent de laisser escarter aucuns vergettons de l'arbre, ramontans contre-mont plus hautement que les autres s'il s'accorde par la gaillardise de l'arbre ; pour faire grimper sur iceux quelque rameau de la vigne.

Autant curieusement que celles d'autre espèce, ceste vigne sera taillée en sa saison, laquelle est après l'hiver, selon les raisons du planter. Autrement, la laissant sans la façonner à la serpe, comme font aucuns mauvais mesnagers, de franche que la désirés, par son importune charge se rendroit sauvage, et ne produiroit que lambrusches (32). La manière de la tailler, est celle mesme des autres vignes : assavoir, en ostant tout le bois qui a apporté fruict la précédente année, excepté quelques sarmens de nouveau bois, longs, qu'on y laisse pour la production du fruict; ostant au reste, tous rejets superflus. Ce faisant, la vigne se deslie, et comme pour rafreschissement, se deslasse, estant nettoyée de toutes ses importunités : après elle est reliée avec des oziers doux et flexibles ; afin que moins en soit blessée. A quoi ceste considération servira, que de ne mettre le lien deux ans de suite en un mesme endroit, de peur d'en offenser le cep ; ains par années alternatives, remuer la ligature plus haut ou plus bas. L'arbre aussi tout-d'une-main sera esmundé par chacune année, et d'icelui osté ce qui apparemment empesche l'accroissement de la vigne ; auquel sera laissé seulement le nécessaire pour le support des rameaux des ceps. La vigne, pour sa grande fertilité, produit quelques-fois telle abondance de drageons, que les branches de l'arbre ne sont capables de les contenir ; ains, comment qu'on les dispose, versent en hors, se précipitans en bas à l'intérest des raisins : desquels, ainsi suspendus, s'en perd beaucoup, par l'esbranlement des vents. A cela le remède est, de roigner les cimes des jettons que verrés fort jetter en hors, contraignant, par ce moyen, la vigne, de se maintenir en ses limites ; remède qui servira aussi au profit des raisins, restans sur leurs appuis, pour s'en engrossir, par la raison notée ci-devant. Si d'aventure il vous faict pensement de tondre ces drageons-là, pour l'abondance des raisins qu'y verrés, afin de ne les perdre, vous-vous en abstiendrés jusques à la fin des vendanges, et lors sans délayer ni attendre la couppe générale de la vigne, telle réparation lui sera faicte ; la deschargeant par ce moyen, de l'importunité des vents de l'hyver qui la travailloient fort. Or comme ceste espèce de vignoble (ainsi que toute autre) est estimée pour l'abondance de son fruict, et cela ne pouvant estre qu'avec suffisant nombre de ceps et d'arbres requis pour les supporter : aussi doit-on mettre peine que les arbres en soient bien nourris et bien proportionnés, d'autant que plus paroît que de nulle autre vigne, la laideur de ceste-ci, quand les branches de ses arbres se treuvent manques et défectueuses. Pour l'honneur du mesnage, et pour le bien du revenu avec, est nécessaire de la maintenir par bonne culture, en l'estat qu'il appartient, et d'en réparer les défauts avenans par vieillesse ou accident.

C'est l'ordre observé à l'entretenement de toutes sortes de vignes, que de les provigner. On usera donques de ce remède envers le vignoble, particulièrement pour le regard des ceps, lesquels non seulement souffrent, ains se réjouissent de telle culture. Des arbres n'est pas ainsi, pour la difficulté de les renouveller par provignemens : laquelle se treuve plus grande en terroir de vignes, qu'en autre : pour la qualité, plus sèche qu'humide, qu'il requiert, contraire à tout provigner d'arbres, icelui ne pouvant estre sans beaucoup d'humeur : et encores convient choisir les espèces d'arbres, à ce particulièrement propres, qui ne sont de celles qu'on employe à l'appui des vignes. Sans donques s'amuser au provigner des arbres, pour les raisons dictes, ne d'y en replanter de nouveaux, ne se pouvans édifier parmi l'embarras des racines de la vigne, icelles ayans occupé tout le fonds :

nous remédierons à tels défauts, avec des paux, et perches, dont nous supporterons les ceps qui en auront besoin, les accommodans en treillages, comme s'accordera le mieux : par ce moyen, façonnant des vignes bastardes, participantes des arbustives et treillées ; lesquelles ne pourront faillir de se rendre bonnes, et autant belles, que communément la diversité est agréable.

Hauteur du tronc des arbres pour l'appui de la vigne.

La hauteur du tronc ou fourcheure des arbres, n'est tellement limitée à huict pieds, qu'elle ne puisse passer plus outre. Ce sera le naturel du fonds, qui imposera loi à ceci. Si la vigne est assise en lieu auquel elle se plaist le plus, comme sont coustaux et terroir maigre et sec, la mesure susdicte suffira : mais en basse campagne et terroir gras et humide, sera besoin la hausser jusques à onze ou douze pieds, voire et davantage, selon la fécondité du fonds ; mesme si on séme du blé au par-terre : auquel cas, la hauteur des arbres ne sera restrainte à certaine mesure. Car les blés ayans besoins d'estre favorisés du soleil et des vents, il est requis que le brancheage des arbres s'esloigne beaucoup de terre, pour leur nourriture. Comme avec merveille l'on void en certains endroits de la Savoie, les arbres porter la vigne fort hautement. Ces

Depens pour l'entretien de sa vigne.

vignes hautes s'entretiennent à peu de frais, s'y espargnant le bois pour les supporter, et les journées des ouvriers à en cultiver le fonds : à l'un satisfaisans les arbres, et à l'autre la charrue, puis qu'avec elle se faict le labourage, hors-mis où elle ne peut jouer, qui est près des arbres qu'on achève à la main. Telle commodité y fera réitérer le labourage, tant que la terre se réduise en poudre, sans souffrir

y laisser croistre herbe aucune, encores que le fonds ne soit destiné à porter du blé : car sans autre considération de profit, que des raisins, la chose vaut bien la peine. Joinct, que la disposition de la vigne, facilite l'œuvre, entant que sous les arbres, la charrue passe sans y rien gaster. Les pieds des arbres et ceps, où le soc ne peut passer sans apparent danger d'en rompre quelque partie, seront (comme dict a esté) cultivés à la main, d'où on ostera toutes nuisances, pour laisser les bonnes plantes en liberté. Et comme c'est chose asseurée, ceux-là recueillir meilleur vin, qui plus de façons donnent à leur vignoble ; se résoudra en cest endroit nostre mesnager, de n'espargner le labeur à ses vignes, mesme à celles-ci pour adoucir la sauvagine de leur naturel, provenante principalement de la qualité de son climat, à ce qu'il en tire abondance de bon vin, selon sa capacité.

Quels arbres propres à se servir.

Il a esté ci-devant pourveu à l'élection du complant de la vigne, et de quelles espèces de raisins, en cest endroit, l'on se doit servir. Quant aux arbres pour supporter ceste vigne, avec mesme curiosité les faut-il choisir. Ceux-là seulement retiendrons-nous, dont les racines et les rameaux, ne sont de maligne nature, ne contraires à la vinée, ne trop abondans en ces qualités-là : et qu'aient suffisante force pour soustenir la vigne, sans s'accabler eux-mesmes. Il est donques requis les arbres avoir peu de douces racines, et moyennement de rameaux pour inviter toute la vigne à s'accroistre et en ses racines, et en ses rameaux, par-ensemble avec les arbres, communiquans leurs facultés. Au contraire, ne les racines de la vigne, ne profiteroient près des racines améres des arbres (33) : ne les rameaux de la vigne, sous les grands ombrages des arbres, par trop touffus et mal-sains, tant est-elle noble, ne pouvant souffrir aucunes vicieuses qualités, soit dedans, soit dehors la terre. Ces choses semblent difficiles à rencontrer en mesme arbre; toutesfois par curieuse recerche, en approche-on de bien près; Dieu ayant pourveu à toutes nos nécessités. Les Antiques se sont en cest endroit servis des ormes, chesnes, fresnes, charmes, obiers, cornoalliers, érables : des saules et trembles en lieux humides. Aujourd'hui on y employe le cerisier, à quoi s'appropriant comme l'on désire par la facilité de sa couppe, et n'avoir les racines des-agréables à la vigne, est tenu des plus suffisans en ce service: ainsi qu'heureusement se pratique au pays hault du Dauphiné, vers Grenoble; où pour le support de la vigne, le cerisier est en réputation. Les Italiens ont une espèce d'arbre appellé, *opio* (34), qu'ils estiment surpasser tous autres pour le support de la vigne : après lequel font le plus d'estat du fresne; ainsi tiennent-ils ces deux arbres-là, les meilleurs pour ce service. S'estans à la longue prins garde, que les ormes, quoi-que les premiers en quartier, sont importuns à la vigne, pour leur trop abondante quantité de racines et de brancheage.

CHAPITRE V.

Enter la Vigne, la diversifier, la préserver d'injure, la guérir de ses maladies.

L'ENTER de la vigne est partie de ce mesnage, nullement nécessaire; toutesfois utile; mais beaucoup plus curieuse. D'estre nécessaire ne se peut dire, puisque les sarmens de la vigne, d'eux-mesmes, sans moyen, prennent promptement racine, fichés dans terre : au défaut de laquelle facilité, l'enter est inventé, duquel seulement on se sert és plantes dont les branches pour leur petite mouelle, sont incapables de prendre racine. Car si indifféremment tous arbres prenoient de branche, qui seroit celui qui voudroit prendre la peine d'enter ? Par branche s'édifient aisément les arbres ayans grande mouelle, sans autre mystère, que de les fourrer dans terre, comme se pratique és coudriers, figuiers, coigniers et semblables : tous lesquels arbres, la vigne surpassant en grandeur de mouelle, aussi les surpasse-elle en promptitude et facilité de reprinse; d'où procède l'abondance des vignobles, qui se voient presques par tous les lieux favorisés du ciel : et ne seroit telle, si on estoit contraint édifier la vigne par le seul bénéfice de l'enter.

L'utilité d'enter la vigne est, que par là, les ceps de mauvaise nature ou de peu de rapport qu'ils sont, deviennent dans peu de temps en bonne et fertile race; sans se donner peine d'user de changement de plantes : en quoi y a de la longueur, et de l'incertitude non seulement en la reprinse, mais aussi en la durée (35).

La curiosité est, en ce que par l'enter, les ceps sont meslangés pour produire des raisins de diverses couleurs et saveurs, avec merveille contrefaisant les effects de nature. Les Anciens n'ont ignoré ceste partie de vigneter, l'ayant pratiquée en deux sortes, assavoir, en perçant le tronc du cep, et en le fendant. La manière en

est telle. Le tronc de la vigne qu'on désire enter, est percé en travers, un peu en biaisant, en endroit uni et solide, par dessus terre, tant haultement qu'on veut. Le trou est faict montant de bas en hault, et par là, dans icelui pour greffe, le sarment est fourré, tant avant, que parfaictement il joigne au trou. A cela est accommodé le sarment, nettoyé de tous empeschemens, sans toutes-fois l'escorcer, ni oster les bourgeons. Après, le greffe est roigné à la sortie quatre doigts de long, ou seulement autant que deux œils ou bourgeons peuvent contenir, et quelque peu d'avantage, pour accompagner le dernier œil. La plaie du trou est fermée des deux costés, à l'entrée et à la sortie, avec de la cire ou de l'argille, puis couverte à-tout des drappeaux ou escorces, si curieusement, qu'aucune humidité ne vent n'y puissent entrer. Le tronc ou cep enté, est aussi couppé un pied ou environ au dessus de l'enteure, afin que toute sa substance parvienne au nouveau enté : lequel sera soustenu par quelques petits paisseaux qui serviront, en outre, à supporter les nouveaux jettons qui en proviendront, à ce que les vents ne les rompent. Le sarment pour greffe est prins en un cep planté joignant celui qu'on ente : non en le couppant, ains en le laissant vivre de la substance de sa mère, pour un couple d'années, et jusqu'à ce que par nouvelle nourriture tirée du cep sauvage, il s'accroisse sur icelui. Et lors, comme sevré, sera séparé de son premier estoc, en le roignant justement au rés du tronc, sur lequel il est inséré, en l'endroit de son entrée. Ainsi sans hazard, se faict cest entement, beaucoup prisé par les Anciens. Mais rarement y peut-on avenir, pour la difficulté qu'il y a au rencontre du sujet et du greffe ; car de nécessité, convient cestui-là, estre gros et uni ; et cestui-ci, lui estre joignant, afin de s'accroistre par-ensemble. Ne pouvant com-

modément jouir du voisinage de ces deux plantes pour tel service, le pourrés faire autrement ; non toutes-fois avec tant d'asseurance de reprinse, qu'en la manière susdicte. Le tronc de la vigne que voulés enter est à demi percé, et seulement jusqu'à la mouelle sans la toucher : là est fourré un sarment pour greffe, prins d'où il vous aura pleu : ce sera par le gros bout au-paravant aiguisé et accommodé avec un cousteau bien trenchant, sans toucher à la mouelle. Par force et à coups d'un petit marteau, le ferés entrer dans le trou, et tant avant, que ce qu'aurés appoincté se cache dans icelui : et là bien affermi avec de la cire ou de l'argille, sera couvert, afin qu'il ne se mouille ni esvente aucunement. Le trou ira de haut en bas, à ce que le greffe l'a inséré, regarde en hault pour la commodité de ses nouveaux jettons. L'instrument à faire ce trou en ceste manière d'enter et en la précédente sera un bon gros vibrequin de menuisier qui est beaucoup meilleur qu'un taraire : parce qu'il cave par retailleures, sans faire poussière ne rebaveure, comme

le

le taraire : chose que la vigne hait que d'estre mal unie en sa couppe. Voilà la façon antique.

Modernes.

Maintenant avec moins de mystère ente-on la vigne ; c'est à la manière des arbres fruictiers, en fente ou au coin : en ce poinct seulement différant des arbres, qu'elle ne prend entée sur terre, qu'à très-grande difficulté. Le cep deschaussé dans terre, demi-pied ou trois quarts, et là rondement couppé, est fendu en travers espargnant la mouelle : puis dans la fente sont mises deux crocètes, pour greffes, joignans l'escorce du tronc des deux costés : après doucement liées sans beaucoup presser avec des oziers mols et flexibles : finalement, le tout couvert d'argille et d'escorces de saule, ou de drappeaux, pour le garder d'esventer, est rechaussé, laissant sortir sur terre seulement deux œils ou bourgeons des greffes. Plus facile que durable est la reprinse de ceste enteure, ne pouvans les greffes recouvrir la plaie de l'incision du tronc : à cause que par icelle, sort si grande abondance d'humeur, que suffoquant les greffes, les destourne de s'engrossir, dont langoureux, périssent dans peu de temps. A cela remédie-on en divertissant telle humeur surabondante par incision faicte au pied de la vigne, plus bas que l'enteure : d'où comme fontanelle, utilement, telle malignité découle. Mais le souci de ceste singularité, et la peine qu'elle donne, rend vain le remède. Ce qui a causé l'invention d'enter les ceps au bout des sarmens, en les provignant, comme a esté touché, authorisée par l'expérience. Dont l'heureux succès monstre ne craindre la courte vie de la vigne, ainsi affranchie : attendu que sans importunité d'humeur, estans de mesme aage le sauvage et le franc, ensemble de compagnie, se maintiennent.

Une large et profonde fosse sera faicte autour du cep que voulés enter, dans laquelle renverserés le cep, escartans ses rameaux és costés, les faisant recourber en haut par le bout. Quatre doigts sur la recourbeure, un pied dans terre, les sarmens seront couppés rondement, puis avec un cousteau bien trenchant, on en fendra trois doigts, et dans la fente appliquera-on, pour greffe, le sarment faict en coin, et si bien taillé, que ces deux escorces des deux costés se joignent à celles du sauvageau : à telle cause, l'un et l'autre estans choisis de pareille grosseur, comme a esté dict. La plaie couverte d'un peu de cire ou d'argille, sera liée à tout du chanvre ou avec un ozier mol et doux : et pour fin, le tout sera enterré, exceptés deux œils ou bourgeons de l'ente, qui ressortiront hors de terre, comme dessus.

Temps d'enter la vigne.

Tous lesquels entemens veulent estre faicts au commencement du printemps, sans autre esgard de la lune, que des jours de sa plus grande foiblesse, montant ou descendant, qui peuvent estre six, qu'en ceste action faut éviter. Comme aussi ne convient entreprendre d'enter la vigne és jours froids, venteux, pluvieux, ains pour ce faire, choisir le beau temps. Tou-

Quels cions pour greffes veulent choisir.

chant l'élection des greffes et cions pour enter, autre manière de les bien cognoistre n'y a-il, que celle devant dicte aux choix des maillots ou crocètes, où se faudra arrester. Observant ceci, que de se garder de tronçonner une crocète en plusieurs pièces, pour en faire divers entes (faute trop lourde et irrémédiable) ains seulement enter les plus prochains œils du vieil bois d'icelle ; comme estans les plus fertils. Et c'est ce qui faict que l'enter de la vigne est tant prisé, quand autres que les bourgeons féconds, ne sont employés en cest endroit.

Quant à enter la vigne sur les arbres, c'est temps mal employé : car, sauf la correction de certains Anciens, elle ne se peut reprendre que très-difficilement, sur autre espèce que sur la sienne : n'estant ce chose jamais veue, que de faire sortir de l'huile des raisins d'une vigne entée sur un noyer : ne meurir des raisins au printemps, en celle qui est insérée sur le cerisier ou guinier : dont ceux qui, par curiosité, l'ont expérimenté (sous antiques enseignemens) pourront rendre tesmoignage. Il est bien vrai, que par curiosité, on pourra faire produire à un cep diverses sortes de raisins, de figure, de couleur, de saveur, selon que diversement les espèces seront appliquées. Mais beaucoup plus naïvement faict cela nature d'elle-mesme, que l'artifice de l'homme, bigarrant les raisins, sans moyen : non tous-jours, ains comme par jeu, quelques-fois, tacheté de blanc, les raisins noirs ; et de noir les blancs. Un tel raisin ai-je moi-mesme cueilli sur un cep en ma vigne musquate, duquel la moitié de la grappe estoit de grains noirs, selon le naturel du cep, et l'autre, de blancs ; tous les deux parfaictement meurs : et ce qui augmentoit la merveille, estoit, que sur les grains noirs, y avoit des taches blanches, et sur les blancs, des noires, figurées en jaspe. Tels raisins peut-on accoupler avec les *capniens* de *Pline*, croissans en la Calabre, lesquels il dict estre ainsi qualifiés naturellement, durant quelques années, et non

toutes de suite. Or si tant est, que pour le contentement des curieux, imitant nature, l'on vueille bigarrer la vigne, on le pourra faire en ceste sorte.

Soient choisies deux crocètes droictes et unies, de deux diverses races, et différentes couleurs de raisins, comme noirs et blancs, puis fendues de leur long, non du tout au milieu, ains jusqu'à la mouelle, sans toutes-fois y toucher nullement : après joints ensemble par les deux plaies tant uniment qu'on pourra, la commissure luttée avec de l'argille, et délicatement couverte avec du linge, non tout le long des crocètes, ains en espargnant les œils et certains autres endroits pour bouter hors terre et prendre racine dedans icelle : et après avoir le tout lié assés serréement avec des oziers ou du chanvre, sera planté tout droict dans terre, deux œils en ressortans, comme avons dict sur le planter de la vigne. Moyennant bonne culture et opportun arrousement produiront leurs jettons, et à la longue, en leur saison, du fruict meslingé : c'est assavoir, raisins blancs et noirs, de ceste couleur-ci, de l'endroit où la crocète est noire, et de ceste-là d'où elle est blanche. Mais s'il est question d'avoir des raisins encores plus meslingés, ne se contentant qu'un cep produise raisins de diverses et distinctes couleurs, ains qu'en mesme grappe paroissent telles diversités, comme j'ai dict ci-dessus, conviendra passer plus outre. Au mois de May, deux des nouveaux jettons de demi-pied de long, plus ou moins, croissans ès deux costés de la crocète susdicte, sans les arracher d'icelle, seront liés ensemble, lesquels pour leur tendreur, sans aucunement les fendre, se joindront tellement, que des deux ainsi mariés, s'en fera un seul qu'on provignera dans terre au mois de Mars ensuivant, et d'icelui se formera un cep qui en son temps portera des raisins tels que demandés. Un plus court chemin pourra-on tenir pour parvenir à ce poinct, c'est en se servant de deux nouveaux tendrons, prins ès deux ceps voisins, différens en couleur, unis, incorporés et gouvernés comme dessus. Par mesme adresse diversifiera-on les saveurs et figures des raisins, ainsi qu'on voudra : en assemblant plusieurs ver-jettons de ceps de différentes sortes, voire jusqu'au nombre de quatre ou cinq.

Moyen pour diversifier saveurs.

Mettre dans le vuide de la fente des ceps qu'on ente, ou au lieu de la mouëlle, qu'à ce expressément l'on aura ostée, des liqueurs et poudres douces et aromatiques, comme succre, miel, canelle, girofle, muscade, pour donner bon goust aux raisins, et les parfumer : des couleurs des peintres, pour les teindre et colorer : de la reubarbe, aloès cicotrin, et autres laxatifs, restrinctifs, dormitifs, pour causer aux raisins telles vertus ; de la thériacle, pour servir contre le venin, et semblables matières, n'est science assés solide, ne sur laquelle l'on se puisse fonder, quoi-que *Pline* et *Constantin-César* s'efforcent de l'enseigner. Non plus que de faire venir les raisins sans pepin en ostant la mouëlle des crocètes qu'on plante : disans cela se pouvoir faire à tout une cur'aureille, les ayans fendues de leur long, et ainsi vuidées après rejointes les loger dans terre. Il est bien certain que le vin tire quelques-fois l'odeur des herbes croissans auprès des ceps, comme cela se remarque à Tournon et ailleurs, où le vin de quelques terroirs sent l'*aristolo-*

chia rotunda, ou fausterne : mais cela est si peu, que ne pourroit servir en médecine. Contre l'avis de *Caton*, lequel pour remède en maladie, conseille faire des vins provenans des ceps, près desquels expressément l'on plante de l'ellébore et de la scammonée : et *Pline* y veut de l'aluyne et de l'hysope ; preuvant son dire parles vins croissans ès marests de Padoue, sentans le saux. Ce seront les vins médicinaux qui serviront en cest endroit, si ainsi on le désire, qu'en temps de vendanges on dressera à volonté : comme sera monstré en son lieu, et partant sans nous donner peine de faire des vignes droguées, les laissans là, composerons le moust pour divers usages avec beaucoup de facilité (36).

Maux des vignes, et leurs remèdes.

Touchant aux maladies des vignes, quelques petits remèdes bons et expérimentés y a-il, pour les guérir, que le prudent vigneron n'ignorera : la plus-part desquelles maladies, viennent accidentalement, ou du temps, ou d'imprudence. De parer le temps qui leur contrarie, n'est au pouvoir de l'homme, seulement par certaine providence en adoucit-il aucunement le coup, et après en consolide la plaie, Dieu lui ayant donné telle faculté. Aussi d'engarder d'injurier la vigne par sottise, dont bien souvent elle se perd, comme de ne la tailler au temps et ainsi qu'il appartient, ou quand par trop rude approche d'hommes ou de bestes, elle est rompue, rongée, et autrement mal gouvernée. Parquoi, en tels évènemens et autres nécessités, la vigne sera secourue en ceste manière.

Contre les gelées.

Les gelées sont aucunement destournées de la vigne, si en les prévenant, on faict en plusieurs lieux d'icelle des grosses et espesses fumées avec des pailles humides, et fumiers mi-pourris, lesquelles rompans l'aer, dissolvent telles nuisances. Voire, et après les gelées estre tumbées, telles fumées sont fort utiles : pourveu qu'on les emploie devant que le soleil frappe dessus, pour ne lui donner loisir d'eschauffer les gelées estans encores sur la vigne : ce qu'à son détriment il feroit sans tel remède : lequel, par prévoyance, l'on préparera de bonne heure, faisant en divers endroits de la vigne des petits monceaux des matières susdictes, esquelles le feu sera mis au besoin, sans délai (37). Tailler tard la vigne sujète aux brouillars, pour sa situation, ou pour son espèce, et tard en labourer le fonds, la garentit aucunement des gelées; d'autant qu'elle ne bourgeonnera, que le temps ne se soit aucunement deschargé des importunités restantes de l'hyver. Et n'auront tant de prinses les gelées sur les jeunes bourgeons de la vigne, que tard l'on aura labourée, qu'à celle dont la terre aura esté fraischement ouverte. Car non seulement les gelées tumbent du ciel, ains sont fortifiées par la vapeur de la terre, laquelle en donne tant plus, qu'elles en ont plus facile issue. Et icelle leur estant presques interdite, par la durté de la terre non-labourée et affermie par le trépigner, en taillant la vigne, la liant et enlevant les sarmens, grand mal ne peut avenir au nouveau bourgeon par les gelées, dont demeurera asseuré : jusques à ce que la chaleur de la saison, faisant cesser telles nuisances, l'on en puisse labourer le fonds sans crainte. Laquelle tardiveté la vigne attendra patiemment, ayant esté traictée comme j'ai monstré : c'est à dire, hyvernée; qui est l'œuvre donnée

en hyver, la plus valeureuse de toutes les autres.

Contre la gresle.

La vigne tempestée de la gresle et de la gelée, sera remise en bon estat, si incontinent après le coup, elle est retaillée, en lui couppant tous ses jettons, bons et mauvais : car par s'en voir deschargée, ne pouvant demeurer oisive, reproduira de nouveau dans peu de temps; voire des raisins celle mesme saison, si d'aventure telle recoupe se treuve faicte dans le mois de Mai. Lesquels raisins pourront servir à faire du vin, le temps les favorisant, ou pour le moins, du ver-jus. N'advenant cela si tost, tel remède ne laissera pourtant de profiter à la vigne, pour la réparer, en la disposant à porter fruict l'année suivante : autrement ne s'en voulant servir, n'en pouvés attendre vendange de valeur, de trois ou quatre ans, qu'à la longue nature la remettra en son premier estat.

Les brutoles.

Certaines bestioles de diverses espèces, tourmentent la vigne au nouveau temps spécialement celles qu'on appelle coegniaux, de couleur verte, luisante, couppans les tendrons avec les raisins, en fin s'enfermans dans des fueilles de la vigne, qu'ils roulent comme parchemin (à telle cause dits *instrumentiers*, à Tournon), y faisans leurs œufs. Le remède à cela est, de les oster avec les mains, ce qui se faict assés facilement au lever du soleil : et encores mieux en esbranlant le pied du cep, les faire choir dans l'eau qu'on portera avec un seau, où ces bestes se ramasseront et noieront. Et pour en perdre la race, faudra prendre et fouler aux pieds les œufs qu'on trouvera dans les fueilles roulées, suspendues au cep (38).

*Fourmis,
chenilles, et*

Quant aux autres bestes, comme fourmis, chenilles et semblables, pour les faire mourir, ne faut que cultiver souvent le fonds de la vigne, pour, en rompant leurs nids, les destourner de s'engeancer : à quoi est bon aussi mesler quelques-fois au guerest, des cendres de lessive ou buée, des cieures de bois, des suies de cheminée, des sablons, des fumiers propres à la vigne, et autres engraissemens, car tout cela contrarie à toutes telles races de vermine.

Les connins.

Pour chasser les connins dépérissans la vigne, brouttans les premiers de ses rameaux : faut les parfumer avec du souffre, l'odeur duquel ne pouvans aucunement souffrir, s'enfuient dès aussi tost qu'ils la sentent. Le moyen en est facile : des petits paisseaux de bois sec propre à brusler, seront enduits d'un bout avec du souffre fondu, comme allumettes ; et de l'autre, fichés droictement dans terre : le feu mis au souffre, fera ce que désirés. Et afin que ce bestail ne retourne plus à la vigne, tant que ses jettons, pour leur tendreur, en craindront la morsure ; sera de besoin réitérer le reméde de quatre en quatre jours, jusques à ce que les rameaux du cep soient fortifiés et endurcis : car après les connins n'y toucheront nullement, ains se paistront des matières tendres, qu'en abondance ils treuvent lors en la campagne, ne s'attachans jamais aux dures, que pressés de famine.

*Contre la
morsure du*

La plaie du cep blessé avec le hoyau, esclaté ou fendu par aucun évènement, sera consolidée, en y appliquant un emplastre faict de fien de brebis ou de beuf, avec de la terre grasse, enveloppés dans un drappeau, l'y faisant tenir tant longuement qu'on pourra, le mal estant ou dehors ou dedans la terre. Par mesme reméde, sera guéri le venin provenant de la morsure des chèvres et autres bestes, après en avoir retaillé ses branches par dessous les brouttenres, les plaies estans grandes : mais si petites, le seul retailler suffira, laissant au reste faire à nature, laquelle sans autre roystère les remettra en bon estat.

*Contre l'in-
fertilité.*

Quant à l'infertilité de la vigne, le plus asseuré reméde est, de la provigner, et l'enter, comme a esté monstré ci-dessus, changeans par là, les infructueuses en plantureuses ; sans s'amuser à les droguer ne médeciner autrement. Non plus que par extravagans remèdes, à cuider secourir les vignes langoureuses, deschéantes et pleurantes : celles qui sont tourmentées des poux, chenilles et d'autres vermines ; celles qui pourrissent leur fruict ou qui le bruslent. Comme, par arrousemens d'urines : par frottemens de lie de vin : par unguens faicts avec du bitumen : des cendres avec du vinaigre : de farine d'orge avec du pourpier : aussi par frotter le trone de la vigne, et la serpe dont on la couppe, avec des graisses d'ours, et de lyon, et des aulx pilés, bien que ce soient enseignemens tirés de l'antiquité. Par estre ces choses trop pénibles au vigneron, et si peu accompagnées de raison, que mieux vaut les laisser aux curieux, que de s'y arrester, pour bien et fidèlement cultiver la vigne en toutes ses parties : et selon que ses espèces particulièrement le requièrent, comme a esté représenté. Moyennant quoi, rapporteront les vignes tant de fruict, que sous la faveur céleste, le père-de-famille aura plustost faute de logis, que de vendange.

CHAPITRE VI.

Préparation aux Vendanges.

Le père-de-famille ne se peut du tout descharger du vin de ses vendanges.

Sɪ la vigne, au cours de son maniment, requiert beaucoup de science et de diligence, c'est en ce poinct de la vendange où ces choses sont nécessaires, pour en perfection de bonté et d'abondance, tirer le fruict que Dieu par là nous distribue. Les récoltes de tous autres fruicts que la terre produit, se peuvent faire par procureur, où autre intérêt ne peut advenir, qu'en la quantité, demeurant tous-jours la qualité semblable à elle-mesme. En cest endroit, peut-on et en l'une et en l'autre, estre défraudé; mesme c'est chose non seulement très-difficile, ains presque impossible, le père-de-famille estre satisfaict touchant la qualité de ses vins, si de l'œil il abandonne ses celiers et caves, tant que ses vendanges dureront, pour en laisser le gouvernement souverain à ses gens : n'estant telle action, celle qu'on doive commettre à personnes, dont le goust est semblable à la rudesse de l'entendement. Aussi, ce n'est en la cave du grossier paysan, quoique sis en pays de bon vignoble, que communément l'on treuve les plus précieux vins; ains chés les gens de bon esprit, lesquels en rapportent ceste louange, que celui est estimé homme de bien, qui a de bon vin. De là est aussi tirée ceste maxime, *qu'une seule fois l'année l'on se doit apprester à boire.* Suivant laquelle, void-on en temps de vendanges desloger des grosses villes les présidens, conseillers, bourgeois et autres notables personnes, pour aller aux champs, à leurs fermes, pourveoir aux vins : aimans mieux prendre telle peine, pour estre bien abruvés, que l'estre mal, en espargnant ce peu de souci qu'il y a en tel mesnage. C'est pourquoi les vacations de Septembre jusques à la Sainct-Martin, sont ordonnées en tous les Parlemens de France, donnans loisir à messieurs de la justice, par la longueur de ces deux mois-là, de faire faire leurs vins à leur plaisir; n'allans tant finement aux moissons, dont les séries finissent presques aussi tost qu'elles commencent. Nostre mesnager donques, s'esgayant en ses vendanges, pourvoira avant leur arrivée, et à temps, à tout ce qui est requis pour telle fatigue, et à loisir s'accommodera de tines, cuves, cuvetes, baignoires, fouloires, pressoirs, cornues, tonneaux, cercles, oziers, corbeilles, maudes, paniers, et d'autres meubles servans à tels usages. De mesme revisitera-il ses celiers et caves, pour les faire ré-accommoder, et nettoyer tant curieusement, qu'il en face oster toute saleté, laquelle y séjournant pourroit causer mauvaise senteur au vin; ce qui lui est tant préjudiciable, que pour petite qu'elle soit, il s'en rend mauvais, et de peu de valeur : comme au contraire, par l'approche de la bonne, son prix s'en augmente. Pour laquelle cause, seront les celiers et caves situés en l'endroit de la maison le plus net, esloigné de retraits, cloaques, estables, poulailliers, bains, fours et autres lieux puants. D'ailleurs, aucune mauvaise senteur n'y sera apportée, de peur de la communiquer au vin; comme lards, huilles, laines, oignons,

Fera il bon à ses présidens pour tel mesnage.

pastennades, raves, choux-cabus, chastaignes, pain chaud, coucons de vers-à-
soye et autres choses que plusieurs im-
prudens et non scrupuleux mesnagers,
reposent dans leurs caves, au détriment
de leurs vins: ains pour iceux seuls, laissera les caves libres, à ce que les vins y
séjournans nettement, se puissent conserver.

De la situation et aspect des celiers et
caves à tenir le vin, ailleurs particulièrement a esté discouru, avec les autres commodités du logis : néantmoins de peur
d'oublier chose tant nécessaire, sans
crainte d'ennuyeuse redicte, vous en représenterai-je de rechef ces observations.
Que l'accès des celiers et caves soit plaisant et libre, afin d'inciter le père et la
mère-de-famille à y aller souvent, quand
ce ne seroit qu'en se promenans, pour le
bien qu'y apporte leur présence : qu'en
l'assiète des celiers et lieux à tenir les
cuves et pressoirs, n'y a aucune sujection ; car en quel pays qu'on soit, tous
aspects leur sont bons, pour le peu de
séjour que le vin y faict. Des caves n'est
pas ainsi, que de nécessité convient estre
fresches, puis-que la frescheur est la conservation du vin. Les caves donques regarderont le septentrion, si estes en pays
chaud : si en froid, ce sera en tout autre
aspect le mieux vous venant à propos,
pour la naturelle frescheur du climat,
favorisant la conservation des vins. Que
les caves soient enfoncées dans terre, si
faire se peut, pourveu que les eaux en
vuident : estroites et longues, plus obs-
cures que claires, voutées bassement par
le dessus et pavées par le bas, pour les
pouvoir tenir nettes et sèches : qu'aucunes
herbes ou racines d'arbres n'y soient souf-

fertes accroistre, comme quelques-fois
avient par négligence : et à ce qu'aucune
saleté n'y séjourne, les caves seront souvent baloyées. Telles estans vos caves,
et basties et tenues, conserveront très-
bien les vins : dont la sécheresse et netteté du lieu où ils séjournent en est l'une
des principales causes, et de la longue
durée des tonneaux et cercles, lesquels
se consument tost en lieu humide.

Il est vrai que l'eau de fontaine ou de
ruisseau, claire et coulante, sert beaucoup à la conservation des vins, quand
en esté on l'accommode de telle sorte,
que l'ostant et remettant à volonté elle
passe dessous les rengées des tonneaux,
sans toutes-fois les toucher : dont il avient
que les vins en sont si bien rafreschis,
que bannie toute chaleur à eux importune, ils demeurent sains et entiers : parquoi le mesnager sera très-bien advisé,
ayant l'eau à commandement, de l'employer à un usage si exquis et profitable.
Ce rafreschissement approche de la coustume de certains Alemans, qui tous les
jours chauds d'esté, lavent par le dehors leurs tonneaux-à-vin, avec de l'eau
claire, pour communiquer sa frescheur
aux vins, comme préservatif contre les
chaleurs de la saison. Autres composent
ce lavement avec des lessives à ce propres :
et tous ensemble tiennent leurs caves fort
nettes, les baloyans autant diligemment
que leurs salles et chambres. Or soit ou
ce remède là, ou l'obscurité de leurs
caves, ausquelles on ne peut aller sans
lumière, n'y ayant que petits souspiraux
pour rafreschissement : ou le souffre dont
ils parfument leurs tonneaux, peu avant
qu'y loger le vin : ou bien leurs climats
plus froids que chauds, c'est sans doute

que les vins y durent jusqu'à trente ans et davantage ; mais communément les gardent-ils douze ou quinze ans : voire ceste coustume est observée en plusieurs lieux d'Alemagne, que par honneur celui qui marie sa fille, à ses nopces faict boire du vin de l'année de la naissance de l'espousée, elle et le vin estant de mesme aage. Une contrariété naturelle se remarque au fruict de la vigne : c'est qu'estant le raisin au cep prés de sa meureté, ne requiert que chaleur : et réduit en vin, que frescheur, pour sa conservation. Aux pays méridionaux et septentrionaux, telle primeur se représente clairement ; en ceux-là se préparans mieux les vins ; et en ceux-ci, se gardans par plus longues années.

Les premiers réceptacles des raisins et des vins, selon qu'ils se treuvent bien ou mal qualifiés, donnent aussi les premières bonnes ou mauvaises odeurs et saveurs aux vins : lesquelles très-facilement ils reçoivent, voire souventes-fois prennent-ils de là le commencement de leur ruine, quand par mauvais gouvernement tels ustenciles sont punais ou moisis. Laquelle perte l'on préviendra dès les précédentes vendanges, en nettoyant curieusement les cornues, fouloires, tines, cuves et semblables meubles, après s'en estre servis, pour nettement demeurer en lieu sec le reste de l'année, attendans nouveau besoin ; sans les employer à autres usages, de peur de les gaster par l'attouchement et attraction de mauvaise senteur. Surtout en défendra-on l'approche aux pourceaux et autre bestail à quatre pieds, aussi aux poules, oies, et généralement à toute sorte de volaille, à cause de leur fiente, qui tous-jours porte grand dommage au vin. Et d'autant qu'il est très-difficile de bannir les rats des lieux où les cuves sont dressées : il y a moyen d'en prévenir l'infection provenante de la charongne de tel bestail, quand par mesgarde estant sauté dans la cuve, est contraint d'y mourir de faim, par n'en pouvoir ressortir. C'est en lui faisant une issue, par une longue perche qu'on mettra dans la cuve, attaignant du fond à la cime, et posée en ligne diagonnale, par le pendant de laquelle les rats gravissans, en vuideront facilement. Non-seulement est nécessaire de bannir des cuves toutes mauvaises senteurs, ains requis de les parfumer de bonnes, pour les apporter és vins qui y sont cuvés : ce qui n'est impossible ne trop difficile ; voici comment : après avoir vuidé, séché, et curieusement nettoyé vos cuves, y mettrés dedans bonne quantité d'herbes et arbustes odorans (desquels par tous pays se treuve assés, mais plus és-chauds qu'és froids) comme du thim, du serpoulet, de la lavande, de l'aspic et semblables ; lesquelles matières, par le séjour d'un an qu'elles feront dans les cuves, y laisseront les odeurs de leurs qualités, au profit des vins qui par après y seront cuvés.

Il est à propos en cest endroit de parler de la matière des meubles de cave, quant aux tines ou cuves ; lesquelles on compose de bois ou de pierre, selon la diversité des humeurs des personnes : quant aux tonneaux, le seul usage du bois est maintenant receu parmi nous, et non la terre cuite, à la manière des Anciens, comme sera monstré en ce mesme lieu. De la pierre donques et du bois se sert-on diversement à faire des cuves,

utilement

utilement toutes-fois de l'une et de l'autre matière, plus fréquemment néantmoins de ceste-ci, que de ceste-là, l'usage l'ayant emporté dès long-temps. De toutes sortes de bastimens, soit de pierre de liais, ou de taille, ou de moilon, se façonnent des bonnes cuves; pourveu qu'on prenne garde d'en faire les murailles de raisonnable espesseur, maçonnées à chaux et sable, bien à profit, et en l'intérieur cimentées, comme cisternes. Ainsi dressées, elles contieudront très-bien le vin, et s'y préparera aussi de mesme. Ne sont sujètes, comme celles de bois, à recevoir mauvaises senteurs : sont de grande durée : de peu de despence en leur entretenement : faciles à nettoyer quand l'on s'en veut servir : accommodables par tous les lieux où l'on désire, sans aucune sujection de figure. Voilà les commodités des cuves de pierre; en voici les incommodités, si toutes-fois incommodité se peut dire : que le vin n'y boult si tost, qu'en celles de bois, pour le naturel de la matière : mais la patience de l'attente, satisfaict au père-de-famille, voire telle tardiveté lui vient à profit, quand non pressé de ses vins, tout à loisir et sans se précipiter, il pourvoid au faict de ses vendanges. C'est tout ce qu'on a à dire contre les cuves de pierre, car de les condamner pour espancher le vin, n'y a raison, puis qu'autant en font bien celles de bois, estans mal faictes. Mais ce mal ne sera à craindre, si dès le commencement elles sont dressées de bonne main, et sans espargne : cela estant, et bien gouvernées, elles demeureront entières pour plusieurs générations.

Plusieurs pierres de bois servans en

Touchant les cuves de bois, de toutes sortes d'arbres propres à la charpenterie

meuble de vin

s'en faict de bonnes, spécialement de chastagnier et de chesne ; aussi des tonneaux. Le vin séjournant dans le chastagnier n'y acquiert aucune mauvaise senteur, comme celui qui est logé en tines et tonneaux de chesne, d'où ès premières années de tels meubles, il tire une odeur extravagante ; odieuse à aucuns, agréable à d'autres, lesquels pour la conserver, ajoustent tous les ans à leurs tonneaux vieux, quelques nouvelles douves de chesne, dont ils la renouvellent ; tant est divers le goust des personnes. Des façons, figures, capacités des cuves, tonneaux, pressoirs et autres ustenciles servans à faire et garder les vins, n'est besoin que j'en parle : à cause de l'impossibilité de pouvoir satisfaire à un chacun, laissant cela, comme chose indifférente, à l'usage ordinaire de chacune province.

Divers matières pour conserver les tonneaux vuides

Aussi divers avis y a-il sur l'entretenement des tonneaux estans vuides, l'un des principaux articles de la garde des vins. Plusieurs font défoncer les tonneaux incontinent que le vin en est tiré, les nettoyans bien, en leur ostans toute la lie molle, et séchés au soleil, les mettent reposer en lieu du tout esloigné d'humidité, pour le reste de l'année, en attendant nouvelles vendanges : lesquelles arrivées sont les tonneaux raccoustrés et reliés tout à neuf : où sans les laver d'aucune liqueur (ne souffrans mesme une seule goutte d'eau les toucher) est mis le nouveau vin. D'autres au contraire, ne touchent à leurs tonneaux depuis les avoir assis en la cave, jusqu'à une autre saison, sans souffrir d'estre aucunement sous-levés et esgayés par derrière, pour en faire du tout escouler le reste du vin, duquel ils laissent quelque peu au fonds, pour tenir le tonneau en humeur toute l'année. Estant question d'y remettre de nouveau vin, ne se mettent en peine de faire défoncer les tonneaux, mais seulement les laver curieusement avec de l'eau claire; après toutes-fois en avoir retiré le restant qui estoit au fonds du tonneau, pour servir au vinaigre; et jetté dehors le grossier de la lie molle. On rascle telle lie à l'aide d'on tronçon de quelque grosse chaîne de fer, ou d'un jaques-de-maille, on d'autre chose pesante, pouvant entrer par le bondon dans le tonneau, attachée avec une corde pour l'en retirer; la lie estant ainsi esmeue, facilement l'eau la fera sortir hors le tonneau; et après il demeurera net en perfection, propre à recevoir le nouveau vin. Par tel ordre s'espargne de l'argent, en ce que tous les ans les tonneaux ne viennent entre les mains des tonneliers; ains seulement lors que par vieillesse ou accident, quelque chose leur défaut. Aucuns donnans l'une des principales causes de la garde du vin, à la bonne lie, endurcie dans le tonneau, y en font tenir tant qu'ils peuvent, et cela en ceste manière: après avoir entièrement escoulé tout le vin, referment le tonneau, le roulent de tous ses costés, à ce que la lie molle restante dedans, occupe tout l'intérieur, s'y affermissant en incrustation: puis est le tonneau remis en son lieu, pour y demeurer le reste de l'année, non posé comme devant, ains sens-dessus-dessous; assavoir le bondon regardant en bas et joignant le siége; afin que la lie reposant sur icelui, s'y endurcisse, comme à la longue elle faict. Si que par ce moyen, lors qu'on défonce ces tonneaux-là, qui est au retour des vendanges, pour les rascler et relier, on les

treuve tellement incrustés de lie, qu'on n'y void paroistre au dedans aucune partie de bois. Qui ne voudra défoncer ses tonneaux vuides, sera sujet à les tenir tous-jours très-bien bouchés, sans respirer aucunement, en quoi n'y a lieu d'aucune excuse: autrement y auroit danger de les perdre par moisisseure, et par là, les rendre incapables de plus recevoir du vin. Perte qui avient souvent par la desloyale négligence des serviteurs; lesquels le père et la mère-de-famille, pour la nécessité de ce mesnage, sont contraints de controller; c'est pourquoi je leur ordonne facile et aisée descente dans leurs caves. Ceux des quartiers de Bourdeaux, la Rochelle, et d'ailleurs, où l'on vend le bois avec le vin, pour le transporter loin, exempts de tel souci (exceptés ceux qui pour leurs provisions, ne changent de bois chacune année) ne se peinent que d'affranchir leurs tonneaux neufs, pour une seule fois, afin que le vin qu'ils y mettent, n'acquière mauvaise odeur; par divers moyens l'on parvient à tel affranchissement, tels que ceux qui ensuivent.

Généralement toutes semences, racines, herbes, fleurs, fruicts, gommes, minéraux de bonne odeur, la rapportent au bois des tonneaux, estans parfumés et imbus de leurs décoctions. Pour attirer la substance des matières qu'à ce aurés eslen les plus propres, les ferés longuement bouillir en eau claire, et icelle toute bouillante, jetterés dans le tonneau, retenant dans un panier le marc desdites matières, puis en estant le bondon bien bouché, afin que le parfum ne s'exhale, roulerés le tonneau de tous costés, et si bien que tout l'intérieur se ressente de telle liqueur: laquelle y séjournera jusqu'à estre refroidie : d'où incontinent après tirée , demeurera au tonneau celle odeur que désirés pour vostre vin , qu'à telle cause mettrés aussi tost dedans ; sans attendre que le tonneau se sèche. C'est à dire , quelques pleins seaux de moust, pour y attendre les vins clerets et rouges, afin de leur donner poincte piquante , si de tels vins y voulés loger , ou si c'est pour vins blancs , les en remplir du tout à la fois. A vostre intention pourront satisfaire les rosmarin , fenoil , glayeul , souchet , ache , toute-bonne , fueilles de laurier, baies de genèvre , et semblables. L'expérience a auctorisé le seul vin jetté, tout bouillant, dans le tonneau. Aussi à l'affranchissement des tonneaux neufs , et à la conservation des vieux , est de grande efficace , la décoction des raisins faicte avec de l'eau nette , car par nullement s'estranger du naturel du vin, le conserve très-bien. A laquelle décoction , ajoustant du sel , d'alun-de-roche pulvérisé , de la chaux neufve en pierre , la quantité convenable à la capacité du tonneau qu'aurés en main , non seulement la préparera-elle à recevoir le vin comme désirés estant neuf , ains vieil et se perdant de moisisseure , chancisseure et autre puantise , le remettra en bon estat : si bien , qu'à faute d'autres tonneaux sans macule (comme avient ès grandes vendanges , que quelques-fois l'on est contraint loger les vins où l'on peut) y pourrés mettre tout bon vin, sans scrupule , le tonneau restant bon et affranchi de là en avant : à la charge toutesfois , que par mauvais gouvernement on ne soit contraint à renouveller le remède.

Parfums autres. Des parfums secs peut-on user en cest endroit, mais par ne tendre qu'à un but,

assavoir , à donner bonne odeur au tonneau, non à l'enduire et faire enfler aussi, comme à ces deux effects parviennent les précédents , sont les secs moins employés que les humides. Les Alemans se servent du souffre à parfumer les tonneaux : sur un réchaut ils font brusler du souffre, duquel la fumée entrant dedans le tonneau, par un entonnoir mis au trou du bondon, à cela le tout proprement accommodé , faict dedans le tonneau une incrustation, comme suie de cheminée , sur laquelle , le vin estant entonnellé , se maintient longuement en bonté , ainsi qu'il a esté dict. Autres , avec le souffre , font de mesme brusler des retailleures du bois de fousteau , faictes avec un rabot de charpentier : desquelles , entortillées comme anneaux , et enfilées avec un fil d'archal , s'en compose une chaîne , puis trempée dans le souffre fondu, est allumée et fourrée dans le tonneau par le bondon : là attachée par un bout du fil , pend jusqu'au milieu du tonneau , et y demeure tant que le souffre dure en bruslant, puis retirée en charbons avec le fil d'archal , le vin est incontinent jetté dessus.

Or quelque bonté qu'aient nos tonneaux , soient vieux ou neufs , ne sera que très-bien mesnagé , de les parfumer chacun an , avant que de les employer. Car bien qu'en cela y ait de la peine , elle se treuvera néantmoins très - petite , au respect de celle qu'on endure en la perte du vin, qui le plus souvent se gaste par faute de bon logis. Et puis que le bon logis est le secret de ce mesnage, ne craignons d'excéder par netteté en cest endroit. Si la naturelle malice du terroir de nos vignes contrarie à ceste science , comme de tant extravagans vins se treuvent ne

Parfumer les tonneaux.

souffrans d'estre longuement gardés ni aucunement charriés ne desplacés, comment qu'on les gouverne : ou nous ferons tost boire ces vins-là, pour en éviter la perte, ou nous-nous déferons des vignes qui les produisent, par ne mériter le souci d'estre cultivées. Les fines ou cuves conservées nettement durant l'année (comme dessus est dict) seront pour un préallable, revisitées par gens experts, afin de les relier et racoustrer selon le besoin. Et trois jours devant les vendanges, on les lavera et rasclera très-bien, à ce que rien de sale n'y demeure : y laissant de l'eau, jusqu'à la venue de la vendange, pour les enduire et garder d'espancher : mais à la charge de changer d'eau souvent, de peur qu'elle s'empuantisse ; à telle cause la vuidant tous les jours un couple de fois. Cela s'entend pour les cuves de bois : car celles de pierre, sont tous-jours prestes à recevoir la vendange : moyennant qu'elles soient bien lavées, dont lors seulement ont elles besoin, si toutes-fois quelque ruine n'est survenue, par inconvénient, en leur bastiment : qu'en ce cas aura-on radoubée auparavant. Après, et sur le poinct qu'on commencera à vendanger, les cuves estans vuides de toute eau (soit de bois ou de pierre) seront parfumées et lavées avec la décoction susdicte, comme les tonneaux, et de telle sorte, que tout leur intérieur s'en ressente. Et à ce que de la fumée du parfum, où consiste sa principale vertu, ne s'exhale du tout rien, si faire se peut ; à mesure qu'on jettera la décoction dans les cuves, elles seront bouchées avec des aix et des couvertes par dessus (n'ayans aucuns couvercles) si justement, qu'aucune vapeur n'en puisse sortir. Réfroidi que soit le parfum ou dé-

coction, ne délayerés de le retirer des cuves jusqu'à une goutte, puis renfermées, demeureront très-propres à recevoir la vendange. Par dessus le fonds de chacune cuve, seme-l'on sept ou huict poignées de sel, plus ou moins selon la capacité de la cuve, pour servir à fortifier le vin, et à le rendre de bonne garde, par l'heureuse expérience réitérée plusieurs fois de ceux qui ont authorisé ce moyen. Ne sera que bon de laver, de la décoction susdicte, les cuvetes, fouloires, pressoirs, et autres meubles où reposent les raisins et les vins, à ce que les vins demeurent tant plus francs, toutes mauvaises senteurs en estans bannies.

CHAPITRE VII.

Les Vendanges.

Ce sont des reliques de l'antique censure romaine, que la police sur le faict des vendanges, observée en plusieurs endroits de ce royaume, où par délibération publique, le temps pour coupper les raisins est ordonné : n'estant permis au particulier de se dispenser en cest endroit, quoi-que de sa chose propre, pour l'intérest du général (39). Dépend aussi de là, celle servitude, que les sujets ne peuvent vendanger leurs vignes, qu'après celles de leur seigneur, ou sans sa permission : visant tout cest ordre-là, à ce but, que d'avoir abondance de bon vin : chose qui ne peut avenir des raisins verts et non encore parvenus à parfaicte maturité. A laquelle police, plusieurs du commun peuple en divers quartiers ne s'assujettissent que forcément, pour l'invétérée erreur dont ils sont entachés, se précipitans en leurs vendanges, qu'ils désirent de commencer pres-qu'aussi tost qu'ils descouvrent des raisins bons à manger, sans considérer le profit ne la perte provenant du retarder ou de l'avancer de ceste action maistrise de ce mesnage. És pays orientaux et méridionaux, les raisins meurissent tost : au contraire, és occidentaux et septentrionaux, tard, faisans les gelées en ceux-ci, ce qu'en ceux-là, font les chaleurs ; c'est assavoir, préparent la vendange pour le vin. Par-quoi de nécessité convient laisser gouverner le temps, qui par divers et contraires moyens, œuvre en cest endroit à nostre utilité. Lesquelles choses l'homme d'esprit considérera, à ce que distinguant le lieu où il est posé, d'avec les autres, sans se confondre, manie sa vendange selon le naturel de sa particulière situation. Autrement ce sera à l'aventure qu'il conduira ses vins, sans asseurance de les avoir, ni bons, ni en abondance. Car comment seroit-il possible tirer des vins parfaictement bons, ne beaucoup, d'une vendange imparfaicte? Se peut-il faire que des lambrusches sorte du bon vin? (A lambrusches sont à comparer tous raisins, jusques aux plus exquises races, avant leur maturité, lors ne pouvans rendre autre vin que sauvage). Comme au contraire, des raisins bastards parvenus en extreme maturité, vient du vin de passable bonté et qui se laisse boire.

Cognoissance de la maturité des raisins. A la veue et au goust des raisins en recognoist-on la maturité : mais qui n'estimera suffisante ceste seule addresse pour solidement en juger, y ajoustera les suivantes. Les raisins seront parvenus au poinct qu'on les désire, quand leur pel-

licule se sera rendue mince, subtile et translucide ; quand la couleur de leurs grains s'obscurcit, de blanche se faisant grise : de rouge, violete : de noire encores plus chargée, comme jayet reluisant ; quand les pepins des grains en sortent noirs, nuds, et vuides de substance glutineuse, aucune ne s'y en attachant. *Constantin-César* y ajoustant ceste subtile espreuve, ordonne de choisir une grappe de raisin fort pressée pour l'abondance de ses grains, et des plus meures de la vigne : sans la coupper du cep, ains l'y laisser suspendue, veut qu'on en arrache un grain, puis le lendemain estre observé le trou faict à la grappe, à l'occasion du grain osté, et par icelui juger de l'estat des raisins : s'asseurant estre parvenu au poinct que les désiré, si le trou s'est agrandi, d'autant que lors et non devant les raisins ayans cessé de croistre, se flestrissent : et par le contraire, treuvant le trou appetissé, que les raisins prochains du trou s'accroissent encores, et ainsi n'estre la vigne du tout parvenue au poinct d'estre vendangée (40). Mais par sur toute autre addresse, celles des rasteliers, ou escheletes, ou draches, ou de la rafle, diversement nommées, esquelles les grains des raisins se tiennent, est la meilleure : car quand elles commencent à se mourir en l'endroit attenant au rameau de la vigne, c'est signe que les raisins approchent d'estre bien : et du tout séchées, qu'ils ont attaint l'extrême terme de leur maturité. Auquel poinct les prenans, c'est pour faire des vins les plus exquis, selon la suffisance des raisins et portée du climat. La Malvoisie de Candie, le vin de Coz, et autres très-excellens vins de l'Orient se font de raisins presques naturellement cuits et passerillés, dont les draches converties en bois, demeurent sans nulle substance. Et ailleurs par artifice, imitant nature, l'on faict emmatir les raisins en la vigne, leur tordans le pied sur le cep, où, suspendus, les laissent trois ou quatre jours, pour leur faire défaillir leur accoustumée humeur, ainsi desseichans les draches ou la rafle, se rendent les raisins très-capables de rendre bon vin. C'est de la pratique de certains endroits de nostre Vivaretz vers Joyeuse, Largentière et voisinage, où croissent des vins blancs tenans rang entre les meilleurs de ce royaume (41). La raison de ceste primeur doit estre entendue. Vendanger les raisins ayans la rafle encores verte et pleine d'humeur, c'est faire des vins de raisins et de rafle tout ensemble, par communication de substance bouillans dans la cuve : dont le meslinge ravalle la réputation des raisins, pour ne pouvoir rendre le vin de telle valeur, que lors que deschargés de l'importunité des draches, leur pure et simple liqueur, seule, est employée. Chose désirable et pour le goust et pour la durée des vins. Pour laquelle cause, il seroit à souhaiter les draches estre séparées d'avec les grains des raisins, pour d'iceux en exprimer le vin : mais ne le pouvans faire indifféremment pour tous vins, tascherons de rendre les draches de nulle substance pour ne nuire (42). A quoi parvient-on, ou approchant de là, par la manière susdicte ; et aussi en laissant emmatir les raisins, après les avoir couppés du cep, exposés à l'aer, ou sur des rochers plats, si on les a à commodité, ou sur la terre seiche, ou sur des claies : ou bien, craignant le temps, serrés dans les greniers estendus sur des aix jusqu'à ce que verrés suffir pour vostre intention.

La longue garde des vins d'Alemagne, et d'autres endroits plus froids que chauds, faict croire à plusieurs les vins les plus meurs, ne se conserver si bien que les verdelets. Auquel jugement contarient infinité de vins, comme les Malvoisies et autres précieux vins estrangers, qui nous sont apportés de la Grèce, et d'autres pays chauds : cueillis non seulement meurs, ains presque rostis, pour la propriété du climat, qui néantmoins se conservent en bonté de pardeça plusieurs années. Et partant, encores que se treuvent des vins verts, qui pour la propriété du climat ou du terroir, se gardent longuement, voire par vieillesse s'achèvent de faire dans les tonneaux ; ne faut tirer en conséquence la garde de toutes espèces de vins faicts avant la maturité de leur vendange : ni à son escient, vendanger les raisins avant le temps, pour l'espoir de mieux garder le vin ; ains attendre leur parfaicte maturité, avec tant de patience, que rien ne leur manque pour estre au poinct désiré (43). Et bien que notoirement voyons dépérir quelque portion de nos raisins, par larcin, par le béstail, par le temps, ou par autre occasion se deschoir, ne pour cela ne lairrons-nous de constamment persister en ceste résolution : avec asseurance, qu'au lieu d'un plein pannier de raisins qui se perd, deux corbeillées en viennent dans la cuve, par le bénéfice des rosées de la nuict, qui d'heure à autre, font engrossir les grappes des raisins ; dans lesquelles la substance des draches et pellicules des grains se convertit en moust ; comme par-près cela se recognoist à l'œil, quand ayant tiré le vin de la cuve, ne reste que bien peu de marc, jugeant par la quantité du marc, du poinct auquel les raisins auront esté couppés. Le temps souhaitable pour les raisins, est de ne sentir ne pluie ne gelée en leur naissance ; seulement chaleur attrempée d'humidité en leur accroissement ; et chaleur, pluie et gelée, en leur maturité, selon toutes-fois la distinction des lieux, comme a esté dict ci-devant.

Si d'aventure l'esté a esté fort sec, les vins se rendront excellens en force et délicatesse, mais aussi très-dangereux à se pousser, le pays s'y addonnant, pour l'excessive chaleur dont ils auront esté nourris. Parquoi est à désirer pour la conservation de nos vins, et pour la quantité avec, qui en extrême sécheresse n'est telle qu'en temps modéré, icelle sécheresse estre corrigée par quelque bonne pluie survenante huict ou dix jours devant les vendanges, moyennant laquelle et la faveur du soleil refrappant par-après sur les raisins, les vins en provenans se treuveront tels que désirés en toutes leurs parties. Le père-de-famille donc attendra tel secours du ciel, qui communément ne faut de venir opportunément par la providence du souverain mesnager, à la honte, souventes-fois, et regret de ceux qui par impatience se précipitent en ceste action sans espérer rien de bon : ains par la perte d'un peu de raisins concluent à la totale ruine de la vendange (44). Quelques-fois aussi le contraire avient, c'est que les pluies importunent fort les vendanges avec perte du vin, lequel ne se treuve tel qu'on désire ne pour la bonté ne pour la garde, quand il est meslingé avec de l'eau. Pour quoi remédier, celle constante résolution de laquelle j'ai parlé,

est requise pour attendre les premières pluies avoir passé leur cholère, afin de vendanger à loisir. Mais d'autant qu'il y a plusieurs races de raisins, ne pouvoir souffrir nulles injures du temps, les aucuns se bruslans par la sécheresse, les autres se pourrissans par l'humidité, faict qu'avec raison grand conte on n'en doit tenir ; ains seulement faire estat des capables à résister aux principales intempéries. Cela s'entend seulement pour les vignes que nostre père-de-famille faict planter et dresser à son plaisir, où telles observations ont lieu, comme à ce j'ai aussi suffisamment insisté : car des autres qu'il tient toutes faictes de ses ancestres ou autrement, lesquelles ne veut faire arracher, il en disposera comme il pourra.

Le poinct de la lune pour vendanger, sera tous-jours meilleur en sa descente qu'en sa montée, pour la garde du vin, par l'expérience de plusieurs. Néantmoins non plus qu'ès autres serremens de fruicts, ne nous devons-nous arrester du tout à la lune, ains seulement au beau temps et au loisir, les raisins estans prests. Des heures du jour, de mesme n'est besoin faire aucune distinction, car toutes convient employer à cest ouvrage, qui est des plus pressés du mesnage, et où l'on a accoustumé d'aller avec toute diligence. Toutes-fois n'estans contraints, le meilleur seroit d'attendre que le soleil eust frappé une heure dessus les raisins avant que les coupper, pour en abbattre la rozée, et que par ce moyen nulle humeur estrangère ne se meslast avec celle du vin (45). En vendangeant l'on se prendra curieusement garde, de ne mesler parmi les bons raisins, les verds, les pourris, les secs, ni aussi aucunes fueilles de vigne.

de peur d'en faire aigrir le vin : ainsi commandera-on aux vendangeurs, les raisins seuls, et bien qualifiés, estre nettement mis dans les panniers et corbeilles; et de là portés dans les cornues, et finalement charriés au celier. D'en séparer les espèces pour les serrer à part, et d'en faire des vins selon le naturel de chacune, est chose louable, comme a esté dict, mais très-difficile à mettre en œuvre en vignoble confusément planté. C'est pourquoi avons-nous disposé la vigne par carreaux distingués, selon les différences des races des raisins, qui facilement sont couppées, séparément et sans confusion, chacune en son poinct pour en exprimer le vin comme l'on désire. Nous-nous efforcerons néantmoins de satisfaire à telle curiosité, encores que nos vignes ne soient si bien disposées comme désirerions. Les climats ont grand pouvoir sur les vendanges. Ès méridionaux, pour faire des vins blancs, l'on choisit par sur toute la vigne au commencement des vendanges, des raisins de telle couleur, les plus meurs et mieux qualifiés. Au contraire, ès septentrionaux, mesme vers Orléans, les raisins blancs sont les plus tardifs à meurir, pour laquelle cause, les laisse-on les derniers à la vigne, pour leurs grands vins blancs (46). Généralement par toutes les provinces de ce royaume (peu exceptées, qui sont les plus méridionales) convient attendre la couppe des raisins jusqu'à la cheute des fueilles des vignes : et passant plus outre, vers l'Anjou, le Maine, et environs que les raisins mesme, de maturité commencent à tomber à terre, cela estant causé, tant par la tardité des climats, que naturel des raisins qui se nourrissent à la gelée, ainsi que j'ai dict.

De la manière de charrier les raisins de la vigne au lieu destiné, n'est ici question de parler, chacun ayant ses usages particuliers selon les pays : car aussi n'importe rien à la bonté du vin ni à sa quantité, comment ses raisins auront esté portés : si ç'aura esté par charretes, comment faictes, à dos des bestes, et quelles : ou au col des hommes, pourveu que ce soit en diligence, et que rien ne s'en perde en chemin : très-bien du fouler des raisins, par donner coup à ceste partie de mesnage, comme sera monstré au chapitre suivant.

CHAPITRE VIII.

Façonner les Vins.

La façon des vins requiert pour sa première œuvre le fouler des raisins : car selon leurs diversités et les pays, diversement aussi se gouverne-on en cest endroit. La plus aisée manière de fouler les raisins, en est par la fouloire mise sur la cuve, dans laquelle un homme à pieds nuds et bien lavés, espraint les raisins, dont le moust s'escoule dans la cuve, par des trous faicts au fonds de la fouloire, et après le reste du marc y est jetté par une ouverture faicte audit fonds levant un aix d'icelui. Mais ce n'est la meilleure façon pour le vin, car ainsi la crasse et le limon des raisins, se mesle avec le moust, dont les vins sont d'autant plus intéressés, que plus jeune en est la vigne, plus gras et plus fumé le terroir, plus pluvieux le temps de la vendange. Auquel inconvénient sera pourveu, puisant le moust par

dessus,

dessus, sans le faire couler par le bas de la fouloire : au fonds de laquelle s'arrestera le plus grossier et terrestre, et ainsi le séparant du subtil, le vin demeurera deschargé de telle importunité. A ceste cause, la fouloire sera posée auprès de la cuve, l'accommodant aux porteurs de la vendange, pour l'aisance du deschargement : et aux fouleurs, à ce qu'avec moins de peine que faire se pourra, la vuident peu à peu dans la cuve, à mesure qu'elle sera foulée. Aucuns ne se servent de fouloire, ains c'est dans la cuve mesme où ils foulent leurs raisins tout à la fois, après les y avoir assemblés. Autres du tout rien, retirans des raisins le moust qu'ils laissent volontairement : s'asseurans ce estre sans perte, d'autant que les raisins à la longue, eschauffés, rendent sans violence icelle mesme leur substance. Et encores ce peu qu'y pourroit rester, se treuve utilement pour le mesnage, où ès vins pressés, où ès allongés avec de l'eau. Par ces deux derniers moyens, ne peut-on faire que les vins grossiers, noirs ou rouges ; non des délicats, blancs et clerets, ains par le seul fouler, petit-à-petit, dans la cuvette ou fouloire (47). Le séjour des vins dans la cuve est inventé pour la couleur, se l'acquérans tant plus haute (par attraction de la substance des pellicules des raisins) que plus de loisir on leur donne de bouillir avec le marc : et que les raisins, d'euxmesmes et par la faculté du fonds, ont plus de matiére pour y fournir. Science venue par accident, quand ayant recogneu coloré le moust laissé séjourner avec des raisins au fonds d'une cuvette, telle paresse réduite en art, a esté tirée en conséquence. Cela preuvent les vins blancs, qui de telle couleur demeurent jusqu'à

leur fin, d'autant que séparés du marc, dès les avoir exprimés des raisins, se façonnent bouillans à part : retenans aussi leur propre et naturelle saveur, par n'avoir esté meslingés avec nulle autre. De ces vins-là discourons-nous premièrement, et en suite des autres selon leurs rangs.

Encores que les vins blancs excellent en bonté la plus-part des autres, si sont-ils néantmoins plus aisés à faire que les rouges et grossiers : parce que sans nullement cuver, directement de dessous les pieds du fouleur, en moust exprimé des raisins, on les loge dans les tonneaux. Là seuls, sans le marc, ils s'achèvent de faire en bouillant, d'où ils acquièrent blancheur, force et bonté, ce qu'ils ne pourroient faire estans meslingés avec le marc, comme sont tous vins colorés ; lesquels communément sont plus foibles que plus sont-ils chargés de couleur (48). C'est pourquoi ès terroirs-à-vignes plus froids que chauds, les vins blancs sont le plus en usage, comme se void en divers quartiers de ce royaume : aussi en Alemagne, Suisse, Savoie, Genève et ailleurs, où le vin blanc se rend assez bon, au prix des clerets et rouges, qui y sont tant petits et foibles, qu'on n'y remarque que fort peu de substance.

Choisi qu'on aura la vendange pour le vin blanc, hastive ou tardive selon les lieux, on la reposera dans la cuvette ou fouloire, pour là aussi tost estre foulée au pied, et le moust en provenant porté dans les tonneaux. On puisera le moust par le dessus ; et à ce qu'il se sépare du marc, sera fourrée profondement dans la vendange foulée, une corbeille d'ozier bien nette, dans laquelle le pur moust s'assemblera, où n'en prenant que la fine fleur, le vin par conséquent en deviendra plus exquis, et pour la délicatesse, et pour la force, demeurant le terrestre et grossier au fonds de la cuvette. Le restant en la cuvette ou fouloire, sert aux vins clerets, et aux rouges (à telle cause estant porté dans leur cuve ou tine) lesquels se treuvent d'autant plus diminués, que plus de moust l'on en aura tiré. Pour les vins blancs destine-on spécialement des bons tonneaux, sans les faire servir à tenir d'autres vins : de peur d'en obscurcir le bois au détriment des blancs que par-après on y voudroit remettre. Les tonneaux seront incontinent très-bien bouchés, sans les laisser nullement respirer, afin que la substance du vin reste entière ; sans quoi partie s'en iroit en exhalaison. La crainte qu'on a que le vin se perde par sa grande force crevant les tonneaux, faict que la plus-partie les ferment du tout rien, jusqu'à ce qu'ils aient passé leur cholère. Mais c'est en vain, car moyennant que les tonneaux soient bien faicts et profitablement cerclés, tels qu'un homme d'esprit sçaura bien faire dresser, pour terrible que soit le vin qu'on y enfermera, faute aucune n'en pourra avenir : à quoi aidera un peu de vuide, comme d'un demi pied qu'on laissera au tonneau, pour donner place au vin de se promener à l'aise en bouillant. Par ainsi le vin se conservant en toute sa force, il se rendra plus puissant que si on le gouvernoit autrement ; estant ce chose confessée de tous, tant plus s'affoiblir la force du vin, que plus longuement les tonneaux en demeurent ouverts (49). La première furie des vins estant passée, par avoir bouilli presque leur saoul, l'on achevera de remplir les

Bien fermer les tonneaux.

tonneaux de semblable vin prins en tonneau qu'à ce aurés destiné. Ce remplage ne se peut faire tout d'un traict, ains convient y retourner plusieurs fois : d'autant que les vins se consument tous-jours de quelque peu, jusqu'à ce qu'ils aient achevé de se parfaire, où ils employent assés long temps ; plus toutes-fois, plus ils sont substantiels et meilleurs (50). En remplissant ces tonneaux sera bon faire verser un peu de vin par-dessus ; afin d'en faire par là, vuider la grossière escume que le vin dès le fonds du tonneau repousse en haut : laquelle restant dedans, ne peut estre que dommageable au vin, tant pour en ternir la couleur, que pour en offencer le goust. Pour faire cela parfaictement bien, le moyen est de fralluter ou changer les vins au huictiesme ou dixiesme jour, prins à leur origine, les remuans de leurs premiers tonneaux en autres bien nets et lavés, où bouillans encores s'acquerront une seconde et subtile lie pour leur conservation, ayans laissé dans leurs premiers tonneaux, celle première et grossière, avec laquelle ils estoient sortis de la cuvette. Dont ne sera à craindre la diminution de leur force, comme cela seroit asseuré si à les transvaser ou remuer l'on tardoit jusqu'au printemps : car alors laissans leur vieille mère-lie, n'ont le loisir ne le moyen d'en faire une nouvelle, leur défaillant le bouillir, avec lequel seul elle s'acquiert. Cela néantmoins dépend du naturel des terroirs des vignes et propriétés des raisins, remarqués par les expériences, où l'on s'arrestera : mais en quelque pays qu'on soit, tous-jours est convenable de tenir les tonneaux bien bouchés, de peur de l'esvent. C'est la vraie addresse pour

Remplage du vin de la tonne pour la tenir plein.

Les transvaser.

bien façonner les vins blancs de toutes sortes, musquats, piquardans, blanquettes et autres de plus renommées espèces de Languedoc, où tel ordre est observé, communicable à toutes autres provinces. Aucuns font leurs vins blancs en la mesme vigne où l'on en cueille les raisins, lors qu'on les vendange : mettans dans les tonneaux bien nets, à ceste fin charriés sur le lieu, la mère-goutte, qui est le moust procédant des raisins que de gré ils laschent sans fouler : dont les vins se rendent excellens, par estre ce, la plus exquise partie de la vendange (51). Autres, foulans la vendange sur la cuve avec des fouloires percées au fonds tirent le moust pour les vins blancs de la cuve, qu'à telle cause tiennent ouverte pendant que le fouleur travaille, afin que le moust, ne faisant que passer par la cuve, rende le vin du tout blanc : mais ce n'est la meilleure façon, à cause du terrestre qui se mesle avec le subtil. Ès environs de Paris, pour faire le vin blanc, en font demeurer dans la cuve la vendange foulée, une ou deux fois vingt-quatre heures : et pour le cleret, sept ou huict jours ; avançant ou reculant ce terme, selon que la saison se rencontre, froide ou chaude.

Ne sera que bon de faire des vins blancs séparés, des seules espèces de raisins de telle couleur et à ce propres, pour séparément les loger : tant à fin d'ainsi les boire, que pour les meslinger par-après si l'on en a le désir. Ce qui souventesfois rencontre bien, et tous-jours est bon de mesler le musquat avec le piquardant, en raisin ou en moust (toutes-fois pour ne s'accorder la meureté de ces deux raisins, le piquardant estant plus tardif que le musquat, convient mieux ce estre

en moust, ou mesme en vin ja faict) pour l'excellent vin qui en sort, agréable au boire ordinaire sans offencer le cerveau, comme faict le seul musquat, qui pour sa grande force n'est prins que le matin en petite quantité. Il n'est de nécessité d'avoir des raisins blancs pour les vins blancs, d'autant que les noirs satisfont à cela, rendans le moust blanc, la couleur des raisins ne pénétrant plus avant que la pellicule, sans toucher au moust. Toutes-fois la blancheur n'en est du tout si naïfve, que des seuls raisins blancs : mesme y a-il des terroirs et des espèces de raisins, qui ne se ployent guières bien à cela. Aucuns vins blancs sont aussi clers qu'eau de fontaine, autres demeurent tous-jours troubles, et encores s'en treuvent de couleur de laict : toutes lesquelles diversités sont agréables, pourveu que le goust responde au désir, selon le proverbe ; *vin pour saveur, drap pour couleur* (52).

Ordonner combien de jours les vins doivent demeurer dans la cuve pour s'y préparer, est chose impossible, pour la diversité des naturels des raisins et terroirs qui les produisent, imposans loy à ce mesnage. Principalement c'est le climat qui gouverne en cest endroit, comme a esté remarqué ; non par-tout, néantmoins sans distinction par le bénéfice de nature se treuvans des quartiers et recoins de vallons et coustaux en divers endroits, assis sous climats septentrionaux plus froids que chauds, rapporter des vins précieux, ne cédans en rien à ceux des parties méridionales. Tesmoin ceux d'Orléans, de Couci, de Beaune, de Coste à Grenoble, de Coste-Rouge en Savoie, et autres croissans dedans et dehors ce royaume. Lesquels vins moins demeurent dans la cuve que plus délicats ils sont. Entre lesquels l'on remarque ceux du pays d'Anjou, on partie, ne vouloir séjourner en la cuve plus de deux ou trois jours, au lieu de ceux de Paris, qui à moins de sept ou huict ne se peuvent colorer, comme venons de dire. A Sens en Bourgongne les raisins foulés estant mis dans la cuve, un homme se tient comme en sentinelle, l'oreille contre et joignant la cuve jusqu'à ce qu'il oit bouillir le vin (lequel temps peut estre d'environ deux ou trois heures) et lors en diligence est tiré un excellent vin cleret, le plus délicat et savoureux, sortant le premier. Or sous quelque climat que ce soit, on treuve que les raisins noirs croissans en terroir chaud et sec, rendent les vins plus chargés de couleur et plustost que les raisins blancs cueillis en terre fresche et humide : tant pour la propriété des raisins, que pour la nourriture plus grande, qu'ils tirent de ceste assiete-là, que de ceste-ci. Pour laquelle cause, moins tiendrons nous dans la cuve les uns que les autres selon nos expériences. Il y a des vins clerets et quelquefois des plus exquis, lesquels en moins de vingt-quatre heures de séjour dans la cuve, attaignent le poinct qu'on désire : pour à laquelle couleur parvenir, d'autres y emploient huict ou dix jours. Voire s'en treuve de si tardifs, que jamais ne peuvent venir rouges ne couverts, quoiqu'on les tienne un mois dans la cuve. Mais pour ne se decevoir, est nécessaire tirer souvent du vin de la cuve par la guille ou espine, pour en tastant d'heure à autre, prendre avis du terme de le viner : lors le tirant du tout de la cuve pour l'entonner, que verrés sa couleur vous estre agréable, sans user de delai ne remise,

employant à telle curiosité toutes les heures sans distinction ne de jour, ne de nuict ; car y allant négligemment, ce seroit rencontre trop hazardeuse, que d'avoir des bons vins (53).

Les vins estant donques parvenus à ce poinct que de les tirer de la cuve, de quelle couleur qu'ils soient, clerets, rouges, noirs, seront logés ainsi qu'il appartient dans les tonneaux préparés comme dessus : mesme à raison du peu de moust qu'ils treuveront au fonds, où ayans séjourné durant quelques jours, auront imbu l'intérieur du vaisseau, d'une précieuse odeur : laquelle incorporée avec le vin, il s'en rendra délicat et piquant, avec agréable framboise. Et cela mesme le tiendra robuste pour se conserver longuement : moyennant que, comme j'ai dict des blancs, ceux-ci soient tous-jours tenus curieusement fermés : à ce que par exhalaison, leur force ne se diminue ; et que ne communiquant rien avec les senteurs estrangères, qui lui pourroient avenir par l'ouverture du bondon, retienne la sienne bonne et exquise. Ne faudra remplir les tonneaux pour le premier coup, ains leur laissera-on quatre doigts de vuide, ou moins, selon la couleur du vin, plus en désirant le cleret que le rouge ; pour la force plus grande de cestui-là que cestui-ci, afin que chacun selon sa portée, y puisse bouillir à l'aise sans offencer les tonneaux, attendans d'estre fermés pour la dernière fois.

Non-seulement le long cuver obscurcit les vins, comme a esté dict, ains en diminue la quantité, et en emmatit la force : et ce par trop d'exhalaison qu'il prend à la longue, avenant principalement par la large ouverture des tines ou cuves,

d'où la vertu du vin s'évapore. Pour lequel mal prévenir, autant curieusement
que les tonneaux, si possible est, faudra
tenir les cuves bouchées durant que la
vendange y séjournera : afin que la vertu
du vin ne s'en aille en vapeur ; laquelle
retenue par force, le vin en demeurera
par-après beaucoup plus vigoureux. Si à
ce les cuves ne sont accommodées, à-tout
les couvercles bien joincts, on les couvrira grossièrement avec des aix par-dessus, y ajoustans des linceuls ou autres
couvertures, si qu'au détriment du vin
rien ne s'esventera (54). C'est aussi un
autre bon secret de ce mesnage ; que
d'anticiper plustost que de retarder le
temps de viner ; afin d'éviter les mauvaises senteurs que le vin reçoit du long
séjourner avec le marc ; voire quelquefois,
jusques à s'enaïgrir et pousser (55). Et si
bien les vins ne sortent de la cuve tant obscurs qu'on désireroit, pour la boisson du
commun, on ne laissera pourtant après
estre entonné de le charger de couleur par
artifice, tant qu'on voudra, comme sera
monstré. Dont le profit reviendra tel
qu'on aura des vins couverts et puissans
tout-ensemble : ce que communément
ne se void, qu'en terroir du tout excellent pour la vigne. Ainsi se pourvoira-
on de bons gros vins rouges et noirs, sans
les laisser cuver les trente ou quarante
jours, ainsi que font aucuns paysans.
Boisson propre à gens de travail, par
leur continuel labeur facilement la di-
gérans, qu'à telle cause par eux autant
affectionnément est-elle recerchée, que
les vins blancs et clerets par les personnes
de repos.

Entre les vins clerets, deux couleurs
en sont les principales : de rubi-oriental
ou d'œil-de-perdris, et de hyacinte tendante à l'orangé, plus faciles à discerner,
que de juger laquelle en est la plus exquise : par se treuver des vins très-précieux de chacune de ces deux couleurs-
là. Les vins qu'on nous apporte de la
Grèce sont communément orangés, qui
est pour authoriser telle couleur : mais
aussi celle de rubi, avec raison, est grandement prisée pour les excellens vins qui
de telle couleur, croissent en divers endroits de ce royaume et ailleurs. Quelques espéces de raisins blancs y a-il, qui
plantées en terroir de grès et exposées à
la chaleur du midi ou du couchant, en
climat et pays chaud, ne peuvent rendre
autre vin que de couleur de hyacinte, en
estant les raisins cueillis en parfaicte maturité : lesquelles espéces logées en contraires assiète et aspect, quoi-que ven-
dangées à poinct requis, ne le seroient
tel, ains semblable au rubi ; comme
tous-jours de mesme couleur, est le vin
cleret provenant de raisins noirs croissans
en quelque terroir et aspect que ce soit.
Dont il faut conclure, ces deux couleurs-
là, procéder et du raisin et du terroir,
s'entr'accordans ensemble. Toutes-fois,
change-l'on ces couleurs de l'une en
l'autre, tant l'homme est curieux. Mais
d'autant que l'artifice altère aucunement
le naturel, faict que les vins sont tous-
jours prisés le plus, que moins on les aura
drogués, n'estant en cest endroit aucun
sophistiquement à accomparer à la douceur de la naïfve nature. En réservant
pour autre lieu à monstrer le moyen de
parvenir à telles mutations et semblables
gentillesses touchant les vins, j'acheverai
à dire ce qu'il me semble du reste de leur
gouvernement.

Ayant entonné les vins, l'on les gardera soigneusement de l'esvent, tenans si bien clos leurs tonneaux que n'en sorte aucune exhalaison. Et cela mesme, comme a esté dict des blancs, leur conservera la force et le goust, ce qu'on ne pourroit espérer, tardant longuement à les fermer, à l'usage d'aucuns, qui laissent ouverts leurs tonneaux jusqu'après avoir achevé de bouillir : en quoi ils se trompent, perdans sans le cuider faire, une partie de la quantité, et de la bonne qualité de leurs vins (56). Tenés pour une seule nuict ouverte une pleine bouteille de vin, vous trouverés le lendemain ce vin-là estre esventé et avoir perdu de sa valeur ; ce qui est pour fortifier la raison susdicte. Les tonneaux seront bons et bien cerclés pour pouvoir résister à la force du vin bouillant, laquelle leur dure communément huict ou dix jours, plus ou moins, selon les lieux, qualité des vins, et la saison : passé lequel temps, on commencera à leur remettre du vin par dessus, pour en remplir les tonneaux, au lieu de celui qui par le bouillir se sera consumé ; ce qu'on réiterera de dix en dix jours, tous-jours en refermant bien les tonneaux, jusqu'à ce qu'ils n'en auront plus besoin, par ne s'en consumer davantage. Et alors, pour la dernière fois, seront les tonneaux fermés, ce qui se faict communément vers la Sainct-Martin d'hyver. Aucuns ne s'arrestans à ce terme, continuent à avilier leurs vins, jusques à la fin d'Avril de quatre ou de cinq en cinq jours, recouvrans les tonneaux, et les refermans après les avoir réamplis de nouveau vin.

Ce n'est pas tous-jours le bouillir, qui consume les vins dans les tonneaux ; car la bize, vent qui nous vient du septentrion, en faict bien sa bonne part, lorsque violemment elle entre dans les caves, persées à son aspect, chose très-expérimentée en plusieurs endroits du Languedoc, dont à la longue les vins sentent l'esvent, en danger de s'aigrir. Pour à quoi remédier, premièrement l'on tiendra fermées les fenestres regardant le nord tant que la bize soufflera, les réouvraus quelques-fois, pour rafreschissement, à ce que tant moins de vin elle en fasse évaporer. En outre, de mois en mois on réouvrira les tonneaux, pour autant de fois les avilier ou remplir de bon vin, et ce jusqu'à la fin de Mars, qu'on les refermera pour le reste de l'année, tous-jours fort curieusement ; afin que jamais le vin ne s'exhale : par ce moyen vos tonneaux pleins garderont les vins sans aigrir.

Ceste proposition ne sera sans esbahissement ; que avilier les vins avec de l'eau est meilleur qu'avec du vin, tant pour le goust que pour la garde. L'usage d'aucuns honorables hommes de Beaucaire, dignes juges de telles matières, mesme pour l'assiete du lieu, entre autres de la France portant des meilleur vins, comme ce tant célèbre vin cloret de Canteperdris le preuve, a auctorisé cest avilier : si que sans regret, tout bon mesnager pourra avilier ses vins avec de l'eau, pour la dernière fois, qui pourra estre vers la Sainct-Martin, pourveu que sur un tonneau de la capacité de trois charges de mulet, il n'y mette qu'une pinte d'eau mesure de Paris, qui peut revenir au pot ou pichier du Languedoc, et à l'équipollent des autres tonneaux. L'expérience de ce secret en résoudra le mesnager dans peu de temps, et sans grand hazard, pour s'en servir en toutes sortes de vins et sous quelque climat que ce soit (57).

La meilleure matière pour clore les tonneaux, est le liége, lequel seul estant bien choisi, gros, espés, léger, toutes-fois bien serré, ferme le trou du bondon parfaictement bien, sans respirer aucunement. D'autres font les serrails de bois de saule ou d'autre léger, enveloppans d'estoupes tout ce qui entre dans le vaisseau, qui s'en ferme assés bien, en y ajoustant par dessus un mortier faict à chaux et sable, ou d'argille seule, ou mesme de cendres pestries. Autres sans mettre aucun serrail entrant dans le trou du bondon, couvrent le bondon d'un papier mouillé avec de l'eau, là ainsi le colant : et par dessus des fueilles de figuier cousues ensemble l'espesseur d'un pouce ou environ, arrondies comme un trenchoir de bois : lesquelles par leur mollesse, et pressées par une platte et pesante pierre mise par dessus, entrent avec le papier quelque peu dans le trou, dont le tonneau se treuve très-bien fermé. Aucuns en fermans leurs tonneaux ajoustent ceste curiosité. A quatre doigts du bondon sur le devant font un petit trou, avec un persoir ou vibrequin, icelui trou regardant en haut, dans lequel ils fourrent un grain de sel occupant tout le trou sans pouvoir passer outre, après le couvrent d'une demie coque de noix et par dessus mettent du mortier ou de l'argille pestrie, croyans que par ce moyen est donné au tonneau autant de vent qu'il en a besoin, pour laisser sortir le vin qu'on veut tirer par une seule ouverture sans estre contraint d'en faire deux pour lui donner aer (ainsi qu'on faict en

tout tonneau bien fermé à faute de respiration) sans que pour cela le vin sente nullement l'esvent. Or quelle que soit la façon de fermer les tonneaux ne de quoi, n'importe, pourveu que ce soit bien et profitablement : et que, comme j'ai dict, jamais ils ne demeurent ouverts, soient ils pleins ou vuides, de peur de perdre, et le vin et le bois tout ensemble.

Le frallater n'est indifféremment nécessaire en toutes sortes de vins : seulement pour ceux qui croissent en nouveau vignoble, gras ou fumé (comme a esté touché), ou qui d'eux-mesmes sont forts et grossiers. Il est donques inventé pour les descharger de leur matière terrestre, afin de les faire demeurer de meilleure saveur et de plus facile conservation : non pour les petits vins, lesquels se passent très-bien de remuement. Toutes-fois le transvaser de ceux-ci ne sera que profitable estant faict de bonne heure, non plus tard que de dix jours après les avoir vinés, pour les raisons dictes. Touchant les vins charriables et de facile transport (comme de tels, Dieu pourvoyant à la nourriture de son peuple, s'en treuvent abondamment en divers endroits de ce royaume) tous-jours le transvaser est à propos, voire à aucuns profitable, s'augmentans en bonté à mesure du tracas. Au contraire, à d'autres très-dommageable, ne souffrans aucun remuement, ce qui est nécessaire de discerner pour gouverner les vins selon leurs naturels, sans les forcer, de peur de les perdre (58).

Aucuns, d'une façon particulière, gouvernent ainsi leurs vins. Dès les avoir entonnés et encavés, percent généralement tous leurs tonneaux, mettans à chacun la canelle par le bas : et sans en avoir aucun destiné pour leur ordinaire, tirent de tous indifféremment, tantost de l'un, tantost de l'autre, selon leurs appetits. Cela continuent-ils jusques au mois de Mars, auquel temps roulent tous leurs tonneaux par la cave, l'un après l'autre, afin d'en faire mesler ensemble le vin et la lie. Après, ce vin ainsi brouillé et pesle-mesle, est transvasé en tonneaux bien nets, par le moyen d'un seul tonneau vuide qui se remplit du vin de son prochain : ainsi vuidant l'un, l'autre se remplit jusqu'au dernier, selon qu'il se treuve de vin dans les tonneaux entamés : chacun tonneau au préallable ayant esté bien lavé, et de nouveau tous arrangés en la cave comme en vendanges, d'iceux ayant osté les canelles et bien refermé leurs trous. Puis les tonneaux pleins sont curieusement bouchés par le dessus, pour le reste de l'année. Finalement persé leur vin se mesnage à la manière commune : duquel ils se servent aussitost qu'il est resclairci, ce qui avient dans peu de jours après ce remuement.

CHAPITRE IX.

Des Vins pressés, trempés, allongés et autres de mesnage.

AYANT tiré le vin de la cuve, le marc restant sera incontinent porté au pressoir, pour là en exprimer par force le vin qui de gré n'est voulu sortir de la cuve. Tels vins pressés ou raqués (comme directement contraires à ceux de la méregoutte) sont les moins délicats, à cause qu'ils tiennent beaucoup de la substance du marc : mais aussi de longue garde, dont ils sont beaucoup prisés pour le mesnage. Pour laquelle cause au pays d'Anjou, le vin pressé est meslé avec le meilleur et plus délicat, qui est le premier sortant de la tine, par le meslinge de ces deux extremes en composant un vin moyen en bonté, sans craindre la corruption (59). De la façon du pressoir, n'est besoin de parler, y en ayant de tant de sortes qu'impossible seroit de les représenter toutes. Les plus communes sont par viz et leviers, l'une et l'autre estans fort aisées et serviables : et selon que le pays est abondant ou eschars en vendange, et que par conséquent les pressoirs sont plus ou moins pressés de besongne, l'on les faict grands ou petits, mais tous-jours de fort et solide bois. A presser autre chose que marc de raisins ne serviront ces pressoirs-ci, non pas mesme à y séjourner aucune matière de forte senteur : sur-tout mauvaise, comme cuirs, chanvres, et semblables, de peur de les communiquer au vin. Ains nettement les tiendra-on durant l'année, afin que

que le vin passant par là , en sorte bon sans
scrupule (60). Avec semblable soin que
des précédens vins , sera cestui-ci serré
dans ses tonneaux sans se pouvoir exhaler.
Le marc sortant du pressoir est gardé
pour les pourceaux , et pour donner aux
pigeons et poules en certain temps de l'année : à sécher , afin d'en retirer les pépins
pour en engraisser les chevaux : ou ne
pouvant servir à aucune de ces choses , à
faire du fumier. Pour les pays ausquels
les vignes pour leur grande abondance ,
font le gros du revenu , le presser est inventé , non pour ceux qui en sont passablement accommodés : car d'autre plus
avantageuse façon le marc y est employé,
faisant d'icelui avec de l'eau , du vin de
despence pour la boisson des serviteurs et
manœuvres (61).

L'ordre qu'on tient à cela est tel. Avant
qu'ouvrir la cuve pour en tirer le vin ,
la provision de l'eau pour faire ce vin
de mesnage appellé , despence , est
faicte et portée sur le lieu, à tout le moins
ce qu'il en faut pour le commencement ,
à ce que sans séjourner elle soit aussi-tost
jettée par dessus le marc , que le vin en
sera séparé : de peur que séjournant le
marc sans humeur, sa grande chaleur ne
causast quelque mauvaise saveur à la despence ; dont la plus commune est l'aigreur, laquelle il s'acquiert promptement,
si on n'use de diligence à verser l'eau dans
la cuve. Parquoi dès incontinent qu'on
verra le bon vin avoir cessé de sortir de la
cuve, sans la fermer par bas , un homme
entrera dedans pour en oster du marc tout
ce qu'il y treuvera de sec au dessus, et à
force de pieds faire rejoindre au bois de
la cuve, le marc qui s'en treuvera reculé
par la sortie du vin : à toutes lesquelles

choses convient aller curieusement pour
avoir bonne despence. Ce faict l'eau y sera
mise, la jettant par le dessus , et en telle
quantité pour la première fois , qu'il en
faut pour couvrir tout le marc sans plus ,
où dans peu de temps par la force du marc
elle bouillira vigoureusement. Après chacun jour une fois , y sera ajoustée de nouvelle eau peu à peu, à ce que le bouillir
du total n'en soit destourné , comme il seroit à craindre y en mettant par trop à la
fois; si que par ce moyen la substance restante au marc sera communiquée à l'eau
et en couleur et en saveur; dont se composera de bonne despence; et tant meilleure
que plus y aura de marc et moins d'eau.
Dans deux ou trois jours le premier trempé ou despence sera tiré de la cuve, et
entonné comme le vin ; lequel trempé se
gardera estant bien logé , jusqu'aux nouvelles vendanges. Sur ce mesme marc remettra-on de l'eau comme dessus, pour
en faire une seconde despence , puis une
troisiesme, toutes lesquelles seront en-
vaissellées comme la première , pour les
faire boire, au contraire de leur aage :
c'est assavoir, la plus nouvelle et dernière
faicte , la première; gardans pour l'arrière-saison les plus vieilles et faictes les
premières ; par estre plus substancielles ,
et partant plus servables, lesquelles aussi
surpasseront en bonté les unes les autres
selon leur ordre. Finalement , de l'eau
sera ajoustée par dessus , tous les jours et
peu à la fois , pour n'affoiblir trop la boisson qui de là en hors sans la remuer dans
les tonneaux servira pour l'ordinaire de la
grossière famille , la tirant directement
de la cuve à mesure du besoin , et cela
durera jusqu'à Noël , plus ou moins , selon qu'elle sera gouvernée. Voilà sans

grande peine du vin trempé pour la provision de vos serviteurs, avec espargne
des bons vins. Ceci sera noté comme pour
maxime, *de ne changer d'eau, ne de
façon de l'application* : de peur de gaster votre trempe; ne pouvant ce mesnage
souffrir mutation en cela, d'où sourdent
non-seulement des gousts desagréables à
la boisson, ains souventes-fois des extremes corruptions. Parquoi l'on s'arrestera à l'eau et à la façon que premiere-
ment l'on aura prinse. A l'eau, c'est assavoir d'achever vos trempés de celle dont
vous vous serés servi dès le commencement, sans meslinge d'aucune autre : et
venant au choix des eaux, préférés tous-
jours celle de fontaine à toute autre,
comme la meilleure. Quant à la façon de
la despence et application de l'eau, diversement on s'y manie. Les aucuns pour
prévenir l'aigreur, tiennent tous-jours
mouillé le dessus du marc, en l'arrousant
d'eau tous les jours, quand on la jetté
dans la cuve. Les autres au contraire,
craignent l'essent, dont ils tiennent le
dessus du marc sec et affermi, comme un
chapeau servant de couverture au roste.
Ceux-là parviennent à leur intention en
mettant un aix au milieu de la cuve sur
le marc, contre lequel ils jettent tous-
jours l'eau, laquelle pour la durté du rencontre s'escarte de tous costés, mouillant
le dessus du marc; ceux-ci, seulement
par un costé faisant un trou au marc joignant le bois de la cuve, le long duquel
doucement font glisser l'eau dedans, dont
le dessus du marc reste tous-jours affermi et sec. Par lesquels deux chemins,
quoi-que contraires, parviennent où ils
désirent, pourveu que sans varier pour-
suivent le premier prins.

Autres au lieu de plusieurs trempés divers en bonté, n'en font qu'un seul, bon,
mettant sur le marc, à une fois, toute
l'eau qu'ils imaginent servir à leur intention. Et après y avoir bouilli quelques
jours, retirent de la cuve le trempé, et
lors que la couleur leur en agrée, pour
l'entonner: demeurant d'autant meilleur,
que moins le bon vin aura cuvé, et moins
d'eau aura esté mise sur le marc (62).

Un troisiesme moyen, et qui rencontre
mieux le plus souvent qu'aucun des précédents : c'est que tous les jours on met de
l'eau en la cuve et en tire-on du trempé;
mais de tout cela en petite quantité : continuant ainsi jusqu'à ce que toute la vertu du
marc soit exprimée et attirée par l'eau.

En ceci convient estre tous d'accord, *P. escrit le mal que les trempés causent aux cuves.*
que de prévenir la ruine des cuves, aus-
quelles le faire des trempés ou despences
porte dommage, et tant plus grand, que
plus longuement ces boissons y séjournent:
à cause des mauvaises senteurs qu'elles
en acquierrent, quand à la longue par
négligence, on ne tient conte de les visiter, pour pourvoir aux défauts y survenans. Dont la perte n'est seulement pour
la boisson qui est alors dans icelles: mais
pour toute la vendange qui par après és
années suivantes y est mise. D'autant que
la cuve en estant infectée, de mesme com-
munique-elle telles mauvaises qualités aux
vins s'y cuvans en suite. Ces maux se pré-
viendront en tenant l'oeil que l'eau soit
mise en la cuve tous-jours à propos, en
continuant jusqu'à la fin l'ordre qu'aurés
une fois commencé: en faisant sortir le
marc de la cuve; dès-aussi tost que les
trempés en seront dehors, sans attendre
une heure après : et finalement rascler
et nettoyer le dedans des cuves, autant

curieusement que si on y vouloit mettre de la nouvelle vendange : pour demeurer ainsi vuide de toute saleté, durant le reste de l'année. Mais le meilleur sera de destiner une ou deux cuves pour les trempés ; dans lesquelles, seront portez des autres cuves les marcs, après en avoir tiré les vins : où sans hasarder la bonté des cuves franches, les trempés se feront comme l'on voudra. Par ainsi, avec la conservation des bonnes tines ou cuves, et les vins et les trempés se rendront bons chacuns en sa qualité (63).

Ceste façon fournit plus de boisson de mesnage que nulle autre, mais aussi de plus grossière liqueur. Par quoi qui désirera d'en avoir de plus agréable, faudra qu'il se contente de moins, où par divers degrés il parviendra, en allongeant les vins avec de l'eau. Sur la vendange foulée estant dedans la tine, on versera le quart d'eau claire et nette, incontinent, avant que le vin se soit aucunement eschaufé ; dont au bout de sept ou huict jours que le tout aura bouilli ensemble, sortira un vin agréable et en couleur et en saveur, pourveu que les raisins aient esté vendangés biens meurs et cueillis en un bon endroit.

Autre : après avoir tiré le vin de la cuve, en sa place y mettra-on de l'eau telle quantité qu'on voudra ; et encore des raisins foulés y seront ajoustés pardessus, jusqu'à en remplir la cuve : de laquelle, après que le tout aura bouilli ensemble tant qu'on voudra pour la couleur, sortira du bon vin et agréable à la veue.

Autrement : les raisins seront mis tous entiers dans la cuve, et d'iceux tiré au bout de trois ou quatre jours, le vin que sans fouler libéralement voudront rendre, qu'on reposera dans des tonneaux près de la cuve. En après on foulera les raisins, et sur iceux mettra-on bonne quantité d'eau, et incontinent après le vin qu'en aurés ja tiré, y sera remis, pour rebouillir avec l'eau : dont se composera un vin bon et délectable, voire tel, que difficilement (cuvé et entonné comme il appartient) se pourra remarquer l'allongement d'icelui (64).

Ceste façon-ci est aussi très-bonne, et du bon mesnage, de laquelle plusieurs se servent. Choisissés des raisins noirs, bons et bien meurs, séparés-les des raffes ou draches, et ainsi esgrumés sans les presser, jettés-les dans un grand tonneau bien net, et en suite mettez-y du vin vieil, bon et franc, autant qu'il en faudra pour mouiller ces raisins, contenant le quart du tonneau. Finalement y ajoutera-on de l'eau toute bouillante, non pour en achever de remplir le tonneau, ains à icelui restera de vuide un bon demi pied pour y bouillir aisément ce meslinge ; comme il fera incontinent avec grande force : et par ce moyen se convertira en bonne boisson ; tenant aussi tous-jours fermé le trou du bondon, de peur de l'esvent. Ce mesnage consiste en ce que ce breuvage s'allonge tous les jours par le moyen de l'eau fresche qu'en petite quantité on jette dans le tonneau, toutes les fois qu'on en tire pour boire : dont il semble n'avoir jamais fin. Aussi à la vérité, ceste boisson, la gouvernant ainsi, peut durer toute l'année : et néantmoins la refortifierez en y ajoustant par fois quelque peu de bon vin, au lieu de l'eau ; lequel vin tirerés des fondrilles des tonneaux sentans la longue traicte,

là employant les restes de vins qui ne
pourroient servir qu'au vinaigre. Aucuns
font ce vin qu'on appelle, rappé, dans
des tonneaux défoncés d'un costé et posés
debout comme une cuve, les tenans couverts par le dessus le mieux qu'ils peuvent : mais cela n'est si bon qu'és foncés
des deux bouts, le vin sentant par trop
l'esventé, à raison de quoi au bout d'un
temps se rend imbuvable. Ajouster à ce
vin-rappé, la vingtiesme partie de ses
raisins, du bois vert de fousteau, c'est à
dire sur vingt corbeillées de raisins une
de fousteau, couppé menu par retailleures, avec un rabot de charpentier,
lui donne force et odeur agréable, ainsi
que le pratiquent assés souvent les ta-
verniers de Paris. Par littées donques les
raisins esgrumés et le fousteau sont mis
dans un tonneau défoncé par un des costés, puis posé et tenu debout comme dessus. Ou bien (et qui est meilleur pour
les raisons dictes) est curieusement refermé et gouverné durant l'année, comme
les autres boissons (65).

Voici un autre moyen pour estre se-
couru de breuvage en temps de petites
vendanges : mais de breuvage bon et délicieux, tenant reng entre les bons vins
pour la table du maistre. Des poires bien
qualifiées en telle quantité qu'il vous plaira seront mulues et brisées ; après sans
autre mystère, seront jettées dans la cuve,
sur le marc des raisins, incontinent après
en avoir tiré le vin. Là le tout bouillira
ensemblement par le propre naturel de
chacune de ces matières : et ce tant qu'il
vous plaira, pour en faire du vin clair
ou couvert. Finalement ce vin mestif en
sera tiré quand la couleur vous en agrée-
ra, et serré en bons tonneaux, ainsi qu'il

appartient : lequel participant et du raisin et de la poire, se rendra doux et
piquant, délicat et plaisant à boire, et
de garde, jusqu'à la fin de Mai, non
guières plus, par n'estre chose seure de
pouvoir souffrir la violence des grandes
chaleurs. Sur ce marc ainsi meslingé jettera-on puis-après de l'eau, pour en faire
de la despense à la manière susmen-
tionnée (66).

CHAPITRE X.

*Esclaircir tost les Vins nouveaux :
les diversifier en couleur et saveur :
les conserver en bonté : remettre
les poussés.*

PLUSIEURS matières y a-il desquelles
indifféremment on se sert pour parvenir
au but de ce chapitre : mais nous em-
ployerons seulement celles qui sont bonnes à manger, puis qu'il est question
d'en avaler le goust, rejettant comme
pernicieuses à la santé, l'alun, le souffre, l'argille, la chaux, le plastre, la ras-
cleure de marbre, la poix, la raisine, et
semblables drogueries, que pour satisfaire à leur avarice, les trompeurs ta-
verniers et cabaretiers employent à sophistiquer leurs vins, sans distinction des
qualités desdictes matières, ne du bien
ne du mal qui en peut avenir à ceux qui
en boivent (67).

Pour donques esclaircir le vin nouveau
dans vingt-quatre heures, afin d'estre
lors rendu buvable, comme s'il estoit vieil:
Faut mettre des retailleures de bois de
fousteau ou hestre, vert, deschargées

de leur première escorce, et rabotées, comme a esté monstré, dans un tonneau bien net, et par dessus du moust, sans toutes-fois en remplir du tout le tonneau; afin d'y pouvoir bouillir à l'aise quant le tonneau sera bouché. Mais au préalable les retailleures auront bouilli avec de l'eau claire dans un chauderon une bonne heure, pour les descharger de leur sauvagine; puis seront séchées au soleil, ou au four suivant le dire d'aucuns; les autres ne font ni l'un ni l'autre. La quantité est, pour une charge de vin, c'est à dire, autant qu'un mulet en peut porter, une corbeillée de retailleures sèches, et à l'équipollent. Moyennant ce, non seulement le vin nouveau s'esclaircit dans ce bref temps, ains il s'acquiert une agréable senteur. Ce vin ainsi séparé est appellé, *vin de coipeau*; ayant prins son nom des coipeaux du bois de fousteau ou hestre dont il est composé (68).

Vin de Coipeau.

Si la couleur de hyacinte ne vous agrée la convertirés en celle de rubi, avec du jus exprimé de grenades douces, mis dans le vin, en telle quantité que verrés surpasser la naturelle couleur du vin. Le vin noir et gros satisfaict aussi à cela; mais avec plus d'effect, le suc des prunelles et mûres bastardes, fort meures, dont petite quantité vainc la couleur rouge (69).

Changer la couleur de hyacinte en celle de rubi.

Aussi la couleur de rubi se change en celle de hyacinte, si on incorpore dans le vin quelque peu de safran mis en poudre: et pourveu que le vin ne soit de soi-même guières couvert ne chargé de couleur, ains fort cleret, verrés une subite métamorphose (70). Et cela soit dict pour toutes couleurs de vins (excepté de la blanche), lesquelles se rapportans à ces deux ici, assavoir de hyacinthe et

de rubi, s'accommodent selon que chasque vin participe plus de l'une que de l'autre.

Le vin violet se faict ainsi. En vigne assise en coustau et terre de grés, exposée au soleil de midi ou du couchant, eslirés des raisins noirs, les mieux qualifiés pour la bonté du vin, iceux bien meurs, leur tordrés le pied, et ainsi les laisserés pendus au cep trois ou quatre jours, pour les faire un peu flestrir et emmatir: après couppés les doucement sans les froisser, et les mettés dans un tonneau défoncé par l'un des costés, lequel en soit rempli de la cinquiesme ou sixiesme partie, puis refoncé curieusement, et porté en la cave sera rempli de moust provenant de raisins noirs bien meurs et des espèces les plus prisées: y laissant un vuide pour un bouillir, estant le tonneau bien bouché, sans aucunement respirer, à la charge toutes-fois d'estre bien cerclé, de peur de rompre. A ce moust seront ajoustées six onces de pellicules d'oranges, séchées à l'ombre et gardées dès le mois d'Avril ou celui de Mai précédent, trois de canelle, une de girofle, et demie de gingembre pulvérisée, appliquées avec un sachet de toile, comme sera monstré. Ces matières serviront pour aromatiser un tonneau de vin, contenant une charge de mulet, et à l'équipollent plus ou moins: dont se rendra excellent en délicatesse et force, et de couleur obscure tendante au violet, selon le nom qu'il porte (71).

Vin violet.

Ci dessus ont esté donnés des moyens touchant la couleur; en voici maintenant touchant la saveur des raisins. Le muscat se renforce par des raisins muscats fort meurs et mis entiers dans le

Moyens et matières pour renforcer les vins.

tonneau comme dessus : tous autres vins aussi chascun avec raisins de sa sorte. La fleur de sureau, cueillie au mois de Mai, séchée à l'ombre, et gardée jusques aux vendanges, donne au vin la senteur du musquat. La semence et la fleur du hormin ou toute-bonne des jardins, cause une senteur agréable au vin. Les premières pellicules des oranges aussi, pourveu que, comme dict est, elles soient préparées dès Avril ou Mai, qui est lors qu'on appreste les oranges pour confire, et qu'aussi pour les mieux confire, convient en lever telles pellicules. Mais en ce service-ci, la canelle surpasse toute autre matière, avec grand effect, aromatisant les vins qui en sont imbus.

Outre lesquelles se servira-on en cest endroit de certaines drogues exquises et bien choisies, que l'homme d'esprit employera, ajoustant aux antiques inventions selon les occurences. Comme d'iris ou glaieul, du souchet, du jong odorant, de la casse, du poivre, de la muscade, de la graine de paradis, du labdanum, du storax, du benjoin : voire si tant il veut despendre, du musc, de la civete, de l'ambre-gris. Et en somme, de toutes matières ayans quelques bonnes et précieuses qualités ; soient ingrédiens, semences, racines, herbes, bois, fueilles, fleurs, fruicts, gommes, minéraux ; qu'on fera bouillir dans les vins lors qu'ils sont en leur première force, afin de communiquer aux vins leurs propres substances. Pour laquelle chose faire ainsi qu'il appartient, telles matières en assemblages de deux, trois, ou quatre, ou seules, selon qu'on l'imaginera pour le mieux, seront employées dans des longs sachets de toile claire, faicts à la mesure du bondon du tonneau, par lequel on les fourrera dans le tonneau incontinent le vin y estre mis sortant de la tine et là attachés à-tout du gros fil, on les accommode de telle sorte, qu'estans les sachets retenus au bondon sans toucher au fonds, pendent jusqu'au milieu du tonneau ou un peu plus bas : dans lequel par le séjour de huict ou dix jours, lesdictes matières laisseront toute leur vertu : pourveu que pendant cela le trou du bondon demeure bien bouché, afin que rien ne s'en exhale. Passé lequel temps, les sachets seront retirés avec le marc restant dedans iceux, et par ce moyen rien de terrestre provenant desdictes matières, ne s'ajoindra au vin. Les vins blancs attirent mieux à eux l'esprit de ces choses, que les clerets ; et ceux-ci, mieux que les rouges ; par bouillir plus fort et plus longuement les premiers que les derniers. Parquoi on avisera d'employer plus de ces matières-là, tant plus les vins seront couverts : la quantité d'icelles suppléant au défaut du bouillir des vins. Par mesme méthode seront faicts des vins médecinaux, comme sera monstré en son propre lieu (72).

Pour adoucir les vins qui d'eux-mesmes sont rudes, divers moyens met-on en œuvre, dont ceux-ci sont asseurés. Ferés confire des raisins fort meurs, en les faisans reposer durant quelques quinze jours sur des aix, des claies, ou sur de la paille à couvert : passé lequel temps les ferés fouler et jetter dans la cuve sur le marc restant du vin qui peu auparavant en aura esté tiré : lequel ayant reposé quelque heure dans des tonneaux, sera remis en la cuve pour y rebouillir avec les susdicts raisins tant longuement qu'il vous plaira, dont parviendrés à ce que désirés, moyennant que les raisins ajoustés facent la vingtiesme partie du total de la cuve. Ainsi s'adoucira le vin, mais il ne pourra estre que fort chargé de couleur, pour son long séjour en la cuve.

On adoucira le vin dans la cuve, si sur icelui l'on jette des raisins noirs bien meurs, quelque peu emmatis par la garde de sept ou huict jours et foulés sans draches ; moyennant qu'en ce faisant on n'ouvre du dessus de la vendange foulée affermi au haut de la cuve, que le moins qu'on pourra, de peur de l'esvent ; lequel on préviendra, en faisant un trou en ladicte vendange joignant le bois de la cuve, par lequel, doucement on les fera couler dans la cuve. Ce peu sera limité à la centiesme partie du contenu en la cuve, pour passablement adoucir le vin, moins ne lui pouvant servir de rien, et plus ne lui estant nécessaire.

Dans les tonneaux, les vins aussi s'adoucissent avec quelque petite quantité de la liqueur exprimée de raisins eschaufés dans le four, laquelle on tire ainsi. Les raisins fort meurs sont mis sur des claies, et icelles dans le four encores chaud, après la cuisson du pain, pour y demeurer jusqu'à ce qu'enflés de chaleur, commencent à se crever : d'où lors sortis et jettés en la cuvette sur autant de raisins froids, tous ensemble sont foulés, dont on tire la liqueur que demandés.

Le vin cuit de mesme adoucit le vin, en mettant dans le tonneau ce que verrés satisfaire à vostre intention. Le miel aussi a semblable vertu, mais sa grossesse manifeste trop notoirement la tromperie, faisant le vin estre gras.

C'est le moust bouilli qui en cest endroit se moustre plus vertueux qu'aucun autre artifice, receu en plusieurs endroits avec applaudissement. Ainsi l'on s'y manie. La moitié du moust destiné pour le remplage d'un tonneau est mise sur le chauderon, là où elle bouillira une onde seulement, en l'escumant curieusement, et toute chaude est mise sur l'autre moitié ja envaisselée dans le tonneau : lequel rempli et puis fermé sans respirer, conserve ce vin-là sans aucunement bouillir, dont il se rend doux en perfection ; le bouillir artificiel lui estant le naturel. Mais en ceste manière ne peut-on faire que vins blancs, desquels néantmoins se servira-on, pour aucunement adoucir tous autres de quelle couleur qu'ils soient (73).

Certains terroirs produisent naturellement les vins doux, qui toutes-fois désagréent autant à leurs maistres qu'aucuns se peinent à adoucir les leurs. Pour n'avoir les vins doux, l'on ne laissera pas trop meurir les raisins en la vigne, ains les vendangera-on un peu devant le temps. L'on ne couvrira les cuves, la vendange y estant. Aucun moust ne sera mis au fond des tonneaux, avant qu'y loger les vins. Les tonneaux ne seront fermés que bien tard, pour du bondon laisser verser les vins en bouillans, remplissant les tonneaux dès le commencement. Par cest ordre les vins restans verdelets, ne pourront estres attaints d'aucune importune douceur. Et ce remède servira aussi en évaporant les vins, à consumer leurs ardantes fumosités : à cause de quoi demeureront petits et foiblets, toutes-fois de bon goust, comme aucuns desirent pour leur santé, ne pouvant souffrir la force des puissans vins : qu'aussi ne veulent-ils corriger avec de l'eau, par leur estre ou préjudiciable ou ennuyeuse. Les vins ja envaissellés, qui contre vostre intention se rencontrent doux, seront corrigés en les remuant d'un tonneau à l'autre, et tenant ouvert le tonneau durant quinze jours, seulement deux ou trois heures chacun. Mais plus asseurément cela se fera par le changement d'aer, mesme si c'est de pays chaud en froid (74).

Touchant la conservation des vins, le premier article en est le logis, comme a esté dict. Car en tonneaux et caves mal qualifiés, tout vin, quelque bon naturel qu'il ait, se gaste : tant ceste précieuse liqueur hait la corruption. Qui par curiosité goustera du vin que certains mareschaux, pour leur pauvreté, logent près de leurs forges, treuvera sentir la fumée; qui est pour preuver le vin naturellement attirer à soi la senteur à lui prochaine. Dont se résoudra le père-de-famille, non seulement d'esloigner ses vins de toute mauvaise odeur, ains à les avoisiner des bonnes, tant qu'il lui sera possible : et par ce moyen préviendra-il le mal, et profitera le bien avenant de ces choses, selon qu'à cela le vin est enclin (75). Estant la matière de nos vins d'elle mesme bonne, avec la seule simplicité susdicte, conserverons-nous nos vins sans sophistiquement aucun : mais doutant d'icelle ou par la jeunesse des vignes, ou par la malice du terroir, suivant le précédent conseil, ne garderons longuement tels vins ; afin de ne les commettre au hazard d'expérimenter la violence des chaleurs sous l'effort desquelles succombent les vins à cela sujets. Or quels que soient nos vins, par ces addresses outre les précédentes les soulagerons-nous beaucoup, les maintenans

en force et bonté : dont les bons se rendront meilleurs, et ceux de peu de valeur s'en amenderont aucunement. De toute la tinée ou cuvée du vin, celui qui vient le dernier est de plus facile garde, aussi, de plus grossière liqueur: comme le premier est de plus difficile conservation, aussi le plus délicat : selon le naturel de toutes choses dont les plus précieuses sont les plus pénibles à garder. Parquoi le dernier sera mis à part et destiné pour l'arrière saison. Toutes-fois n'estant vostre vin généralement par trop sujet à se gaster, compensant la délicatesse du vin avec la conservation, sera bon de mesler ensemble le premier avec le dernier, pour en faire des vins séparés. Et passant plus outre de ces vins là, en tirerés encores la plus saine partie du milieu du tonneau, le quart d'icelui, et non davantage. Car puis-que c'est chose confessée de tous, que le plus parfaict et meilleur vin, se loge et séjourne au milieu du vaisseau (comme du miel au fond, et de l'huile au dessus, ainsi qu'a esté dict) prenant en cet endroit-là le vin que désirés garder, meslingé du premier et du dernier de la cuvée, transvasé ou tonneaux bien nets, au temps marqué cidevant, non plus tard, et logé en bonne cave, ne serés deceu de vostre intention (76). Les vins moins sujets à corruption, sont ceux qui le moins auront cuvé. Ceux aussi qui auront esté transvasés, comme a esté dict se treuveront plus servables que les autres. Ne faut faire estat de garder longuement le vin cueilli en vignes nouvelles, trop grasses, ou trop fumées, par les raisons dictes. Jetter du sel battu en petite quantité dans le fond du tonneau avant qu'y loger le vin,

outre

outre celui mis en la cuve, préserve le vin de moisisseure et le rend de bonne force et vigueur. Les vins nouveaux tourmentent fort les vieux, près desquels ils sont logés, en leur communiquans leur importune chaleur : pour laquelle cause, est nécessaire de ne les en approcher de trop près, ou pour le mieux, les mettre en caves séparées. Il a esté dict combien l'esventer est pernicieux aux vins, et qu'il ne se peut prévenir qu'en tenant les tonneaux bien bouchés et remplis ; article qui à telle occasion sera estroictement recommandé.

Ce sont les excessives chaleurs, tonnerres, coups d'artillerie et autres grands bruits, qui souvent renversent et font tourner les vins. Pour à quoi remédier, faut en esté souvent donner aer aux vins, en ouvrant les tonneaux par le bondon, pour quelque heure : et en outre par fois, et à chacune, en tirer un demi verre par la guille ou espine ; car par ce moyen la chaleur nuisible enclose dans les tonneaux, en vuidera, servant de rafreschissement aux vins. Se faut soigneusement donner garde de ne tracasser près des tonneaux remplis de vin, ne jamais heurter contre : c'est pourquoi avons dressé les caves et logis des vins, en lieu solitaire, esloigné de bruit (77).

Qui ne se contentera de ces faciles addresses, pratiquera infinité de receptes pour la conduicte des vins, escrites ès livres de *Caton*, *Palladius*, *Columelle*, *Pline*, *Constantin-César*, et autres Antiques (si toutes-fois le peu de raison qu'on treuve en plusieurs d'icelles, dont aucunes s'en rendent ridicules, ne l'arreste) comme de pendre jusqu'au milieu du tonneau par une cordelette attachée au bon-

don, du lard enveloppé avec du linge, pour garder d'esventer et aigrir le vin. De mesme faire de l'argent vif, mis dans une fiole bien fermée avec de la cire pour rafreschir le vin. Des cailloux de rivière et du gros gravier se servir aussi pour rafreschissement, les mettans au fond du tonneau. Couvrir le dessus du vin avec de l'huile d'olive, pour le garder d'esventer, à l'imitation des apoticaires, qui ainsi conservent les jus et liqueurs de plusieurs herbes et fruicts. Pour préserver les vins de toute corruption, mesler parmi eux quelques onces d'alun de roche, de souffre, et de sel pulvérisés : ou faire bouillir lesdictes matières dans du vin et chaudement les verser dans le vin dont est question. Autrement, user du plastre, des racleures de marbre, de la chaux, de la poix, de la raisine et autres drogueries desquelles ai jà parlé, qu'il treuvera dans les susdicts autheurs, ayant plus d'esgard au profit de la bource, qu'à celui du corps. Aussi expérimentera-il pour donner poincte piquante à ses vins, s'ils peuvent endurer le meslinge d'eux avec leur lie, selon la pratique d'aucuns, et qui a esté monstré ci-devant (78).

Comme il est aisé au médecin de maintenir, par son art, la personne en santé, et plus facile de guérir les maladies en leur naissance, qu'après estre parvenues en parfaict accroissement : ainsi par degrés est-il des vins, lesquels avec peu de peine conserve-on en bonté, comme a esté enseigné ; et avec moins de soin les garde-on de perdre, lors qu'ils marchandent à se tourner, qu'à les guérir ayans du tout faict le sault. Lors qu'on s'appercevra les vins changer de couleur, présageans par là mutation de saveur,

à chacun tonneau jettera-on par dessus
le vin trois ou quatre douzaines de noix
communes, ardantes et flamboyantes,
et incontinent après refermera-on les
tonneaux, non avec leurs serrails accous-
tumés, ains avec autres faicts avec des
escorces de saule enveloppées ensemble
comme pelotons de filet ; à ce que le
vin par exhalaison vuide sa malice par
les travers desdictes escorces, lesquelles
ne pouvans parfaictement joindre ensemble, laissent du vuide pour le passage
de l'aer. Par-là, le vin s'esclaircira, et remué en vaisseau bien net et parfumé,
y ayant mis au fond quelques poignées
de sel, reviendra presques aussi bon que
devant, à la charge de le boire incontinent, par ne souffrir la longue garde.
Le vin qui commence à s'eschauder seu-
tant la brusleure, non seulement ne pas-
sera-il plus outre pour se gaster du tout,
ains se remettra-il en bon estat, si estant
remué en vaisseau, on jette dedans
quelque quantité d'oranges couppées en
quartiers et enfilées comme patinostres
en une cordelette, avec laquelle seront
suspendues jusqu'au milieu du tonneau
seulement pour dix ou douze jours ; passés lesquels on les en retirera. Ajoustant
aux oranges quelques onces de cloux de
girofle, dont elles seront lardées, sera
pour donner bonne odeur au vin. Le bois
d'aune ou verne, celui joignant à la première pelure ou escorce, deschargé d'i-
celle, retient le vin de s'achever de tourner, si on en met raisonnable quantité
par menues pièces, dans le tonneau lors
qu'on s'apperçoit que le vin commence
à se troubler : mais avec plus d'efficace,
si au paravant le vin est transvasé comme
dessus (79).

Le vin gasté ou poussé, en latin dict,
vappa, se remettra et rendra buvable
par ce moyen. Il sera gardé jusqu'aux
vendanges prochaines dans des tonneaux
bien nets, ausquels on l'aura remué,
l'ostant de sa lie pour n'y crouppir. Alors
on le fera passer par le travers du marc
des raisins, duquel freschement le vin
aura esté tiré, le jettant par dessus pour
y séjourner quelques jours afin d'y bouillir : d'où retiré, le treuverés clair et net.
Si pour la première fois cela ne rencontre du tout bien, y retournerés une
seconde, voire une troisiesme, et jusqu'à
ce qu'il soit venu au poinct que désirés.
Mais à chascune fois changeant le marc
nouveau, pour avoir tant plus de vigueur. Logerés puis-après ce vin ici en
tonneaux francs et nets, parfumés avec
la composition suivante : pulvérisés de la
canelle, girofle, muscade, poivre, gingembre, graine de paradis et d'encens
de chacune demie once : infusés tout cela
dans du souffre fondu sur petit feu, dequoi endairés ou incrustérés des minces
retailleures de bois de fousteau, vert et
non sec, faictes-à-tout le rabot de charpentier, pour ainsi mixtionnées les faire
brusler dans le tonneau ; à ce que la fumée en sortant s'attache comme suie dans
l'intérieur du tonneau. Pour ce faire
commodément, conviendra ageancer les
retailleures en anneaux (ainsi que de lui-
mesme le bois se ploie en le rabottant)
les enfilans avec du fil d'archal en chais-
ne, laquelle pendante par le bondon jusqu'au milieu du tonneau, y ayant mis là
feu, telle droguerie bruslera dedans à
l'aide d'un peu d'aer que lui donnerés
par le bondon : et non beaucoup, de peur
que la fumée s'exhalant par trop ne ren-

dit vain le remède. Ce faict, et retiré le fil d'archal, subitement l'entonnoir sera mis dans le bondon et tant justement y entrera la queue, qu'à l'aide des estoupes ou du linge dont l'aurés enveloppée, qu'elle retiendra enclose la fumée dans le tonneau sans en pouvoir ressortir. Après le vin sera versé dans l'entonnoir, lequel en demeurera à demi plein jusqu'à ce que le tout soit vuidé au tonneau ; afin que par aucune issue la fumée ne s'en retourne, ains se mesle avec le vin. Finalement, le tonneau sera bien fermé, de peur que le vin s'esvente, lequel dans cinq ou six jours treuverés remis pour estre beu au plustost : non pour le garder longuement, de peur de recheute. De la quantité des matières susdictes, parfumerés de vin cinq ou six charges de mulet, chacune limitée à trois cens livres du poids de Paris (80).

Avec moins de coust et en diverses sortes racconstre-on les vins tournés. Par dessus le vin tourné, remué dans tonneaux bien nets, jetterés une huictiesme partie de vin nouveau tout chaud, dans lequel aurés bonilli jusqu'au crever, des grains de raisins noirs bien meurs, puis curieusement refermerés les bondons, afin que le vin ne prenne vent.

Les racines et herbe de l'ache : celles de bette : les raiforts couppés à tronçons : le pur blé froment : la semence de pourreaux : la cire vierge ; servent à oster la chancisseure, moisisseure et puanteur des vins ; les mettans dans les vins séparés ou assemblés, comme l'on voudra, avec des sachets accommodés à la manière dicte.

Jetter dedans le vin poussé un plein verre de Malvoisie, le remet en bonté :
pourveu que, pour un préallable, le vin soit esclairci, ou par le bois d'anne, comme a esté monstré, ou par autre moyen ; et après remué en tonneau bien lavé et net. Mais ce n'est de Malvoisie naturelle dont l'on se sert en cest endroit, ains d'artificielle, qui se faict avec du miel, de l'eauardant et de la graine de moustarde concassée, le tout distillé au bain de marie.

Desquelles matières et moyens ou de partie d'iceux, par heureux rencontre aucuns s'estans bien treuvés, les ont mises en réputation : dont le mesnager se servira selon les occurrences. Mais comment qu'on ouvre en cest endroit, jamais les vins ne se remettent tant parfaictement à leur premier naturel, qu'il n'y reste quelque petit reste de corruption : ausquels remedes ne s'arrestera tant le père-de-famille, qu'à en prévenir l'occasion ; et ce par bon gouvernement de ses vignes, raisins, vins, celiers, caves, et principalement de ses cuves et tonneaux, où gist le poinct de ce négoce, comme a esté dict. Parquoi le plus certain remède de ne perdre du tout ses vins gustés, est de les vendre quoi-qu'à petit prix, pour en faire de l'eau-ardant, autrement dicte l'eau de vie, de l'excellence de laquelle le cep produisant le raisin, est dict en latin *vitis* ; estant meilleur d'en tirer un peu d'argent, que rien du tout, contraint de les verser par terre, comme de tant malicieux vins se rencontrent, par le naturel sauvage de leurs terroirs, dont les maladies ne souffrent d'estre nullement médecinées. Encores est-ce meilleur mesnage de convertir ces vins poussés, en vinaigre, que de les vendre pour l'eau de vie, à cause du prix du vinaigre équipolant quelquesfois celui des meilleurs vins. Laquelle

Preserver leur bois.

métamorphose, peut-on aisément faire, comme sera monstré.

Et qui plus est craignant de perdre le bois avec le vin gasté; aussitost en avoir tiré tel vin les tonneaux seront défoncés, deschargés des fondrilles, séchés et rasclés, après bruslés en dedans avec flamme claire de sarment ou d'autre légère matière; puis serrés en lieu sec pour le reste de l'année. Réitérant le bruslement, lors que par nouvelles vendanges l'on y voudra remettre du vin. Et sera bien convenable, que les matières qu'y bruslerés aient bonne senteur, comme rosmarin, thym, aspic, lavande, genèvre et semblables, selon les lieux; afin de laisser aux tonneaux quelques restes de bonne odeur (81).

Conclusion de ce chapitre.

C'est l'ordre sous lequel toutes sortes de vins se peuvent aujourd'hui faire, garder et remettre en leur première bonté; différent toutes-fois en beaucoup de parties à celui des Anciens : dont l'extreme peine qu'ils y prenoient nous faict dire que les changemens des temps et des affaires en général, ont aussi changé les usages au faict du mesnage. Mesme en ceste partie de l'appareil de la nourriture de l'homme, nous voyons que la conduite des vins nous est maintenant si facile, que nous y parvenons avec beaucoup moins de travail qu'ils ne faisoient : et afin que nous remarquions mieux l'ordre qu'ils y tenoient, je traicte au chapitre suivant la façon qu'ils donnoient à leurs vins, ainsi qu'ils l'ont mis par escrit en leurs livres d'Agriculture. Ce que je fais, tant pour le contentement de nostre curiosité, et pour nous inciter à nous employer vigoureusement à tant nécessaire mesnage : que pour recégnoistre le bien que nous fait le Conduc-

teur de Nature, nous déclarant les secrets qu'il avoit cachés à nos pères.

CHAPITRE XI.

Antiques façons de faire et gouverner les Vins, plus pour distinction que pour instruction.

AVEC les anciens Grecs et Romains, avons-nous cela de commun, que de planter, cultiver, et vendanger nos vignes presques de mesme qu'eux : mais rien plus que cela ; car le moyen de faire, loger, et conserver les vins, est tout dissemblable à celui que nous pratiquons aujour-d'hui par tout ce royaume, où la vigne croist. Premièrement leurs raisins couppés en maturité, estoient portés dans le pressoir, assis sur la cuve, où incontinent des hommes les fouloient au pied. Le vin tumbant dans la cuve, aussitost estoit tiré en moust, et entonné dans les vaisseaux où il bouilloit longuement. Après refouloit-on le marc, duquel tiroient un second vin pour le mesnage. Par tel ordre les vins ne pouvoient estre que blancs, leur défaillant le bouillir avec le marc ; d'où procède leur obscurité. Néantmoins en avoient-ils de diverses couleurs : car comme il appert par *Pline*, les Antiques en faisoient estat de quatre principales, assavoir, de la blanche, de la noire, de la rousse, de la claire, qu'autrement ils appelloient, œil-de-perdris, lesquelles par artifice ils faisoient selon leurs diverses inventions : ainsi que par une miliasse de sophistiquemens ils composoient leurs vins, les changeans et meslingeans en couleur et saveur.

Les Anciens rendoient leurs vins de quatre couleurs principales.

Ce qu'ils appelloient pressoirs, n'estoient ce que nous recognoissons aujourd'hui sous tel nom : d'autant qu'il n'est faict mention d'en tirer le moust par autre force, qu'avec le pied, y estans seulement les raisins foulés, et non pressés avec violence, comme nous faisons par nos pressoirs. C'estoient seulement des fouloires, posées par dessus la cuve à la manière de plusieurs de ces temps. Touchant les cuves, j'estime que grande différence n'y avoit-il des leurs aux nostres, s'en estans les peuples en tous siècles, servis et de grandes et de petites, selon qu'on le recueille de *Columelle*; en ce qu'il commande au mesnager ayant grand vignoble, d'apprester des cuves de dix et de trois muids. Les Anciens ne faisans mention de la matière de leurs pressoirs et cuves, nous font croire n'estre d'autre que de bois, comme à cela la plus plus propre.

Mais ils nous ostent de ce doute quant aux tonneaux, que tous les autheurs de rustication nous asseurent estre de terre de potier, ceux de bois n'estans en usage de leur temps en aucun endroit du monde qu'en Piedmont, et c'estoit encores à leurs avis, pour préserver les vins de la gelée, comme dict *Pline*; lequel marque l'endroit où de son temps étoient dressées et basties les fournaises pour la fabrique et cuisson des barrils, et autres vases de terre, pour la fourniture de l'Italie. De dire que ce fussent seulement petits, et non grands vaisseaux, il appert du contraire par *Columelle*, quand il faict mention des tonneaux de onze et de quatre muids; ainsi est traduit ce passage et le précédent des cuves, par *Cotereau* (82). Et de faict il falloit bien que les vaisseaux à vin fussent bien grands, ou en eussent grande quantité de petits, pour loger l'abondance du vin que leurs vignes produisoient, comme avons veu (83). De leur figure, n'en pouvons dire autre chose; si ce n'est qu'elle approchoit celle des nostres, estans ces tonneaux-là longs et ventreux par le milieu. Ils estoient posés debout à la mode de nos cuves, et après y avoir entonné le vin par la gueule regardant en haut, elle estoit fermée avec des couvercles de terre qu'on y cimentoit avec du plastre. La terre cuite estoit choisie pour freschement tenir les vins : et non-contens de cela les Anciens enfouissoient les tonneaux dans terre tant plus profondément, que plus sujets à corruption estoient leurs vins. Pour les plus foibles vins, les tonneaux estoient enterrés jusqu'à leur bord : pour les autres, le tiers, la moitié ou les deux tiers, selon leur force ou foiblesse : mais pour les plus robustes, rien du tout, ainsi rengeoient-ils les vaisseaux sur terre près et non joignant l'un l'autre. Le vin logé dans les tonneaux enterrés, est vraisemblable ne se pouvoir tirer par bas à nostre usage, ains de nécessité convenoit le puiser par le haut, comme l'huile : à quoi la peine estoit grande, et encores plus le danger d'esventer le vin, en reouvrant et refermant les tonneaux pour la boisson ordinaire, tousjours ne se pouvant tant justement reclorre qu'il estoit à désirer. Des autres tonneaux n'estans enfouis dans terre, ne peut-on asseurer comme le vin en estoit tiré : seulement par *Constantin-César* sçavons-nous qu'ils persoient leurs tonneaux sans dire par quel endroit, en quoi, ne comment. Les Anciens craignoient la chaleur en leurs vins, aussi faisoient-ils l'humidité ; pour laquelle mieux esloigner des tonneaux, en les enfouissans, ils les environnoient de gros sablons ou gravois de rivière, après du jong, et finalement y mettoient de terre fort sèche, à telle fin, gardée dès long temps en lieu sec et couvert.

A ce que leurs tonneaux continssent mieux le vin, sans respirer par le travers de leur matière : au lieu de vernis, dont l'on se sert aujourd'hui en plusieurs vases de terre, les Anciens se servoient de la poix mixtionnée, avec laquelle ils enduisoient l'intérieur de leurs tonneaux, y en faisans une incrustation : laquelle duroit un couple d'années, non guières plus, dont l'on estoit contraint réitérer souvent le poixement en un mesme tonneau. Ce qu'ils n'eussent faict, si l'invention de nostre vernis leur eust esté familière : et qu'ils l'aient ignorée, se preuve aussi par les fragmens de diverses antiquailles de terre (qu'on treuve tous les jours, au fonds des ruines) excellemment bien façonnées, mais non vernies ou vitrées. Leur ordre à poixer les tonneaux à vin estoit tel : ils sortoient leurs tonneaux de la cave, les exposans au soleil pour plusieurs jours, afin de les faire bien sécher : après ils les nettoyoient et rascloient très-bien : puis les chauffoient modérément, pour tant mieux recevoir la poix. A telle cause on eslevoit les tonneaux sur terre environ un pied, les posans sur un fond ; l'autre tout ouvert regardant en haut : et ce en les posans sur trois pierres plattes équidistamment posées en triangles : au-dessous l'on faisoit du feu clair, et estant les tonneaux chauds comme il appartenoit, lors jet-toit-on par dedans la poix fondue et bouillante, de laquelle faisoient suivre tout l'intérieur du tonneau, le roulant doucement par la place. C'estoient les tonneaux qu'on logeoit sur terre, et généralement tous les neufs n'ayans encores servi, qui ainsi estoient maniés ; car les enfouis dans terre, autrement. Ceux-ci sans les remuer de leur place ne rechauffer aucunement, estoient seulement rasclés et baliés en perfection, en après enduits avec de la poix, la jettant toute chaude voire bouillante dedans le tonneau, que par tout son intérieur on escartoit, à-tout des spatules de fer rouges de chaleur. Ce poixement se faisoit tous-jours, en quelques tonneaux que ce fust, cinq ou six sepmaines avant les vendanges, afin de donner loisir à l'incrustation de s'affermir et endurcir avant qu'y loger les vins. Estant la poix encores molle et non endurcie, on la saupoudroit avec certaines compositions servans, à leur avis, à donner bon goust aux vins, et à les fortifier ; faictes avec de l'aloès, d'encens, de spica-nardi, de racines de glaieul, du souchet, de calami-aromatici, de farine de froment, de vesces. Aussi pour mesme cause ajoustoient-ils à la poix en la fondant, des poudres faictes des matières susdictes, et d'autres drogues ; comme de sel ammoniac, du fenu-grec : en outre, de la cire, de la manne, de l'encens, et d'autres, selon leurs fantasies ; aucunes sans nulle apparence de raison, tant ils alloient à tastons en ce mesnage. La poix estoit tirée de divers endroits, dont les plus remarquables estoient, la Brutie, Rhodes, Pierie, Idée, Gennes, le Dauphiné (84).

Et non contens les Antiques, des drogueries susdictes, sophistiquoient leurs vins en infinies sortes, mesme avec ceste composition et manière. Ils faisoient bouillir du moust dans une chaudière de plomb, non de cuivre pour crainte de la rouille, jusqu'à la consomption du tiers ou du quart; et sur la fin de la cuisson y ajoustoient de la raisine, de la térébentine, de la poix, de la lavande, du souchet, d'iris ou glaieul, de jong-odorant, de calami - aromatici (85), de la casse, du safran, du nard, du fenu-grec, du sel, du plastre: et tout cela ensemble incorporoient dans le moust en le brouillant longuement; avant qu'estre refroidi, à tout un baston de bois, le remuant pour bien incorporer ces choses avec le moust. De telle composition ils façonnoient leurs vins après les avoir entonnellés, et pendant qu'ils bouilloient encores: à chacun tonneau en donnant telle quantité que bon leur sembloit, pour la qualité des vins: avec ceste observation, que tant plus doux on les désiroit, tant plustost convenoit employer ce meslinge, passé toutes-fois le premier jour de leur entonnellement.

Autrement, avec de l'eau de mer, prinse loin de la rive, pour estre tant plus nette, et gardée trois ou quatre ans, après bouillie et consumée du tiers, on compostoit les vins: y ajoustant quelque peu d'aucunes matières susdictes, choisies à la fantasie. Au défaut de telle eau, ceux qui estoient loin de la mer, se servoient de la saumeure faicte ainsi: on prenoit de l'eau d'une claire fontaine, si on n'avoit la commodité de celle de la pluie (estimée la meilleure pour ceci) laquelle on gardoit dans des bons tonneaux exposés à l'aer et au soleil cinq ans durant. Au bout duquel temps, et lors qu'on s'en vouloit servir, on la remuoit dans nouveaux tonneaux, la prenant tout doucement afin de n'esmouvoir sa lie séjournant au fond; et ce qui estoit clair (laissant le trouble et terrestre) on le faisoit bouillir jusqu'à la consomption du tiers: et après y avoir ajousté des susdictes drogues, comme l'on vouloit, les vins en estoient compostés, y en mettant dedans telle quantité qu'il leur sembloit satisfaire à leur intention. Et à ce que telle eau se peut conserver tant longuement, sans se corrompre; on la logeant dans les premiers vaisseaux faicts à profit pour résister aux temps, on y mesloit parmi du sel et du miel tout ensemble, moyennant quoi, elle se gardoit saine et entière tant qu'on désiroit. De telle eau seulement cuite sans rien y ajouster, en lavoit-on non seulement les tonneaux devant que les poixer, ains et pressoirs et cuves, avant et après les vendanges, pour leur oster toutes mauvaises senteurs (86).

Qui ne se vouloit servir de telles choses, seulement il faisoit bouillir tous ses vins, les tenans sur le feu jusqu'à la consomption de la vingtiesme partie; et après tout chaudement les entonnoit. Aucuns espargnoient encores ceste vingtiesme de vin, ajoustant à leur vin, lors qu'on les mettoit dans le chauderon, le vingtiesme d'eau, bouillans le tout jusqu'à ce que telle portion s'en estoit allée en exhalaison, sans en laisser consumer davantage et ainsi sans perte, estoit-il préparé; dont se rendoit fort bon, pourveu qu'il eust esté cueilli en terroir agréable à la vigne.

CHAPITRE XII.

Des Vins-cuits, Sabes, Raisinées, Vinaigres, Moust, et Vert-jus.

C'est de l'antiquité que nous tenons de cuire le vin, principalement pour en user ainsi préparé, et au boire, et à la confiture de divers fruicts ; et en cuisine à l'appareil de plusieurs viandes : car quant à en composter les autres vins, c'est le moindre de son service, anciennement seule cause de son invention.

Quels raisins pour le vin-cuit. Indifféremment tous raisins, cueillis en tous terroirs, ne sont propres à faire vins-cuits : ains seulement les espèces délicates au manger, plustost de couleur blanche, que noire, creuës en vignoble chaud et sec, les autres ne rendans le vin, quoique façonné selon l'art, qu'aspre et rude, et tellement vert, qu'on n'en peut boire sans en avoir les dents agassées. Tels raisins choisis, seront vendangés en leur parfaicte maturité, en jour clair et serain, après avoir esté battus du soleil trois ou quatre heures, afin d'estre deschargés de l'humidité restante de la nuict. On les gardera cinq ou six jours sur des claies, exposés le jour au soleil, et la nuict retirés à couvert, de peur des rosées, puis seront foulés dans la cuvette, comme l'autre vendange, et le moust en provenant, puisé par le dessus, pour n'en prendre que la fine-fleur, laissant le terrestre au fond, sera porté *Comment le faire.* de là, à la chaudière. A feu clair, avec le moins de fumée qu'on pourra, le fera-on diligemment bouillir, jusqu'à la con-

somption du tiers, et voyant la tierce partie s'estre consumée en exhalaison, sera le vrai poinct de l'oster du feu (sans permettre se diminuer davantage) pour le mettre refroidir dans des cuvettes de bois, et non d'autre matière, avant que l'envaisseller. Tandis qu'il bouillira, on l'escuméra curieusement afin de le descharger de toute saleté, et retiré du feu on l'esventera avec des grandes cuilliers de bois ; en le jettant de haut en bas dans le chauderon, pour l'aider à se tant mieux évaporer. Le plus propre lieu pour tel mesnage est une basse-cour exposée à l'aer, parce que craignant ce vin-ci par sur toute autre, la senteur de la fumée, est très-dangereux d'en estre infecté, si on le prépare en endroit clos et estouffé. Estant du tout refroidi, sera enfermé dans des tonneaux bien nets séjournans en la cave comme les autres vins : et moyennant qu'on les garde d'esventer par bien clorre les bondons des tonneaux, se conservera plusieurs années sans diminution de sa bonté. Ne vous mettés en peine de droguer aucunement ces vins-cuits ; car sans espicerie se rendent-ils tels que les désirés et en perfection de douceur. Non plus de les faire cuire dans des chauderons de plomb à la manière des Anciens, d'autant que les communs chauderons de cuivre sont bons à cela, n'en estans la rouille à craindre ; pourveu que le vin n'y séjourne après avoir bouilli, comme a esté dict. *Vin de raisins musquats.* Qui fera du vin-cuit, de raisins musquats, bien meurs et qualifiés comme il appartient, treuvera exceller d'autant les autres en délicatesse, que telle espèce de raisins, surpasse les communes en bonté. (87)

Tel

Tel moust cuit à la consomption de la tierce partie estoit par les anciens appellé, *sapa*, du latin, signifiant saveur, pour l'excellente douceur de telle boisson. Aujour-d'hui nous appelons, sabe, le moust qui par bouillir se consume de la moitié, duquel nous-nous servons seulement pour faires des sauces en l'apareil des viandes; à cause qu'il tient plus de douceur, qu'il n'est convenable pour boire. C'est ce que les anciens appelloient, *defrutum*, du mot latin, *defervere*, signifiant refroidir après avoir bouilli, qu'ils ordonnoient estre cuit, jusqu'à s'estre diminué de la moitié. Par ainsi remarquons-nous, la révolution des siècles avoir changé et diversifié le nom de telles choses: icelles néantmoins demeurans presques aucunement semblables.

En outre, nous avons maintenant l'usage de la raisinnée (incogneue des Anciens) servant aussi en cuisine. On la faict de raisins noirs, délicats et bien meurs, lesquels après avoir gardé quelque dix ou douze jours, pour les emmatir, sont esgrumés, les deschargeans des draches ou raffles: puis pressés entre les mains, en après mis dans le chauderon, au fond duquel l'on jettera quelque peu d'eau claire et du sel, pour le tout ensemble y bouillir, jusqu'à ce que les deux tiers soient consumés. Restant le tiers assez espès, lequel par après l'on passera par une couloire de cuivre, persée à petits trous: finalement, sera la raisinnée mise reposer dans des vases de terre vitrée, en lieu frès, où se conservera longuement s'endurcissant avec le temps, comme cotignac. Au bout de quelque mois après l'avoir serrée, y treuvera-on par dessus une pellicule moisie laquelle on ostera; de mesme fera-on d'une seconde si elle y avient: par lesquelles pellicules, ce qui peut rester d'humidité en la raisinnée, s'évacuera sans crainte que la corruption passe plus outre. Notés, que tant plus chaud est le pays, tant moins convient cuire ces choses; comme au contraire, tant plus ès vignobles froids; la chaleur et la froidure des climats, en avançant ou retardant la préparation, seule règle de ce mesnage (88).

Aucuns gardent toute l'année du moust tel qu'il sort des raisins, pour s'en servir en diverses choses. Cela se faict en l'empeschant de bouillir: car par le bouillir, il perd son nom, prenant celui de vin. Remplissés des barrils bien cerclés, de moust freschement exprimé des raisins, et incontinent jettés les barrils dans l'eau, en lieu où ils en puissent avoir par dessus une bonne toise, et les y laissés séjourner six sepmaines ou deux mois: pendant lequel temps, pour la froidure de l'eau, le moust ne bouillira nullement: non plus après, comme par nouvelle habitude ayant acquis autre naturel, de sorte qu'il restera doux toute l'année, selon la doctrine des Anciens, et les modernes expériences.

Après les vins doux pour le boire, convient monstrer la façon des vins aigres pour le manger. A quelque chose malheur est bon. Ce proverbe se vérifie en cest endroit, aussi bien que l'autre; faire de nécessité vertu, quand l'on tire utilité d'un vice du vin, qui seroit devenu aigre, esventé, et par conséquent corrompu; ayant changé sa chaleur, son humidité, sa force, et sa saveur naturelle, en autres contraires qualités;

P p

desquelles toutes-fois l'on faict profit (89), employans à propos la froidure, la siccité, la nouvelle force, et la saveur du vinaigre, jusques à le rendre nécessaire, aucun ne s'en pouvant presques passer, ne sain ne malade.

Le meilleur vinaigre, est faict du meilleur vin, en diverses manières: tant chacun tasche de se pourvoir de si requis aliment. La plus cogneue et plus asseurée addresse en est ceste-ci, et les matières suivantes, à cela les plus propres et usitées. Eslirés un tonneau de vostre cave, franc et bon, bien cerclé et relié, dans lequel n'y ait jamais eu vin gasté, pour servir au vinaigre, sans l'employer par-après à autres usages. Dans tel tonneau mettrés les restes de vos bons vins, à mesure qu'ils s'acheveront de boire: mais ce sera après les avoir fait bouillir une onde dans un chauderon, sur feu clair, puis laisserés ouvert le bondon du tonneau pour quelque temps, afin que le vin s'esvente, et par conséquent s'aigrisse, comme de soi-mesme il fera sans autre moyen. Toutes-fois cela tardant par trop à vostre gré, avancerés l'aigreur avec les matières suivantes, desquelles userés ou à part, ou assemblées, ainsi qu'il vous plaira et selon les expériences qui en ont esté faictes. Le marc sec des raisins, n'ayant senti l'eau. Les pois ciches, les pois communs, et les féves rosties. Les racines de bette, de gramen, et de ronces. Le levain. Les charbons ardans du glan. Les figues vertes, non meures, prinses directement de l'arbre. Les fleurs de toutes sortes de rosiers et œillets. Les fers, aciers, tuiles et briques chauds et ardans. Le sel frit. Le dedans des oranges pourries. Les mûres sauvages trainans à terre appellées frumentaux, non meures, ains encore vertes. Les cornes et cornoailles, cueillies devant leur maturité. Les langues de lamproie. La branche de cornoaillier et cormier. La fleur du seigle. Le fiel du lièvre en poudre (90).

Estant une fois vostre tonneau imbu de bonne aigreur, convient le maintenir en tel estat, en y ajoustant souvent et en petite quantité chacune fois, du vin ainsi préparé, sans souffrir jamais que le tonneau devienne vuide; et aussi par fois y mettrés des matières qu'aurés expérimentées bonnes des susdictes ou autres, pour tant mieux fortifier l'aigreur et servir de levain. Ainsi aurés vostre grande provision de vinaigre, pour l'usage ordinaire de vostre mesnage.

Avec profit convertit-on les vins poussés, en vinaigres: les faisans bouillir sur le feu, jusqu'à s'estre consumés de la moitié, s'en allant avec telle partie, la corruption du vin, pour prendre nouvelle vertu. Pendant que ces vins bouillent, seront curieusement escumés, pour les descharger de toute saleté. Et après y avoir ajousté du sel et quelques onces de poivre pulvérisé, et du cerfueil, seront ostés du feu pour les loger en bons tonneaux, choisis comme dessus, qu'on exposera au soleil dix ou douze jours, tenans les bondons demi-ouverts, pour les esventer, et ensuite, les faire enaigrir et devenir vinaigre.

Aussi en ceste manière le vin tourné s'aigrit. Ayés deux cuvettes d'esgale grandeur, mettés en chacune du marc neuf de raisins, c'est à dire, de celui duquel freschement le vin ait esté tiré, n'ayans jamais senti aucune eau, la quantité des trois quarts de la capacité de la cuvette: laissés eschauffer le marc quatre ou cinq jours, comme de soi-mesme il sera très-fort, dans ce terme-là. Sur l'une des cuvettes verserés du vin tourné tant qu'il suffise pour couvrir le marc et demi-pied davantage. Là il bouillira par la chaleur du marc, vingt-cinq ou trente heures, passées lesquelles, tiré de là par le bas, sera jetté sur l'autre cuvette pour y séjourner autres vingt-cinq ou trente heures : puis de rechef le retirant de celle-là, le remettrés sur la première, et après sur l'autre, continuant ce rechangement alternativement de l'une à l'autre cuvette (demeurant par ce moyen une cuvette deschargée de vin, lors qu'il reposera en l'autre) jusqu'à ce que verrés ce vin-là, avoir changé sa couleur tournée, qui est communément obscure et trouble, en blanche et claire, à laquelle il parviendra parfaictement par la patience de le faire couler à travers du marc, comme dessus. Lors sera vuidé dans des tonneaux bien qualifiés pour s'y achever d'aigrir. A quoi l'avancerés avec des fers, aciers, ou tuiles ardans, que jetterés dedans, par fois réitérées. Ou avec du miel destrempé avec du vinaigre, des figues seches, et du sel pulvérisé. Ou avec des pommes-de-pin vuides de leurs noyaux, des noix communes, tout cela ardant et flamboyant, y ajoustant de l'orge frit et de la mente verte.

Beaucoup plus exquis que les précédens vinaigres, sont les suivans ainsi façonnés. Pour faire vinaigre rosat, convient prendre des roses incarnates récentes, et les mettre dans des grandes fioles de verre, autant à chacune qu'il en faut pour en occuper les trois quarts du vuide, sans y ajouster aucune liqueur : lesquelles fioles bien estouppées, on exposera au soleil chaud par trois ou quatre jours, ou jusqu'à ce que les roses soient un peu flétries, et que jettans quelque humidité facent démonstration de se vouloir pourrir. Lors mettra-on par dessus du bon et fort vinaigre rosat, gardé dès les deux ou trois années précédentes, autant qu'il sera requis pour faire tremper les roses. Au bout de huict jours ajousterés à chacune fiole un plein verre de bon et délicat vin, ce que réitererés de huict en huict jours, jusqu'à ce que les fioles soient toutes remplies. Lesquelles tiendrés tousjours au soleil, mesme aux plus grandes chaleurs, pour y bouillir le vinaigre durant ce temps-là. Passées lesquelles retirerés vos fioles, et les mettrés en des lieux tempérés, non trop froids, de peur que le vinaigre ne gele (ce qui toutes-fois rarement avient) pour y séjourner le reste de l'année. Vous prenant cependant bien garde, que tous-jours vos fioles soient deslors en avant bien closes et bouchées ; de peur que le vinaigre ne s'esvente, ce qu'il craint autant estre parfaict, comme il désire l'esventer en le faisant. C'est pourquoi tandis qu'il séjourne au soleil, n'en sont les fioles du tout fermées, ains demeurent entr'ouvertes ; tant pour garder qu'aucune saleté n'entre dedans, que pour prendre aer, duquel procède l'aigreur. En hyver mesme, pourrés allonger vostre vinaigre rosat, à la manière sus-dicte, c'est assavoir en y ajoustant par fois quelque verre de bon vin, à mesure que par l'usage le verrés diminuer, sans attendre qu'il soit du tout consumé. De là en hors n'est plus requis de le remettre au soleil, par aussi sa force n'estre lors d'aucune vertu en cest endroit. A tel usage pourrés garder toute l'année des roses séches, desquelles serés du vinaigre de passable bonté, quand il vous plaira : non tel toutes-fois, que des fresches, au cœur d'esté. Ni aussi pouvés-vous espérer avoir du vinaigre si fort ne si délicat d'aucune autre espèce de roses, que des incarnates, quoi que de toutes sortes indifféremment l'on se serve à ce mesnage ; les incarnates les surpassans toutes en ceste qualité, et à faire bonne eau rose. Le marc des roses demeurera au fond de la fiole, tant longuement qu'on voudra, y servant comme de levain pour plusieurs années. Aussi est à vostre liberté, de retirer le vinaigre net après qu'il sera parfaict, pour estre serré et gardé sans marc en fioles séparées : et le marc sera jetté dans le tonneau du vinaigre commun, où il servira à fortifier la bonté de tel vinaigre, ainsi rien ne se perdra (91).

En la mesme sorte que dessus, ferés du vinaigre giroffleat, y employant les girofflées ou œillets avec quelque peu de cloux de girofle pour en augmenter la senteur. Aussi avec de la fleur de sureau se faict de bon vinaigre ayant l'odeur agréable. Et pour la santé, avec des fleurs de chicorée, de buglose, de roses de buisson sauvages, se composent des vinaigres séparés que tout d'une-main, l'on odore avec des matières à ce choisies, selon les affections. Comme pour ceux qui aiment les aulx, l'on ajouste leur senteur au vinaigre rosat en y faisant bouillir dedans au soleil, des aulx concassés.

Le vin tiré des raisins de Corinthe faict très-bon vinaigre, ayant ceste propriété, que de n'offencer l'estomac, vice commun à tous autres vinaigres ; pour laquelle seule considération le père-de-famille plantera des treilles de telles espèces de raisins, dont il s'accommodera de vinaigre précieux. D'autres matières que de vin façonne-on aussi des vinaigres, comme des jus exprimés des poires, cornes, pesches et semblables, employées comme dessus. Voire avec de l'eau pure et claire, sans autre mystère que de la prendre de la pluie du mois de Mai, laquelle par plusieurs expériences pour ce service-ci a esté mise en reputation, dont userés comme du vin, la versant sur les roses ou œillets, avec un peu de sel qu'y ajousterés (92).

Après suivent les verjus, dernière liqueur procédante des raisins. Les plus communs se font avec des raisins verts, qu'on ramasse par les vignes après les vendanges, lesquels pour leur tardité ne peuvent meurir : d'autres les prennent és treilles à ce expressément destinées, à autre usage n'en servans leurs raisins. On exprime le jus de tels raisins sous le pressoir, ou au défaut d'icelui, on les escache avec le piloir dans le mortier. Ce jus est mis reposer dans des cuvettes pour quelques jours, afin de lui donner loisir de se purger et défequer en bouillant, comme ainsi que moust, il se faict de soi-mesme. Et après l'avoir bien escumé et deschargé de son ordure, est serré dans quelque tonneau net à ce expressément destiné, où se conserve très-bien et longuement, moyennant quelque peu de sel qu'on y mesle parmi. De mesme s'exprime et se conserve le verjus provenant des pommes, excepté, que pour la durté du fruict, convient en retirer la liqueur par moudre, comme l'on faict les olives et les noix, pour l'huile. Ce verjus veut estre escumé, salé et logé comme dessus (93).

Garder tous l'année les aigrets.

Pour avoir toute l'année du verjus plus délicat que les précédens, le moyen est d'en conserver les raisins tous entiers pour en tirer la liqueur à mesure qu'on s'en veut servir : ou prendre les grains des raisins, et entiers les mesler avec la viande, comme l'on faict en esté. Ainsi qu'on désire se gardent les aigrets parmi la lie du verjus de raisins, dans laquelle on les noye, les faisans reposer dans un vase de terre vitrée ayant large ouverture. Pour les préserver de corruption, on les salera, en les mettans audict vase : et se prendra-on soigneusement garde de ne toucher jamais dedans avec la main nue, ni avec du fer, ni avec du cuivre : ains quand on s'en voudra servir, en tirer les raisins entiers, avec un crochet de bois ou d'argent et non d'autre matière : moyennant laquelle curiosité, et faire que les aigrets trempent tousjours dans la lie susdicte, sans veiller au dessus, se préserveront très-bien durant l'année. Et parce que tous raisins gardés entiers à la longue se flestrissent quelque peu, comment qu'on les gouverne, est besoin employer en cest endroit les plus grosses espèces qu'on aye, lesquelles restraintes selon le naturel de la chose, resteront les raisins de passable grosseur. Une race de raisin y a-il à cela particulièrement propre, tant pour la grosseur de ses grains, que par ne se meurir jamais, demeurans tous-jours verts. En Languedoc on l'appelle *aygras*, et *Pline* la nomme *vigne insensée*. Depuis que les raisins commencent à naistre, jusqu'à l'arrivée des grandes froidures, ceste vigne-ci produit de nouveaux raisins. Si que durant huict mois continuels, on y treuve des raisins naissans : et depuis le mois de Juin jusqu'à la fin de Novembre, des fleurissans et s'engrossissans ; par ainsi durant ce temps-là, on y prend des aigrets à toutes heures.

CHAPITRE XIII.

De la garde des Raisins frès, et façon des Passerilles, ou Raisins secs.

Avec grande simplicité se gardent les raisins sains et entiers, plusieurs mois, si estant bien choisis et cueillis en parfaicte maturité, au chaud du jour, sont deux à deux attachés avec du filet et pendus sous des planchers, en lieu sec et modérément aéré.

Choix des raisins, et

Les plus propres raisins à garder, sont ceux qui en la vigne résistent le mieux aux injures des saisons, ayans d'ailleurs les grains assés loing l'un de l'autre, car pressés ne sont propres à se coserver. Ainsi gardés, les raisins se rident et flestrissent quelque peu : ce que tant ne feront, si on les enferme dans

Comment les garder.

des paniers d'oziers, entassés les uns sur les autres, y meslant parmi des fueilles de vigne, par littées, et les panniers couverts, puis suspendus ès lieux et comme dessus. Mais plus sainement que par autre moyen, se gardent les raisins dans les blés, pour l'agreable frescheur des grains : sur tous dans les millets, qui en telle qualité surpassent tous autres. Pour laquelle chose faire commodément, conviendra suspendre dans des tonneaux défoncés d'un costé, et posés debout, les raisins attachés deux à deux avec du filet, puis posés sur des petits bastons traversans en plusieurs rengées l'intérieur du tonneau ; et par dessus verser du millet jusqu'à en avoir rempli le tonneau, par ce moyen estans les raisins maintenus freschement, frès et entiers, les en tirerés avec admiration jusques à Pasques, et plus tard (94).

Antiques façons pour conserver les raisins.

Les Anciens y faisoient bien d'autres mystères. Ils trempoient la queue des raisins dans de la poix fondue, incontinent après les avoir couppés du cep : ou les lavoient avec de l'eau de mer, ou de la saumeure. Aucuns gardoient les raisins dans des petits vases de terre, à chacun y enfermant un seul raisin, lequel sans estre couppé du cep, y demeuroit frès et entier jusqu'au printemps, en affermissant le vase joignant ledict cep, par bonnes attaches, contre les injures des temps : tout d'une main cimentans l'entrée des raisins, et si bien, que vent ni humidité aucune n'y peusse entrer. Autres les conservoient dans les tonneaux, parmi la farine d'orge : ou des cieures du bois de peuplier, ou de celui d'avet (95). Encores aucuns y prenoient plus de peine : c'est qu'ils pendoient des raisins dans des tonneaux posés debout à leur mode, sur des bastons traversans l'intérieur des tonneaux, au fond desquels y mettoient un pied de vin-cuit, sans toucher aux raisins, mais fort près d'iceux, l'odeur duquel les conservoit sains et entiers, jusqu'à la fin du printemps : moyennant que les tonneaux fussent bien clos par le dessus, sans prendre aucun aer.

Raisins em- paquetés.

En Vivaretz, ès quartiers de Joieuse et Largentière, l'on garde les raisins un couple d'année, dans des fueilles de fi-guier, dont ils sont enveloppés un-à-un, desquels sont faicts des petits paquets, comme saussissons de Milan ; où ainsi mignardement ployés, se maintiennent fort nettement. Les gens du pays appellent ces paquets-là, *supplications et gibets :* et à Paris, où quelques-fois les marchands y en apportent, *virecots.*

En certains autres endroits de ce royaume, de mesme enveloppent des raisins dans des fueilles pour les garder : mais en peu ni en aucun si bien, ni avec telle efficace, qu'au dit pays de Vivaretz : lequel seul en a retenu l'usage jusques aujour-d'hui, par s'entr'accorder la matière et la forme. *Columelle* faisant mention de telle sorte de raisins empaquetés, dict que de son temps on les ployoit dans des fueilles de figuier, de vigne, ou de platanus, ainsi se void que ce n'est invention nouvelle.

L'usage des passerilles.

Les passerilles coronnent le revenu de la vigne, ne pouvans sortir bonnes que d'endroit du tout propre pour les précieux vins, et des espèces de raisins les plus prisées. L'excellence des passerilles est cogneue par tous les quartiers du monde habités d'hommes civilisés, leur usage n'en estant d'aujour-d'hui seulement, ains de toute ancienneté ont elles esté en réputation. Elles sont ainsi appellée du latin, *uva passa*, pour la peine et patience qu'il convient souffrir à en confire les raisins. Après celles qu'on nous apporte de la Grèce et de l'Espagne, qui par raison tiennent le premier rang pour leur précieuse valeur, on faict estat de celles de Languedoc, croissans à Frontignan, Mirevaux, Gigean, Lopian, Meze, Cornon-terail, Mombazenc, et autres lieux près de Montpellier.

Là, bien que tous raisins soient bons à sécher, à cause de la faculté du climat, meilleur toutes-fois sont ceux qu'ils appellent, piquardans : encore les angibis les surpassent en bonté : et par-dessus ces deux races : les plus exquis sont les musquats, à faire de la passerille. Ainsi par degrés choisissent leurs raisins ceux du pays, pour tel mesnage. Et quels qu'ils soient, sont vendangés en perfection de maturité, au chaud du jour, après le soleil y avoir frappé dessus deux ou trois heures, pour les descharger de toute extérieure humidité. On les accouple deux à deux, attachés avec du filet, puis on les plonge une seule fois dans la lexive, faicte avec des cendres de sarment de vigne, y ayant jetté dessus quelques gouttes d'huile d'olive pour l'adoucir. Après sont les raisins mis sécher au soleil pendus sur des perches, les retirant à couvert dès aussi tost que le soleil se couche, afin qu'ils ne sentent aucune rosée de la nuict. Sont remis au soleil le lendemain, de mesme retirés ; continuant cela durant deux ou trois jours, qu'on cognoit les raisins estre cumatis, non du tout séchés. De là sont portés au grenier sur des claies ou tables bien nettes, y séjournant quatre ou cinq jours. Finalement serrés dans des quaisses, s'achevant de préparer pour l'usage. Mais c'est avec condition, que de les visiter de huict en huict jours, pour les esventer, à ce qu'aucune humidité restante, ne leur causast mauvaise odeur de moisisseure ou chancisseure, voisines de pourriture. Au cours de ce mesnage est à craindre le vent de midi, lequel surprenant les raisins, les gaste entièrement. Qui est cause que quand tel vent s'esmeut avec luy s'esmeuvent de mesme les habitans des lieux susnommés, pour garentir leurs raisins de telle tempeste, par leur diligence, les retirans à sauveté sous les couvertures.

CHAPITRE XIV.

L'usage des Vins pour la boisson et pour la vente.

Prendre le vin au poinct requis, pour la boisson et pour la vente, est la fin de ce mesnage. A quoi d'autant plus curieusement s'employera nostre père-de-famille, que plus d'incommodité il se représentera recevoir, des vins mal choisis. Les vins selon leurs différences, et les temps, diffèrent aussi en qualités ; ce que remarquent exactement les bons gouverneurs, au seul sonner des tonneaux, frappans doucement contre, avec les doigts ; et discernent par là, les vins qui sont de douteuse ou d'asseurée garde. Mais n'estant nostre mesnager si avant instruit en l'art de sommelerie, ne se trompera nullement, si de deux en deux mois, ou plus fréquemment, mesme passé que soit le mois de Mars, il perse généralement ses tonneaux, pour prendre avis des vins qu'il doit les premiers faire boire ou vendre (96). Les vins logés dans tonneaux suspects sans autre recerche, et quelque bonne mine qu'ils facent, seront les premiers employés selon leur ordre, sans autre attente : de peur qu'à la longue n'en avienne mal. Les extrêmes froidures et chaleurs, les vents excessifs et bruits violents comme tonnerres, coups d'artillerie, guerroient aucunement les vins : avec plus d'effect, toutes-fois, tant plus foibles ils sont, de leur naturel : et tous-jours ès équinoxes et solstices, reçoivent-ils quelque altération. Sur-tout, c'est quand la vigne est en fleur que les vins ont le plus à souffrir, se tournans lors ceux qui ne sont de bonne nature. Pour prévenir laquelle perte, le plus asseuré moyen est la recerche susdicte, où allant curieusement, profiterés tous vos vins jusqu'à la dernière pièce.

Observation antique en gouster et entamer des vins.

Au gouster et entamer des vins, les Antiques regardoient les astres (selon leur coustume en tout ce qu'ils entreprenoient) principalement le soleil et la lune: au lever desquelles planètes, ne touchoient aucunement à leurs vins. Aujour-d'hui, aucuns passans plus outre, n'entament leurs vins que le jour du vendredi : pour ceste propriété, qu'ils croient les vins lors persés ne sentir la longue traicte.

Modernes.

Autres tout au rebours, pour la mesme cause et pour crainte aussi que leurs vins se gastent, n'y touchent pour les entamer, le vendredi, n'autres jours de la sepmaine au nom duquel y ait la lettre, R. Aux vents, en outre, s'arreste-on, mais diversement : aucuns les septentrion, et autres du midi : plusieurs observent la descente de la lune, tant les hommes discordent en une chose si commune. Par ainsi sans nous arrester à ces superstitions antiques et modernes, faut croire par l'expérience, que le vrai temps pour perser les tonneaux, est la nécessité, ou la volonté du père-de-famille, sans qu'il se donne peine de prévenir, ou d'attendre rien plus (97).

Chaque vin a sa particuliere saison.

Les petits vins verdelets sont plus propres pour l'esté, que pour l'hyver : comme au contraire, est raison de boire en temps froid les plus chauds et fumeux, tels que sont les musquats, piquardans, et semblables de remarque. Quant aux couleurs des vins, de toutes et pour toutes saisons s'en trouvent des propres. Touchant leur vente, plus de hazard y a-il qu'en celle des blés, pour leur douteuse conservation : dont en plusieurs lieux on est contraint se desfaire de ses vins chacune année (voire à vil prix) sans le pouvoir accumuler l'une sur l'autre. Le temps de la meilleure vente du vin ne se peut dire asseurément, par n'estre, ne les pays tous de mesme faculté, ne les années tous-jours de semblable tempérament. En tous lieux et saisons le vin se vend raisonnablement bien, s'il est délicat et exquis, de facile transport, et que l'année n'aist esté beaucoup fructueuse: y ajoustant ceci, que les vignes ne promettent grande vinée avenir, pour l'injure des saisons : comme au contraire, se tiendra le vin à petit prix, quel bien qualifié qu'il soit, s'il y a bonne espérance des prochaines vendanges. Et à ce que le père de-famille tire la raison de ce mesnage : avant qu'on puisse prendre avis de la prochaine cueillette, vuidera une bonne partie de ses caves : les tenant au reste tous-jours ouvertes, pour vendre du vin, lors qu'à prix raisonnable il en treuvera des acheteurs. Estant plus excusable en la débite des vins, faillir en se hastant, qu'en retardant, pour les raisons dictes. En ce cas se conformant nostre mesnager, à l'avis de *Caton*, qui est, d'*estre hazardeux à vendre.* Pour l'arrière saison de l'année, réservera-il une partie de son vin (toutes-fois estant asseuré de sa garde) qu'à son profit et honneur il ne faudra de bien débiter : tant en esté, sur toutes

les

les saisons de l'année, le bon vin est de requeste (98).

La closture de ce discours, sera l'avis que je donnerai au père-de-famille, de ne faire la condition de ses vignes, pire que celle de ses terres-à-grains; c'est de les traicter par commune libéralité en leur redonnant partie de leur revenu. Aux terres-à-grains, la quatriesme, cinquiesme, ou sixiesme partie de leur rapport est remise, pour semence. La vigne exempte de la nécessité du semer, par estre plantée une fois pour toutes, n'est pourtant exempte de despence. Pour laquelle faire ainsi qu'il appartient et gaiement, le père-de-famille, dès les vendanges, destinera une partie des vins de sa cave, pour estre remise où il l'aura prinse : faisant son compte ne lui appartenir aucunement, ains d'estre là en dépost pour autrui. A quoi défaillant ne fera en cest endroit mesnage de valeur, ains escharcement et langoureusement entretiendra-il ses vignes, et encores trouvera-il qu'elles lui cousteront beaucoup. Et ensuite les vignes lui rendront la pareille, produisans leurs fruicts escharcement et langoureusement. Comme par le contraire, l'abondance de vin qu'elles lui donneront, lui fera confesser la despence n'estre mieux employée en autre mesnage qu'en cestui-ci (99).

———

CHAPITRE XV.

Les Boissons artificielles composées de fruicts, de grains, de miel, etc.

———

Ce n'est que par contrainte qu'on faict servir au boire ordinaire l'eau pure : estant les hommes dès long temps descheus de l'antique simplicité de vivre. Voilà pourquoi le défaut du vin excellent sur tous breuvages, a causé l'invention de plusieurs autres et diverses boissons, faictes de fruicts, de grains, de miel, et en somme de tout ce qu'on a peu excogiter pouvoir servir de quoi boire au lieu du vin et de l'eau. Ès pays donques esquels, pour les froidures la vigne ne peut croistre, l'on a recours à ces boissons artificielles. Mais par degrés, car où les fruicts des arbres abondent, là les fruicts seuls sont substitués aux raisins, n'y tenans grand compte des grains pour les convertir en breuvage, estans les grains employés à ce service-là, où et raisins et fruicts défaillent comme en plusieurs endroits de la Picardie, et hors ce royaume ès pays septentrionaux, où l'on n'a à choisir de ces choses, par faute de fruicts des arbres, la bière leur est en usage. En Normandie, Bretaigne et circonvoisins, sont abondamment pourveus et de fruicts et de grains : dont préférans les uns aux autres, pour leur commodité, se servent plus du sidre ou pommé, et du poiré, que de la bière : auquel mesnage ils excellent tous autres peuples, par habitude de la maistrise en estans demeurée chés eux. Dont l'invention a premièrement paru en Costentin, partie de la basse Normandie, ainsi qu'on le recognoist par plusieurs tiltres antiques de divers seigneurs de fief, dont les terres ont esté baillées aux habitans, sous les charges, entre autres, de cueillir les pommes et faire les sidres (100).

Par tout où ces boissons sont en usage, l'on appelle pommé, le jus de pomme, et poiré, celui de poire: particulièrement en la haute Normandie, ès environs de Paris, en la Brie, et en certains endroits de la Picardie, sidre toute liqueur procédente des pommes et des poires, meslée ou distincte. Mais en la basse Normandie, comme en Costentin, Bessin, pays de Caux, et autres esquels ce breuvage est le mieux cogneu, aussi à Rouan, par le sidre est seulement entendu le jus procédant des pommes: demeurant le nom de poiré particulier à celui des poires: et encores il y a du poiré qu'on surnomme, carisi, lequel se faict d'une seule espèce de poire ainsi appellée, rendant meilleure boisson qu'aucune autre. En ce service les pommes sont à préférer aux poires, ayans par longue expérience treuvé la boisson provenant de ce fruict-là, plus profitable que cestui-ci, principalement pour la durée. Car le sidre faict et logé ainsi qu'il appartient, et de pommes bien choisies, se garde trois et quatre ans; où le poiré, ne peut passer guières plus outre, qu'une année; ou si deux, c'est tout ce qu'il peut faire. D'ailleurs, il n'est jamais de si bonne saveur ne si sain que le sidre, ou seroit de certaines races de poires d'eslite: mais pour leur rarité, grande provision de poiré n'en peut estre faicte. Qui est cause que n'employant en poiré presques que poires communes ou mesmes sauvages, telle boisson n'est des-

tinée que pour les valets et gens de travail.

Généralement, tous fruicts à noyau ne sont de service en ce mesnage (exceptées les cerises, prunes et cornoailles, qui toutes-fois ne rendent boisson de grande valeur, soit pour le goust, soit pour la durée) par n'avoir le suc vineux, selon qu'il est nécessaire: ains la plus-part, huileux, comme toutes sortes de noix et amandes. Au contraire, presques tous ceux à pepin y sont propres, pour leur liquide humeur. Par ainsi nous ferons distinction des pommes d'avec les poires: afin de n'assembler confusément ces fruicts-là, pour en exprimer le jus: ains d'en tirer séparément le vin, de chacune espèce, ne pouvant guières bien compatir ensemble, la liqueur meslée des pommes et des poires. Estant au reste commune la façon de s'en servir: soit à cueillir les fruicts, soit à en exprimer la substance, à en loger et conserver le vin. Quant aux poires, de toutes sortes tire-on bon vin, jusques aux sauvages: mais des pommes n'est de mesme, desquelles ne sort aucune vallable boisson, que des franches (101): les bastardes ne servans qu'à faire du verjus, ou du vin des-agréable et mal sain. Selon la différence du fruict, différent aussi en sort le vin: ce que plus particulièrement l'on remarque ès poires, qu'ès pommes, par y avoir des poires d'esté, d'automne, d'hyver: donnant chacune saison, presques sa boisson particulière. Ce que ne font les pommes, d'autant qu'il n'y en a que bien peu d'autres, que de l'automne, et par conséquent n'en peut-on avoir le sidre qu'en ce temps-là. Remarquera-on aussi curieusement ceci; que de ne confondre les espèces des pommes en

leur emploi ; ains distinguer les douces
d'avec les aigres, pour de chacune à part,
en faire des sidres séparés, tant pour
la bonté que pour la durée. En quoi y a
matière pour s'employer avec contentement, pour l'abondance des pommes que
Dieu a données de ces qualités, douces
et aigres, des deux sortans boissons séparées, chacune requise à la maison
pour la diversité du traictement. Ainsi
les pommes douces donneront du sidre
pour la première table : et les aigres,
qu'en Normandie on appelle, *sures*,
pour la seconde, dont toute la famille
sera accommodée. Joinct que la longue
durée du sidre sortant de ces pommes-
ci, faict que la boisson en est quelquefois
opportunément recerchée pour les plus
délicates personnes (102).

Tant meilleur est le poiré, que plus
exquises, plus douces, plus meures en
sont les poires : mais aussi de tant plus
courte durée, ne se pouvant conserver tant
longuement le vin procédant de fruicts
soigneusement cultivés, que des sauvages, qui revient à commodité par avoir
plus grande abondance de ces poires-ci,
que des franches, ainsi n'estant des pommes non-entées, comme j'ai dict (103).
A mesure que les poires se meurissent
en peut-on faire du poiré si la quantité
le permet. C'est pourquoi durant l'esté,
de plusieurs poires l'on se sert en cest
endroit, pourveu que ce soit de celles qui
se conservent assés bien d'elles-mesmes ;
rejettant pour employer en breuvage les
petites poires musquées, qui se corrompent aussitôt que cerises, et toutes autres
approchantes de ce naturel. Ceci faudra
aussi noter, que comme le jus meslé des
poires et des pommes, n'est de requeste,

non plus celui faict de diverses sortes de
fruicts, quoi-que de mesme espèce :
comme de mesler les poires d'esté avec
celles d'automne, celles-ci, avec celles
d'hyver : ains de chacune des saisons en
faire du vin séparé. Voire passant plus
outre, est chose néressaire assortir les
fruicts, mettans ensemble ceux qui symbolisent en saveur, ainsi qu'à esté dict,
en quantité de jus, qui meurissent de compagnie, et qui ont la peau de semblable
durté ou mollesse (104). Et soient pommes
ou poires, n'employés celles de peu ou
point de jus, ayans la matière farineuse,
ains servés - vous seulement des abondantes en liqueur, qui est ce que recerchés en ceste œuvre. C'est pour la quantité, car quant à la qualité, il est notoire
y avoir certaines pommes non beaucoup
abondantes en liqueur, qui rendent très-
bon et délicat sidre, ayant attaint la troisiesme année, non devant : mais c'est par
le moyen d'une petite aigreur dont telles
pommes sont accompagnées : ainsi n'estant des entièrement douces qui ne rendent sidres de longue conservation, pour
le doute de laquelle convient les boire
des premiers. Aussi remarque-on cela,
que tant moins la pomme a de jus, tant
plus puissant et plus nourrissant en est
le sidre ; et tant plus coloré, que plus elle
est douce. Il y a des pommes qui rendent
le sidre cleret comme vin françois : entre
lesquelles celle appelée en Costentin, *es-
carlate*, le faict rouge ; aussi est-elle de
couleur de sang, pleine de veines rouges
à la morsure. Tel sidre est excellent au
boire, comme aromatisé de sucre et de
canelle, se gardant deux ans en bonté.
Quant aux couleurs des sidres, communément ils sont de celle d'eau de rivière

trouble, y en ayant aussi des jaunastres, orangés, roux, enfumés, tannés ; de toutes lesquelles couleurs s'en treuvent d'agréables au goust. Touchant la saveur, la plus désirable, est la douceur, laquelle les plus excellens sidres se conservent deux ou trois ans. Esquelles qualités de couleur et saveur, varient tous les sidres, tant pour l'espèce de la pomme, que pour le terroir, dont ils se diversifient les uns des autres ; sous telle particularité, que le terroir gras rend les sidres de grande nourriture, mais la plus-part ne viennent transparens en couleur, ains restent troubles et couverts (105).

Ainsi procède-on à ce mesnage. On laisse meurir sur l'arbre les poires d'esté, pour tout aussi tost estre employées : les autres de l'automne et de l'hyver, à cause de la durté de leur peau, prend-on encores verdelettes, pour après emmoncelées, les faire attendrir et meurir, par leur propre et seule humeur. Ce que tant à propos pour ceste œuvre, ne si tost, ne pourroient faire sur l'arbre, par là abonder trop en nourriture. Touchant les pommes, il seroit à souhaiter n'en employer aucune qu'en parfaicte maturité, et icelles tirées de l'arbre sans violence tumbans d'elles-mesmes, mais d'autant que cela ne se peut pour la tardité d'aucunes, on est contraint de les cueillir toutes en l'automne sans distinction, craignant les injures de l'hyver. A peu de frais l'on abat les pommes de l'arbre avec des perches. Le temps de cette cueillette est environ la Sainct-Michel ou au commencement d'Octobre, après les grandes chaleurs de l'esté, et devant les froidures de l'hyver, passées les premières pluies, et arrivées les frescheurs de la nuict. Le jour en sera choisi clair et soleillant, afin que le fruict se trouve deschargé de l'humeur restante de la nuict, et par conséquent non tant sujet à la pourriture. Les pommes qui se treuveront parfaictement meures, seront aussi tost employées sans délaier : dont sortiront tant meilleurs sidres, que plus l'on prise le fruict meuri de soi-mesme sur l'arbre. Les autres encores vertes et les poires de telle saison, seront serrées en lieux distincts et séparés selon leurs espèces : là assemblées et emmoncelées s'achèvent de préparer et meurir par leur seule humeur, comme a esté dict, et par la chaleur que d'elles-mesmes s'acquièrent. Le commun met ces fruicts-ci à l'aer, à descouvert, seulement les préserve des larrons, en les serrant dans des jardins : mais les meilleurs mesnagers les couvrent aussi des pluies et gelées qui leur ostent beaucoup de force et vertu, les logeans dans des greniers. Voire ès greniers les couvrent-ils avec du foitre, des linges, des couvertes, mesme avec des coettes de plume ; tant curieusement que les gelées n'y puissent attaindre, de peur de les gaster (106). Car en estant une fois touchées les pommes ou les poires, elles se pourrissent tout aussi tost, dont par-après ne sort boisson de valeur, et encores en petite quantité. Plus ou moins demeurent ces fruicts-ci emmoncelés selon les saisons, avançans plus ou moins leur maturité les unes que les autres. Qui pourra estre environ un mois après les avoir assemblés : dans lequel temps approchent-ils d'estre meurs, qui est le vrai poinct de les prendre sans plus délaier. Car d'attendre qu'ils soient parfaictement meurs n'est le profit de l'œuvre, ni pour la quantité ni pour la qualité du vin qui en sort. D'autant que le fruict estant parvenu à ce terme se deschoit, et par l'approche de la pourriture, le vin prend mauvaise senteur. Lors l'on désentasse les fruicts, les portant sous la meule tournante pour y estre escachés à la mode de l'huile : après on les jette dans la cuve pour s'y cuver quelques jours, comme la vendange, et en suite le vin en est tiré, puis logé en tonneaux bien nets, n'ayant aucune mauvaise senteur, ains bonne et agréable qu'on leur donnera en les parfumans, comme a esté enseigné. Le marc sorti de la cuve est incontinent mis au pressoir, afin d'en exprimer le jus qui de gré n'est voulu sortir. Et d'autant que c'est une matière fort brisée que celle-là, à cause du mouvement de la meule, pour la faire tenir sous le pressoir on y ajouste parmi de la paille longue qu'on y arrange par littées, dont droictement et fermement se contient le marc, comme pile ferme, par ce moyen souffrant la violence du pressoir, qui lui fait rendre le reste de sa substance, ou du moins la plus grande partie. Laquelle entonnée à part faict le vin bon et fort : mais non tant délicat, que le précédent, qui estant volontairement sorti du fruict, demeure plus doux que l'autre, qu'on en a tiré par violence.

Ce qui reste du pressurage est remis dans la cuve, et par dessus jettée quelque quantité d'eau, pour y bouillir un couple de jours : dont se compose, à l'imitation des raisins, une boisson de mesnage : laquelle plus forte demeure-elle, que moins d'eau l'on aura jetté dans la cuve. Cas estant que les fruicts soient trop secs, la saison ainsi le portant, fau-

dra en les escacheans et presseurans, les humecter avec de l'eau dont on les arrousera : ce qu'aucuns n'oublient, quelque temps qui règne, par ce moyen augmentant leur vin d'autant d'eau qu'ils y ajoustent. Mais ce mesnage non seulement affoiblit le vin, ains le rend de courte durée : par ainsi meslingé, s'aigrit avec le temps, pour le naturel de l'eau, laquelle sans hasard ne se peut conserver saine longuement. Comme les vins de raisins, et autant vigoureusement qu'eux, ceux-ci bouillent dans les tonneaux, poussant leurs escumes par le trou du bondon, dont par-après estant épurés, demeurent plaisans au boire : mais aussi plus foibles s'en rendent-ils, que si ayant bien fermé les bondons, on les contraint bouillir, emprisonnés dans les tonneaux, sans s'exhaler. Ce qui se fera à la manière des vins de vigne, comme a esté dict, c'est en laissant du vuide dans les tonneaux : afin que sans danger de les rompre, le vin s'y remue et bouille à son aise sous la bonde. Et pour ne rien obmettre en ceste négoce, les vins seront transvasés au bout de douze ou quinze jours qu'ils auront achevé de bouillir, par ce moyen les deschargeans de leurs ordures : lesquels nettement logés s'y maintiendront très-bien autant longuement que leur naturel le permettra. Ou bien sans prendre la peine de les remuer en autre tonneau, au bout de huict ou dix jours qu'ils auront faict leur force de bouillir estans enfermés, réouvrira-on le tonneau pour l'achever de remplir en le faisant verser par dessus : car avec le vin versera de mesme tout le grossier de l'escume, et s'en sortira par ce moyen, restant le vin net, non toutes-

fois tant espuré que par la manière susdicte.

Aucuns ne moulent ne pressent les
fruicts pour en exprimer le jus : ains les
brisent au mortier avec le pilon, puis les
jettent dans des tonneaux et par dessus
bonne quantité d'eau, laquelle bouillant
par force de la substance du fruict, des
deux ensemble s'en compose un bon breuvage, non toutes-fois tel ni en bonté ni en
durée, que celui procédant du seul fruict
sans eau. Cela est pour ceux qui ne sont
accommodés d'outils et instrumens de ce
mesnage; et qui d'ailleurs veulent allonger la boisson. Mais principalement
tel moyen est propre et utile aux pays-
à-vigne, ausquels pour l'injure des saisons, quelques-fois la vendange défaut;
et lors opportunément a-on recours aux
fruicts des arbres, desquels, on tire le vin
par la voie susdicte. Ou autrement sans
piler n'escacher les poires et pommes,
seulement couppées en quartiers on les
jette dans les tonneaux, avec de l'eau.
De ceste boisson le commun de la famille
est secourue en saison stérile de raisins :
comme, quand les vignes sont gelées,
tempestées, bruslées, ou que les raisins
n'y auront voulu naistre, ou par quelque autre accident se treuveront infructueuses. Ce vin trempé n'est d'autre couleur que blanche : toutes-fois si on veut,
on le colore avec le jus de prunelles, dont
on le fourre. Les prunelles bien meures
sont bouillies dans l'eau, jusqu'à ce que
la décoction en est presque noire, laquelle
toute chaude, l'on jette dans le pommé
et poiré en la quantité requise pour la
couleur, plus grande tant plus obscur
l'on désire le vin; qui en outre, en tire
un goust agréable. A cela servent aussi

les meures de buisson, et les terrestres,
néanmoins avec plus foible effect que les
prunelles (107). On gardera de ce vin en
son naturel pour en boire et de blanc
et de claret, afin d'en estre accommodé
de toutes couleurs.

Il a esté veu quelle est la durée de ces
vins fruictiers, ausquels l'eau est entre-
meslée, à ce qu'on ne face son compte
de les garder fort longuement. Huict ou
dix mois vous serviront-ils, pourveu
qu'ils soient bien logés en bons tonneaux,
francs, et qu'ils ne s'esventent; ce qu'on
préviendra en les tenant tous-jours bien
clos. Et encores avec moins de doute,
s'il sont transvasés en vaisseaux bien
nets, pour y séjourner seuls, sans le
marc du fruict : à condition de faire ce
changement dans trois sepmaines, pour
le plus tard, après que les vins auront
esté façonnés, ayant lors achevé de
bouillir.

Beu qu'on aye le pommé et le poiré,
quel qu'il soit, pur ou trempé, est nécessaire d'en desfoncer tout aussi tost
les tonneaux, pour en prévenir la corruption, laquelle leur avient par la vermine, qui s'engendre dans la lie de ces
vins-là; et en plus grande quantité en
ceux qui sont meslingés d'eau et dont le
fruict croupit dans le tonneau, qu'ès
autres, par y treuver matière à suffisance pour s'y engendrer et nourrir.
Ainsi se conserveront vos tonneaux pour
servir longues années. Pour la sympathie
qui est entre le jus des pommes et des
poires, avec celui des raisins, leurs vins
peuvent estre logés par années alternativement en mesmes tonneaux : où sans
intérest se conservent très-bien. Voire
ai-je remarqué cela, que par le séjour du

poiré dans un tonneau-à-vin de vigne, aucunement moisi ou chanci, ce tonneau-là s'affranchit et se rend bon pourveu que sans abuser du remède, l'on desfonce le tonneau au temps susdict, sans souffrir y séjourner aucune saleté ne ordure.

Celle est la façon de toutes sortes de vins fruictiers, estant les pommes et les poires guides des autres fruicts. Seuls ou avec de l'eau, pourront estre employés en breuvage tous fruicts qui ont le suc vineux, qui ne se corrompent trop facilement, estant bons à manger, commé coins, cormes, cornoailles, prunes, cerises et semblables (108) : mais aucuns vins procédans de ceux-ci, ne sont à comparer aux poirés et pommés, avec raison tenant le premier rang de ces breuvages. J'ai dict les sidres varier en couleur et saveur pour le terroir et pour la race. Ainsi, et pour mesme cause en est-il des poirés. Touchant aux noms des pommes et poires, leur diversité provient principalement des diverses provinces qui les produisent : dont la non-nécessaire recerche ne pourroit estre que trop curieuse (109). Suffira d'eslire pour ce service, fruicts bien qualifiés, capables de respondre à vostre intention selon la faculté de vostre pays (110).

La bière est une boisson faicte avec des grains ; diversement nommée, selon les pays et les langues, chacune ayant sa particulière appellation, comme *medon, guttal, cervoise, queute, alle*, et semblables usités en Lorraine, Angleterre, Escosse, Flandres, Alemagne, Pelongne, Boheme, Dannemarch, Moscovie et autres nations septentrionales, où telle boison est familière, et cogneue en aucunes provinces de ce royaume. Et bien qu'avec

raison la bière cède au pomé et poiré, si est-ce que plus qu'eux donne-elle de peine à faire, comme il sera veu. Tous grains bons au pain, sont aussi propres à la bière : plus toutes-fois les uns que les autres : ce qu'on recognoist à l'orge, qui de tous les blés est le meilleur à ce breuvage, pour une vertu saine et médecinale qui est en luì (111). Le temps de ce mesnage n'est restraint à certaine saison de l'année, veu que tous-jours on a du blé dans le grenier. La plus usitée façon de bière, est ceste-ci. L'on choisit du plus beau orge qu'il est possible de treuver, bien nourri et pesant, semblablement de l'avoine. On les nettoie en perfection et mesle-on ensemble non en quantité esgale, ains y mettant d'avoine seulement un tiers ou un quart du total, le reste estant d'orge. Le tout est mis tremper en eau claire et nette de rivière ou fontaine, non de puits ne cisterne (112), dans une cuve pour vingt-cinq ou trente heures, passées lesquelles tiré de là, est ce blé porté reposer dans quelque lieu net et serré, pour y germer ; à telle cause l'emmoncelant tant qu'on peut. Ce qui avient dans quelques jours : et lors est desentassé et escarté sur le pavé ou plancher, afin que le blé fané se sèche par-après pour estre rendu capable à moudre. A quoi on l'avance en le mettant sur le fourneau à ce approprié : où à l'aide du feu et de la fumée, ce blé dans peu de jours se sèche du tout bien. Lequel ainsi préparé, est porté au moulin, et mis en farine, et de là rapporté dans la cuve. Sur ceste farine jette-on l'eau toute bouillante, autant qu'il en faut pour la couvrir, laquelle boit incontinent l'eau. Ce qu'estant faict, avec des

paelles, fourches, et semblables instruments on remue ceste farine trempée, puis
autant d'eau qu'auparavant et aussi bouillante, y est ajousté. Derechef le tout est
démeslé, et en suite l'eau en est retirée:
non par le bas, ne toute, ains par le haut,
et ce que de gré sans presser la farine
lasche. Cela se faict à la manière qu'on
fait les exquis vins blancs, ci devant
monstrée; c'est assavoir en fourrant au
milieu de la cuve dans ce meslinge une
corbeille d'ozier, dans laquelle ceste eau
est puisée, estant assés claire et liquide,
demeurant au dehors le plus grossier pour
l'empeschement du rencontre. Ceste eau
appellée, *mestier*, est pour un peu reposée en vaisseaux à ce accommodés et
d'iceux mise dans une grande chaudière
bastie sur un fourneau, comme celle des
taincturiers; pour y bouillir quelque heure.
Toute bouillante est ceste eau remise dans
la cuve sur le marc de la farine, afin d'y
séjourner quelques jours limités par l'u-
sage, plus en un pays qu'en l'autre: puis
derechef l'ayant retirée par bas, la faire
rebouillir sur la chaudière plus longuement qu'au paravant; c'est assavoir, dix
ou douze heures. En bouillant à ceste dernière fois on y ajouste six ou sept livres
de fleur sèche de houblon, pour donner
grace à la bière: laquelle après est mise
refroidir dans des cuvettes à ce accommodées, larges et basses.

Finalement à la bière est ajousté du
levain, sans lequel elle seroit de nulle valeur, non plus que le pain duquel nous vivons. Mais c'est d'un levain particulièrement à ce destiné, qu'on compose avec de
l'escume endurcie de la nouvelle bière qui
chet dehors le tonneau en bouillant: duquel levain l'on accommode la bière y en
mettant par plusieurs fois, en la manière
et quantité portées par les expériences
des lieux, jusqu'à ce que la bière soit bien
en levain. Lors des cuvettes, où pendant ce
temps-là elle a séjourné, est mise dans les
vaisseaux, esquels elle bouillira vingt-cinq
ou trente heures, d'elle-mesme, comme
moust de raisin, en expulsant dehors ses
escumes, dont elle demeurera purifiée;
après l'on fermera soigneusement les tonneaux, afin que la bière ne s'esvente.

Aucuns au lieu de l'avoine, emploient
le froment et de la fleur de houblon ou
de sa semence. Autres y ajoustent quelques peu d'ivraye (113). Plusieurs aroma-
tisent la bière avec des espiceries. S'en
treuvent aussi qui y fourrent du beurre,
du miel, de pommes, du pain esmié et
autres choses et matières selon la conduite
de leur jugement: mais c'est tous-jours
et par toutes nations l'orge qui reste pour
fondement de la bière.

Hydromel est une composition de miel
et d'eau, dont le breuvage est bon et
profitable. L'on s'en sert en plusieurs
endroits mesme vers les Ardennes et
par tout généralement, où défaillans les
vignes, l'on est accommodé de miel. Une
partie de bon miel sur douze d'eau de
pluie, sont ensemble mises bouillir dans
des grandes chaudières, jusqu'à la consomption de la moitié, en escumant cela
cependant et tant curieusement qu'aucune ordure n'y reste. Après, ceste liqueur est envaisselée en communs tonneaux de bois bien nets, lesquels bien
fermés sans respirer l'on tient au soleil
six sepmaines continuelles, afin d'y bouillir durant ce temps-là: passé lequel demeure l'hydromel en sa parfaicte bonté,
en laquelle se maintient-il longuement,

estant

estant logés dans les caves , comme l'on faict tous autres vins. Défaillans le soleil on tient les tonneaux près du feu , pour un couple de mois ; non avec tant d'effect qu'au soleil : pour laquelle cause le cueur de l'esté sur toutes les saisons de l'année est choisi pour faire l'hydromel. Car estant lors le soleil en sa plus grande force, plus vigoureusement et mieux prépare ceste boisson , qu'aucune chaleur artificielle (114).

C'est le plus commun hydromel : mais pour en faire du meilleur , convient augmenter la quantité du miel , d'un quart, d'un tiers, d'une moitié, selon qu'on le désirera. Et passant plus outre , on le rendra excellent, si on l'aromatise avec de la canelle, girofle, muscades, poivre, gingembre et autres espiceries. Aussi y donne bonne odeur la fleur de sureau : ayant l'hydromel cela de commun avec le moust , que de retenir de ceste fleur

la senteur musquate , s'en servant avec des sachets , comme j'ai touché ailleurs.

Plusieurs autres boissons ont esté inventées pour la nécessité , et pour la volupté avec : y en ayant de tant excellentes, qu'elles surpassent les plus exquis vins. Mais n'estans composées qu'avec grande despence (sans mettre en compte la perle de Cléopatra) par distillations, par infusions de sucre, canelles et autres précieuses matières , ne sont aussi que pour les plus grands seigneurs, ou malades : non pour le service ordinaire de nostre mesnager. Pour laquelle cause n'en représenterons-nous les façons, ni aussi celles du caou-in , qui est le breuvage commun des Toupinambaoults Amériquains, qu'ils expriment de certaines racines, que nature leur donne sans grande culture, lesquelles ne sont de par deçà cogneues que de nom (115).

NOTES DU TROISIÈME LIEU.

CHAPITRE PREMIER.

Page 309, colonne I, ligne 5.

(1) Dans le quinzième siècle, en effet, quelques souverains du continent de l'Europe pensèrent que pour obtenir de certains crûs de leur domination, des vins semblables en tout à celui de Chypre, qui passoit pour le premier des vins, il suffisoit de tirer des plants des meilleurs cépages, et de les transporter dans leur territoire. François I, entr'autres, fit planter aux environs de Fontainebleau et à Couci, dans le Soissonnois, deux vignes de l'étendue d'environ cinquante arpens (vingt-cinq hectares) chacune, formées, l'une et l'autre, de plants venus directement de Chypre et de la Grèce. Mais ces deux vignes n'ont jamais produit de vin de Chypre ; et la dégénération de ces plants, tirés d'un sol et d'un climat si différens de ceux où on les avoit transportés, s'est opérée si rapidement, qu'avant un siècle de transplantation, leur essence même n'étoit plus reconnoissable.

D'après ce fait, et d'après l'assertion d'*Olivier de Serres*, ne seroit-on pas tenté de croire que, de son temps, les palais de nos pères étoient moins exercés que les nôtres à la dégustation des vins ? (*Dv.*)

Idem, ligne 31.

(2) On donne encore, dans nos départemens méridionaux, le nom de passerille, de *raisin de passe*, *uva passa*, aux espèces qu'on destine à faire sécher pour les livrer ensuite au commerce, serrées et comprimées dans des boîtes de sapin ; ce qui en facilite le transport. Le corinthe *vitis acino minimo*, *rotundo*, *albido*, *sine nucis*, et la passe-musquée, *vitis apiana*, *acino magno*, *subrotundo*, *nigricante moschato* sont préférés, pour cet usage, aux autres espèces de raisins. (*Dv.*)

Page id. colonne II, ligne 27.

(3) On n'est pas étonné de la prodigieuse fécondité des vignes dont parle *Columelle*, quand on réfléchit qu'elles étoient placées dans les terres les plus fertiles de l'Italie, que chaque cep étoit un arbre de plusieurs pieds (un ou deux mètres) de circonférence, et que, de tous les végétaux connus, il n'en est peut-être aucun qui, pour l'abondance de la séve, puisse être comparé à la vigne. (*Dv.*)

Page 311, colonne II, ligne dern.

(4) Cet apologue est le sujet du *trésor caché*, ou *le laboureur et ses enfans*, l'une des plus morales et des plus charmantes fables de *Lafontaine*. (*Dp.*)

CHAPITRE II.

Page 311, colonne I, ligne 16.

(5) C'est-à-dire, autant qu'il y aura de différence dans les qualités des divers sols auxquels on le confiera. (*Dv.*)

Page 311, colonne II, ligne 31.

(6) C'est bien moins à la position nord de ces provinces qu'il faut attribuer les vains efforts qu'on a faits pour y cultiver utilement la vigne, qu'au manque d'abris, puisque les vignobles de la Moselle, et une grande partie même de ceux de la Champagne, occupent des terreins bien plus septentrionaux. Il suffit de jeter les yeux sur la carte, pour voir que, depuis Saint-Valery jusqu'à Guérande, les côtes plates et unies de l'Océan, laissent toute cette vaste contrée ouverte aux vents du nord-ouest, qui y arrivent imprégnés de tous les principes de froidure dont ils se chargent en traversant les montagnes de glace de la Laponie, de la Norwège, et traînant avec eux les brumes de la Baltique. (*Dv.*)

Page 312, colonne I, ligne 9.

(7) Ce précepte est peut-être trop général, même en observant la distinction des espèces. On peut l'adopter dans les parties les plus méridionales de la France ; mais dans celle du centre et du nord, les vignes placées au levant, y sont trop exposées au fléau de la gelée. Ce n'est pas, à proprement parler, l'intensité du froid qui gèle la vigne ; car, dans les temps sers, la gelée l'atteint rarement ; mais pour peu que le terrein du vignoble, exposé au le-

vant, soit de nature à conserver l'humidité, s'il est avoisiné d'objets propres à produire des brumes, ou à empêcher leur prompte vaporisation, le cultivateur ne vit, avec raison, que de craintes et d'anxiétés. En effet, les premiers rayons du soleil, succédant immédiatement à une gelée qui a converti l'humidité en glaçons, sont les véritables et les plus prochains agens des désastres de la gelée. Plus on approche du nord, et plus l'aspect du midi semble convenir à la vigne, du moins sous le rapport de sa conservation. Alors le soleil, pendant les premières heures du jour, ne porte ses rayons sur elle que dans un sens oblique, leur effet suffit pour évaporer la rosée, pour sécher la plante, qui n'est qu'insensiblement pénétrée par la chaleur; et quand celle-ci est parvenue à son plus haut degré d'intensité, la première cause du danger, l'humidité, a depuis assez long-temps cessé d'exister. L'exposition du sud-est produit, il est vrai, les excellens vins de Nuits, de Pomard, de Volney, etc.; mais les vignobles de Dizi, d'Hautvillers, d'Aï, etc., ont pour aspect le midi plein; et, par cela même, leur récolte est plus assurée que celle des premiers. (*Dv.*)

Page 314, colonne II, ligne 13.
(8) Si le terrain est aquatique, tranchons le mot, il n'est nullement propre à la culture de la vigne: il faut lui donner une toute autre destination. Des tranchées ouvertes, ou fermées, peuvent bien servir à l'écoulement d'une eau surabondante, et laisser le sol propre à d'autres genres de culture; mais un terrain qu'il faut saigner, ne convient pas à la vigne, parce qu'il conserveroit toujours une sorte d'humidité qui lui seroit funeste, et pour les maladies qui en résulteroient, et pour la qualité de ses fruits. (*Dv.*)

Idem, ligne 21.
(9) Cette manière de soutenir les gradins par des haies vives, ne peut recevoir son application que dans nos départemens les plus méridionaux. Ailleurs, non-seulement, il n'y auroit aucun bénéfice à espérer de la récolte des fruits; mais les haies elles-mêmes, seroient une cause fréquente de la gelée, et un obstacle à la maturité des raisins. (*Dv.*)

Page 315, colonne II, ligne 17.
(10) La réunion de ces deux avantages, qualité et quantité, est extrêmement rare, et n'a lieu que dans les contrées où l'intensité et la durée de la chaleur sont proportionnées à l'abondance de la sève. Nous aurons, plus loin, l'occasion de revenir sur ce principe, et de lui donner quelque développement. (*Dv.*)

Page 316, colonne I, ligne 7.
(11) C'est sans doute à l'influence du sol, du climat, de la culture, et à l'étonnante vigueur végétative de la vigne, qu'il faut attribuer une grande partie des différentes formes qu'elle affecte, et des qualités diverses de ses fruits. Toutefois ce n'est pas à cette seule raison qu'il faut rapporter la foule des différens noms que porte le même cépage dans telle ou telle province, dans tel ou tel vignoble. Dans l'Italie ancienne comme dans la France moderne, il existoit, pour désigner les races ou les individus, une confusion vraiment désespérante dans les noms. Tantôt on ne les connoissoit que par ceux du pays d'où ils avoient été tirés, tantôt que par celui des personnes auxquelles on devoit leur introduction dans la contrée; quelquefois aussi, on les désignoit par leurs qualités. Du temps de *Columelle*, la race *basilique* ou *royale*, signifioit un cépage par excellence. Les races de *Rhodes*, de *Numidie*, les *Vésuviennes*, les *Helvenques*, etc., indiquoient, par leurs noms, ceux du pays dont elles avoient été tirées; et, de nos jours, dans l'Orléanois, par exemple, ne nomme-t-on pas *Auvernat* le raisin qui en Auvergne s'appelle le *Bourguignon*, lequel, en Bourgogne, n'est connu lui-même que sous le nom de *Pinot?* *Pinot* étoit-il le nom du cultivateur qui a introduit en Bourgogne cette précieuse race, ou bien la lui a-t-on donnée à cause de la forme conique de sa grappe qui a beaucoup de ressemblance à celle du fruit du pin? C'est ce que ni la tradition, ni les œnologistes, ne nous ont appris. Au reste, on verra bientôt comment la sagacité rare, et le jugement exquis d'*Olivier de Serres*, l'ont fait triompher de tous ces vices de la nomenclature, pour désigner, par les qualités du bois, et par celles du fruit, la préférence qu'on doit donner, sur tout autre, à tel ou tel cépage, pour tel ou tel sol, pour tel ou tel climat, pour telle ou telle exposition. Nous ne faisons ici la remarque que pour éviter de revenir sur le même sujet. (*Dv.*)

Pierre de Crescens, qui écrivoit au quator-zième siècle, parle d'une espèce de vigne du territoire de Milan, qu'il appelle *pignolas*, et qui pouvoit être le *pinot*, ou *pineau* (*Rural. commodor.* L. 4, c. 4.). On trouve, dans les *Ordonnances du Louvre*, des lettres de rémission de 1394, où il est question du *pinot*, comme d'un raisin supérieur aux *treccaux* et autres raisins. (*F. D. N.*)

Parmi le grand nombre d'espèces de vignes dont parlent les Anciens, *Olivier de Serres* en cite vingt-sept, la plupart se retrouvent dans *Columelle*. Les travaux de *Columelle* sur la vigne, sont considérables, et pleins d'excellens préceptes. Il seroit désirable que ses ouvrages fussent traduits par un cultivateur instruit.

Les botanistes rapportent à une seule espèce (*vitis vinifera*) toutes les vignes cultivées en Europe, soit pour la table ou pour la cuve. Ils ont cependant regardé aussi comme une espèce, la *ciotat* ou *cioutat*, ou *raisin d'Autriche* (*vitis laciniosa*); mais ce raisin ne paroît être qu'une variété du *chasselat*. Il y a d'autres vignes qui sembleroient plutôt devoir être regardées comme des espèces.

Les espèces, races et variétés de la vigne, sont très-nombreuses, peut-être s'élèvent-elles à plus de deux cent ; et ce nombre a fait naître peut-être aussi plus de quinze cent noms.

Sans parler de quelques autres genres qui se rapprochent de celui de la vigne (*vitis*), il existe, dans différens lieux, de véritables espèces de vignes, dont les fruits peuvent être mangés ou convertis en vin ; par exemple, trois ou quatre dans l'Amérique septentrionale.

Voici ce qu'on peut dire de plus vraisemblable sur la signification des noms anciens cités par *Olivier de Serres*.

I. *Aminées*. Les Anciens comptoient cinq sortes d'aminées.

1°. Grande germaine, ou véritable ; de *germanus*.

2°. Petite germaine ; nouoit mieux son fruit et plutôt.

3°. Grande jumelle ; jumelle, parce qu'elle portoit deux grappes à la fois. On en distinguoit une variété.

4°. Petite jumelle.

5°. Laineuse ; à cause du duvet de sa feuille ; fournissoit un vin plus léger.

Ce nom Aminée, étoit celui d'un lieu célèbre dans la Campanie, près de Falerne.

II. *Venuncules*, ou *venucule*, *venicule*. Se conservoit l'hiver pour la table. *Horace* en parle.

III. *Ceraunies*, mieux *ceraunians*. Raisin pour la table. Ce nom paroît être celui des monts Cerauniens, ou être tiré de l'éclat d'une pierre, nommée *ceraunia*.

IV. *De Rodes*. Nom de lieu. Ce raisin étoit pour la table.

V. *De Numidie*. Nom de pays.

VI. *Maronnées*. Nom de lieu.

VII. *Vésuviennes*. Du Vésuve ; nom de lieu. La petite germaine y croissoit.

VIII. *Nomentanes*. Nom de lieu. On les nommoit aussi *rubellianæ*, à cause de la couleur rougeâtre de leurs sarmens, ou *fecinia*, parce que leur vin déposoit beaucoup de lie. Ces vignes, dont le raisin étoit noir, étoient plus fertiles que les aminées ; mais leur vin étoit moins estimé.

IX. *Visules*. De *visula* (*Columelle*) ; nom d'une espèce de vigne.

X. *Eugénies*, ou de bonne nature. Ce mot signifie excellent. En effet, leur raisin étoit regardé comme tel. Cette vigne croissoit sur le territoire d'Albe.

XI. *Helvoles*, ou *varianæ*. A cause de la couleur du raisin, entre le rouge et le blanc. *Caton* entendoit par l'épithète *helvolum*, jointe au mot *vinum*, du vin paillet. Le vin de cette vigne étoit regardé comme de deuxième qualité.

XII. *Argites*. D'Argos, ville du Péloponèse. On en comptoit une grande et une petite espèce.

XIII. *Cocolubes*. Variété plus petite de la vigne suivante (*basilica*, basilique).

XIV. *Basiliques* ou *royales*. Ainsi nommé, à cause de la bonté de leurs fruits. Leur vin n'étoit regardé que de deuxième qualité. Ces vignes étoient originaires de Grenade, en Espagne.

XV. *Porqualanes*. Vient de *pergulana*, nom de ville. D'autres personnes pensent qu'il tire son origine de *pergula*, treille.

XVI. *Fregellanes*. Nom d'une contrée du Latium.

XVII. *Murgentines*. Nom d'un lieu en Sicile. Ces vignes sont aussi nommées *pompéennes*.

XVIII. *Albuelis*. Ces vignes, propres à être cultivées sur les arbres, parce que leurs fruits venoient vers leurs extrémités, donnoient du vin de deuxième qualité. Il paroît que leur nom est dérivé du mot *albus*, blanc.

XIX. *Visula*. Vigne basse de deuxième qualité.

XX. *D'Albi*. Nom de lieu, vraisemblablement.

XXI. *Helveuques*, ou plutôt *helvenques*. De *helvenaca*, nom de lieu. Ces vignes étoient très-fertiles; on en distinguoit plusieurs variétés.

XXII. *Duracin*. Suivant *Columelle* les fruits de cette vigne étoient destinés pour la table. Ils étoient précoces, leur peau étoit dure, d'où étoit venu leur nom; *duracina uva*, signifie un raisin dont la peau est dure.

XXIII. *Dracontion*. Espèce de vigne hâtive.

XXIV. *Amethyston*, des Grecs. Est l'*inerticula* des Latins, la *sobria* de *Pline*. Ces noms signifient une vigne qui donne du vin foible, qui ne peut enivrer. Il étoit estimé de deuxième qualité.

XXV. *Bernières* (*Bervères*). Ce nom vient évidemment de *biturien*, employé par *Columelle*; celui-ci est un adjectif formé du mot *bituriges*, nom donné à des habitans de l'Aquitaine première, actuellement le Berri.

XXVI. *Archelaques*. Du nom *arcelaca*; espèces de vignes très-fertiles, dont le vin étoit réputé de troisième qualité.

XXVII. *Scipiones*. Par corruption sans doute de *spionia*, vigne sauvage, on pourroit aussi penser que ce mot dérive de *scipio*, éclatat. Au reste, ces vignes très-fertiles, ne donnoient du vin que de troisième qualité.

Quant aux noms modernes, voici le résultat de ce qu'il m'a été possible de rassembler à ce sujet.

I. *Nigrier*.

Noirault, noireau.

Teinturier.

Plant d'Espagne.

Le nom d'*Olivier de Serres*, doit convenir à cette sorte, qui est employée pour donner de la couleur aux autres vins. Quelques personnes donnent ce nom au n°. XXVI, ci-après. Si cela étoit exact, *Olivier de Serres* auroit fait un double emploi.

II. *Pinot*.

Pineau. Plusieurs sortes; voyez le n°. XXXV.

III. *Pique-poule*.

Piquant-paul, pinquant-paul.

Blanc doux.

Bec d'oiseau.

Pizutelli des Italiens (raisin pointu).

Ce raisin est blanc; la variété suivante est violette.

Dent de loup.

IV. *Meurlan*.

Murleau, mourlot.

Languedoc.

Coq.

Cahors.

Troyen.

Ardounet.

Balzac.

Voyez la vingt-quatrième sorte de l'article vigne du C. *Dussieux*, tome X du *Cours complet d'Agriculture de Rozier*, page 181.

V. *Foirard*. La même sorte sans-doute que Efoirau; raisin noir du Languedoc.

VI. *Brumestres*. Ce nom paroît inconnu.

Les Anciens avoient, pour la table, une sorte de raisin qu'ils nommoient *uva bumammia*, du nom *bumamma*, mammelle, parce que sa grappe étoit fort grosse. De ce mot, quelques traducteurs françois en ont fait celui de *bumastes*, qui paroît se rapprocher beaucoup de celui d'*Olivier de Serres*. Alors ce mot *brumestres* appartiendroit à sa nomenclature ancienne, et devroit être supprimé de celle des vignes modernes.

VII. *Piquardant*.

Piqardan, picardant.

Augebin, dérivé peut-être du mot arabe *al-zibil*.

Ce raisin blanc, sorte de muscat du Languedoc, fournit un bon vin connu sous le nom de picardant; ce raisin séché est estimé.

VIII. *Vgnes*.

Ugne. Raisin blanc du Languedoc. On en permettoit l'usage aux malades.

IX. *Caunés.* Ce nom paroît inconnu.

Caunew, est le nom latin donné à une espèce de mauvaises figues. *Caunus*, est celui d'une montagne d'Espagne et de plusieurs villes. *La Caune* et *Caunes*, sont des villes de France, l'une près de Castres, l'autre près de Narbonne.

X. *Samoyran.*

Sanmoireau, samoireau, saumoyreaux.

Prunelles.

Prunelle blanc; à cause du bois plus blanchâtre.

Ce raisin noir est très-bon pour la table et la cuve. On en compte trois variétés. Le prunelle blanc en est une, et la moins bonne.

XI. *Ribier.* Ce nom paroît inconnu pour la vigne. Le mot *ribier*, ancien mot françois (de *ribarius*), signifie un moine, un ribaud. Le mot arabe *ribes* (acide), a été employé pour désigner le genre du groseiller.

XII. *Beccane.* Sorte de maurillon; voyez le n°. XXXV.

XIII. *Pounhete.* Ce nom paroît inconnu.

XIV. *Rochelois.*

Rochelle; raisin blanc ou noir.

Viganne; raisin noir.

Faigneau.

Morvégue.

Il y a d'autres sortes de rochelle, entre autres:

Rochelle verte; raisin très-avantageux pour les eaux-de-vie.

Rochelle blonde.

XV. *Bourdelois.*

Bordelais.

Bourdelais rouge.

Bourdelais doré; raisin pour la table.

Il ne faut pas confondre cette sorte avec le bourdelas, qui est le verjus.

XVI. *Beaunois.*

Bannié, beaunier.

Servinien.

Vigne féconde. Fort bon raisin, quoique ressemblant au gouais blanc. Il étoit estimé à Beaune.

XVII. *Malvoisie, malvoisine.*

Malvoisie musquée, muscat de Malvoisie.

Malvoisie grise.

Malvoisie ordinaire.

Malvoisie rouge.

Malvoisie blanche.

Malvoisie tokay bleu.

Ce nom vient de *Malvasia*, petite île de Grèce, célèbre pour ses vins. Cette sorte de vigne est voisine des muscats. La deuxième variété est très-féconde, le raisin très-sucré; la troisième et la quatrième lui sont inférieures.

XVIII. *Meslier.*

Melié blanc.

Mornain blanc.

Morna-chasselas-blanc-de-Bonnelle.

Melié noir.

Melié vert.

Plant verd.

Les mesliers fournissent de bons vins. Le raisin du melié blanc est bon à manger, et propre à être conservé sec. Le melié vert se mêle utilement aux vignes blanches, pour empêcher leurs vins de jaunir.

XIX. *Marroquin.*

Maroquin, marrouquin.

Barbarous, barbarou, barberoux.

Vitis africana duracina (J. Bauhin, 2, 71). Grappes violettes, très-grosses; grain gros, rond, peau très-dure. On confond ordinairement avec celui-ci le raisin d'Afrique ou de Maroc, dont le grain est très-gros, ovale. On en distingue une variété blanche, dont les grapes sont aussi très-grosses.

Nota. Mal-à-propos a-t-on mis au bas de la planche XXVI de l'article vigne du *Cours complet d'Agriculture de Rozier*, le nom du raisin de Maroc; cette planche appartient seule au cornichon blanc.

XX. *Bourboulenc.* On ignore ce que ce nom peut être.

XXI. *Colitor.* Ce nom paroît inconnu. Ce mot est latin, il signifie le seigneur d'un fond.

XXII. *Voltoline.* Ce nom paroît inconnu. Seroit-ce un mot corrompu de Valtoline, contrée au pied des Alpes? *Voltoloni*, mot italien, veut dire qui se roule.

XXIII. *Corinthien*, ou *marine noire*.

1°. Corinthe blanc, passo, raisin de passo, passerille.

2°. Corinthe rouge.

3°. Corinthe violet.

4°. Gros corinthe, raisin sans pepin.

Vitis corinthiaca sive apyrina (J. Bauhin, 2, 72).

Les corinthes n'ont point de pepins ; le premier est très-sucré ; le troisième est plus gros que les deux précédens , il noue plus difficilement ; le quatrième paroît être une variété de chasselas blanc à grains plus petits et moins doux. On met les raisins de Corinthe dans les ragoûts.

Le nom de marine noire paroît inusité. S'il se rapporte à la couleur , il ne conviendroit précisément à aucune variété de Corinthe , à moins que ce ne fut au violet.

XXIV. *Gras.*

Raisin merveilleux.

Saint-Jacques en Galice.

Vigne grecque.

Grosse grappe , grain gros , rond et rouge. Ce raisin est doux et hâtif , et très-propre à faire du vin.

XXV. *Salers.* Ce mot , comme nom d'une vigne, paroît inconnu ; c'est le nom d'une petite ville dans la Haute-Auvergne , d'où il a pu venir une sorte de raisin.

XXVI. *Espagnols.*

Gros-noir d'Espagne.

Vigne d'Alicante.

On ne voit point d'autre sorte à laquelle on puisse rapporter celle d'*Olivier de Serres* ; voyez le n°. I. C'est avec ce gros noir d'Espagne que sont faits les vins d'Alicante. Le vin rouge de Porto paroît être fait avec une sorte voisine de celle-ci.

XXVII. *Augibi.* Ce nom paroît inconnu ; il a quelque ressemblance avec augebin, qui a été employé sous le n°. VII.

XXVIII. *Clerete.*

Clarette.

Cette vigne fournit, en Languedoc, un très-bon vin blanc. La blanquette de Limoux est vraisemblablement le produit de cette sorte. On ignore si la blanquette de la Guienne est la même vigne.

XXIX. *Prunelat.* Ce nom paroît convenir à plusieurs sortes ; il est vraisemblable cependant qu'il doit plutôt appartenir à un raisin des environs de Bordeaux , nommé aussi

Prunelas.

Chalosse.

OEil de tourd.

Il ne faut pas confondre cette sorte avec les verjus nommés aussi bourdelas , ni avec les n°°. X et XV , comme quelques personnes l'ont fait.

XXX. *Gouest.*

1°. Gouais blanc , goue blanc , gouas.

Gros blanc.

Bourgeois.

Mouillet.

Verdin blanc.

Plant-madame.

2°. Gouais noir.

Gueuche noire.

Petit gamé.

3°. Gouais violet.

Ces vignes chargent beaucoup. Les grappes sont grandes , mais leur vin est sans qualité. Le cep du gouais blanc est d'une longue durée.

XXXI. *Abeillane.*

Le mot latin *abellanæ* , signifie avelines , d'où est venu le mot languedocien *abelanié* , noisetier. On pourroit croire alors qu'on a pu comparer les grains d'une sorte de raisin aux avelines, etc. Au reste on ne trouve point ce nom d'*Olivier de Serres* employé pour aucune sorte de vignes.

XXXII. *Pulceau.* Ce nom paroît inconnu. On cultive à Paris, dans quelques jardins, un raisin de treille , nommé pulsar.

XXXIII. *Tresseau.*

Bourguignon noir.

Bourguignon.

Grosses grappes. Cette sorte charge beaucoup , fournit un gros vin , aime les terres fortes ; elle paroît se rapprocher du maurillon noir ; voyez le n°. XXXV, 3°.

XXXIV. *Lombard.*

Il existe une sorte de raisin venant de Lombardie, dont la grappe est très-grosse , sa couleur est rouge. Il est bon à manger et à faire du vin , sans doute c'est celui *d'Olivier de Serres.*

XXXV. *Morillon.*

1°. Morillon hâtif , maurillon hâtif. *Vitis præcox Columellæ (Tournefort).*

Vigne précoce.

Raisin de la Madelaine.

Raisin de Saint-Jean.

Raisin de Juillet.

2°. Morillon taconné. *Vitis lanata* (*Charles Etienne*).

Meunier ; à cause de ses feuilles blanchâtres.

Fromenté.

Resseau.

Farineux.

Il a une variété à grains blancs, nommée Unin blanc.

Matinié.

3°. Morillon noir.

Morillon noir ordinaire.

Pineau.

Pineau de Bourgogne.

Auverna, auvernas, auverne d'Orléans.

Pimbart.

Manosquin.

Mérille.

Gribalot.

Massoutel.

4°. Morillon blanc.

Pineau blanc.

5°. Morillon franc.

Lamperean.

Beccane.

Tendre fleur.

Sous terre.

6°. Pineau aigret.

7°. Franc pineau.

Maurillon noir.

Bon plant.

Raisin de Bourgogne.

Pinet.

Pignolet.

Si la racine du nom maurillon est le mot noir, comme cela est vraisemblable (du latin *maurus*), il doit être écrit maurillon.

Le 1°. La précocité fait le mérite de celui-ci.

Le 2°. Assez hâtif, charge beaucoup, ceps de longue durée, bon vin, terres sablonneuses.

Les 3°. et 7°. On confond ces deux sortes. En général elles sont excellentes toutes deux, résistent assez bien à la gelée, repercent facilement ; cependant il paroit qu'on distingue la dernière comme donnant le meilleur vin de la Bourgogne, mais elle produit moins.

Le 4°. Très-bon fruit, peau assez dure.

Le 5°. Plus hâtif que les 2°., 3°. et 4°.

Le 6°. Donne peu de fruits.

XXXVI. *Sarminien*. Ce nom paroit inconnu.

Il existe une ville au royaume de Tripoli, nommée Sarman ; plusieurs sortes de raisins sont venues de la côte d'Afrique ; il seroit possible que ce fût-là l'origine du nom d'*Olivier de Serres*.

XXXVII. *Chatus*. Ce nom paroit inconnu ; on sait seulement que le mot latin *chatus* désignoit une monnoie d'or.

XXXVIII. *La Bernelle*. Ce nom paroit inconnu.

Aygras. Pour compléter la nomenclature des vignes d'*Olivier de Serres*, je rapporte ici cette sorte, citée page 301.

Ce mot est mal-à-propos écrit *agyras*, dans quelques éditions du *Théâtre d'Agriculture*.

Le verjus ou bourdelas, se nomme *agras* en languedocien ; il n'est pas douteux, d'ailleurs, qu'*Olivier de Serres*, n'ait voulu parler du verjus, dans ce passage.

Aigras (d'*acrumen*, âcreté), est un vieux mot françois, qui signifie fruit aigre.

Quant au rapprochement qu'*Olivier de Serres* fait du verjus avec la vigne folle de *Pline* (*vitis insana*), je ne le crois pas exact. *Pline* parle de vignes qui produisoient à-la-fois des fruits mûrs, des fruits qui grossissent et des fleurs (*vites quidem et triferæ sunt, quas ob id insanas vocant : quoniam in iis alia maturescunt, alia turgescunt, alia florent. Lib. XVI, cap. L. ed. Brotier*) ; mais il en parle comme d'un fait extraordinaire ; d'ailleurs les Latins, et *Pline* lui-même, nommoient plus volontiers le verjus *omphacium*. Voici vraisemblablement la source de l'erreur d'*Olivier de Serres*: *Du Pinet*, dans sa traduction de *Pline*, a rendu le sens des mots *fruits non encore mûrs*, par le mot d'*aigras* (verjus) ; mais *Du Pinet*, évidemment, ne s'est pas servi de ce mot pour donner un nom, mais pour exprimer une qualité. Quelques imitateurs de *Pline* ont traduits ces mots de *vitis insana*, par *vigne enragée*, et ceux de *fruits non mûrs*, par *aigrets*. On remarque encore dans ce dernier mot, sa ressemblance exacte avec celui employé par *Olivier de Serres*. (*Cz*).

CHAPITRE

CHAPITRE III.

Page 218, tome II, ligne 27.

(12) Cette distinction ne peut être admise en botanique, puisque chaque fleur de la vigne est pourvue d'étamines et d'un pistil. (*Dv.*)

Page 219, tome II, ligne 10.

(13) Tous les arbres, généralement, lui sont nuisibles; mais plus elle s'éloigne du midi, plus elle redoute d'être ombragée. (*Dv.*)

Page 220, tome I, ligne 13.

(14) On en voit encore une assez grande étendue sur les côtes de l'Aunis. La grappe se traîne sur la terre, souvent elle pourrit avant d'être mûre; elle y contracte, en outre, un goût de terroir qu'elle transmet au vin qu'on en tire; mais il paroit que la fréquence des orages et des tempêtes, qui assaillit ces parages, force les habitans à ce mauvais genre de culture. (*Dv.*)

Page 221, tome I, ligne 5.

(15) M. *Cauda*, dans un mémoire imprimé tome II de ceux de la Société d'Agriculture de Turin, se récrie fortement contre cette coutume de faire monter les vignes, et il en fait connoître les inconvéniens; il en signale deux principaux: 1°. les vignes élevées et soutenues à une grande hauteur, nuisent, par leur ombrage, à la multiplication, et s'opposent à la maturité des grains semés dans leur voisinage: 2°. l'élévation à laquelle on fait parvenir les pampres exige des appuis, des échalas en forme de treilles, qui consomment une grande quantité de combustible, au préjudice des besoins domestiques; et M. *Cauda* n'hésite pas d'attribuer à la trop grande extension de la culture des vignes hautes, la disette et la cherté du bois dans le Piémont. (*H.*)

Page id., tome II, ligne 21.

(16) Si l'auteur eût écrit cent cinquante ans plus tard, il n'eût pas manqué d'ajouter à cette nomenclature, la Hollande et nos Colonies.
(*Dv.*)

CHAPITRE IV.

Page 228, tome I, ligne 13.

(17) *Olivier de Serres* ne prescrit d'autre règle, pour l'espacement des ceps, que celle qui doit résulter de la différence de la culture à la charrue, et de la culture à bras. Il faut, en effet, bien plus d'espace entre les rangs pour faire mouvoir un araire attelé de deux bœufs ou de deux chevaux, avec leur conducteur, que pour un seul homme, travaillant avec la houe, le pic, ou le crochet.

Nous ne nous arrêterons point ici à faire une observation détaillée sur la préférence qu'on doit donner à ce dernier mode, parce qu'elle n'échappera à aucun lecteur. Personne ne peut douter que, par elle, le labour ne soit plus profond, plus égal, que la terre ne soit mieux retournée, et que l'ouvrier n'évite plus facilement de heurter, de déplacer, de froisser les plants. Mais il existe un autre motif de donner plus ou moins d'espace aux ceps de la vigne, dont *Olivier de Serres* ne parle pas, et qu'il importe essentiellement de connoître. Celui-ci est fondé sur la nature de la plante, et sur l'usage auquel ses fruits sont destinés.

Nous ne pouvons nous dispenser de le répéter: de tous les végétaux que nous cultivons, il n'en est aucun qui puisse être comparé à la vigne, pour l'abondance de la séve, et pour la force de la végétation. La vigne cultivée dans un bon sol, en-deçà du cinquante-cinquième degré de latitude, donne toujours, sauf les accidens, une abondante récolte de raisins; mais les vues du cultivateur ne doivent pas se borner à obtenir beaucoup de raisins. Il a, ou doit avoir, pour but de les convertir en bon vin, et il n'y parviendra jamais, si les raisins ne parviennent à ce point de maturité par lequel se forme et se développe le muqueux doux, le principe sucré, élément de l'alcool. Or, pour obtenir ce degré de maturité, il est nécessaire que la chaleur atmosphérique et sa durée, soient proportionnées à la quantité de séve qui circule dans la plante. Pour trouver cette proportion, il faut parvenir à maîtriser, en quelque sorte, le mouvement végétatif; il faut restreindre ou multiplier les canaux séveux, les bouches aspiratoires des élémens de la séve; et l'expérience prouve que le seul moyen d'y parvenir, est de laisser plus ou moins d'espace de terre à parcourir aux racines de la plante. Ainsi, par exemple, en Italie, où la chaleur a beaucoup de durée et d'intensité, il est possible que les plants de la vigne étant éloignés de vingt-cinq, de trente pieds (dix mètres) les uns des autres, le raisin y acquierre le degré de maturité dont il résulte un vin fort et généreux ; qu'en Provence, il ne faille leur laisser qu'une distance de quinze pieds (cinq mètres) ; en Languedoc, de sept à dix (trois mètres trente-trois centimètres) ; en Gascogne, de quatre à cinq (un mètre soixante-six centimètres) ; en Touraine, de trois à quatre (un mètre trente-trois centimètres) ; dans l'Orléanois, de deux à trois (un mètre) ; vers Paris, et plus au nord, d'un à deux (soixante-six centimètres). Nous ajouterons que, par le rapprochement, les ceps se préservent mutuellement des coups de froid, et que la chaleur nécessaire à la maturité du fruit, se concentre mieux là où les ceps sont moins isolés les uns des autres. C'est donc à la sagacité du cultivateur qu'il appartient de proportionner l'espacement des ceps de la vigne, au degré et à la durée de chaleur que la nature de son terrein et l'atmosphère de sa contrée laissent à sa disposition. (*Dv.*)

Page 228, colonne II, ligne 19.

(18) Par-tout ailleurs que dans une terre très-légère et très-poreuse, les tranchées sont préférables aux ouvertures formées par la taravelle; et les cultivateurs modernes trouvent beaucoup d'inconvéniens à retrancher une partie du chevelu des jeunes plants. (*Dv.*)

Page 229, colonne II, ligne 18.

(19) Ce préjugé est encore tellement enraciné, que, depuis *Olivier de Serres* jusqu'à nos jours, c'est en vain que tous les bons cultivateurs l'ont combattu. (*Dv.*)

Page 231, colonne I, ligne 8.

(20) *Terrier*, veut dire ici terreau, terre végétale. En effet, c'est l'engrais le plus favorable à la vigne ; et, peut-être, le seul qu'on peut lui donner par-tout avec avantage, et sans aucun inconvénient. (*Dv.*)

Page 232, colonne II, ligne 15.

(21) Voyez sur les effets prétendus de l'influence de la lune, sur la taille de la vigne, dont *Olivier de Serres* a déjà parlé, et sur la coupe du bois dont il parle ici et plus bas, ce qui a été dit de l'influence des astres, lieu premier, notes (25), (27), (28), (30) ; et lieu second, notes (30) et (45). (*H.*)

Idem, ligne 21.

(22) Cette désignation de l'espèce ou de la race de la vigne par la nature du bois, est d'autant meilleure, que par elle on peut éviter les erreurs d'une fausse nomenclature. (*Dv.*)

Page 233, colonne I, ligne 1.

(23) La dépense est moindre en effet ; mais l'effet de la façon n'est pas comparable à celui qu'on auroit obtenu de la houe. Voyez ce que j'ai dit à ce sujet dans la note (17). (*Dv.*)

Page 234, colonne I, ligne 17.

(24) Non seulement l'épamprement de la vigne est bon pour les pourceaux ; mais il est encore bon pour tous les autres animaux domestiques, et principalement pour les vaches, qui en sont très-friandes. Il en est de même de l'effeuillement dont *Olivier de Serres* parle un peu plus loin, à l'article de l'hivernage ou de la troisième façon de la vigne, et qu'il indique seulement comme fumier. Les feuilles de la vigne sont un excellent fourrage ; dans quelques lieux il est même d'usage de mener les bêtes à laine dans les vignes, immédiatement après les vendanges : et dans quelques pays on les recueille avec grand soin. On les fait sécher et on les conserve dans un lieu sec, pour l'hiver ; ou bien on les entasse dans des tonneaux, on les saupoudre d'un peu de sel, et on les conserve ainsi, bien couvertes. Dans d'autres endroits, on les mêle, couche par couche, avec de la paille, qui s'empreint du goût des feuilles, et les animaux mangent ce fourrage avec plaisir. Il en est de même de beaucoup d'autres feuilles d'arbres. (*H.*)

Idem, ligne 39.

(25) Les vignes sont plus sensibles à la sécheresse dans les contrées du nord que dans celles du midi. Dans les premières, les plants sont acclimatés, et souvent, depuis plusieurs générations, à une température douce, à une atmosphère souvent humide ; aussi arrive-t-il que de longues sécheresses obstruent et dessèchent les canaux séveux ; à cet accident succède une exfoliation complète, et dès-lors on a la certitude que le raisin restera verjus. Dans les contrées méridionales, la plante est douée d'une vigueur qui la rend bien moins sensible à la longue sécheresse. (*Dv.*)

Page 235, colonne I, ligne 20.

(26) L'auteur parle ici du terrein le moins propre à la vigne, non seulement sous le rapport de la qualité du vin, mais encore relativement à la santé des plantes. Un sol qui ron-

serve cet excès d'humidité, est la première cause du plus grand nombre des maladies dont elles peuvent être atteintes. Voyez ce que j'ai déjà dit à ce sujet, note (8). (*Dv.*)

Page 151, colonne I, ligne 9.

(27) J'ai déjà parlé, dans la note (17), du motif de l'espacement des ceps, relativement au sol et au climat. (*Dv.*)

Page 216, colonne II, ligne 27.

(28) L'auteur insiste sur l'emploi des rameaux de cet arbre (*buxus sempervirens, L.*), non seulement parce qu'il est très-commun dans nos départemens méridionaux, mais encore par ce que de tous nos végétaux indigènes, il n'en est aucun qui, par sa décomposition, fournisse une aussi grande quantité de terre végétale. (*Dv.*)

Page 247, colonne II, ligne 17.

(29) Ces vignes à sarmens arqués produisent beaucoup de raisins; mais, dans nos meilleurs crus même, il n'en résulte que des vins médiocres. (*Dv.*)

Page 251, colonne I, ligne 18.

(30) L'auteur désapprouve donc formellement ce mélange de diverses cultures, lequel n'est, selon lui, qu'apparence de bon mesnage. Voyez la note (15). (*Dv.*)

Page id., colonne II, ligne 17.

(31) Il s'agit ici, non du climat, mais de la nature du sol; car il est de fait, qu'au centre même de la France, et dans le terrein le plus propre à cette culture, les vignes arbustives ne produiroient que du verjus. (*Dv.*)

Page 252, colonne II, ligne 59.

(32) *Vitis labrusca*: ce qui prouve que, dans nos climats, la bonne culture est la seule arme avec laquelle on peut combattre la tendance naturelle de la vigne vers sa dégénération. (*Dv.*)

Page 255, colonne I, ligne 1.

(33) Ce mot *amer* ne peut s'entendre qu'au figuré; mais tous les cultivateurs qui observent, savent que les racines d'une plante nouvellement mise en terre, n'ont rien tant à redouter dans leur marche, que la rencontre de vieilles racines à demi décomposées, de quelqu'espèce qu'ait été la souche à laquelle ces racines ont appartenu. (*Dv.*)

Idem, ligne 24.

(34) C'est l'*acer campestre*, l'érable des bois. (*Cz.*)

Voici ce qu'on lit à ce sujet dans les *Secrets* de la vraie Agriculture d'*Augustin Gallo*, traduits en françois de l'italien, par *François de Belleforest*, et imprimés à Paris en 1571, in-4°., troisiesme journée, pages 76—77 : « Suyuant ce qui s'acconstume en noz cartiers, » il n'y a arbre si prouffitable pour cest effect » que l'*opio*, à cause qu'il dure plus long » temps; a la feille plus menue, et les racines » moindres que les autres ». On lit au même endroit, en une note marginale, que « l'*opio* » est un arbre qui croist en Italie, peu bran- » chu et (peu) ombrageux ». J'ai déjà eu occasion de m'apercevoir que l'ouvrage d'*Augustin Gallo* avoit été souvent consulté par *Olivier de Serres*; c'est un des meilleurs qui aient paru avant le sien. (*H.*)

CHAPITRE V.

(35) La vigne est susceptible, sans doute, de recevoir la greffe; mais les opérations de ce procédé sont tellement minutieuses, et leur succès est si incertain, que ce seroit vouloir faire le sacrifice de beaucoup de temps, que de la pratiquer en grand. On ne doit pratiquer ce moyen de changer la nature, ou la variété du fruit, que sur quelques treilles, ou sur un petit nombre de ceps. (*Dv.*)

Page 255, colonne I, ligne 2.

(36) La physique a fait de trop grands progrès depuis un demi-siècle, pour qu'un homme instruit soit tenté d'essayer aujourd'hui l'application des différentes recettes que l'auteur vient de passer en revue, et qui, comme il le dit très-bien, n'est science assez solide, ni sur laquelle on se puisse fonder. (*Dv.*)

Page 256, colonne II, ligne 15.

(37) Il faut avoir l'attention de placer les fumerons sous le vent, c'est-à-dire entre le vent et la vigne, et sur-tout entre le soleil et la vigne, pour empêcher l'action des rayons du premier sur la seconde couverte des gouttes d'eau gelée, qui font l'effet des verres convexes, et brûlent tout ce qui est dessous. Ce moyen a été employé, de nos jours, avec succès, par plusieurs cultivateurs, entr'autres, par le C. *Jumilhac*, dans sa terre près de la Ferté-Alais, département de Seine - et - Oise, et par le

Page 256, colonne II, ligne 5.

C. *Tourton*, dans le Clos-Vougeot, département de la Côte-d'Or. Aucun de ceux qui l'ont indiqué ou employé, n'a fait connoître la source où il l'avoit puisé; et tout récemment encore on l'attribuoit, dans quelques journaux, à *Chomel*, auteur d'un *Dictionnaire économique* qui a paru plus d'un siècle après l'ouvrage d'*Olivier de Serres*, qu'il a souvent copié. Il paroît, au surplus, que très-anciennement dans le Bordelois, toutes les herbes que l'on arrachoit en nettoyant les vignes, étoient mises sur les bords pour être employées à l'usage indiqué par *Olivier de Serres*. (Dv. et H.)

Page id., colonne II, ligne 3 en...

(38) Les insectes qu'*Olivier de Serres* désigne sous le nom de *coignenux*, sont deux espèces de charançons connus des vignerons sous les noms d'*urbec, urbere, becmou, coupe-bourgeons, bêche, lisette, liset, velours-vert, destraux*, etc.; et des naturalistes, sous ceux de *Curculio Bacchus, Fab.; Curculio betulæ, Lin.* Ces deux charançons paroissent sur la vigne, lorsque le bourgeon a environ six à sept pouces (dix-huit à vingt centimètres) de longueur; ils s'attachent aux feuilles nouvelles, qu'ils roulent et tournent en spirale. Ils pondent dans les replis qu'ils ont formés, deux œufs extrêmement petits, qui sont placés dans des circonvolutions différentes. On trouve souvent renfermés dans ces cornets, formés par les feuilles, le mâle et la femelle. Avant de rouler les feuilles, ils ont l'attention de couper le bourgeon à moitié ou au deux tiers, parce que, si la sève s'y répandoit avec trop d'activité, ils ne leur trouveroient plus la flexibilité nécessaire pour les contourner selon leurs besoins. La forte incision qu'ils font aux bourgeons, est le principe du mal, puisqu'elle détruit l'espoir de la récolte. La larve de ces charançons n'est pas moins funeste à la vigne que l'insecte parfait, puisqu'elle se nourrit, comme lui, du bourgeon et du pédoncule des feuilles, et même des racines, lorsque les vicissitudes de l'atmosphère la forcent à chercher une température plus égale, en s'enfonçant dans la terre, lors de la chûte des feuilles.

Au reste, pour détruire ces insectes, il vaut beaucoup mieux couper les feuilles où ils sont renfermés, les réunir dans un tablier ou dans un sac, les porter hors de la vigne, et les brûler, que de se contenter, comme le recommande *Olivier de Serres*, de les piétiner pour écraser les œufs; parce que, la plupart du temps, les insectes et leurs œufs échappent à l'effet de ce mouvement. Quant aux larves qui pénètrent jusqu'aux racines, *Olivier de Serres* recommande, avec raison, plus loin, de cultiver souvent le fond de la vigne pour rompre leurs nids, les empêcher de s'engeancer, et les détruire. (H.)

CHAPITRE VII.

Page 168, colonne II, ligne 27.

(39) L'usage où étoient les Anciens de fixer l'époque des vendanges, s'est conservé jusqu'à nos jours, dans la plupart des pays vignobles de la France. Il n'y a pas encore douze ans que cette époque étoit solennellement proclamée par les magistrats, accompagnés d'agriculteurs intelligens et expérimentés; et aucun propriétaire de vigne, n'osoit vendanger, que lorsque la permission générale étoit accordée; un pareil usage pouvoit, à la vérité, entraîner avec lui des inconvéniens, mais aussi il avoit ses avantages; et c'est peut-être à sa religieuse observation qu'on doit d'avoir conservé, dans toute son intégrité, la réputation des vins de Bordeaux, de Bourgogne, et autres pays de la France. On appellera, si on veut, un tel règlement servitude; on invoquera, pour le proscrire, le droit sacré de propriété, de liberté; on fera reposer la garantie de l'intérêt général sur l'intérêt du propriétaire; ce n'est pas ici le lieu de discuter cette question; mais on observera seulement que l'établissement d'un tel usage en pourroit démontrer la nécessité, parce qu'il suppose des causes qui l'ont rendu nécessaire. On peut même ajouter que son abolition a mis la fortune publique à la merci de quelques particuliers, puisque l'individu qui coupe prématurément ses raisins, force ses voisins à l'alternative d'une vendange précoce, et que l'étranger n'ayant plus de garantie pour ses achats, retire ses ordres, parce qu'il ne sait plus où reposer sa confiance. L'individu ne voit jamais que le moment, il appartient à la société entière de prévoir l'avenir; elle

seule peut conserver et perpétuer cette confiance, sans laquelle le commerce n'est qu'une lutte pénible entre le fabricant et le consommateur.
(Cn.)

Page 269, colonne II, ligne 20.

(40) Le moyen proposé par *Constantin-César*, n'est pas, à beaucoup près, sûr; car on sait que les grappes dont les grains sont très-pressés, mûrissent toujours bien plus tard que les autres, et que, le plus souvent, elles ne mûrissent jamais complètement, si long-temps qu'on les laisse sur le cep. Ce ne seroit donc pas sur des grappes de cette espèce qu'il conviendroit de faire l'épreuve; et si on vouloit la tenter, il vaudroit mieux donner la préférence à celles dont les grains seroient abondans, sans cependant être trop pressés. (Dx.)

Page 270, colonne I, ligne 15.

(41) En Touraine et ailleurs, on fait le *vin de paille*, en cueillant les raisins par un temps sec et un soleil ardent: on les étend sur des claies, sans qu'ils se touchent: on expose ces claies au soleil, et on les enferme lorsqu'il est passé; on enlève avec soin les grains qui pourrissent; et lorsque le raisin est bien fané, on le presse, et on le fait fermenter. (Cn.)

Idem, ligne 34.

(42) C'est sur-tout lorsque l'année n'a pas été favorable à la végétation de la vigne, et que les raisins ne sont pas arrivés à leur parfaite maturité, qu'il faut, autant que faire se peut, éviter de fouler la rafle avec le raisin; car il est certain que la rafle contenant plus de verdeur que le grain, en communique au suc de ce dernier, lorsqu'on vient à l'exprimer. Ce suc alors fermente mal, et finit par donner un vin de mauvaise qualité, qui conserve toujours une saveur âpre qu'il n'auroit pas eue, ou qui eût été moins sensible, si les rafles eussent été séparées avant de fouler les raisins. Peut-être, d'après cela, seroit-il mieux d'égrapper le raisin avant de le fouler; mais cette opération, qui est en usage dans quelques cantons, est si longue et si embarrassante, que, dans beaucoup de vignobles, on ne la met pas en pratique.

Un motif, qui même contribue à ne pas faire séparer la grappe, c'est l'opinion où sont quelques personnes, que sa légère âpreté peut avan-tageusement corriger la foiblesse de certains vins.

Au reste, on peut établir en principe, que, lorsqu'on destine le vin qu'on va faire à être converti en eau-de-vie, il n'est pas avantageux d'égrapper; car il est prouvé que les grappes, en fermentant avec le suc du raisin, contribuent à la formation de l'alcool, et qu'un vin fait avec les raisins égrappés, donne, toutes choses égales d'ailleurs, moins d'eau-de-vie que celui des raisins auxquels on a laissé la grappe. (Dx.)

Page 270, colonne II, ligne 20.

(43) C'est un fait bien constant qu'il y a des vins verdelets qui se conservent long-temps, et que c'est seulement au bout de dix ou douze ans qu'ils deviennent potables.

En cherchant quelle peut en être la raison, on la trouve aisément, lorsqu'on suit la manière dont ces vins se comportent depuis l'instant où la première fermentation tumultueuse est achevée, jusqu'à celui où celle qu'on nomme insensible vient à cesser.

En effet, dans les vins obtenus de raisins mûrs, la seconde fermentation va toujours en diminuant, à partir du moment où la première est achevée, jusqu'à celui où le vin est complètement fait; parce que l'acide et le muqueux, qui sont les deux sujets de cette fermentation, se trouvent dans des proportions convenables pour que les parties composant ces deux corps puissent obéir, sans obstacles, à l'affinité qu'elles peuvent exercer les unes sur les autres.

Dans les vins verdelets, au contraire, comme les proportions de l'acide sont surabondantes à celles du muqueux, les choses se passent tout autrement. Non seulement la fermentation secondaire se continue long-temps avec le même degré d'intensité, mais même encore elle devient quelquefois si sensible, que les phénomènes qui l'indiquent, approchent un peu de ceux qui terminent la fermentation tumultueuse.

En général, le travail qui a lieu dans ces sortes de vins, dure tant que l'acide surabondant n'est pas ou détruit ou combiné. Or, comme sa destruction ne peut être opérée que par l'intermède du muqueux, et que celui-ci est retardé dans sa marche par l'acide, il doit en résulter nécessairement plus de lenteur dans sa décomposition ; et , par la même raison , les phénomènes qui l'accompagnent , doivent différer de ceux qui ont lieu dans les vins faits avec des raisins mûrs.

Mais dès que la fermentation secondaire , long-temps continuée , a remis les choses dans l'ordre ordinaire , alors les vins s'améliorent jusqu'à ce qu'ils aient acquis le degré de perfection dont ils sont susceptibles. C'est alors aussi qu'on peut dire que , sans être de bien bonne qualité, ils sont devenus potables. (*De.*)

Page 271, colonne I, ligne 34.

(44) Les choses ne se passent pas toujours comme *Olivier de Serres* le prétend ; car on a souvent la preuve que l'été ayant été très-sec , l'automne l'est aussi , alors le raisin arrive à sa parfaite maturité ; et si , dans l'espérance qu'il pourroit grossir par des pluies qui surviendroient , on retardoit la vendange , on courroit risque (le temps restant toujours au sec) de voir le raisin se sécher sur le cep ; ce qui assurément deviendroit plus préjudiciable que de faire la vendange , lorsqu'on est assuré que la maturité du raisin est complète. (*De.*)

*Page id.,
colonne II,
ligne 33.*

(45) Ce précepte , quoique vrai , n'est pas d'une application générale ; car , en Champagne , on vendange avant le lever du soleil , et on suspend les travaux vers les neuf heures du matin , à moins que le brouillard n'entretienne l'humidité toute la journée : ce n'est que par ces soins qu'on obtient des vins blancs et mousseux. Il est connu aussi , en Champagne , qu'on obtient vingt-cinq tonneaux de vin au lieu de vingt-quatre , lorsqu'on vendange avec la rosée , et vingt-six avec le brouillard. Ce procédé est utile par-tout où l'on désire faire des vins mousseux et blancs. (*Cu.*)

*Page 272,
colonne I,
ligne 34.*

(46) S'il est bien certain que le climat a une influence marquée sur la vigne et sur la qualité de son fruit , il est vrai aussi qu'il y a des circonstances qui modifient et brisent son action ; et ce n'est qu'en écartant avec soin ce qu'apporte chacune d'elles , qu'on peut parvenir à retrouver l'effet du climat dans toute sa pureté. C'est ainsi que quelquefois on voit se réunir , sous le même climat , diverses qualités de vin , parce que le terrein , l'époque , la culture , modifient et masquent l'action immédiate de ce grand agent. (*Cu.*)

CHAPITRE VIII.

*Page 273,
colonne I,
ligne 28.*

(47) Le procédé pour fouler le raisin n'est pas , comme le dit l'auteur , le même par-tout. Le plus avantageux s'exécute dans une caisse carrée , ouverte par le haut , et d'environ un mètre et demi (quatre pieds et demi) de largeur. Tous les côtés sont fermés de liteaux de bois , qui laissent entre eux un assez petit intervalle pour que le grain de raisin ne puisse pas y passer. Cette caisse est placée sur la cuve , et elle est contenue par deux poutres qui reposent sur les bords de la cuve elle-même. On verse la vendange dans la capacité de la caisse , à mesure qu'elle arrive ; un ouvrier la foule fortement et également , par le moyen de gros sabots ou de forts souliers , dont ses pieds sont armés. Il exécute cette opération , en s'appuyant des deux mains sur les bords de la caisse , et piétinant , avec rapidité , sur la couche de la vendange. Le suc qu'il en exprime , coule dans la cuve , à travers les interstices que laissent entre eux les liteaux ; la seule pellicule du raisin reste dans la cage ; et , du moment que l'ouvrier reconnoit que tous les grains sont exprimés , il soulève une planche qui forme une partie d'un des côtés de la caisse , et pousse le marc avec les pieds dans la cuve. A peine l'ouvrier a-t-il nettoyé la caisse de ce premier produit , qu'il introduit de nouveaux raisins pour les fouler de la même manière ; et il opère de la sorte , jusqu'à ce que la cuve soit pleine , ou que la vendange soit terminée.

Il est des pays où l'on foule la vendange dans des baquets. Cette méthode est peut-être meilleure , quant à l'effet , que la précédente ; mais elle est plus lente , et ne paroît pas pouvoir être employée dans les pays vignobles considérables.

Il est encore des pays où l'on verse la vendange dans la cuve à mesure qu'elle arrive de la vigne ; et dès que la fermentation commence à s'y établir , on enlève avec soin le moût qui surnage , pour le porter dans des tonneaux où doit s'opérer la fermentation. Le résidu est ensuite exprimé sous le pressoir, pour former un vin généralement plus coloré, et moins parfumé.

Quel que soit, au reste, le procédé auquel on ait recours, il doit rester pour constant que l'opération du foulage ne peut être considérée comme parfaite, qu'autant que tous les grains de raisins sont également foulés ; sans cela, la fermentation ne sauroit marcher d'une manière uniforme. Le suc exprimé termineroit sa période de décomposition, avant même que les grains échappés au foulage, eussent commencé la leur ; ce qui, dès-lors, présenteroit un tout dont les élémens ne seroient plus en rapport.

Il paroît donc, que pour donner à cette portion intéressante du travail de la vendange, le dégré de perfection convenable, il faudroit soumettre à l'action du pressoir, tous les raisins, à mesure qu'on les transporte de la vigne. Le suc en seroit reçu dans une cuve, et là on l'abandonneroit à la fermentation spontanée. Par ce seul moyen, le mouvement de décomposition s'exerceroit sur toute la masse, d'une manière égale ; la fermentation seroit plus uniforme et simultanée pour toutes les parties, et les signes qui l'annoncent, l'accompagnent ou la suivent, ne seroient plus troublés ou obscurcis par des mouvemens particuliers. (*Cu.*)

(48) C'est mal-à-propos qu'on voudroit insinuer que les vins blancs sont, en général, plus forts et de meilleure qualité que les vins colorés, puisque l'expérience prouve le contraire.

En effet, on sait que beaucoup de vins rouges sont plus généreux que la plupart des vins blancs de la meilleure qualité ; on sait même que la matière colorante contribue à la conservation des vins ; et que si, au lieu de laisser cuver tel suc de raisin sur le marc, pour qu'il se colore, on le séparoit avant sa coloration, le vin qui en proviendroit seroit moins de garde.

Il faut cependant observer que, s'il est utile de laisser cuver le vin sur le marc pour qu'il se colore, il est important aussi de ne pas pousser trop loin cette opération ; car un excès de matière colorante, présenteroit des inconvéniens,

dont un des moindres seroit de hâter l'altération du vin ; ou au moins d'influer sur sa qualité d'une manière défavorable. (*De.*)

(49) Si le vin fermenté dans des vases fermés est plus généreux, et plus agréable au goût, la raison en est qu'il a retenu l'arôme et l'alcool qui se perdent en partie pendant la fermentation qui se fait à l'air libre ; car outre que la chaleur les dissipe, l'acide carbonique les entraîne dans un état de dissolution absolue.

Le libre contact de l'air atmosphérique précipite la fermentation, et occasionne une grande déperdition de principes, en alcool et en arôme ; tandis que, d'un autre côté, la soustraction à ce contact ralentit le mouvement, menace d'explosion et de rupture, et la fermentation n'est complète qu'à la longue ; il est donc des inconvéniens et des avantages à laisser fermenter le vin dans des vaisseaux fermés ou ouverts ; peut-être seroit-il possible de combiner assez heureusement ces deux méthodes pour en écarter tout ce qu'elles ont de vicieux ; ce seroit-là, sans contredit, le complément de la vinification. (*Cu.*)

(50) Le vin dont il faut se servir pour remplir les tonneaux, sur-tout les premières fois, doit être, autant que faire se peut, au même dégré de fermentation que celui auquel on l'ajoute. Sans cette précaution, on change la marche de la fermentation, et on s'oppose à la formation des combinaisons qui toujours s'opèrent successivement, et qui jamais ne peuvent être troublées sans qu'il n'en résulte des inconvéniens qui deviennent préjudiciables à la qualité du vin. (*De.*)

(51) Les Anciens séparoient avec soin le premier suc, qui ne peut provenir que des raisins les plus mûrs, et qui coule naturellement par l'effet de la plus légère pression exercée sur eux. Ils le faisoient fermenter séparément, et ils en obtenoient une boisson délicieuse, qu'ils appeloient *protopon* ; mais cette liqueur vierge ne forme qu'une partie du suc que le raisin peut fournir, et il ne faut le traiter séparément, que lorsqu'on veut obtenir un vin peu coloré et très-délicat. En général, on mêle cette première li-

queur au produit du foulage ; et on livre le tout
à la fermentation. (*Cu.*)

Page 275,
colonne II,
ligne 23.

(52) Des vins qui seroient troubles et qui auroient une couleur laiteuse, ne pourroient être
que de mauvaise qualité, sur-tout si cette couleur étoit permanente. Indépendamment de ce
qu'ils n'auroient rien d'agréable à l'œil et au
goût, ils seroient encore sujets à se gâter très-
promptement.

Les vins qu'on trouve souvent dans cet état,
sont principalement ceux dont la fermentation
a été mal conduite, ou qui n'ayant pas été soutirés à propos, tiennent en dissolution une partie des matières qui composent la lie. Lorsqu'on
a affaire à des vins semblables, il faut les sur-
veiller avec soin, et tâcher, par un moyen
quelconque, de rétablir une sorte de fermentation qui les débarrasse de tout ce qui peut altérer leur transparence.

Il est fort douteux qu'aujourd'hui on trouvât
des amateurs de semblables vins. (*Dx.*)

Page 276,
colonne II,
ligne 5.

(53) *Olivier de Serres* observe, avec juste raison,
qu'il est bien difficile d'indiquer précisément le
temps que le vin doit rester dans la cuve, où la
première fermentation s'établit. La seule chose
qu'on peut dire de plus positif à ce sujet, c'est
que la fermentation doit toujours être gouvernée d'après la nature du raisin, et conformément à la qualité du vin qu'on désire obtenir :
le raisin de Bourgogne ne peut pas être traité
comme celui de Languedoc. Le mérite de l'un,
est dans un bouquet qui se dissiperoit par une
fermentation vive et prolongée ; le mérite de
l'autre, est dans la grande quantité d'alcool
qu'on peut y développer, et ici la fermentation
dans la cuve doit être longue et complète.

En Champagne, on cueille le raisin destiné
pour le vin blanc mousseux, dès le matin,
avant que le soleil en ait enlevé toute l'humidité ; et, dans le même pays, on ne coupe le
raisin destiné à faire du vin rouge, que lorsque le soleil l'a fortement frappé et séché. Ici
il faut de la chaleur artificielle pour provoquer
la fermentation ; là, la nature du moût est telle,
que la fermentation demanderoit à être modérée. Les vins foibles doivent fermenter dans les
tonneaux ; les vins forts, doivent travailler dans

la cuve. Chaque pays a donc, comme l'auteur
le dit, des procédés qui lui sont prescrits par la
nature même du raisin, et il seroit extrêmement ridicule de soumettre tout à la même
règle. Il importe de bien connoître la nature de
son raisin, et les principes de la fermentation ;
à l'aide de ces connoissances, on se fera un
système de conduite qui ne peut être qu'avantageux, parce qu'il est fondé, non sur des hypothèses, mais sur la nature même des choses.
(*Cu.*)

Page 277,
colonne I,
ligne 14.

(54) C'est encore une grande question de savoir s'il est plus avantageux de faire fermenter
le vin dans des cuves ouvertes, que dans celles
qui sont exactement fermées. En effet, s'il est
prouvé que l'air ne nuit pas à la fermentation,
il est démontré aussi qu'elle peut avoir lieu dans
les vases où l'air n'a pas d'accès ; et que, quoiqu'alors elle y soit plus tardive, elle n'en
donne pas moins un vin généreux. Au milieu
d'une semblable incertitude, ce qu'on peut dire
de mieux, c'est que, malgré qu'à la rigueur
l'air atmosphérique ne soit pas nécessaire à la
fermentation, il est cependant utile d'établir
une libre communication entre le moût et l'atmosphère, parce que les substances gazeuses
qui se forment dans la cuve, peuvent alors s'é-
chapper aisément, en se mêlant ou se dissolvant dans l'air ambiant, tandis que lorsqu'elles
sont retenues, elles peuvent quelquefois ralen-
tir et même éteindre l'acte de la fermentation.

A la vérité, pendant la fermentation dans
une cuve ouverte, il y a une grande déperdition d'arôme et d'alcool, deux substances qui
influent singulièrement sur la qualité du vin ;
et c'est, sans doute, pour éviter cette perte,
qu'on préfère les vaisseaux fermés ; mais les
motifs de cette préférence, ne sont pas toujours
suffisans, par rapport à certains vices, pour
balancer les inconvéniens qui pourroient aussi
en résulter.

Il semble, d'après cela, qu'il seroit bon de
concilier ces deux méthodes, en prenant un
terme moyen, qui consisteroit à ne se servir
que de cuves fermées, mais qui ne le seroient
pas assez exactement pour que les gaz qui s'é-
lèvent, et qui sont les plus raréfiés, trouvassent
des

des issues pour s'échapper. Dans ce cas, la déperdition des principes volatils seroit moindre, et la fermentation seroit aussi moins retardée dans sa marche que dans des cuves bien clauses.

Au reste, on ne peut pas se dissimuler qu'il y a encore beaucoup d'expériences à faire, avant de prononcer sur le choix de l'un des deux procédés dont on vient de parler. (DR.)

(55) Pour la plupart des vins, il y a autant d'inconvéniens de prolonger la fermentation que de la retarder. Le grand art est donc de suivre un juste milieu, et d'étudier, avec soin, les changemens qu'éprouve la liqueur, soit dans sa couleur, soit dans son odeur, soit dans sa saveur.

Si une fermentation trop rapide gazéifie des principes qui sont essentiels au vin, la fermentation, trop lente, n'opère pas les combinaisons qui sont nécessaires à la constitution de ce fluide ; en sorte que, dans ces deux cas, on n'obtient toujours qu'un résultat défectueux. Au surplus, l'espèce de raisin employée à faire le vin, sa plus ou moins grande maturité, et même sa quantité, doivent être prises en considération, lorsqu'il s'agit de diriger la fermentation ; et ici, comme dans beaucoup d'autres occasions, l'habitude de faire, et l'expérience, valent mieux que tous les raisonnemens.

Rozier, dans son *Traité sur les vins*, dit que dans les bons vignobles de Bourgogne, du Beaujolois, du Maconnois, de Côte-rotie, etc., on a coutume, lorsqu'on croit la cuvée à son plus haut période de fermentation, de la veiller, comme le lait sur le feu, si on peut s'exprimer ainsi, afin de saisir le point préfix.

On ne craint pas, dans ces endroits, de passer les nuits dans le cellier, et le propriétaire attentif visite ses cuves, goutte son vin presque toutes les heures. Cette coutume pourroit bien être aussi adaptée pour les vins de médiocres qualités ; ce seroit peut-être un moyen de les améliorer. (DR.)

(56) Lorsque le vin en sortant de la cuve est mis dans les tonneaux, il seroit peut-être très-difficile de le conserver dans ces derniers vaisseaux, s'ils étoient aussi exactement fermés que l'auteur le recommande ; car, si bien cerclés qu'ils fussent, le vin parviendroit à se faire jour, et sortir par le bondon qu'il chasseroit très au loin. Il vaut mieux, dans les premiers instans, assujettir une feuille sur le bondon, ou y mettre une tuile.

A mesure que la fermentation diminue, la masse du liquide s'affaisse ; c'est alors qu'on peut songer à remettre le bondon ; encore doit-on avoir soin de percer à côté un petit trou, qu'on ferme avec un fausset, et qu'on enlève de temps en temps, pour laisser dissiper le gaz qui vient toujours se rassembler à sa surface. (CR.)

(57) Il est plus que douteux qu'il y ait quelqu'avantage à employer de préférence l'eau au vin pour remplir les tonneaux. On pourroit même dire que ceux qui mettent cette pratique en usage, l'abandonneroient bientôt, s'ils vouloient faire attention que l'eau ne peut qu'altérer le vin, non-seulement parce que les principes qui la composent, ne sont pas les mêmes que ceux du vin, mais même encore, parce que se mêlant avec lui, l'eau change nécessairement la marche de sa fermentation, et retarde le moment de sa perfection. Il paroît donc bien plus naturel de se servir de vin ; car, alors, il n'y a plus de raison pour que le mélange éprouve des changemens qui lui deviennent préjudiciables. (DR.)

(58) C'est une précaution bien essentielle que celle de soutirer le vin, lorsqu'après une fermentation insensible bien ménagée, les matières qui lui sont étrangères, se sont séparées spontanément pour former ce qu'on appelle la lie. Quand on néglige cette précaution, il arrive souvent que la lie remonte, et, en se mêlant au vin, elle contribue à le faire tourner.

Le soutirage doit être répété à plusieurs époques ; car on remarque qu'il faut quelquefois, long-temps avant, que le vin ait complétement déposé toute sa lie. Ce qu'il y a de bien certain, c'est que les vins qui ont été bien soutirés se conservent plus long-temps, sont plus clairs, et peuvent supporter le transport plus facilement que ceux qu'on garde sur leur lie.

(DR.)

CHAPITRE IX.

Page 280, colonne II, ligne 20.

(59) Il est bien prouvé que le vin provenant du suc du raisin obtenu par le simple foulage, est plus fin et plus agréable que celui qui a été fait avec le même suc, auquel on a mêlé le fluide extrait du marc, par le moyen du pressoir. Cependant, dans beaucoup de vignobles, même dans ceux qui sont renommés par la qualité de leurs vins, on est dans l'usage de se servir du pressoir, de mêler et faire fermenter le suc exprimé avec celui obtenu sans expression.

La raison qui semble autoriser cet usage, est fondée sur ce qu'on a remarqué que les vins faits ainsi, se conservoient long-temps, étoient toujours plus forts, et avoient sur-tout une couleur plus décidée. Mais si, sous le rapport de ces avantages, le mélange dont on vient de parler est utile, il convient de ne le faire qu'avec précaution, sans quoi on manqueroit son but. En effet, on sait que le vin qu'on obtient de la première *taille* ou *coupe*, c'est-à-dire, de la première pressée, est plus fort que celui de la seconde; tandis que celui de la troisième, est toujours plus dur, plus vert, plus âpre et plus coloré. Si donc on faisoit fermenter indistinctement les produits de toutes ces expressions avec le premier suc obtenu du foulage, on auroit un vin qui participeroit des qualités des différentes coupes, et qui, pour lors, ne seroit pas tel qu'on le désire. C'est pour éviter cet inconvénient, que quelquefois on se borne à une première taille, ou que, souvent, on préfère réunir les autres dans des tonneaux, pour avoir un vin dont on n'ajoute qu'une partie à celui qui a été fait par le simple foulage.

En général, le vin est d'autant moins coloré, qu'on a pressé plus foiblement et plus promptement; on nomme ces vins là, en Champagne, *vins gris*; on appelle *œil de perdrix*, le vin qui provient de la première et seconde taille; et on donne le nom de *vin de taille*, au produit de la troisième et de la quatrième. Ce dernier est toujours plus coloré que les autres.

(De.)

Page 281, colonne I, ligne 2.

(60) *Olivier de Serres* a bien raison de dire que le pressoir ne doit servir qu'à presser le marc du raisin; car c'est souvent faute d'avoir cette attention, qu'on doit la saveur désagréable qu'on remarque à certains vins, et sur-tout à ceux qu'on fait dans de petits vignobles. (De.)

(61) L'emploi des marcs de raisins ne se borne pas à ce qu'en dit *Olivier de Serres*, on peut encore, comme dans certains pays:

Page 281, colonne I, ligne 19.

1°. En extraire de l'eau-de-vie, en les délayant avec une suffisante quantité d'eau, et les soumettant ensuite à la distillation. Cette eau-de-vie porte le nom d'*eau-de-vie de marc*.

2°. Aux environs de Montpellier, on le conserve pour la fabrication du vert-de-gris.

3°. Ailleurs, on le fait aigrir, en l'aérant avec soin, et on en extrait ensuite du vinaigre par une pression vigoureuse.

4°. Le marc peut être brûlé pour en obtenir de la potasse: quatre milliers (cent quatre-vingt-quinze myriagrammes) de marc fournissent environ cinq cent livres (vingt-quatre myriagrammes et demi) de cendres, qui donnent cent dix livres (cinq myriagrammes vingt-cinq hectogrammes) d'alcali sec.

Il faut donc bien se garder de perdre le marc du raisin, et de le jeter sur les routes, comme cela ne se pratique que trop souvent, sur-tout aux environs de Paris. (Cn.)

Il convient, en général, comme aliment, à tous les animaux herbivores; mais il doit être séché immédiatement après être sorti du pressoir, et conservé dans un lieu à l'abri de l'humidité, sans quoi il contracte promptement un goût aigre, ou une odeur de moisi, et les animaux le refusent; les moutons, les vaches, le mangent bien; on le donne aux premiers l'hiver, dans l'auge, après l'avoir émié, et on le mêle dans les alimens liquides des vaches, comme les tourteaux des graines huileuses; on peut aussi le leur donner sec; mais il profite moins de cette dernière manière. J'ai eu occasion d'observer qu'en le donnant frais ou nouveau, c'est-à-dire en sortant du pressoir, les vaches le mangeoient également bien, mais que quelquefois elles en étoient comme enivrées, que leur lait se gardoit bien moins, et tournoit plus promptement; qu'enfin cette nourriture,

donnée ainsi, avoit, à-peu-près, les inconvéniens de la *drèche*, qui, presque toujours dans
un état de fermentation vineuse, donne de l'action, et pousse fortement les vaches en lait,
mais les fatigue beaucoup, altère la poitrine,
et abrège la vie de ces animaux.

Dans quelques Départemens méridionaux on
en nourrit les mulets l'hiver, en le mêlant avec
un peu de paille, et on a observé que les excrémens de ces animaux conservoient la couleur
rouge du marc.

Nouveau, il est regardé comme un médicament fortifiant très-actif pour les douleurs rhu-
matismales, les anciens efforts, les foiblesses de
jambes et de reins, sur-tout à la suite du ra-
chitisme; il convient pour consolider les frac-
tures guéries, etc.; on enfouit la partie malade dans un tas de marc échauffé par la fermentation, et on l'y laisse plus ou moins long-
temps; il excite une sueur très-abondante. C'est
ce qu'on appelle *bain de marc*.

En sortant de dessous le pressoir il est applati,
dur, et en forme de mottes; dans quelques endroits on fait sécher ces espèces de mottes,
et on les brûle l'hiver comme celles de tan.

Enfin, on exprime des pepins de raisin,
qu'on a retirés du marc, par le lavage à l'eau,
et qu'on a fait sécher et passer au moulin, une
huile qu'on emploie dans les alimens, en Italie
sur-tout, en remplacement de celle de noix;
elle sert plus communément à brûler, et pour
la tannerie. On a tenté d'en faire en France et
même à Paris, et on a réussi; mais le produit
n'est pas assez considérable pour couvrir les
frais de fabrication, et pour qu'elle puisse entrer dans le commerce en concurrence avec les
autres. Les Italiens assurent cependant que
vingt-cinq livres (treize kilogrammes) de pepins, donnent jusqu'à cinq livres et demie (deux
kilogrammes et demi) d'huile. Ceux qui désirent des détails plus circonstanciés sur l'huile
de pepins de raisin, les trouveront dans la
Feuille du Cultivateur, tome I, page 505, et
tome IV, page 273 et 333. (*H.*)

(62) De tous les procédés indiqués par l'auteur, pour faire ce qu'il appelle vin de dépense,
et qu'on connoît aussi sous le nom de *piquette*,
celui-là mérite d'être préféré, qui consiste à
mettre sur le marc, en une seule fois, toute la
quantité d'eau qu'on présume nécessaire. La
fermentation se fait, à la vérité, un peu plus
lentement; mais lorsqu'elle est bien conduite,
et qu'on soutire à propos, on obtient encore
un vin potable, qui, en général, n'est pas de
garde; aussi doit-il être bu dans le courant de
l'année. Un tel vin doit varier en qualité, suivant l'espèce de raisin qui a fourni le marc, et
suivant aussi la quantité du premier vin dont on
a laissé ce marc imprégné.

Dans les petits vignobles, la piquette se conserve rarement plus de six mois; aussi a-t-on
soin de la faire boire dès qu'elle a acquis l'état
vineux. On prétend qu'on peut améliorer cette
boisson en faisant fermenter le marc avec des
substances qui contiennent du mucoso-sucré;
quoique ce moyen puisse être avantageux, il
est bien difficile qu'il produise toujours, d'une
manière complète, les effets qu'on désire. (*De.*)

(63) C'est avec juste raison qu'*Olivier de
Serres* insiste sur les précautions qu'il faut prendre pour empêcher que les cuves dans lesquelles
on fait le vin de dépense, ne soient altérées par
le séjour du marc; car il est bien certain que ce
dernier contracte toujours un goût de moisi dont
les cuves s'imprègnent si profondément, que
telle chose qu'on fasse, on ne peut jamais les
en priver. Si on se servoit de semblables cuves,
l'année suivante, pour faire le vin, elles lui
communiqueroient indubitablement une saveur
désagréable qui nuiroit à sa qualité.

Le moyen, pour éviter cet inconvénient,
est donc d'avoir des cuves uniquement destinées à la fermentation du marc. (*De.*)

(64) Lorsqu'on tire à la quantité plutôt qu'à
la qualité, on peut bien se permettre d'ajouter
de l'eau au vin, en se servant de l'un des trois
procédés qui viennent d'être indiqués par *Olivier de Serres*; mais un vin ainsi allongé, est
toujours bien foible, et, s'il est préférable à la
piquette, il ne doit guère se conserver plus long-
temps qu'elle. Au reste, un vin de cette espèce peut servir à faire la boisson journalière
de la maison; cette boisson est salubre et convient à beaucoup de personnes. (*De.*)

Page 281, colonne I, ligne 23.

(65) Il seroit difficile que le *vin râpé*, préparé comme il vient d'être dit, pût fournir une bonne boisson pendant toute l'année; car, si on en excepte les premières quantités tirées, ce qui vient ensuite, à mesure qu'on ajoute dans le tonneau de l'eau, ou des vins de lie, doit nécessairement avoir une saveur désagréable. La promptitude avec laquelle une semblable liqueur s'altère, annonce assez le peu de cas qu'on doit en faire. Aussi la piquette, pour peu qu'elle ait été préparée avec soin, mérite-t-elle toujours la préférence.

Les copeaux de bois qu'on recommande de mettre dans le vin râpé, peuvent, à la vérité, retarder sa décomposition; mais ils lui donnent une saveur astringente qui rend cette boisson encore plus désagréable.

On connoît aussi un autre vin râpé qui diffère de celui dont on vient de parler, en ce que les marchands qui le préparent, ne se servent que de vin qui a de la disposition à tourner au gras. Ils versent ce vin sur des copeaux de hêtre; et, après avoir agité les tonneaux dans lesquels ils font l'opération, ils les abandonnent à eux-mêmes pendant quelque temps. Peu-à-peu la matière astringente des copeaux agit sur l'espèce de mucilage qui troubloit le vin, et, en le concrétant, le force de se précipiter au fond des tonneaux. Le vin clarifié par les copeaux de hêtre doit être soutiré promptement, sans quoi bientôt il se trouble de nouveau.

Enfin, suivant le rapport du C. *Chaptal*, on fabrique dans l'Orléanois et ailleurs, des vins qu'on appelle râpés, et qu'on fait, ou avec des raisins égrappés qu'on foule avec du vin, ou en chargeant le pressoir d'un lit de sarment et d'un lit de raisins alternativement, ou en faisant infuser des sarmens dans le vin. On les laisse fortement bouillir, et on se sert de ces vins pour donner de la force et de la couleur aux petits vins décolorés des pays froids et humides. (*Dr.*)

Page id., colonne II, ligne 10.

(66) On obtient, à la vérité, par ce moyen, une liqueur vineuse fort agréable; mais elle est si sujette à fermenter et même à s'aigrir, qu'il ne faut en préparer que la quantité qu'on croit pouvoir employer avant que les chaleurs arrivent. On pourroit même substituer aux poires d'autres fruits sucrés; alors le vin acquéreroit une odeur et une saveur analogues à celles des fruits dont on se seroit servi. (*Dr.*)

CHAPITRE X.

Page id., colonne I, ligne 31.

(67) On ne sauroit trop s'élever contre certaines pratiques que mettent en usage quantité de marchands pour sophistiquer le vin, surtout lorsqu'on sait que souvent ils employent des matières qui peuvent décomposer ce fluide, ou lui donner des qualités préjudiciables à la santé.

Dans le nombre de celles que l'auteur a citées, la chaux a au moins un de ces inconvéniens, puisqu'elle s'empare du tartre, et qu'elle agit sur l'extrait et la matière colorante, qui sont essentiels à la composition de ce fluide.

L'alun mérite encore d'être réprouvé; car, malgré ce que disent quelques personnes sur l'innocuité de ce sel, il n'en est pas moins vrai qu'il y a toujours du danger à faire usage habituellement d'une boisson dans laquelle ce même sel est tenu en dissolution.

Quant à la résine et à la poix, on ne conçoit pas comment on pourroit se permettre de les employer, puisqu'elles doivent donner au vin une saveur et une odeur si différentes de celles qu'ont les vins même les plus communs, qu'elles suffiroient seules pour faire connoître la sophistication, ou au moins pour la faire soupçonner.

Enfin, le marbre en poudre, dont on se sert quelquefois, ne peut devenir utile que parce qu'il est propre à s'emparer de l'excès d'acide qui souvent domine dans le vin. Mais dans ce cas encore, il offre l'inconvénient de former un sel médicamenteux qui nécessairement ne doit pas améliorer le vin qui le tient en dissolution.
(*Dr.*)

Page id., colonne I, ligne 22.

(68) La précaution de faire bouillir dans de l'eau les copeaux de hêtre avec lesquels on veut clarifier le vin, est d'autant plus essentielle, que, si on la négligeoit, le vin, en se chargeant d'une trop grande quantité des substances que contiennent ces copeaux, ne manqueroit pas d'acquérir une saveur désagréable, que la fer-

mentation insensible ne pourroit pas même lui colorer ; voyez la note (65). (*Dz.*)

(69) Cette manière de changer à volonté la couleur du vin, ne présente rien de préjudiciable à la santé ; mais elle doit nécessairement influer sur l'odeur et la saveur de ce fluide. Le suc des prunelles bâtardes (*prunus spinosa*, *L.*), doit sur-tout lui communiquer une saveur âpre et austère ; aussi ne seroit-ce pas ce suc auquel on devroit donner la préférence. (*Dz.*)

(70) Quelque petite que soit la quantité de safran (*crocus sativus*, *L.*) qu'on ajoute, elle suffit toujours pour donner au vin une saveur peu agréable, que les gourmets savent très-bien reconnoître. C'est aussi pour cela qu'on employe aujourd'hui très-rarement cette subs-tance pour colorer les vins. (*Dz.*)

(71) Un vin qui seroit ainsi préparé, mérite-roit, à juste titre, le nom de vin médicamen-teux. D'après cela, il ne faudroit pas en faire sa boisson ordinaire ; car ses effets seroient abso-lument différens de ceux qu'on doit attendre du vin naturel. (*Dz.*)

—(72) De tout temps on a cherché à imiter la saveur et l'odeur qu'on remarque à certains vins naturels ; mais quel que soit le procédé dont on ait fait usage, on n'est pas encore parvenu à rendre l'imitation complète. On peut même dire que les vins auxquels on ajoute des substances de l'espèce de celles indiquées par *Olivier de Serres*, conservent toujours un goût de drogues, dont l'homme le moins exercé dans l'art de la dégustation, finit par s'appercevoir, et que le dégustateur habile reconnoît sur-le-champ.

En général, c'est une mauvaise méthode que de frelater ainsi le vin ; malheureusement elle n'est que trop souvent employée chez les mar-chands, qui, par ce moyen, parviennent à don-ner aux vins ordinaires, l'apparence des vins rares et précieux. (*Dz.*)

(73) Les vins qu'on peut soumettre à un pa-reil travail, sont sur-tout ceux dans lesquels le muqueux doux et sucré n'est jamais en assez grande quantité pour qu'après que la liqueur a fermenté, la saveur sucrée soit encore sensible.

Il est bien certain qu'en suivant un des pro-cédés de l'auteur, et sur-tout en se servant du moût épaissi, celui-ci, ainsi que le dit *Ro-zier*, ajouté au vin, se divise dans ce fluide, et reçoit de lui autant de particules d'eau qu'il en a perdues par l'évaporation ; et, comme ses principes étoient très-rapprochés, il réunit, par son mélange, ceux du vin du tonneau, parce qu'il se saisit d'une partie de son eau surabon-dante. D'ailleurs, il ajoute du muqueux doux, et plus un fluide en est chargé, plus sa fluidité diminue, et moins la fermentation est véhé-mente.

Les moûts, les syrops, les robs gluans et mucilagineux, communiquent leur viscosité aux autres parties du fluide ; elle leur donne, pour ainsi dire, des entraves ; et, comme ces substances n'avoient pas encore fermenté, elles s'assimilent aux parties du vin, lui donnent de nouveaux principes capables de soutenir les chocs de la fermentation, et remplacent ceux qu'ils perdent continuellement. (*Dz.*)

(74) *Olivier de Serres* a bien raison de dire, que des vins ainsi traités, ne peuvent être que de très-petite qualité. En effet, on conçoit qu'un vin fait avec des raisins qui ne sont pas parfaite-ment mûrs, et qu'on laisse fermenter long-temps dans des vaisseaux ouverts, doit perdre, par le fait même de la fermentation, tout son mu-queux doux et sucré, et que même encore il doit être disposé à s'aigrir. Il y a des personnes qui aiment ces sortes de vins ; mais, en général, ils sont peu recherchés. (*Dz.*)

(75) C'est une chose bien certaine, que le vin a une très-grande disposition à s'emparer des odeurs dont l'air se trouve imprégné. On ne sauroit donc prendre trop de précautions pour choisir les endroits où doivent être déposés les tonneaux qui le contiennent ; car, indépendam-ment de ce que l'odeur que le vin a contractée se conserve long-temps, elle contribue encore, d'une manière marquée, à hâter la décomposi-tion de ce fluide. (*Dz.*)

(76) Il seroit peut-être difficile de prouver que dans une pièce de vin qu'on entretient tou-jours pleine, c'est celui qui est au milieu qui

se trouve constamment le meilleur. Au surplus, s'il y a quelque différence entre les couches inférieures et supérieures, elle ne doit pas être considérable ; et il est à présumer qu'il faudroit être un excellent gourmet pour s'en apercevoir. (*Dz.*)

Page 89,
colonne I,
ligne 3.

(77) On peut ajouter aux différentes précautions à prendre pour conserver le vin, celles qui suivent.

Pour qu'un vin se conserve et s'améliore, il faut, quelle que soit la nature des vaisseaux destinés à le contenir, qu'il soit placé dans une cave, à l'abri de tous les accidens qui peuvent la rendre peu propre à ces usages.

1°. L'exposition d'une cave doit-être au nord ; sa température est alors moins variable que lorsque les ouvertures sont tournées au midi.

2°. Elle doit-être assez profonde pour que la température y soit constamment la même.

3°. L'humidité doit y être constante, sans y être trop forte ; l'excès détermine la moisissure des bouchons, des tonneaux, etc. ; la sécheresse dessèche les futailles, les tourmente, et fait transuder le vin.

4°. La lumière doit y être modérée ; lorsqu'elle est trop vive, elle dessèche ; une obscurité presque absolue pourrit.

5°. Il faut éloigner d'une cave les bois verds, les vinaigres, et toutes les matières susceptibles de fermentation.

6°. Il faut encore éviter la réverbération du soleil, qui variant nécessairement la température d'une cave, doit en altérer les propriétés.

D'après cela, une cave doit être creusée à quelques toises (quelques mètres) sous terre ; ses ouvertures doivent être dirigées vers le nord ; elle sera éloignée des rues, chemins, ateliers, égouts, courans, latrines, boucheries, etc. ; enfin elle sera couverte par une voûte. (*Ch.*)

Page id.,
colonne II,
ibidem.

(78) Si, dans quelques endroits, on a encore recours à ces différens moyens, c'est parce que ceux qui les emploient ignorent qu'ils sont plus préjudiciables qu'utiles. (*Dz.*)

Page 290,
colonne I,
ligne dern.

(79) Tous ces procédés sont bien peu efficaces ; et, s'ils semblent réussir, ce n'est jamais que momentanément ; aussi faut-il se hâter de boire le vin dans lequel les premiers signes d'altération commencent à se manifester. (*Dz.*)

Page ...,
colonne I,
ligne 21.

(80) Cet autre procédé, ainsi que ceux dont parle ensuite *Olivier de Serres*, ne valent pas mieux que les précédens. Indépendamment de ce que les vins ainsi arrangés sont de courte durée, ils ont toujours une odeur et une saveur qui participent de celles des matières qui ont été employées dans l'intention de faire rétrograder, en quelque sorte, la décomposition. (*Dz.*)

Page ...,
colonne ...,
ligne 18.

(81) Il n'est pas du tout nécessaire, pour priver les tonneaux de la mauvaise odeur qu'ils auroient pu contracter par le séjour d'un vin qui s'y seroit gâté, de faire brûler, dans leur intérieur, des végétaux aromatiques. Le premier bois qu'on trouve sous sa main, pourvu qu'il fasse un feu clair, et sur-tout qu'il donne beaucoup de flamme, suffit pour détruire cette mauvaise odeur : mais une chose essentielle, c'est, lorsque la combustion est achevée, de rincer, à plusieurs reprises, avec de l'eau chaude et salée, les tonneaux, et ensuite de les exposer débouchés, au contact de l'air atmosphérique.

(*Dz.*)

CHAPITRE XI.

Page ...,
colonne I,
ligne 12.

(82) *Les douze livres de Lucius Junius Moderatus Columella des Choses rustiques, traduicts du latin en françois, par feu maistre Claude Cotereau, chanoine de Paris, la traduction duquel ha esté soigneusement reveue et en la pluspart corrigée, et illustrée de doctes annotations, par maistre Jean Thierry de Beauvoisis. A Paris, par Jaques Kerver, libraire,* 1555, *in-4°.* Douziesme livre, chapitre XVIII, page 520 — 521 ; chapitre XX, page 523.

Cette version de *Columelle*, citée par *Olivier de Serres*, est encore aujourd'hui la meilleure ; elle est à préférer, sous tous les rapports, à celle de *Saboureux de la Bonneterie*, qui paroît ne l'avoir pas connue : quoiqu'elle ait été réimprimée plusieurs fois, elle est fort rare ; l'édition que je cite, et qui contient les anno-

tations de *Thierry de Beauvoisis*, doit-être re-
cherchée de préférence à celles de 1551 et 1552,
qui ne contiennent que la version de *Cotereau*. (*H.*)

Page xxj, colonne II, ligne 4.

(83) Avant qu'on connût la possibilité de
faire des vases de bois d'une grande capacité,
on conçoit bien qu'il n'y avoit pas d'autre moyen
pour garder le vin, que de le déposer dans des
vaisseaux construits en terre cuite; aussi, pa-
roît-il, d'après le témoignage de plusieurs auteurs, que les Anciens en employoient de semblables. Mais la construction de ces sortes de
vaisseaux, devoit exiger beaucoup de précautions, soit par rapport à la qualité de la terre
avec laquelle on formoit les espèces de briques
employées à cette construction, soit par rapport à la cuisson de ces dernières, soit par rapport à la manière dont elles étoient assemblées.
Cependant, en admettant toutes les précautions
prises pour assurer la solidité de ces sortes de
vaisseaux, on conçoit que le vin, dont on les
emplissoit, devoit s'y conserver tout aussi
bien que dans nos tonneaux de bois. Peut-être la
méthode des Anciens, à cet égard, seroit-elle
encore aujourd'hui très-bonne dans les grands
vignobles; et il est à présumer qu'on en tireroit parti dans les années sur-tout où le vin,
étant très-abondant, on est obligé, si non de le
perdre, au moins de le donner à vil prix, faute
de tonneaux pour le contenir.

Quant à la capacité à donner à ces sortes de
vaisseaux de terre, on conçoit qu'elle pourroit
être plus ou moins considérable, et qu'il ne seroit pas impossible de l'obtenir plus grande que
celle de nos vaisseaux de bois si vantés, et
qu'on connoît sous le nom de *foudres*. Enfin,
s'il est de fait que le vin s'améliore d'autant
plus qu'on en rassemble une plus grande quantité dans un seul vase, il en résulteroit nécessairement une perfection qui tourneroit au
profit du vendeur et du consommateur. (*Dr.*)

Page xxj, colonne II, ligne 26.

(84) La méthode employée par les Anciens,
d'enduire de poix l'intérieur des tonneaux, ne
seroit sûrement pas adoptée aujourd'hui, sur-
tout s'il falloit ajouter à la poix les matières dont
parle *Olivier de Serres*. La plupart de ces matières, étant solubles dans le vin, ne manque-
roient pas, en se dissolvant, de lui donner
bientôt une saveur détestable.

C'est, sans-doute, par cette raison, que ceux
qui veulent enduire l'intérieur de leurs tonneaux, préfèrent actuellement la cire. Cette
substance, étant insoluble dans le vin, peut séjourner long-temps avec lui, sans qu'on ait à
redouter qu'elle influe, d'une manière défavorable, sur son odeur, sa saveur, et sa qualité. (*Dr.*)

Page xxj, colonne I, ligne 12.

(85) Quelques auteurs ayant confondu le jonc
odorant et le *calamus aromaticus*, on pourroit
croire qu'*Olivier de Serres*, en les citant plusieurs fois tous deux, est tombé dans une répé-
tition à laquelle la variété des noms françois a
quelquefois pu donner lieu; mais il ne se trompe
point; ce sont deux plantes bien distinctes. La
première est l'*andropogon schœnantus*, *L.*; la
seconde est l'*acorus odoratus*, *acorus calamus*, *L.*

L'iris ou glayeul, est l'iris de Florence (*iris
florentina*, *L.*) dont la racine a l'odeur de violette.

Le souchet est le *cyperus longus*, *L.* dont la
racine est également très-odorante.

Enfin le nard ou spica-nardi, est l'*andropogon nardus*, *L.* (*Cz. et H.*)

Page id., colonne II, ligne 26.

(86) Plus on réfléchit aux moyens que les
Anciens employoient pour sophistiquer leurs
vins, et moins on conçoit comment ils pouvoient
trouver ces mêmes vins agréables au goût;
aussi auroit-on peine à croire à ces sophistications, si, d'ailleurs, des auteurs dignes de foi,
ne les avoient pas indiquées comme étant pratiquées du temps qu'ils écrivoient.

De la térébenthine, de la casse, de la lavande, du fœnu-grec, de la poix, de la racine
de glayeul, etc., mis en macération dans du
vin, doivent changer la saveur naturelle de ce
fluide; et, comme je l'ai déjà dit, notes (67) et
(71), le convertir en un véritable médicament,
dont il seroit imprudent de faire usage habituellement. (*Dr.*)

CHAPITRE XII.

*Page 226,
colonne II,
ligne 8e.*

(87) C'est mal-à-propos qu'on donne aux liqueurs préparées, comme il vient d'être dit, le nom de vin, car elles ne contiennent pas un atôme d'alcool, principe essentiel à la composition de toute espèce de liqueur vineuse. Deux raisons suffisent pour prouver que les vins cuits ne contiennent pas et ne peuvent pas contenir d'alcool. La première est, que ne laissant pas fermenter le moût après son expression, il ne peut pas y avoir d'alcool formé ; la seconde est, que quand même il existeroit de l'alcool dans le moût, il devroit être dissipé par le fait même de l'ébullition à laquelle on expose ce dernier.

Quoiqu'il en soit, les vins cuits, lorsqu'ils sont faits avec de bons raisins bien mûrs, offrent une liqueur presque syrupeuse et agréable au goût, sur-tout lorsque, pour les préparer, on a recours à une évaporation ménagée, et aussi lorsqu'on ne porte pas le fluide jusqu'au dégré de l'ébullition ; autrement on risqueroit de décomposer une grande partie des matériaux immédiats du moût, et au lieu d'une liqueur agréable, elle deviendroit âcre.

Quand on veut avoir du moût bien clair, il convient, lorsqu'il approche du terme de son évaporation, de le clarifier avec des blancs d'œufs, et de le passer à travers des étoffes de laine qui ne soient pas trop serrées. On le débarrasse, par ce moyen, de toutes ses impuretés, et il acquiert une transparence parfaite qu'il peut conserver long-temps. (*Dz.*)

*Page 297,
colonne II,
ligne 16.*

(88) Le raisiné n'est sujet à se moisir que lorsqu'il n'a pas été suffisamment cuit ; car quand sa cuisson a été portée assez loin, et qu'on a eu soin de ne le mettre en pots que lorsqu'il est tout-à-fait réfroidi, il se conserve plus de deux ans sans éprouver la moindre altération.

Quelques personnes recommandent de couvrir sa surface avec du sucre en poudre, bien sec. Cette précaution est bonne à prendre, et doit nécessairement prolonger la durée de cette sorte d'extrait. Les vases qui contiennent le raisiné doivent être placés dans un endroit qui ne soit pas humide, et dont la température n'excède pas celle de cinq à six dégrés au-dessus du terme de la congélation. (*Dz.*)

*Page 299,
colonne I,
ligne 1.*

(89) Sans-doute il faut bien tirer parti de ces vins détériorés ; mais comme ils ont éprouvé un commencement d'altération dans leurs principes constituans, par une fermentation étrangère à celle de l'acétification, il n'en résulte toujours qu'un vinaigre fort médiocre pour l'odeur, le goût et les effets. Dans cet état ils pourroient servir à l'entretien de ce vinaigre domestique, dont le procédé très-simple n'est pas assez généralement connu, et que voici :

On achète un baril de vinaigre, on en tire ce qu'on doit consommer dans le ménage pendant un mois ; on le remplit par une même quantité de vin, on le bouche légèrement avec du papier ou du linge, et on le tient dans un endroit tempéré. Au bout du mois on prend de nouveau la quantité de vinaigre dont on a besoin, et qu'on remplace par du vin comme la première fois. En continuant ainsi tous les mois cette manœuvre de retirer et de remettre, le baril fournit toujours de bon vinaigre, sans qu'il se forme de marc ni de dépôt sensible. Il existe, dans beaucoup de ménages, du vinaigre, dont la première fondation remonte au-delà de cinquante ans, et qui est encore excellent. (*P.*)

*Page 14,
colonne II,
ligne 9.*

(90) L'imperfection de la théorie chimique à l'époque de la publication de tout ce qui a paru de plus méthodique, concernant l'art de faire le vinaigre, a influé nécessairement sur les principes établis dans ces ouvrages ; mais l'acétification est trop avancée aujourd'hui pour admettre littéralement ce que propose *Olivier de Serres*, quoiqu'il eût entrevu cette grande vérité, dont sont pénétrés les vinaigriers d'Orléans, savoir que le meilleur vinaigre est fait du meilleur vin. En soumettant le vin aigri spontanément à l'ébullition, il en change la nature, il donne lieu à l'évaporation de l'alcool dont la présence dans le vin contribue évidemment à la formation et à la force du vinaigre.

Depuis que la conversion du vin en vinaigre est devenue un art soumis à des lois, on a remarqué que plusieurs conditions étoient indispensables pour déterminer la fermentation acéteuse, et obtenir un résultat parfait.

La première est le contact de l'air extérieur.

Il s'agit, pour la seconde, d'une température de dix-huit à vingt degrés.

La troisième consiste dans l'addition de matières étrangères, faisant fonction de levain.

Enfin, la quatrième et principale condition, c'est que le vin destiné à être transformé en vinaigre, soit le plus abondant en alcool ou esprit-de-vin, et le moins haut en couleur; c'est de préférer un vin d'un an, à celui qui est plus nouveau; c'est enfin de prendre garde qu'il n'ait été soufré.

On trouvera, dans le tome X du *Cours complet d'Agriculture de Rozier*, article vinaigre, l'exposé rapide de tous les avantages que le produit de la fermentation acéteuse peut offrir aux arts, à la médecine, et à l'économie domestique. (*P.*)

— (91) Le procédé qui consiste à enrichir le vinaigre de la partie odorante et sapide des diverses plantes qui servent souvent en entier, dans leur saison respective, comme assaisonnement de nos légumes et de nos salades, exige des soins particuliers qui n'entraînent ni embarras ni frais. D'abord, il faut que ces plantes, préalablement à l'infusion, soient mondées, divisées et séchées. Si on les employoit fraîches leur eau de végétation ne tarderoit pas à passer dans le vinaigre, en échange de l'acide que celui-ci leur fourniroit, ce qui diminueroit son action, et le mettroit bientôt dans le cas de s'altérer. Une seconde considération, c'est que le vinaigre blanc mérite la préférence sur le vinaigre rouge, pour la confection des vinaigres aromatiques; que les plantes n'y doivent séjourner que le moins de temps possible; qu'aussitôt que la liqueur est chargée autant qu'elle peut l'être, il faut se hâter de la décanter, de la filtrer, soit au coton, soit au papier gris, et de la distribuer ensuite dans des bouteilles. Une troisième considération, c'est d'ajouter sur chaque bouteille de la contenance de deux litres (deux pintes), deux à trois cuillerées de bonne eau-de-vie; l'alcool rend plus intime l'union de l'arôme avec le vinaigre, et met celui-ci à l'abri de la décomposition.

— Si, comme on le recommande dans tous les

livres, on laissoit le vinaigre surât, le vinaigre rosat, le vinaigre d'estragon sur leur marc, pour s'en servir à mesure du besoin; loin d'acquérir plus de qualités, ils s'altéreroient comme les vins qu'on laisseroit sur leur lie. Mais il s'en faut que ces trois vinaigres, préparés chacun à part, ou ensemble, avec les plantes dont ils portent les noms, puissent équivaloir cette composition de vinaigre, imaginée pour suppléer à ce qu'on appelle vulgairement fourniture de salade.

— Prenez estragon, sarriette, civette, échalotte, ail, de chaque trois onces (un hectogramme); sommités de menthe, de baume, de chaque une poignée; mettez le tout, séché et divisé, dans une cruche avec huit pintes (huit litres) de vinaigre, et laissez infuser pendant quinze jours au soleil; au bout de ce temps décantez le vinaigre, exprimez le marc, filtrez, et conservez dans des bouteilles bien bouchées. (*P.*)

(92) On fait du vinaigre, non seulement avec le vin proprement dit, mais encore avec le cidre, le poiré et la bierre, les vins de dattes, de miel et de canne, le malt de froment, d'orge ou de seigle, etc. *Olivier de Serres* annonce ici qu'on peut en obtenir avec l'eau de la pluie et de la rosée du mois de Mai, fermentée avec des fleurs; mais notre collègue *Chaptal*, dans son article vin, enseigne la manière d'en préparer avec l'eau pure et le gaz de la fermentation vineuse. Voyez le *Cours complet d'Agriculture de Rozier*, tome X.

On en fabrique encore avec le lait, et comme ce vinaigre présente aux habitans des pays abondans en pâturages et privés de fruits, une grande ressource, nous croyons utile d'indiquer les procédés qui le donnent.

Le premier est celui de *Schéele*; il consiste à ajouter six cuillerées à bouche de bonne eau-de-vie sur un pot de lait, à placer le mélange dans une bouteille bien fermée, exposée dans un lieu chaud, et qu'on débouche un instant tous les cinq ou six jours, pour donner issue au gaz de la fermentation. Le lait, après un mois de séjour dans la bouteille, se trouve changé en un bon vinaigre, qui, passé par un linge, peut être gardé en bouteilles.

Le second procédé consiste à faire fermenter

le petit lait ; les habitans des campagnes appèlent cette espèce de vinaigre, le *seré*. Il est à présumer qu'ils obtiendroient un meilleur produit, s'ils mêloient de l'eau-de-vie à leur petit lait.

Le troisième procédé consiste à ajouter au mélange proposé par *Schéele*, une petite quantité de miel. Le fluide qui en résulte, se clarifie plus facilement, acquiert une belle couleur, et une saveur agréable, sur-tout si on y met infuser de l'estragon, de la menthe, etc., dont il prend mieux l'arôme que le vinaigre de vin. (*P.*)

Le C. *Lombard*, qui se livre avec succès à l'éducation des abeilles, aux Ternes, près Paris, a présenté à la Société d'Agriculture du Département de la Seine, du vinaigre fait avec le marc des ruches : ce vinaigre, quoique conservant un arrière goût et même une légère odeur de miel, est fort, et peut-être employé avec avantage et économie dans les campagnes. La manière de le faire est très-simple ; voici le procédé qu'indique le C. *Lombard*.

Mettez dans un baquet cinquante livres (vingt-cinq kilogrammes) de marc de rayons dont on a extrait le miel par la pression, et cinquante pintes (cinquante litres) d'eau ; couvrez le baquet avec un linge ; tenez-le au soleil, s'il a encore de la force, ou dans un lieu chaud. Au bout de quelques jours la fermentation vineuse s'établit, et dure huit à douze jours, selon la température plus ou moins chaude de l'atmosphère. Pendant la fermentation, remuez de temps en temps la matière, et faites-la bien tremper ; quand la fermentation est cessée, mettez égoutter sur des tamis, ou dans des chausses ; il reste au fond du baquet, une lie jaune qu'il faut jeter, parce qu'elle contracteroit bientôt une mauvaise odeur qu'elle communiqueroit au vinaigre ; lavez le baquet, remettez-y la liqueur filtrée, elle commencera déjà à avoir de l'acidité ; couvrez le baquet avec le linge, et tenez à une température douce. Il se forme à la surface de la liqueur, une peau qui empêche l'évaporation, sous laquelle la fermentation acide se continue, et le vinaigre prend de la force. Au bout d'un mois il commence à être piquant; on le laisse encore quelque temps, puis on le met dans une futaille et on en fait usage, comme de tout autre vinaigre. (*H.*)

(93) Le verjus ne peut, à la rigueur, être considéré comme un véritable vinaigre, puisqu'il n'est pas le produit de la fermentation acéteuse. C'est un suc acide tel qu'il est exprimé des raisins verds seulement ; il est débarrassé de la surabondance de son muqueux, par la dépuration, et on sait que cette dépuration a lieu sans un mouvement qu'on puisse comparer à celui qu'éprouve ou le moût, pour être converti en vin, ou le vin, pour être changé en vinaigre. Le sel proposé à dessein de conserver le verjus, seroit insuffisant, si on n'avoit pas la précaution de couvrir sa surface d'une légère couche d'huile ; mais on peut ajouter, au moyen indiqué pour prolonger la jouissance du verjus, celui qui suit : Exposez sur plusieurs assiètes de faïence, bien vernissées, le verjus au soleil, jusqu'à ce qu'il soit desséché ; l'extrait qui en résulte, conservé dans des bouteilles bien fermées, peut, dans toutes les saisons, et à la dose de quelques décigrammes (quelques grains), communiquer la saveur agréable du verjus à tous les mèts qui en comportent ordinairement l'emploi. (*P.*)

CHAPITRE XIII.

(94) Tout ce que dit *Olivier de Serres* sur la manière de conserver le raisin frais, est parfaitement exact. Seulement il auroit pu ajouter que, de temps en temps, on doit visiter la caisse ou le panier d'osier dans lequel les raisins sont enfermés, afin de voir si, dans le nombre des grappes, il n'y en a pas quelques-unes qui portent des grains pourris.

Quand on veut prendre ce soin, voici comment il faut procéder.

On pratique à la partie inférieure de la caisse, un trou, de la grosseur du pouce. Ce trou doit porter une cheville qu'on peut ôter et remettre à volonté. Lorsqu'on veut connoître dans quel état sont les raisins, on enlève la cheville, aussitôt la graine de millet s'échappe, et on en facilite la sortie en secouant, ou en frappant légèrement la caisse avec une baguette. On enlève ensuite les morceaux de bois auxquels sont suspendues les grappes ; on épluche celles qui ont besoin de l'être, et on les replace dans la position où elles étoient ; on bouche le trou inférieur avec la cheville, et on remplit la caisse avec la graine du millet qui y étoit auparavant, après toutes fois avoir pris la précaution de la faire sécher pour faire évaporer l'humidité qu'elle auroit pu contracter ; enfin, on met le couvercle sur la caisse. Avec de telles précautions, on peut être sûr d'avoir des raisins qui se conservent frais pendant plusieurs mois.

Les derniers procédés indiqués par *Olivier de Serres*, d'après les Anciens, ne sont pas aussi bons que les précédens, aussi ne doivent-ils pas leur être préférés. (*De.*)

CHAPITRE XIV.

Page 362, colonne I, ligne 17.

(95) Toutes les éditions d'*Olivier de Serres* portent le mot *anet* ; c'est une faute, il faut lire *auet (avet).*

Olivier de Serres a tiré ceci du douzième livre de *Columelle*, de la traduction de *C. Cotereau*, que nous avons déjà citée ; voici ce qu'on y lit, page 544 : « Aucuns gardent ainsi les raisins » verds, avec de la scieure seiche du bois de » peuplier, ou d'auet, qu'on dict en latin, » *abies.* »

Le texte de *Columelle* porte : « *Quidam eadem* » *ratione arida populnea vel abiegna scobe* » *virides vuas (uvas) custodiunt.* » (Édition de *Gesner* ; Leipsick, 1735, tome I, page 807.)

Avet est un mot anciennement usité pour signifier le sapin (*pinus abies* des botanistes françois, *pinus picea de Linné*). Ce mot est encore usité aujourd'hui dans quelques parties de la Suisse. Les Italiens nomment le sapin *abete.* (*Cr. et H.*)

Page 363, colonne II, ligne 19.

(96) La dégustation est certainement le meilleur moyen de s'assurer de la qualité d'un vin qu'on conserve en tonneaux ; elle seule suffit pour faire connoître l'état où se trouve ce fluide, et mettre à même de prononcer sur les degrés de perfection qu'il acquiert, ou sur la détérioration qu'il éprouve. Mais pour tirer tout le parti possible de la dégustation, il faut qu'elle soit pratiquée par des personnes très-exercées à cette sorte d'opération, et qui, par cela même,

soient capables de discerner ce qu'il faut craindre ou ce qu'il faut espérer. Les bons dégustateurs ne sont pas aussi communs qu'on pourroit le penser ; aussi ceux qui récoltent beaucoup de vin pour en faire le commerce, doivent-ils chercher à s'en procurer un, et le charger de la direction de leur cave. (*De.*)

Page 364, colonne I, ligne 21.

(97) *Olivier de Serres* a bien raison de traiter de superstition les précautions que les Anciens prenoient d'observer scrupuleusement le jour de la lune et celui de la semaine pour tirer leurs vins. Quelques personnes, encore aujourd'hui, ajoutent foi à de pareilles puérilités ; mais si elles vouloient se donner la peine d'examiner, avec soin, s'il y a une différence entre un vin tiré, par exemple, le lundi, et celui tiré le mercredi ou le vendredi, elles acquerroient bientôt la preuve qu'il n'en existe aucune, et que tous les jours conviennent également pour faire cette opération, quand, d'ailleurs, le vin n'est pas en travail, et qu'il a tous les caractères extérieurs qui annoncent qu'il est en bon état. (*De.*)

Page 365, colonne I, ligne 21.

(98) C'est une chose bien essentielle pour quiconque fait commerce de vin, et même pour ceux qui en récoltent pour leur consommation, de s'assurer de la durée de cette liqueur ; car il est bien certain que, s'il y a des vins qui peuvent se garder long-temps, et qui même s'améliorent en vieillissant, on en connoît aussi beaucoup dont la durée est si courte, qu'elle ne va pas même jusqu'à un an. Le moment de la *boite* de ces vins doit donc être saisi ; pour peu qu'on le laisse passer, ils s'altèrent tout-à-coup, et ne sont plus potables.

En général, tous les petits vins se gardent très-peu de temps ; et si quelquefois on voit leur durée se prolonger, c'est parce que la saison aura été favorable à la vigne qui a produit le raisin avec lequel ces vins ont été faits, ou qu'on a apporté beaucoup de soin dans les travaux de la vinification. (*De.*)

Idem, ligne dern.

(99) *Vues et Questions sur la Vigne.*

§. Iᵉʳ. *Réflexions préliminaires.*

Il ne faut pas être buveur pour s'intéresser à la vigne. Je commencerai donc ici, comme le jésuite *Vanière*, dans ses deux livres sur la vigne :

Plante chère à Bacchus, toi qui fais la parure
     De nos côteaux rians !
D'autres aiment ton jus ; mais ta seule culture
     Est l'objet de nos chants.
Vitis ament alii succum : cultura Poëtam
Me juvat.
         (Præd. rust. L. X. v. 1.)

L'histoire naturelle de cette plante sarmenteuse n'a pas encore été écrite. Elle présenteroit une suite de phénomènes dignes d'être admirés. La vigne a l'air d'un bois informe, ce bois vient dans les terreins secs ; et cependant le feu qui anime le cep est tel, que la séve est poussée, dans ce sarment fragile, avec une force huit fois plus grande que le sang n'est poussé lui-même dans les veines des animaux. L'évaporation des vignes est d'ailleurs si considérable, que pour remplacer, dans le cep, ce qui s'échappe par les feuilles, il faut que, dans un jour, il monte dans le cep cinquante-deux pouces (un mètre quarante-un centimètres) de séve. *Hales* a bien prouvé que les feuilles des plantes sont un des moyens qui impriment à la séve son mouvement ; mais les pleurs de la vigne s'élèvent avec force, avant que la vigne ait des feuilles. Le célèbre *Bonnet* écrit à notre *Duhamel*, le 10 Mai 1780 : « La force étonnante des pleurs de » la vigne est pour moi un abime où je me » perds. »

Les savans qui pourront pénétrer cet abime, rendront un grand service, non-seulement à la physique, mais à l'agriculture. Une physiologie exacte de la vigne, ne seroit pas un livre de pure curiosité ; ces connoissances théoriques éclaireroient certainement la pratique des vignerons, laquelle n'est fondée que sur une routine ignorante et confuse.

Il est à remarquer, en outre, que nous n'avons aucun bon livre qui ait eu pour objet de traiter exclusivement de la culture de la vigne. *Columelle* chez les Romains, parmi nous *Olivier de Serres*, et après lui, *Roger Schabol*, sont, de tous les auteurs, ceux qui ont le mieux discuté cette culture intéressante ; mais ils n'en ont pas fait leur objet principal. Nul homme de génie ne s'y est attaché. Cependant la matière est vaste ; elle méritoit d'occuper, d'une manière spéciale, non seulement un homme, mais plusieurs hommes éclairés. Je voudrois donc qu'il se formât dans les divers Départemens dont la vigne fait la richesse, des Sociétés destinées uniquement à cet objet, et qui prendroient l'œnologie pour texte unique des calculs, des recherches, des tentatives, et des voyages de leurs membres. La Société des amateurs des Abeilles de la Haute-Lusace, a produit d'heureux résultats. La République doit avoir des compagnies du même genre, pour des cultures spéciales, sur-tout pour celle de la vigne. Cette plante, qui vaut déjà tant de millions à la France dans l'état d'imperfection où sa culture existe trop généralement, peut doubler ou tripler la somme qu'elle met dans la balance du commerce, pour peu que l'on s'attache à la mieux cultiver. M. *Arthur Young*, dans ses discussions sur le revenu de la France, croit que la vigne en fait la cinquième partie. Elle peut en faire le quart, peut-être même davantage. Ce produit est considérable ; et il ne faut pas oublier, 1°. que les terreins qui nous le donnent, ne peuvent donner autre chose ; 2°. qu'il reste encore un très-grand nombre de collines incultes et parfaitement exposées, où il n'y a que des cailloux, et d'où peuvent couler des flots d'excellens vins, de vinaigres supérieurs, ou de premières eaux-de-vie. Quel trésor pour la France ! quel digne et grand objet d'étude pour ses agronomes ! Il n'y a pas d'Académies dont les travaux puissent avoir un but plus facile à atteindre, et plus réellement utile.

S'il s'élève, suivant ce vœu, quelques associations vraiment œnologiques, voici un petit nombre de questions que je croirois devoir leur adresser d'abord. Je les choisis dans le grand nombre de celles dont j'ai tenu note, à mesure que mes lectures, mes cultures et mes voyages, m'en ont fourni l'idée.

§. II. *Du produit de la Vigne.*

On voudroit, sur ce point, un compte exact et régulier ; mais il faut l'avouer, les Anciens ni les Modernes n'en ont que des élémens vagues.

Les Romains s'adonnèrent à la culture de la

vigne plus tard qu'à celle du froment ; elle devint ensuite un des premiers objets de leur économie rurale.

« Si vous me demandez , dit *Caton* , mon
» avis , sur le meilleur bien de campagne ,
» voici ce que je pense. La vigne, qui est bonne,
» est le premier des biens ruraux. Après elle ,
» vient le jardin que l'on peut arroser » (*prædiam quod primum siet, si me rogabis, sic dicam : vinea est prima, si vino multo siet ; secundo loco hortus irriguus*). *Columelle* préfère aussi la plantation de la vigne à toute autre plantation (*vitem nos cæteris stirpibus jure præponimus.* L. 3 , c. 1).

Horace conseilloit à son ami *Varus*, de ne placer que de la vigne dans sa campagne de Tibur :

Ami , sur ces côteaux qu'éclaire un ciel si doux,
La vigne , aux autres plants , doit être préférée.
Les arbres les plus chers doivent s'éclipser tous,
    Devant cette plante sacrée.

*Nullam , Vare, sacrâ vite priùs severis arborem
Circà mite solum Tiburis , etc.*
       (HORAT. Od. 18. L. 1).

On conseille aussi aux François de propager beaucoup les vignes, et l'Encyclopédie fait un éloge magnifique des avantages attachés à cette sorte de culture. Mais quel est le produit des vignes ? A-t-on , à cet égard , des données suffisantes ? Pour décider l'emploi du sol à telle ou telle espèce de végétaux par préférence , il faut d'autres raisons que des vues générales , ou des éloges oratoires. En fait d'économie rustique , tout aboutit à des calculs , et tout se résout par les chiffres.

Celui des auteurs anciens qui a le mieux écrit des vignes , a senti cette vérité.

Avant de disserter sur la plantation des vignes, *Columelle* examine si cette culture convient au père de famille , et si elle peut l'enrichir. La question étoit douteuse ; les auteurs étoient partagés. *Saserna* proscrivoit les vignes mariées aux arbres. *Tremellius* les approuvoit. *Columelle* entreprend de prouver que les vignes donnent un très-gros revenu. C'est le sujet intéressant d'un de ses plus curieux chapitres, dans lequel il veut démontrer, aux amis de l'agriculture ,

l'importance des bonnes vignes , et leur fécondité (*studiosi agricolationis hoc primum monendi sunt , uberrimum esse reditum vinearum.* L. 3. c. 3). Mais nous sommes bien loin de pouvoir juger aujourd'hui du mérite de ces calculs , tant parce qu'on est peu d'accord sur la traduction en valeurs actuelles des mesures de ce temps-la , que parce que nos terres paroissent éloignées de la fertilité des vignobles des Anciens. Il en rapporte des prodiges. *Sénèque* avoit des vignes qui rapportoient communément huit *cullei* par *jugerum* (vingt barriques deux tiers, de deux cent quarante pintes , par arpent de vingt-huit mille huit cent pieds carrés ; le *culleus* tenoit vingt amphores, l'amphore plus de trente pintes). Chez *Sylvinus* , à qui *Columelle* adresse son livre , un seul cep avoit rapporté plus de deux mille grappes ; et chez *Columelle* lui-même , quatre-vingt ceps, greffés depuis deux ans , avoient donné sept *culleus* de vin (dix-sept barriques et demie) ; mais ce n'est pas sur ces merveilles qu'il fonde ses calculs. Il établit que l'on ne peut avoir qu'un vigneron pour cultiver sept *jugera*. Si mauvaises que soient ces vignes , pour peu qu'elles soient cultivées , elles doivent produire un *culleus* par *jugerum* (ou deux barriques et demie par arpent romain), ce qui suffiroit , selon lui, pour l'emporter encore sur l'intérêt à six pour cent de toutes les avances. Ce n'est pourtant pas le calcul auquel *Columelle* s'arrête ; il veut qu'on arrache les vignes quand elles ne rapportent pas trois *cullei* par *jugerum* , ou sept barriques deux tiers par arpent de vingt - huit mille huit cent pieds carrés , ou de douze à treize barriques de deux cent quarante pintes chacune , par demi-hectare , ou grand arpent de cent perches de vingt-deux pieds. A prendre aujourd'hui à la lettre cette décision , il s'en suivroit qu'en France il faudroit arracher presque toutes les vignes , si l'on jugeoit de leurs produits par les états ou inventaires recueillis dans le *Cours d'Agriculture de Rozier*, tome X , page 129 et suivantes. On dit , page 127 , que ces états ont été formés avec soin et sur de bons renseignemens. En y jetant les yeux , on a sujet d'être étonné de la très-grande bigarrure du produit de la vigne dans nos divers Départemens. Voici un petit résumé de ces divers états , dans lesquels il ne s'agit point de la qualité , ni du prix de la tête des vins , mais du rapport moyen des vignes ordinaires.

Noms des Départemens.	*Produit commun, par demi-hectare (arpent).*
Bouches-du-Rhône (Marseille)	6 barriques ½
Gers (Auch , Lectoure)	4
Lot-et-Garonne (Agen , Bordeaux)	4
Isère (Dauphiné)	4 ½
Charente-Inférieure (Aunis)	5
Corrèze (Bas-Limosin)	5
Puy-de-Dôme et Cantal (Auvergne)	8
Rhône (Lyonnois , Côte-rôtie)	15
Jura (Salins , Arbois)	6
Cher (Berry)	4
Nièvre , { Pouilly , Irancy , etc.	19
{ Clamecy	5
Côte-d'Or , { Châlons , Beaune , Dijon	3
{ Semur , Avalon	6
Yonne (Auxerre)	5
Indre-et-Loire (Touraine)	4
Mayenne (Anjou)	3
Loir-et-Cher , { Blois	8
{ Vendômois	10
Loiret , { Orléans	6
{ Gien	4
{ Romorantin	12
{ Pithiviers , Montargis	6
Sarthe (Maine)	5
Eure-et-Loir , { Chartres	8
{ Châteaudun	6
Seine (Environs de Paris)	12
Marne (Champagne)	5
Aisne (Soissonnois)	3

Il est vrai que l'on ne voit point d'après quelles données on a fourni ces résultats.

Vauban évaluoit le produit d'un arpent de vignes à quatre muids , année commune. C'est bien loin des douze poinçons qu'exige *Columelle.* On ne voit pas non plus de quelles supputations *Vauban* étoit parti.

On trouve quelque chose de plus précis à cet égard , dans un petit avis sommaire sur la culture de la vigne , imprimé à Pontoise en 1797

(an V). L'auteur met dans l'arpent , deux mille cinq cent plançons de vigne. Chaque souche se triple par le moyen d'une sautelle , ou provin , à droite et à gauche ; ce qui fournit sept mille cinq cents échalas vêtus et en produit. On attend de chacun vingt grappes ; mais l'auteur les réduit à dix , qui pèsent ensemble une livre. Or , sept mille cinq cents échalas vêtus , doivent produire , selon une évaluation moyenne , sept mille cinq cent livres de raisin , ou sept muids et demi de vin , avec le remplissage ; mille livres de raisins pressurées étant estimées rendre un muid de vin. Ce seroit , par arpent (demi-hectare) , huit barriques deux tiers. Conséquemment , il faudroit appliquer encore à ces vignes l'arrêt de *Columelle* , qui veut que l'on extirpe toutes celles dont le produit ne peut s'évaluer entre douze et treize barriques pour l'arpent (demi-hectare). Il n'y auroit donc d'exceptées de la proscription , suivant le tableau ci-dessus , que les vignes du Rhône et de la Nièvre , qui produisent quinze et dix-neuf barriques.

Il est bien étonnant que dans le nombre immense de nos ouvrages sur la vigne , on n'ait pas recueilli ce qu'il étoit facile de se procurer parmi nous depuis la révolution , le compte des produits de quelques grands vignobles , pendant une suite d'années. On auroit dû trouver des registres de cette espèce dans les archives de Cîteaux , ou d'autres Abbayes ; et ce seroient des monumens précieux pour l'agriculture.

Après bien des recherches , j'ai rencontré dans les Mémoires de l'illustre Société Économique de Berne , le tableau imprimé des produits d'un vignoble assez considérable , pendant près de quatre-vingts ans. Cette pièce , trop peu connue , doit-être consignée ici , avec le témoignage de ma vive reconnoissance pour la Société de Berne , qui , en daignant m'inscrire au nombre de ses membres , m'a fait remettre encore , par l'ambassadeur helvétique (le C. *Stapfer*) , le seul exemplaire complet que l'on ait pu former , du précieux recueil de ses Mémoires imprimés.

Voici ce Tableau.

TABLEAU

Extrait du Journal de Mallessert à la Côte, depuis 1694 jusqu'en 1770, contenant le rapport de ce vignoble, de l'étendue de dix-huit arpens, avec les Observations météorologiques et économiques.

OBSERVATIONS.	ANNÉES.	Chars. prant. pots. Le char à 9 pots.			PRIX DU VIN.	TAXE des Vignerons.	
Grêle, etc. pourriture.	1694	35	8		10 { Louis	kr. 30	bz.
	1695	52	8		8 { vieux	25	
Petite récolte ; le vin fut à haut prix.	1696	27	4			48	
	1697	43	8				
	1698	50	4				
	1699	57	8				
	1700	63	8				
	1701	39	8				
Petite récolte.	1702	19	7				
	1703	40	6	13			
	1704	45				32	
Forte grêle.	1705	12					
	1706	68	8				
	1707	82	8				
La brûlure, et la grêle, ont presque tout emporté. .	1708	6					
Mauvais temps, forte bise (vent d'est).	1709	6					
Terrible orage à Bougy et Féchy ; on ne vendangea point du tout.	1710	4	8			19	5
	1711	33				16	
	1712	58	8			41	7
Quatre orages avec de la grêle.	1713	18	14				
	1714	30	13				
	1715	38	1				
	1716	31	2			30	
	1717	48	12			24	
	1718	74	6			14	10
Récolte abondante en général.	1719	106			3 kr. le pot.	7	17
Grêlé deux fois.	1720	47				12	4
	1721	37	8			28	20
	1722	40				26	22
	1723	81	6	20		14	10
Grêle.	1724	61	2			12	15
	1725	55	8			24	
Récolte très-petite en général.	1726	29	8	12		40	
	1727	73	5	12		28	
Deux fortes grêles.	1728	46	6				
Grande pourriture.	1729	53	3	2			
Idem.	1730	77				16	14
	1731	73	5	18		14	10
Grande pourriture.	1732	62	15			17	5
Bise violente pendant l'automne, causa grand dommage.	1733	43	4	13		27	15
D'abord après les vendanges, une neige considérable.	1734	43	8	24	kr. 48.	31	5
	1735	37	4	12	55. bz. 5.	43	5

Suite de l'autre part.

OBSERVATIONS. Nota. *Le tiers, qui appartient aux Vignerons, se paye selon la taxe.*	ANNÉES.	Chars. Pount poz. Le char à 4½ pots.	PRIX DU VIN Sur les lieux.	à Berne, rendu en détail.	TAXE des VIGNERONS.
Bise et pourriture.	1736	41 7 12	kr. 50 bz. 20	17 kr. le pot.	kr. 53 bz. 5
Dégâts causé par les charençons et la grêle.	1737	64 9 21	43 5	14	52
Grêle et bise en automne pendant 16 jours ; perte de 25 chars.	1738	29 2 9	51 15		40
En automne une bise violente et froide enleva le tiers de la récolte; les raisins étoient si gelés, qu'on n'en put exprimer le jus qu'avec beaucoup de difficulté.	1739	57 7 2		9 10	17 15
	1740	20 5	49 5	17	36
	1741	31	54 17		42
	1742	26 2	30 11		17 5
	1743	49 4 15		13	28 5
Pluie, pourriture.	1744	63 6		11	20
	1745	53 5	40 13		28
	1746	38 13 21	45 15	15	30
Pluies fréquentes, sources de la pourriture.	1747	72 10 18	33 15	11	24
29 Novembre, grande neige.	1748	55 11 4	43 5	14	33 15
23 Octobre, bise froide et violente qui dura neuf jours.	1749	40 1 7	40 20	16	36
1er. Novembre, neige durant le cours de toute la semaine, avec pluie et gelée.	1750	44 9 8	51 15	17	42
	1751	45 10 6	50 10	16 17	36
Grêle et brûlure.	1752	53 1 21	45 15	16	49 20
1er. Novembre, neige.	1753	76 1	24	9½	30
Récolte abondante en général; le vin eut peu de débit.	1754	112 3	21 15	8	14
En automne, une forte bise. L'hiver froid a beaucoup endommagé les vignes.	1755	99 3 9	24 10	9½	18
	1756	59 6 4	30		31 15
	1757	47	39 15		32
Un été très-pluvieux, et la brûlure, ont causé un dommage considérable.	1758	14 9 10	48		45 15
	1759	28 8	51 15	16	43 5
Grêle et brûlure.	1760	55 1	27 15	12	20 10
Deux orages avec grêle.	1761	75	22 20		16 20
Grande sécheresse ; brûlure.	1762	52 11	44	13	51 5
Qualité du vin très-médiocre ; d'abord après l'automne une grande neige de longue durée.	1763	90 11 12	32 24		16 10
	1764	85 1 21	24 15		16
Été pluvieux, pourriture.	1765	63 15 1	34		26 10
Hiver très-rigoureux, qui causa beaucoup de mal.	1766	20 5 25	52		45 15
Deux grêles, qui n'ont point nui chez nous.	1767	52 12	44		36
Une grêle qui fit peu de tort à nos vignes.	1768	69 4 4	32 vendu avec calcul de 65 à kr. 46.		24
Deux orages violents avec grêle, le 15 Juillet et 4 Septembre.	1769	20 15 12	60		48
Deux grands orages avec grêle le 28 Août et le 4 Septembre ; pendant la nuit du 23 Octobre, du grésil.	1770	19 3	78 80		67 3

Total. 42 années,   Chars. 1957   9   16
Total. 35 années,   1862   2

Années 77   3819   11   16   font,
Le Char compté à 4 pots,
Chars 4125, pots 157.

Berne, le 1er. Décembre 1770.   J. D. DE WATTENWIL DE MALLESSERT.

Ce registre annuel des produits du vignoble de Mallessert , en Suisse , est un morceau bien curieux. Les mesures de Berne , qui y sont employées , sont faciles à convertir en mesures françoises. L'arpent est de quarante mille pieds carrés , du pied de Berne , qui contient dix pouces dix lignes du pied de Paris. Le grand arpent de France , de quarante-huit mille quatre cent pieds carrés , contient cinquante - neuf mille trois cent quatre - vingt - six pieds trois quarts de pied de Berne. Ainsi le vignoble dont il s'agit , contenant dix-huit arpens , revient à douze demi-hectares.

Quant au vin , cent pots de Berne font cent soixante-quinze pintes et demie de Paris (cent soixante-sept litres et demi). Le muid , de deux cent quatre-vingt-huit pintes , équivaut à cent soixante-quatre pots de Berne.

La *brande* ou *prante* , sous-division du char de vin à Berne , est un setier de vingt-cinq pots.

En convertissant le résultat des produits du vignoble de Mallessert en mesures de Paris , et en prenant une année commune sur les soixante-dix-sept qui sont enregistrées dans ce tableau , on arrive à un résultat tout-à-fait singulier. On trouve , en effet , que ces vignes rendent précisément douze à treize poinçons ou barriques de vin par arpent , ou demi-hectare , et qu'ainsi elles sont dans le cas de celles que *Columelle* auroit voulu conserver.

Je ne m'attache pas à traduire les prix de la monnoie de Berne en espèces françoises. Ces valeurs sont trop incertaines. Cependant , on voit bien que le prix est très-bas dans les bonnes années , et s'élève dans les mauvaises.

M. de *Wattenwil* présenta ce tableau du domaine de Mallessert à la Société de Berne , le 18 Mars 1771. On trouve encore au bas les résultats des années 1771 et 1772, ainsi qu'il suit :

1771 — 26 ch. 3 pr. 7 p. Taxe 67 kr. 5 bz. Vendu sur les lieux 100 liv.
1772 — 83   11   16   10   92 liv.
                                                    En détail 13 kr.

J'ignore si depuis 1772, on a continué exactement à tenir ce registre ; il seroit important d'en publier la suite avec les observations météorologiques et économiques qui le rendent si précieux.

Théâtre d'Agriculture , Tome I.

J'abrège les réflexions que l'examen de ce tableau doit suggérer à nos lecteurs. Je me borne à leur demander s'il est un seul propriétaire ou cultivateur de vignobles , qui n'eût besoin d'avoir un pareil journal de ses vignes ?

§. III. *Des Observations botanico-météorologiques sur la Vigne.*

Nous avons deux recueils dans lesquels il se trouve une suite assez longue d'observations de ce genre , relativement à la vigne ; savoir , 1°. les *Mémoires de l'Académie des Sciences de Paris;* 2°. les *Observations de la Société Économique de Berne.* Ces deux grandes collections ne sont pas à la portée des agriculteurs. La dernière est même très-rare , en allemand et en françois.

Le C. *Cotte* a résumé en peu de pages , les observations sur la vigne , contenues dans trente années d'observations de l'Académie des Sciences ; et nous allons en présenter les résultats les plus essentiels , d'après le travail très-bien fait de cet estimable collègue. Il eût été à souhaiter qu'il eût pu mettre en parallèle les observations faites à Berne. Il semble ne les avoir pas connues. Il seroit encore plus à désirer que ces observations botanico-météorologiques fussent multipliées sur différens points , dressées sur un plan uniforme , continuées avec persévérance pendant un certain nombre d'années , comparées entre elles tous les ans , et récapitulées avec soin tous les dix-neuf ou vingt ans. Ce sont de ces travaux qui dépassent les forces d'un seul individu , et la durée d'une seule existence. Il faut que des corps permanens en soient chargés ; mais il faut qu'un Gouvernement éclairé les protège , les secoure et les maintienne. A la Chine , le calendrier est une affaire d'état ; la météorologie de chaque province a ses registres et ses tribunaux. Nous sommes loin de cette police , et nous aimons mieux disputer contre les pratiques des Chinois , ou révoquer en doute l'antiquité et l'excellence de leur administration , que de nous honorer en faisant aussi bien qu'eux.

Quoiqu'il en soit , voici l'extrait du *Traité de météorologie* du C. *Cotte.*

I.

« En considérant les effets que la gelée peut produire sur la vigne, il faut bien distinguer les différentes saisons où elle a lieu, et les circonstances qui l'accompagnent. La gelée est moins à craindre en elle-même que dans ses circonstances ; ainsi la gelée est très-funeste à la vigne lorsqu'elle succède à des brouillards, ou même à une pluie, quelque petite qu'elle soit ; et au contraire, la vigne supporte des froids très-considérables sans en être endommagée, lorsqu'il y a quelque temps qu'il a plu, et que la terre est fort sèche. Les jeunes vignes, aussi bien que les vignes vieilles, sont plus sujètes à la gelée que celles d'un âge moyen. Une vigne nouvellement fumée, y est aussi plus exposée, à cause de l'humidité qui s'échappe des fumiers ; un sillon de vigne qui est le long d'un champ de sain-foin, de pois, etc., est souvent tout perdu par la gelée, lorsque le reste de la vigne est très-sain, ce que l'on doit attribuer à la transpiration du sain-foin et des autres plantes, qui porte une humidité sur les bourgeons de la vigne. On remarque que les verges, ou les longs sarmens que l'on laisse en taillant la vigne, sont toujours moins endommagés que la souche, sur-tout quand, n'étant pas attachées à l'échalas, elles sont agitées par le vent, qui ne tarde pas à les dessécher. On ne doit donc pas se presser de lier la vigne. »

II.

« Il y a des circonstances où la gelée endommage la vigne dans un temps fort sec. Cet effet a lieu lorsque la gelée devient si forte, pour la saison, qu'elle peut l'endommager indépendamment de l'humidité extérieure ; et, dans ce cas, c'est à l'exposition du nord qu'elle cause plus de dommage ; au lieu que dans les temps humides, cette exposition est plus favorable, par ce que le vent qui souffle de ce côté-là, la dessèche plus promptement. Il est aisé de connoître si le bois de la vigne est gelé ; il suffit, pour cela, de couper un sarment ; si la moëlle est noire au lieu d'être verte, c'est une preuve que le bois est gelé, parce que, vraisemblablement, il n'a pas été bien aoûté. Les vignerons connoissent aussi, par expérience, dès le temps

de la taille, s'ils peuvent espérer une récolte abondante ; car on a remarqué que, si, dans ce temps, le bois est dur, on peut compter sur une bonne vendange ; si, au contraire, la moëlle est abondante et les boutons petits, la vigne ne sera pas riche en grappes. On pense bien que le chapitre des inconvéniens doit modifier considérablement ce pronostic. »

III.

« Les conséquences qu'on doit tirer pour la pratique, de toutes ces observations, à l'égard des gelées d'hiver, c'est 1°. d'arracher tous les grands arbres qui environnent les vignes, et qui empêchent le vent de dissiper les brouillards ; 2°. de ne pas labourer les vignes dans des temps critiques, et à la veille des gelées ; 3°. de ne point semer sur les sillons des vignes des plantes potagères, qui, par leur transpiration, nuiroient à la vigne ; 4°. de ne mettre les échalas aux vignes que le plus tard qu'on pourra ; 5°. de tenir les haies qui bordent les vignes du côté du nord, plus basses que de tout autre côté ; 6°. d'amender les vignes avec des terreaux, plutôt que de les fumer ; 7°. si on est à portée de choisir un terrein, on évitera ceux qui sont dans les fonds ou dans des terreins qui transpirent beaucoup. »

IV.

« Outre ces observations, il nous en reste encore quelques-unes à faire sur les gelées du printemps et de l'automne. Les gelées du printemps, et sur-tout celles qui arrivent quelquefois pendant les nuits du mois de Mai (Floréal), et lorsque la vigne est en fleur, lui sont fatales, principalement lorsque le lever du soleil est serein, et qu'il n'a pas été précédé par un vent qui auroit pu dissiper l'humidité. Si ces gelées viennent après une longue sécheresse, elles ne sont point à craindre ; il en est de même si elles arrivent dans le temps où les feuilles sont déjà assez larges pour former un abri. Une vigne gelée au printemps, a encore des ressources pour fournir une récolte médiocre ; car on sait que sur les sarmens, il y a toujours deux boutons à côté l'un de l'autre. Un de ces boutons, qui est plus gros, et qui fournit le plus gros raisin, s'appelle maître bouton ; c'est celui qui est plus exposé aux gelées du printemps, parce qu'il est plus en séve ; l'autre plus petit, et qui souvent ne s'ouvre que quand le maître bouton pousse vigoureusement, s'appelle contre-bouton ou contre-cosson ; celui-ci, plus tardif, échappe souvent à la gelée ; mais rarement il produit de belles grappes. »

V.

« Il arrive assez souvent des gelées en Octobre (Vendémiaire), et avant que le raisin soit mûr. Plusieurs prétendent qu'il vaut mieux alors attendre la fin de la gelée pour vendanger ; mais l'expérience prouve qu'il est plus avantageux de vendanger pendant la gelée, car on attendroit vainement à le faire quinze jours ou trois semaines ; il est bien certain que le raisin n'acquerra pas un plus grand dégré de maturité ; il ne fera, au contraire, que se dessécher, ce qui occasionneroit un déchet sur la récolte. Il y a, à la vérité, des circonstances où les gelées, même assez fortes, qui viennent quelquefois en Septembre (Fructidor) ; ne dépouillent point les vignes, et ne fannent ni ne pourrissent point le raisin, tandis que, dans d'autres circonstances, des gelées moins fortes produisent de très-mauvais effets ; cela dépend de l'état de vigueur où se trouve la séve, dans le temps où les gelées arrivent ; car si la séve a encore de la force, elle sera bien plus en état de résister à la gelée, qui, dans une circonstance moins favorable, pourroit l'endommager considérablement. »

V I.

« Lorsque la vigne a échappé aux intempéries de l'hiver et du commencement du printemps, il s'en faut de beaucoup qu'elle soit hors de danger. Les temps froids et humides qui viennent quelquefois dans la saison où elle est en fleur, peuvent détruire toutes les espérances qu'on avoit conçues au mois de Mai (Floréal), en voyant la quantité de grappes dont elle étoit chargée. Dans cette circonstance fâcheuse, la fleur coule, et on sait qu'il n'y a plus de remède à ce malheur. Ce sont donc les froids et les pluies abondantes qui font couler la fleur de la vigne, et il y a des années où la sécheresse produit aussi le même effet. On a remarqué que la couleur de la fleur du sureau, annonçoit assez ordinairement la couleur de la fleur de la vigne. »

V I I.

» Dans les années froides et humides, le raisin ne parvient que très-difficilement à maturité, car il ne mûrit pas tant que la vigne est en séve ; or, elle reste en séve, lorsque les racines, étant dans une terre humide, continuent toujours à fournir de la nourriture aux souches ; les ceps poussent, sont chargés de feuilles, et donnent au raisin un ombrage qui arrête l'action du soleil, et les empêche de mûrir. Il arrive quelquefois que ces feuilles, qui ont été trop nourries d'eau, grillent au soleil ; le froid et le hâle produisent aussi le même effet, et empêchent le verjus de grossir. Si les pluies sont nécessaires, c'est au mois d'Août (Thermidor), ou au commencement de Septembre (Fructidor) ; elles sont admirables alors pour faire grossir le verjus. Les brouillards, qui sont communs dans les années humides, nuisent à la vigne, non seulement en lui procurant une trop grande humidité, mais encore en favorisant la multiplication d'une espèce de ver qui coupe les grappes de verjus ; elles ont encore à redouter un autre insecte appellé gribouri (*cryptocephalus*), qui s'attaque au verjus même, et en fend les grains. Enfin les années humides nuisent beaucoup à la qualité du vin ; car si la vendange a été précédée de beaucoup de pluie, et qu'on soit obligé de couper le raisin avant que le soleil ait pu raffiner le suc aqueux dont il est rempli, il s'en faut de beaucoup qu'il soit aussi sucré que dans les bonnes années. On s'en aperçoit bien aussi à la difficulté qu'il a à s'échauffer et à bouillir dans la cuve ; il ne répand point une odeur forte, et ne jette pas une écume rouge comme dans les années où il a acquis le dégré de maturité convenable. »

V I I I.

« La température la plus favorable à la vigne, est donc la sécheresse et la chaleur ; c'est surtout dans le temps de la fleur (qui, pour bien faire, ne doit durer que huit jours), et quelque temps avant les vendanges, que la sécheresse et la chaleur sont nécessaires, c'est-à-dire, dans les mois de Juin et de Septembre (Prairial et Fructidor) ; aussi est-il passé en proverbe, que c'est le mois de Septembre (Fructidor) qui fait le vin, c'est-à-dire, qui lui donne la qualité, comme la température modérée du mois de Juin (Prairial) contribue à la quantité. Il est vrai que si le mois de Septembre (Fructidor) étoit en même temps chaud et très-sec, la quantité de vin diminueroit beaucoup, et il ne seroit point de garde, à cause de la trop grande maturité du raisin : car le vin un peu vert se conserve mieux et plus long-temps, il n'est point sujet à tourner à la graisse dans les chaleurs. Il peut encore arriver que des années chaudes et sèches, en un mot, des années favorables et qui promettent beaucoup, soient cependant très-tardives, et ne permettent pas au raisin de mûrir, à cause d'un orage accompagné de grêle, qui sera survenu. Cette grêle ne fera par elle-même aucun tort à la vigne, si elle tombe avec la pluie ; mais elle refroidit l'air, et suspend la végétation pendant des temps quelquefois considérables, et dans des circonstances où la vigne en a le plus besoin ; l'année est donc tardive ; et l'on sait que dans les années tardives, le vin a ordinairement moins de qualité que dans les années hâtives. »

I X.

Le C. *Cotte* termine cet article en marquant le temps des pleurs de la vigne, de la fleur et de la maturité du raisin.

La table particulière qu'il avoit dressée du temps des pleurs et de la fleur de la vigne, lui a appris que les pleurs les plus hâtives, avoient eu lieu le 9 Février, et les plus tardives le 25 Avril ; ainsi le temps moyen des pleurs doit être fixé à la mi-Mars, ou au commencement de la dernière décade de Ventose.

A l'égard du temps de la fleur, elle s'est développée au plutôt le 6 Juin, et au plus tard, le 6 Juillet. Le temps où la vigne fleurit ordinairement, est donc la fin de Juin, ou vers le 10 Messidor.

Enfin la récolte la plus prématurée s'est faite le 15 Septembre, et la plus tardive s'est faite le 15 Octobre ; le temps moyen de la vendange est donc la fin de Septembre, ou le commencement d'Octobre, vers le 10 Vendémiaire. L'année 1770 a été la plus tardive des trente années comprises dans la table dressée par le C. *Cotte.*

On sent, d'après cet apperçu, combien les résultats d'observations de ce genre deviendroient importans pour les cultivateurs, si l'on avoit des tables de cent cinquante ou deux cents ans. Mais on n'a commencé à faire ces observations d'une manière régulière, qu'en 1760. Ce fut l'illustre *Duhamel* qui en fit sentir l'importance, et qui en commença l'exécution annuelle à l'Académie des Sciences.

Je joindrai à ces résultats sur la vigne, dans le climat de Paris, un petit nombre d'observations détachées, prises dans la suite de celles que renferment les Mémoires de la Société économique de Berne.

Novembre, 1761.

« Plusieurs vignerons prennent le parti de donner à leurs vignes un labour avant l'hiver. Cet usage commence à s'étendre. A Chailly, un très-bon vigneron et bon économe, nommé *Anet*, ne manque jamais, depuis bien des années, de donner un labour à ses vignes après vendanges, jusqu'à Noël, quand le temps le permet, et que la terre n'est pas trop mouillée. Il pratique cela avec succès. Des vignes qui étoient sujètes à geler, ne gèlent plus. Il résulte, d'ailleurs, de très-grands avantages de ce labour d'automne. »

« Il plante aussi toutes ses vignes en automne, contre l'usage ordinaire, et avec grand succès. »

Aoüt, 1762.

« On a vu cette année le bien que les terres neuves font aux vignes. Par-tout où l'on en a mis abondamment, les raisins, sont en grand nombre, beaux et gros, les feuilles vertes, et les bois couvrent les échalas. »

Novembre, 1762.

« On a arraché les échalas à Cottens, comme il se pratique à Lavaux et ailleurs. Cette opération

est très-utile pour épargner le bois. Un échalas doit durer le double. Les vignerons voyent,
avec déplaisir, cette coutume s'introduire, parce qu'elle leur donne de l'occupation dans un
temps où ils étoient accoutumés à ne rien faire. »

Mai, 1764.

« On se plaint par-tout, dans le pays de Vaud,
de la disette d'ouvriers, et de la cherté des
échalas ; les uns et les autres coûtent le double
de ce qu'on les payoit il y a vingt ans. »

Hiver de 1765 à 1766.

« Le froid excessif pénétra au point que le vin
se gela dans plusieurs caves. Le sol, dans les
vignes, fut gelé à la profondeur de trois pieds
(un mètre). Il y eût des vignes, où de quarante ceps, à peine en resta-t-il un. Les vignobles exposés au nord, eurent le moins de
dégâts, etc. »

J'abrége à regret ces détails, et je retranche
aussi les réflexions qu'ils font naître, parce que
j'ai voulu donner seulement une idée des observations à faire sur la vigne. On sent que ce seroit, pour la postérité, un trésor précieux,
qu'un registre de cette espèce tenu pendant un
siècle ou deux. Les Chinois en ont de vingt
siècles, relativement aux cultures suivies dans
leur pays. Nous venons bien tard après eux.
Cependant nous avons sur eux un avantage singulier, pour faire, avec exactitude, ces observations. Notre météorologie est réglée, et faci-
litée par de bons instrumens. Le thermomètre
nous rend compte des variations de la température, etc. Relativement à la vigne, on a imaginé aussi des instrumens pour mesurer la fermentation vineuse. Le plus simple est le zymomètre. Voici ce qu'en dit son auteur, dans le
petit ouvrage sur la culture de la vigne, imprimé sous le titre *des quand et des comment*. (A
Pontoise, 1797, an V.)

« Pour mesurer les dégrés de la fermentation, je me suis fait un instrument que j'appelle
zymomètre, ou *zymoscope*, qui me sert à mesurer et observer la progression de la fermentation. Lorsqu'elle est stationnaire (ce qui
m'est indiqué par mon instrument), c'est alors
que je tire mon vin dans son feu, sa fermentation étant parvenue à son comble, et n'ayant
rien perdu de son énergie.

« Cet instrument consiste tout simplement
dans une règle divisée en pieds, en pouces et en
lignes, que j'applique fixément aux parois extérieures au haut de la cuve ; une autre règle,
fixée perpendiculairement sur une base horizon-
tale d'environ un pied carré (dix décimètres
carrés), est posée sur le bord intérieur de la
cuve, et appuyée sur le marc, par conséquent
hausse et baisse à mesure que l'intumescence
augmente ou diminue ; une aiguille, fixée sur
cette seconde règle, et s'adaptant aux divisions
de la règle extérieure, indique les variations de
l'intumescence, ce qui me met à même d'observer, de deux heures en deux heures, les divers
dégrés par lesquels a passé la fermentation.
Lorsque la témulence des esprits a cessé d'agiter la masse, et de faire monter le marc, c'est
là le point et le moment où il faut tirer, avant
que l'aiguille du zymoscope baisse, ce qui in-
diqueroit la diminution de la fermentation.

» On ne sauroit trop promptement remplir
une cuve, afin que le raisin fermente en grande
masse : l'effet en est plus accéléré et plus grand :
faire de petits fonds de cuve, comme plusieurs
qui croient bien faire, c'est dissiper en détail le
gaz du vin ; c'est laisser exhaler en pure perte,
une grande quantité d'esprit vineux qu'il est
important de ménager et de conserver par une
prompte ébullition.

» Mon zymomètre constate et fixe le moment
où la fermentation est la plus vive et à son
plus haut dégré. Si vous tenez annuellement
note de cette observation intéressante, vous
serez à portée de comparer zymothecniquement
l'intumescence de chaque année, et de prononcer, avec fondement, sur l'énergie et la vigueur du vin recueilli en cette année, qui sera
vraisemblablement relative à la véhémence de la
fermentation, pourvu qu'on l'arrête à temps. »

§. IV. *Des moyens d'augmenter le produit des
Vignes.*

Un des hommes à qui l'agriculture en France
a le plus d'obligations, depuis notre *Olivier de
Serres*, c'est *Duhamel*, sans contredit. *Duhamel* s'est fort occupé de la question impor-

tante des moyens d'augmenter le produit annuel des vignes. Il crut devoir y appliquer les principes de la culture, appellée à *la Tull*. Peut-être ces principes convenoient-ils plutôt à la vigne qu'au froment, et aux autres plantes qui en avoient été l'objet. On a abandonné les planches et les plate-bandes que *Jethro Tull* avoit si fort préconisées pour la culture des fromens. Mais il paroît que sa méthode est plus intéressante relativement à la vigne, quoique *Tull* n'y eût pas pensé.

On trouve, à cet égard, des détails remarquables, dans l'excellent *Traité de la Culture des Terres*, de *Duhamel du Monceau*, tome V. Il rend compte, dans ce volume, de la suite des expériences qu'avoit faites dans ses vignes, en 1755 et 1756, un syndic de la république de Genève, M. *de Châteauvieux*. On y voit un article intitulé :

Sur la Vigne cultivée selon les principes de la nouvelle culture.

Il faudroit copier tout cet article pour en conserver le mérite. Je ne ferai que l'abréger.

Lorsque M. *de Châteauvieux* commença à réfléchir avec attention, sur les principes de la nouvelle culture des terres, il fut frappé d'abord d'y apercevoir des moyens propres à perfectionner celle des vignes. Pour améliorer cette culture, il se proposoit trois objets ; 1°. de donner une meilleure disposition aux ceps, en les plaçant sur un même alignement et à égale distance les uns des autres ; 2°. cette disposition dut être telle, qu'elle contribuât à diminuer la dépense des frais de culture, en permettant de faire les labours sur une partie de la vigne, avec des charrues, tandis que l'on continueroit de les faire sur l'autre, à bras d'hommes ; 3°. il falloit exécuter les cultures de la vigne, de manière qu'elles fussent plus favorables à la végétation des ceps. 1°. La disposition des ceps fut d'établir la vigne en planches, en laissant une plate-bande entre deux planches, à cinq pieds (un mètre soixante-trois centimètres) de largeur, pour y pouvoir planter trois rangées de ceps qui, par ce moyen, se trouvèrent à trente pouces (quatre-vingt-deux centimètres) l'une de l'autre, et les ceps à pareille distance les uns

des autres. Les plate-bandes avoient aussi cinq pieds (un mètre soixante-trois centimètres) de largeur, afin que l'air et le soleil frappant de tous les côtés les ceps, facilitassent leur végétation, et accélérassent la maturité des raisins. 2°. Par cet arrangement, on voyoit la possibilité et la facilité de faire exécuter les cultures des plate-bandes par les cultivateurs et charrues ordinaires ; ce qui faisoit une économie importante sur le travail à bras d'hommes, et une grande épargne sur la consommation des échalas, liens, fumier, etc. 3°. Les deux points principaux de la culture de la vigne sont la taille et les labours. M. *de Châteauvieux* pensoit comme *La Quintinie*, qu'il faut tailler la vigne immédiatement après les vendanges. Cette taille n'expose point les ceps à être gelés pendant l'hiver. M. *de Châteauvieux* eut lieu de s'applaudir de ce changement. Suivant lui, le premier labour doit être fait avant l'hiver ; le second, vers la fin de Mai (commencement de Prairial) ; le troisième, à la fin de Juillet, ou au commencement d'Août (Thermidor). Le premier labour fait après que la vigne a été taillée, produit sur les terres le même effet que sur les planches des blés ; les eaux n'y séjournent point, les gelées ameublissent les terres, les divisent, les entretiennent légères. Il convient de ne faire le second labour, qu'après qu'on aura piqué les échalas, que les ceps auront été ébourgeonnés, les sarmens relevés et attachés avec des liens aux échalas. La vigne aura déjà poussé, et cette pousse se sera faite sans avoir été troublée. Enfin le troisième labour, ou la seconde façon après l'hiver, étant différée jusques vers la fin de Juillet ou le commencement d'Août (Thermidor), il n'y a plus assez de temps jusqu'aux vendanges, pour donner aux mauvaises herbes celui de sortir de terre et de croître.

L'effet de cette culture fut extrêmement sensible. Tous les ceps parurent fortifiés et chargés d'une égale quantité de grappes ; les raisins plus mûrs, d'un goût plus relevé ; ils ne se pourrirent pas. Enfin, la récolte fut supérieure à celle des anciennes vignes. Une planche de quarante toises (soixante-quatorze mètres) de longueur, sur dix pieds (trois mètres vingt-cinq centimètres) de largeur, en y comprenant la plate-bande, contenant soixante-six toises et vingt-quatre pieds carrés (trois ares et deux mètres cinquante-deux décimètres carrés), donna trois cent trente-six pintes de vin, mesure de Paris (trois cent vingt litres). Vingt planches de la même grandeur, faisant environ l'étendue d'un arpent (demi-hectare), supposées d'un rapport égal, auroient produit six mille sept cent vingt pintes, ou vingt-trois muids et quatre-vingt-seize pintes (six mille trois cent quatre-vingt-quatre litres), récolte à laquelle aucune vigne du Génevois n'a pu encore atteindre.

Ce résultat est digne de la plus grande attention, et pourtant il n'est pas connu.

Lorsque *Duhamel* et *Châteauvieux* s'applaudissoient de l'avoir obtenu, ils ignoroient que la méthode d'établir la vigne en planches, étoit usitée dès long-temps dans plusieurs parties de la France, mais avec plus ou moins de soins, et par conséquent, avec plus ou moins de succès.

De temps immémorial, le territoire de Marseille a des *olieros*, ou des *oulières* de vignes, qui ne sont que les planches exécutées par *Châteauvieux*. On retrouve ces planches en plusieurs autres contrées, où la vigne est traitée d'une manière très-rustique. En voici un exemple.

En allant du Poitou dans le ci-devant Angoumois, « les habitans d'un lieu qu'on appelle la Morre, commencent à savourer le plaisir de posséder de la vigne. Si le sol ne leur permet pas d'en avoir de rampantes, ils ont au moins des treilles, ou vignes en futaies, dans lesquelles un seul propriétaire peut recueillir douze à quinze barriques de vin. Il n'est guères meilleur que le premier *révin*. N'importe, on le recueille chez soi avec la gaîté qui accompagne ordinairement les vendanges. Les treilles sont ordinairement rangées en allées découvertes, dont la hauteur varie depuis six jusqu'à vingt pieds (deux mètres à six mètres dix-huit centimètres). L'on y voit même des ceps de vigne qui ont plus de six pouces (seize à dix-sept centimètres) de diamètre. Ils sont soutenus par de gros poteaux fourchus, dépouillés de leur écorce, plantés et scellés solidement dans la terre, de distance en distance, pour recevoir des traverses par étage, d'un poteau à l'autre. Ils sont formés de branches de gros châtaigniers sauvages, qui sont abondans dans ce canton ; on les coupe dans le temps de la sève, pour en enlever plus facilement l'écorce. Les eaux de pluie coulent alors sur les poteaux, qui durent ensuite communément trente ans sans s'altérer. » (*Essai d'une Méthode générale propre à étendre les connoissances des Voyageurs*, par M. *Munier*, tome II, page 216.)

On voit tout ce qui manque aux vignes-futaies de la Morre, pour pouvoir être comparées aux planches de *Duhamel* et *Châteauvieux* ; mais voici ce qui s'en rapproche, et ce dont j'ai été frappé. Je m'occupois, depuis long-temps, d'un système d'agriculture pour les petits propriétaires. Je savois que dans cette vue, des agronomes très-zélés, que j'avois consultés, tel que le C. *Chancey*, conseilloient la réunion de la vigne et du blé dans le même terrein, pour ceux qui n'ont à exploiter qu'un terrein circonscrit. Je savois que cette méthode étoit usitée en Piémont. Quand on parle du revenu d'une vigne dans ce pays, on dit qu'elle rapporte tant en blé, tant en vin. J'ai appris que la même chose étoit pratiquée dans les départemens de la Drôme, de l'Isère, et ailleurs. Les renseignemens les plus clairs me sont venus à ce sujet, du département de la Drôme.

En 1772, la Société économique de Valence, dans le ci-devant Dauphiné, publia des observations sur la culture des vignes. La sixième des questions que cette Société discute, est conçue en ces termes :

Quelle est la meilleure manière de planter les vignes en treilles ?

La dixième question est celle-ci : Quelle est la manière de former et d'élever les ceps en treilles, ou en espaliers, après leur plantation ?

Les réponses sont étendues. J'en extrairai ici ce qui suffira seulement, pour donner une idée de ces vignes en treilles.

« La Société de Valence dit donc que depuis quelques années (en 1772), plusieurs particuliers de ce canton ont planté les vignes de cette manière, et que l'expérience leur a réussi. Ce moyen a paru très-propre à augmenter le produit des terres, puisque du même fond on tire une récolte de grains, et une récolte de vin très-abondantes ; on a même remarqué que ce vin ne le cédoit point aux autres en qualité, pourvu qu'on donnât au raisin tout le temps nécessaire pour bien mûrir, et avant tout celui qu'il lui faut pour se perfectionner. Le seul inconvénient seroit si cette double récolte épuisoit trop la terre, mais on y pare en la bonifiant par des engrais.

» Pour parvenir à la plantation des vignes en treilles, on doit faire des fosses de deux pieds (soixante-six centimètres) de profondeur, sur trois pieds (un mètre) au moins de largeur ; ces fosses doivent être faites long-temps avant la plantation. La meilleure méthode est de les creuser avant l'hiver, soit parce que la terre s'améliore par la gelée, la neige et les frimats, soit parce que le froid détruit jusqu'aux racines des herbes voraces qui pourroient se trouver dans la terre.

» Les fosses doivent être faites en ligne droite et dirigées du nord au midi : la raison de cette direction est sensible ; c'est parce que les treilles ne formant qu'une masse dans toute leur longueur, et offrant par conséquent une grande surface, elles seroient aisément renversées par les vents du nord ou du midi, qui sont les vents les plus impétueux dans ces contrées ; on évite cet inconvénient en les dirigeant du nord au midi : les intervalles laissent tout l'espace nécessaire à la circulation du vent.

» La distance de chaque rang de treillage doit être de vingt à vingt-deux pieds (dix-huit à vingt mètres), sans quoi le cep devenant fort touffu après quatre ou cinq ans, son ombre trop étendue endommageroit la récolte des grains qu'on a semés dans les plate-bandes qui séparent chaque rang de treilles.

» Il est nécessaire qu'il y ait, d'une souche à l'autre, la distance au moins de six pieds (deux mètres) : par ce moyen les souches prennent plus de force, durent plus long-temps, et produisent davantage.

» On ne doit planter que des ceps chevelus, appelés communément barbus.

» Comme le barbu qu'on a couché s'élève hors de terre, à la hauteur d'un pied (trente-trois centimètres) ou environ, il faut planter un échalas à côté, et attacher le barbu à l'échalas par deux petits liens d'osier, qui l'assujettissent sans le serrer ; un de ces liens sera mis à deux pouces (six centimètres) en terre, et l'autre à deux ou trois pouces (six à neuf centimètres) au-dessus de la surface. Lorsqu'on veut en semencer les plate-bandes, il est à propos de laisser un pied et demi (un demi-mètre) de distance de chaque côté de la plantation, pour pouvoir donner à ces jeunes plants les cultures nécessaires qui doivent être au moins au nombre de quatre, pendant les quatre premières années.

» Il faut observer que les treilles ou treillages dont il s'agit, ne sont pas ce que l'on appelle hautains ; ils sont à-peu-près élevés comme les espaliers ordinaires, avec cette différence que les ceps de ceux-ci sont plus bas, plus près les uns des autres, et que les plants ne sont pas les mêmes.

» Après avoir planté les treilles, il ne faut donner aux ceps, en les taillant, que deux branches ou bourgeons, jusqu'à la troisième année, pour qu'elles puissent se fortifier et donner du bois propre à être élevé ou arçonné, selon le terme de ce pays.

» La seconde année, on se contentera de mettre à chaque cep une perche de saule, ou autre bois, à la hauteur de quatre pieds (un mètre trente centimètres) hors de terre, et d'y attacher les branches ou pampres ; ce qui suffit jusqu'à la quatrième ou cinquième année, temps auquel on doit mettre à chaque souche un bon piquet de sept à huit pieds (deux mètres et demi environ) de hauteur et gros à proportion. On doit choisir par préférence le bois de châtaignier, d'amandier ou de mûrier, parce que ces espèces de bois se conservent dans la terre ; on doit avoir attention de brûler le bout qu'on veut planter, crainte qu'il ne repousse, et qu'attirant la séve, il ne l'intercepte, ou, ce qui seroit encore plus dangereux, il ne la communique à la souche avec sa qualité visqueuse, ce qui la feroit périr : précaution qu'on doit prendre plus particulièrement encore, lorsqu'on fait usage du bois de châtaignier ; de-là vient qu'en général, on ne doit employer que du bois sec.

» Pour donner plus de solidité aux treillages, il seroit bon d'employer des perches de châtaignier

gnier de quinze à vingt pieds (cinq à six mètres et demi) de long; mais il faut que ces perches soient minces, d'un bois refendu, et sans écorce: elles doivent être placées horizontalement dans toute l'étendue de la treille, et fortement attachées aux pieux avec des clous, en laissant un intervalle d'un pied et demi (un demi mètre) de l'une à l'autre, en sorte que la plus basse ne soit posée qu'à deux pieds (soixante-six centimètres) de terre. Si l'on n'avoit pas du bois de châtaignier, on pourroit employer des perches de saule ou autres bois. Il faut encore mettre un échalas à chaque souche.

» Les branches ou arçons qu'on doit laisser croître, doivent être distribuées dans les deux faces de la treille, suivant leur disposition naturelle, en les plaçant les unes au-dessous des autres, et en les arrangeant de chaque côté à droite et à gauche; évitant avec soin, de placer les branches trop près les unes des autres, ce qui causeroit de la confusion, intercepteroit les rayons du soleil, et empêcheroit la maturité du raisin.

» La principale attention du vigneron est de proportionner la quantité de branches ou d'arçons qu'on laisse croître, à la vigueur du cep, et de n'en pas laisser porter une trop grande quantité, sur-tout dans les premières années; l'expérience du vigneron doit régler sa conduite là-dessus. Les arçons doivent être pliés de façon que la séve, trouvant quelque résistance en montant, s'arrête au bourgeon; autrement, si elle suivoit son cours naturel et ne trouvoit rien qui l'arrêtât, elle se porteroit presque toute à l'extrémité, et donneroit par conséquent un bois trop long et moins de fruit. La forme que cette courbure doit avoir, est celle d'un quart de cercle; ce seroit trop que de faire un demi-cercle.

» On doit encore avoir l'attention d'attacher les branches aux pieux ou échalas qui forment le treillage, à mesure qu'elles croissent, de manière qu'elles soient bien assujetties, sans quoi les grands vents rendroient ces précautions inutiles: les meilleurs liens sont ceux que l'on fait avec de la paille de seigle, longue et mouillée, ou avec des joncs frais.

» On doit donner aux vignes plantées en

treilles quatre cultures chaque année. La première, dans le mois de Décembre (Frimaire); la seconde, au mois de Mars (Ventose); la troisième, au mois de Juin (Prairial); et la quatrième, au mois d'Août (Thermidor); cette dernière après une pluie, s'il est possible; mais il faut éviter de les cultiver lorsque la terre est trop échauffée. La manière de donner ces cultures, c'est de fossoyer le long du treillage, à un pied et demi (un demi-mètre) de chaque côté, sans élever la terre en talus, comme on le fait communément pour les vignes basses, excepté à la culture du mois de Mars (Ventose), où il faut relever la terre à droite et à gauche du treillage, pour laisser les racines un peu plus à découvert, afin qu'elles soient plus échauffées par le soleil.

» Lorsqu'on ensemence les plate-bandes qui sont entre les treillages, on doit avoir soin de laisser un pied et demi (un demi mètre) de terrein de chaque côté, pour nourrir les racines et donner les cultures. »

La Société économique de Valence dit qu'elle n'insiste pas sur l'utilité de cette pratique, parce qu'elle est suffisamment démontrée.

En 1775, l'Académie de Metz proposa cette question:

Quelle est la meilleure culture de la vigne, propre à la maintenir toujours en vigueur, sans nuire à la qualité du vin; également praticable dans les terreins à planter nouvellement en vignes, et dans ceux qui sont plantés depuis long-temps; convenable à la température et au sol du pays Messin; moins dispendieuse que celle qui est usitée, et par laquelle la vigne soit d'un égal produit, plus à l'abri de la grêle, les feuilles moins exposés à rougir et à se brûler, les raisins moins sujets à couler, et plutôt parvenus à la maturité?

Cette question, comme on voit, renferme un programme étendu; le prix fut obtenu, en 1776, par M. *Durival* le jeune, ancien secrétaire de l'intendance de Lorraine. Son mémoire fut imprimé à Nancy (chez *Lamort*, 1777, in-8°. 87 pages), avec plusieurs planches, médiocrement dessinées et gravées, mais très-exactes, et que d'autres ont copiées depuis, sans le dire. Ce mémoire, fort bien écrit, eut beaucoup de succès. Or, M. *Durival* ne trouvoit que dans la vigne en espalier, le moyen de remplir les diverses conditions que prescrivoit l'Académie. Plusieurs propriétaires ont suivi ses conseils, et s'en sont bien trouvés. L'auteur soupçonnoit cependant que l'on pouvoit simplifier la méthode qu'il proposoit. L'utilité bien constatée de l'alongement des bourgeons naissans de la vigne, lui avoit donné l'idée d'un treillage qui n'a d'autre destination nécessaire, que de recevoir successivement les jeunes sarmens qu'on y attache, et qui, la plupart, disparoissent à la taille, ou sont considérablement accourcis. Toute autre disposition qui pourroit faciliter de même cette élévation, cet alongement, sans trop perdre de la chaleur réfléchie par la terre, auroit des avantages équivalens à un treillage. Celui que proposoit le C. *Durival* consistoit en de forts échalas de chêne, hauts de six pieds (deux mètres) ou environ, enfoncés au maillet à quatre pieds (un mètre trente centimètres) les uns des autres, dans l'alignement des ceps. On devoit attacher à ces échalas, avec du fil-de-fer, deux traverses; la première, à dix-huit pouces (un demi-mètre) de la superficie du terrein, et une seconde, à dix-huit ou vingt pouces (cinquante à cinquante-six centimètres) au-dessus de la première.

Si l'on vouloit faire un recueil des meilleurs ouvrages françois sur la culture de la vigne, le mémoire du C. *Durival* y tiendroit une place distinguée. J'aurai occasion d'en indiquer encore d'autres, qui ne sont pas moins estimables.

Le C. *Sinety*, mon ancien confrère à l'Académie de Marseille, vient de continuer la doctrine du C. *Durival* (sans la connoître), dans son *Traité d'Agriculture propre aux départemens méridionaux*, publié à Marseille (en l'an XI, 1803, deux volumes in-12) sous ce titre: *l'Agriculteur du Midi*: j'ai lu cet ouvrage récent avec le plus vif intérêt. Les cultivateurs du midi ont droit de parler de la vigne. Ceux du nord ne peuvent mieux faire que de les consulter, et de chercher à profiter de leurs leçons sur cet article, autant que le climat et l'exposition peuvent le leur permettre. Le C. *Sinety* n'a pas oublié les oulières, ou les planches de vigne (desquelles je présume

qu'avoit tiré son nom une illustre muse françoise, madame *Deshoulières*). Il faut lire en entier le chapitre IX de la seconde partie de *l'Agriculteur*, de M. *Sinety*. Ce chapitre contient (ce qui devroit être à la fin de tous les livres instructifs) un précis, un résumé, en forme d'aphorismes, des règles, usages, méthodes, et préceptes de culture, propres au territoire de Marseille, pour lequel l'auteur a écrit. Dans le paragraphe concernant la disposition pour planter les vignes nouvelles, l'auteur prescrit ces règles:

1°. Tracer au cordeau les oulières des terres à blé, et celles des vignes; c'est-à-dire les plate-bandes alternatives où l'on cultive du blé, entre les lignes des ceps, et les planches où l'on place les ceps de vigne.

2°. Donner aux oulières de blé de dix pans au moins (sept pieds et demi courans, ou deux mètres et demi), jusqu'à quatorze pans (dix pieds et demi, trois mètres et demi) au plus, de largeur.

3°. Toutes les oulières de vignes (ou les planches des ceps) seront à trois files chacune.

4°. Donner trois pans et demi (deux pieds sept pouces et demi, un peu moins d'un mètre) de distance entre chaque file de ceps, dans les bons terreins, et quatre pans (un mètre) dans les terreins médiocres, etc.

On voit que ces oulières tendent au même but que les vignes en espalier recommandées par *Durival*, et les vignes en treilles de la Société économique de Valence.

L'auteur ne place point les files du nord au sud, comme on l'a vu prescrit dans les instructions publiées à Valence. Il les dirige de l'est à l'ouest, et il en donne des raisons qui méritent d'être pesées. L'auteur écrit pour le midi, comme son titre nous l'annonce. J'aimerois à transcrire tout ce qu'il dit des vignes, anciennes, nouvelles, de la taille, des provins, des labours, des vendanges, des pressoirs, etc.; mais j'aime mieux que le lecteur recoure au livre même, qui n'est pas d'une longue haleine, et qu'il est facile de se procurer.

Maupin, qui a tant écrit sur la culture de la vigne, et sur la fermentation, étoit aussi grand partisan des vignes par rangées, à distances égales ; mais il ne faut pas lire ses écrits sans précaution. Le C. *Bergeron Sersins*, très-estimable agriculteur du ci-devant Médoc, a relevé les erreurs de *Maupin* dans la *Feuille du Cultivateur*; et ces morceaux, très-remarquables, sont les derniers qu'elle ait publiés.

Enfin, l'auteur de l'excellent *Essai sur l'amélioration des pays montueux*, *Costa*, étoit du même avis. « Nos vignes, dit-il, sont un modèle de désordre. Nous pouvons avoir d'excellens vins en bien des cantons; mais ce ne sera qu'en nous appliquant à les traiter avec ordre; et pour cela il faut absolument les mettre en lignes: on laissera des intervalles considérables entre ces alignemens. En Piémont, on met trois trabucs (neuf mètres) de distance, d'une ligne à l'autre, etc. » Le chapitre de *Costa* sur la vigne est court, mais rempli d'observations essentielles.

J'accumule à dessein ces diverses autorités, parce qu'elles émanent d'auteurs qui ont écrit en différens climats. Tous sont d'accord que le moyen d'augmenter le produit des vignes existantes, est de les mettre en espalier. Mais quand les vignes dégénèrent, l'art peut-il les renouveler? C'est ce que je vais discuter.

§. V. *Des moyens de renouveler la Vigne.*

Dans l'article *Vigne* du *Cours d'Agriculture de Rozier*, on dit que pour créer, renouveler ou perpétuer une vigne, on pourroit faire usage des semis, mais que cette dernière voie paroit trop lente. On cite, à ce sujet, l'expérience de *Duhamel*. Il assure qu'un pied de vigne élevé de pepin, n'avoit encore produit chez lui aucun fruit, au bout de douze années de culture. Il paroit, par un autre article, que *Rozier* avoit été lui-même rebuté par le résultat d'une autre expérience; des pepins choisis ne lui avoient donné qu'un raisin détestable. Mais l'exemple de ces deux célèbres agronomes ne doit pas nous décourager, parce qu'il est possible qu'ils n'ayent pas pris les meilleurs moyens de réussir, et, qu'en effet, d'autres ont obtenu, soit à dessein, soit par hazard, des succès décisifs.

L'auteur du livre intitulé les *Agrémens de la Campagne*, cultivoit un jardin près de Leyde. Pour vaincre les obstacles que lui opposoit le climat de la Hollande, il a eu besoin de faire beaucoup d'épreuves. Il a semé des pepins de raisin. Il observe qu'il est fort incertain quelle espèce de fruit l'on acquerra par la voie de la semence. Il est fort remarquable que les pepins de raisins blancs produisent souvent des raisins noirs, et les pepins de raisins noirs, des blancs, même souvent aussi des espèces bâtardes. C'est pourquoi l'on multiplie rarement la vigne de semence. Cela ne devroit pourtant pas en détourner un vrai curieux, parce que ce n'est pas seulement de semence que les meilleurs raisins viennent; mais on peut aussi, par le moyen d'une bonne culture, en avoir du fruit dans peu d'années.

Pour les faire venir à souhait de semence, on choisit des pepins des meilleurs raisins, parfaitement mûrs, et qui brunissent. On les sème au commencement de Novembre (Brumaire), dans une bonne terre sablonneuse, raisonnablement humectée. On les couvre bien contre le froid de l'hiver. Il faut aussi avoir soin, pendant l'été, de couvrir, contre l'ardeur du soleil, les tendres rejettons, de les munir contre les vents furieux, de les attacher à mesure qu'ils croissent, et de les entretenir continuellement dans une moiteur convenable. Quand ces sauvageons de semence ont plus d'un sarment, il faut pincer le plus foible dans le cœur, à la hauteur d'environ trois pieds (un mètre), afin que l'autre restant seul, puisse pousser plus vigoureusement, faire de meilleur bois. On pince pareillement, à cette tige, le sarment mitoyen, afin que le bois grossisse mieux, et que les yeux se gonflent davantage. Il faut faire tous ses efforts pour mettre les jeunes vignes en état de faire du bois bien vigoureux. C'est le moyen d'avoir, dans la suite, des vignes bien arrangées, et bien fertiles.

On passe le détail des autres précautions que l'auteur conseille, et l'on s'empresse d'arriver au résultat.

Les fruits de ce semis ne se font pas long-temps attendre.

L'auteur dit qu'il sema, en 1722, des pepins de raisin blanc précoce; et en 1725, il cueillit aux vignes, venues de ces pepins, des raisins noirs, et aussi des blancs. Ce raisin est nommé en hollandais *vroege van der Laan*, par ce qu'il est provenu originairement de semence, par les soins d'*Adrien van der Laan*, receveur du Rhynland.

Des fruits qu'on cueille après trois ans, ne sont pas une vue trop lente. La vigne cultivée à l'ordinaire, n'est jamais plus hâtive. Il paroît même qu'à force de soins, on pourroit encore accélérer l'époque de la jouissance.

En 1727, il arriva, par hazard, qu'il parut sur une couche de tubéreuse une vigne de semence, qui ayant été d'abord réchauffée sous des vitres, de la même manière que les tubéreuses, et poussée par du fumier, crût tellement, que, par la taille d'été, elle auroit vraisemblablement produit, l'année 1728 et suivantes, des grappes, si on eût pu l'élever où elle étoit.

Tschudy cite un fait du même genre, dans l'article *Transplantation* du supplément de l'*Encyclopédie*. Il semoit des pepins et des noyaux de fruits, dans la vue d'obtenir de nouvelles espèces. Il avoit obtenu par-là, une cerise violette, un assez bon marron, une noix allongée, etc., etc.; mais il cite sur-tout la conquête d'un bon raisin. Voici ce qu'il en dit:

« Le raisin appellé verjus, délicieux au midi de la France, où il acquiert toute sa maturité, n'y peut parvenir, comme on sait, dans les provinces du nord; mais un de ses pepins vient de nous donner une variété connue sous le nom de *vigne aspirante*, dont le raisin excellent et semblable au verjus, y mûrit en perfection, et dont les sarmens vigoureux s'élancent avec une vigueur étonnante, et garnissent, en fort peu de temps, les plus hauts murs. »

On dit la même chose dans le *Cours d'Agriculture de Rozier*, article du verjus, ou bourdelois; mais on attribue le fait à un autre.

« Un pepin de ce raisin semé, il y a plusieurs années, dans le jardin très-connu du chevalier de Jansen, à Chaillot, près Paris, a produit une variété dont le fruit parvient à la maturité la plus complète. Ses sarmens poussent avec une vigueur extrême, et couvrent déjà une grande étendue de muraille. Le fruit de cette variété est excellent. Elle porte, on ne sait pour quoi, le nom de vigne aspirante. »

Il est probable qu'il s'agit ici du raisin obtenu près de Metz, par *Tschudy*. Il n'est pas moins certain que la méthode de semer des pepins de raisin est un moyen de créer de nouvelles vignes, et de remédier peut-être à la dégénération des anciennes. On a remarqué, dans plusieurs vignobles, que des plants autrefois célèbres, s'étoient dégradés par le temps, comme le Balsac, dans les environs d'Angoulème. On a été obligé d'arracher ces cépages, pour y en substituer d'autres; mais on n'a pas fait attention que la vigne, propagée sans cesse par boutures, s'épuise comme toute autre plante, et que c'est par les semis seuls qu'on pourroit la régénérer. La nature ne plante pas; elle sème; c'est en semant qu'elle conserve la vigueur et la fécondité des plantes.

Je l'ai dit à plusieurs reprises (dans la *Feuille du Cultivateur*, dans la *Lettre sur le Robinier* et ailleurs), je dois le répéter, les semences sont, à mes yeux, le magasin de la nature; nous ne saurions trop y puiser, en fait de végétaux.

Quelques censeurs ont observé qu'il seroit inutile de semer les pepins des fruits venans d'arbres greffés, parce qu'ils ne produisent constamment que des sauvageons, et que cette plantation ne seroit bonne, tout au plus, que pour quelques bois d'agrément. On croit que la nature ne souffre qu'à regret l'espèce de viol que la greffe lui fait; mais on peut douter du principe. La Société de Dublin, dans ses instructions économiques sur les cidres, en avance un contraire. Elle dit qu'on a observé que *les pepins des pommes greffées produisent de nouvelles espèces, différentes de la greffe et du tronc, et qui participent un peu des deux; qu'ainsi, l'on peut créer chaque année de nouvelles espèces, jusqu'à ce qu'on rencontre, par un heureux hazard, le goût qu'on voudroit choisir.* De pareilles expériences, que l'on peut retourner et varier à l'infini, mériteroient d'être tentées, et l'autorité que je cite, doit y encourager. Le C. *Mustel*, auteur du *Traité de la Végétation*, m'a écrit de Rouen, qu'à force de semer des noyaux de la pêche qu'on appelle pêche de Malte, il en a gagné une espèce ou variété jardinière, supérieure en goût, en grosseur et en coloris, et qui donne aussi en plein vent. On a réussi pour les pêches, pour les poires et pour les pommes. On est plus sûr encore de réussir pour les raisins (*).

On dira que, pour ces semis, il faut de l'espace, du temps, et sur-tout de la patience.

Quant au temps, il y a des moyens de hâter la mise à fruit, par artifice. En voici un exemple, que j'ajoute à ceux de l'auteur des *Agrémens de la Campagne*.

A Saint-Jean-d'Angély, un ouvrier en drap fit, en 1773, une épreuve singulière sur la culture de la vigne. Le 4 Février, il prit un pot à fleurs, haut de dix pouces (vingt-sept centimètres), large également à son ouverture, et de trois pouces et demi (neuf centimètres) dans le fond. Il remplit ce pot de fumier et de terre, par couches alternatives de deux pouces (six centimètres) d'épaisseur. La première, de fumier, servit de base aux autres. Après cela, il y planta une broche, pour parler le langage des vignerons de Saintonge, c'est-à-dire une branche ou jet de vigne, sans racine, de la pousse de 1772, coupée d'un cep taillé au printemps, et de l'espèce d'un plant nommé, dans le pays, *folle noire*. Le curieux cultivateur eut grand soin d'arroser sa broche à propos, et de la garantir des intempéries, tantôt en la renfermant dans sa cave, tantôt en l'exposant au grand air. Elle poussa quatre jets, deux en bas, deux en haut, chacun de plus de deux pieds (soixante-six centimètres) de long. On ne pouvoit rien voir, en fait de plantes, de plus vif, de plus frais, de plus vigoureux, et de mieux nourri. Ces jets portèrent dix grappes de raisin, les unes grosses, les autres médiocres, toutes bien conditionnées. Cette plante, féconde dès sa naissance, excita la curiosité et l'admiration publique.

« A quel point de fertilité la culture pourroit-elle donc porter la terre, si nous savions resserrer, dans une moindre étendue, les soins,

les avances, et les engrais que nous dispersons sur une vaste surface ! » Telle étoit la réflexion du Journaliste, qui rapportoit ce fait dans la *Gazette d'Agriculture* (28 Septembre 1773, n°. 79). J'en conclus seulement qu'il y auroit moyen d'amener les plants de vigne, provenus de pepins, à fructifier assez tôt pour ne pas lasser la constance de celui qui les semeroit. Ainsi, l'objection du temps est d'abord écartée.

Quant à l'espace, il en faut peu. On pourroit semer ces pepins, comme font les Anglois, dans des pots, sur des couches. C'est ainsi que M. *Forsyth*, jardinier du roi d'Angleterre, élève à Kensington des vignes de semence (*Traité de la culture des arbres fruitiers*, page 149).

Enfin, quant à la patience, n'est-elle pas payée par un essai heureux, sur cent qui n'ont pas réussi ? La découverte d'un raisin excellent et nouveau, seroit certainement plus utile et plus précieuse que la trouvaille d'une fleur. Un bon fruit vaudra toujours mieux que la plus superbe tulipe. On sait que les fleuristes rejettent souvent mille oignons, qui sont venus de graine, pour n'en garder qu'un seul, et ils se croyent bien payés de leur attente et de leur peine ; mais avec les pepins, on a encore une ressource. Si l'on s'aperçoit que la vigne élevée de semence, ne donne pas un fruit de bonne qualité, on greffe sur ce plant sauvage de meilleures espèces. Les espèces grossières croissent avec plus de vigueur ; elles sont, par cette raison, plus propres à la greffe.

Je crois donc devoir insister pour que le procédé de semer des pepins devienne plus commun en France. On devroit assurer des distinctions et des primes à ceux qui obtiendroient ainsi de nouveaux plants de vigne, plus robustes, plus indigènes, et meilleurs que les plants connus.

Ce seroit le moyen d'acclimater de proche en proche, et de multiplier par-tout des raisins qui manquent encore à la liste considérable de nos richesses vinifères. N'y gagnât-on que des espèces plus succulentes pour la table, plus flatteuses pour le coup-d'œil ; ce ne peut jamais être une conquête à dédaigner. La vigne, suivant *Columelle*, se plante dans un double but, ou pour manger son fruit, ou pour boire son jus (*vel ad escam, vel ad effusionem*). Parmi

______

(*) *Malesherbes*, dont le nom rappelle tant de souvenirs intéressans pour l'agriculture et l'humanité, ne mangeoit aucun fruit à pepins ou à noyau, sans les conserver pour les semer ; et il étoit parvenu aussi à acquérir, par ce moyen, quelques nouvelles espèces ; j'ai vu, entr'autres, une prune nouvelle, provenant de ces semis, chez notre collègue le C. *Ceb*, et chez M. le chevalier *Banks*. (*H*.)

les vignes pour la table, il recommande celles qui ont la plus belle apparence, celles dont la grappe a trois pieds (un mètre), celles dont le grain pèse une once (trois décagrammes), celles qui ressemblent aux coings, etc. On sait que la terre promise est figurée, dans les tableaux, par une grappe de raisin, qui fait la charge de deux hommes, par allusion à la grappe qui fut portée sur un brancard, dans le camp de Cadès Barné (*Numer.* c. 13.) *Euphore* et *Métrophane*, auteurs grecs, profitant du privilège qu'ont les Grecs de conter des merveilles, parlent d'une ville d'Asie, qu'ils nomment Encarpie. Les vignes y sont si fécondes, qu'il faut un charriot pour porter chaque grappe, et une seule de ces grappes se trouva un jour si pesante, qu'elle écrasa son charriot. *Strabon* cite aussi des raisins dont les grappes ont deux coudées (un mètre). On sent bien ce qu'il faut rabattre de ces exagérations; mais il y a pourtant quelque chose de vrai. Nous sommes loin du temps des fables. Cependant, on sait qu'il existe des raisins aussi merveilleux. Le plant des vignes de Madère fut tiré de Candie, et les grappes qu'il porte ont jusqu'à deux pieds (soixante-six centimètres) de longueur. Dans l'Escure, province qui dépend de Maroc, les grains de raisin sont, dit-on, de la grosseur d'un petit œuf de poule. Aux environs d'Alger, on voit des ceps de vigne, dont la circonférence est mètre et demi (près de cinq pieds); ils produisent des grappes longues d'un demi-mètre (un pied et demi). Les célèbres vins de Schiras sont faits de raisins de Damas; il y a telle de leurs grappes qui pèse près de six kilogrammes (douze livres); mais sans aller si loin, on voit en Portugal (entre *Dourho* et *Minho*), des vignes à l'ombre desquelles on peut se reposer, et dont le produit s'est porté à cinquante arrobes (environ seize cent livres, ou quatre-vingt myriagrammes) de vin. Nous pouvons trouver en Espagne, des vignes non moins remarquables. Lorsque l'infortuné *Gilbert* partoit pour ce pays, je lui écrivis une lettre (16 Brumaire an 7), où je lui rappelois plusieurs objets d'agriculture. J'en extrais ce passage.

« Songez aussi, chemin fesant, à une plante intéressante; c'est de la vigne dont je parle.

Les environs de Sarragosse, dans le royaume d'Arragon, produisent des raisins très-gros et de la plus belle couleur. Dans le royaume de Valence, on trouve des raisins qui pèsent plus de douze livres (six kilogrammes), et dont les grains sont gros comme des noix muscades, ou au moins le double des nôtres. L'histoire de Grenade, écrite en 1378, annonce que les Maures des environs de cette ville, avoient le secret de garder des raisins sains et pleins de jus, d'une année jusqu'à l'autre. Encore aujourd'hui, en Espagne, les raisins nourrissent le peuple pendant quatre à cinq mois. Ils ont une saveur sucrée et très-substantielle. Il seroit agréable et utile à-la-fois, de naturaliser en France ces bonnes sortes de raisins, etc. »

Gilbert, victime de son zèle, n'a pu se conformer à mes intentions. Je forme de nouveau le vœu que je lui transmettois, et je désire qu'on accorde des encouragemens publics à celui qui l'aura rempli.

Je ne contredis point ici la note (1) par laquelle on a remarqué, ci-devant (page 314), que du plant des vignes de Chypre transplanté à Coucy, par les soins de François I, avoit bientôt dégénéré. En venant du midi au nord, la vigne ne se soutient pas, tandis qu'elle s'améliore en allant du nord au midi. C'est un fait bien constant. Cependant, j'admettrois ici plusieurs distinctions. Tous les plants des vignes connues viennent sans doute de l'Asie. Elles ont changé sur la route: mais d'un climat à l'autre, elles n'ont pas toujours perdu. Il en est qui ont prospéré par leur transmigration même. Le plant venu de Chypre par ordre de François I, avoit-il été bien choisi? Il y a dans les îles de Chypre et de Candie, plus de cinquante sortes de raisins différens. Ce plant a-t-il été soigné dans la route et à son arrivée, comme il auroit dû l'être? Les rois peuvent donner des ordres; mais ces ordres sont-ils toujours parfaitement exécutés? Je vois que dans bien des pays, on s'est piqué, non sans succès, de faire venir de très-loin du plant de vignes réputées, et qui, sans rendre exactement le même vin qu'elles donnoient dans leur pays natal, en ont produit de bien meilleur que celui du pays où on les avoit transplantées.

Dans le duché de Wirtemberg, l'illustre *Bilfinguer*, aussi bon patriote qu'il étoit profond érudit, a planté un vignoble dans les environs de Canstatt, avec des ceps tirés de France, d'Italie, de Grèce, de Hongrie, de l'île de Chypre, et de Schiras en Perse. Tous ces plants exotiques ont réussi au point qu'on a pu en former d'autres plantations. On n'en fait pas du vin de France, d'Italie, de Hongrie, de Chypre, de Schiras, etc.; mais on en fait du vin supérieur à tout ce que l'on connoissoit auparavant dans la contrée.

Les vins des rives du Necker portent aussi le nom des pays d'où l'on a tiré les plants de leurs vignobles. Ceux de ces raisins étrangers qui ont le plus de qualité, sont ceux de Chiavenne, de la Valteline, du Florentin, de Tramin en Tyrol, et de Hongrie. (*Géographie de Busching*, Suabe.)

Je ne serois embarrassé que du choix de pareils exemples. Le dernier éditeur du *Ricordo d'Agricoltura*, le père *Scotoni*, dit que des vignes de Tokai, transportées auprès de Trévise, ont donné d'excellent raisin dès la première année. Il est vrai qu'on avoit eu soin de les biner au moins une fois tous les mois, et qu'un zélé propriétaire présidoit au succès de cette transplantation. Sans les lumières, sans les soins, sans l'assiduité d'un cultivateur éclairé, rien ne peut réussir, sur-tout en fait d'expériences. Celles que je conseille ne sont pas, au surplus, d'acclimater des plants, ou des souches de vignes; je veux qu'on sème leurs pepins, et je ne peux douter que cette dernière méthode ne procure, en ce genre, des richesses nouvelles, auxquelles on ne s'attend pas.

Voilà un beau champ d'expériences que le Gouvernement ne doit pas faire, mais qu'il doit encourager. Ce n'est pas la seule tentative qui puisse améliorer la culture des vignes. Une bonne espèce obtenue, voyons comment il faut la conserver.

§. VI. *D'un moyen de perpétuer la même espèce de Vigne.*

Le célèbre et malheureux *Roland de la Platière*, a laissé des lettres qu'il écrivoit dans ses voyages en Suisse, en Italie, etc. Elles étoient adressées à cette femme non moins infortunée, qui a porté son nom, et que ce nom a conduit à l'échafaud, où elle est montée avec tant de dignité et de courage.

Dans ces lettres, si remarquables par leur auteur et leur adresse, il y a quelques faits relatifs à l'agriculture. On doit faire attention surtout à l'article intitulé :

La manière de cultiver la vigne dans le Mantouan.

« Voici, dit l'auteur du voyage, une manière d'y cultiver la vigne que nous ne connoissons pas, et qui pourroit être applicable en certains cas.

» On couche, en automne, une vigne de bon plant, à huit pouces (vingt-deux centimètres) de profondeur, sans fumier; on la laisse ainsi quinze à seize mois, jusqu'au second printemps suivant : alors on lève ses plants enracinés, et l'on en plante deux, à quatre pieds (un mètre trente centimètres) de distance chacun, dans une fosse de deux pieds (soixante-six centimètres) de large, sur deux pieds (soixante-six centimètres) de profondeur. On en garnit ainsi la pépinière, dont les fosses doivent être à quatre pieds (un mètre trente centimètres) de distance les unes des autres, comme les souches. Il faut mettre un petit lit de fumier très-consommé, et beaucoup mieux du terreau au fond de chaque fosse, qu'on creuse avant l'hiver, afin que la gelée et l'air frappent la terre, la fusent, attirent son humidité, etc. On coupe le sarment à six pouces (seize à dix-sept centimètres) au-dessous de la surface du terrain, et l'on remplit la fosse jusqu'à cette section.

» Dans la première année, il n'est question que de remuer un peu la terre, seulement pour en présenter à l'air une nouvelle superficie, et détruire les herbes.

» L'hiver d'ensuite on la travaille encore légèrement; au printemps suivant, on cerne la souche, on coupe très-près tous les jets qui se sont formés pendant la première année, et l'on cultive une fois ou deux comme l'année précédente.

» Au troisième printemps on coupe encore tous les sarmens, et à l'automne suivant, trois ans après avoir ouvert les fossés, on nettoie les souches de tous les petits jets, on n'en laisse que deux ou trois des plus beaux, qu'on couche, suivant la manière usitée, dans la longueur des fossés, à environ deux pieds (soixante-six centimètres) de distance.

» Le quatrième printemps, on coupe proche de la vigne mère, la nouvelle tige enracinée, pour la planter aussitôt avec ses racines. La vigne plantée de cette façon, porte quelque chose dans la première année, plus dans la seconde; elle est en plein rapport dans la troisième.

» Cette méthode a l'avantage, sur la nôtre, d'assurer la reprise de tous les plants, et que tous les ceps étant de la même année, les anciens n'étouffent point les nouveaux; où l'on n'est pas obligé d'attendre que les ceps voisins des places vides soient assez gros, assez fournis de bois pour les y coucher.

» Actuellement on découvre la souche tout autour. Laissée ainsi découverte tout l'été, elle pousse des sarmens qu'on couche de nouveau à l'automne suivant, et ainsi de suite chaque année, sans interruption. Les tiges couchées se coupent très-près de terre; il suffit qu'il en sorte un ou deux yeux. A mesure que la souche se fortifie, on couche un plus grand nombre de sarmens à la fois, quelquefois dix à douze de chaque souche. Une pépinière ainsi conduite, dure, quarante, cinquante ans.

» Il faut mettre un peu de fumier dans la fosse, quand on couche les sarmens, et toujours mieux du terreau dans celle où l'on met le plant enraciné, et qu'on ne creuse qu'à environ un pied (trente-trois centimètres) de profondeur, suivant le terrein.

» Quand la vigne est couchée, il en faut soutenir les jets qui poussent, afin qu'ils s'élèvent et ne rampent pas: on peut, quand ces jets sont fort longs, les coucher et les recoucher; mais les pieds n'en sont pas si beaux, si forts. On en use ainsi quand on cultive pour vendre, qu'il n'est question que de multiplier les plants; mais lorsqu'on travaille pour soi, on ne couche qu'une fois.

» Ceux qui veulent singulièrement ménager leurs souches, et avoir de plus beaux plants encore, ne couchent que de deux années l'une.

La mère reste entièrement couverte toute l'année de repos, et elle ne produit rien au-dehors dans cet intervalle.

» Au printemps de la seconde année, on la découvre à fleur de terre, il pousse des jets vigoureux que l'on couche l'automne suivant, qu'on lève et replante le printemps d'après. »

Cette méthode se réduit à celle qui est bien décrite dans nos livres de jardinage, pour obtenir des souches-mères. Elle est intéressante pour les cultivateurs de vignes, qui sont jaloux de conserver la ressemblance entière et l'identité de leurs plants. Les vignobles qui ont perdu leur réputation, parce que les cépages en ont été changés, auroient été, en quelque sorte, éternisés par le moyen de cette pépinière, qui exige peu de terrein. C'est un objet essentiel et qu'il est étonnant qu'on ne mette pas en pratique, par-tout où l'on possède des vignes qui vaillent la peine d'être gardées dans leur bonté et dans leur état primitif.

§. VII. *Du Tokai, et de l'étude qu'on devroit faire des Vignobles fameux.*

Ce que l'on vient de dire du soin avec lequel *Roland* examine dans ses voyages ce qui concerne l'agriculture, doit ici donner l'idée de faire faire des voyages exprès pour connoître et décrire avec exactitude, tous les vignobles qui jouissent de quelque réputation. Les voyageurs vulgaires parlent de ces objets, mais presque tous les traitent superficiellement. Aussi, combien d'erreurs répandues sur ce point dans les livres géographiques? combien de fausses notions?

Par exemple, *Guthrie*, et *Busching* avant lui, n'hésitent pas de nous dire que le vin de Tokai est au-dessus de tous les vins de l'Europe. Mais à peine daignent-ils expliquer comment on obtient cette liqueur si précieuse. Un seul voyageur est entré à cet égard dans quelques détails plus satisfaisans. C'est un Anglois (M. *Robert Townson*); et sa conclusion est bien contraire à celle de *Busching* et de *Guthrie*; car il ne balance pas à reconnoître que la France a des vins meilleurs que celui de Tokai.

Un petit extrait de cet article du voyage de
M.

M. *Townson*, en Hongrie, fera sentir l'importance de ce que je viens de dire, sur la nécessité d'étudier de plus près ce qui se pratique dans les vignobles les plus célèbres. On pourroit y gagner de plus d'une manière.

M. *Townson* commence son chapitre sur Tokai, par observer que l'on suppose naturellement qu'une ville située sur un sol fertile, au confluent de deux grandes rivières, doit être riche. Pourquoi cela n'est-il pas, dit-il? je l'ignore; mais Tokai n'est qu'une petite ville misérable, quoiqu'elle réunisse ces avantages.

Tokai a cela de commun avec un grand nombre de personnages de ce monde, qu'il tire sa gloire du mérite des autres. Son canton ne produit qu'une très-petite partie de l'excellent vin qui porte son nom. Il a eu la chance de le donner à un district montueux, qui s'étend à près de trente milles vers le nord; mais sa largeur est beaucoup moins considérable.

Il paroît que Tokai acquit cette renommée sous le gouvernement de Ragotski, qui transportoit ici les vins qu'il tiroit de son district.

Les vins connus dans les pays étrangers, sous le nom de Tokai, sont d'une espèce particulière, dont les différens cantons de ce district ne font qu'une très-petite quantité, et qui, même sur les lieux, se vendent très-cher; on nomme cette espèce *ausbruch* (vin de goûte): on le fait au moyen d'un mélange de raisins à moitié secs, qu'on joint aux raisins ordinaires. La manière de cultiver les vignes dans le célèbre pays de Tokai, pouvant intéresser la plupart des lecteurs, M. *Townson* consacre à cet objet une partie de son chapitre. Il commence par le plantage des vignes, et finit par les procédés qu'on emploie pour donner au vin sa plus grande perfection.

Lorsqu'on a planté une vigne, on abat la tête du cep au dernier nœud, ou bourgeon, à environ un travers de main de la terre, et au printemps on arrache soigneusement les repousses. La souche prend, par ce moyen, de la force, croît tous les ans, et devient quelquefois très-grosse. La bonne grosseur est celle de la tête d'un enfant. Lorsque la vigne a récompensé, par ses fruits, les peines du cultivateur, c'est-à-dire, après la vendange, qu'on fait ici vers la

fin de l'automne, on couvre les souches d'environ un pouce ou deux (trois à six centimètres) de terre, et chacune a alors l'apparence d'une taupinière. Le cultivateur veille avec grand soin sur les ouvriers qui font cette opération, dans la crainte que la gelée ou la neige n'empêche de l'exécuter. On couvre jusqu'aux branches dont on se propose de faire des rejetons. Quelques vignerons tirent de terre les échalas ou soutiens, et les mettent en tas; d'autres les laissent en terre. Dès que l'hiver est passé, et que le temps devient plus doux, c'est-à-dire, vers le milieu, et quelquefois au commencement de Mars (milieu de Ventose), on découvre les souches, et on donne à la terre une façon, ou un labour. Ensuite, le premier ouvrage est de dresser la vigne, ce qu'on fait dès que la saison le permet, vers la fin de Mars, ou au commencement d'Avril (commencement ou milieu de Germinal). Les hivers rigoureux et les gelées du printemps, font souvent du ravage dans les vignes, et pour remplacer les ceps qui périssent, il faut en élever de nouveaux. Ceci se fait de différentes manières. On transplante, ou plus communément on plante les tailles des ceps dont on connoît la qualité, et c'est cette opération qui suit celle dont je viens de rendre compte. On plante la taille, dont on abat la tête, à environ un pied (trente-trois centimètres) en terre, avec un peu de fumier dans la fosse, et on ne laisse hors de terre qu'un bout d'environ un travers de main, qu'on recouvre légèrement jusqu'à ce qu'il commence à pousser. Au printemps, il n'y a plus rien à craindre. D'autres élèvent des rejetons. Ils creusent ou vident la terre autour de la souche et de ses racines, à environ un pied et demi (un demi-mètre) de profondeur; ensuite on rabat les rejetons, on les couvre de terre mélangée avec un peu de fumier, qu'on presse fortement, en la foulant aux pieds, de manière que les bouts des rejetons ne sortent de terre que d'environ deux ou trois pouces (six à neuf centimètres). Chacun de ces rejetons produit, avec le temps, un cep, ou une souche, et on y plante un échalas ou support. Vient ensuite le plus dur labour de la vigne, on pioche et on retourne le sol. Cette opération revient trois ou quatre fois dans l'intervalle qui précède la vendange. Après ce labour, on renfonce les échalas ou supports, afin de les assurer : et quand les pousses ont environ deux pieds (soixante-six centimètres) de longueur, on les lie légèrement. Lorsqu'elles ont acquis la longueur d'environ cinq pieds (un mètre soixante-trois centimètres), on les lie plus fortement vers l'extrémité supérieure, et moins serrées vers la partie mitoyenne. Les herbes commencent alors à croître, et il faut encore labourer ou retourner le sol pour les détruire, et empêcher la terre de devenir trop compacte. Durant la fleur, on ne touche point à la vigne; on laisse agir librement la nature; lorsque la fleur est passée, on remue encore les échalas ou supports, en les renfonçant : on rattache en même-temps les liens qui ont manqué; on supprime les bourgeons ou repousses inutiles, et les vignes restent dans cette situation jusqu'aux vendanges, après avoir encore retourné une fois le sol.

Quoique, dans les années chaudes, les premiers raisins soient dans leur maturité, vers le milieu d'Août (fin de Thermidor), ils ne sont bons à manger que vers la fin de Septembre (commencement de Vendémiaire), et comme, pour faire du bon vin, il faut qu'ils soient tous parfaitement mûrs, on diffère la vendange le plus long-temps possible, et, en général, jusqu'au 28 d'Octobre (5 Brumaire); et si le temps est beau, on diffère encore, afin d'avoir une plus grande quantité de raisins à demi-desséchés, qu'on nomme *troken-beers*, et qui sont indispensablement nécessaires pour faire l'ausbruch, c'est-à-dire, la sorte de vin si estimée dans toute l'Europe, sous le nom de Tokai.

Dès que les raisins commencent à mûrir, on place des gardes dans les vignes, non-seulement pour empêcher d'enlever les fruits, mais pour chasser les oiseaux qui en sont très-friands.

C'est aux troken-beers, ou raisins à demi-secs, que le vin de Tokai, autrement l'ausbruch, est redevable de sa délicieuse saveur; mais ils dépendent beaucoup de la saison. Leur quantité et leur qualité diffèrent infiniment d'une année à l'autre. Il arrive quelquefois qu'il n'y en a point du tout : par exemple, lorsque les gelées du matin sont prématurées, et précèdent la maturité des raisins, alors l'ausbruch est âcre et de mauvais goût; mais ces gelées sont favorables, lorsqu'elles ne viennent pas trop tôt. Si le temps est couvert et pluvieux, lorsqu'il faudroit à ces raisins un soleil ardent, pour en pomper les parties aqueuses, et les convertir en sirop, il en résulte un mal que le lecteur doit facilement concevoir. Les troken-beers sont toujours en très-petite quantité, relativement aux raisins ordinaires; et il y a, comme j'ai déjà dit, des années où l'on n'en trouve point.

Lorsque le temps de la récolte arrive, les gens de tout âge s'empressent également d'y concourir. Ceux qui cueillent les raisins, mettent les troken-beers à part, et ceux qui ne font point d'ausbruch, les vendent souvent à ceux qui en font. Lorsque les raisins sont transportés, on les foule, et on met ensuite les grappes sur le pressoir pour en extraire la liqueur qui y reste; mais on mêle généralement ces deux liqueurs; on ne fait point de différence entre celle de la cuve et celle du pressoir. Telle est la manière de faire le vin commun qui se consomme dans le pays, et ne passe point dans les pays étrangers.

On foule aussi les troken-beers, dont on extrait un jus qui a l'apparence et la consistance du miel. On le coupe avec du vin ordinaire; et comme la saveur de l'ausbruch ou mascklass, dépend de la proportion du jus des troken-beers, on la varie, conformément à l'intention du propriétaire. La proportion ordinaire pour une antal d'ausbruch, qui contient dix-sept à dix-huit gallons d'Angleterre (environ soixante-douze pintes de Paris, ou soixante-neuf litres et demi), est de deux boisseaux (environ deux décalitres) de troken-beers; et pour un baril de mascklass, qui est une qualité moins liquoreuse, on met la même quantité; mais le baril contient presque le double de l'antal, de façon que la proportion des troken-beers, pour faire le mascklass, n'est qu'une moitié de celle qu'on emploie pour faire l'ausbruch. Comme la police n'a rien à voir dans cette opération, et que chacun a la liberté d'en faire à sa fantaisie, ces deux liqueurs se ressemblent souvent beaucoup, et ne diffèrent essentiellement que par la grandeur ou la capacité du tonneau.

Lorsque le mélange est fait, on l'agite fortement, pour bien mêler le tout ensemble. Cette opération sépare les pepins de leur suc, et les fait monter sur la superficie. On les retire avec un crible, et la liqueur reste dans le vaisseau, bien couvert, durant une couple de jours, jusqu'à ce que la fermentation commence. On la laisse continuer environ trois jours, selon le temps qu'il fait, c'est-à-dire, jusqu'à ce qu'elle ait bien mêlé la partie charnue des troken-beers avec le jus ordinaire. Il est essentiel de l'agiter soir et matin, et d'en retirer les grains. Si on laisse prolonger la fermentation trop long-temps, les peaux des raisins donnent à la liqueur une teinte brune, désagréable, et déposent au fond du tonneau un sédiment considérable. Il ne reste plus qu'à transvaser la liqueur à travers une toile ou un tamis, dans le vaisseau où l'on se propose de la laisser. On porte ensuite le marc ou résidu sur le pressoir. Quelques-uns sont dans l'usage de verser le vin commun sur ce marc ou résidu, après qu'il a été pressé ; mais quand le pressoir est bon, le vin ordinaire y gagne peu de chose.

Lorsqu'on laisse une certaine quantité de troken-beers ensemble, la pression fait distiller une partie de leur jus ou de leur sirop, qu'on recueille avec grand soin, sous la dénomination d'essence. Elle ressemble, par sa consistance, à de la thériaque.

On n'emploie point d'ingrédiens pour clarifier ces vins, ni pour les conserver. On doit avoir soin de tenir les tonneaux pleins, et d'éviter que leur extérieur ne soit mouillé ou humide.

On fait de l'ausbruch ailleurs qu'à Tokai, à Saint-Georges, à Ratschdorf, et à Menische-Ausbruch. Ce dernier est rouge, et on le préfère à celui de Tokai. On en fait aussi dans le comté d'OEdenberg.

Les meilleurs de ces vins ne restent pas long-temps dans leur pays natal. Les nobles de tous les cantons de la Hongrie en enlèvent une grande quantité. Il en passe beaucoup dans les comtés de Zips et de Liptau, d'où on les exporte dans la Pologne. Les magnats polonois

sont les meilleures pratiques, particulièrement pour l'ausbruch, qui est le plus cher des vins de toute l'Europe. Il coûte à-peu-près un ducat la bouteille, c'est-à-dire, près d'une demi-guinée (douze francs). Dans un café où M. *Townson* a dîné une fois avec quelques amis, on les servit fort simplement, et le prix fut en conséquence très-modeste ; mais comme ils avoient bu du Tokai après le vin ordinaire, lorsque le garçon vint recevoir son argent, il demanda à chacun des convives, combien il en avoit bu de verres, et il ajouta vingt creutzers (à-peu-près trente-six sous, argent de France), pour chaque verre.

Ici M. *Townson* fait des réflexions qu'il faut copier littéralement. Laissons-le donc parler lui-même.

« Le vin de Tokai est sans contredit très-bon, mais pas assez, selon moi, pour le prix qu'il coûte. Je suis persuadé que si ce n'étoit pas en faveur de la rareté, la plupart de mes compatriotes préféreroient du bon vin de Bordeaux ou de Bourgogne, qui ne coûte guères plus d'un quart du Tokai. J'ajouterai qu'on trouve en Espagne des vins liquoreux, qui me paroissent tout aussi bons, et qu'à moins que le Tokai ne soit très-vieux, il est beaucoup trop mielleux pour le palais d'un Anglois. Au reste, je sais qu'on ne doit pas disputer des goûts ; cependant, je ne sais pas si mes bons amis de Hongrie me pardonneront d'avoir donné, à cet égard, à gauche : car ils sont fort prévenus en faveur de leur chère patrie et de ses productions. J'ai entendu souvent dire à plusieurs d'entr'eux, que les vins les plus médiocres de leur pays sont infiniment supérieurs aux meilleurs vins de France. On connoît le conte qu'on a fait dans ce pays de l'or végétal, qui croissoit parmi les raisins des vignes ; car un grand nombre d'écrivains Hongrois n'ont pas hésité à répéter cette étrange histoire. M. *Grossinger*, qui a publié, ou cette année, ou au moins dans le cours de la précédente, un ouvrage latin très-volumineux, sur l'histoire naturelle de la Hongrie, donne l'explication suivante de la couleur des dents des brebis. *Si vero fulgor perennis est, auro tribui potest, quod in reputabilibus montanæ Hungariæ delitescit.* Et M. *Wia-*

dish, un de leurs meilleurs géographes, dit, dans un ouvrage publié en 1780 (mais je veux écrire les chiffres en toutes lettres, de peur que le lecteur ne suppose que l'imprimeur a mis par méprise un sept au lieu d'un quatre), dans un ouvrage publié vers dix-sept-cent-quatre-vingt, M. *Windish* a dit que le sol de la Hongrie est si excellent, que du seigle qu'on y avoit semé, a produit du froment. Heureux toutefois les hommes qui ont, en faveur de leur pays, ces illusions satisfaisantes ! »

Il n'est pas inutile d'observer que le témoignage de M. *Townson*, en faveur de nos vins de France, n'est point suspect de partialité. Cet Anglois ne nous aime guère ; et il met sans façon le roi Louis de Hongrie, fort au-dessus de notre Louis XIV. Nous pouvons lui abandonner nos rois, puisqu'il rend justice à nos vins.

La lecture de cet article ne peut manquer d'intéresser ceux qui travaillent à perfectionner la culture de leurs vignes. Il y auroit bien des réflexions à y faire. Je me bornerai à une seule. C'est que le procédé que l'on emploie pour faire le vin de Tokai, est emprunté des Anciens, qui, outre leurs vins naturels, en avoient d'artificiels. Le *passum* se faisoit avec des raisins séchés au soleil, jusqu'à ce qu'ils eussent perdu plus de la moitié de leur poids. C'est encore à-peu-près ainsi que l'on fait en Alsace et en Franche-Comté, ce qu'on nomme le vin de paille.

Le vin blanc d'Arbois, autrement appellé le vin de garde, se fait avec un raisin blanc, dont le grain est long et la peau fort épaisse. Cette espèce de raisin résiste au plus grand froid. Quand on veut en faire un vin excellent, on le laisse sur le cep, jusqu'à ce qu'il ait gelé à glace pendant trois ou quatre jours. Après quoi, on fait la vendange. Par cette méthode on perd un quart sur la quantité ; mais la qualité dédommage amplement de cette diminution.

Dans l'île de Candie, le vin de Malvoisie est une espèce de *passum*. On tord la queue des grappes pour les faire mûrir plus vite. On les laisse sécher sur pied, et l'on en tire ensuite cette célèbre Malvoisie.

Les Turcs imitent le *passum*, en jetant de l'eau chaude sur de bons raisins secs. Ce sorbet de raisins approche tellement du vin, qu'on ne peut le considérer que comme un moyen d'éluder la défense de l'alcoran.

Le fameux vin de Santorin, nommé *vino santo*, si fort recherché par les Russes, et qu'on dit préférable au meilleur vin de Chypre, se fabrique à-peu-près comme la liqueur du Tokai. « Il est fait avec du raisin blanc, bien mûr, que l'on expose, pendant huit jours, au soleil, étendu sur les terrasses des maisons. On le foule ensuite, on l'exprime, et on enferme le moût dans des tonneaux que l'on bouche soigneusement, lorsque la fermentation a cessé. » (*Voyage dans l'Empire Ottoman*, par le C. *Olivier*, tome I, in-4°., page 561.)

On ne doit pas être surpris de ce nom de *vino santo*. Le vin nécessaire aux mystères du culte catholique, s'est propagé avec ce culte. Par-tout la piété des peuples a donné aux vins excellens des épithètes empruntées de la religion. Presqu'aux portes de Rome, des vignes privilégiées donnent le *lacryma Christi*. L'Allemagne, de son côté, n'a pas voulu céder à l'Italie. Les vignes de Worms et de Spire produisent le lait de la Vierge. On trouveroit beaucoup de traits du même genre dans un ouvrage intitulé : *Théologie de la vigne*, par le savant *Cornarius*.

Nous n'avons fait, à cet égard, que copier les Anciens. Ils appeloient le vin, le sang de Jupiter et le lait de Junon. Les Romains furent étonnés que Jules-César fit servir quatre sortes de vins dans le banquet de son triomphe. Cela fut regardé comme une nouveauté. Ce fut moins comme général que comme souverain pontife, que César employa ce grand luxe de *quatre vins*. On sait que le meilleur étoit réservé pour les prêtres. Pour caractériser une boisson exquise, *Horace* la compare au vin pontifical (*Pontificum potiore cœnis*). *Pline* dit que les Anciens ne dégustoient les vins nouveaux, qu'après que les prémices avoient servi aux prêtres pour les libations d'une fête établie exprès sous le nom des Vinales (*veteres non degustabant vina, antequam sacerdotes primitias libassent*).

Je reviens à mes questions.

§. VIII. *De la Vigne abandonnée à elle-même, et de quelques expériences à tenter.*

La vigne est provignée, taillée, ou mutilée, souvent au gré de nos caprices, plutôt qu'elle n'est gouvernée conformément à sa nature. Nous ne connoissons plus cette plante, telle qu'elle est, ou telle qu'elle pourroit être, si elle étoit livrée à un régime différent. Combien d'expériences curieuses et importantes il y auroit à faire, pour connoître vraiment la portée naturelle de cette plante merveilleuse ! Mais on est dégoûté de tenter ces expériences, à cause du trop long espace de temps qu'elles exigeroient. La vigne peut vivre trois siècles, peut-être même davantage. Il faudroit donc bien des années avant que l'on parvînt à ce que j'ai en vue. Cependant on connoît déjà des faits qui viennent à l'appui de ce que je propose. Et s'il y a jamais une académie de la vigne, ce corps perpétuel fera certainement ce que ne peut même essayer un seul particulier.

Duhamel du Monceau parle, dans son *Traité de la Culture des Terres*, d'une idée de ce genre. C'est dans le tome V, page 114, où il rapporte les expériences faites par MM. *Roussel*, près de Guignes en Brie, en 1755. Voulant éprouver sur la vigne la nouvelle culture, MM. *Roussel* imaginèrent en même-temps un moyen de supprimer les échalas. C'étoit de planter en quinconce des boutures de peupliers, à six pieds (deux mètres) de distance; de mettre deux brins de sarmens aux pieds de chaque peuplier, l'un au-dessus, l'autre au-dessous; de cultiver et de semer les allées en grains ou légumes, lentilles, haricots nains, fèves de marais, orge, avoine; labourer alternativement ces allées, etc.; ils comptoient laisser monter la vigne le long des arbres sans y rien faire.

Cette méthode eut aussitôt l'approbation des gens du pays. Ce qui accrédita si promptement cette nouveauté, ce fut l'exemple d'une treille placée par hazard au milieu des champs, au pied d'un poirier; et qui, sans avoir été taillée ni cultivée, produisit, en 1754, une pièce de vin.

Je sais qu'un célèbre pharmacien (le C. *Baumé*), avoit élevé dans sa maison de campagne, aux Ternes, près Paris, plusieurs ceps de vigne,

qu'il ne vouloit pas que l'on taillât. Des circonstances malheureuses l'ont empêché de suivre cette expérience. Il arrive trop souvent que ceux qui savent ce qu'il faudroit essayer, pour le progrès des sciences, n'en ont pas les moyens; et que ceux qui ont ces moyens, ne se doutent pas même du service qu'ils pourroient rendre, en donnant à l'utilité publique une foible partie de ce qu'ils prodiguent, sans honneur, et souvent même sans plaisir, pour des superfluités ruineuses.

On pourra trouver singulière cette idée d'essayer ce que feroit la vigne, livrée à elle-même, ou du moins élevée sans être tailladée, comme elle l'est communément. Qu'on ne se hâte pas cependant de la condamner. Je n'avois que des conjectures sur les modifications dont cette culture importante me sembloit susceptible, et mes propres essais ne pouvoient dater d'assez loin pour éclaircir mes doutes; mais, en finissant cet article, j'apprends, avec plaisir, qu'il y a des pays où cette idée est en pratique. Le C. *Olivier*, notre collègue, donne, à cet égard, un détail très-précis, dans son *Voyage en Turquie*. Il s'agit de l'île de Santorin, dont le vin forme le principal revenu.

« On plante les ceps de vigne à deux ou trois pieds (un mètre) de distance les uns des autres, et on les laisse pousser pendant dix ou douze années, sans y porter le fer. Lorsqu'on juge qu'ils ont acquis assez de grosseur, on les taille annuellement, en laissant plus de bourgeons qu'on n'en laisse au midi de la France. On soutient le cep afin qu'il ne traîne pas, et on maintient les rameaux par le moyen de quelques sarmens liés tout autour.

» Une vigne ainsi plantée et taillée, dure moins que celles de nos départemens méridionaux; mais elle donne une quantité double et triple de raisins. Cette considération peut déterminer facilement le cultivateur à faire quelques essais dans les climats chauds et dans les lieux où les terres sont profondes et légères comme à Santorin. » (Tome I, page 363.)

Ce n'est pas seulement pour obtenir du vin, que l'on doit faire des essais sur la culture de la vigne. Cette plante a d'autres emplois que l'on n'a pas assez suivis. Sa feuille et ses sarmens nourrissent le bétail. Ainsi, dans tel pays où le raisin ne mûrit pas, mais où la vigne pousse avec beaucoup de force, comme dans beaucoup de cantons de la ci‑devant Normandie, on pourroit placer la vigne sur des côteaux incultes, et la traiter comme une sorte de prairie artificielle, dont la riche dépouille mettroit ces terreins en valeur. (Voyez la note (24), par le C. *Huzard*, ci‑dessus, page 322.) D'ailleurs il n'est aucune plante dont tous les débris puissent servir comme ceux de la vigne, pour le salpêtre, la potasse, etc.

Mais j'ai, depuis long‑temps, au sujet de la vigne, une idée que je crois pouvoir ajouter à toutes mes questions. Cette idée m'est venue, lorsque je composois mes lettres circulaires sur les plantations. Je crois qu'elle n'est pas indigne d'être placée ici.

§. IX. *De la Vigne, comme ornement des Maisons, des Jardins, etc.*

De toutes les plantations qu'il faut encourager et répandre sur notre sol, la plus naturelle à la France est celle de la vigne. Nous ne connoissons pas assez le parti fructueux que nous pouvons tirer de cette plante merveilleuse, non seulement sur les côteaux des vignobles proprement dits, mais au milieu des champs, et tout autour de nos maisons. Il ne devroit pas y avoir une seule muraille, pas une palissade qui ne fût garnie avec soin par les cordons horizontaux des treilles dirigées les unes au‑dessus des autres. C'est la vigne sur‑tout qui donne ce moyen de tapisser les murs, à quelque hauteur qu'ils s'élèvent.

Je crois devoir, à cet égard, donner quelques détails qui tiennent au projet dont je m'occupe dès long‑temps, d'un système d'agriculture pour les petits propriétaires. On voit que la vigne, dans le climat de la France, doit jouer un grand rôle parmi tous les moyens de tirer le parti le plus avantageux de l'exploitation d'un domaine borné, puisque ce précieux arbuste peut s'allier non seulement avec les arbres et les grains, mais rendre encore productif tout l'espace perdu pour la culture de la terre, par l'emplacement des maisons.

Pline parle d'un cep placé dans les portiques du palais de Livie, à Rome, qui ombrageoit toute la cour, et dont on retiroit douze amphores de moût. L'amphore étant de trente pintes, mesure de Paris (vingt‑huit litres et demi), ce pied de vigne rapportoit trois cent soixante pintes (trois cent quarante‑deux litres). Cette capacité de l'amphore romaine rend un peu ridicules les traducteurs d'*Horace*, qui de l'*Ode ad amphoram* (XXI du L. III), se sont tous accordés à faire une ode à sa bouteille. Le C. *Daru* s'y est trompé lui‑même, quoiqu'il ait d'ailleurs bien gardé l'esprit et le mouvement du latin dans ces vers :

> O ma chère contemporaine,
> Compagne de mes premiers ans,
> De ta demeure souterraine
> Sors après quarante printemps,
> Bouteille long‑temps délaissée, etc.

Il a fait une autre méprise, en disant à la jarre qu'il transforme en bouteille, de sortir de la cave, tandis qu'*Horace* lui dit, au contraire, de descendre, parce qu'en effet les Romains conservoient leurs vins au grenier.

On remarque, parmi les traits de la voracité de l'empereur Maximin, qu'il buvoit tous les jours son amphore. Ce ne seroit rien dire, si l'on traduisoit ici amphore par bouteille. *Pline* n'auroit pas remarqué le cep de la cour de Livie comme étant si prodigieux, si ses douze amphores de moût n'eussent été que douze pintes (onze litres et demi) ; elles faisoient au moins trente fois davantage, et c'est ce qui valoit la peine d'être relevé.

Mais nous n'avons aucun besoin de chercher, dans l'antiquité, ni dans un climat étranger, ces productions merveilleuses que la vigne offre aussi en France, en Allemagne, et ailleurs.

Dans le siècle dernier, on admiroit à Besançon un pied de vigne qui couvroit une façade immense, et donnoit, tous les ans, plusieurs tonneaux de vin. L'histoire de ce cep unique a même occupé les savans ; il en est rendu compte dans plusieurs tomes des *Mémoires de l'Académie des Sciences* ; mais ce n'est pas le seul qui mérite d'être cité. Dans le ci‑devant Languedoc, on se ressouvient d'avoir vu une maison rustique, qui de loin avoit l'air d'un bosquet assez étendu. Les dehors de cette mai‑

son étoient tout couverts de verdure. C'étoit des espaliers de vigne qui tapissoient les murs, et montoient sur les toits, mais avec tant d'art et de soin, qu'on ne pouvoit appercevoir que les fenêtres et les portes. Ces vignes produisoient plus de vin que n'en consommoit la famille, quoique nombreuse. La maison occupoit un espace fort grand, les granges et les toits compris; car tout étoit garni, et il y avoit plus de sept arpens (trois hectares et demi) de terre, en maison, cour et rue; tout cet emplacement servoit à la production de ce fructueux espalier. (*Journal Économique*, Juillet, 1760.)

Dans son *Dictionnaire des Gaules et de la France, Expilly* dit, article *Avoise*: « Il y a environ quarante ans, qu'on y voyoit, avec étonnement, une treille d'une grosseur extraordinaire, plantée tout proche de l'église. Cette treille formoit elle seule, une espèce d'enceinte autour de l'église, et elle portoit assez de raisins, pour en faire une pipe de vin ». Avoise est un bourg dans le ci-devant Maine.

Un phénomène aussi frappant, c'est celui qu'on a vu aux environs de Chamberi. Deux ceps, dans la cour d'une auberge, formoient, à eux seuls, un berceau de huit pieds (deux mètres soixante centimètres) de hauteur, de douze pieds (quatre mètres) de largeur, et de soixante pieds (dix-neuf mètres et demi) de longueur. Cette vigne avoit fait, dans certaines années, deux pièces ou tonneaux de vin, et il étoit très-rare qu'elle en donnât moins d'un.

Dans le Palatinat, il existe un village entier où l'on est dans l'usage de cultiver la vigne autour des habitations. C'est le village d'Handeulsheim. On voit les ceps monter sur toutes les maisons, au-dessus du second étage, et l'on peut regarder ces ceps comme des arbres à raisins. Ils ont communément une circonférence énorme et plusieurs mètres de hauteur. Il en est dont le diamètre est de près de deux pieds du Rhin. Ces ceps ont résisté à l'hiver de 1709.

Lorsque les Anglois ont voulu approprier à leur climat cette plante, qui s'y refuse, ils n'ont eu rien de mieux à faire que d'en couvrir leurs toits, ou des murs inclinés exprès comme des toits.

Dans les *Transactions philosophiques de* Londres, on dit qu'un gentleman laissoit monter sa vigne par une seule tige, jusqu'au bord de son toit. Il avoit soin de retrancher toutes les branches latérales. La vigne, parvenue au toit, il lui permettoit de s'étendre sur les tuiles, de tous côtés. Ses espaliers n'en recevoient ainsi aucun désavantage, et le soleil venant à darder ses rayons sur cette vigne, dans une direction presque perpendiculaire, le raisin en mûrissoit mieux, et devenoit plus agréable que lorsque la vigne étoit placée en espalier. (*Trans. philos.*, n°. 93, art. IV).

Eh! pourquoi, dans tous nos villages, ne pourrions-nous pas vêtir ainsi, avec le temps, nos murs et nos toitures de la verdure de la vigne, et de ses utiles produits? Quel embellissement facile et peu coûteux! Quel germe intéressant de décoration agreste, dont les festons peuvent orner jusqu'à la chaumière du pauvre?

Qu'il seroit beau de voir par-tout la nudité des murs heureusement couverte des promesses riantes d'une vendange domestique! et que la richesse champêtre de ces ceps élevés autour des habitations, effaceroit l'éclat stérile des colonnes de marbre dont l'architecture ordinaire pourroit les surcharger?

L'architecture, en général, a de grands pas à faire en France, non pour essayer d'effacer les monumens, les temples et les palais antiques; mais pour distribuer les maisons des particuliers d'une manière plus conforme aux besoins de l'économie domestique et rurale. Un tel perfectionnement suppose un architecte imbu de beaucoup d'autres connoissances que celles de son art.

Voulez-vous voir l'usage qu'un architecte habile a fait, en Italie, d'une plantation de vignes, pour décorer, d'une manière unique dans le monde, la longue avenue d'un palais? Lisez ce que *Roland* rapporte dans ses *Lettres sur l'Italie*.

« Aux approches de Varello (capitale du Val-Sezia), on arrive par une tonnelle de près d'un mille de long, en vignes, soutenues sur une suite de pilastres en maçonnerie, qui ressemble à une longue colonnade rustique, et rend ce chemin agréable. »

Lisez également le détail des jardins de Malte, tracé par *Pingeron*. L'île de Malte a des jardins ornés et productifs, quoiqu'il n'y ait souvent de terre végétale que celle que l'on y transporte de Sicile sur des vaisseaux. La vigne et l'oranger se partagent ces beaux jardins. Les orangers sont dans des caisses, ou, pour mieux s'exprimer, dans des encaissemens formés par des dales de pierre. Une rigole est ménagée dans l'épaisseur des dales, pour les arrosemens. Tout le long des allées, à plusieurs mètres de distance, s'élèvent des piliers ou colonnes de pierre, dont les dales qui forment les encaissemens ci-dessus, sont le soubassement. Au-dessus des piliers sont des pièces de bois, qui joignent les allées. Sur ce cadre, on met des treillages, où s'étendent les ceps de vigne qu'on a plantés au pied de chaque pilier ou colonne, et qui procurent, dans la suite, un couvert agréable. Ces files d'orangers, ces piliers vêtus de verdure, et ces longues allées couronnées d'un ombrage utile, rendent ces jardins pittoresques, et produisent l'effet des décorations qu'on admire sur nos théâtres.

Ce n'est pas seulement auprès de nos maisons qu'il convient d'employer la vigne. Dans les champs et dans les vergers, la vigne revendique encore d'autres places, où nous pourrions la faire figurer avec avantage.

Un habile cultivateur qui habitoit alors le district de Melun (le C. *Chalumeau*), avoit vu en Savoie, ce qu'on appelle les hutins, dont je parlerai tout à l'heure. Ce sont des ceps de vigne qui croissent sur les arbres; à cet exemple, il avoit mis un cep de vigne au pied de la plupart de ses plein-vents. Son meilleur chasselas venoit au sommet d'un pommier. C'est un conseil utile à donner aux planteurs, de faire porter une vigne à chacun de leurs arbres élevés en plein-vent. Si le raisin mûrit, on en fait de bon vin, et s'il ne mûrit pas, on en tire encore parti pour des boissons inférieures qui ne sont pas à dédaigner.

On pourroit planter, dans les grains, quelques pommiers à cidre, qui sympatisent avec eux, et les faire servir d'appui à quelques ceps de vigne, dont le fruit bouilli dans le cidre en change la nature en mieux.

Au Mont-Blanc, on a vu des hutins dans un champ que les vents du nord avoient rendu stérile, et qui est devenu très-productif en blé, depuis que ces hutins lui ont servi d'abri contre les courans d'air. Le vin de cette seule pièce a payé quelquefois la ferme de tout le domaine dont elle est seulement la cinquième partie.

Ces hutins sont communs dans toute l'Italie. Le voisinage de Pistoie offre quatre récoltes dans une même terre. Le sol porte à la fois du blé, des légumes, des fruits, et des vignes qui montent sur les arbres fruitiers. Le chemin qui conduit de Vérone à Padoue, est planté de mûriers; les feuilles et les fruits ne servent pas uniquement pour l'entretien des vers à soie. Ils engraissent encore du bétail et de la volaille, et les mûriers eux-mêmes servent d'échalas aux vignes dont les branches les entrelacent de leurs guirlandes.

On ne sauroit attribuer le succès des hutins à la température du climat d'Italie. Ces hutins réussissent dans les lieux où la vigne basse ne sauroit résister à l'âpreté du froid des montagnes de la Savoie. Quelquefois ces hutins donnent assez de vin pour abreuver, pendant l'année, des familles nombreuses qui en ont encore à revendre. Ces vins ne coûtent que le soin de tailler les ceps chaque année. Point de labour, aucun engrais; ils étendent, de branche en branche, leurs sarmens, à l'aide des mains dont les a pourvus la nature. On connoît plusieurs de ces arbres qui portent trois charges de vin, lorsque l'année est favorable. Le vin n'en est pas bon; mais il est sain, et désaltère les ouvriers mieux qu'aucun autre.

C'est aux alentours de Genève, qu'un champ planté de ces hutins, est un spectacle ravissant. Les ceps sont soutenus par des lignes d'érable, par des cerisiers en quinconce, ou bien en palissades. Rien n'est si magnifique que de voir, dans un même champ, d'un côté le chaume, qui reste d'une belle récolte; de l'autre, des hutins tous prêts à être vendangés; de beaux raisins tout mûrs pendant à tous les nœuds, des sarmens dirigés, pliés, entrelassés d'un arbre à l'autre; les feuilles qu'on a ramassées pour mettre les fruits au soleil, les laissent voir

à

à découvert ; ce mélange présente une fête champêtre , dont le festin est préparé par l'art uni à la nature. Quand ces hutins sont en état , le produit en est considérable ; ils ne coûtent point de bois sec , ne nuisent point aux blés , n'usent d'engrais que ceux du champ.

Dans ses lettres écrites de Suisse et d'Italie, *Roland* parle souvent des vignes de ce genre , en observateur attentif.

« De Lugano à Côme , tous les terrains , dit-il , qui peuvent être mis en culture , sont couverts de mûriers , de vignes , etc. Celles-ci sont toutes associées à des arbres plantés à dessein de les tenir hautes. Ce sont , le plus souvent , des érables ou des saules qui ont peu de branchage , et à qui on l'ôte encore , en grande partie , chaque année , pour que le raisin et les terres ensemencées ou en fourrage , qui sont au-dessous , n'en soient pas trop ombragées. Ces plantations ont un air de forêts , et les villages qui en ressortent, font, dans le paysage, des effets quelquefois assez piquans.

» Aux environs de Parme , le pays se couvre de beaucoup d'arbres ; il ressemble à une forêt, et par-tout la vigne est associée à l'orme dans les terres labourées , car on ne la voit point dans les pâturages que l'on rencontre aussi de côté et d'autre. A l'égard de ces arbres , qui la contiennent , on est dans l'usage de les effeuiller ici pour la nourriture des animaux. Des noyers en quantité , partagent, avec l'orme , le plaisir d'aider la plante chérie de Bacchus ; elle s'y attache , court de l'un à l'autre , et forme des guirlandes très-agréables. Souvent elle s'élance jusqu'au haut des peupliers à petites feuilles , au verd desquelles se mêlent des grappes noires , effet assez singulier pour des François qui ne connoissent guères de vignes perchées qu'en Dauphiné , en Provence , en Gascogne , dans le Bigorre et le Béarn , et presque toujours sur le cerisier ou l'érable. »

Tout ce qu'on vient de lire relativement aux hutins, m'ayant inspiré le désir de connoître un peu mieux cette culture de la vigne , je me suis adressé au C. *Charles Pictet* , célèbre agronome à Genève , rédacteur de la partie d'agriculture dans la *Bibliothèque britannique.* Je dois à sa bienveillance le mémoire suivant sur les hutins , que je regarde comme le plus beau genre de décoration champêtre que l'on pût introduire dans les jardins de la nature.

§. X. *Sur la culture des Hutins, dans les environs de Genève.*

L'idée de planter la vigne en lignes parallèles et assez distantes pour admettre , dans leurs intervalles , la culture des grains , paroît être originaire du Piémont. Dans ce pays-là , ce sont ordinairement des arbres à fruit , régulièrement espacés et alignés , qui servent de tuteurs aux ceps. La rame de la vigne s'étend jusqu'aux branches les plus élevées , et les fruits se mêlent avec ceux de l'arbre qui lui sert d'appui. Le raisin mûrit , malgré la distance où il est de la terre ; mais dans nos climats , il ne parviendroit pas à sa maturité , si on l'élevoit assez pour qu'il perdît le bénéfice de la réflexion du sol réchauffé par le soleil.

Dans les vignobles connus dans les départemens du Mont-Blanc et du Léman , sous le nom d'hutins , on a proportionné la hauteur de la rame à la chaleur du climat ; et quoique le raisin d'hutin soit inférieur à celui des vignes en côteaux , le produit des terreins où l'on réunit ainsi les deux cultures , est supérieur à tout autre. Les hutins contribuent d'ailleurs beaucoup à embellir le paysage.

Les terres légères , graveleuses , légèrement inclinées au midi , sont les plus propres aux hutins ; mais on les voit réussir très-bien dans les terres argileuses et en plaine , lorsqu'on a mis à leur établissement les soins convenables.

La première attention à avoir lorsqu'on dispose un terrein pour une plantation d'hutins , c'est de diriger les lignes ou tires dans le sens où règnent les vents les plus forts et les plus fréquens. Dans notre climat , et la même observation est applicable à la plus grande partie de la France , les vents du nord - est et du sud-ouest sont les plus habituels. C'est donc la direction que l'on donne aux tires d'hutins , afin que le vent ait moins de prise que s'il les battoit de côté.

C'est en automne et en hiver que l'on creuse les fossés de la plantation. On leur donne deux pieds (soixante-six centimètres) de profondeur, et deux pieds et demi (quatre-vingt-deux centimètres) de large. Ces fossés, disposés parallèlement, sont espacés de vingt à vingt-cinq pieds (environ huit mètres). Il faut que leur intervalle réponde à un sillon ou essaim, c'est-à-dire à l'espace qu'embrasse le semeur dans le jet du grain. Si la terre est froide, tenace, si l'on trouve dans le fond du fossé un peu d'humidité, il convient de creuser un demi-pied (dix-sept centimètres) de plus, et de faire une coulisse, ou pierrée, qui maintienne la tire bien égouttée.

De quinze en quinze pieds (de cinq en cinq mètres), on plante, dans les fossés, des plants d'érables destinés à servir, dans la suite, de points d'appui à la rame. De chaque côté de l'érable, et dans le sens de la longueur du fossé, on plante quatre crossètes d'un plant choisi, et disposées en ligne droite, à six pouces (dix-sept centimètres) les unes des autres, à angle droit avec la direction du fossé. Au milieu de l'intervalle qui sépare les érables, on plante encore deux crossètes à six pouces (dix-sept centimètres) l'une de l'autre : cette plantation se fait avec les précautions qui peuvent en assurer le succès : en particulier, il importe de garnir le fond du fossé d'une épaisseur de quatre à cinq pouces (douze à quinze centimètres) de bon fumier.

Pendant trois ans, cette plantation n'exige d'autres soins que de fossoyer à la houe, deux fois dans l'année, la même largeur qu'occupoit le fossé. S'il y a des crossètes qui n'aient pas végété, ou qui aient péri, on les remplace. Le reste de la pièce se cultive comme à l'ordinaire.

A la quatrième année, on garnit les hutins de perches, c'est-à-dire, que l'on fiche en terre des branches de saules, disposées en carré autour de l'érable. Elles sont destinées à suppléer celui-ci, jusqu'à ce qu'il soit assez fort. On les réunit avec des osiers par des traverses de sapin à trois pieds (un mètre) de terre, et l'on y attache la rame, qui commence à donner du raisin, et qu'il importe de ne pas laisser se charger de fruit encore cette année-là.

A la cinquième année, on plante, dans les intervalles qui séparent les érables, ce qu'on appelle l'arbalète. C'est une pièce de chêne, qui porte à deux pieds (soixante-six centimètres)

de terre, une petite traverse en croix, grosse comme le doigt, et destinée à y attacher la rame. Cette croix est à angle droit, avec la direction des tires. Alors on peut ce qu'on appelle tendre les hutins, c'est-à-dire, attacher à l'arbalète les rames des ceps de l'érable, après avoir fait passer ces rames par-dessus les petites traverses de sapin qui réunissent les perches, et attacher aux traverses de sapin, près de l'érable, la rame des ceps de l'arbalète, après l'avoir fait passer sur la croix de cette même arbalète. Cette opération se fait avec des osiers. Elle suit celle de la taille, et est ordinairement l'ouvrage des femmes : c'est un travail de patience, mais nullement difficile : il se fait en Mars ou Avril (Ventose ou Germinal).

À mesure que l'érable croit, on a soin de séparer quatre branches, le plus près de terre qu'il se peut, et de les contourner de manière à ce qu'elles puissent servir de points d'appui solides pour attacher les rames. Ce n'est guères qu'au bout de quinze ans qu'on peut se passer de perches.

La culture annuelle de la vigne en hutins, consiste à remplacer, par des crossètes, ou des marcotes, les ceps morts ; à tailler, à débarrasser l'érable de ses branches inutiles ; à tendre la rame ; à labourer à la houe deux fois au moins ; à ébourgeonner, et à effeuiller.

Les amandiers, les pêchers, et les abricotiers, réussissent ordinairement bien dans les hutins, parce qu'ils profitent des cultures annuelles : ils ne nuisent pas sensiblement par leur ombre.

Plus souvent la partie arable est labourée et fumée, plus les hutins prospèrent. Ils souffrent toujours, plus ou moins, des productions qui occupent la terre long-temps, telles que le trèfle ; et lorsqu'on veut mettre du trèfle dans les hutins, il faut avoir soin de laisser une tire non semée entre deux tires semées, afin que les racines de la vigne profitent au moins d'un côté de la culture des intervalles.

Une pièce d'hutins plantée et entretenue avec soin, dans un bon terrein, est d'un rapport très-considérable. On pourra s'étonner que cette culture ne se soit pas propagée, malgré ses avantages. Mais il faut observer, 1°. qu'il faut aux hutins un soleil assez chaud, tel qu'il l'est dans notre vallée; 2°. que les soins qu'ils exigent sont très assujettissans, et ne conviennent pas aux pays de grande culture; 3°. qu'il faut attendre long-temps la rentrée des premières avances, plus considérables que pour la vigne en plantation ordinaire; 4°. que le maniement de la charrue dans les pièces d'hutins est assez embarrassant. On risque de blesser les ceps, si l'on rase de trop près, et on perd du terrein si l'on ne le fait pas. Les bœufs, ou les chevaux de labour, s'accrochent souvent par les cornes ou par les harnois à la rame, qu'ils rompent en cheminant: il faut d'ailleurs leur mettre des paniers pour qu'ils ne mangent pas la rame ou les érables. Il est très-difficile de tourner et de ramener à l'extrémité des tires. Enfin, lorsque le raisin approche de sa maturité, les ouvriers de charrue en font une consommation considérable, que le maître ne sauroit prévenir.

A ces détails, que j'ai reçus du C. *Pictet*, je vais joindre quelques remarques sur le même sujet, relativement à la Bresse, au Dauphiné, à la Savoie.

Varenne de Fenille veut qu'on place, en Bresse, un prunier à la tête de chaque ligne de hantins (qu'il nomme aussi hutins). Il conseille de préférer la kuetsche de Lorraine, arbre très-productif, dont le fruit fait de bons pruneaux et une marmelade saine pour les habitans des campagnes. (*Mémoires sur l'Administration forestière*, tome II, page 80.)

Le 21 Janvier 1771, on écrivoit de Grenoble, à l'auteur de la *Gazette d'Agriculture, Commerce, Arts et Finances*:

« L'agriculture offre, dans les environs de cette ville, des choses dignes de remarque. Il est peu de cantons, par exemple, où l'on cultive mieux le hautin. L'arbre qui supporte la souche dans les terreins gras et humides, est taillé en vase évidé en dedans. L'on voit à Gières, à une lieue (un demi-myriamètre) d'ici, dans un fonds de M. Couturier, des hautins dont le tronc des souches a jusqu'à quatre pieds (un mètre trente-trois centimètres) de circonférence. Il y en a même deux qui n'en ont pas moins de cinq (un mètre soixante-trois centimètres). C'est un de ces phénomènes qui, pour

n'être pas croyables, n'en sont pas moins réels.

« Dans les terrains argileux et secs, on élève la vigne en éventail, à environ huit pieds (deux mètres soixante centimètres) de hauteur. Pour former l'éventail, on plante de forts poteaux, dont on a un peu brûlé la partie qui doit être enterrée. On les unit par le moyen de lattes que l'on cloue par dessus. Le raisin y mûrit mieux que sur les arbres en vase, mais il produit moins. » (2 Février 1771, n°. 20.)

Enfin, *Costa* dans son *Essai sur l'amélioration de la culture des Montagnes*, résume ainsi ce qu'il a dit sur cet article : « Les hutins sont une pratique précieuse pour abreuver le laboureur. Tenons donc nos meilleurs champs garnis de lignes de ceps, qui lui fourniront une abondante vendange, dont nous partagerons les profits. Cette pratique est déjà autorisée par de nombreux et respectables exemples, dans toutes les parties de la Savoie, et l'expérience en seroit bien plus étendue, si on savoit que les moyens de garantir ces hutins des rigueurs des hivers, sont faciles. Il ne s'agit que de les enterrer, en automne, de quelques pouces (plusieurs centimètres) de terre, jusqu'à la fin des gelées. En les tendant alors, ils portent abondamment et avec vigueur. Cette méthode assureroit de grandes récoltes de vin dans des lieux de la Savoie où l'on ne se doute pas que les ceps puissent ne pas périr. Enfin, c'est une augmentation considérable des revenus des fonds de terre, qui ne coûte guère, et qui mérite la plus grande considération. »

Je me suis attaché à développer la méthode de planter des hutins, non pas précisément pour engager les vignerons à l'adopter, mais pour déterminer les décorateurs des jardins à étudier ce moyen d'enrichir et de varier leurs compositions, dans un genre vraiment françois. Les partisans de *Kent* auroient dû saisir parmi nous cette occasion singulière de faire valoir les ressources du sol et du climat. Une plantation de hutins en rapport, produiroit, dans un sol aride, exposé à l'est ou au sud, un genre de beautés locales que nos voisins et nos rivaux ne peuvent jamais égaler. L'humidité de leur climat leur donne des gazons plus touffus et plus verds; mais nous avons ici d'autres matériaux, apprenons à les employer. Je ne cesserai de le dire : si nous voulions tirer parti des productions indigènes, nous ferions, à très-peu de frais, des choses vraiment merveilleuses. Nous pourrions, par exemple, nous créer des jardins tout en arbres fruitiers, et dont la décoration seroit inimitable ailleurs. J'ai vu, dans ma jeunesse, un petit jardin, à Dijon, où des pruniers, couverts de fruits, formoient un berceau treillagé. Jadis on y voyoit aussi, aux remparts de la porte d'Ouche, un beau quinconce de pommiers, disposés en plafonds comme les salles de tilleuls. Près de Sar-Louis, j'ai admiré des haies que M. Vagner avoit faites toutes en pruniers de mirabelle. Ce prunier, un peu épineux, ne fait qu'un arbrisseau, souffre la tonte, s'épaissit sous le ciseau du jardinier, et se charge annuellement de brindilles à fruit. J'ai rappelé, ailleurs, d'autres exemples de ce genre (*Feuille du Cultivateur*, 13 et 17 Août 1791); mais de tous les fruitiers que l'on peut employer au jardinage d'ornement, il n'en est guère qui se prête, comme les plants de vigne, aux formes pittoresques et aux vues de l'artiste. Les situations les moins avantageuses, les terreins les plus rocailleux, sont propres à la vigne, en mettant de la terre au pied, pourvu que le soleil puisse la regarder et faire passer, dans le cep, ses rayons, que la sève y transforme en nectar, suivant la belle image de l'abbé *Frugoni*.

On voit, sur le Rhin, près de Lintz, un trait bien remarquable de ce qu'on pourroit faire avec la vigne, sur les côteaux les plus sauvages.

La montagne d'Erpel frappe les voyageurs par la singulière disposition des lits et des masses de basalte qui la composent, en se croisant et se traversant les uns les autres. Elle produit d'excellent vin blanc, jusqu'au tiers de sa hauteur, à l'est et au sud. On s'étonne de voir ces vignes prospérer sur un sol qui n'est, en apparence, qu'un amas de débris de rochers basaltiques. Aussi cette plante y est-elle cultivée autrement qu'ailleurs. On met le cep dans un panier rempli de terre et de gazon; on place le panier dans les vides que laissent les blocs de rocher qu'on détache. La nature de cette roche et la chaleur qu'elle conserve en absorbant les rayons du soleil, s'il est vrai que sa couleur noire annonce cette propriété, contribuent également à la bonté du vin. Il n'est pas extraordinaire d'y voir payer le cep de vigne jusqu'à un ducat.

C'est avec de tels ornemens que les jardins modernes pourroient offrir en France des singularités heureuses; c'est ainsi qu'il faudroit tirer parti de leurs rochers, et donner à nos paysages une teinte locale, avec un but d'utilité qui ne nuit point à l'agrément.

Ainsi se réaliseroit de toutes les manières ce que dit sur les treilles le *Virgile* du Languedoc :

> La vigne offre aux jardins un plant qui les décore;
> Bacchus aime à s'y joindre avec Pomone et Flore.

> *Horto etiam vitis decori est*, etc.
> (VANIER. Præd. rust. L. X.)

Un fameux jardinier anglois, *Miller*, a bien décrit l'effet que pouvoit produire la vigne dans un climat du moins où sa parure végétale ne seroit pas flétrie par la fumée de Londres. « Quand une vigne, dit-il, est façonnée avec soin, elle procure autant de plaisir à la vue qu'aucune plantation d'arbres, ou d'arbrisseaux que ce soit, vu que les rangs sont régulièrement plantés. Si on place avec exactitude les échalas dans leur ordre, et si on tient les jets montans à une égale hauteur, il n'y a rien dans le monde qui offre un plus bel aspect. Pendant que la vigne est en fleur, elle exhale le parfum le plus agréable, sur-tout le matin et le soir; et quand les raisins commencent à mûrir, on goûte un nouveau plaisir à les contempler. »

Or, pour jouir de ce plaisir, un roi d'Angleterre a besoin d'une dépense immense; il faut des serres chaudes et des murailles chaudes; encore les raisins qu'on obtient avec tant de peine, ne sont que des grappes acerbes, etc., tandis qu'il n'y a pas un simple citoyen en France qui ne puisse élever lui-même, à volonté, presque sans frais, autour de sa maison, au bout de son verger, un espalier, une tonnelle, ou de magnifiques hutins, jouir de leur ombrage, et cueillir enfin leurs fruits mûrs. Le pauvre peut couvrir de pampre les murs de sa cabanne. Enfin, la France entière est appelée,

par la nature, à devenir un jour le jardin, le
verger et le vignoble de l'Europe, si l'art seconde la nature, et si les lois se bornent à ne
pas la contrarier. Elle possède éminemment les
deux substances nutritives, dont *Homère* a dit
autrefois :

La farine et le vin sont la moëlle des hommes.
(HOMÈRE, *Odyssée*.)

Et des deux plantes précieuses qui nous fournissent cette moëlle, la dernière (la vigne), a le
double avantage de mettre en valeur des terreins
qui, sans elle, seroient incultes, et d'appartenir
au commerce presqu'autant qu'à l'agriculture.
(Voyez les fameuses maximes du gouvernement
agricole, par *Quesnay*, *Encyclopédie méthodique*, *Économie politique*, tome I, page 68.)

Puissent de si douces images faire impression sur l'esprit de ceux qui liront cet article !
puissent tous les François se bien persuader que
la vigne est pour eux ce qu'*Horace* vouloit
qu'elle fût autrefois pour les habitans de Tibur,
une plante sacrée !

Nullam, Galle, sacrâ vite prius severis arborem.

Puissent enfin ces vues et ces questions sur
la vigne occuper des Sociétés spécialement con-
sacrées à la science œnologique ! Heureux ceux
qui pourront y concourir utilement ! heureux
encore ceux qui sentiront combien il y a de
plaisir dans ces plantations, et comme a très-
bien dit le premier chantre des jardins :

O fortunati quos effcit illa voluptas!
(RAPIN. Hort. L. III.)

Et qu'on ne soit pas étonné de voir que je réclame, avec de si vives instances, des Académies pour la vigne ! Avant moi, plus d'un écrivain a pensé qu'il faudroit instituer exprès des
écoles œnologiques. Un de ceux qui formoit ce
vœu, l'appuie par un exemple des ressources
considérables que la culture de la vigne offre
dans les plus mauvais sols, quand le climat la
favorise. On n'a pas exaucé son vœu, ni apprécié son exemple ; mais il ne faut pas se lasser
de redire ces vérités.

En 1781, il parut à Turin une lettre en italien, sur l'abus d'effeuiller la vigne, dans l'i-
dée que ses fruits ont besoin d'être découverts
pour être plutôt mûrs. L'auteur de cette lettre,

le père *Guillaume della Valle*, combat ce très-
mauvais usage, avec de très-bonnes raisons ; il
veut qu'on établisse des écoles publiques pour
y enseigner les principes de l'art de cultiver la
terre, et principalement de l'art de cultiver la
vigne. Il termine sa lettre par cette anecdote
frappante.

« Il y a, dans le Montferrat, une montagne
aride, au sommet de laquelle étoit un très-
pauvre couvent de religieux franciscains. Le
terrein est un tuf ingrat. Un vieux père *Tovi*,
qui avoit professé la théologie avec distinction,
vint dans cette maison pour y finir ses jours. Il
trouva ses confrères occupés, la plupart du
temps, à parcourir leur voisinage, et à quêter
pour vivre. Le vieux religieux ne pouvant souffrir ce désordre, leur dit un jour : Mes très-
chers frères, suivant notre institut, nous devons joindre aux exercices de la vie monas-
tique, le travail manuel, comme le pratiquoient
les premiers cénobites. Si, au lieu d'épuiser les
peuples et de vivre de leurs sueurs, nous pouvions soulager l'État et concourir à son bien-
être, en vivant de notre travail, ne rempli-
rions-nous pas bien mieux le précepte de charité, première loi de l'Évangile, dont notre
saint instituteur nous a fait aussi une règle ?
Mes frères, Dieu nous a donné des bras plus
robustes qu'à d'autres ; ce n'est pas seulement
pour que nous les tenions élevés vers le ciel sur
la montagne avec Moyse, tandis que le reste
des hommes lutte avec tant de peine contre la
misère et la faim. Le temps que nous n'em-
ployons pas à prier, à psalmodier, dérobons-le
au péril de la tentation, et essayons enfin de
gagner notre pain à la sueur de notre front.
Notre terrein est trop aride pour produire du
blé, mais il peut nous donner du vin ; si je peux
en juger d'après ce qu'ont écrit les Anciens et
les Modernes, j'espère qu'un jour mon conseil
doit vous être agréable...... Il dit, et ayant
acheté des pics, des bêches, des hoyaux, suivant le nombre de ses moines, il se mit à leur
tête, et commença bientôt à remuer la terre, à
la cultiver avec soin, et à planter des vignes.
Son courage et sa patience firent non seulement
la fortune de la maison, mais celle du pays.
Le bon père *Tovi* étant nonagénaire, ne pou-

voit retenir ses larmes, quand il considéroit l'état florissant de ces vignes, et les cantons voisins défrichés par les habitans, que l'exemple des moines avoit encouragés. Il eut la satisfaction de voir son idée et ses peines récompensées avec usure, en recueillant les vins les plus exquis du Monferrat. »

Je suis en tout du sentiment du père *Della Valla*, et de son bon père *Toci*. Je salue ici la mémoire de ce vénérable agronome, et je souhaite que tous ceux qui possèdent en France des terreins propres à la vigne, imitent son courage, et jouissent de son succès. De ces mauvais terreins qui ne rapportent rien et qu'on peut rendre productifs, il en reste plus qu'on ne pense. Le seul parc de Chambord, qui renferme neuf mille hectares (dix-huit mille arpens), dans le plus beau climat de la France, a près de mille hectares (deux mille arpens) en pente douce et au midi, qui sont absolument incultes, et qui, plantés en vignes, feroient vivre aisément quatre à cinq cent familles, et donneroient, année commune, six mille barriques de vin. Combien n'avons-nous pas d'autres terreins arides, susceptibles du même emploi! Mais il faut, sur ce point, éclairer les propriétaires. Pour seconder ensuite leur bonne volonté, il faut former des vignerons. Or, il n'y a pour ces derniers aucun apprentissage, aucune instruction. C'est au Gouvernement à y pourvoir et à créer les institutions qui manquent. Quant aux propriétaires, ils connoissent assez leurs droits, mais ils ignorent leurs devoirs, et calculent souvent très-mal leurs intérêts. S'ils veulent les étudier, voyons dans quelles sources ils pourroient puiser les lumières, dont ils ont un si grand besoin.

§. XI. *Matériaux pour la Bibliothèque œnologique.*

Les simples titres des écrits qui concernent la vigne, remplissent quarante-trois pages dans la *Bibliothèque d'histoire naturelle de G. R. Boehmer* (vol. III, part. II, in-8°. Leipsick, 1787); Cette nomenclature est loin d'être complète, même pour le moment où son laborieux auteur prenoit soin de la composer. On trouve aussi dans le catalogue des livres de feu *Lhéri-*

tier, un grand nombre d'articles relatifs à la vigne, dont plusieurs devoient présenter des choses singulières. Mon objet ne peut être de surcharger ces notes d'une liste sèche de titres, qui promettent souvent plus que ne tiennent les ouvrages qui y sont annoncés; je n'ai pas lu tous ces ouvrages, et j'aime à ne parler d'un livre qu'autant que je l'ai lu; mais il seroit utile d'indiquer aux œnologistes les écrits capitaux, qui ont rapport à leur science. Quand on veut creuser un sujet, il est essentiel de connoître d'abord ceux qui l'ont traité les premiers. On profite de leurs lumières; on s'éclaire par leurs erreurs; on ne court pas le risque de redire ce qu'on a dit; enfin, on remplit le devoir, et l'on a le plaisir d'être juste envers ceux qui nous ont ouvert la carrière.

Je me bornerai à donner une courte notice, 1°. des Auteurs anciens sur la culture de la vigne; 2°. de quelques ouvrages sur ce sujet, après la renaissance des lettres; 3°. des questions œnologiques proposées pour sujet de prix par nos Académies; 4°. des recueils agronomiques, où l'on trouve des recherches, ou des mémoires du même genre.

I. *Des Auteurs anciens, sur la culture de la Vigne.*

L'abrégé de cette culture est présenté, avec génie, dans le deuxième livre des *Géorgiques* de *Virgile*. Presque tous ses détails sont encore applicables dans le sud de la France, et le C. *Sineti* n'a pas manqué de les citer dans l'*Agriculteur du Midi*.

Six autres écrivains classiques, *Caton, Varron, Columelle, Pline, Palladius* et *Isidore de Séville*, ont donné, sur la vigne, des détails instructifs.

Cette partie d'agriculture paroit une de celles qui étoient parvenues à leur perfection parmi les Anciens. S'ils eussent été aussi loin dans les connoissances chimiques, qu'ils étoient avancés dans les soins agricoles, ils auroient laissé aux Modernes bien peu de choses à faire. Ils travailloient très-bien la vigne. Ils ont aussi beaucoup opéré sur le vin. Il seroit fort utile de séparer ce qui concerne la vigne et ses produits, dans ces auteurs illustres, de toutes les autres matières qu'ils ont traitées en même temps, et d'en faire l'objet d'une traduction nouvelle. Ces auteurs, ainsi rapprochés, s'éclaireroient, pour ainsi dire, et se commenteroient eux-mêmes.

Ceux qui nous ont donné l'*Histoire de l'agriculture ancienne*, soit en françois, soit en anglois, ont oublié la vigne, c'est-à-dire, le triomphe précisément de cette agriculture. Rien de si curieux que le quatorzième livre de *Pline*, qui concerne la vigne. Ce livre contient cinq cent dix paragraphes, divisés en vingt-neuf chapitres. Il expose successivement : I et II, la nature des vignes, et comment elles fructifient ; III, la nature des raisins, et le soin qu'exige la vigne ; IV, quatre-vingt-onze espèces de vignes ; V, ce qu'il y a de plus remarquable dans la culture des vignobles ; VI, quels sont les vins les plus anciens ; VII, la nature du vin ; VIII, cinquante sortes de vins généreux ; IX, trente-huit sortes de vins d'outre-mer ; X, sept espèces de vins falsifiés ; XI, dix-huit sortes de vins doux, et deux espèces de vins cuits, l'*hepsema* et le *passum* ; XII, trois espèces de petits vins, ou de vins de dépense ; XIII, que les vins généreux sont très-récens en Italie ; XIV, ce que Romulus observoit sur l'usage du vin ; XV, de quels vins se servoient les Anciens ; XVI, des remarques sur les celliers, et sur les vins du consulat d'Opimius ; XVII, quand servit-on, pour la première fois, quatre sortes de vins ; XVIII, l'usage de la vigne sauvage, et quel est le suc naturel le plus froid ; XIX, soixante-six espèces de vins factices ; XX, l'hydromel, ou melicrat ; XXI, l'oximel ; XXII, douze sortes de vins prodigieux ; XXIII, les vins dont il n'est pas permis de se servir pour les sacrifices ; XXIV, combien d'espèces de moûts cuits, ou de raisinés ; XXV, la poix et les résines, pour poisser les vases à vins ; XXVI, le vinaigre et la lie ; XXVII, les vaisseaux, ou vases vinaires, les caves ; XXVIII, l'yvresse ; XXIX, enfin, la fermentation vineuse avec l'eau et les fruits.

Pline avoit tiré ces détails de trente auteurs latins, et de plus de trente étrangers, dont il donne les noms. Nous pouvons voir par cette table de ses autorités, combien d'ouvrages anciens il avoit consultés, et qui sont perdus aujourd'hui. Il y en a certainement plusieurs à regretter. En voici la liste complète, dans l'ordre alphabétique.

Catalogue des Écrivains qui ont servi à composer le XIV.ème. Livre de Pline l'ancien, relativement à la Vigne. *

Ælius, maître de *Varron* et de *Cicéron* même.

Aeschrion, qui est aussi fort souvent cité par *Varron* et par *Columelle*.

Agathocle, de Chio, loué par les mêmes.

Amphiloque, philosophe d'Athènes.

Anaxipolis, de Thase, cité aussi par *Varron*.

Androtion, médecin, dont *Varron*, *Columelle*, et d'autres encore, citent les *Géorgiques*.

Antigone, de Cyme dans l'Éolide, cité aussi par *Varron*.

Apollodore, de Cite en Chypre, qui prescrivit au roi Ptolémée les vins qu'il devoit boire.

Apollonius, de Pergame, qui avoit écrit sur les remèdes les plus faciles à trouver, suivant *Galien*.

Archytas, de Tarente, philosophe pythagoricien, que *Cicéron* appelle un homme vraiment savant et tout-à-fait sage.

Aristandre, d'Athènes, cité aussi par *Varron* et *Columelle*, et qui avoit, suivant *Pline*, raconté beaucoup de merveilles.

Aristophane, de Milet, différent de l'*Aristophane* comique.

Aristote, de Stagire, élève de *Platon*, précepteur d'Alexandre-le-Grand, fondateur du péripatétisme.

Asclépiade, de Pruse en Bythinie, professeur d'éloquence du temps de Pompée, ensuite médecin et ami de *Cicéron*.

Attale, roi de Pergame, fils d'Eumène, l'ami du peuple romain, en faveur de qui il testa, et surnommé *Philométor*, pour sa piété filiale envers sa mère.

Atteius-Capito, jurisconsulte du temps d'Auguste, auteur d'un *Recueil de Conjectures*, dont *Aulu-Gelle* cite le deux cent cinquante-neuvième livre.

Atticus (Julius), qui vivoit du temps de *Columelle*, et qui avoit écrit spécialement sur la vigne.

Bacchius, de Milet, qui n'est pas le médecin empyrique du même nom.

Bion, de Soles en Cilicie.

Bothrys, d'Athènes, médecin, dont *Galien* loue les compositions médicales.

Caton le censeur (*Marcus-Porcius*), qui réunit, suivant *Pline*, les trois plus grands mérites d'un homme, ayant été le meilleur orateur, le meilleur général, le meilleur sénateur; il avoit fait beaucoup de livres, dont il ne nous reste que celui qui traite de l'agriculture.

Celsus (*Aurelius-Cornelius*), Romain, qui vécut sous Tibère, et fut le Cicéron des médecins.

Chæréas, d'Athènes, loué aussi par *Varron* et *Columelle*, comme un excellent agronome.

Chériste, que *Columelle* appelle *Chreste*.

Columelle (*Lucius-Junius-Moderatus*), de Cadix, qui fleurissoit sous Claude et dont il nous reste douze livres sur l'économie rurale; le dixième est en vers et forme un bon supplément aux *Géorgiques*; les troisième, quatrième et cinquième roulent uniquement sur la vigne.

Cotta, fils de Messala l'orateur.

Démocrite, d'Abdère, qui voyagea jusqu'à l'âge de quatre-vingts ans, pour entendre les philosophes, mourut plus que centenaire, et écrivit beaucoup d'ouvrages, que nous n'avons pas.

Denys (*Cassius*), d'Utique, traducteur des vingt-huit livres de *Magon*, sur l'agriculture.

Diodore, de Priène, que *Columelle* regarde comme le plus prudent des écrivains sur l'agriculture.

Dion, de Colophone, cité aussi par *Columelle*.

Diophane, de Nicée en Bithynie, qui fit l'abrégé de la traduction du grand ouvrage de *Magon* le Carthaginois, et qui est loué par *Varron* et *Columelle*.

Epigènes, de Rhodes, cité par *Varron* et *Columelle*, regardé par *Pline* comme un auteur grave.

Euphron, d'Athènes, cité par *Columelle*.

Evagon, ou *Evagore*, de Thase, cité par *Varron* et *Columelle*.

Fabian (*Papyrius*), l'un des maîtres de *Sénèque*, savant naturaliste.

Fenestella (*Lucius*), historien et poète, qui mourut à soixante-dix ans, sous Tibère.

Flavius (*Alfius*), contemporain de *M. Sénèque*.

Hésiode, d'Ascrée, ou plutôt de Cumes, le premier poète géorgique, voisin du temps d'*Homère*.

Hiéron, roi de Sicile, cité aussi comme écrivain agronomique par *Varron* et *Columelle*.

Juba, roi de Mauritanie, fils du roi Juba, gendre de M. Antoine, qui avoit beaucoup écrit en latin.

Onesicrite, d'Ægine, disciple de *Diogènes*, qui suivit Alexandre à la guerre et commanda une trirème de sa flotte.

Pison (*L. Calpurnius-Frugi*), consul de Rome, puis censeur, auteur de discours et d'annales.

Plaute (*M. Accius*), auteur de cent trente comédies latines, dont nous n'avons plus que vingt.

Pompée (*Lenæus*), affranchi du grand Pompée, qui le suivit dans ses expéditions, et après la mort malheureuse de son patron, ouvrit à Rome une école.

Saserna, le père et le fils, souvent cités par *Varron* et *Columelle*.

Scævola (*Q. Mucius*), souverain pontife, collègue de Crassus, proconsul d'Asie, presque divinisé par la reconnoissance des peuples de ces contrées, enfin, massacré dans les troubles de Marius: c'étoit un grand jurisconsulte.

Scrofa (*Tremellius-Cneius*), le premier qui, suivant *Varron*, rendit l'agriculture éloquente en latin; il conduisit une armée dans la Gaule Transalpine, aux bords du Rhin.

Sextius (*Niger*), romain, qui écrivit sur la matière médicale.

Tergilla, qui écrivit sur les jardins.

Théophraste, d'Éphèse, successeur d'*Aristote* dans l'école d'Athènes, qui délivra deux fois sa patrie de la tyrannie, et dont il nous reste dix livres de l'*Histoire des Plantes*, etc.

Varron (*M. Terentius*), le plus savant des Romains, ami de *Cicéron*, partisan de Pompée, et que César, vainqueur, mit ensuite à la tête des bibliothèques de Rome; nous avons de lui un ouvrage sur l'économie rurale, en trois livres.

Vibius Rufus, mentionné par *Sénèque* et par *Dion*.

Virgile

Virgile (*Publius Maro*), le prince des poëtes latins, dont *Columelle* a dit qu'il prête à l'agriculture la puissance de la poésie (*agricolationem fecit carmine potentem*).

Enfin, *Xénophon*, d'Athènes, disciple de *Socrate*, ami du jeune Cyrus, cher au roi de Lacédémone, Agésilas; condamné à l'exil par les Athéniens, il employa son loisir à composer plusieurs ouvrages d'un style plus doux que le miel, et mourut à Corinthe. Nous avons son livre, très-bien intitulé : *l'Œconomique*.

On ne peut lire cette liste sans songer, avec peine, au grand nombre de monumens de l'antiquité qui nous manquent, et sans être reconnoissant pour ceux qui, comme *Pline*, nous en ont du moins conservé l'esprit et la substance.

On voit aussi, avec plaisir, dans cette liste d'écrivains, le nom de plusieurs personnages distingués par de grandes places, et trois ou quatre rois, entr'autres, auxquels on pourroit ajouter le *Constantin-César*, dont on a les *Géoponiques*.

Indépendamment des auteurs qui ont traité ex-professo de la vigne et du vin, il se trouve, à ce sujet, dans les autres auteurs classiques anciens, une foule de passages qu'on n'a pas ramassés, comparés et discutés avec assez de soin. Rien de plus singulier, par exemple, que ce que rapporte *Diodore* de Sicile, de l'introduction du vin chez les Gaulois (dans sa *Bibliothèque historique*, liv. V, chap. 26).

Les Gaules étoient habitées par des espèces de sauvages, qui ne cultivoient pas la terre, et n'avoient, sur-tout, point de vignes. Les marchands d'Italie venoient leur apporter du vin, pour lequel les Gaulois étoient passionnés, au point d'en perdre la raison. Le commerce du vin étoit le même dans les Gaules, que l'est celui de l'eau-de-vie chez les nègres de la Guinée. Pour un tonneau de vin, les marchands avoient un esclave: *Pro cado enim vini puerum recipiunt*. A la fin, les Gaulois se dégoûtèrent d'un commerce qui leur étoit si onéreux; ne pouvant se passer de vin, ils prirent le parti d'aller s'emparer du pays d'où leur venoit cette liqueur. Voilà un beau motif de guerre! Mais on s'est battu quelquefois pour des causes moins raisonnables.

Théâtre d'Agriculture, Tome I.

II. *Ouvrages sur la Vigne, après la renaissance des Lettres.*

Ce sont des écrivains françois qui sont à la tête des œnologistes modernes. Il fut publié, à Paris, en 1550, un *Devis sur la vigne, vin et vendanges, auquel la façon ancienne du plant, labour et garde, est découverte et réduite au présent usage*, par Orléans de Suave; mais, dès 1536, *Charles Estienne* avoit donné, en latin, son *Vinetum*, qui a passé ensuite dans la *Maison Rustique de Liébault*. Je ne parle pas ici des auteurs qui ont compris la vigne dans leurs traités généraux d'agriculture, mais de ceux qui s'en sont occupés spécialement. Les médecins et les jurisconsultes se sont distingués en ce genre. Il y en a trois ou quatre dont les ouvrages sont remarquables.

1°. Le fameux botaniste *Rambert Dodoëns*, ou *Dodonée*, né à Malines, médecin des empereurs Maximilien et Rodolphe II, publia à Cologne, en 1580, une histoire de la vigne et du vin, qui n'est pas sans mérite. Il parle des hutins, qui étoient dès-lors en usage aux environs de Genève, et de l'art que les cabaretiers belges avoient déjà trouvé de contrefaire le vin de Malvoisie.

2°. Le Traité de *Prosper Rondella* sur la vigne, la vendange et le vin (*de vineá, vindemiá et vino*), Venise, in-fol. 1629, de 98 pages, est l'ouvrage d'un savant jurisconsulte et d'un bon catholique. Son chapitre I, est la sainteté de la vigne : *de vite sacrá*. Il commence par l'apologue de l'Écriture-Sainte, où la vigne est priée de commander aux autres arbres, et n'accepte pas cet empire. L'auteur entasse-là beaucoup d'autres citations, qu'on ne pourroit pas rapporter du même ton que lui.

Son livre sur les vignes a rapport, 1°. à leur garde; 2°. ensuite à leur culture. Il dit que de son temps, les François dépensoient beaucoup à cultiver des vignes, et qu'ils avoient besoin d'un empereur Domitien pour les faire extirper; c'étoit l'auteur d'un Commentaire sur la coutume de Bordeaux, qui lui fournissoit cette note.

Dans le livre sur la vendange, il donne les prières du grand pontifical romain, pour bénir d'abord la vendange, ensuite le cellier. L'oraison la plus remarquable est pour bénir le vin nouveau. On y rappelle le miracle des noces de Cana, et le précieux sang, etc.

Randella rapporte un joli poëme en vers élégiaques, sur le vin de première goûte (*de protopo*).

Ses questions vendémiales renferment des subtilités et arguties de droit, parmi des choses raisonnables, sur la garde des vignes, sur le ban des vendanges, sur les ventes, les legs, les dîmes, la double gabelle du vin qui avoit lieu en Italie, etc.

Le livre sur le vin, contient l'énumération des vins du royaume de Naples. Cette liste est longue et savante, et parsemée de vers latins. L'auteur n'oublie pas ceux de l'École de Salerne, sur les caractères où les preuves du bon vin :

Vina probantur odore, sapore, nitore, colore, etc.

Mais ces vers-là ne valent pas ceux-ci, où les règles tracées pour le choix d'un bon vin, semblent rassemblées tout exprès pour désigner nos vins de France :

Apicio cupio vinum mihi collibus ortum,
Molle, vetus, fragili prosiliensque vitro,
Quod niteat, et rutilo niteat praeclarius auro,
Et cujus morsus saucia lingua probet;
Ora nec ingratus gustantem laedat amaror,
Et gravibus curis pectora pressa levet;
Nec capiti noceat, sed vertice serpat ab ipso
Protinus ad summos percuriatque pedes.
Si datur hoc vobis, Acheloia pocula longè
Ite, salutiferi toxica vina meri!

C'est-à-dire, à-peu-près (car on me permettra, sans doute, d'essayer de rendre en françois, quoique très-imparfaitement, cette pièce charmante).

Si l'on me demandoit le vin que je préfère,
    Je répondrais en peu de mots:
    Le nectar du dieu de Naxos
Doit être un composé d'amour et de lumière.
Je veux que le raisin dont il fut exprimé
Ait reçu du Midi l'influence puissante,
    Et que dans sa grappe naissante
Un rayon du soleil ait été renfermé.
Je veux que ce vin pur pétille dans mon verre;
    Que sa couleur brille à mes yeux;
    Que sa pointe, quoiqu'il soit vieux,
Me laisse sur la langue une empreinte légère.

Je ne veux pas qu'en le goûtant,
On trouve à sa liqueur une amertume ingrate;
Je veux que sa fraîcheur me réveille et me flatte,
    Et me donne l'esprit content:
Je ne veux pas, sur-tout, que sa sève enflamme,
Dans mon foible cerveau porte l'embrasement;
Je veux que sa vapeur doucement allumée,
Et de la tête aux pieds coulant rapidement,
    N'excite en moi qu'un enjouement
    Plus marqué qu'à l'accoutumée.
    Si l'on vous donne un vin pareil,
    Mes amis, suivez mon conseil,
Du pauvre Acheloüs laissez le froid breuvage,
Car ce n'est qu'à défaut d'un vin pur et vermeil,
    Qu'on en peut tolérer l'usage.

Indépendamment de ces vers, qui dédommagent du fatras de l'érudition, *Randella* nous offre des faits dont quelques-uns sont curieux. Il nous apprend que l'on faisoit du vin de cerises marasques, ou cerises noires acides, et que ce vin étoit recherché des gourmets, *optatissimum gulæ*.

Son chapitre sur Saint Martin (*fasti Martinales*) est assez singulier. Selon lui le mois de Novembre étoit consacré à Bacchus. « Et nous aussi, dit-il, nous faisons les vinales à la fête de Saint Martin. C'est un usage des François, reçu en Italie, etc. »

3e. *André Baccio*, qui s'intitule médecin, philosophe et citoyen romain, dédia au cardinal Ascagne Colonne sept livres sur l'histoire naturelle des vins, sur les vins d'Italie, et sur les repas des anciens (Rome, 1596, in-fol., de 570 pages). Le célèbre *Haller* ne dit sur ce livre qu'un mot : *compilatio*. Mais cette compilation mérite d'être parcourue. *Baccio* examine ce qu'ont dit *Dioscoride*, *Pline*, *Athénée*, et compare avec soin les Anciens et les Modernes. Il indique très-bien que les vins fameux de l'antiquité étoient des syrops, ou des liqueurs très-épaisses, et il donne la préférence aux vins plus fluides et plus légers des modernes.

Il est un des premiers qui ait parlé de l'eau-de-vie. Il condamne l'usage où l'on étoit alors à Rome, d'en boire tous les jours à jeun une demi-once (quinze grammes), ou une once (trente grammes); mais il en approuve beaucoup les usages extérieurs.

Il paroît aussi qu'à cette époque on s'étoit

occupé, à Rome, des moyens de substituer aux tonneaux de bois des vases plus propres à conserver parfaitement les vins. *J. Antoine Finéo* avoit donné au pape un mémoire, où il proposoit de grands vaisseaux de terre cuite goudronnée et d'une construction particulière. *Baccio* en indique les avantages, et en relève les inconvéniens. Le plus grave est celui du nombre immense qu'il en faudroit. *Baccio* suppute qu'il entroit à Rome, tous les ans, cent mille tonneaux de vin, chacun de dix mesures.

Ses cinquième et sixième livres roulent sur les vins d'Italie. Ce très-long catalogue n'est pas sans intérêt. Le septième parle des vins de Candie, de Chypre, du Mont-Liban, du Rhin, de France, d'Espagne. Il convient que la France est en tout l'émule de la fécondité de l'Italie. Il parle des vins de Provence, de Bordeaux, de Champagne, etc. Il donne même les noms vulgaires de nos raisins : les morillons, dont il compte trois espèces ; le samoyréau, le négrier ou noireau, le pinet d'Anjou, le gouest, le foirard, le meslier, le bourdelois, etc., etc. Il dit que la mer améliore les vins de Bordeaux ; mais ce qui peut surprendre, c'est qu'il met au-dessus de tous nos vins, ceux des environs de Paris : *Nullis secunda Gullicis vinis quæ circà Lutetiam, ubi Parrhisii ac Franciæ nomen, habentur.*

4°. *Philippe-Jacques Sachs*, de Levenhain, médecin de Silésie, membre de l'Académie des curieux de la nature, a donné, en 1661, l'*Ampélographie*, ou Considération physique, philologique, historique, médicale et chimique de la vigne et de ses parties, où il traite fort au long de la vigne en général, et en particulier de ses pampres, de sa fleur, de ses pleurs, de ses sarmens, de ses raisins, des usages multipliés du vin, de l'esprit-de-vin, du vinaigre, de la lie et du tartre (Læipsick, in-8°., de 7 à 800 pages).

Cet ouvrage savant contient des choses extraordinaires. Son plan est vaste et bien conçu ; mais l'auteur écrivoit à Breslaw, où il avoue qu'on n'a des vignes que pour manger les raisins. Il ne peut que citer, et il cite en effet, une multitude d'auteurs, dont la liste tient plusieurs pages. Il ne peut garantir tout ce qu'il emprunte au hasard. Il raconte, par exemple,

que *Belon* a vu en Thrace, dans un couvent d'Augustins, une vigne qui portoit des raisins mûrs sept fois par an ; et parle, d'après *Folieta*, de vignes près de Naples, dont chaque cep donnoit du vin de quoi charger cinq mulets.

Il explique la fermentation, d'après le traité de *Thomas Willis* (1659 in-8°.), dont *Morhoff* a fait aussi un grand éloge ; mais *Willis* n'avoit pu étudier en Angleterre que la fermentation de la bierre, et la chimie étoit d'ailleurs peu avancée à cet égard.

Dans le chapitre de l'ivresse, il dit qu'un clystère donné avec du vin à une personne abstême, l'avoit fortement enivrée. Il en cite plusieurs exemples.

Il donne la liste des vins des quatre parties du monde. L'article des vins de l'Europe commence par ceux de la Grèce, parmi lesquels il préconise le Malvoisie de Candie, comme mettant la manne dans la bouche et le baume au cerveau, suivant un poète italien ; de-là il passe en Italie, en Espagne et en Portugal. Il observe qu'un nommé *Pierre Simoni* a porté d'Allemagne en Espagne des plants de vigne qui s'y sont fort améliorés. A cette occasion, il remarque aussi que des vignes de Malvoisie, transplantées en Italie, y donnent du vin moins généreux qu'en Crète ; mais, qu'en revanche, du plant de vigne d'Italie, transplanté en Crète, y produit de bien meilleur vin qu'en Italie. Suivant lui, l'île de Madère produisoit alors tant de vin, que la dîme annuelle en rapportoit au roi dix à douze mille pipes. Il arrive à nos vins de France. Il compte qu'il sortoit tous les ans cent mille tonneaux de vin, du seul port de Bordeaux ; et qu'en 1578, un marchand de Cambray fit voiturer dans la Belgique trente trois mille muids de vin de France. Il loue les vins de Beaune, d'Auxerre, de Bar-sur-Aube. Parmi les vins de Champagne, il exalte le vin d'Aï : *expetitum magnatibus.* Les vins de Coucy étoient réservés pour la table du roi. Mais ce qui paroît aujourd'hui fort étrange, il loue la force des vins de Meudon, de Ruel, d'Argenteuil. Il trouve les vins d'Orléans trop vaporeux ; il dit du bien des vins d'Anjou ; compare les vins du Poitou aux vins du Rhin, etc. Les vins de Frontignan, les vins de Grave ne sont pas oubliés. Il finit l'article de la France par le cidre et le poiré des Normands, et le *bouillon* que les Picards composoient avec du son, de l'eau bouillante et du levain. Il divise l'article de l'Allemagne en plusieurs parties : les vins du Rhin, ceux du Necker, ceux de l'Alsace, les vins de Moselle, ceux de Franconie, ceux du Tyrol, ceux d'Autriche, ceux de Bohême et de Moravie, et ceux de Hongrie.

Les titres des chapitres de l'*Ampélographie* feroient la table des matières d'un grand et bon ouvrage sur la vigne et le vin, si ces titres étoient remplis. Il y manque pourtant plusieurs objets modernes, ou mieux traités par les modernes, telles que les citernes ou les foudres en pierre pour conserver le vin en très-grandes parties, et les vrais procédés chimiques pour reconnoître sûrement les vins frelatés, altérés avec des drogues dangereuses. *Boehmer* indique à ce sujet les auteurs de nombre d'ouvrages, parmi lesquels on voit les noms de plusieurs chimistes François. On attend d'eux, à cet égard, un ouvrage complet, où les mélanges innocens et les apprêts utiles qu'on peut donner aux vins, seront soigneusement distingués des fraudes criminelles et des sophistications, qui en font un poison public.

III. *Des Questions OEnologiques proposées pour sujet de Prix, par les Académies.*

J'extrairai du *Recueil des Couronnes académiques*, ou des prix proposés par les Sociétés savantes, etc., par le C. *de Landine*, ce qui est relatif 1°. à la vigne ; 2°. au vin. Il seroit très-intéressant d'avoir un tableau exact des sujets de ces prix, tant pour savoir ce qui s'est fait, que pour ne pas ouvrir inutilement des concours sur des questions épuisées. Je joindrai quelques notes aux indications de l'auteur du recueil.

1°. *Sur la Vigne.*

Académie des Sciences, Belles-Lettres et Arts de Bordeaux.

Sujet proposé en 1753.

Quels sont les meilleurs principes de la taille de la vigne, par rapport à la différence des espèces de vignes, et à la diversité des terroirs ?

Ce prix, réservé en 1758, roule sur le même sujet que celui de l'Académie d'Auch, mentionné ci-après. L'on ne dit pas s'il a été adjugé.

Académie des Sciences, Belles-Lettres et Arts de Besançon.

Sujet proposé en 1760.

Quelle est la meilleure manière de cultiver la vigne et de faire les vins dans le comté de Bourgogne ?

En 1777.

Quels sont les caractères et les causes d'une maladie qui attaque les vignobles de Franche-Comté ? Quels sont les moyens de la prévenir et de la guérir ?

Le prix fut décerné au père *Prudent de Faucogney*, capucin. Son Mémoire a été imprimé à Besançon, en 1778, in-8°. Cet ouvrage mérite d'être distingué. Je crois devoir reproduire ici la péroraison, par laquelle l'auteur termine sa dissertation, et en récapitule les objets principaux.

» Vous donc qui, par goût et par choix, cultivez la vigne que vos pères vous ont transmise ; vous qui, moins fortunés, êtes peut-être condamnés par la nature à planter des ceps dont vous ne recueillerez pas les fruits ! connoissez les ressources de votre art, jouissez au moins du plaisir délicat qu'inspire toujours à une ame sensible la noblesse de ses vues, l'étendue et la justesse de ses combinaisons, le succès de son travail : ce prix de votre industrie sera à vous seul ; il vous flattera sans doute, si vous avez des amis ; il vous flatteroit même encore, si vous n'aviez que des jaloux. Voyez d'un œil tranquille l'immense héritage de votre voisin ; mais n'ambitionnez que le terrein que vous pourrez cultiver avec aisance et avec soin (*) ; connoissez d'abord la valeur de vos terres ; dirigez vos plantations et vos engrais selon leurs qualités respectives ; facilitez sur-tout l'écoulement des eaux. J'aimerois assez des rigoles et quelques fossés, soutenus

---

(*) . . . . *Laudato ingentia rura . . .*
Exiguum colito. . . . .
                     Virg.

d'un petit mur, qui, d'espace en espace, recevroient les terres qui descendent toujours, ou que des pluies bruyantes, causées par des orages, pourroient entraîner. Si, cependant, ces murs et ces fossés ne vous plaisent point, si vous les trouvez embarrassants et coûteux, n'oubliez pas au moins de reporter aussitôt au-dessus des vignes les terres éboulées. Si le bois est vigoureux et sain, vous pourrez encore le recoucher et multiplier vos fosses dans les terres légères. Si, au contraire, il est foible et languissant, recouchez plus rarement; que vos fosses soient moins profondes. Gardez - vous bien de négliger l'usage des crossettes ou chappons; cette excellente méthode est sans doute bien préférable à cette habitude de toujours recoucher, qui se trouve sujette à mille inconvéniens, qui, dans les terres fortes et humides, cause les plus grands ravages, et peut-être même une grande partie des dépérissemens actuels, dont nous nous plaignons. Labourez-les souvent, vos vignes (*); ménagez cependant les racines des ceps, choisissez votre temps; si vous les travaillez par des temps pluvieux, vous les perdez; si, changeant brusquement de méthode, vous prenez un temps trop sec, le soleil absorbera encore le peu d'humide qui les soutient, et elles en souffriront long-temps. Lorsqu'un cep languit et qu'il est prêt à périr, arrachez-le aussitôt; remplacez-le par une crossette bien nourrie, bien saine, coupée proche le collet, et dont les yeux rapprochés annoncent la fertilité et la vigueur (**); choisissez-là sur un cep jeune encore, mais cependant fort et bien formé, et sur-tout bien connu par les différens fruits qu'il vous aura déjà donnés. Que vos échalas, placés au nord, puissent un peu garantir les rejets foibles encore, contre la rigueur des froids; ne les serrez point trop, ces tendres rejets; que leurs feuilles aient de la liberté et de l'aisance; qu'un vent léger puisse toujours les faire flotter à son gré. Si vos terreins sont froids et humides, retardez de quelques jours l'opération de la taille, ne pressez point trop votre labour. Si les gelées de l'hiver ou du printemps ont endommagé vos ceps ou leurs bourgeons, qu'une délicatesse mal-entendue ne retienne point vos bras; choisissez un temps doux, et coupez sans pitié tout ce que les froids auront altéré; ne laissez qu'une flèche au jeune plant (*); les ceps qui auront beaucoup porté, ménagez-les pour l'année suivante; laissez - leur moins de bois. S'ils sont chargés de raisins, n'écoutez point un vil intérêt du moment qui vous tromperoit, soulagez-les; ces fruits mûriront mieux, ils en deviendront plus beaux, ils vous donneront un meilleur jus; ébroussez de bonne-heure, enlevez les fausses pousses, les vrilles et les drages qui épuisent le cep, mais pincez-les avec délicatesse et avec soin; qu'une main robuste et aveugle ne déchire point la jeune flèche, trop foible sans doute pour soutenir ce rude effort. Quand vos raisins auront à-peu-près leur grosseur, enlevez alors la superficie de la taille et de ses jets qui surmontent et entraînent le foible échalas. Gardez-vous cependant de trop arracher de ces larges feuilles qui ornent le cep; loin d'enlever la nourriture au fruit de la vigne, elles lui en préparent une convenable; elles le garantissent de l'impression des froids brouillards, ou des chaleurs brûlantes qui le dessécheroient sur sa tige mal défendue (**). Lorsque vous vendangez, si la pluie vous surprend, suspendez votre travail, la vigne en

----

(*) *Scilicet omnibus est labor impendendus, et omnes*
   Cogendæ in sulcum, ac multa mercede domandæ.
    Et ailleurs:
   Est etiam ille labor curandis vitibus alter,
   Cui nunquam exhausti satis est. . . . . .
                VIRG.

Columelle voudroit que depuis le mois de Mars (Ventose) jusqu'au mois d'Octobre (Vendémiaire), on les labourât presque tous les mois. Le vigneron va sans doute me dire que cela est impossible; je ne veux pas répondre à cela. . . .

(**) *Quæ raros habet nodos, infecunda judicatur: at densitas gemmarum, fertilitatis indicium est.* PLIN. l. XVII, ch. 21.

(*) *Nos autem magister artium docuit usus, primi anni malleolorum formare incrementa, nec pati vitem supervacuis frondibus luxuriantem sylvescere.* Col. l. IV, c. 11.

(**) *Heu malè tam mites defendet pampinus uvas!*
                VIRG.

souffrira moins, le vin que vous ferez ne s'en trouvera point affoibli, il en sera plus vermeil et se conservera plus long-temps. Après la récolte, malgré vos longues fatigues, donnez encore un léger coup de bêche à la superficie du terrein qui aura été le plus foulé ; il sera mieux disposé à recevoir les sucs que les neiges y apporteront pendant l'hiver, il retiendra plus aisément les autres substances bienfaisantes que les vents font circuler sans cesse. »

Société d'Agriculture d'Auch.

Sujet proposé en 177...

Quelle est la meilleure manière de tailler les vignes, situées dans les différentes expositions, pour les conserver et les rendre productives ? Doit-on avoir égard aux phases de la lune ?

Le C. *de Landine* ne dit pas si le prix a été adjugé, ni s'il a été rien imprimé à ce sujet.

Société royale de Metz.

Sujet proposé en 1775.

Quelle est la meilleure culture de la vigne, etc. ?

J'ai dit que ce prix fut obtenu en 1776, par M. *Durival* le jeune. Voyez ci-devant, page 353.

Académie des Belles-Lettres de Montauban.

Sujet proposé en 1782.

Quel est le temps le plus propre pour tailler la vigne, relativement à la différence des climats, et à la situation des vignobles ?

C'est encore ici le même sujet qui avoit été déjà mis au concours à Bordeaux et à Auch.

Le prix fut décerné à M. l'abbé *Bertholon*, dont le mémoire a pour épigraphe :

Generosæ fertilis uvæ
Vinea.

2°. Sur le Vin.

Académie des Sciences, Belles-Lettres et Arts de Bordeaux.

Sujet proposé en 1754.

Quelle est la meilleure manière de faire les vins, de les conserver, et de les clarifier, sans employer des œufs ?

On ne dit pas si ce prix a été adjugé. Un mémoire, sur cette question, couronné à Bordeaux, devroit être fort intéressant.

Académie des Sciences, Belles-Lettres et Arts de Dijon.

Sujet proposé en 1756.

Quelles sont les causes de la graisse du vin, et quels sont les moyens de l'en préserver ou de le rétablir ?

Ce prix, renvoyé en 1759, ensuite en 1762, fut enfin abandonné. On publia un mémoire, sur ce sujet, par *Isaac-Ami-Marcel de Mezierre*, citoyen de Genève.

Académie des Sciences, Belles-Lettres et Arts de Lyon.

Sujet proposé en 1759.

Quelles sont les causes qui font pousser le vin ? Quels sont les moyens de prévenir cet accident, et d'y remédier, sans que la qualité du vin devienne nuisible à la santé ?

M. *Barberet* remporta le prix en 1761. Son mémoire a été imprimé à Lyon, in-12, de 90 pages. Il avoit pour devise : *Felicissimè suam tuentur sanitatem qui regiones incolunt in quibus optima vina proveniunt.* Le *Journal des Savans* de Décembre 1762, et le *Journal Économique* de Juillet 1763, en donnèrent l'extrait.

En 1781.

La mixtion de l'alun dans le vin, est-elle un sûr moyen de le conserver ou de rétablir sa qualité, lorsqu'elle est altérée ? De quelle espèce d'altération, dans le vin, l'alun est-il le préservatif ou le correctif ? En quelle proportion faut-il mêler l'alun dans le vin, au cas que ce mélange soit reconnu avantageux ? Le vin tenant en dissolution la quantité d'alun nécessaire à sa conservation ou à son amélioration, est-il nuisible à la santé ? Quels en sont les effets sur l'économie animale ? Si l'alun dissous dans le vin est reconnu préjudiciable à la santé, est-il quelque moyen d'en corriger les effets nuisibles ? Enfin, quelle est la manière la plus simple et la plus exacte de reconnoître la présence de l'alun et sa quantité, lorsqu'il est en dissolution dans le vin, sur-tout dans le vin rouge très-coloré ?

Le prix de 900 livres fut porté à 1,200 livres par un don de M. *de la Tourette*, secrétaire de l'Académie.

En 1783, un seul mémoire parut au concours. Il avoit pour devise : *sunt certi denique fines*. L'Académie ne put refuser des louanges à sa théorie chimique ; mais le défaut d'expériences comparées et suffisantes ; 1°. sur la conservation du vin par l'alun ; 2°. sur les dangers que présente l'usage intérieur et habituel d'une substance aussi active ; 3°. sur les divers moyens de reconnoître les vins alunés, fit continuer le sujet du prix à 1785.

A cette époque, il a été remporté par M. *Roger*, de Grenoble, dont le mémoire avoit la même devise. Il s'est fait distinguer par une belle théorie, des vues neuves, et des expériences faites en grand.

On a accordé une mention honorable à deux mémoires ; le premier ayant pour devise : *decepti specie recti*, prouve, avec la plus grande force, le danger des vins alunés ; le second, ayant pour devise : *bibimus largis fata suprema scyphis*, est très-savant en chimie. Tel est le résultat du jugement prononcé par l'Académie de Lyon ; mais le sujet qu'elle a proposé depuis, prouve qu'elle n'étoit pas encore pleinement satisfaite.

En 1785.

Est-il un moyen sûr et simple de reconnoître la présence de l'alun et sa quantité, lorsqu'il est en dissolution dans le vin ?

Ce prix devoit être donné en 1788. On ne dit pas s'il a été décerné. La révolution vint ; on détruisit les Académies, et l'on interrompit le fil des travaux et des expériences qu'il est important de renouer.

Société d'Agriculture de Limoges.

Sujet proposé en 1766.

La fermentation des vins, et la meilleure manière de faire de l'eau-de-vie.

Les Mémoires qui ont concouru pour ce prix, ont été publiés à Lyon et à Paris, en 1771, in-8°.

Société royale des Sciences et des Arts de Metz.

Sujet proposé en 176. . .

Quelle est la meilleure méthode de faire et de gouverner les vins du Pays-Messin ?

Le Mémoire de *M. Mathis*, couronné en 1769, a été imprimé à Metz, in-12, de 60 pages. Il avoit pour devise :

Generosum et lene requiro
Quod curas abigat, quod cum spe divite manat
In venas, animumque meum, quod verba minis-
tret, etc.

HORAT. lib. 1, Epis. 15.

Académie de Marseille.

Sujet proposé en 1770.

Quelle est la meilleure manière de fabriquer et de gouverner les vins pour la garde et le transport ?

Le mémoire de l'abbé *Rozier*, fut couronné en 1771, et imprimé à Paris, chez Ruault, en 1772, in-8°., de 350 pages, avec trois planches. On le trouve aussi dans le *Journal de physique*.

Le Mémoire de M. *Michel*, apothicaire à Marseille, obtint l'accessit.

Société d'Agriculture d'Aix.

Sujet proposé en 177. . .

Quels sont, en Provence, les raisins les plus propres à faire les vins de la meilleure qualité, soit pour le transport par mer, soit pour la fabrication des eaux-de-vie ? Quel est le sol convenable à chaque espèce particulière de ceps, et la culture la moins dispendieuse pour obtenir la quantité, sans détériorer la qualité ?

C'est la même question proposée par l'Académie de Marseille. Voyez ci-dessus.

Société royale des Sciences de Montpellier.

Sujet proposé en 1779.

Déterminer par un moyen fixe, simple, et à la portée de tout cultivateur, le moment où le vin, en fermentation dans la cuve, aura acquis toute la force et toute la qualité dont il est susceptible.

Ce prix de 600 livres fut obtenu par le Mémoire de l'abbé *Bertholon*, de Lyon, professeur de physique expérimentale des États-Généraux de Languedoc. Il a été imprimé à Montpellier, chez Martel, en 1781, in-4º.

C'est dans ce Mémoire que l'auteur a jetté les fondemens d'une nouvelle science, celle de l'œnométrie. On y voit l'invention et la figure de plusieurs œnomètres, instrumens propres à connoître le moment précis de la fermentation vineuse, moment au-delà duquel le vin est trop fait, en-deçà duquel il ne l'est pas encore.

Dom *Gentil*, bénédictin, savant agronome, partagea le prix. Son mémoire est joint à celui de l'abbé *Bertholon*.

Société d'Agriculture d'Orléans.

Sujet proposé en 1785.

1º. A quelle cause doit-on attribuer le mauvais goût que les tonneaux font quelquefois contracter au vin, et qui est généralement connu sous le nom de goût de fût; 2º. le bois ne subit-il l'altération qui occasionne ce goût, qu'après avoir été coupé, ou la séve en étoit-elle affectée, lorsqu'il étoit sur pied; 3º. à quels signes peut-on reconnoître les bois dont les sucs ont souffert cette altération; 4º. quels sont les moyens de corriger ou de faire perdre au vin le goût désagréable que le fût lui a communiqué ? Le prix étoit de 400 livres.

« On a déjà fait quelques essais pour connoître si l'altération du bois n'étoit point occasionnée par la vetusté ou l'humidité. C'est pourquoi on a construit des tonneaux avec des douves qui avoient été exposées pendant plusieurs années aux injures de l'air sur les ports, ou qui avoient long-temps séjourné dans des magasins humides. Ils n'ont communiqué aucune mauvaise qualité au vin qu'on y a mis. Il est donc vraisemblable que le goût de fût provient d'une altération de la séve dans l'arbre, tandis qu'il végète. Il paroît que cette maladie ne change point la texture des fibres ligneuses, mais elle dénature sans doute les sucs, et c'est de ce côté que la Société a invité les auteurs à porter leurs recherches.

» On fait perdre au vin le goût de fût, lorsque la fermentation n'est pas encore achevée, ou lorsqu'il n'a pas séjourné long-temps dans le fût vicié. On sait même que les marchands de vin réussissent quelquefois à le corriger, soit en y mettant des muscades ou autres ingrédiens, soit simplement en répartissant le poinçon de vin gâté sur dix à douze qui ne le sont pas. Ce qu'il y a de certain, c'est qu'on ne s'est jamais apperçu que le vinaigre fait avec ce vin, en conservât le goût. Il est donc détruit par la fermentation acéteuse. On peut donc croire qu'il dépend de certaines parties fermentescibles qui peuvent être altérées par un nouveau mouvement fermentatif. La Société a invité les concurrens à approfondir ces vues, et à les appuyer d'expériences décisives. »

On ne voit pas ce qui en est résulté; mais il paroît que le prix n'a pas été remporté, car la Société des sciences, belles-lettres et arts de Bordeaux a déjà proposé deux fois la même question depuis (an IX et X), et, à ce qu'il paroît, jusqu'à présent sans succès.

IV. *Des Recueils qui contiennent des Observations ou des Mémoires sur la Vigne et sur le Vin.*

Il seroit fort utile pour la science œnologique, comme pour les autres parties de la culture en général, de dépouiller tous les Recueils, soit Mémoires d'Académies, soit ouvrages périodiques, où sont consignés des Mémoires, des Observations, des faits relatifs à cette science. Les matériaux dispersés dans ces vastes collections échappent nécessairement au simple agriculteur, qui ne peut acquérir des livres si volumineux et si étrangers à son art. Ces collections ne se trouvent que dans les grandes villes; celui qui parcourt ces recueils y trouve toutes sortes de matières accumulées. On perd à des recherches le temps qu'on voudroit employer à calculer des résultats. Ce seroit donc un grand service à rendre à chaque branche de la science agronomique, et sur-tout à l'œnologie dont je m'occupe ici plus spécialement, de rassembler à part les indications des articles de ces Recueils qui ont le même objet. Pour se faire une idée de l'utilité du travail que je provoque ici, il suffit d'observer qu'on trouve des observations éparses sur la vigne et sur ses produits, dans

les

les Thèses de médecine, dans les Journaux des Savans, dans les Mémoires des Académies et Sociétés d'agriculture, dans le *Journal de Physique* et dans une foule d'autres écrits du même genre. Je ne dirai qu'un mot sur ceux qui m'ont paru renfermer le plus de richesses, et qui offrent, par conséquent, les mines qu'il faut exploiter.

Dans les Thèses de médecine, dont on a des recueils en France, en Allemagne, etc., il y a sur ce point les choses les plus remarquables.

Le célèbre *Adrien Turnèbe* avoit publié en latin un écrit éloquent sur le vin, ou plutôt contre le vin (*de Vino Libellus*), Paris, Morel, 1600, in-8°. Il soutient que l'usage habituel du vin a raccourci la taille et abrégé la vie des hommes. Il développe ce système avec une grande chaleur, sans se dissimuler qu'une philosophie si sobre n'est pas propre à faire fortune auprès du plus grand nombre. Cependant plusieurs médecins ont pris cette idée à la lettre, et *M. Bergeron* soutint, dans la Faculté de médecine de Paris, en 1667, une thèse, où il concluoit que le vin diminue la vie et la stature de l'homme ; *Ergò vinum vitæ et staturæ detrahit.*

D'autres médecins, en revanche, ont pris la défense du vin. *Germain Préaux* fit soutenir, en 1641, une thèse savante, où il conclud que l'usage du vin est plus sain que celui de l'eau : *An vini quàm aquæ potus salubrior?*

En 1714, le médecin *Cordelle* intituloit une autre thèse, dans la Faculté de médecine de Paris : le vin est-il un aliment, un médicament, un poison? *An vinum alimentum, medicamentum, venenum?*

Le célèbre *Hellot* avoit fait décider, en 1665, que le vin, tant calomnié, est un excellent aliment : *Ergò vinum alimentum optimum.*

Je passe sous silence beaucoup d'autres sujets de thèses, plus ou moins singuliers ; cependant je dois observer 1°. que dans la querelle élevée entre les partisans du Bourgogne et du Champagne, les médecins prirent parti. On soutint à Paris, en 1652, que le vin de Beaune est la boisson la plus agréable et la plus salubre : *Ergò vinum Belnense potuum et suavissimus, sic saluberrimus.* La Faculté de Reims soutint, au contraire, en 1700, que le vin de Reims est plus agréable et plus sain que le Bourgogne : *An vinum Rhemense Burgundico suavius et salubrius?* (Reims, 1700, in-4°.; et en françois, aussi in-4°.) La thèse de Reims fut réfutée à Dijon, en 1701, et à Beaune, en 1705. Les poètes se mêlèrent de la dispute, et la rendirent plus intéressante. Les odes latines de *Coffin* et de *Grenan* sont encore dans la mémoire des gens de lettres, et dans le *Recueil de poésies latines et françaises sur les vins de Champagne et de Bourgogne*, Paris, 1712, in-8°.; mais on ne s'attendoit pas à un nouvel incident. En 1724, un médecin de Paris prétendit, à son tour, que les vins des environs de Paris, quoique foibles, sont plus sains que ceux de Bourgogne et de Champagne : *Ergo Parisiensis agri vina tenuia Burgundo et Campano salubriora, respondente Dumasc.* En 1739, un autre accusa nettement le vin de Bourgogne de donner la goutte : *An à vino Burgundo arthritis?* En 1778, la Faculté de Médecine de Paris vit adjuger la palme au vin de Champagne. B. M. *Solier de la Romillais*, soutint que ce vin doit l'emporter sur tous ceux de France et de l'étranger.

Il faut convenir que ces thèses contradictoires ne sont pas propres à concilier un grand respect aux décisions magistrales des Facultés de Médecine.

2°. Il y a d'autres thèses qui paroissent encore plus extraordinaires. Le célèbre docteur *Petit* examinoit, en 1745, s'il faut boire du vin en mangeant des huitres : *An inter edendum ostrea meri potus?* C'étoit-là une thèse de bonne compagnie.

Dans les Facultés étrangères, on a très-souvent agité des questions plus sérieuses, et sur-tout la docimasie ou l'épreuve des vins, pour reconnoître ceux qui sont sophistiqués d'une manière dangereuse. Les thèses de Tubinge, de Leipsick, de Giessen, de Vittemberg, présentent plusieurs fois cette question importante, si digne d'occuper la sagacité des chimistes, l'attention des médecins et la continuelle vigilance des magistrats.

Le *Journal Économique*, et depuis, le *Journal de l'Agriculture, du Commerce, des Arts* et des *Finances*, la *Feuille du Cultivateur*, etc.., ont conservé plusieurs morceaux extrêmement intéressans sur la vigne et le vin. J'ai fait pour mon usage, une table particulière du *Journal Économique*, où sont plus de quarante articles relatifs à ces deux sujets. Je distinguerai dans le nombre :

1°. La traduction en prose des dixième et onzième livres du poëme latin de *Vanière* (Octobre et Novembre 1755). Ces deux livres mériteroient d'être imités en vers françois. Nous n'avons, sur ce point, qu'un très-foible poëme, intitulé : *le Vigneron*, inséré, en 1728, dans le *Journal de Verdun*, et un chant du poëme de l'agriculture de *Rosset*. On a remarqué que ce chant sur la vigne commence par le déluge, et finit par le carnaval. De tous les poètes modernes, aucun n'a traité ce sujet avec autant d'enthousiasme que *Redi*, dans son poëme dithyrambique, en italien, intitulé : *les Voyages de Bacchus en Toscane*. (*Bacco in Toscana, ditirambo, Firenze*, 1685 et 1691, in-4°.)

2°. Les premiers essais de *Roger Schabol* sur cette culture (Février 1757); essais d'autant plus intéressans, que c'est lui-même qui les a rédigés ; et que, moins élégant que son éditeur posthume, il est plus franc et plus ferme.

3°. Un extrait d'un traité italien sur les vignes, par *Cosme Trinci* (Juin 1757).

4°. La brochure de *Maupin*, intitulée : l'*Art de multiplier le vin par l'eau* (Mai 1767).

5°. Une lettre écrite du Port Sainte-Marie, en Andalousie, sur les vins d'Espagne (Septembre 1764).

6°. Enfin, plusieurs extraits des ouvrages de MM. *Bidet*, *Barberet*, *Maupin*, *Geyon de la Plombanie*, *Rozier* et autres.

Le *Journal de l'Agriculture, Commerce, Arts et Finances*, présenteroit aussi beaucoup d'articles. Je me réduis à désigner :

1°. Dans celui de Novembre 1781, l'extrait que M. *Mougues* donna, dans le temps, à la Société des sciences de Montpellier, du mémoire de M. *Bertholon*, qui avoit remporté le prix proposé en 1780, sur le moment du découvage des vins; extrait qui est lui-même un bon ouvrage, parce qu'il trace complètement l'esquisse du mémoire couronné, et que M. *Mour-*

gues joint, à son analyse, des réflexions judicieuses.

2°. Dans le Journal d'Avril 1785, les instructions sur le moyen de conserver les vins dans des citernes, d'après l'expérience de *Duhamel*, par son neveu *Fougeroux de Bondaroy* ; instructions qui ont été reproduites dans le *Journal de Physique*, et dans les Trimestres de l'ancienne Société d'Agriculture de Paris.

3°. Les vues du C. *Poitevin* sur l'emploi que l'on pourroit faire du gaz qui s'échappe dans la fermentation vineuse ; vues que l'on n'a pas assez suivies, et qui pourroient mener à quelque découverte utile.

Les Mémoires de la Société d'Agriculture du département de la Seine sont trop connus des lecteurs d'*Olivier de Serres*, pour que je copie ici ce qu'ils aiment à y lire du respectable C. *Creuzé-la-Touche*, et d'autres.

Enfin, il existe aujourd'hui un recueil qui n'est pas uniquement un journal, mais qui n'en vaut que mieux. Ce sont les *Annales de l'Agriculture Françoise*, par un de nos savans confrères, le C. *Tessier*. Je ne dois pas louer un collaborateur de cette édition ; mais on connoît le choix des morceaux qui composent ses annales agronomiques, le zèle désintéressé qui anime le rédacteur, et la critique sage et pure qui préside ordinairement à ses réflexions. Il n'y a pas un seul volume où la vigne et le vin n'occupent des pages soignées.

L'opération proposée pour empêcher la coulure des vignes, et les expériences qui en ont prouvé l'avantage, par le C. *Lambry* (tomes I et IV, pages 277 et 367).

Le résultat considérable de l'augmentation qu'à reçue, dans l'espace de soixante ans, le commerce des vins, eaux-de-vie et vinaigres en France (tome V, page 404.)

L'instruction publiée par la *Société d'agriculture* de la Rochelle sur l'amélioration des vins (tome VII, page 75.)

Un mémoire sur la fabrication du vin, par le C. *Jumilhac* (tome IX, page 5).

Le rapport fait au Conseil municipal de Bar-sur-Ornain, sur les progrès que la culture de la vigne a faits, depuis trente ans, dans ce canton, dont les vins sont si délicats et si recherchés (tome XI, page 116).

Le procédé pour obtenir de la vigne une récolte plus abondante, et son succès dans le département de la Dordogne, par le C. *André de Fayolle*, (tome XII, page 65).

La culture des vignes avec la charrue, par le C. *Duchaffault* (tome XV, page 5); etc.

Tels sont les différens articles qui m'ont frappé à la lecture de ce recueil recommandable. Ces articles sont si récens, et le recueil où ils se trouvent est fait pour être si connu, que je dois me réduire à en rappeler la mémoire.

Je conclus qu'une Académie qui se voueroit uniquement à la science œnologique, devroit se composer d'abord une riche bibliothèque, en livres qui ne traiteroient que de cet objet spécial, et qu'elle feroit faire un pas à la science même, en publiant une analyse, ou un sommaire exact de tout ce qu'elle auroit recueilli d'écrits en ce genre.

Il y en a beaucoup en latin, en italien, en allemand, même en anglois : car les Anglois ont eu aussi la fantaisie d'avoir des vignes, en dépit du climat. Ils ont leur *The english Vineyard vindicated*, de *Jean Rose*, et le *The compleat Vineyard*, de *Guillaume Hughes*. Il étoit plus aisé de faire de mauvais livres que de bon vin; mais il n'est point de livre, si pauvre, et si chétif soit-il, dont on ne tire quelque chose, quand celui qui en fait l'extrait, sait vraiment de quoi il s'agit, et cherche, avec candeur, non ce qui est mauvais et qui saute assez aux yeux, mais ce qui est utile et vrai, et qui échappe trop souvent aux lecteurs superficiels et aux critiques ignorans. Quand on ne veut trouver que des ordures et du fiel, on peut en ramasser par-tout; mais les paillettes d'or qui peuvent être dans le sable, moins faciles à distinguer, sont plus douces à recueillir.

Les Allemands avoient plus de droits à écrire sur la vigne et le vin; ils en ont largement usé. On feroit aisément une bibliothèque des ouvrages allemands sur les seuls vins de Franconie. Un traité élémentaire de la culture de la vigne, par demandes et par réponses, pourroit servir dans les écoles des pays vignobles. M. *Hiltenbrand* a donné un catéchisme à ce sujet.

(*A. Hiltenbrand œsterreicher weinbau, katechismus. Leipzig*, 1777 et 1782, in-8°.)

Les lumières qu'on peut extraire des livres qui existent; celles que donneroient de nouvelles expériences; le corps de doctrine qui doit résulter de tous ces travaux, doit conduire surtout à un but qui n'a pas encore été considéré sous son vrai rapport, c'est-à-dire, à une législation et à une police raisonnable et sensée sur la vigne et le vin. C'est le dernier objet dont je me suis promis d'occuper ici mes lecteurs, en abrégeant mes apperçus autant qu'il me sera possible. Je ne fais que des questions et ne propose que des vues. Je voudrois mettre sur la voie, et je serois content, si ceux qui seront en état de parcourir le vaste champ de la science œnologique, trouvoient ici le plan de leur itinéraire.

§. XII. *Lois et Police de la Vigne.*

On s'est étrangement trompé sur cet article, en France, et en bien d'autres lieux. Domitien et Charles IX, rendirent des édits pour extirper les vignes; les noms de ces deux monstres ne recommandent pas leur loi. On y est revenu sous des formes plus douces. En 1731, les mémoires des Intendans firent rendre un arrêt pour qu'on ne pût planter des vignes sans leur permission. On crut que ces défenses étoient indispensables pour favoriser, disoit-on, la culture du blé. On ne vouloit pas voir que le labourage opprimé ne profiteroit pas de la proscription des vignes.

On autorisoit ces défenses par les exemples des Chinois, et l'on croyoit trouver, dans la proscription des vignes à la Chine, une nouvelle preuve de cet esprit moral et de cette haute sagesse, qui ont scellé, depuis vingt siècles, les lois de ce fameux empire. Cette autorité imposante mérite d'être discutée.

A la Chine, on a fait plusieurs fois extirper la vigne. Si on l'y cultive aujourd'hui, ce n'est pas pour faire du vin, c'est pour manger ses fruits, dont les Chinois possèdent plusieurs espèces excellentes : ils suppléent au vin, ainsi qu'à l'eau-de-vie, par des liqueurs tirées du riz, et ils font leur vinaigre avec des restes de pain dur, qui fermentent dans l'eau salée. Leur morale a donc peu gagné à l'extirpation des vignes, puisqu'ils ont des liqueurs plus fortes que le vin et que l'eau-de-vie. Mais il y a sans doute dans le sol ou dans le climat, quelques autres raisons des diverses proscriptions que la vigne y a éprouvées. Quoique Pékin soit à-peu-près aussi méridional que Naples, il faut y enterrer la vigne, avec grand soin, pendant l'hiver, et la faire monter en treille dans l'été (*Mémoires sur les Chinois*, tome V, page 464). Il est à remarquer que la même méthode, d'enterrer la vigne en hiver, pour la déterrer au printemps, s'observe aussi dans l'Arménie, à cause des froids et des neiges. L'Arménie est pourtant le pays où l'on dit que le patriarche Noé cultiva les premières vignes, et les Arméniens montrent même l'endroit, près de la ville d'Emiran. Voyez encore ci-dessus, page 360, ce qui est dit de la culture des vignes de Tokai, et ce que rapporte *Costa* de l'enterrement des hutins, page 372.

Ainsi, la police chinoise n'est pas applicable à nos mœurs, en ce qui concerne la vigne. Et l'on voit aujourd'hui, que ce n'est pas en arrachant une plante aussi précieuse, qu'on peut encourager la culture d'une autre. Les bons Gouvernemens ont une autre manière d'influer insensiblement sur la direction qu'ils veulent donner aux cultures.

Jusqu'à présent, l'auteur qui a donné le plus de détails relatifs aux vignerons, messiers, tonneliers et marchands de vin, c'est le commissaire *Delamare*, dans son *Traité de la police* (livre V, titre 45, des boissons). Il faudroit revoir de nouveau, les réglemens et les coutumes sur lesquels il s'appuie. Des dispositions très-sages y sont souvent mêlées avec d'autres qui se ressentent de l'ignorance des principes, soit de la liberté, soit de l'agriculture même.

Il y a des pays où les vignes sont réunies sur des côteaux immenses, et ne sont séparées, entre elles, que par quelques sentiers. J'ai vu, dans ces cantons, des experts nommés par les juges, parcourir les côtes de vigne à trois époques de l'année, pour constater les négligences et les fautes des vignerons. Il eût été à désirer que l'on récompensât aussi, par des distinctions publiques, ceux dont les vignes se

seroient trouvées dans le meilleur état. Dans notre police moderne, nous savons trop punir, et pas assez encourager.

Dans beaucoup de départemens, les vignobles sont des domaines enclos et séparés, que l'on nomme des *closeries*. Là, chacun est maître chez soi, et n'est assujetti ni au ban des vendanges, ni aux autres articles de la police générale des vignes contiguës. Le maître vigneron n'est ni tout-à-fait un fermier, ni tout-à-fait un domestique.

Les conventions qui se forment entre les vignerons et les propriétaires, se rédigent chez les notaires, d'après quelques vieilles formules, qui ne sont plus conformes au progrès des lumières, ni à l'intérêt respectif et bien conçu des deux parties, ni aux vues de la politique. Ces actes, comme tous les autres, intéressent aussi l'autorité publique. Mais comment, mais jusqu'à quel point, la police publique peut-elle intervenir dans ces contrats privés ? J'aurois beaucoup à dire, si je voulois traiter ce sujet neuf et important.

J'ai exercé long-temps la première magistrature dans un pays de grands vignobles. J'ai provoqué plusieurs arrêts de réglement à cet égard ; j'en avois préparé un plus grand nombre encore ; mais ce seroit ici le sujet d'un gros livre, plutôt que l'objet d'une note. Je laisse donc à d'autres ce programme à remplir, en souhaitant que les lumières de l'agronome consommé, dirigent constamment ici la marche des législateurs. Le code de la vigne est une partie importante d'un bon code rural. Nous n'avons guère, à ce sujet, que des articles des coutumes du Nivernois et du Berri, quelques arrêts de réglement, etc.

A cet égard, un des actes les plus sages de la législation moderne, est un ouvrage de *Turgot*. C'est par-là que je vais couronner cet article ; je ne saurois mieux le finir.

Le monopole habile à revêtir toutes les formes, s'exerçoit, depuis plusieurs siècles, en divers endroits de la France, de manière à tyranniser le commerce des vins. Mais un Edit du mois d'Avril 1776, remarquable par ses motifs et par ses dispositions, rétablit, en cette partie, le bon ordre et la liberté. Cette loi importante, rédigée par *Turgot*, est un des plus beaux monumens de son vertueux ministère. Il y a mis tout son génie, et je crois convenable d'en reproduire les principes. Voici donc ce fameux édit, ou plutôt ce bienfait public, pour lequel les propriétaires des vignobles de France devroient, à frais communs, faire élever une statue en l'honneur de *Turgot*. C'est par ce vœu que je finis; et ceux qui liront cette note, ne pourront que le partager.

Édit du Roi, par lequel S. M. permet de faire circuler librement les vins dans toute l'étendue du royaume, de les emmagasiner, de les vendre en tous lieux, et en tous temps, et de les exporter en toute saison, par tous les ports, nonobstant tous priviléges particuliers et locaux à ce contraire, que S. M. supprime:

Donné à Versailles, au mois d'Avril 1776.

« Louis, etc. Salut. Chargé par la providence de veiller sans cesse au bonheur des peuples qu'elle nous a confiés, nous devons porter notre attention sur tout ce qui concourt à la prospérité publique. Elle a, pour premier fondement, la culture des terres, l'abondance des denrées, et leur débit avantageux, seul encouragement de la culture, seul gage de l'abondance. Ce débit avantageux ne peut naître que de la plus entière liberté des ventes et des achats. C'est cette liberté seule qui assure aux cultivateurs la juste récompense de leurs travaux; aux propriétaires des terres, un revenu fixe; aux hommes industrieux, des salaires constans et proportionnés; aux consommateurs, les objets de leurs besoins; aux citoyens de tous les ordres, la jouissance de leurs véritables droits.

» Nous nous sommes d'abord occupés de rendre, par notre Arrêt du 13 Septembre 1774, et nos Lettres-patentes sur icelui, du 2 Novembre de la même année (*), la liberté au com-

____

(*) *Arrêt du Conseil d'État, et Lettres-patentes, qui établissent la liberté du commerce des grains et farines dans l'intérieur, et réservent à statuer sur la liberté de la vente à l'étranger, lorsque les circonstances seront devenues plus favorables, des 13 Septembre et 2 Novembre 1774. Le préambule de l'arrêt est aussi l'ouvrage de *Turgot*; jamais on n'a mieux démon-*

merce de la denrée la plus essentielle à la subsistance de nos sujets, et dont, par cette raison, il importe le plus d'encourager la culture et de faciliter la circulation.

» Les vins sont la seconde richesse de notre royaume; ils sont presque l'unique ressource de plusieurs de nos provinces, qui n'ont pas d'autre moyen d'échange pour se pourvoir de grains, et procurer la subsistance journalière à une population immense, que le travail des vignes emploie, et dont les consommations enrichissent à leur tour, la partie de nos sujets occupés à la culture des grains, et en augmentent la production par l'assurance du débit.

» La France, par une sorte de privilège attaché à la nature de son climat et de son sol, est le seul pays qui produise en abondance des vins recherchés de toutes les nations, par leur qualité supérieure, et parce qu'ils sont regardés comme plus propres que ceux des autres contrées, à la consommation habituelle.

» Ainsi, les vins de France, devenus, pour la plupart des pays à qui cette production a été refusée, une boisson d'un usage journalier qu'on croit ne pouvoir remplacer par aucune autre, forment, pour notre royaume, l'objet du commerce d'exportation le plus étendu et le plus assuré.

» Animés du désir de voir fleurir une branche de commerce si importante, nous avons recherché les causes qui pouvoient mettre obstacle à ses progrès.

» Le compte que nous nous sommes fait

____

tre que les approvisionnemens en grains doivent être laissés au commerce, et que le Gouvernement ne sauroit réunir au même degré la célérité, la vigilance et l'économie. On trouve cette pièce avec tous les monumens de notre législation ancienne et moderne, à Paris, au *Dépôt des lois*, chez *Roudonneau*, place du *Carrousel*. Le C. *Roudonneau* a formé, pour l'étude et la recherche des lois, un établissement unique en Europe. Il seroit à désirer qu'il y eût, pour l'agronomie, un dépôt général, fourni avec autant de soin, et classé avec autant d'ordre. Madame *Hazard* en a jeté les premiers fondemens, et déjà de nombreuses collections, sur différentes parties de l'agriculture, sont sorties de ses magasins, pour l'étranger, et pour nos départemens.

rendre de quelques contestations mues en notre Conseil, entre diverses provinces et villes de notre royaume, nous a fait reconnoître que le transport, la vente et l'achat des vins, se trouvent assujettis, dans un très-grand nombre de lieux, et sur-tout dans nos provinces méridionales, à des prohibitions, à des gênes multipliées, que les habitans de ces lieux regardent comme des priviléges établis en leur faveur.

» Les propriétaires des vignobles situés dans la sénéchaussée de Bordeaux, sont en possession d'interdire la consommation et la vente dans la ville de Bordeaux, de tout autre vin que de celui du crû de la sénéchaussée. Il n'est pas même permis à tout propriétaire de vendre le sien en détail, s'il n'est bourgeois de Bordeaux, et s'il ne réside dans la ville avec sa famille, au moins pendant six mois chaque année.

» Le Languedoc, le Périgord, l'Agénois, le Quercy, et toutes les provinces traversées par cette multitude de rivières navigables, qui se réunissent sous les murs de Bordeaux, non-seulement ne peuvent vendre leurs vins aux habitans de cette ville, qui voudroient les acheter; ces provinces ne peuvent pas même profiter librement, pour les vendre aux étrangers, de cette voie que la nature leur offroit pour communiquer avec toutes les nations commerçantes.

» Les vins du Languedoc n'ont pas la liberté de descendre la Garonne avant la Saint-Martin; il n'est pas permis de les vendre avant le premier Décembre.

» On ne souffre pas que ceux du Périgord, de l'Agénois, du Querci, et de toute la Haute-Guyenne, arrivent à Bordeaux, avant les fêtes de Noël.

» Ainsi les propriétaires des vins du haut pays ne peuvent profiter, pour les vendre, de la saison la plus avantageuse, pendant laquelle les négocians étrangers sont forcés de presser leurs achats, pour approvisionner les nations du nord, avant que les glaces en aient fermé les ports.

» Ils n'ont pas même la ressource de laisser leurs vins à Bordeaux, pour les y vendre après un an de séjour : aucun vin étranger à la sénéchaussée de Bordeaux ne peut rester dans la ville, passé le 8 Septembre. Le propriétaire qui n'a pu vendre le sien à cette époque, n'a que le choix, ou de le convertir en eau-de-vie, ou de le faire ressortir de la sénéchaussée, en remontant la rivière, c'est-à-dire, d'en diminuer la valeur, ou de la consommer en frais inutiles.

» Par cet arrangement, les vins de Bordeaux n'ont à craindre aucune concurrence, pendant tout l'intervalle qui s'écoule depuis les vendanges jusqu'au mois de Décembre.

» Depuis cette époque même du mois de Décembre, jusqu'au 8 Septembre de l'année suivante, le commerce des vins du haut-pays gémit sous des entraves multipliées.

» Les vins ne peuvent être vendus immédiatement à leur arrivée : il n'est pas libre de les verser de bord à bord, dans les vaisseaux qui pourroient se trouver en chargement dans ce port, ou dans quelqu'autre port de la Garonne. Il faut nécessairement les décharger et les entreposer, non pas dans la ville de Bordeaux, mais dans les faubourgs, dans un espace déterminé de ces faubourgs, et dans des celliers particuliers où il n'est pas permis d'introduire des vins du territoire de Bordeaux.

» Les vins étrangers à ce territoire doivent être renfermés dans des futailles d'une forme particulière, dont la jauge est moins avantageuse pour le commerce étranger. Ces futailles reliées avec des cercles en moindre nombre et d'un bois moins fort, sont moins durables et moins propres à soutenir les voyages de long cours, que les tonneaux affectés exclusivement aux vins de Bordeaux.

» L'exécution de cet assemblage de réglemens, combinés avec le plus grand art pour assurer aux bourgeois de Bordeaux propriétaires de vignobles dans la sénéchaussée, l'avantage de vendre leur vin plus cher, au préjudice des propriétaires de tous les autres vignobles des provinces méridionales, au préjudice des consommateurs de toutes les autres provinces du royaume, au préjudice même des commerçans et du peuple de Bordeaux, s'appelle dans cette ville *la police des vins*. Cette police s'exerce par des jurats, sous l'autorité du Parlement.

» La ville de Bordeaux n'a jamais représenté de titre originaire, portant concession de ce privilége; mais elle en est en possession depuis plusieurs siècles, et plusieurs des rois, nos prédécesseurs, l'ont confirmé en différens temps. Les premières lettres de confirmation que l'on connoisse, ont été données par Louis XI, en 1461.

» Les autres provinces du royaume n'ont pas cessé de réclamer contre le préjudice que faisoient à leur commerce les gênes qu'il éprouvoit à Bordeaux. En 1483, les députés du Languedoc en portèrent leurs plaintes dans l'assemblée des États-généraux, tenue à Tours. En 1499, sous le règne de Louis XII, le Languedoc, le Querci, l'Agénois, la Bretagne et la Normandie s'opposèrent à la confirmation demandée par les habitans de Bordeaux, de tous leurs priviléges relatifs au commerce des vins; ces priviléges reçurent dans ces deux occasions quelque modification.

» Depuis cette époque, la ville de Bordeaux a obtenu successivement différentes lettres confirmatives de sa possession. Plusieurs contestations ont été élevées successivement par différentes villes, par différentes provinces, qui tantôt réclamoient contre le privilége en lui-même; tantôt attaquoient les extensions que lui ont données successivement les Bordelois; tantôt se plaignoient de quelques vexations de détail, de quelques saisies particulières. Ces contestations ont donné lieu quelquefois à des transactions, quelquefois à des jugemens de notre Conseil, tantôt plus, tantôt moins favorables au privilége de Bordeaux, ou aux intérêts des provinces d'en-haut.

» Quoique deux arrêts du Conseil, du 10 Mai et du 2 Juillet 1741, parussent de nouveau avoir consacré les priviléges de la ville de Bordeaux contre les vins du haut-pays, les autres provinces n'ont pas cru avoir perdu le droit de faire encore entendre leurs réclamations.

» La ville de Cahors a présenté, en 1772, une requête, tendante à ce que toutes les lettres confirmatives des prétendus priviléges accordés à la ville de Bordeaux fussent déclarées obreptices et subreptices, et à ce que l'entière liberté du commerce et de la navigation, fût rétablie en toute saison. Cette re-

quête est devenue l'objet d'une instance liée en notre Conseil, par la communication que l'arrêt du 11 Août 1772, en a ordonnée aux maires et jurats de Bordeaux.

» Les États de Languedoc, les officiers municipaux de la ville de Domme prenant fait et cause des propriétaires des vignes de la province du Périgord, les États de Bretagne, sont intervenus successivement dans cette contestation, qui est instruite contradictoirement.

» Un très-grand nombre de villes, dans nos provinces méridionales, s'attribuent, comme la ville de Bordeaux, le droit de refuser le passage aux vins des autres villes, et de ne laisser vendre, dans leur enceinte, que le vin produit par leur territoire; et nous n'avons pas été peu surpris de voir que la plus grande partie des villes du Querci, du Périgord, de la Haute-Guyenne; celles même qui se plaignent avec le plus d'amertume des entraves que la ville de Bordeaux met à leur commerce, prétendent avoir les mêmes priviléges, chacune dans leur district, et qu'elles ont eu recours, pour les faire confirmer, à l'autorité du Parlement de Bordeaux; la ville de Domme est dans ce cas.

» La ville de Bergerac a autrefois porté l'abus de ses prétentions jusqu'à vouloir interdire la navigation de la Dordogne aux vins des territoires situés au-dessus de cette ville. Cette vexation fut réprimée, en 1724, par arrêt du Conseil.

Les consuls et jurats de la ville de Belves en Périgord demandèrent, il y a peu d'années, par une requête au Parlement de Bordeaux, qu'il fût défendu, sous peine de cinq cent livres d'amende, et de confiscation des bœufs, chevaux et charettes, d'introduire dans leur ville et banlieue aucun vin, ni vendange des lieux voisins et étrangers. Ils demandèrent qu'il leur fût permis, à l'effet de l'empêcher, de se transporter dans toutes les maisons, caves, celliers de la ville et de la banlieue; d'en demander l'ouverture; de faire briser les portes, en cas de refus, et de prononcer eux-mêmes les amendes et confiscations, en cas de contravention. Toutes leurs conclusions leur furent adjugées sans difficulté, par arrêt du Parlement de Bordeaux, du 12 Août 1765.

» Plus récemment encore, la ville de Mont-pazier, le 26 Novembre 1772, et celle de Ba-desol, le 7 Décembre de la même année, ont obtenu du Parlement de Bordeaux, sur la re-quête de leurs officiers municipaux, des arrêts qui défendent aux aubergistes de ces villes le débit et la vente de tous vins étrangers, jus-qu'après la consommation des vins du territoire. À cette époque même, la vente des vins des terri-toires voisins, qu'on appelle étrangers, n'est to-lérée qu'après qu'on en a obtenu la permission des officiers municipaux.

» Le prétexte allégué par ces villes pour faire autoriser ce monopole en faveur des vins de leur territoire, étoit qu'en 1685 elles avoient acquis, ainsi que plusieurs autres villes, le droit de banvin que Louis XIV avoit alors aliéné, et que ces autres villes ayant en conséquence in-terdit l'entrée des vins étrangers à leur territoire, elles devoient avoir le même droit.

» Rien n'étoit plus frivole que ce prétexte. Le droit de banvin, qui, comme les autres droits féodaux, a beaucoup varié, suivant les temps et les lieux, ne consistoit que dans un droit exclusif exercé par le seigneur, de faire vendre son vin en détail pendant un certain nombre de jours. Les besoins de l'État firent imaginer, dans des temps difficiles, d'établir sous ce titre, au profit du Roi, dans les lieux où les droits d'aides n'avoient point cours, et où ce droit ne se trouvoit pas déjà établi au profit, soit du domaine, soit des seigneurs de fiefs, un droit exclusif de débiter du vin en détail pen-dant quarante jours ; ce droit fut mis en vente, avec faculté aux seigneurs, et aux villes et communautés, de l'acquérir par préférence.

» Il est évident que ce droit de vendre ex-clusivement du vin en détail pendant quarante jours, ne pouvoit s'étendre à la défense de consommer pendant un temps indéfini aucun vin recueilli hors du territoire ; il n'est pas moins évident que les villes, en acquérant ce droit, ont dû l'acquérir pour l'avantage de leurs concitoyens, par conséquent pour les en libé-rer, et non pour en aggraver encore le fardeau; que, sur-tout après avoir laissé écouler quatre-vingts ans sans exercer ce prétendu droit, les officiers municipaux ne devoient plus être au-torisés, sur leur seule demande, et sans au-cun concours de l'autorité législative, à imposer de nouvelles prohibitions au commerce.

» On ne peut imputer la facilité avec laquelle le Parlement de Bordeaux s'est prêté à leur demande, qu'à l'habitude de regarder ce genre de prohibitions, si fréquent dans ces provinces, comme étant en quelque sorte de droit commun.

» En effet, la même façon de penser paroît avoir régné dans toute la partie méridionale du royaume.

» Les États de Béarn défendirent en 1667, l'introduction et le débit de tous vins étrangers, depuis le premier Octobre jusqu'au premier Mai de l'année suivante. En 1745, ces mêmes États prirent une délibération, qui proscrivoit le débit de tous vins, jusqu'à ce que ceux du cru de la province fussent entièrement consommés. Cette délibération fut homologuée par arrêt du Parlement de Pau. Elle fut cassée, ainsi que l'arrêt, le 2 Septembre 1747, sur la réclama-tion portée au Conseil par les États de Bigorre.

» Les États de Béarn s'étant pourvu en oppo-sition, en 1768, contre ce dernier arrêt, ils en furent déboutés ; et l'arrêt qui cassoit leur délibération fut confirmé. Mais sans la récla-mation de la province de Bigorre, les États d'une province particulière auroient établi, de leur seule autorité, une prohibition qui auroit pu avoir lieu long-temps sans que le Gouver-nement y remédiât, et en fût même informé.

» Quoique cette prohibition ait cessé entre le Béarn et le Bigorre, celles qui ont lieu entre les différentes villes du Béarn n'en subsistent pas moins dans leur entier ; quoiqu'en général elles ne soient pas établies sur d'autres titres que sur des délibérations des communautés elles-mêmes, homologuées par des arrêts du Parle-ment.

» Plusieurs villes du Dauphiné et de la Pro-vence se sont arrogé le même droit, d'exclure de leur territoire la consommation des vins prétendus étrangers, ou entièrement, ou jus-qu'à une époque déterminée, ou seulement jusqu'à ce que le vin du territoire fût vendu.

» Les habitans de la ville de Veynes, située en Dauphiné, se pourvurent, en 1756, au Conseil, pour obtenir la confirmation de leurs privilèges,

qui

qui consistoient dans la prohibition faite par délibération de la communauté, de ne laisser entrer aucun vin étranger, afin de favoriser la consommation des vins de leur territoire, qui n'étoient pas, disoient-ils, faciles à vendre, attendu leur mauvaise qualité. Ils représentoient que cette prohibition avoit été confirmée par arrêt du Parlement de Grenoble, du 27 Juillet 1732; et que la faveur qu'ils réclamoient avoit été accordée à la ville de Grenoble, à celle de Gap, et à plusieurs autres du Dauphiné.

» Aucune ville n'a porté ce privilége à un plus grand excès, aucune ne l'a exercé avec plus de rigueur que la ville de Marseille. De temps immémorial, lorsque cette ville jouissoit d'une entière indépendance, elle avoit interdit toute entrée aux vins étrangers. Lorsqu'elle se remit sous l'autorité des comtes de Provence, elle exigea d'eux, par des articles convenus en 1257, sous le nom de chapitres de paix, qu'en aucun temps ces princes ne souffriroient qu'on portât dans cette ville du vin ou des raisins nés hors de son territoire, à l'exception du vin qui seroit apporté pour être bu par le comte et la comtesse de Provence, et leurs maisons, lorsqu'ils viendroient à Marseille et y demeureroient, de manière cependant que ce vin ne fût pas vendu.

» En 1294, un statut municipal ordonna que le vin qui seroit apporté en fraude seroit répandu, les raisins foulés aux pieds, les bâtimens ou charettes brûlés, et les contrevenans condamnés en différentes amendes.

» Un réglement du 4 Septembre 1610, ajouta à la rigueur des peines prononcées par les réglemens précédens, celle du fouet contre les voituriers qui ameneroient du vin étranger dans la ville de Marseille.

» C'est ainsi que par un renversement de toutes les notions de morale et d'équité, un vil intérêt sollicite et obtient, contre des infractions qui ne blessent que lui, ces peines flétrissantes que la justice n'inflige même au crime qu'à regret, et forcée par le motif de la sûreté publique.

» Différens arrêts du Conseil et du Parlement de Provence, des lettres-patentes émanées des rois nos prédécesseurs, ont successivement autorisé ces réglemens. Un édit du mois de Mars 1717, portant réglement pour l'administration de la ville de Marseille, confirme l'établissement d'un bureau particulier, chargé, sous le nom de *bureau du vin*, de veiller à l'exécution de ces prohibitions.

» L'article XCV de cet édit fait défense à tous capitaines de navires qui seront dans le port de Marseille, d'acheter, pour la provision de leur équipage, d'autre vin que celui du territoire de cette ville. Et pour prévenir, est-il dit, les contraventions au présent article, les échevins ne signeront aucune patente de santé pour lesdits bâtimens de mer, qui seront nolisés dans ladite ville et qui en partiront, qu'ils ne leur soit apparu des billets de visite des deux intendans du bureau du vin et de leur certificat, portant que le vin qu'ils auront trouvé dans lesdits bâtimens de mer, pour la provision de leurs équipages, a été acheté dans la ville de Marseille.

» Comme si l'attestation d'un fait devoit dépendre d'une circonstance absolument étrangère à la vérité de ce fait! Comme si le témoignage de la vérité n'étoit pas dû à quiconque le réclame! Comme si l'intérêt qu'ont les propriétaires des vignes de Marseille à vendre leur vin un peu plus cher, pouvoit entrer en quelque considération, lorsqu'il s'agit d'un intérêt aussi important pour l'État et pour l'humanité entière, que la sécurité contre le danger de la contagion!

» Le corps de ville de Marseille a étendu l'effet de cette disposition de l'édit de 1717, jusqu'à prétendre interdire aux équipages des bâtimens qui entrent dans le port de Marseille, la liberté de consommer le vin ou la bierre dont ils sont approvisionnés pour leur route, et les obliger d'acheter à Marseille une nouvelle provision de vin. Cette prétention forma la matière d'une contestation entre la ville de Marseille et les États de Languedoc.

» La ville de Marseille s'est même crue en droit d'empêcher les vins des autres parties de la Provence, d'emprunter le port de Marseille pour être vendus aux étrangers. Ce n'est qu'après une longue discussion, qu'une prétention aussi injuste et aussi funeste au commerce général a été proscrite par un arrêt du Conseil rendu le 16 Août 1740, et que le transit des vins par le port de Marseille a été permis, moyennant certaines précautions.

» L'étendue des pays où règne cette espèce d'interdiction de commerce de canton à canton, de ville à ville, le nombre des lieux qui sont en possession de repousser ainsi les productions des territoires voisins, prouvent qu'il ne faut point chercher l'origine de ces usages dans des concessions obtenues de l'autorité de nos prédécesseurs, à titre de faveur et de grâce, ou accordée sur de faux exposés de justice et d'utilité publique.

» Ils sont nés et n'ont pu naître que dans ces temps d'anarchie, où le souverain, les vassaux des divers ordres, et les peuples ne tenant les uns aux autres que par les liens de la féodalité, ni le monarque, ni même les grands vassaux, n'avoient assez de pouvoir pour établir et maintenir un système de police qui embrassât toutes les parties de l'État, et réprimât les usurpations de la force. Chacun se faisoit alors ses droits à lui-même.

» Les seigneurs molestoient le commerce dans leurs terres ; les habitans des villes, réunis en communes, cherchoient à le concentrer dans l'enceinte de leurs murailles ou de leur territoire.

» Les riches propriétaires, toujours dominans dans les assemblées, s'occupoient du soin de vendre seuls, à leurs concitoyens, les denrées que produisoient leurs champs, et d'écarter toute autre concurrence ; sans songer que ce genre de monopole devenant général, et toutes les bourgades d'un même royaume se traitant ainsi réciproquement comme étrangères et comme ennemies, chacun perdoit au moins autant à ne pouvoir vendre à ces prétendus étrangers, qu'il gagnoit à pouvoir seul vendre à ses concitoyens, et que, par conséquent, cet état de guerre nuisoit à tous, sans être utile à personne.

» Cet esprit exclusif a dû varier dans ses effets, suivant les lieux et suivant les temps.

» Dans nos provinces méridionales, plus fertiles en vins, où cette denrée forme, en un grand nombre de lieux, la production principale du territoire, la prohibition réciproque du débit des vins appelés étrangers, est devenue d'un usage presque universel ; le droit que se sont arrogé, à cet égard, presque toutes les villes particulières, n'a pas même été remarqué; il s'est exercé tellement sans contradiction, que le plus grand nombre n'ont pas cru avoir besoin de recourir à nos prédécesseurs pour en obtenir la confirmation, et que plusieurs n'ont même pensé que dans ces derniers temps, à se faire donner, par des arrêts de nos Cours, une autorisation qui n'eût pu, en aucun cas, suppléer à la nôtre.

» L'importance et l'étendue du commerce de Marseille, la situation du port de Bordeaux, entrepôt naturel et débouché nécessaire des productions de plusieurs provinces, ont rendu plus sensible l'effet des restrictions que ces deux villes ont mises au commerce des vins, et le préjudice qui en résultoit pour le commerce en général ; ces villes, dont les prétentions ont été plus combattues, ont employé plus d'efforts pour les soutenir.

» Il n'est pas étonnant que dans des temps où les principes de la richesse publique et les véritables intérêts des peuples étoient peu connus, les princes qui avoient presque toujours besoin de ménager les villes puissantes, se soient prêtés avec trop de condescendance à confirmer ces usurpations, qualifiées de priviléges, sans les avoir auparavant considérées dans tous leurs rapports avec la justice due au reste de leurs sujets, et avec l'intérêt général de l'État.

» Les priviléges dont il s'agit n'auroient pu soutenir, sous ce double point de vue, l'examen d'une politique équitable et éclairée ; ils n'auroient pas même pu lui offrir la matière d'un doute.

» En effet, les propriétaires et les cultivateurs étrangers au territoire privilégié, sont injustement privés du droit le plus essentiel de leur propriété, celui de disposer de la denrée qu'ils ont fait naître.

» Les consommateurs des villes sujettes à la prohibition, et ceux qui auroient pu s'y approvisionner par la voie du commerce, sont injustement privés du droit de choisir et d'acheter, au prix réglé par le cours naturel des choses, la denrée qui leur convient le mieux.

» La culture est découragée dans les territoires non privilégiés, et même dans ceux dont le privilége local est plus que compensé par le privilége semblable des territoires environnans.

» De telles entraves sont funestes à la nation entière, qui perd ce que l'activité d'un commerce libre, ce que l'abondance de la production, les progrès de la culture des vignes et ceux de l'art de faire les vins, animés par la facilité et l'étendue du débit, auroient répandu dans le royaume de richesses nouvelles.

» Ces prétendus priviléges ne sont pas même utiles aux lieux qui en jouissent. L'avantage en est évidemment illusoire pour toutes les villes et bourgs de l'intérieur du royaume, puisque la gêne des ventes et des achats est réciproque, comme sera la liberté lorsque tous en jouiront.

» Par-tout où le privilége existe, il est nuisible au peuple consommateur, nuisible au commerçant; les propriétaires des vignes ne sont favorisés en apparences qu'aux dépens des autres propriétaires et de tous leurs concitoyens.

» Dans Marseille, dont les chefs se montrent si zélés pour l'exclusion des vins étrangers, cette exclusion est contraire aux intérêts du plus grand nombre des habitans de la ville, qui non seulement sont forcés de consommer du vin médiocre à un prix que le défaut de concurrence rend excessif, mais qui même seroient obligés de se priver entièrement de vin, si malgré la défense de faire entrer dans cette ville des vins prétendus étrangers, ceux qui sont si jaloux de cette défense et du privilége exclusif qu'elle leur donne, ne se réservoient pas aussi le privilége de l'enfreindre par une contrebande notoire, puisqu'il est notoirement connu que le territoire de Marseille ne produit pas la quantité de vin nécessaire pour les besoins de son immense population.

» Aussi n'est-ce que par les voies les plus rigoureuses que le bureau du vin peut maintenir ce privilége odieux au peuple, et dont l'exécution a plus d'une fois occasionné les rixes les plus violentes.

» Bordeaux, dont le territoire produit des vins recherchés dans toute l'Europe par leur délicatesse, et d'autres qui, dans leur qualité plus grossière, ne sont pas moins précieux par la propriété inestimable qu'ils ont de résister aux impressions de la mer, et à la chaleur même de la zône torride; cette ville, que la situation la plus favorable pour embrasser le commerce de toutes les parties du monde, a rendu le rendez-vous de toutes les nations de l'Europe; cette ville, dont toutes les provinces qui peuvent vendre leurs denrées en concurrence des siennes, sont forcées d'emprunter le port, et ne peuvent en faire usage sans payer à l'industrie de ses habitans un tribut qui ajoute à son opulence; Bordeaux enfin, dont la prospérité s'accroît en raison de l'activité, de l'étendue de son commerce, et de l'affluence de denrées qui s'y réunissent de toutes parts, ne peut avoir de véritable intérêt à la conservation d'un privilége qui, pour l'avantage léger et douteux de quelques propriétaires de vignes, tend à restreindre et à diminuer son commerce.

» Ceux donc qui ont obtenu de nos prédécesseurs l'autorisation des prétendus priviléges de Bordeaux, de Marseille et de plusieurs autres villes, n'ont point stipulé le véritable intérêt de ces villes, mais seulement l'intérêt de quelques-uns des plus riches habitans, au préjudice du plus grand nombre et de tous nos autres sujets.

» Ainsi, non seulement le bien général de notre royaume, mais l'avantage réel des villes même qui sont en possession de ces priviléges, exigent qu'ils soient anéantis.

» Si, dans l'examen des questions qui se sont élevées sur leur exécution, nous devions les discuter comme des procès, sur le vu des titres, nous pourrions être arrêtés par la multiplicité des lettres-patentes et des jugemens rendus en faveur des villes intéressées.

» Mais ces questions nous paroissent d'un ordre plus élevé, elles sont liées aux premiers principes du droit naturel et du droit public entre nos diverses provinces; c'est l'intérêt du royaume entier que nous avons à peser; ce sont les intérêts et les droits de tous nos sujets, qui, comme vendeurs et acheteurs, ont un droit égal à débiter leurs denrées, et à se procurer les objets de leurs besoins à leur plus grand avantage; c'est l'intérêt du corps de l'État, dont la richesse dépend du débit le plus étendu des produits de la terre et de l'industrie, et de l'augmentation de revenu qui en est la suite. Il n'a jamais existé de temps, il ne peut en exister, où de si grandes et de si justes considérations aient pu être mises en parallèle avec l'intérêt particulier de quelques villes, ou, pour mieux dire, de quelques particuliers riches de ces villes. Si jamais l'autorité a pu balancer deux choses aussi disproportionnées, ce n'a pu être que par une surprise manifeste, contre laquelle les provinces, le peuple, l'État entier lézé, peuvent réclamer en tout temps, et qu'en tout état de cause nous pouvons et voulons réparer, en rendant par un acte de notre puissance législative, à tous nos sujets, une liberté dont ils n'auroient jamais dû être privés.

§ A ces causes et autres, à ce nous mouvant de l'avis de notre Conseil…, nous avons, par notre présent Édit, perpétuel et irrévocable, dit, statué et ordonné; disons, statuons et ordonnons…… ce qui suit:

ART. I. » Avons révoqué et abrogé, révoquons et abrogeons tous édits, déclarations, lettres-patentes, arrêts et réglemens accordés à des villes, bourgs et autres lieux, portant empêchement à l'entrée, au débit, à l'entrepôt, au transport par terre, par mer, ou par les rivières, des vins et eaux-de-vie de notre royaume, à quelque titre et sous quelque prétexte que lesdits édits, déclarations, lettres-patentes, arrêts et réglemens aient été rendus.

II. » Avons éteint et aboli, éteignons et abolissons le droit de banvin, appartenant à des villes, bourgs ou autres lieux, à quelque titre que ledit droit leur appartienne, et soit qu'il ait été acquis des rois nos prédécesseurs, ou de quelques seigneurs, de tels droits n'ayant dû être acquis par lesdites villes que pour en procurer aux habitans l'affranchissement.

III. » Et à l'égard du droit de banvin, appartenant à des seigneurs ecclésiastiques ou séculiers, même à nous, à cause de nos domaines, voulons que nonobstant ledit droit, les vins et eaux-de-vie puissent, en quelque temps que ce soit, passer en transit dans l'étendue desdites terres, par les chemins, fleuves et rivières navigables; que le chargement desdits vins et eaux-de-vie puisse y être fait, soit de bord à bord, soit autrement. Défendons à tous nos sujets, de quelque état et qualité qu'ils soient, d'interdire lesdits passages et chargement, et d'y apporter aucun obstacle, à peine de répondre personnellement, envers les parties, de tous dépens, dommages et intérêts.

IV. » En conséquence des dispositions portées aux articles précédens, la circulation des vins sera et demeurera libre dans notre royaume: voulons que tous nos sujets et tous autres propriétaires, marchands, voituriers, capitaines de navires, patrons et généralement toutes personnes, puissent, dans tous les temps et saisons de l'année, faire transporter librement des vins et eaux-de-vie, ainsi qu'ils aviseront, même des provinces de l'intérieur; les entreposer par-tout où besoin sera, et notamment dans les villes de Bordeaux et de Marseille; sans pouvoir être forcés à les déposer dans aucun magasin; à se pourvoir, pour leurs consommations ou pour leurs provisions dans hors routes, d'autres vins que de ceux qu'ils y auront destinés; à faire sortir leurs vins à certaines époques, de la ville où ils seront déposés, ou à les convertir en eaux-de-vie, ni pouvoir être assujettis à autres règles ou formalités que celles qui sont ordonnées pour la sûreté et perception de nos droits, de ceux d'octrois appartenans aux villes et autres endroits, légitimement établis par nous ou par les rois nos prédécesseurs.

V. » Pourront ainsi lesdits propriétaires, marchands, voituriers, capitaines de navires, patrons et autres, acheter et vendre en toutes saisons, lesdits vins, tant en gros qu'en détail, dans lesdites villes de Bordeaux, de Marseille et autres qui auroient ou prétendroient les mêmes priviléges, à l'exception néanmoins des terres des seigneurs ecclésiastiques ou séculiers, dans lesquelles ledit droit de banvin seroit établi, et dans le temps ou dans la saison seulement qui sont fixés par l'exercice dudit droit; le tout en acquittant, par lesdits propriétaires et autres, à l'entrée, sortie, transport et vente en gros ou en détail, tous les droits qui nous sont dus, à quelque titre que ce soit, les droits d'octrois par nous accordés à quelques provinces, villes, communautés, et les autres droits généralement quelconques, établis par titres valables.

VI. » Faisons défenses à tous maires, lieutenans de maire, échevins, jurats, consuls, et à tous autres officiers municipaux, même aux officiers composant le bureau des vins établi à Marseille, et autres administrations semblables, qui sont et demeureront supprimées par le présent édit, de porter aucun obstacle à la liberté de ladite circulation, emmagasinement, achats et vente; de requérir aucune confiscation, amende ou autres condamnations, pour raison de contraventions aux édits, déclarations, arrêts ou règlemens auxquels il est dérogé par l'article premier du présent édit, ainsi que pour raison de contravention au droit de banvin qu'ils prétendroient appartenir auxdites villes; et ce, en quelque temps et sous quelque prétexte que ce puisse être, à peine de demeurer personnellement responsables de tous frais, dépens, dommages et intérêts, qui seront adjugés aux parties, pour lesquels ils n'auront aucun recours contre lesdites villes et communautés. » (*F. D. N.*)

CHAPITRE XV.

Page 306, ligne I, N° 6.

(100) *Olivier de Serres* estime que c'est dans le Cotentin, aujourd'hui département de la Manche, que l'invention du cidre a d'abord paru; il se fonde sur ce qu'on reconnoît, par des titres anciens de seigneurs de fiefs, que les terres étoient baillées (louées) aux habitans, *sous les charges, entre autres, de cueillir les pommes, et faire les cidres*. Mais ceci ne peut être qu'une probabilité, ou plutôt qu'une conjecture. Quoique la cueillette des pommes et la fabrication des cidres fussent des clauses dans les baux, il ne s'ensuit pas que les habitans du Cotentin n'aient pas appris, ou emprunté, hors de leur pays, l'art de faire le cidre. On assure même que l'introduction des pommiers en Normandie, a une date certaine, et qu'ils étoient connus auparavant dans d'autres contrées de l'Europe, où le fruit servoit à faire du cidre. Au reste, peu importe de savoir dans quel pays on a fait les premiers

cidres; il seroit plus intéressant de connoître ceux où on a commencé à greffer les pommiers qui donnent cette agréable boisson. (*T.*)

Page 306, colonne II, ligne 27.

(101) L'épithète de *franches* donnée ici aux pommes, distingue celles qui sont cultivées de celles qui croissent dans les bois. Parmi les cultivées, on ne confond pas, dans l'usage, les pommes qu'on mange sur les tables, et qui sont connues sous le nom de *pommes à couteau*, avec celles qu'on élève et qu'on greffe uniquement pour faire du cidre. Ces dernières, surtout les acides et les amères, sont très-désagréables au goût, tandis que toutes les pommes à couteau plaisent plus ou moins, selon leur variété. (*T.*)

Page 307, colonne I, ligne 19.

(102) Il semble ici qu'*Olivier de Serres* regarde le cidre fait avec des pommes douces, comme le plus délicat, puisqu'il le destine pour la *première table*, c'est-à-dire, pour la table du maître. Cependant, on fait de très-bon cidre avec des pommes sures, ou acides, et avec des pommes amères. Le plus souvent on en obtient de très-bon, par le mélange et la combinaison de diverses qualités de pommes, dans des proportions qui varient. (*T.*)

Idem, ligne 29.

(103) Cela s'applique à l'abondance des poires sauvages, ou non greffées, comparées à celles des pommes non greffées. Il paroît que du temps d'*Olivier de Serres*, il y avoit plus de pommes que de poires greffées. (*T.*)

Page id., colonne II, ligne 42.

(104) Voyez la note (102), où j'ai dit qu'au lieu de rassembler des pommes de même saveur, ou qui *symbolisent en saveur*, on réunit souvent des pommes de différentes saveurs. (*T.*)

Page 308, colonne I, ligne 13.

(105) On a des moyens de clarifier les cidres, soit au moment de la fabrication ou expression des marcs, soit quand le cidre est dans les tonneaux. C'est, en général, avec des substances calcaires; quand l'eau qu'on emploie contient de ces substances, cela suffit; si elle n'en contient pas, on y mêle de la terre résultante des charrées de lessive, etc. (*T.*)

Page id., colonne II, ligne 23.

(106) Pour préserver les pommes de la gelée, qui les corrompt et les fait pourrir, on les couvre, en hiver, de paille, qu'on appelle

foire, *foirre*, *foitre*, *foutre* ou *feure* dans plusieurs pays ; de couvertures, de lits de plumes, appelés *coettes*, ou de toute autre matière, qui, sans leur communiquer de mauvais goût, les conserve intactes jusqu'au moment où étant suffisamment mûries par l'amoncellement, elles peuvent être écrasées sous la meule, pour rendre le jus qu'elles contiennent. Suivant la variété, le sol et la saison, les pommes ont besoin de plus ou moins de temps pour acquérir le complément de maturité qui leur est nécessaire. Dans le ci-devant pays de Caux, où on recueille des pommes de différentes variétés, dont les unes sont hâtives, et les autres, ou très-tardives, ou mûrissant au milieu de l'automne, on fait du cidre, dans les grandes exploitations, depuis le mois d'Octobre (Vendémiaire), jusqu'au mois d'Avril (Germinal), sans interruption, si ce n'est pendant les fortes gelées. (T.)

Page 298, colonne II, ligne 3.

(107) *Prunelles. Prunus spinosa, L.*
Prunellier.
Épine noire.
Prunier des haies.

Le fruit nommé prunelle, aussi agrunelle, en Languedoc, est styptique, acidulé ; mis dans le vin commun, il lui communique une saveur assez agréable. Le suc épaissi de ce fruit, est ce qu'on appelle le suc d'acacia d'Allemagne.

Cet arbrisseau croît par-tout, dans les buissons et les haies; il drageonne beaucoup. Son bois est dur et difficile à rompre.

Meures de buissons. Rubus fruticosus, L.
Ronce des haies.
Mûre de haie.
Mûre de renard.
Catherinette des bois.

Le fruit de la ronce sert à donner de la couleur au vin. On peut aussi le convertir en une liqueur vineuse. C'est avec ce fruit qu'on fait, en général, le muscat rouge de Toulon.

Meures terrestres. Rubus caesius, L.
Humirubus des anciens botanistes.
Ronce à fruit bleu.
Ronce rampante.
Meures bastardes.
Mûres sauvages.
Frumentaux.
} *Olivier de Serres.*

Cet arbuste, couché sur la terre, croît dans les buissons, et en Languedoc, assez fréquemment dans les vignes. Ses fruits donnent de la couleur et une saveur agréable au vin. Le suc en est moins foncé que celui de l'espèce précédente.

Ce nom de frumentaux qu'*Olivier de Serres* ajoute ici (page 298, colonne II, ligne 2), paroît inconnu ; il vient vraisemblablement de *frumenta*, mot latin qui signifie *les petits grains qui sont dans les figues.* Ce sont les semences.

(CE.)

Page 298, colonne I, ligne 15.

(108) *Coins. Pyrus cydonia, L.*
Coignassier.
Couloumier, en Languedoc.
Coignier.

Le fruit nommé coing est employé pour faire des confitures, des liqueurs, une pâte connue sous le nom de *cotignac*; c'est la pomme des hespérides des Anciens. Ses pepins sont extrêmement mucilagineux. Ce fruit est astringent; son odeur est très-forte.

Ce petit arbre croît sur les bords du Danube; il est très-utile pour servir à greffer des poiriers. Son bois est assez bon.

Cormes. Sorbus domestica, L.
Cormier.
Sorbier cultivé.

Le fruit nommé corme, sorbe, est astringent; traité comme les pommes, il fournit une liqueur plus spiritueuse; gardé sur la paille, il peut se manger avec plaisir.

Ce bel arbre se trouve en petite quantité dans nos forêts. Son bois est le meilleur de tous nos arbres indigènes; cet arbre, l'un des plus utiles, est trop peu cultivé.

Cornoailles. Cornus mascula, L.
Cornouiller.
Cournier, en Languedoc.

Le fruit nommé cornouille, cornes, en Languedoc, est rouge ou jaunâtre; il est acidulé: les variétés cultivées, étant bien mûres, se mangent crues. On prépare ce fruit de différentes manières: ajouté au cidre, il lui donne de la qualité. Ce petit arbre indigène fleurit dès le premier printemps; alors il est utile aux abeilles. Il peut faire de très-bonnes haies; son bois, très-dur, est employé exclusivement à certains usages , comme les échelons des échelles , les manches des marteaux, etc.

Prunes. Prunus domestica , L.

Prunier cultivé.

C'est de cet arbre que les botanistes supposent que sont sorties toutes les sortes et variétés cultivées dans les jardins; il paroît cependant qu'il existe , parmi elles, de véritables espèces ; telles sont la Sainte-Catherine , la couetsch , etc.

Ce fruit se prépare de différentes manières. Les pruneaux sont un objet de grande consommation. Les prunes peuvent fournir une liqueur fermentée plus ou moins spiritueuse, plus ou moins agréable , suivant leur qualité ou les moyens employés; on fait de l'eau - de - vie (kuuetsche-wasser) avec la prune kuuetsche; on peut retirer une huile douce assez bonne , de toutes les amandes de prunes.

Ce petit arbre indigène , facile à élever , fournit un bois fort estimé. Sa gomme est utile.

Cerises. Prunus cerasus. L.

Cerisier.

La cerise fournit un vin assez bon , de l'eau-de-vie ; elle se prépare de différentes manières.

Cet arbre assez grand , originaire d'Asie , se multiplie de noyaux et de drageons ; il a produit une assez grande quantité de variétés ; son bois est recherché ; sa gomme , substituée à celle d'Arabie , est connue sous le nom de gomme de pays. (*Cx.*)

Dans plusieurs départemens de l'ouest et du nord , on fait sécher au four quelques-uns de ces fruits, principalement les cormes , les cornouilles , les pommes et les poires sauvages ; on les ensache et on les expose dans les marchés, sous le nom de *fruiton* , pour en faire ce qu'on appelle de la *boisson.* Cette boisson légère et douce , est employée avec avantage pendant les travaux de la moisson. La manière de la faire est bien simple : on emplit un tonneau au tiers avec le fruiton , et on achève de le remplir d'eau; on bouche légèrement, et on laisse fermenter; alors on tire au tonneau , et on remplit à mesure avec de l'eau jusqu'à ce que les fruits ne fournissent plus rien , et que la boisson soit plate ou aigre ; si on a eu l'attention de couper les fruits, ou au moins de les fendre, avant de les mettre dans le tonneau , ils four-

nissent plus promptement une boisson agréable ; mais aussi lâchant leurs principes doux et sucrés plus abondamment , ils durent moins longtemps , et le cultivateur préfère ordinairement que la boisson soit un peu moins bonne , et qu'elle soit d'un plus long usage, d'autant plus qu'étant donnée à discrétion, meilleure elle est , plus on en boit. (*H.*)

(109) Ce qui ne paroissoit que mieux à *Olivier de Serres* , à l'égard des noms des pommes et des poires , devient en quelque sorte nécessaire de nos jours. Les communications que les sciences ont introduites parmi les peuples différens , ou parmi les habitans d'un même état, exigent qu'ils ayent une manière uniforme de s'exprimer , pour mieux s'entendre. Comment le peuvent-ils , tant qu'on n'élaguera pas cette nomenclature si variée , par laquelle on désigne les mêmes objets , pour lui en substituer une, qui puisse être constante et adoptée par tout ? Il est donc utile qu'on s'en occupe , qu'on débrouille tout ce cahos , et qu'on donne aux choses , et sur-tout aux variétés des arbres , des noms qui empêchent de les confondre. (*T.*)

(110) *Essai d'une Pomologie , ou extrait raisonné des meilleurs écrits sur le Cidre , avec des vues sur les moyens d'étendre la culture des pommiers dans toute la France.*

Réflexions préliminaires.

Le cidre n'est connu , ou du moins n'est bien fabriqué que dans dix - huit départemens. Ce n'est pas généralement un objet usuel de notre agriculture, et nous croyons qu'il devroit l'être. Nous pensons que la France entière pourroit en retirer les plus grands avantages. Le bien-être des hommes qui cultivent la terre , y est sur-tout intéressé. Leurs travaux sont si durs et si continuels ; ils ont à lutter tour-à-tour contre tant de rigueurs du temps , dans toutes les saisons , puis qu'on les voit , ainsi que l'a dit le poëte :

> Braver , dans ces travaux chaque jour répétés ,
> Et le froid des hivers et l'ardeur des étés;

VOLTAIRE.

Cette considération acquiert un tel degré de force , quand on songe que ceux qui travaillent la vigne ne boivent souvent pas de vin, et que les moissonneurs, les batteurs, les pionniers, et autres, ne boivent que de l'eau, pour se refaire de leurs peines ; cette idée est si triste, elle affecte si vivement quiconque aime les hommes, et sur-tout les hommes utiles, qu'on nous pardonnera sans doute d'insister ici sur l'article de la culture des vergers et de l'art de faire le cidre, comme une culture et un art qui peuvent devenir universels en France. Cette boisson n'est pas l'appanage exclusif de tel ou tel sol. Il n'y a que trois siècles qu'elle est devenue générale dans la ci-devant Normandie. Il n'y a qu'environ cent ans qu'elle a été tentée, avec un grand succès, dans la ci-devant Picardie. J'ai réussi à l'introduire dans un autre canton où on ne la connoissoit pas, et qui est éloigné de ces deux ci-devant provinces. Il n'est pas question ici d'une plante exotique difficile à acclimater, et d'un succès douteux. Il est certain qu'avec des soins, ou le pommier, ou le poirier, peuvent venir par-tout, dans l'heureux climat de la France. Leur liqueur peut avoir une grande influence sur l'aisance et sur la santé des habitans de nos campagnes. L'eau s'amalgame parfaitement avec le jus de la pomme, ce qui donne la facilité d'allonger cette liqueur, selon que l'exigent les besoins de l'année, ou la fortune de celui qui brasse. Il en résulte que l'ouvrier, comme le cultivateur, n'est jamais réduit à boire de l'eau. Dans le temps des moissons, il faut voir les pays à cidre. C'est un spectacle ravissant. Ce sont les meilleurs cidres qu'on donne aux moissonneurs ; ils en ont à tous les repas ; et, dans les travaux violens, on ne le leur mesure point. Le cidre les égaye, les anime, les fortifie, les tient en bon état. Grâces à ce régime, on ne se rappelle point d'avoir vu, dans un homme bien constitué, de maladie causée par les travaux de la moisson. Il n'en est pas ainsi ailleurs. Dans les pays vignobles, les pauvres journaliers, souvent les vignerons eux-mêmes, ne boivent que de l'eau. On y voit aussi, dans le cours, ou à l'issue de la moisson, beaucoup de moissonneurs attaqués de dyssenteries, en proie à des fièvres cruelles, obligés quelquefois de quitter leurs travaux. Depuis long-temps, j'avoue que je suis vivement tou-ché de cette situation de l'homme qui travaille aux champs. C'est lui qui nous fait vivre ; et nous ne nous informons pas s'il manque du strict nécessaire ; et nous ne cherchons pas les moyens si faciles d'adoucir son labeur et de soutenir son courage ! Je crois qu'on peut y concourir, en généralisant en France la fabrication du cidre. Le sujet, sous ce point de vue, acquiert une grande importance, et veut des développemens. Je crois donc devoir ajouter aux notes d'*Olivier de Serres*, un extrait raisonné de tout ce que j'ai pu rassembler de meilleurs ouvrages, soit françois, soit anglois, sur les vergers et sur le cidre. Cet essai de pomologie, offre des notions qui ne sont pas communes. Il fera naître des idées, même dans les pays où le cidre est déjà connu ; s'il peut inspirer une volonté généreuse de l'introduire ailleurs, je serai trop payé d'un soin que j'ai trouvé bien doux à prendre, dans la consolante pensée que ce petit nombre de lignes pourroit contribuer à faire de la France ce qu'elle devroit être, un immense verger.

Ce catalogue raisonné des écrits sur le cidre, n'a pas besoin d'un meilleur ordre que de les présenter dans leur série chronologique. C'est d'ailleurs le moyen de suivre les progrès de l'art.

A la tête des écrivains qui ont traité *ex professo*, des pommiers et des cidres, se trouvent des auteurs françois.

1º. *Dany*.

Dany, religieux de Saint-Vincent, près de la ville du Mans, fit imprimer, en 1560, *La manière de semer et faire pépinière de Sauvageons, enter toute sorte d'Arbres, et faire Vergiers* (Paris, Corrozet, in-8º. Orléans, Gilliés, 1572, in-12). Ce bon moine parle d'après son expérience. Il est d'avis que les pommiers peuvent donner de très-bon cidre, venus simplement de pepins et sans être greffés. Nous verrons ci-après cette idée mieux développée par des Anglois et des François.

2º. *Paulmier*.

Julien Paulmier, de Grantemesnil, célèbre médecin, disciple de *Fernel*, né dans les environs de Caen, fut, dans le seizième siècle,

un

un grand panégyriste du cidre, qu'il voulut
mettre, à quelques égards, au-dessus du vin.
Son Traité *de Vino et Pomaceo*, publié en latin, à Paris, en 1588, in-8°., traduit en mauvais françois, l'année suivante, par son compatriote *Cahagnes* (Caen, 1589, aussi in-8°.),
excita, dans le temps, une espèce de schisme
parmi les médecins. *Liébault* lui reproche, dans
une édition de sa *Maison Rustique*, d'avoir
essayé d'élever son *vinet de pomme*, au-dessus du vrai vin de raisin. Le satyrique *Gui
Patin* en dit beaucoup de mal. « Vous savez,
comme moi, écrit-il à son ami *Spon*, qu'un
homme qui est à-la-fois normand et médecin,
a deux puissans moyens pour devenir charla-
tan. On m'a raconté de lui une plaisante four-
berie. De son temps le cidre n'étoit pas chose
fort connue à Paris, où tout le monde buvoit
du vin à fort grand marché. Même, du temps
de Henri III, on croyoit que c'étoit une espèce
de malédiction aux Normands, ou plutôt de
punition, de ce qu'ils ne buvoient que du cidre.
Ce Normand rafiné, voyant que le peuple ne
connoissoit pas cette liqueur, en faisoit venir
par bouteilles, dans lequel il faisoit tremper du
séné, et ainsi en faisoit des apozèmes laxatifs,
et de petites médecines, qu'il vendoit un écu
pièce, comme un grand secret, et devint riche
en peu de temps. » Il se retira de Paris avec
cinquante mille écus ; mais il ne faut pas se
fier aux anecdotes de *Patin*. Malgré tous ses
sarcasmes contre ce Normand dessalé, et ce
petit *Fernel*, comme il se plaît à le nommer,
l'ouvrage de *Paulmier* mérite cependant beaucoup d'attention. C'est le premier livre en forme
sur cette matière, et l'on y trouve des détails
curieux.

Il commence par dire qu'à Paris et dans la
haute Normandie, on confond, sous le nom de
cidre (qui vient du latin *sicera*), toute boisson
exprimée des pommes et des poires, séparées
ou mêlées ensemble ; mais qu'à Coutances, à
Bayeux, à Caen, et dans la basse Normandie,
le nom de cidre est réservé à la liqueur qu'on
exprime des pommes, et que celle des poires
s'appelle du poiré. Il définit donc le cidre, proprement dit, une espèce de boisson, familière
aux Biscayens et aux Normands, tirée des

pommes écrasées sous une meule, soit qu'elle
en coule d'elle-même, soit qu'elle soit soumise au pressoir, et conservée ensuite dans des
tonneaux de bois, comme le vin. Les pommes
étoient alors écrasées le plus souvent par deux
meules de bois, que des bœufs et des chevaux
faisoient tourner en rond, dans une auge remplie de ces fruits. Les pommes étant écrasées,
le reste, dit-il, se passe, à cet égard, comme
pour le vin, excepté qu'on fabrique ici une
boisson secondaire (le petit cidre), ce qui n'a
pas lieu communément en fait de vin.

Quant au premier cidre, il fermente dans les
tonneaux ouverts, ou fermés. S'ils sont clos,
il ne faut pas qu'ils soient tout-à-fait remplis de
cidre bouillant, qui les briseroit. Celui qui
fermente dans des tonneaux ouverts, rejette
beaucoup d'écume, et paroît à *Paulmier* plus
salubre et moins violent que l'autre. Celui dont
les vapeurs sont contenues dans des tonneaux
fermés, est plus fort, mais porte plus à la tête.

Quand le suc des pommes écrasées a été exprimé sous le pressoir pour faire le cidre pur, la
matière est reportée sous la meule, broyée de
nouveau, étendue de beaucoup d'eau, et remise enfin dans la cuve, où elle séjourne vingt-
quatre heures. C'est le cidre secondaire. De la
matière qui a donné quatre tonneaux de cidre
pur, on tire un tonneau de ce petit cidre.

On ne cueille les pommes qu'à mesure qu'elles
mûrissent.

Il ne faut les cueillir que dans un beau jour,
non par la pluie, ni par la rosée, qui les corrompent. Il ne faut pas les laisser pourrir au
grenier. Le meilleur cidre se fait d'un mélange
proportionnel de certains fruits, que l'expérience a démontrés avantageux. Les pommes
qui ne sont pas mûres, celles qui sont gelées,
donnent de mauvais cidre. Les pommes douces
sont moins recherchées que celles qui sont
amères, etc.

L'usage du cidre datoit d'un temps immémorial parmi les Biscayens et les habitans du Cotentin. Qui l'avoit inventé ? C'est ce dont on ne
convenoit pas. La Normandie et la Biscaye
s'en disputoient l'honneur. *Paulmier* dit que
dans la Biscaye, il y a des lieux où la fabrication du cidre étoit encore grossière et antique.

On brisoit les pommes avec un marteau ; on les jetoit dans un tonneau rempli de beaucoup d'eau , qui recevoit le nom de cidre , après avoir bouilli avec ces fruits. D'autres en exprimoient le suc, et le mettoient dans des tonneaux , toujours avec de l'eau. (Peut-être les pommes de la Biscaye, à cause du climat, sont-elles plus généreuses, et peuvent-elles supporter ou même nécessiter cette grande quantité d'eau additionnelle. J'avois voulu m'assurer de cette différence , lorsque *Gilbert* fut envoyé en Espagne ; il devoit rapporter des greffes de ces pommiers de la Biscaye). Cependant, l'auteur ajoute que , dans ce même pays , d'autres faisoient le cidre comme dans la Normandie , et qu'ils y en importoient par la voie de la mer , lorsque les pommes avoient manqué.

Il assure que le cidre a été de tout temps en usage dans le Cotentin , mais qu'il n'en est pas de même du reste de la Normandie. Il n'y avoit pas cinquante ans (en 1588), que la bière étoit la boisson commune à Rouen et dans tout le pays ; mais *Paulmier* trouvoit naturel que la bière eût cédé à une liqueur plus agréable et plus salutaire. Il ajoute, avec assurance, qu'il viendra quelque jour un temps où les hommes qui professent l'art de guérir, connoissant bien l'efficacité du cidre dans beaucoup de maladies, et ses avantages pour conserver la santé de ceux qui ont le tempérament chaud et sec, toute la France en fera usage , et le préférera même aux vins les plus généreux ; autrement , dit-il, on aura lieu de se plaindre des médecins , si , pendant qu'ils recherchent à si grands frais tant de remèdes extraordinaires, ils négligent un suc si doux, si convenable à tant de maux , et si aisé à obtenir ; et on n'accusera pas moins de négligence les contrées qui manqueront d'une liqueur si excellente, puisqu'elles peuvent se la procurer, à peu de frais et sans grand soin, en plantant des pommiers le long des chemins et des haies. *Paulmier* convient que le vin est utile pour les tempéramens froids ; mais pour ceux qui sont chauds, il soutient que le cidre offre de plus grands avantages et bien moins d'inconvéniens. L'eau ne se digère pas bien ; le vin peut dessécher le foie ; la bière rend mélancholique ; mais le cidre , au contraire , se digère sans peine ; il pénètre rapidement dans toute notre économie ; nourrit en même-temps qu'il désaltère ; fait des hommes gras et robustes ; réjouit le cœur , concilie le sommeil , et peut être regardé comme l'antidote de la bile noire et de l'hypochondrie. *Paulmier* assure qu'il l'a éprouvé par lui-même. Il vivoit dans le temps des guerres civiles , dont le poëte a si bien dit :

> C'est la religion , dont le zéle inhumain,
> Met à tous les François les armes à la main.

Il avoit vu la fête affreuse de Saint-Barthélemi. Les maux de sa patrie l'avoient gravement affecté. Il eut, pendant trois ans , des palpitations de cœur, et devint hypochondre. Les remèdes, ni le régime , ne lui rendoient pas la santé ; il quitta donc Paris , se retira dans la Normandie , renonça au vin, se mit à l'usage du cidre , et s'en trouva si bien au bout de quelques mois, qu'il fut tout-à-fait soulagé de cette maladie douloureuse et rebelle. Il n'est pas étonnant qu'il exalte si fort le cidre ; c'étoit chez lui l'accent de la reconnoissance.

Il le vante sur-tout pour donner du lait aux nourrices et tempérer en même-temps les vices de leur sang , que l'usage du vin, ou une bière épaisse ne peuvent que gâter. A cette occasion, il avertit les princes et tous les hommes riches , qui aiment leurs enfans , et les exhorte avec chaleur, de ne permettre à leurs nourrices nulle autre boisson que le cidre.

Il entre dans de grands détails sur les différences des cidres , suivant la nature des fruits , la fabrication , et sur-tout la saison , qui a la plus grande influence sur leur force et sur leur foiblesse. La température froide et humide de l'année 1586 les avoit rendus maigres, inodores et sans vertu. Le terrein n'y a pas non plus une médiocre influence. Les cidres de Coutances sont légers, clairs et agréables ; ceux du pays d'Auge sont troubles, mais plus forts et bien plus nourrissans.

Ici *Paulmier* observe qu'il est fort difficile de désigner distinctement et de faire connoître les bonnes espèces de pommes , à cause de l'incertitude et de l'inconstance des noms qui changent d'une ferme à l'autre. Cependant, jaloux d'être utile aux nations privées de vin , à qui pourroit un jour venir l'idée heureuse de planter des pommiers choisis , pour faire des vergers à cidre , *Paulmier* avoit décrit les meilleures espèces dans un livre françois. Il s'étoit attaché à rendre la liste complète , autant que ses devoirs et les troubles de ce temps-là le lui avoient permis. Il renvoie donc son lecteur à cette liste des pommiers , publiée en françois. Je ne la connois pas. Je l'ai cherchée en vain dans nos grandes bibliothèques. Mais *Le Grand d'Aussi* la copie dans son *Histoire de la vie privée des Français* (tome II , in-8°. , page 323 et suivantes). Ainsi , l'on peut comparer à cette liste , dressée dans le seizième siècle , les espèces de pommes cultivées aujourd'hui dans la ci-devant Normandie.

Paulmier disserte ensuite sur l'usage du cidre. Le cidre trempé d'eau lui paroissoit préférable à celui qui est pur. Il désaltère mieux. Les petits cidres doivent faire la boisson des enfans. Le vin leur est pernicieux ; mais il est le lait des vieillards. Le cidre est sur-tout agréable à ceux qui , dès leur jeunesse , ont été habitués à cette espèce de boisson, et ils en vivent plus long-temps , s'ils sont sobres d'ailleurs : *Longævi sunt qui pomaceo utuntur, modò temperanter vivant.*

(Dans son *Traité des alimens* , *Lémery* croit aussi le cidre plus sain que le vin. Il fortifie son sentiment par des exemples que rapporte le chancelier *Bacon.* En effet , *Bacon* mentionne huit vieillards , presque tous devenus centenaires, qui n'avoient bu toute leur vie que du cidre , et qui avoient conservé, à leur âge , une si grande vigueur , qu'ils dansoient comme de jeunes gens.)

Je viens de présenter la substance de trente pages de *Paulmier*, sur le cidre ; le reste de l'ouvrage en contient quinze ou seize sur le poiré. *Paulmier* n'en fait pas un éloge tout-à-fait aussi magnifique. Il dit que le poiré se fait comme le cidre, excepté que les poires ne se portent pas au grenier pour achever de s'y mûrir. On étoit dans l'opinion qu'il falloit les presser un peu avant l'époque de leur maturité complète ; d'autres étoient d'avis contraire. *Paulmier* vouloit qu'à ce sujet on consultât l'expérience.

Les poires les plus âpres , celles qui déchirent la bouche par leur astriction, tellement que personne , et pas même les porcs , n'oseroient y toucher , ces poires demi-mûres , donnent une liqueur qui ressemble aux vins blancs , pour la couleur et pour le goût , à tromper les gourmets qui se connoissent le mieux à déguster les vins. *Paulmier* avoit trouvé que les meilleurs poirés étoient ceux d'Alençon : il les compare aux vins d'Anjou ; mais dans la Basse-Normandie , où les cidres abondent et sont de bonne qualité , on estime peu le poiré ; on l'abandonne aux ouvriers et aux domestiques des fermes.

Le poiré resserre beaucoup : il ne convient qu'aux estomacs robustes. Il excite fort les urines. *Paulmier* craignoit que le poiré , bu trop abondamment , ne fît tendre à l'hydropisie. Par un très-long usage du cidre et du poiré , il assure avoir reconnu que les meilleurs poirés ne sont pas moins inférieurs aux premiers et excellens cidres, que la bière n'est elle-même au-dessous des bons vins , soit que l'on considère leurs qualités alimentaires, soit que l'on ait égard à leurs propriétés. En conséquence , il veut qu'on laisse aux journaliers , aux fossoyeurs et autres ouvriers robustes, qui font de grands travaux et prennent un rude exercice , l'usage du poiré, comme celui du cidre sur , des vins que l'on appelle verts , et de la bière en général. Il en défend l'usage aux habitans des villes , aux gens de lettres et aux femmes , qui doivent préférer du cidre clair , bien fermenté , ou du vin trempé d'eau.

Paulmier dit que l'on tire du poiré distillé , de l'eau-de-vie ; mais beaucoup moins que l'on n'en tireroit du cidre. (Cependant, aujourd'hui, l'usage général de la ci-devant Normandie , est de préférer le poiré , pour fabriquer des eaux-de-vie.)

Il termine son ouvrage par la satyre de la bière , qui cause , selon lui , un grand nombre de maladies , des fièvres-quartes , des calculs , des douleurs néphrétiques , de fausses gonorrhées , des ulcères malins aux jambes, des squirres au foie , etc. Il dit que c'est la bière qui donne le spleen aux Anglois. Nous aurons lieu de reparler de ces prétendus crimes , dont *Paulmier* n'a pas seul voulu charger la bière.

3e. *Droyn.*

Le suc des pommes ne sert pas seulement à faire du cidre. Ce suc récent, non fermenté, peut, ainsi que le moût de vin, se réduire par la cuisson, en un rob plus ou moins épais, auquel on avoit cru jadis trouver de très-grandes vertus. On en faisoit sur-tout usage, dans le temps où le sucre n'étoit pas si commun, et l'on pourroit y revenir.

En 1615, il parut un ouvrage, intitulé : *Le royal Syrop de pommes, antidote des passions mélancholiques*, par *Gabriel Droyn* (Paris, in-8°). L'auteur y paraphrase, en faveur du royal syrop, toutes les bonnes qualités que *Paulmier* attribuoit au cidre.

Dans le siècle dernier, MM. *Guerrier*, qui avoient fait un très-bel établissement d'agriculture dans le ci-devant Perche, envoyoient à la cour des présens d'un syrop de pommes, qu'ils faisoient, chaque année, et qui étoit fort agréable.

Ce rob, ou cet extrait de pommes, n'est pas assez connu. Il a un autre caractère que le rob de raisins. C'est un miel bon pour les malades, qui, sur le pain des domestiques, peut remplacer le beurre, et servir aussi aux abeilles. On peut le conserver quatre ans, dans des pots bien bouchés.

Sa composition peut être perfectionnée, et j'indiquerai, ci-après, qu'on pourroit en tirer du sucre.

4e. *Un Anonyme Anglois.*

Après ces trois auteurs François, nous allons voir paroître ici plusieurs écrivains étrangers, qui se sont occupés du cidre. Le premier est un anonyme, habitant distingué du comté d'Hereford. Ce comté a la réputation d'être le verger de l'Angleterre. L'anonyme dont il s'agit, avoit lu les ouvrages où *Samuel Hartlib* conseilloit aux Anglois de perfectionner leur culture, en imitant sur-tout celle des provinces Belgiques. Il entreprit de donner à *Samuel Hartlib* le détail de l'agriculture particulière au comté d'Hereford. Sa lettre, du 19 Mai 1656, se trouve à la fin des *Observations de Bradley, sur le Jardinage.* Parmi beaucoup de choses singulières et hasardées, il y en a de curieuses, relativement aux pommiers et aux poiriers à cidre.

L'auteur fait d'abord une peinture fort riante du pays dans lequel il écrit. Toutes les habitations sont environnées de vergers et de jardins. Les haies sont presque toutes garnies de rangées d'arbres fruitiers, ou de pommiers, ou de poiriers, cultivés ou sauvages. Tous les villages, tous les grands chemins, dont le pays est fort garni, sont, au printemps, parfumés et embellis par les arbres en fleur, qui continuent à changer d'ornement jusqu'à la fin de l'automne; ils remplissent les greniers de fruits excellens, et les celliers de liqueurs agréables et vineuses. Ces arbres parfument et purifient l'air, ce qui contribue à la bonne santé et à la longue vie des habitans. D'ailleurs, ils garantissent les maisons et les promenades des coups de vents pendant l'hiver, et fournissent un abri et de l'ombrage pendant la chaleur de l'été; enfin, pour ne pas omettre leurs agrémens, ils servent de retraite à une quantité prodigieuse de rossignols qui s'y établissent et forment une volière continuelle.

Entre ces fruits, les poires donnent une boisson foible, mais que les femmes aiment beaucoup, parce qu'elle a un goût de petit vin mêlé avec du sucre. Elle compose une bonne boisson, quand on y joint quelques espèces de pommes aigres.

On broie ordinairement les pommes sauvages pour en faire du verjus. On les entasse quelquefois jusqu'au mois de Décembre (Frimaire), et pour lors, en les mêlant avec du cidre, on en fait une liqueur piquante que les gens de journée aiment beaucoup. L'auteur Anglois ajoute que cette liqueur seroit sûrement du goût des paysans de France.

L'auteur dit que le cidre le plus délicat se fait avec une espèce de pommes sauvages, que l'on a ainsi entassées; mais il a essayé de faire du cidre avec des pommes de reinette seules, ni trop mûres, ni trop vertes, prises dans leur véritable point, et après avoir été gardées quelque temps en tas. Il assure que c'est une excellente boisson, saine et fortifiante.

L'utilité de ces détails n'est pas bornée à une

description purement locale. L'auteur croit que, si l'on vouloit user dans les autres provinces de la même patience et de la même industrie que dans celle de Hereford, on en retireroit, du moins en grande partie, les mêmes avantages, vu la différence surprenante des sols dans lesquels sont situés les excellens vergers du Herefordshire. Où ne peuvent pénétrer les racines tendres du pommier, celles du poirier peuvent s'ouvrir un passage. Le cidre le plus fameux croît souvent dans un terrein peu profond et peu propre à d'autres usages. Ainsi, la nature du terrein ne doit pas décourager, il faut seulement avoir soin de proportionner le fruit au sol. Il faut donc employer ses premiers soins à planter une pépinière, où les arbres s'élèvent, se préparent et s'approprient pour la terre voisine.

Ici, l'auteur prêt à s'engager dans quelques paradoxes contraires aux opinions reçues, commence par exposer comment ces idées nouvelles lui étoient venues. Il lui étoit tombé entre les mains un petit *Traité des Vergers et du Jardinage*, composé par *Guillaume Lawson*, habitant du nord de l'Angleterre, et imprimé en 1626. Il y trouva beaucoup d'assertions qui lui parurent si étranges, si opposées à la pratique journalière, et si incroyables, qu'il ne put s'empêcher de s'en moquer. Il y trouva entr'autres choses, 1°. que la meilleure méthode de planter un verger étoit d'enterrer au printemps, dans un sol labouré à la bêche, les pepins les plus sains de pommes et de poires, à un doigt de profondeur et à un pied (trente-trois centimètres) de distance, et qu'en les transplantant, lorsque le temps et l'occasion le permettoient, il falloit laisser les plantes qui promettoient le plus dans leur terrein natal, sans les remuer en aucune façon ; 2°. que les pepins de chaque pomme produiroient des pommiers de la même espèce ; 3°. que par les feuilles de chaque plante montante, on peut distinguer quelle sera l'espèce du fruit, s'il sera délicat ou piquant, etc. ; 4°. que si on laisse croître les pommiers sans les greffer et les transplanter, ils peuvent durer mille ans ; 5°. que les pommiers, soit greffés, soit transplantés, ne peuvent jamais être sains, ni durables, ni entière-

ment parfaits. Toutes ces assertions paroissoient des chimères ; cependant elles étoient avancées avec un air de candeur, qui engagea l'auteur à les vérifier. Par son expérience, il trouva 1°. que les pepins de pommes, greffés sur sauvageons, ne deviennent pas tous sauvageons ; 2°. que plus le terrein dans lequel ils croissent d'abord est fin, plus le fruit semble s'écarter du sauvageon, et que les pepins de pommes naturelles ont beaucoup de disposition à produire la même espèce dont ils sont sortis, en sorte que c'est la greffe qui altère la qualité du pepin ; 3°. que *Lawson* a eu raison de dire qu'on peut distinguer par les feuilles, dès la première année d'une plante, quel sera son fruit ; car une feuille courte et d'un vert foncé pronostique un fruit sauvage ; une feuille d'un vert pâle, et qui est souple en même-temps, annonce un fruit délicat ; et plus la feuille est large, plus le fruit est beau, etc. 4°. Par rapport à la durée incroyable des pommiers, que *Lawson* fait aller jusqu'à mille ans, l'auteur, après bien des expériences et des raisonnemens, a beaucoup rabattu de la témérité de sa censure. Si on cherche l'avantage actuel, la méthode de greffer est la meilleure. Si on veut faire le profit de ses descendans, il vaut beaucoup mieux ne point greffer du tout. On ne devroit employer la greffe que comme un remède pour perfectionner la qualité des fruits sauvages, ou en accélérer le rapport. L'auteur ajoute que le fruit des pommiers non greffés devient avec le temps meilleur et plus agréable ; par exemple, qu'il vaut mieux lorsque l'arbre a trente ans, que lorsqu'il n'en a que vingt. Il a vu lui-même des choses surprenantes d'un arbre de cette espèce. On avoit fait de la récolte de cet arbre cinq gros muids (plus de dix hectolitres) de cidre, de vingt-quatre gallons chacun, sans y mêler d'eau. Il en donnoit ordinairement quatre muids (huit hectolitres). Le propriétaire de cet arbre, âgé de plus de quatre-vingts ans, l'avoit toujours vu dans le même état. Sa femme avoit essayé d'en planter des branches, mais elle avoit été découragée par la lenteur avec laquelle elles poussoient. On conçoit qu'il avoit fallu à cet arbre plusieurs siècles, pour faire un pareil progrès.

5°. *Meibomius.*

J. H. Meibomius, premier médecin de Lubeck, fit imprimer, à Helmstadt, en 1668, un ouvrage savant sur toutes les espèces de bières et de boissons enivrantes, autres que le vin : *De cervisiis, potibusque et ebriaminibus extra vinum aliis.* in-4°.

Les chapitres XVIII et XIX traitent des boissons que l'on tire des arbres et des fruits. Le catalogue en est fort long, et n'épuise pas la matière. L'auteur commence par le cidre, et recueille les témoignages des auteurs anciens.

Pline dit, en termes exprès, que les poires, comme les pommes, sont propres à donner du vin : *Pomis proprietas pyrisque vini.* On tiroit la liqueur de ces différens fruits qu'on faisoit macérer et comme dissoudre dans l'eau (*Pline, Hist. nat.*, l. 15, c. 15). C'est ce que les Hébreux connoissoient sous le nom de *sicera*, suivant un passage de *Saint-Jérôme.* La liqueur extraite des pommes s'appeloit particulièrement *pomatium* ou *pomatum.* Dans le fameux Capitulaire de Charlemagne sur ses fermes, *de villis*, il appelle *sicerateurs* ceux qui savent faire de la bière, ou du pommé, ou du poiré, ou toute autre liqueur bonne à boire. Les Anciens avoient différentes manières de préparer le cidre. Il paroît que celui dont *Hippocrate* parle étoit fait avec des pommes cuites. J'ai essayé moi-même, étant malade et prisonnier, et ne pouvant avoir de vin, de préparer avec des pommes, des figues et des prunes, fortement cuites à grande eau, un cidre laxatif, qui n'étoit pas désagréable.

Le poiré n'étoit pas aussi estimé que le cidre. Les auteurs des Actes des Saints font un sujet d'éloge à Sainte Segolène, à Sainte Radegonde, de s'être contentées de boire du poiré. Cependant le poiré est plus fort que le cidre ; mais les poirés des Anciens n'étoient probablement non plus qu'une décoction de poires.

Les autres fruits qui servent à faire des liqueurs vineuses, seront l'objet d'une autre note.

6°. *Wordlige.*

Jean Wordlige a donné, en anglois, plusieurs ouvrages sur le cidre. L'un est intitulé : *Le Vignoble britannique* (Londres, 1676, in-8°.). Les autres sont : une méthode de fabriquer le cidre (Londres, 1687, in-4°.), et une suite d'aphorismes et de nouvelles expériences sur les liqueurs qu'on peut tirer de plusieurs espèces de fruits (Londres, 1684, in-folio).

Wordlige est le premier qui ait décrit distinctement le moulin, ou la meule en pierre, dont on doit se servir pour écraser les fruits, afin d'en obtenir le jus plus aisément ; mais sa machine est susceptible de beaucoup de perfections. Il donne une liste nombreuse de fruits, autres que ceux des pommiers et poiriers, qui peuvent, ou ne peuvent pas, rivaliser le vin. Nous en dirons un mot dans la dernière note sur ce lieu d'*Olivier de Serres.*

7°. *Philips.*

Jean Philips, poëte anglois, fils d'un archidiacre, mort à trente-deux ans, en 1708, le même qui, en célébrant la bataille d'Hochstet, a voulu immoler à ses compatriotes la gloire des armes françoises, a prétendu aussi mettre le cidre anglois fort au-dessus des vins de France, dans son poëme de *Pomone*, ou *du Cidre*, en deux chants. Son poëme a pour épigraphe, cet hémistiche de *Virgile* :

Honos erit huic quoque Pomo.

L'épigraphe est heureuse. Le poëme y répond, en beaucoup de parties, quoiqu'il ne soit pas un chef-d'œuvre à comparer aux Géorgiques, comme le disent les Anglois. Il a été traduit en prose par *Yurt*, à la tête du recueil intitulé : *Idée de la poésie angloise.*

D'après le titre de *Pomone*, on s'attendroit peut-être à voir dans ce poëme la déesse des fruits figurer comme la rivale de Bacchus, le dieu des raisins. Mais il ne s'agit pas ici de fictions mythologiques. Les épisodes du poëte ont aussi la teinte locale ; ils sont tous empruntés de l'histoire de son pays.

Voici le début de *Philips*, rendu en vers françois.

> Je chante les vergers qui parent ma patrie ;
> Je peindrai l'heureux sol où la pomme est nourrie ;
> Je dirai des pommiers quels soins il faut avoir,
> Et dans quel temps leurs fruits sont portés au pressoir.

J'ose imiter *Milton*, sans briguer sa couronne ;
Anglois, je dois chérir les présens de Pomone ;
Et ce sujet heureux que l'on n'a point chanté,
M'invite par sa grace et par sa nouveauté.

Philips s'est attaché sur-tout à imiter *Virgile*. Comme lui, il relève, par des traits de morale assez bien amenés, la sécheresse des préceptes. C'est ainsi qu'il termine ce qu'il dit sur le choix du sol :

Connois d'abord ta terre, observe son génie ;
Ne lui demande pas ce qu'elle te dénie.
Sans cette attention, tu planterois en vain ;
Car Pomone, sur-tout, veut le choix du terrein.
Les pommes d'un sol gras peuvent flatter la vue ;
Mais s'il faut les goûter, ton attente est déçue :
Ainsi de beaux dehors, même chez les mortels,
Cachent souvent aux yeux des défauts trop réels.

Il donne la préférence à la culture du pommier sur celle du poirier ; cependant, il n'est pas injuste envers ce dernier arbre, et il saisit l'occasion de donner aux agriculteurs une leçon très-importante :

Toute terre n'est pas également fertile ;
Mais Dieu, sois-en bien sûr, n'a rien fait d'inutile ;
Tout sert dans la Nature, à qui sait l'observer.
Ton sol dur et pesant ne peut se cultiver ?
D'argile et de gravier, cette masse pétrie,
Ne permet d'y former ni guéret, ni prairie ?
C'est un double malheur. Ne crois pas néanmoins
Qu'un tel sol soit toujours indigne de tes soins.
Le poirier vigoureux peut croître dans le sable ;
Il peut percer la marne, au soc impénétrable ;
Plus son pivot profond dans l'argile est plongé,
Et plus de fruits exquis son front sera chargé.
Ce rival du pommier doit te faire comprendre,
Que ton succès dépend des soins que tu peux prendre.
La terre veut produire et répondre à nos vœux ;
Il n'est de mauvais sols que pour les paresseux.

Le morceau le plus remarquable de ce poëme géorgique, roule sur les expériences et les découvertes modernes. L'auteur parle 1°. du baromètre, où le mercure monte sur les ailes de l'air, ce qui est poétique et physique à-la-fois ; 2°. du tabac, qu'il appelle le plus beau don de la nature, et même l'ami des poëtes, ce qui n'est pas d'un si bon genre ; 3°. enfin, du microscope, par le secours duquel M. de *Malezieux* a vu des animaux vivans, vingt-sept millions de fois plus petits qu'une mite ; et *Leeuwenhoek* a découvert, dans un pepin, les feuilles, les racines, la tige du pommier, pliées, enveloppées, mais distinctes et remarquables, ce qui est vraiment digne d'étonner les physiciens, d'occuper les agriculteurs, et d'intéresser les poëtes. Me permettra-t-on de risquer une foible imitation de ce dernier morceau, l'un des plus neufs de cet ouvrage, et qui fait bien sentir l'avantage que nos poëtes ont sur les anciens, lorsqu'ils veulent s'instruire et développer dans leurs vers, le progrès des idées et des connoissances modernes ?

Un verre étroit, convexe, avec art façonné,
Aggrandissant l'espace à notre œil étonné,
Et des êtres créés reculant les limites,
Fait voir des animaux plus au-dessous des mites,
Qu'une mite n'est loin du colosse vivant,
Qui s'offre à nos regards en un vaste éléphant.
Vu dans le microscope, un fromage est un monde ;
En peuples inconnus la goutte d'eau féconde,
Surprend les *Leeuwenhoek*, frappe les *Malezieux*,
Du nouvel infini qui s'étend à leurs yeux.
Comme eux, dans ses secrets, épiant la *Nature*,
Veux-tu voir sa grandeur se peindre en miniature ?
Du fruit cher à Pomone ouvre un simple pepin ;
Appliques-y ton verre ; ô quel aspect divin !
Que d'objets merveilleux ! une petite plante
Offre dans ce pepin sa racine naissante ;
Son feuillage, son tronc, distinctement tracés,
Dans leurs germes étroits sont pliés, sont pressés.
Tu vois, avec surprise, en un si court espace,
L'arbre qui doit un jour occuper tant de place.
Chaque pepin déjà te montre un vrai pommier,
Et chaque pomme enferme un verger tout entier.

Les Anglois ont rendu hommage à la mémoire de *Philips*. On lui a érigé, à Westminster, un monument, à côté de *Chaucer*. Nous ne sommes pas tout-à-fait si justes, ni si généreux envers nos grands poëtes. Il est vrai qu'aucun d'eux n'a célébré le cidre. L'auteur du poëme des mois, *Roucher*, s'en est ressouvenu. Il se dit qu'il devroit peut-être

Chanter ce jus piquant, nectar de la Neustrie.

Mais il se borne à ce seul mot. Cependant, voyez ci-après, ce qu'a dit du pommier le C. *Castel*, dans son poëme sur les plantes.

Au surplus, le poëme de *Philips* sur le

cidre, quoique très-estimable, est très-inférieur à l'épisode de *Thompson*, sur l'abondance des pommiers et la récolte de leurs fruits, dans son poëme des saisons, ouvrage si connu, qu'on est dispensé de l'extraire.

8o. *Dubois et Poissonnier.*

Dans la Faculté de médecine de Paris, on a soutenu une thèse où l'on veut prouver que le cidre, pour les personnes maigres, est plus salubre que le vin. Le *Journal des Savans* (Septembre 1725) a donné par extrait cette thèse, écrite en latin, suivant l'usage de ce temps. Le soutenant étoit *J. B. Dubois*. Il n'a fait que renouveler ce que nous avons dit plus haut de l'opinion de *Paulmier*, touchant les bons effets du cidre; mais tous les médecins n'en tombent pas d'accord. Il y a même un *Platerus*, auteur d'un livre intitulé: *Questions médicales*, qui met en doute si le suc des pommes n'est pas du nombre des narcotiques.

La même thèse sur l'usage avantageux du cidre pour les personnes maigres, a été soutenue encore, en 1745, par le médecin *Poissonnier*, qui a depuis acquis beaucoup de réputation.

9e. *La Société de Dublin.*

« L'Irlande doit s'honorer d'avoir donné naissance à la Société de Dublin, établissement qui a servi de modèle à tous ceux du même genre, qui existent aujourd'hui en Europe. Elle fut établie en 1731, et doit son origine à l'un des patriotes les plus distingués qu'aucun pays ait produits, le docteur *Samuel Madan*. Elle ne subsista, pendant plusieurs années, que des fonds fournis par les souscriptions volontaires de ses membres, qui lui faisoient un revenu d'un peu moins de mille livres sterlings (ving-cinq mille cinq cent livres tournois) par an. Tel étoit cependant l'esprit de générosité qui dirigeoit leur conduite; tel étoit l'amour du bien public qui se distinguoit dans toutes leurs démarches, que la Société faisoit alors avec ce modique fonds, de beaucoup plus grandes choses qu'elle n'en a opéré dans les derniers temps, depuis que le Parlement lui a accordé dix mille livres sterlings (deux cent cinquante-cinq mille livres tournois)

par session. Une histoire faite avec soin de tous ses travaux, seroit un ouvrage très-utile, etc. » (*Le Cultivateur Anglois*, tome VIII).

La Société de Dublin, dont M. *Arthur Young* fait un si bel éloge, fut fondée pour perfectionner l'agriculture et les autres arts utiles. Dans son origine, elle faisoit part au public de ses observations, par des feuilles qui étoient imprimées toutes les semaines. On a dit que ces feuilles avoient changé en mieux la face de l'Irlande.

Les numéros 23, 24, 25 et 26, publiés dans le courant de Juin 1736, renferment une instruction sur le cidre; mais ils ne présentent presque rien de positif, faute d'expériences suffisantes; c'est plutôt une table des épreuves qu'il faudroit faire, qu'une instruction proprement dite.

Le produit du cidre, suivant cette Société, doit engager à faire des essais. Un acre de terre, de la meilleure espèce, peut donner dix muids de cidre (environ vingt-trois hectolitres), et ce muid se vendoit alors huit ou dix livres sterlings (deux cent cinquante-cinq livres tournois). Peu de récoltes pourroient égaler un pareil produit. L'acre de terre en Irlande est plus considérable qu'en Angleterre; il équivaut aux sept neuvièmes d'un hectare. Nous verrons tout-à-l'heure un autre exemple du produit d'un acre de terre d'Irlande, en cidre et en bled à-la-fois.

Comment faire mûrir les pommes? Est-il avantageux de les faire suer, avant de les presser? Avec quelle machine doit-on les broyer? Quelle distinction à faire de la liqueur qui en découle, 1°. sans pression, 2°. par la première expression, 3°. par une pression plus forte? Quand faut-il entonner le cidre? Quel choix faire des tonneaux? Le soutirement répété est-il un moyen de gâter ou de purifier le cidre? Sur tous ces points, chacun avoit alors ses principes et sa pratique. La diversité des méthodes ne permettoit de rien conclure, sinon qu'on devoit recourir à de nouveaux essais, pour avoir une règle sûre; et l'objet principal de la Société étoit de diriger ceux qui voudroient entreprendre ces utiles expériences.

De ces divers articles, je crois devoir extraire

traire ce qui concerne les machines à écraser les pommes, et les tonneaux à cidre.

1°. Quand les pommes sont sèches et bien essuyées, on les pile ou on les broie. La première méthode est ennuyeuse et coûteuse. L'ouvrage se fait inégalement, et avec perte d'une grande quantité de jus, qu'on fait sortir de l'auge ; quand quelques pommes sont réduites en pâte, d'autres sont à peine rompues.

On broie les pommes avec deux machines différentes. La première est formée d'une auge circulaire pour contenir les pommes, et d'une meule roulante pour les écraser. La seconde est formée de deux cylindres avec de larges dents de fer ou de bois, qui, par leur pression les unes contre les autres, broyent les pommes qu'elles font tomber d'une trémie qui est au-dessus.

On voyoit encore, parmi les machines de la Société de Dublin, quatre cylindres, dont les deux supérieurs rompoient les pommes, et les deux inférieurs les broyoient.

La Société ne pouvoit déterminer, faute d'expériences, laquelle de ces machines est préférable. Elle ne pouvoit donner, jusques-là, que des conjectures. Le moulin à cylindre lui paroissoit, sans contredit, agir plus également, et on peut y réduire les pommes en parties plus grossières ou plus fines, à volonté. Il est certainement meilleur pour faire des expériences. En mettant des cylindres à différentes distances, on réduit les pommes dans l'état de division qu'on veut ; et s'il y a, comme il est probable, un degré de finesse où les pommes donnent un jus meilleur, et en plus grande quantité, on le découvrira par le moyen de cette machine. Cependant, comme l'autre moulin est plus expéditif, et qu'il moud les pepins, qui relèvent le goût du cidre, la Société n'osoit donner la préférence à l'un ou à l'autre.

Nous verrons, ci-après, que le même doute subsiste encore en Angleterre, et que les épreuves décisives, demandées par la Société de Dublin, dès 1736, sont encore à faire aujourd'hui.

2°. Quant aux tonneaux où l'on veut mettre et conserver le cidre, leur choix est très-essentiel. Le cidre en prend plus promptement le goût que toute autre liqueur. Les tonneaux neufs donnent généralement un goût désagréable ; si l'on n'y remédie auparavant, 1°. par de fréquens lavages d'eau chaude, dans laquelle on a fait jeter quelques poignées de sel, ou fait bouillir un peu de pommes broyées ; 2°. par des fumigations avec du soufre, et 3°. ensuite, par un lavage avec du cidre. Des vieux tonneaux, ceux qui ont contenu de la bière, sont les plus mauvais ; ils gâtent toujours le cidre : de même que les tonneaux à cidre gâtent infailliblement la bière. Les tonneaux de vins de Canarie et d'eaux-de-vie sont bons. Tous ceux qui ont contenu du vin le sont aussi (comme l'avoit déjà bien observé notre *Olivier de Serres*, page 310), pourvu que le tartre soit bien enlevé, et qu'ils aient été bien lavés avec de l'eau chaude, dans laquelle on a fait infuser un peu d'absinthe sèche, et en les frottant avec la même plante. Ceux qui conseillent de brûler du soufre dans les vaisseaux, assurent que le cidre devient par-là plus fort, et qu'il se garde mieux. Ils mettent, en conséquence, le cidre dans les tonneaux, immédiatement après cette opération, et avant que la fumée soit évaporée. On fait fondre un peu de soufre, et on y trempe un morceau de drap neuf, ou de canevas, jusqu'à ce que tout le soufre soit imbibé. On roule ensuite fortement le drap, ou le canevas, et après l'avoir lié, on le suspend à la bonde, avec un fil d'archal, en sorte que de quatre parties, il y en ait trois dans le vaisseau. On l'allume, et on le laisse brûler, jusqu'à ce qu'il soit prêt à tomber dans le tonneau. On le retire ensuite, et on entonne le cidre sans délai.

Au surplus, nous sommes en France plus avancés qu'ailleurs sur cet article des tonneaux. Nous avons l'*Art du Tonnelier*, par *Fougeroux de Bondaroy*, dans le nombre des arts dont la description a été publiée par l'Académie royale des sciences, et celui-ci n'est pas un de ceux qui paroisse traité avec le moins de soin.

M. *Arthur Young* a visité l'Irlande, longtemps après qu'avoient paru ces feuilles sur le cidre. Il entre, à ce sujet, dans quelques détails, qui annoncent que l'art de fabriquer le cidre a continué d'être un objet considérable pour les cultivateurs d'Irlande ; mais ces détails sont très-succincts, en voici les plus importans.

M. *Bolton* jeune, cultivateur à Ballycanvan, a communiqué à M. *Arthur Young* un mémoire sur la manière de faire le cidre ; résultat d'une longue expérience. M. *Young* en donne un abrégé dans son *Voyage agronomique en Irlande.* (*Cultivateur Anglois*, tome VIII, page 61.)

Suivant ce mémoire, le grand secret pour bien faire le cidre, est de prévenir ou mitiger ses fermentations, autres que la première ; et le meilleur moyen pour atteindre ce but, est de le soutirer plusieurs fois, ce qui le dégage de sa lie.

Dans un autre volume, M. *Young* donne aussi les détails que lui a communiqués M. *Anderdon*, sur la meilleure manière de faire le cidre. M. *Anderdon* est à-peu-près dans les mêmes principes. Il ne cherche jamais à exciter de fréquentes fermentations, et souvent il complète l'opération en deux ou trois transfusions ; mais il lui est arrivé d'avoir de très-bon cidre, qui étoit tellement disposé à la fermentation, qu'il a été obligé de le transvaser dans des vaisseaux parfumés dix et même plus de douze fois. (*Cultivateur Anglois*, tome VI, page 415.)

Quant au produit de la culture des pommiers à cidre, M. *Arthur Young* n'en a pas des notes précises ; cependant, il en présente une qui me paroît très-remarquable.

M. *William Atkinson*, de Montwilkinson, près de Ballycanvan, a retiré de deux acres de terre vingt-une barriques de cidre (près de cinquante hectolitres) ; et, la même année, il a récolté sous ses arbres, vingt barils de froment, ce qui forme un produit de vingt-cinq livres sterlings (six cent trente-sept livres tournois) par acre. Trois barils et demi de ses pommes, chaque baril de six bushels (le bushel de trente-cinq litres soixante-huit centilitres, ou à-peu-près trois de nos boisseaux), font un tonneau de cidre. (*Cultivateur Anglois*, tome VIII, page 63.)

Cette double récolte sur le même terrein seroit encourageante ; mais M. *Young* observe que le cultivateur qui l'a obtenue est un homme riche et soigneux. On n'a rien, en agriculture, qu'avec ces trois conditions, requises par les Anciens : science, volonté, puissance.

10°. *Stafford et Ellis.*

Hugues Stafford a publié à Londres, en 1753, un traité, in-4°., sur la manière de faire le cidre, fondé, à ce qu'il dit, sur une longue pratique. Cet ouvrage a été traduit en allemand (Bareuth, 1772, in-8°.). Les Allemands traduisent tout, quelquefois sans assez de choix ; mais ces traductions répandent, du moins parmi eux, beaucoup de connoissances et de pratiques étrangères. Nous devrions les imiter, et nous approprier, avec plus de discernement, tout ce qui paroît hors de France sur les objets économiques.

Il existe en anglois un autre ouvrage sur le cidre, intitulé : *Le Cultivateur parfait et cidriste, ou nouvelle méthode de planter les pommiers à cidre, les poiriers à poiré, et les manières les plus usitées de faire le cidre, par Guillaume Ellis* (Londres, 1757, in-8°.). Mais je n'en connois que le titre.

11°. *Les Académies de Caen et de Rouen.*

La Normandie étant la Bourgogne et la Champagne du cidre, il étoit naturel que les Académies de cette ci-devant province s'occupassent de cet objet, qui en fait la richesse.

Je commencerai par ce qui a été fait à Caen.

En 1758, l'Académie des belles-lettres de Caen proposa, pour le premier prix qu'elle ait décerné, cette question : Est-il plus nuisible qu'avantageux de planter, en Normandie, des pommiers dans les bonnes terres propres aux labours ? Le prix fut remporté par M. *Menuet.* On ne connoît point son ouvrage, non plus que les suivans, qui ne sont pas sortis de la ci-devant Normandie, par le faux préjugé où l'on étoit alors, que des mémoires sur le cidre n'offroient, hors du pays, aucune espèce d'intérêt. C'est une grande erreur qu'il est important de détruire.

Cependant, il ne faut pas trop regretter le discours de M. *Menuet.*

Le prix dont il s'agit avoit été fondé par M. *de Fontette*, intendant de Caen, administrateur très-bien intentionné, mais qui avoit un préjugé violent contre le cidre, comme d'autres intendans de province en avoient eu contre le vin. Le dessein bien connu de M. *de Fontette*, étoit de détourner les cultivateurs de planter des pommiers dans les bonnes terres à grains. Il croyoit qu'ils nuisoient plus au produit des terres qu'ils ne rapportoient. Il faut lui savoir gré de n'avoir pas voulu établir son opinion par arrêt du Conseil d'État, comme avoient fait, en 1731, les intendans, qui crurent rendre un très-grand service en faisant proscrire la vigne, parce qu'elle nuisoit au blé, et qu'elle exigeoit trop de bois pour faire les tonneaux, etc. M. *de Fontette* étoit trop éclairé pour employer la violence. Il prit la seule voie convenable, celle d'une discussion publique.

En 1760, la même Académie demanda : Quelle est la meilleure manière de planter et de cultiver les pommiers à cidre, et quelle est la meilleure manière de profiter de leur récolte? M. *Dezliés*, médecin aggrégé à l'Université de Caen, obtint ce prix ; c'étoit le médecin de M. *de Fontette*, et il n'a jamais publié son ouvrage. L'Académie ne l'a pas conservé. Il avoit occasionné des débats dont elle avoit jugé à propos de ne pas perpétuer le souvenir.

Je me suis adressé au C. *Caffarelli*, préfet du département du Calvados, qui prend à l'agriculture et à l'édition d'*Olivier de Serres*, un vif intérêt. Je lui ai demandé ce que l'on auroit pu sauver des anciens papiers de l'Académie de Caen, relativement au sujet de cet essai pomologique. Le C. *Caffarelli* a bien voulu me communiquer le résultat de ses recherches ; et, dans ce qu'il m'a fait passer, j'ai trouvé deux morceaux du plus grand intérêt, l'un de M. *Porée*, l'autre d'un anonyme.

I. *Charles-Gabriel Porée*, chanoine honoraire du Saint-Sépulcre de Caen, frère du célèbre jésuite de ce nom, lut à la séance publique de l'Académie des belles-lettres de Caen, le 13 Février 1758, un *Avis économique sur le cidre*, imprimé dans le dernier recueil de cette Académie (à Caen, chez Leroy, 1760, in-8°.). Cet avis économique est piquant, par la place qu'il occupe dans ce recueil; il suit immédiatement la dissertation du médecin *Tiphaigne* sur la culture des vignes en Normandie. Dans sa réponse à ce discours, le directeur de l'Académie observe qu'il y a peu d'apparence que l'on puisse rendre la Normandie une province fertile en bons vins. Il en conclut que le discours de *Porée* est plus intéressant pour la province, puisqu'il traite des moyens de perfectionner la liqueur dont elle fait usage. Tel est le résultat des discussions économiques : on en revient toujours à ce qui est raisonnable et avantageux.

Porée commence par un très-grand éloge de l'eau, et un éloge modéré du vin. Il arrive de-là au cidre ; et voici quelques-uns de ses conseils économiques sur les objets les plus essentiels.

1°. *La nature du plant.* Il ne doit entrer dans le cidre que des pommes douces et amères. Les aigres, souffertes autrefois à cause de la fertilité des arbres qui les portent, doivent être rejetées. Tout au plus pourroit-on les admettre dans un cidre que l'on mettroit en bouteilles dans les grandes chaleurs de l'été. Il est en même-temps très-propre à calmer les grandes ardeurs de la fièvre, étant délayé avec une quantité proportionnée d'eau, dont il tempère la crudité et aiguise la fadeur.

Le cultivateur doit avoir des pommes de différentes fleuraisons. Les fleuraisons sont au nombre de trois, qui se succèdent pendant six semaines ou deux mois, suivant la qualité des vents et la température de la saison.

2°. *La cueillaison.* Elle dure beaucoup plus long-temps que la vendange. Il seroit inutile de dire qu'elle ne doit se faire que lorsque les fruits sont mûrs. Leur séjour dans les greniers ne suppléeroit pas la maturité qu'ils acquièrent aux branches qui les ont nourris. On doit encore moins s'attendre à avoir de bon cidre, quand on renferme les pommes dans des fosses qu'on recouvre de paille et de terre. Cette espèce d'inhumation des pommes fait qu'elles se gonflent, se *brasillent*, et contractent un mauvais goût. Heureux ceux qui ont assez de place pour les différens pommages, et qui, après les avoir séparés, savent les assortir au pressoir !

Les poires demandent moins de précaution : de l'arbre, on peut les transporter au pressoir et les piler, sans intervalle ; elles sont moins bonnes lorsqu'elles ont été mises en monceau. Le repos et la société leur deviennent nuisibles.

3°. *Ôter les pommes pourries.* La principale, la plus importante précaution pour avoir un cidre clair, net, d'une bonne sève, et d'une longue garde, c'est de ne laisser, parmi les pommes que l'on brasse, aucune pomme pourrie, de quelque sorte de pourriture que ce soit. Ceux qui n'ont point été détrompés par l'expérience, croient qu'une portion de pommes qui a souffert cette altération, rend le cidre meilleur. C'est prétendre qu'une dose de farine gâtée rendroit le pain plus frais. Quoi ! dans les vins d'élite, on ne souffre aucun raisin gâté, et l'on se croiroit permis d'en user autrement dans les cidres ? On soutenoit à l'auteur, que pourvu que les pommes pourries n'excédassent pas le quart, les cidres n'en souffriroient point. Quelques-uns même osoient assurer qu'ils en seroient meilleurs. L'auteur se roidit contre une prévention qu'il soupçonnoit être l'ouvrage de l'intérêt et de la paresse. Il en appela donc au tribunal de l'expérience, tribunal indéclinable dans toutes les matières qui appartiennent à la physique. Des années abondantes le mirent en état de faire des essais ; il fit éplucher soigneusement les pommes, et répéta plusieurs fois l'épreuve. D'autres personnes se donnèrent les mêmes soins. Il fut démontré que les pommes gâtées doivent être séparées des saines, pour obtenir un cidre de première qualité. (Nous verrons, ci-après, que les Anglois hésitent sur cette question, faute d'avoir connu les expériences de *Porée*, ou d'en avoir fait de semblables.)

4°. *Élier le cidre.* Pour le porter à sa perfection, il faut le dégager d'une lie grossière, dont les parties tartareuses nuisent à la bonté de la liqueur. Pour cet effet, on le laisse reposer dans les cuves, qu'il faut couvrir exactement de planches. Quand le *chapeau* est entièrement formé, on l'ôte, et on renferme le cidre dans un tonneau bien lavé. La lie ne doit point séjourner dans les tonneaux. L'opération d'*élier* doit varier suivant la différence du cidre. Il est des cidres auxquels on laisse une portion de lie, qui leur sert de soutien.

5°. *Expériences à faire.* La liqueur qui sort du marc avant qu'il soit pressé, formeroit-elle un cidre préférable à celui qui est exprimé par les efforts du pressoir ? La question est décidée pour le vin (voyez la note (5.) du C. *Chaptal* sur le *protopon*, ou vin de première goûte, page 327). A l'égard du cidre, *Porée* prie ceux qui peuvent aisément le tenter, d'en faire l'examen. On pourroit, par ce moyen, tirer des mêmes pommes, des cidres de diverses qualités.

(En 1773, *Dambourney* tenta d'appliquer au cidre la méthode de *Maupin* pour la fabrication des vins ; il avoit en vue l'expérience provoquée par *Porée*. Mais le suc des pommes ne se séparant de la pulpe du fruit qu'à l'aide du pressoir, il ne lui fut point possible d'en obtenir spontanément la mère-goûte, et la fermentation excitée dans la cuve ne lui parut pas produire un bon effet. Le temps nécessaire pour asseoir le marc et le presser, donna lieu à l'évaporation d'une grande quantité d'esprit déjà formé. Il en résultoit une liqueur foible et peu agréable au goût et à l'œil. Il fallut donc en revenir à l'ancien usage d'exprimer le suc absolument doux et de le laisser fermenter dans la futaille ; mais on se trouva fort bien d'accélérer cette fermentation, en versant dans chaque muid environ dix pots de suc doux, amené à petit feu jusqu'à l'ébullition, et deux ou trois pots de suc épaissi en consistance de syrop. Il en provint un cidre très-coloré et généreux. On doutoit seulement si les avantages compenseroient les soins qui pouvoient devenir embarrassans dans une grande exploitation.

Il y auroit beaucoup d'autres épreuves à faire. J'ai essayé d'obtenir le suc des pommes, en les faisant cuire au bain-marie. Ce procédé ne seroit économique que dans un pays où le combustible seroit abondant ; mais je n'ai pas opéré sur d'assez grandes quantités pour compter sur les résultats. On verra ci-après d'autres idées et d'autres vues à soumettre au creuset de l'expérience).

6°. *Connoître les procédés étrangers.* Les Anglois ont des cidres plus légers que les nôtres. Les procédés de la Biscaye et du pays de Galles seroient des objets d'une louable curiosité ; on s'occupe d'une infinité de choses qui en sont moins dignes. On pourroit donc tirer de ces provinces, des lumières utiles. Les peuples travaillent sur les mêmes fonds : mais l'art varie à l'infini. C'est une méprisable petitesse de s'attacher à des pratiques locales, quand d'autres pays nous offrent de meilleures méthodes et de plus heureux procédés. (Ceci servira d'apologie au soin que j'ai pris d'extraire, fort en détail, les ouvrages de plusieurs écrivains anglois, et sur-tout l'excellent traité de M. *Marshall*.)

7°. *Des diverses espèces de pommes.* Comme il y a trois fleuraisons, il y a trois espèces de pommes. Des précoces, on fait un cidre léger que l'on boit de bonne heure, et qui ne se garde pas. Les tardives (celles-ci sont dures) se pilent dans l'hiver. Le marc en est fort gras, la liqueur tenace et huileuse. Les pommes de la seconde fleuraison sont communément les meilleures. Leur cidre participe des qualités de l'été et de l'automne.

8°. *De leur mélange.* Il faut sur-tout être attentif au mélange des pommes douces et amères. Séparément, elles ne produisent pas le bon effet qui résulte de leur union. L'expérience instruit sur les quantités.

L'auteur est persuadé qu'avec ces précautions et celles que de nouvelles expériences enseigneroient, les cidres de Bayeux, de Saint-Lô, d'Avranches, seroient exportés au loin, et que leur usage s'étendroit, de proche en proche, jusques dans les pays de vignobles. La Champagne et la Bourgogne même boiroient, avec plaisir, un cidre rafraîchissant, pectoral, balsamique, favorable à la voix, ami de l'embonpoint et des belles carnations, etc.

Le nom de *Porée* est cher aux lettres. Il paroit, par ce discours sur le cidre, que le frère du célèbre professeur de rhétorique au Collége de Louis-le-Grand, étoit un homme très-instruit et très-estimable, dans un autre genre. Il avoit survécu long-temps à son frère, mort en 1741. *Charles-Gabriel Porée* n'est mort qu'en 1770, à quatre-vingt-cinq ans. Il est un des premiers qui se soit élevé contre l'abus des sépultures dans les églises. Les mémoires de l'Académie de Caen contiennent aussi de très-bonnes réflexions de sa façon, sur les soins qu'exige la conservation du linge.

II. L'autre ouvrage que le C. *Caffarelli* m'a fait parvenir, consiste dans les fragmens d'un mémoire qui avoit concouru à Caen pour le prix, en 1760. L'opinion publique étoit que ce mémoire valoit mieux que celui qui avoit été couronné. Il étoit fait par un jeune homme qui donnoit de grandes espérances, et qui mourut à la fleur de son âge. Il me paroit utile de consigner ici ce qui reste de ce mémoire, quoique toutes les parties n'en soient pas également bien rédigées. Il est intéressant de voir comment cette matière étoit considérée à Caen, en 1759. Je n'interromprai ce mémoire par aucune parenthèse. Les réflexions qu'il fait naître se développeront d'elles-mêmes, en lisant la suite de cet essai de Pomologie. L'auteur conseille, par exemple, de couper le pivot des jeunes pommiers. C'étoit l'usage de son temps. On s'élève aujourd'hui, avec raison, contre cette opération funeste; mais si l'auteur a payé tribut quelquefois aux préjugés et aux erreurs reçues, souvent il s'en est affranchi; il a bien vu son sujet, et en tout son mémoire est digne d'être lu.

Mémoire sur le sujet proposé en 1759, par l'Académie des Belles-Lettres de Caen, savoir: Quelle est la meilleure manière de planter et de cultiver les Pommiers à Cidre, et la meilleure méthode de tirer parti de leur récolte?

Quand le zèle éclairé de l'Académie et de son généreux protecteur ne seroit pas une raison suffisante de la préférence qu'ils ont donnée entre toutes les matières économiques, aux pommiers et au cidre, pour en faire le sujet du discours auquel ils ont destiné un prix, il ne seroit pas difficile de montrer combien cette préférence est juste. Lorsqu'une voix respectable, accueillie des applaudissemens universels de la province et de la nation, détermine les bons esprits à se tourner, pour la première fois, vers le plus grand bien général et particulier, l'emploi des terres; parmi toutes les routes que présente aux yeux cette nouvelle carrière, celle-là s'attire infailliblement les premiers regards, où l'on découvre le plus grand nombre d'erreurs à détruire, d'abus à réformer, et d'intérêts mal entendus à remettre dans leur vrai point de vue.

A tous ces titres on peut dire que jamais matière ne parut préférable à celle dont l'Académie a fait choix. Jamais on ne vit, sur aucun sujet, une aussi grande diversité de sentimens et de pratiques, ni par conséquent tant d'idées fausses et de mauvais usages, puisqu'en tout point, il n'y a qu'une seule voie qui mène directement au but qu'on se propose.

On se propose, en plantant des pommiers à cidre, 1°. d'obtenir de sa terre une boisson qu'on ne pourroit tirer d'ailleurs si bonne et à si peu de frais ; 2°. d'en recueillir assez pour en faire part aux lieux qui en manquent, lorsque le prix des voitures et la bonté du cidre mettent en état de soutenir avantageusement la concurrence.

Voilà ce qu'aucun de nos cultivateurs ne manquera de vous répondre, si vous l'interrogez sur l'utilité qu'il compte retirer de ses pommiers. Mais examinez par quels moyens il s'imagine y pouvoir parvenir : c'est là que vous trouverez, selon les lieux et les personnes, autant de fautes différentes qu'il y a d'attentions à prendre dans cette partie de l'administration des terres. Les uns s'obstinent à tirer d'un terroir disgracié du cidre détestable, tandis que le tort que les pommiers font à leurs récoltes, seroit plus que suffisant pour acheter ailleurs une boisson agréable et saine. D'autres, qui ont des fonds de qualités différentes, chargent indifféremment de pommiers jusqu'aux meilleures terres à grains ; et, déplaçant ainsi les productions de la nature, parviennent à peine à faire naître des fruits médiocres en tout genre, qui, mis chacun à sa place, seroient devenus excellens. On en voit qui, privés de débouchés suffisans, couvrent néanmoins leurs héritages de tant de pommiers, que, sur-tout dans les années fertiles, la prodigieuse quantité de cidre qui les embarrasse, ne sert qu'à rendre les ouvriers fainéans et ivrognes, ou tout au plus à faire de mauvaise eau-de-vie, qui ne dédommage qu'à demi de la perte du terrein. D'autres enfin, c'est presque tout le monde, ou se fournissent de mauvais plant, ou ne savent pas en gouverner de bon, ou plantent d'une épaisseur à offusquer les levées, et quelquefois les pommiers mêmes ; ou ne savent pas ramasser, mélanger et piler à propos leurs pommes ; ou, en un mot, par leur mauvaise façon d'entonner, de

tirer au clair, de voiturer le cidre, ils le rendent trouble, dur, plat, de mauvais goût, ou de peu de garde.

A l'imprudence de ceux qui plantent dans des fonds peu ou point du tout favorables, doit remédier le Mémoire présenté l'an dernier à l'Académie, par lequel on établit une vérité dont on peut rencontrer facilement de nouvelles preuves ; savoir, qu'il n'y a de vraiment bon cidre à espérer que dans les fonds qui sont sur la glaise, et dans ceux qui en approchent plus ou moins. Quant à l'inconvénient du trop grand nombre de pommiers, dans les lieux sans débouchés, un peu d'attention le fera sentir aux gens raisonnables ; mais le goût et l'habitude empêcheront probablement le vulgaire d'entendre si facilement raison là-dessus, et ce n'est guères par des écrits qu'on la lui fait entendre.

Reste donc à traiter la plantation et la culture des pommiers à cidre, et le parti qu'on doit tirer de leur fruit. C'est le sujet du discours que j'ose entreprendre ; sujet qui, s'il étoit traité selon le vœu de l'Académie, formeroit une suite complète d'instructions sur l'art intéressant qui fournit à notre pays et à plusieurs autres leur principale boisson ; mais aussi, sujet nécessairement chargé de détails, ennuyeux par cela même, et dans lequel, pour comble de disgrace, j'ai trouvé, sur beaucoup d'articles, bien plus de doutes naissans et d'expériences à faire, que de vérités découvertes à annoncer. Les phénomènes qui accompagnent la vie d'un arbre tel que le pommier, exigent absolument les observations de plusieurs années ; et tout le monde sait combien, à cet égard, l'esprit d'observation est récent parmi nous. Époque qui, en nous humiliant un peu, fera à jamais l'éloge des hommes illustres qui l'ont amenée ! Après tout, ne sera-t-il pas heureux pour moi d'avoir contribué, ne fût-ce que par des doutes, à augmenter la louable curiosité que ces grands hommes ont si heureusement excitée pour notre avantage particulier et pour celui de la patrie ?

Ce n'est pas pourtant que je n'espère avoir à dire un assez grand nombre de vérités reconnues, et qui, par conséquent, ne peuvent être également nouvelles pour tout le monde ; mais quand il est question du bien public, il ne s'agit pas tant de donner du neuf, que de dire des choses utiles. Une infinité de gens ne suivent de mauvaises méthodes, que parce qu'ils n'en connoissent pas de meilleures, ou qu'ils ignorent en quoi elles sont meilleures. Qu'on les leur indique et qu'on leur persuade de s'en servir, peu importe d'où elles viennent, ni qu'elles soient nouvelles pour tout l'univers, elles le seront toujours pour eux. D'ailleurs, comme la bonne physique ne va jamais que l'expérience à la main, un cultivateur économe, qui de tous les physiciens est le moins hasardeux, préférera toujours un fait bien constaté, à un raisonnement nouveau.

J'entre donc en matière pour traiter successivement les deux questions proposées par l'Académie : la première touchant la culture et la plantation des pommiers ; la seconde, sur la meilleure manière de profiter des pommes.

Première question : Quelle est la meilleure manière de planter et de cultiver les Pommiers à Cidre ?

Dans cette première question se trouve nécessairement renfermée la matière des pépinières, qui mérite de n'être pas oubliée, parce qu'elle doit intéresser tout le monde. En effet, il ne faut point attendre que les pommiers profitent, si l'on n'a eu soin de les tirer d'une pépinière dont le sol soit analogue à celui dans lequel on les place. Or, tout le monde sait que d'un canton à l'autre, d'une paroisse à sa voisine, le terroir est différent, souvent même les deux côtés d'un ruisseau ne se ressemblent pas. Il est donc important qu'il y ait dans chaque territoire des pépinières qui fournissent du plant à tout le voisinage. Et pour aller encore plus loin, je ne balancerai point d'assurer qu'on auroit ordinairement plus de satisfaction de ses pommiers, si chacun faisoit des pépinières sur son propre fonds ; il n'y a même personne qu'on n'en fît convenir assez facilement. Cependant l'on voit, en général, peu de pépinières chez les particuliers ; et dans certains cantons vous feriez plusieurs lieues (quelques myriamètres), sans en trouver une seule.

Seroit-ce la dépense ou la peine qui en seroit cause ? Il n'y a pas d'apparence. Le travail que demandent les pépinières est si peu de chose, qu'il ne sauroit faire un objet ; et du côté de la dépense, quelle épargne n'y a-t-il pas, au contraire, à se trouver insensiblement fourni du plant dont on a besoin, au lieu d'en acheter argent comptant ? Voici donc ce qui empêche que chacun n'élève lui-même ses pommiers ; c'est qu'on s'imagine qu'il y a, dans le gouvernement des pépinières, une difficulté dont on ne peut se tirer sans une connoissance et un art tout particuliers. Cette idée ôte jusqu'à l'envie d'en faire l'épreuve, et laisse cet article d'industrie tout entier entre les mains des marchands, qui n'ont garde de désabuser ni d'instruire leurs acheteurs. Mais il est de l'intérêt public qu'ils soient instruits et désabusés ; et comme une exposition claire et succincte de la façon de tenir les pépinières est le meilleur moyen de faire évanouir les difficultés qu'ils y supposent, et qu'elle leur suggérera d'en faire sur leur propre fonds, dont ils faciliteront la production en même temps qu'il ménageront leurs bourses ; voilà ce qui m'engage particulièrement à appuyer sur cet article.

L'embarras de ceux qui balancent à faire des pépinières, ne regarde point le semis des jeunes pommiers. On sait qu'il n'y a qu'à prendre du marc au sortir du pressoir, à le répandre sur une planche de terre, le recouvrir ensuite légèrement, et sarcler de temps à autre le jeune plant, pendant le cours de l'année.

Ce n'est pas non plus une chose embarrassante que la façon de le ranger en pépinière. Tout consiste à lui couper le pivot, c'est-à-dire, la grosse racine perpendiculaire, afin qu'il n'en produise que de latérales ; à le planter ensuite dans des rigoles, en laissant d'un brin à l'autre environ deux pieds (soixante-six centimètres) d'intervalle dans les bonnes terres, et un plus grand dans les mauvaises, le tout au printemps de leur seconde année ; car il seroit inutile de les laisser plus d'un an sur le semis. A peine est-il nécessaire d'avertir que la meilleure terre pour les pépinières est argileuse, point mouillée, mais fraîche, assez compacte, neuve s'il se peut ; et qu'il faut, autant qu'il est possible, se dispenser de fumer les jeunes pommiers, à cause des chancres que le fumier leur engendre.

La culture des pépinières est tout aussi simple que ce qui précède. On y donne un labour au printemps : il seroit bon de le réitérer en automne, pour disposer la terre à profiter de l'hiver ; et au surplus, on se contente de tenir la place passablement nette, en sarclant les herbes qui surviennent ; ou bien l'on étend sur terre une litière de fougère ou de paille de sarrasin qui les empêche de croître. J'ai vu même y semer au printemps du sarrasin, qu'on couchoit ensuite quand il étoit monté en tuyau, et qu'on fouloit aux pieds pour servir de litière.

Mais la grande difficulté roule sur la manière de tailler la pépinière, pour la préparer au mouvement de la sève. Quand il ne s'agit que de tordre ou d'accourcir des branches gourmandes, toute saison y est bonne ; mais s'il faut abattre entièrement des jets latéraux, on doit préférer le printemps, à moins qu'ils ne soient fort menus ; car la seconde sève est trop foible pour recouvrir d'écorce une plaie tant soit peu considérable, et le bois demeure trop exposé aux outrages de l'hiver. Au reste, ces deux visites générales ne suffiront pas à une personne attentive : elle en fera d'autres de temps en temps, pour avoir l'œil à tout, et prévenir les malheurs ; quelquefois un mois de négligence peut causer du dérangement dans une pépinière.

Si pourtant, malgré vos soins, une branche gourmande s'est élevée aux dépens du maître jet, et se trouve beaucoup plus vigoureuse que lui, il faut se résoudre à le sacrifier à l'usurpatrice, en obligeant celle-ci de prendre la position perpendiculaire pour former la tige ; mais communément elle la prend d'elle-même. Il en faut dire autant, si l'arbre se fourche au-dessous de la hauteur où l'on veut l'amener : on abat les fourchons les plus foibles, on conserve le plus beau pour continuer la tige, et on le force à se lever perpendiculairement, en l'assujettissant par des ligatures, jusqu'à ce que le pli en soit bien formé.

Mais, quelque retranchement, quelque ligature qu'on fasse, il faut éviter de trop mal-traiter l'écorce, et sur-tout de l'entamer tout autour ; ce qui interromproit peut-être tout-à-coup le mouvement de la sève, ou du moins formeroit des chancres, la seule maladie que craignent les jeunes pommiers, mais qui leur est souvent mortelle.

Le chancre est une suppression de circulation dans quelqu'endroit de l'écorce, qui entraîne la mortification non seulement de cette partie, mais encore des couches ligneuses qui sont dessous ; et cette gangrène, si l'on n'y met ordre, va toujours croissant en largeur et en profondeur, tant qu'à la fin elle gagne tout le circuit et jusqu'au centre de l'arbre qu'elle fait périr. Il n'y a d'autre remède que de couper, s'il en est encore temps, le bois et l'écorce jusqu'au vif, et d'enduire la plaie, lorsqu'elle est grande, d'un mélange d'argile détrempée avec du foin, pour la mettre à couvert et faciliter la cicatrice. Les causes du chancre, qu'il faut éviter pour le prévenir, sont, 1°. les plaies baveuses et trop grandes que l'on fait à l'arbre ; 2°. le frottement des pommiers voisins, écorce contre écorce ; 3°. les ligatures trop serrées, ou qui demeurent trop long-temps. Il y en a une quatrième et beaucoup plus à redouter, c'est lorsque la terre est trop lourde et trop humide, ou que le fumier dont on l'a engraissée, ne fournit aux jeunes arbres qu'un suc âcre et grossier.

Les pommiers n'ont guères plus d'ennemis que de maladies : le premier est un gros ver blanc (*) qui se nourrit aux dépens des racines, et c'est encore le fumier qui l'attire ordinairement et qui lui donne retraite. Souvent on est surpris de voir des arbres dépérir, et l'on ne songe pas à regarder sous terre, où se cache la cause du mal. L'autre ennemi des jeunes pommiers est la mousse, qu'il faut ôter soigneusement, dès qu'il en paroît, si l'on ne veut les en voir bientôt tout couverts. On ne peut douter que cette plante parasite ne nuise beaucoup aux arbres dont elle suce la substance, et particu-

____

(*) Ce ver blanc, connu généralement en France, sous le nom de man, est la larve du *Hanneton* (*Melolontha*), dont les ravages ne se bornent pas aux pommiers. Nous aurons occasion d'en parler ailleurs. (*H.*)

lièrement

lièrement aux jeunes, qui ont plus de surface, à proportion, que les gros. Et les jeunes pommiers ont cette raison de plus de la craindre, qu'elle leur rend la peau dure, rabotouse, de mauvaise vente, et moins bien disposée à recevoir la greffe.

Aussitôt que les arbres ont acquis la hauteur où l'on veut les greffer, on les y arrête, en les étêtant, afin qu'il se forme plusieurs fourchons au lieu d'un seul jet, et que la sève, plus puissamment attirée, fasse grossir promptement le haut du tronc; ensuite, quand il est d'épaisseur convenable, on achève d'abattre les branches latérales, dont les plaies se recouvrent dans l'année et mettent le sujet en état d'être greffé le printemps suivant.

C'est la greffe en fente dont on se sert pour les pommiers; aussi, de toutes les manières de greffer, elle est la plus facile, et c'est celle qui fait pousser le plus vigoureusement les arbres qui s'en accommodent. La greffe reprise, si la tige n'a pas encore la hauteur nécessaire, on la conduit précisément comme le sauvageon non greffé, et quand elle est parvenue où on la veut, on l'arrête en la coupant, afin qu'elle fourche et forme sa tête.

On peut demander ici lequel est le meilleur de greffer les pommiers à cinq ou six pieds (deux mètres) de hauteur, ou seulement à trois pieds (un mètre), comme quelques-uns le pratiquent. Deux raisons m'engageroient à préférer la seconde manière : 1°. la greffe est ordinairement d'un bois plus franc et plus aisé à élever jusqu'à la hauteur requise, que le sauvageon: par conséquent, c'est avancer l'ouvrage, de n'exiger de celui-ci que trois pieds (un mètre) de hauteur, et de se servir de la greffe pour faire le reste; 2°. de cette dernière façon, l'arbre ayant plus de temps, depuis sa greffe, à demeurer en pépinière, quand on vient à le transplanter, on trouve la greffe et le pied bien plus solidement unis ensemble que dans la première méthode. Cependant, comme c'est cette première qui est en crédit, il y auroit du risque pour les marchands à s'en écarter; car en voyant leurs pommiers greffés si bas, on s'imagineroit qu'ils y auroient été contraints par la dureté du bois et par l'indocilité de leurs sauvageons; ce

qui n'aideroit pas à les faire vendre. Mais, au reste, les propriétaires qui plantent pour eux-mêmes, n'ayant point à respecter les idées d'autrui, peuvent suivre en liberté la pratique la plus raisonnable et la plus expéditive.

On pourroit même conseiller à ceux qui seroient jaloux d'avoir des arbres d'une tige parfaitement droite et sans aucun défaut, de greffer leurs sauvageons tout contre terre, d'une de ces espèces dont la tige s'élève promptement et droite, sauf à les regreffer à six pieds (deux mètres) de hauteur, s'ils ont envie de leur faire porter une autre espèce.

Mais à quelque hauteur qu'on greffe, il est très-utile de greffer toute une pépinière tout-d'un-coup, et de transplanter plutôt ailleurs ceux des sauvageons qui seroient encore trop foibles; car, demeurant au milieu des autres, ils offusqueroient de leurs branches et dérangeroient les greffés voisines, pour en être incommodés à leur tour lorsqu'ils viendroient à être greffés. Et de plus, comme ils resteroient après leurs aînés, ils formeroient un rebut de pépinière occupant désavantageusement la terre, et peu propre à attirer des acheteurs.

Jusqu'ici j'ai supposé qu'on greffe les pommiers dans la pépinière. Je n'ignore pas que la pratique de beaucoup de monde est d'acheter des sauvageons tout venus, et de les planter à demeure dans leurs champs, pour les y greffer ensuite : ces arbres sans greffe coûtent aussi moins que les autres. Mais on voit d'abord qu'il y a trois ans à attendre pour que les pommiers greffés en place parviennent au même état où sont ceux qu'on tire tout greffés de la pépinière. Or, est-il raisonnable, pour quatre à cinq sous de meilleur marché, de consentir à voir la production de ses arbres retardée de trois ans? Ne vaut-il pas mieux que le retard porte sur la pépinière et sur le marchand de plant? Car je parle sur-tout à ceux qui achètent leurs arbres. D'ailleurs, si par hasard vos greffes manquent, ce seront quatre ans, ou peut-être davantage à attendre; et les greffes sont bien plus sujettes à manquer en plein champ, puisqu'elles ont à redouter les vents, qui ont bien plus de prise sur elles; les oiseaux, et sur-tout les pies, qui prennent un plaisir singulier à se jouer dessus, et à les rompre; enfin, les épines mêmes qu'on attache pour les garantir, et qui souvent sont les premières à les déranger ou à les étouffer.

Cependant ceux qui greffent leurs pommiers en place, ont à dire, pour autoriser leur usage, que par-là ils sont sûrs des espèces qu'ils plantent. A quoi l'on répond que dans des pépinières bien tenues, l'on en est également sûr, puisque les diverses espèces y sont rangées par différentes planches, dont on tient un régistre fidèle, en sorte qu'on ne peut y être trompé; mais aussi il faut convenir qu'au défaut de pareilles pépinières, il faudroit préférer de greffer soi-même.

En effet, le choix des espèces est si important, qu'il n'influe pas moins que le terroir sur la bonté du cidre et sur son abondance. Voilà pourquoi deux fermes contiguës, et dont le terrein est le même, produisent souvent du cidre très-inférieur l'un à l'autre : c'est que les espèces ne sont pas également bien choisies. Pour y réussir autant qu'on le peut faire, on doit prendre garde, avant tout, que les pommiers se divisent généralement en trois classes, dont l'une fleurit, noue et mûrit son fruit de bonne heure; l'autre, fort tard; et la troisième tient le milieu. Comme il arrive rarement qu'il n'y ait quelqu'une de ces divisions qui avorte par les gelées, les vents et les brouillards qui s'élèvent au temps de la fleur ou de la formation du fruit, on ne peut prudemment se dispenser d'en planter de toutes les trois, afin qu'en cas d'aventure, elles se suppléent réciproquement; outre que, selon les années, le meilleur cidre est tantôt produit par les pommes tendres, tantôt par les dures, et tantôt par les moyennes. Après cette observation préliminaire, ce que nous allons dire est pour toutes les classes et toutes les espèces.

Ce qui fait la perfection d'une espèce de pommier, c'est de produire d'excellent cidre, de charger beaucoup, et de bien soutenir son bois. Une de ces qualités ne peut manquer sans un déchet considérable : car si le cidre est mauvais, autant vaudroit presque n'en pas avoir; si l'arbre charge peu, ce peu reviendra à trop haut prix; et si l'arbre, enfin, laisse pendre ses branches

trop bas, l'ombrage et le défaut d'air étoufferont tout ce qui naîtroit dessous, et feront tort à l'arbre même et à son fruit. Dans l'impossibilité où l'on est, de trouver des espèces qui réunissent éminemment ces trois avantages, il y a deux choses à faire : la première, qui est provisoire, est de planter, entre toutes les espèces connues, celles qui approchent le plus de la perfection; et comme celles-là sont en petit nombre, je conseille de se borner à cet égard; la seconde, est de tâcher, par différens essais, de créer des espèces nouvelles plus accomplies que les anciennes.

Parmi les moyens de perfectionner les espèces de pommes, en voici quelques-uns des principaux, dont le succès ne me paroît nullement douteux. 1°. On sait que toute plante, sur-tout la plante cultivée, qui se reproduit par les semences, est sujette à des variétés infinies, qui ressemblent néanmoins en quelque chose à leur mère. C'est ainsi qu'on a obtenu, en arbres fruitiers, en fleurs, en arbrisseaux de décoration, mille productions nouvelles plus agréables les unes que les autres. C'est ainsi, sans doute, que le hasard a produit, de temps à autre, ce grand nombre d'espèces, tant bonnes que mauvaises, qui distinguent nos pommiers à cidre; car il ne faut pas croire que le nom de sauvageon, qu'on donne aux jeunes pommiers élevés de semence, signifie que leurs fruits seroient sauvages. L'expérience prouve le contraire. Ce que le hasard a fait cesseroit-il d'arriver, s'il étoit fait à dessein? Au contraire, la réussite ne seroit-elle pas infiniment plus sûre entre les mains d'hommes entendus, qui ne semeroient que les pepins des espèces choisies, pour les perfectionner encore? Et à mesure qu'on découvriroit une bonne espèce, on la fixeroit en la greffant pour la perpétuer.

2°. C'est encore une chose connue, que les étamines, ou poussières fécondantes d'une espèce, étant emportées dans des fleurs d'une autre espèce, produisent des fruits et des graines d'une qualité mitoyenne, qui participe de l'une et de l'autre. Un groseillier à grappes, par exemple, planté parmi des cassis, pourra, par ce commerce de poussières, porter des groseilles noires. On pourroit donc planter à l'écart, l'un près de l'autre, deux pommiers de bonne espèce chacun, mais de qualités différentes, afin que, de leurs poussières fécondantes et de leurs mélanges, il en sortît des arbres qui participassent aux propriétés de l'un et de l'autre; et même une personne attentive pourroit être plus sûre encore de son fait, en coupant à chaque fleur ses propres étamines, pour y suppléer par des fleurs d'un autre arbre, qu'on y transporteroit toutes chargées de leurs poussières.

3°. Enfin, pour ce qui regarde la force et la grandeur du bois des pommiers, on sait que les arbres greffés sur le paradis, demeurent nains; et que ceux qu'on greffe sur le doucin n'acquièrent qu'une hauteur médiocre : d'où il faut conclure que l'élévation qu'acquièrent les pommiers, dépend principalement du pied sur quoi l'on greffe. Qui grefferoit donc sur des pieds de gros bois, ou de germaine, ou d'autres espèces qui sont fortes en branches, et qui les soutiennent bien, auroit lieu d'espérer que ses pommiers croîtroient plus hauts et plus forts que les autres, ce qui est un très-grand avantage. Or, pour greffer sur ces espèces, au lieu de semer des pepins, il n'y a qu'à planter des boutures, c'est-à-dire de jeunes branches tirées de ces arbres : elles prendront très-bien racine, et croîtront aussi vite que les pommiers semés, et on les greffe tout de même; c'est ce qu'on appelle enter sur franc.

On pourra dire que, de ces moyens, les deux premiers, qui sont les plus importans, sont d'une longueur dégoûtante; qu'il faut attendre dix ou douze ans pour voir le fruit de ces pommiers qu'on voudroit éprouver, et qu'au bout du compte, sur cent qu'on essayeroit, peut-être ne s'en trouveroit-il pas deux qui méritassent d'être conservés; que cependant la terre se trouve occupée, au risque de l'être inutilement. Mais à qui propose-t-on ces épreuves? Ce n'est pas à ceux qui n'ont de terre que ce qu'il leur en faut; c'est à ces citoyens aisés et amis du bien public, qui ont le pouvoir comme la volonté d'être utiles. Sur cent épreuves, une seule réussira peut-être; mais aussi, quel plaisir pour un esprit bien fait, quand il rencontre, à la fin, une occasion d'enrichir la patrie et la postérité! Si un botaniste, si un amateur des fleurs, se

croit plus que récompensé d'une longue suite de soins, lorsqu'il a immortalisé son nom par quelque plante rare, par quelque tulipe fameuse, seroit-il indifférent, pour un cultivateur patriote, d'avoir donné le sien à une espèce de fruits, supérieure à ce qu'il y en avoit de connues avant lui?

Les espèces que l'on doit planter étant choisies, il faut les mettre en place, de façon à faciliter, autant qu'il est possible, les soins qu'on en doit prendre, et à ne gêner que le moins qu'il se pourra les autres productions de la terre.

Pour obtenir le premier de ces avantages, il faut mettre ensemble les pommes de chaque saison et de chaque espèce. Comme elles mûrissent à différens intervalles, en en fait la récolte en même temps; on sent assez quelle perte de temps il y auroit à être obligé de courir d'un coin à l'autre pour chercher chacun des pommiers de même sorte; ou, si l'on prend le parti de cueillir tout à-la-fois, lorsque les espèces sont mélangées, il n'est pas possible de les cueillir dans leur maturité, ce qui est un très-grand inconvénient. Ajoutez que, lorsqu'une pièce de pommiers est toute d'une parure, elle se trouve cueillie tout-d'un-coup, et que l'on y peut mettre sur-le-champ le bétail à pâturer, en attendant que les autres se vident tour-à-tour; au lieu que, quand les espèces sont pêle-mêle, toutes les pièces lui sont interdites à-la-fois, et cependant les herbes se perdent, tandis que les animaux manquent de nourriture.

Quant au second avantage, qui est de ne gêner que le moins du monde les productions de la terre, on sait que c'est l'ombrage des pommiers, et sur-tout l'abaissement de leurs branches qui nuit à ce qui croît dessous. Ces branches, fort étendues en largeur et touchant presque la terre, la privent non seulement de la chaleur du soleil, mais empêchent l'air d'avoir une circulation libre, ce qui lui ôte son ressort, et par conséquent suffoque toutes les plantes qui en sont couvertes. Il n'y a pas même jusqu'aux branches de pommiers, qui, étant nourries dans cet air croupi, n'ont aucune vigueur, mais tombent de plus en plus, sur-tout dans le temps qu'elles sont chargées de fruit. Pour éviter ces inconvéniens, il faut donner un passage raisonnable à l'air, en espaçant convenablement les pommiers entr'eux, et en tenant les branches suffisamment élevées de terre.

On plante les pommiers en simple rang, comme lorsqu'on en fait des avenues ou des ceintures autour des grandes pièces de terre ; ou bien on en couvre tout un terrein, en les espaçant carrément entr'eux. Dans la première façon, peu importe quelle distance les pommiers d'une même ligne ont de l'un à l'autre, puisque l'air, à droite et à gauche, a toute la liberté de se renouveler. Mais quand on plante une pièce de terre en plein, l'intervalle de deux pommiers voisins dépend de l'étendue que ces pommiers doivent acquérir ; car dans certains cantons, les pommiers couvrent une place de cinquante à soixante pieds (vingt mètres) de largeur, tandis qu'ailleurs à peine parviennent-ils à vingt ou vingt-quatre pieds (huit mètres) ; or, on voit que dans le premier cas, il y a quatre ou cinq fois plus d'air à renouveler que dans le second. Néanmoins on peut dire, en général, qu'entre deux têtes de pommiers il doit y avoir une tête de distance, ou du moins les deux tiers. Ainsi, dans un terrein où les pommiers prennent trente pieds (dix mètres) de diamètre, il faut trente pieds (dix mètres) d'intervalle entre deux têtes voisines, ou du moins vingt pieds (six à sept mètres), ce qui compose soixante pieds (vingt mètres), ou, au moins, cinquante pieds (seize à dix-sept mètres) entre les deux troncs. Il n'est pas rare de voir cette proportion violée : on voit même des pommiers dont les branches se croisent ; mais aussi, quand les pommiers sont grands, quelles levées retire-t-on dessous ?

On ne s'abuse pas moins sensiblement au sujet de la distance qui doit être entre les branches et la terre : on forme d'ordinaire la tête des pommiers à cinq ou six pieds (deux mètres) de hauteur ; et les branches, au lieu de se soutenir, retombent encore plus bas par leurs extrémités, en sorte qu'elles sont à la merci des animaux qui les broutent, qu'elles empêchent de labourer dessous, si l'on n'en fait des abatis considérables, outre le cours de l'air qu'elles interrompent, et que nous avons en vue de rétablir. Pour cet effet, il ne faudroit pas laisser fourcher les arbres, à moins de huit pieds (deux mètres soixante centimètres) de tige, et toute branche qui prendroit une direction oblique vers la terre, mériteroit d'être retranchée sans miséricorde. Par-là, l'air auroit près de la moitié plus d'espace, il nourriroit les productions de dessous les pommiers, il fortifieroit leurs branches mêmes qui se soutiendroient incomparablement mieux ; enfin, les animaux n'y pourroient atteindre, et la charrue y passeroit en toute liberté. Si l'on dit que des pommiers plus élevés seroient aussi plus exposés aux coups de vent, je demande à mon tour si le cours de l'air n'est pas, au contraire, d'autant moins dangereux, qu'il est plus libre ? Car le vent ne fait jamais tant de ravages que dans les passages étroits et couverts, où l'air croupissoit sans mouvement et sans ressort. D'un autre côté, jamais on ne voit tant de pommiers abattus dans les ceintures et les rangs simples, les plus exposés à l'ouragan, que dans les pièces plantées en plein, sur lesquelles la tempête sembloit avoir bien moins de prise.

C'est grand dommage que les poiriers ne produisent pas une boisson qui soit autant de garde, ni aussi saine que le cidre. A cela près, ils ont de grands avantages sur les pommiers ; car ce sont de grands arbres, d'une forme agréable, soutenant bien leurs branches, et bien moins nuisibles aux récoltes, par la liberté qu'ils laissent au mouvement de l'air. Du moins, dans les cantons où le cidre ne viendroit pas, ils pourront y suppléer : ajoutez qu'ils donnent une eau-de-vie fort supérieure à celle qu'on tire des pommes. Au reste, leur culture est la même que celle des pommiers.

Quand ces derniers sont mis en place, tout le soin qu'ils demandent est de leur aider à former une belle tête, en retranchant toutes les branches qui penchent vers la terre, et tout le bois qui meurt ; de les délivrer, autant qu'il est possible, de la mousse et du gui, autre plante parasite qui s'y attache. Il est d'observation qu'ils viennent plus beaux et plus promptement, dans une terre labourée, que dans un pâturage ; car la charrue leur fait du bien, ainsi qu'à tout autre arbre : ils s'accommodent aussi parfaitement des engrais divers, et même du fumier, quand ils sont grands ; mais il ne faut pas le mettre trop près du tronc, où il ne feroit qu'attirer des insectes et moisir, sans servir à rien. Car ce ne sont pas les grosses racines, mais le fin chevelu qui pompe le suc de la terre et des engrais. Au surplus, il n'y a rien à faire aux pommiers, sinon, dans les années fertiles, où on donnera des appuis aux branches surchargées, pour empêcher qu'elles ne se déchirent, et ces appuis y demeureront jusqu'à la cueillette des fruits.

Seconde Question : Quelle est la meilleure méthode de tirer parti de la récolte des Pommiers ?

On sera sans doute étonné qu'il faille ici mettre pour premier article de l'exploitation des pommes, de ne les cueillir que quand elles sont mûres. Rien n'est cependant plus commun que d'y manquer. Tantôt on ne juge pas à propos de se mettre à plusieurs reprises à cueillir le produit d'une pièce de terre, sur-tout si ce produit est peu considérable, ou que la pièce soit éloignée. D'autres fois on veut la vider promptement des pommes qui y sont, afin que les bestiaux profitent de l'herbe qui croît sous les pommiers. Enfin, comme chacun des travaux de la campagne occupe une saison particulière, pendant laquelle on ne songe qu'à cela, quand une fois les pommes tendres sont commencées à cueillir, on fait aller les moyennes tout de suite, et puis les dures, quoiqu'elles demandassent quelqu'intervalle pour mûrir : mais on ne croit pas que cela vaille la peine de s'arrêter pour prendre un autre ouvrage, d'autant plus qu'on se hâte de finir la cueillette des pommes avant que le froid de la fin de l'automne la rende trop pénible.

Par cette manière, néanmoins, on se prive de plusieurs avantages et l'on s'expose à des mouvemens considérables. D'un côté, ce suc si fin, que les fruits reçoivent immédiatement avant la maturité, est autant de perdu, et le cidre appauvri d'autant : la queue du fruit, endurcie par le temps, cesse enfin de porter de nouvelle nourriture, et se détache d'elle-même de l'arbre, en sorte que la moindre secousse suffit pour le faire tomber ; au lieu qu'en prévenant la matu-

rité des pommes, elles ne rendent au pressoir qu'un jus extrêmement aqueux et privé de cette portion la plus parfaite de la sève, que la maturité devoit y apporter, en même-temps que la transpiration auroit évaporé cette abondance d'eau crue et insipide. Et, de plus, comme le fruit, dans l'état où on le cueille, tient encore fortement à l'arbre, on est contraint de l'abattre à coups de perches, qui déchirent les branches et ruinent une partie de l'espérance de l'année suivante.

On ne peut donc trop recommander, pour la perfection du cidre et la conservation des pommiers, d'attendre, pour cueillir les pommes, qu'elles soient en pleine maturité, en sorte qu'il ne faille que secouer les branches pour les abattre. Et il ne faut pas se laisser tromper ni les croire mûres, sur-tout les pommes tendres, sur ce qu'il y en a beaucoup qui tombent d'elles-mêmes, tandis que les autres sont encore fort adhérentes à l'arbre : car ces pommes, qui tombent avant le temps, sont ordinairement piquées des vers ; et comme tous les fruits vermoulus mûrissent bien plutôt que les autres, il est bon de les cueillir d'abord et avant qu'elles pourrissent sur terre ; mais il faut différer pour celles qui sont saines, jusqu'à ce qu'à leur tour elles se détachent aisément de l'arbre.

Il faut choisir, pour cueillir les pommes, le temps où elles ne sont mouillées ni par la rosée ni par la pluie. Toute humidité qui s'y attacheroit, ne feroit qu'appauvrir le cidre. Et, par la même raison, quand les fruits sont cueillis, il faut les mettre à couvert, et non pas en monceaux dans les champs, comme quelques-uns le pratiquent. Il y a encore d'autres raisons de désapprouver cette méthode : en premier lieu, les pommes ainsi ramassées en plein air, sont exposées aux pluies et à l'humidité, qui les font pourrir plus vite ; de plus, elles se ressentent souvent aussi de la gelée, qui altère, tout-à-la-fois, le tissu de leurs fibres et les sucs qu'elles contiennent, puisqu'il est d'expérience qu'un fruit se trouve entièrement changé par la gelée ; enfin, les pommes ne peuvent pas, en cet état, comme quand elles sont à couvert, se délivrer d'une partie de leur humidité superflue, ce qu'on appelle ordinairement les faire suer.

Quand les pommes ont mûri parfaitement à l'arbre, elles ont perdu toute leur verdeur et leur crudité, et ont acquis une odeur suave et moëlleuse. Mais quand elles sont abattues avant d'être mûres, elles n'ont point encore cette odeur, et sont pleines d'un suc vert et aqueux. Il est nécessaire, dans ce cas, de les laisser suer, c'est-à-dire, déposer la partie la plus crue de ce mauvais suc, laquelle, en sortant, les couvre d'une sueur visqueuse; et alors, les pommes acquièrent la même odeur que celles qui sont mûries à l'arbre. A la vérité, cette maturité artificielle ne vaut pas celle que le soleil procure; car elle ne fait que dépouiller les fruits d'une humidité nuisible, au lieu que la maturité naturelle non seulement les délivre de cette humidité, mais encore leur fait passer un suc d'autant plus moëlleux et plus fin, que les canaux, en se durcissant, se rétrécissent davantage. Mais enfin, quand on a manqué la vraie maturité, l'artificielle offre une ressource d'une utilité très-considérable; et les gens entendus se donnent bien de garde de mettre leurs pommes au pressoir sans qu'elles aient acquis cette odeur, qui est le signe distinctif de la maturité; seulement en mettant suer les pommes, il faut éviter soigneusement de mélanger ensemble des espèces inégalement mûres; car celles qui approcheroient davantage de la maturité seroient pourries avant que les vertes fussent bonnes à prendre, et elles ne seroient plus propres qu'à gâter le cidre, par le mauvais goût et la privation totale d'esprit de leurs sucs.

Quand les pommes, soit à l'arbre, soit en monceau, ont acquis cette odeur qui annonce qu'elles sont bonnes à piler, on les écrase, soit dans une auge avec des pilons de bois, soit dans un moulin. La première façon est très-longue, et l'ouvrage s'y fait très-inégalement, outre qu'on y perd beaucoup de pommes; aussi n'est-elle point pratiquée, sinon par quelques pauvres gens qui sont hors d'état de se servir d'autre moyen. L'usage du moulin est infiniment préférable, soit de celui où les pommes, placées dans une auge circulaire, sont écrasées par une ou deux meules qu'un cheval fait tourner, soit de celui où deux cylindres dentés broyent les pommes qui passent entre deux, en tombant d'une trémie. Mais auquel des deux moulins donner la préférence? Les cylindres, comme on les approche ou écarte à volonté, font l'ouvrage d'une égalité parfaite et écrasent les pommes plus soigneusement; en sorte qu'ils paroissent plus propres aux expériences qu'on voudra faire, et que, comme il y a sans doute un degré de division préférable à tous les autres, pour avoir de meilleur cidre et en plus grande quantité, ce degré une fois découvert, rien ne seroit plus aisé que d'y ajuster un cylindre; d'un autre côté, le moulin circulaire a l'avantage d'être plus expéditif; cependant on sait, par expérience, qu'avec les cylindres, un homme seul peut moudre, en un jour, assez de pommes pour cinq à six cent pots de cidre; il s'ensuit que deux semblables moulins broyent tout au moins aussi vite que le moulin circulaire, et cela avec deux avantages assez considérables: 1o le premier, de n'avoir pas besoin de chevaux; et le second, de pouvoir être logé dans beaucoup moins d'espace. Il y a encore une grande différence entre ces deux moulins, je ne sais auquel des deux elle est plus avantageuse: c'est que les cylindres n'écrasent pas les pepins, au lieu que l'autre moulin les écrase. Or, les pepins écrasés, selon les uns, amaigrissent le cidre, et selon d'autres, en relèvent le goût; c'est à l'expérience à décider.

Du moulin on transporte les pommes écrasées sous le pressoir, où on les arrange en motte carrée, lit par lit, avec de la paille longue qui est destinée à lier et à soutenir le tout ensemble; mais comme l'arrangement de cette paille longue emporte avec lui de l'incommodité et du temps, il vaudroit beaucoup mieux, comme font les Anglois, faire usage de toiles de crin, dont le service est plus prompt, et dont la dépense se fait une fois pour toujours.

Mais, avant d'arranger ainsi les pommes, il ne seroit point mal de les laisser, pendant quelque temps, dans une auge, ou dans une cuve, à une petite hauteur, en les remuant souvent, pour éviter toute fermentation. Tout le monde sait que les pommes à cidre, presqu'au moment où on les écrase, prennent, au contact de l'air, une couleur de jaune rouge, qui devient de plus en plus foncée, et qui se communique au suc qui en découle. Si donc on laissoit cuver ainsi les pommes durant un jour ou deux, le cidre en seroit infailliblement plus coloré; mais il faudroit empêcher absolument toute ombre de fermentation, en tenant les pommes à une petite hauteur, et en les remuant très-souvent; ce qui, en outre, augmente et renouvelle le contact de l'air, auquel on est redevable principalement de cette couleur foncée que l'on cherche.

Nous connoissons deux sortes de pressoirs; le grand, qui est un levier du second genre, dans lequel la force motrice agit par le secours d'une vis; et le petit, où la vis s'abaisse d'un écrou immobile, et appuie sur le milieu de la motte dont on veut exprimer le cidre. Le grand, sans doute, est préférable, puisqu'il peut presser, à-la-fois, une plus grande quantité de pommes : néanmoins, le petit, comme moins dispendieux, a aussi son mérite. Mais, dans l'un comme dans l'autre, il y auroit bien du travail à épargner, si les pas des vis, au lieu d'être creusés en tâtonnant, et à coups de hache, moyennant quoi il est impossible qu'ils soient égaux et polis, étoient formés par un instrument fait exprès, qui les vidât d'un bout à l'autre, avec promptitude, et d'un mouvement continu; ce qui les rend exactement égaux entre eux, et d'un poli auquel il n'est pas possible d'atteindre autrement. Aussi, un seul homme, avec une telle vis, a-t-il autant de force que deux ou trois, avec les vis taillées à l'ordinaire.

Après que le cidre est exprimé des pommes et nettoyé grossièrement, en le passant par un tamis de crin, les uns le mettent dans des tonneaux ou dans des vaisseaux encore plus grands; ils laissent la bonde ouverte, afin qu'il y fermente, pour le soutirer quelques semaines après, lorsqu'il aura déposé toute sa lie; d'autres le laissent trois jours en fermentation dans de grandes cuves, après quoi ils l'entonnent pour ne le plus soutirer. Quoique ces deux méthodes aient chacune leurs partisans, je ne crois pas qu'il faille balancer à choisir la première; car le cidre qu'on met fermenter dans les tonneaux, n'ayant que peu de communication avec l'air, la fermentation est douce et tranquille; toute la lie, même la plus légère, a le temps de se séparer du cidre, au lieu que dans les cuves où tout se fait en trois jours, ce n'est que tumulte et que trouble; il n'y a que la lie la plus grossière qui se sépare du cidre, celle qui est plus fine y demeure suspendue par l'agitation du mouvement et faute du temps nécessaire pour s'en dégager; en sorte qu'elle entre dans le tonneau, et y fait un sédiment qui n'est propre qu'à altérer la couleur du cidre et sa qualité; car, c'est une remarque constante, que les changemens qui arrivent aux liqueurs spiritueuses, commencent toujours par la lie. C'est pourquoi, il faut désapprouver bien davantage ceux qui, au sortir du pressoir, mettent sur-le-champ leur cidre dans les tonneaux où il doit demeurer, et le laissent ainsi sur la lie sans y toucher aucunement. Pour peu qu'il y ait de communication avec l'air, cette lie, à chaque changement de temps, excite une nouvelle fermentation, qui rend, à la vérité, pour un temps, le cidre plus fumeux et plus abondant en esprit; mais qui ne tarde pas à le faire tourner à l'aigre.

Une autre raison pour laquelle la fermentation dans les tonneaux est préférable à celle qui se fait dans de grandes cuves, c'est que, pendant la fermentation, il s'élève de temps en temps, au travers de la croûte qui couvre alors le cidre, des vapeurs qui sont autant d'esprit que la liqueur perd. Or, cette perte de partie spiritueuse est d'autant plus grande, qu'il y a au vaisseau une plus grande ouverture; d'où il s'ensuit qu'il s'en dissipe incomparablement davantage dans toute l'étendue de la cuve, que dans les trois doigts d'ouverture que présente la bonde.

Quelques semaines après que le cidre a été mis fermenter dans les tonneaux, on le transvase en le tirant au clair, et on bonde exactement les futailles où on le met; mais il faut pour cela que la fermentation soit complète et achevée, et que toute la lie soit séparée du cidre, en sorte qu'il paroisse clair et brillant. S'il y avoit des cidres assez grossiers pour ne pouvoir s'éclaircir par la fermentation ordinaire, on pourroit les laisser fermenter plus long-temps, et même aider leur fermentation, en y introduisant de la levure, c'est-à-dire du cidre sortant du pressoir; car il n'y a point de meilleur ferment pour le cidre que celui-là; en sorte que, si l'on en versoit de temps en temps un broc dans une futaille, on la feroit fermenter autant de temps qu'on voudroit.

Mais dès qu'une fois le cidre est clarifié, il faut bien se garder de le laisser aller plus avant; car de lui-même, et sans levure, il ne tarderoit pas à passer, de la fermentation spiritueuse qui le rend potable, à la fermentation acide qui le tourneroit en vinaigre. Il faut donc l'arrêter à cette première fermentation, sans permettre qu'il en fasse davantage. Voilà pourquoi on doit l'ôter de dessus sa lie, qui est un principe toujours subsistant de fermentation nouvelle; c'est pour cela encore qu'il faut boucher le plus exactement qu'il est possible le tonneau dans lequel on le transvase, afin que le défaut de commerce avec l'air supprime toute fermentation, qui ne se peut faire sans cela. Encore, malgré toutes les précautions qu'on doit prendre, comme il n'est pas possible d'arrêter parfaitement, dans les tonneaux, toute communication de l'air, la fermentation continuera toujours par degrés; mais d'autant plus lentement, que le vaisseau sera plus soigneusement bouché. Et comme la première fermentation n'étoit pas parfaite, puisqu'elle n'avoit pu rendre encore le cidre potable, cette seconde fermentation sourde qu'il éprouve dans les tonneaux bouchés, ne fait que le perfectionner de plus en plus, jusqu'à ce qu'il soit dans sa bonté, après quoi il ne faut pas tarder à le boire; car, où la fermentation spiritueuse finit, immédiatement l'acide commence.

Dans les bouteilles, où le cidre a beaucoup moins de communication avec l'air que dans les tonneaux, la fermentation est presque absolument supprimée; aussi conserve-t-il la plus grande partie de sa verdeur et du goût doux et piquant qu'il a lorsqu'on le met en bouteilles. Cependant les changemens qui lui arrivent d'ailleurs, les bouteilles qui se cassent souvent, et sur-tout la quantité d'esprit qu'il y acquiert, prouvent qu'il conserve encore un mouvement intestin assez considérable, et ce mouvement n'attend qu'un plus grand contact de l'air pour partir avec explosion, et faire souvent sauter au plancher le cidre à l'instant où on le débouche.

Outre les bouteilles, dont le cidre ne passe pas pour être sain, il y a encore d'autres moyens de retarder la fermentation dans les tonneaux mêmes : c'est d'y brûler du soufre; car sa vapeur a la propriété de suspendre la fermentation des liqueurs spiritueuses, sans leur donner aucun mauvais goût; mais comme cette vapeur est fort volatile, la liqueur redevient bientôt en état de fermenter, à moins que de temps en temps on ne brûle de nouveau soufre.

(Ici l'auteur indique la manière de soufrer les tonneaux, telle que je l'ai rapportée, page 409, et les moyens déjà indiqués de leur faire perdre le mauvais goût qu'ils peuvent avoir contracté, et qu'ils communiquent si facilement au cidre; il ajoute :) Il y en a beaucoup sur lesquels les remèdes demeurent sans effet; c'est quand le principe de la mauvaise odeur a pénétré trop avant dans le bois; mais il y en a d'autres qui cèdent assez facilement. Quelquefois il suffit de remplir le tonneau de pommes entières, qu'on y laisse le plus long-temps qu'on peut sans qu'elles pourrissent. Mais le remède le plus violent dont j'aie entendu parler, est celui de la chaux. On enferme cinquante à soixante livres (trois myriagrammes) de chaux vive dans le tonneau, l'on verse ensuite par la bonde de l'eau en quantité suffisante pour l'éteindre, et l'on bouche aussitôt l'ouverture. On dit qu'il se fait dedans une effervescence si considérable, qu'il y a des vapeurs qui pénètrent tout à travers des pores du bois. Certainement si cela est ainsi, et que la chaux elle-même n'endommage point le cidre, il n'y a guère de mauvais goût qui ne doive céder à sa violence; mais je ne connois aucune expérience qui en ait été faite.

Les tonneaux une fois choisis, et le cidre dedans, il n'y a plus à y toucher, à moins qu'on n'ait occasion de le transvaser ou de le voiturer ailleurs. En général, il n'y a que les cidres forts et moelleux qui soient en état de soutenir, jusqu'à un certain point et sans aucun inconvénient, la voiture ou le soutirement répété;

en un mot, tout ce qui est capable de battre le cidre et de lui enlever ses esprits. Les cidres foibles y perdent toujours; c'est ce que l'expérience prouve à l'égard de certains cantons où le cidre ne laisse pas d'être assez spiritueux; mais comme on le soutire plusieurs fois, parce qu'on a remarqué que cela lui donne de la couleur, cette espèce de cidre se tue, devient plat et vapide; et la couleur que ces soutiremens multipliés lui procurent, a toujours un œil louche, et noircit au sortir du tonneau. Cependant, s'il est besoin de transvaser ou de voiturer du cidre foible, il faudra employer les précautions les plus propres à l'empêcher de se battre excessivement; et ces précautions ne doivent pas être négligées, quand c'est du cidre fort qu'on transporte, ou qu'on soutire: elles consistent sur-tout, lorsqu'on transvase, à ne point faire passer le cidre dans un trop grand nombre de vases successivement, mais plutôt, s'il étoit possible, à le conduire d'un tonneau dans l'autre, immédiatement, par le moyen d'un simple tuyau, et lorsque l'on voiture, à tenir toujours le tonneau exactement plein.

Ce seroit ici le lieu de parler des différentes qualités du cidre et des pommes qui le produisent; mais il est si difficile d'entrer dans aucun détail et de se faire entendre, à cause de la variété prodigieuse des terroirs, des années, et sur-tout des espèces de pommes qui sont connues, en différens lieux, sous mille noms différens, que je ne pourrai m'expliquer là-dessus qu'en général.

De toutes les pommes, il n'y en a de propres à fournir de bon cidre, que celles qui sont douces ou amères, sur-tout si la douceur ou l'amertume ne sont pas bien décidées; c'est-à-dire, si le doux est mêlé d'un peu d'amertume, et l'amer d'un peu de douceur. Pour les pommes sures, elles ne rendent qu'un jus sans couleur, maigre et sans *onction*; en sorte qu'on ne doit les faire entrer dans la composition du cidre, qu'à la faveur des autres espèces, et en les mêlant en petite proportion avec elles; ou plutôt le meilleur seroit de s'en défaire et de ne s'en point servir pour le cidre; et comme ce caractère est celui de presque tout ce qu'il vient de pommes sauvages dans les bois et sur

les fossés, aussi est-il bien rare que ces sortes de fruits puissent être employés au cidre.

Voilà ce qui reste du mémoire qui avoit concouru pour le prix proposé à Caen.

Je passe à l'Académie de Rouen.

L'Académie des sciences, belles-lettres et arts de Rouen, mit au concours, en 1784, une question plus détaillée sur le même sujet. Voici la question, ou plutôt le programme:

« Quelle est la méthode la plus facile pour faire du cidre et du poiré de la meilleure qualité? On observe, 1°. que ces boissons n'étant que le suc des pommes et des poires, rendu spiritueux par la fermentation, la force et la générosité en constituent la qualité essentielle; 2°. que toute addition de substances hétérogènes altérant nécessairement ces liqueurs bienfaisantes, quand elles sont naturelles, leur pureté est encore une condition à demander; 3°. que l'agrément dans leur saveur est trop avantageux, pour ne point exiger que cette qualité s'y trouve réunie; 4°. que la limpidité, qui suppose la dépuration et la séparation de toutes les parties étrangères insolubles, est une condition non moins essentielle que les précédentes; 5°. que toutes ces qualités dépendant du choix des pommes ou des poires employées, de leur degré de maturité, du brassage, de la conduite de la fermentation, l'on exige sur l'ensemble des instructions justifiées par la pratique, applicables aux exploitations en grand, également à la portée de la sagacité des cultivateurs et des facultés du peuple, pour lequel ces boissons sont de première nécessité. »

Ce prix fut accordé à MM. *Morise* et *de Villiers de Saint-Dizier*. Il est très-étonnant que ces discours académiques ne soient aucunement connus. Je n'ai pu me les procurer; cependant, l'article suivant va prouver combien leur lecture auroit pu être utile, hors de la contrée pour laquelle ils avoient été composés.

Je me suis adressé au C. *Beugnot*, préfet du département de la Seine-Inférieure, pour savoir si l'on pourroit trouver à Rouen les discours de MM. *Morise* et *de Villiers*. Il m'a répondu que toutes ses recherches ont été infructueuses. On croit même, malgré l'annonce ci-dessus (que j'ai tirée du *Recueil des Couronnes académiques*, par le C. *Delandine*), qu'il n'y eut, en 1786, ni concours ouvert pour une question détaillée sur le cidre, ni prix décerné : seulement on a reconnu, par le tableau des opérations de l'Académie, pendant la même année, qu'il a été fait par plusieurs de ses membres, des examens et des opérations chimiques, relativement à une falsification de cidre, dans lesquels on reconnut la présence du vert-de-gris.

J'aurai occasion de parler plus bas de ces falsifications du cidre, et des rapports qu'elles ont occasionnés. Je donnerai aussi un article séparé des travaux de la Société d'agriculture de Rouen, relativement au cidre.

12°. *Thierriat.*

Le vœu qu'avoit formé le célèbre *Paulmier*, que les arbres à cidre franchissent les limites de la ci-devant Normandie, pour s'établir ailleurs, ce vœu philantropique et vraiment respectable, a été rempli de nos jours dans la ci-devant Picardie. Nous avons une trace de cette transmigration, dans un livre imprimé à Paris en 1760.

Feu M. *Thierriat*, procureur du roi à l'hôtel-de-ville de Chauny, étoit, à ce qu'il dit, d'un pays fort ingrat. Une terre froide et argileuse, souvent submergée pendant l'hiver, toujours, l'été, dévorée par la sécheresse, se refusoit à tout. Le pommier seul triompha de sa mauvaise qualité. Un militaire, que ses emplois obligeoient de parcourir différentes provinces, avoit étudié les propriétés de chaque pays; il remarqua qu'en Normandie, dans des terreins à-peu-près semblables à ceux du voisinage de Chauny, les pommiers réussissoient au mieux. Il en fit planter, qui fructifièrent au-delà de ses espérances. Il eut bientôt des imitateurs. De-là, l'origine d'une industrie, qui non seulement donne aux yeux le riant spectacle de vastes campagnes agréablement plantées, mais encore qui produit l'abondance dans des terres dont on ne tiroit presque rien. Pour encourager cette industrie, à laquelle sont attachés tant d'avantages, *Thierriat* donna, en 1760, ses *Observations sur la culture des arbres à haute tige, particulièrement des pommiers*. Il entre dans de grands détails sur leur plantation, et sur la manière de faire le cidre. Il conclut son ouvrage, en obser-

vant que la vraie pierre philosophale consiste dans les différens moyens que les hommes peuvent mettre en usage pour faire fructifier les terres, et tirer parti des mauvaises comme des bonnes. La plupart des hommes, dit-il, ont la fureur de faire tous les jours de nouvelles acquisitions; ils croient ne pouvoir augmenter leurs revenus que par cette seule voie. Celle de bonifier les mauvaises terres est beaucoup plus sûre et plus avantageuse; car, avec moins de dix mille livres de dépense, pour améliorer un mauvais fonds, on peut souvent se procurer une augmentation de deux ou trois mille livres de rente; au lieu que, pour acquérir un bien de pareille valeur, il faut débourser cinquante ou soixante mille livres, et quelquefois davantage. Cet auteur auroit donc voulu qu'avant de penser à faire de nouvelles acquisitions, chacun se fît une loi de bonifier et mettre en valeur les mauvais terreins qu'il possède. La plantation des pommiers, ou celle des poiriers, en est un des plus sûrs moyens.

Pourquoi donc ce moyen, essayé si heureusement, et si bien détaillé dans le livre de *Thierriat*, n'a-t-il pas été adopté plus généralement? Il y en a plusieurs raisons; 1°. mais la plus évidente, est que l'essor de la culture et les progrès de l'industrie ont été long-temps comprimés par un esprit fiscal, tyrannique et mal entendu. La fabrication du cidre et du poiré avoit été assujettie à toutes les vexations qu'on appeloit droits d'aides, de gros, de détails, de devoirs, de trop bu, et tant d'autres, imposés sur les vins. L'époque où l'on a commencé à fabriquer des cidres, est marquée, dans chaque province, par des ordonnances bursales; savoir, par des lettres-patentes de 1745, dans les généralités de Soissons et Châlons; par d'autres, de 1772, dans la généralité d'Amiens, etc. Quand le génie de la finance est ainsi sur la piste de toute tentative d'agriculture et de commerce, pour en faire une proie, il n'est pas étonnant qu'on ne soit plus tenté de faire de telles épreuves. Comment l'agriculture auroit-elle pu prospérer? La dîme, d'un côté, empêchoit l'établissement des prairies artificielles; de l'autre, les gabelles empêchoient de donner du sel aux bestiaux. Les aides, à leur tour, ne souffroient pas qu'un homme pût boire le vin ou le cidre qu'il avoit fait venir, etc.

La révolution, qui a balayé tant d'abus, nous a tellement éloignés de ce régime vexateur, la trace en a été si complètement effacée, qu'à peine en a-t-on aujourd'hui quelques idées confuses. On est surpris et effrayé, quand, par hasard, on jette l'œil sur l'ancien code des aides. Il y a cependant quelques articles curieux. Par exemple, suivant l'article II du titre des droits sur le cidre et le poiré, de l'ordonnance de 1680, les fruits servant à faire ces boissons, étoient sujets, à leur entrée dans Paris, aux mêmes droits que le cidre et le poiré même, dans la proportion de trois parties de fruits pour une partie de boisson.

Dans la régie des droits de gros, on fixoit les déductions à faire sur ces boissons, au double des quantités accordées en vin, pour la consommation personnelle des vignerons et laboureurs, c'est-à-dire, à six muids (douze hectolitres) de préciput pour les uns et pour les autres; et, en outre, six autres muids (douze hectolitres) aux laboureurs, pour chaque charrue qu'ils exploitoient. Ces déductions, pour la boisson, étoient fondées sur ce que, dans l'usage ordinaire, deux muids (quatre hectolitres) de cidre, ou de poiré, se consomment dans le même temps qu'un muid (deux hectolitres) de vin. Cependant, dans l'élection de Montfort-l'Amaury, on accordoit aux laboureurs douze muids (vingt-quatre hectolitres) de cidre, ou de poiré, au lieu de six (douze).

Un jour, on aura peine à croire, si les livres ne l'attestoient, que ces bisarreries et ces vexations ont été des lois de la France.

2°. Indépendamment de ces gênes et de ces entraves fiscales, la formation des vergers éprouve encore des obstacles, par le défaut de pépinières, qui fournissent du plant; par le manque d'instructions sur la méthode à suivre pour en tirer parti; enfin, par l'inconvénient des terribles droits de parcours et de vaine pâture, qui ne permettent pas de planter dans les champs ouverts. Nous verrons, ci-après, comment on peut remédier à ces divers obstacles, si l'on veut sérieusement porter, dans toutes les campagnes, une amélioration aussi désirable que celle dont *Thierriat* n'est pas le seul qui ait formé le vœu, et démontré l'utilité.

13°. *Hall.*

Hall, auteur du *Gentilhomme Cultivateur*, dont la traduction françoise a paru en 1764, a consacré au cidre quelques chapitres de son livre. Il commence par observer qu'il n'est point de ferme où l'on ne dût avoir un verger, et où l'on ne dût faire du cidre. Cette boisson est bienfaisante, nourrissante, rafraîchissante. *Hall* dit avoir éprouvé par lui-même une méthode peu connue, pour fabriquer du cidre préférable à beaucoup de vins. Cette méthode, dont il semble qu'il veuille faire un secret, est probablement celle qui a été préconisée dans plusieurs journaux d'Angleterre, « pour faire » du cidre royal, ou rendre le cidre ordinaire, » aussi bon, aussi fort, et même meilleur que » du vin de France. » (*Journal économique*, Juillet 1753, page 168; Décembre, 1758, page 540.) Tout le secret consiste à distiller du cidre, et à mixtionner cet esprit, ou cette eau-de-vie, avec le cidre simple. Il est vrai que, par ce moyen, de deux tonneaux on n'en fait qu'un; mais ce cidre est fortifié au point d'acquérir des vertus dont les journaux anglois font un détail exagéré. Ils avancent, par exemple, qu'un verre de cidre royal rafiné, pris une demi-heure avant le repas, donne de l'appétit; qu'un verre bu après le repas, facilite la digestion; qu'à l'égard des effets qu'il produit sur la tête, quand on en boit trop-à-la-fois, ils sont moins fâcheux que ceux de la bière, de l'aile, et des vins de Canarie; car, loin d'accabler l'estomac, et de porter au cerveau des vapeurs épaisses et sombres, « un » homme pourroit fort bien s'enivrer deux fois » par jour, de cette liqueur, sans altérer sa » santé, parce que cette liqueur est éminem-» ment diurétique. »

Les Anglois indiquent aussi le mélange du sucre, ou d'un syrop de sucre, de blancs d'œufs et de coriandre, avec le cidre domestique. *Dwyn*, dont j'ai parlé plus haut, mettoit également, dans son royal syrop de pommes, du sucre et du kermès. L'esprit du cidre et le syrop, joints au cidre ordinaire, composent, suivant les Anglois, une liqueur très-approchante du vin de Portugal.

On a fait, sur le jus des pommes, une autre expérience. On a mêlé également du miel blanc et du jus de pommes; on a fait cuire ce mélange jusqu'à ce qu'il fût épaissi: la liqueur refroidie, versée dans un vase de grès, et mise en fermentation, a donné, au bout de six mois, une boisson vineuse, imitant le vin de Madère (*Gazette d'agriculture*, du 2 Novembre 1781).

Mais toutes ces recettes, vantées par les Anglois, sont du ratafiat de pommes, bien plutôt que du cidre. D'ailleurs, elles veulent du feu et des manipulations, qui les rendent coûteuses. Dans un pays où l'on auroit du combustible à volonté, avec des fruits en abondance, on pourroit faire beaucoup mieux; on pourroit essayer la réduction du syrop de pommes et de poires, à la consistance du sucre. Il y a bien des choses à observer dans la manière de cuire, d'écumer, de filtrer ce syrop de fruits. J'ai fait faire plusieurs essais, qui m'ont prouvé que la cuisson ne doit pas avoir lieu dans des vaisseaux de cuivre, ni sur-tout dans le fer, car le fer donne un goût de rouille extrêmement désagréable; mais on peut l'éviter avec quelques précautions. Des services que la chimie pourroit rendre à l'agriculture, celui-là sûrement ne seroit pas le moindre, si elle vouloit nous apprendre à convertir en sucre les récoltes surabondantes de pommes et de poires. On ne pourroit y employer que les premières portions du suc qui coule de la presse. Les dernières sont trop chargées du parenchyme et de la pulpe de ces fruits; mais celles-ci pourroient encore se convertir en cidre. J'ai lieu de présumer que le sucre de pommes, et sur-tout de certaines poires, seroit plus facile à faire et moins cher que le sucre de bettes-raves. D'ailleurs, on pourroit mélanger, avec le suc des fruits, celui des racines sucrées. Dans le duché de Mecklenbourg, on fait un syrop de carottes, qui se garde jusqu'à six ans, et qui s'allieroit à merveille avec le jus des pommes. Mais toutes ces combinaisons ne sont bonnes, je le répète, que lorsqu'on a du bois ou du charbon à très-bas prix, ce qui est aujourd'hui bien rare.

Cherchons donc simplement à perfectionner la fabrication vulgaire des cidres et poirés, qui n'exigent point ces dépenses, puisque leur fermentation est l'ouvrage de la nature. *Hall* donne, à ce sujet, quelques conseils utiles.

Il déplore l'usage de planter les pommiers trop près les uns des autres. Si, dans les vergers d'Angleterre, il y avoit la moitié moins d'arbres, il y auroit beaucoup plus de fruits. Tout le monde tend à la quantité, et perd de vue la qualité. C'est une erreur: une grosse pomme, bien parfaite, vaut plus que deux pommes qui se sont affamées réciproquement. Il veut donc que, dans un verger, les arbres soient disposés par rangs réguliers; qu'il y ait, d'un rang à l'autre, quinze toises courantes (trente mètres), et entre chaque arbre du même rang, six toises (douze mètres) ou environ de distance. L'expérience prouve qu'un verger planté suivant cette méthode, donne autant de fruit que dans la méthode ordinaire, et qu'on en retire de plus autant de blé qu'en donnent les terreins non plantés.

Hall blâme l'usage de gauler les pommiers pour en faire tomber le fruit. Cet usage fait tort aux arbres, et altère le cidre. Il veut qu'on ramasse les pommes tombées, deux fois la semaine; qu'on les mette en tas au midi, sur un terrein en pente, sous un couvert de chaume; qu'on évite de les enfermer. Quand on fait beaucoup de cidre à-la-fois, il est bon d'avoir un vaisseau assez grand pour contenir le tout ensemble. On ne sauroit trop veiller au cidre et le soutirer trop souvent, pour prévenir les *retours* de fermentation auxquels il est sujet. *Hall* passoit son cidre dans des sacs de flanelle, contenant chacun dix ou douze pintes (environ douze litres) de liqueur. Il insiste pour qu'on le soutire, chaque fois que l'on voit quelque peu de lie surnager. Rien ne demande tant de propreté, que le pressoir et la cave, parce que rien n'altère plus les substances spiritueuses que les mauvaises odeurs.

Hall demeuroit dans le comté de Cornouailles; il paroît avoir pris beaucoup de soin du cidre. Il en envoyoit aux Indes orientales. Il s'appuie, d'ailleurs, sur l'opinion de deux médecins anglois, *Floyer* et *Baynard*, qui regardent le cidre de bonne qualité comme un spécifique contre l'asthme, contre les maladies du poumon, et principalement contre le scorbut.

14°. *Chambray*.

L'*Art de cultiver les pommiers, les poiriers, et de faire les cidres selon l'usage de la Normandie, par M. le marquis* de Chambray, publié à Paris en 1765 (in-12, de 66 pages), est l'ouvrage le plus complet que nous ayons en France sur cette partie. Il a été copié depuis dans tous les recueils agronomiques. *Rozier* avoue qu'il lui est redevable d'une partie de son article *cidre*, et qu'il a tiré l'autre partie d'un mémoire de *Dambourney*, secrétaire perpétuel de la Société d'agriculture de Rouen.

Le mémoire de *Chambray*, annoncé par l'auteur, avec beaucoup de modestie, dans une courte préface, consiste dans une introduction de quatre pages et huit chapitres. Nous allons en extraire seulement quelques traits principaux.

Suivant son introduction, l'usage du cidre a passé d'Afrique en Espagne, et d'Espagne en Normandie. Les premières pommes que les Normands recueillirent, furent appelées *pommes de biscaïd*, parce que les greffes avoient été apportées de la Biscaye. C'est un nom que les pommes conservent encore.

Le chapitre Ier. traite de *la pépinière*. Il y a des cantons, comme le pays de Bray, celui de Caux, et plusieurs autres, dont les habitans se font un revenu considérable des pepins qu'ils sèment. Au bout de deux ans, ils ont deux pieds (soixante-six centimètres) de haut; à six ans, on leur coupe la tête, à six ou sept pieds (un peu plus de deux mètres) de hauteur, selon la disposition naturelle de l'arbre. Il y a beaucoup de cantons où l'usage est de greffer les arbres dans la pépinière : les greffes en sont plus assurées. Mais il observe que les arbres qui sont dans la pépinière, ou qu'on a transportés dans les champs, sans être greffés, rapportent souvent du fruit avant de recevoir la greffe. Si ce fruit est gros, doux, ou amer-doux ; s'il a du jus, une chair blanche ou jaune, s'il n'est point aigre, on doit conserver l'arbre sans le greffer : ce sera une nouvelle espèce de pommes à cidre. Elles ne se sont multipliées à l'infini que de cette manière. Il ne faut semer que des pepins de bonnes pommes à cidre. Les arbres qui en proviennent donnent souvent du fruit d'excellente qualité.

Le chapitre II roule sur la *manière de former les plants, lorsque les arbres sont bons à lever dans la pépinière.*

Les terreins dont le fond n'est qu'une argile dure, ne conviennent point aux plants de pommiers. On a beau faire, l'arbre ne croît plus, dès que ses racines ont atteint la terre argileuse. Il en est de même des terres qui n'ont, sous la superficie friable, que de la craie et du tuf blanc. Il faut aux pommiers une bonne terre franche, facile à remuer, à trois pieds (un mètre) de profondeur ; la terre rouge et humide convient mieux aux poiriers. Il faut toujours avoir un tiers de poiriers sur une ferme, pour fournir aux domestiques et aux journaliers de la boisson, lorsque les pommes manquent. Rarement les pommiers rapportent du fruit trois ans de suite. Quand les pommes manquent, les poires sont ordinairement abondantes.

L'avoine vient pour le moins aussi belle sous les pommiers qu'en plein champ ; mais le blé n'a pas le même avantage, et c'est ce qui doit fixer l'attention du cultivateur. Dans les cantons où la bonne terre est rare, on feroit bien de ne planter que les terres légères ; les arbres défendroient le grain des ardeurs du soleil, et il n'en seroit que meilleur.

On ne peut dire précisément quelle espèce de terrein donnera le meilleur cidre. L'expérience seule peut instruire à cet égard. Les fonds les plus gras de la Normandie, le Cotentin, où est Isigny, le pays d'Auge, donnent des cidres excellens. Les enclos de la commanderie de Saint-Vaubours, près de Rouen, où le terrein est fort mauvais, produisent un cidre admirable, qui a un bouquet unique. Pressigny, dans le Vexin normand, Chambray, sur la rivière d'Iton, si renommés pour l'agrément de leurs cidres, n'ont qu'un terrein léger et pierreux.

Les pommiers doivent être placés en champ labouré, à trente-six pieds (à-peu-près douze mètres) de distance en tout sens. Dans les autres terreins qu'on ne cultive pas à la charrue, quinze pieds (cinq mètres) de distance suffiront. Généralement, il faut planter sur la superficie de la terre ; c'est-à-dire, le moins profondément qu'il est possible. Les arbres encaissés languissent, et ne font point de progrès.

Au bout de trois ans, la tête des pommiers plantés se trouve assez considérable pour recevoir les greffes. Cela dépend de la façon dont les racines ont travaillé. Il faut greffer, quand le champ est ensemencé en blé, parce que, dans cette année et la suivante, qui est la sole des avoines, les moutons approchent plus rarement des arbres. Les pommiers se plaisent beaucoup plus dans les terres labourables que dans les enclos en herbage. Ils viennent bien, et rapportent beaucoup dans les cours des métairies, où il y a un grand concours de bestiaux qui répandent des engrais. On conçoit que l'arbre se plaît dans un terrein, lorsque l'écorce en est vive et claire, et qu'il y a peu de mousse autour des branches. Dans tous les pays qui produisent des pommiers de cette nature, on peut établir des plants à cidre avec confiance. *Chambray* avoit vu de très-beaux pommiers dans la Savoie. Il envoya au marquis d'Orméa d'excellentes greffes de Normandie, qui avoient réussi parfaitement. Par ces motifs, il étoit persuadé que beaucoup de pays pourroient se procurer l'usage du cidre, si les cultivateurs vouloient en tenter l'établissement.

Le chapitre III, *de la greffe*, dit qu'elle se fait à la fin d'Avril (commencement de Floréal), ou même un peu plutôt pour les espèces précoces, par un temps doux et sans pluie. On coupe la tête de l'arbre avec la scie, à cinq pieds et demi ou six pieds (deux mètres) de la terre. On greffe en fente, avec beaucoup de soins que l'auteur décrit. Bien des gens ne prennent pas tous ces soins ; aussi ont-ils des arbres de mauvaise mine, tortus, traînans jusqu'à terre, plantés sans aucune symétrie. L'auteur fait ici une réflexion que les bons cultivateurs ne devroient pas perdre de vue : Il n'en coûte pas davantage, dit-il, de donner de la grace aux choses utiles.

Il est très-convenable de ne greffer dans les terres labourables que des espèces de pommiers, dont les branches s'élèvent, et dont la tête a la forme de l'oranger. Les branches traînantes sont incommodes au cultivateur : l'arbre à hautes branches est plus agréable à la vue. Il y a de si bonnes espèces de fruits dans ce genre, qu'il est facile d'avoir des cidres excellens, en ne se servant pas des arbres dont les branches s'inclinent trop vers la terre, et qui sont toujours exposées aux attaques des bestiaux.

Lorsque les greffes meurent, il faut donner le temps à l'arbre de faire une nouvelle tête, pour le couper et le greffer de nouveau ; si ces secondes greffes manquent encore, il faut arracher l'arbre et en replanter un autre (mais voilà bien du temps perdu, et l'on s'épargneroit bien de la peine, en observant de planter des arbres tout greffés, ou ceux qui n'ont pas besoin de l'être).

Le chapitre IV, *des différentes espèces de pommes à cidre*, contient une nomenclature bisarre et peu susceptible d'extrait. L'auteur divise les pommes en trois classes : les précores, qui sont mûres au commencement d'Août (milieu de Thermidor) ; ces fruits sont attendus avec impatience. Le cidre en est léger ; on en boit ordinairement à la foire de Guibray, qui commence le 9 Août (21 Thermidor). Il est convenable de les greffer dans un même canton. La deuxième classe se cueille à la fin de Septembre et au commencement d'Octobre (Vendémiaire). La troisième classe est mûre à la fin d'Octobre (commencement de Brumaire).

Il se forme tous les jours de nouvelles espèces, qui viennent dans les pépinières, et qui sont d'une excellente qualité. Elles multiplieroient bien plus, si on laissoit rapporter tous les jeunes arbres, avant que de leur couper la tête. On fait souvent de grandes injustices dans cette exécution ; on détruit des fruits admirables. La greffe ne devroit donc être qu'un remède pour corriger la mauvaise qualité des arbres qui ne donneroient qu'un fruit petit, aigre, et sans suc.

Le chapitre V, *de la manière de cueillir les pommes*, expose le tort que l'on fait aux arbres, en secouant et gaulant les branches, pour faire tomber le fruit. C'est alors qu'il y a bien du bois de brisé, bien des bourgeons abattus, et que l'arbre souffre. Il est difficile de faire autrement dans les terres labourables ; mais, dans les plants enclos, on laisse mûrir les pommes à l'arbre. La plus grande partie tombe d'elle-même ; après quoi, en secouant les branches, le reste tombe sans effort. Par ce moyen, l'arbre n'est point battu avec les gaules ; le bourgeon, qui doit produire l'année suivante, n'est point détruit ; les arbres rapportent plus souvent et davantage.

La pomme recueillie se conserve parfaitement sous les feuilles dont on la couvre.

Le chapitre VI, *de la façon des cidres*, nous apprend que les trois quarts des Normands ont des cidres troubles et de mauvais goût, par le peu de soin qu'ils donnent à les piler. L'auteur ne donne point les dimensions d'un pressoir, il les suppose assez connues.

Au mois de Mars (Germinal), on met en bouteilles le cidre qu'on destine pour la table des maîtres, en observant de ne le boucher à demeure qu'au bout de quelques jours ; autrement, il casseroit bien des bouteilles. Ce cidre mousse, pique le palais, porte au nez, monte à la tête, et plaît beaucoup ; mais ce ne seroit pas une boisson convenable pour l'ordinaire : elle seroit trop violente.

Pour avoir une boisson agréable et saine, il faut mettre quelques seaux d'eau dans les auges du pressoir, en pilant les pommes. On règle cela, selon le degré de force qu'on veut donner au cidre. Lorsqu'il est ainsi tempéré, il est très-sain ; on le digère bien : on l'appelle la tisane des Normands ; mais ce cidre, mêlé d'eau, ne passe guère l'année, il s'aigrit ; au lieu que du cidre d'un bon cru se conserve mieux et se trouve encore potable au bout de six ou sept ans.

Le chapitre VII, *des petits cidres*, dit qu'il n'est point de boisson plus légère et plus rafraîchissante. Les gros cidres gonflent et nourrissent trop ; mais il faut que le petit cidre soit bien fait. Pour savoir la quantité d'eau qu'il faut mettre sur le marc, pour le repiler, la règle est d'y en mettre autant qu'on en a tiré de gros cidre. C'est-là la boisson des domestiques. Le cidre mitoyen qui se fait pour les maîtres, reçoit une moindre quantité d'eau. Cette boisson nourrit et rafraîchit : les enfans qui en boivent sont frais comme des roses.

Le dernier chapitre, *des poiriers, des poires, et du poiré*, demande, pour le poirier, une terre plus forte que pour le pommier. Le poirier se plaît dans les terres cultivées ; mais il ne craint pas tant que le pommier, celles qui ne le sont pas ; il dure un plus grand nombre d'années. Le poiré sans eau se garde deux ans ; on prétend qu'il est mal sain ; cependant les nourrices en boivent pour se procurer une abondance de lait. Les poirés sans eau se vendent bien dans les pays vignobles, parce que cette liqueur approche plus du vin. Les vinaigriers les achètent pour en faire des vinaigres, qu'ils colorent avec des baies de sureau, et qu'ils font passer pour des vinaigres de vin. Quand on n'a pas des débouchés pour le poiré, on le fait brûler pour en tirer de l'eau-de-vie ; elle est plus limpide et plus vive que celle de pommé.

Il y a beaucoup de choix dans les greffes des poiriers ; car il y a des espèces de poires à cidre bien supérieures en qualité. Voici la courte liste que l'auteur nous en donne : l'*écuyer*, le *jacob*, le *rouillard*, le *gros-mesnil*, le *rouge-vigny*, le *blin*, le *bois-prieur*, le *huchet-gris*, le *huchet-blanc*, le *verd*, etc.

Charles Étienne et *Jean Liébault*, dans leur *Maison rustique* (édition de 1578, page 213), sont d'un avis bien opposé à celui de *Chambray*, relativement au poiré. Ces deux médecins mettent le poiré fort au-dessus du pommé, comme plus sain, plus profitable à l'estomac et au corps. Ils lui attribuent la vertu de dompter le venin des champignons, etc. Ils recommandent, sur-tout pour le poiré, la poire d'*Amiot* ; mais leurs chapitres du *pommé* et du *péré*, comme ils les appellent, sont bien moins satisfaisans que le mémoire de *Chambray*, quoique cet ouvrage instructif laisse beaucoup à désirer. On n'y trouve point, par exemple, l'évaluation, même par apperçu, de la récolte des pommiers. L'*Encyclopédie*, qui en parle, se borne à dire, en gros, qu'il faut communément trente-six boisseaux, ou six mines (à-peu-près trois hectolitres) de pommes, pour faire un muid de cent soixante-huit pots de cidre (*Encyclopédie*, tome III, in-folio). Combien faut-il d'arbres pour produire annuellement ces trente-six boisseaux de pommes ? C'est ce qu'on ne dit pas. Nous verrons ci-après des détails plus précis.

15°. Société royale d'agriculture de Rouen.

Cette Société, établie par arrêt du Conseil d'État du roi, du 27 Juillet 1761, n'a publié que trois volumes (in-8°.) de *Délibérations et Mémoires*; mais elle a efficacement travaillé aux progrès et au bien de l'agriculture. Elle a eu besoin de courage contre les obstacles fiscaux, moraux et politiques, qui s'opposoient à l'amélioration du premier, du plus nécessaire, et du moins protégé de tous les arts. Elle remarquoit elle-même, qu'elle avoit fait plus de bien, en réclamant contre le monopole dans le commerce des eaux-de-vie de cidre, que par ses nombreuses expériences.

On voit, dans son histoire pour l'année 1764, la peine que l'on eut alors à obtenir, du ministre, la liberté d'embarquer vingt-cinq tonneaux d'eau-de-vie de cidre pour le commerce de Guinée. La décision du Conseil d'État, signée seulement d'un premier commis de M. *Trudaine*, est conçue en ces termes : « Et depuis, » vu l'avis de MM. les Députés (du Commerce), » par provision, et jusqu'à ce qu'il y ait été » statué par un réglement général, permis d'en-» treposer, pour le commerce de Guinée, les » eaux-de-vie de cidre de Normandie, 28 Jan-» vier 1764. Pour ampliation, PASSELAIGNE. »

Le troisième volume du Recueil de cette Société contient plusieurs articles relatifs aux pommiers et au cidre. Ces articles sont peu connus, et méritent de l'être. Ils ont tous été rédigés par l'estimable *Dambourney*.

Greffe des Pommiers et Poiriers.

On se prépare un grand avantage, en élevant chez soi les pommiers et poiriers destinés à être plantés dans les masures, les vergers et les champs (les masures sont les terreins qui environnent le manoir, ou la cour de la ferme). Après s'être assuré des espèces convenables au terrein, on les ente dans la pépinière, où les sujets restent jusqu'à ce que la greffe ait recouvert la coupe : ils ne sont plus alors exposés à être étêtés dans les champs par les vents, ou brisés par le poids des corneilles, ou autres gros oiseaux, qui viennent se percher de préférence sur les jeunes greffes. On se procure

encore un autre avantage, indiqué par *Racine*, laboureur de Lieuvain.

Cet honnête cultivateur, interrogé sur la méthode qu'il pratiquoit pour entretenir ses jeunes entes, sans rejetons du pied, ni pousses sauvages le long de la tige, a révélé son secret. Il consiste à étudier, dès la pépinière, le tempérament des sujets, et à leur adapter une greffe absolument analogue; c'est-à-dire, que si l'action de la sève est hâtive dans le sujet, il faut le greffer d'une branche hâtive; et au contraire, d'une branche tardive, s'il est tardif. Par ce soin on prévient les bourlets, ou engorgemens au collet; l'exubérance de la sève, qui se fait jour en développant des bourgeons le long de la tige, ou sa rétrogradation vers les racines, qui sont forcées de se rejeter autour du pied. Le sujet et la greffe vont d'un même pas, et prennent un accroissement égal.

Engrais pour les Pommiers.

M. *Dumesnil-Costé* a recommandé, d'après son expérience, la marne déjà fusée à l'air pendant un hiver, qui, portée ensuite au pied des pommiers, anime beaucoup leur végétation.

On croit pouvoir placer dans cet article un engrais donné non aux racines, mais à l'écorce de cet arbre précieux, trop sujet à être attaqué par la mousse. M. *de Boisjugan* y a remédié efficacement, en frottant, lors de la première action de la sève, toute la tige et les grosses branches de l'arbre, avec un gros pinceau trempé dans du lait de chaux un peu épais. Bientôt la mousse et les écorces chancreuses se détachent, et sont remplacées par une peau lisse, au travers de laquelle il semble qu'on voie le principe de vie circuler.

Emploi du marc des Pommes.

M. de *Limezy* a lu un mémoire sur l'avantage qu'il a obtenu, en employant les marcs de pressurage des pommes et poires sur les prairies et herbages usés. Il indique aussi, d'après l'expérience de *Lesaigneur*, laboureur à Sotteville-sur-mer, combien cet engrais a d'effet sur les colsas et rabottes (navettes). Les terres fumées avec le marc, ont produit seize mines par acre, tandis que celles qui avoient été engraissées avec les fumiers ordinaires, n'ont rendu que dix mines.

mines. L'une et l'autre terres étoient de nature froide ; condition nécessaire pour l'emploi de cet engrais.

Pressoirs à Cidre.

M. *Scanégatty* a donné le modèle d'un pressoir à cidre , dont la meule destinée à écraser les pommes , peut être mise en mouvement par un homme seul. La faiscelle est surmontée d'une vis répondant à son centre ; elle descend dans un cuvier défoncé , dont les douves laissent des interstices par lesquels le cidre doit couler , de sorte qu'on peut jeter par pellées le marc dans le cuvier , sans qu'il soit besoin de le stratifier avec de la paille.

La rareté et le haut prix du bois courbe , propre à faire les jattes des grands pressoirs , obligent de recourir au granit , au grès , et même aux pierres de taille , lorsqu'on est à portée de s'en procurer. M. *de Folleville* a dit qu'un particulier , qui ne pouvoit avoir ni bois , ni pierre , avoit imaginé de faire mouler et cuire des briques , dont chacune représentoit en largeur , profondeur et forme requise , une section de jatte de deux pouces (six centimètres) d'épaisseur. De la réunion d'une suffisante quantité de ces briques , liées par un bon ciment , il s'est formé un très-beau tour , de cinquante - quatre pieds (environ dix-huit mètres) de circonférence , dont il se sert utilement depuis plusieurs années.

L'établissement des grands pressoirs est non seulement très-dispendieux , mais il faut encore pouvoir disposer d'un vaste emplacement , et construire un bâtiment de vingt à vingt-deux pieds (environ sept mètres) de largeur pour le loger ; c'est ce qui a déterminé *Dambourney* à adopter et à faire exécuter la faiscelle et la vis proposées par M. *Scanégatty*. Quant à la machine à écraser les pommes , il a cru devoir préférer celle à crochets et à cylindres crénelés , entre lesquels le fruit est parfaitement trituré. Tout l'établissement ne coûte que deux cent cinquante livres , et n'occupe que seize pieds (un peu plus de cinq mètres) de long , sur douze pieds (quatre mètres) de large. Dès la première année , deux hommes y ont fait cent muids (plus de deux cents hectolitres) de cidre.

On a encore imaginé une machine à triturer ,

plus simple. On a suspendu un pendule en fer , ou en bois , dont la lentille est un grès ou un fragment de pierre à meule. La portion d'arc que décrit cette lentille , à la portée d'un homme qui la fait osciller , a servi pour tracer la forme d'une pièce de bois que l'on a creusée , et dans laquelle on verse les pommes , que la rencontre réitérée de cette lentille triture assez bien. Cela suffit pour de petites exploitations , et coûte fort peu d'argent.

Le journal anglois , *the Repository*, annonce un nouveau moulin à pommes. C'est le moulin à café , exécuté en très-grand. La noix et le corps du moulin sont en bois , armés de lames de fer , de même que les moulins à poivre et à tabac. Le marc sort par la partie inférieure , et est reçu dans une grande cuve.

Cidres.

Trois mauvaises récoltes successives de pommes et de poires , qui fournissent la boisson ordinaire de cette province , ayant fait monter le cidre au-dessus de la portée du peuple, la Société a cru devoir tourner son attention vers les supplémens qu'on pouvoit lui procurer (il en sera question , ci-après , dans les notes sur la bière).

Ces supplémens ont privé d'acheteurs les cidres par trop chers. Les cidres ont aigri dans les celliers des propriétaires , qui , pour masquer cette détérioration , ont eu recours au mélange de cidre nouveau , aux chaux de plomb , aux cendres et aux terres calcaires ; après quoi ils se sont hâtés de les vendre à tout prix , pour en prévenir la perte entière. En l'année 1775 , un grand nombre de citoyens , qui avoient consommé de ces boissons falsifiées , ont été tourmentés de coliques végétales , métalliques , et de divers accidens , dont quelques-uns ont été suivis de la mort. Les épreuves faites par le foie de soufre ont indiqué , dans le cidre de tous les malades , la cause présumée de leur incommodité.

Dans ces circonstances , M. *de la Folie* s'est appliqué à la recherche d'un réactif plus simple , moins dispendieux , et plus à la portée du vulgaire. Il l'a trouvé dans la dissolution d'une livre (cinq hectogrammes) de potasse , par un pot (deux litres) d'eau de rivière à froid. On remue cette lessive deux fois en deux heures , et on la

laisse bien reposer. Après la filtration, ou seulement la décantation, on a une eau limpide, dont
une cuillerée versée dans un verre de cidre, indique sa salubrité, s'il ne survient aucun nuage.
Elle occasionne, au contraire, un précipité plus
ou moins considérable, si cette boisson a été
brassée avec des chaux de plomb, ou seulement
des cendres et des terres calcaires (on verra,
ci-après, que ces épreuves étoient insuffisantes,
et même trompeuses).

Cependant, le Parlement de Rouen s'étoit hâté
d'ordonner l'impression du mémoire de M. *de
la Folie*, et de rendre un arrêt, en vertu duquel
on jetoit à la rivière tous les cidres qui ne pouvoient pas supporter cette épreuve.

Dans le dessein de prévenir une perte aussi
considérable, M. *de la Folie* a mis lui-même
des chaux de plomb dans du cidre et dans du
poiré. Après une longue digestion, il en a tiré
de l'eau-de-vie, et s'est assuré, par les réactifs
les plus puissans, que cette liqueur distillée ne
contenoit aucun atôme métallique. Ainsi, dit-il,
on pourroit, soit à la ville, soit à la campagne,
tirer ce parti des cidres justement proscrits.
Mais, ajoute la Société de Rouen : « Le redou-
» table régime des aides effrayera tout homme
» prudent, jusqu'à ce que le ministère puisse
» tendre une main secourable à l'industrie et
» au commerce. »

Le troisième volume des *Délibérations et Mémoires de la Société d'agriculture de Rouen*,
dont ces derniers articles sont tirés, n'a été publié qu'en 1787. Ces Sociétés manquoient de
fonds. On ne leur donnoit aucun moyen de
faire, et on les a supprimées ensuite, en préten-
dant qu'elles n'avoient rien fait. Il seroit injuste,
à tous égards, d'appliquer cette censure à la
Société d'agriculture de Rouen. Son recueil est
très-précieux. Le premier volume, sur-tout,
contient un mémoire de M. *Jore*, extrêmement
intéressant, sur la culture des terres en labour,
sans jachères, d'après une pratique suivie, avec
succès, depuis cinquante à soixante années,
dans une grande partie du pays de Caux. J'aurai
peut-être occasion d'en reparler ailleurs. Je
dois continuer ici le dépouillement de ce que
j'ai pu recueillir de notions relatives à la pomologie.

16°. *Affiches de Rouen.*

Il a existé, pendant trente ans, une feuille
périodique, intitulée d'abord : *Annonces,
affiches et avis divers de la Haute et Basse-
Normandie*, et ensuite, *Journal de Normandie* (in-4°.). Cette collection est réunie entre
les mains du C. *Guyot*, ancien bibliothécaire
de Saint-Victor, homme de lettres, qui a
rassemblé des matériaux curieux pour un ouvrage sur les boissons, pour un supplément au
recueil des poëmes didascaliques, etc., et qui
m'a communiqué d'une manière très-obligeante
les numéros de ses recueils qui concernent le
cidre. Je n'ai pu examiner que très-superficiel-
lement la volumineuse collection des *Affiches
de Rouen*. Il y a une foule d'articles sur les
pommiers et sur le cidre.

Un objet m'a frappé ; c'est l'annonce de la
propagation des pommiers, par le moyen des
boutures : je suis étonné qu'on n'y ait pas donné
plus de suite.

Dans la feuille du 15 Janvier 1767, on invite
la Société d'agriculture de Rouen, à donner son
avis sur l'expérience d'une nouvelle plantation
de pommiers à cidre, nommés, dans le pays,
pommiers à pilage. On annonce que la plantation s'étoit faite de branches de ces arbres,
qui, coupées, élaguées et repiquées en terre
(à Saint-Riquier, près de Cany, dans le pays
de Caux), y avoient pris racine et donné du
fruit la seconde année.

Dans la feuille du 30 Janvier suivant, la
Société demande que le particulier qui a fait
cette expérience, spécifie quelles branches de
pommiers il a coupées ; si ce sont des branches
de deux ou de trois ans, ou si ce sont des boutures d'un an ; comment il faut les piquer en
terre ; si on les taille en flûte, pour les repiquer, ou si on les fend en quatre par en bas ;
si on les pique en terre perpendiculairement,
ou si on les pique obliquement, pour donner
à la sève plus de facilité de monter.

Dans la feuille du 6 Mars 1767, *Pierre Gabelle*, laboureur à Saint-Riquier, expose, en
conséquence de cette demande de la Société
de Rouen, la manière dont il avoit opéré. Un
pommier succombant sous le poids de son

fruit, se trouvoit supporté sur le four de la maison de ce laboureur. Le four étoit couvert en paille et en terre. Une des branches de ce pommier y prit racine. Les gros vents renversèrent l'arbre. On s'apperçut qu'une de ces branches avoit pris racine : c'étoit une marcotte qui s'étoit faite naturellement, plutôt qu'une bouture. *Gabelle* coupa cette branche, ainsi qu'une douzaine d'autres, qui n'avoient pas de racines ; il les élagua en forme d'entes, les repiqua toutes en terre, perpendiculairement, telles qu'il les avoit coupées à l'arbre, conséquemment sans toucher à l'écorce ; il les butta : la branche enracinée et les autres, qui ne l'étoient pas, reprirent, sans qu'il en eût manqué aucune : elles rapportèrent du fruit la seconde année. Ces branches pouvoient avoir sept à huit ans. Les pommes en étoient grosses et d'un goût fort doux.

J'ignore quelles suites a eues cette expérience singulière ; je n'en avois aucune connoissance, lorsque j'ai, moi-même, fait, dans l'an XI, un essai, qui paroit devoir réussir. Une quenouille de poirier me gênoit dans un coin de jardin, où j'avois une autre disposition à faire. Je ne voulois pas perdre l'arbre. Je l'ai coupé au pied, pour faire du tronc du poirier une souche-mère ; et quant à la tige, je l'ai enterrée, couchée sur sa longueur, dans un bon terrein ; les branches latérales les plus fortes ont été ménagées : elles ont repris et poussé avec assez de force, malgré la sécheresse extraordinaire de l'été de l'an XI. Il faudra voir si ces branches continueront à végéter, et si elles donneront des fruits. Je suis porté à l'espérer, d'après l'exemple des boutures du pommier de Saint-Riquier. Ce seroit un heureux moyen de propager la même espèce des bons arbres à fruit. On sacrifie, tous les ans, au moment de la taille, quantité de très-belles pousses, qui sont jetées au feu, et qui pourroient donner des arbres, si on les repiquoit en terre, avec quelques précautions.

Dans le même volume des *Affiches de Rouen*, pour l'année 1767, j'ai vu que M. *le Chandelier* avoit lu à l'Académie de Rouen un mémoire chimique sur le cidre, à l'occasion des coliques qui avoient régné, sur-tout aux mois d'Août et Septembre 1766. M. *le Chandelier* s'étoit servi, avec succès, de la craie broyée, pour absorber l'acide du cidre. On voit que c'est à cette époque de 1766, qu'il faut reporter l'histoire de ce qui a rapport à la falsification des cidres.

Il seroit très-utile d'extraire également des autres volumes de la collection des *Affiches de Rouen*, les nombreux articles qui s'y trouvent sur cette matière.

17°. M. Hardy.

En 1785, M. *Hardy*, médecin et professeur de chimie à Rouen, publia un in-4°. de 96 pages, intitulé : *Expériences sur les cidres, les poirés et les bières ; sur les falsifications de ces boissons, sur les différens moyens de les découvrir.*

Ce mémoire, lu à l'Académie de Rouen, est divisé en trois parties. Dans la première, l'auteur dit quelque chose de la fermentation et de la clarification du cidre ; il examine ce qui doit résulter de l'addition des cendres de pommier, et de la craie dans cette boisson, soit lors du pilage, soit lors de la fermentation spiritueuse ; il traite de l'action des différens agens chimiques sur le cidre, le poiré, la bière pure, et il recherche, sur-tout, l'action de l'alcali fixe ordinaire sur ces boissons pures, mais dans différens états.

Dans la seconde, il s'occupe de l'addition de la craie et des cendres dans les cidres, les poirés et les bières, à dessein de les raccommoder. Il met ses soins à trouver des moyens sûrs de découvrir ces falsifications, et il fait voir l'insuffisance et le danger de ceux dont on s'est servi jusqu'à ce jour.

Dans la troisième partie, il met sous les yeux de l'Académie, les principales expériences chimiques qui servent à manifester, dans les boissons, les poisons métalliques.

Cet ouvrage, qui paroit avoir été rédigé fort vite, contient cependant beaucoup de choses remarquables. Il a servi à éclairer les magistrats, et peut-être a-t-il influé sur la résolution que prit le Parlement de Rouen, d'écrire au roi, et de demander, comme nous le verrons tout-à-l'heure, un rapport de l'Académie des sciences, au sujet des cidres.

Je tirerai de ce mémoire quelques traits propres à mon but, qui est de recueillir, dans chaque écrit que j'analyse, les choses les plus curieuses, et qui paroissent moins connues.

Suivant M. *Hardy*, les fabricans du cidre ont adopté, dans quelques cantons de la province, le procédé suivant, qui sert, selon eux, à la prompte fermentation et clarification de leurs cidres. Ils font brûler du bois de pommier avec la plus scrupuleuse attention, en ramassent les cendres, et les passent par un tamis ; lors du brassage, ils saupoudrent chaque lit, ou couche de marc, avec une poignée de ces cendres. On peut évaluer la quantité de cendre de pommier, nécessaire pour un muid de cidre, à environ dix onces (trois hectogrammes). La quantité de sels lixiviels, qui se trouve dans la cendre de pommier, fait, à-peu-près, le dixième de son poids. Il doit conséquemment en passer environ une once (trois décagrammes) par muid. Le muid contient cent quarante-quatre pots, ou deux cent quatre-vingt huit pintes (environ deux cent soixante-quatorze litres). Ainsi, en réduisant l'once de sels lixiviels en grains, on aura cinq cent soixante-seize grains, qui, divisés par deux cent quatre-vingt-huit, donnent deux au quotient. Le procédé des fabricans ajoute donc, dans chaque pinte de cidre, deux grains (un décigramme) de sels. Cette addition ne mérite aucune attention.

Des essais présentés dans les trois divisions de son mémoire, M. *Hardy* déduisoit ces corollaires principaux et très-importans : 1°. que toutes les expériences et les tentatives qui avoient été faites jusqu'alors, dans l'intention de découvrir l'addition de la craie ou des cendres dans les cidres et poirés, ne prouvoient point, d'une manière irrésistible, la présence de ces substances ; 2°. que les expériences et les tentatives faites à dessein de découvrir les poisons métalliques dans ces mêmes boissons, étoient très-convaincantes, et mettoient hors de tout doute la présence du poison. Heureusement pour l'humanité, ces essais n'en avoient indiqué positivement aucun. L'auteur pensoit que ce résultat, dans les recherches des poisons métalliques, devoit être publié, parce qu'il présentoit un grand motif de tranquillité publique. Néanmoins, la sécurité ne se rétablissoit pas ; l'opinion populaire étoit frappée ; le Parlement avoit pris l'alarme : il avoit défendu de mêler, dans les cidres, aucune espèce d'ingrédiens, et la sévérité de ces mesures exposoit les innocens à être confondus avec les coupables.

La sophistication des cidres avoit répandu les plus vives inquiétudes ; plusieurs savans mémoires avoient été successivement publiés par MM. *de la Folie*, *Mésaize*, *Descroizilles*, *le Pecq de la Cloture* et *Hardy*. Ces médecins n'étoient pas d'accord entr'eux. Enfin, les incertitudes furent fixées par deux rapports, dont l'un fut fait à la Société de médecine, et l'autre à l'Académie des sciences. L'objet en est si important pour le commerce et pour les citoyens, que nous croyons devoir insérer ici la substance de ces deux écrits.

18°. *Bucquet.*

Le premier rapport est l'ouvrage du médecin *Bucquet*, qui a tant travaillé, et qui est mort si jeune. Ce rapport fut fait à l'occasion d'un mémoire sur la falsification des cidres, adressé à la Société de médecine, par M. *Lecomte*, médecin à Évreux (*Histoire de la Société royale de médecine*, tome I, page 356).

On consultoit la Société sur les moyens les plus faciles et les plus certains de reconnoître les cidres sophistiqués, et de déterminer l'espèce de substance qui a servi à la sophistication. *Bucquet* observe d'abord qu'on blâme d'une manière trop générale, l'habitude qu'ont les marchands, de corriger les défauts des liqueurs spiritueuses qui servent de boissons. L'artiste qui prépare ces liqueurs, a le droit de prendre toutes les précautions nécessaires pour se les procurer de la meilleure qualité possible ; il peut régler à sa fantaisie, et la culture de ses plantes et la récolte de son fruit ; il est libre de retarder la fermentation ou de l'accélérer, même à l'aide d'un ferment convenable, si ce mouvement ne s'excite pas de lui-même assez promptement ; il peut enfin concentrer une portion de la matière à fermenter, ou ajouter quelque principe au développement et à la perfection de la fermentation. Loin que ces ressources de l'art soient condamnables, elles ont toujours été approuvées et encouragées, parce qu'elles ne tendent qu'à procurer aux hommes des avantages et des jouissances.

L'art de perfectionner les liqueurs vineuses paroit appartenir également à celui qui les prépare, et au marchand qui les achète, pour les vendre en détail aux particuliers. Obligé souvent d'acquérir des liqueurs de médiocre qualité, et de les conserver un temps assez long, pendant lequel elles peuvent souffrir de grandes altérations, il peut et doit non seulement prendre toutes sortes de précautions pour leur conservation, mais encore il est libre de chercher à augmenter la qualité de ces liqueurs vineuses, et de masquer leurs défauts, autant qu'il est en lui, pourvu qu'il n'en résulte rien qui puisse nuire à la santé des personnes qui en feront leur boisson.

Ainsi, avant de proscrire les corrections que les marchands ont coutume de faire aux boissons spiritueuses, il paroit essentiel de distinguer soigneusement les mélanges qui peuvent être utiles, en contribuant à augmenter la salubrité des liqueurs ; les additions qui, en corrigeant la saveur désagréable des boissons spiritueuses, ne peuvent porter atteinte à la santé de ceux qui en font usage ; enfin, les falsifications véritablement dangereuses, parce qu'elles se font avec des matières nuisibles et vénéneuses.

Le rapporteur regarde comme une correction utile le mélange d'un vin généreux avec un vin foible ; d'un vin trop léger, avec un vin qui a plus de corps et qui nourrit davantage ; d'un vin tartareux, haut en couleur et peu fermentescible, avec un vin qui graisse et dont l'altération est trop prochaine, puisque, dans ces cas, l'avantage est égal pour les deux vins mélangés, qui, pris séparément, seroient tous deux de médiocre qualité. Dans ce sens, il croit qu'on ne peut qu'approuver le mélange d'un cidre ancien avec un cidre nouveau, et celui du poiré, qui est une liqueur vineuse, saine, mais forte, avec un cidre foible et plat.

Il est des additions moins utiles sans doute, puisqu'elles n'augmentent pas la qualité de la boisson : elles peuvent être tolérées, parce qu'elles sont incapables de nuire. Telle est l'addition des cendres, de la craie, ou des sels fixes des plantes, qu'on mêle dans une certaine proportion, non seulement aux vins qui tournent à l'aigre, mais encore aux cidres qui sont manifestement acides. Cet excès d'acide, qui communique aux liqueurs vineuses une saveur désagréable, est souvent peu de chose, et la plus petite quantité de matière suffit pour les saturer. Il résulte, à la vérité, de cette saturation, un sel neutre, étranger à la liqueur ; mais ce sel est en si petite quantité, et son action est si foible, qu'on peut la regarder comme nulle, et d'autant plus sûrement, que les liqueurs vineuses les plus naturelles contiennent une assez grande quantité de sels neutres, comme la crème de tartre et le sel végétal, dont les effets purgatifs ne se font point sentir, tant qu'ils sont combinés avec la liqueur spiritueuse.

Le troisième genre de falsification comprend celles qui sont réellement dangereuses, parce qu'elles se font avec des matières nuisibles, comme la litharge, la céruse ou blanc de plomb : toutes ces préparations, en saturant l'acide des liqueurs vineuses, leur communiquent une douceur qui invite à en boire, et accumulent dans les entrailles un poison funeste. C'est cette falsification, qui est véritablement condamnable, et qu'il est très-important de découvrir.

On demande quel est le meilleur moyen de faire cette découverte, et on propose, d'après quelques auteurs, l'acide vitriolique, la liqueur d'orpiment, et enfin la réduction du plomb, désirant que la Société prononce sur chacun de ces moyens.

Le rapporteur pense que le dernier est le seul qui soit certain, le seul d'après lequel on puisse prononcer la condamnation d'un marchand et alarmer un acheteur. En effet, l'acide vitriolique ne peut manifester la présence du plomb dans une liqueur vineuse, qu'en précipitant ce métal sous la forme d'un sel blanc ; mais cet acide produit le même effet sur la craie et sur le sel fixe de tartre ; il forme avec la craie une sélénite peu dissoluble, qui se précipite sur-le-champ, et il fait, avec le sel de tartre, un tartre vitriolé, qui se dépose aussi très-promptement, parce que ce sel n'est point dissoluble dans les liqueurs spiritueuses ; c'est pour cela même qu'on en rencontre une si grande quantité dans les lies de vin de raisin, tandis qu'on n'en trouve dans aucun de ces vins.

La liqueur d'orpiment, le foie de soufre, la liqueur fumante de *Boyle*, et les autres substances hépatiques, ne sont point des éprouvettes sûres, puisqu'elles n'indiquent la présence du métal que par la couleur des précipités qu'elles occasionnent ; mais souvent cette couleur est due à la liqueur elle-même, lorsqu'elle est très-foncée ; ou, enfin, elle peut être produite par un métal quelconque, de manière qu'on ne peut distinguer un peu de fer qui se trouveroit dans la liqueur, et qui n'a rien de nuisible, d'avec le plomb qu'on y auroit ajouté en fraude. Ces liqueurs hépatiques ne peuvent donc fournir qu'un indice ; ainsi, il faut recourir à la réduction, qui se fait facilement de la manière suivante :

On prend une certaine quantité de la liqueur soupçonnée, on la fait évaporer en consistance d'extrait, observant que cette opération ne se fasse pas dans des terrines vernissées, qui pourroient fournir du plomb de leur couvercle, mais dans des vaisseaux de verre ou de grès ; on met le tout dans un creuset couvert ; on place ce creuset entre les charbons ; lorsqu'on n'apperçoit plus de flamme, et que le creuset commence à rougir, il faut le retirer du feu, le couvrir, et, quand il est froid, séparer le plomb qui se trouve réduit par la matière inflammable de l'extrait.

19°. *Lavoisier.*

On trouve dans le *Recueil de l'Académie des sciences*, pour 1786, un autre rapport concernant les cidres de Normandie, lu le 17 Juin de cette année, par MM. *Cadet*, *Lavoisier*, *Baumé*, *Berthollet* et *Darcet*. Le rapport est de *Lavoisier*.

Le Parlement de Rouen avoit écrit au roi, le 12 Août 1775, sur les abus introduits dans la fabrication et le commerce des cidres. Il demandoit qu'il fût nommé des commissaires, aux fins de procéder à des expériences de tout genre sur la fabrication des cidres et poirés, leur fermentation, leur clarification et leur conservation, ensemble sur les moyens de connoître les corps étrangers qui auroient été ajoutés à ces boissons ; de déterminer ceux qui pourroient être nuisibles ou avantageux, tant pour la fermentation, que pour adoucir l'aigreur des cidres et poirés ; et enfin, de donner leur avis sur les réglemens qu'ils estimeroient convenables pour la sûreté publique et l'avantage du commerce.

Le rapport est divisé en deux parties. On présente, dans la première, un exposé succinct de ce qui s'est passé en Normandie depuis 1771, relativement à la falsification des cidres. Cet historique est très-curieux. On voit avec quelle rigueur les tribunaux avoient sévi, et quelles contradictions régnoient dans le pays parmi les hommes les plus instruits sur cette matière.

Dans la seconde partie, les Commissaires se proposent un certain nombre de questions, extraites principalement de la lettre du Parlement de Rouen.

M. *Baumé*, l'un des Commissaires, avoit manipulé des cidres avec des pommes qu'on avoit fait venir exprès de Normandie. De leurs expériences et de tout leur travail, les Commissaires concluent, 1°. que le précipité terreux qu'on obtient de quelques cidres, lorsqu'on y mêle de l'alcali fixe en liqueur, ne fournit point une preuve qu'on y ait ajouté, à dessein, de la craie, ou une autre terre calcaire quelconque, pour l'adoucir et pour en absorber l'acide.

2°. Que l'addition des cendres, de la craie, de la chaux, des terres calcaires et absorbantes en général, n'empêche point, comme l'avoit annoncé M. *de la Folie*, le plomb qui avoit été introduit dans les cidres, de se manifester par l'addition du foie de soufre.

3°. Que l'addition des cendres, de la craie, de la chaux, des terres calcaires, dans le cidre, ne peut pas être assez considérable pour nuire à la santé ; que les cidres ainsi adoucis, sont moins malfaisans qu'ils ne l'auroient été, si on n'en eût point corrigé l'acidité ; et que le principal et peut-être le seul reproche qu'on puisse faire à ces cidres, est d'être de peu de garde.

4°. Que les additions de blanc de plomb, de litharge, et de toutes autres préparations de plomb, sont les seules qui doivent exciter l'animadversion des tribunaux et la sévérité des lois ; mais que l'épreuve faite par le foie de soufre, et la couleur noire ou brune ne suffisoient pas pour justifier des condamnations à des peines afflictives ; qu'il faut des preuves plus décisives ; qu'il faut que l'existence du plomb ait été rendue sensible, et qu'elle ait été démontrée par le procédé qu'indique le rapport. Les Commissaires pensent, comme la Société de médecine, que les seules épreuves véritablement concluantes, consistent à faire évaporer une quantité assez considérable de ces cidres ; douze pintes (douze litres), par exemple, et même plus, s'il est nécessaire ; à faire incinérer l'extrait ; à le combiner avec du borax et de l'alcali fixe, et à pousser au feu, dans un creuset d'essai, jusqu'à ce que le tout soit parfaitement entré en fusion. Il ne suffit pas qu'il se trouve à la fin de l'opération un enduit de couleur plombée dans l'intérieur du creuset, comme l'avoit obtenu M. *de la Folie* ; cet enduit plombé ne prouve rien : il faut que le plomb se retrouve en nature et sous forme métallique et malléable, et recommencer l'opération, jusqu'à ce qu'on y soit parvenu ; autrement, c'est-à-dire, si l'on ne peut obtenir le plomb en culot, toutes les autres indications doivent être regardées comme insuffisantes et suspectes.

5°. Comme le cuivre, ni aucune de ses préparations n'ont la propriété de rétablir les cidres aigres, on ne peut pas supposer, à moins qu'on n'en ait acquis une preuve légale, qu'ils y aient été ajoutés à dessein : on doit donc se contenter de retirer de la consommation les cidres dans lesquels le barreau de fer aura démontré la présence du cuivre, mais sans prononcer de peines afflictives.

6°. Pour ramener la législation, relative au cidre, au point que l'on vient d'indiquer, il paroissoit nécessaire qu'il fût rendu, pour toute la France, une loi qui défendît, sous des peines sévères, l'addition de plomb et de toute préparation de plomb dans les boissons ; qui ordonnât que celles où il se trouveroit du cuivre, fussent soustraites à la consommation et converties en eaux-de-vie, et qu'il fût donné à cette loi la plus grande publicité, particulièrement dans la Normandie.

7°. À l'égard des additions de cendres, d'alcali, de craie, de chaux et de terres absorbantes en général, le Gouvernement devoit se contenter de faire publier une instruction détaillée sur la meilleure manière de fabriquer les cidres, de les clarifier, de les gouverner, de les conserver et de les rétablir. Cette instruction devoit contenir des procédés simples pour essayer les cidres, afin que le cultivateur et le fabricant, le marchand et le consommateur, pussent, par eux-mêmes, dans tous les cas, reconnoître les mélanges qui pourroient avoir été faits avec les cidres, et la qualité de ces boissons.

Il eût été à désirer que, pour compléter leur travail et remplir entièrement la mission dont ils étoient chargés, les Commissaires eussent rédigé l'instruction dont ils montroient la nécessité, et qu'ils en eussent présenté le projet à l'Académie ; mais ils pensèrent qu'ils n'avoient ni le temps, ni les commodités nécessaires pour remplir convenablement un projet aussi important ; ils croyoient que le meilleur moyen de rassembler des matériaux seroit de proposer, sur ce sujet, un prix, au jugement de l'Académie des sciences. Le prix proclamé, on auroit extrait des mémoires qui auroient concouru, tout ce qu'ils auroient pu présenter d'utile ; et en réunissant ces connoissances avec celles déjà répandues dans quelques bons ouvrages, on auroit été en état de former un corps d'instruction, dans lequel on eût été assuré de n'avoir rien omis d'essentiel. Ce prix exigeant un travail de plusieurs années, les Commissaires observoient que sa valeur devoit être proportionnée à la multiplicité et à l'importance des expériences.

Ces conclusions étoient de nature à être adoptées par le Gouvernement ; mais on sait dans quelles circonstances la France se trouvoit alors : la révolution s'avançoit à pas de géant ; la politique absorboit tout ; le concours ne fut point ouvert, et l'instruction sur les cidres est aujourd'hui encore à faire. Peu d'objets sont plus dignes d'être mis au concours ; mais un simple particulier, ni même une société, ne pourroient en faire les fonds. Les Commissaires ont prévu que la valeur du prix devroit être considérable. Je crois qu'il faudroit plusieurs prix, en distinguant soigneusement les objets du concours. Le *traitement des arbres* peut être envisagé à part par de bons agronomes. *L'appareil du moulin* forme une seconde partie, qui appelle le zèle des méchaniciens. La *fermentation des cidres et poirés*, comparée à celle des vins, demande toutes les lumières des chimistes modernes. Enfin, l'on verra ci-après que la *construction des tonneaux et des caves* réclame d'autres connoissances en physique, en architecture, etc.

Si l'on proposoit maintenant cette question importante, ou plutôt la série de ces diverses questions, peut-être que les concurrens nous sauroient quelque gré de leur avoir offert ici des matériaux et des notes, dont la réunion leur épargneroit des recherches. Ils pourroient profiter sur-tout de ce que nous allons extraire d'un travail de M. *Marshall*, qui est, jusqu'à présent, celui qui nous paroît avoir le mieux conçu le plan et les détails d'une instruction sur le cidre.

Cependant, nous devons, suivant l'ordre des temps, parler d'abord d'une brochure sur le même sujet, publiée à Rouen, dans l'an III de la République.

20°. *Le C. Renault.*

Le C. *Renault*, chef de bureau au district de Rouen, a eu le mérite de voir que le pommier, si précieux pour la ci-devant Norman-die, pouvoit le devenir pour tout le reste de la France. Son ouvrage est intitulé : *Mémoire sur la culture des Pommiers, dans toute l'étendue de la République françoise* (Rouen, in-8°. de 53 pages). Cet ouvrage, assez bien écrit, a des parties fort estimables.

Les départemens de la Seine-Inférieure, du Calvados, de l'Orne et de la Manche, sont, selon lui, pour le pommier, ce que les pays vignobles sont pour la vigne (il oublie le département de l'Eure). Il traite successivement 1°. du semis, 2°. de la pépinière, 3°. de la greffe, 4°. de la culture, 5°. du choix des pommes propres à faire du cidre, 6°. de tout ce qui peut contribuer à le rendre plus ou moins délicat, plus ou moins bienfaisant.

1°. *Des Semis.*

L'auteur convient qu'on peut employer, pour avoir des pommiers, les marcottes et boutures; mais il prétend que l'arbre, obtenu de marcottes ou de boutures, ne réussit pas toujours; que, s'il vient à bien, sa cime n'est jamais ni droite, ni vigoureuse, faute d'un pivot garni d'une circonférence de racines suffisantes; et qu'enfin, les marcottes et les boutures, prises sur un arbre d'un certain âge, ne se prêtent pas autant qu'un pepin aux effets de la végétation. Ces assertions sont précises; mais peut-être exigeroient-elles d'être vérifiées par des expériences bien conçues et long-temps suivies. On sent quel immense avantage naîtroit de la facilité de multiplier le pommier par la voie des boutures, sur-tout par celle des marcottes, qui est bien plus certaine.

L'article du semis a deux parties : l'exposition du lieu et la qualité du sol.

Le couchant est une bonne exposition pour le semis du pommier; mais il est encore mieux de le placer au sud-est. L'expérience prouve qu'il y vient bien et y acquiert une vigueur qu'il conserve toujours.

Quant au fond de terre, le sable, ni la glaise n'y sont pas propres; il faut des terres meubles, défoncées de dix-huit pouces (un demi-mètre). Le pepin ne doit être couvert que de deux pouces (six centimètres) de terreau, sans niveler la terre. On sème le pepin en plein champ, comme le blé, l'orge et l'avoine, en donnant à la terre la même préparation que pour le lin. Le cultivateur, curieux d'avoir un bon plant, doit choisir de gros pepins, bien mûrs, de l'année, provenant de pommiers dont les branches ont une direction droite, et de vingt à vingt-cinq ans de rapport, âge où l'arbre est le plus en vigueur.

2°. *De la pépinière.*

Le terrein d'une pépinière doit être d'une qualité médiocre, défoncé de deux ou trois pieds (environ un mètre) sur toute sa surface, et n'avoir pas besoin de fumier. La pépinière est bien placée au levant, et plutôt au nord qu'au midi, qui est la plus mauvaise exposition pour le pommier. Il vaut mieux qu'elle soit à *mi-côte* que dans la vallée.

La pépinière est susceptible d'un plan qui en rend le travail facile, et qui lui donne un aspect agréable. Il faut d'abord le couper en

travers

travers par un chemin assez large ; diviser ensuite chaque partie par un chemin large de trois pieds (un mètre), et placer les pommiers à trois pieds (un mètre) les uns des autres. Il calcule qu'ainsi placés, il en tiendra cinq mille dans le grand arpent de cent perches carrées, de vingt-deux pieds (le demi-hectare). Les arbres doivent y rester jusqu'à ce que leur tige ait acquis de sept à neuf pouces (de deux à trois décimètres) de circonférence, et de huit à dix pieds (environ trois mètres) de hauteur. Il leur faut six ans pour cela. Ces arbres sont évalués, par lui, à vingt-cinq sous pièce. Ainsi, l'arpent (le demi-hectare) rend six mille deux cent cinquante livres, qui, pour six années, en fixeront le produit annuel à plus de mille francs. Or, ce calcul suppose que tous les sujets réussissent, et qu'on les vend très-cher ; mais on en trouve à meilleur compte.

L'auteur expose les labours et les soins qu'exige la pépinière ; il voudroit que la nation consacrât, dans chaque commune, un acre ou un arpent (un demi-hectare) de terre, pour y dresser un semis et y planter une pépinière. Les habitans de chaque pays auroient le plaisir d'élever leurs sujets eux-mêmes, de remarquer le temps de leur floraison, celui de la maturité du fruit, et leurs qualités ; on ne pourroit plus vendre trop cher une ente d'une qualité inférieure, ni donner une espèce pour une autre, etc.

3°. *De la greffe.*

Le temps de greffer les pommiers est de Pluviose à Germinal (Janvier à Avril), selon que l'année est plus ou moins avancée. La pluie, le hâle et le soleil ne valent rien pour cette opération, non plus que le vent du nord. Les lunatiques croient que la greffe ne peut être faite qu'en croissant (ceci étoit imprimé dans l'an III de la République).

4°. *De la culture.*

Il n'y a rien de remarquable dans cette partie de l'ouvrage du C. *Renault.*

5°. *Des pommiers propres à faire le cidre.*

Ces pommiers, qui changent de nom, selon les différens pays, varient, pour le port de l'arbre, le temps de la floraison, la forme du bourgeon, la couleur de la fleur, le goût et les autres qualités du fruit. Le C. *Renault* divise les pommiers en trois classes, à-peu-près suivant les saisons du marquis de *Chambray :* en fruits, 1°. tendres, 2°. demi-tendres, 3°. durs.

Les fruits tendres sont ceux qui mûrissent en même temps, et qu'il faut brasser presque aussitôt qu'ils sont cueillis ; tels sont :

1°. Le *muset de brebis,* ou *doux-à-mouton,* de Rouen, connu à Neufchâtel, sous le nom de *doux-verret.*

2°. Le *blanc-mollet,* de Caux et du Roumois, ou la *douce-morelle,* d'Aumale, ou la *grande-vallée,* de Gournay.

3°. La *pomme de blanc,* la *belle-femme,* la *belle-fille,* la *belle-mignonne,* la *grosse-jeanne.*

4°. La *pomme de neige.* Cette variété mérite d'être multipliée ; elle est bonne pour les malades, même pour les enfans ; mais ce pommier ne vit pas plus d'un demi-siècle.

5°. Le *coquerel,* ou *coquerel vert.*

6°. L'*avoine,* de Neufchâtel.

7°. Le *gros amer-doux,* de l'Eure et de l'Orne, ou la *belle-mauvaise,* de Pont-Audemer et de Neufchâtel.

8°. La *berdouillère,* de Neufchâtel, ou le *groiselier,* ou *queue de rat,* de Pont-Audemer, ou le *janvier,* de Bourg-Achard.

9°. Le *vinet.*

10°. Le *doux agnel.*

11°. Le *doux à l'agnel rayé,* ou *bâtonné.* Il commence à rapporter dès l'âge de sept ans, donne beaucoup, et vit quatre-vingt-dix ans.

12°. Le *colin-antoine,* ou *colin-tantoine.*

13°. Le *gros charles,* de Neufchâtel.

14°. Le *fraiquet.*

Les pommes demi-tendres sont celles du commencement de Brumaire (fin d'Octobre).

1°. Le *doux évêque.* Il est bon aussi à manger et à cuire. On prétend que les reinettes, greffées sur des sujets de *doux évêque,* donnent des fruits supérieurs, et ne sont point sujettes au chancre.

2°. L'*amer rouge,* ou la *pomme rouge de bruyère,* de Gournay.

3°. La *belle-fille,* le *petit dameret,* d'Aumale ; le *petit retel,* ou l'*aufrielle,* de Pont-Audemer ; *pomme de lièvre,* de Gournay.

4°. Le *gros binet,* ou *gros retel,* ou *gros binen.*

5°. La *queue nouée,* de Bourg-Achard, ou *ennouée,* de Beauvais.

6°. Le *gros écarlate*, de Gournay, ou *gros rouget*, ou *rouget*, de Pont-Audemer et de Louviers.

7°. Le *coquerotte*, d'Aumale; *coqueret verd*, *coqueret*, d'Auge, du département de l'Orne et du Calvados.

8°. Le *piquet*.

9°. La *pomme de bois*, ou le *pommier sauvage*; *boquet*, de Pont-Audemer et de Rouen.

10°. Le *gros amer-doux*, ou *belle-mauvaise*, de Gournay.

11°. Le *paradis*, ou *goudron*, d'Argentan.

12°. Le *germain*.

13°. L'*œillet renfoncé*.

14°. La *grande sorte*, ou *bonne sorte*, ou *Saint-Philbert*, du pays de Caux.

15°. L'*ozane*, de Gournay, ou *belle ozane*, du Calvados. Les habitans de la campagne font cuire la pomme d'ozane avec le cidre doux, réduit en syrop, ce qui fait une compotte de très-bonne garde et d'une grande ressource pour ceux qui ont beaucoup de monde à nourrir. Cette pomme est bonne à manger crue.

Les pommes dures forment la troisième classe: elles ne sont bonnes à brasser que depuis le mois de Nivose jusqu'en Germinal (de Décembre à Avril).

1°. La *peau de vache*, de Pont-Audemer, ou *douce-morelle*, de Gournay, ou les *quatre frères*, de Neufchâtel.

Cette pomme n'a rien à redouter des gelées accoutumées du mois de Floréal (Mai), parce que l'arbre fleurit tard. Seule, la *peau de vache* donne un bon cidre, ce qui fait qu'elle est très-cultivée dans le département de la Seine-Inférieure.

2°. La *grosse coquerelle*, de Louviers et de Pont-Audemer; elle fait, seule, un bon cidre.

3°. La *petite écarlatte*, ou *rongette*, de Gournay.

4°. *Marie-Janfrei*, de Pont-Audemer; *roquet*, ou *omelette*, de Neufchâtel; *orgueil*, ou l'*oranger*, dans le département de l'Eure.

C'est l'espèce la plus estimée pour faire le cidre; mais il faut qu'elle soit mêlée avec d'autres, parce qu'étant très-grasse, seule, elle ne donneroit que du syrop.

5°. *Haut-bois*, ou *menerbe*. C'est, de toutes les espèces, celle qui pousse le plus vite, et dont les branches sont les plus droites, sans s'entrelacer. Cet arbre prend de lui-même une forme très-agréable. On peut en faire des avenues d'agrément, jusques dans les pleines terres de labour: ses branches ne s'abattent point, et laissent, autour de son tronc, libre passage à la charrue; mais il est bien sujet au froid.

6°. Le *jannet*, du département de l'Orne et de l'Eure, ou *gaunel*, de Gournay. Sa pomme est très-sucrée. Son cidre est le meilleur pour mettre en bouteilles.

7°. Le *bedangue*, du département de l'Eure, ou *bec-d'angle*, île Dieppe et de Cany.

8°. Le *rouget ou doucel*, de Gournay et de Neufchâtel. Quoique douces, les pommes sont bonnes à manger; elles sont très-juteuses, et peuvent, seules, faire d'excellent cidre.

9°. Le *binet*, du département de l'Eure et de Neufchâtel; *gros doux et gros binen*, de Pont-Audemer.

10°. Le *papillon ou renouvellet*, de Bernay, ou le *girard*, de Pont-Audemer.

11°. Le *gros-doux*, d'Aumale; le *gros-doucet*, du ci-devant Roumois; le *petit-doucet*, du pays de Caux et de Neubourg.

12°. Le *mort-jeune jeune*, de Neufchâtel.

13°. La *sonnette*, de Rouen, d'Elbœuf, ou de Bourg-Achard, ou la *marie-picard*, de Neufchâtel.

14°. *Tard fleuri*, de Neufchâtel et Gournay.

On a cru devoir rapporter cette nomenclature, parce que c'est la plus récente qui ait été rendue publique: elle établit d'ailleurs des rapports entre plusieurs pommes. Je regrette toujours de ne pouvoir lui comparer la liste qui avoit été donnée par *Julien Paulmier* avant 1588. Ce qui est de certain, c'est qu'on ne reconnoît dans ce catalogue de pommes aucun des fruits à cidre, mentionnés par *Charles-Étienne* et *Jean Liébault*, dans leur *Bref discours sur la façon des vins fruitiers* (*Agriculture et Maison rustique*, édition de 1578, page 209). Ils disent qu'entre les cidres doux, les meilleurs sont ceux des pommes d'*héroët*, de *cannet doux*, de *curtin* et de *rengelet*; et qu'entre les cidres aigrets, les plus sains sont ceux des pommes de *malingre*, de *rouveau*, de *rambure* et de *cannet sur*. Ces noms ne ressemblent en rien à ceux de la liste du C. *Renault*.

6°. *De la manière de faire le cidre.*

La qualité du cidre dépend de la nature du sol, de son exposition, et de la culture de l'arbre. Les moyens généraux qui peuvent le rendre plus agréable, consistent : 1°. dans le mélange des pommes, 2°. dans la maturité du fruit, 3°. dans la manière de le brasser.

Le C. *Renault* fait, aux Anglois, l'honneur de croire que leur cidre est *tel qu'on n'en boit point dans la République françoise*; il assure qu'ils séparent, espèces par espèces, les pommes qu'ils veulent brasser. Il prétend que pour faire un bon cidre mousseux, ils mettent ensemble la pomme de *rouget* et le *genuet moil*, et qu'ils observent, 1°. la plus grande propreté dans les instrumens de pressurage et dans tous les vaisseaux qui reçoivent le jus des pommes; 2°. qu'ils n'emploient, pour l'assise du marc, qu'une paille fraîche, saine, propre, sans moisissure, ni odeur; 3°. qu'ils les laissent bouillir plus ou moins long-temps, à raison de l'intention qu'ils ont de le rendre plus ou moins pétillant; 4°. qu'ils y mêlent de gros navets sucrés, ce qui le garantit de la *cape*. Le C. *Renault* ne dit pas où il a pris ces renseignemens sur la manière angloise. On verra tout-à-l'heure qu'ils ne sont rien moins que constans. Les Anglois n'emploient pas la paille, mais le crin; et quant aux navets, M. *Marshall*, qui doit en être bien instruit, n'en parle point.

Le C. *Renault* indique ensuite les espèces de pommes qu'il faut mêler ensemble.

Je ne sais pourquoi il appelle *brasser*, la manière de faire le cidre. *Brasser* est un terme technique consacré à la bière.

Selon lui, l'auge et les meules sont de bois; mais il ne dit pas de quel bois, ni de quelle dimension.

Le marc des pommes pilées a plusieurs usages : 1°. repassé à l'auge et lavé dans une quantité d'eau convenable, il rend le petit cidre, qui paie ordinairement tous les frais de la *brassaison*, et qui vaut mieux que le gros cidre, pour ceux qui travaillent aux champs pendant les grandes chaleurs; 2°. il engraisse les animaux domestiques, moutons, porcs, vaches et volailles (les vaches, les poulains et les cochons, recherchent aussi avidement les jeunes pommes et les feuilles du pommier, quoiqu'elles soient amères); 3°. enfin, ce marc des pommes, mis en tourbes et séché sur des perches, fait du feu, et produit une cendre utile aux lessives, à la fabrication du salin et à l'engrais des terres humides.

Tel est le précis des observations du C. *Renault*, pour engager les cultivateurs à planter le pommier à cidre dans toute la République. Cet arbre, selon lui, seroit précieux dans les pays où le vin manque, et il le seroit encore dans ceux où il abonde.

Il ne parle point du poirier.

21°. *M. Marshall.*

De tous les écrivains Anglois sur l'économie des vergers et des cidres, celui qui a traité ce sujet important avec plus de méthode, c'est sûrement M. *Marshall*, dans ses descriptions des comtés de Hereford et de Glocester. Dans ces deux comtés, les liqueurs qu'on tire des fruits, sont un objet considérable d'économie rurale. Il est remarquable que cette industrie est concentrée dans deux comtés. Le Staffordshire, qui n'est séparé du pays du cidre que par une lisière de hauteurs, n'en fait pas un seul tonneau. M. *Marshall* a donné le plus grand soin à cet article; mais il s'est convaincu qu'on est bien loin d'entendre parfaitement la conduite des vergers et l'emploi de leurs produits. La fabrication des cidres est encore une espèce de mystère qu'il a en quelque peine à pénétrer. Ces procédés n'ont jamais été bien examinés, quoique les Anglois aient introduit, à certains égards, dans cette partie, le principe de la division du travail. Les marchands de cidre sont très-avancés dans la manière de traiter la liqueur; mais ils ne connoissent rien à la conduite des vergers, pendant que les fermiers et les possesseurs de vergers sont, pour la plupart, aussi ignorans sur la manière de s'y prendre pour faire et conserver de bon cidre. La matière est si importante et si bien développée par M. *Marshall*, qu'on nous saura gré de donner ici une courte analyse de son travail, d'après la *Bibliothèque britannique* (*Agriculture*, tome III, page 359), et la traduction françoise de M. *Marshall* (tome III, page 112). J'y joindrai des réflexions, ou des faits analogues, que je distinguerai avec soin par des parentheses. On pourra d'ailleurs conférer, avec ce morceau spécial, tous les autres détails de cet essai pomologique, sans que j'aie besoin d'y faire des renvois exprès.

Ce sujet a deux branches principales : 1°. l'économie des vergers, 2°. la fabrication de la liqueur. M. *Marshall* subdivise parfaitement ces deux parties du sujet, et la table de ses articles est le canevas très-exact des données à remplir pour l'embrasser dans toute son étendue. On peut considérer ce que nous allons en extraire, comme une série de questions auxquelles il faut être en état de répondre, pour considérer l'art dans son ensemble, et pour en perfectionner les parties.

I. En quoi consiste l'économie des vergers ?
L'auteur considère séparément, dans cette division, 1°. l'espèce des fruits, 2°. la situation des vergers, 3°. leur sol, 4°. la manière d'élever les plants, 5°. la méthode de planter, 6°. l'art de greffer, 7°. l'entretien des arbres.

1°. Quelles sont *les espèces* de fruits ? Dans les vergers de ce district on trouve la pomme, la poire, et la cerise. L'auteur trouve probable qu'on peut tirer de ce dernier fruit une liqueur fermentée, agréable et utile ; mais il n'a pas appris que cela ait été tenté en Angleterre. Ainsi, la pomme et la poire sont les seuls objets de son examen. (Nous *sommes plus avancés* en France, relativement au cerisier, ou du moins au merisier. Il pourra être question, ci-après, de l'eau-de-vie de merises, et du vin de cerises.)

Tous les anciens fruits qui ont donné une si grande réputation au cidre anglois, sont perdus, ou dénaturés, ou si fort dégénérés, qu'on doit les considérer comme à la fin de leur existence. La *redstreack* (la pomme de rouget) est passée; la fameuse *stire apple* décline sensiblement, et la poire *squah*, qui a produit plus de vin de Champagne qu'il n'en a jamais été importé en Angleterre, ne peut plus réussir. Les arbres sont chancreux et ne produisent plus.

Les cultivateurs de vergers croyent vulgairement que le déclin des anciens fruits est dû au défaut de greffes nouvelles tirées de la Normandie, l'opinion étant que les pommes du meilleur goût croissent là dans leur état naturel, comme la pomme sauvage croît en Angleterre.

M. *Marshall* pense qu'en effet les Anglois ont tiré leurs premiers fruits de la France ; mais il lui paroit aussi probable que les variétés importées dans l'origine, sont perdues depuis long-temps, et que les nombreuses variétés que l'on possède aujourd'hui en Angleterre, y ont été élevées de semence. C'est le sentiment de *Miller*. La *stire apple* est regardée généralement comme un fruit venu de pepin. L'*hagloe crab*, presqu'aussi estimée comme pomme à cidre, est si près de son origine, que le sauvageon qui l'a produite existe encore. Les arbres greffés avec les rejetons de cet individu précieux, donnent un cidre qui, pour sa force, son parfum, et le prix qu'on le vend sur le lieu, surpasse peutêtre toutes les liqueurs tirées des fruits que la nature et l'art ont produites jusqu'à présent. On a offert soixante guinées (quinze cent trente livres) pour cinq cent pintes angloises (ou plus de quatre hectolitres) de ce cidre.

Il seroit impossible de décrire toutes les variétés de pommes et de poires qu'on trouve dans les vergers : elles sont véritablement innombrables, sur-tout dans le Herefordshire, où la plus grande partie des arbres fruitiers à pepins ont été élevés de semence, et greffés ensuite, et où, par conséquent, chaque arbre en est une variété séparée, qui porte le nom de celui qui l'a planté, et du lieu où il a cru.

La poire *barland* est en grande réputation par son poiré, qu'on regarde comme un spécifique contre la colique néphritique.

Il y a beaucoup de fruits venus de pepins parmi les poiriers, ainsi que parmi les pommiers de ce pays.

M. *Marshall* pense qu'il y a eu un temps où l'on s'est attaché, dans ce pays, à perfectionner la pomme et la poire; et que, si le même esprit d'amélioration ne se montre de nouveau, dans peu d'années, il est à craindre qu'on ne voie disparoître les espèces les plus précieuses de ces deux fruits.

2°. Quelle doit être *la situation* des vergers ?

Ils sont épars dans toutes les parties du territoire. L'aspect est plus important que la localité ; une pente au sud-est, abritée du nord, paroît être l'aspect favori : il jouit d'une plus grande quantité de momens favorables à la végétation. Cependant, dans une ferme, dont le produit est en fruits à liqueur, il est prudent d'avoir des plantations à différens aspects. En 1783, les vergers furent dévastés par les bruines, dans toutes les plantations, excepté celles du nord-ouest, où M. *Marshall* vit plusieurs vergers remplis de fruits.

On a beaucoup parlé des arbres fruitiers dans les haies des comtés qui produisent le cidre. Ce n'a jamais été une pratique ordinaire, de garnir les haies d'arbres fruitiers. Aujourd'hui elle est absolument abandonnée ; elle a deux inconvéniens : elle gâte les haies, et le fruit est difficile à recueillir.

(On trouve dans le *Cours d'Agriculture de Rozier*, un morceau sur les haies fruitières, ou les haies composées uniquement d'arbres à fruit. Cet article, très-remarquable, qui avoit d'abord enrichi le *Journal de physique*, mérite de servir de guide à ceux qui seroient dans le cas de former de pareilles haies, avec du plant d'arbres à cidre. J'ai vu, dans un faubourg de Toul, un assez grand jardin, dont la clôture, très-exacte, étoit toute en poiriers sauvages. Elle avoit exigé des soins qu'elle payoit avec usure.)

3°. Quel doit être *le sol* des vergers? La même espèce de fruit, produite par des sols différens, donne des liqueurs qui sont aussi de qualités différentes.

Sur la colline de Lassington, M. *Marshall* a vu fleurir un poirier dans de la glaise bleue et froide, si stérile, que presqu'aucune herbe ne pouvoit y croître, et qu'un pommier sauvage y périt, faute de nourriture.

Le jus de la poire est naturellement sucré, tandis que celui de la pomme est abondant en acide. Les qualités spécifiques de ces fruits peuvent être appropriées à la diversité des terreins. M. *Marshall* conclut ici, d'après les observations que l'on peut faire dans cette province, sur la variété des aspects et des terreins propres à telle et telle espèce de fruits, qu'il n'y a peut-être aucune partie de l'Angleterre qui ne fût susceptible de produire des fruits pour le cidre, si l'on mettoit à cette culture les soins nécessaires. Il affirme que le poiré, en particulier, pourroit se faire par-tout, et de bonne qualité. (Cette conclusion seroit encore plus positive, plus sûre, et plus avantageuse pour la France, dont le climat et le sol sont supérieurs. C'est la raison qui nous fait insister ici sur l'analyse des excellentes observations de M. *Marshall*. Les Anglois ne sauroient nous dérober la vigne ; mais nous pouvons leur disputer la prééminence du cidre et de la bière.)

4°. Quelle est *la manière d'élever les arbres*? Ce qui concerne les pépinières embrasse, 1°. le choix des semences, 2°. la préparation des couches pour les semis, 3°. la transplantation, 4°. les soins pour élever les sujets.

Quant au *choix des semences*, on se sert généralement du pepin des pommes à cidre, séparé du moût, ou du résidu du pressoir. (Ainsi, là, comme en France, on ne fait pas attention que ces pepins peuvent être mal mûrs, ou blessés par le pressoir.) On les sème en automne, ou on les conserve dans du sable jusqu'au printemps ; il faut avoir soin de les garantir des souris.

La couche doit être faite en conséquence du dessein qu'on se propose. Si l'on a l'intention de créer de nouvelles variétés, ou de perfectionner les anciennes, il faut le terreau le plus riche et les plus grands soins ; s'il ne s'agit que de conserver les variétés connues, une terre franche suffit : on la défonce d'un pied à dix-huit pouces (environ un demi-mètre) ; on répand les pepins à un pouce (trois centimètres) de distance ; on les recouvre d'un pouce (trois centimètres) de la plus fine terre.

La transplantation dans la pépinière veut un terrein défoncé de deux fers de bêche, c'est-à-dire, au moins de quatorze pouces (quatre décimètres) ; dix-huit ou vingt pouces (six décimètres) valent encore mieux. On assortit les plants suivant la force de leurs racines ; on les plante en lignes espacées de trois pieds (un mètre), et à quinze à dix-huit pouces (un demi-mètre) environ l'un de l'autre, dans la ligne. Il ne faut pas contraindre les racines : on a soin de les déployer et de les placer horizontalement en terre. Si l'on veut faire pour le mieux, on doit transplanter de nouveau les sujets, dans une terre nouvelle, doublement défoncée, sans engrais; on les y place en quinconce, à quatre pieds (treize décimètres) en tout sens. Plus on a en vue la perfection des variétés, plus il faut déplacer souvent les sujets, comme chaque seconde, troisième, ou quatrième année. C'est ce que l'art peut faire dans ce période de la croissance, pour donner des dimensions plus considérables aux vaisseaux de la sève, et préparer l'arbre à porter ensuite des fruits distingués.

Comment *élever les sujets?* Leur culture suppose qu'on les laboure et qu'on les tient nets de mauvaises herbes. On peut cultiver, dans les intervalles, des plantes potagères, qui ne puissent pas les endommager. Les émondemens et les récépages demandent beaucoup d'attention; on travaille les plants chaque hiver, pour élever la tige et former la tête. On a le tort de les trop élaguer: la hauteur qu'on leur donne est six pieds (deux mètres); il faudroit les élever d'une demi-perche angloise (deux mètres et demi environ). Un arbre à tige élevée est hors de l'atteinte du bétail, et fait moins de tort à ce qui croît sous lui. Un sujet bien gouverné, parvient, en sept à huit ans, à six pouces (dix-sept centimètres) de tour, et à six pieds (deux mètres) de haut. Leur prix, avant d'être entés, est d'un schelling et demi (une livre seize sous). C'est ce qu'on appelle à Rouen des baliveaux, qui sont moins chers qu'en Angleterre; car ils ne se vendent que cinquante francs le mille; mais ils ne sont pas élevés avec tous les soins que M. *Marshall* vient de prescrire.

5°. Quelle est la *manière d'établir un verger?* Pour conduire convenablement cette plantation, il faut avoir égard, 1°. à la distance des arbres, 2°. à la disposition, 3°. au temps propre pour planter, 4°. à la manière d'enlever les arbres, 5°. à leur taille, 6°. à la manière de les planter, 7°. de les défendre, 8°. et aux soins qu'ils exigent annuellement.

Quelle *distance* donner aux arbres? Cela peut dépendre du local et de l'objet qu'on se propose. Dans un verger, proprement dit, il faut calculer la distance sur les dimensions que prennent d'ordinaire les plus longues branches du pommier; mais dans un champ que l'on cultive pour y faire venir des grains, il faut de plus grandes distances. Dans les vergers, M. *Marshall* préfère une distance de trente-six pieds anglois (environ dix mètres), et à-peu-près le double dans les champs ou herbages. Dans la première supposition, chaque acre (mille soixante-cinq toises anciennes, ou quarante ares), porte quarante arbres, et dix seulement dans la seconde.

Quelle *disposition?* Dans les terres arables, les arbres sont à angles droits, ou en lignes croisées, pour faciliter la charrue. Dans les vergers, c'est en quinconce, afin que les têtes des arbres puissent s'étendre également. (Pour des vergers anglois, ceci paroît bien régulier et bien symétrisé. Mais, en France, on a conseillé de planter les arbres en groupes, en laissant de grandes distances d'un groupe à l'autre, pour remédier aux inconvéniens de l'ombre des arbres, dans les terres où l'on cultive le blé. Ces groupes d'arbres dispersés n'ont pas seulement plus de grace; l'air et les rayons du soleil circulent mieux autour. L'ombre n'est pas si meurtrière; les arbres fructifient mieux: ces massifs résistent aux vents. Chaque groupe peut être formé par cinq arbres, dans la circonférence d'un cercle de six à sept mètres (dix-huit à vingt-un pieds) de diamètre. On plante au centre un arbre pyramidal, pour la perspective. Cette manière de planter pourroit faire entrer les pommiers et les poiriers dans les plans des jardins vastes et ornés; et si l'on y faisoit monter des ceps de vigne, dont les guirlandes pussent s'entrelacer d'un arbre à l'autre, la décoration seroit encore plus riante.)

Quelle est la *saison de planter?* C'est la fin d'Octobre et Novembre (Brumaire), en automne, et au printemps, Février, Mars, Avril (Ventose, Pluviose, Germinal), suivant la saison et le sol. Quand la terre est sèche et légère, l'automne est préférable; dans un sol froid, tenace, humide, il vaut mieux planter au printemps.

Comment *lever les arbres?* Leur progrès à venir dépend souvent de la manière dont on les lève, pour les transplanter. On dit qu'on les arrache; et, en effet, on s'y prend ordinairement avec trop de violence. Il faut ménager les racines, afin que le plant s'affermisse aussi vite qu'il est possible. On voit, par-là, combien il est peu raisonnable de serrer trop les plantes dans une pépinière, et combien il seroit utile de les transplanter une fois avant de les fixer à demeure dans le verger.

Comment *les émonder*, ou les tailler, pour les planter ? Il ne faut pas toucher aux racines : il faut donner aux branches la forme que l'arbre doit conserver. On raccourcit un peu la flèche ; on enlève les branches latérales les plus foibles ; mais on fait un choix des plus fortes, pour fournir, dans le temps, le bois nécessaire à la greffe.

Quelle est la *manière de planter* ? La manière commune est vicieuse, et souvent fatale au jeune arbre, dont les racines sont comme encaissées. Voici la méthode que M. *Marshall* indique : on fiche en terre un piquet à l'endroit où l'arbre doit être fixé ; on décrit autour de ce piquet un cercle de cinq à six pieds (deux mètres) de diamètre ; on enlève les gazons de l'aire du cercle, et on les met à part ; on ôte ensuite la bonne terre végétale, dont on fait un monceau ; enfin, on fait un autre tas de la terre que l'on retire du fond du creux. La profondeur des creux dépend de la nature du sol inférieur : lorsqu'il est froid et argileux, si l'on creuse beaucoup plus bas que le sol cultivé, on fait une citerne, où l'eau séjournera au milieu des racines, ce qui doit les pourrir. Dans un sol léger, au contraire, il faut faire des creux profonds, pour obtenir plus de fraîcheur et mieux assurer l'arbre ; dans les sols ordinaires, la profondeur doit être telle que, lorsque les gazons seront mis dans le fond, l'arbre soit mis, dans le verger, à la même hauteur qu'il étoit dans la pépinière. Les trous doivent toujours être faits à l'avance. Au printemps, dans les terreins secs, on arrose les trous, en y jetant plusieurs seaux d'eau, le soir du jour antérieur à la plantation. Il faut jeter, au fond des trous, le gazon, qu'on coupe à la bêche, et qu'on recouvre ensuite avec la terre la plus meuble ; lorsque le fond du trou est élevé ainsi à la hauteur convenable, on place les racines, en étendant chacune d'elles autour de son pivot, dans leur direction, et déployant les radicules, comme un oiseau étend ses pattes sur un sol de niveau. On en dispose les

fibrilles, comme les barbes d'une plume, ou les feuilles de la fougère ; on les couvre de terre fine, en les comprimant doucement. Tout cela se fait à la main, avec ménagement. Il faut trois hommes pour planter : l'un maintient l'arbre droit ; un autre arrange les racines ; le troisième y jette la terre. S'il y a deux rangées ou deux étages de racines, on les étend, on les enterre, on les appuie de même. Il n'y faut point laisser de vide, ni de faux remplissage. Lorsque cela est fait, on rassemble autour de la tige le reste de la terre, et l'on en forme un tas, ou petit monticule, avec une fossette et une pente pour l'écoulement de l'eau.

On trouvera peut-être ces soins minutieux, sur-tout ceux qui sont en usage de traiter les racines, comme les fossoyeurs enterrent un cercueil. C'est d'après son expérience, que M. *Marshall* recommande cette manière de coucher les racines par lits. (Il auroit pu y ajouter une précaution que m'a indiquée autrefois notre collègue *Vilmorin*, et qui consiste à préparer un certain amalgame, ou mélange liquide et gras de terreau, de bouse de vache, etc., pour y faire tremper les racines de l'arbre avant de les planter. On ne fait que les y plonger, et cet engrais, ou cet enduit, fait que la terre meuble les recouvre plus sûrement, et facilite leur reprise.)

Comment *garantit-on les arbres* ? Quand ils ont été transplantés avec les soins qu'on vient de dire, ils ne veulent guère d'appui que leurs propres racines ; mais si les troncs sont élevés, et les racines peu nombreuses, il leur faut des tuteurs. Ces tuteurs se disposent de cinq ou six manières : les uns entourent l'arbre par un cône d'épines ; d'autres plantent des pieux ou des poteaux autour de l'arbre. Dans le Herefordshire, on plante, à deux pieds (soixante-six centimètres) de cet arbre, deux pieux qui portent des traverses : ces traverses en bois, comme les barreaux d'une cage, tiennent l'arbre des deux côtés, sans le gêner, ni l'embrasser. On a soin de mettre les pieux dans le sens que suit la charrue, si la plantation se trouve dans un champ ; mais il faut que le pied soit toujours entouré d'épines, pour garantir le plant de la dent des bêtes à laine, qui en rongent l'écorce, dans les gelées d'hiver, et qui détruisent, en peu d'heures, une grande plantation. (J'ai essayé bien des manières de donner des tuteurs aux arbres nouvellement plantés ; la meilleure méthode m'a paru celle de placer autour de l'arbre à garantir, une enceinte formée avec des pieux ou des plantards de saule, ou de marceau, à certaine distance. On lie ces plantards entr'eux, avec des brins d'osier : ils peuvent bien prendre racine ; mais on ne leur permet pas d'affamer l'arbre qu'ils défendent. On peut les enlever et les renouveler ; on les dispose aussi dans le sens des cultures à donner au terrein. On met ainsi, entre deux claies, chaque arbre qu'on veut protéger. Cette clôture est sûre ; elle n'est pas coûteuse, et fournit quelquefois des plants de saule et de marceau, que l'on peut employer ailleurs.)

Quelle est la *culture des arbres ?* Les soins qu'ils exigent ensuite, sont de les arroser dans le premier été, lorsque cela est nécessaire, et de donner aux buttes qui garnissent le pied, des labours qui tiennent la terre constamment ameublie. L'arrosement doit être abondant, plutôt que fréquent. Il faut verser autour des buttes, ou petits monticules, autant d'eau que la terre en veut boire. Les labours sont plus nécessaires dans les vergers que dans les champs : à mesure que les racines s'étendent, il faut étendre l'aire du cercle cultivé qui les entoure.

Comment et quand *greffer ?* Il paroît qu'autrefois l'usage le plus général, étoit d'enter les plants en écusson, tout près de terre, et dans la pépinière même, où ils restoient jusqu'à ce qu'ils devinssent assez forts pour être transplantés ; mais il falloit, sur les espèces, s'en rapporter aux marchands d'arbres. On préfère d'en être sûr. On croit aussi que cette greffe a fait dégénérer des variétés estimables. Quoi qu'il en soit, cette pratique est décréditée aujourd'hui. Voici ce qu'on pratique : on laisse les sujets deux ou trois ans dans le verger ; quand ils y sont bien affermis, on scie franc le jet vertical, à six pieds (deux mètres) de haut, ou plus haut, si l'on peut, et on le greffe en fente. Il y a des ouvriers, qui courent le pays pour faire ce travail. On protége la greffe avec des bouteilles d'osier, formant un cône renversé ; la greffe est enfermée dans cette espèce d'enton-

noir. Ces gardes-greffe empêchent le bétail, les corbeaux, etc., de déranger la greffe ; ils donnent aux jets de pommier une bonne direction, en les forçant à s'élever ; mais cette très-bonne méthode a aussi des désavantages : quelquefois on est obligé de relier le tronc avec des couronnes de fer. On évite pourtant ces inconvéniens, en laissant croître l'arbre jusqu'à ce que ses branches ayent acquis un diamètre capable de porter les greffes ; alors, le vent a moins de prise. On ne jouit pas aussitôt ; mais les arbres, ainsi greffés, produisent davantage, et durent plus long-temps.

Quelle *culture subséquente* faut-il aux vergers établis ? Elle doit être relative, 1°. au terrein, 2°. aux pommiers.

Quant au *terrein*, les arbres du Hereford sont dans les champs ; c'est un pays arable ; et en Glocestershire, ils sont dans les vergers ; c'est un pays de laiteries. Chacune de ces deux méthodes a ses désavantages. Les arbres, qui ont tout leur cru, et dont les branches sont pendantes, sont très-nuisibles aux récoltes. Leurs racines, leur ombre et l'égoût de leurs branches font tort non seulement aux grains, mais aux tréfles et aux turneps. L'air ne circule pas, et les attelages labourent, avec plus d'embarras, sous ces branches trop étendues. Cependant, les labours sont très - favorables aux arbres, sur-tout dans leur jeunesse : ceux des vergers, ou des herbages, font des progrès plus lents ; les bestiaux leur nuisent. Il faut en écarter les vaches, dans la saison des fruits qui les étranglent quelquefois. Si l'on avoit le choix, il faudroit cultiver les pièces où l'on auroit des arbres jeunes ; mais ensuite, lorsque les arbres sont assez avancés pour nuire à la récolte, il faut mettre les champs en prés. Dans le quartier de Bromyard, où l'on élève le houblon, on plante, dans les houblonnières, de jeunes pommiers ou poiriers. Ces arbres, pendant leur jeunesse, nuisent peu au houblon ; mais ses engrais et la culture leur profitent beaucoup. Avant que les arbres à fruit puissent être assez grands pour faire du tort au houblon, la terre se trouve épuisée pour ce genre de plante, et on revient alors à l'assolement ordinaire.

Dans le comté de Kent, on croit que le houblon

blon aime sur-tout les terres neuves. Lorsqu'on forme une houblonnière, on met, dans un même terrein, avec les plantes de houblon, des pommiers, à grande distance, entre-mêlés de cerisiers. Il arrive, par ce moyen, qu'on recueille d'abord du houblon pendant dix années; qu'ensuite, le produit du fonds vient de celui des cerisiers, dont on jouit pendant trente ans; et que les cerisiers, coupés à cette époque, cèdent enfin la place aux pommiers, devenus vigoureux dans cet intervalle (*Instruction sur l'art de faire la bière*, par le *Pileur d'Apligny*, page 77.)

Quant aux arbres, on a le tort de ne plus les soigner du moment où les bestiaux ne peuvent plus les renverser. On voit leur tronc chargé de mousse, leurs rameaux qui pendent à terre, et leur sommet chargé, ou de touffes de gui, ou de bois inutile, que ne peuvent percer les rayons du soleil. Négligence honteuse, et fausse économie ! Tous les ans, les propriétaires perdent bien au-delà de ce qu'il leur en coûteroit pour mieux tenir leurs arbres.

Quels sont les *principaux ennemis des pommiers* ? La surcharge du bois, le gui, la mousse, la gelée, les vents, les insectes, l'excès de la production, et l'âge.

De ces maux, quelques-uns sont absolument au-dessus de la prudence humaine ; d'autres peuvent être détruits, ou combattus avec succès.

La *surcharge du bois*, ou les branches gourmandes, causent beaucoup de mal. Elles épuisent, sans profit, le sol qui nourrit les racines ; enlèvent aux branches à fruits une partie de leur substance ; abregent la durée de l'arbre, en donnant plus de prise aux vents, et en interceptant les rayons du soleil.

C'est à la surface de l'arbre que mûrissent les fruits. Il faut donc présenter à l'air le plus de surface possible. L'intérêt du cultivateur est, sans doute, d'avoir une récolte chaque année : rien ne peut mieux la garantir, que de tenir l'arbre en état, et d'empêcher qu'il ne s'épuise lorsque le fruit abonde.

Le gui, dans le Herefordshire, est un vrai fléau des pommiers. Le gui tue les pommiers sauvages, et gâte les pommiers greffés ; il est aisé de le détruire et d'en faire un emploi utile ;

car les bêtes à laine l'aiment tout autant que le lierre. Ce n'est pas là le seul exemple des plantes parasites et des herbes nuisibles, dont on pourroit tirer parti, et que la négligence ou l'ignorance des fermiers, laissent croître à leur préjudice, au lieu d'en tirer avantage. Il n'y a rien de si facile que d'enlever le gui. Dans les temps de gelée, on l'arrache avec des crochets ; mais la paresse est telle, qu'une grande partie des arbres et des fruits est perdue, tous les ans, par cette plante singulière.

La mousse tient beaucoup au sol, à l'exposition, etc. Il n'est peut-être pas possible d'extirper tout-à-fait cette vermine végétale ; mais on pourroit du moins arrêter ses progrès. Dans le comté de Kent, des hommes font métier d'en débarrasser les vergers, à tant par verger, ou par arbre. Dans le Herefordshire, M. *Marshall* a vu des arbres, des vergers entiers, qui en étoient déshonorés. Quelle honte, dit-il, pour des cultivateurs, dont le soin des vergers fait la principale industrie ! Qu'importe le nombre des arbres qui ne produisent rien, et qui embarrassent le sol, comme s'ils étoient vigoureux !

Les gelées du printemps font aux arbres fruitiers un tort qu'on ne peut empêcher. Les gelées sèches ne font guère que retarder la floraison ; elles sont donc plutôt utiles. Mais les gelées humides, ou celles qui succèdent immédiatement à la pluie, aux brouillards, nuisent beaucoup, même aux bourgeons. Il y a pourtant des années où la fleur y résiste. Tous les soins qui assurent la santé, la vigueur des arbres, tendent à affoiblir les mauvais effets des gelées. (Suivant des notes de Mortagne, département de l'Orne, les arbres non greffés sont moins sujets à la gelée. *Feuille du Cultivateur*, du 27 Thermidor an III.)

On est persuadé qu'il y a des bruines, ou des vents, qui empêchent les fleurs des arbres de nouer. Ces fleurs se trouvent quelquefois infectées de beaucoup d'*insectes* : on ne sait point encore si ces insectes sont l'effet ou la cause du mal. En 1788, les gelées du printemps répandirent l'alarme : on croyoit tout perdu, et la récolte fut superbe. Mais la cause en est dans la force que les arbres avoient acquise : dans les quatre années précédentes, ils n'avoient point donné ; ayant recouvré leur vigueur pendant ces années de repos, ils eurent des fleurs plus robustes, qui bravèrent les mauvais vents. On ne voit que très-rarement deux bonnes récoltes de suite : une année abondante, sur deux ou trois années, c'est tout ce qu'on peut espérer. Ces produits excessifs ont de mauvaises suites. Les branches plient sous le faix ; mais l'année suivante est stérile. On pourroit employer quelques précautions contre cette inégalité et cet excès des fruits, en greffant sur les branches, au lieu de greffer sur le tronc, en diminuant, avec art, le nombre des branches à fruit, en ôtant les branches gourmandes, etc.

(Le Bureau d'agriculture d'Angers a prouvé que le meilleur moyen de détruire la chenille des pommiers, n'est pas d'écheniller en hiver, ni d'employer les vapeurs du soufre et de la paille brûlée, les aspersions d'eau savonneuse, l'application de l'huile, etc. ; mais d'*écoconner* au mois de Juin, entre les fêtes de Saint-Jean et de Saint-Pierre (ou du 5 au 10 Messidor). Tel est le procédé que l'on suivit en 1761, année fatale aux pommiers, qui furent extraordinairement ravagés par les chenilles. On observa la marche et les métamorphoses de ces insectes. Elles forment des amas de leurs coques, et les fixent, par préférence, sous les grosses branches des pommiers, ou à la bifurcation de leurs troncs; elles les disposent avec art. C'est cet art même qui donne la facilité de les détruire : enlever la coque de la chenille, ou plutôt l'assemblage qui s'en trouve sur les pommiers, c'est détruire les chrysalides; c'est prévenir le développement et l'essor du papillon, la ponte des œufs et la génération annuelle des chenilles. On enlève ces coques avec facilité ; on les dépose dans des paniers pour les brûler. L'effet de ce procédé fut que les chenilles ne reparurent plus sur les pommiers en 1762, ni en 1763. Les arbres reprirent une nouvelle vigueur ; les vergers et les champs voisins, où l'on avoit négligé ces recherches, présentèrent un spectacle bien différent : les chenilles furent abondantes; les feuilles des pommiers furent dévorées en entier ; les bourgeons qui échappèrent à la dévastation ne purent donner de fruits. *Journal économique*, Octobre 1766, page 452.)

Que peut-on contre *la vieillesse?* On ne peut l'empêcher ; mais on peut maintenir les arbres plus long-temps en pleine santé, en leur donnant des soins. Dans la vallée de Glocester, un habile cultivateur prévenoit le déclin de ses pommiers, qu'il avoit soin de greffer sur le tronc, pour les renouveler. (Ce seroit le cas d'appliquer les principes développés dans l'écrit de M. *Forsyth*, qui redonne aux vieux arbres une vigueur toute nouvelle, en leur coupant la tête, et en y appliquant une espèce d'onguent de Saint-Fiacre, un peu plus compliqué que celui de *Roger Schabol*. Loin de sacrifier les arbres qui s'avancent vers leur décrépitude, M. *Forsyth* les rajeunit et leur fait produire des fruits dans un court espace de temps. C'est une pratique admirable, dont les cultivateurs de nos arbres à cidre peuvent tirer un grand parti. Les vergers, gouvernés d'après cette méthode, peuvent devenir éternels. C'est ce qu'on aura soin d'exposer en détail, lorsqu'on traitera plus généralement des arbres et des soins qu'ils exigent.)

On observe que les poiriers, sur-tout dans les terres profondes, durent bien plus que les pommiers. Les poiriers peuvent voir trois générations des autres ; conséquemment, les deux espèces ne doivent pas être mêlées dans le même verger.

II. Quelle est la fabrication des cidres?

Les liqueurs qu'on tire des fruits peuvent être de quatre sortes : 1°. le cidre fait de pommes seules ; 2°. le poiré fait de poires seules ; 3°. le cidre fait avec des pommes et des poires ; 4°. le cidre du pommier sauvage et des meilleures poires.

Les deux dernières sortes et plusieurs des premières s'emploient dans les fermes pour boisson ordinaire. Ce qui s'en vend est peu de chose; de-là, peu d'émulation de la part des fermiers pour perfectionner une liqueur qu'ils ne regardent que comme la boisson des gens. Plus ces cidres sont âpres, et plus ils se conservent, et plus l'habitude les rend agréables aux ouvriers, aux domestiques, même aux maîtres. Un gosier fait au cidre doux, prendroit celui des fermes pour une espèce de vinaigre, où l'on auroit mêlé de l'eau et fait dissoudre de l'alun, afin de lui donner du montant et de l'âpreté ; mais ceux qui sont accoutumés à ce cidre si dur, regardent l'autre espèce comme une boisson frelatée et qui ne convient qu'à des femmes. Il est bien vrai que les marchands savent donner au cidre la douceur et le coloris ; cependant le grand art de cette fabrication est de donner à la liqueur une couleur flatteuse à l'œil et un goût agréable, mais avec le seul jus du fruit, soit cidre, soit poiré. Quelques propriétaires, quelques fermiers du premier rang, qui préparent eux-mêmes leur cidre pour la vente, sont fort avancés dans cet art ; malheureusement, ils sont jaloux du succès de leurs cidres, et ils cachent leurs procédés. Ainsi, quoique chacun puisse réussir à son tour, l'art n'en est pas moins imparfait ; et il n'y a point encore de doctrine uniforme, ni de principes fixes, pour faire, à coup sûr, de bon cidre. M. *Marshall* a bien suivi et étudié ces pratiques, en 1783 et 1788. D'après ce qu'il a vu et d'après ses réflexions, il subdivise en dix parties ce sujet général : 1°. l'appareil nécessaire pour fabriquer le cidre ; 2°. le fruit ; 3°. la manière de le broyer ; 4°. la manière de le presser et d'employer le résidu ; 5°. la fermentation ; 6°. l'art de corriger la liqueur ; 7°. les vaisseaux pour la renfermer ; 8°. celle que l'on met en bouteilles ; 9°. la vente ; 10°. le produit.

1°. Quel appareil est nécessaire pour fabriquer le cidre ?

Un pressoir est aussi indispensable, à cet égard, qu'une grange peut l'être dans une ferme à grains. On le place à l'extrémité d'un bâtiment extérieur, ou bien sous un hangar ouvert. Il seroit difficile de donner une idée exacte du pressoir et du moulin, sans beaucoup de figures ; je me borne aux remarques les plus essentielles. La qualité des pierres pour la meule et pour l'auge est extrêmement importante. Il ne faut pas, sur-tout, que cette pierre soit calcaire dans aucune de ses parties, pour ne point être corrodée par l'acide de la liqueur ; il ne faut pas non plus qu'elle puisse communiquer une teinte désagréable : une auge de grès, d'un grain net, ou bien de pierre à aiguiser, est la plus convenable. La meule a

un bras alongé, pour y atteler un cheval ; le pressoir est sur les principes des presses pour le linge, ou de la presse à emballer : c'est une vis qui tourne dans un chassis carré. Il faut, d'ailleurs, peu d'ustensiles dans un moulin à cidre. Les fruits y sont portés dans des paniers, ou dans des brouettes, et la liqueur en est rapportée dans des seaux. La dépense, pour établir et pressoir et moulin, dépend de leur grandeur. On peut en faire construire un d'une grandeur moyenne, et qui suffit à une ferme, pour vingt-cinq livres sterlings (six cent livres). Le transport de la pierre influe beaucoup sur le prix : c'est le propriétaire qui supporte cette dépense. Ce moulin, bien construit, peut durer de longues années.

(Les pressoirs peuvent être fort perfectionnés. J'en ai déjà parlé dans l'extrait des *Mémoires de la Société d'agriculture de Rouen* ; mais, depuis cette époque, on a fait de nouveaux essais. L'auteur d'un *Rapport sur les prix nationaux d'agriculture dans le département de la Seine-Inférieure* (à Rouen, an III, in-4°, de 46 pages), citoit le C. *Brument*, professeur d'architecture de l'école de dessin, comme inventeur d'un pressoir également propre au vin, au cidre, et à l'huile. Ce pressoir avoit, sur ceux usités, les avantages suivans : 1°. il offroit une force que le conducteur pouvoit augmenter ou diminuer à son gré, et qui étoit supérieure à la force des pressoirs ordinaires ; 2°. il épargnoit les arbres énormes que l'on avoit employés jusqu'alors, et dont l'usage occasionnoit une dépense très-considérable, et nuisoit aux besoins de l'architecture civile, militaire, et navale ; 3°. il occupoit un moindre emplacement ; 4°. il dispensoit des chevaux, des jattes, des bordures ; 5°. enfin, à tous ces avantages, il réunissoit celui d'un travail plus expéditif. Le C. *Brument* avoit inventé beaucoup d'autres machines économiques. L'administration du département fit exécuter son moulin à roue inclinée ; mais on ne voit pas si le pressoir a été essayé.)

2°. Que fait-on, par rapport au fruit ?

Il faut considérer, 1°. le temps de le cueillir ; 2°. la manière de le cueillir ; 3°. de le laisser mûrir ; 4°. de le préparer pour le moulin ; 5°. et le mélange des espèces.

Quel est le temps de le cueillir? Cela dépend de la saison et du genre des fruits. Les premières poires sont mûres dans le mois de Septembre (Fructidor). Il y a très-peu de pommes bonnes à récolter avant la Saint-Michel (6 Vendémiaire), quoique souvent les vents abattent la plupart des fruits bien avant cette époque ; cependant, pour le cidre à vendre et pour celui qu'on veut garder, on laisse les pommes à l'arbre, jusqu'à ce qu'elles soient bien mûres. Le signe naturel de la maturité des fruits est dans leur chûte spontanée ; mais on ne peut toujours l'attendre. Beaucoup de fruits pourroient demeurer sur les arbres jusqu'à l'époque des gelées, qui perdent les pommes aqueuses et d'une saveur foible. On a un exemple de cidre de la première qualité, fait avec le *golden pippin*, gelé aussi dur qu'une pierre.

Comment recueille-t-on le fruit? On envoie des hommes avec des gaules minces secouer les branches des arbres et abattre les fruits, qui sont ramassés par des *femmes*. M. *Marshall* a vu deux hommes et huit femmes employés à cette récolte, avec une charrette à bœufs et un petit garçon pour les conduire et emporter les pommes à mesure. On finissoit chaque arbre avant d'en attaquer un autre. Tout cela lui paroît contraire aux vrais principes ; car les fruits d'un même arbre diffèrent en maturité, peut-être de plusieurs semaines, tant par leur exposition, que par beaucoup de causes qui nous sont inconnues. Ainsi, une grande partie de ce qui constitue leur richesse et leur goût, se perd sans qu'aucun art puisse le recouvrer. Le sucre brut et l'eau-de-vie ne remplacent jamais la saveur native du fruit ; la fermentation vineuse, que la liqueur doit éprouver, se trouve interrompue ou dérangée par ce mélange de fruits mûrs avec des fruits verts ; la liqueur se dépure ensuite plus difficilement. Le sang de bœuf, le soufre, peuvent diminuer le mal jusqu'à un certain point, mais non le faire disparoître. Des particuliers plus instruits, recueillent leurs fruits à deux fois : d'abord, lorsqu'ils tombent d'eux-mêmes, ils secouent les branches avec un crochet, sans effort. Ils y laissent les fruits qui résistent à cette agitation modérée ; ensuite, quand ceux-ci sont mûrs, ou que l'hiver commence, ils y vont franchement avec la gaule, qui achève de dépouiller les arbres.

Que faut-il pour mûrir le fruit que l'on a recueilli? Pour corriger la crudité des fruits que l'on a arrachés de l'arbre à coups de perches, ou les rassemble en tas, à l'air libre, jusqu'à ce que le fruit, plus mûr, soit tout prêt à pourrir. La pratique est défectueuse, quoiqu'elle soit très-générale. On sent les inconvéniens ; mais on n'est pas d'accord sur les moyens d'y obvier. Les uns laissent le fruit sous l'arbre, pendant dix jours au moins, et l'envoyent de suite au moulin ; d'autres laissent mûrir le fruit à couvert et au sec ; enfin, d'autres exigent qu'il s'échauffe à un certain point, tandis que certaines personnes se récrient avec violence contre cette méthode.

Dans la règle, il faut que le fruit se détache de l'arbre, soit recueilli par un temps sec, et mis en tas, couvert, mais sans que la hauteur des tas en provoque l'échauffement. Dans une chambre, on ne doit pas amonceler les fruits à plus de dix pouces (trois décimètres) d'épaisseur. Il faut que le grenier à fruit soit parfaitement aéré. Chaque moulin devroit avoir un grenier à fruit au-dessus, avec un entonnoir en toile, et une trappe, par laquelle le fruit descend jusques dans l'auge.

Il ne faut pas non plus laisser pourrir le fruit ; car c'est en perdre le meilleur. Le vrai point de maturité est lorsque la chair a acquis son plus haut degré de richesse, les pepins leur plus haut degré de saveur, et que, pourtant, la peau conserve son éclat.

Quelle est la préparation du fruit pour le moulin? On n'a qu'un seul moyen d'éviter le mélange des fruits mûrs, avec le fruit vert : c'est de les séparer, à la main, soit lorsqu'on l'entasse, soit lorsqu'on l'envoie au pressoir. Il est probable que ceci est un des grands secrets de l'art de faire de bons cidres ; mais il est étonnant que ce moyen si excellent ne soit pas pratiqué. Il est vrai qu'il en coûte plus de dépense et plus de peine ; mais il n'est aucun genre de fabrication qui n'en exige plus ou moins ; et si la denrée dédommage au décuple de la dépense, la peine devient un plaisir. Les manufacturiers en laine employoient autrefois les

toisons tout entières pour faire les mêmes ouvrages; aujourd'hui, l'on sépare, on assortit
les laines, et on y met de l'importance. On
parviendra de même à assortir les fruits. On
connoît un marchand de cidre (M. *Jones*, de
Glocester), praticien supérieur, qui emploie sur-
tout les pommes *stire*, et dont le procédé est
suffisamment appuyé par l'excellence de son
cidre. Il fait enlever avec soin les pommes pourries, noires, et celles même qui brunissent. Il
fait couper, en outre, les parties de ces fruits
tachées de pourriture, et n'emploie que ce qui
est sain. On pourroit faire ôter encore les petites
pommes mal mûres, qu'on mettroit de côté,
pour le cidre de la maison. (Il est aisé de rapprocher de ce qu'on vient de lire, ce qui a été
dit plus haut, des méthodes normandes, dans
les articles de *Porée*, *Chambray* et *Renault*.)

Mélange-t-on les fruits? Les meilleures liqueurs se font avec des fruits choisis; mais,
dans la pratique commune, on les mêle indistinctement. Il est plus que probable que le cidre
peut être très-perfectionné par des mélanges bien
conçus: c'est un objet auquel on devroit faire
attention. On parle d'un particulier qui mélange, non pas les fruits, mais les liqueurs qui
en proviennent, quand elles fermentent encore;
d'autres ne les mélangent qu'après qu'elles sont
faites. (Le mélange des fruits paroît être considéré et très-bien entendu dans la ci-devant Normandie. Le C. *Renault* entre, à ce sujet, dans
un assez grand détail.)

3°. *Comment broyer le fruit? Comment traiter le fruit broyé?*

Dans les pays à cidre, on croit que le jus
renfermé dans la pulpe des pommes est la seule
substance qui forme le bon cidre: on se contente, en conséquence, d'une foible machine
en bois, qui ne fait que rompre les pommes;
on les déchire en morceaux, avant de les mettre
à la presse. Dans le comté de Hereford, on pense
que le cidre du jus seul de la pulpe est loin
d'être parfait; il manque de parfum, et même
de couleur. On estime que les bons cidres doivent, en partie, aux pepins leur goût supérieur,
et qu'ils sont colorés par l'effet de la peau des
pommes. Il est plus vraisemblable que la peau
est aromatique; mais enfin, il est nécessaire

que la meule brise et écrase la peau des pepins,
afin que la liqueur en reçoive les qualités qu'ils
doivent lui communiquer. Une meule de pierre,
qui roule dans une auge de la même matière,
est donc bien préférable au petit appareil dont
on vient de parler; cependant, dans sa forme,
elle paroît ne pas suffire à la réduction du fruit.
On n'en porte au pressoir aucun tas qui ne soit
rempli de morceaux non broyés, tandis que la
totalité devroit être réduite en mucilage, ou en
bouillie. Le résidu sort du pressoir, et présente
souvent presque tous les pepins entiers, tandis que, suivant les principes, ils devroient
tous être écrasés. On a imaginé d'imiter les
moulins à sucre, et de faire passer les pommes
entre des rouleaux cannelés: ils sont de fer cou-
lé, de neuf pouces (environ trois décimètres)
de diamètre, avec des dents d'un pouce (trois
centimètres) de saillie; on les meut à la main,
deux hommes les faisant agir l'un contre l'autre.
On a vu deux de ces cylindres adaptés assez
bien à un moulin à bled, que l'eau faisoit aller.
Les fruits passent deux fois à travers ces rouleaux; mais la machine est imparfaite: on
trouve des pepins qui sont encore entiers dans
le résidu de la presse. Ces sortes de moulins
pourroient servir dans un pays où la pierre à
grès seroit rare; mais où la pierre est abondante, la meule qui roule dans l'auge doit être
préférée, quoiqu'elle semble susceptible d'un
peu plus de perfection. On peut faire, en un
jour, trois muids (six hectolitres) de poiré,
ou un muid (deux hectolitres) de cidre. Les
praticiens, qui connoissent l'importance de bien
broyer et écraser le fruit, ne font jamais, par
jour, qu'un muid (deux hectolitres) de cidre;
ils veulent que le fruit soit réduit, autant que
possible, en mucilage, ou en bouillie, d'une
consistance uniforme. On a des idées assez justes
sur la manière dont le fruit devroit être broyé;
mais, faute de temps, d'industrie, ou de perfection des moulins actuels, la pratique *commune*
répond mal à la théorie.

Comment traiter le fruit broyé? Les pommes
sont pressées aussitôt que broyées. Les pepins et
la peau des pommes, quel que soit leur effet,
ne peuvent guère agir suivant un pareil procédé. Des hommes réfléchis laissent séjourner

vingt-quatre heures la matière broyée ; d'autres, plus pleins de cette idée, font rebroyer cette matière, vingt-quatre heures après qu'elle a séjourné dans des cuves ; par ce moyen, en supposant le moulin imparfait, les pepins *macinés* une première fois, ne sont plus des substances dures ; ils sont réduits alors en particules fines. La totalité de la pomme peut alors entrer dans le cidre ; ce que l'on doit se proposer.

4°. *Comment presser le fruit broyé?*

La matière, une fois broyée, se portoit, jadis, sous la presse, en tas entre-mêlés de paille, par lits alternatifs ; aujourd'hui, c'est avec des tissus de crin que l'on forme la pile que l'on veut presser. Ces tissus, ou treillis de crins, ressemblent à ceux dont on couvre l'orge qu'on convertit en drèche. On arrange ces piles dans des chassis de bois. Les couches de matière, entre chaque treillis de crin, ne doivent pas être trop fortes : plus ces couches sont minces, mieux on en exprime le suc. Quelquefois on moule ces piles, sans se servir d'aucune forme, et tout est fait à l'œil : cette manière est vicieuse. On presse lentement ; la première liqueur est trouble ; ensuite, si c'est du poiré, il devient aussi clair que s'il étoit filtré à travers un papier. C'est une boisson douce et assez agréable. En pressant avec soin, on rend le résidu tout sec. Le pressoir est donc, dans son genre, moins imparfait que le moulin.

Comment traiter le résidu? On le jette au rebut ; ou, pressé imparfaitement, on le renvoie au moulin, où il est lavé, c'est-à-dire, rebroyé avec de l'eau, pour la boisson de la maison. Ainsi on jette, ou l'on employe à un usage secondaire, ce qu'on peut appeler l'essence des liqueurs de fruits. Mais des personnes plus habiles continuent à presser, tant qu'il reste une goutte à extraire ; elles renvoyent le premier résidu au moulin, pour être rebroyé, non pas avec de l'eau, mais avec un peu de la liqueur sortie la première du pressoir.

De tout cela, M. *Marshall* déduit ces règles de pratique, pour ceux qui ont le temps et le désir de très-bien faire : Ne faites écraser qu'une seule pressée par jour ; faites passer le mucilage au pressoir, et rebroyez le résidu le soir ; laissez infuser, la nuit, le résultat de cette seconde

trituration, dans une partie de la liqueur qui en a été obtenue, et remettez-le au pressoir, le lendemain matin, pendant que le moulin est occupé à broyer une nouvelle pressée.

5°. *Quel est l'art de conduire la fermentation ?*

Cette partie requiert le jugement le plus exquis. Jusqu'à présent, les bras ont agi seuls. C'est ici un travail de tête.

Dans une manufacture de cidre bien ordonnée, le cellier, pour la fermentation, devroit être sous le même toit que le pressoir, dont il seroit un prolongement : l'air y auroit un accès libre ; mais il y auroit des volets pour garantir de la gelée. Au-dessus, seroient des greniers à fruit, et au-dessous, des caves, avec des ouvertures dans la voûte, pour y introduire le cidre par des tuyaux de cuir. La pratique est de faire fermenter dans des tonneaux ou dans des cuves. On n'employe aucun ferment. On n'a aucune manière de mesurer les degrés de la fermentation.

L'air atmosphérique et la chaleur sont nécessaires pour produire une fermentation libre ; la chaleur, pour mettre en mouvement le principe fermentant, et l'air, pour dégager et enlever les parties désunies, qui cherchent à s'échapper. Mais il paroît aussi que la chaleur ordinaire de l'atmosphère est communément plus que suffisante pour donner le degré nécessaire de mouvement ; et que, dans la manipulation du cidre, c'est plutôt le frais que le chaud qu'on doit rechercher. On doit donc préférer, pour le temps de la fermentation, des cuves découvertes, plus susceptibles de fraîcheur que des tonneaux, qui ne reçoivent de l'air que par le bondon.

(Cet article important, la fermentation des cidres, est le moins bien développé dans l'écrit de M. *Marshall.* Ici l'agriculture doit recourir à la chimie ; il faut lire, dans le *Système des Connoissances chimiques,* de notre collègue, le C. *Fourcroy,* toute la partie du tome VIII, qui traite des fermentations végétales, dont il admet cinq espèces : 1°. la saccharine, 2°. la vineuse, 3°. l'acide, 4°. la colorante, 5°. la putride. Il faut bien méditer, sur-tout, ce qu'il dit de la fermentation vineuse, de ses conditions, de ses phénomènes, de ses produits immédiats et éloignés, c'est-à-dire, du vin, de l'alcool et de l'éther. Quand on se sera bien pénétré de cette belle et simple théorie, l'on sera plus en état d'étudier la fabrication du cidre, qui n'est qu'un vin de fruits. Il y a de l'analogie entre toutes les sortes de liqueurs fermentées ; mais il y a aussi de grandes différences. On n'a pas assez comparé, dans leurs procédés successifs, la fabrication du vin, du cidre et de la bière. Pourquoi ne pas soumettre les cidres et poirés à la balance hydrostatique et au pèse-liqueur, comme on y a soumis les moûts de raisin et les vins ? La nature des fruits présente aussi des différences, qu'il faudroit bien connoître. *Duhamel* a donné, dans les *Mémoires de l'Académie des sciences*, une anatomie de la poire. La sève de la vigne a été bien analysée par la chimie moderne ; je voudrois que l'on eût examiné également la sève du pommier et celle du poirier. Le C. *Fourcroy* donne aussi, dans son septième volume, l'histoire de l'acide malique, trouvé par *Scheele*, dans le suc des pommes et d'un grand nombre d'autres fruits. Cet acide n'a encore été préparé que pour les usages chimiques. Le C. *Fourcroy* dit qu'il pourroit servir de boisson rafraîchissante, ou d'assaisonnement, comme plusieurs autres acides végétaux. Ce n'est qu'avec le secours de ces connoissances et de ces expériences, que l'on pourra simplifier et améliorer les routines usitées pour la fabrication des cidres.)

6°. Quelle est la manière de corriger les défauts du cidre ?

Ceci s'appelle, avec raison, *médicamenter* le cidre. Les imperfections auxquelles l'art cherche à remédier, sont : le manque de force, le défaut de substance, le défaut de goût, le défaut de couleur, et le manque de clarté. On remédie au défaut de force avec de l'eau-de-vie ; pour suppléer au défaut de goût, on ajoute quelquefois une infusion de houblon : on répare la couleur quelquefois par des baies de sureau, qu'on broie avec le fruit, et plus souvent avec du sucre brûlé, qui donne au cidre la couleur désirée, et une certaine amertume fort vantée ; on fait bouillir du sucre brun, jusqu'à ce qu'il ait acquis une amertume agréable ; on le jette

ensuite dans de l'eau bouillante, dans la proportion de deux livres (un kilogramme) sur un gallon (quatre litres) d'eau. Une pinte (un litre) de cette préparation suffit pour colorer un demi-muid (un hectolitre) de liqueur.

Avec tous ces moyens, il ne faudroit donc que du vinaigre et de l'eau pour parvenir à faire du cidre, sans se donner la peine de planter des vergers. M. *Marshall* croit qu'il vaut mieux s'attacher à produire des liqueurs saines, qu'à chercher l'art de guérir celles qui ne le sont pas.

7°. Comment renfermer la liqueur ?

C'est ici un pas difficile, et qui est fort mal entendu. Chaque année, il y a un grand nombre de tonneaux de cidre perdus, ou très-endommagés, par le défaut d'attention à les boucher à temps. Les marchands renferment leur cidre dans de vastes tonneaux, qui contiennent jusqu'à cinq et six muids (dix et douze hectolitres). Le bon cidre peut rester très-long-temps dans ces grands tonneaux. (En France, dans le pays d'Auge, les tonnes destinées pour conserver les cidres, sont des vaisseaux immenses. Les moindres, sont de huit cent pots, dont chacun vaut trois pintes (trois litres). On monte au sommet de ces tonnes par des escaliers à demeure ; on y entre par une porte, ou trappe à l'un des fonds, quand on veut nettoyer l'intérieur des tonnes. Il faut, pour une ferme, au moins deux tonnes et demie (deux mille pots) de petit cidre. Ce petit cidre est excellent, mais il n'est pas dans le commerce. *Guillaume le Breton*, poète, qui vivoit dans le douzième siècle, et chapelain de Philippe Auguste, parle du pays d'Auge, et le caractérise par son cidre gras et épais.

Siceræque tumentis

Algia potatrix.   (Philippid.)

8°. Quand met-on le cidre en bouteilles ?

Le bon cidre est rarement en état d'y être mis avant qu'il ait un an ou deux. Il faut que la liqueur soit bien claire, et que le temps soit frais. Il y a, dans chacune de ces opérations, un moment critique à saisir. Le cidre, mis en bouteilles à propos, conserve ses qualités, et ne fait jamais de mal.

9°. Quels sont les marchés pour le cidre ?

Le principal est Londres, d'où, ainsi que de

Bristol, le cidre est envoyé aux Indes occidentales, et dans les marchés étrangers.

Les cultivateurs des vergers varient entr'eux sur l'état dans lequel ils croient pouvoir disposer du produit de cette culture. Quelquefois ils vendent le fruit; quelquefois, ils vendent la liqueur au sortir du pressoir; quelquefois, seulement après le premier soutirage; quelquefois en tonneaux, lorsqu'elle est bonne pour la vente; quelquefois aussi, mais plus rarement, en bouteilles.

Les cultivateurs n'aiment pas à se défaire de leur fruit; ils y perdent le petit cidre, ou la boisson de leur famille: le transport est plus difficile. Les marchands du pays préfèrent de travailler leur cidre eux-mêmes, s'ils ne peuvent le faire. (Dans la ci-devant Normandie, la Basse étant plus abondante en pommiers que la Haute, quand le pays de Caux éprouve des besoins, les fermiers font venir de Basse-Normandie, non pas des cidres, mais des pommes. Ces chargemens de pommes se font à Isigny, dans la rivière de Caen, à Tonques; ils débarquent au Hâvre, à Fécamp, etc. La raison pour laquelle les cultivateurs donnent la préférence aux pommes, vient de ce qu'ils font le cidre à leur manière, et lui donnent le degré de force qui leur convient. Si le cidre venoit tout fait et tout paré, il faudroit, alors, pour en diminuer la force, le couper avec de l'eau, après la fermentation; ce qu'ils n'aiment pas, et ce qui n'est pas bon, sur-tout dans un pays où il n'y a que de l'eau de marre.)

Le prix du produit des vergers est extrêmement variable. On a vu souvent la gelée d'une nuit de printemps, tripler le prix des cidres. Celui de la liqueur commune est ordinairement fixé par une assemblée de marchands, à la foire d'Hereford, le 20 Octobre (fin de Vendémiaire); quelquefois le tonneau vaut près du double de la liqueur qu'il contient: ces tonneaux, très-solides, ont leurs douves en chêne, des cerceaux en frêne, et des cercles de fer. Lorsqu'on envoie le cidre aux marchands, ils le tirent du tonneau, qu'ils renvoyent par la même voiture. Le prix de la liqueur soutirée une fois, est d'environ un quart en sus de celui du pressoir. Mais le prix s'élève beaucoup, et même sans proportion, pour le cidre mis en bouteilles. (Un voyageur, en Allemagne, dit avoir bu du cidre des environs d'Aschaffenbourg, que les connoisseurs seuls auroient pu distinguer du vin. Ce cidre, fait depuis sept ans, avoit beaucoup de feu: il coûtoit vingt-quatre creutzers (environ trente sous) la bouteille. L'auteur observe qu'on pourroit avoir d'excellent vin au même prix. Aschaffenbourg est une ville située non loin de Francfort, derrière la forêt de Spessart; elle envoye, dans le nord, ses cidres, sous le nom de vins du Rhin.)

Il y a, tous les ans, beaucoup de cidre de perdu, parce qu'on manque de tonneaux. En 1784, on construisit des citernes dans la terre, pour y suppléer; mais elles ne répondirent pas à l'intention: les liqueurs furent gâtées. (*Rozier* conseille, pour le vin, des foudres en *beton*. J'ai vu de ces citernes à Metz et à Nanci; je les ai essayées, mais sans succès, à Saint-Domingue, soit par un vice du climat, soit par quelques défauts dans la construction, ou dans les matières employées. Il seroit très-intéressant de rendre certains et vulgaires, les moyens d'établir ces futailles factices, semblables aux caves à bled, qu'on appelle à Ardres, *les poires*.)

10°. *Quel est le produit des vergers? Est-il avantageux? Pourroit-on l'augmenter?*

Ceci peut se considérer de cinq manières différentes, savoir: le produit du fruit, celui des arbres, celui du terrein, celui des individus, celui du pays.

Le produit du fruit dépend de l'espèce et du temps de sa maturité. Les poires donnent plus de jus que les pommes; certaines pommes en donnent plus que d'autres. On compte huit sacs de pommes, ou six de poires, pour faire un tonneau de liqueur, ou un muid (*hogsead*) de cent huit gallons (quatre hectolitres). Deux *hogseads* (huit hectolitres) de fruits donnent un *hogsead* (quatre hectolitres) de liqueur; mais il est des sortes de pommes qui ne rendent, en cidre, que le tiers de leur volume.

Le produit des arbres annonce la fertilité du pays. On a montré à M. *Marshall* un poirier qui a produit deux *hogseads* (huit hectolitres) dans une seule année. Dans le même terrein, il y avoit un pommier dont on espéroit tirer autant

tant ; mais ces exemples sont très-rares. On regarde un *hogsead* (quatre hectolitres) de cidre comme un très-grand produit. (Mademoiselle *le Masson le Golft*, du Hâvre, dans un ouvrage intitulé : *la Balance de la Nature*, parle d'un seul poirier, d'une ferme près Ingouville, qui avoit donné, une fois, dix-huit cent pintes (dix-sept cent dix litres) de poiré. J'ai vu, dans ma jeunesse, ramasser quinze sacs de poires sous un poirier sauvage, comme il y en avoit beaucoup d'épars dans les campagnes de notre ci-devant Lorraine. Ces quinze sacs équivaloient à plus de dix setiers (un muid, ou un kilolitre). On en fabriquoit du poiré ; on en faisoit des confitures, ou l'on faisoit sécher ces poires. Ces arbres ont été détruits ; ils donnoient tous les ans, et plus que les arbres greffés. J'ai eu occasion de visiter quelques communes, dans ce qu'on appeloit la Lorraine allemande, qui payoient, tous les ans, leurs impositions, avec le seul produit des poiriers et pommiers sauvages répandus sur leur territoire. On mettoit, chaque année, le fruit en adjudication ; le produit en étoit immense.)

Le produit du terrein peut s'élever à vingt *hogseads* (huit kilolitres et plus) de liqueur, sur un acre (quarante ares), dans un verger fermé. L'acre peut contenir quarante arbres. Le produit de chacun n'est que d'un demi-*hogsead* (deux hectolitres).

Les produits individuels s'élèvent quelquefois très-haut, quand les années sont abondantes. Il y a des vergers dans le Herefordshire, de trente à quarante acres (environ seize hectares). Ce sont ces grandes plantations qui fournissent les marchés. Rarement les fermiers ont-ils du superflu, parce qu'il se fait, dans les fermes, une énorme consommation de cidre et de poiré.

Le produit du pays, dans une année à fruit, doit être immense. Celui des quatre comtés de Monmouth, de Hereford, de Worcester et de Glocester, peut être considéré, année commune, comme un objet de trente mille *hogseads* (douze mille kilolitres), dont la moitié passe dans le commerce, et dont l'autre moitié se consomme dans le pays.

Ces districts tirent de leurs fruits un produit

extraordinaire dans les bonnes années ; cependant les propriétaires et les fermiers sont en dispute sur la question de savoir si la liqueur qui en résulte est un bien ou un mal. Dans l'état actuel, M. *Marshall* croiroit, d'abord, que c'est plutôt un mal. L'ombre et l'égout des arbres font, aux récoltes annuelles, un tort certain et excessif. L'abondance des fruits est extrêmement casuelle : on l'attend, tout au plus, chaque troisième année. Qu'on joigne à cette incertitude la dépense des arbres, de la plantation, de leurs greffes, de leurs tuteurs, du moulin, de tout l'appareil, de la mise dehors et de l'entretien des tonneaux, des cuves et celliers, etc. ; et puis les inconvéniens qu'entraîne, dans le peuple, l'habitude de boire ; on voit que le produit d'une année heureuse, sur quatre, excède de bien peu de chose la valeur du travail, du transport et des frais.

Néanmoins il est évident que des arbres à fruits, moins négligés qu'ils ne le sont ordinairement, feroient plus que dédommager des dépenses qu'ils causent, quand même ces arbres seroient des espèces communes. Les meilleures espèces, au surplus, seroient toujours bien plus avantageuses.

Des arbres plantés trop serrés nuisent aux grains et aux herbages ; mais si ces mêmes arbres sont convenablement écartés, si leurs tiges sont assez élevées, et si on ne leur laisse que le bois nécessaire, ils ne peuvent plus faire tort ni aux grains, ni à l'herbe. Les arbres fruitiers se nourrissent au-dessous du sol végétal, par le moyen de leurs racines, et dans l'air, par leurs feuilles ; ainsi donc, un fermier retire de sa terre une double récolte. A tout considérer, on doit conclure que des arbres, des bonnes espèces fruitières, conduits avec prudence, soit dans les terres en culture, soit dans les vergers du pays, sont, pour ses habitans, une grande ressource, et un bien pour la nation.

Pour obtenir ces avantages, et de plus grands encore, il semble qu'il faudroit, 1°. débarrasser le sol des arbres vieux et languissans ; ce qui enleveroit au moins un quart des arbres qui le chargent en pure perte ; 2°. enlever ou greffer, après les avoir étêtés, les arbres de mauvaise espèce, qui embarrassent les bons arbres et discréditent les vergers, par la liqueur qui en résulte; par-là, on se délivreroit d'un autre quart, au moins, des arbres existans, sans rien retrancher du produit: au contraire, dans peu de temps, le produit devroit augmenter; 3°. élever les tiges trop basses, en coupant les branches qui pendent et qui traînent à terre; élaguer de leurs têtes tout le bois superflu; donner, par-là, de l'air et du soleil aux grains que l'on cultive sous ces arbres, et profiter aux arbres mêmes, en diminuant leur ombrage: leur bois diminué feroit qu'ils s'épuiseroient moins dans les années où ils produisent, et peut-être cet émondage, suivi avec intelligence, est-il le moyen d'assurer, ce qui est si fort désiré par les cultivateurs, une récolte chaque année. On sent bien que cet émondage doit être fait avec réserve; cette opération doit être progressive: c'est l'objet de trois ou quatre ans; 4°. dans les grandes plantations, ériger les constructions pour manufacturer le cidre sur son propre terrain. Il est honteux, pour ce pays, que des marchands y viennent, de tous les coins de l'Angleterre, fixer les prix qui leur conviennent, et rendre une année abondante inutile aux cultivateurs, qu'elle devroit dédommager de la stérilité des autres; 5°. chercher tous les moyens possibles de propager les fruits connus; car si les pommes anciennes pouvoient se maintenir seulement un siècle de plus, on en retireroit les plus grands avantages. (C'est ici le cas d'essayer les moyens que propose M. *Forsyth*, pour tirer parti des vieux arbres.) M. *Marshall* indique aussi les marcottes et les boutures; on s'est servi de cette voie pour propager la pomme *stire*; 6°. s'empresser de produire et d'élever des fruits nouveaux, ou des variétés nouvelles, puisque l'on désespère de parvenir jamais à perpétuer les anciennes. Ces variétés anciennes sont elles-mêmes des produits de l'industrie humaine: on ne sauroit le contester. N'est-il donc pas probable qu'avec plus d'industrie encore, ou un plus grand succès, on produiroit des fruits supérieurs aux anciens?

Une réforme de ce genre ne sauroit, pour bien des raisons, être l'ouvrage des fermiers. Les arbres fruitiers sont, comme les forêts et les haies, des parties immuables de la propriété. Le fermier n'en a que l'usage, pour un temps limité, et peut-être incertain; tout son objet est le présent: c'est au propriétaire, dont l'intérêt est permanent, à travailler pour l'avenir.

Il y auroit, à cet égard, des directions à tracer pour les baux et les actes qui peuvent concerner ces améliorations. M. *Marshall* n'a pas oublié cet article, quand il parle de la tenue ou *tenure* des fermes, suivant le terme anglois; mais ce qu'il dit est applicable à la jurisprudence et aux usages de son île. (Nous manquons tout-à-fait, en France, de données suffisantes sur la même matière; mais ces données dépendent de la rédaction, tant du code civil que du code rural, dont le Gouvernement s'occupe, et qui ne doivent être ni les derniers de ses chefs-d'œuvres, ni les moindres de ses bienfaits.

Quant à la question de l'inconvénient ou de l'utilité des plantations de pommiers, elle a été aussi fort agitée, en France, dans les pays qui s'en occupent. Voici un aperçu de cet objet intéressant dans la ci-devant Normandie.

Il faut, sur-tout, avoir égard à la manière dont les arbres sont placés.

Les pommiers sont ou plantés en vergers auprès de la maison du fermier, ou bien ce qu'on appelle en *chasse*, dans les terres labourables. Dans le pays de Caux, on en forme des carrés proportionnés à l'étendue de la ferme. Ce carré est entouré de longues buttes, qu'on appelle fossés; ces fossés sont plantés de deux ou trois rangées d'arbres de haute-futaie. Dans nombre de fermes, outre ces arbres placés sur les fossés, il y a, au pied et en dedans, du côté de l'est et du nord, quatre, six, huit, et jusqu'à douze rangées d'arbres de haute-futaie. Ce sont ces plantations qui distinguent essentiellement les villages du pays de Caux, des villages des autres pays. Rien n'est plus beau que l'aspect de ces fermes plantées, éparses çà et là sur un riche territoire.

Ce seroit une question qui mériteroit bien aussi d'être examinée, que celle de savoir si ces plantations ainsi disséminées, en coupant l'air, en formant un obstacle à la violence des vents, ne contribuent pas à entretenir la fraicheur de la terre, et ne donnent pas, au sol ainsi aménagé, des avantages sur ces plaines immenses, que rien ne défend de la sécheresse causée par les vents, et que rien ne rafraîchit des ardeurs du soleil.

Mais revenons à nos pommiers. On appelle *cour*, l'enceinte ou l'enclos que nous venons de désigner. Sur une ferme de cent trente acres (quarante-un hectares soixante ares) de terre, la cour aura, par exemple, de douze à seize acres (quatre à cinq hectares soixante ares) : les bâtimens sont distribués autour de la cour, à de certaines distances. C'est même la raison pour laquelle les femmes de ce pays-là ont l'habitude de parler si haut. Le sol, au-dessous des pommiers, y forme une prairie, dont l'ombrage de ces arbres entretient la fraicheur. Cette prairie est d'un grand secours pour les bestiaux ; mais sur-tout pour faire des élèves en veaux, cochons et poulains.

Cette distribution des fermes a une influence marquée sur les mœurs et les habitudes des habitans de ces campagnes. Chaque habitation étant isolée, il en résulte que chaque chef de famille est là, en quelque sorte, comme dans son empire ; qu'il y a, par conséquent, entre les voisins, moins de familiarité ; que, par une autre conséquence, ils se respectent davantage. Les domestiques isolés, dans tout le courant de la semaine, de leurs camarades, en sont plus soumis et plus respectueux. Il est rare, dans ce pays, de voir deux cultivateurs se tutoyer ; on n'en connoît pas d'exemple. Ils s'abordent toujours avec le langage et les manières de la décence, ce qui feroit croire qu'ils ne sont pas du même hameau, et qu'ils ne se sont pas vus, au moins, depuis un certain temps.

Dans les environs de Rouen, près de Caen et d'Évreux, des champs entiers sont couverts de *chasses* de pommiers ; il est cependant incontestable, que les semailles ne réussissent pas bien, par l'effet de l'ombrage, et que le grain n'y atteint que difficilement sa maturité. Il faut croire, alors, que la vente des pommes ou du cidre les indemnise du déchet qu'éprouvent leurs récoltes. Ce seroit, peut-être, le cas de profiter, dans ce pays, des dernières réflexions de l'écrit de M. *Marshall*.)

22°. *Le C. Tessier.*

Notre collègue, le C. *Tessier*, a recueilli des observations précieuses sur les pommiers et sur le cidre, dans plusieurs volumes de ses *Annales de l'Agriculture françoise*. Il a lui-même rédigé avec soin deux articles à ce sujet ; le premier est intitulé : *Culture et soin des pommiers dans le pays de Caux, département de la Seine-Inférieure* (tome I, page 87). Il suit cette culture, depuis le semis jusqu'à la mort de l'arbre. Il avoit aussi commencé, sur ce point, des expériences, qu'il n'a pas été à portée de continuer assez long-temps : c'est une grande perte pour la science.

Il observe que la quantité de pommes qu'on retire d'un bel arbre est considérable : le terme moyen de ceux qui sont en très-bon état, est de dix boisseaux, mesure du pays, qui répondent à trente boisseaux de Paris (un hectolitre et demi). Or, pour faire un tonneau de petit cidre, c'est-à-dire, de six à sept cent pintes (six cent soixante-cinq litres), en y mêlant de l'eau, on emploie vingt boisseaux du pays. Quatre beaux arbres peuvent donc fournir la boisson d'un homme pendant deux ans (*Ibid.*, page 114).

Le second article, intitulé : *Manière de faire le cidre dans le pays de Caux*, est inséré dans le tome II (page 160). Ce morceau est remarquable, comme le premier, par les données précises et les résultats qu'il présente. Les lecteurs, jaloux de s'instruire, feront très-bien de conférer ces deux articles avec ce que nous avons rapporté de la méthode angloise, d'après M. *Marshall*. Je ne les copie pas ici, parce qu'il faudroit les transcrire en entier.

On pourra lire encore avec plaisir et avec fruit, 1°. le *Mémoire sur la manière de faire le cidre dans le département de l'Orne, et de le gouverner convenablement*, par le C. *Louis Dubois* (tome IV, page 52) ; 2°. ce que dit des pommiers le C. *L. M. Duhamel*, correspondant de la Société d'agriculture du département de la Seine, dans un mémoire sur le sol de l'arrondissement de Coutances, département de la Manche (*Ibid.*, page 324), où l'on trouve, entr'autres, ce fait remarquable, que le résidu, ou marc des pommes, jeté communément au rebut, est le meilleur engrais pour les pommiers.

Il seroit fort utile que, dans tous les cantons qui font, du cidre et du poiré, leur boisson usuelle, on décrivît exactement la méthode dont on se sert pour gouverner les arbres et pour obtenir ces liqueurs. Le C. *Tessier* a senti l'importance de ces matériaux; et ceux qu'il a rassemblés, peuvent servir utilement à la comparaison des divers procédés, pour faire le choix des meilleurs.

23ᵉ. *La Société d'agriculture du département de la Seine.*

C'est sur-tout dans la vue que je viens d'énoncer, que la Société d'agriculture du département de la Seine, dont les vastes recherches embrassent toutes les parties de notre économie rurale, a déjà recueilli des mémoires nombreux sur les pommiers et sur le cidre; j'ai distingué, à la lecture, une lettre assez courte, du C. *de Brébisson*, correspondant de la Société, à Falaise. Il me paroit utile d'en consigner ici l'extrait.

Aux Citoyens composant la Société d'agriculture du département de la Seine.

Falaise, 23 Nivose an XI.

Citoyens, un voyage que j'ai fait à Rouen, dans le mois de Frimaire dernier, m'a fait naître l'idée de vous écrire. En y arrivant, je vis un très-grand nombre de bateaux chargés de pommes, que l'on me dit être destinés pour Paris. Une cargaison aussi considérable, probablement précédée et suivie de quelques autres semblables, annonce un goût décidé des Parisiens pour la liqueur de la ci-devant province de Normandie. Ce même goût doit être déterminé par des motifs d'économie ou de sensualité; mais la liqueur que l'on m'a vendue autrefois à Paris, pour du cidre, n'en avoit ni le goût, ni les bonnes qualités. Le cidre, tel qu'il doit être, est une liqueur saine, agréable, nourrissante; celui que j'ai bu à Paris, avoit un goût mielleux, capable d'exciter des nausées, et me donnoit des maux de poitrine. J'ai cru en trouver la raison dans l'ignorance des procédés nécessaires à employer, pour extraire le jus des pommes, et le peu de connoissances sur les qualités bonnes ou mauvaises de ces mêmes fruits.

Ce sont ces procédés et ces connoissances que je me propose de développer.

Le canton connu sous le nom de pays d'Auge, étant celui qui a le plus de réputation et de succès dans cette branche d'économie publique et d'agriculture, ce sera de ce point que je tirerai des renseignemens sur la manière de faire le cidre le meilleur et le plus économique.

Il n'est nullement indifférent de se servir de telle ou telle autre espèce de pommes, pour avoir de bon cidre. Il est généralement reconnu que les pommes qui ont une saveur acide doivent être rejetées; celles qui sont douces ou amères, sont les seules à choisir; et il est plus avantageux de réunir des pommes douces à des pommes amères, que de les employer séparément. Les premières, employées seules, donnent un cidre trop foible en couleur, et dont la durée est plus que douteuse; les dernières le feroient trop fort, lui donneroient une couleur rembrunie, et lui communiqueroient une partie de leur amertume.

Il est aussi plus avantageux d'acheter des pommes d'une grosseur médiocre, que de très-grosses. L'axiome normand est que, *vaut mieux bon que beau pommage.* Il est d'expérience, que les grosses pommes contiennent beaucoup moins de mucilage sucré, qui, par la fermentation, produit l'alcool, que les pommes d'un moindre volume. Celles-ci ont encore un autre avantage, en ce qu'elles remplissent mieux le vase dans lequel on les mesure, lorsqu'on les achète; il en résulte que la pesanteur d'un décalitre de grosses pommes, est de beaucoup inférieure à celle d'une semblable mesure de pommes de moyenne grosseur.

Il est encore à remarquer, que les premières pommes qu'on récolte, sont celles dont la qualité est la moins prisée; il en est beaucoup qui n'ont pas acquis, sur l'arbre, le degré de maturité convenable; beaucoup aussi ne l'ont acquis qu'en apparence. Cette physionomie trompeuse, qu'on peut leur reprocher, est souvent le résultat de ce que ces fruits ayant été dévorés entièrement par des larves d'insectes, et, notamment, par celles des *pyrales*, elles ont été prématurées par cet accident: il ne leur reste plus que l'enveloppe; toute la partie pulpeuse est détruite, et remplacée par les excrémens de ces mêmes larves (*).

Les espèces de pommes, appelées *tardives*, n'ont pas les mêmes inconvéniens ; mais elles en ont d'autres, qui résultent de leur trop lente maturité. Cette dernière époque se trouve souvent être celle des grands froids, et les meilleures pommes, lorsqu'elles ont été atteintes par la gelée, ne conservent que peu ou point de mérite ; si, à cette même époque, l'opération du pressoir est commencée, elle devient impraticable, ou, au moins, très-difficile ; et le cidre qui a gelé est de la plus foible et de la plus mauvaise qualité. Ce seroit à tort, que,

partant de ce reproche fait aux pommes tardives, on en induiroit qu'il faut négliger la culture des espèces de pommiers qui les produisent : la floraison en étant aussi plus tardive que celle des autres, est moins sujette à être détruite par les gelées et les vents brûlans, que nos contrées éprouvent très-souvent dans les derniers jours du printemps. Une seule nuit détruit quelquefois les plus belles espérances.

Les pommes qui sont mûres dans le mois de Brumaire, sont préférables, sous tous les rapports. Presque toutes ont mûri sur les arbres ; leurs sucs, élaborés par les dernières chaleurs de l'été, ont rendu leur degré de maturité bien plus

---

(*) Je crois qu'il est important de faire connoître quels sont plus particulièrement les insectes qui vivent aux dépens des pommiers et des poiriers ; j'en donne ici la nomenclature, en grande partie, d'après M. *Brez* (*Flore des Insectophiles*) ; notre collègue, le C. *Olivier*, a mis les noms françois à la plupart.

Sur le pommier :

1. *Cimex nigro lineatus*. Pentatome à lignes noires (de *Tigny*, *Histoire naturelle des insectes*) ; habite sur les fleurs.

2. *Aphis mali*. Puceron du pommier ; vit sous les feuilles.

3. *Phalæna mali*. Bombix du pommier (*Olivier, Encyclopédie*). La chenille se nourrit des feuilles.

4. *Phalæna avellanæ*. Bombix du noisetier (*Olivier, ibid.*).

5. *Phalæna monacha*. Bombix moine (*Olivier, ibid.*). La chenille se nourrit des feuilles, et adhère si fortement à l'écorce des arbres, qu'il est difficile de l'en séparer.

6. *Phalæna rectangulata*. Phalène ; habite sur les fleurs de la plante, en les détruisant.

7. *Phalæna rubiginea*. Phalène.

8. *Phalæna Roësella*, Teigne de *Roësel* ; vit sous l'épiderme des feuilles.

9. *Pyralis pomana*. Pyrale des pommes (*Fabricius*). La chenille, rougeâtre, perce la pomme pendant qu'elle est encore jeune, et s'introduit dans son intérieur ; l'endroit par où elle est entrée se referme quelquefois de manière qu'il est difficile d'apercevoir le trou qui lui a donné passage. Elle vit dans l'intérieur du fruit jusqu'à ce qu'elle soit prête à se métamorphoser ; alors elle se fait un chemin depuis le centre jusqu'à la circonférence de la pomme, et en sort pour aller chercher un endroit où elle puisse se changer en nymphe. Il pa-

roît que c'est sous l'écorce de l'arbre qu'elle se retire ; là, elle file une coque, de laquelle elle sort sous la forme d'insecte parfait, au milieu de l'automne (*Latreille, Dictionnaire d'histoire naturelle, etc.*, publié chez *Déterville*).

10. *Ichneumon nigricornis* (*Fabricius*). La larve de cet insecte a été observée dans le pepin de la pomme d'api, par M. *Berger*, de Genève. Il est impossible de s'apercevoir, au-dehors du fruit, de la présence de l'insecte qui le ronge ; et même, le pepin tiré de la capsule, ne paroît point endommagé ; il est seulement plus mou. Il y a plusieurs larves dans la même pomme, ce qui paroît contraire au sentiment de *Réaumur* et de *Bonnet*, qui, d'après beaucoup d'observations, pensoient qu'il n'y avoit jamais qu'une seule larve, ou une seule chenille dans un même fruit (*Bulletin de la Société philomathique*, n°. 79).

11. *Scarabæus eremita*. Cétoine hermite (*Olivier, Encyclopédie*). La larve vit dans le tronc même de l'arbre ; lorsqu'elle veut se transformer, elle se construit très-proprement une coque de terre, de forme ovale, et qui ne manque point de solidité.

12. *Curculio cerasinus*. Charenson du cerisier. Il ronge l'épiderme des feuilles, sur lesquelles il produit un grand nombre de taches.

13. *Curculio pyri*. Charenson du poirier (*Olivier, Encyclopédie*). La larve vit sur les feuilles, et le papillon sur les corolles.

14. *Cerambyx cylindricus*. Saperde cylindrique (*Olivier, Entomologie*). Il vit sur les branches.

15. *Staphylinus clavicornis*. Pedere bimouchete (*Olivier, ibid.*) J'avois commencé, avec feu *Lhéritier*, des observations sur la chenille de cet insecte, qui attaquoit ses poiriers. Elle sillonne le dessous de l'écorce, du haut en bas, et finit par faire mourir les jeunes arbres.

parfait que celles qui n'y sont parvenues que par l'espèce de fermentation qu'elles ont éprouvée dans leur amoncellement. Le pressurage se fait d'autant mieux, à cette époque, que le froid n'a pas encore l'intensité qui pourroit être gênante ou préjudiciable.

Il est encore un objet qu'on prend en grande considération dans le pays : c'est ce qu'on appelle la différence d'un cru à un autre. On en connoît au moins de trois espèces : le premier est un sol gras, riche et profond; celui-ci est le pays d'Ange : il fournit une liqueur beaucoup plus forte, plus abondante en alcool et d'une couleur très-rembrunie. Il seroit impossible de boire ce cidre pur. Le second est un sol gras

et riche, voisin des bords de la mer : ce sont les cantons connus sous le nom de Bessin et pays de Caux. Les cidres de ces deux contrées se ressemblent beaucoup; ils sont très-bons, très-agréables au goût et à l'œil : leur couleur est celle de l'ambre jaune; mais ils ne sont pas susceptibles d'être étendus dans une aussi grande quantité d'eau que celui du pays d'Ange : ils se conservent aussi beaucoup moins.

Le troisième est pauvre, maigre, pierreux : ce dernier est le pays connu sous le nom de Bocage. Il fournit une liqueur qui se ressent de la pénurie de son sol; elle est claire, foible, donne peu d'alcool, se conserve mal, et a toujours une grande tendance à s'acidifier.

Le point de maturité convenable, pour pressurer les pommes, doit être celui où il y en aura, au moins, un dixième qui ait commencé à pourrir ou qui soit déjà pourri. (Ceci est bien contraire aux épreuves de *Porte*, et aux détails donnés par M. *Marshall*. Mais le correspondant de la Société se borne à rapporter ce qu'on fait dans le pays d'Auge.) Cette époque arrivée, en écrase les pommes. Cette opération se fait sans eau, si la liqueur qu'on se propose d'extraire est destinée à faire de l'alcool. Si on ne veut faire que du cidre, improprement nommé cidre pur, mais tel qu'il se trouve dans le commerce, on ajoute, en faisant cette première opération, environ une vingtième partie d'eau; c'est-à-dire, que, sur un myriagramme 9,0 de pommes, on met environ un litre d'eau; ce qui fait, à quelque chose près, 0,12 de la liqueur extraite, un kilogramme de pommes rendant environ six décilitres de cidre pur. Ce travail se fait ordinairement avec un cheval, qui, en tirant une grande meule de pierre, ou deux meules de bois, leur fait décrire un mouvement de rotation dans une auge circulaire, où sont placées les pommes; les meules ne cessent de tourner dessus, que lorsque les pommes sont écrasées.

Alors, à l'aide d'une grande pelle, on place tout ce marc sur la *maye*, ayant soin de faire une couche de pommes écrasées, d'environ un décimètre d'épaisseur, sur laquelle on place un lit très-mince de glui : on fait dépasser ce dernier d'environ huit centimètres; on met alternativement une couche de pommes et une couche

---

16. *Cimex pyri*. *Acanthia pyri* (*Fabricius*); habite le revers de la feuille, qu'il macule en la rongeant.

17. *Chermes pyri*. Kermès du poirier; vit sur les feuilles.

18. *Phalæna pavonia*. Bombix grand paon (*Olivier, Encyclopédie*). La chenille, nommée par *Réaumur*, *chenille à tubercule du poirier*, vit sur tous les arbres fruitiers. Parvenue au terme de son accroissement, elle file sur l'arbre qui l'a nourrie, ou dans quelque buisson à portée, une coque très-solide, brune, d'une soie très-forte, dans laquelle elle se change en chrysalide, et où elle passe l'hiver. Le papillon sort vers la fin du printemps; il a depuis quatre jusqu'à cinq pouces (onze à quatorze centimètres) de largeur, lorsque ses ailes sont étendues.

19. *Phalæna quercifolia*. Bombix feuille morte (*Olivier, ibid.*). La chenille se nourrit des feuilles; elle fait beaucoup de tort aux arbres lorsqu'elle y est en grand nombre. Elle ne mange que la nuit, et se tient collée, pendant le jour, contre quelque branche. La coque est d'un tissu peu serré; elle y reste vingt jours.

20. *Phalæna æsculi*. Bombix du maronnier (*Olivier, ibid.*); habite dans le bois.

21. *Phalæna lunaria*. Phalène.

22. *Phalæna elinguaria*. Phalène.

23. *Phalæna avellana*. Pyrale.

24. *Phalæna munda*. Bombix.

25. *Phalæna lytargyrea*.

26. *Phalæna serratella*. Il se fait, avec la feuille qu'il roule, une coque en forme de crête.

27. *Phalæna culus*.

Il y en a encore un grand nombre d'autres, sur lesquels nous n'avons pas de renseignemens assez certains pour en parler ici. (H.)

de glui ; le tout se couvre avec une grande table de bois, dont les pièces sont assujetties les unes aux autres, avec de petits madriers : ce marc, qui a ordinairement une forme cubique, est soumis à l'action du pressoir, et on tire le plus qu'il est possible.

Le produit de cette première opération, est ce qu'on appelle du gros cidre, qui, passé à travers un gros filtre, comme un tamis de crin, mis dans un tonneau, après avoir subi la fermentation nécessaire, est une liqueur forte, extrêmement capiteuse, et dont on ne peut faire beaucoup d'usage, sans courir les risques de s'enivrer.

On ne s'en tient pas ordinairement à ce premier travail : il reste encore beaucoup de jus de pommes à extraire, et qu'on n'obtient qu'après une seconde, et souvent une troisième opération.

Le cultivateur qui a destiné le produit de la première à être vendu, emploie celui de la seconde et de la troisième à faire ce qu'il appelle du cidre de ménage, ou petit cidre.

Le propriétaire qui veut avoir un tonneau de bon cidre, agréable au goût, sans être malfaisant, emploie, à cet effet, une quantité de pommes, que j'estime peser cent ving-neuf myriagrammes. À ces pommes, il ajoutera, comme je l'ai dit, environ vingt-cinq décalitres d'eau, dont il tirera, dans la première opération ci-dessus indiquée, au moins cinq hectolitres de liqueur. On peut, en pressant fortement, en obtenir jusqu'à six hectolitres ; mais dans cette dernière supposition, le produit de la seconde opération sera moins abondant.

Cette seconde opération, qu'on appelle *remiage*, se commence par enlever le marc, en ôter le glui, que l'on met en réserve pour cette seconde et pour la troisième opération, s'il est encore en état de servir à cette dernière. On met le marc dans l'auge ; on y ajoute environ trois hectolitres d'eau, et on fait agir les meules, jusqu'à ce qu'elles ayent achevé d'écraser les quartiers de pommes qui leur avoient échappé précédemment ; ensuite on place de nouveau, et de la même manière que la première fois, ce marc sur la *maye* ; on le presse, et on en retire quatre ou cinq hectolitres de liqueur.

La troisième opération se traite comme la se-

conde ; seulement on n'y emploie que deux hectolitres d'eau : on en retire, tout au plus, trois hectolitres de liqueur. Le produit de ces trois manipulations est environ un kilolitre 0,3 de liqueur, dans laquelle il se trouve six à huit décalitres de lie, dont il est bien possible de purifier le tonneau, en le transvasant au bout de quelque temps ; mais il est plus prudent de n'en rien faire : cette opération a presque toujours l'inconvénient d'altérer la qualité du cidre, en lui donnant plus de tendance à s'éventer et à devenir acide.

Le cidre, obtenu par suite de ces préparations, se nomme, dans le pays, cidre mitoyen. Il est bon, aussi agréable au goût qu'à l'œil : c'est celui qu'on boit à la table des propriétaires et bons cultivateurs du pays.

Ce même cidre, après avoir passé à l'état de fermentation et s'être clarifié, s'il est mis en bouteilles, y devient plus spiritueux, plus agréable, et susceptible de se conserver très-long-temps. J'en ai bu qui avoit huit ans ; il n'étoit presque plus spiritueux ; mais il étoit encore aussi bon que bienfaisant.

Le marc, dans l'état où nous l'avons laissé, n'est pas encore une chose à perdre : il est employé avantageusement pour suppléer aux fourrages ; mêlé avec un peu de farine ou de son, il sert à nourrir, en hiver, les vaches et les cochons. Cet aliment ne les engraisse pas, mais les soutient. Mis à pourrir, et mêlé avec partie égale de terre végétale, c'est un fort bon engrais pour les terreins secs et arides. On en tire encore un autre parti, en le coupant en gâteaux carrés d'environ trois décimètres ; on en ôte le glui, on place ces gâteaux dans un local bien aéré, où ils puissent sécher : la meilleure manière est de les entasser comme le tan que les tanneurs destinent à brûler. L'année suivante, ces gâteaux sont très-secs, et se brûlent fort avantageusement.

Notre pays possède encore le poiré. Les procédés, pour l'extraire, sont, à peu de chose près, les mêmes : les poires contenant beaucoup plus de suc que les pommes, il en faut moitié moins que de ces dernières, pour avoir la même quantité de liqueur ; un décalitre de poires en produit autant que deux semblables mesures de pommes :

elle est claire, très-spiritueuse, et d'une saveur fort agréable. La mauvaise foi et la friponnerie l'ont souvent substituée, avec succès, au vin blanc, et sur-tout au vin blanc et mousseux de Champagne. On en consacre une grande partie à faire de l'alcool. Le bon poiré en donne ordinairement un dixième de son poids; il est très-préférable à celui qu'on retire du cidre, et ressemble beaucoup à l'alcool extrait du vin. Malgré ces avantages, par une de ces inconséquences, dont souvent on ne peut rendre raison, un tonneau de poiré se vend toujours moitié moins qu'un tonneau de cidre; aussi, est-il la boisson du pauvre. Il est très-apéritif, peu nourrissant, et sous ce dernier rapport, il est d'une très-légère économie.

Le marc de ce dernier, conservé avec les mêmes soins que celui de pommes, brûle et donne autant de chaleur que le meilleur bois. Les cendres qui en résultent sont de la meilleure qualité.

24°. *Le C. Isoré.*

Le C. *Isoré*, cultivateur-propriétaire à Louveaucourt, vient de publier un *Traité de la grande culture des terres* (an X, 1802, in-12). Il y a un chapitre sur les plantations. Il pense qu'un intérêt mal entendu a peut-être empêché la plantation des arbres à fruits, dans les départemens où la grande culture est en vigueur. Ce qu'il dit, pour combattre cette erreur de calcul, se rapporte parfaitement à ce que nous voulons établir; et nous ne pouvons mieux terminer nos extraits, qu'en les enrichissant de la citation d'une partie de ce chapitre.

« Après les plantations d'arbres de construction, qui sont plus nécessaires que jamais, viennent celles des arbres à fruits, qui ne le sont pas moins : cette source inépuisable de richesses, n'attend que la main du propriétaire pour prodiguer les plus grandes douceurs à la vie champêtre. On ne peut donc trop gémir sur l'état des campagnes situées au milieu des plus belles et des meilleures plaines de la Beauce, du Valois et du Soisonnois, qui sont privées de fruits et de boissons.

« Il est des propriétaires qui n'ont pas encore aperçu que leurs fermiers, effrayés par l'incertitude de jouir, leur ont toujours ôté l'idée de planter des arbres à fruits. Les fermiers, qui ont intérêt de ne pas avoir à supporter la charge d'entretenir des plants qui ne font que les gêner en labourant, et qui exigent des soins multipliés pour les tenir en bon état, se gardent bien de proposer des plantations; les propriétaires, de leur côté, ne voyant pas leur revenu s'accroître, et sentant, au contraire, que les plantations sont, pour le moment, dispendieuses pour eux, se rangent de l'avis des fermiers, et leurs terres restent nues.

» Les fermiers, incertains sur le renouvellement de leurs baux, ne manquent jamais de dire que les arbres à fruits, sur les terres en plaine, préjudicient aux récoltes, et que les fruits ne rendent pas la valeur de ce que pourroit être estimé le tort qui résulteroit de l'ombrage d'un pommier; mais, à de pareilles objections, il seroit aisé de répondre. Les fermes qui avoisinent Beauvais et Chaumont, le ci-devant Vexin, etc., offroient très-peu d'arbres à fruits il y a quarante ans : à cette époque, ceux qui les tenoient s'approvisionnoient de vin ou de cidre, par des voyages très-dispendieux; leurs voitures partoient, et il falloit qu'ils les suivissent avec des sommes d'argent plus ou moins considérables; et à leur retour, ils calculoient ce qu'il falloit consommer journellement en boisson, pour passer très-étroitement l'année, quoique, dans ce temps-là, on eût, avec douze francs, ce qui en coûte vingt-quatre aujourd'hui. Alors, ces fermes n'étoient tenues que par rapport au bénéfice qui résultoit de la culture du froment; et on n'auroit pas voulu perdre le plus petit morceau de terre, pour en tirer autre chose que ce qu'on avoit coutume d'y mettre; mais le besoin de boisson a fait qu'elles ont été plantées, et maintenant ceux qui en jouissent, tirent, outre leurs récoltes de froment, quatre, cinq, et même dix mille francs de plus, par année; et, qui plus est, le chauffage de leur maison. Toutes ces allées de pommiers et de poiriers n'empêchent même pas qu'on n'y récolte plus de blé; car, avec l'argent qui provient des allées d'arbres fruitiers, on a cette aisance, qui manquoit auparavant, pour faire fleurir une grande culture.

« En plantant avec goût un domaine de trois
cents

cents arpens (cent cinquante hectares), il est possible d'y placer mille pieds d'arbres à fruits, sans qu'il y paroisse; c'est-à-dire, sans se faire le moindre tort. Les allées peuvent être mises aux expositions les plus favorables, pour que l'air et le soleil ne s'absentent que très-peu sur les ensemencemens, et ce n'est que quand l'arbre est à une certaine grosseur que la récolte peut en souffrir; mais alors l'arbre dédommage bien d'un si foible tort; et, ne fussent que ses branches gourmandes, coupées et mises en usage pour le foyer de la cuisine, le tort est plus que réparé.

» Dans une ferme, avec mille pieds d'arbres à fruits, on se chauffe et on s'entretient de boisson pendant une année, et ceci n'est que le pis-aller; mais lorsque l'abondance paroît, l'argent vient; et il n'est pas difficile de tirer, du superflu de la boisson, un millier d'écus, qui, en toute occasion, peut réparer, pour plusieurs années, le dommage causé par l'ombrage des arbres. Voilà ce que tout le monde peut répondre à ceux qui perpétuent, dans les fermes, l'usage des boissons frelatées, et qui ont recours aux mauvais vignobles qui se trouvent dans les plaines labourables.

» Quelle différence ne trouve-t-on pas entre les grandes exploitations où le cidre est commun, et celles où on ne trouve qu'un foible ordinaire de mauvais vin et d'eau pour se désaltérer? Il est certain que, dans les premières, tous les ouvriers sont satisfaits, et que, dans les secondes, on n'y voit que des mécontens. Qu'il est doux pour un maître, d'avoir pour rien, ce qui peut, en toute circonstance, calmer la mauvaise humeur d'un ouvrier épuisé par le poids du travail! Qu'on ne dise pas que les gens de peine préfèrent le vin au cidre, car cela n'est pas: la preuve est, que si l'on double l'ordinaire de la portion, en donnant du cidre au lieu de donner du vin, on verra bientôt que l'ouvrier préférera le volume à la qualité. Au surplus, le cidre est très-nourrissant pour les gens de fatigue.

» On a dû remarquer, dans bien des occasions, que les plantations d'arbres à fruits avoient fait la fortune des propriétaires et celle des fermiers, sur-tout dans les lieux où les terres n'étoient pas de première qualité. Les terreins argileux et gras, dont la moiteur provient de ce que le fonds est glaiseux, sont excellens pour les pommiers; ceux qui ont une couche superficielle plus abondante en terre végétale, sont encore bons; et, par un double avantage, le poirier y fait aussi des merveilles. Or, dans un grand domaine, on ne manque pas d'avoir à choisir, parmi les différentes qualités de terres, celles qui conviennent aux arbres à fruits. En général, les terres caillouteuses sont propres aux pommiers, et les pommes qui viennent sur les arbres plantés dans cette sorte de terre, produisent d'excellent cidre; les blancs-limons ne font pas le même effet: néanmoins, on ne doit pas négliger de les planter.

» Tout propriétaire qui entendra bien ses intérêts, fera planter ses terres en pommiers et poiriers, par-tout où le terrein permet de former de belles allées; au bout de dix ans, il commencera à en jouir, et vingt ans après avoir planté, son revenu sera augmenté; enfin, au bout de trente ans, ce sera une fortune nouvelle pour lui, qui, pendant vingt ans que ses arbres seront en plein rapport, donnera l'idée à ses successeurs de recréer de nouveaux plants; car une fois que les pommiers et poiriers ont de trente à cinquante ans de pousse, on peut compter une année d'abondance sur deux; et, comme il arrive souvent qu'un canton rapporte pendant que l'autre se repose, on est presque certain d'avoir, dans certaines années de cherté, de quoi faire de grands profits, soit par le cidre, soit par l'eau-de-vie.

» Lorsque les arbres à fruits ont cinquante ans, il est temps de recréer de nouvelles allées. Les remplacemens sur les mêmes lieux sont toujours d'inutiles dépenses, parce que la terre, déjà épuisée par un premier sujet, ne fournit plus les nourritures convenables à celui qui est replacé au même endroit; c'est aussi un abus de s'arrêter à de vieux chicots d'arbres, dès qu'il n'y a plus moyen de les rajeunir. En s'y prenant bien, on a toujours de belles allées, qui se forment pendant que les anciennes achèvent de périr; et, par suite, on a d'excellent bois de chauffage pour bien des années.

» Dans les pays où l'on fait usage de la bière, on ne calcule pas le bénéfice à faire sur les plants d'arbres à fruits, parce que cette boisson ne devient rare, que quand les grains et les houblons sont chers; mais si, dans ces pays, on s'habituoit au cidre, il seroit possible de voir les contrées du nord couvertes de pommiers aussi beaux et aussi vigoureux que dans celles de l'ouest.

» Par-tout où le sol est froid ou compacte, soit terre grasse ou sablonneuse, dès qu'il y a de la fraîcheur, les pommiers y sont une richesse incalculable. Beaucoup de propriétaires se sont déjà pénétrés de cette vérité, et bientôt ces plaines fromenteuses, qui, par leur aspect, sont, après les moissons, un sujet d'ennui pour les voyageurs, deviendront brillantes par les plantations. Celles où le tuf et l'argile sèche ne permettent pas de creuser assez profondément pour placer des arbres fruitiers, pourroient être décorées par des allées d'ormes ou de hêtres, sur les bords des principaux chemins; mais, pour que ces sortes de plantations d'arbres, utiles pour le charronnage, puissent avoir lieu, il faudroit que le Gouvernement les favorisât par des encouragemens, tant pour les plantations que pour l'entretien des chemins principaux qui mènent d'une commune à l'autre; chose indispensable pour le transport des denrées, et principalement des blés qui sont destinés à l'approvisionnement des marchés. »

On ne peut qu'applaudir aux vues et aux conclusions de ce cultivateur. Puissent tous les propriétaires éclairés sur leur intérêt, concevoir qu'une ferme est toujours incomplète, s'il y manque un verger ou des plantations fruitières! Puissent les maires des communes sentir qu'ils ne peuvent laisser un plus beau monument de leur administration, que d'inspirer le goût et de donner l'exemple de ces plantations fruitières! Puissent les vrais savans appliquer leurs travaux à l'éclaircissement d'un objet si utile! Puisse enfin le Gouvernement encourager par-tout les pépinières de pommiers et de poiriers à cidre; et pour les faire prospérer, provoquer et répandre une instruction usuelle sur cette grande portion de notre économie rustique!

J'invoque ici l'autorité, non pour qu'elle commande, mais afin qu'elle persuade, qu'elle éclaire, et qu'elle protège. Vainement on reconnoîtrait la grande utilité des plantations générales de pommiers et poiriers, 1°. si l'on manquoit par-tout des plants qui exigent d'abord du temps et des avances, pour élever les arbres; 2°. si ces arbres plantés étoient exposés aux ravages, ou de la malveillance, ou d'une mauvaise police; 3°. si l'on ne savoit pas, enfin, les soigner et tirer le meilleur parti de leurs fruits. Je ne crois pas qu'on puisse introduire, aujourd'hui, dans l'agriculture françoise, une amélioration plus désirable et plus féconde que ces plantations; mais, pour y réussir immédiatement et dans toute la République, il faut que le Gouvernement, 1°. favorise les pépinières; 2°. garantisse aux planteurs une sécurité entière; 3°. qu'il fasse, sur-tout, circuler les lumières.

1°. Nous avons eu, chez nos voisins, un exemple de la manière dont s'y prend un Gouvernement qui veut encourager ce genre de plantation. Ce fut le premier soin de Charles II, roi d'Angleterre, lorsqu'on lui rendit la couronne. C'est ici qu'il convient de donner une idée d'un livre anglois, à ce sujet, dont je n'ai pas parlé encore.

Evelyn, l'un des premiers membres de la Société royale de Londres, et commissaire du commerce et des plantations, publia, en 1679, sous le titre de *Sylva et Pomona*, la troisième édition de l'histoire des forêts et des arbres à fruits (in-folio), qui fut reçue en Angleterre, en France, en Allemagne, avec de grands éloges. La première partie, *Sylva*, enseigne la manière de cultiver et conserver les bois, afin qu'on ait toujours des bois de construction, et des bois de chauffage. La seconde partie, qui revient au sujet de cet Essai, c'est-à-dire, sa *Pomone*, excite les Anglois à planter un grand nombre de pommiers, pour avoir du cidre. Par ce moyen, disoit l'auteur, nous obtiendrons, en Angleterre, une liqueur bien plus conforme à notre tempérament, et même bien plus agréable que plusieurs vins qu'on nous apporte, et qu'on ne peut boire sans sucre. Pour faire ce cidre charmant, ajoute-t-il, il faut moins de peine, moins de temps, moins de frais, moins de personnes que pour la culture des vignes. C'est là qu'il cite et qu'il exalte l'exemple du roi Charles II, qui, dès les premiers jours de son retour en Angleterre, en

1660, fit planter, en plusieurs provinces, quantité de pommiers et de poiriers, et fit, en même temps, établir un grand nombre de pépinières de ces deux espèces d'arbres fruitiers.

Les grands propriétaires suivirent cette impulsion; et au moment où *Evelyn* publioit sa *Pomone*, les Anglois commençoient à boire cette salutaire liqueur qui les dédommageoit délicieusement de leurs frais et de leurs travaux.

Nous verrons ci-après, dans *Olivier de Serres*, les soins du même genre, que notre grand roi Henri IV avoit pris pour multiplier en France les mûriers; et nous ferons sentir, à l'article de l'olivier, combien il seroit important d'adopter les mêmes mesures, si l'on veut prévenir la destruction malheureuse de cet arbre si précieux, et de la branche de commerce qui lui est attachée.

2°. La seconde marque efficace de la protection que les arbres à cidre réclament du Gouvernement, c'est de rassurer, sur ce point, ceux qui, jusqu'à présent, sont détournés de les planter, par la funeste aversion des pâtres, des enfans, et même des grandes personnes qui habitent dans les campagnes, et qui sont presque toutes imbues d'un préjugé barbare contre toute plantation. J'ai éprouvé, moi-même, ce terrible inconvénient, que *Voltaire* avoit eu aussi le malheur d'essuyer. Il avoit perdu, à Ferney, plus de vingt mille pieds d'arbres, et pourtant il plantoit encore. N'ayant pas sa fortune, j'ai eu besoin de sa constance: j'ai fait venir, trois ans de suite, des greffes de pommiers à cidre, de la ci-devant Normandie, pour introduire ces beaux arbres dans le département des Vosges; je n'ai pu parvenir à conserver les greffes, quoiqu'elles fussent bien reprises. Dans les pays où les coutumes ont introduit les droits de parcours, de communes et de vaine pâture, la compascuité des terres donne aux habitans un esprit absolument contraire au succès des plantations. C'est cet esprit qu'il faut changer, si l'on veut que l'agriculture sorte, dans ces pays, de son état d'enfance et de sauvagerie. Il n'est nullement impossible d'y réussir, avec le temps et une meilleure police. On y est parvenu en Normandie et en Bretagne. Les coutumes Normandes méritent, sur ce point, d'être un peu mieux étudiées et généralement connues. On ne

peut qu'admirer ce qui s'observe en ce pays, au sujet des arbres à cidre. Voyez ce qu'en a dit le C. *Tessier*, dans le premier volume des *Annales de l'Agriculture française*.

« Le cocotier, cet arbre précieux qui fournit la nourriture et le vêtement, n'est pas plus en vénération dans l'Inde, que le pommier ne l'est dans le pays de Caux. Pour en donner une preuve, contre laquelle il n'y a point de réplique, c'est qu'au milieu des dévastations d'arbres de différens genres, plus ou moins utiles, pour la marine, pour le chauffage, pour les bâtimens de terre, on a toujours respecté le pommier: par-tout, il a été épargné. Il n'est pas à ma connoissance que la faux de la licence, qui a tout détruit, en ait moissonné un seul. Vergers de biens de moines ou de religieuses, vergers de biens d'émigrés ou d'hommes riches, vergers de prêtres déportés ou insermentés, aucun n'a été endommagé, quand il s'est trouvé planté en pommiers. Dans le pays de Caux, au moment où un père de famille forme une nouvelle plantation de pommiers, il appelle le plus jeune de ses enfans, et lui fait tenir le premier arbre. L'espèce d'appareil qu'il y met, les soins qu'il prend pour que la plantation soit bien faite, et sa vigilance perpétuelle à conserver les pommiers plantés, impriment, pour ces arbres, dans l'esprit des enfans, un saint respect, qui croît avec eux, et devient d'autant plus assuré, qu'ils en sentent l'utilité. »

Cette dernière idée avoit été mise en pratique d'une manière fort heureuse, par feu notre collègue, le sénateur *Creuzé-Latouche*. Il faut lire dans le quatrième volume des *Mémoires de la Société d'agriculture du département de la Seine*, les *réflexions* de cet homme, à jamais respectable, *sur la vie champêtre, et sur un moyen d'élever des bois de haute-futaye*.

Ce fut principalement dans ce mémoire, comme le dit très-bien le C. *Silvestre*, digne secrétaire de la Société, que *Creuzé-Latouche* se laissa aller à toute sa sensibilité, et qu'il développa ces sentimens de tendresse paternelle qui faisoient constamment le bonheur de sa famille.

« Il y traite l'économie rurale sous le rapport des affections de l'ame et des jouissances du cœur; il y exprime le charme qui lie aux travaux de la campagne, même à ceux dont les avantages sont réservés aux enfans du propriétaire. C'est, sur-tout, dans la plantation des arbres qui doivent présenter de plus longs souvenirs, qu'il s'est plu à attacher des idées sentimentales. À l'époque où chacun de ses enfans est parvenu à acquérir assez de mémoire et d'entendement, il a consacré une portion de son domaine (près de Châtellerault) à faire semer à l'enfant une partie de bois analogue au terrein. Il a réuni sa famille, ses domestiques, ses ouvriers et ses voisins, et sur-tout leurs enfans, et a fait, de cette plantation, une sorte de fête de famille, qui laissoit des souvenirs tendres et durables. Il donnoit au bois le nom de l'enfant qui l'avoit planté : ces noms ont été généralement consacrés dans la contrée, et le père respectable en a tiré de nouveaux motifs d'inspirer la vertu à ses enfans, en leur montrant que leurs noms, ainsi perpétués, retraceroient aussi, sans cesse, la mémoire de leurs vertus et de leurs fautes. »

3e. Enfin, je demande sur-tout, que l'instruction relative aux pommiers, aux poiriers, et à la fabrication des liqueurs de leurs fruits, soit généralement répandue. Ici, la puissance publique peut seule exécuter ce que lui demandoit, en 1766, le vœu bien prononcé de l'Académie des sciences. (Voyez, ci-devant, le rapport de l'infortuné *Lavoisier*, article 19 de l'*Essai sur la pomologie*, pages 438 — 440.)

Aux indications que j'ai déjà tracées pour diriger ceux qui pourront concourir aux prix à offrir sur ce sujet intéressant, j'ajouterai ici deux notes nécessaires.

1e. Les insectes nuisibles à nos arbres à fruits, ont été le sujet d'un prix décerné en 1771, par l'Académie impériale de Bruxelles. Elle avoit proposé cette question : « Quel est le moyen le plus efficace et le plus prompt, pour faire tomber et périr les chenilles qui s'attachent aux arbres et aux plantes? Pourroit-on parvenir à les détruire par des fumigations qui ne soient pas trop coûteuses, ou par quelques procédés simples et peu dispendieux, pourvu que les remèdes proposés ne soient pas nuisibles aux arbres et autres végétaux? » M. *Munnichsen* eut le prix ; M. *Godart*, l'accessit ; leurs mémoires sont en flamand, et méritent d'être traduits.

2e. Il existe un volume, (petit in-folio), intitulé : *Pomologie*, ou *Description des meilleures sortes de pommes et de poires que l'on estime et cultive le plus, soit aux Pays-Bas, soit en Allemagne, en France, ou Angleterre, etc.*; par *Jean-Herman Knoop*, avec figures (Amsterdam, 1771). D'après ce titre, on pourroit croire que l'auteur a traité précisément le même sujet que j'esquisse dans cet Essai pomologique ; mais il ne parle pas du cidre dans la *Pomologie*. Il en dit quelque chose dans un autre volume, intitulé : *Fructologie*, ou *Description des arbres fruitiers, ainsi que des fruits que l'on plante et qu'on cultive communément dans les jardins*, etc. (Amsterdam, même format et même année). L'auteur, jardinier à Leuwarde, en Frise, écrit assez mal en françois ; mais ce qu'il dit du cidre, qu'il appelle *la cidre*, est assez peu de chose. Il observe, qu'en mêlant parmi les pommes quelques coings, le cidre prend un goût beaucoup plus savoureux et plus agréable. D'autres y mêlent, selon lui, du genièvre, de l'épine-vinette, des prunelles, de l'aunée, etc. ; ou bien, un peu de chacune de ces choses. Il estime que ce mélange rend le cidre aussi agréable que sain. Toutes les recettes de l'auteur semblent appropriées aux habitans du nord. Il enseigne à sécher les pommes, pour en faire un mets d'hiver, que l'on mange avec le rôti, dans la Haute-Allemagne. Il apprend aussi à faire du fromage de figues sèches, etc. ; mais il n'ajoute rien à nos connoissances sur le cidre et sur le poiré.

25o. *Le C. Castel, et d'autres Poëtes.*

Après ces détails étendus sur la culture des vergers et la confection des cidres, reposons agréablement l'esprit de nos lecteurs, en mettant sous leurs yeux les seuls morceaux connus de notre poésie françoise, où ce sujet soit esquissé.

Le C. *Castel*, professeur de littérature au Prytanée françois, auteur du *Poëme des Plantes*, n'a pas oublié le pommier dans son chant de l'automne. Il s'est ressouvenu que, dans la dispute élevée entre les partisans de nos deux meilleurs vins, le poëte qui écrivoit pour le vin de Champagne, s'avisa de traiter le cidre avec mépris. Le C. *Castel* a voulu venger le pommier, et il l'a fait en fort beaux vers. Il peint le départ des oiseaux :

> A peine ils sont partis, de pommes couronnée
> Pomone vient remplir l'attente de l'année.
> Des rameaux ébranlés je vois le fruit pleuvoir,
> Je vois l'amas vermeil grossir dans le pressoir,
> Les cuves, les tonneaux, et la meule pesante
> Qui broye en tournoyant la récolte odorante.
>
> Pourquoi des vins d'Aï l'éloquent défenseur,
> Du Champenois paisible oubliant la douceur,
> A-t-il osé flétrir d'une satire amère
> Un jus délicieux qu'il ne connoissoit guère !
> Qu'il vante ses raisins, et ce goût délicat
> Qu'une douce fumée annonce à l'odorat :
> C'est toi, fils de la pomme, étincelant breuvage,
> C'est toi qui sus jadis enflammer le courage
> De ces fameux Normands dont le bras indompté
> Fit ployer d'Albion la rebelle fierté.
> Animé par ton feu, le père de la scène (*)
> Aux rivages françois amena Melpomène ;
> Et ressuscitant Rome aux yeux du spectateur,
> D'Auguste et de Pompée atteignit la hauteur.
> Quand tu viens pétiller sur la table enchantée,
> Tu joins à des flots d'or une mousse argentée.
> La fièvre, aux yeux ardens, que rallume le vin,
> Abandonne sa proie à ton aspect divin.
> L'arbre qui t'a produit n'occupe pas sans cesse
> Les mains du laboureur autour de sa foiblesse ;
> Il se suffit lui-même, et ses bras vigoureux
> Savent bien, sans nos soins, porter leurs fruits
>   nombreux.
> C'est l'ami de Cérès : à l'ombre de sa tête
> Les épis fortunés méprisent la tempête,
> Et dans le même champ une double moisson
> Nous donne l'aliment auprès de la boisson.
>
> Salut, pommiers touffus qui couvrez la Neustrie,
> Puisse votre liqueur, nectar de ma patrie,
> Si je vous ai vengés d'injurieux rivaux,
> Me faire, non sans gloire, achever mes travaux !

Le C. *Castel* fait allusion à des vers de l'ode de *Coffin*, *la Champagne vengée*. A cette occasion, il est bon de donner l'idée de la dispute poétique, qui eut lieu en 1712, sur les vins de Beaune et de Reims, et de montrer comment le cidre s'y est trouvé mêlé. Le savant *De la Monnoye* a traduit en beaux vers françois presque toutes les odes latines que cette querelle fit naître.

(*) Le grand *Corneille*, né à Rouen en 1606.

Grenan, professeur au collège d'Harcourt, célébra le vin de Bourgogne, dans une ode saphique, dont voici le début :

> Chère feuillette bourguignonne,
> Qui loges dans ton sein la vermeille santé,
> Les plaisirs innocens, la douce liberté,
> Et que d'amours badins une troupe environne,
>
> Je veux te consacrer ces vers, etc.
>
> *Testa, Burgundo gravidem liquore,*
> *Quam jocus circumvolat, et nitenti*
> *Sanitas vultu rubicunda, et insons*
>   *Risus, amorque ;*
>
> *Te canam, etc.*

Ce fut dans cette pièce qu'il ouvrit la tranchée, et attaqua le vin de Reims, en le traitant de liqueur âcre et de poison secret :

> Jusqu'aux cieux la Champagne élève
> De son vin pétillant la riante liqueur :
> On sait qu'il brille aux yeux, qu'il chatouille le cœur,
> Qu'il pique l'odorat d'une agréable sève.
>
> Mais craignons un poison couvert :
> L'aspic est sous les fleurs. Que seulement, par grace,
> Quand Beaune aura primé, Reims occupant la place,
> Vienne légèrement amuser le dessert.
>
> *Nam suum Rhemi licet usque Bacchum*
> *Jactitent : œstu petulans jocoso*
> *Hic quidem fervet cyathis, et aurâ*
>   *Limpidus acri,*
>
> *Vellicat nares avidas : venenum*
> *At latet : multos facies fefellit.*
> *Hic tamen spargat modico secundam*
>   *Munere mensam.*

Coffin, professeur au collège de Beauvais, répondit par une ode alcaïque, à la louange du vin de Reims :

> Chère hôtesse d'un vin qu'on ne peut trop priser,
> D'un vin qui doit à Reims, comme moi, sa naissance,
> Bouteille, à mon secours ! j'entreprens ta défense :
> Pour ton propre intérêt viens me favoriser !
>
> *Huc te, Rhemensi nata solo, tui*
> *Poscunt honores, nobilis amphora !*
> *Adesto, Campanoque vires*
> *Adde novas animosa vati !*

Il n'y a rien de mieux écrit que les strophes suivantes, sur le vin de Champagne : les vers latins ont presque le transparent et le mousseux de la liqueur même qu'ils chantent.

> Aussi clair que le verre où la main l'a versé,
> Les yeux les plus perçans l'en distinguent à peine.

Qu'il est doux de sentir l'arome de son haleine,
Et de prévoir le goût par l'odeur annoncé !

D'abord, à petits bonds, une mousse argentine
Etincelle, pétille, et bout de toutes parts ;
Un éclat plus tranquille offre ensuite aux regards,
D'un liquide miroir la glace crystalline.

Cernis micanti concolor et vitro
Latex in auras, gemmeus aspici,
Scintillet exultim ; utque dulces
Naribus illecebras propinet

Succi latentis proditor halitus !
Ut spuma motu lactea turbido
Crystallinum lævis referre
Mox oculis preperet nitorem !

Mais c'est dans la dernière strophe, que le défenseur du Champagne s'emporte, et appelle le cidre, *le limon de Neustrie.*

Ciel ! fais que désormais puni de sa folie,
Quiconque insultera l'honneur de Sillezi,
N'abreuve son gosier d'autre vin que d'Ivri,
Ou d'un cidre éventé ne suce que la lie !

At qui procaci carmine munera
Campana vellit, Neustriaco miser
Limo, vel acri fæce guttur
Ivriaci recreet rebelli !

A cette provocation, répondirent alors deux ou trois poëtes Normands. Quoique bon Bourguignon, le docte *De la Monnoye* fut assez généreux pour traduire avec soin les plaintes des avocats du cidre.

Charles Ybert débutoit par cette apostrophe à *Coffin :*

Ami, modère un peu ta bile ;
Que t'a fait le climat Normand ?
Et pourquoi du venin que ta bouche distille,
Souilles-tu, dans tes vers, un breuvage charmant ?
Quelle malheureuse berlue,
D'un beau cidre doré, fait, je ne sais comment,
Un limon bourbeux à ta vue !

Quid immerentia delicata Neustriæ
Vexas, amice, pocula,
Injuriosus? quidve nectar aureum
Limo profanus inficis ?

Il parle des hommes illustres que la Normandie a produits : les *Duperron,* les *Sarrazin,* les *Huet,* les *Malherbe,* sur-tout les deux *Corneille.*

A ces illustres nourrissons,
La judicieuse Pomone

Offrit-elle pour leurs boissons
Les liqueurs de Reims et de Beaune !
Rien moins. Le sang de Beaune et l'écume de Reims
N'auroient fait breuvages mal sains,
Qu'allumer un double incendie ;
Au lieu que le cidre benin,
Par un effet contraire au vin,
Ou prévient le désordre, ou bien y remédie.

Atqui liquore citrio
Tales alumnos imbuisse prædicat
Pomona, non Sillerii
Spumis Iacchi, non ensore Belaici,
Miscentis ignes ignibus,
Et æstuantem concitantis sanguinem,
Cujus furentes impetus
Citrum retundit temperato nectare,
Aliaque succis corpora
Quæ vina lentis macerant caloribus.

J. Duhamel, professeur d'éloquence au collége des Grassins, inséra, dans le *Mercure* d'Avril 1712, une ode alcaïque sur le cidre, dont la traduction en vers françois, se trouve dans le *Mercure* de Mai suivant ; mais cette version n'est pas de *De la Monnoye,* et le latin de *Duhamel* méritoit d'être mieux rendu.

Au surplus, les recueils du C. *Guyot* m'ont appris qu'il existe beaucoup d'autres poëmes et d'odes sur le cidre.

Les François ont encore ici devancé les Anglois. *David Echlin* avoit donné, dès 1692, un poëme latin sur les pommiers à cidre (*Mala autumnalia, carmen. Parisiis,* in-8°.).

Saint-Amant adresse des vers au comte de Brionne, sur le même sujet : il prétend que le jus des pommes

Surpasse le jus des raisins.

Il fait du cidre l'or potable ; mais malheureusement, ses vers sont bien mauvais.

On trouve des strophes passables dans un remerciment de *Pierre de Marbœuf,* pour une bouteille d'excellent cidre, en 1628.

O nectar des Normands! quand ma langue te touche,
Je crois qu'avec raison ici nous te nommons
La volupté du goût, qui verse par la bouche,
Et le miel à la gorge, et le sucre aux poumons.

S'il est vrai que ton jus soit sorti d'une pomme,
Je suis, par ta bonté, suffisamment instruit,
Comme le diable a fait pécher le premier homme,
Puisqu'il le fit pécher pour goûter de ce fruit.

On peut joindre à ces vers, sans en craindre le voisinage, un morceau de la prose élégante et harmonieuse du C. *Bernardin de Saint-Pierre*, auteur de *Paul et Virginie*, des *Études de la Nature*, etc. Voici sous quel heureux emblème, emprunté de la fable, il parle, dans son *Arcadie*, de nos pommiers à cidre.

« La belle Thétis, jalouse de ce qu'à ses propres noces, Vénus eût remporté la pomme qui étoit le prix de la beauté, sans qu'on l'eût admise à la concurrence, résolut de s'en venger. Un jour, donc, que Vénus, descendue sur cette partie du rivage des Gaules, y cherchoit des perles pour sa parure, et des coquillages pour son fils, un triton lui déroba sa pomme, qu'elle avoit mise sur un rocher, et la porta à la déesse des mers. Aussitôt Thétis en sema les pepins dans les campagnes voisines, pour y perpétuer le souvenir de sa vengeance et de son triomphe. Voilà, disent les Gaulois Celtiques, la cause du grand nombre de pommiers qui croissent dans leurs pays, et de la beauté singulière de leurs filles. »

Après ces éloges du cidre, on doit à la vérité de l'histoire, la citation de ce qu'a dit contre cette liqueur, le fameux *Piron*, étant au Hàvre avec *Crébillon*. C'est le jeu d'esprit d'un Bourguignon, et la saillie d'un faiseur d'épigrammes, plutôt qu'un blasphème réfléchi. Il dit donc, dans son épître au marquis de Cany :

> D'un vignoble que Dieu maudit
> Ajoutez la liqueur infâme,
> Qui ne sert non plus à l'esprit,
> Que l'eunuque sert à la femme,
> Le cidre, remède anodin,
> Breuvage trop froid et peu sain
> Pour une muse moribonde.
> Mais je ne reconnois enfin.....
> . . . .
> Et des torrens d'excellent vin
> Vont purifier notre sein,
> Souillé du jus du fruit immonde
> Qu'osa cueillir l'esprit malin,
> Pour ouvrir la source féconde
> Des misères du genre humain.

(*Piron*, *Œuvres complètes*, t. VI, p. 68.)

Cette plaisanterie ne doit pas empêcher qu'on ne cultive les pommiers et qu'on ne fabrique du cidre, par-tout où l'on pourra se procurer cette ressource. Les riches sont toujours à même de se procurer de bon vin ; mais nous nous occupons, sur-tout, de la boisson du peuple, et le cidre est certainement la liqueur la plus à portée de la classe indigente. (*F. D. N.*)

Pag. 311, colonne II, ligne 9.

(111) On peut établir que les grains les moins propres à faire le pain, sont ceux que la brasserie choisit de préférence : l'orge et l'avoine, mélangés ou séparément, fournissent les meilleures bières, tandis que le seigle, assurément très-propre à la boulangerie, ne donne, au contraire, qu'une bière de peu de durée, à cause de sa disposition à tourner à l'aigre ; aussi ce grain entre-t-il dans la confection de l'espèce de vinaigre que préparent et consomment tous les peuples du nord.

Aux deux grains les plus convenables pour le travail du brasseur, nous en ajouterons un troisième, c'est le mays. Instruit, par les voyageurs, que les Indiens en retirent des boissons fortes et vineuses ; sachant, d'ailleurs, que le général *Turgot*, pendant son séjour à Cayenne, avoit obtenu une bière excellente de mays, je n'ai pas douté que ce grain, traité à-peu-près de la même manière, ne donnât un résultat semblable. Mon essai a eu le succès le plus complet. Il m'a paru seulement, qu'en suivant les procédés ordinaires de la brasserie, le mays consommoit plus d'eau au trempoir ; qu'il se ramollissoit moins que l'orge ; qu'enfin il séjournoit plus long-temps au germoir et à la touraille. Il faut l'avouer, l'objet de cette tentative n'a pas été de substituer le mays à l'orge ou à l'avoine, ni de proposer aux habitans des Départemens de l'ouest et du midi, environnés de mays, d'en faire de la bière. Leurs richesses en vignes ne les forceront jamais de recourir à ce grain pour suppléer le vin. On se borne à l'indiquer aux cantons qui en récoltent souvent au-delà de leur consommation : ils ne savent alors qu'en faire, parce que ce grain se conserve difficilement d'une année à l'autre. Au reste, il est prouvé qu'à l'époque de mon essai, et d'après un relevé des déclarations faites à la douane de Bordeaux, en 1785, il a été déchargé dans ce seul port, pour les besoins de la marine, quatre mille quatre cent soixante-neuf barriques de bière, venant de l'étranger, qui, à trente francs la barrique, prix commun, forment un objet d'importation, payé aux nations du nord, de cent quarante-quatre mille soixante-dix francs; c'est particulièrement sous ce point de vue, qu'on doit considérer l'utilité de la bière dont il s'agit. Nos concitoyens, qui cultivent en grand le mays, pourroient encore en tirer parti sous cette forme, dans un temps, sur-tout, où ce grain, ayant produit des récoltes abondantes, excéderoit les besoins du pays, et même ceux des contrées avec lesquelles les habitans seroient en relation de commerce. (*P.*)

Page 311, volume II, ligne 23.

(112) Il paroît que la plupart des brasseurs sont revenus de l'idée dans laquelle ils étoient autrefois, que la qualité de l'eau exerçoit une influence marquée sur la qualité de la bière, puisque, dans les lieux où ils lèvent aujourd'hui une brasserie, pourvu qu'ils y trouvent de l'eau bonne à boire, peu leur importe la source d'où elle provient; ils se servent donc, indifféremment, de l'eau de puits, de rivière, de source ou de citerne. Sans doute l'eau modifiée par le mouvement qu'elle reçoit, par la quantité plus ou moins grande d'air et de matières salines qu'elle contient, peut bien offrir quelques nuances légères dans la manière d'agir, et dans la nature des résultats; elle peut même, sans éprouver d'autre altération que celle du feu, relever l'éclat des couleurs, augmenter la transparence des gelées végétales et animales, la viscosité des colles, et la sapidité des liqueurs; mais il n'est pas également prouvé que les eaux possèdent une qualité particulière, les unes pour les brasseries, les boulangeries et les bouilleries; les autres pour les papeteries, les tanneries, les mégisseries, les teintures, etc.

Toutes les fois que l'eau entre dans la composition d'une substance qui doit subir la fermentation, elle change, comme elle, de manière d'être; ce n'est plus de l'eau en masse: ses parties se pénètrent, se confondent avec celles du corps auquel on l'associe, et il arrive que bientôt elle n'agit plus par elle-même. Cela posé, il est facile de voir comment la nature de l'eau peut influer sur celle des résultats qu'on obtient, et que si, par exemple, la bière,

quoique composée des mêmes principes, varie souvent, cette variation ne sauroit provenir de la diversité des eaux employées à sa fabrication. Nous profitons de cette occasion, pour inviter les physiciens à examiner avec attention la véritable manière d'agir de l'eau dans les arts, et les écrivains, à ne pas toujours reproduire, sous leurs plumes, ces expressions tant de fois rebattues: *nos eaux s'y refusent*; parce que, quand les résultats des opérations sont défectueux, on ne s'en prend jamais à l'imperfection du procédé, ni aux vices des matières premières employées: c'est constamment sur la qualité de l'eau qu'on se rejette; et tout en gémissant sur l'impossibilité de s'en procurer d'autre dans le lieu qu'on habite, on renonce pour jamais à toute espèce de tentative ultérieure, et on s'accoutume insensiblement à n'obtenir que des produits qu'il seroit facile de perfectionner, si on n'étoit pas trompé sur la véritable cause de leur infériorité. (*P.*)

Page 312, colonne II, ligne 3.

(113) Dès le douzième siècle, sous le règne de Louis IX, un article des statuts des brasseurs portoit défense de faire entrer l'ivraie (*lolium temulentum*, L.) dans la bière. Qui ne connoît pas, en effet, les désordres que ce gramen apporte dans l'économie animale? Il occasionne des assoupissemens, des vertiges, des nausées, des engourdissemens, des mouvemens convulsifs, la mort même, s'il se trouve en grande quantité dans le pain dont on se nourrit. Ce sont ces inconvéniens plus ou moins graves, que la fermentation panaire ne paroît pas atténuer, qui ont fait donner à la plante dont il s'agit, le nom d'*herbe d'ivrogne*. Les funestes effets qu'en ont éprouvé les François pendant leur séjour en Italie, ont déterminé à l'examiner; et il est résulté, d'expériences faites avec soin, que son grain contenoit, entre autres substances, un extrait résineux, analogue à l'opium. On pourroit sans doute, au moyen du criblage, s'en débarrasser; mais cette opération, si essentielle à la pureté de nos grains, est trop négligée, ou trop imparfaitement exécutée au midi de l'Europe, pour espérer que, de long-temps, on vienne à bout de la détruire, à moins que la mouture économique et le commerce des farines, dont les avantages sont si bien appréciés à Paris et dans

ses environs, ne soient généralement adoptés, de préférence à la mouture à la grosse, et au commerce des grains. (*P.*)

Des Boissons que fournissent les Plantes graminées et les Racines farineuses.

On retire des céréales une liqueur vineuse, dont l'usage est fort ancien, et plusieurs sortes d'alcools, ou d'eaux-de-vie, très-usitées dans les pays du nord. Habitant du midi, *Olivier de Serres* a donné plus d'attention à la vigne. Il étoit naturel qu'il parlât très-peu de la bière. Ce qu'il en dit est court et très-substantiel; mais, aujourd'hui, l'agriculture demande de plus grands détails sur l'art de faire fermenter les graines céréales et d'en distiller les produits. C'est cet art qui a fait fleurir l'économie rurale de la ci-devant Flandre et des autres contrées, où la nécessité de suppléer au vin et de remédier à l'insalubrité de l'eau, a fait naître cette industrie, ou l'a développée de manière à donner des résultats considérables. Je ne crois pas cette industrie aussi nécessaire à la France, qu'elle paroit avantageuse dans les autres contrées que l'on vient d'indiquer. Dans un pays si bien partagé en fait de bons vins de toutes les espèces, on n'a guère besoin de faire de la bière que pour varier les boissons, ou satisfaire les caprices des habitans des villes. A cet égard, les brasseries pourroient être considérées comme des fabriques de luxe, et cet art seroit étranger au ménage des champs. Le père de famille qui manqueroit de vins, seroit, dans ce climat, plus avisé d'y suppléer par la culture des pommiers et la boisson du cidre, que de sacrifier et d'épuiser ses bonnes terres à produire de l'orge et du houblon pour de la bière. Cependant on prétend que les grains dont on fait du pain, lorsqu'ils sont abondans, peuvent rendre leur superflu très-utile à l'agriculture, par sa conversion en liqueur fermentée et l'emploi de ses résidus. Sous ce nouvel aspect, le sujet devient important, et il auroit, sans doute, fixé l'attention du respectable auteur du *Théâtre d'Agriculture*, s'il avoit été à portée de le considérer sous un semblable point de vue. Je suis loin de me proposer d'approfondir cette matière: je voudrois donner seulement aux amis de l'agronomie les indications

dont le sujet est susceptible. Je dirai donc un mot, 1°. de l'histoire des vins de grains; 2°. du degré de simplicité auquel on peut atteindre, pour fabriquer cette boisson dans un ménage de campagne; 3°. du service que pourroit rendre la bière de chiendent; 4°. de l'alcool tiré des grains; 5°. de celui des pommes de terre, et des autres racines farineuses ou esculentes.

1°. *Histoire de la Bière.*

On trouve, à ce sujet, des détails curieux dans le livre latin de *Meibomius, de Cerevisiis;* dans le *Traité de la Police*, par le commissaire *Delamare*, répertoire excellent, quoique fait sans critique et sans philosophie; dans l'*Histoire de la vie privée des François*, et dans plusieurs mémoires de M. de *Francheville* (*Mémoires de l'Académie de Berlin*).

Le *zithus* des Égyptiens paroit avoir été le type primitif de cette espèce de boisson; mais on pourroit en dire, à plus forte raison, ce que *d'Acilly* a bien dit d'une certaine étymologie du célèbre *Ménage* :

> *Alfana* vient d'*Equus*, sans doute,
> Mais il faut convenir aussi,
> Qu'en venant de là jusqu'ici,
> Il a bien changé sur la route.

On ne peut s'empêcher de sourire à cette épigramme. Cependant, comme il est certain que les mots n'ont été créés que pour signifier les choses, il s'ensuit qu'il seroit utile de pouvoir remonter à leur véritable origine; et que, sous un tel point de vue, on ne peut séparer la science des choses de la connoissance des mots. L'histoire des arts, des sciences, des usages universels, n'est, au fond, que l'histoire des mots adoptés dans les langues, pour désigner tous les détails des arts et des usages. Ainsi, l'on connoîtroit parfaitement l'art de brasser, si l'on pouvoit savoir, au juste, d'où viennent les mots de *brasser*, de *bière*, de *cervoise*, d'*aile*, etc.

Les Anciens ont eu des idées bien contradictoires sur la force comparative des vins de différentes espèces. Il paroit que le cidre a été regardé comme une liqueur presqu'égale à celle des raisins. Les Manichéens affectoient l'abstinence du vin. C'est d'eux que *Mahomet* en a emprunté le précepte; mais on voit que saint *Augustin* tournoit en ridicule cette tempérance hypocrite, dont les partisans de *Manès* se dédommageoient, selon lui, avec le suc des pommes, extrêmement vineux : *succis pomorum vinosissimis*. D'un autre côté, la bière, plus ancienne que le cidre, étoit mise, par-tout, sur la même ligne que le vin. L'archange Gabriel compte dans le nombre des marques de la future sainteté qui devoit distinguer le grand précurseur du messie, qu'il ne boiroit ni vin, ni bière (*Luc.* 1. 15). Mais, ni la bière, ni le cidre, n'ont été jugés dignes de suppléer le vin, pour célébrer les saints mystères.

La Grèce avoit de très-bons vins. Cependant *Aristote* nous apprend que l'on s'y enivroit de bière, et que cette ivresse passoit pour être bien plus dangereuse que l'ivresse du vin.

Pline, qu'il faut toujours citer, étudier et admirer, nous dit que les Gaulois appeloient *brace*, une sorte de *far*, provenant du plus net des grains. Est-ce de-là que vient aujourd'hui le mot de *brasser* ?

Vossius croit que le mot *bière* vient du latin *da bibere* (donne-moi donc à boire), que les soldats romains répétoient sans cesse aux Germains ; et que de *bibere*, l'on a fait, par corruption, le *beer* des Allemands, des Flamands et des autres peuples, la *bière* des François, etc.

Les Gaulois donnoient à la bière le nom celtique de *cervoise*. *Ammien Marcellin* dit que les nations gauloises affectoient des boissons nombreuses, à l'imitation du vin. *Vini avidum genus, affectans ad vini similitudinem multiplices potus*. Cette bière étoit faite avec de l'orge, sans houblon, et sûrement mal fabriquée ; c'est, du moins, ce qu'on peut conclure du mal que disent, de la bière, tous les anciens médecins, *Dioscoride, Galien, Oribase, Avicenne*, etc. Ils regardent cette liqueur comme un produit putride, et qui cause des maux dont la liste effrayante est longue à parcourir. Puisque les médecins ont été si sévères, il ne faudra pas s'étonner de voir quelques poëtes se déchaîner, à leur exemple, contre ce genre de boisson.

A la tête de ces poëtes, se trouve un empereur, qui aimoit sa *chère Lutèce*, et dont il subsiste à Paris un monument (les Thermes), qu'on a tort de laisser dans l'ombre et dans l'oubli.

L'empereur *Julien* a fait une épigramme grecque contre la bière qu'on buvoit, de son temps, à Paris. Il en donne une idée horrible. Il falloit que cette liqueur fût bien mal composée, pour mériter ce qu'il en dit. Quoi qu'il en soit, voici cette épigramme impériale, traduite avec discrétion.

> Quel es-tu, vin bâtard, liqueur trouble et boueuse?
> Non, tu n'es pas le vrai Bacchus.
> Du fils de Jupiter Phœbéïne est gracieuse;
> Il sent le nectar, et tu pus.
> Cérès, d'un tel produit doit être bien honteuse.
> Mais, faute de raisins, la Gaule malheureuse
> Tire du grain ce mauvais jus.

L'auteur ajoute un jeu de mots, qui tient purement à la langue dans laquelle il écrit, et n'a point d'analogie dans la langue françoise. Plusieurs auteurs modernes ont mis en vers latins le grec de *Julien*. De ces traductions diverses, voici la seule supportable.

> *Dic mihi, Bacche, quis es? num te non hercule novi.*
> *Unicus est notus filius ille Jovi.*
> *Nectaris ille meri fragrantes spirat odores;*
> *Alarum pestem tu, gravis hircus, oles.*
> *Dic mihi, Bacche, quis es? num te sub imagine Bacchi*
> *Celta suo finxit, vitis egenus, agro?*

Traduction en prose :

« Qui êtes-vous, et d'où êtes-vous, Bacchus ? car pour le véritable Bacchus je ne vous connois point ; je ne connois que celui qui est fils de Jupiter ; il sent le nectar, et vous ne sentez que le bouc. Les Celtes, apparemment, qui n'ont point de raisins, vous ont fabriqué de grains d'orge : ainsi, il faut vous appeler Céréal, et non Denys ; bien plus, fils du feu, et plutôt avénique que bachique. » (Lettre de *Baudelot* à *Leibnitz*, à l'occasion des bas-reliefs trouvés dans les fondations de l'église Notre-Dame de Paris, en 1711.)

Le savant *Meibomius* trouve l'épigramme salée. Il rapporte encore des vers faits par *Henri d'Avranches*, poëte d'un roi d'Angleterre, contre l'aile, espèce de bière, qui étoit la seule boisson de la Grande-Bretagne. Ces vers sont si grossiers et si naïfs en même temps, qu'il est hasardeux d'essayer de les rendre en françois.

> Ce qu'ils appellent bière est un épais breuvage,
> Bourbeux comme les flots de l'infernal rivage.

Rien n'est plus trouble à boire et plus clair à pisser ;
Tant ce qu'elle a d'impur a de peine a passer !

Nescio quod Stygiæ monstrum conforme paludi,
Cervisiam plerumque vocant, nil spissius illâ
Dùm bibitur ; nil clarius est dùm mingitur ; unde
Constat, quod multas fæces in ventre relinquat.

Un poëte latin moderne, l'Homère de la Germanie, *Eobanus Hessus*, a donné, en assez beaux vers, l'art de conserver la santé. Dans ce poëme, *de tuendâ bonâ valetudine*, il s'élève contre la bière. On sent que c'est un Allemand et un ami du vin, qui parle.

Qui donc a, des sucs de Cérès,
Tiré cette liqueur épaisse !
Ni Bacchus, ni cette déesse,
Ne lui pardonneront jamais.

Qui docuit crasso Cererem confundere succo ?
Huic iratus erat Bacchus et alma Ceres.

Il ajoute, d'après tous les anciens médecins, que cette boisson est nuisible aux reins, aux nerfs et au cerveau, et qu'elle peut donner la lèpre.

Renibus et nervis, cerebroque hic naxius humor,
Sæpe etiam lepræ semina fæda jacit.

Meibomius établit que toutes ces injures s'adressent à la bière des peuples anciens, qui n'étoit qu'une espèce informe de décoction d'orge, ou d'avoine, ou de riz, sans addition de houblon, souvent sans être fermentée. Depuis ce temps, la bière a été perfectionnée ; et c'est même par elle que la chimie a commencé d'examiner, avec une attention plus suivie, tout ce qui a rapport aux phénomènes que présente la fermentation.

Arrivée à ce point, devenue la boisson usuelle de plusieurs peuples, la bière a excité, parmi des poëtes modernes, une dispute, pour le moins aussi vive que celle qui a eu pour objet la rivalité du Bourgogne et du Champagne, et dont j'ai donné une idée à la fin de l'essai sur la pomologie. Le vin, en général, étoit mis au-dessus de la meilleure bière, dans les vers de *Guyet*. Il trouvoit que la bière, au lieu de porter les poëtes sur les ailes du vrai Pégase, ne leur offroit, en quelque sorte, qu'un âne pour monture. Mais malheureusement, la foiblesse de l'avocat faisoit tort à sa cause ; tandis que la bière, au contraire, étoit exaltée en beaux vers, par le célèbre *Grotius*. Ce morceau, qu'il fit à Paris, n'est pas dans le recueil de ses poésies latines. On me saura gré d'essayer d'en donner une idée. Voici comment cet homme illustre, né et élevé en Hollande, où l'on ne boit que de la bière, apostrophe cette liqueur, et fait éclater, à-la-fois, dans son enthousiasme, son talent pour les vers et son amour pour son pays.

O douce liqueur de l'eau, par la flamme épurée,
Et que des meilleurs sucs Cérès a pénétrée,
Toi qui soutiens mon corps sans troubler mes esprits,
Des plus saines boissons tu remportes le prix !
La maison de Neptune et le grenier du monde ;
La Batavie, enfin, boit ta liqueur féconde :
Tous les peuples du nord savourent tes douceurs.
Que dis-je ? c'est à toi d'abreuver les neuf Sœurs ;
Car depuis qu'un barbare est maître de la Grèce,
Il a fermé l'entrée aux sources du Permesse.
L'Hippocrène n'est plus : tu dois le remplacer.
Bacchus, trop violent, ne sauroit t'effacer ;
L'ivresse et les excès bouillonnant dans sa coupe,
Pourroient, des chastes Sœurs, épouvanter la troupe ;
Mais les flots tempérés du Vahal et du Rhin
Leur offrent, sans danger, ton nectar souverain.
Trop de vin m'étourdit ; l'onde froide me glace.
Viens donc, bière salubre, animer mon audace !
Un enfant d'Apollon ne doit pas être à jeun ;
Bacchus, dans sa fureur, n'est pas moins importun ;
Et toi seule, placée entre ces deux extrêmes,
Inspires désormais les Muses elles-mêmes.

Humor dulcis aquæ, sed igne coctæ,
Quem succo Ceres imbuit salubri,
Qui corpus vegetat, nec impotente
Commotam furiat vapore mentem !
Quo potu fruitur Batava tellus,
Neptuni domus, horreumque mundi :
Et quotquot populos mares ab alto
Cœli culmine conspicatur Arctos.
Ipsæ te sitiunt novem Sorores ;
Nec Permesside proluuntur undâ,
Ex quo Græcia barbaro sub hoste est ;
Nec Bacchi cyathos amant puellæ ;
Sed Rheni Vahalisque temperatas
Almis postibus hauriunt liquores.
. . . .
At me, sentio, larga cum sequatur
Vini copia, frigidique fontes,
Heu ! Musæ fugiunt. Venite quondam
Dilecti latices ! nec esse crudam,
Nec contrà decet ebrium poëtam.

Ces vers ont été conservés par *Athénée*. Il y ajoute une autre pièce, (faite par un de ses parens), adressée au duc de Brunswick, où il a fait parler la bière, qui se recommande elle-même comme extrêmement prolifique, et favorisant puissamment la population.

Voici comme la bière se fait valoir à cet égard.

Oui, Prince! de ce lieu les matrones prudentes
A chanter mes bienfaits seront toujours ardentes.
Si la bière est proscrite, hélas! dans la cité,
Le nombre des enfans sera trop limité;
Le pasteur ne pourra qu'avec inquiétude
Voir de ses fonts sacrés la triste solitude.
Citoyens, dira-t-il, qu'êtes-vous devenus?
Je ne vous conçois pas; je ne baptise plus.
Tous les jours, autrefois, quelqu'un de vous fut père;
A quel point, parmi vous, la vertu dégénère!
Bien loin de cette ville, à Dieu! que ta bonté
Eloigne le fléau de la stérilité!
La bière, des humains douce et féconde amie,
Les préserve, à coup sûr, d'une telle infamie;
Prince! permettez donc qu'on la boive à longs traits,
Perpétuez ainsi vos peuples satisfaits, etc.

Hanc mihi matronæ laudem dant jura, negantque
Se zytho aut passæ, aut velle carere meo.
Exule me, soboli tutò proventus in urbe
Postmodùm erit nullo, quàm fuit ante, minor.
Sentiet id superùm clamosus in æde minister,
Infantes sacro rariùs amne lavans.
Quid facitis, dicet, cives! ego pignora vestra
Frustrà aveo sacri tingere fonte aquâ.
Semiviros video et jucundo in munere segnes,
Qualis plebs olim Northusiana fuit!
Sit procul, ò superi! labes tam tristis ob Elmo!
Nec sterilis dici murmur iste locus!
Non gravet hæc illos infamia, qui mea largè
Pocula nativo plena calore bibent.
Noxius est tenuis labens in piscina potus, etc.

La bière, ou du moins sa levure, a excité en France une controverse fameuse. La germination du grain, qui développe en lui cette saveur suave et presque saccharine, étoit une condition requise pour faire la bière. D'après d'anciens préjugés, qui ont une source sacrée, mais qui n'en sont pas moins erronés, on regardoit, communément, l'état du grain germé comme une pourriture, et on partoit de-là pour faire le procès à la bière et à sa levure.

Les Gaulois avoient découvert l'utilité de la levure pour la confection du pain. *Pline* leur en attribue l'honneur. Il n'en est que plus étonnant que sous Louis XIV, et dans la capitale, presque toute la Faculté de médecine ait voulu faire regarder comme une espèce de poison, l'emploi de la levure dans la boulangerie. Cet emploi avoit commencé sous le règne de Henri IV. Marie de Médicis ne faisoit servir à sa table que du pain fabriqué avec la levure de bière, où il entroit du lait. Ce que l'on appelle aujourd'hui des petits pains au lait, se nommoit des pains à la reine. On engagea les magistrats à proscrire ce pain, comme nuisible à la santé. On sait comment *La Condamine* a mis en jolis vers l'histoire de cette dispute, dans une pièce intitulée: *Origine du pain mollet.* Il est toujours utile de rappeler ce fait aux docteurs et aux magistrats que le zèle peut égarer, lorsque leur ignorance se croit trop éclairée. Ce qu'il y a de très-réel, c'est que le 24 Mars 1668, la Faculté de médecine voulut traiter à fond la grande question de la levure dans le pain. Trente docteurs furent d'avis d'en approuver l'usage; quarante-cinq furent d'avis contraire. A la pluralité des voix, on condamna l'usage de cette espèce de ferment pour composer le pain; sur-tout, le médecin *Brayer* parla contre avec véhémence. Suivant *La Condamine,*

Il conclut que la mort voloit
Sur les ailes du pain mollet.

Il y avoit, dans ce temps même, un grand procès au Parlement, entre les boulangers et les cabaretiers. On soutenoit que le public étoit intéressé à rejeter l'usage du petit pain, qu'empoisonnoit la levure de bière. Le 31 Août 1668, par arrêt interlocutoire, la Cour nomma un commissaire pour entendre six médecins et six bourgeois notables, qui donneroient leur avis sur la composition du petit pain, et si la levure que l'on y fait entrer, est nuisible au corps humain. On a le procès-verbal qui fut dressé de leurs dires: c'est une pièce curieuse. Des six médecins entendus, quatre se réunissent pour ôter tout crédit à l'écume de bière: c'étoient *Guy-Patin, N. Brayer, Blondel,* et *J. Courtois.* Ils appellent la bière, cette triste boisson, faite de houblon, d'orge, ou de froment corrompu, et d'eau gâtée, que tous les médecins accusent de nuire à la tête, aux nerfs et aux parties membraneuses; d'engendrer un très-mauvais sang; de causer, 1°. une ivresse plus longue et plus fâcheuse que celle du vin; 2°. tantôt la difficulté, tantôt la suppression d'urine; 3°. quelquefois aussi la ladrerie. Ils disent qu'il en est de la bière, comme du sucre rafiné avec de la chaux, et du vin clarifié avec de la colle de poisson; que les hommes qui ont quelque soin de leur santé, évitent. Deux autres médecins, *Perrault* et *Raissant*, regardent, au contraire, cette invention de rendre le pain si agréable et si léger, par le moyen de la levure, comme un des plus beaux secrets et des plus utiles à la vie. Dans le nombre des six notables entendus après les médecins, on distingue encore aujourd'hui la déposition du célèbre *Antoine Vitré*, imprimeur du roi et du clergé, âgé, pour lors, de quatre-vingt-un ans. C'est celui qui parle le plus raisonnablement de tous. Il marque sa surprise des contradictions de MM. de la Faculté; mais il atteste que, depuis son enfance, il n'a guère mangé d'autre pain que du pain à la reine, qui se fait avec la levure, et que, dans toutes les grandes tables de Paris, il ne se mange que de ce pain léger. Le Parlement renvoya le tout au lieutenant de police *La Reynie*. Le 26 Juillet 1669, ce fameux magistrat donna son avis, par lequel il estime bravement, que l'usage de la levure de bière dans le pain, doit être entièrement défendu, aussi bien que le lait et tout autre mélange de cette qualité. L'arrêt du Parlement, qui décide la question, est du 21 Mars 1670. Il n'adopte pas tout-à-fait l'avis de *La Reynie*. Il défend seulement aux boulangers d'employer d'autre levure de bière dans le petit pain, que de celle qui se fait à Paris, fraîche, et non corrompue, à peine de cinq cent livres d'amende. On sait ce qui est arrivé de ces belles décisions, que l'on n'a point exécutées. En dépit de la Faculté, de la police et des arrêts, on a continué l'usage, et du pain fermenté avec la levure de bière, et du sucre rafiné avec la chaux, et du vin clarifié avec la colle de poisson; et l'on s'en est fort bien trouvé. Or, c'est sur quoi *La Condamine* a fait ce joli conte, dont la plaisanterie recèle une leçon philosophique, nécessaire à

méditer par ceux qui sont trop souvent appelés à prononcer sur des matières qu'ils croyent posséder, et qu'ils n'entendent pas.

Les Hollandois et les Anglois sont ceux qui ont donné les meilleures instructions sur l'art de fabriquer la bière. M. *Wouter-Vanlis*, qui s'appelle lui-même docteur en médecine et brasserie, à Rotterdam, a publié l'*Art de brasser*, inséré en entier dans les *Journaux économiques* des mois de Janvier, Février, Mars et Avril 1755. Il traite successivement des choses nécessaires à une brasserie; de la mixtion qui compose la bière ordinaire; de la manière de brasser différentes sortes de bières particulières; des ingrédiens par lesquels on donne à la bière plus de goût et d'odeur; de la saison de l'année qu'il faut choisir pour brasser de bonne bière; de la manière dont on peut la conserver; de la manière de l'éclaircir; des moyens de remettre dans son premier état la bière qui a tourné; des élémens et de la nature de la bière; de sa propriété et de sa salubrité. Mon objet n'étant pas ici de former une brasserie, je ne prendrai dans cet ouvrage que quelques notions qui se rapportent à mes vues.

L'eau, le grain, le houblon, sont les principaux élémens communs à toutes les sortes de bières. Quant à l'eau, elle est appelée, par quelques médecins, le vin universel, *vinum catholicum*; quant au houblon, il doit en être question dans un autre lieu du *Théâtre d'Agriculture*; ce n'est pas le seul végétal qu'on ait introduit dans la bière; il sert à la fortifier; mais sa saveur amère n'est pas du goût de tout le monde. En Amérique, on fait la bière avec les pousses d'un cèdre, ou sapin, nommé *spruce*; avec les tiges du mays; avec une espèce de pêche, que l'on appelle persimon, etc., etc. Enfin, ce sont sur-tout les grains qui forment, en Europe, la base de toutes les bières, qui sont très-diversifiées. On en peut faire un si grand nombre, qu'à Dantzick, seulement, on en compte de trente espèces. M. *Wouter-Vanlis* parle du *keppert*; de la *mée*, sorte de bière fort douce, que les femmes de Flandre boivent avec délices; du *gerbier*; du *mol*; de la bière de Liège; de la bière brune amère; de la bière brune douce; de la bière blanche, ou de Breda, dans laquelle il n'entre point de houblon ; de la bière à vinaigre ; de la bière de cerises ; de celle de framboises, et de groseilles.

La liste des ingrédiens que l'on fait quelquefois entrer dans la bière, est vraiment dégoûtante. On y mêle toutes sortes de drogues, de racines, de plantes, d'écorces, d'huiles ; enfin, il se trouve des brasseurs qui, pour engraisser la bière, y font encore bouillir des pieds de veau. Ces assaisonnemens sont du goût de plusieurs pays. En Pologne, les hommes, et encore plus les femmes, prennent, tous les matins, un bouillon chaud à la bière, avec du gingembre, des jaunes d'œufs et du sucre. (*Voyageur François*, tome XXII, page 363.)

Il y a loin de ce chaudeau aromatique et composé, à ce que la bière a dû être dans ses premiers essais : elle a dû commencer par une simple infusion de quelques farineux délayés dans de l'eau bouillante, comme cela paroît être encore en usage chez plusieurs nations sauvages. *Pagès* dit que la première eau du riz cuit à l'indienne, et suffisamment épaissie, est aussi douce que le meilleur lait, et qu'on la prend pour se rafraîchir.

Le même dit qu'à Mexico il prenoit très-souvent une boisson rafraîchissante, faite avec de l'eau de farine de mays, qui, bouillie jusqu'à un certain point, prend la consistance du chocolat : on l'appelle *attollé*.

L'exemple des Européens, qui font germer le grain pour en composer leur bière, a appris aux sauvages à faire germer le mays, par un moyen ingénieux. Ils le mettent en terre, et l'en tirent avant que la germination soit trop avancée.

Bruce, qui a donné un *Voyage aux sources du Nil*, parle des boissons qu'il vit faire parmi les Abyssiniens.

« Quand on veut faire du *bouza* ou de la bière, on fait rôtir du pain de teff, qu'on coupe par petits morceaux ; puis on le met dans une jarre, on y verse de l'eau chaude, et après avoir bien bouché la jarre, on la met auprès du feu, où on la laisse trois ou quatre jours : elle acquiert un goût aigre et le degré de force nécessaire. Le *bouza* se fait de la même manière dans l'Atbara, excepté qu'au lieu de pain de teff on employe du pain d'orge. Ces deux espèces de liqueur ne valent pas grand'chose ; mais celle qui est faite avec de l'orge, est, sans contredit, la plus mauvaise » (tome V, page 96, in-4°.). Le teff est une espèce de graminée, cultivée dans l'Abyssinie, et qui fait du pain plus léger que le froment.

L'auteur Anglois d'un *Voyage en Guinée*, *Dixon*, nous dit que, la première matinée après son arrivée dans la grande négrerie de Gragi, il fut éveillé, avant le lever du soleil, par un cri continuel dans la rue : Venez, achetez du *flatta*, l'eau est toute chaude. Il apprit que c'étoient de jeunes filles qui portoient du thé, tout préparé. Ce thé consiste en une espèce de bouillon, composé de blé de Turquie, dans un pot qu'elles tiennent sous le bras, et dans un autre vase plein d'eau chaude qu'elles portent sur la tête. Se présente-t-il quelqu'un pour en acheter, elles lui donnent une cuillerée de cette boisson dans une citrouille, qui tient lieu de tasse ; on jette dessus un verre ou deux d'eau chaude. L'acheteur remue le brouet avec le doigt, qui lui sert de cuiller, avale ce brouet, et cela fait son déjeûné. Quelques-uns y mêlent du miel, qui est délicieux dans ces contrées, et qui porte avec lui les épices et les parfums. On nomme cette boisson *flatta* ou *cassa*. On la donne principalement aux malades, et elle fait une nourriture très-saine.

Ces peuples sont déjà un peu plus avancés dans l'art de faire de la bière : la leur est composée de millet, ou de blé de Turquie. Ils le font germer, et procèdent comme nous autres Européens, à l'exception qu'ils n'y mettent point de houblon : elle a un goût agréable ; mais elle fermente, et on ne peut la tenir dans des bouteilles.

Si nous avançons vers la Chine, nous trouvons bien plus de science dans la manière de tirer une boisson vineuse du riz, qui fait la base antique de la subsistance des hommes dans le continent de l'Asie.

Leur vin est appelé la liqueur de *zam-zou*. Après avoir laissé tremper du riz dans l'eau, pendant vingt-quatre ou trente jours, on le fait bouillir jusqu'à dissolution. On le voit ensuite fermenter et se couvrir d'une légère écume, qui ressemble assez à celle du vin nouveau. Sous cette écume est le vin pur, qu'on tire au clair dans des vaisseaux bien vernis. Avec la lie, on fait une espèce d'eau-de-vie, plus forte quelquefois et plus inflammable que la nôtre.

Les Chinois ont d'autres liqueurs. Celle qui se fait d'une distillation de lait et de fèves, est la plus douce.

Dans notre Europe, les Anglois sont ceux qui ont le mieux opéré sur la bière. La division du travail est un principe heureux, qu'ils appliquent à tout, et qui a introduit aussi, à cet égard, des améliorations, moins sensibles ailleurs. Non seulement on trouve à Londres des gens qui préparent la drèche, ou l'orge germée et séchée, et qui ne font rien que de la drèche ; mais on fabrique aussi, à part, la levure, que l'on prépare de manière à la conserver pour l'embarquer sur des vaisseaux.

Dixon, que je viens de citer, rapporte ce qui suit, sur l'emploi de cette levure.

« Le 6 Mai 1787, notre tonnelier fut employé à faire de la bière de *spruce*. Nous avions apporté une bonne quantité de levain, préparé par madame *Stainsby*, de Londres, et renfermé dans des bouteilles (avant le mois d'Août 1785). Je dois lui rendre la justice de dire que ce levain a rempli parfaitement notre attente, en faisant fermenter le *spruce*, et qu'il étoit aussi bon qu'à l'instant où nous l'avions embarqué. »

Cependant, la perfection à laquelle s'est élevée l'art de brasser la bière, n'est pas un si grand avantage que certains anglomanes voudroient bien nous le faire entendre. Il se consomme en Angleterre, pour la bière double et pour la distillation, plus de trente millions de bushels (*) d'orge ou de froment, sans parler de ce qu'on employe pour la petite bière, dont on fait usage à tous les repas. Voilà le résumé que donnoit, sur ce point, un voyageur en Angleterre, il y a déjà quarante ans. Depuis, la consommation est encore augmentée. Maintenant, si l'on veut apprécier au juste le tort qui en résulte pour la culture et pour l'État, il faut consulter les Anglois. M. *Arthur Young* est l'homme le plus en

---

(*) J'ai déjà dit, dans une note précédente, que le bushel valoit environ trois de nos boisseaux anciens. Notre boisseau de Paris équivaut à douze litres soixante-huit centilitres, et le bushel équivaut à trente-cinq litres soixante-huit centilitres.

état de nous éclairer sur ce point. Il aime son pays ; il connoît bien l'économie rurale et politique, et il ne flatte pas la France.

Lisez, dans son *Voyage en France*, le chapitre X, sur les vignes, et sur-tout ce passage, qu'il faut copier à la lettre.

« J'ai souvent, dans la conversation, entendu proposer cette question : Est-il plus avantageux à une nation, que sa boisson ordinaire soit du vin, comme en France, ou de la bière, comme en Angleterre? Je ne puis comprendre comment on a jamais pu mettre un semblable fait en question. Nous sommes obligés d'avoir recours à nos meilleures terres pour notre boisson ; les François, au contraire, sous un bon Gouvernement, tireroient toute la leur de leur plus mauvais terrein. Les sables de la Sologne, depuis Blois jusqu'à Chambord, etc., sont aussi mauvais que ceux de Suffolk et de Norfolk, qui ne nourrissent que des lapins. Les sables de la France, par le moyen des vignes, rapportent huit ou neuf louis (cent quatre-vingt-douze à deux cent seize livres) par acre, tandis que ceux de Suffolk ne donnent pas autant de shelings (le sheling vaut vingt-quatre sous). Dans les neuf-dixièmes de l'Angleterre, les terres qui produisent du froment, produisent aussi de l'orge successivement.

» Si nos collines, nos rochers, nos sables et nos coteaux de craie nous fournissoient notre boisson, ne pourrions-nous pas employer ces sols plus fertiles à quelque chose de mieux que de la bière? Ne pourrions-nous pas, par une rotation de récoltes qui comprendroit des pommes de terre, des vesces d'hiver, des fèves et des plantes fourrageuses dont l'effet est de préparer la terre pour le froment, lui faire produire beaucoup plus de pain, de bœuf et de mouton, si l'orge n'étoit pas pour nous un article de première nécessité comme le froment? Ne seroit-il pas avantageux de pouvoir bannir un de ces articles épuisans, pour en substituer un d'amélioration? Ne seroit-il pas avantageux de nourrir tous les chevaux de la Grande-Bretagne avec des fèves au lieu d'avoine? Votre population peut être proportionnée à la quantité de pain, de mouton et de bœuf que vous possédez. Avec un quart de vos terres en orge, est-il possible que vous ayez autant de pain, de mouton et de bœuf, que si vous n'étiez pas dans la nécessité d'avoir de l'orge? Qu'il y a bien peu de combinaison d'agriculture dans la tête d'un homme qui peut avoir quelques doutes sur de pareilles questions!» (*Cultivateur Anglois*, tome XVII, page 226.)

Je ne voudrois pas adopter toutes les propositions que peut faire M. *Young*; mais ici, son raisonnement me semble concluant; et j'en conclus qu'il ne faut pas exalter si fort, à Paris, les fameuses bières angloises, qui occupent un quart du sol, et d'un sol susceptible d'être beaucoup mieux employé.

Cette circonstance du quart du sol de l'Angleterre, destiné exclusivement à cultiver de l'orge, est d'autant plus frappante, que la même proportion se retrouve, à-peu-près, dans les départemens de France qui ne boivent que de la bière. La statistique du département de Sambre-et-Meuse nous apprend qu'on estime qu'un quart des récoltes en grains se consomme pour cet objet.

Ce n'est qu'en désespoir de cause que les Anglois ont travaillé à perfectionner la bière. On peut voir dans l'histoire, qu'ils avoient trouvé bon de s'approprier, autrefois, les vignobles de la Guienne. C'étoit donc le vin de Bordeaux qui leur rendoit si précieuses leurs acquisitions en France. Chassés par Jeanne d'Arc, ils se sont retournés vers les vignes du Portugal; mais ils n'ont pu trouver ni à Porto, ni à Madère, un vin d'ordinaire, aussi sain que nos bons vins de France. Le Porto est trop capiteux, et le Madère aussi est mêlé d'eau-de-vie. Alors, ils ont cherché les moyens de substituer au raisin qui leur manque, l'orge qui épuise leurs terres. Ils ont obtenu des succès; mais comme les François ont conservé leurs vignes, et qu'ils peuvent encore en améliorer les fruits, ce n'est pas aux François de se montrer jaloux; et si l'empereur *Julien* revenoit à Lutèce, ce seroit à la bière angloise qu'il diroit, bien plus justement:

Non; tu n'es pas le vrai Bacchus!

2°. *L'art de brasser peut-il être simplifié au point de trouver place dans notre économie rurale?*

Dans les départemens où l'on ne boit que de la bière, l'art de brasser est usuel, et ses procédés sont vulgaires. Dans le pays de Sambre-et-Meuse, suivant la statistique que je viens de citer, la bière ne revient, dans les ménages de campagne, qu'à un sou six deniers (huit centimes) la pinte (le litre); on la vend ordinairement le double dans les cabarets; mais où cette industrie n'est pas connue depuis longtemps, on ne peut guère se flatter de l'apprendre et d'y réussir avec le seul secours des livres.

L'Académie royale des sciences de Stockolm, dont le grand et sublime objet est la perfection des arts utiles et de l'économie de la Suède, a porté ses vues sur la bière. On trouve, dans la *Collection Académique* (tome XI, partie étrangère, page 425), un mémoire d'un de ses membres, contenant le plan d'une brasserie plus simple que les brasseries ordinaires, et par laquelle, avec moins de déchet et de travail, on doit épargner beaucoup de bois. De plus, on peut construire le foyer, de sorte qu'il serve de four. Quelle que soit la simplicité de ces dispositions, il est impossible d'en donner une idée, sans le secours des gravures.

L'art de brasser est du nombre de ceux dont la description, projetée autrefois par l'Académie royale des sciences de Paris, entre dans le plan des travaux que doit continuer l'Institut national. Si la description de cet art existoit, par les soins de ce corps savant, nous n'aurions eu besoin que d'y renvoyer nos lecteurs.

Des ouvrages françois où il est traité de la fabrication de la bière, le plus clair me paroît celui de le *Pileur d'Apligny*. On y trouve tout le détail du procédé au moyen duquel chaque particulier peut faire chez lui de bonne bière, propre à se conserver au moins un an sans altération, et dont les frais ne monteroient pas à un sou six deniers (huit centimes) la pinte (le litre); mais ce procédé même est encore assez compliqué. L'art de brasser exige absolument de la pratique. Cependant, il seroit utile de tracer des moyens plus simples, pour parvenir à faire une boisson vineuse à l'usage des ouvriers et des campagnards les plus pauvres.

Nous avons, sur ce point, diverses indications qui ne sont point à négliger. Un ami de l'humanité, connu par les grands sacrifices qu'il fit

toute

toute sa vie à l'utilité générale, *Chamousset*, s'étoit occupé d'un moyen de faire de la bière concrète et portative.

En 1766, l'Académie royale des sciences approuva un rob, ou extrait de consistance sirupeuse, proposé par ce philanthrope, pour préparer, presque sur-le-champ, en le mêlant avec de l'eau, une boisson agréable et saine. Les commissaires nommés par l'Académie avoient vu préparer ce rob en leur présence, et s'étoient bien assurés qu'il n'entroit dans sa composition que les mêmes matières qui servent à faire de la bière. Ce rob, mêlé seulement avec de l'eau, et sans aucune fermentation, faisoit une tisane nourrissante et rafraîchissante, plus ou moins légère. *Chamousset* proposoit même un rob sans houblon, et par conséquent sans amertume. En trempant dans le mélange de petits bâtons préparés pour cet usage, la liqueur entroit promptement en fermentation; et lorsqu'au bout de quarante-huit heures, elle s'étoit éclaircie, elle devenoit une bière agréable et bien brassée, toute semblable à de la bonne bière ordinaire. On étoit maître de ne la composer qu'à mesure qu'on en auroit besoin, et par conséquent de l'avoir toujours fraîche.

On trouve, à ce sujet, quelques détails intéressans dans les *OEuvres de Chamousset*, publiées par *Cotton des-Houssayes* (tome II, page 103 et suivantes); mais on n'a pas le procédé. Ce rob de bière étoit un secret, pour lequel les héritiers de *Chamousset* avoient même eu un privilége. Ce secret ne devroit pas être fort difficile à pénétrer. Il paroît qu'autrefois on avoit trouvé l'art de faire évaporer et réduire le moût du vin, de manière à le conserver sous un moindre volume. *Baccius* dit que l'on épaississoit ainsi le suc du raisin, pour l'usage des légions Romaines qui étoient envoyées loin des provinces de vignobles, et que l'on partageoit ce moût épaissi, entre les soldats, avec la hache. Il étoit, sans doute, dissous ensuite dans l'eau, et subissoit une fermentation, avant qu'ils en fissent usage. Nous verrons, tout-à-l'heure, que les paysans Russes fabriquent des boissons extemporanées avec un pain acide, espèce de biscuit à bière; mais achevons le détail de ce qu'on a tenté en France.

De 1773 à 1775, les pommiers n'avoient rien donné, en Normandie, ni en Bretagne. On se souvint que l'on avoit éprouvé la même disette en 1715 et en 1718, et qu'on y avoit suppléé par différens moyens. J'en indiquerai quelques-uns dans l'article des vins de fruits. Mais on préconisa, sur-tout, une sorte de bière, aisée à faire et peu coûteuse.

On prenoit, 1°. sept livres et demie (trois kilogrammes sept hectogrammes) d'orge, que l'on faisoit cuire, autant qu'il étoit possible, et que l'on réduisoit en bouillie assez liquide, pour être passée dans un linge; 2°. cinq livres (deux kilogrammes et demi) de sucre-mélasse; 3°. autant de levain, fermenté pendant cinq jours. On délayoit le tout ensemble, ensuite on le mettoit dans un demi-muid, que l'on remplissoit d'eau très-chaude; on y ajoutoit une pinte (un litre) d'eau-de-vie. Cette liqueur fermentoit pendant cinq à six jours. On laissoit le tonneau débondé et couvert d'une feuille de vigne. On pouvoit en boire au bout de quinze jours de fermentation. La dépense, pour le tout, étoit de quatre livres (*Affiches de Normandie*, 1773). On y ajoutoit de l'absinthe, pour avoir de l'arome; de la racine de fraisier, pour donner la couleur; mais cette composition, où il entre de la mélasse, de l'eau-de-vie, etc., n'est pas encore la recette que demande l'économie, si importante au cultivateur.

On s'en est pourtant rapproché. En 1790, M. *Jolivet* publia deux brochures, sous ce titre : *Vinification, ou Fabrication de boissons vineuses et économiques, avec diverses substances, pour la classe indigente du peuple* (deux parties, in-8°.). Il y a dans ce livre plusieurs choses très-curieuses. L'auteur croit que l'on peut se dispenser d'employer de la drèche, de la levure et du houblon, et cependant tirer du grain une bonne boisson. Il présente plusieurs méthodes, dont voici la plus simple :

Vous employez un grain quelconque : ce grain sera bien sec, afin qu'il soit bien moulu.

Un tonneau, fraîchement vide de vin, sera défoncé d'un bout, et incliné, pour avoir la commodité de clouer à la douve de la bonde, en dedans, à la distance de trois doigts du fond, une grille, dont les interstices soient serrés, afin que le marc ne passe pas à travers. Un petit panier d'osier remplit cet objet. On fait un trou avec un perçoir à la mesure du diamètre de la canelle de bois ou de cuivre qu'on se propose d'adapter, et on a attention qu'il corresponde au centre de la grille intérieure. Ce tonneau fera le service d'une cuve.

Vous adossez ce tonneau à un mur ou à un autre corps solide; vous le posez sur deux bouts de chantier, ou, à défaut de bois, sur deux gros pavés égaux, à la hauteur de terre d'environ un pied (trente-trois centimètres) au moins, mais de manière qu'on puisse aisément glisser sous le jable un baquet, ou un petit broc; on place la canelle, et on verse dans le tonneau la quantité de farine qu'on veut employer.

Si c'est en hiver, on fait usage d'eau tiède; si c'est en été, ou que l'emplacement soit chauffé d'un poêle, on ne chauffe pas l'eau.

On emplit d'abord à moitié le tonneau d'eau; et avec une pelle ou un rable, on brasse les matières, pendant un quart-d'heure, pour les empêcher de se grumeler; ensuite, on leur donne du relâche, afin que la dissolution de la farine se fasse. On recommence à brasser, si, vingt-quatre heures après, la dissolution n'est pas opérée.

Des bulles d'air, une écume blanche, s'élèvent à la surface du marc: elles annoncent les premiers mouvemens de la fermentation. Si, après l'espace de quelques jours, elle ne se manifeste pas, il faut recourir à l'eau tiède, s'il fait froid. Un entonnoir à longue douille, qui conduit l'eau dans le fond de la cuve, répand mieux la chaleur dans toutes les parties du moût, que si on versoit l'eau sur la surface. A défaut d'entonnoir, on fait un trou, ou plusieurs, dans le marc, et on verse l'eau tiède dans le vide, pour exciter la fermentation. On emplit le tonneau à la distance d'environ un demi-pied (dix-sept centimètres) du haut de la cuve, qu'on fonce; l'on fait avec une bondonnière, tarière, ou autre perçoir, un trou au milieu de la pièce de fond principale: en versant par ce trou, on achève le remplissage de la cuve, à un pouce ou deux (trois ou six centimètres) près du fond, avec de l'eau tiède, et on laisse la fermentation se faire. Si l'ébullition étoit forte, la liqueur auroit la facilité de se répandre par le trou du fond de la pièce. Enfin, au bout de quelques jours, on bouche le trou, d'abord légèrement, et ensuite davantage, afin de n'être pas surpris par l'irruption des matières en fermentation.

Si l'on opère en été, on emplira d'abord, d'eau froide, la cuve aux trois-quarts, et l'on brassera vigoureusement les matières à diverses reprises; on introduira, le lendemain, dans la cuve, quelque levain artificiel; tels que de la levure, de la lie claire de vin, des sucs de fruits doux, acides ou sauvages, nouvellement cueillis, tels que poires ou pommes que l'on aura écrasées, prunes, nèfles, coings, cerises, groseilles, cassis, feuilles vertes de vigne, etc. La fermentation établie, on ferme la cuve, et on la remplit, à deux pouces (six centimètres) près, avec trente pintes (vingt-huit litres et demi) d'eau tiède, pour pousser la fermentation au plus haut degré. Après quelques heures qu'elle a été stationnaire, on tire la liqueur dans un demi-muid; ou, si l'on veut tirer à la cuve pour boire, on attend, quelques semaines, que la liqueur se soit éclaircie, et que le sédiment se soit précipité.

Le tartre de vin, plus connu aujourd'hui sous le nom d'acidule tartareux, est un acide végétal qui existe tout formé dans le suc de raisin et dans une foule d'autres fruits et de plantes; tels que la mélisse, le chardon bénit, les racines d'arrête-bœuf, de germandrée, de sauge, les baies d'épine-vinette, etc., etc.; mais ce n'est point dans ces substances qu'on le puise, il y seroit en trop petite quantité. Il se précipite et se dépose spécialement des vins conservés dans les tonneaux, et sur-tout des vins de France; il y forme des couches successives comme des incrustations pierreuses, qu'on ramasse sur les parois des futailles: les lies en contiennent aussi une très-grande quantité. Il y en a de blanc et de rouge, selon le vin d'où il provient: il est commun et à bas prix. C'est un correctif et un conservateur des moûts foibles et fades; on peut donc l'employer avec avantage, lorsqu'on veut fabriquer des vins de grains. Une livre (cinq hectogrammes) suffit pour un muid (deux hectolitres) de moût de grains. On se ressouviendra d'acheter le tartre en poudre, et de le faire dissoudre dans trente fois son poids d'eau, avant de l'employer. Introduit dans le moût, sans l'avoir fait dissoudre, il se précipiteroit au fond du tonneau et seroit sans effet.

Ceux qui préféreront d'avoir un vin de grains fermenté dans un tonneau couché, commenceront toujours par le mettre debout et le défoncer, pour introduire la farine et l'eau jusqu'au bondon; ensuite, ils le refonceront, le coucheront sur le chantier, et le rempliront par l'orifice de la bonde: les matières y fermenteront, et ils attendront aussi que la liqueur soit devenue claire et calme pour la tirer.

A la fermentation calmée, succède la séparation des féces, du son et des parties hétérogènes; mais quand le vin de grains reste trouble et épais, on le clarifie. On prend, à cet effet, une once (trois décagrammes) de colle de poisson; on la fait bouillir dans une pinte (un litre) d'eau; on en obtient, quand elle est refroidie, une gelée épaisse. On tire deux ou trois pintes (deux ou trois litres) de liqueur, dans laquelle on met cette gelée, qu'on fouette fort avec un petit balai; on jette cette gelée en mousse dans le tonneau: le vin se clarifie dans l'espace de peu de jours. S'il reste trouble ou épais après huit jours, on le soutire dans l'état où il est, et on recommence cette opération, dans le tonneau où il est transvasé, en doublant la dose de colle de poisson, et ajoutant une pincée de sel commun en poudre.

A la campagne, où l'on n'est pas à portée de se procurer de la colle de poisson, on employe, par tonneau, une demi-douzaine de blancs d'œufs, bien frais, qu'on fait mousser comme une crème, dans de l'eau de puits. On verse cette mousse dans le tonneau, en l'agitant en tout sens: c'est un filtre qui rassemble également, comme dans un filet, les parties visqueuses de la liqueur. On employe une douzaine de blancs d'œufs, quand le mucilage du corps que l'on veut clarifier est rebelle. En changeant la liqueur de tonneau et la séparant de la lie, réitérant l'opération de la coller, et lui laissant le repos nécessaire, après l'avoir brassée dans le tonneau, la masse du vin reste nette, claire et transparente.

Le sédiment de plusieurs tonneaux de vin de grains étant recueilli dans un seul, on le laisse reposer: la masse se partage en deux parties égales; celle qui surnage est liquide, elle peut s'employer comme ferment; celle du fond, qui est le marc, s'employe pour engraisser les vaches, les cochons, etc. Rien n'est perdu: ces nourritures fermentées sont extrêmement profitables à tous les bestiaux. Il faudroit faire aigrir exprès tous les farineux qu'on leur donne; mais c'est un avantage de ne les leur servir qu'après que l'homme en a déjà extrait pour lui le plus spiritueux.

Cette méthode, bien suivie, convertira la farine en un vin dont la qualité vaudra celle des vins de raisin des petits crus, et sera à bien meilleur compte. L'habitant des campagnes peut, de la substance du grain, se faire ainsi, chez lui, sans beaucoup d'embarras, une boisson vineuse, qui ne lui reviendra qu'à un sou, ou dix-huit deniers (cinq à huit centimes) la pinte (le litre). La manipulation, qui entre pour beaucoup dans le prix des objets fabriqués, et qui lui employeroit un temps si précieux pour ses travaux agraires, ne pourra le distraire ici de ses occupations. Sa femme avec ses enfans, guidés la première fois seulement, pourront être occupés ensuite seuls, à cette vinification, et la soigneront d'autant mieux, qu'ils y seront intéressés personnellement.

Ce même vin de grains est susceptible de doubler de qualité. Il y a deux moyens d'augmenter son principe spiritueux. Le premier est une addition de huit pintes (huit litres) d'eau-de-vie par muid (deux hectolitres); mais pour qu'elle réussisse, il faut l'incorporer dans la liqueur séparée de sa lie, et la mêler dans le liquide à fur et à mesure qu'on le transvasera. Ce secours a l'inconvénient de la cherté. L'autre moyen est celui de la concentration par la gelée: en exposant un tonneau de vin à la gelée, quand le thermomètre est au-dessous de huit à dix degrés de zéro, l'eau superflue contenue dans ce vin, deviendra de la glace, tandis que la partie essentielle du vin ne se gèlera pas. C'est la méthode générale; mais il faut remarquer qu'elle ne réussit, pour le vin de grains, que lorsque la gelée est modérée. Alors, il n'y a que le tiers ou le quart de l'eau superflue qui gèle dans une nuit; mais si le froid est excessif, comme dans l'hiver de 1788 à 1789, le mieux est, après quelques heures d'une congélation modérée, de tirer le vin qui se trouve retiré au centre ; car il ne s'agit pas de retirer l'esprit seul du vin, mais de le priver de la surabondance de l'eau, et de se procurer un vin de grains auquel on donne, par le rapprochement des parties, le degré d'esprit d'un vin ordinaire, sans que cette réduction le fasse monter au-dessus de trois sous (quinze centimes) la pinte (le litre).

Assurément, ce vin artificiel ne seroit point une ressource économique, dans une année d'abondance de vin ; mais il est des positions où l'on en manque tout-à-fait, et où l'on ne sait que faire des grains surabondans, ou gâtés, ou germés. Alors, on seroit fort heureux de pouvoir fabriquer, avec ces grains qu'on ne vend pas, une boisson vineuse, qui revient, tout au plus, à deux sous six deniers (dix à treize centimes) la pinte (le litre), et qui laisse encore à l'usage du bétail de la ferme, le résidu des grains qu'on a convertis en liqueur.

J'ai communiqué, dans le temps, le procédé qu'on vient de lire, à un de mes amis, dont les possessions placées dans l'intérieur de la France, loin des chemins, loin des canaux, l'exposoient, quoique très-fertiles, à mourir de faim et de soif à côté de ses tas de gerbes. Je l'exhortai à bien étudier, en même temps, dans les meilleurs chimistes, ce qui peut concerner la fermentation vineuse. Il avoit bien songé à faire de la bière ; mais il avoit été effrayé de tout l'appareil qu'exigent successivement la *tournaille*, les *touraillons*, les premier et second *métiers*, la *guilloire*, et le reste du technique de nos brasseurs. Il fut très-étonné d'apprendre que la farine seule, brassée et fermentée, pouvoit, avec un peu de tartre, donner une boisson plus supportable que les vins de nos environs de Paris. Il fit plusieurs essais ; et, comme nous dit *Lafontaine*, dans une autre matière :

D'abord, il s'y prit mal, puis un peu mieux, puis bien ;
     Puis enfin, il n'y manqua rien.

En dernière analyse, cet ami m'a remercié du service éminent que mon conseil lui a rendu : ses récoltes considérables, qui étoient sans valeur dans ses gerbiers ou dans ses granges, converties en liqueurs vineuses, l'ont forcé de se faire des celliers et des caves, et leurs résidus ont servi à engraisser les animaux qui en exportent les produits. Lorsque le vin est abondant, ou lorsqu'il peut avoir du cidre, il ne fait pas du vin de grains, pour le consommer en boisson ; il préfère alors d'en tirer de l'alcool, ou du vinaigre.

Il convient de parler ici des boissons extrêmement simples, dont se sert le paysan Russe, et qu'il a la facilité de préparer lui-même. On ne peut qu'être très-frappé de ce qu'observe, à cet égard, l'auteur Anglois de l'*Histoire des Gouvernemens du Nord*.

Les équipages Russes sont beaucoup moins attaqués du scorbut que ceux des vaisseaux des autres nations de l'Europe. Cet avantage a paru si important, à cet auteur, qu'il a cru à propos d'en expliquer les causes. Depuis long-temps, tous ceux qui s'embarquent, boivent une liqueur appelée *kouas*, mitoyenne entre le moût et la petite bière. Pour faire cette liqueur, ils prennent une certaine quantité de drèche et de farine de seigle, qu'ils pétrissent, et dont ils forment des petits pains qu'ils cuisent au four ; ils y versent ensuite, au besoin, une quantité convenable d'eau chaude, qui fermente très-vite ; et, dans l'espace de vingt-quatre heures, la boisson est préparée : c'est une petite liqueur vive et acidule, qu'ils trouvent fort bonne, et qui n'est pas désagréable, même pour les étrangers.

La composition de ce biscuit à bière peut être perfectionnée : elle rendroit un grand service non seulement dans la marine, dans les troupes de terre, etc. ; mais elle pourroit être aussi fort utile dans les campagnes. Nous avons des montagnes dont les habitans sont forcés de préparer leur pain, et souvent plusieurs mois d'avance, pour la saison des neiges : ils seroient fort heureux d'avoir, par le même moyen, de quoi manger et de quoi boire.

Ce n'est pas par un résultat de connoissances chimiques que les Russes se sont préservés du scorbut. Ils vouloient avoir une boisson acidule. Pour qu'elle se gardât long-temps, et qu'elle fût moins embarrassante, ils imaginèrent de former des pains durs avec les matières qui composent la bière ; et cet expédient leur ayant procuré une boisson acide très-abondante, il en est résulté l'heureux effet dont je viens de parler.

Cet usage des acides a produit, en Russie, un autre effet encore plus frappant. Les prisonniers, nourris de pain de seigle et buvant du *kouas*, ne connoissent pas la fièvre de prison ou d'hôpital, si répandue et si terrible ailleurs. Nous devons cette remarque au docteur *Mounsey*. Le pain de seigle est le plus acide de tous les pains (*Histoire des Gouvernemens du Nord*, traduite de *Williams*, tome III, page 549).

A ces détails, donnés par un historien Anglois, il n'est pas inutile d'ajouter les recettes même du *kislichis* et du *kouas* russes, telles qu'elles se trouvent dans la *Description de la Russie moderne*, par *Le Clerc* (tome I, page 352). Elles sont un peu différentes de ce qu'on vient de lire, mais ne présentent rien qui ne soit à la portée des habitans de la campagne.

Le Kislichis.

Prenez quarante livres (deux myriagrammes) de farine d'orge, une livre et demie (sept hectogrammes), même deux livres (dix hectogrammes) de malt de seigle ou d'orge; humectez ce mélange peu-à-peu, en l'agitant avec une forte spatule de bois; quand il aura acquis une consistance mollasse, placez-le dans de grands pots de fer, que vous mettrez dans un four, chauffé à l'avance, et dont la braise sera réunie vers l'un des côtés. Quatre heures après, vous ôterez ces pots du four, et vous délayerez peu-à-peu le mélange dans un tonneau de soixante-dix bouteilles (soixante-six litres et demi) environ, avec de l'eau chaude et deux poignées de menthe sèche : on agite le tout pendant un quart-d'heure et à plusieurs reprises..... On couvre le tonneau; et après deux ou trois jours de repos on soutire la liqueur, devenue très-claire, dans un autre tonneau, si on veut la consommer dans dix ou douze jours; et dans des bouteilles bien bouchées, si on veut la conserver six semaines ou deux mois.

Le *kislichis* mousse légèrement, est aigrelet et très-agréable au goût.

Au lieu de menthe, on peut employer telle autre plante amère, aromatique ou antiscorbutique que l'on jugera convenable à telle ou telle maladie, ou au goût du consommateur.

Cette boisson, jointe à un tiers d'eau, est excellente dans les fièvres inflammatoires, putrides et malignes; mais c'est, sur-tout, un préservatif contre le scorbut des gens de mer.

Le Kouas.

Il y a deux espèces de *kouas*, le rouge et le blanc. On prépare le premier, avec parties égales de malt de seigle ou de farine d'orge; et le second, avec six livres (trois kilogrammes) du même malt, et soixante livres (trois myriagrammes) de farine d'orge. La manipulation est la même que celle du kislichis, excepté qu'on n'y ajoute pas de menthe.

Je crois devoir extraire aussi ce qui concerne la liqueur de l'airelle-myrtille (*vaccinium, vitis idæa*), parce que c'est toujours l'infusion du seigle qui est la base principale de cette autre espèce de bière usitée chez les Russes.

Le Clerc dit qu'on prépare, avec les baies de cette plante, une boisson agréable, saine, et qui a toutes les qualités de la précédente. Voici le procédé.

Prenez dix bouteilles (neuf litres et demi) de décoction saturée de seigle ou d'orge; ajoutez-y environ quarante bouteilles (trente-huit litres) d'eau bouillante; mettez le tout dans un grand vaisseau de terre, que vous placerez dans un four chaud, pendant douze heures; après que la décoction sera refroidie, vous y ajouterez vingt-cinq livres (douze kilogrammes) de baies écrasées de *vitis idæa*, et vous mettrez, une seconde fois, le vaisseau dans un four très-chaud, pour que ce mélange subisse une légère ébullition. On le filtre ensuite, et on le place dans un lieu frais, où il ne tarde pas à fermenter. Après la fermentation, cette boisson est claire, bien colorée; on la met dans des bouteilles, que l'on bouche avec soin; elle s'y conserve pendant plusieurs années. (*Ibid.*, page 328.)

3°. *Du service que pourroit rendre la bière de chiendent.*

Un ennemi des laboureurs, qui semble inextirpable, c'est ce gramen, connu sous le nom de chiendent (*triticum repens*). C'est la plante la plus nuisible à notre agriculture, lorsqu'elle est abondante. A la vérité, sa racine est en usage en médecine : on en fait, dans les pharmacies, une tisane apéritive; mais ce qu'on en consomme, n'est rien à comparer avec l'énorme quantité de ce misérable gramen, dont tous les champs sont infestés. S'il avoit un emploi utile qui pût le faire rechercher, quelle obligation n'auroit-on pas à la chimie, pour nous avoir donné ce moyen singulier de nous en délivrer ! Cette matière est importante : elle mériteroit, peut-être, qu'on la mît au concours, et que quelque Société d'agriculture ou d'économie industrielle en fît l'objet d'un prix considérable.

Le chiendent est de la famille nombreuse des plantes graminées, qui sont plus ou moins susceptibles des fermentations saccharine et vineuse. Je ne parle pas de ses graines, mais de ses racines, qui sont très-longues et naturellement sucrées. On étoit sur la voie de cette découverte, lorsque la disette des cidres faisoit chercher partout des boissons supplétives, dans la ci-devant Normandie.

La *Gazette d'Agriculture* rapporta, dans ce temps, la recette suivante :

Bière de chiendent. Recueillez, au printemps ou à la fin de l'automne, les racines de chiendent ; lavez-les bien, et après les avoir coupées en morceaux très-petits, faites-les sécher, ainsi qu'il se pratique pour la racine de chicorée, lorsqu'on en veut faire une espèce de café. Le chiendent, ainsi haché, doit être ensuite moulu, mais grossièrement ; après quoi on l'employe, comme l'orge, pour faire de la bière. Lorsqu'on veut garder une grande quantité de ces racines, il ne faut pas les mettre en tas, parce qu'elles germent ou se moisissent, ce qui donne à la bière un goût désagréable. Après avoir fait bien bouillir le chiendent, et y avoir jeté un peu de houblon, on finit par y mettre de la bonne levure de bière, et cette dernière opération se doit faire dans un endroit chaud. Cette bière est bonne et nourrissante ; on peut la faire forte ou foible, suivant la quantité de racines qu'on juge à propos d'employer.

La Société royale d'agriculture de Rouen chargea l'un de ses membres, *Dambourney*, de répéter ce procédé, indiqué sans fixation de doses, et d'essayer de composer une bière avec la racine de chiendent. *Dambourney* étoit plein de zèle pour tout ce qui intéressoit l'économie rurale et les progrès de l'industrie : il fit tirer de terre, laver et sécher des racines de ce redoutable gramen ; ensuite on les hacha, de sorte qu'elles pussent s'engrener dans un moulin à cône, où on les réduisit en farine grossière. On mit, dans une chaudière, soixante-douze pots d'eau (le pot de trois pintes, ou litres), avec neuf livres (quatre kilogrammes et demi) de farine de chiendent ; il fit chauffer très-doucement, pendant deux heures ; alors, on jeta dans la chaudière, trois livres (un kilogramme et demi) de mélasse ou gros sirop de rebut, qui pourroit être remplacé par toute autre matière sucrée. On entretint, entre chaud et bouillon, encore pendant deux heures ; on augmenta le feu, et on poussa au bouillon, pendant une heure et plus, jusqu'à ce que le bouillon exhalât une odeur de compote ; ensuite, on y jeta six onces (deux hectogrammes) de houblon, et quatre onces (un hectogramme et demi) des sept graines carminatives. Après encore deux heures de bouillon, on coula le tout à travers un tamis, et on entonna la liqueur chaude, dans un baril rincé avec une pinte (un litre) de levure de bière, et un verre d'eau-de-vie. Le baril placé dans un lieu chaud et aéré, la fermentation s'y établit sur la fin du second jour, et en dura trois. Dès qu'elle se ralentit, on descendit le baril à la cave, où la fermentation dura encore pendant vingt-quatre heures, après lesquelles on le bonda. La liqueur étant claire, quinze jours après elle fut tirée en bouteilles, où elle avoit acquis, suivant le jugement de la Société, qui l'avoit goûtée, la force, la couleur, le goût et la finesse de la bière vulgairement appelée princesse.

Mais quelques bouteilles, gardées au-delà de trois mois, se trouvèrent gâtées et d'une amertume insupportable ; ce qui semble prouver qu'il ne faudroit faire, à-la-fois, de cette liqueur, que ce qu'on pourroit en consommer en deux ou trois mois au plus.

La levure, ou levain de cette bière, faisoit très-bien fermenter la pâte ; mais elle avoit besoin d'être plus soigneusement lavée que celle de la bière ordinaire.

Il seroit fort intéressant de reprendre l'expérience et de la varier. Avec d'autres combinaisons, on obtiendroit peut-être des résultats plus décisifs. Ce seroit un grand point, d'encourager, par cet appât, à l'extirpation de cette racine ennemie, qui est justement à la tête de ce que l'on connoît, et que l'on redoute si fort, sous le nom de *mauvaises herbes*. Sans doute, c'est un nom impropre : la nature n'a point créé d'herbes qui soient précisément mauvaises et décidément inutiles. Avant de la calomnier, nous devrions tâcher de deviner son but, en étudiant ses produits. Le chiendent, mieux connu, pourroit nous rendre un grand service, s'il donnoit de la bière, ou bien de l'eau-de-vie ; et il n'est pas à craindre qu'on fût dans le cas d'en manquer. C'est une objection que l'on n'oublie jamais de faire à ceux qui veulent que l'on cherche l'utilité cachée du chiendent, de l'ortie, etc. ; on leur oppose un argument tiré du prétendu succès de leur propre conseil. En attendant, on laisse pulluler le chiendent, et croître les orties, dont on pourroit tirer un parti avantageux, tandis que les récoltes en sont empoisonnées.

4°. *De l'alcool, tiré des grains.*

Puisque les farineux donnent non seulement du pain, mais aussi des boissons vineuses, c'est une conséquence qu'on peut les transformer aussi en alcool et en vinaigre, en leur faisant subir une ébullition plus ou moins graduée, dans les vaisseaux distillatoires. Et, en effet, c'est le parti que tirent de leurs grains presque tous les pays du nord, quand ils ne trouvent pas de profit à les exporter. Les Hollandois font plus : ils vont chercher les grains du nord pour les manipuler chez eux, et les revendre convertis en eaux-de-vie et en vinaigres.

A ce sujet, il se présente deux questions à discuter : 1°. quelle sorte de grains est plus avantageuse pour en tirer de l'eau-de-vie ; 2°. quel effet peut produire sur la culture, en général, la distillation des grains, dans les cas où les grains abondent, et où le combustible est lui-même à un prix qui permet d'exercer ce genre d'industrie ?

1°. J'ai eu occasion d'examiner de près la question intéressante sur l'espèce de grains que l'on peut distiller avec plus d'avantage. L'ami à qui j'ai déjà dit que j'avois donné le conseil de métamorphoser en substances liquides les récoltes des céréales dont il ne pouvoit se défaire, m'avoit soumis, à cet égard, plusieurs difficultés sur lesquelles je fis interroger l'expérience du C. *Baumé*, chimiste bien connu, et mon ami depuis l'enfance. Le C. *Baumé* n'a fait nulle difficulté de me communiquer le résultat de son travail sur les substances fermentées, et sur la quantité d'alcool ou d'esprit de vin, qu'on peut en retirer. J'en joins ici le tableau, qui a été dressé dans un temps où le poids de marc étoit seul en usage. On doit le conserver tel qu'il a été fait alors ; mais, dans le résultat final, on aura soin de faire un décompte précis, suivant le système métrique.

Le C. *Baumé* a fait ses essais sur cinq plantes, dont il a pris les grains, ou autres produits farineux, en différens états, savoir : l'orge, le seigle, le mays, le navet et la pomme de terre. J'ai regretté de n'avoir pu lui procurer alors une espèce de blé que j'ai lieu de croire meilleur que tous les autres grains, pour l'objet dont je parle ici, c'est-à-dire, pour faire de la bière ou de l'eau-de-vie, comme pour remplacer le riz ; c'est l'épeautre (*triticum spelta*) dont il a été parlé dans les notes (36) et (40) du second Lieu (pages 177, 178), qui donne des gruaux excellens, et une bière blanche dont le goût singulier a fait conjecturer que l'alcool d'épeautre auroit assez d'affinité avec l'arack, ou eau-de-vie de riz, fabriquée dans les Indes. Je cultive à présent le grand épeautre printanier. Je pourrai, dans quelques années, en recueillir assez pour pouvoir le répandre, et faire mieux connoître cette espèce de blé qui me paroît avoir de très-grands avantages.

On auroit pu aussi faire entrer dans l'essai du C. *Baumé*, le sarrasin, ou blé noir, qui, fermenté avec la drêche, donne un alcool bleuâtre et doux ; mais on ne put s'en procurer au moment des expériences.

Voyez le tableau ci-après.

TABLEAU

Des produits, en Esprit de vin ou Alcool, de plusieurs substances végétales fermentées.

Numéros	SUBSTANCES EMPLOYÉES.	POIDS. (liv. onc.)	LIQUEUR tirée par la distillation. (onc. gros gr.)	DONNE en poids de liqueur. (Degrés)	CE QU'ELLE contient à 37 degrés. (liv. onc. gros gr.)	UN SETIER fournira en esprit de vin. (liv. onc. gros gr.)	EN PINTES d'eau-de-vie de 20 à 21 degrés. (Pintes)	OBSERVATIONS.
1	Seigle germé, pilé frais	11 »	13 11 5	12	» 13 5 63	18 » 5 36	20 à 21	
2	Seigle non germé	11 »	2 15 4	11	» 1 4 »	....	....	La levure étoit extrêmement liquide.
3	Seigle non germé	5 8	8 15 »	11	» 4 0 »			
4	Porte-grain de blé de Turquie	10 »	» 8 »	0	» 0 » »			
5	Seigle germé, pilé frais	5 8	10 9 1	11	» 5 4 »	13 12 0 »	....	Distillé un jour trop tôt.
6	Pommes de terre cuites	5 8	1 13 »	0	» 0 » »			
7	Pommes de terre cuites	5 8	1 13 »	0	» 0 » »			
8	Orge germée, pilée fraîche	5 8	6 7 2	10 ½	» 1 5 »	....	....	A été mal pilée; à recommencer.
9	Orge non germée	5 8	2 » »	0	» 0 » »			
10	Pommes de terre crues	5 8	2 » »	0	» 0 » »	....	....	Bien fermentées, l'amidon point altéré.
11	Navets crus	5 »	1 » »	0	» 0 » »	....	....	Bien fermentés, le jus est très-sucré.
12	Germination du seigle	» »	» » »	»	» » » »	....	....	Séché et employé dans les expériences ci-après.
13	Pommes de terre germées	12 »	» » »	»	» » » »	....	....	Ont pourri; à refaire dans la saison.
14	Blé de Turquie germé	1 »	» » »	»	» » » »			
15	Blé de Turquie non germé	5 8	» 8 »	0	» » » »			
16	Blé de Turquie germé	5 8	» » »	»	» » » »			
17	{Seigle germé et séché, 5 liv. / Seigle non germé, 5 liv. » on.}	13 »	24 4 »	14 ½	» 18 2 »	19 » » »	21	Les 5 liv. représentent 5 liv. 8 onc. non germées.
18	Seigle germé et séché	5 »	19 11 4	11	» 10 » »	27 8 » »	30 $\frac{10}{13}$	*Idem*, même observation.

De ces expériences , qui doivent en faire faire d'autres , résulte ce qui suit :

1°. Les grains non germés fournissent peu ou point d'esprit.

2°. Les grains germés , employés frais, c'est-à-dire , sans les faire sécher, ont rendu moins d'esprit que ces mêmes grains germés et séchés.

3°. L'observation du n°. 1 est complètement confirmée par plusieurs expériences , n°°. 17 et 18. L'expérience n°. 17 , faite avec un mélange de seigle germé et non germé , a fourni moins d'esprit que si les deux seigles eussent été employés séparément. Le seigle employé dans cette expérience , représentoit un poids de treize livres dix onces (six kilogrammes six hectogrammes et demi) , qui , séparément , auroient fourni dix-sept onces (cinq hectogrammes deux décagrammes) d'esprit , conformément aux résultats de l'expérience n°. 18 ; ces deux seigles mêlés n'en ont fourni que quinze onces deux gros (quatre hectogrammes sept décagrammes).

4°. Une autre expérience , n°. 18 , faite avec du seigle germé , séché et moulu , peut être considérée comme étant , à-peu-près , toute la quantité de spiritueux qu'on doit espérer de tirer de bon seigle , dans un travail en grand et suivi. On doit même présumer que tout seigle , indistinctement , ne fournira pas habituellement cette quantité ; on doit prévoir d'avance , que du grain suranné , que le mélange de grain nouveau et de vieux , que la différence de la quantité de levure ou d'autres levains artificiels , apporteront vraisemblablement quelques variations dans la quantité des produits. On doit s'attendre à ces vicissitudes , et on doit y compter , pour ne pas s'induire en erreur.

5°. Le seigle a l'avantage précieux de germer promptement , et de la manière la plus uniforme ; tous les grains germent ensemble , et avec la plus grande facilité. Quoiqu'on ait été contrarié par le froid de la saison , la germination a complètement réussi. L'orge , au contraire , est plus de temps à entrer en germination ; elle a , de plus , le désavantage que les grains ne germent pas ensemble. On a remarqué , dans la seule expérience qu'on en ait faite , que des grains étoient déjà trop germés , tandis que d'autres ne faisoient que pointer ; et d'autres , si peu disposés à présenter leurs germes , que plusieurs grains , mis à part et humidement , n'ont germé que huit et dix jours plus tard. On attribue autant ces inconvéniens à la température froide dans laquelle on a opéré , qu'à la nature de l'orge. L'orge semée , présente la même différence : les grains ne germent pas dans le même temps. Il en est de même des épis , ils ne mûrissent pas ensemble. On voit l'orge première mûre , tomber des épis , et germer après la récolte enlevée. On a même eu jusqu'à trois récoltes d'orge , d'année en année , sur la même terrein ; l'orge n'avoit été semée qu'une seule fois , et n'avoit été ni labourée , ni cultivée dans l'intervalle de ces trois années. On a été à portée de faire la même observation à l'égard du seigle , sur cinq arpens (deux hectares et demi) qui n'ont été labourés qu'une seule fois , et qui ont produit trois récoltes , à la vérité toujours en diminuant de quantité , et en fournissant , la troisième année sur-tout , beaucoup de seigle ergoté. Il n'en résulte pas moins , de ces observations , que l'orge germe très-inégalement. C'est dans cet état d'inégalité de germination , qu'on a été forcé de l'employer ; et c'est à cette cause , ainsi qu'à celle de sa mauvaise division sous le pilon , qu'on doit attribuer le petit produit qu'on a obtenu en spiritueux. Ce seroit , sans doute , une expérience à recommencer.

6°. Si l'on est curieux de savoir très au juste sur quoi l'on peut compter en distillant des grains , voici une donnée certaine , que je conserve en ancienne mesure :

Il faut quatre cent quarante livres de seigle (deux setiers de deux cent vingt livres chacun) , pour avoir quatre cent livres de farine germée.

Cette quantité doit fournir huit cents onces , ou trente pintes dix treizièmes d'esprit , à trente-sept degrés au terme de la glace , la pinte pesant une livre dix onces.

On calcule sur-tout , ici , les produits que promet la distillation du seigle , parce que c'est le grain le plus commun en France , et celui qui présente plus de substance alcoolique , si l'on peut s'exprimer ainsi. On voit que le seigle germé doit rendre , en eau-de-vie de la première force , jusqu'au huitième de son poids ; mais si l'on ne vouloit qu'une eau-de-vie commune , on en obtiendroit davantage , comme on le verra tout-à-l'heure, lorsque je rendrai compte des distillations flamandes.

D'après cela, il est facile à un propriétaire de calculer combien il peut tirer d'alcool par hectare ensemencé en seigle; combien cet alcool lui coûtera de combustible et de manipulation; à quel prix il pourra le vendre; et quelle est la comparaison entre le prix du grain, ainsi réduit en eau-de-vie, et celui qu'obtiendroit le grain, au marché, en nature. Ce n'est que d'après ces données, que le propriétaire est à portée de combiner s'il lui est très-avantageux de se livrer à cette espèce de spéculation.

C'est ce dont on ne doute pas dans presque toute la Belgique. Soit l'humidité du climat, soit la cherté des vins, des eaux-de-vie et vinaigres de France, résultant de ce qu'autrefois il y avoit une barrière de prohibitions et de lois différentes entre ces deux pays; soit imitation de ce qui avoit lieu dans la Hollande et dans le nord, les Belges se sont appliqués à distiller leurs grains; mais comme l'alcool que l'on obtient des farineux a besoin d'être relevé par une substance plus forte, c'est la baie du genièvre qui a été choisie pour aromatiser et animer un peu ces eaux-de-vie de grains.

Il a été publié récemment, à Gand, un *Mémoire sur l'utilité des Genièvreries en Flandre*, par les distillateurs du département de l'Escaut. Ce mémoire contient des observations étrangères à notre objet; mais il y a trois paragraphes sur l'utilité des genièvreries: 1°. sous le rapport de l'agriculture; 2°. sous le rapport du commerce des bestiaux; 3°. sous le rapport du travail qu'elles procurent aux ouvriers, et qu'il est bon de faire connoître, comme des faits importans à savoir et à vérifier.

Utilité des Genièvreries, sous le rapport de l'Agriculture.

Aucun Département n'offre des phénomènes agricoles comme le département de l'Escaut.

« La Flandre, dit le célèbre *Smith*, est une des provinces les plus riches, les mieux cultivées et les plus peuplées de l'Europe, par les progrès solides et durables de l'agriculture. Les révolutions ordinaires de la guerre et des gouvernemens font bientôt tarir les sources de la richesse qui vient uniquement du commerce; celle qui vient des progrès plus solides de l'agriculture, est beaucoup plus durable. » (*Recherches*, tome II, livre 3.)

Les genièvreries sont la cause de la très-judicieuse observation du célèbre économiste Anglois. Voici du moins comme on le prouve:

L'abondance des récoltes, en Flandre, n'est pas due à la fertilité de la terre, mais au travail pénible et assidu de l'agriculteur. Aucun sol n'est plus rebelle, ni plus exigeant: il semble qu'il dévore ses amendemens, et que sa puissance productive soit épuisée par chaque récolte qu'il donne.

Sans engrais, point d'agriculture en Flandre. Le commerce d'engrais y nourrit, au moins, quatre mille familles. Tous les moyens de les reproduire, et toutes les découvertes sur cet important article, sont des trésors pour l'agriculture. Dans le département de l'Escaut, sans l'art de féconder les sables, il ne faut espérer aucun produit de la terre; car enfin, quatre cinquièmes de ses terres labourables ne sont qu'un sable aride, qui ne produit qu'autant que l'agriculteur en renouvelle l'action végétale tous les ans. Ces terres seroient ravies à l'agriculture, si on les abandonnoit deux ans à elles-mêmes.

Or, aucun amendement n'est plus abondant, ni plus fécond que celui que fournissent les genièvreries. Leurs résidus sont si actifs et si puissans, qu'ils fertilisent toute espèce de sol, tandis que les autres engrais connus ne conviennent ni à toutes les terres, ni à toutes les semences. Delà le proverbe flamand: Les genièvreries produisent plus de grains qu'elles n'en peuvent consommer.

Des faits confirment cette vérité. Il y a soixante ans que trois parties du canton de Deynze étoient incultes, ou ne rendoient qu'à peine les frais de culture; depuis que les genièvreries s'y sont multipliées, les progrès de l'agriculture y ont été rapides; le sable y est devenu productif; le sol y a même changé de nature; il ne s'y rencontre plus un mètre de terrein inculte. On le citera désormais comme un monument de l'industrie du cultivateur et de l'utilité des genièvreries, qui lui ont procuré l'avantage de féconder en peu de temps un sol condamné depuis des siècles. Les améliorations du canton de Deynze ne seroient pas crues, si d'autres cantons n'en répétoient le procédé avec le même succès.

Le canton de Nazareth nous offre le double phénomène d'une stérilité et d'une fertilité sans exemple. Dans la partie méridionale, le sol y est des plus heureux ; il répond pleinement aux soins qu'on lui prête, et aux espérances du cultivateur. Dans la partie septentrionale, le sol est intraitable ; tous les engrais y ont été essayés, toujours inutilement, depuis un siècle : il se rend aux résidus des genièvreries ; tous les ans elles domptent une portion de ce terrein rebelle.

Le canton de Wetteren en fournit une preuve plus étonnante encore. Chaque demi-hectare de terre a un sol différent : il y est brûlant dans plusieurs endroits. Le fumier de cheval et de mouton se dessèche par l'aridité naturelle de la terre ; il y est perdu pour le cultivateur. Le fumier de cochon et de vache, les amendemens les plus actifs s'y consument en peu de mois, et ne laissent pas même de trace de leur existence. Le seul engrais des genièvreries y résiste et y porte la fertilité.

En 1785 et 1786, M. le duc d'Arenberg fit mettre en culture, à-peu-près sept cent bonniers (*) de bruyères et de marais, dans différentes communes de la Flandre. Il ne trouva aucun meilleur moyen de faire réussir son entreprise, qu'en établissant par-tout des genièvreries ; depuis cette époque, plusieurs grands propriétaires imitèrent et imitent son exemple : des bruyères sont couvertes d'abondantes moissons.

Mais n'allons pas si loin, promenons nos regards à l'entour de Gand : les terres sablonneuses, à la porte d'Anvers, à la porte de Bruges, doivent uniquement leur culture aux fabriques de genièvre. Bêchons ces terres stériles par leur nature, et nous trouverons que le sol naturel est à plus d'un pied (trente - trois centimètres) sous la superficie.

Dans l'état présent de notre agriculture, les genièvreries fournissent un engrais inappréciable à un tiers de tout le département de l'Escaut. L'effet de cet engrais est un vrai phénomène : un jour il fécondera le reste de nos bruyères,

et il n'existera plus de terre inculte dans notre Département.

Utilité des Genièvreries, sous le rapport du commerce des bestiaux.

Nous venons de voir que les résidus des genièvreries forment un engrais inappréciable pour l'agriculture ; ils sont une nourriture incomparable pour les bestiaux qu'on veut engraisser.

Le commerce des bestiaux fait une grande partie de la richesse de la Flandre.

Les grains moulus, dont les brasseurs de genièvre ont extrait l'esprit par la distillation, forment une espèce de drèche, ou marc composé de farine et de son. Ce marc, dans cet état, est un aliment des plus substantiels pour les animaux ; il les échauffe, il les rassasie, il les constitue dans un état de gaieté très-voisin de l'ivresse, et les engraisse rapidement. Leur fumier devient un agent très-actif pour le règne végétal. Sous ce rapport, le marc des genièvreries est une richesse : il ne seroit d'aucune valeur, si l'industrie n'en tiroit un parti aussi utile à l'État.

Les genièvreries fournissent neuf dixièmes de bêtes grasses au commerce du département de l'Escaut. Une bête grasse double de prix. Supposons que ce Département fournisse, année commune, vingt mille bêtes grasses au prix moyen de deux cent francs par tête, leur valeur naturelle ne seroit que de cent francs. Ainsi le marc des genièvreries vaudra, année commune et dans cette proportion, deux millions au département de l'Escaut, pour le seul engrais des bestiaux. Cette somme est loin d'être exagérée.

Il seroit donc impossible de tirer un plus riche parti d'un résidu qui n'a aucune valeur par lui-même, et de remplacer cet aliment désiré de tous les animaux, par d'autres procédés que ceux de la distillation du genièvre. Il est impossible, enfin, de tirer plus de bénéfice du superflu des grains que les genièvreries n'en tirent dans la Belgique, puisque, par une reproduction perpétuelle des mêmes causes et des mêmes effets, elles font servir le règne végétal aux progrès du règne animal, et le règne animal aux progrès du règne végétal.

<hr>

(*) Le bonnier vaut cent quarante-deux ares. (Voyez la note (67) du second Lieu, page 187.)

Utilité des Genièvreries, sous le rapport du travail qu'elles procurent à la classe ouvrière.

Une des grandes causes de la richesse des nations, est, selon nos meilleurs économistes, l'occupation de la classe ouvrière.

Les établissemens qui occupent beaucoup de bras, sont favorables à la population et utiles à la société.

Les genièvreries ont besoin du concours de presque tous les métiers.

Deux mille familles vivent du travail des genièvreries dans ce Département. Ce travail est perpétuel : l'ouvrier s'y livre tout entier et sans réserve, parce qu'il le regarde comme un revenu assuré, comme l'élément de sa fortune.

Dans la balance générale des avantages et des inconvéniens des genièvreries, l'occupation d'un nombre aussi considérable d'ouvriers, doit être d'un grand poids.

Voilà des faits que nous serons en état de rectifier lorsque l'on aura publié les différentes statistiques de nos départemens belgiques, et lorsqu'on aura fait ensuite les expériences qui manquent, pour savoir s'il est vrai qu'il n'y ait pas d'autres moyens, plus avantageux à l'État et aux cultivateurs, de tirer parti de leurs grains et de leur résidu que de les distiller. Peut-être seroit-il plus utile d'en fabriquer du biscuit pour les troupes. Cet approvisionnement feroit de la Belgique un grenier et un magasin inépuisable pour la France. La marine et l'armée y trouveroient leur subsistance. L'abondance des grains, celle du combustible, favoriseroient puissamment cette grande manufacture. Peut-être faudroit-il aussi préférer les campagnes pour l'établissement des amidonneries, dont les eaux sures sont jetées, mal-à-propos, comme inutiles, tandis qu'elles seroient, au moins, propres à un engrais liquide, qui ne seroit pas au-dessous des restes des genièvreries. Je ne peux, là-dessus, présenter que des conjectures ; mais il y a certainement des épreuves à faire pour éclaircir la question.

Au surplus, les genièvreries ne sont pas anciennes. La fabrication de cette espèce d'eau-de-vie a été long-temps concentrée chez un peuple qui en faisoit un monopole et un mystère.

Voici ce que nous en apprend le C. *Cavenne*, ingénieur des ponts et chaussées, dans la *Statistique du département de la Meuse-Inférieure*, publiée en l'an X.

Brandevineries (fabriques d'eau - de - vie de grains, appelée communément Brandevin).

L'usage des liqueurs fermentées est regardé comme de première nécessité dans les pays humides. Le département de la Meuse-Inférieure et les départemens environnans, qui doivent être rangés dans cette classe, recevoient autrefois, des fabriques hollandoises de Schiedam, la grande quantité d'eau-de-vie de grains nécessaire à leur consommation. L'activité de quelques citoyens naturalisa, il y a quarante ans, cette branche d'industrie dans le Département. Ils ne tardèrent point à avoir de nombreux imitateurs. On perfectionna les procédés des fabriques de Schiedam, et déjà, depuis plusieurs années, leur débit dans le pays est entièrement anéanti.

La fabrique des eaux-de-vie de grains est, sans contredit, la branche de commerce la plus considérable du Département. D'après les *rôles des patentes* de l'an X, le nombre des distillateurs est de cent quatre-vingt-six, ce qui doit faire supposer une quantité plus considérable d'alambics. Quelque difficile qu'il soit de déterminer avec précision la consommation et le produit annuel de ces fabriques, on croit cependant qu'elles employent chaque année, savoir :

En seigle. . 1,500,000 myriagrammes.
En orge . .   500,000
____
Total. 2,000,000.

La distillation de ces grains donne neuf millions trois cent mille litres d'eau-de-vie, qui valent, dans le commerce, dans les temps ordinaires, plus de quatre millions de francs. Un tiers de ces liqueurs se consomme dans le Département ; le reste se vend dans ceux qui l'environnent et jusques dans l'intérieur de la République, particulièrement dans la ci-devant Champagne et dans le pays de Bar, qui envoyent quelquefois des vins en échange.

L'avantage des fabriques d'eau - de - vie de grains ne consiste point seulement dans les produits considérables que l'on vient d'indiquer ; les marcs résultants de la distillation, servent à la nourriture de plus de sept mille bœufs et d'un grand nombre de porcs. Ces animaux contribuent, par les engrais qu'ils procurent, à la prospérité de l'agriculture, et la soutiennent toute entière, dans un pays dont le sol ingrat ne produit qu'autant qu'il est amendé fréquemment.

L'auteur finit par observer que la Belgique étoit jadis tributaire, pour les eaux-de-vie de grains, des fabriques hollandoises de Schiedam, et qu'elle étoit obligée de donner, chaque année, en échange de ces liqueurs, plusieurs millions de numéraire.

Le *Tableau politique du département de l'Ourthe*, publié en l'an IX, a aussi un article intitulé : *brandevineries*.

Les brandevineries, dit l'auteur, sont tellement multipliées dans le département de l'Ourthe qu'il est impossible d'en déterminer le nombre et l'emploi. La consommation de cette liqueur est immense : on l'évalue à huit cent mille litres. Voici, selon lui, le procédé ordinaire de cette fabrication.

Le brandevin, autrement dit pekai, schenick, ou eau-de-vie de grains, s'obtient par l'amalgame de diverses sortes de grains qu'on met en fermentation. Les plus ordinaires sont le seigle et l'avoine : on les fait moudre et torréfier; on les échauffe progressivement, en les arrosant avec une eau préparée. Le produit de cette fermentation se distille par les procédés ordinaires ; et le résultat qu'on en obtient, est l'esprit, plus ou moins fort, qu'on assaisonne avec de l'extrait de genièvre. Cette liqueur est inséparable, à Liége, d'un goût de moisi ; on l'attribue à l'alambic.

Cette description est insuffisante ; mais elle prouve que le procédé usité dans le Département, pour l'eau-de-vie de grains, peut être perfectionné.

Enfin, il est encore question de cet objet dans la *Statistique du département de Sambre-et-Meuse*, publiée en l'an X. C'est l'article *distillation*. Il est très-court.

En 1790, il n'y avoit qu'une seule distillerie privilégiée, dans l'enceinte de la commune de Namur, pour l'eau-de-vie de grains; mais, depuis, elles se sont multipliées de toutes parts, soit dans les grandes communes, soit dans les campagnes. On estime, actuellement, à soixante-

deux myrialitres, le genièvre qui se distille pour la consommation ordinaire, ainsi que pour le commerce. Son prix moyen est de quatre mille quatre cent vingt-un francs le myrialitre, ou quarante-trois centimes le litre. Cette partie consomme environ quarante-trois mille hectolitres de grains.

On peut conférer ces données avec les résultats rapportés page 489, des diverses expériences du C. *Baumé*. Les produits obtenus en Flandre sont plus forts pour la quantité ; mais il faut que la qualité soit bien inférieure, vu la modicité des prix. Ce doit être bien peu de chose qu'une eau-de-vie qui ne vaut pas cinquante centimes le litre.

Enfin, ce n'est pas seulement avec les gramens, ou plantes céréales, que l'on a, dans ces derniers temps, cherché à obtenir de l'alcool plus ou moins fort. Dans le Palatinat, sur-tout, on a extrait en grand l'eau-de-vie des pommes de terre, des betteraves, des carottes ; et l'on croit que ce procédé a beaucoup influé sur la prospérité de l'agriculture allemande.

5°. *De l'Alcool que l'on retire des pommes de terre et des racines esculentes.*

M. *Villiez*, né à Nanci, fixé depuis longtemps dans les environs de Manheim, a fait, dans le Palatinat, un établissement d'agriculture et de chimie, fondé sur les produits de la pomme de terre. Il en tire, à son gré, de la farine, du fromage, un beurre économique, de la poudre, de l'eau-de-vie, et sur-tout du vinaigre ; les résidus nourrissent un grand nombre de bestiaux. Il m'avoit jugé digne de recevoir la confidence de ses utiles procédés, et il m'adressa, dans l'an VII, un mémoire que je me disposois à faire publier avec les planches nécessaires pour entendre des procédés si neufs et si intéressans. On ne me laissa pas le temps de remplir cette idée; et le mémoire même, envoyé par M. *Villiez*, est aujourd'hui perdu ou enterré dans les cartons qui sont, dans les bureaux, des espèces de cimetières où gissent, pêle-mêle, les morts et les vivans. Je le regrette d'autant plus, que l'auteur, mon compatriote, fils d'un de mes anciens amis, homme éclairé et courageux, prouve son mémoire par les faits;

est la pomme de terre, cultivée, exploitée et distillée en grand, est devenue, entre ses mains, l'objet d'une entreprise immense. Cinq à six cents arpens (deux à trois cents hectares) de sable ne sont communément que des bruyères et des sables. Entre les mains d'un homme instruit, cette aride superficie devient une terre féconde; il semble qu'à sa voix les pierres se changent en pain. C'est le miracle que produit M. *Villiez*, à Kesserthal. Avant lui, c'étoit un désert; aujourd'hui, ce désert est couvert d'animaux, et nourrit beaucoup de familles d'hommes laborieux, c'est-à-dire, d'hommes utiles.

Il a conclu, de son exemple, que chaque ferme devroit être une manufacture; que tout cultivateur devroit avoir un alambic, d'une grandeur proportionnée au bétail qu'il pourroit engraisser avec les résidus des distillations; et que l'habitant des campagnes trouveroit un grand bénéfice à cultiver, dans les jachères, les racines qui serviroient à cette nouvelle industrie.

Il ne brûle que de la tourbe. Tous ses fourneaux sont sur des grilles. Autant il recommande la distillation, autant il veut que l'on saisisse les moyens d'éviter la déperdition du bois.

Deux quintaux (dix myriagrammes) de pommes de terre, suivant ses procédés, rendent quatre pots d'eau-de-vie, ou quarante pots de vinaigre, ou cent vingt livres (six myriagrammes) de farine, ou vingt-cinq livres (douze kilogrammes) d'amidon. Cet amidon se fait sans feu. Pour les autres produits, les pommes de terre sont cuites d'abord à la vapeur. Voilà les seules notes que j'aie prises dans le temps, mais qui ne sont qu'un foible extrait d'un ouvrage étendu.

J'avois gardé ce souvenir, lorsque j'ai vu dans l'*Annuaire du département de la Sarre*, qu'il existoit à Trèves des distilleries de pommes de terre. J'ai demandé quelques détails au C. *Zegovitz*, auteur de ce très-bon ouvrage; il m'a fait parvenir une bouteille d'eau-de-vie de pommes de terre, avec les notes suivantes.

Le Secrétaire général de la Préfecture du département de la Sarre, au C. François (de Neufchâteau).

Trèves, le 27 Messidor an XI.

« Citoyen Sénateur, je dois satisfaire à votre question, relative à la distillation des pommes de terre, par les connoissances que j'ai personnellement de ce procédé. Rien n'est plus certain, plus facile, ni plus avantageux que cette distillation; elle est universellement pratiquée dans ce Département et dans ceux des deux rives du Rhin. Il n'y a point de laboureur, point de fermier tant soit peu à son aise, qui ne s'en occupe. Elle est extrêmement facile, puisqu'elle ne consiste qu'à faire bouillir les pommes de terre, et à les faire fermenter, moyennant du levain de bière et un peu de malt, et à les soumettre pour lors à la distillation. Ce procédé, s'il est observé avec soin, donne une eau-de-vie qui ne le cède pas au rum. L'eau-de-vie renommée de Manheim, n'est autre chose que de l'eau-de-vie de pommes de terre, mêlée avec quelques herbes aromatiques. Cette fabrication est avantageuse: considérée comme objet de commerce, elle nous attire du numéraire, qui, avant la connoissance de ce procédé, s'écouloit chez l'étranger, pour l'importation des eaux-de-vie; elle est, en outre, très-favorable à l'entretien et à l'engrais du bétail. Trois hottes de pommes de terre donnent cinq mesures d'eau-de-vie, et quatre hottes de marc; ces quatre hottes de marc équivalent, pour ainsi dire, en substance nutritive, aux trois hottes de pommes de terre. On voit fort souvent les porcs se dégoûter des pommes de terre et refuser de les manger; ce qu'il ne font jamais pour le marc. Le laboureur, en cultivant les pommes de terre, est donc assuré d'avance d'un gain certain, résultant de leur distillation, sans rien perdre de la substance qu'il destinoit à l'entretien et à l'engrais de ses bêtes à cornes et de ses porcs. Telles sont les notions que j'ai sur la distillation des pommes de terre, et que j'ose vous garantir exactes. *Signé Zegovitz.* »

Comme je désirois de savoir à quoi m'en tenir sur cette fabrication, je me suis adressé à des cultivateurs-chimistes, qui demeurent à Charleroi. Leur réponse contient des détails curieux, non seulement sur l'alcool fourni par la pomme de terre, mais sur celui que donnent la carotte et la betterave. Voici un extrait de leur lettre:

« Les pommes de terre furent les premiers légumes que nous soumîmes à la distillation: elles doivent être cuites avant tout; c'est sûrement la cuisson qui opère la fermentation saccharine, préliminaire nécessaire à la fermentation vineuse, selon le C. *Fourcroy*. En effet, nous n'avons pu obtenir l'alcool sans la cuisson; d'ailleurs, le combustible est ici à si bas prix, qu'on n'y regarde pas. Il nous restoit à déterminer la quantité de liquide à ajouter aux pommes de terre, et nous ne réussîmes jamais mieux que quand le liquide étoit double en mesure, et à la température de quinze degrés du thermomètre de *Réaumur*; mais cette eau ne suffisoit pas pour dissoudre tous les principes; l'alcool que nous en retirions nous l'indiquoit assez. Quatre myriagrammes de pommes de terre ainsi traitées, ne produisoient, tout au plus, qu'un litre d'eau-de-vie à dix-huit degrés de l'aréomètre de *Baumé*, surchargée d'huile et d'un goût empireumatique; les autres légumes, plus faciles à fermenter, ne produisoient pas davantage; et l'eau-de-vie, quoique sans huile surnageante, n'étoit pas d'un meilleur goût; nous pouvions même ajouter quatre fois plus d'eau que de légumes, toujours en mesure; le produit étoit le même, et le chapeau se formoit, les seules pommes de terre exceptées.

» Le goût qu'avoient nos eaux-de-vie ne nous inquiétoit pas; nous savions qu'il étoit dû au marc brûlé dans l'alambic, et à l'huile qui se volatilisoit pendant l'opération; et qu'en substituant la machine à vapeurs à nos alambics, en formant un savon avec l'huile, au moyen d'un alcali quelconque, nous obtiendrions une eau-de-vie dégagée de ce mauvais goût.

» Mais la petite quantité d'eau-de-vie obtenue, nous auroit fait abandonner nos opérations, si nous n'avions cru que telle plante contenoit certains principes nécessaires à la fermentation de l'alcool en plus grande quantité que telle autre; que celle-ci contenoit d'autres principes nécessaires aussi à la fermentation de l'alcool, et en plus grande quantité que celle-là. Notre raisonnement étoit fondé sur ce que les betteraves, contenant beaucoup de sucre, ne produisoient pas davantage que la pomme de terre, qui en contenoit peu.

» Nous fîmes donc des mélanges; et partie égale de pommes de terre et de betteraves, avec trois fois autant d'eau, produisit deux litres et demi pour quatre myriagrammes. Ce succès nous prouve que nous pouvons encore espérer mieux; et nous nous proposons de faire une suite d'expériences avec tous nos légumes mélangés en différentes proportions, un à un, deux à un, et nous nous ferons un devoir de vous instruire de leurs résultats.

» Quant au doute qui pourroit vous rester sur la qualité de nos eaux-de-vie, vous nous permettrez de vous en envoyer, pour en juger.

» Il nous reste à parler des avantages de la distillation des légumes, et de comparer leur produit à celui du raisin et du grain. Si l'on démontre que nos légumes du nord ne peuvent rivaliser avec la canne à sucre, avec le raisin, ou avec le grain, on entend sûrement qu'un poids déterminé de ces légumes ne produit pas autant de sucre que le même poids de raisin ou de grains, et tout le monde sera du même avis; mais si l'on considère qu'un terrein ensemencé en betteraves, en carottes ou en pommes de terre, produira de six à dix fois plus de nourriture au bétail, qu'un pareil terrein ensemencé en grains; que la récolte de ces légumes n'exclura pas celle des grains, et que l'extraction de l'alcool n'empêche pas l'usage de la plante comme aliment, on croira alors, sans peine, que l'emploi de ces légumes seroit à préférer à celui du grain. »

Je suis reconnoissant de tout ce que m'ont envoyé ces cultivateurs éclairés; mais je crois que, sans être ingrat, je peux dire que l'eau-de-vie qui m'est venue ainsi de Trèves et de Charleroi, n'étoit pas merveilleuse; l'une et l'autre ont paru, tranchons le mot, très-médiocres. Le genièvre déguise, jusqu'à un certain point, la saveur de ce brandevin; mais ce ne sera jamais là un rival bien à redouter pour notre alcool de raisin. On accuse aussi, je le sais, ces eaux-de-vie de grains, de quelques inconvéniens, qui résultent plutôt de leur usage immodéré, que d'aucun vice interne. Notre eau-de-vie de vin n'est pas moins délétère pour ceux qui en abusent. L'infériorité des eaux-de-vie de grains paroît assez constante, quoiqu'elles soient limpides, et qu'elles puissent devenir très-fortes, en les rectifiant; mais ce n'est pas une raison de proscrire cette industrie, qui peut être améliorée, et qui a déjà pris de si grands accroissemens. En fait d'agriculture, comme dans toute autre matière,

L'esprit d'intolérance est le fléau du monde.

D'ailleurs, je ne crois pas devoir trop insister sur les produits en eau-de-vie des carottes, des betteraves, et des navets ou rabioules. Je connois les expériences des Anglois sur ce point; mais je crois qu'il seroit beaucoup plus convenable, et infiniment plus utile, d'essayer de faire du sucre avec ces diverses racines; et que c'est vers ce dernier but que devroient se tourner les efforts des chimistes et des cultivateurs dans les départemens du nord. C'est ce que j'aurai lieu de discuter ailleurs. (*F. D. N.*)

Page 313, colonne I, ligne 11. (114) Le procédé qu'indique *Olivier de Serres*, n'est certainement pas le meilleur auquel on puisse avoir recours pour faire de bon hydromel vineux; il en prescrit lui-même un autre (Lieu VIII, chapitre I), dans lequel il met huit parties d'eau sur une de miel, qu'il fait également réduire à moitié. Mais de tous les procédés, celui qu'on va citer, mérite, à tous égards, la préférence.

Il faut choisir le miel le plus blanc, le plus pur et le plus agréable au goût, le mettre dans une chaudière avec un peu plus que son poids d'eau, le bien faire dissoudre dans cette eau, dont on fera évaporer une partie par une ébullition légère, en enlevant seulement les premières écumes. On reconnoît qu'il y a assez d'eau évaporée, lorsqu'un œuf frais, qu'on met dans la liqueur, ne s'y submerge pas, et se soutient à sa surface, en s'y enfonçant à-peu-près à moitié de son épaisseur; alors on passe la liqueur à travers un tamis, et on l'entonne tout de suite dans un baril, qui doit être presque plein. Il faut placer ce baril dans un endroit où la chaleur soit, le plus également possible, depuis vingt, jusqu'à vingt-sept ou vingt-huit degrés du thermomètre de *Réaumur*, en observant que le trou du bondon ne soit que légèrement couvert, et non bouché. Les phénomènes de la fermentation vineuse paroîtront dans cette liqueur, et subsisteront pendant deux ou trois mois, et même plus, suivant la chaleur; après quoi ils diminueront et cesseront d'eux-mêmes.

Il faut observer, pendant cette fermentation, de remplir, de temps en temps, le tonneau, avec une semblable liqueur de miel, dont on aura conservé, pour cela, une partie à part, afin de remplacer la portion de liqueur que la fermentation fait sortir en forme d'écume.

Lorsque les phénomènes de la fermentation cessent, et que la liqueur est devenue bien vineuse, on transporte le tonneau à la cave, et on le bondonne exactement : un an après, on met l'hydromel en bouteilles.

Lorsque l'hydromel vineux est bien fait, c'est une espèce de vin de liqueur assez agréable. Il conserve néanmoins, pendant fort long-temps, une saveur de miel qui ne plait pas à tout le monde, mais qu'il perd à la longue, et qu'on peut faire en quelque sorte disparoître, en ajoutant, pendant que la liqueur est encore en fermentation dans le tonneau, de la fleur de sureau dans un nouet, ou quelques-uns des autres aromates indiqués par l'auteur. (*De.*)

(115) Le *caou-in*, dont parle ici notre *Olivier*, est une boisson des sauvages, préparée avec le mays, d'une manière dégoûtante, qui a été décrite par plusieurs voyageurs. Il paroît qu'*Olivier de Serres* avoit lu ce que dit, du *caou-in*, *Jean de Lery*, dans l'*Histoire des Navigations au Brésil*. Ce sont de vieilles femmes qui mâchent les grains de mays destinés à cette liqueur. L'*Histoire des Voyages* nous offriroit en foule des exemples du même genre : par-tout où les navigateurs ont pénétré depuis trois siècles, ils ont trouvé chez tous les peuples, même les moins civilisés, un commencement d'industrie pour se fabriquer des boissons fermentées ou spiritueuses, avec des fruits, des herbes, des racines, des sèves d'arbres, etc. *Page 3.., colonne I, ligne der.*

Il est très-singulier que l'on ait rencontré, aux îles de la mer du Sud, le même procédé d'une liqueur faite en mâchant, mais une autre espèce de plante. Le troisième voyage du capitaine *Cook* présente, à ce sujet, des détails extraordinaires, et qui ne sont pas déplacés après le *caou-in*.

« Le *kava*, ou poivre enivrant, est une boisson en usage dans les îles des Amis : c'est une espèce de poivre qu'on cultive pour cet objet, et

qui

qui est fort estimé. On le plante autour des maisons : il ne croît guère qu'à hauteur d'homme. L'arbre est chargé de beaucoup de rameaux, et les feuilles ont la forme d'un cœur. On prend une grosse racine de *kava* et un bassin de quinze à vingt pintes (dix - neuf litres) ; chacun mâche cette racine, et dégorge la liqueur dans le bassin. C'est l'occupation des gens de distinction, toutes les après-dînées. Ceux des Européens qui goûtèrent de ce breuvage, furent d'abord ivres, ou plutôt éprouvèrent l'espèce d'étourdissement que produit l'opium.

» A Taïti, l'*ava* n'est aussi la boisson que des gens d'un certain rang. On le prépare différemment qu'aux Isles des Amis. Ils versent un peu d'eau sur la racine, qui souvent est rôtie et écrasée, sans mastication, avant d'être mise à infuser. On infuse aussi les feuilles. On ne s'assemble point pour le boire en grande compagnie ; mais ses effets sont plus pernicieux à Taïti, en raison, peut-être, de la différence de la préparation. Son usage fréquent réduit les gens les plus robustes, à l'état de vrais squelettes. Leur peau devient rude, desséchée et couverte d'espèces d'écailles, qui tombent de temps en temps. Cette liqueur énerve et abrège la vie. Il est heureux pour ces insulaires, que l'usage de cette liqueur soit un des priviléges des chefs.

» Aux Isles Sandwich, l'*ava*, ou poivre enivrant, est une racine qui, par sa forme et sa couleur, ressemble à notre réglisse ; mais elle en diffère totalement par le goût. Les aros, ou chefs, sont aussi les seuls auxquels il soit permis d'en faire usage. Ils ne la préparent jamais eux-mêmes : ils ont un domestique qui, nouveau Ganymède, n'est chargé d'aucun autre soin que de préparer et de verser ce nectar à son maître. Il commence par mâcher une certaine quantité de cette racine, jusqu'à ce qu'elle soit réduite en pâte ; elle est alors mise dans une jatte de bois très - propre, destinée à ce seul usage ; après avoir versé dessus une petite quantité d'eau, on en exprime le jus, et on passe la liqueur dans un morceau d'étoffe. Ce breuvage ainsi préparé, est bu avec délice. Cette liqueur est capable d'enivrer ; mais elle paroît assoupir les esprits, au lieu de les mettre en agitation ; ses effets sont très-pernicieux... »

Le continent de l'Amérique a offert des boissons d'un usage plus agréable et d'un apprêt moins rebutant. Qu'on me permette de citer encore l'extrait de quelques voyageurs ; 1°. sur le suc de l'érable ; 2°. sur l'herbe du Paraguay ; 3°. sur la liqueur que les Tartares tirent du lait de leurs jumens.

1°. « Si les sauvages n'ont pas, comme nous, l'art de faire du vin, ils savent tirer de l'érable une boisson délicieuse et un sucre presque aussi bon que le nôtre. Lorsque la séve commence à monter, ils font une entaille dans le tronc de l'arbre, et par le moyen d'un morceau de bois qu'ils y insèrent, et sur lequel l'eau coule comme sur une gouttière, elle est reçue dans un vaisseau qu'on met dessous. Pour qu'il en sorte avec abondance, il faut qu'il y ait en beaucoup de neige sur la terre ; qu'il ait gelé la nuit précédente ; que le ciel soit serein, et qu'il ne fasse pas trop froid. A mesure que la séve s'épaissit, elle coule moins ; et au bout de quelque temps, elle s'arrête entièrement. L'eau d'érable est très-rafraîchissante, et laisse dans la bouche un petit goût de sucre assez agréable ; en quelque quantité qu'on en boive, elle ne fait jamais de mal. Si on lui donne deux ou trois bouillons, elle devient un sirop, qu'on prend avec plaisir ; et pour en faire du sucre, il ne faut que la laisser bouillir jusqu'à ce qu'elle prenne une consistance suffisante. Elle se purifie d'elle-même, sans qu'on y mêle rien d'étranger ; il faut seulement avoir soin de ne pas trop faire cuire le sucre, et de le bien écumer. Si on le laisse trop durcir dans son sirop, il devient gras et contracte un goût du miel.

» Le plane, le frêne et le noyer donnent aussi de l'eau dont les sauvages tirent du sucre ; mais elle en rend moins, et il n'est pas si bon. » (*Voyageur François*, tome IX, suite du Canada.)

2°. « L'herbe du Paraguay se nomme *maté*, au Pérou. Cette herbe, si célèbre dans l'Amérique méridionale, est la feuille d'un arbre de la grandeur d'un pommier moyen. Son goût approche de celui de la mauve ; sa figure est, à-peu-près, celle de la feuille de l'oranger. Jamais on ne la laisse infuser long-temps, parce qu'elle rendroit l'eau noire comme de l'encre. On suce la liqueur avec un tuyau d'argent, et l'on boit, à la ronde, avec le même chalumeau. *Frezier* trouvoit cette liqueur meilleure que le thé. Cette herbe est l'objet d'un grand commerce, etc. » (*Voyage aux Isles Malouines*, tome I.)

3°. Le célèbre *Marc Paul*, voyageur du treizième siècle, nous dit que les Tartares tirent du lait de leurs cavales un breuvage nommé *chuinnis*, et qui ressemble à du vin blanc. C'est ce qu'on appelle *kumiff*, et dont le nouveau *Dictionnaire de Chimie*, du C. *Cadet*, donne la recette suivante :

« On mêle avec du lait de jument, fraîchement tiré, un sixième d'eau et un huitième de lait de vache; on couvre le vaisseau avec un linge, puis on le met dans un lieu frais. Au bout de vingt-quatre heures, on verse le lait épaissi dans un instrument à battre le beurre, afin de mélanger la crème, le lait caillé et le petit-lait. Lorsque le tout est délayé, on le laisse reposer vingt-quatre heures, pour le mélanger de nouveau. On attribue à cette boisson d'excellentes propriétés médicinales. »

Je ne veux pas multiplier les citations de ce genre. On doit trouver, sur-tout, les livres de voyages dans les bibliothèques qu'on peut former à la campagne. Ainsi, nos lecteurs suppléeront à ce que nous jugeons inutile de rapporter.

Ce que nous nous proposions de dire, soit sur les vins de fruits, soit sur les autres boissons qui peuvent remplacer le punch, le thé, le café, etc., sera mieux placé dans les notes sur le huitième Lieu du *Théâtre d'Agriculture*.

(F. D. N.)

FIN DU TROISIESME LIEU.

QUATRIESME LIEU
DU THÉATRE D'AGRICULTURE,

ET

MESNAGE DES CHAMPS.

DU BESTAIL A QUATRE PIEDS,

Des Pasturages pour son vivre, de son Entretenement, et des Commodités qu'on en tire.

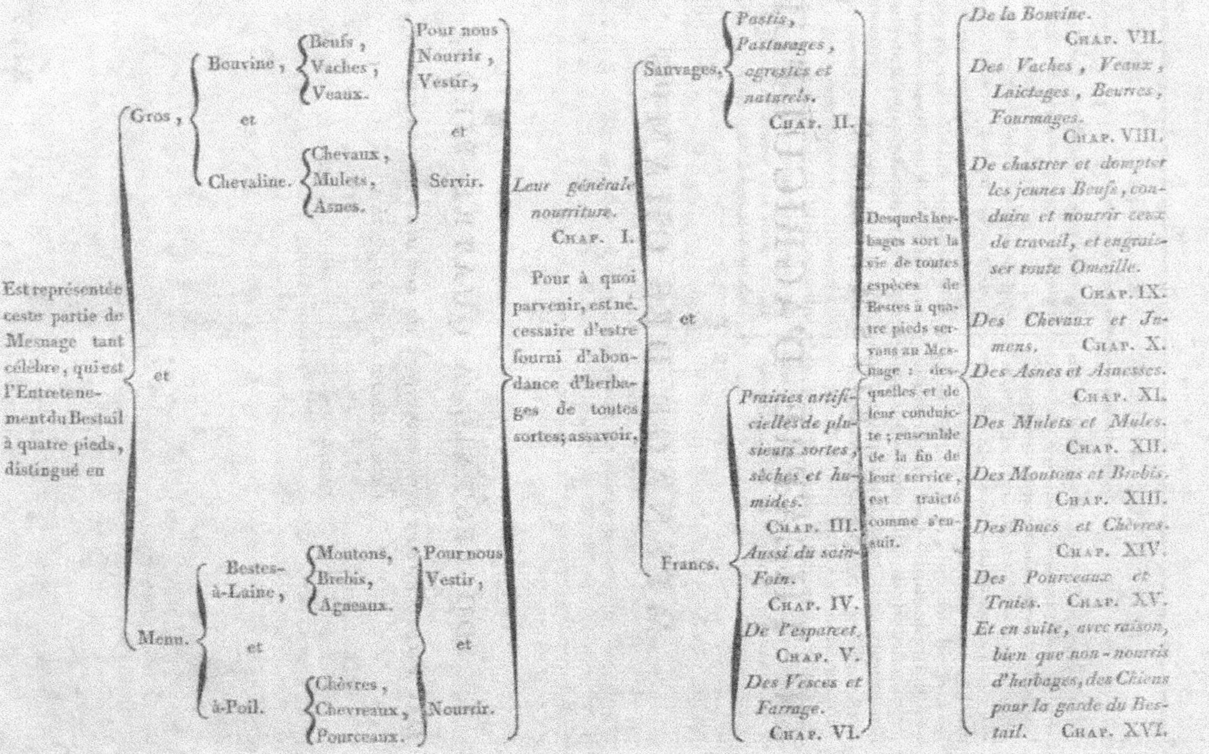
Est représentée ceste partie de Mesnage tant célèbre, qui est l'Entretenement du Bestail à quatre pieds, distingué en

Gros,
et
Menu.

Bouvine,
et
Chevaline.

Beufs, Vaches, Veaux.
Chevaux, Mulets, Asnes.

Pour nous Nourrir, Vestir,
et
Servir.

Bestes-à-Laine,
et
à-Poil.

Moutons, Brebis, Agneaux.
Chèvres, Chevreaux, Pourceaux.

Pour nous Vestir,
et
Nourrir.

Leur générale nourriture. CHAP. I.
Pour à quoi parvenir, est nécessaire d'estre fourni d'abondance d'herbages de toutes sortes; assavoir,

Sauvages,
et
Francs.

Pastis, Pasturages, agrestes et naturels. CHAP. II.

Prairies artificielles de plusieurs sortes, sèches et humides. CHAP. III.
Aussi du sain-Foin. CHAP. IV.
De l'esparcet. CHAP. V.
Des Vesces et Farrage. CHAP. VI.

Desquels herbages sort la vie de toutes espèces de Bestes à quatre pieds servans au Mesnage : desquelles et de leur conduicte ; ensemble de la fin de leur service, est traicté comme s'ensuit.

De la Bouvine. CHAP. VII.
Des Vaches, Veaux, Laictages, Beurres, Fourmages. CHAP. VIII.
De chastrer et dompter les jeunes Beufs, conduire et nourrir ceux de travail, et engraisser toute Omaille. CHAP. IX.
Des Chevaux et Jumens, CHAP. X.
Des Asnes et Asnesses. CHAP. XI.
Des Mulets et Mules. CHAP. XII.
Des Moutons et Brebis. CHAP. XIII.
Des Boucs et Chèvres. CHAP. XIV.
Des Pourceaux et Truies. CHAP. XV.
Et en suite, avec raison, bien que non-nourris d'herbages, des Chiens pour la garde du Bestail. CHAP. XVI.

QUATRIESME LIEU
DU THÉATRE D'AGRICULTURE,
ET
MESNAGE DES CHAMPS.

CHAPITRE PREMIER.

La nourriture du Bestail en général.

C'est chose confessée d'un chacun, que le plus asseuré gain, est celui qui vient avec le moins de coust. Sur laquelle maxime estant fondé *Caton*, oracle de son temps, donna ceste tant notable response : *que pour devenir bien riche, falloit bien paistre : pour estre moyennement riche, moyennement paistre : et interrogé plus outre, pour estre riche, mal paistre :* voulant dire par tel rude avis, qu'encores qu'on soit mal entendu au gouvernement du bestail, ne laisse-on pourtant d'en tirer profit. Par où il semble vouloir conclure, le nourrir du bestail, estre l'unique moyen pour bien faire ses besongnes en mesnage, et que les autres biens de la terre ne sont qu'accessoires du bestail, d'autant qu'avec peu de despence il s'entretient, en esgard à celle qu'il convient faire pour le recouvrement des blés et des vins.

C'estoit l'exercice de nos premiers pères, que le gouvernement du bestail; ne pouvant sans admiration lire les histoires d'Abraham, d'Isaac, de Jacob, de ses enfans, de Job, de David et d'autres saincts personnages du temps passé, non seulement à raison de ce qu'eux-mesmes estoient pasteurs, ains pour le grand nombre de bestail qu'ils entretenoient, suffisant pour avictuailler plusieurs peuples. Aux histoires profanes se voient infinité de grands hommes, avoir esté pasteurs et laboureurs : mesme des rois s'estre faicts surnommer, bergers. En l'ancienne Rome, l'estat rustique devançoit l'urbain. Là les premières places estoient pour les rustiques ; à eux estoit commise la garde des quatre principaux quartiers de la ville, assavoir Suburra, le mont Palatin, le quartier de la porte Colline, et le constau d'Esquilia. De leur ordre ont esté tirés plusieurs grands capitaines et conducteurs d'armée, qui heureusement ont exploicté grandes choses : lesquels leur charge expirée, plus volontairement la quittoient-ils qu'auparavant ne l'avoient acceptée; pour retourner à leurs petites métairies. Les Romains appelloient leurs enfans par noms propres, les uns *Bubulci, Caprarij,* les autres, *Porcij,* qui signifie bouviers, chevriers, porchiers. Et un homme riche *locuples*, du mot latin *locus*, qui signifie un champ de terre. Par ces choses, il appert qu'en grand honneur tenoit-on en ce temps-là, le mesnage des champs, principalement la nourriture du bestail, comme la première partie d'icelui. Aussi la plus-part du domaine de Rome, consistoit lors en pasturages, presque seule et commune commodité des anciens peuples. Pour laquelle cause, autre commerce n'y avoit-il ès premiers siècles civilisés, que de bestail, qui servoit, par eschange, à recouvrer tout ce que ces temps-là produisoient pour le service des hommes, comme faict la monnoie d'aujour-d'hui, dicte par eux, *pecunia*, du mot latin, *pecus*, qui signifie brebis, qu'à la longue la nécessité, maistresse des arts, inventa heureusement. Les Romains appelloient, *pasquiers*, leurs deniers publiques procédans du pasturage. Et les pasturages, *scripturæ*, comme les plus signalés registres de leurs revenus. Pour la mesme cause, par ce mot, *peculium*, ils entendoient toutes leurs facultés en quoi qu'elles consistassent. Leur première monnoie fut forgée d'érain, par Servius Tullus roi de Rome, sous la marque de la vache et de la brebis; en suite, sous celle du beuf, du mouton, du pourceau : distinctement toutes-fois, selon leur diverse valeur. Comme aussi en tel bestail, estoient condamnés les coupables, ayans encouru amende pécuniaire. Le prix du beuf, estoit lors de cent oboles, et du mouton, de dix. En leurs sacrifices, en leurs jeux et autres publiques exercices, tous-jours mesloient-ils du bestail parmi, tant ils l'avoient en recommandation (1). Devant les Romains, quelques autres Nations ont aussi forgé

monnoie sous la marque de l'agneau et de la brebis, comme se recognoist en l'histoire de Jacob. Les moutons d'or de France, la vache de Foyx, la toison d'or d'Espagne, monnoies qu'on void encores de nos ancestres, imitation antique, monstrent que plusieurs Nations ont eu la cognoissance du bestail.

Ce sera donques l'héritage qui se pourra dire accompli, auquel telle partie de rustication ne défaudra : autrement demeureroit-il mutilé comme d'un de ses principaux membres. Car, ni la longueur des temps, ni les diverses révolutions des choses humaines, n'ont peu estaindre le crédit du bestail, qu'il ne demeure encores aujour-d'hui en grande réputation. Sans bestail l'on ne peut labourer, ne beaucoup fumer, à l'intérest principalement, des jardinages, terres-à-grain, puis des prairies. Les vignobles supportent mieux ce défaut, que les labourages : néantmoins reçoivent-ils grand soulagement par les fumiers. Lesquels ne procédans, ou la plus-part, que du bestail, par conséquent c'est le bestail qui est, et utile, et nécessaire en tous les endroits de la terre, pouvant, avec raison, appeller ceste partie de mesnage, mère des autres, comme aussi la plus antique (2). Et ce sera mettre fin à la dispute du pasteur et du laboureur, dont parle *Columelle :* l'un désirant des herbages pour le vivre de ses bestes : et l'autre ne craignant rien tant, que d'en voir ses guerests chargés, rendant par là compatible ces divers exercices en les joignans ensemble.

Or comme il y a diverses espèces de blés et de vins, de mesme est-il du bestail ; qui est divisé en gros et menu. De là ont esté faictes ces subdivisions. Le

gros se distingue en bouvine et chevaline:
et le menu, en bestes-à-laine et à-poil.
La bouvine. Par la bouvine, sont entendues les bestes-
à-cornes, comme beufs et vaches, autre-
ment dictes, omail, du mot latin, *omentum*, signifiant gros bestail à engraisser.
La cheva-line. Par la chevaline, les chevaux, jumens,
asnes, asnesses, mulets et mules. Les
Bestes-à-laine. bestes-à-laine, sont les moutons et brebis.
Et à-poil. A-poil, chèvres et pourceaux (3). Ceci
s'entend des bestes à quatre pieds, exceptés les chiens: non de la volaille qui n'est
mise au rang de ceste nourriture. Tout ce
Sont du grand ser-vice. qui procède de la pluspart de ce bestail,
est de grande utilité. Leurs chairs, laic-
tages, peaux, laines, poils, sont très-
profitables pour le vivre et pour la vesture de l'homme : voire leurs cornes et
ossemens, servent en plusieurs endroits,
et pour remèdes aux maladies, et pour
ornement à nos meubles. De l'utilité de
leurs excrémens, et quelle richesse en
provient, a esté amplement discouru. Il y
a de plus. Le gros bestail nous aide au
port, au charroi, et au labourage: à telle
cause dict, jument, du mot latin, *juvare*. Et bien que ce tiltre soit particulièrement donné à la femelle du cheval,
comme à l'espèce d'animal à cela la plus
propre, si est-ce, qu'avec raison, l'effect
d'icelui est communiqué à toutes bestes
chevalines. Voire et aux bouvines aussi,
estans le beuf et la vache, fort serviables
au labourage : ce bestail-ci, surpassant
tout autre et gros et menu en ce poinct,
qu'il est employé, pour servir, pour
nourrir, et pour vestir l'homme.

Plaisir du bestail. Quant au plaisir de ceste nourriture,
par commun consentement, c'est le pre-
mier du mesnage, ne pouvant représenter naïfvement le contentement que c'est

de voir le bestail de toutes espéces et
aages louer le père de nature, en tout ce
où il s'occupe : au travail, au paistre,
au mugir, hannir, bramer, beller, grumeler, sauteler, et autrement s'exercer
par leurs genres et divers naturels.

Aproprier la viande au bestail. Distinguer les pasturages pour les employer selon les diverses espèces du bes-
tail, est la maistrise de ce mesnage :
icelle dépendant de la juste correspondance du bestail à la viande. Toute sorte
de bestail haït les pastis marescageux, et
sur tout bestail, celui à-laine, qui ne
peut profiter qu'en lieu aéré et sec : les
chèvres aussi s'accordent à ce naturel (4).
Pour lesquelles deux espèces de bestail,
destinerons les herbages estans ès endroits les plus relevés de nostre domaine; gardans les autres pour la chevaline et omaille, parce que plus patiemment souffre l'humidité, le gros que le
menu bestail, exceptés les pourceaux,
qui se paissent de toutes viandes, et en
tous lieux.

Aussi leur logis. Quant à leur logis et particulier gouvernement, il en sera traicté en lieu convenable, selon le naturel de chacune espèce de bestail. Pour lequel généralement avictuailler (à l'imitation du prudent capitaine, qui ne s'enferme dans
une place forte, sans les vivres nécessaires à sa garnison) pour un préallable,
monstrerai quels sont les herbages pour
ceste nourriture, et la manière de s'en
pourvoir.

CHAPITRE II.

Des Pascages, Pasturages et Herbages en général, pour le Bestail, et particulièrement des sauvages et naturels (5).

Les herbages pour viande à toute sorte de bestail, se distinguent en sauvages et francs, très-utiles chacun en sa qualité. Les sauvages sont les pascages et pastis que sans artifice la nature faict d'elle-mesme, non sujets à la culture, et lesquels communément sont revestus d'arbres sauvages, dont sont composées les forests, cogneues de tout temps et par tout le monde. Et les francs, les prairies communes, diversement façonnées et maniées, selon les lieux qu'on a, secs ou humides : aussi le sain-foin, l'esparcet, la vesce, les farrages (6); De toutes lesquelles sortes d'herbages, est à souhaitter nostre domaine estre pourveu, pour la richesse et beauté.

Ayant des pastis sauvages, à autre entretenement n'en serés assujetti, que d'avoir soin de leur conservation ; à ce que le bestail d'autrui ne les déperissant, ayés en hyver une réserve de mangeaille pour vos troupeaux. Cela vous sera facile, si vostre lieu est en vef (7), comme de tels plusieurs se treuvent en ce royaume, et partant à vous propre et particulier, les voisins n'y auront rien de commun. Outre l'herbage du fonds, les fruicts bastards des arbres et leurs fueilles, aideront beaucoup au vivre de votre bestail : et ce avec d'autant plus de commodité, que plus abonderont vos forests, en glands, poires, pommes, cormes, cornoailles, noisilles, et semblables fruicts. Défaillans les forests et pasturages sauvages, conviendra s'en pourvoir par artifice. Le moyen d'édifier les forests, est amplement descrit au traicté des arbres sauvages : et en cest endroit est monstrée seulement la façon de se pourvoir de pastis et pasturages sauvages. Que le père-de-famille laisse en perpétuelle jachère quelque partie de son labourage, és quartiers où les terres sont les plus pendantes, plus maigres, plus pierreuses et plus difficiles à cultiver, afin que la terre demeurant en friche, se charge d'herbages, tels que le naturel du fonds et du climat les produit. Pour moindre intérest du labourage, les terres les moins propres aux grains sont à ceci employées, encores que les plus grasses et fertiles soient les plus abondantes en herbe. Cela néantmoins, dépend de la volonté et des moyens du seigneur : car s'il désire de nourrir ainsi qu'il appartient, grand nombre de bestail, et est largement accommodé de bonnes terres, pour quelle cause espargnera-il à son bestail quelque partie de son bon terroir ? Veu mesme que c'est le bestail qui engraisse les maigres terres, par là récompensant la perte qui y pourroit estre, sans mettre en compte l'autre profit sortant de son entretien ?

Or soient maigres ou grasses terres qu'on emploie au pasturage, sera requis aviser soigneusement qu'elles ne s'engeancent d'herbes malignes, ains des plus salutaires pour le bestail. Si par nature n'estes satisfaict en cest endroit, ensemencerés le lieu de graines de bonnes herbes, choisies avec semblable curiosité, qu'en pareil cas l'on emploie aux prairies

prairies nouvelles, et de mesme les logerés en terre : c'est assavoir, après avoir
bien labouré le fonds, y espardrés la semence, puis avec la herce la couvrirés,
aplanissant le dessus du parterre, l'ayant
au préallable espierré et deschargé des
eaux nuisibles selon le besoin, à ce que
rien n'empesche l'accroissement de l'herbe. D'en oster entièrement tous les arbres,
n'est chose nécessaire d'y aller tant curieusement ; ains ceux qui notoirement
destournent le pousser de l'herbe : comme
cela peut avenir où ils sont par trop touffus et pressés, car en les esclarcissans,
l'herbe se logera et agrandira très-bien
au-dessous. Et cela approchera des naturelles forests, lesquelles avec les arbres
nourrissent l'herbe en leur fonds. Sera
bon de clorre si bien ces herbages, que
beste aucune n'y puisse entrer qu'és saisons propres pour le paistre, afin qu'ils
se maintiennent tous-jours en bon estat.
A l'assiete particulière de ces lieux ob-
servera-on ceci, que les herbages destinés
pour l'hyver, regarderont le midi : le
septentrion, ceux de l'esté : et pour les
autres saisons, les endroits indifféremment où se rencontrera le mieux. Par ce
moyen, le bestail paissant à son aise, ne
pourra faillir de se bien porter. Si on a
commodité des arrousemens, on employera l'eau de telle sorte, qu'elle serve d'humecter et non de pourrir le fonds : à ce
que l'eau n'y croupissant jamais, donne
abondance de salutaire herbage : ce qu'on
ne peut espérer de la terre trop abreuvée,
qui ne produit autre herbe, qu'enrouillée,
et de maligne nature, causant diverses
maladies au bestail qui en mange, jusques
à lui faire pisser le sang ; sans les autres
incommodités qu'elle leur apporte (8).

CHAPITRE III.

*Les Prés et Herbages francs et arti-
ficiels.*

En vain dirions-nous les louanges de la
prairie, puis que d'aucun elle n'est mes-
prisée : ou plustost parce qu'elle est beaucoup estimée de toutes nations. Les Anciens ont préféré le revenu de la prairie,
à tout autre profit de la terre ; à cause
que plus nettement il en est retiré qu'aucun autre. Car les blés, les vins, le rapport des arbres, et des jardins, ne viennent sans semer, planter, et continuellement labourer : mais les foins, avec si
peu de souci, qu'on les estime presque
procéder directement du bénéfice de la
nature, ne craignans ni tempestes ni
orages (9), tant ils sont de grande facilité.
Aussi le pré est tous-jours prest à rendre
service, selon l'étymologie de son nom,
tiré du mot latin, *pratum*, quasi, *pa-
ratum*, à laquelle bonne réputation,
l'avoient de mesme les vieux Romains.
C'estoit l'humeur de *Caton*, que de se
fonder en prairies, pastis, taillis, estangs, moulins, et semblables propriétés
de petit entretien (10) et d'asseuré rapport, qu'à la payenne, il disoit Jupiter
mesme ne pouvoir oster ; tant il prisoit l'espargne. Aussi asseuroit-il que pour bien
faire aller le mesnage, ces deux articles
estoient les seuls nécessaires, assavoir le
labourage et l'espargne. Touchant la
beauté de la prairie, de quel plus agréable
ornement que d'elle, peut estre décorée
une maison ? La verdeur continuelle de

son herbe, la tapisserie de ses fleurs en saison, repaissent et yeux et entendemens, et son facile accès, nous donne tous-jours des délectables promenoirs.

En deux se distinguent aussi les prairies; c'est assavoir, en sèches et humides. Les sèches se font en tous terroirs, pourveu qu'ils soient fertils: mais les humides, seulement ès lieux arrousés d'eau courante. Celles-là, rendent le foin en parfaicte bonté: et celles-ci, d'autant plus abondant, que meilleur en est le fonds, et plus douces sont les eaux qui l'arrousent (11). L'une et l'autre désirent estre posées sous les estableries, à fin de profiter, les engraissemens provenans des fumiers, s'avallans en bas par le dégoust de pluies: articles qu'on n'oubliera (12). Pour dresser lesquelles prairies, est requis choisir la terre grasse, mesme si c'est pour prairie sèche; car pour l'humide, n'est chose nécessaire ce choix tant recerché, d'autant que l'eau supplée au défaut du fonds. Et reprenant ce qui a esté touché ailleurs, dirai encores, que la terre doit estre ainsi employée: *la meilleure partie, en prairie: la moyenne, en labourage: la moins valeureuse, en vignoble:* sous toutes-fois les circonstances et occurrences qui permettent biaiser en ce département: où toute terre arrousée est serviable en prairie. Car quelque maigre qu'en soit la terre, et quelque bigearre la situation, n'empeschera d'y faire une bonne prairie; laquelle sera tant meilleure, que plus son assiete approchera de la parfaicte planure: cela s'entend si la terre est plus sablonneuse qu'argilleuse: parce que le sablon suçant l'eau, tient tous-jours la prairie, quoi-que platte, en bon estat. Par le con-

traire, si la terre est plus argilleuse que sablonneuse, retenant l'eau à faute de pente, le lieu se convertit en palus. A quoi conviendra curieusement aviser, à ce que par convenable disposition, la prairie satisface à nostre désir. Faisant à telle cause, pendre quelque peu la terre argilleuse, et rien du tout la sablonneuse (si cela est à nostre disposition) bien que de quelque qualité et assiete que soient les terres, telles que les aurons, ne laisseront de nous servir en cest endroit, comme a esté dict, moyennant le bénéfice de l'arrousement.

Le lieu destiné en prairie sera labouré par plusieurs et réitérées fois durant seize mois, en diverses saisons, la terre estant tous-jours bien disposée, non trop sèche ne trop humide, commençant au mois de Septembre ou quand il vous plaira, les moissons estant faictes. Au bout duquel temps, qui sera au commencement de Février, se treuvera le lieu très-propre à recevoir la semence du foin. Ce long terme vous importunant, considérés qu'en moins de loisir ne pouvés rendre vostre terre en poudre, comme de nécessité pour la prairie telle la convient, autrement n'auriés le pré de la bonté désirée, sur tout en estant le terroir fort et tendant à l'argille. Partant, il vaut mieux délayer un peu pour faire une réparation, bonne et perpétuelle, qu'en se précipitant, gaster l'ouvrage. Si toutes-fois ne voulés tant attendre, le chemin plus court vous est ouvert: c'est de rompre le fonds un bon pied et demi de profondeur, à force de bras, avec hoyaux, besches, et autres propres instrumens, maniés par hommes robustes, en ostans les pierres, racines et autres empeschemens qui s'y

rencontreront ; afin que la terre, cuite (13)
et deschargée de telleschoses, soit disposée
en son temps , à recevoir la semence du
foin : qui sera en Janvier ou Février ;
pourveu que tel desfrichement soit faict
dans les mois d'Octobre ou Novembre , à
ce que sous l'effort des froidures et gelées
de l'hyver, la terre se dompte et emme-
nuise. Mais en cela court trop de despence , à laquelle ne seroit mesnage se
constituer, qu'en lieu auquel , par la trop
grande abondance de pierres et rochers ,
le coutre ne peut jouer. Car là où commodément se laboure avec frais modérés, par
le temps et le bestail est satisfaict à ce que
dessus. L'espierrer est nécessaire en cest
ouvrage. C'est pourquoi , après chacun
labeur , on enlève toutes les pierres que
le soc descouvre et faict sortir de terre :
de mesme les racines et arbustes, pour le
fonds , libre , estre entièrement donné au
foin : lequel plus abondamment viendra-
il , que moins sera envoisiné d'aucunes
plantes. Plusieurs à telle cause n'espargnent les arbres , lesquels , pour bons
qu'ils soient , ils arrachent jusques à un
du lieu destiné en pré : par lequel ordre,
ils parviennent à la perfection de ce mesnage.

Ces réitérés labourages avec la longueur du temps , préparent très-bien la
terre , la confissent et engraissent (14) :
mais non tant qu'il est de besoin pour le
pré , à quoi suppléant , conviendra la fumer fort en ce commencement, dont le lieu
s'empréera facilement et bien. Et la vertu du fumier lui restant pour plusieurs
années , ne sera-on en peine (comme
chose non nécessaire) de la refumer de
long-temps. Avec plus d'utilité emploiera l'on en cest endroit le nouveau que le vieil

fumier , parce que plus d'herbage produit
cestui-là , que cestui-ci , qui est faire ce
que desirés (15). De tel fumier, en bonne
quantité en sera charrié au champ destiné en pré , un couple de mois devant
l'ensemencement, qui pourra estre vers
le mois de Décembre , et lors, les glaces
ne l'empeschans , l'espardra-on par-tout
le lieu , en le couvrant de terre , par un
labeur , le plus profondement qu'il sera
possible ; afin d'enfermer sa force dans
la terre pour y durer longuement.

Telle œuvre est la dernière main du
laboureur , n'estant requis d'y retourner
avec le soc : ains plustost préjudiciable ,
d'autant que par un autre labeur après
avoir fumé le champ, le fumier en ressort
à l'aer au-dessus de la terre : dans laquelle
est nécessaire qu'il demeure enfermé. Ce
sera seulement avec la herce , rouleaux ,
rasteaux et semblables instrumens qu'on
aplanira et unira la superficie du nouveau pré , autant proprement qu'on pourra ; afin que les faucheurs ne treuvent
rien qui empesche le libre passage de la
faux. Non plustost qu'à la fin de Janvier,
ou au commencement de Février, conviendra ensemencer le nouveau pré , la
terre estant plus sèche qu'humide, pour
tant mieux la pouvoir manier , et plus
nettement et esgalement y espardre la
semence : ce qui se pourra délayer encores , par tout le mois de Mars en
pays froid , et en chaud aussi , l'année
estant tardive. Est à souhaitter en ceste
action la pluie survenir tost après , pour
le besoin que la semence du foin a du secours de l'eau , sans lequel elle ne peut
germer : ains de soif , dessèche en peu
de temps et tant plustost , que plus le
nouveau pré se treuve fumé , par ne pou-

voir endurer la chaleur du fumier. Partant conviendra attendre le temps s'a-
donner à la pluie, et opportunement
employer telle commodité. La semence
de foin, sera choisie la plus subtile et
plus meure que pourrés treuver, à laquelle sera ajousté la moitié d'avoine,
et le tout ensemble mis en terre, pour
de compagnie, pousser, croistre, et estre
couppés, estant l'avoine parvenue en
maturité, dont le grain payera partie
des frais de l'œuvre. Le moyen d'ensemencer le pré est tel. Par sillons on
disperse la semence, afin que ce soit
esgalement : mais non faicts au soc,
ains à-tout un baston, qu'un homme
traisne pour marque. Le lieu aura esté
auparavant aplani avec la herce ou autre
instrument à ce propre, comme a esté
dict, pour tant plus uniment escarter
la semence : laquelle jettée en terre fort
espessement, sera dés-aussi tost couverte avec le mesme instrument, par
deux passades, l'une croisant l'autre ;
par là achevant d'aplanir et réunir en
perfection vostre pré.

Lequel puis-après convient clorre avec
autant de curiosité, comme chose de
grande conséquence : car estant le pré
abandonné à la merci du bestail, n'en
faut attendre grand revenu, quand mesme
n'en seroit mangé qu'une petite partie de
la pointe de l'herbe. Par quoi, le pré
sera si bien fermé, par murailles, fossés
ou autrement, qu'aucune beste, contre
nostre volonté, n'y entre jamais. Parmi
les bonnes-gens de village, le pré clos
est dict la pièce glorieuse du domaine.
en faisant plus d'estat, comme de celle
dont ils tirent le plus de commodité.
Pour la première année, se faudra soi-

gner qu'aucun bestail ne paisse dans le
nouveau pré, de peur de destourner la
motte de se fortifier par le trepis des bestes, et par leur morsure, d'en faire mourir la nouvelle herbe. Mais au bout d'un
an, après avoir esté fanché, sera à vostre
liberté de le faire manger à toute sorte de
bestail, excepté aux pourceaux : parce
qu'avec leur grouin, ne cessent de fouir
et renverser les mottes, mesme en temps
humide : pour laquelle cause, le bon
mesnager ne souffre jamais à tel animal,
l'entrée de son pré (16) : ni à aucun autre,
que lors que le fonds est affermi par la
sécheresse : afin que le bestail, sur tout
le gros, par la pesanteur de son corps,
n'enfonce ses pieds dans la motte, qu'ainsi
il gasteroit.

Ceste est la façon de préer la plus aisée, commune à toutes prairies, sèches
et humides : laissant à la liberté d'un chacun d'y mettre du trefle, de la vesce et
autres exquises semences, pourveu que
facilement on les puisse recouvrer. Car
de se constituer en peine d'en envoyer
cercher loin avec despence, est chose
plus curieuse que nécessaire. D'autant
mesme, que la seule avoine, avec la
force du fumier, satisfaict à cela : les racines de laquelle, produisans abondance
de bon herbage, en fournissent le lieu
ainsi qu'il appartient; et tant plustost,
que plus le fonds tend de soi-mesme à
l'herbage, comme de tels s'en treuvent
qui s'empréent sans aucun artifice.

Ne faut oublier de sarcler le nouveau
pré en son commencement, le deschargeant de toutes les herbes malignes, qui
y croissent avec les bonnes. Prévenant
par diligence et curiosité, l'ensalissement
d'icelui : et tout-d'une-main évitant la

peine de le desrompre universellement, quand pour en extirper les vicieuses plantes qui s'y seroient par trop engrossies, on est contraint, comme pour seul remède, de renverser entièrement le pré, par une profonde culture.

La prairie faicte et affermie veut estre fumée, de temps à autre, mesme lui défaillans la graisse du fonds et l'eau courante, bonne et fertile. De trois en trois ans, ou de quatre en quatre, on lui donnera du fumier en bonne quantité, et tousjours dans le mois de Décembre ou de Janvier, après en avoir faict manger la dernière herbe : à ce que par l'humidité restante de l'hiver, et les pluies du printemps, sa vertu dissoute, pénètre jusques aux racines de l'herbe. Est requis ce fumier-ci, estre menu et bien pourri (au contraire de celui qu'on emploie en faisant la prairie, qu'on choisit grossier et nouveau, pour les raisons dictes) afin de se dissoudre facilement. Car ne l'employant ainsi qualifié, à faute de n'estre à temps consumé sur le pré, les faucheurs le treuvans entier, le meslent avec le foin, et avec lui est après porté au grenier. Se soignera-on aussi de faire entrer dans le pré les esgouts des estableries et chemins ; à telle cause tenant ouvertes et curées leurs entrées, à ce que la survenue des pluies aucune graisse ne se perde. Moyennant telle conduicte, le pré, quoique sans eau, rapportera abondamment : voire sera-il fauché plus d'une fois chacune année, si le temps n'est extraordinairement sec : et qu'on n'en fasse trop longuement ronger le pasquis au bestail, ni aussi permettre jamais la poincte de l'herbe en estre broutée. Pour éviter lequel mal, le pré sera tenu clos et fermé, comme a esté dict.

A ce que dessus, pour les prairies d'abreuvage, ne sera autre chose ajoustée que l'eau, laquelle augmentera d'autant plus le revenu du pré, que plus fertile et mieux conduicte elle sera : sous toutesfois la propriété du climat, qui sur toutes les parties du mesnage champestre, tient la souveraineté. Selon nostre précédente distinction, en deux diviserons-nous les eaux, c'est assavoir, en froides et chaudes, pour estre utilement employées selon leurs qualités. Plusieurs eaux froides sont aussi sablonneuses, et parconséquent peu nutritives : mais presque toutes les chaudes, sont grasses : dont celles-là, n'apportent au pré que l'humidité ; et celles-ci, et l'humidité et la fertilité tout ensemble. Pour laquelle double utilité, sont les eaux chaudes, préférées aux froides, qu'on emploie seulement au défaut des chaudes. Les eaux froides procèdent communément des montaignes de telle situation, augmentans en froidure, à mesure que les neiges fondent par l'approche de l'esté ; et acquièrent le vice du sable, courant en terroirs sablonneux. Les chaudes découlent de sources et fontaines, desquelles selon leur abondance, se forment des ruisseaux et petites rivières. Or quelles que soient les eaux, froides ou chaudes, ne les doit-on donner au nouveau pré, de sa première année : tant de peur d'en noyer les semences, tendres et déliées, que pour obvier qu'aucun enfoncement et vallon s'y fasse, par l'eau courant dessus la motte non encores affermie.

Les eaux froides, ne seront employées que leur vice ne se soit aucunement corrigé par le temps. C'est assavoir, qu'elles ne se soient quelque peu eschauffées sentans le voisinage des chaleurs, et lors, sans regret les donnera-on au pré. Cela n'avient presques jamais devant la mi-Mai, *et* bien souvent de tout ce mois-là, n'attaignent-elles le poinct qu'on désire, par la tardité de la saison. Qui est cause qu'elles ne peuvent beaucoup servir pour les premiers foins, dits *Maiens*, par estre cueillis au mois de Mai : mais bien pour les suivans, seconds et troisiesmes. Tout pré arrousé de telles eaux froides, requiert beaucoup de graisse ou fumier, sans lequel n'est de grand rapport : attendu, que les eaux par le vice de leur froidure et des sablons qu'elles charrient, l'emmaigrissent plustost, qu'engraissent; ne faisans que l'humecter, quelques eschauffées qu'elles soient par le temps, tous-jours le sable lui estant nuisible. Mais principalement quand elles sont troubles; car lors versans au pré, l'ensablent, quelques-fois jusques à l'en rendre infertile pour jamais. Par quoi soigneusement se prendra-on garde, comme de chose très-dommageable, de laisser entrer au pré aucunes eaux de la qualité susdicte, estans engrossies par les pluies : mais boucher si bien les entrées du pré, qu'elles n'y puissent lors pénétrer aucunement ; ni mesme aucune autre humidité que celle tumbant du ciel, et les laveures des chemins. Ainsi garentirés-vous de ruine vostre pré, lequel arrouserés au besoin, ces eaux estans claires et non jamais troubles.

les chaudes. Des chaudes et douces eaux, n'est de mesme pour la diversité de leur naturel, estans employées au contraire des autres: c'est assavoir, mises au pré lorsqu'elles sont troublées par les pluies, comme en tel poinct estans plus valeureuses, qu'es-

tans claires ; à cause que passans par terres grasses, en attirent leur fertilité, où n'y passans poinct, n'aménent-elles jamais du gravier, quoi-que troubles. D'ailleurs, pour leur naturelle chaleur, presque tous-jours sont-elles propres et bonnes pour les faire courir aux prairies, peu de temps excepté. Après avoir profité le pasquis de vostre pré, ceste eau-ci y sera incontinent mise, pour y glacer par dessus, et par ce moyen, causer grande fertilité au pré, voire semblable aux mieux fumés. D'autant que l'herbe se nourrit très-bien sous ces eaux glacées, faisans amas de fertilité, en faveur du pré : comme se recognoist à la primevère lorsque gaillardement l'herbe s'avance par dessus toute autre, n'ayant ainsi esté gouvernée : et encores mieux au faucher, par l'abondance de foin qu'elle rend (17). De ces bonnes eaux, estans troubles aucune partie ne se perdra (comme j'ai dict) mesnageant par ce moyen, la graisse qu'alors elles charrient. Dont le pré s'en amendera si bien, que sans autre despence, se rendra très-fertil : à tout le moins, le peu de fumier qu'y ajousterés avant l'arrousement, lui servira plus, que l'abondance de celui que de nécessité convient donner aux prés, arrousés d'eau froide et sablonneuse. Continuerés l'arrousement jusqu'au premier ou quinziesme de Février, sans interruption : et lors cesserés, pour n'y estre remise l'eau, avant que la terre ait esté eschauffée par le soleil, afin de pousser l'herbe, ce qui pourra estre vers la fin de Mars, plustost ou plus tard, selon le pays et la saison. Or comme telle attente est nécessaire (n'estant possible que l'herbe s'avance sans chaleur) aussi en est la continuation de l'arrousement,

durant les froidures, en prairie accommodée d'eau chaude et qualifiée comme
dessus. Parce que l'herbe ayant accoustumé l'eau en hyver, ne peut souffrir
d'estre à sec, tant que règne le froid, ains
se dessèche : comme au contraire, faict
très-bonne fin par la vertu de l'eau, voire
glacée et employée, ainsi qu'a esté dict.

Le fonds du pré estant eschauffé par la
bonasse du temps, sera arrousé de fois
à autre, et tant plus souvent, que moins
fréquentes seront les pluies de la saison,
et plus icelle tendra à chaleur et sécheresse. Cela sera de huict en huict jours,
ou de dix en dix, plus fréquemment ou
rarement, comme verrés le besoin : ne
souffrant le pré avoir soif, non plus que
d'estre noyé par trop d'eau : ains la donnant avec raison, à ce que par juste proportion de chaleur et d'humidité, le pré
produise abondamment. Le pré qui est du
tout plat, s'arrouse plus facilement et
avec moins de soin, que le pendant et relevé : parce qu'il ne faut qu'y mettre l'eau
par l'un des bouts pour la faire escarter
par tout le pré, par laquelle aisance,
l'eau suit également le lieu s'y glissant
tout doucement : et y estant retenue par
petits relèvemens de terre, de la hauteur d'un pied et demi, plus ou moins,
comme chaussées, qu'on dresse à l'entour du pré. Et cela mesme sert à retenir
la graisse des fumiers et les eaux chaudes,
lesquelles s'espandent avec égalité par
tout le pré ; dont il se rend très-bien fumé et arrousé. Commodité qui n'est en
ceux dont l'assiete est pendante ; pour lesquels arrouser, s'assujettissant à la situation du lieu, sont faicts des petits canaux
d'un pied de largeur et de demi de profondeur, traversant le pré ; et tant à ni-

veau, que sans pente ou à tout le moins
très-petite, l'eau mise en iceux, verse
esgalement par toute leur longueur ; dont
à plaisir elle s'espardra pour abreuver
tous les endroits du pré, encores qu'il
ait grande pente. A la charge toutes-
fois, qu'au pré soient faicts plusieurs de
tels petits canaux ou fossés traversant le
lieu, equidistans de quinze à vingt pas :
afin que l'eau tumbant des uns aux autres
soit distribuée proportionnablement par
tout le pré ; l'artifice suppléant ainsi au
défaut de nature. Et d'autant que par le
limon que l'eau charrie, facilement les
petits fossés sont comblés et rendus inutiles en peu de temps, pour leur petite
largeur et profondeur, est nécessaire de
les curer souvent, à ce que rien ne destourne le cours de l'eau en saison.

Un homme aura soin de ces choses :
ouvrant et fermant alternativement les
canaux, et de jour à autre, tout-d'une-
main visitant les endroits du pré, afin
qu'aucune partie ne reste inutile : ains
que toutes ensemble satisfacent à l'espérance que chacun a de la prairie. Car de
l'abandonner à la négligence (comme font
aucuns mal-avisés, sous ombre de son facile gouvernement) n'est le faict d'un bon
mesnager, lequel, par dessus toutes les
parties de son domaine, avec raison, prise le pré. Aussi (avec plus de soin et de
curiosité, que de peine et labeur) tient-il
tous-jours son pré nettement, sans souffrir s'y accroistre aucunes espines, ronces,
ne buissons, ni séjourner des pierres,
fruicts venans de la paresse. Mesme
tasche-il d'en bannir les taupes, pour le
grand mal qu'elles y font. A quoi il parviendra par ce moyen.

Ce meschant bestail hait l'eau : donques

nous nous prendrons garde quand il aura freschement travaillé, et ce par la terre nouvellement remuée ; alors faudra promptement donner l'eau au pré, laquelle eau contraindra la taupe, pour s'en garentir, sortir de terre en évidence, où facilement la prendrés toute vive. Aussi sur le soleil levant, qui est l'heure que plus travaille la taupe, convient estre en sentinelle pour l'attraper avec la pioche, en creusant la terre en l'endroit auquel à vostre veue la taupe remue la terre la soulevant en haut. Aucuns par ce curieux remède attrapent beaucoup de taupes : un vaze de terre de potier verni ou vitré en dedans, ayant long col et gros ventre est enfoui au pré jusqu'à la gueule : dans icelui l'on enferme la nuict une taupe vive, laquelle par son cri, quoi-que petit et doux, se sentant emprisonnée, appelle les autres, qui y accourent à la file et à la foule, et inconsidérément se jettent dans le vaze, pour la facilité de son entrée, la treuvant rès de terre : d'où ne ressortent, par n'en pouvoir gravir l'intérieur ; à cause du vernis qui le rend glissant, là par ce moyen s'enfermans d'elles-mesmes (18).

Des vieilles prairies.

Ainsi que les nouvelles, seront gouvernées les vieilles prairies : excepté, que plus de fumier requièrent-elles, que plus on les void tendre à leur fin, se deschéans par le temps, comme on le cognoist à leur peu de rapport, et à autres choses, mesme par la mousse et autres herbes rampantes sur la motte ; signe certain d'extrême vieillesse. Plus que nul autre fumier à faire perdre la mousse des prés, servent les cendres de lexive, desquelles, à telle cause, en bonne quantité on donnera aux prés qui en sont importunés, en hyver et au temps des autres fumiers. Mais voyant ce remède ne profiter, et d'ailleurs, vostre pré ne rapporter à suffisance, ne soyés si mal-avisé de le souffrir avec si petit revenu : ains lui changeant d'usage, le convertirés en terre labourable ; en quoi profitera plus en un an, produisant de beaux blés et pailles, que de six, en foin. Dont estant le fonds renouvellé, au bout de quelques années, si ainsi le désirés, sera remis en prairie, par l'ordre ja monstré.

De faucher.

Le temps de faucher les foins estant venu, ne tardera le bon mesnager, de les faire coupper, y allant avec toute diligence, pour tant plustost estre serrés dans les greniers, que plus on a à craindre les pluies, et l'arrivée des moissons : lesquelles tallonnans les fenaisons, ces deux récoltes assemblées, donnent trop de fatigue au mesnager. Donques, pour ces craintes, et pour le naturel de la chose, vaut mieux haster, que retarder le faucher : car prenant le foin un peu verdelet, il n'en sera que plus abondant, plus apétissant et savoureux, pour le bestail : et méilleur pour faire avoir de laict aux vaches, que le trop meur. Et en outre, le pré en demeure plus prompt à produire le regain et seconde herbe, que si on avoit longuement tardé d'en coupper la première. Ne faisant rien de dire, que pour peupler d'herbe le pré, auquel elle n'est assés espesse, il faille laisser grainer de maturité le foin, et cheoir la graine sur le fonds. Veu que sans cela, plus prompt et meilleur remède y a-il de pourvoir à tels défauts ; c'est assavoir, en jettant sur le pré, de la semence de foin, quand-et le fumier. Si le temps tend à sécheresse, ne faudrés un jour devant que mettre la faux en œuvre, faire arrouser le pré : car ainsi humectée l'herbe, elle sera fauchée et ramassée beaucoup mieux, que séche. La pluie surprenant les faucheurs, comme cela avient souventes-fois, se faudra abstenir de remuer le foin abbattu, qu'au préallable la partie d'icelui regardant le ciel, ne soit séche, par le retour du beau temps, car, par ce moyen, l'eau de la pluie ne lui nuira beaucoup. Ne différés le foin estant sec, de le faire accumuler en plusieurs monceaux, chacun d'une charretée, lesquels par-après, à loisir, la crainte des pluies passée (ausquelles, ainsi emmoncelé facilement il résistera) ferés charrier au grenier-à-foin. Duquel loisir n'abuserés toutes-fois, ains employant le temps, ne laisserés longuement séjourner le foin prest sur le pré, pour l'intérest de sa descheute ; et de peur d'offencer le fonds, le destournant de produire nouvelle herbe. Le foin sera bottelé en faisseaux, à l'usage du pays, enlevé et transporté en son lieu dans les greniers-à-foin sous les couvertures ; ou en fenils, exposé à l'aer, défaillant la commodité du logis.

En fenils se conserve très-bien le foin, voire plus d'une année, si les fenils sont bien façonnés, ne s'y en gastant que fort peu, car seulement quatre doigts ou demi-pied du dessus, s'en pourrit par les pluies, le reste demeurant sain et entier. D'autant que le foin se presse tant de lui-mesme, que l'eau ne peut nullement pénétrer dedans. Communément on dispose les fenils de figure ronde, finissant en pyramide : afin que par la pente du dessus, l'eau glisse en dehors : et pour les affermir contre les vents, on plante profondément dans terre une haute et puissante perche, à l'entour de laquelle on

bastit également le fenil, lequel ladicte perche sursault d'un pied ou environ : par où l'on attache plusieurs cordes soustenans des pierres pesantes, pressans tous-jours le foin contre la perche, comme a esté dict des pailliers (19).

Fauché que soit le pré et despouillé de son premier foin, sera tout-aussi-tost arrousé, pour le préparer au regain et foins suivans : gardant qu'aucun bestail n'y paisse, avant que les derniers foins en soient levés. Voire convient attendre un mois après, afin de donner loisir au pré de se revestir, pour pouvoir fournir des pasturages durant l'hyver au bestail qui s'y nourrit d'ordinaire.

C'est le gouvernement des prés communs, par le moyen duquel le père-de-famille tire grand revenu de sa prairie. Car il la fauchera deux fois, voire trois, s'il se régle exactement par les observations susdictes. Et finalement sur l'entrée de l'automne reproduira-elle du pasquis en telle abondance, qu'elle suffira pour bien entretenir son bestail durant grande partie de l'hyver, selon la propriété du climat. Estant un poinct notable en cest endroit, que de ne faire trop longuement depaistre les prés, tant pour l'intérest de ne les pouvoir fumer à temps, qu'arrouser en hyver. Aussi que l'herbe estant mangée trop rès de terre, par-après ne rejecte si tost, ne si vigonreusement, que si l'on y va avec discrétion (20).

T t t

CHAPITRE IV.

Du Sain-Foin (21).

Autre sorte de pré, plus exquise et de plus grand rapport, que les précédentes, est faicte de l'herbe appellée en France, *sain-foin*, en Italie, *herba medica*, en Provence et Languedoc, *luzerne*. De l'excessive louange qu'on a donnée à ceste plante, à cause de sa vertu médécinale et engraissante le bestail qui s'en paist, vient ce mot de, *sain*, pour lesquelles propriétés les Antiques l'ont plus prisée qu'autre pasture. *Pline* tient ce nom de, *medica*, lui estre venu du royaume de Mède, quand de là fut portée en Gréce, par Alexandre le Grand, lors qu'il y deffit le roi Darius. Peu cogneue est-elle aujour-d'hui en Italie et en Piedmont : mais très-bien en Espagne et en France, principalement ès provinces de Languedoc, Provence, Dauphiné et voisinage, comme en la principauté d'Orange, comté de Venaissin, où avec soin et profit elle est entretenue (22). *Grande abondance de foin rend ceste herbe,* Cinq ou six fois l'année fauche-on la luzerne, voire jusques à huict ou neuf, estant en lieu agréable et bien gouvernée, rendant par ce moyen du foin excellent en très-grande quantité : si que le contenu d'une journée de faucheur, donne plus de foin, que trois ou quatre d'autre pré (23). *Et tres-bon.* Tant grassement nourrit le bestail, que n'estant corrigée avec d'autre foin ou de la paille qu'on y mesle parmi, le bestail qui en mangeroit d'ordinaire, par trop abondante nourriture, en seroit suffoqué : et

spécialement la bouvine, qui en devient fourbeue, mangeant ceste herbe estant verte, dont soudainement elle se meurt : pour laquelle cause, n'en faut jamais donner à ce bestail que de sèche, encores modérément. Au contraire, les chevaux s'en purgent et engraissent dans huict ou dix jours, leur en faisant manger leur saoul, au printemps, de la première herbe : en tout autre temps leur servant de foin et d'avoine (24). En ceci differe ceste herbe d'avec les autres des prés communs, qu'elle ne veut estre nullement mangée sur la terre, ne foulée aux pieds par les bestes : leurs dents, souffle, et trépis, contrarians à son naturel ; ains son propre, pour en recueillir le foin, est, d'estre fauchée rès de terre, avec des faux bien trancheantes. Le bon mesnager, bien qu'il ait d'autres prairies à suffisance, fera très-bien de se pourvoir de quelques journaux de ceste exquise pasture, pour en distribuer en hyver à ses bestes malades, lasses, maigres, recreues, pleines, à laict ; pour aider à remettre et fortifier les portières, et servir à l'augmentation du laict des allaictantes (25). Aussi à ses poulains, veaux, aigneaux, chevreaux, par fois leur en donnant comme pour les regaillardir.

Pour à quoi parvenir, nostre père-de-famille choisira quelque endroit de sa meilleure terre, plus sablonneuse qu'argilleuse, plus légère que pesante, plus platte que pendante ; toutes-fois vuidant les eaux, à ce qu'elles n'y croupissent : lequel il fera profitablement labourer durant seize mois, comme a esté dict de la prairie commune, pour rendre la terre en poudre et propre à recevoir ceste utile semence. La terre sera aussi curieusement espierrée et deschargée de toutes racines, herbes, et arbustes, et si possible est, de tous arbres, d'autant que le voisinage de telles choses, et les ombrages, nuisent beaucoup au sain - foin qui demande toute la substance du fonds et de l'aer, pour avoir libres leurs racines et herbes. Sous les arbres la luzerne vient assés bien, mais non si bonne qu'ès endroits soleillés : par quoi, en beau solage et plain, convient loger telle herbe et pour la qualité et pour la quantité.

En semant. Si la terre est du tout bonne, ayant au-paravant servi ou en jardinage, ou pour autre cause avoir esté de longue main fumée, ne vous mettés en peine de l'amender de nouveau : ains telle sans autres engraissemens, employés-la en cest endroit, comme la plus désirable. Attendu que le fumier nouveau brusle la semence de la luzerne, jettée sur icelui avant qu'estre dompté par le temps. Estant à désirer le rencontre de terre ainsi qualifiée, à ce que sans hazard la semence puisse bien fructifier. Mais s'il avient que la terre ne soit suffisamment bonne pour ce mesnage, à l'entrée de l'hyver l'engraisserés avec des bons fumiers vieux et pourris dès long temps : ou pour le mieux, avec quelques menus et fertils terriers reposés, qu'y ferés charrier en grande quantité (26); lesquels, avec les fréquents labourages et les frescheurs et pluies de la saison, s'incorporeront si bien au fonds, qu'il s'en rendra capable de recevoir ceste semence.

Temps de la semer. La crainte des froidures restantes de l'hyver, passée, ce qui pourra estre vers la mi-Mars, l'on semera la graine du sain - foin en la manière des prairies communes, en aplanissant curieusement la superficie du lieu, pour la commodité des faucheurs. Les Anciens tiennent la semence de ceste herbe haïr le fer, et qu'à telle cause, ne la doit-on hercer ou rasteler en la semant, avec instrumens dentelés de fer, ains de bois. Mais l'expérience de tous les jours, monstre la vanité de telle observation, si que de quelque matière que soit dentelée la herce, tous-jours sera-elle bonne à ce service (27).

Quantité. La quantité de la semence qu'on donne à la terre, est la sixiesme partie du blé qui y entre : c'est à dire, que si le lieu que dressés en luzernière, s'ensemence de froment, avec six boisseaux, un boisseau de graine de luzerne y suffira; pour la petitesse de la graine, estant menue comme millet, et de telle sorte ensemencée, est convenablement employée : assavoir, fort espessement, selon le naturel de ceste graine, qui désirant seule s'accroistre, est nécessaire occuper tout le fonds, afin de n'y donner place aux malignes plantes.

Vice de la luzerne, et le remède. La luzerne, en son commencement, est sujete au hasle du soleil. Pour laquelle cause, la sème-on avec de l'avoine, de l'orge, et de la vesce, par esgales portions, la luzerne ne faisant que le quart du total, et ainsi meslingées ces semences-ci, s'accroissans ensemblement, par l'ombrage du blé, la luzerne se sauve des chaleurs : et le blé parvenu à maturité, est moissonné, laissant l'herbe de la luzerne maistresse du fonds, l'occupant tout. Cela néantmoins ne rencontre pas tousjours : car quelques-fois avient, que sur la maturité des blés, d'iceux est estouffée la luzerne. Mal estant plus à craindre de l'orge, que ni de l'avoine, ni de la vesce, et moins de cestui-ci, que des autres deux blés, par la sympathie du naturel de la vesce et de la luzerne (28). Dont sans espérer aucun avantage du grain desdicts blés, sont couppés encores en herbe et non meurs, au soulagement de la luzerne, qui se sentant desvelopée de voisinage, s'accroist manifestement. Et beaucoup mieux, si sans considération du hasle, seule l'on la sème : bien-que non sans quelque hazard, nullement à craindre ès climats septentrionaux (29), ains seulement aux méridionaux, où et pour eux, tel meslinge a esté inventé, et pratiqué par plusieurs, principalement à cause de l'abondance des grains procédans des blés semés parmi la luzerne, à nulle autre semblable : icelle procédant, ou par certaine secrète vertu de ladicte plante, agréable aux blés, ou pour la bonté du fonds, accommodé avec art et libéralité.

Sarcler la luzernière. Curieusement conviendra es-herber ou sarcler la luzernière, en arrachant toutes les malignes herbes et plantes qui s'y seront fourrées quand et les bonnes : et ce à toutes heures qu'elles paroistront. De peur que par le temps devenues grosses, l'on n'en puisse par-après desengeancer le lieu : au détriment du sain-foin, qui se perd ou s'abastardit, par le voisinage d'autre herbage.

Comment employer le fumier et l'eau. Et comme le fumier brusle la graine de la luzerne lors qu'on la sème, ainsi qu'a esté dict ; aussi l'eau en pourrit les racines, quand inconsidérément on la lui donne. D'où avient, que de peur de faillir, plusieurs tiennent ceste herbe ne vouloir estre aucunement arrousée. Toutesfois, il est notoire qu'en grande sécheresse l'eau la regaillardit avec avantage. Par quoi, lors en ayant la commodité, on l'abbruvera doucement, sans souffrir

que l'eau y croupisse jamais. De telle facilité, autant de peine est espargnée, et de liberté donnée de dresser la luzernière presques en tous lieux (30). Mais pour y conserver l'humeur nécessaire à l'accroissement du sain-foin, donnerés ordre, par prévoyance, de poser la luzernière en bon fonds, et qui de soi-mesme ne soit par trop sec. La fumerés très-bien chacun an, ou de deux l'un, au commencement de l'hyver ; et ce avec du fumier bien pourri et menu : lequel se dissolvant par les froidures et pluies de la saison, sa vertu pénétrera jusqu'aux racines de l'herbe, dont elle s'humectera comme désirés.

Le sain-foin croist la mesure des bestes. Ne permettrés jamais qu'aucun bestail à quatre pieds y entre, s'il est possible : d'autant que le sain-foin, hait la morsure et le trépignement des bestes, ce qui sera pour avis au père-de-famille, afin d'en faire curieusement clorre le lieu. Et combien qu'à telle occasion la luzernière soit inférieure au pré commun, qui utilement fournit durant l'hyver du pasquis pour le bestail, si est-ce pourtant qu'elle ne lui cède poinct en revenu, pour la grande abondance de foin exquis, qu'en plusieurs et diverses fauchésons elle donne.

Bon rapport. Tant de fois ne fauche-on ceste herbeci en sa première année, qu'ès subséquentes ; pour ce qu'en si peu de temps, elle n'est parvenue en son parfaict accroissement. La seconde année elle commence d'abonder, et produit du foin en telle quantité et par plusieurs fois l'année, que c'est une des merveilles de nostre mesnage : et lui dure ceste fertilité, jusqu'à la douziesme ou quinziesme année, qu'ayant faict tous ses efforts, commence à descheoir par sa vieillesse. Choisirés un

beau jour pour faucher le sain-foin, à ce
que tost il se sèche : où y a de la difficulté, par estre de lui-mesme fort espès
et entrelié, comme toison de laine, destournant aucunement le soleil de pénétrer toute l'herbe. En le remuant souvent, on hastera la sécheresse du foin,
tant pour en prévenir l'eschauffaison, à
quoi il est fort sujet, que l'intérest du
fonds, sur lequel séjournant plus d'un
ou deux jours ce foin couppé, le retarde

de rejecter. Ainsi en continuerés la couppe
durant l'esté, la réitérant à toutes les fois
que verrés ceste herbe en fleur : car c'est
lors le vrai poinct de la faucher, sans en
attendre autre maturité, ni observer autre
signe, ne lune, seulement regarderés au
beau temps. Et avenant que la pluie sur-
prenne le foin fauché : pour le faire sécher, ne le laissés sur le lieu, ains faietes-
le transporter en autre part, pour y estre
séché ; afin qu'il ne puisse nuire au pré,
comme il seroit à craindre y séjournant
par trop, ainsi qu'a esté dict. Estant bien
sec, ne tarderés à le faire charrier au grenier, à couvert : pour là estre gardé pour
la provision. En fenils exposés à l'aer,
ne se peut conserver ce foin-ci, comme
le commun ; à cause de sa délicatesse,
ne pouvant souffrir le mauvais temps.

Quelques-fois la saison estant trop
sèche, à la seconde herbe de ceste plante,
s'y engendrent des petites chenilles noires,
appellées babotes, qui la périssent, la
faisant dessécher. L'unique remède à ce
mal, est de faucher l'herbe, incontinent
qu'on s'appercevra la cime d'icelle se
blanchir, ce qui est à l'arrivée de ces bestioles, sans en attendre la fleur. Car par
telle couppe avec l'herbe, les babotes se
meurent du tout, dont le ject ne craignant

plus telles nuisances, en revient abondant et beau (31).

Si voulés tirer de la graine du sainfoin, le pourrés faire par chacun an, commençant au second de son ensemencement ; pour lui donner loisir de se fortifier.
Et ce à la troisiesme herbe ; à la charge
toutes-fois, que la faucherés une fois
moins, tenant la graine lieu de foin (32) :
d'autant qu'il faudra laisser endurcir
l'herbe et meurir, pour la faire grainer.
Elle jecte des petites gousses, dans lesquelles la semence est enfermée : qu'on
couppe le matin à la rosée, non sur le
chaud du jour, doucement avec des faucilles bien trancheantes. Ces gousses sont
mises dans des linceuls, à ce que la graine
ne se perde pour sa subtilité et petitesse,
dont elle est glissante, mesme tant plus
qu'elle est meure. Puis portée sécher au
soleil, là battue avec des fléaux, est finalement séparée d'avec la bale par l'aide
du vent, et puis mise à part, jusques à
l'emploi. Le reste de l'herbe est recouppé
rès de terre, avec la faux ; afin de réunir le plan du pré, dont il se remet en
estat de rejecter comme devant.

Par cest ordre vostre luzernière durera
douze ou quinze ans, non guières plus
(bien-que *Pline* lui en donne trente)
d'autant que les racines du sain-foin, par
traict de temps se font très-grosses et
longues, dont peu à peu il s'abastardit.
Pour laquelle cause au bout de ce temps-là
conviendra renouveller la luzernière, et
desrompre universellement le fonds en
renversant sa terre sens-dessus-dessous,
à la mode du planter de la vigne ; sur laquelle terre ainsi préparée resemerés de-
rechef de la graine de luzerne comme la
première fois. Le meilleur sera, néant-

moins, de choisir un autre endroit de terre pour y faire une nouvelle luzernière : en laquelle ce foin se treuvera mieux qu'au lieu susdict, la terre se délectant de la mutation (33).

Si ne voulés prendre la peine de rompre la vieille luzernière, la convertirés en pré commun : et ce tant seulement par réitéré et fréquent arrouser. Car les racines pourries par abondance d'eau, produiront une luzerne bastarde, que la pluspart tient estre le vrai treffle ou triollet des prés (34) : dont, à telle occasion, le sain-foin est par aucuns appellé, grand-treffle, par autres, foin-de-Bourgongne, mais ils se déçoivent, ce foin-ci ayant le tige gros et produisant grosse graine, là où l'un et l'autre de la luzerne, sont menus et déliés : dont il appert ce estre deux plantes différentes. Donques ce pré de luzerne estant treuvé bon, est mis au rang des meilleurs ; pour la quantité et qualité de son herbe : et partant, puis qu'il nous est d'un mesme usage que les prés communs, de mesme qu'eux le faut manier, au fumer, faucher, et faire paistre au bestail.

CHAPITRE V.

De l'Esparcet (35).

LE pays où l'esparcet est aujour-d'hui le plus en usage, est le Dauphiné, vers les quartiers de Die (36). C'est une herbe fort valeureuse, non de beaucoup inférieure à la luzerne (37). Elle rend abondance de foin exquis, bien-que gros, apétissant et substantiel, propre pour nourrir et engraisser toutes sortes de bestes à quatre pieds, jeunes et vieilles, mesme pour aigneaux et veaux, faisant abonder en laict leurs mères. Du grain produit aussi l'esparcet, chacune année, servant d'avoine au bestail, pour engraisser la poulaille, et pour la faire fertilement over ou pondre. Vient gaiement en terre maigre : et y laisse certaine vertu engraissante à l'utilité des blés qui en suite y sont semés, dont elle est tant plus recerchée (38). Ne désire l'arrousement. Craint la morsure des bestes, sa délicatesse les y attirant de telle sorte, qu'en ayans une fois gousté, de deux lieues la vont paistre, à sa ruine, si le lieu n'en est bien fermé (39). Le foin de ceste herbe demeure assés court, ne montant guières plus que de deux pieds : mais il est tant plus espès. Trois fois l'année il est fauché, pourveu que le lieu lui agrée et l'herbe n'en soit rongée par le bestail. La première est à la fin du mois de Mai ; la seconde, vers celle de Juillet ; la dernière, à la mi-Septembre (40). Le foin de la première et dernière fauchéson, n'est si gros que celui de la seconde, à cause qu'en ceste-ci, la plante faict graine, et par conséquent s'engrossit et presques endurcit: laquelle fauchée, aussi tost est portée à l'aire, et là battue par le fléau à la manière des blés, puis la graine s'en retire comme avoine, et le foin est serré avec le premier, attendant le dernier, pour les trois meslés ensemble, servir au bestail d'utile provision durant l'année.

Nostre père-de-famille bien avisé, employera ce mesnage, considérant la notoire commodité qui lui en revient : laquelle regardant au foin, à l'avoine, et à la graisse du champ, treuvera que la chose vaut bien l'envoyer quérir, de la semence de ceste exquise pasture, en Dauphiné, bien-que esloigné jusques au bout de la France : sans craindre l'introduction de nouvelleté, puis que ceste-ci tout notoirement favorise le labourage, à quoi principalement a-il à regarder : s'asseurant aussi, qu'en quelque part qu'il soit arresté en ce royaume, ceste herbe profitera pour sa facilité à croistre : mieux toutes-fois en aer tempéré, qu'en trop chaud, et terre légère que pesante. Et pour achever l'addresse; lui donnerés avis, la semence de l'esparcet se vendre à Die et environs, communément à double prix que l'avoine.

On loge.

Pour loger l'esparcet, seront destinés quelques arpens de terre choisie comme dessus, non pierreuse, à cause du faucher : puis en sera le lieu profitablement clos, pour les raisons dictes. Et après l'avoir très-bien et à propos labouré durant l'hyver; approchant le printemps, à la fin de Février ou au commencement de Mars, sera ensemencé : mais fort espessement; estant nécessaire d'y jetter quatre fois plus de ceste graine, que si c'estoit

du froment : pour en naissant, couvrir tout le fonds de son herbe, sans y rester place pour aucune maligne qui s'y viendroit fourrer à son détriment (41). Le parterre sera curieusement bien uni, avec la herce, comme prairie, à ce que sans empeschement, la faux jone librement (42).

Sa culture.

La première année ceste herbe ne faict pas grand ject, l'employant presques toute à se reprendre et fortifier : c'est aux trois suivantes, qu'elle récompence telle tardité, produisant abondance de bon foin.

Ses rapports.

Voilà aussi tout le temps qu'elle demeure en terre, à tout le moins pour y servir; passé lequel, s'anéantit d'elle-mesme.

Sa durée.

Pour laquelle cause, l'esparcetière est lors convertie en labourage, et moyennant que le fonds en soit profondément labouré, produit durant trois ou quatre ans de suite, de fort beaux blés, hyvernaux et printaniers, tels que lui voudrés commettre. Et à ce que soyés tous-jours accommodé de telle bonne pasture, et de beaux blés avec : ferés de ce mesnage comme de celui des estangs, c'est assavoir, aurés tous-jours des esparcetières nouvelles et des vieilles; pour en faire servir aucunes en foin, et les autres en blé : ainsi de l'un et de l'autre ne pourrés avoir faute, moyennant la faveur d'en haut.

CHAPITRE VI.

Des Vesces et Farrages.

DE plusieurs autres sortes d'herbages, s'accommode-on pour suppléer au défaut des pastis et prairies, que la nécessité a faict inventer, selon les terroirs esquels l'on est posé, et le bestail qu'on a à nourrir. La vesce fournit de bonne pasture, si estant semée en terre fertile, elle est fauchée en herbe, et sans en espérer le grain. Mais en plus grande abondance donne-elle de la mangeaille au bestail, si on la mesle par esgale portion, avec de l'avoine ; pour ensemble semer ces deux grains, et en faucher l'herbe vers le commencement de Mai. Toutes sortes de bestes, aiment ceste viande (43) : mais par sus toutes, la bouvine s'en paist très-bien. Les beufs du labourage en sont tousjours forts et robustes. Les vaches en abondent en laict : et s'en engraisse toute l'omaille, jeune et vieille, qui en est nourrie.

Quand se-mer la vesce. Deux saisons, pour ensemblement semer la vesce et l'avoine, y a-il, l'automne et le printemps, toutes-fois, les primeraines (44) de ces semences-ci, sont tousjours les plus fructueuses ; comme aussi abondent plus en herbage, les grasses, que les maigres terres. Si estes en pays où l'avoine résiste à l'hyver (car quant à la vesce n'en faut faire doubte, sous quel aer que ce soit), ne délayés ce mesnage plus avant, que de la fin d'Octobre ; mais vostre climat estant par trop froid, *En quelle terre.* attendrés la fin de l'hyver. Quant à la terre, il est bien fascheux d'employer là

le meilleur fonds, veu que le moyen satisfaict raisonnablement à ces choses : parquoi, ce sera en terre de moyenne fertilité, que logerés ces semences-ci : si sans grand intérest de vostre labourage, pour l'abondance de bonnes terres qu'aurés, vous est permis de vous servir en cest endroit, de partie de vostre plus fécond terroir. Seroit à souhaitter que le lieu fust sans aucunes pierres, pour la commodité des faucheurs. Défaillant telle aisance, ne laisserés de vous servir du lieu qu'aurés, tel qu'il se rencontrera ; car la faucille en fera la raison. Et bien-que cest herbage couste plus à moissonner, qu'à faucher, pour cela ne faut laisser de s'en pourveoir : estant beaucoup plus cher, ou de nourrir mal le bestail, ou d'en aller cercher loin le fourrage, avec despence et fascheux soucì. De l'arrouser, ne vous *Quand l'arouser.* mettés en peine : toutes-fois, ayant l'eau à commandement, donnés-leur-en en la sécheresse, car cela fera plus abonder l'herbage, que si le laissiés avoir soif.

Grande commodité causent ces herbages-ci, aux pays diseteux de foins et pastis : quinze ou seize arpens de terre pro- *Son rapport* duisans la nourriture, pour toute l'année, de dix ou douze bestes bouvines, dont elles s'entretiennent vigoureusement ; comme aussi, telle viande, est agréable aux chevalines. Et ce qui augmente le mesnage, est que la vesce en- *Sa ver.* graisse, plustost qu'emmaigrit, le terroir, après laquelle et l'avoine ensemble meslés, peut-on utilement semer du froment, du seigle, et autres blés hyvernaux ; pourveu que le fonds en ait esté bien et diligemment labouré. Par ainsi, selon la disposition de vostre labourage, serés de ceste pasture, par-ci, par-là, és

lieux

lieux où mieux se rencontrera, la quantité requise pour vostre nourriture. Au recueillir de ceste pasture, faut soigneusement observer ceci, commun à tous autres foins, que de la serrer estant sèche, pour le danger de tout perdre, estant humide, portée au grenier.

Le farrage est une composition de plusieurs sortes de grains francs et sauvages, qu'on tire des cribleures des blés, fromens, seigles, et orges : comme yvroie, vesce, avoine, orobe ou ers, et semblables, jectées confusément dans terre, bien labourée et fumée, dès le commencement de Septembre (45). Devant l'arrivée de l'hyver ce meslinge se treuve en motte, pour résister aux froidures, durant lesquelles le bestail y paist à plaisir, mesme les brebis portières, pleines et allaictantes avec leurs aigneaux, pour lesquelles principalement ce farrage est inventé. On pose la farragière à l'abri : à ce que couverte de la bize, le bestail y puisse commodément séjourner et paistre durant l'hyver.

C'est aussi tout son revenu, que ce que le bestail en peut tirer avec les dents, sur le lieu mesme : d'autant que ceste mangeaille ne se fauche pas comme les précédentes, qui estans destinées pour foin, ne veulent estre nullement rongées en terre. Elle ne donne pourtant petite commodité, ains très-grande, quand non-seulement y paist le bestail tout l'hiver, mais bien avant dans le printemps, et jusques à ce que la terre, par la bonnasse de la saison, naturellement se revest de nouveaux herbages, pour toutes sortes de bestail.

Avec le seul orge chevalin ou d'hyver, faict-on aussi de bon farrage. On sème

cest orge, quand, et en semblable terre, que l'autre farrage : et de mesme, le bestail le paist en campagne durant l'hyver. Si de ce l'on se veut abstenir, gardé jusques au printemps, cest orge est fauché ou moissonné en herbe : mais petit à petit, pour de jour à autre le faire manger aux chevaux, dont profitablement ils se purgent, de là prenans le commencement de leur graisse (46). Tout autre bestail, gros et menu, s'en porte aussi très-bien, si on le paist modérément de ceste herbe : car de leur en donner à discrétion, seroient en danger de s'en treuver mal, par trop de replection, tant abondante est-elle en substance. Couppé à la fois, cest orge, en herbe, séché et serré au grenier, comme l'autre foin, est aussi bonne viande pour tout bestail en hyver. Et avenant que la couppe en soit tost faicte, comme sur la fin d'Avril ou commencement de Mai, le reject de ces racines conservé, reproduira gaillardement nouvelle herbe et du grain avec, le temps n'estant extraordinairement chaud (47).

CHAPITRE VII.

La Bouvine (48).

VOILA l'appareil du vivre de nostre bestail, et en voici l'emploi. Comme des bonnes semences et plantes, procèdent les bons blés et fruicts, ainsi de l'élection de la race du bestail, dépend le gain de sa nourriture. A tous autres animaux le beuf estoit anciennement préféré. Et particulièrement par les premiers Romains, tant prisé pour cest heureux succès, que d'avoir le beuf et la vache, tirans la charrue, marqué les fondemens de leur ville, qu'ils lui donnèrent la vie : estant le tuer du beuf, en leur premier siècle, mis en rang entre les crimes capitaux, hors-mis en leurs sacrifices. Ainsi qu'encores s'observe au royaume de Cochin, par le tesmoignage de *Iérosme Oscrius*, en son *Histoire de Portugal*. Par honneur leur pays a tiré son nom du taureau, en grec appellé, *Italos* (49). A sa louange aussi le taureau a esté posé entre les signes célestes. Et par traict de temps, les Romains en ont enrichi leurs bastimens : comme il paroist encores en plusieurs reliques de l'antiquité, des testes de beuf insculpées par ornement, représentans le labeur de cest animal causer ces superbes édifices. De l'utilité de son service, a esté amplement discouru : et du profit de sa nourriture, chacun en juge ; estant commun l'usage de leurs chairs, laictages, et peaux, avec très-grandes commodités.

A la recerche de la race de cest animal, pour en avoir de la meilleure, sont nécessaires les addresses suivantes. Que le taureau ait le regard furieux et terrible, néantmoins plus doux que facile à esmouvoir, pourveu qu'il ne soit lasche : qu'il soit de moyenne hauteur, long de corsage : de couleur rouge-obscur, ou noire : ayant le poil fin, mol et délié : large poictrine : assés grand ventre : les reins et costés ouverts : le dos ferme et droict : courte teste : larges et velues aureilles : large front et crespu : gros yeux, noirs et chairs : les cornes eslevées, noires et polies : grand muffle, camard et noir : larges narines : gros col : grand et pendant fannon : fesse ronde : ferme genoil : grosse et ronde jambe : la corne du pied petite, noire et dure : la queue longue et bien fournie de poil. Les vaches aussi seront de mesme choisies, avec distinction d'un sexe à l'autre : ayans en outre la teste plus petite que le taureau, fort ample ventre, et grandes tetines comme membre où consiste tout leur revenu. Ces signes ne sont receus tant généralement, qu'il n'y ait quelque exception : se diversifiant ce bestail-ci, et en corpulance, et en force, et en pellage, par le climat et nourriture (comme manifestement, telles différences se recognoissent à la bouvine de montaigne, à celle de vallon) dont à la preuve de sa valeur comme à la plus certaine cognoissance, conviendra s'arrester (50) : retenant toutesfois ces addresses, pour les employer selon les occurences. Sur quoi on notera, que les beufs emmentelés de noir craignent plus les mouches, qu'estans d'autre couleur (51).

Les Anciens ont tenu le taureau n'estre propre à engendrer avant le quatriesme an de son aage, et y durer bon huict ans continués : mais les Modernes commendent de l'employer à saillir les vaches, dès devant sa seconde année accomplie, jusques à la fin de la troisiesme, à cela ne s'en servant qu'un an, ou dix-huict mois ; pour après le chastrer, afin de le mettre au labourage. Tant pour estre la chose bonne d'elle-mesme, selon les communes expériences, que principalement pour prévenir l'importunité de cest animal, non chastré ; qui furieux, se rend incompatible avec tout autre bestail, mesme de sa sorte : mal faisant, par frapper et heurter inconsidérément ; très-difficile, et presques impropre au labourage, ne s'y pouvant assujettir : nous-nous tiendrons à cest avis. Quant à la vache, par commun consentement, on la faict couvrir à deux ans ; toutes-foisles meilleures de ses portées, sont depuis le quatriesme jusques au huictiesme, y estant bonne aagée de dix à douze ans : comme du taureau, le plus requis de son service, seroit l'entre-deux de ces termes, à cause que lors il est en la perfection de sa valeur : où l'on s'arresteroit sans les raisons dictes. Trente ou quarante vaches, est la droicte charge d'un bon taureau, qu'à son aise il couvrira estant bien gouverné. A ce nombre toutes-fois, plusieurs ne s'arrestent, l'amplifiant jusques à cinquante ou soixante ; et plus outre selon le pays et naturel du bestail qui gouvernent ces choses (52).

Ainsi choisi ce bestail, masle et femelle, afin de le faire multiplier par engeance, pour un préallable, conviendra l'accoupler ensemble. Le temps à ce le plus propre, n'est indifféremment limité. Aucuns veulent que les vaches veelent à l'entrée de l'hyver, un peu devant les extrêmes froidures ; pour lors estre nourries de bon foin : autres, que ce soit vers le printemps, à cause de les paistre de nouvelle herbe, chacun ayant selon son climat et propriété de ses herbages, diverses considérations : comme touchant la continuation du laict en hyver, et l'eslèvement des veaux. Celles-là, à telle cause, seront couvertes au mois de Février ou de Mars, et celles-ci, en Juillet ou Aoust, suivant la supputation de leur portée, qui est de neuf mois (53). En quelle des deux saisons que ce soit, on ne ménera la vache au taureau, qu'elle ne soit en rut : ce qu'on cognoistra par son continuel muglement, par l'enfleure de ses ongles, par l'impatience recerchée du masle, montant dessus les beufs, et à d'autres vulgaires indices (54). Si à ce elle est paresseuse, quelque remède y a-il à l'eschauffer, comme en lui faisant sentir les génitoires d'un taureau gardés salés : en lui donnant souvent du sel à manger : et suivant la pratique d'aucuns, du pain faict avec de la graine de lin moulue ou du marc de ladicte graine, après en avoir exprimé l'huile : mais sur tout en bien traictant la vache avec du bon foin ou autres exquis pasturages, selon les saisons. Plusieurs regardent la lune à ceste action, nouvelle ou vieille, comme ils l'ont accoustumé : et tous les mesnagers ceci, que ce soit au matin ou au soir, non sur le midi, et de faire jeusner la vache pour vingt-quatre heures, avant que la mener au taureau. D'autant que plus facilement elle conçoit vuide, que remplie de viande : et par le contraire, le taureau est plus abondant en semence, estant saoul, que famelique, dont convient le bien traicter (55). La bassesse de la taille du taureau, à cause de son jeune aage, n'empeschera telle action, parce qu'on

V v v 2

enfoncera la vache dans une fosse lon-
guette, qu'on creusera à la mesure du
taureau, lequel par ce moyen saillira la
vache à son aise, quelque grande qu'elle
soit.

De là en hors jusqu'au vecler, autre
chose ne faut faire aux vaches, que de
les bien traicter, desquelles aura soin le
vacher tout le long de l'année, pour les
nourrir en campagne, et dans les estables,
selon les saisons et les pays. En campagne durant l'esté, les vaches seront
menées aux pasquis, et ce dès la poincte
du jour, pour manger l'herbe en la frescheur de la matinée, avec la rosée. Environ les dix heures les serrera-on dans
les estableries, où séjourneront durant la
grande chaleur (que tout bestail craint
beaucoup) laquelle passée, ou pour le
moins abaissée, qui sera environ les deux
ou trois heures après midi, les amenera-
on au pastis jusques à l'entrée de la nuict,
lors les enfermant dans le logis jusques au
lendemain. C'est un profitable mesnage

et pour le bestail et pour les labourages,
que de faire coucher la bouvine sur les
terres qu'on prétend ensemencer la prochaine année, dans des bons parcs,
comme bestail à-laine, et a esté dict ailleurs : car elle s'en porte mieux, qu'enfermée sous les toicts. Attendu, que
jouissans de la frescheur de la nuict, exposées à l'aer, ces bestes sont exemptes
de l'importunité des chaleurs, qui ès estables estrangement les travaillent. Et en
demeurent au fonds, sur lequel elles séjournent, les graisses provenantes de leurs
fientes et urines, dont il est bien amendé :
et d'autant mieux, que plus grand est
le nombre du bestail : remuant le parc
de jour à autre, à l'imitation de celui du

menu bestail (59). Deux fois le jour en
esté ; assavoir, matin et soir, seront ces
bestes bouvines, abbruvées : en hyver,
une seule fois suffira, qui sera à midi, et
tous-jours avec de l'eau claire, n'en pouvans souffrir la trouble : au contraire de la
chevaline, qui la boit plus volontiers trouble, que la claire (57). Les herbages les
plus gras, pourveu qu'ils ne soient marescageux, sont les meilleurs pour le gros
bestail, par quoi, en tels l'on conduira
la bouvine, laissant les autres herbages
pour l'autre bestail, selon la distinction
ja faicte. En hyver, seront les vaches
nourries dans les estables, avec des bons
fourrages : s'entend si le pays est défectueux en pastis, ou que pour la froidure
du climat, ne puissent manger en campagne. Mais estant chaud ou tempéré,
et que d'ailleurs l'on soit bien fourni de
pascages, sans changer d'ordre, on les
entretiendra sur iceux, jusques à ce que
les gelées et extrêmes froidures, les chassent des champs, pour les enclorre dans
les estableries.

En mesmes herbages, mangera toute
sorte de bouvine, toutes-fois, avec distinction de sexe et d'aage ; à ce que sans
confusion, chacune beste vive gaiement,
ne s'importunant l'une l'autre. Les beufs
de labourage, paistront avec les vaches
brehaignes, souffrant leur stérilité con-
verser ensemble sans tare (58). Les vaches
pleines, seront séparées d'avec celles à
laict, et de tout autre bestail : et plus soigneusement gardera-on qu'elles ne s'entre-
heurtent, qu'elles ne s'efforcent en sautant fossés, haies, murailles, et semblables choses, que plus elles approcheront
de leur terme ; afin qu'il ne mésavienne
à leur portée en s'affolans. Les veaux à

laict , et les bouveaux et genices , mar-
cheront ensemble, pour la sympathie de
leurs mœurs et aages. Sur ceste ordonnance , on disposera logis à ce bestail ,
par estables séparées , mais plus amples
sera-on les unes que les autres , ayant esgard à la corpulance et nombre des bestes
qu'on y veut enclorre: pour là en hyver et
autres saisons , selon le climat , les avictuailler des fourrages à ce destinés (59).

CHAPITRE VIII.

Des Vaches , Veaux , Laictages , Beurres et Fourmages.

C'EST de la charge du vacher , que
d'estre tous-jours près de son bestail ,
sans l'abandonner jamais : de peur qu'il
souffre ou face mal, par le loup ou autres
accidens , ou en dégastant les blairies ,
vignobles et semblables propriétés. La
nuict mesme faut que le vacher couche
près des vaches , pour leur aider à vee-
ler leur heure estant venue : par ce moyen
prévenant la perte et des mères et des
petits , laquelle sans opportun secours
avient souventes - fois. Il a esté monstré
combien profitable nourriture est le sainfoin : en estant pourveu , on en donnera
aux vaches par-fois, chacun jour durant un
mois ou six sepmaines devant qu'elles
veelent , afin de les rendre fortes , plus
habiles et plus abondantes en laict. Mais
ce sera du sec , non jamais du vert, en
telle qualité estant la luzerne contraire à
la bouvine, comme j'ai dict (60). Et quelle
que soit la pasture des vaches , est nécessaire estre tous-jours bonne et bien qualifiée , non moisie , ne humide, ne pou-
dreuse. Le foin sera tel qu'il est requis
pour les vaches, s'il a esté fauché un peu
verdelet, et après estre modérément séché, et non bruslé par trop séjourner au
soleil , est serré au grenier. Avec libéralité toutes-fois , et ordre réglé , donnera-on à manger aux vaches , car leur
espargner le fourrage , ce seroit plustost
faire preuve d'avarice , que de profit.
D'autant que les mères estans escharcement nourries, comme au contraire , par
bon traictement , est tous-jours ce bestail-ci , gaillard et robuste. Mais aussi
qu'on se donne bien de garde, de les des-
daigner de manger par trop de viande,
comme cela avient quand des-ordonné-
ment on les affourrage , le trop leur ostant l'apétit: et ce trop, se perd tumbant entre les pieds du bestail, dont à la
longue la perte se manifeste grande , à
la honte du vacher (61).

Au veau freschement sorti du ventre
de la mère , baillera-on le moyau d'un
œuf crud , à avaler ; et sans aucunement
manier le veau , de peur de lui blesser
le dos , le laissera-on dans l'estable avec
la mère (62): laquelle n'en sortira de deux
jours , où lui estant faicte bonne lictière ,
se reposera mollement avec son veau. De
bonne viande, selon la saison , nourrira-
on la vache; et pendant ce temps - là , on
l'abbruvera d'eau blanchie avec de la farine, pour, par-après, la renvoyer à son
ordinaire (63). Tandis que la vache sera au
pasquis, le veau séjournera en l'estable,
jusques à ce qu'estant un peu fortifié, il
puisse suivre sa mère aux pasturages,
pour s'y nourrir avec les autres de son
aage.

Jusques ici, tous les mesnagers con-

sentent en mesme avis, touchant ce bestail, non au reste de son gouvernement,
qui par tout n'est entièrement semblable, estant diversifié par les pays et les
coustumes. Plusieurs ne nourrissent les
veaux, que trente, ou quarante, ou cinquante jours, en tel aage les mangeans
ou vendans. D'autres, les font tetter
quelque deux mois, en attendans qu'ils
prennent goust à l'herbe et au foin, pour
s'en achever de nourrir, et alors les se-
vrent. Tout cela tend à l'espargne du
laict, auquel consiste le plus du revenu de
ce bestail (64). Autres sans avoir esgard à
cela, font tetter le veau un an, ou jusques à ce que la mère, par nouvelle ventrée, lui refuse le laict : fondés, sur ce
principalement, que la vache ne se veut,
qu'avec grande difficulté, laisser traire
sans le veau (65), ains lui lasche tous-jours
libéralement le laict : duquel ayant faict la
première attraction, le demeurant est réservé pour les beurres et fourmages (66).
Ainsi durant sa première année, le veau
est nourri de laict, d'herbe, de foin, et
de paille tout ensemble selon les saisons,
à son grand avancement : car par telle
meslée nourriture, il s'aggrandit et fortifie à veue d'œil.

Le naturel des herbages, et la race
des vaches, donnent coup à ceste nourriture : voire gouvernent entièrement ces
choses, nourrissans, bien ou mal, les
petits veaux, et rendans le traire du
laict, facile ou difficile. Rejectés la difficulté tant que pourrés, en eslisant la
voie la plus facile, selon le lieu auquel
estes contraint de vous ployer, c'est à
dire, accommodés si bien vos pasturages
qu'il sera possible pour les rendre utiles
à ce service : car quant au bestail, il

n'est pas impossible de s'en pourveoir
de bon et de bonne race, quoi-que de
loin. Et si d'aventure vos vaches, d'elles-
mesmes sans moyen, ne laschent gaiement le laict, en bonne heure, vous n'en
aurés pourtant guières moindre profit : car
la chair du veau, par le temps s'aggrandissant, récompence le défaut du laict (67).
Joinct que l'expérience a appris, que peu
d'intérest y a-il pour le laict mesme ; n'en
sortant en guières moindre abondance,
avec le veau, que sans lui. Et l'usage de
certains endroits de Languedoc et d'ailleurs, manifeste, que plus de laict rendent les vaches nourrissans leurs veaux,
que celles qui en sont délivrées. D'autant,
que la vache est tant amoureuse de son
veau, que libéralement elle lui donne le
laict, dont la quantité s'en augmente ;
n'ayant le veau si tost mis dans la bouche
le trayon de la mère, que le laict n'en
sorte, comme le vin d'un tonneau qu'on
perse : puis en gardant le veau de continuer, on l'arrache de la tetine ; et le
reste du laict est aisément tiré jusques à
une goutte. Mesme y a-il des vaches si
faciles, qu'à la seule veue du veau, satisfont à leur devoir. Pour laquelle cause,
attache-on le veau à une jambe de la
vache, d'où par elle avec plaisir il est veu
et flairé, pendant qu'on la traict. Il y a
de plus ; souventes-fois trompe-on la sottise de cest animal, avec une fainte, composée de la peau d'un veau, remplie de
paille ; au seul approche de laquelle, cuidant la vache, que ce soit son veau, se
laisse volontairement traire (68).

Et à ce que les veaux ne consument par
trop de laict, estant le jour ès pasquis, les
faudra garder à part, et la nuict les enfermer dans des estables séparées : car par cest

ordre, ne tetteront à discrétion, comme ils feroient si pesle-mesle ils demeuroient tous-jours avec leurs mères, mais seulement à bouchées lors qu'on voudra traire les vaches, matin et soir, et autres heures selon l'usage, allans et revenans des pascages. Au défaut des pasquis et gardes séparées, suppléera l'artifice, par des muzelières qu'on attachera sur le front du veau, avec des courroies ou cordes, pour les empescher de tetter (sans toutesfois leur nuire à paistre l'herbe) lesquelles vaches, se sentans piquées par l'approche des poinctes aiguës des muzelières, ne souffriront d'estre tettées. Ces muzelières ou frontaux sont diversement composés, selon les fantasies : mais ils reviennent tous à ce poinct là, que de servir à la conservation du laict, par poinctes de fer, ou de bois, dont on les façonne : autres se servent des peaux d'hérisson. Par ainsi, sans perte du laict, conversent ensemble ès pasturages, et les vaches et les veaux.

Mesure le bestail à la viande. Nourrir grande quantité de bestail, présuppose abondance d'herbages : sur lequel fondement on bastira, afin de prévenir la despence et fascherie d'envoyer loin cercher les fourrages, défaillans en l'arrière-saison de l'année, quand improvidemment l'on ne s'est bien mesuré en cest endroit. Où donques y aura des pasturages à suffisance, ce sera sans nombre, qu'on entretiendra et des vaches et des veaux, masles et femelles. Mais estant contraint d'achepter des foins et autres fourrages, on ira plus retenu à ceste nourriture. Aucuns, à telle occasion ne nourrissent des veaux, que pour la contrainte du laict, desquels ils se deffont au plus tard, au bout de l'année : ne faisans mesme aucun estat des genices, pour la conservation de l'engeance. Ains après les avoir vendues aux bouchers, se pourveoient de vaches nouvelles, lors que les vieilles défaillent : les acheptans toutes pleines ou ayans de frès veelé, par les foires et marchés voisins. Ceux-ci n'espèrent de ceste nourriture, que la commodité du laict, et de la chair des vaches engraissées, à la longue : qui n'est petite, ains beaucoup plus grande se représente-elle, quand avec le profit des laictages, est joinct celui des chairs, de tout sexe et aage (69). Estant question d'achepter des vaches, on ad-joustera ceci à la précédente addresse, pour la cognoissance des meilleures, que de les tirer de pays exposé au soleil ; d'autant qu'ès vallées ombreuses, les vaches ne sont communément guières bonnes. Et si tant est que ne soyés asseuré des lieux de leur naissance, craignant la tromperie, jugerés estre sorties d'endroit soleillant, si elles sont de poil mol, espés et court ; ayans la teste petite, et les cornes polies et dures : contraires qualités, se treuvans presques tous-jours en celles de pays couvert et ombreux (70).

Signes de bonnes vaches.

C'est aussi au maniement du laict, où l'on n'est par tout d'accord, pour les diverses façons des beurres et fourmages ; tous tiennent que souvent et curieusement traire les vaches, augmente le laict (71). Car comme une source de fontaine abonde tant plus en eau, que plus nettement elle est tenue et mieux ouverts en sont les tuyaux ; ainsi les vaches solicitées par le fréquent traire donnent du laict en plus d'abondance, qu'en y allant nonchalamment. Deux fois le jour, matin et soir, communément on tire le laict des vaches : voire trois fois en esté, lors qu'elles sont

Maniemens du laict.

grassement nourries en campagne. Toutes-fois, cela dépend du naturel de ce bestail, du climat, de la vigueur des pasturages, de la conduicte (72) : comme aussi
de telles qualités procède le cuire du laict
avant le cailler, selon l'ordre usité ès
fourmages Placentins, cogneus par tout
le monde pour leur bonté. En quelques
endroits de la Suisse, et aussi ailleurs,
ainsi gouverne-on le laict, dont ils con-
trefont des fourmages Placentins et Lode-
sans : mais peu de lieux y a-il en ce
royaume, ausquels l'eschauffer le laict
sur le feu, à tout le moins jusqu'au bouillir, soit en usage : ains sans autre mystère, le laict est mis reposer : et après en
avoir séparé le beurre, le reste affermi
et caillé, est converti en fourmage (73).

Les saisons diversifient le gouvernement du laict, selon leurs diverses propriétés. L'esté et l'hyver, pour le chaud
et pour le froid, se contrarient directement : mais le printemps et l'automne
s'accordent, à cause de la sympathie de
leur tempérament. Par ainsi, en esté conviendra cercher lieu frès pour reposer le
laict : en hyver, chaud : et au printemps
et automne, tiède. Il est vrai, qu'au
temps des extrêmes froidures, il faudra
aider à l'affermissement du laict par le
feu, mais avec telle modération lui en
donnera - on, qu'il en soit seulement
quelque peu eschauffé (74).

 Plusieurs matières y a-il pour présurer
et cailler le laict, dont la meilleure est
la tourneure des chevreaux, aigneaux,
et veaux : à faute desquelles ou par curiosité, se sert-on de la fleur du chardon-
privé, de la graine du chardon-bénit, du
laict de figuier, de la tourneure de lièvre,
de la racine d'ortie, et autres choses que

l'usage a authorisées. A la tourneure des
chevreaux et aigneaux pour en faire de
bonne présure, ad-jouste-on un peu de saf-
fran, de gingembre et de poivre, pulvérisés, avec bonne quantité de sel : tant
pour la préserver de corruption, que pour
rapporter aux fourmages, ces bonnes
qualités. Et ayant rempli de laict clair les
vessies où sera ladicte tourneure, on la
laissera ainsi, pour s'en servir de jour à
autre. Mais s'estant endurcie, comme
cela avient à la longue, sera battue dans
un mortier ensemble avec les vessies : et
de tout cela, paistri avec du bon vinaigre, en sera faicte une paste qu'on reposera dans un pot de terre vitrée, pour
de là en prendre peu à peu, durant l'année selon qu'on s'en voudra servir (75).

 Ayant tiré le laict, aussi tost le coule-
ra-on par un tamis ou linge, blanc et
net, pour le descharger de toute immon-
dice : et après le laissera-on séjourner
dans les terrines vitrées, ou autres vazes
couverts et bien nets, l'espace de huict à
dix heures ; au bout desquelles, avec une
cueiller on recueillira le beurre, qui par
tel loisir se sera assemblé au dessus : puis
au laict sera ad-joustée la présure pour le
cailler et affermir, en la manière et en
la quantité accoustumées selon les lieux,
lesquels pour leurs particulières propriétés, imposent loy en ce mesnage (76). Le
beurre prins sur le laict, est beaucoup
plus délicat que celui qu'on tire du caillé,
par estre tout pur : ce qu'on ne peut dire
de l'autre, qui estant meslé avec du caillé,
en reste grossier et mal plaisant. Le prin-
temps et l'automne, donnent le beurre
meilleur et en plus grande abondance,
que l'esté ne l'hyver, à cause des extrêmes
chaleurs et froidures. Encores y a-il du
chois,

chois, estant à préférer celui du mois de Mai à tout autre, pour sa belle couleur dorée et grande délicatesse (77). Et en quel temps que ce soit, sera le beurre battu et faict le plustost qu'il sera possible, afin que par trop gardé, il ne s'aigrisse ou s'acquière quelque autre sinistre odeur et saveur. C'est pourquoi, est à souhaitter avoir bon nombre de vaches, à ce que chacun jour donnans du laict en abondance, de mesme abonde le beurre, dont il puisse estre souvent battu ; ce qu'on ne peut commodément faire de petite quantité, qui cause l'assemblage de grand nombre de journées avec l'intérest susdict. Très-nettement désire le beurre estre faict et tenu, ne souffrant aucune saleté. Pour laquelle cause, avant qu'on batte le beurre, en le battant et après l'avoir battu, faut curieusement boucher les vazes où il séjournera : et que les servantes qui les manieront, ayent les bras retroussés et les mains bien lavées. De la façon de battre et ramasser le beurre, n'est besoin de discourir : pource qu'elle est assés familière à tous ceux qui se meslent du mesnage des vaches. Estant aussi raisonnable laisser à chacun ses vazes, utensiles et coustumes particulières, puis qu'elles tendent à mesme but. Joinct, que vouloir représenter les diversités de ces choses-là, selon l'usage des provinces, seroit entreprinse plus curieuse que profitable.

Pour longuement conserver le beurre, ne faut que le saler : mais beaucoup plus délicat se rend-il par le bouillir, tellement qu'ainsi accommodé, peu de différence y a-il de lui au récent et frès. En le bouillant sur feu clair et lent, le faut escumer, pour le descharger curieusement,

de tout le terrestre qu'en se cuisant il expulse en haut : dont en fin il se représente clair et de couleur blonde, comme beau huile d'olive, puis mis dans des vazes de terre vitrés au dedans, est gardé tant longuement qu'on désire ; ainsi le pratique-on en Lorraine (78). C'est le propro des vaches, que de produire le beurre, encores qu'il en procéde des chèvres et des brebis : mais non tant que des vaches, lesquelles à ce service précédent tout autre bestail.

Quant au fourmage, la vache ne le rend si délicat que la chèvre ne la brebis, quoiqu'abondant (79). Il est néantmoins de grande requeste, et comme j'ai dict, le climat et les herbages lui donnent nom. A telle cause, sont en réputation les fourmages d'Auvergne, cogneus par tous les lieux de la France, depuis l'une mer jusques à l'autre, où en grande quantité ils sont transportés (80). En autres divers endroits de ce royaume, y a aussi des montaignes fertiles en fourmages de vache, pour leurs exquis pasturages. De mesme se treuvent des recoins de montaigne, de coustau, de plaine, par les provinces en plusieurs quartiers, célébrés pour les bons fourmages de diverses sortes et divers laictages. La Brie entre autres, pour ses bons fourmages appellés angelots, et les baux en Provence, aux lizières du Languedoc, à cause de la délicatesse de ses petits fourmageons, sont beaucoup prisés et fertiles en laict et fourmages : et pareillement la province de Bretaigne. Quant aux fourmages que par délicatesse on apporte en ce royaume, ceux de Milan et de Turquie tiennent le premier reng, en-après ceux de Suisse, et finalement, comme aussi en plus grande quantité et de plus grand mesnage, ceux de Hollande, et Zélande, pays abondans en pasturages et par conséquent en laictages, voire en telle quantité, que le commun rapport d'une vache, est de vingt-cinq ou trente pintes de laict par jour, et quelques-fois de quarante (81). Ce qui a faict dire à quelques uns, par une supputation inutilement curieuse, que durant l'année il se cueille autant de laict en ces deux provinces-là, que de vin en toute la Gascougne. L'abondance des laictages, ordonne de la grandeur ou petitesse des fourmages : n'estant possible qu'avec peu de bestail, on puisse faire des fourmages tels qu'on nous envoie de la Lombardie, par leur grandeur ressemblans à meules de moulin. Aussi en cela n'y a nulle sujection, non plus que de les faire dans des vessies, comme sont aucuns qui viennent de Turquie : car tous-jours les fourmages seront bons, de quelle figure et grandeur qu'on les face, pourveu que la bonne matière soit bien préparée (82).

La laicterie et fourmagerie seront tant nettement tenues, qu'aucune mauvaise senteur n'y séjourne, de peur de la communiquer au fourmage. Pour la mesme cause curieusement aussi lavera et fourbira-on tous les jours, les vaisseaux et utensiles, esquels et le laict et les fourmages, séjournent : comme seillons, huches, pots, terrines, couloires, faisselles, esclisses, cagerottes, chazières et semblables servans à ce mesnage. Voire est nécessaire, que les servantes lavent bien les mains, avant que toucher aux vaches pour en traire le laict, afin que rien de sale et mal-net, ne s'en approche, l'une des principales observations de ce mesnage (83).

Tant meilleur, tant plus délicat, et tant plus pesant se treuvera le fourmage, que moins aura esté esbeurré (84) : d'autant qu'avec le beurre, s'en va la fleur et la graisse du laict, laquelle laissant toute au fourmage, il en reste plus valeureux. Mais aussi plus difficile à façonner est-il, à cause que la trop abondante graisse versant ès costés du fourmage, le laict crevasser, et par trop s'estendre. Dont est à louer, tenir en cest endroit le milieu ; c'est à dire, n'en oster tant de beurre, que le fourmage en devienne maigre, ne lui en laisser tant, qu'il en soit par trop gras : par ainsi l'on s'accommodera et de beurres et de fourmages tout ensemble. Et si cas est qu'on n'en oste aucun beurre, la superfluité susdicte se corrigera aucunement, en rompant et demeslant le caillé, à force de battre avec un baston, avec une cueiller persée, ou avec la main nue, avant que le mettre dans les esclisses ou cagerottes, pour les convertir en fourmage (85), et encores si puis-après on retarde à le saler. Car comme le tost saler engraisse le fourmage, aussi le saler tard l'emmaigrit (86). Le fourmage le plus gras, pour sa délicatesse, est le plus guerroyé des bestioles et partant le moins servable : au contraire, le plus maigre est celui qui se garde le plus. L'esbeurrer, donques, outre l'utilité qu'on tire du beurre, en apporte aussi un autre, qui est, qu'il préserve les fourmages d'estre mangés des bestioles, vers, mouches, moucherons, artusons, mittes (87) : mais à ce que les fourmages soient qualifiés ainsi qu'il appartient et pour la bonté et pour la conservation, à l'esbeurrer l'on ira retenu, comme a esté dict. Et au saler, l'on ne s'avancera ne retardera , qu'avec raison , qu'on tirera des expériences des lieux et des matières différentes selon le climat , les bestes , les herbages (88). De mesme avisera-on à la quantité de sel qu'on leur donnera , ayant esgard et au naturel du bestail , et au lieu où l'on est (plus , ou moins , en l'un qu'en l'autre , estans les fourmages salés , soit par raison , ou par la seule coustume) , ayant pareillement esgard à la grandeur , ou petitesse des fourmages.

Par les trous des faisselles ou esclisses , les fourmages s'esgoutteront , et le mesgue ou petit-laict , sortant avec celui qui demeure dans la terrine , se mesnagera , comme sera monstré : lesquels fourmages un peu affermis , ostés de là , seront mis reposer dans la chazière , sur la paille fresche , nette et longue , pour y vuider le reste de leur nuisible humidité. En lieu de paille , aucuns se servent du jonc : et d'autres , mieux entendus , reposent leurs fourmages sur de la toile claire , tendue roidement avec des petits cloux , sur des chassis de bois : pour éviter les raies et enfoncemens , que la paille et le jonc causent aux fourmages , à cause de leur tendreur et mollesse , leur pesanteur les y faisant comme enchasser : lesquels estans reposés en leur commencement sur la toile , demeurent unis et nets , et fort propres à estre pellés quand on les veut manger ; n'estant besoin seulement que les rascler avec le cousteau , pour leur oster l'escorce qui en est fort déliée. La chazière commune faicte avec des oziers n'est la meilleure : ains celle qui est façonnée à la manière d'un gardemanger , et est entournée de toile , qu'on y attache à l'entour avec des petits cloux :

laquelle , fermée à-clef , garde les fourmages d'estre exposés à tous venans , ni aussi à la poussière , ou autre saleté : de mesme , par là est la maison préservée de l'ensallissement , provenant du continuel esgoust des nouveaux fourmages , dont la puanteur est importune. Cela se faict en ad-joustant à coste chazière un grand entonnoir pour recevoir l'humeur distillante des fourmages posés sur icelui , en un petit treillis ou claie à ce aproprié , et la rendre dans un vaze mis au bas d'icelui entonnoir : laquelle humeur , pour double commodité , sera mesnagée en la donnant au bestail. Mais sans sortir de ce propos , ceci est à noter , que le petit-laict engendre flux de ventre aux couchons , dont ils se rendent langoureux : pour laquelle cause , s'abstient-on de leur en bailler , ains est reservé pour les grands pourceaux , jeunes chiens , et pour toute sorte de poulets meslé avec miettes de pain (89).

En outre , se mesnagent très-bien les reliefs des beurres et fourmages. De ceux-là on faict la burate , pour servir durant l'année à l'appareil des viandes de la grossière famille : et de ceux-ci , des sarrassons , qui se mangent freschement , avec eau roze et sucrre , tenans lieu honorable à la table du maistre : aussi salés se conservent longuement , mais c'est pour servir de viande au mesnage.

La burate se faict ainsi. Ce qui demeure en la beurrière , après en avoir tiré le beurre , est mis dans un sachet de toile pour s'y esgoutter durant trois ou quatre jours : au bout desquels une masse est faicte de ce qui se treuve dans le sachet , laquelle après est salée avec bonne quantité de sel qu'on y met , en la pestrissant , puis séchée et mise dans des pots de terre, où elle s'endurcit, se rendant de saveur forte et piquante, et par conséquent, propre à donner goust aux viandes du mesnager.

Le sarrason. Pour le sarrasson. De la terrine on ramasse le petit-laict restant des fourmages, lequel on met eschaufer dans un petit chauderon, sur feu clair et lent, l'escumant tous-jours et afin de le faire espessir, quelque escuellée de laict pur est ad-joustée par dessus, oubien le moyeu d'un œuf. Faisant semblant de bouillir, on y jette quelques gouttes d'eau fresche, arrestant par ce moyen la matière qu'elle ne s'eslève trop tost en haut, comme cela avient sans ce remède et à sa perte, s'exhalant en vapeur, quand on le laisse du tout bouillir. Ainsi petit-à-petit s'espessit le sarrasson : lequel dessus en sus on prend avec une cueiller persée, le mettant dans des esclisses ou faisselles à la manière des fourmages : d'où estant retiré, au bout de quelques heures est bon à estre mangé, pouvant aussi estre gardé trés deux ou trois jours ; et tant qu'on veut, salé, comme les fourmages pour estre apprestés en cuisine, comme a esté dict.

Lieu à tenir les fourmages. Revenons aux fourmages. Ce qui les achève de façonner, est le séjour és lieux où l'on les tient, après les avoir tirés de la chazière : esquels lieux, ils prennent ou leur bien ou leur mal, par trop ou peu s'esventer ou s'humecter. C'est pourquoi, est nécessaire estre accommodé de plusieurs cabinets ou petites chambretes, diversement qualifiés de sécheresse et d'humidité : pour des uns aux autres, remuer les fourmages : selon que de jour à autre on recognoist devoir estre esventés ou humectés. Sans laquelle commo-

dité, en vain on espèreroit avoir de bons fourmages ; ne tels qu'il appartient, pour la qualité et pour la durée. C'est aussi le lieu, qui donne, ou oste la graisse au fourmage : car en humide, il s'engraisse ; et en sec, s'emmaigrit (90) ; lesquelles considérations seront mesnagées par la mère-de-famille, pour s'en servir à-propos sans obmission d'aucun article, si elle désire avoir honneur et profit en ce faict. Aussi *Comment préparer.* tiendra-elle ces lieux-là, plus obscurs que clairs, afin d'éviter l'importunité des mousches. Pour commodément y arranger les fourmages, seront les cabinets (comme boutiques d'apoticaires) garnis à l'entour avec des aix bien ageancés, ou plustost des claies proprement tissues, tenans ces estages-là, tous-jours fort nettement, de mesme les fourmages, en les remuant sens-dessus-dessous, par plusieurs fois la sepmaine. Finablement, seront les fourmages mis en pile, à ce qu'estans entassés les uns sur les autres, leur humeur se puisse conserver. Mais ce sera doucement qu'on les maniera, de peur de les casser : par là provenant la pourriture, qui avient certainement, en suite de la rupture : à cela pour leur pesanteur, estans plus sujets les grands, que les petits fourmages. Toutes autres causes qui corrompent les fourmages, se peuvent aussi mieux prévenir que guérir. Les artisons, mittes, *Préserver fourmages des bestioles nuisibles.* vermisseaux, et autres bestioles, ne mordront aux fourmages, si on les frotte avec de la lie molle de bon vin : ou avec du fort vinaigre : ou avec du jus d'escorce de noix verte et escachée : ou de celui des mures franches : avec de l'huile d'olive : ou de celui de graine de lin, ou du marc de ladicte graine : en avec du beurre : ou bien si tant l'on veut despendre, avec de l'eau-de-vie (91). Aussi sont les fourmages préservés de corruption, par les fueilles de l'herbe appellée serpentaire, si l'on les enveloppe. En plusieurs endroits, comme en Lombardie et Suisse, avant qu'oindre leurs fourmages d'aucune liqueur, les raclent superficiellement avec des cousteaux mousses et non trencheans, en leur ostant le plus grossier de l'escorce, dont après ils demeurent fort nets : chose convenable à toute sorte de fourmages, grands et petits : tant la netteté est bien-séante par tout : si toutes-fois la matiére des fourmages, selon le climat, ne contrarie à *Pour les garder sainement en leur bonté.* ceste curiosité. Pour sainement et longuement conserver les fourmages, après qu'ils seront bien secs on les tiendra dans du millet, de l'orge, ou du froment : mais avec plus d'utilité cela avient dans la semence de lin, que dans aucune autre graine, à cause de son particulier naturel, qui est, d'estre fresche en esté et chaude en hyver : qualités domptans les intempéries des saisons à l'utilité des fourmages (92).

CHAPITRE IX.

Chastrer et dompter les jeunes Beufs; conduire et nourrir ceux de travail; et engraisser toute sorte d'Omaille (93).

LES veaux ou taureaux seront parvenus au poinct d'estre chastrés, dès-lors qu'ils auront attaint l'an et demi; chose nécessaire pour les beufs destinés au labourage et à estre mangés : sans tel artifice, et en l'un et en l'autre effect, estans de nulle ou très-petite utilité. D'autant que cest *Utilité de chastrer le taureau.* animal demeure sauvage et presques furieux, laissé en son entier naturel : mais aussi par le chastrer, comme les arbres agrestes par l'enter, s'apprivoise-il : et cest affranchissement se rapporte à sa chair; laquelle sans ce remède ne pourroit estre mangée que par contrainte, tant seroit-elle dure et fade. Aucuns ne tardent tant à chastrer les taureaux, y mettans la main dès leur sixiesme mois, afin de les accoustumer de bonne heure à douceur et obéissance. Mais aussi telle hastiveté leur diminue l'accroist et la force, contre l'avis de ceux qui tiennent s'accroistre mieux les veaux chastrés tost que tard : car c'est de l'expérience d'infini nombre de bons mesnagers, en diverses provinces; que la force reste au beuf, pour tous-jours plus vigoureuse, si on lui donne l'avantage de s'aggrandir en son naturel, avant que de le chastrer. On pourra attendre jusqu'à sa seconde *La quelle aage.* ou troisiesme année, et non plus, car passant outre l'impétuosité furieuse du

taureau, rendroit la chose par trop difficile et en péril la vie de l'animal. Or soit
que le veau ou taureau ait servi d'estalon
ou non, il sera chastré dans le terme susdict, qui est despuis ses premiers dix-huict
mois jusqu'à sa troisiesme année, au
printemps ou en l'automne, en jour beau
et serain, non chaud, ne froid, ni humide ni venteux, la lune estant en décours (94).

Deux façons de chastrer les taureaux
sont en usage ; c'est assavoir en leur couppant et ostant entièrement les génitoires,
par incision, à la mode des autres bestes.
Et l'autre en les leur estordans avec des
tenailles : ce qui leur amortit les nerfs
ausquels ils sont attachés, et après les
fourrans dans le ventre. Ceste-ci peut
estre dicte, demi-chastrer ; elle est néantmoins pour son utilité, plus pratiquée
que ceste-là ; d'autant que par tel moyen
le beuf n'est du tout efféminé, ains seulement en lui assopie la vertu engendrante, et osté ce qui le rend furieux,
qui est faire ce que désirés, lui restant
du courage masculin à suffisance pour la
force au labourage. Ce qui n'avient par
le précédent ordre, s'en allant avec les
génitoires la plus-part de sa valeur, dont
il demeure durant sa vie plus foible et
moins courageux (95). Par quel qu'il soit
de ces deux chemins, le taureau souffre
grandes douleurs, plus toutes-fois tant
plus il est avancé en aage, voire jusqu'au
mourir, si par-après il n'est bien gouverné. A telle cause le nourrira-on soigneusement dans l'estable, avec bonnes
pastures, vertes ou sèches, selon le
temps : et ce durant sept ou huict jours,
pendant lesquels on lui donnera peu à
boire, mesme aux deux premiers jours

d'eau tiéde et blanchie avec de la farine (96). Cependant les bources des
génitoires lui seront oinctes avec du sain,
pour en consolider les plaies, venantes
de l'incision ou entoree, et que guéri de
son mal, le jeune beuf soit remis en son
premier apétit (97).

Prévoyant les difficultés qu'on treuve
en l'apprentissage des jeunes beufs et fa-
rouches, et qu'à les dompter court du
danger pour ceux qui les approchent, de
longue-main on commencera de les ap-
privoiser : c'est assavoir, dès leur première année, les flattans de la voix, les
caressans de la main, les frottans par tout
le corps jusqu'au dedans des cuisses,
mesme la langue avec du sel et du vin.
Par ces doux attraits, les beufs se laisseront facilement approcher, et rabattront
beaucoup de leur naturelle fureur ; dont
ils se rendront d'aisée conduicte. On leur
fera souvent voir les attirails du labourage, les menans avec les grands beufs et
au pasquis et au labour : on les passera
sur des planches, sur des ponts, sur des
batteaux, devant des moulins, des fou-
lons, des forges de mareschal, et ailleurs
où y aura du bruit, afin de les accoustumer à ne craindre rien et à s'asseurer de
tout. Continuerés ces exercices jusqu'à ce
que les jeunes beufs ayent attaint l'aage
de trois ans, et lors changeant de leçon,
les attacherés à la crèche, par les cornes,
avec des cordes : leur ferés porter le joug,
ou à la teste ou au col, quelques jours
durant, puis y attacherés une longue
corde, et au bout d'icelle quelque légère
pièce de bois, en les promenant ainsi
deux ou trois heures par jour. Les attel-
lerés à la charrette vuide, laquelle après
chargerés un peu, et ainsi la leur faisant

tirer, expérimenterés leur patience : comme aussi en leur baillant un petit aireau ou coutre, dont les ferés labourer sur terre légére et bien cultivée, afin que la durté du fond ne les refroidisse et estonne. L'exemple et la contrainte servent de bon maistre en toutes disciplines, ce qu'on expérimente en accouplant un jeune beuf avec un vieil, et les faisans marcher ensemble : car, et par gré et par force, cestui-là est instruit par cestui-ci, à remuer la terre et à tirer la charrette. Et ceste voie-ci estant plus facile que nulle autre pour dompter et instruire les jeunes beufs, on l'employera, en baillant comme en apprentissage deux nouveaux beufs, à deux vieux, à chacun un, à la charge de les faire labourer de diverses mains, à ce que par-après mis ensemble des deux beufs s'en face un bon couple pour convenablement travailler de compagnie. De mesme curieusement aviserés à bien apparier les deux jeunes beufs, tant en grandeur qu'en courage : afin qu'ils tirent gaiement ensemble, ce qui ne pourroit avenir estans de différente stature et force, le fort opprimant tous-jours le foible. Ceste est aussi l'ordonnance antique, que d'attacher le jeune beuf entre deux vieux, à un joug long et à ce aproprié, pour d'iceux estre contraint d'avancer ou de reculer, voire d'estre trainé, s'il se couche par terre. Or comment qu'on enseigne les jeunes beufs, soient seuls ou en compagnie, est nécessaire les manier fort doucement, employant la voix à les soliciter et menacer, plustost que les coups : desquels faut user sobrement et à propos. D'autant que la rude et rigoureuse contrainte, les confirme plus souvent en leur furieuse opiniastreté,

qu'elle ne les corrige de tel vice. Et si d'aventure vous tumbe en main quelque beuf de si maligne nature, qui se couche en la raie, sans se vouloir relever par modérés battements, ne passés outre à le tourmenter, ains liés-lui les quatre jambes avec des cordes, et tant estroictement, qu'il ne puisse se relever : et le laissés là jusqu'à ce que la famine et la soif le facent rendre, peine qu'il craint plus que les coups, et laquelle asseurément avec patience, le fera renger à son devoir, en réitérant deux ou trois fois le remède.

Ainsi dressés les jeunes beufs, seront employés au travail, mais modérément, en attendant qu'ils ayent attaint leur cinquiesme année, devant lequel temps ne sont-ils suffisamment fortifiés pour faire leur journée entière. Indifféremment donques ne leur donnera-on toutes terres à labourer, ains seulement celles qui pour leur légèreté se laissent manier à petite peine, comme les sablonneuses et qui ja ont esté labourées, lesquelles on réservera pour ce jeune bestail en son commencement, et comme a esté dict, ne les faudra tenir en besongne toute la journée, de peur que la longueur du travail ne les descourage et rebute. Mais leur relaschera-on quelque chose, les desliant de bonne heure, lorsqu'il fera trop de chaud ou trop de froid, ou qu'il fera semblant de pleuvoir, ou mesme lorsqu'ils se fascheront de l'œuvre ; de laquelle ne les faut saouler, ains plustost les en affamer, afin qu'en la désirant, ils se rengent d'eux-mesmes au travail, l'heure en estant venue. Par cest ordre les maintiendra-on sains et de bonne volonté à travailler, s'aggrandissans et fortifians de jour à autre, pour finalement suivre les autres beufs de plus grande aage en toute sorte de labeur, moyennant condigne gouvernement et nourriture.

Selon les diverses saisons, diversement aussi conduira-on les beufs du labourage. C'est une générale maxime pour tout bestail de labour, que de s'abstenir de son service en temps d'excessive chaleur, de froidure, de vents, et aussi lors qu'il pleut ou nege tant soit peu (98). En esté durant les plus grands chauds ne faut travailler les beufs que les matinées et vesprées: assavoir depuis la première poincte du jour, jusqu'à huict heures, et despuis trois heures après midi, jusqu'à huict, demeurant l'entre-deux pour repaistre et reposer. Le reste de l'année, la journée se fera toute-d'une-traicte; en hyver, d'un soleil à l'autre : en l'automne et au printemps elle commencera à huict heures du matin, et finira à six heures du soir. Par ce moyen le temps s'employera très-bien : et auront les hommes et les bestes du loisir assés pour reposer et repaistre durant la nuict, et le jour au gouster (99). Si le bouvier a à conduire deux couples de beufs, il le fera commodément au profit de l'œuvre, comme a esté dict, travaillant un couple de beufs dès le grand matin jusqu'à onze heures ; et l'autre, despuis midi jusqu'à la nuict, lui restant une heure pour son gouster, ayant disné devant le jour. Un garçon aura la charge de mener et ramener les beufs du pasquis au champ ; afin de ne destourner le bouvier, qui ne s'amusant qu'à son labourage, l'avancera très-bien, et de mesme maintiendra-il ses beufs en bon estat. Ce sera à la discrétion du bouvier, que de faire tirer ses beufs ou par le col ou par la teste : mais à la charge que de leur accommoder si bien les jougs, qu'ils ne blessent les beufs en travaillant : mal qu'il préviendra aussi en ad-joustant au joug quelques coussinets, faicts ou de feutre ou d'autre matière molle (100). De mesme par curieuse visite

préviendra-il les blesseures, leur avenant ès autres parties du corps, où il regardera chacun jour, mesme au soir, pour lui oster des pieds les espines et pierres qui souventes-fois s'y attachent : frottans aussi les beufs par tout le reste du corps avec de la paille fresche, dont leur sera faicte bonne lictière. Les estrillera le matin ; et par-fois leur lavera la langue avec du vin, mesme lors qu'il les verra dégoustés. Leur donnant en outre, pour la mesme occasion et pour les faire boire, trois poignées de sel à chacun, de huict en huict jours, ou de quinze en quinze, durant l'esté, et non ès autres saisons ; mesme en hyver, de peur de les rendre par trop foibles : car le sel faisant beaucoup boire, et treuvans en hyver les eaux froides, telles eaux leur donnent des trenchées : et en suite, cela les alaschit ; ce qu'on ne craint en esté, tant pour la chaleur de la saison qui tempère la froidure des eaux, que le naturel des herbages, dont les beufs sont lors nourris (101). Sans nécessité, s'abstiendra le mesnager d'envoyer ses beufs en voyage, loin de leur giste pour les travailler : d'autant que telle beste craint plus que nulle autre la mutation de la viande et de l'aer. Et profitera en ceste antique défense ;

> Jamais tes beufs ne presteras,
> Et tous-jours bien laboureras.

Touchant la viande des beufs, de deux sortes

sortes principales s'en treuve , de verte et de sèche , dont on les paistra , sous la distinction des temps. Le plus tard qu'on peut faire changer d'ordinaire aux beufs est le meilleur : soit de pasture verte , soit de sèche ; tant pour la commodité du bestail , qu'espargne de la viande. C'est chose asseurée que les beufs ne se treuvent guières bien d'estre nourris de la première herbe du printemps , par n'estre viande assés solide pour les bien entretenir au travail : ains comme eau , ne leur faict que passer par le ventre , dont ils se rendent lasches et foibles et de nul service, jusqu'à ce qu'à la longue ils se soyent fortifiés avec l'herbe. Et qu'ils consument plus de foin en un jour le mangeans en herbe, qu'ils ne feroient en six , estant fauché et serré en sa maturité. Pour lesquelles causes et afin de n'interrompre le labour, le meilleur est de ne leur donner l'herbe devant la fin du mois de Mai(102). Et par ainsi, aura-on tout ce qu'on demande en cest endroit ; assavoir, le bon travail des beufs : qui en ce temps-là , est le plus désirable que de toute l'année, la terre estant lors très-apte , avec le bénéfice des rozées, d'estre remuée : et l'abondance des foins, qui ne s'estans mal mesnagés en leur commencement, se rendront entiers dans les greniers, qu'à leur utilité , les beufs retreuveront très-opportunément , à l'arrière-saison de l'année. Telle tardité regarde aussi bien les herbages sauvages que les francs, quand par icelle ils ont bon loisir de s'accroistre à souhait ; pour fournir en saison de la mangeaille à suffisance à toute sorte de bestail. Mesme considération a-on pour les fourrages serrés dans le grenier, les-

quels plus longuement dureront-ils , que plus tard on les entamera. Et bien-que ce mesnage ne regarde qu'à l'espargne , toute sorte de bestail se portant bien des foins secs, mangés en quel temps que ce soit, si est-ce que ceste seule et simple utilité mérite bien d'estre observée , pour l'avantage que c'est d'avoir des fourrages de reste au bout de l'année , à quoi (comme le courir ne sert tant que le départir de bonne heure) ne peut-on parvenir que par telle prévoyance. Partant tiendra-on les beufs ès herbages de la campagne, le plus longuement qu'on pourra , qui sera jusqu'à ce que les extremes froidures de l'hyver les en chassent.

Tout l'esté donques , tout l'automne, et une partie de l'hyver, les beufs vivront en campagne : dans le logis, le reste de l'hyver , et aussi la plus grande partie du printemps, pourveu que le climat et la fertilité de la terre , favorisent ceste nourriture, pour fournir de vivres à suffisance, et donner de la douceur de l'aer, autant qu'il en faudra pour le séjour des bestes à descouvert. Lesquelles choses défaillans , sera arrivée la saison d'establer les beufs, les faisans vivre sous les couvertures , avec des fourrages ; dont dès l'esté la provision aura esté faicte. Observation pour toutes sortes de bestes de travail, et autres. Les estables seront apropriées au bestail, comme j'ai dict , grandes , aux grandes bestes : petites , aux petites, et pour toutes en général, sèches et aérées , afin qu'aucune humidité n'y séjourne , pour petite qu'elle soit , estant tous-jours contraire à toute sorte d'animaux. Celles particulièrement pour les beufs regarderont le midi : car puis qu'elles ne servent qu'en hyver, par conséquent ont besoin de chaleur, de laquelle se treuve plus en cest aspect-là, qu'en aucun autre (103).

Des pailles. Plusieurs matières pour paistre les beufs hors de la campagne y a-il, desquelles la principale est le foin, puis les furrages et meslinges de l'herbage séché des avoines et vesces, comme a esté monstré : finalement les pailles, différentes en valeur selon la diversité de leurs grains. La meilleure des pailles selon *Columelle*, est celle de millet, puis d'orge, et après celle de froment. Cest ordre s'accorde presques avec ce que nous en treuvons en nos mesnages, tenans les pailles en ces degrés : de millet, d'avoine, de froment, d'orge, de seigle et d'espeautre. Celle d'orge est fort apétissante, mais de foible nourriture, en estans desséchées les bestes qui en mangent quantité. Encores moins d'estime faisons-nous de celle d'espeautre, pour sa dureté, dont presques à autre service n'est-elle propre, qu'en fumier (104). Cela se void communément, que où les fromens abondent le plus, là défaillent les herbages, lesquels viennent copieusement en pays de seigle, pour aider à l'insuffisance des pailles de ce grain, au lieu de celles de froment, qui sans herbage ne foin, nourrissent assés bien le bestail : la provision de nature se monstrant admirable en cest endroit. *Des fueilles seiches.* Outre ces choses, donne-on quelques-fois à manger aux beufs, des fueilles sèches d'orme, de fresne, d'érable, de chesne, de saule, de peuple, qu'ils prennent avec apétit ; la variété de viande les délectant, mesme de ceste-ci, qu'ils treuvent aussi bonne que l'avoine.

L'ordinaire des beufs ne peut estre justement limité, mangeans plus les uns que les autres, selon le naturel de tous animaux. Bien dirai-je que de toutes les grandes bestes, ceste-ci est celle mangeant le moins, et qui en moins de temps se repaist. Dans une heure les beufs ont prins leur repas, manifestans leur sobriété, en ce qu'estans saouls, ils se couchent sur leurs pieds : non pour dormir, ains comme pour se reposer ; afin d'estre plus dispos au travail, l'heure duquel ils attendent gaiement. Cependant ils ruminent leur viande ; mesme pour le labour, ne cessent-ils de ruminer remaschans à loisir, ce qu'en peu de temps ils ont mangé. Ceci est aussi remarquable, qu'estans les beufs en ce repos-là, tournent leur teste vers le vent qui souffle pour prendre respiration (pourveu qu'il ne soit par trop véhément) non tous indifféremment, ains la plus-part, les aucuns regardans à l'opposite, comme posés en sentinelle pour la garde du trouppeau.

En pays eschars de pascages, on envoie à la montaigne tout le bestail à cornes n'estant de service, vieil et jeune, selon l'usage des brebis et moutons, pour y séjourner la plus-part de l'esté : à ce qu'espargnant les herbages de la maison, pour l'hyver, alors on y puisse treuver abondance de vivres. Les vaches à laict mesme sont conduictes à la montaigne, pour les susdictes raisons : du revenu desquelles tandis qu'elles y séjournent, les montaignars conviennent en fourmage.

Non plus qu'au travail, le bouvier n'abandonnera jamais ses beufs s'il est possible ; de peur qu'ils facent ou souffrent mal. Au pasquis en esté soit de jour soit de nuict, dedans ou dehors le parc, se tiendra près d'eux, pour les raisons dictes, et afin de les en ramener ayans repeu : en hyver dans l'estable, y dressera son lict, pour les secourir s'ils s'entrebattent, s'ils s'embarrassent avec leurs liens, ou si pour autre cause ont besoin d'aide, sans laquelle quelques-fois ils périssent.

C'est prendre les beufs dès le fondement, que d'eslever les jeunes veaux : mais où la faute de pasturages résiste à ce mesnage, faudra tenir un chemin plus court, pour se meubler de beufs de labour : c'est assavoir, en les acheptant tous faicts et domptés, comme j'ai dict des vaches pour mesme occasion. Eschéant ceste nécessité, conviendra aviser à ce poinct, que de ne se charger d'autres beufs que de prompt service : et pour ce faire, on les prendra aagés de cinq à six ans, afin de vous en pouvoir servir, quatre ou cinq ans, qui sera le meilleur de leur aage, lequel tumbe en caducité, passé le dix ou douziesme an. Il est vrai que les beufs durent bons quelques années davantage, voire autant que les dents leur demeurent entières pour paistre : mais non en vigueur requise pour remuer terre pesante. Et encores c'est par privilége de nature, qui fortifie plus les uns que les autres, le commun de la race de cest animal n'allant guières plus avant que cela. Car aussi passé le douziesme an, ou le treziesme ou quatorziesme tout au plus, ne s'engraissent les beufs qu'avec difficulté, leur défaillans les dents et le courage pour bien manger, sans quoi comme vrais outils, ne peuvent-ils venir gras, la graisse procédant de l'abondance de viande (105). L'aage des beufs se cognoist aux dents et aux cornes. Les dents leur commencent à tumber à trois ans, au

lieu desquelles en viennent d'autres qui les accompaignent jusqu'à l'extreme vieillesse (106). Et ceste est la plus asseurée cognoissance de leur aage, par les dents ; que tant plus vieils sont les beufs, tant plus courtes sont leurs dents : au contraire des bestes chevalines. D'autant que les dents des beufs s'usent en ruminant, chose qu'ils ont de commun avec tout autre bestail qui rumine, comme moutons et chèvres (107). Les nœuds que les beufs ont aux cornes, marquent leurs années, contans pour trois, depuis le bout des cornes jusqu'au premier nœud : parce qu'à trois ans, se despouille ce qui de la corne leur est accreu despuis leur naissance jusqu'audict temps, en expulsant l'incrustation ; demeurant ce bout-là, appellé, cornichon, net et poli, sans tortuosité. Lequel en s'accroissant par années, faict à chacune année un nœud, comme un anneau relevé : le plus jeune de la corne estant tous-jours ce qui touche la teste des beufs : au contraire des arbres, desquels les nouveaux jettons poulsent les branches à la cime des arbres (108). Par ceste très-certaine addresse, le père-de-famille ne sera trompé : de laquelle se servira aussi à l'achapt et à la vente des vaches ; parce que ces choses sont communes aux masles et aux femelles de ceste espèce d'animal.

Finalement, le beuf est mangé, extreme et dernier de ses services, en quoi (comme a esté dict) il excelle toutes autres bestes de labour. Pour en venir là, convient au-paravant l'engraisser, autrement sa maigreur ravaleroit beaucoup de son prix. J'ai des-jà dict, que le trop de vieillesse résiste à l'engraissement des beufs : par quoi se faudra soigner de prendre leur aage à poinct requis, et sans avoir esgard à la continuation de leur bon service, ne délayer ce traict de mesnage plus avant que leur douziesme an, si faire se peut, car ce seroit trop hazarder que d'attendre davantage. Les beufs destinés à estre engraissés seront ostés du labourage à la fin du mois de Mai pour les nourrir ès bons herbages durant l'esté, en oisiveté, sans les remettre au travail une seule heure de temps, de peur de leur destourner l'engraisser, ou de les morfondre. On les menera paistre dès la poincte du jour, pour, avec l'herbe, leur faire avaler la rozée de la saison. Ils demeureront au pasquis jusqu'à ce que les chaleurs les importunent : desquelles les retirant, les menera-on reposer à l'ombre, sous les couvertures ; et les chaleurs passées, seront ramenés à l'ordinaire, pour le reste du jour ; et la nuict venue enfermés dans les estables ou dans le parc, avec les autres bestes du labourage : ou bien à part, si le nombre des beufs d'engrais mérite une particulière garde. Et à ce que les beufs mangent de bon apétit et par conséquent beaucoup, seule espérance de leur graisse, trois ou quatre fois le jour on les abbruvera, à quoi seront provoqués par le sel qu'on leur donnera une fois la sepmaine. Ainsi gouvernés sans interruption, se rendront-ils gras dans la fin du mois de Septembre, et au poinct d'estre mangés, soit en les vendant aux bouchers, soit en les tuant pour la provision de la maison. Aussi en hyver dans

les estables par bonnes pastures sèches, s'engraissent les beufs : mais avec plus de despence et de souci qu'autrement : car il faut estre abondamment pourveu de foins, et employer grande solicitude à les panser. C'est ordre proprement appartient au pays de montaigne, inventé, plus pour employer leurs foins, dont communément ils foisonnent, que pour nécessité du temps : d'autant qu'en esté ils pourroient aussi bien et commodément engraisser leurs beufs en la campagne, que ceux de la plaine. De là sort un autre mesnage, c'est qu'avant que retirer les beufs du travail pour les mettre engraisser, les montaignars leur font faire leurs semences, achevans de labourer par telle œuvre ; ce que tumbant sur la mi-Septembre, c'est lors qu'ils commencent un nouveau et dernier ordinaire : temps remarqué opportun, et pour les bleds qui se treuvent couverts en bonne saison, et pour le fondement de la graisse des beufs, jetté devant les extremes froidures, qu'en ce négoce est nécessaire de prevenir. On s'estudie à les faire beaucoup manger, comme à l'article le plus important : pour telle cause, leur donnant du foin, peu et souvent : et en tenant tous-jours nette la crèche, prevenir le desdain qui communément avient de trop de viande salement distribuée.

Pour leur esveiller l'apétit, la langue leur est souvent lavée et frottée avec du vin et du sel, pour le moins, chacune sepmaine une fois : et de dix ou de quinze en quinze jours, leur donne-on du sel à manger, la force duquel tempérée par boire, leur faict dévorer la viande ; traitement commun pour toute sorte de beufs d'engrais (109). Mais il convient distinguer la boisson par le temps, autre que tiède ne leur estant propre quand le froid pique : par quoi l'eau leur sera lors eschaufée, la blanchissant avec un peu de farine qu'on y mettra dedans. Est nécessaire d'engar-

Empescher qu'ils ne se leschent.

der les beufs de se lescher, d'autant que le lescher leur consume la graisse : ce que les bouchers recognoissent très-bien, dont ils en ravalent le prix , et très-apparemment se remarquent les endroits leschés, et ce à la peau du beuf escorché, plus mince estant là, qu'ailleurs. Le lescher se previent avec fiente de beuf, de laquelle le beuf est frotté par tous les lieux de son corps où il peut attaindre avec la langue ; car ainsi embouzé, l'amertume qu'il y treuve le garde de se lescher (110).

Matieres engraissantes et variantes.

Diverses viandes pour engraisser les beufs sont ad-joustées au foin, selon les commodités des pays. Aucuns leur donnent soir et matin , des pelotes faictes de farine de seigle, d'orge , d'avoine , meslées ou séparées et pestries avec de l'eau tiède , en y meslant du sel parmi. D'autres leur donnent quantité de raves crues ou cuites. Les lupins entiers, en farine, ou en paste leur sont bons : les pepins des raisins : l'avoine : aussi le gland, pourveu qu'ils en mangent leur saoul ; car peu de gland n'engraisse le beuf, ains l'alangourit, le faisant devenir rongneux (111). La paille ne faict que nourrir les beufs sans engraisser; pour laquelle cause l'on s'abstient de leur en bailler à manger, lors qu'il convient de les engraisser. Et jour et nuict est requis d'estre autour de ces beufs, pour les soliciter à manger : aussi moyennant diligence , dans trois ou quatre mois attaignent-ils le poinct que desiré : et mieux et plus facilement, voire plustost, que plus de temps devant l'arrivée des grandes froidures, à cela les aurés commencés (112).

Ainsi engraisse-on les vaches , la di-

Veaux et genices.

versité de leur sexe n'en diversifiant l'ordre. Quant aux veaux , bouveaux et genices, à les engraisser n'est requise tant de curiosité : car il ne faut que les faire manger leur saoul par la campagne ès pastis , tant que le temps les favorise , ou durant les froidures , dans l'estable de bons fourrages , les abbruver ès bonnes heures du jour , et quelques-fois , bienque rarement , leur donner du sel pour leur esguiser l'apétit.

Pasturage bien employé.

Ayant nostre mesnager abondance de foins et autres bonnes pastures , avec l'eslevement des veaux (outre la portée de son labourage) entretiendra-il nombre de vieils beufs, qu'il fera achepter ès marchés d'alentour; afin de s'en servir à boutées pour expédier ses labours et semences ès meilleures saisons, et après les engraisser : ou ne voulant passer tant avant, les vendre pour le travail, faisant comme magazin de telle marchandise. Par lequel honorable trafique , tirera-il très-bien la raison de ses herbages , fourrages , et aussi de ses terres; lesquelles par telle commodité, seront labourées à souhait : à poinct nommé , choisissant les bonnes saisons de leur culture. A la charge aussi , de subroger tous-jours des jeunes beufs , aux vieils, selon les occurrences. Ceci est remarquable au beuf et

La bouvine croist tant qu'elle vit.

à la vache , que de cesser de croistre , lors qu'ils cessent de vivre , et non devant, se conservans la vertu de s'aggrandir jusqu'au dernier jour de leur extreme vieillesse. Nature n'ayant donné aucun terme d'accroissement à la bouvine , comme elle a faict à la plus-part de tous les autres animaux (113).

CHAPITRE X.
Les Chevaux et Jumens.

La réputation que le cheval s'est acquise, pour son grand service par dessus tout animal, le faict recognoistre par toutes les nations civilisées : ausquelles laissant publier ses mérites, ici monstrerai-je tant seulement, le moyen que le mesnager a à tenir pour s'engeancer de tel bestail, le nourrir et dresser pour tous usages. A son honneur j'ad-jousterai ceci, qu'entretenir le haras, c'est nourrir à la haute volerie, parce que le cheval est la beste de commun service qui se vend le plus. Sans mettre en conte *Bucephal.* ce brave Bucephal, miracle de nature que Alexandre le Grand achepta sept mil cinq cens escus, et auquel pour sépulture, édifia la ville de Bucephalie, de son nom ainsi appellée, contemplans le prix des chevaux d'aujour-d'hui, treuverons n'en falloir qu'une couple chacun an, pour tumber somme notable de deniers en la bource du père-de-famille.

Pour la nourriture des chevaux, est nécessaire abondance d'herbages. Les princes et grands seigneurs ont domestiqué en ce royaume la nourriture des chevaux, si qu'à leur exemple sans hazard en cest endroit celui les pourra imiter qui sera bien pourveu de pasturages. Plusieurs peuples aussi en diverses provinces s'exercent à ce mesnage, en Bourgongne, Normandie, Bretaigne, Auvergne, Poictou, et ailleurs : mais en plus grand volume ès régions estrangères. Car c'est d'Alemagne, d'Angleterre, d'Italie, de Corsegue, de Sardaigne, d'Espaigne, de Turquie, de Transilvanie, et d'autres terres lointaines, d'où l'abondance de chevaux vient en ce royaume ; presques à nostre honte, et à preuve de nostre nonchalance, veu que chés nous en pourrions estre mieux accommodés que ne sommes.

Aussi la bonne race. Après la provision dès pasturages, de mesme est nécessaire la soigneuse recerche de la bonne race des chevaux, pour avoir contentement de ceste nourriture. Car comme en la moisson n'est le temps de remédier au défaut des blés, ainsi lors que les jumens poulinent, ne se reparent les défectuosités des chevaux. Prevenant donques ces pertes, dès le fondement de vostre haras, vous-vous meublerés d'estalons et jumens d'eslite, ce qu'il en faut pour la fourniture de vos herbages. Ceste curiosité s'accouple avec celle qu'on emploie au dresser du verger fruictier, allant cercher les greffes des bons arbres là où ils sont, près ou loin ; autrement n'auroit-on autres fruicts que du voisinage, tels qui se rencontrent ; lesquels communément ne sont de grande requeste. Donques sans avoir esgard ni à la peine ni à la despence, pour un préallable sera pourveu à cest article.

Moyen de se pourvoir d'estalons. Quelques-fois avient heureusement, que près et à bon marché, l'on se meuble de bons estalons, quand par rencontre ès armées, parmi les charrois, les labourages et ailleurs, se treuvent des chevaux de bonne marque. Par quoi indifféremment par tout, chés les gens de guerre, les marchans, mesnagers, hosteliers, curieusement recercherés les meilleurs de ces animaux ; prenant par les chevaux l'occasion qui s'offrira. Ce n'est seulement à l'addresse des chevaux où il

faut viser, pour l'engeance : car souventes-fois par la diligence du sçavant escuyer, un cheval de mauvaise nature, se
rend excellent : et au contraire, demeure
sans nom, le cheval qui n'a esté enseigné
selon l'art, quoi-que de bonne espérance;
ains aux bonnes qualités provenans du
bénéfice de nature : ne servant de rien
à l'estalon, la science acquise à bien manier ; ne lui nuisans non plus les blessures, que le cheval a receues à la guerre
ou ailleurs. Car encores qu'il aie un œil
crevé, ou qu'il boiste pour coups receus,
à servir d'estalon ne laissera d'estre utile,
pourveu que les intestins ne soyent offencés. A l'estalon a-on accoustumé de
regarder plus curieusement qu'à la jument : parce principalement qu'un estalon fournit à plusieurs jumens, se pour-
veyant en une seule beste, de ce qu'on
cerche en plusieurs, et qu'aussi communément les poulains tiennent plus des
pères que des méres. Néantmoins est-il
nécessaire, que la femelle soit bien choisie, pour recevoir et animer dans son
ventre, la semence du masle, ce qu'elle
ne pourroit commodément faire estant
de maligne nature.

La forme, le poil, la fantasie et l'aage,
sont les parties observables à l'estalon.
Quant à la taille, d'autant que de toutes
se treuve de bons chevaux, cest article
sera à discrétion ; bien-que, comme celle
où gist le plus de profit, la plus grande
soit la plus prisée. La forme du cheval
pour servir d'estalon sera telle qu'il appartient, s'il est bien ramassé en ses
membres, y ayant par entr'eux telle sim-
métrie, que tous ensemble rendent le cheval de beau rencontre, de bonne force et
de grande agilité. Ce qui aviendra ayant

la corne du pied lice et douce, non ra-
bouteuse, ni aspre; estant séche, noire,
dure, haute, ronde et creuse en dedans,
afin de tant mieux tenir le fer : les couronnes desliées et pelues garnies de poil :
les pasturons courts, moyennement eslevés, non trop couchés ; pour n'estre sujet à broncher : les jambes grosses en ses
ossemens, peu chargées de chair, mais
fort nerveuses, droictes et bas enjoinctées,
causans grosses joinctures : les cuisses
longues, grosses, massives, musculeuses
et nerveuses ; faisans par leur grosseur,
suffisamment eslargir les jambes du cheval, et en suite empescher l'entre-tailleure : le ventre long, caché sous les costes, dont il se représente petit : les génitoires esgaux et de moyenne grandeur ;
les costes larges et longues approchans la
joincture de la hanche, par là, le cheval, se rendant propre à porter la celle
et à bien courir : la poictrine et devant
large, haute, et avancée en dehors, laquelle cause grand entre-pas et destourne
l'entre-tailleure : les espaules grandes et
larges : le dos court et uni : la crouppe
unie, ronde, grosse et grasse, enfoncée
par le milieu, faisant un petit canal,
regnant le long d'icelle jusqu'à la queue :
la queue grosse, roide et bien fournie,
de poil traisnant à terre : le col de
moyenne grandeur, non guières chargé
de chair, eslevé, allant en estroississant
vers la teste, comme en voulsure, lui faisant porter la veue contre terre : les crins
bien fournis de poil, pendans du costé
du montoir : la teste petite, séche, et
fort maigre, les veines et nerfs y estans
fort apparens : le museau camus : les aureilles petites, poinctues, estroictes, et
droictes : le front ample, deschargé et

séc : les yeux gros, grands, noirs et clairs comme miroirs, embontissant en hors ainsi que goderons, les deux se ressemblans entièrement, en figure, grandeur et couleur : les saliéres de dessus les sourcils sortans en dehors : grande gueule et bien fendue, pour le facile bridement : les machoires et babines petites, sèches, desliées et subtiles : les naseaux grands, enflés, ouverts et bien fendus ; à travers desquels l'on voie le rouge, quand on regarde par le dedans, pour la facile respiration, causant longue haleine.

Au poil.   Grande cognoissance de la qualité du cheval tire-on de la couleur de son poil, dont à la longue les expériences ont produit les marques requises en cest endroit. Et bien-que de tous poils se treuvent de bons chevaux, cela néantmoins tant rare, que ce seroit se décevoir à son escient que de mespriser les addresses du poil, selon l'usage des bons escuyers, antiques et modernes. Le bay, le fauve, le grison, le moreau, sont les chevaux les plus prisés, comme eminentelés des quatre principales couleurs, et desquelles toutes les autres dépendent, procédantes des humeurs dont le cheval abonde le plus, et qui s'accordent avec les quatre élémens. Le cheval bay est dominé par le feu, qui le rend cholère. Le fauve par l'aer, sanguin. Le grison, par l'eau, phlegmatique. Le moreau, par la terre, mélancholique. Le bay et cholère, est communémeut ardant, léger et sauteur. Le fauve et sanguin, prompt et agile, joyeux et esveillé. Le grison et phlegmatique, tardif et mol. Le moreau et mélancholique, pesant et de peu de cueur, toutes-fois fort : se conformant le cheval à la qualité de l'élément duquel il participe le plus. Alors

se rencontre-il parfaict, quand par bénéfice de la nature, il participe proportionnellement de tous les élémens ensemble. Outre lesquelles générales addresses, y en a-il des particulières touchant le poil, servans à ceste cognoissance : où s'adjoustent les balzanes, c'est à dire, les marques blanches des pieds, avec lesquelles les chevaux naissent, le tout ainsi recerché. Les balzanes de bon signe ne seront pareilles en tous les pieds du cheval, ains inégales, petites, ne montans guières avant en la jambe, ni aussi trop descendans sur la joincture du pasturon sans y toucher : ou y touchans le moins sera le meilleur. Les balzanes des deux mains, c'est à dire, le blanc ès deux pieds de devant, n'est guières bonne marque, estant tel mauvais signe aucunement corrigé par une balzane à l'un des autres pieds. La balzane seule des deux pieds de derrière est bonne marque, mais avec l'estoille au front se rend meilleure : n'estant telle si sans estoille avec les balzanes des pieds, y en a une en l'une des deux mains. La balzane de la main de la bride, marque le cheval estre d'assés bon maniment, mais non de grande seurté, dont n'est beaucoup à priser, non plus que celui qui a la balzane à la main de la lance. La balzane du pied droict est bonne marque, le cheval qui l'a estant excellent, mais superbe et vicieux, il est appellé *arsel.* La balzane du pied de l'estrier est fort bonne marque, monstrant le bon cueur du cheval. La balzane universelle de tous les quatre pieds, monstre la loyauté et bonne fantasie du cheval, mais peu s'en treuvent qui ne soyent foibles, d'où vient le proverbe, *cheval aux quatre pieds blancs*

faillant

faillant au besoin. Le balzan de la main de la bride et du pied de l'estrier, est dict, *travat*: pareillement, celui qui l'est de la main de la lance et du pied droict. Et *trastravat*, comme dict entravé, le balzan de la main de la lance, et du pied de l'estrier; aussi de la main de la bride et du pied droict; qui n'est guières bon signe. Le cheval sera de gentil cueur et de bonne vertu, qui aura l'estoille blanche au front, ou la liste (114) et raie blanche qui lui descende par la face ou chanfrin, sans toucher aux sourcils ni arriver jusques au museau, et encores mieux s'il a et l'un et l'autre: mais ayant avec cela les balzanes aux parties basses, annonçans bon signe, sera excellent et parfaict en bonté. Le cheval marqué des balzanes des parties d'en bas annonçans mauvais signe, ne sera de guières amendé, encores qu'il aie les bons signes de l'estoille et de la raie blanches au front. Le cheval est de mauvaise bouche et vicieux qui a l'estoille blanche au front, lui faisant liste ou raie, et qui en a aussi une autre sur le muffle: toutes-fois tels vices se corrigent; si en outre il a la balzane du pied de l'estrier, le tout se convertissant en signe de grande vertu. Les taches et mouschetures noires sur les balzanes, marquent le bien et le mal du cheval; diversement toutes-fois, selon le lieu où elles se rencontrent: le bien, si elles sont ès balzanes de bon signe, le mal en celles de mauvais, augmentans la vertu ou le vice du cheval. Les mouschetures noires et rousses sur un cheval blanc, marquent le cheval estre léger, addroit, de bon sens, mais plus de force lui signifie la noire que la rousse. Le cheval bay, appellé *rubican*, ayant poil gris

en quelque endroit, mesme à la queue, sera bien marqué s'il a des poils blancs depuis la main en arrière: mais aura peu de force les ayant en devant. Le cheval à poil obscur mousché de blanc universellement, est bien marqué: mais fort mal, ne l'estant qu'au col, vers les espaules, par les flancs et en la crouppe. Le cheval n'ayant ne balzane ne marque blanche en aucun endroit de son corps, sera amiable et gai, mais aura mauvaise alleure avec train incertain. Aussi sera noté, qu'un cheval doit tous-jours avoir plus de blanc derrière que devant.

La fantasie est ce qui rend le cheval plus recommandable: car il pourroit estre le mieux marqué du monde, que s'il est vicieux, mal complexionné, restif, mordant, ruant, indomptable, le faut rejetter comme inutile. On le choisira donques gai et de plaisante rencontre, vigoureux, remuant, escumant, bavant; non timide ne paoureux; facile à estre pansé et monté; doux au manier et obéissant, léger à la main, craignant l'esperon, la verge, la voix, ne se couchant dans l'eau, prompt et asseuré à gayer les rivières, à passer sur les ponts et planches, et facile à entrer dans les bateaux. Ayant le pas, le trot, le galop et la carrière, eslevé, libre, vigoureux et viste, seur, prompt et ferme le maniement et les bonds: avec facile et léger arrest. Bonne bouche, pour tost se paistre de toutes matières mangeables. Le sommaire desquelles qualités par la subtile recerche des bons escuyers, est tel. Que le cheval aie trois parties correspondantes à trois de la femme, assavoir, la poictrine, le fessier, les crins: trois du lyon, le maintien, la hardiesse, la fureur: trois du

beuf, l'œil, la narrine, la joincture :
trois du mouton, le nés, la douceur,
la patience : trois de mulet, la force, la
constance au travail, et le pied : trois de
cerf, la teste, la jambe, le poil, c'est
à dire court : trois de loup, la gorge, le
col et l'ouïe : trois de regnard, l'aureille,
la queue, le trot : trois de serpent, la
mémoire, la veue, le contournement :
trois de lièvre et de chat, la course, le
pas, l'agile souplesse.

De / l'aage.

Quant à la durée de l'aage ; la variété
des complexions des chevaux, la diversité des vivres selon le climat, le bien
ou mal panser, la gouvernent, selon les
causes secondes ; par là s'allongeant ou
raccourcissant la vie de ces animaux. Et
bien-que sans moyens, l'aage vienne avec
le temps, si est-ce que telles choses sont
considérables à l'achapt des chevaux, pour
estalons ou autre service : afin de ne se
décevoir, s'acquérant une inutile vieillesse. Presque par tous les endroits de ce
royaume, le cheval bien gouverné dure
bon au travail, quinze ou seize ans, mais
ne servira-il tant longuement pour estalon. Car passé le douziesme an, n'est
propre à saillir les jumens : pour ce que
les chevaux engendrés de bestes vieilles
sont tous-jours peu courageux, ont les
yeux enfoncés, avec la contenance triste
et morne. Attaint que le cheval aie la troisiesme année, commencera d'estre propre
à ce service-ci, toutes-fois le meilleur
de son aage est depuis la cinquiesme
jusqu'à sa dixiesme, comme estant durant ce temps-là, en la perfection de sa

Aduis / des jumens.

vigueur (115). A ceste aage-là, et aux susdictes marques, se doit-on arrester pour
l'élection des bonnes jumens, ne discordans des chevaux en autres parties, qu'aux
naturelles discernans leurs sexes. Le ventre de la jument requiert estre plus ample
que celui du cheval, pour le profit du
poulain qui s'y engendre et nourrit, ne
pouvant s'accroistre tant en petit qu'en
grand vaisseau.

Cognoistre / l'aage des / chevaux et / jumens.

La plus asseurée cognoissance de l'aage
des chevaux et jumens, gist aux dents, selon le commun avis : mais c'est seulement
pour sept ans que telle addresse dure,
qu'ayans achevé de remuer leurs dents,
de là en hors autre jugement n'en peut-
on faire que par indices. Dans le premier an de son aage le poulain se trouve
avoir douze dents, six dessus et autant
dessous, commençant à les mettre au second ou au troisiesme mois, et à lui tumber au trentiesme : continuant à lui en
tumber et renaistre, jusqu'à sa septiesme
année, que tout est rempli et razé. Les

Leur vieil- / lesse.

indices de vieillesse du cheval, sont, la
mine mélancholique : la pesanteur du
corps : l'alleure lente : ternissement et
enfoncement des yeux : grisonnement de
poil à ceux qui de nature l'ont obscur,
et à ceux qui l'ont clair ou blanc, quand
il devient moucheté de noir ou de rouge :
quand la queue est lasche et ses nœuds
sont avalés : quand la peau du cheval
tirée avec la main à nous, retourne lentement à sa place : et pour ne sortir du
tout hors des dents, quand les dents se
noircissent et s'allongent, lequel allongement ne s'entend pour les chevaux qui
rongent leurs mords, tout-d'une-voie se
roignans les dents. Aussi se cognoist aucunement l'aage des chevaux aux ba-
lievres crespues de dessus, contant pour
autant d'années qu'on y treuve de plis-
sures (116).

Vingt, ou vingt-cinq jumens, est la

droicte charge de l'estalon, auquel nombre, un seul estalon fournira estant bien traicté. Le traictement qu'il désire est du tout semblable à celui des plus braves chevaux des escueries des grands seigneurs, avec lesquels il a de commun le foin, l'avoine, la paille et l'eau dont ils sont nourris, le bon logis et le bien panser de la main. Aussi le promener et piquer, non pour l'espérance d'en faire grandes journées, comme des chevaux destinés au travail, ains seulement pour lui entretenir la santé, qui se rend meilleure par le modéré exercice. Car tenant tousjours l'estalon dans l'estable sans rien faire, cela le rendroit podagre, pour les mauvaises humeurs qu'à la longue il s'acquerroit et dont il feroit amas par trop d'oisiveté. Par-fois donques, l'on se pourra servir de l'estalon, durant l'année (excepté au printemps, qu'estant en charge, pour les jumens sera entièrement reservé) lequel doucement mené, sans estre pressé, se maintiendra sain et joyeux, tel petit travail l'entretenant en bon apétit.

Tant de soin qu'à l'estalon, n'est requis à l'entretenement des jumens, d'autant qu'elles se plaisent mieux nourries aux pastis de la campagne que soigneusement traictées dans l'estable : s'entend durant l'esté, l'automne, et une partie de l'hyver jusqu'à l'arrivée des froidures, auquel temps convient les establer, et là les nourrir de bons fourrages, comme j'ai dict des beufs et vaches, pour ne sortir du logis de tout le printemps en attendant que les nouvelles herbes soient fortifiées pour commodément les en paistre. Et tel leur naturel tourne à espargne au père-de-famille, lequel souffriroit grande despence, s'il estoit contraint de traicter ses jumens à l'ordinaire des estalons. Ne se doit-on soucier d'engraisser les jumens, ains seulement à les entretenir en modéré portement : voire est requis d'estre plustost maigres, que grasses, pour en cest estat-là, plus facilement retenir la semence du masle, qu'en cestui-ci. Non plus que les estalons faut faire travailler les jumens, de peur de gaster ceste nourriture, ceux se trompans qui employent leurs jumens portières aux fréquentes œuvres de mesnage ; d'autant que des travaillées n'en tire-on croist de valeur, ains comme avortons et bastards sont communément les chevaux qui en naissent. Sur tout se faut résoudre à cela, que de ne les employer qu'à manger durant le premier mois de la conception, ne les six dernières sepmaines de leur ventrée pour crainte de destourner leur port, comme il en est plus dangereux en ces termes-là, qu'en l'entre-deux : par estre le poulain trop tendre en son commencement ; et trop avancé, approchant sa naissance pour pouvoir souffrir le tracas de la mère, le moindre heurt la faisant avorter.

Est à souhaitter que les poulains naissent durant le temps que les herbes sont en leur première bonté, pour l'abondance de bon laict qu'elles causent aux mères, afin de tant mieux nourrir leurs petits ; d'où ils prennent si bon accroist, que toute leur vie s'en ressentent. Et à ce que cela avienne ainsi, faudra faire couvrir les jumens dans le mois de Mai ou celui de Juin, pour en suite pouliner en Avril ou Mai, ou peu après ; car c'est onze mois, ou peu davantage que les jumens portent (117). En ces mois-là, natu-

rellement les jumens entrent en rut ou
en amour, demandans le masle : ce qu'on
recognoist notoirement à plusieurs signes,
mesme à ce qu'elles perdent presques le
manger, du désir qu'elles ont de parier.
Mais si à ce elles sont tardives, craignant que la saison s'escoule cependant, on les y eschauffera par augmentation d'ordinaire : c'est en leur donnant
force grain à manger, abondance d'a-
voine, quelque peu de froment, de l'orge
frit et arrousé avec du vin, y meslant
du sel parmi : tandis les faisant séjourner
sans nullement les travailler. Par mesme
ordre sans autre mystère eschauffera-on
l'estalon froid et parresseux : et en lui
mettant aux nazeaux une esponge de laquelle l'on aura frotté la nature d'une
jument chaude pour la lui faire sentir.
Lequel moyen ne l'esmouvant, rejettés
tel estalon comme inutile, car ce seroit
perdre temps que de l'y affectionner par
médicamens comme d'aucuns veulent, et
tous-jours seroit le remède à recommencer. Et quand bien ces droguemens ren-
contreroient, les poulains qui en provien-
droient ne seroient de la bonté requise,
ne durables en service, par estre sophistiqués dés leur origine.

L'estalon sera mené à la jument en
jour frès et sur la matinée avant que l'un
ne l'autre aient beu, et aussi sur le soir
en continuant le lendemain, et en suite
jusqu'à tant que la femelle refuse le masle :
lequel lui sera encores représenté au bout
de dix ou douze jours, pour savoir si elle
aura conceu, ce qu'on tiendra pour certain, si elle le rejette et ne retourne
en chaleur. Et au contraire le recevant
de rechef, sera signe qu'elle n'aura retenu la semence, et lors conviendra le

lui rebailler comme dessus. Estant la jument empraignée, elle sera séparée d'avec
les autres, et aussi des jeunes chevaux,
afin que leur impétuosité ne la destourne
de son port, auquel destrac est-elle plus
sujette au commencement et sur la fin,
qu'en autre temps, comme a esté dict. Et
pour tous-jours les estalons seront nourris à part, dans estables séparées selon
l'ordonnance susdicte : d'autant que leur
hantise avec les femelles n'est jamais profitable, que lors qu'ils les saillent. A son
ordinaire remettra-on la jument, pour
d'icelui estre nourrie jusqu'à son pouli-
nement : attendant lequel l'on se prendra
garde de ne la presser, ne heurter, faire
courir ne sauter, de peur de la faire affoler. Approchant son terme, on la lo-
géra dans estable séparée, sèche, chaude,
saine et spacieuse, afin qu'elle y séjourne
à l'aise, et qu'ayant bonne lictière elle s'y
repose mollement pour le bien de la ventrée, la durté du giste lui estant contraire.
Un valet ne l'abandonnera jamais ne
nuict ne jour, pour la secourir lors
qu'elle poulinera : et si c'est avec difficulté, lui donnera-on du polypodium
broyé et dissout dans eau tiède : ce bruvage servant aussi de remettre en vigueur
la jument qui s'est avortée, lequel remède
tiré de *Columelle*, par l'expérience de
plusieurs, a esté treuvé salutaire (118).

Le poulain nouvellement né, sera laissé
auprès de la mère, et avec elle enfermé
dans l'estable durant sept ou huict jours,
pour après la suivre au pastis : tant pour
sa propre commodité, la tettant à son
plaisir, que pour le contentement de la
mère, qui d'amitié qu'elle porte à son
poulain n'en peut souffrir l'absence; ains
d'impatience en perd le repos, le man-

Et traictement à sa mère.

ger, et le boire. Durant ces jours-là sera la jument délicatement traictée, sans lui espargner l'avoine, soit qu'elle mange du vieux foin, ou de nouvelle herbe, pour la fortifier et faire abonder en laict: ausquelles choses est très-propre le sain-foin, duquel ayant commodité l'en ferés paistre, soit en herbe, soit en foin, tou-tes-fois modérément sans la fouler, pour les raisons dictes. La jument sera abbru-vée d'eau blanchie avec de la farine, y meslant parmi un peu de sel, afin de prevenir les trenchées que la seule eau lui pourroit causer. On ne maniera au-cunement le poulain en son commence-ment, crainte de lui offencer le dos, ne pouvant, pour sa tendreur souffrir d'estre pressé, ne presques touché à la main, de ses deux premiers mois (119).

Combien de temps tetter le poulain.

Seize ou dix-huict mois fera-on tetter le poulain, non guières davantage : en-cores est-ce long terme pour les chevaux de la grande taille ou de la moyenne : car ceux de la petite se contentent d'un an. Par ainsi la jument ne portera que de deux ans l'un, dont reviendra grand profit à la race, par ce loisir ayant la ju-ment moyen de se bien nourrir et le pou-lain de se fortifier et aggrandir à souhait. D'autant que le laict est de si grande effi-cace à ce jeune bestail, qu'il le poulse fort en son commencement, si que toute sa vie se ressent de telle bonne nourriture. N'estant à esmerveiller de voir petits les chevaux et comme bastards, qui ont peu tetté, dont les mères portent tous les ans, et lesquelles pour surcharge travaillent la pluspart du temps, non plus que les blés mal nourris des terres qu'on ne laisse jamais reposer.

Premières...

Ayant le poulain attaint la seconde année, on l'esloignera de sa mère, le faisant nourrir quelque peu de temps en pastis séparés avec les autres de son aage : afin de commencer dès-lors à jet-ter les fondemens de la science requise à tant noble animal, selon que la chose est plus facile, tost que tard commencer. En quoi a plus de dextérité que de peine; car il ne faut que souvent et douce-ment manier le poulain avec la main, par tous les endroits de son corps, lui lever une jambe après l'autre, lui frap-per de la main contre le pied, comme si on le ferroit : lui passer doucement l'es-trille, le peigne, l'espoussette et le bou-chon sur le dos : lui faire voir et ouïr le bruit des ferrures de la bride; entendre la voix de son gouverneur pour le co-gnoistre et accoustumer : le flatter de pa-rolle : lui donner quelque peu du pain avec la main : ne le poinct battre ne ru-doyer: et en somme lui arracher par dou-ceur l'aigreur de son naturel : dont il se rendra facile à recevoir la doctrine de l'es-cuyer, lors qu'il sera parvenu à sa troi-siesme année, qui est le vrai temps de commencer à le dresser au service. Cinq ou six mois devant lequel terme, le reti-rant de la liberté de la campagne, on commencera à lui faire sentir la servi-tude, en l'enchevestrant d'un licol de laine ou de cuir mol, afin qu'il ne le blesse, toutes-fois non foible, ains suffisamment fort, pour le pouvoir retenir : avec lequel sera lié à la cresche dans l'estable, près des chevaux ja domptés, pour en leur compagnie estre nourri, et qu'à leur exemple il s'assujettisse à son devoir.

Leçon du jeune cheval.

Le paistre l'herbe ès pasturages, non seulement pour sa propre valeur est salu-taire au jeune cheval ; mais lui est pro-

Utilité au jeune cheval de paistre en...

fitable en ceci, que mangeant en bas, le cheval baisse la teste, laquelle par ce moyen s'emmaigrit, vuidant par la bouche certaine nuisible humeur, dont les yeux du cheval sont rendus meilleurs. Le col aussi s'en allonge, et les jambes s'en engrossissent : qualités désirables au cheval; provenans de la peine qu'il prend en paissant ainsi en bas. A quoi aussi servira en ce commencement de dresser la mangeoire rès terre pour faire manger le cheval tant bas qu'on pourra, comme entre ses jambes, jusqu'à ce qu'il soit du tout dressé, pour estre mis au reng des grands chevaux. Dès le grand matin la lictière sera relevée, afin de rendre l'estable nette ; le cheval sera estrillé, espousseté, bouchonné : on lui donnera à manger un peu de paille fresche pour lui esveiller l'apétit, après du foin, et en suite sera mené boire à la rivière, dans laquelle on le mettra jusqu'au dessus des genoux, où on le fera séjourner quelque espace de temps ; afin que par la froidure de l'eau, les humeurs des jambes tumbans en bas, soient restraintes. Cela s'entend en esté durant les grandes chaleurs, comme aussi en telle saison, chacun matin lavera-on la face du cheval avec de l'eau fresche, pour de mesme lui dessécher la teste, à l'utilité de la veue. Ne faut remettre le jeune cheval dans l'estable, avant que les jambes soyent sèches: ce que ne voulant attendre, avec de la paille frottant les jambes en bas les eaux lui seront avallées : ce faict, un peu de foin lui sera donné à manger. En ce commencement allant et revenant de l'abbruvoir, ce sera à petits pas qu'on le menera, par le licol, sans nullement le presser: par-fois lui sera-on monter dessus

Son pansement.

quelque léger et habile garçon, pour essayant la patience du jeune cheval, prendre avis de la leçon qu'on aura à lui bailler. Sur les neuf heures lui donnera-on de l'avoine, bien nettoyée et quelques-fois arrousée avec de l'eau claire ; mais en petite quantité, craignant la veue en estre offencée (comme estant tel grain ainsi efficacieux aux jeunes bestes chevalines)(120). Ayant mangé son avoine, un peu de foin lui sera encores donné, et rien autre chose jusques après midi, quelque heure, qu'on lui baillera à gouster : demeurant par ce moyen, le cheval par quelque espace de temps sans manger; ce qui lui causera bon apétit. L'ayant alors faict repaistre, on l'estrillera et pansera de la main comme la matinée : puis sur le soir, sera abbruvé : et après lui avoir esté faicte bonne lictière, avec de la paille blanche, on l'afourragera pour le restant de la nuict, soit de foin seul, soit meslé avec de la paille. Finalement, l'avoine lui sera donnée sa portion mesurée, un peu plus grande que celle de la matinée, et ainsi le laissera-on reposer ; et pendant ce temps-là le palefrenier couchera près de lui en son lict, qu'il y dressera, pour n'abandonner jamais le jeune cheval, de peur qu'en son absence, il ne se batte avec les autres, s'enchevestre ou autrement lui mésavienne. On ne se hastera par trop de le ferrer, tant à ce qu'il s'endurcisse la corne du pied, en allant pied nud, en bon et mauvais chemin, que pour marcher plus légèrement: à quoi il s'habitue, pour la douleur qu'il sent, touchant du pied sur les pierres et rochers. Laquelle douleur voulant éviter, il espargne tant qu'il peut, ses ongles, qu'il sent débiles, en s'aidant de l'addresse des jambes et de l'eschine. Ainsi s'accoustume-il à légére desmarche. Pour laquelle cause, plusieurs bons escuyers ne mesprisent les chevaux qui ont la corne du pied un peu tendre, pourveu qu'ils ayent grand talon, pour commodément y pouvoir asseoir le fer (121).

Voilà le premier gouvernement des chevaux, propre à tout gentil-homme, et autre honorable mesnager : moyennant lequel, le jeune cheval, en s'aggrandissant et fortifiant, se rendra capable de la doctrine du sçavant escuyer, auquel sera renvoyé, ayant ces principes; pour plus facilement recevoir l'instruction, sans laquelle, les vertus naturelles du jeune cheval, demeurent ensevelies. Comme au contraire leur sont rabillées aucunes parties, esquelles nature a défailli. Ayant donques le jeune cheval passé par bonnes mains, sera treuvé d'agréable service, non vicieux ne restif : et pour ce les Latins l'ont proprement appellé *equus*, quasi *æquus*, c'est à dire, juste en toutes ses actions, en marchant, galopant, courant, sautant ; voire en s'arrestant et reposant. Sur tout, si son inclination naturelle s'accorde avec l'art et l'industrie de l'escuyer qui l'aura enseigné.

Quels chevaux l'on doit chastrer. Quant au chastrer, cela n'est propre que pour les chevaux qu'on est contraint de nourrir parmi les jumens, ou qui d'euxmesmes sont trop furieux : ce que desirant faire, ayant le cheval un an accompli, on y mettra la main et non devant : tant parce qu'alors les génitoires lui apparoissent évidemment, que par estre le jeune cheval suffisamment fortifié pour endurer la douleur de l'incision. Toutesfois si on craint qu'il ne la puisse supporter, ou qu'il demeure trop foible, au lieu de lui coupper les génitoires, seulement les lui estordra-on avec des tenailles, à la manière des taureaux. Par ainsi, évitant ce péril, lui sera laissé quelque reste de vertu masculine, pour la force (122). Ce faict, le jeune cheval sera enfermé dans l'estable avec sa mère, pour quatre ou cinq jours, sans sentir l'aer : à laquelle mère on augmentera l'ordinaire, afin de la faire abonder en laict, pour restaurer les forces débilitées de son poulain.

A quoi donner le feu. Le donner le feu aux jambes des chevaux, est un moyen par lequel on prévient le farcin, la gale, et autres maladies qui communément s'attachent aux jambes des chevaux : en outre, dessèche les humeurs nuisantes et qui abondent en ces parties-là, en leur endurcissant la chair molle et lasche, emmaigrissant et subtiliant celle qui est enflée, et lui guérissant les douleurs envieillies. Duquel remède l'on se servira, par l'avis et la main de l'expert mareschal, qui à propos lui donnera quelques boutons de feu, dont les cicatrices embelliront plustost, qu'elles n'enlaidiront les jambes du cheval.

A quoi fendre les nazeaux. Aussi le fendre des nazeaux, le coupper des aureilles, les crins, et la queue des chevaux, est inventé pour donner respiration aux chevaux, pour leur allonger l'aleine, et pour les rendre assidus au travail, selon qu'ainsi l'on bertaude les courtaux és bonnes escueries (123). Tous lesquels moyens emploie-l'on en beau temps et serain, plus frès que chaud, non pluvieux ne venteux, en décours de lune, plustost au printemps et en l'automne, qu'en l'esté ni en l'hyver.

Travail profitable des jambes. Ainsi est gouverné le haras, avec beaucoup de profit ; bien-que ne regardant qu'aux chevaux qui en sortent. En Provence, et en partie du Languedoc, outre l'utilité du croist des chevaux, celle du gain des blés s'ajoinct à ce mesnage : mais cela est propre esdites provinces, pour la douceur particulière du climat, en autre endroit de ce royaume, l'usage du fouler les blés en campagne n'estant reçeu, comme a esté dict. Durant la récolte ès mois de Juillet et d'Aoust, les jumens, qui le reste de l'année ont chommé après la nourriture de leurs poulains, travaillent à fouler les grains avec grande expédition (ainsi que j'ai représenté sur le propos des blés) tant pour le naturel de l'œuvre, que pour le grand nombre des jumens qu'en cest endroit le père-de-famille emploie : lequel pour salaire et louage de ses bestes tire la vingtiesme partie des blés que ses jumens esgrainent, ou autre selon les conventions. D'où avient, qu'en accommodant ses voisins, ramasse grande quantité de blés, dans ce petit espace de temps : ce qui lui suffit pour fournir à toutes les despences de ceste nourriture durant le reste de l'année : par telle dextérité, retirant nettement de ce mesnage, les chevaux qui en sortent, qu'il met en ligne de compte du liquide revenu (124).

CHAPITRE XI.

Les Asnes et Asnesses.

Pour sa stérilité, le mulet est postposé à l'asne ; et pour ce aussi, que la mule-taille s'engendre des bestes chevalines et asinines, accouplées ensemble, comme sera monstré. Donques, en suite du cheval, je traicte de l'engeance de l'asne : à ce que nostre mesnager soit pourveu de toutes espèces d'animaux pour son service.

L'asne sera tel qu'il appartient, s'il est grand de corps : de poil mol, lissé et poli : de couleur noire ou grise-obscure, barré et annellé de noir, ès jarrets et sur les espaules, faisans la croix, venant la raie noire despuis le museau jusques à la queue passant le long du dos. S'il est ramassé en ses membres, ayant les jambes assés grosses, nerveuses et bas enjoinctées : la corne du pied noire et dure : les cuisses charnues : le ventre longuet et non enflé : les génitoires assés gros : la crouppe ronde : le dos uni et pendant des deux costés : le devant large, ouvert et nerveux : le col gros et fort : la teste, les aureilles et le front tendans plustost à la petitesse qu'à la grandeur : les yeux gros, noirs, et clairs : les nazeaux larges et ouverts, les machoires amples. S'il est joyeux et délibéré, non triste ne mélancholique ; non toutes-fois par trop remuant ne vicieux, ains obéissant comme est requis en tout bestail de service. L'asnesse sous les mesmes addresses et distinction du sexe sera

choisie

choisie comme a esté dict des jumens : afin qu'accouplées ensemble, masle et femelle, la race en sorte de bon et plaisant service.

Temps de faire couvrir. La saison de faire couvrir l'asnesse, est celle mesme qu'on choisit pour la jument : d'autant que le terme de leurs portées est esgal, et que communément les poulains sont mieux accommodés de laict, lors que les mères paissent les nouveaux herbages, que quand elles sont nourries de vieux fourrages. A ceste cause l'asnesse sera saillie de l'asne, durant le mois de Mai ou de Juin, elle estant en rut, et avec les observations ci-devant notées, que j'obmets pour éviter redicte ; comme aussi pour mesme cause, passerai sous silence la naissance de l'asnon, et le temps de faire chommer l'asnesse durant sa portée. Communément l'on faict tetter l'asnon un an, et non davantage, mais c'est de l'invention des pauvres gens, pour donner loisir à l'asnesse de faire chacune année, sa ventrée : chose qui revient au détriment de l'asne ; car il en demeure petit et foible, pour, en si peu de temps, ne pouvoir estre nourri de laict à suffisance. *Aggrandir asnes.* Mais ceux qui désirent avoir des grands et forts asnes, sans avoir esgard à ce mesnage font tetter leurs asnons, dix-huict ou vingt mois, durant lequel temps, avec si bonne nourriture avancent leur taille et leur force. Aucuns par artifice, aggrandissent le corps de ceste espèce d'animal, changeant la petitesse de sa génération, en haute taille. C'est en faisant nourrir le nouveau asne ou asnesse dès le jour de sa naissance, à une jument de la grande sorte, du laict de laquelle, l'asnon prenant nourriture, devient plus grand que sa naturelle stature ne porte.

A la jument enfermée dans une estable obscure, suppose-on l'asnon au lieu de son propre poulain, que quelques heures au-paravant on lui aura osté, lequel désirant avec impatience, elle recevra l'asnon pour sien, pourveu que doucement on le mette près des tetins, réitérant cela à toutes les fois que la jument le rejettera. Moyennant laquelle curieuse diligence réitérée quelques dix ou douze jours, la jument accoustumera l'asnon ; et comme si elle l'eust sorti de son ventre, l'aimera et nourrira tant longuement qu'on voudra : dont il se rendra propre à tous services, mesme à estre employé en estalon pour couvrir les jumens, si c'est masle, et estant femelle, pour estre couverte du cheval, afin d'avoir de bons mulets : ou bien sans meslinger les espèces, faire des asnes tels que désirés.

Préparer l'asnon au travail. Jusques au troisiesme an de son aage, sera nourri l'asnon avec les autres bestes de sa sorte ès herbages de la campagne, et dans les estables, selon les saisons. Passé lequel terme, le commencera-on à faire travailler ès œuvres où sera destiné : mais peu à peu, en le maniant doucement sans le rudoyer, afin de l'accoustumer au labeur, selon qu'il est beaucoup plus facile et utile d'en venir à bout par flatterie, que par contrainte. Ainsi aurés-vous des asnes grands, robustes, obéissans, et qui dureront longuement en service. A la charge de les bien nourrir, et tousjours d'un train, sans leur changer d'ordinaire en pis ; ou en mieux, quand il eschet extraordinaire travail. En l'entretenement de ceste espèce d'animaux, gist très-petite despence, se nourrissans des moindres choses de la maison, comme des reliefs des chevaux, mulets et beufs, leur donnant par-fois un peu d'avoine , lors qu'on les fait travailler plus que de coustume , du son , des cribleures des blés , ou du pain , pour les regaillardir et faire prendre nouveau apétit , et par conséquent nouveau courage. Aussi c'est principalement pour pauvres gens , que telle espéce d'animal , d'autant que n'ayans moyen d'acheter des bestes de plus grands prix et entretien , se contentent du service des asnes pour labourer la terre et porter fardeaux ; comme à tout faire se ployent - ils , selon la portée de leur force.

Chastrer les asnes. Le chastrer des asnes est presques nécessaire : d'autant que la plus - part de ces bestes entrent comme en fureur au printemps , lors que par nouvelle et abondante nourriture , provenant des nouveaux herbages de la saison , leur vigueur se renforce : et de telle sorte , que presques enragés , à la veue et approche des asnesses , font mille algarades , désordonnans tout un marché , dont ils se rendent de très-difficile conduicte. Par ainsi (réservés les destinés pour estalons) seront chastrés ceux de vos asnes , qui seront les plus importuns , gardant les autres en leur entier , afin de vous servir de toute leur force , laquelle se diminue en leur ostant les génitoires. Mais il les vaut mieux un peu plus foibles et obéissans , que tels que ci-dessus vous les ai représentés , et par conséquent insupportables. *Quand et comment.* En mesme aage , en la mesme saison , et par la mesme sorte que les chevaux , seront chastrés les asnes , lesquels après enfermés dans l'estable avec les mères , pour quatre ou cinq jours sans sentir l'aer , nourris du laict et d'autres bonnes matières , se remettront tost en

leur premier estat , pour s'achever d'accroistre de corps et de puissance.

Leur rogner les aureilles. Les Italiens roignent les aureilles de leurs asnes , comme nous faisons aux chevaux et chiens , les accommodans avec des ciseaux à leur fantasie. Ce que pourra imiter celui qui se faschera de la grandeur des aureilles de ses asnes , sans craindre que cela leur nuise aucunement (125).

CHAPITRE XII.
Des Mulets et Mules.

DE l'utilité qu'on tire du mulet et de la mule , combien ils sont obstinés en service , des diverses œuvres où ils sont employés , ne de la longueur de leur vie , n'est besoin de discourir : ces choses estans notoires à tout le monde : esquelles y a d'autant plus d'admiration , que ceste race d'animal est bastarde , composée par communication de diverses semences , d'elle-mesme stérile , sans produire génération. Néantmoins dirai-je n'estre que *La mule et la mule sont de grand service.* le mulet pour porter grands fardeaux , soit pour le train des princes , soit pour la marchandise. Et ne mettrons-nous pas aussi au premier reng le mulet et la mule pour seurement et doucement porter les hommes , puis-que par sur tous autres animaux ils sont choisis pour servir de monture aux papes , cardinaux , évesques , et autres grands et aisés personnages ? *Leur engeance.* De l'asne et de la jument ; ou du cheval et de l'asnesse , s'engendrent les mulets et mules ; bestail lequel procédant des deux diverses races du cheval et de l'asne , de

cestui-là tient la stature, et de cestui-ci
la force; demeurans confondues les autres
parties du corps, comme l'aureille qu'il
a plus grande que le cheval, et plus petite que l'asne; excepté l'œil, que notoirement il tient du seul cheval. Et ce mesme
meslinge faict le mulet capricieux, bigearre, de difficile conduicte, d'où procède
ce dire, *de bonne mule, mauvaise beste;*
et que *le mulet garde longuement un
coup de pied à son maistre.* Cause aussi
difficulté à s'animer la semence dans les
parties génitales, et en suite, long
temps à produire son fruict en évidence:
demeurant plus que nul autre dans le
ventre de la mère, assavoir un an. Et
telle inégalité de diverses semences cause
en ce bestail la stérilité de sa semence,
dont nous avons parlé. Les plus prisés
de ces animaux sortent des jumens;
par estre plus grands et ayans plus petite teste que ceux qui sortent des asnesses. D'autant qu'ils ont plus d'espace de s'accroistre dans le ventre de la
jument, qui est grand, que dans le petit
de l'asnesse. Aussi plus difficilement re-
couvre-on des asnes pour estalons, que
des chevaux pour saillir les asnesses, pour
la rarité de ceste espèce d'animal, qualifiée ainsi qu'il appartient: au lieu que
des chevaux plusieurs se rencontrent facilement s'accoupler avec les asnesses: car
pour petits qu'ils soyent, cela leur est
aisé, veu la bassesse des femelles. Mais
de nécessité convient l'asne estalon, estre
grand de corps, pour satisfaire à la fourniture de la semence requise au grand
ventre de la jument.

L'invention de telle estrange géniture
est donnée à Ana, qu'il trouva, en paissant les asnes de Sebeon son père, en la

montaigne de Seir, terre d'Edom (126).
En Afrique, pays de monstres, les mules
conçoivent et poulinent; toutes-fois rarement, selon *Dionysius, Mago* et *Varro,*
antiques autheurs de rustication. Le
seul exemple de semblable part avenu
contre nature en ce royaume de mémoire
d'homme, s'est veu l'an mil cinq cens oc-
tante un, quand une mule poulina en un
village près d'Anduze en Languedoc: laquelle avec son poulain fut donnée à
monseigneur le connestable, gouverneur
pour le roi en icelle province, qui a faict
nourrir ces bestes en ses escueries (127).

Les choix des estalons, chevaux et
asnes, aussi des femelles, jumens et asnesses, pour l'engeance, n'est autre que
celui ja faict sur l'élection particulière
de chacune de ces espèces d'animal, où
conviendra s'arrester; excepté, qu'il est
de besoin prendre curieusement garde à
la couleur du poil; laquelle est plus désirée noire ès mulets et mules, mesme
à ceux qu'on destine au port des hommes,
que nulle autre. Il est vrai, que la grise
annellée et barrée de noir ès jarrets et ailleurs, va de pair avec la noire, pourveu
qu'elle ressemble au poil de cerf. Afin
que cela avienne ainsi, l'asne estalon
sera choisi de poil le plus obscur qu'on
pourra treuver: et si on s'arreste à l'a-
vis des Anciens, soigneusement l'on regardera au poil des paupières et des aureilles; car les ayans de diverses couleurs, diversement aussi seront emmantelés les mulets et mules qu'ils engendre-
ront. Quant aux jumens, la facilité d'en
recouvrer des parfaictement noires, donne
moyen de se satisfaire en cest endroit:
comme aussi des chevaux ainsi qualifiés
tant qu'on veut: mais non aisément re-

couvre-on des asnesses de telle couleur, estans presques toutes grises. Pour le service particulier des personnes, l'on dict communément *petit mulet et grande mule* : aussi void-on les mulets bien faicts ayans belles alleures, se hausser en prix à mesure qu'ils s'abaissent en corpulance. Quant aux mulets et mules de charroirs et de labourage, d'autant que le plus requis de telles bestes gist en la force, pour ce service, grandes et fortes on les recerche ; tant plus se vendans que plus abondent en telles qualités.

A l'accouplement pour l'engeance, au pouliner, à l'entretenement des pères et mères, à l'eslèvement et conduicte des petits, autre mystère n'y a-il, que ce qui a esté dict, hor-mis que les jeunes mulets et mules ne tettent tant longuement que les chevaux et asnes, pour leur propre naturel capricieux, lequel les mères ne peuvent souffrir, plus que de six ou sept mois, croissans en bigearrure avec l'aage ; qui est tout le temps qu'ils peuvent estre allaictés, non guières davantage ; bien-que fust à souhaitter de passer plus avant pour leur profit : ce qu'on s'efforcera faire par artifice. Prévoyant laquelle difficulté, faudra accoustumer de bonne heure ces jeunes bestes à paistre l'herbe, pour entièrement s'en nourrir défaillant le laict.

Si à la première instruction des chevaux est requis aller doucement, c'est en celle des jeunes mulets et mules, où est nécessaire d'avoir un gouverneur patient : afin que par moyen, il renge à la raison ces bestes scabreuses. Car par rigueur n'en pourroit-on jamais venir à bout, tant sont-elles fantastiques, deux caprices ne pouvans compatir ensemble. Donques n'estant en cest endroit propre

un maistre de l'humeur du disciple, le conducteur des jeunes mulets en biaisant addoucira l'aigreur de leur farouche naturel, selon le proverbe, qu'*engin vaut mieux que force*. En quoi cest avis servira, que ne pouvant chevir de ce bestail par caresses, faudra recourir à la famine ; moyennant laquelle, et l'usage modéré et opportun de la verge, domptercs et apprivoiserés cest animal quelque rebours qu'il soit. Ce faict, désirant mettre à l'amble le mulet ou la mule, pour doucement les faire marcher, ayans attaint le troisiesme an de leur aage et non devant, les envoyerés à l'eschole du maistre, lequel avec des cordes attachées aux jambes, des unes aux autres, leur donnera les alleures telles qu'il voudra, grandes ou petites, selon la portée du suject. La suffisance au gouverneur des mulets pour les faire aller à l'amble, est requise, comme à l'escuyer pour dresser les chevaux. Que s'il est possible faire apprendre l'amble à ces bestes, sans les services des cordes, comme à cela naturellement aucunes s'addonnent, tant mieux vaudra pour les nerfs de leurs jambes, qui en demeurent quelques-fois offencés.

Ce n'est de nécessité qu'on couppe la queue des mulets et mules d'amble, ains de coustume invétérée sans autre raison : contre laquelle plusieurs se dispensans, laissent la queue à ces bestes, bien-que destinées à la selle : avec ceste considération, que la queue leur sert à chasser les mousches, desquelles les mulets et les mules sont fort offencés en esté.

En mesme aage que de les mettre à l'amble, conviendra faire porter à dos, tirer la charrette et labourer la terre, les mulets et mules destinés à tels usages; mais peu à peu sans les fascher ne importuner : car ainsi maniés, ne vous prendrés garde que croissans en aage, en force, en agilité, s'accoustumeront du tout à vostre service, pour y ouvrer et longuement durer. En la perfection de laquelle aage seront nos bestes parvennes à leur cinquiesme année, et non devant : ce qu'on notera, de peur de gaster par impatience ces très-utiles et très-serviables animaux, les sur-chargeant avant le temps. Aussi se soignera-on de les bien traicter, tous-jours d'un mesme ordinaire, sans leur changer de conducteur que le moins qu'on pourra : car toutes sortes de bestes de travail, sont incommodes à chacune fois qu'on les remue d'une main à l'autre.

Voilà l'ordre requis à l'engeance des mulets et mules. Qui en voudra achepter se servira de ces addresses; que le mulet aie la corne du pied noire et solide : la jambe assés grosse et ronde, bas enjoinctée : le ventre petit et resserré : la crouppe un peu poinctue, pendante vers la queue : le dos uni, non beaucoup pendant des deux costés, ains approchant celui du cheval; afin de tant mieux tenir la selle, ce qui n'est considérable au mulet à bast, qui s'embaste bien en doz-d'asne ; c'est à dire, pendant. La teste petite : les yeux gros, noirs et clairs : les aureilles courtes, ayant esgard à l'espèce de l'animal.

La mule de mesme sera choisie, excepté qu'elle doit avoir les jambes les plus gresles, le ventre plus grand et la crouppe plus ronde, que le mulet. L'un et l'autre seront de poil bas, dur et glissant avec la distinction des couleurs ja faicte, dont les plus prisées sont la noire et la grise barrée de noir. L'aage de ces animaux et celle des asnes, comme ès chevaux, se cognoist aux dents. Et à quelle hauteur peuvent attaindre les mulets et mules, dès leur première jeunesse, l'on en faict jugement certain, par leurs jambes : lesquelles ont faict tout leur accroist au troisiesme mois de leur naissance, et icelles jambes faisans la moitié de la hauteur de la beste parvenue en sa perfection de grandeur, les mesurant au terme susdict, l'on treuvera que le mulet et la mule, ayans achevé de croistre seront en hauteur une autre fois autant que celle de leurs jambes, selon la naturelle proportion du corps de cest animal (128). Ce qui est de désirable entre autre chose au mulet et à la mule, est la douceur, et de n'estre paoureux : le contraire estant leur naturel vice : partant, ce sera un bon article de leur valeur, s'ils sont faciles à estre pansés, ferrés, sellés, bridés, embastés, et autrement maniés, selon leurs particuliers services.

CHAPITRE XIII.

Les Moutons et Brebis.

Le menu bestail suit le gros, à cause de sa corpulance : car en valeur ne cède-il à aucun. Au premier reng du menu bestail est mis celui à-laine, pour son très-grand service, employé à exquisement nourrir l'homme et à commodément le vestir. Pour lesquels services et plusieurs autres, je dirai encores ceci, que c'est comme un corps sans ame, qu'une métairie sans bestail : aussi d'icelui la terre semble se res-jouir, quand on la void augmenter en rapport à mesure du nombre des bestes qu'on lui donne à nourrir. Avec distinction des espèces de bestail : j'ai de mesme distingué les herbages pour les aproprier à chacune. Les ouailles requièrent les pastis les plus délicats et plus eslevés, haïssans du tout les marescages. Leurs logis seront aussi esloignés d'humidités, pour sainement y reposer durant les froidures, neges, pluies : lesquels à telle cause, fera-on regarder le midi (129). Ces choses préparées, l'on se pourveoira des meilleures races de moutons et brebis qu'on pourra choisir selon la commune curiosité requise à toute sorte d'ensemencement.

    C'est à la laine, où principalement l'on vise, tant plus prisé estant ce bestail, que plus fine en est sa despouille. Aussi tire-il de là son nom, comme de sa plus remarquable qualité. Par tout indifféremment ce bestail à-laine n'est de mesme, qu'on n'y recognoisse de la diversité en toutes ses parties. La France, riche en bestail, abonde en précieuses ouailles, ses provinces en estans pourveues des meilleures : comme la grande quantité de fines laines, se drappans dedans le royaume, et transportées ès pays voisins, pour estre ouvrées, en rendent bon tesmoignage. Pour les fines laines, sont recogneus le Berri, la Soulongne, l'Isle-de-France, la Normandie, le Valentinois en Dauphiné, la Corbière en Languedoc (130). Quant aux chairs de moutons, quelles provinces pouvons-nous remarquer exceller en ce poinct ici, veu que par tout le royaume, par-ci par-là en divers endroits, s'en treuvent des meilleures du monde ? Presques par tout void-on des brebis faire deux aigneaux par chacune année, en deux ventrées, l'une vers la fin de Septembre, l'autre en Janvier ou Février. Cela provient plus par la bonté des herbages, que de la fertilité de la beste (encores qu'il y aie des particulières espèces de brebis se remplir deux fois l'année), l'usage nous ayant enseigné, la brebis redoubler sa portée, quoi-que de nature n'estre que d'un aigneau, si elle est remuée en lieu, auquel les deux ventrées soyent familières : et au contraire, celle dont la portée est communément de deux, se restraindre à un seul, transplacée en pays de moindre fertilité en herbages, que celui de sa naissance (131). Par là peut-on conclure, le bien des ouailles procéder de la bonne qualité du fonds : à quoi convient joindre la diligence à les bien gouverner selon leur naturel, sans lesquelles deux choses, en vain l'on espéreroit profit du bestail à-laine, le plus délicat et débile que nul autre à quatre pieds, se mourant facilement par famine et mauvaise conduicte. La chair, la peau, la laine , le laict , et le fumier , sont les revenus de ce bestail. En tout pays le profit du fumier est presques semblable ; mais non les autres particularités , se diversifians en valeur par entr'elles , selon les diversités des climats et des nourritures. Où le prix de la chair excéde celui de la laine , pour sa grossesse estant de petite vente , l'on avisera à se pourveoir de grand bestail , sans beaucoup se soucier de la laine. Mais où la laine est fine , ce sera à la laine où l'on visera premiérement , tenant la chair pour accessoire , et préférant néantmoins le grand au petit bestail , vestus de mesme parure , comme en certains endroits de Languedoc se treuvent des grands moutons ayans la toison très-fine. La laine blanche est en ceci recommandable , qu'elle reçoit toute couleur ; ce que ne faict la noire , ne pouvant estre changée : laquelle liberté faict priser la laine blanche par dessus toute autre , et pour ce aussi qu'elle est plus légére , que ni la noire , ni la grise. Est toutes-fois requis d'avoir quelque peu de laine noire , pour meslée avec la blanche , en faire des draps gris ; ou seule , des bureaux pour les habits du mesnage , non pour la vente , qui n'est telle que de la blanche , ainsi qu'a esté dict (132).

Tous-jours les aigneaux ne sont emmantelés de la couleur de leurs péres et méres , car souventes-fois avient que les béliers et brebis engendrent des petits autrement colorés qu'eux. Mais c'est chose très-asseurée que les aigneaux auront la laine de mesme couleur , que celle de la langue et le dedans de la bouche des béliers qui les auront engendrés , de blanc , de noir , de tacheté , à quoi soigneusement on prendra garde (133). Au reste , le bélier sera choisi de grand corsage , ayant esgard au pays : hautement enjambé : beaucoup chargé de laine , mesme aux endroits où communément y en a le moins , qui est le ventre et la teste , jusques autour des yeux : ayant les génitoires gros : la queue longue et fort velue : la teste grosse et camarde : le front large : les yeux gros et noirs : grandes aureilles : les cornes entortillées et non droictes , ou n'en ayant du tout poinct. Ceux qui sont sans cornes ne laissent d'estre bons pour engendrer , mais ne sont si ardans à se battre avec leurs compagnons que les cornus : ce qu'on estime à commodité , d'autant que souventes-fois avient qu'ils se blessent la teste en s'entrebattans. D'autre costé , les cornes servent d'abri à la teste des béliers et moutons , leur parans aucunement les vents durant l'hyver : pour laquelle cause ès pays froids seront choisis cornus , et ès chauds et tempérés , les prendront avec ou sans cornes , comme s'accordera (134). Par mesme addresse nous eslirons la brebis , excepté qu'elle sera bas enjoinctée : et pour raison de la portée , aura le ventre plus ample que le bélier avec grandes tetines : le masle et la femelle estans d'aer joyeux et hardi , selon le naturel de ceste espéce d'animal.

Qui désire avoir des grands moutons et brebis , n'en doit tirer l'engeance de bestail trop jeune , ains avec patience attendra que le bélier aie trois ans accomplis , et la brebis deux : à laquelle aage commencent d'estre propres à produire , et y durent bons jusqu'à leur septicsme année , devant ou après ce terme limité , ne rendans bestail d'aucune valeur , par estre trop jeunes ou trop vieux. Encores se remarque cela, que la première portée des brebis n'est de grande utilité, parce que d'icelle sort peu de grand bestail : dont sont à priser ceux qui se deffont des aigneaux ouvrans la matrice, n'en nourrissans autre que de la seconde ventrée et suivantes (135). C'est par les dents *Leur aage se cognoist aux dents.* qu'on cognoist l'aage des moutons et brebis. Avec les dents naissent les aigneaux, comme aussi font les veaux et chevreaux (propriété ès bestes qui ruminent) lesquelles ils poulsent à mesure de leur aage. Mais par le ruminer, ce bestail se raccourcit les dents avec le temps. Par telle addresse juge-on plus vieux les moutons et brebis, que plus courtes sont leurs dents. Comme aussi les cornes des moutons marquent leur aage, de mesme façon qu'a esté remarquée ès beufs (136). *Aussi aux cornes.*

Et afin que les moutons et brebis ne parient devant le temps, comme à ce nature les incite dès leur première jeunesse : *Avis sur la portée des brebis.* conviendra faire paistre séparément les masles et femelles, pour à poincts requis les faire accoupler ensemble. Ceux qui ne tirent de leurs brebis qu'une ventrée chacun an, leur donnent le bélier environ la mi-Juillet, afin d'aigneler dans le mois de Décembre, leur portée estant de cinq mois (137). Mais pour avoir deux aigneaux en mesme année, ferons empraigner nos brebis dans les mois d'Avril et d'Octobre, dont naistront les aigneaux en Septembre et Février. A soixante ou *La charge du bélier.* septante brebis fournira facilement un bon bélier, et non à guières davantage, sur quoi fera-on son compte (138). Comme aussi se résoudra le berger de ne laisser *Et de présent.* jamais son bestail de l'œil : principalement guettera-il le temps que ses brebis doivent aigneler, afin de leur servir comme de sage-femme en leur part, pour le grand besoin que lors elles ont d'estre secourues : car à faute de ce faire opportunément, souventes-fois se perdent et *Observation notable.* brebis et aigneaux. C'est pourquoi de si bons mesnagers y a-il, qu'estans possesseurs de plusieurs fermes ou métairies, font couvrir leurs brebis en divers temps : par tel moyen se donnans loisir d'estre en personne près de toutes, lors qu'elles aignèlent, pour les faire bien traicter, sans du tout s'en remettre à leurs gens, d'où est né le proverbe, *l'œil du maistre sauve la brebis :* et à cest effect avancent ou reculent de sept ou huict jours, plus ou moins, selon les situations, chaudes ou froides. Ainsi les brebis de la métairie empraignées les premières, les premières aussi aignèlent-elles, en suite les secondes ou suivantes, s'appellans les unes les autres selon leur temps, par laquelle curiosité le père-de-famille se satisfaict en cest endroit. Ce qu'il ne pourroit faire si sans distinction de temps il faisoit couvrir toutes ses femelles à la fois, comme font la pluspart des mesnagers, qui ne recerchent les choses si finement.

L'aigneau estant né, après avoir rejetté *Comment traicter l'aigneau venant de naistre.* le premier laict de la mère comme mauvais (qu'à telle cause l'on traira) du suivant en sera mis dans la bouche de l'aigneau, pour le lui faire savourer, et par ce moyen l'apprendre à tetter sa mère (139). Laquelle d'aventure ne voulant recognoistre son fruict revenant du pastis (comme de tant difficiles ou plustost des-naturées s'en voient) sera enfermée avec son aigneau dans quelque petite estable séparée, pour trois jours, durant lesquels apprendront à s'entre-recognoistre et aimer.

Et

Et encores que les mères aiment leurs
petits , sera bon qu'ils demeurent ensemble les deux premiers jours de l'ai-
gnellement , afin de remettre les mères
en force par bon traictement , leur baillant des meilleurs foins qu'on pourra
treuver : du sain-foin , si on en a , ou de
l'esparcet , avec quelque peu d'avoine , ou
du son , y meslant du sel parmi , les ab-
bruvant d'eau blanchie , plustost tiède
que froide. Ne sera ce bestail jeune ne
vieil , exposé aucunement à la violence
des froidures , neges , pluies , ains demeurera pendant ces intempéries , enfermé dans les bergeries à couvert , et là
nourri avec les fourrages préparés dès
long temps. Par sus tout autre se prendra-on curieusement garde des brebis portières , qui sont pleines , et de celles qui
nouvellement ont aignelé , allaictantes
leurs petits , pour les traicter et loger
avec plus de soin que les autres.

Les aigneaux demeureront seuls enfermés dans leur logis , tandis que les
mères paistront en campagne , ausquelles
aidant au laict , par-fois donnera-on à
manger , ou du son , de l'avoine , du
sain-foin , de l'esparcet , ou des fueilles
de saule , de peuple et semblables gardées en faisseaux , leur apropriant à cest
effect des petites mangeoires et rasteliers.
Les reliefs desquelles choses les brebis
mangeront sur le soir , à leur retour des
champs , lors qu'on les meslera avec les
aigneaux pour les allaicter. Mais si pour
la presse du bestail ou pour son immo-
dérée impatience et affection à s'entre-
rencontrer , mères et petits , ne se peuvent d'abord entre - recognoistre contre
leur merveilleuse coustume, le berger suppléant à ce défaut, les remettra en ordre,

comme le sergent faict ses soldats : ainsi
demeureront ensemble toute la nuict , et
jusqu'à ce que le lendemain conviennent
ramener paistre les brebis. Est nécessaire
l'estable aux aigneaux estre plus obscure
que claire , nettement tenue , deschargée
du fiens et de toute autre mauvaise senteur. Plusieurs fois le jour on visitera les
aigneaux , pour les esveiller et faire courir; afin de prevenir l'eschauffement qu'ils
s'acquièrent par trop dormir et reposer ,
leur nuisant beaucoup la goutte qu'à la
longue cela leur engendre (140).

Les brebis allaictantes seront mieux
traictées que les autres, comme a esté dict,
pour les abonder en laict , et par conséquent fournir à la nourriture des aigneaux. Pour laquelle cause , à elles sont
destinés les plus substantiels pasturages ,
les mieux qualifiés et les plus près du logis , afin aussi de ne s'esloigner beaucoup
de leurs petits , et que n'ayans grand
chemin à faire , elles ne soyent lasses à
leur retraicte , et les aigneaux ne trouvent
le laict eschauffé , qui leur causeroit beaucoup de mal. A cela sont fort propres les
farrages dont j'ai parlé ci-devant; esquels
les brebis pleines approchans leur terme,
et les allaictantes font grande chère presques durant tout l'hyver : voire et les
aigneaux , lesquels on y mène avec leurs
mères , estans un peu fortifiés , le temps
estant beau et serain , pour s'accoustumer
à paistre : y séjournant tout ce bestail-
ci , jusqu'au mois de Mai , que les herbages sauvages donnent nouvelle pasture.

Despuis leur naissance jusqu'à la fin
du mois de Mars , les aigneaux couchó-
ront ès estables avec leurs mères ; mais
de là en avant , on les serrera à part durant la nuict , afin d'esparguer le laict

pour les fourmages (141). Au retour des pasturages, sur le soir, les brebis seront traictes : et après leur laschera-on les aigneaux pour achever de tetter le laict qu'ils treuveront de reste ès mammelles de leurs mères ; desquelles, cela faict, on les séparera comme dessus. La matinée venue, les aigneaux seront redonnés aux mères pour les tetter, après toutes-fois les avoir un peu traictes. Puis menera-on et mères et aigneaux aux pastis, non meslés ensemble, ains en herbages séparés, afin d'y paistre sous gardes séparées, pour l'intérest du laict, lequel les aigneaux consumeroient entièrement, demeurans avec leurs mères. Par tel ordre, profitablement est gouverné ce bestail-ci, jusqu'à ce que les aigneaux soyent sevrés et devenus grands, ne se soucians plus de laict : ce qui pourra estre sur la fin du mois d'Avril, ou plustost selon le climat. Touchant la vente des aigneaux pour estre mangés, elle ne se pratique indifféremment par tout : c'est seulement ès endroits très-abondans en bestail lanu, qu'on se deffaict des aigneaux les plus mal qualifiés, primerains ou dernierains, comme l'usage le porte : gardant les autres pour l'augmentation des trouppeaux, sur tout s'ils sont de race dont la bonté et finesse de la laine les recommandent.

Industrie, douceur, vigilance, sont les principales parties du bon pasteur ; suivant lesquelles utilement il gouvernera son trouppeau. Tiendra au pastis ses bestes ramassées en gros, rappellant par cris et sifflemens celles qui s'escartent : et par mesme addresse, fera avancer, reculer, tournoyer, tout son trouppeau en un corps, comme escadron de cavalerie. Ne rudoyera ne battra son bestail ; ains doucement le conduira sans lui jetter des pierres ni autres choses qui le puissent offencer. Ne dormira et ne s'asserra jamais en la campagne, ains comme soucieuse sentinelle, se tiendra debout près de son bestail, sans l'abandonner jamais de l'œil : pour en prevenir la perte, avenant ou par les loups ou par les larrons, quand à faute de bonne garde ils surprennent quelque beste. Par ce moyen aussi évitera-il que le bestail ne s'escarte, à son propre intérest et au dommage d'autrui. Et servira au berger, de tirer de ses bestes obéissance volontaire, quand par elles veu continuellement et par accoustumance cogneu d'elles, elles le suivront pas à pas comme leur capitaine (142). Distinguera les endroits esquels il doit mener paistre son bestail, selon l'assiete des lieux et parties du jour, refuyant les marescages, comme sources de la peste de ce bestail. Et si d'aventure par faute de meilleurs pastis, il est contraint de s'approcher des endroits humides, fera que ce soit en temps sec, et encores sur le midi, ou lors qu'il est question d'abbruver le bestail, pour d'une pierre faire deux coups. Se gardera, ainsi que d'un dangereux escueil, de faire paistre à ses bestes avec l'herbe la rozée du matin ; ains attendra avec patience que le soleil l'aie abbattue ; ce qui pourra estre après avoir frappé dessus quelques deux ou trois heures : autrement ce seroit faillir lourdement ; parce que la gelée et la rozée en divers temps engendrent au bestail lanu plusieurs maladies mortelles. Craint aussi ce bestail les extremes chaleurs de l'esté, sur tout en la teste, partie de son corps la plus foible, pour laquelle cause void-on les bestes à-laine naturellement se cacher la teste sur le chaud du jour, cerchans les ombrages (143). Prevenant le mal de teste que ce bestail-ci souffre par le soleil, le sage pastre le conduict diversement, selon les diverses parties du jour : la matinée vers le soleil couchant, et la vesprée vers le levant : afin que la teste de ses bestes ne soit frappée du soleil. Dont avient, que le bestail ayant le soleil en dos, par leur propre corps la teste est ombragée ; et ce d'autant plus, que plus en paissant tiennent basse la teste. Demeurera au pastis jusqu'à dix heures du matin ; d'où il retirera son trouppeau après l'avoir abbruvé, pour le faire séjourner à l'ombre dedans ou dehors le logis, attendant l'ardeur du soleil estre passée : pour après reconduict aux champs, y repaistre le reste de la journée : et lequel de-rechef abbruvé sur le soleil couchant, sera enfermé dans le parc pour le giste. Ainsi gouverne-on tout bestail à-laine, masles et femelles, jeunes et vieux, en esté et aussi en hyver, hors-mis que pour la petitesse des jours de ceste saison-ci, le bestail demeure en campagne tout le jour, c'est à dire, despuis les dix heures du matin qu'on le sort des bergeries, jusqu'au soleil couchant, qu'on l'y ramène, n'estant lors abbruvé qu'une seule fois le jour. De quinze en quinze jours, en esté, et de mois en mois en hyver, donne-on à manger du sel aux moutons et brebis pour leur esveiller l'apétit et les faire bien boire, leur ostant par ce moyen le desdain qu'à la longue, la viande pour bonne qu'elle soit, leur apporte. Le berger ne leur distribue le sel à chacune beste à part, ains la leur fait manger à plusieurs ensemble, sur des pierres plattes, ou sur des aix,

à ce accommodées avec le meilleur ordre qu'il peut.

Ès pays plus chauds que froids, le bestail à-laine ne faict grande despence : d'autant qu'il vit en campagne toute l'année, excepté quelques jours de l'hyver, lors que les neges extremes couvrent la surface de la terre, qu'on est contraint le tenir enfermé dans la bergerie, là les nourrir de fourrage, de foin, de paille, ou de fueilles, selon la provision qui en est faicte en saison. Commodité qui n'est ès quartiers plus froids que chauds, où il est force d'entretenir long temps le bestail, comme presques tout l'hyver, avec beaucoup de frais. C'est pourquoi plus grande provision de fourrage convient faire en un endroit qu'en autre. Foin et paille est la commune nourriture des moutons et brebis, y ad-joustant des fueillars de plusieurs sortes d'arbres, tels que commodément l'on peut recouvrer, et qu'on prépare à cest effect dès au-paravant l'hyver (144). Où par le bénéfice du ciel et douceur du climat, le bestail treuve à manger dehors, quoi-qu'enfermé la nuict, on ne lui donne pourtant rien à manger durant icelle, bien-que longue ; parce qu'il s'entretient très-bien des seuls herbages de la campagne, y paissant durant le jour : excepté aux brebis praignes, portières et allaictantes, et bestail malade, qu'on affourrage, et les moutons d'engrais aussi, comme sera monstré.

La pluspart des mesnagers ne donnent aucune lictière à leur bestail lanu, se contentans de le mettre à couvert en hyver : mais d'autres mieux entendus se délectent à le faire mollement coucher : tant pour la commodité du bestail, que profit des fumiers, s'augmentans à mesure des

pailles, que pour rafreschissement et selon la commodité qu'on en a , de jour à
autre, l'on fourre sous le bestail, l'urine
duquel les pourrit facilement.

Quand le coucher en campagne. An mois de Mars, ou plus tard, selon
le pays, l'on sort des bergeries le menu
bestail lanu et caprin, pour commencer
à le faire coucher en la campagne ; changement auquel il se plaist, car comme il
hait et le froid et le chaud , au contraire
il aime l'aer tempéré. Pour laquelle cause,
refuyant et les froidures et les chaleurs,
en hyver il souffre d'estre à couvert estroictement logé , et en esté, ès importunes heures du jour , pour retraicte ,
cerche la frescheur des ombrages. Aussi
lui void-on reprendre vie , tant pour la
nourriture des nouveaux herbages , que
jouissance de la frescheur de la nuict en
telle saison. Avenant que par l'incertitude de la primevère , le temps se remette en froid, comme quelques-fois les
reliques de l'hyver se font importunément sentir , l'on remettra le bestail sous
les couvertures pour à l'abri laisser passer
Profit de son fumier tels mauvais jours. Ce n'est la seule commodité du bestail, que de le faire gésir
en campagne dans le parc; mais aussi
des terres , sus lesquelles il campe , pour
l'excellent fumier qu'il y laisse, duquel
elles s'engraissent très-bien et avec beaucoup de facilité. Car il n'est question de
charrier sur les terres ce fumier-ci ,
comme l'on faict tous autres engraissemens, sans frais, s'y treuvans tout portés , voire et sans diminution aucune.
Outre lequel espargne , ce profit-ci en
provient , qu'estant le fumier du parc
de très-petite utilité, sans estre freschement couvert de terre, pour lui conserver sa vertu, le préservant du hasle au-

quel il est suject , contraint le laboureur
d'estre diligent en sa charge, si que pour
ne perdre telle graisse (accomptée pour
notable article de profit en ceste nourriture) il couvre avec le soc la terre, sur
laquelle le parc aura passé le jour précédent. Dont tout le champ , à la longue,
se treuve très-bien fumé et labouré tout
ensemble.

Le parc. Dans le parc enferme-on ce bestail-ci,
au retour du pastis sur le soir , joignant
lequel parc , aura le berger sa petite ca-
bane ou loge , portative ou roulante sur
des roues, pour la remuer tous les jours
avec le parc, où il couchera les nuicts pluvieuses , ou trop froides : non lors qu'il
sera beau temps : car pour tant mieux garder son trouppeau , alors couchera à l'aer
à descouvert(145). Avec des claies ou des
cordages, façonnés en rets, compose-on le
parc, selon l'usage des lieux : et de quelque matière que ce soit , sera le parc très-
bien affermi avec des paux qu'on y ad-joustera : sur lesquels les claies et cordages
s'appuyeront. Dont se façonnera le parc,
comme castramétation ; dans laquelle le
bestail reposera seurement , hors de la
crainte du loup : et n'en pourra sortir
pour s'escarter, tant il y sera bien enfermé. Fera-on un petit retranchement
dans le parc , pour y enfermer les aigneaux qu'on ostera d'auprès les mères ,
pour l'espargne du laict : car comme
dans la bergerie à couvert, on les sépare
la nuict , ainsi convient-il le faire dans
le parc en la campagne , jusqu'à ce
que les aigneaux se pouvans passer du
laict , soyent sevrés comme j'ai dict ci-
devant.

Quand chastrer les aigneaux La chastrer des aigneaux n'est restraint à certaine aage, estans chastrables ,

et les jeunes et les vieux de ces animaux : mesme les béliers sont ainsi affranchis, bien-que longuement ils aient servi à saillir les brebis. Toutes-fois, le meilleur est ce faire, le plustost que l'on peut, afin que la chair de mouton s'affranchisse entiérement. Laquelle sans ce remède, ou tard pratiqué, demeureroit, ou de mauvaise nourriture, ou de goust des-agréable : mais corrigeant tel défaut dès la première jeunesse de la beste, par tel changement se change de mesme la sauvagine de son naturel, en très-bon et très-délicat aliment. A la mode des taureaux chastre-on communément les aigneaux, c'est en leur estordant les génitoires sans les leur oster. Et cela suffit pour tout affranchissement, puis qu'avec la force engendrante, s'estaint de mesme la chaleur qui en rend mauvaise sa chair (146). D'ailleurs, cela se faict sans incision, dont moins de mal ils souffrent, et plustost sont-ils guéris, que si on les chastroit autrement. Non plus par telle manière, l'accroist des moutons est retardé (comme aucuns estiment) pourveu qu'on les chastre ainsi, le second mois de Mars de leur naissance, qui peut tumber au quinziesme ou seiziesme de leur aage. Ce qui faict tant attendre ceste œuvre, est que devant ce temps-là, les génitoires du mouton, pour leur petitesse, ne se cognoissent bien : car autrement on les prendroit dès la mammelle, comme les chevreaux, esquels les testicules paroissent évidemment en leur naissance. Des moutons y en a-il presques chastrés naturellement, non qu'ils n'aient dès génitoires, mais ils se tiennent cachés dans le ventre : si que n'estant possible d'y toucher, on laisse tels moutons en leur

entier, tenant leur chair le milieu entre celle des moutons chastrés et des béliers : non toutes-fois si bonne que de ceux-là, ne si mauvaise que de ceux-ci, par tel bénéfice de nature, estant aucunement refroidie la chaleur importune des moutons, qu'au détriment de leur chair, on laisse en leur entier (147). Or quand bien le chastrer primerain des moutons, leur rabbattroit quelque peu de leur accroissement, telle perte ne doit estre mise en ligne de conte, au prix du gain qui en revient, pour la qualité de la chair. En jour clair et serain, non chaud, ne froid, ne venteux, et en décours de lune, comme les autres chastremens, cestui-ci se fera sous la limite du temps marquée pour les jeunes : et pour les vieux, jusques au quinziesme de Juin, ouvrera-on en cest endroit, sans délayer davantage, pour crainte de l'approche des chaleurs.

La cueillete de la laine est en Mai, au-
quel mois l'on tond les moutons et brebis (peu plustost ou plus tard, selon le climat qui avance ou recule l'esté) tant pour profiter leur despouille, que pour mieux à délivre leur faire passer les chaleurs de l'esté, et reproduire nouvelle toison. Où l'on tond plus d'une fois l'an ce bestail-ci, la première se faict en Mars, et la seconde en Aoust : mais peu de lieux y a-il en France où la récolte de la laine soit double, à tout le moins qu'elle soit de grand valeur : car de fort grossière s'en treuve en quelques recoins de montaigne procéder de bestail qu'on tond deux fois l'année. En Piedmont viennent jusqu'à trois fois, de quatre en quatre mois, commençans en Mars : mais c'est d'une sorte de laine bastarde, de petit prix, estant la plus fine laine en plus petite

quantité que la grossière, par le naturel des choses précieuses, qui sont tous-jours rares (148). Selon que la saison se rencontrera avancée ou reculée, l'on avancera ou reculera le tondre des ouailles, lequel ne faut jamais entreprendre qu'on ne voie à l'œil le temps s'estre deschargé des froidures restantes de l'hyver, de peur qu'il ne mésavienne au bestail freschement despouillé, se treuvant nud et embarrassé parmi nouveaux froids, par ainsi, ce sera au commencement ou à la fin du mois de Mai, qu'on mettra la main à ceste œuvre, estant en pays approchant du midi, car du costé de septentrion, l'on retarde le tondre jusques en Juillet. S'il est possible, l'on regardera à la lune estant requise en ceste action, plustost vieille que nouvelle; pour se revestir mieux le bestail tondu en tel poinct de lune qu'en autre. L'on choisira aussi un beau jour, clair, serain, sans vent. Avec des forces bien trencheantes sera tondu ce doux animal, en lui liant les quatre pieds pour mieux en jouir : mais ce sera sans le presser de peur de l'offencer; se gardant aussi de le blesser avec les forces. La laine sera couppée le plus bas qu'on pourra pour ne rien perdre. Et si d'aventure quelque taillade lui est faicte, elle sera tost guérie par le moyen du vieil oinct ou sein de porc, dont l'on frottera la plaie (149). De la quantité de laine que chacune beste, masle et femelle, doit rendre, n'est possible de le dire précisément; car cela dépend de la nourriture, laquelle faict le plus de ce revenu: se treuvant des herbages causer aux bestes qui en sont entretenues, deux ou trois fois plus de laine que d'autres. Joinct que la race de l'animal y ad-jouste quelque

chose, estant plus corpulant et de laine plus pesante l'une que l'autre (150). C'est bien en toutes races et en tous pays, que les masles rendent plus de laine que les femelles. Les aigneaux seront aussi tondus avec le mesme ordre, la toison desquels estant mise à part, sert à faire des feutres, pour chapeaux et manteaux.

Le changement d'aer et de pasturage profite merveilleusement à ce bestail; pourveu qu'il soit employé à propos, ne pouvant sans grande tare lui faire passer l'esté au lieu de sa naissance, si elle se rencontre en pays qui requiert ce mesnage. C'est pourquoi de l'ordonnance des Anciens, et coustumes invétérées, les mesnagers d'aujour-d'hui habitans en pays importuné des chaleurs de l'esté, en telle saison, envoyent aux prochaines montaignes leur bestail à-laine, pour y séjourner environ trois mois : ce que gaiement ils font pour la frescheur de l'aer, de l'eau et bonté des herbages, d'où il revient joyeux et gaillard (151). De plusieurs grands trouppeaux ramassés des voisins, se compose comme une armée de bestail lanu, laquelle on baille à conduire à un général, qui ayant sous soi plusieurs capitaines, à chacun ordonne la charge d'un quartier pour tous ensemble conduire, faire paistre et coucher seurement le bestail, à ce aidés par la soigneuse garde des chiens, qu'à tel effect et en suffisant nombre ils mènent. Séparément marche le bestail, selon l'aage et le sexe, afin que ce soit tant mieux à l'aise pour chacun. Les moutons et brebis brehaignes tiennent leur quartier, les brebis à laict le leur, de mesme les aigneaux, dont sans se presser distincts et en gros, tous ces trouppeaux-là font chemin à la montaigne, par petites journées, et là arrivés paissent et couchent, sans jamais se mesler ensemble : si ce n'est sur le soir ceux des aigneaux, qui par foiblesse, à cause de leur tardive naissance ou maladie ne seront encores sevrés, sont mis coucher avec leurs mères. Les béliers demeureront aussi avec les moutons, pour de là estre tirés lors qu'il conviendra les faire joindre aux brebis pour l'engeance : se prenant soigneusement garde de ne les laisser mesler avec les brebis devant le temps ; de peur de destraquer ceste nourriture ; ains qu'à poinct cela se face pour l'importance de la chose, ainsi qu'a esté représenté. A cause du grand nombre de bestail séjournant à la montaigne ne peut-on s'y servir de parcs, pour enfermer le bestail durant la nuict, comme chacun faict chés soi : mais le couche-on parmi les terres labourées, le ramassant tant uniment qu'on peut, à la manière d'une armée qui campe : ainsi le bestail environné de pasteurs, de chiens et d'asnes du bagage, vivres et habits, ressemble proprement à une castramétation ; et par ce moyen il se conserve très-bien sans aucun des-ordre.

Combien de bestes pour garde de ... bergers.

Trois cents bestes à-laine est la charge de deux bergers, ne pouvant un seul suffire à la conduicte d'un tel trouppeau : voire un de cent cinquante bestes ne peut estre bien gouverné à moins de deux personnes. Mais pour éviter les frais, à un si petit trouppeau sera commis un bon berger ou pastre avec un garçon pour lui aider. Sur lequel département l'on fera son conté pour y en mettre davantage à *Quand ... le laict brebis.* mesure qu'il y aura du bestail (152). Les brebis estans à la montaigne seront traictes soir et matin ; afin d'en profiter le laict, le convertissant en fourmages : pour espar-

gné le restant de la provision des pasteurs séjournans à la montaigne, estre à leur retour porté en la maison. En laquelle estans de retour avec tout le bestail, continue-on de traire les brebis, jusqu'à ce que les froidures de l'automne et leur praigneur, leur ostent le laict.

Touchant la chair.

Reste pour fin de ce gouvernement, à mesnager la chair des moutons et des brebis. Selon le pays on se manie en cest endroit. En aucuns on tire argent de ce bestail, et de jeune et de vieil, commençant à en vendre dès leur première jeunesse pour estre mangés en aigneaux : au bout de deux ou trois ans aussi, pour nourrir, et finalement pour manger, estant parvenu en vieillesse. Mais se deffaire des aigneaux, n'est usité qu'ès endroits très-abondans en ceste nourriture. Revenant au plus commun usage, je dirai qu'il y a deux saisons pour ce négoce, devant et après avoir tondu les moutons et brebis ; c'est à dire, qu'on les peut vendre vestus ou despouillés de laine, maigres ou gras. Si c'est pour nourrir, ces choses ne sont nullement considérables : car en quel estat que les bestes soyent, tousjours et en toutes saisons est bon de s'en pourveoir. C'est pourquoi des foires sont establies par les provinces durant les mois de l'année pour servir à ce mesnage. Le bestail vieux n'est bon pour nourrir ; aussi d'autre que de jeune, l'on ne se charge à telle intention. Et au contraire on n'accepte pour engraisser que de vieux ou d'avancé en aage : ainsi tout s'emploie. D'attendre de vendre ces bestes qu'elles soyent grasses, plus apparent en est le profit que de s'en deffaire lors qu'elles sont maigres : d'autant que pour un préalable en retirés la laine, et après parvenues au poinct qu'il faut, les vendés autant ou plus despouillées que vestues ; tenant la graisse lieu de la laine, laquelle baillés presques pour néant en vendant le bestail estant maigre. Mais ce n'est au chois de tous les mesnagers, que de pouvoir engraisser leur bestail ; c'est seulement pour ceux qui sont bien accommodés de pasturages et d'abbruvoirs, pour à leur saoul, faire manger et boire leur bestail d'engrais, lors que l'autre est en la montaigne.

Vers la fin du mois d'Avril, que le bestail commence à se ressentir de la bonne nourriture de la saison, et que les brebis ont à suffisance aggrandi leurs aigneaux, on choisit le bestail le plus vieil pour en descharger le parc afin de s'en deffaire faisant place au nouveau. Leur vieillesse se prend vers la septiesme année, qu'on recognoist aux dents et aux cornes des moutons et brebis : mais tousjours on n'attend si long terme : car communément on commence à chastrer le parc (ainsi appelle-on ce mesnage) dès que les bestes ont passé la quatriesme ou cinquiesme année. Ce bestail, masles et femelles, ainsi mis à part est lors exposé en vente, si le voulés vendre vestu : mais si despouillé, après l'avoir séparé de l'autre que voulés garder, et en sa saison tondu, le faut bailler à une garde séparée, pour lui faire tenir autre manière de vivre qu'au-paravant afin de l'engraisser. Car au lieu de s'abstenir de

faire manger la rozée du matin au bestail qu'on désire nourrir, comme a esté monstré : à cestui-ci au contraire, est nécessaire de l'en paistre à son desjuner, et que dès la poincte du jour on le mène en la campagne : d'autant que

c'est la rozée qui donne le fondement de la graisse (153). Le berger sera aussi soigneux de lui faire manger la poincte des esteules (154) ; et pour ce faire d'espier soigneusement les moissonneurs, pour les talonner et se rendre au champ incontinent le blé estre enlevé : de faire beaucoup boire son bestail ; de lui donner souvent du sel, pour l'y provoquer : de le tenir à l'ombre au chaud du jour : de ne le presser nullement : de l'enfermer au parc après le soleil couché. Moyennant laquelle conduicte, sera ce bestail au superlatif degré de graisse dans trois mois, lesquels pourront tomber vers la fin de Juillet ; auquel temps sa vente sera venue bonne. Ainsi par telle petite attente, ou moindre, gaignerés la laine de vostre bestail ; profit considérable, se payans largement les despences de la garde, sur les fourmages provenans des brebis qu'on traict trois fois le jour, attendu qu'elles n'ont à nourrir aucuns aigneaux ; et sur les fumiers que le bestail ensemble laisse ès terres où on le couche. De ceci faut aviser, que plus tardent à s'engraisser les brebis, que plus longuement on les traict, par quoi on mesurera le fourmage à la graisse, pour s'arrester où l'on treuvera plus de gain (155). Les moutons qu'on garde pour l'hyver passeront l'esté en la montaigne avec l'autre bestail, si bon vous semble, d'où revenus, dès la fin du mois de Septembre, seront nourris en ordinaire séparé, avec du bon foin, bien logés, bien abbruvés, leur donnant souvent du sel, de l'avoine, des pelotes de farine, et d'autres drogueries selon l'usage de l'engraissement des beufs. Moyennant lesquelles choses, les tiendrés gras tout l'hyver, et plus outre, tant longuement qu'il vous plaira,

plaira, dont aurés tous-jours des moutons de haute graisse (156).

CHAPITRE XIV.

Des Boucs et Chèvres.

Leur utilité. IL y a grande sympathie entre le bestail à-laine et cestui-ci à-poil, estans tous deux au reng de celui qu'on appelle, menu, et, bestes blanches : que de leur laict communément sortent de bons fourmages ; que leurs chairs sont bonnes à manger, leurs peaux utiles, et leurs fumiers serviables. Différens néantmoins de naturel en ceci, que celui du bestail lanu, est doux et paisible : et du caprin, *Leur nourriture.* aigre et turbulent : que la principale et plus agréable nourriture de cestui-ci, se prend ès halliers et buissons, et de cestuilà, ès bons pastis et terres labourables. *Quel sera pasteur de bestail.* Pour l'aspre et rude naturel des chèvres, convient leur conducteur estre fort agile, afin de gravir rochers et précipices, où ces bestes vont paistre la cime des espines et arbrisseaux : s'attachans plustost à telles drogueries de peu de valeur, qu'ès herbages de la prairie ; dont leur entretenement est rendu de moindre despence. Dans le logis mesme à très-bon marché nourrit-on les chèvres, quand pour toute viande on ne leur baille, que des fueillars de plusieurs sortes d'arbres (serrés au logis dès la fin de l'esté) lors que le mauvais temps contraint de tenir ce bestail enfermé. Seulement quelque peu de foin donne-on aux chèvres praignes les plus avancées, et à celles qui ont chevreté, un ou deux jours après leur terme:

aussi aux malades pour les fortifier et guérir. En somme, il n'y a bestail sujet à garde, qui rapporte son revenu avec si peu de frais, que cestui-ci. Et comme il se paist de tout, jusques aux herbages malings, aussi n'est requise celle considération des heures du jour, pour sa conduicte aux pasturages, remarquées ès moutons et brebis : d'autant qu'il n'est rien délicat, avalant la rozée du matin avec sa viande, sans incommoder sa santé. Toute sa délicatesse *Craint le froid.* consiste à la chaleur, laquelle il recerche affectionnément pour le giste, ne pouvans ces bestes, sans apparent danger de les perdre, souffrir la rigueur des froidures de la nuict, ainsi mal habillées qu'elles sont, de poil ras, non vestues de laine comme les moutons et brebis. C'est pourquoi convient les enfermer en estable chaude, si les voulés bien entretenir. De leur donner de la lictière, n'est besoin se soucier nullement : car elles se plaisent de coucher sur la terre nue, voire préférans la durté des rochers, à la mollesse de la paille blanche. Ce seul *Son vice.* vice treuve-on en cest animal, qu'il est grand ennemi des arbres, les sommités desquels il dévore avidement sans discrétion : et pour comble de malignité, semble qu'à dessein choisit les précieux fruictiers, s'y attachant plustost qu'aux plantes sauvaiges. Pour lequel dommageable naturel, plusieurs abhorrent la nourriture des chèvres, en pays de vignobles, fruictiers et taillis. Afin de faire cesser tel dégast, par arrest de la cour du parlement de Grenoble, l'an mil cinq cens soixante-sept, la nourriture des chèvres fut interdicte en une grande partie du pays de Dauphiné ; police qui pour son utilité, a esté imitée de plusieurs autres peuples de ce royaume (157).

Ne laissera pourtant d'entretenir des chèvres celui-là, qui en son domaine aura des landes et buissons à suffisance : car à meilleur usage ne les pourroit-il employer, pour le grand profit qui en provient :

car c'est chose asseurée, qu'une chèvre bien nourrie rend autant de laict, que plusieurs brebis ensemble ; et que des chèvres si fertiles se rencontrent, approcher de près le rapport des vaches. Leurs chairs, peaux et graisses, contribuent à ce revenu. Quant au poil, peu ou poinct d'estat n'en est faict de par deçà, estant le propre du Levant et de la Barbarie, que d'en faire des camelots (158). Au contraire de la chair des moutons et brebis, ceste-ci de chèvre n'est agréable qu'en sa tendre jeunesse, car seule délicate est celle des chevreaux à-laict, aagés de quinze jours ou trois sepmaines, n'ayans encores rien mangé. Les boucs et chèvres envieillis, s'engraissent très-bien, se chargeans de graisse autant ou plus qu'autre bestail : mais estant tousjours leur chair de mauvaise nourriture et de goust mal-plaisant, à qui ne l'aime, pour autre n'est destinée telle chair, que pour le grossier de la famille. Leurs peaux sont de grande requeste pour servir à plusieurs usages, accoustrées en marroquin, et autrement accommodées en cuiltres, pour porter des huiles et des vins, selon la pratique d'aucuns pays. Les graisses servent à diverses choses, en la médecine, aux ciments et autres ; principalement à faire des bonnes chandelles, en telle qualité excédans toutes autres graisses (159) : et en la quantité avec, ne se nourrissant aucune beste en la maison, regardant à la grandeur de son corps, qui tant se charge de graisse que faict la chèvre, lors qu'elle est bien nourrie, mangeant du gland son saoul (160). Toutes ces commodités se treuvent en ceste nourriture, laquelle l'on tire, ou la pluspart, des halliers et lieux incultes du domaine. Et ce sera sans incommoder les vergers, ni autres précieuses possessions de la maison, pourveu qu'on aie un soin continuel des chèvres qu'on voudra nourrir, ne les laissant jamais de l'œil. Car il ne faudroit qu'une couple de chèvres abandonnées, pour gaster tous les jardinages et vignobles d'un mandement, tesmoin le chevrier de Nismes, qui a si bien faict parler de sa vie (161).

Pour s'engeancer de la race de ce bestail, on se pourveoira d'un bouc et des chèvres qualifiées comme il appartient. Le bouc sera choisi de grand corsage, ayant les jambes grosses et bas enjoinctées : le poil mol et lissé, de couleur noire, pour estre plus robuste que de blanche, encores que de ceste-ci, ne soit à mespriser (162) : ayant petite teste : grandes aureilles et pendantes : longue et touffue barbe : le col gros et tortu : au reste, joyeux et délibéré. Telle

aussi sera prinse la chèvre, qui de plus pour son sexe aura grandes et longues tetines, dont la grosseur lui fera eslargir les cuisses en marchant. La considération qu'on doit avoir sur les cornes des chèvres, est, que les escornées de nature, ne sont tant sujettes à avorter que les cornues : et que plus facilement conversent avec les brebis celles-là, que celles-ci (163) ; car quant à la fertilité du laict, il n'y a aucun chois. L'on ne peut asseurer quels masles sont les meilleurs pour couvrir les femelles ; les cornés ou les escornés : car de tous ceux-là s'en treuve de fort bons à ce service. Ceci est re-

Portée des chèvres.

marquable, que des boucs escornés, naissent souvent des petits avec des cornes ; et au contraire, sans cornes void-on des chevreaux engendrés de pères cornés. Ainsi en avient-il des mères, estant ce plustost jeu de Nature, que subtilité d'artifice : l'expérience monstrant aussi, que des pères et mères avec ou sans cornes, sortent indifféremment des petits avec ou sans cornes : diversité qu'on donne plustost à la faculté des herbages et de l'aer, qu'à la particulière race de l'animal. En cest article n'y aura donques lieu d'élection, puis que c'est le pays qui y impose la loi. Seulement, comme a esté dict des moutons, est à souhaitter pour les pays les plus froids, le bestail caprin estre corné, pour ce que les cornes lui aident à résister aux vents : et qu'estant ainsi armé en la teste, il est plus courageux à se défendre du loup, et à se battre avec ses compagnons, qu'estant sans cornes. Et aux cornes et aux dents recognoit-on l'aage de ceste race de bestail, par semblable addresse que de celui à-laine puis qu'ils ont le ruminer de commun (164).

Combien de temps sert le bouc,

Trois ans de suite servira un bouc, commençant à son premier accompli, non davantage ; n'estant bon à engendrer passé le quatriesme, auquel temps, le pourra-on chastrer pour engraisser et vendre (165).

Et la chèvre,

Les femelles durent plus à ce service, car c'est jusques à la huictiesme année qu'elles portent : lors estans parvenues en vieillesse, ne s'en faut plus servir que pour engraisser. Elles commencent à porter au bout de deux ans ; mais comme j'ai dict des brebis, leur première ventrée n'est guières recommandable, estans tous-jours les plus grandes bestes, celles procédantes de mères les plus aagées (166).

Les chèvres portent autant que les brebis, assavoir cinq mois ; surquoi on les disposera pour leur donner le bouc tost ou tard, selon qu'on désire avoir des chevreaux hastifs ou tardifs. Les chèvres qui ont faict des petits en saison primeraine, ne sont tant abondantes en laict, que celles qui ont tard chevreté, à cause des froidures qui les tiennent resserrées, et principalement à faute de manger le vert, leur plus agréable viande. Mais pour tirer toute la commodité de ce bestail, sera bon de faire chevreter partie de nos chèvres dans le mois de Décembre, et les autres en Janvier, Février, et Mars, à telle cause ordonnant le couvrir des femelles par ceste supputation que ce soit tous-jours cinq mois devant ces particuliers termes. Ainsi aurons-nous des chevreaux en divers temps, et du laict en abondance : moyennant qu'on ne se déçoive en cest accouplement, on n'aura à craindre, faisant vivre à part les boucs, en métairies séparées ou bien attachés au pastis, pour à poinct nommé les donner aux femelles. Le défaut de ceste curiosité, ne pourroit apporter en ceste nourriture, que confusion. En plusieurs endroits de la Provence et du Languedoc, on mange des chevreaux dès le mois de Novembre et plustost, à cela préparant les chèvres dès le mois de Juin ou de Juillet. Et là et ailleurs, treuve-l'on *Race singulière.* des chèvres faire deux ventrées l'année, comme j'ai dict des brebis : mais plus familier est-il que les chèvres facent deux chevreaux en une ventrée. Chose désirable, tant pour l'avantage de la chair que du laict, auquel elles abondent plus que les singulières, qui ne portent qu'un chevreau à la fois. C'est une race à part qu'on *Race double,* appelle double, que celle qui se remplit de deux chevreaux en une ventrée : mais principalement cela avient de la vertu du masle, lequel estant de telle race et force engendre double ventrée à la femelle, quoi-que singulière : toutes-fois le plus asseuré est de se fournir et de masles et de femelles de telle fécondité, que soigneusement l'on recerchera. Il y en a *Et tierce.* quelques-fois des tierces ; mais n'estans presques qu'avortons les chevreaux qui naissent trois à une ventrée, ne nous en soucierons beaucoup, ains remplirons le parc des doubles, si faire se peut ; ausquelles postposerons aussi les singulières (167).

Chastrer les boucs. D'autant que le principal profit des chèvres consiste au laict, plus de femelles nourrit-on aussi que de masles : et de ceux-ci, seulement ceux qu'on laisse entiers en boucs pour semence : et quelque petit nombre d'autres qu'on chastre au cinquiesme ou sixiesme mois, comme j'ai dict. Ces boucs chastrés (en aucuns endroits appellés menons) entretient-on au trouppeau quatre ou cinq ans, non guières plus, estans lors parvenus en raisonnable accroissement. En telle aage s'engraissent-ils en perfection, moyennant bonne conduicte, et que l'année se rencontre abondante en gland ou autre extraordinaire viande, selon le pays. Le chastrer a aussi ceste propriété qu'il affranchit et la chair et la peau : laquelle par artifice, se rend de plus grande requeste à mettre en œuvre, que si la beste estoit restée en son entier ; spécialement à faire des oultres pour le charroir des huiles et des vins, exempts de la maligne senteur du bouc. Les menons ayant que mourrir font ce service, que estans devenus gras et pesans, pour la perte de leurs génitoires, repriment la légèreté des chèvres ; marchans gravement lors que le trouppeau tient la campagne : duquel faisans la teste, sont suivis des chèvres, n'osans s'avancer pour la révérence qu'elles leur portent ; tant pour le sexe et l'aage, que principalement pour leur barbe, s'il en faut croire les chevriers. A cest avis s'accorde le poëte.

> Si porter grand barbe au menton
> Nous faict philosophes paroistre,
> Un bouc barbassé pourroit estre
> Par ce moyen quelque Platon.

La charge du chevrier. Difficilement le chevrier conduira plus de cinquante ou soixante bestes ; passant lequel nombre de tant peu que ce soit, lui faudra avoir une aide, pour se tenir à la queue, lors qu'il sera à la teste de son bestail. Le berger a accoustumé de suivre son trouppeau : au contraire le chevrier est suivi du sien comme capitaine ; de telle diverse conduicte la cause estant le divers naturel de ces deux espèces de bestes, dont l'un veut estre poulsé et l'autre retenu en marchant (168). En semblable parc que celui des brebis, s'enferment les chèvres, à mesme heure, et sur mesmes terres. Aussi de compagnie sont menées et ramenées de la montaigne et sous mesmes conducteurs ; si leur grand nombre ne mérite d'en faire une particulière armée. A leur retour de la *Laict des chèvres.* montaigne, continuera-on à traire les chèvres, jusqu'à ce que les froidures et leur praigneur les dessèchent entièrement. Par ainsi l'on void, que fort longuement les chèvres donnent le laict : car c'est dès les quinze jours ou trois sepmaines après avoir chevreté, que deschargées de leurs chevreaux, l'on commence à les traire. Ainsi qu'il a esté dict des aigneaux, de mesme l'on pourra nourrir et eslever des chevreaux ; en gouvernant eux et leurs

Fourmages meslés.

mères d'un pareil soin et d'une mesme conduicte, que les brebis et les aigneaux.

Ce seroit importune redicte que de discourir des fourmages, veu que ceste matière a esté amplement traictée sur le propos des vaches. Seulement dirai-je que les laictages des vaches, brebis, et chèvres meslés ensemble, donnent le fourmage du tout souhaittable et pour la saveur et pour la garde. A cause du meslinge de leurs particulières qualités rendans bonne composition, représentée par ce commun dire, *beurre de vache, fourmage de brebis, caillé de chèvres.*

Avis sur la pasture des chèvres.

Si avés chés vous abondance de buissons, et semblables vivres, esquels vos chèvres puissent broutter, et commodité d'abbruvoir, n'envoyés à la montaigne, de vos chèvres autres que les jeunes et stériles avec les masles ; gardant seulement chés vous celles à-laict. D'autant qu'ainsi vous en tirerés plus de revenu, que les tenant ailleurs ; à cause principalement de l'infidélité des personnes és mains desquelles seriés contraint commettre ce mesnage.

Ils ne nourrissent les qu'ils...

Ceux qui sont courts d'herbages, ne nourrissent autres chèvres que celles à-laict, qu'ils acheptent, ou pleines ou après avoir chevreté, vendans ou tuans les petits, masles et femelles, et les mères à l'entrée de l'hyver, après les avoir engraissées. S'ils ne courent le hazard de leur continuelle nourriture, et ne se donnent la peine d'estre après toute l'année ; aussi n'ont-ils le gain de l'accroissement de ce bestail, propre au mesnager accommodé de lieu pour telle nourriture.

Chastrer le parc.

Comme du bestail à-laine, de cestui-ci à-poil, le parc sera chastré en saison ; c'est à dire, lors que le bestail vieux poulsera le nouveau ; lequel ou maigre ou

gras, sera vendu ou tué pour la provision ; selon l'usage des pays et faculté des années : article mis en conte entre les notables de ceste nourriture.

CHAPITRE XV.

Des Pourceaux et Truies.

Fécondité de la truie.

Ce bestail à-poil, le plus fertil de tout autre à quatre pieds, gros et menu, clorra nostre discours. La vache se contente de faire un petit chacun an, encores cela appartient aux plus fécondes. La brebis, et la chèvre, un ou deux, quelques-fois trois : mais la truie, dix, douze, quinze en une ventrée, et deux ventrées en un an. Néantmoins, plus de moutons et de chèvres se voient, que de pourceaux ; d'où peut venir cela ? Il est apparent que l'usage du bœuf, du mouton, des chevreaux et des fourmages qu'on en tire, est beaucoup plus sain pour la nourriture de l'homme que n'est la chair de pourceau : ce qui faict qu'on se travaille plus à eslever le susdict bestail, que les pourceaux, pour un de ceux-ci, y en ayant trente de ceux-là. Joinct aussi, qu'avec plus de despence s'entretiennent les pourceaux, que ni les brebis, ni les chèvres. Toute l'espérance des pourceaux, gist en la chair et au fumier ; plus grand profit tirant de ceste nourriture, que plus corpulant est le bestail : veu que d'icelui l'on ne tire ni laines, ni laictages, ni peaux, que pour un petit usage ; assavoir, pour faire des cribles et couvrir des baluts ; de quoi à un besoin on se passeroit bien : au lieu que les peaux de ces autres animaux, nous sont du tout nécessaires. Nous choisirons donques, les pourceaux bien habitués ; de bonne bouche, pour se paistre facilement en tous temps, de toutes viandes : et au reste d'aisée conduicte ; sans lesquelles qualités, ne se peuvent engraisser les pourceaux, dont vaine est rendue leur nourriture.

Marques de bon verrat et bonne truie.

Les verrats auront le corps court et ramassé, selon leur grandeur, et les truies large et ample avec grandes tetines, estans au reste tous deux choisis de mesme. La teste plustost petite que grande : grandes aureilles : groin camus : yeux petits : grosses et courtes jambes. Quant à la couleur, cela diversifie leur valeur, selon les pays : car ici la noire est la plus prisée : là la blanche : ailleurs la rousse et barrée de toutes ensemble. Après l'élection de la race des pourceaux, est très-requis penser à leur logis, pour le disposer ainsi qu'il appartient. Car comme l'on ne peut espérer bon vin, quoi-que de bonne matière, le séjournant dans mauvais tonneaux, ainsi c'est se décevoir, que de cuider profitablement nourrir des pourceaux, sans les loger selon leur naturel. Ce bestail est sale, aimant les bourbiers et marests pour s'y veautrer, c'est pourquoi plus profite-il en humide pays, qu'en sec (169). Mais cela s'entend pour la campagne : car quant au logis, il veut coucher à sec sur lictière nette, pour corriger l'humidité importune qu'il s'acquiert durant la journée, autrement ne pourroit-il se multiplier, non pas mesme vivre qu'en langueur.

Estables à pourceaux.

Pour laquelle cause, en France l'estable à-pourceaux est planchée avec des gros aix persés au fond, comme crible : et ce plancher, eslevé d'un bon pied sur terre,

par ces trous, vuide l'urine des pourceaux, dont leur lictière demeure séche (170). Au devant de l'estable sera une court, pour à descouvert donner à manger aux pourceaux, commodément, et que sans s'escarter de là, puissent librement entrer dans leur estable. Pour le libre passage des vents, l'estable sera persée des deux costés, si qu'en chassant le mauvais aer, les pourceaux seront sainement logés. Quelques autres fenestres y seront aussi faictes, mais fort basses, afin de facilement, par le dehors, pouvoir regarder le dedans et de là conter et remarquer les pourceaux, sans se donner la peine d'entrer dans l'estable, ne d'en ouvrir la porte, en danger d'en faire eschapper quelqu'un. Pour la mesme cause la court sera environnée de petites murailles basses, par dessus lesquelles verra et paistra-on facilement les pourceaux.

Une seule estable ne suffit, pour grande qu'elle soit, par n'estre le bestail toujours en mesme estat. Les truies pleines, et les layes qui ont couchonné, veulent chacune avoir son tect à part ; afin de ne se mesler avec les pourceaux ja parcreus : prevenant par ce moyen, la perte de l'avortement et l'estouffement des couchons, les plus forts opprimans les foibles. Plusieurs petites estables, donques, seront faictes auprès de la grande, chacune desquelles aura sa petite court au devant, pour commodément y donner à manger à la truie pleine, attendant qu'elle couchonne, et après avoir couchonné, et à elle et à ses couchons ; lesquels sans destourbier, s'accroistront et fortifieront : mesme à l'aide du soleil, duquel ils joniront aisément dans la court, où ils se reposeront, et promeneront, entreront et

Combien dure en service une truie.

sortiront dans l'estable à volonté (171). Ceci est notable, que d'esloigner le logis des pourceaux de celui de la volaille ; afin qu'ils n'en mangent la fiente, de peur de les faire emmaigrir. Car c'est chose bien expérimentée , que les pourceaux qui mangent la fiente de la volaille (viande qu'ils aiment fort) ne se portent jamais bien , comment qu'on les traicte (172).

Plus de couchons porte et nourrit une truie, plustost envieillit. Estant modérément chargée, elle servira à cest usage six ans , commençant à porter, au premier accompli de son aage. Le verrat ne dure si longuement en service , à cause de son naturel excessivement chaud, qui le faict tost envieillir ; n'estant propre à engendrer, passé son quatriesme ou cinquiesme an , ayant commencé d'entrer en charge en même temps que la truie. Devant lequel temps , ne lui faut permettre saillir les truies, bien-qu'à cela soit apte dès son sixiesme mois ; pour l'intérest de l'engeance, qui demeure petite , sortant de bestes trop jeunes : suivant la raison des brebis et des chèvres.

Sa portée.

Au cinquiesme mois , couchonne la truie , ayant cela de particulier , que de se remplir deux fois l'année : ce qu'elle faict trois sepmaines ou un mois après s'estre délivrée , bien-qu'elle allaicte : pourveu que le trop grand nombre de couchons la tenans maigre, ne l'en destourne (173). La meilleure saison pour faire couchonner les truies , est à la veille des moissons : car par le blé qui s'escarte , chéant sur les terres , et abondance d'herbes que le temps fournit , les mères sont grassement nourries ; dont foisonnans en laict, ne l'espargnent à leurs couchons, qui à veuë d'œil s'en aggrandissent : et puis secourus par les prochains glands , prennent tel avancement en leur première année, qu'au bout d'icelle, sont prests à tuer, si par le bénéfice de la saison se peuvent engraisser, ou avec du gland, ou avec des chastaignes, ou avec d'autres matières, selon le pays. Au mois de Mai viennent aussi de bons couchons ; mais les mères s'entretiennent avec plus de despence en ce temps-là , que sur les moissons , à cause que lors est l'arrière-saison de l'année , et la fin des grains , desquels néantmoins leur en faut-il donner pour les maintenir en bon estat et les garder d'alangourir. Ceux qui naissent dans l'hyver, s'eslèvent avec plus de difficulté que nuls autres, pour les froidures desquelles ils sont impatiens : partant , est nécessaire les voulant eschapper , de les tenir bien chaudement , et d'en nourrir les mères avec soin, sans leur espargner , ne le grain , ne le gland , si possible est.

Soulager les mères de leur trop de charge.

En quel temps que ce soit, est tous-jours bon de descharger la mère d'une partie de ses couchons, pour tant mieux à l'aise eslever l'autre : car plustost et mieux s'avanceront les couchons , qu'en moindre compagnie seront allaictés ; suivant le commun dire des estourneaux , qui sont maigres , d'autant qu'ils vont tous-jours par grandes bandes. Sept ou huict couchons laissera-on à chacune laye (toutesfois cela dépend de sa suffisance , car plus ou moins en requièrent les unes que les autres) mangeant les supernuméraires en couchons, au bout de quinze jours ou trois sepmaines. Et afin d'estre accommodé de couchons en diverses saisons, diversement aussi fera-on couvrir les truies , regardant principalement au profit, et puis au plaisir , comme ces deux articles doivent

Pour avoir des couchons en divers temps.

estre concatenés ensemble en toutes actions. Estans les masles tous-jours meilleurs que les femelles, à nourrir et engraisser, pour la qualité de la chair, faict que plus l'on retient de ceux-là, que de ceux-ci; avec telle supputation, que pour une femelle, l'on garde trois ou quatre masles, s'il est possible. Aucuns regardent la lune à faire couvrir les truies, voulans que ce soit durant le second quartier, non devant, ni après : y ad-joustans ceste primeur, qu'autres pourceaux ne veulent-ils nourrir, que naissent en croissant, pour l'opinion qu'ils ont, que la chair des autres se diminue en cuisant ; mais telles observances n'estans receues de tous, fera laisser cest article à la liberté du père-de-famille. *Soin du porchier.* Soigneusement le porchier espiera le terme de couchonner, tant pour secourir alors les truies en ayans besoin, que pour les engarder de manger leur arrière-faix, après avoir faict leurs petits, comme à ce elles sont sujettes. Et ce pour l'intérest du laict, auquel plus abondent les truies qui de ce s'abstiennent, que les autres. Telle gourmandise leur causant, en outre, ce mal, qu'elle les accoustume à dévorer leurs petits couchons, quand l'on tarde par trop à leur porter à manger (174).

De chastrer les couchons. Le chastrer est nécessaire à ceste nourriture, tant pour éviter le des-ordre qui aviendroit, laissant ces bestes entières, que pour l'affranchissement qui en arrive à leur chair. Et masles et femelles sont indifféremment ainsi accoustrés, ne laissant qu'un masle entier pour servir de verrat, et quelques femelles les mieux qualifiées, pour estre portières et bonnes nourrices. Tant plus tarde-on à chastrer ces animaux, tant plus s'aggrandissent-ils :

mais au contraire, tant plus périlleuse en est leur vie, souventes-fois avenant des pourceaux se mourir, pour les chastrer trop tard. Et cela mesme leur cause la chair dure et de mauvais goust : si que préférans la qualité à la quantité de la chair ; dans leur premier mois nous les ferons chastrer, et ce sera sans hazard, ne grande tare de leur accroist : mesme tout bien conté, les pourceaux chastrés à la mammelle, par nouvelle nourriture, ne laissent à se poulser en corpulance, comme l'on désire, moyennant bon gouvernement : ne se soucians aucunement ces jeunes pourceaux, d'estre incisés en ceste basse aage, la bonne nourriture du laict de la mère les guérissant tost de leurs plaies. En decours de lune cela se faict, et en jour beau et serain, non importuné de *En quel temps & par quel moyen.* vents, froidures, pluies, chaleurs. C'est par incision, en leur ostant les génitoires aux masles, et en taillant les femelles en façon et endroit dont infertile est rendue la matrice, qu'on appelle *souër* ou *suner* (175). Les plaies cousues et fermées, sont après oinctes avec du sein, et pourveu qu'on garde ces bestes de sortir à l'aer d'un couple de jours, ne s'en ressentiront nullement. Par le mesme ordre, chastre-on les vieux verrats et vieilles truies ; mais sous telle considération, qu'ils n'aient parié ou ensemble ou avec d'autres de quatre ou cinq jours au-paravant, et qu'après, on les traicte bien durant six ou sept jours par extraordinaire, sans les exposer ni aux vents, ni à l'aer, au moins d'un couple de jours ; et à telle cause seront tenus enfermés dans l'estable.

Quarante ou cinquante pourceaux de diverses aages, conduira un bon porchier, *Combien de pourceaux à un porchier.*

qu'il

qu'il menera en campagne , diversement selon les saisons de l'année. En telle conduicte , sera le porchier avisé de tenir serré son trouppeau , marchant et paissant, de peur que par faute de discipline il ne peusse chevir de ce bestail, de difficile gouvernement par dessus tout autre de mesnage. Les pourceaux sont en ceci conformes aux brebis qu'on nourrit pour l'engeance , que de se treuver mal de la rozée du printemps : c'est pourquoi ne les sort-on de l'estable la matinée , despuis le mois de Mars jusqu'à celui de Juillet , devant que le soleil aie abbattu la rozée. De là en hors jusqu'à la fin de Septembre , ce sera dès la poincte du jour, jusqu'à dix heures : et despuis une ou deux heures après midi jusques au soir , qu'on les tiendra en campagne ; le reste du temps demeureront tout le jour aux champs , les y conduisant le plus matin qu'on pourra , excepté ès parties du jour les plus importunes de froidures , pluies , neges , qu'on évitera , pour ne tourmenter le bestail , le tenant alors resserré dans le logis.

En tous lieux , soyent campagnes , terres labourables , en friche , champestres , montaignes , valons , se treuvent bien ces bestes-ci , mieux toutes-fois en pays aquatique , qu'en sec , par y treuver à bourbeter et abondance de vermine. Mais beaucoup plus aiment - elles les forests , qu'autres lieux , s'y délectans pour les glands , faines , chastaignes , pommes , poires , prunes, cornoailles , cormes , couldres et semblables fruicts bastards que les arbres sauvaiges produisent en divers temps (176). La plus délicate viande des pourceaux sur tous , c'est le gland qui leur agrée le plus : aussi les pourceaux s'en engraissent mieux , plustost , et en acquièrent meilleure graisse , que de nulle autre nourriture ; à telle cause est recerché le gland en premier lieu , et en suite la chastaigne. Tous-jours le gland ne rencontre : prévoyant sa disete, dès l'esté on tasche d'entretenir les pourceaux en embon-poinct, afin de plus facilement les engraisser , la saison en estant venue. Toutes sortes de fruicts des vergers servent à cela : donnant à manger aux pourceaux de jour à autre ce qu'ordinairement chet des arbres et se pourrit, comme pommes , poires , prunes, pesches et semblables. Les figues leur sont très-bonnes , voire par elles sont du tout engraissés en pays où elles abondent , cas estant que les pluies de la fin de l'esté destournent le sécher de ce fruict. Les jardinages fournissent aux pourceaux presques en toutes saisons , diverses viandes , choux , raves , naveaux , citrouilles , concombres , poupons et semblables (177); pour l'arrière-saison de l'année , faisant sécher les matières gardables , et leur faisant manger les autres au jour la journée, à mesure qu'on les recueille. A ce mesnage les concombres sont très-utiles , par estre agréables aux pourceaux et de facile recouvrement : avec la commodité de l'eau et propriété du climat, tant qu'on veut on a de ceste viande. Les noyaux des olives données bouillies aux pourceaux , les entretiennent en bon poinct et longuement; dont en pays d'oliviers , à ceste fin provision en est faicte pour toute l'année. De mesme de plusieurs fueilles d'arbres, de figuier , de meurier , de noyer , d'orme , de vignes , qu'on garde sur des planchers secs , pour les donner aux pourceaux, cuites dans l'eau , parmi leur mangeaille ordinaire (178).

Ce bestail n'est jamais saoul de manger ne de dormir, aussi faict-il tous-jours ou l'un ou l'autre, qui est ce qu'on désire de lui, puis que la graisse procède de ces actions. A telle cause, le faut faire manger tant-et-plus : car le paissant modérément, ne feroit que l'entretenir, sans l'engraisser. Sa gourmandise contraint le porchier de lui apprester tous les jours de la mangeaille cuite au chauderon, pour chaude la lui donner au soir, retournant des champs : car encores que les pourceaux ayent mangé et beu tout le jour en campagne, non contents de ce traictement, ne faut pourtant laisser de leur donner du bruvage eschauffé, et parmi ad-jouster les laveures de la cuisine, les reliefs des laictages, du son, des herbes champestres, cichorée, buglose, jarrus et semblables avec autres résidus (179). Le matin aussi au sortir des estables leur donne-il de telle viande pour les enforcir, et corriger la crudité et le vice de plusieurs herbes nuisibles mangées vertes. Ainsi de longue-main les pourceaux estans traictés, ils parviendront au premier degré de haute graisse ; pourveu que le gland ou les chastaignes ne leur manquent au besoin. Treuvans de la viande à suffisance pour manger leur saoul, comme il est nécessaire pour engraisser, et avient en saison de bonne glandée, dans sept ou huict sepmaines auront-ils attaint le poinct que désirés : si que lors les retirant de l'engrais, les pourrés faire tuer, pour la provision, après en avoir vendu

les sur-abondans. Ce terme se conte du jour qu'on s'apperçoit le gland cheoir de lui-mesme de l'arbre, signe de maturité, lequel les pourceaux mangent avec grand apétit, comme leur plus exquise viande.

Au gland, et à la chastaigne, sera ad-jousté le bruvage eschauffé, si on desire avancer la graisse, que le porchier donnera à son bestail, sur le soir au retour des champs, y meslant de la farine d'yvroie et autres cribleures du grenier, pour faire dormir les pourceaux (180). Moyennant soin requis, dans un an les pourceaux s'accroistront suffisamment pour estre tués, mais les désirant plus grands, faudra leur donner une autre année pour croistre davantage : car tant qu'ils vivent ils croissent, comme les beufs. Cela communément ne se faict que de quelque petit nombre pour le hazard de perte par telle attente : mesme l'année estant abondante en glands ou chastaignes, selon le pays : car alors on engraisse tout ce que l'on peut de tel bestail. Et pour ne sortir

de ce propos, je dirai qu'il n'y a certaine cognoissance de l'aage des pourceaux, ne pouvant entrer en telle recerche que par conjectures, qui se prennent sur les dents, lesquelles s'allongent tous-jours durant que la beste est en vie. Si que la conséquence se treuve véritable, que tant plus vieux sont les pourceaux, que plus ils ont les dents longues. Ce qui sera pour seule addresse à l'achapt de ce bestail : car quant à l'accroist de celui de la maison, chose aisée est-il de tenir registre de sa naissance.

C'est l'ordre le plus commun, mesme où se treuve abondance de pourceaux, que de leur faire paistre le gland en la forest, sans autre artifice, ou la chastaigne, selon le pays : car de les donner à manger dans l'estable, cela ne se faict que pour petit nombre, comme sera dict. Est à souhaitter le temps estre froid et sec lors que les pourceaux paissent le gland

en la campagne, pour tant mieux manger : d'autant que quand il faict chaud
et humide, ils ne s'amusent qu'à fouïr la
terre avec le groin, cerchans des racines
et de la vermine, à l'intérest du fonds, si
c'est herbage : mais principalement de la
graisse des pourceaux (181). Pour à quoi
remédier, conviendra anneler les pourceaux, c'est à dire, leur mettre des petits
anneaux de fer au groin, les y fourrant
avec un poinçon aigu : car pour la douleur
qu'ils sentent ainsi annelés, désistent de
fouïller, et se remettent à manger. Aucuns
au lieu des anneaux ne font qu'une taillade au groin du pourceau, la douleur de
laquelle se renouvelle à toutes les fois
qu'ils mettent le museau dans terre : mais
de huict en huict jours faut rafreschir la
plaie, la retaillant de nouveau, si on désire continuation de remède : d'autant
qu'elle se consolide tost et facilement.

Les pourceaux qu'on nourrit dans l'estable sans en sortir, se font merveilleusement gras, mais c'est aussi avec grande
despence. Cela est propre ès villes chés
les boulengers et hosteliers, employans là
les sons et autres despouilles de leur art :
et encores pour quelque couple de bestes,
non pour nostre père-de-famille, lequel
ayant la campagne large, ne se restraint
à si petite nourriture.

Theatre de salé.

Est requis réserver quelque quantité
de glands pour en faire manger à quelque
petit nombre de pourceaux, choisis au
retour de la forest, et retirés dans l'estable durant dix ou douze jours ; afin de
les achever d'engraisser en perfection, et
par tel avantageux traictement, en faire
des lards de haute graisse : aussi pour en
avictuailler les pourceaux restans au
trouppeau, après en avoir séparé les gras ;

comme les langoureux par maladie, les
jeunes n'ayans attaint l'aage d'estre tués,
les truies pleines, les layes, et les couchons ; leur en donnant quelque peu durant l'hyver et le printemps, pour les entretenir jusques au secours de la nouvelle
saison : ce qu'on n'oubliera, si l'abondance de ce fruict favorise telle provision.
Par deux contraires moyens garde-on longuement le gland ; assavoir, en le desséchant au four tost après que le pain en sera
sorti : ou en le tenant continuellement dans
l'eau en cisternes, ou autres lieux à ce pro-
priés. Un milieu y a-il non toutes-fois si
certain que les extremes, qui est d'emmonceler le gland en lieu sec, sans nullement
le remuer pour lui faire boire sa sueur,
prenant le gland tous-jours d'un costé à
mesure du besoin ; se gardant de l'esmouvoir, de peur de le faire pourrir, après
avoir germé, comme à ce il est sujet. Si
vous estes une fois parvenu à ce poinct,
que de pouvoir longuement garder le
gland sans se corrompre, ne vous arrestés à petite provision : ains faictes-la si
grande, qu'elle suffise pour engraisser vos
pourceaux l'année d'après. Car cela ne
s'accorde gnières souvent, que deux années de suite le gland abonde en un mesme
lieu, se reposans une ou plusieurs années
les chesnes qui en ont bien fructifié une.
Par quoi, le prudent père-de-famille, en
année abondante en gland, pourveoira au
défaut de la suivante par le moyen susdict : d'où il recevra autant de contentement, que ce lui est de desplaisir de voir
ses pourceaux se languir à faute de viande ;
lors que plus il en a besoin pour les engraisser, et mettre fin à sa nourriture.

Comment le garder.

Comme les pourceaux se multiplient facilement, facilement aussi se diminuent-ils ;

Prevenir les maladies des pourceaux.

à cause qu'ils sont sujets à plusieurs maladies qui les tuent : lesquelles, ou la pluspart, le soucieux porchier préviendra par curiosité et diligence. C'est en ne meslant jamais ses pourceaux avec ceux des voisins, en les conduisant par l'ordre susdict : en les remuant de lieu maladif, en temps dangereux, en autre aéré et sain, et en curant souvent les estables, pour avec nouvelle lictière, les tenir tousjours nettement. Ainsi de sa charge recevra-il honneur et son maistre contentement (182).

CHAPITRE XVI.

Les Chiens.

C'est chose confessée de tous, que moindre honneur n'y a-il de conserver le bien, que de l'acquérir. Le moyen d'avoir et de nourrir le bestail a esté ci-devant enseigné. Pour le garder, et la maison avec, les chiens se présentent ici, là fidèle utilité desquels estant si notoire, qu'il seroit temps perdu de discourir sur la louange de tant noble animal. Pour laquelle cause, sont les chiens conchés en suite de l'autre bestail, bien-qu'ils ne soyent de leur ordinaire : vivans d'autres alimens que des fourrages de la campagne.

Nous-nous choisirons, donques, la race des chiens proprement nés à la garde de la maison, et du parc, puis que là consiste tout nostre bien ; laissans ceux de chasse pour un autre endroit. A l'antique distinguerons-nous les chiens, de l'une et l'autre garde : et dirons, que ceux destinés pour la maison, doivent estre de couleur obscure, et ceux du parc, de claire : d'autant que les noirs, semblent tous-jours plus terribles que les blancs, et qu'en l'obscurité de la nuict, les larrons approchans la maison, évitent autant aisément ceux-ci, comme ils tumbent és dents de ceux-là par mesgarde. Et que les blancs pour la conformité de la couleur, conversent facilement avec les moutons et brebis : ce que ne font les noirs, qui espouventent ce timide bestail, cuidant que ce soyent loups qui l'approchent; estans tous-jours ces bestes ravissantes obscurément emmantelées. D'ailleurs, le berger voulant frapper le loup s'approchant du parc, frappe quelques-fois son chien, s'il est de couleur obscure, prenant l'un pour l'autre : ce qu'il ne feroit estant blanc, par facilement le recognoistre, quelque ténébreuse que soit la nuict (183).

Pour lesquelles gardes, le chien sera choisi de grand corsage : ayant grosse teste : grandes et pendantes aureilles : les yeux brillans, azurés ou noirs : les espaules et la poictrine larges : l'eschine plus ramassée que longue : la queue assés courte et renversée en haut : les jambes et les pattes grosses : le corps généralement bien fourni de poil, barbet ou ras. Doit estre joyeux et esveillé : et quant au reste de ses mœurs, modéré, ne doux ne cruel, afin d'en tirer digne service, sans flatter les estrangers, ne mordre les domestiques. Plus de rigueur que de douceur tiendra le chien de la maison : ce qui se supportera sans crainte de mal faire, corrigeant sa cruauté par l'attache, à laquelle on le tiendra tout le jour. Et cela mesme reviendra à utilité à bien garder, quand sa vertu se renforcera la nuict, qu'estant lors destaché, se rendra plus

Et
pour le parc.

redoutable à cause du séjour de la journée. Celui du parc ne tiendra-on nullement attaché, sa charge ne le souffrant: pour ce qu'il lui faut tous-jours estre en office près de son bestail, sans l'abandonner jamais, paissant, marchant, ou séjournant; dont il se rend familier et doux. Mais à ce que cela ne soit au détriment du bestail, le seul berger caressera le chien, lui distribuera lui-mesme les vivres sans le commettre à aucun autre; par ainsi, autre que lui ne recognoistra le chien du parc. Ces chiens de garde, en outre, seront vigilans, de bonne guette, courageux, non desbauchés ne coureurs, plus rassis que hastifs, faciles à abbaier à toutes nouvelles survenues. Et d'autant que plus souvent que le chien de la maison, celui du parc a à respondre au loup, ce chien sera tous-jours armé d'un gros collier de fer à poinctes aiguës: dont il combattra plus courageusement, se sentant asseuré de ce costé-là, comme de la partie de son corps la plus dangereuse, et en laquelle le loup s'attache premièrement (184).

Nourriture du chien.

La plus salutaire viande pour ces chiens, est le seul pain; duquel les faut paistre à certaines heures et portions mesurées, sans leur donner ne chair, ne ossemens: ainsi se porteront-ils tous-jours bien, et se maintiendront en bon sentiment: ce qu'on ne pourroit espérer leur usant d'autre traictement, pourveu aussi qu'ils soyent bien abbruvés, car difficilement endurent-ils la soif. A la garde de toute sorte de bestail gros et menu est commis le chien, pour eux combattant rigoureusement le loup, qui est leur commun ennemi.

Chastrer les chiens.

Plusieurs préfèrent le service des chiennes à celui des chiens, parce qu'elles n'abandonnent jamais leurs gardes, comme souventes-fois font les chiens après les chiennes chaudes. Mais à cela le remède est, de chastrer les chiens: par ce moyen, convertissant leur desbauche en obéissance. En telle action ceci s'observera, que de n'en faire l'exécution, ni en la maison ni au parc; ains au lieu par eux le plus fréquenté pour la desbauche. Ainsi en leur faisant haïr l'un, ils en aimeront tant mieux l'autre; pour la souvenance de l'endroit où ils auront tant enduré de douleur, en les chastrant (185). En l'aage n'y a aucune sujection, non plus qu'ès mois de l'année, car jeune et vieil, et en toute saison, est bon de chastrer le chien: pourveu que le jour soit tempéré de froidure, de chaleur, d'humidité et de vents. Non en estordant les génitoires;

Comment.

ains en les leur couppant entièrement, chastre-on les chiens: dont l'incision par-après recousue, la plaie est oincte avec du sain de porc, et dans peu de jours consolidée. Les chiennes sont aussi taillées, pour les rendre stériles, comme j'ai dict des truies. Le chastrer affoiblit aucunement les chiens, mais il les vaut mieux un peu moins forts, que de les perdre entièrement; comme à ce sont sujets tous chiens desréglés et incorrigibles.

De la chienne pour chienneter.

Pour l'engeance, suffiront deux chiennes, une de chacun ordre, lesquelles satisferont à la fourniture de la garde de la maison et du parc, quand les nouveaux chiens seront subrogés en la place des vieils. Les chiennes seront remarquées par les addresses des chiens, comme dessus.

Son aage.

On les fera couvrir au chien le second an de leur aage, et non devant s'il est possible: tant de peur de se consumer elles-mesmes portans trop jeunes , que par n'estre de grande valeur les chiens sortans de telles mères. Aucuns rejettent les chiens de la première ventrée , comme inutiles et lasches ; contre l'avis d'autres qui les recerchent pour les meilleurs , surpassans en bonté ceux des subséquens. Voilà la diversité des opinions , ansquelles ne convient tant s'arrester , qu'à la faculté des régions gouvernans ces choses.

Sa durée. Jusques à huict ou neuf ans servent à l'engeance et chiens et chiennes , passé laquelle aage , ce qu'ils engendrent est de peu de valeur , foible et sans courage. Après que la chienne aura chienneté , on la logera chaudement , et là sera bien traictée , pour la faire abonder en laict. Mais à ce qu'elle nourrisse plus gaiement ses petits chiens , sera bon , qu'en allégeant sa charge , on lui en oste les plus mal marqués , seulement lui en laissant trois ou quatre des mieux choisis ; pour lesquels tost faire aggrandir , aidant au laict de la mère , seront nourris avec des potages , du petit-laict avec du pain , qu'on leur donnera dès qu'ils seront rendus capables de manger. Dans six sepmaines ou deux mois , faudra roigner le bout de la queue des jeunes chiens , en leur arrachant de mesme , un nerf qui passe le long d'icelle , pour les garder d'enrager , selon l'ancienne croyance des pasteurs (186). Les meilleurs chiens de l'année , sont ceux qui naissent au printemps ; tant par n'estre touchés des froidures de l'hyver , s'ils estoient plus avancés , qu'exempts des chaleurs de l'esté , estans plus tardifs. L'une et l'autre intempérie leur retardant l'accroissement. Ainsi pourveoira-on à faire couvrir les chiennes au mois de Janvier ou Février , pour les faire chienneter en Avril ou en Mai : car c'est quatre mois qu'elles portent. Selon la forteresse convient la garnison. Ce qui réglera le nombre de nos chiens de garde , l'ordonnant par la grandeur du logis et de nos troupeaux. Encores que chacun impose à sa fantasie des noms à ses chiens , si est ce que la raison veut qu'ils soyent courts ; afin d'estre mieux entendus des chiens que ceux qui sont composés de plusieurs syllabes (187).

NOTES

NOTES DU QUATRIESME LIEU.

CHAPITRE PREMIER.

Page 502, colonne I, ligne 40. (1) « Romulus, fondateur de Rome, institua, dit *Paucton*, dans sa *Métrologie* (page 367 et suivantes), des loix telles qu'elles pouvoient convenir à un peuple agreste. Il fit un partage égal des terres de sa nouvelle ville, il en donna à chacun des habitans une portion, de deux jugères ou d'une hérédie, étendue qui revient à un peu plus d'un arpent royal de France (un demi-hectare), et qui est la quantité de terre strictement nécessaire pour procurer à un individu ses besoins. La petitesse de ces possessions ne permettoit point aux propriétaires d'avoir des superflus qu'ils pussent vendre; ainsi il ne devoit point y avoir de commerce, et par conséquent la monnoie auroit été inutile, aussi n'en fabriqua-t-on pas.

» S'il y avoit quelque commerce de marchandises parmi les premiers Romains, il se faisoit presque tout par des échanges; on donnoit des bestiaux pour d'autres bestiaux, pour des grains, pour des habits, pour des instrumens aratoires, pour des armes, et réciproquement.

» Les offrandes pour les sacrifices faits pour les biens de la terre, étoient également présentées en productions naturelles : on offroit des grains, des fruits, des gâteaux, des bestiaux, etc.

» Les amendes légales étoient taxées à un certain nombre de bœufs, de moutons ou d'autres bestiaux. Les plus fortes amendes, imposées pour des vols ou pour des injures, étoient réglées à trente bœufs, et les moindres, à deux moutons ou brebis. C'est de cet ancien usage encore que vient le mot *péculat*, qui est une concussion ou un vol des deniers publics.

» Numa Pompilius, second roi de Rome, fit fabriquer une espèce de monnoie de cuivre; mais cette monnoie n'avoit point encore une forme certaine; ce n'étoient que des pièces, des lingots, ou tronçons de métal, sans marque, sans empreinte, et d'inégale grandeur, que l'on donnoit au poids. Ce fut Servius Tullius, sixième roi de Rome, qui, le premier, marqua sur cette monnoie l'empreinte des animaux dont elle étoit la valeur représentative, la figure d'un bœuf, celle d'un mouton, d'où elle prit le nom de *pecunia*. *Signatum est notâ pecudum, undè et pecunia appellata* (Pline, lib. XXXIII, cap. III). *Servius rex, ovium boumque effigie primus æs signavit* (Idem, lib. XVIII, cap. III).

» Alors les amendes ne se payèrent plus en bestiaux, comme autrefois; elles se payèrent avec du cuivre. Il fallut fixer le rapport appréciatif de ces bestiaux avec le cuivre monnoyé; et les Consuls estimèrent chaque bœuf à cent as, qui font cent quarante livres dix sous de notre monnoie, et chaque mouton à dix as, qui reviennent à quatorze livres un sou; en sorte que les amendes les plus fortes (de trente bœufs) se montoient à quatre mille deux cent quinze livres, et les moindres (deux moutons) à vingt-huit livres deux sous. » (*H.*)

Page 502, colonne II, ligne 30. (2) *Olivier de Serres* considère ici les bestiaux sous le rapport de l'engrais qu'ils procurent. En ne les considérant que sous ce rapport, ils sont de la plus grande utilité. *Point d'engrais, point d'agriculture*, c'est une vérité incontestable : quelque système qu'on adopte pour les principes de la végétation, la multiplication des bestiaux, pour donner beaucoup d'engrais, ne sauroit être trop recommandée. Qu'à cet avantage inestimable, on ajoute leur valeur intrinsèque et les autres produits qu'on en retire, on sentira combien le cultivateur doit être occupé des moyens de les nourrir et de les entretenir. Parmi ces moyens, les pacages naturels sont les plus ordinaires : l'art sait les suppléer par des prairies artificielles. (*T.*)

Page 565,
colonne I,
ligne 10.

(3) Quoique le classement des bestiaux établi par *Olivier de Serres*, soit en général bon, cependant on pourroit le rendre plus complet; par exemple, de cette manière :

      I. Le gros bétail.

§. I. Bêtes chevalines :

1°. Cheval entier, cheval hongre, jument, poulain, pouliche;

2°. Ane, ânesse, ânon (jeune âne, mâle ou femelle);

3°. Mulet, mule, muleton (jeune mulet, mâle ou femelle).

§. II. Bêtes bovines :

Taureau, bœuf, vache, veau mâle, veau femelle (vêle), ayant des cornes, ou sans cornes.

§. III. Bufles :

Bufle mâle entier, bufle coupé, buflesse, buflon, buflonne.

      II. Le menu bétail.

§. I. Bêtes à laine :

Bélier, mouton, brebis, agneau, agnelette.

§. II. Bêtes à poil :

1°. Bouc, chèvre, chevreau, chevrette.

2°. Cochon entier (verrat), cochon coupé (porc), truie, jeune cochon, mâle ou femelle.

Les bufles servant à l'agriculture, doivent être placés parmi les animaux domestiques. (*T.*)

Idem,
colonne II,
ligne 15.

(4) Les bêtes à laine, sans doute, se plaisent peu dans les pâturages marécageux, où les herbes sont grosses et dures; mais elles ne haïssent pas les terreins frais, qui donnent une pâture abondante et tendre, quoique cette pâture leur soit nuisible; c'est sur-tout quand elles ont été nourries au sec, qu'elles s'y portent avec plus d'empressement. On sait, en général, que si on n'a pas l'attention de les en écarter, elles gagnent la maladie appelée pourriture, qui est le plus haut degré de la cachexie aqueuse. Les terreins secs et élevés conviennent mieux à ce genre de bétail, qui est d'une constitution foible, lâche et susceptible d'infiltration.

Quant aux chèvres, moins sujettes à la même maladie, on doit cependant leur éviter les lieux bas et humides, moins parce qu'elles éprouveroient un effet aussi prompt que les bêtes à laine, que parce que leur nourriture ordinaire est celle qui croît sur les coteaux,

telles que les feuilles d'arbrisseaux, les plantes sèches, etc.

Les bufles seuls paroissent se plaire dans les lieux marécageux, dans les étangs; et les plantes qui y croissent conviennent également à leur nourriture. (*T.*)

CHAPITRE II.

Page 565,
colonne I,
ligne 5.

(5) *Olivier de Serres* distingue les prés en sauvages ou naturels, et en prés francs. Sous la dénomination de sauvages, il comprend les prés que la Nature seule fait, tels que le sol des bois, des montagnes, des landes, des marais, et les prés qu'on forme en laissant de perpétuelles jachères, soit en terrein maigre et difficile à cultiver, soit en terrein gras et bon. Il conseille de soigner ceux-ci, quand ils se remplissent de mauvaises herbes, en les labourant et y semant de bonnes graines. L'auteur, à ce qu'il paroît, regarde comme utile, presque comme indispensable, d'avoir des endroits où les bestiaux puissent aller librement pacager, puisque s'il n'y a point de pacages faits par la Nature, dans une exploitation, il pense qu'il convient d'en créer; mais il n'est pas prouvé qu'il vaille mieux tenir long-temps les bestiaux au pâturage, que de les tenir enfermés dans les étables, où l'on peut les nourrir avec des fourrages secs, des racines et des graines : on croit même, non sans fondement, que cette dernière économie est préférable, à cause des engrais qu'elle procure en plus grande abondance.

Les prés francs, objet du chapitre suivant, sont de deux sortes; savoir : les prés qu'on sème en graminées, pour en faucher annuellement l'herbe, et pour la faner; ceux-ci ne diffèrent des prés sauvages, qu'on sème exprès pour avoir un pacage, que parce qu'on n'en fauche pas l'herbe, et parce qu'on les renouvelle quelquefois; et les prés artificiels, c'est-à-dire ceux qu'on forme avec d'autres plantes que des graminées; on les fauche aussi une ou deux fois tous les ans; on en dessèche les herbes pour l'hiver. Les prés artificiels, suivant le genre de plantes qui les composent, durent un temps quelquefois assez considérable, ou seulement quelques années; plusieurs, une seule année seulement;

seulement ; tels sont la luzerne , le sainfoin , le trèfle , les pois , les vesces , etc. (*T.*)

Page 304,
colonne I,
ligne 14.

(6) Les farrages sont des mélanges de divers grains, qu'on sème ensemble, pour la nourriture des bestiaux. Voyez ci-après, chapitre VI, note (45). (*T.*)

Idem.
ligne 17.

(7) Ce mot *vet* est languedocien : on dit encore aujourd'hui une terre, un pré en *vez*, en *devez*, en *devoise*, pour exprimer une lande , une pâture enclose en pierre sèche, et dans laquelle on met ordinairement les moutons et autres bestiaux.

On appelle , en Languedoc, le *vet*, la loi qui défend de mener paître aucun bétail dans les vignes, dans les prés et dans les olivettes , dans le temps qu'ils sont en défense ; de *vetitum*.

Véer est un vieux mot françois , qui signifie *faire défense* ; de *vetare*. *Devéer* a la même signification , *défendre*; de *devetare*.

Ainsi, *Olivier de Serres* veut dire ici qu'il sera facile au père de famille d'avoir, pour l'hiver , une réserve destinée à la pâture de ses bestiaux, si sa terre est en défense, ou enclose.

Quelques éditeurs du *Théâtre d'Agriculture* ne s'étant pas donné la peine de chercher l'explication de ce mot (qu'ils auroient trouvée dans *Ménage*), l'ont regardé comme une faute , et ont mis : *si vostre lieu est en vert*; ce qui leur a paru plus probable, puisqu'il s'agissoit de pré et de pâture.

Dans l'édition in-folio, de 1600, et dans plusieurs autres , *Vet* est mis avec un *V* capital : la forme typographique de cette lettre *V* paroît l'éloigner un peu de *et* qui est à côté , et qui complète le mot *Vet* ; cette forme a induit le dernier éditeur (M. *Gisors*) dans une autre erreur : il a cru qu'*Olivier de Serres* vouloit dire que le père-de-famille auroit des ressources pour ses bestiaux, si sa terre avoit la forme de la lettre *V*, et il a mis : *cela vous sera facile, si votre domaine est en V, comme il s'en trouve plusieurs dans ce pays* (édition en 4 volumes in-8°., remise en françois en l'an XI, tome II, page 10). (*H.*)

Page 305,
Tome I,
ligne dern.

(8) Il est certain que les bestiaux qui paissent dans des prairies humides ou marécageuses, sont exposés à plus de maladies que ceux qui ne fréquentent que des pâturages secs ou situés en lieux où l'eau ne croupit pas ; mais on ne peut pas dire que cela vienne d'une *maligne nature* des herbes. Trop abreuvées d'eau , elles sont peu nutritives sans doute , et sous ce rapport , ne sont pas propres à tenir les animaux en bon état. Mais il y a loin de là , à une qualité délétère. Nous savons bien que , dans ces sortes de pâturages , il croît des plantes caustiques , telles que des renoncules, et des plantes très-aromatiques , telles que certaines menthes ; mais , pour en inférer qu'elles rendent les animaux malades , il faudroit qu'il fût prouvé qu'ils en mangent. Ne seroit - il pas plus raisonnable d'attribuer les maladies contractées dans les marais , ou à l'exhalaison de quelque gaz, ou à des insectes qu'avalent, avec les plantes, les animaux qui les broutent? Cette dernière idée semble autorisée par le pissement de sang qu'on remarque dans plusieurs maladies de bestiaux. Je suis étonné qu'on n'ait pas examiné plus soigneusement cette cause. (*T.*)

CHAPITRE III.

Page 305,
colonne II,
ligne 13.

(9) Il n'est malheureusement pas toujours vrai que les foins ne craignent ni tempêtes , ni orages , qui, quelquefois leur font beaucoup de mal , soit en les couvrant de sable ou de terre , soit en les entraînant , après la coupe, soit en détruisant les fanes, ou en les privant de graines. Ces effets ont lieu , sur-tout quand les tempêtes et orages sont accompagnés de pluies abondantes ou de grêle. (*T.*)

Idem.
ligne 17.

(10) Quoiqu'il y ait des étangs qui exigent de la dépense, les prés , taillis et étangs sont , en général , de petit entretien. Il n'en est pas de même des moulins, sur-tout des moulins à eau, qui coûtent toujours beaucoup. Pour que *Caton* eût raison , il faudroit que les moulins dont on se servoit en Italie , de son temps, eussent été d'une construction plus simple et moins dispendieuse que les nôtres. Au reste, c'est par comparaison avec les terres à grains , qu'il faut travailler toute l'année , pour ainsi dire , que *Caton* , et après lui *Olivier de Serres* , jugent ici. (*T.*)

Page 506, colonne I, ligne 14.

(11) Toutes les eaux ne sont pas également bonnes pour les arrosages et irrigations. Cela tient à leur température et aux principes et matières étrangères qui s'y trouvent mêlés. L'eau froide, celle de neige fondue, celle de sources, celle qui est récemment tirée des puits, ne sont pas propres à favoriser la végétation, comme l'est une eau de pluie, d'étang, de mare, ou une eau qui a été quelque temps exposée à l'air. Les eaux pures et limpides, ou contenant des sables, ne valent pas des eaux bourbeuses ou chargées de matières animales et végétales. Ces dernières sont celles qu'on appelle particulièrement *eaux douces,* sans doute parce qu'en les touchant elles ont une sorte d'onctuosité, que leur donnent les parties grasses qu'elles contiennent, ou, peut-être, parce que leur action est douce. (*T.*)

Idem, ligne 18.

(12) Cela veut dire qu'il faut ou placer les étables et parcs domestiques à bestiaux au-dessus des prairies, ou faire des prairies au-dessous des étables et parcs à bestiaux, de manière que ces prairies profitent non seulement des fumiers, mais encore des jus de fumier, que les pluies enlèvent, et qui, souvent, sont entièrement perdus. Ce conseil est excellent, puisque les jus de fumier sont les meilleurs engrais; mais on n'a pas toujours la facilité de former des prairies auprès des habitations des animaux; il n'est pas toujours commode de les loger auprès des prairies. On doit donc, de ce conseil, tirer seulement ces vérités : qu'il est utile de fumer les prairies; que les jus de fumier leur conviennent, et qu'il n'en faut jamais perdre. (*T.*)

Page 507, colonne I, ligne 1.

(13) On conçoit bien que le mot *cuite,* placé ici, et le mot *cuisent,* placé quelques lignes plus loin, en parlant de la terre, sont pris dans un sens figuré : ils indiquent que, par l'effet des labours profonds faits à la main, ou par des labours répétés à la charrue, la terre, bien atténuée, perd cette sorte de crudité qu'elle avoit avant d'être travaillée. (*T.*)

Idem, ligne 31.

(14) Les labours répétés n'engraissent pas la terre à la manière des fumiers ou autres substances qu'on y introduit; ils servent à l'amender, en la divisant, en présentant à l'action des météores, successivement, ses diverses par-ties; en favorisant le développement des germes; en donnant à l'eau, principe essentiel de la végétation, la facilité de pénétrer jusqu'aux racines. C'est ainsi qu'il faut entendre le mot *engraisser,* employé par *Olivier de Serres;* vraisemblablement, de son temps on regardoit comme engrais tout ce qui mettoit la terre en état de bien produire. (*T.*)

Page 507, colonne II, ligne 3.

(15) *Olivier de Serres,* en recommandant ici le fumier nouveau et non consommé, pour les prairies, et en disant qu'il produit plus d'herbage que l'autre, n'en donne pas les raisons; il se borne à dire, quelques lignes plus loin, qu'il faut l'enterrer le plus profondément possible, pour qu'il conserve plus long-temps sa force.

Ce n'est donc point en abritant qu'il agit; il est vrai que ce fumier contient différentes graines de plantes annuelles qui lèvent dans les prairies, et qui procurent l'avantage d'abriter les semis des plantes vivaces, dont la végétation est plus lente; c'est ainsi qu'on sème la luzerne, le trèfle, etc., avec des mars; mais ce n'est sans doute pas pour produire cet effet qu'*Olivier de Serres* le recommande, puisque, plus loin, il veut qu'on sème aussi de l'avoine avec la graine de foin; d'ailleurs, encore, la plupart des graines que contiennent les fumiers non consommés, appartiennent à ce que les cultivateurs appellent de *mauvaises herbes;* et il vaut beaucoup mieux alors ne compter que sur la quantité et la qualité de la graine de foin qu'on sème.

Le fumier, dans cet état, seroit plutôt utile sur le terrein, après le semis, étant répandu clair; mais il n'en faudroit pas moins toujours fumer la terre. (*Cr. et H.*)

Page 508, colonne I, ligne 15.

(16) On parvient facilement à empêcher les cochons de fouiller et de retourner les terres avec leur groin, en passant dans ce même groin une espèce d'anneau de fer, à-peu-près comme une boucle d'oreille. *Olivier de Serres* indique lui-même ce moyen plus loin, chapitre XV, page 579; la douleur qu'ils éprouvent en voulant fouiller, les en empêche, et ils conservent la liberté de pâturer sans endommager les prairies, ce qui produit le double avantage de les engraisser ou de les nourrir plus facilement, et de faire consommer sur place des alimens dont la coupe,

le transport, etc., entraînent toujours du temps et de la dépense. (*H.*)

Page 510, colonne II, ligne 26.

(17) *Olivier de Serres* regarde comme une excellente pratique, de répandre l'eau sur les prés, un peu avant la gelée, de manière qu'elle s'y glace. J'y vois deux avantages : le premier, d'y déposer d'une manière égale ce qu'elle contient d'engrais ; la seconde, de donner au pré une forte mouillure, qui épargne pendant quelque temps des irrigations ; mais cette pratique, à ce qu'il me semble, n'est bonne que dans les climats tempérés, où la gelée ne dure pas long-temps ; car, dans ceux où les hivers sont longs et froids, il seroit à craindre que les prés, ainsi couverts de glace, ne fussent très-retardés, par le refroidissement, dans leur végétation. (*T.*)

Page 512, colonne I, ligne 26.

(18) Le premier moyen qu'indique *Olivier de Serres*, pour prendre les taupes, n'est pas le plus efficace ; la taupe a beaucoup d'issues et de galeries souterraines, par lesquelles elle peut fuir et échapper à l'inondation ; d'ailleurs, elle nage très-bien, et elle se réfugie chez les voisins, pour reparoître bientôt après dans les lieux d'où on l'a chassée, s'ils lui conviennent mieux.

Le second moyen, l'emploi de la pioche, de la houe, ou du hoyau, au moment du travail de la taupe, est plus certain ; mais il exige beaucoup de patience, d'adresse et d'habitude de ce genre de travail ; il n'est point à la portée de la plupart des cultivateurs, auxquels il feroit perdre un temps précieux, et ne peut être pratiqué que par des gens qui font leur métier constant de la destruction des taupes. Quelques-uns y ont acquis une grande habileté. Il y a, à l'Établissement rural de Rambouillet, un de ces taupiers, qui ne le cède ni au C. *Aurignac*, célébré dans l'*Art du Taupier*, par le C. *Dralet* (Paris, an XI, in-8°.), ni au C. *Lecourt*, plus célébré encore dans l'*Histoire de la Taupe, et des moyens de la détruire*, par le C. *Cadet-de-Vaux* (Paris, an XII, in-12). Il n'y a point de taupe dans l'Établissement rural de Rambouillet, et s'il en paroît une, elle est, quelques heures après, entre les mains du taupier.

Mais, de tous les moyens de détruire les taupes, le plus certain, celui qui est à la portée de tout le monde, c'est l'emploi des piéges. Il y en a un

grand nombre indiqués dans tous les ouvrages d'économie rurale ; le meilleur est celui qui a été approuvé par la Commission d'agriculture et des arts, et qui paroît être à-peu-près le même que celui du C. *Lecourt*, indiqué par le C. *Cadet-de-Vaux*, dans l'ouvrage que j'ai cité plus haut : c'est une pince élastique, d'une seule pièce, semblable aux pincettes des fumeurs, ou à celles à sucre ; les extrémités recourbées des branches sont resserrées dans la détente, par l'effet de l'élasticité du ressort ; elles s'ouvrent, et sont tendues par une petite plaque percée, retenue légèrement par les extrémités. On place ce piége dans la galerie de la taupe, qu'on a découverte, la plaque, du côté par lequel on soupçonne que la taupe doit arriver ; on en place même ordinairement deux, adossés l'un à l'autre, pour que la taupe n'échappe pas, soit en allant, soit en revenant, et on les recouvre de terre. La taupe arrivant et voulant passer par le trou de la plaque qui tend le piége, le fait détendre, et se trouve prise par le milieu du corps, entre les deux extrémités du piége.

Nous aurons occasion de parler ailleurs des autres animaux nuisibles, et des moyens de les détruire. (*H.*)

Page 513, colonne II, ligne 6.

(19) Nous croyons devoir ajouter quelques observations à celles d'*Olivier de Serres*, sur la récolte des foins, et sur la manière de les conserver ; ces observations sont extraites des *Instructions publiées par la Commission d'agriculture et des arts*.

Les foins récoltés plus tard que les principes puisés dans l'ordre de la végétation ne l'indiquent, sont sans saveur, durs, moindres en quantité, et ne laissent souvent que peu d'espérance de regain. Lorsqu'on veut récolter une plante pour sa tige et ses feuilles, et non pour sa graine, il faut saisir l'époque où, arrivant à toute sa croissance, elle n'a encore rien perdu de sa vigueur ni de sa fraîcheur. Cet instant est celui où, les dernières fleurs existant encore, la graine commence à se former ; il s'écoule vite, et il vaut mieux ne pas l'attendre entièrement, que de le laisser passer tout-à-fait. On doit donc faucher un pré, lorsque les épis de la plus grande partie des graminées et les autres plantes qui le composent finissent de fleurir. Les regains sont d'autant meilleurs et plus abondans, que le foin a été coupé plutôt.

Le foin coupé à cette époque, et par un temps sec, autant que cela est possible, doit l'être près de la superficie du terrein, et lorsque la rosée est passée. La dessication ou le fanage doit en être rapide et continu : sa lenteur fait perdre au foin la plus grande partie de son parfum, et le passage alternatif de la sécheresse à l'humidité le gâte. Il est donc préférable, si les bras sont rares, d'en faucher moins à-la-fois, afin de pouvoir le mettre en meule à mesure. Si la pluie survient lorsque le foin est coupé, et qu'il ne soit même encore qu'en andains, il ne faut pas y toucher, tant qu'elle durera.

Lorsque l'on fauche dans des prés humides, où la dessication est très-difficile, on doit transporter le foin, pour le faner, dans des positions plus sèches, à portée des lieux où il doit être serré ou mis en meule pour y rester. Dans le cas où l'on n'auroit point de ces positions sèches, on pourroit aider le fanage, en répandant ou en piquant sur ces prés des branches mortes qui tiendroient le foin éloigné du sol, et faciliteroient la circulation de l'air. Cette pratique, qui est embarrassante, devient cependant fort utile pour les regains qui sont coupés tard.

Les principes établis pour la récolte du foin sont applicables aux prairies artificielles, avec cette différence, cependant, que la luzerne, le trèfle et le sainfoin doivent être coupés dès qu'ils commencent à fleurir. Ils peuvent être conservés de même dans les meules à courant d'air, dont nous allons parler, en donnant à ces meules un peu moins de diamètre.

L'époque de la récolte du foin étant fixée, le fanage lui ayant laissé de la souplesse et une flexibilité telles qu'il ne se rompt point en le maniant, il reste à connoître le meilleur moyen de le conserver.

Plus le foin est transporté et remanié, plus il s'en perd, plus sa saveur et sa couleur sont altérées ; plus il se charge de poussière ; il est alors moins bon pour les chevaux, et souvent il les rend poussifs.

Dans plusieurs pays, les chevaux ne sont nourris presque qu'avec du foin, et cependant ils n'en éprouvent aucun inconvénient : cela tient à sa conservation et à son ancienneté ; on ne le leur donne, au plutôt, qu'au bout d'un an.

Le moyen de conserver le foin en meules, lorsqu'elles sont convenablement faites, est préférable à tous les autres ; il épargne la construction des granges et greniers, rend le bottelage plus simple, laisse au foin toute sa qualité, et la prolonge tant qu'on le désire.

Moyen de conserver le Foin dans les Meules à courant d'air.

Les deux principales conditions à remplir dans la construction des meules de foin, telles qu'on les propose, sont de les rendre tellement serrées, qu'elles soient à l'abri de l'humidité, et tellement susceptibles d'être rafraîchies par l'air, qu'elles ne puissent pas s'échauffer.

On remplit ce double but par le soin qu'on met à entasser le foin, et par l'introduction d'un courant d'air au centre de la meule.

Le terrein où l'on établit la meule doit être sec, uni, et près du lieu où le foin est consommé ; on y trace un cercle de trente pieds (environ dix mètres) de diamètre, moins si l'on veut ; on le divise en quatre parties égales, par deux lignes qui se croisent à son centre. A six pouces (dix-sept centimètres) de chaque côté de ces lignes, on établit, à un pied (trente-trois centimètres) de haut, des pièces de bois ou des pierres pour former un espace vide ou conduit d'air : ce conduit se trouve avoir alors un pied (trente-trois centimètres) de vide sur tous sens ; on le recouvre avec des planches ou de petites bûches, afin d'empêcher le foin de le remplir. On laisse au centre, ou point de réunion des deux conduits, une ouverture d'un pied (trente-trois centimètres). On remplit de niveau les quatre espaces vides qui restent entre les conduits, avec des bourrées ou fagots ; de sorte que le tout présente un plan solide, sur lequel on pose le foin, et qui l'empêche de recevoir l'humidité de la terre.

Sur cette ouverture d'un pied (trente-trois centimètres), restée au centre du massif, on pose solidement un cylindre d'osier à claire-voie, à peu-près du même diamètre, dont l'usage est de continuer jusqu'au haut de la meule le conduit

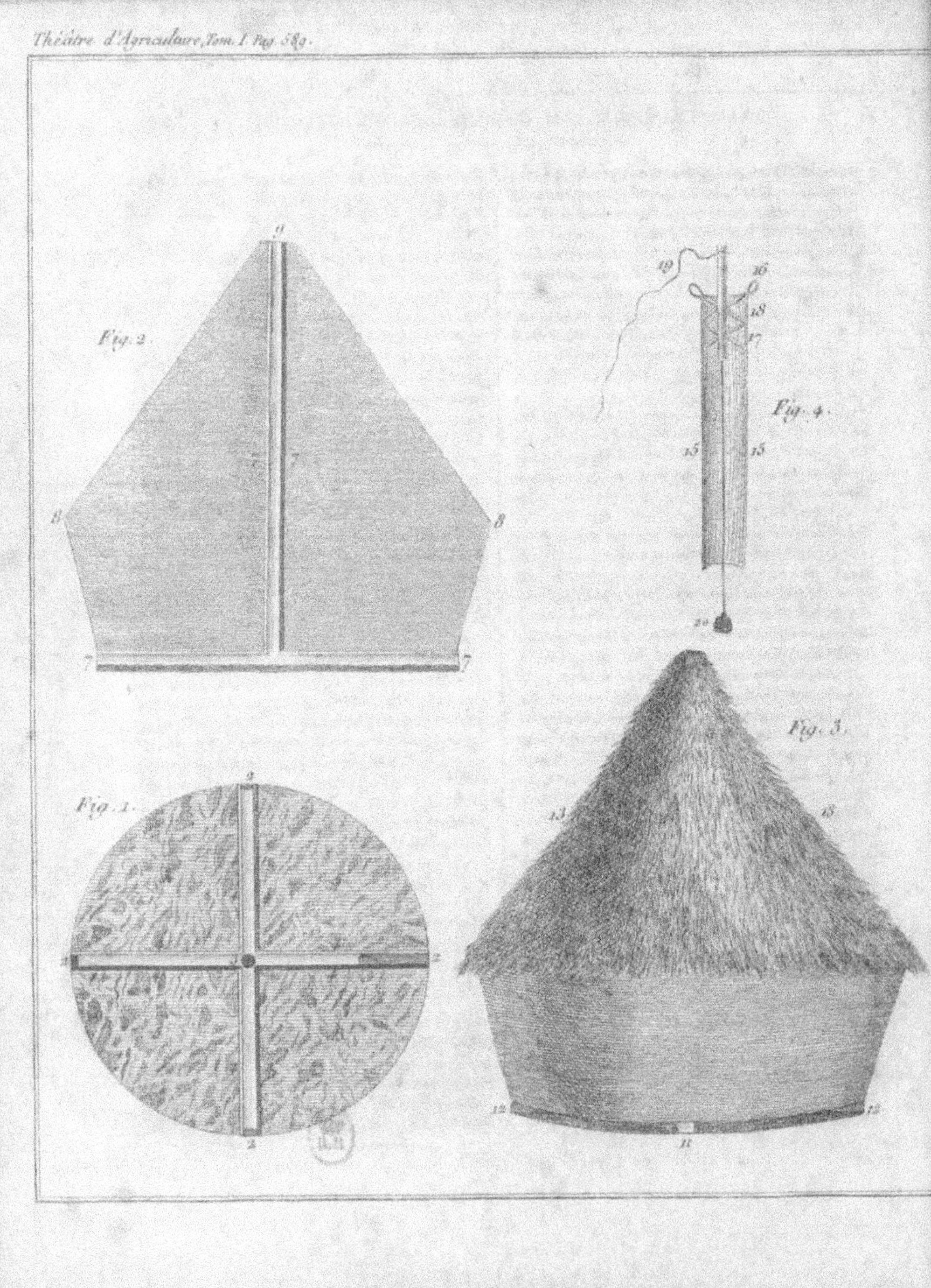

Fig. 2.
Fig. 4.
Fig. 3.
Fig. 1.

d'air, ou ce qu'on appelle la cheminée. Ce cylindre ou panier, de six pieds (deux mètres) de haut, est garni de deux anses à sa partie supérieure, pour le relever à mesure qu'on monte la meule : il est terminé par une croix au milieu de laquelle pend une corde ; à son extrémité est fixé un poids, qui sert à vérifier l'aplomb du panier. Au-dessus de cette croix s'élève un morceau de bois auquel est attachée une corde, qui sert à mesurer le diamètre de la meule, de sorte qu'elle ne soit pas plus forte d'un côté que de l'autre.

Jusqu'à environ deux toises (quatre mètres) de hauteur, on augmente insensiblement, jusqu'à une toise (deux mètres) de diamètre, la largeur de la meule ; ce qui donnera à cette partie une forme conique renversée, ou dont la partie pointue, tronquée, seroit du côté de la terre. A partir de ce point, on la diminue toujours insensiblement, jusqu'à ce qu'elle finisse en pointe à la hauteur d'environ quatre toises (huit mètres) ; et cette partie aura aussi la forme d'un cône, mais du double plus élevée que la partie inférieure. Alors la hauteur perpendiculaire de la meule sera en tout de six toises (douze mètres), jusqu'à l'extrémité de la pointe ou de la cheminée.

La solidité de la meule dépend sur-tout de l'égalité de la pression que l'on fait éprouver au foin en l'entassant. Il doit être éparpillé avec soin, et les voitures qui l'apportent doivent être déchargées successivement tout autour de la meule ; alors un ouvrier reçoit de la voiture une brassée de foin, il le répand en petite quantité et également, de manière qu'il ne finisse sa brassée qu'au point d'où il est parti ; une dizaine d'autres le suivent et opèrent de même : le poids successif de ces ouvriers sur toute la surface de la meule produit un tassement égal et suffisant ; un ouvrier au-dehors surveille le travail, et peigne la meule avec grand soin.

Quinze jours, environ, après que la meule est finie, lorsque l'on juge qu'il n'y a plus dans son intérieur ni chaleur ni fermentation, on bouche la cheminée, et l'on peut couvrir la partie supérieure de la meule avec de la paille.

Ces meules se conservent tout le temps qu'on peut désirer, et le foin en est toujours excellent ; l'expérience de plusieurs pays où elles sont d'usage le prouve incontestablement. Quand l'instant d'en employer le foin est arrivé, on l'en extrait en le coupant avec un couteau fait exprès, dont la lame est très-large, très-longue, et le manche recourbé : on l'entame par en haut, du côté opposé à la pluie, et l'on continue à couper jusqu'en bas. Chaque partie coupée carrément peut avoir trente pouces (quatre-vingt-trois centimètres) de long, sur une largeur et une épaisseur proportionnées : ces portions coupées sont assez solides pour qu'on n'ait pas besoin de les lier, excepté quand on les transporte au loin ; alors un seul lien de paille suffit. Elles peuvent être assujetties à un poids régulier, comme les bottes de foin ; et, sous cette forme, les marchands n'y peuvent pas introduire, comme dans celles - ci, du foin de mauvaise qualité.

Explication de la Planche représentant la Meule à courant d'air, et le Panier.

Fig. 1. Plan de la Meule.

Son diamètre est de cinq toises (dix mètres).

2, 2, 2, 2. Conduits horizontaux d'air, d'un pied (trente-trois centimètres) de largeur et de hauteur dans œuvre, qui sont ouverts à leur extrémité, et couverts de manière à ce que le foin ne puisse pas tomber dedans.

3. Ouverture d'un pied (trente-trois centimètres) pour le passage de l'air dans le conduit perpendiculaire.

4 4, 4 4, 4 4, 4 4. Parois des conduits d'air, faites avec des pierres ou du bois, dont une partie est découverte pour faire voir l'intérieur.

5, 5, 5, 5. Fagots ou bourrées qui doivent remplir les quatre vides des conduits d'air, et à la même hauteur.

Fig. 2. Coupe verticale de la Meule.

7, 7, 7, 7. Intérieur du conduit horizontal et vertical de l'air.

8, 8. Diamètre de la meule, à deux toises (quatre mètres) de hauteur perpendiculaire. Il est de six toises (douze mètres). Ce diamètre va toujours en diminuant jusqu'au sommet.

9. Hauteur totale de la meule à la pointe du conduit d'air, six toises (douze mètres).

Fig. 3. *Élévation de la Meule.*

11. Ouverture d'un des conduits horizontaux d'air ; elle est d'un pied (trente-trois centimètres) carré.

12 , 12. Hauteur des conduits d'air , des fagots et bourrées , qui est d'un pied (trente-trois centimètres).

13 , 13. Couverture de paille ou de roseau, à mettre sur la meule au bout de quelque temps.

Nota. L'échelle de ces trois figures est d'une ligne (deux millimètres) pour pied (trente-trois centimètres).

Fig. 4. *Panier ou Cylindre d'osier à claire-voie, dont l'usage est de former le conduit d'air vertical.*

15 , 15. Corps du panier coupé verticalement par son milieu. Son diamètre intérieur est d'un pied (trente-trois centimètres) ; sa hauteur, de six pieds (deux mètres).

16. Anse du panier , pour le relever à mesure qu'on monte la meule.

17. Première croix , dans l'intérieur du panier, vers son extrémité supérieure , à laquelle on attache une ficelle et un poids , pour vérifier son aplomb.

18. Deuxième croix , à fleur de l'ouverture du panier , dans laquelle passe un bâton attaché sur la première. Ce bâton excède le panier d'un pied (trente-trois centimètres) environ.

19. Ficelle attachée à l'extrémité du bâton posé au milieu du panier ; elle sert à vérifier le contour de la meule , afin que son diamètre soit par-tout le même.

20. Poids attaché au bout d'une ficelle , pour vérifier l'aplomb.

Nota. L'échelle du panier est de quatre lignes (huit millimètres) pour pied (trente - trois centimètres).

Des Meules Hollandoises.

Nous croyons devoir ajouter ici la description de meules dont la couverture descend et remonte à volonté. Ces meules , en usage en Hollande et dans quelques autres pays du nord , ont l'avantage de tenir toujours le foin à couvert des intempéries des saisons , parce qu'on baisse la toiture , qui est très-légère , à mesure qu'on consomme du fourrage , ce qui ne peut avoir lieu dans nos meules ordinaires , lorsqu'une fois elles sont entamées. Cette description nous a été communiquée par le C. *Malet-Mamon*, propriétaire , cultivateur très - intelligent , à la Varenne-Saint-Maur , près Paris , chez lequel nous en avons vues , qu'il avoit fait construire avec beaucoup d'avantages et d'économie.

On construit les meules hollandoises , carrées, sur quatre poteaux ; ou rondes , sur cinq , six , ou sept poteaux , suivant le diamètre qu'on veut leur donner : les plus en usage sont celles carrées ; cependant , pour les cultivateurs qui ont beaucoup de blé ou de fourrage à serrer , les rondes sont préférables , en ce qu'elles contiennent beaucoup plus , et sont relativement moins dispendieuses. De l'une ou de l'autre manière, les poteaux doivent avoir de trente à trente-cinq pieds (environ dix à douze mètres) de haut , et dix à douze pouces (vingt-sept à trente-trois centimètres) d'équarrissage à la base : toute espèce de bois est bonne , pourvu qu'il soit droit.

La plus forte dimension à donner aux meules carrées est de vingt - quatre pieds (huit mètres) dans œuvre : le bois à employer de préférence pour les sablières et les arêtières , est du sapin fendu à la scie , de six pouces (dix-sept centimètres) de large , sur quatre pouces (onze centimètres) d'épaisseur , et quelques perches pour supporter la couverture. On construit aussi des sablières en planches doubles et liées avec des chevilles ; mais cette manière est moins solide , et ne doit être employée que dans la construction des meules rondes , pour lesquelles elle est préférable.

La taille de la charpente et les assemblages doivent être faits avec beaucoup de soin ; car de-là dépend la facilité de mouvoir le toit. Malgré toutes les précautions , il arrive souvent qu'après le premier hiver les bois se déjettent , le toit porte plus d'un côté que de l'autre , les sablières frottent contre les poteaux , et alors le toit est très-difficile à faire monter ou descendre; pour éviter cet inconvénient , il faut , en construisant la meule , adapter à la sablière , en face du centre de chacun des côtés extérieurs du poteau , un petit cylindre en cuivre de deux pouces et demi (environ sept centimètres) de long, sur quatorze lignes (vingt-huit millimètres) de diamètre. Ce cylindre doit être monté sur une chape qu'on pose sur la sablière avec une entaille, de manière à ce qu'elle ne déborde pas, et qu'il y ait dessous la place nécessaire au jeu du cylindre. Cet ajouté n'augmente la dépense que de seize francs pour les huit cylindres, et garantit d'une foule d'inconvéniens. Dans les meules carrées, les poteaux sont placés à chacun des angles intérieurs, et retenus par un gousset qui empêche en même temps l'écartement : la couverture doit être en paille de seigle, et la plus légère possible. Les poteaux doivent être percés, à partir de huit pieds (deux mètres soixante centimètres) de terre, de quinze en quinze pouces (quarante-deux centimètres), pour placer les chevilles qui supportent successivement le toit : on doit avoir la précaution de faire les trous alternativement de l'un et de l'autre côté du centre du poteau, afin que le cric ne masque pas le trou dans lequel doit entrer la cheville qu'on replace après avoir élevé le toit.

Pour élever ou baisser le toit, l'homme qui tasse la meule pose son cric sur une cheville qu'il établit, deux trous au-dessous du toit ; il dirige la tête du cric sous le gousset, et il monte jusqu'à ce qu'il ait découvert un trou : alors il tire la cheville qui portait précédemment, et la met dans le trou qu'il vient de découvrir, et ainsi de suite en suivant les poteaux. Pour descendre le toit, au contraire, le cric placé de la même manière que précédemment, on monte assez pour dégager la cheville, qu'on replace un trou au-dessous, et on lâche le cric jusqu'à ce que la sablière pose sur ladite cheville, et ainsi de suite.

On pourroit, pour monter une meule, se servir de presque tous les crics, moyennant des cales ; mais il est avantageux d'en faire faire un exprès. Il doit être long de vingt-sept à vingt-huit pouces (soixante-quinze à soixante-dix-huit centimètres), avec une saillie de vingt pouces (cinquante-cinq centimètres), léger, et à tête carrée. On sera dédommagé de l'argent qu'il coûtera, par l'économie du temps dans la manœuvre. Ces sortes de crics, commandés exprès, reviennent à quarante francs. Une meule carrée,

de vingt-quatre pieds (huit mètres), toute prête, coûte, aux environs de Paris, de six à sept cent francs.

Pour les meules rondes, les poteaux sont placés à distances égales autour de la circonférence et extérieurement ; ils sont tenus à la sablière, au moyen de cercles en fer ronds, qui les embrassent : pour les monter, le cric porte de la même manière que pour les carrées, si ce n'est que la tête est dirigée directement sous la sablière et vis-à-vis du centre extérieur du poteau. (*H.*)

(20) Les préceptes que donne *Olivier de Serres* dans ce chapitre, pour la culture des prairies, indiquent suffisamment la nécessité de la destruction du droit de parcours et de vaine pâture ; et s'il n'est possible d'avoir de bonnes prairies et de bons pâturages qu'en prenant toutes les précautions que prescrit ici notre auteur, comment peut-on espérer de les améliorer, de les conserver même, avec ce prétendu droit, destructeur de toute propriété et de toute industrie agricoles ? Ajoutons que si l'amélioration et la multiplication des bestiaux sont nécessaires aux progrès de l'agriculture et à la prospérité des États, on n'y parviendra jamais dans les pays où les pâturages, appartenant à tous, n'appartiennent réellement à personne, et où le propriétaire seul, capable de se livrer à cette multiplication et à cette amélioration, se voit ravir les moyens d'opérer l'une et l'autre. (*H.*)

Page 513,
colonne II,
ligne dern.

CHAPITRE IV.

(21) Du temps d'*Olivier de Serres*, on confondoit la luzerne (*medicago sativa*, *L.*) et le sainfoin (*hedysarum onobrychis*, *L.*), ou plutôt on donnoit le nom de sainfoin à la luzerne. Cette confusion existe encore de nos jours dans le midi de la France. Cela prouve que les dénominations prises, ou de quelques qualités, ou de circonstances particulières, ne sont pas les meilleures, sur-tout lorsque ces dénominations peuvent appartenir à différens végétaux. Les descriptions botaniques peuvent seules remédier à ces erreurs, et établir de bonnes distinctions.

Vraisemblablement, quand la luzerne et le

Page 514,
colonne I,
ligne 2.

sainfoin furent introduits en France, l'idée qu'on prit de la qualité de ces fourrages, fit donner à chacun le nom de *sain*, par excellence.

Tout ce que dit *Olivier de Serres* dans le cours du chapitre, sous le nom de sainfoin, ne convient qu'à la luzerne, qui diffère du sainfoin, non seulement par les caractères botaniques, mais encore par sa manière de végéter, par sa culture, et par ses qualités.

La luzerne fournit communément trois, quatre, et dans certains pays, un plus grand nombre de coupes ; même, suivant *Olivier de Serres*, jusqu'à huit ou neuf : ce qui indique qu'elle croît avec une grande rapidité. Ses racines sont longues, grosses et vigoureuses ; elles s'enfoncent profondément : la terre qu'elle exige, doit être substantielle et facile à pénétrer. On n'obtient pas, du moins dans nos climats, plus de deux coupes du sainfoin ; le plus souvent il n'en donne qu'une, avec un foible regain, qu'on ne peut que faire paître sur place. Cette plante a une végétation lente ; elle est moins productive en fourrage que la luzerne, mais on lui trouve, avec raison, plus de qualités nutritives ; elle a l'avantage de venir assez bien dans des sols peu profonds, calcaires et pierreux, dans lesquels on ne récolteroit point, ou presque point de luzerne.

La luzerne prise en quantité, sur-tout après les temps de pluie, incommode les animaux, leur cause des indigestions par réplétion d'alimens, ou par dégagement de gaz, qui les tuent sur-le-champ. Rarement cet inconvénient a lieu, quand ils ont mangé du sainfoin dans les mêmes circonstances. (*T.*)

Page 514, colonne I, ligne 24.

(22) Ce n'est pas seulement dans les départemens du midi que la luzerne est cultivée ; cet excellent fourrage l'est aussi dans ceux du milieu et d'une partie du nord même de la France. On en voit beaucoup dans les environs de Paris, où la consommation en est considérable, à cause des bestiaux, et sur-tout des vaches laitières qui y sont en grand nombre. A mesure qu'on avance vers le nord, les luzernières deviennent plus rares. Le froid et les gelées printanières étant contraires à cette plante, on ne peut l'adopter que dans les pays où la température est ordi-nairement douce, aussitôt que le printemps a commencé. (*T.*)

Page 514, colonne I, ligne 29.

(23) L'abondance de fourrage que donne la luzerne, par les coupes qu'on en peut faire chaque année, doit déterminer à en semer dans les fermes qui ont des terreins favorables à cette plante. Dire que le contenu de la journée d'un faucheur (de luzerne) donne plus de foin que trois ou quatre d'autre pré (pré naturel), c'est indiquer que la coupe d'une étendue de cette plante offre un volume trois ou quatre fois plus considérable que celle d'une prairie naturelle. La largeur des feuilles et la grosseur des tiges de la luzerne, comparées à celles des graminées qui composent en grande partie les prairies naturelles, sont des causes de cette différence, mais ne sont pas les seules, à ce qu'il paroît ; car il faut y ajouter la facilité avec laquelle on coupe la luzerne ; elle est telle, que deux ouvriers travaillant, l'un dans un pré, et l'autre dans une luzernière, celui-ci fait le double au moins de besogne. (*T.*)

Idem, colonne II, ligne 11.

(24) La luzerne est un très-bon aliment pour les animaux, meilleur encore dans les départemens méridionaux que dans les autres ; mais on ne peut en faire manger de verte aux ruminans, sans quelques précautions. Si on la mêle avec du fourrage sec, soit foin, soit paille, elle n'est point nuisible ; si on est forcé de la donner seule, au moins faut-il, avant, l'exposer plusieurs heures au soleil, et jusqu'à ce qu'elle soit amortie. Il paroît qu'alors le gaz délétère, qui la rend mortelle dans quelques cas, est dissipé, ou reste en moindre quantité. Pourquoi les ruminans sont-ils plus incommodés de ces sortes de gaz, que les animaux qui n'ont qu'un seul estomac, le cheval, par exemple? Il sera difficile de le dire. Est-ce parce que les membranes de leurs estomacs se dilatant plus facilement, il en résulte un gonflement et une pression capables d'arrêter la respiration et de suffoquer? Est-ce parce que ce gaz, à cause des quatre estomacs et de leur disposition, trouve moins de facilité à s'échapper dans les intestins, ou à se porter du côté de l'œsophage? Il est difficile de le dire. Il est de fait, que les bêtes à cornes et les bêtes à laine sont subitement gonflées et meurent,

pour

pour la plupart, sur-le-champ, sur-tout quand, après une pluie qui développe rapidement la végétation de la luzerne, on la leur donne fraîchement coupée, ou lorsqu'on les conduit dans une luzernière. Cet inconvénient bien connu doit donc mettre en garde les propriétaires de troupeaux, contre les imprudences ou la négligence de leurs bergers.

Nous parlerons de la manière de remédier à cet accident, au huitième Lieu. (*T.*)

Page 514, colonne II, ligne 27.

(25) *Bestes recreues.* Ce mot *recreu* ou *recreu* a deux sens différens dans les auteurs. *Yeo Filiomarus*, ou plutôt *Joseph Scaliger*, et ceux qui ont adopté son opinion, appellent chevaux recreus, *equos recreditos*, *quasi recruduerint* (de *recrudescere*), les chevaux qui ont repris des forces, qui sont *refaits* ; ceux-là n'auroient pas besoin de luzerne, ainsi ce ne peut être dans le sens de *Scaliger* qu'*Olivier de Serres* a entendu ce mot, mais bien dans le sens de *Fleta* et des autres, qui appellent chevaux recréés ou recreus, *equos recreatos*, les chevaux las, fatigués. On trouve encore dans quelques anciens auteurs, chevaux *recréans* ou *recrands*, pour chevaux las, harassés, découragés, courbatus ; mais ce qui doit lever tous les doutes sur le véritable sens de ce mot, ce sont les nombreuses citations qu'on trouve dans le *Glossaire* de *du Cange*, et dans lesquelles, *recreu*, *recréant*, ou *recrand*, sont employés constamment pour déconforté, découragé, las, fatigué, épuisé, abattu, sans cœur, conard, etc.

Olivier de Serres distingue les bêtes pleines, de celles à lait, des portières et des allaitantes. Les premières sont celles qui ne font des veaux que pour le besoin qu'on en a, ou lorsqu'elles ne donnent plus de lait ; les secondes fournissent le lait pour le commerce, la nourriture et le fromage, et sont ce que nous appelons proprement *vaches laitières* ; les troisièmes sont uniquement destinées à la propagation, ne sont réellement que portières, et ne nourrissent pas leurs veaux ; tandis que les quatrièmes, au contraire, ne font que les allaiter et ne portent point ; en sorte que, quelquefois même, dans les pays où l'on fait des élèves, on donne deux vaches à un veau pour le nourrir.

Théâtre d'Agriculture, Tome I.

Du reste, il résulte de tout ce que dit ici notre auteur, que la luzerne convient également bien aux vaches pleines et aux vaches à lait. (*H.*)

Page 515, colonne I, ligne 60.

(26) Le fumier récent fermente ; la graine de luzerne, qui paroît susceptible de s'altérer promptement, étant en contact avec du fumier en cet état, perdroit sa vertu germinative. C'est donc avec raison qu'*Olivier de Serres* conseille de ne la semer que dans des terres engraissées long-temps auparavant, ou de ne mettre, dans ces terres, que du fumier vieux et consommé.

On fait un grand usage, pour cet effet, des curures de fossés, de mares, étangs, ruisseaux, rivières ; des fouilles de caves et fondations de bâtimens ; des boues des rues, des pelures de cours, friches, landes ; des feuilles, tiges et racines de plantes amoncelées, etc. La plupart de ces substances ont néanmoins encore besoin de mûrir, soit pour détruire, par la fermentation, les graines qu'elles pourroient contenir, qui leveroient dans les champs ou prairies, et nuiroient aux plantes dont on désire l'accroissement exclusif ; soit pour les exposer à l'influence de l'air et des météores. C'est ce séjour utile qu'*Olivier de Serres* appelle repos. Il ne faut pas qu'il soit tel qu'on ne touche aux matières que pour les porter aux champs, il est bon de remuer quelquefois ces terres, et de les changer de place avant de les employer. Les cultivateurs du ci-devant pays de Caux, département de la Seine-Inférieure, ont beaucoup d'intelligence pour former ces sortes d'engrais. (*T.*)

Idem, colonne II, ligne 21.

(27) Les herses à dents de fer sont plus pesantes, et entrent plus avant que celles à dents de bois. N'est-ce pas par cette raison, que les Anciens disoient que la graine de luzerne *haïssoit le fer?* cette graine, comme beaucoup d'autres, ne voulant être que couverte d'un peu de terre. (*T.*)

Page 516, colonne I, ligne 3.

(28) Dans les pays où le seigle est le grain dominant, ou le plus important, on l'appelle *blé*. Ce nom ordinairement est le synonyme de froment : quelquefois on l'applique à l'un et à l'autre, en les distinguant ainsi : *blé seigle*, *blé froment* ; quand on dit *les blés*, on entend, suivant les lieux, seulement les seigles ou les fromens. *Olivier de Serres* donne plus d'étendue

Ffff

ici à l'expression *blé*, puisqu'il l'adopte pour la vesce même, qui est de la famille des légumineuses. Il semble que, dans son idée, les blés soient les plantes qu'on cultive particulièrement pour en récolter les grains. (*T.*)

Page 608, colonne I, ligne 11.

(29) Il faut ici restreindre le mot *septentrionaux*, et, en considérant le pays où écrivoit *Olivier de Serres*, l'appliquer seulement à plusieurs Départemens qui sont au-dessus de la ligne qui couperoit la France en deux parties. J'ai déjà dit, note (22), que la luzerne ne pouvoit être cultivée avec avantage, là où les gelées printanières se prolongeoient long-temps. (*T.*)

Idem, colonne II, ligne 4.

(30) L'auteur suppose, ou doit supposer que le climat convienne à la luzerne. Cette plante paroît tenir le milieu entre le trèfle et le véritable sainfoin. Le trèfle ne se plaît que dans un sol constamment frais; aussi, est-il la prairie naturelle de la Hollande, de la Flandre, etc. Le sainfoin réussit bien dans les sols calcaires, qui sont plus ou moins secs: la luzerne ne voudroit, pour végéter autant qu'elle le pourroit, ni un fond très-humide, ni un fond trop sec; elle a la croissance la plus belle dans un terrein de bonne qualité, qu'on a la facilité d'arroser lors des grandes sécheresses. (*T.*)

Page 609, colonne II, ligne 2.

(31) On appelle *babo*, en languedocien, la larve ou la chenille du ver à soie; et il paroît que *bàbote* est le nom générique que l'on donnoit, du temps d'*Olivier de Serres*, et que l'on donne encore, aux insectes qu'on appeloit *chenilles*. On sait qu'aujourd'hui les naturalistes ne donnent le nom de *chenilles* qu'aux lépidoptères.

On trouve sur les luzernes une larve hexapode noire, avec des points jaunâtres sur les côtés; c'est la larve de la coccinelle à sept points (*coccinella septem punctata*). Elle est quelquefois assez abondante dans le midi de la France, pour détruire toutes les feuilles de luzerne dans une prairie. C'est, très-vraisemblablement, celle dont parle *Olivier de Serres*.

On trouve aussi sur les luzernes la larve de la tettigone écumeuse (*tettigonia spumaria*); elle est de couleur brune, quelquefois d'un gris verdâtre, et se tient sur les feuilles, enveloppée d'une écume semblable à de la salive, de manière qu'on croiroit que c'est un crachat. On com-

mence à trouver cette écume sur les feuilles, vers le milieu du printemps: les larves y sont rassemblées quelquefois au nombre de six ou huit. Il paroît que les œufs passent l'hiver sur les branches et les tiges de la plante où la femelle les a déposés en automne. Cette larve a pour ennemie une petite espèce de guêpe qu'on voit fondre sur les masses d'écume, en tirer la larve et s'envoler avec elle.

M. *Brez* indique encore, dans sa *Flore des Insectophiles*, comme vivant sur la luzerne faucillée (*medicago falcata*, *L.*), d'après *Linné* et *Fabricius*, le *sphinx ephialtes*, et la *phalæna mi*. (*O. et H.*)

Page 609, colonne II, ligne 9.

(32) Lorsqu'on réserve une coupe de luzerne pour lui faire produire graine, on la laisse jusqu'à la maturité complète, ce qui tient lieu d'une coupe, dont le produit en graine dédommage. Suivant l'auteur, c'est la troisième pousse qu'on y destine, parce que, sans doute, c'est celle qui a lieu à l'époque où la plante a le plus de vigueur; mais dans les pays où la température ne permet pas à la luzerne de végéter de bonne heure, on doit destiner à cet usage la seconde coupe. (*T.*)

Page 610, colonne I, ligne 1.

(33) C'est une opinion générale, qu'on ne doit pas cultiver deux fois de suite la même plante dans un terrein; cependant l'exemple du chanvre qu'on sème tous les ans, et avec succès, dans les chenevières, courtils, etc., est contraire à cette opinion. On auroit grand besoin d'éclaircir jusqu'à quel point elle est fondée. Je pense que ce qui a pu y donner lieu, c'est qu'on n'a pas toujours un temps suffisant pour préparer la terre à recevoir deux fois de suite la même plante; c'est qu'on veut épargner les engrais, les façons, etc. Au reste, *Olivier de Serres*, quoiqu'il dise qu'une luzernière se trouve mieux si on la change de place, croit cependant que dans le sol où l'on vient d'en détruire une, il n'est pas désavantageux d'en former une nouvelle. (*T.*)

Idem, ligne 12.

(34) La conversion de la luzerne en trèfle ou triolet des prés (*trifolium pratense*, *L.*), par la pourriture de ses racines, ne sauroit être admise, on le sent bien: la luzerne trop arrosée, peut

être altérée, sans doute ; mais ses racines donneront toujours de la luzerne, moins belle, moins abondante que si elle n'étoit arrosée que médiocrement. A la place de cette plante, à mesure qu'elle se détruit, il pousse du trèfle, auquel le terrein, en cet état, convient mieux ; parce que, pour peu qu'il y en ait dans le champ ou dans les environs, sa graine lève et donne des plantes, qui sont le véritable trèfle, et non une luzerne bâtarde ou dégénérée. Aussi *Olivier de Serres* a-t-il soin de faire remarquer que ce sont deux plantes différentes. (*T.*)

CHAPITRE V.

Page 508, colonne II, ligne 2.

(35) Cette plante est le véritable sainfoin (*hedysarum onobrychis*, *L.*), connu encore sous le nom de *bourgogne*; on lui donne le nom d'*esparcet*, dans plusieurs Départemens méridionaux. Voyez la note (21). (*T.*)

Idem, ligne 3.

(36) Depuis l'époque où l'auteur écrivoit, la culture du sainfoin a pris beaucoup d'extension; on la trouve établie dans un grand nombre de Départemens. Comme, en général, on est plus éclairé sur les prairies artificielles, chacun a choisi la plante qui convient le mieux à son terrein. J'ai déjà dit que les sols humides demandent le trèfle, et qu'on emploie ceux qui sont substantiels, pour la luzerne, plus profitable, parce qu'on la coupe plus souvent. Il a donc fallu que les autres eussent recours au sainfoin. Les départemens du Loiret, d'Eure-et-Loire, de Seine-et-Oise, etc., l'ont recherché, et en couvrent une partie des terres qu'ils laissoient autrefois en jachères. Cette culture, dans ces Départemens, qui ne sont pas les seuls, a augmenté de plus d'un tiers en quarante ans. (*T.*)

Idem, ligne 7.

(37) Il y auroit une erreur, si on prenoit cette expression pour comparer les qualités nutritives de la luzerne et du sainfoin; car cette dernière plante est regardée comme préférable à l'autre. Les animaux qui s'en nourrissent sont plus fermes, plus forts que ceux auxquels la luzerne sert de fourrage; mais on retire plus de profit de la luzerne, à cause de son abondance: sous ce rapport, le sainfoin lui est inférieur.

Suivant *Olivier de Serres*, la différence est peu considérable. Dans les climats chauds, cela seroit peut-être possible; mais dans celui des Départemens du nord de la France, on coupe le sainfoin une ou deux fois au plus, et la luzerne quatre ou cinq fois. On ne peut donc dire que là les deux plantes se rapprochent en produit. D'après l'auteur même, on ne sauroit les comparer; car on lit, au chapitre précédent, que dans le cours d'une année, on fauche la luzerne cinq, six fois, et même jusqu'à huit ou neuf, en terrein excellent; tandis que l'auteur annonce, dans le chapitre suivant, que le sainfoin ne se coupe au plus que trois fois, ce qui semble une contradiction. Au reste, il suffit de savoir que, tout calculé, il y a plus d'avantage à cultiver la luzerne, quand le terrein le comporte. Si le sol n'est propre qu'au sainfoin, son infériorité sur la luzerne ne doit pas empêcher d'en semer beaucoup. (*T.*)

Page 508, colonne II, ligne 21.

(38) Après plus ou moins d'années, suivant le terrein, on détruit le sainfoin en labourant la terre avant l'hiver. Pendant toute la végétation de cette plante, beaucoup de feuilles tombent; le labour les enterre : la racine, retournée par la même opération, se pourrit. Il résulte de-là un bon engrais, qui dispense du fumier. D'ailleurs, le défrichement, en arrachant les racines du sainfoin, donne à la terre un labour plus profond, qui contribue encore à la rendre plus fertile. (*T.*)

Idem, ligne 26.

(39) Ce n'est pas que la morsure des animaux soit, comme on le croit, venimeuse; on ne doit pas croire davantage qu'ils fassent aux plantes des plaies dangereuses : leurs dents incisives les coupent, sans les déchirer, et à-peu-près comme des instrumens tranchans; mais souvent ils les arrachent entièrement, en les pinçant fortement entre leurs lèvres, ou au moins ils dérangent, par une sorte d'ébranlement, l'adhérence des racines avec la terre, et par ce moyen ils retardent la pousse, ou même ils l'empêchent. C'est sur-tout quand la terre est ameublie, comme au sortir de l'hiver, après les gelées, que l'entrée des troupeaux dans les prairies artificielles leur est funeste. Le sainfoin a plus à en craindre que les autres, parce que, d'une part, ses racines s'enfoncent moins avant, et

de l'autre, que la terre dans laquelle on le sème est facile à soulever. (*T.*)

Page 518, colonne II, ligne 24.

(40) Dans beaucoup de pays, comme il a été dit, on ne coupe le sainfoin que deux fois, dont la seconde est le regain. Le plus souvent, les cultivateurs de nos Départemens septentrionaux ne le coupent qu'une fois, et laissent paître par leurs bestiaux la seconde pousse, soit parce qu'elle n'est jamais assez longue pour être coupée, soit parce qu'on n'a pas d'autre pâture alors. Ce n'est guère que dans les climats d'une température moyenne qu'on obtient de cette plante trois pousses, et par conséquent trois coupes. (*T.*)

Page 519, colonne II, ligne 4.

(41) Pour déterminer à semer le sainfoin très-épais, et par conséquent à employer trois ou quatre fois plus de semence que pour le froment, il y a une raison que ne donne pas *Olivier de Serres*. La graine de sainfoin est très-grosse, et trois ou quatre fois plus grosse qu'un grain de froment ; on doit donc en tripler au moins la semence, afin de bien garnir le champ et de ne point permettre aux plantes étrangères de nuire au sainfoin. (*T.*)

Idem, ligne 7.

(42) On ne doit pas entendre, par ce mot *par-terre*, le terrein d'une habitation, destiné aux fleurs et aux arbustes d'agrément, mais le sol d'une prairie, bien soigné, bien préparé pour recevoir des graines. (*T.*)

CHAPITRE VI.

Page 520, colonne I, ligne 17.

(43) Le mot *viande*, dans les acceptions actuelles, ne s'applique qu'à la chair des animaux tués pour nourrir les hommes. Quoiqu'il soit synonyme de *chair* dans beaucoup de circonstances, il ne l'est pas toujours ; car si l'on dit indistinctement *viande* ou *chair* de bœuf ou de mouton, on ne dit pas viande de poisson, mais bien chair de poisson : ainsi l'expression *chair* est plus étendue. A l'époque où écrivoit *Olivier de Serres*, et long-temps avant lui, on appeloit *viande* tout ce qui servoit à la nourriture des hommes ou des animaux. Ce mot s'est conservé parmi les chasseurs, et on dit encore aujourd'hui le *viandis*, pour indiquer la pâture des bêtes fauves. (*T. et H.*)

Page 520, colonne I, ligne 27.

(44) Pour distinguer les grains qu'on sème en automne, de ceux qu'on sème au printemps, on désigne, dans beaucoup de pays, les grains d'automne, sous le nom de *primes*, qui revient à celui de *primerains*. On dit *orges primes*, *avoines primes*, etc., pour ceux de ces grains qu'on sème les premiers, c'est-à-dire en automne, et qu'on récolte les premiers. L'attention des propriétaires de bestiaux doit se porter particulièrement sur ce genre de culture, parce que les premiers mois du printemps sont la saison où ils se trouvent le plus embarrassés. (*T.*)

Page 521, colonne I, ligne 15.

(45) *Farrage*. On a déjà dit, note (37) du second Lieu, page 177, colonne II, que le nom de *far*, d'où est venu celui de *farine*, s'appliquoit à différens grains, et même à leurs préparations ou à leurs composés ; c'est également l'origine du mot *farrage*, qui vient de *farrago*, employé par *Varron*, *Columelle*, *Virgile* et *Pline*, pour exprimer un mélange de plusieurs grains ou de différens blés coupés en herbe pour la nourriture des bestiaux.

Par suite de cette première étymologie, tous les mélanges connus dans différens Départemens, sous les noms de *méteil*, *bisail*, *dravie*, *dragée*, *houara*, *hivernage*, *hivernache*, *bernage*, etc., quoique quelques-uns ne contiennent point de grains proprement dits *far*, et ne soient qu'un mélange de pois, de vesce, de trèfle, de luzerne, de lentilles, etc., ont été appelés *farrages*.

De *farragium*, *farrago*, est venu *forragium*, *furragium*, que les Latins prononçoient, et que les Italiens, les Allemands et les Anglois prononcent encore *fourragium* ; en françois, *forage*, *fourrage*, qui se prend pour le foin des prairies, composé également de toutes sortes d'herbes....
Et his quæ in herbâ, sive fœno ad æquorum et aliorum animalium cibum meti et depasci sæpiùs in anno solent ; etiam quæ vulgò farragia *et alia id genus appellantur.* (*Charta Radulphi, Abb. de Vicunia, ann.* 1206.)

Quelques auteurs, cependant, font venir *fourrage* de *fodram*, *foderam*, *fodrium*, *foderagium* ; en françois, *feurre* (paille), *feurrel*, *forre*, *foarre*, *fouarre*, *foire*, *foitre*, *froyre*, *fruyrage*, tous mots encore en usage dans plusieurs lieux ; mais la première étymologie est plus ancienne, et me paroît la meilleure. D'ailleurs, si on se rappelle qu'*alfana* vient d'*equus*, on verra qu'il seroit bien plus facile encore de faire venir *fòderagium* de *farrago*. (*H.*)

Olivier de Serres ne conseille pas de choisir les plus beaux grains pour former les *farragières*, mais d'y employer les criblures seulement, du froment, du seigle et de l'orge, parmi lesquelles se trouvent de l'ivraie, de la vesce, de l'avoine, de l'orobe ou ers, etc. Au lieu de jeter ces criblures, comme on fait le plus souvent, sur les fumiers, où elles ne se décomposent pas toujours, d'où il arrive que, portées aux champs, elles y lèvent et infestent les récoltes, il vaudroit mieux les répandre sur des terreins qu'on y consacreroit, afin de procurer de la pâture au bétail. Dans beaucoup de pays, sans doute, on n'a point de terrein pour cet usage ; mais il y en a d'autres où il s'en trouve, par exemple à la queue des étangs, quand la vase est à découvert. Ce qui ne serviroit pas de ces mélanges ainsi semés, pour la pâture du bétail, empêcheroit les mauvais effets des gaz délétères qui s'élèvent de ces vases, en les absorbant par leur végétation, et serviroit encore, quand l'étang seroit rempli d'eau, pour la nourriture du poisson.

Notre auteur fait, pour les grains, la même distinction qu'il a faite pour les prés (voyez note (5), page 584) ; il appelle *grains sauvages*, ceux qui naissent spontanément et souvent malgré les soins qu'on prend pour les détruire, et *grains francs*, ceux dont le produit est l'effet de la culture. Les *farrages* sont composés des uns et des autres de ces grains. (*T.*)

(46) Voyez sur cette orge les notes (38) et (42) du second Lieu, pages 177 et 178.

On donne ce vert d'orge aux jeunes chevaux, auxquels il est fort utile, sur-tout lorsqu'ils ont été mis trop tôt à la nourriture sèche. Il facilite singulièrement la sortie des dents de cheval, retardée par un régime aussi peu naturel : le relâchement et l'humidité générale qu'il procure à toute la machine, en facilitent aussi le développement, également retardé par un travail trop précoce. Il rend bien moins dangereux tous les accidens qui accompagnent ou qui suivent la gourme, lorsque son emploi précède cette maladie.

Il convient également aux chevaux échauffés ou fatigués par un travail trop considérable ; à ceux qu'*Olivier de Serres* appelle *recrus* ; à la suite des maladies inflammatoires ; aux chevaux dégoûtés et qui maigrissent sans cause apparente. On ne peut se dissimuler que, dans ce cas, il agit comme les eaux minérales dans l'homme ; le repos qu'il procure est souvent le remède le plus efficace.

Autant le vert de prairie est avantageux à la suite et pendant le traitement d'une foule de maladies chroniques, autant le vert d'orge est dangereux dans un grand nombre. Il ne convient dans presqu'aucune maladie de la poitrine. J'ai vu très-souvent des flux chroniques par les naseaux, se terminer par la morve, après quelques jours de ce vert ; je l'ai vu, aussi, rendre incurables des digestions viciées, et les chevaux se vider, après son usage, de manière à être promptement exténués et absolument hors de service. Il donne aux ulcères farcineux, au mal de garot, à la taupe, etc., un mauvais caractère, une suppuration sanieuse, fétide. Il est, en général, contraire aux chevaux poussifs et à ceux qui sont trop avancés en âge : il paroît remettre ceux-ci dans l'embonpoint ; mais cet embonpoint n'est que factice ; ils dépérissent promptement, et presque toujours sans ressources, lorsqu'ils sont remis au travail. Les maquignons employent quelquefois ce moyen, et les chevaux, ainsi rétablis temporairement, sont appelés *refaits*.

On donne ce vert à l'écurie, pendant un mois ou six semaines, selon la cause qui en a déterminé l'usage. On le fauche avant qu'il ait épié ; quand l'épi est sorti du fourreau, il devient trop substantiel, trop nourrissant, et il provoque alors la fourbure. On a soin de le couper le matin, avant que la rosée soit dissipée ; et quels que soient les principes que contient celui-ci, il est certain qu'il purge mieux et provoque une plus grande abondance d'urine que celui coupé quand la rosée est évaporée. On le distribue continuellement à l'animal, poignée à poignée, à mesure qu'il le mange ; et on s'arrête, lorsqu'il le refuse, pour recommencer quelque temps après. Si on en mettoit une certaine quantité devant lui, dans l'auge, elle seroit bientôt fanée par son haleine; il le dédaigneroit et pourroit même s'en dégoûter; il faut donc, pour ainsi dire, le lui faire désirer.

Si on en coupe, le matin, la provision pour la journée, on doit la mettre dans un lieu spacieux, bien aéré, à l'abri du soleil, rangée par petites gerbes peu serrées, droites, la pointe en haut, et avoir l'attention de l'arroser de temps en temps; mise en tas trop serrés, elle s'échauffe promptement, se fane, et l'animal la refuse.

On est généralement dans l'usage de saigner, au bout de quelques jours, les chevaux qui prennent ce vert. Cette méthode, qui paroît fondée sur ce qu'assez souvent les chevaux deviennent fourbus, si on néglige de la pratiquer, est vicieuse, et tient au défaut d'observer ce qui se passe dans l'animal, les premiers jours de cette nourriture. Si, au lieu de la lui donner d'abord en aussi grande quantité, on se bornoit à l'y accoutumer peu-à-peu, on n'auroit pas à redouter la fourbure, et la saignée seroit le plus souvent inutile; elle ne doit être pratiquée que dans le cas d'une nécessité reconnue, pour les chevaux pléthoriques et jeunes: elle doit être proscrite pour les chevaux fatigués, lorsqu'on donne le vert à la suite de quelques maladies et dans l'intention de réparer les forces.

Il est certain que la saignée facilite l'engrais des animaux; mais le but qu'on se propose, en donnant le vert aux chevaux, n'étant pas de les engraisser comme les bœufs destinés à la boucherie, on doit bien sentir que cet état, qui est véritablement contre nature, ne peut être de longue durée, et que la saignée est nuisible, loin d'être avantageuse, pour des animaux destinés au travail. Les maquignons ne la négligent pas pour les chevaux qu'ils veulent *refaire*.

Les premiers effets de ce vert sont, de purger abondamment par le fondement; peu-à-peu cette évacuation liquide diminue, et les excrémens, sans devenir solides, prennent de la consistance; les urines sont très-abondantes, et presque toujours laiteuses et très-chargées; le poil reprend son brillant, la peau son élasticité, et l'animal, de la gaieté et de la vigueur.

L'opinion dans laquelle on est, que l'antimoine contribue à engraisser les animaux, a introduit l'usage de quelques-unes de ses préparations pour les chevaux au vert. Cet usage est parfaitement inutile, à moins que quelque maladie particulière n'en sollicite l'emploi, et il peut être nuisible dans beaucoup de cas. Il faut se borner, lorsque les chevaux prennent difficilement le vert et paroissent dégoûtés, à leur donner, pendant quelques jours, un hectogramme (environ trois onces) de poudre de racine de gentiane (*gentiana lutea*, L.), ou d'aunée (*inula helenium*, L.), dans trois hectogrammes (environ une demi-livre) de miel. Ces substances amères ont bientôt rétabli les fonctions de l'estomac.

C'est à tort que quelques auteurs recommandables ont conseillé l'usage journalier du son pour les animaux au vert: cette substance, qui n'est alimentaire que par le peu de farine qu'elle contient, et qui, par elle-même, ne fournir rien à la digestion et ne se digère point, est bien plutôt nuisible, et fatigue inutilement l'estomac; on peut lui substituer avantageusement l'eau blanchie avec la farine, ou avec ce même son, jeté après. Il sera bon aussi de donner, tous les jours, à chaque cheval, deux bottes de paille de froment, soit pour se former de la litière, soit pour ne le pas entièrement sevrer des alimens solides.

Un préjugé bien plus fortement enraciné, parce qu'il est uniquement fondé sur la paresse des gens d'écurie et sur l'ignorance des préceptes d'hygiène, de la part des écuyers qui les dirigent, c'est l'idée que les chevaux qui prennent le vert ne doivent pas être soumis au pansement de la main. *Bourgelat*, qui a sapé tant de préjugés, n'a pas osé, par égard pour ses confrères, montrer tout le ridicule de celui-ci; il a cherché à expliquer, à motiver l'opinion de ceux qui se refusent au pansement; et quoiqu'il soit aisé de voir que son opinion est conforme à la raison, il n'a pas tranché la question, et s'est borné à recommander de bouchonner les chevaux deux fois par jour (1). Les chevaux qui sont au

---

(1) *Élémens de l'Art vétérinaire. Traité de la conformation extérieure du cheval*, etc.; cinquième édition. *Paris, an XI*, in-8°. pages 376, 377.

vert, transpirant beaucoup, ils doivent être étril-
lés et bouchonnés plutôt deux fois qu'une, quelle
que soit l'opinion contraire ; et l'expérience
a prouvé que, conduits ainsi, ils éprouvent bien
plus promptement tous les bons effets que l'on
a lieu d'attendre de cette nourriture : ils doivent
aussi être promenés journellement, et c'est sur-
tout à la rentrée de la promenade qu'ils doivent
être bouchonnés et séchés.

Il ne faut pas faire passer le cheval brusquement du vert à la nourriture sèche, et du repos
au travail habituel ; il faut, sur la fin du temps
du vert, le diminuer peu-à-peu, et le remplacer, de la même manière, par quelques rations
d'avoine et de foin. Un changement trop brusque
est souvent nuisible, et l'animal retombe quelquefois promptement dans l'état d'où il étoit
sorti. (*H.*)

Page 5o, Tome II, &c.

(47) Dans les environs de Paris, et dans les
endroits où l'on a besoin d'herbe, soit pour les
vaches laitières, soit pour donner à des chevaux
du vert à l'écurie, on sème, en automne, de
l'escourgeon ou orge d'hiver, qu'on coupe au
printemps. Suivant le temps, suivant le climat,
l'orge coupée repousse plus ou moins vigoureusement ; abandonnée à elle-même, si on ne
la coupe plus, la repousse monte à graine, et
donne, ou la moitié, ou le tiers, ou le quart
de ce qu'auroit produit l'orge dont on n'auroit
fait aucune coupe en vert ; quelquefois on n'en
obtient qu'une quantité égale à celle qui a été
semée. J'ai vu, dans le département des Pyrénées-Orientales, des cultivateurs intelligens
ensemencer de cette orge quelques champs,
pour y faire conduire leurs troupeaux de bêtes
à laine dans la saison rigoureuse, où il n'y a rien
ailleurs, et les en retirer assez à temps pour que
ces champs leur rapportent encore au-delà de la
semence.

Observations générales sur la Nourriture des Bestiaux.

Si on compare les ressources actuelles de l'agriculture, pour la nourriture des bestiaux, avec
les moyens indiqués dans l'article qu'*Olivier de
Serres* a consacré à cet objet, on ne peut s'empêcher d'être étonné de l'avantage que l'âge où
nous vivons a sur celui dans lequel vivoit cet
agronome, si justement célèbre. En effet, selon
lui, la manière de nourrir les bestiaux consiste,
1°. dans des pâturages formés par la nature,
tels que ceux des landes, des montagnes, des
bois, des bords des étangs, etc. ; 2°. dans des
prés composés d'herbes analogues à celles des
pâturages naturels, et qui n'existeroient pas,
si, au défaut de la nature, la main de l'homme
n'avoit pas ensemencé le terrein ; 3°. dans des
cultures soignées de luzerne et d'esparcet (sainfoin) ; 4°. dans des fourrages ou mélanges de
plantes de divers genres et espèces ; 5°. dans
des coupes d'orge en vert. C'est à cela qu'il se
borne. On devoit s'attendre qu'il ajouteroit au
moins les feuilles et les tiges du mays, qui sont
si sucrées et si savoureuses ; le trèfle incarnat
(*trifolium incarnatum*), mieux connu sous le nom
de farouche, et les lupins (*lupinus albus*, *L.*),
parce que ces plantes sont employées comme
fourrage, dans le midi de la France. J'ai vu faire
de bonnes récoltes de trèfle incarnat, et des
troupeaux paître sur des champs de lupins, à
la vérité un peu loin du pays qu'habitoit *Olivier
de Serres*.

J'ai conclu, de cette omission, ou que ces
plantes n'étoient pas employées de son temps
comme fourrages, ou qu'il n'avoit pas connoissance de l'usage qu'on en faisoit, ou qu'il croyoit
que celles dont il a parlé, étoient suffisantes. Il
ne faut pas oublier que ses propriétés étoient assez
près d'endroits montagneux, qui ne laissent pas
que d'offrir des pâturages.

Quoique je ne puisse assurer que le trèfle, dit
de Hollande (*trifolium majus*), fût déjà très-ré-
pandu en France, au temps où écrivoit l'agronome du midi, cependant il est probable que
déjà nos Départemens septentrionaux l'avoient
adopté. Comment et pourquoi donc n'en est-il
pas question dans *Olivier de Serres* ? La culture
du trèfle a fait de tels progrès, que je suis persuadé qu'il occupe plus de terrein maintenant,
que les deux cultures réunies de la luzerne et du
sainfoin. Aucun ouvrage d'économie rurale ne
peut plus paroître, sans un article exprès et étendu
sur le trèfle.

Outre le trèfle dit de Hollande, dont il y a
deux variétés, le rouge et le blanc, on fait en-

core quelque cas d'un petit trèfle à fleur jaune (*trifolium procumbens, L.*), qui, n'ayant pas une aussi forte végétation, n'exige pas un sol si substantiel.

Il me semble que l'on devroit, si on ne l'a pas fait avec soin, tenter dans les parties du midi où il gèle très-peu, la culture du sainfoin d'Espagne, nommé *sulla* dans le levant (*hedysarum coronarium, L.*). Je présume que cette plante, plus sensible au froid que la luzerne, donneroit cependant, en certaines années, de bonnes productions.

Je pense encore qu'on a droit d'attendre quelque chose de la pimprenelle (*poterium sanguisorba, L.*), qui n'a eu que des succès imparfaits dans nos Départemens septentrionaux.

Si les climats étoient les mêmes, si toutes les parties de la France offroient un sol semblable, si les années avoient des températures uniformes, on n'auroit pas besoin de chercher des plantes différentes, pour en avoir qui puissent s'appliquer à chaque circonstance, de manière que les unes soient propres aux pays chauds, les autres aux pays froids ou tempérés; et que, quand les unes manquent, les autres les remplacent. L'agriculture françoise est maintenant si riche, à cet égard, qu'il ne s'agit plus que de faire adopter aux cultivateurs routiniers tout ce qui leur convient, et que de les engager à multiplier les prairies, sur-tout les prairies artificielles, plus profitables que les prairies naturelles.

Indépendamment des plantes que j'ai citées, et qui s'adaptent aux climats et aux sols du Midi, non pas exclusivement, car quelques-unes donnent de bons produits en approchant plus ou moins du Nord, et selon les expositions et les terres, je rappellerai ici la lupuline (*medicago lupulina, L.*), le ray-grass (*lolium perenne, L.*), le thymoty (*phleum pratense, L.*), les pois des champs (*pisum arvense, L.*), dits *pois de brebis, pois d'agneau*; le lentillon (*ervum lens, L.*) (1), les fèves (*vicia faba, L.*) et les féveroles (*faba equina, B.*). Ces plantes se sèment ou séparément, ou plusieurs mêlées ensemble, ce qu'on appelle *dragées*, espèce de far-

(1) Le lentillon n'est considéré, par les botanistes, que comme une variété de la lentille; ils lui donnent le même nom.

rage. Les animaux mangent les tiges des trois premières, comme ils mangent celles de l'avoine, qui sont toujours tendres et fourrageuses, les tiges et les graines des pois et du lentillon, et les graines seulement des fèves et féveroles.

L'usage considérable qu'on fait des choux (*brassica*), en Allemagne et en Hollande, pour la soucroute; la certitude du succès de leur culture dans les terreins qui conservent de la fraicheur, comme ceux du Nord, et le goût des animaux pour ces plantes, dont il y a tant de variétés, ont donné l'idée d'en cultiver beaucoup, afin de tempérer en hiver, par cet aliment aqueux, les inconvéniens de la nourriture sèche qu'on est obligé de leur donner.

On a trouvé plus de ressources encore dans la multiplication des racines, moins sujètes aux injures de l'air, d'une végétation plus assurée, et assez faciles à cultiver : telles sont les carottes (*daucus carotta, L.*), les pommes de terre (*solanum tuberosum, L.*), les navets (*brassica napus, L.*), parmi lesquels est le navet de Suède (*rutabaga*), plus en état que les autres de résister à la gelée; les topinambours (*helianthus tuberosus, L.*), les betteraves (*beta*). Cette dernière plante a l'avantage de fournir, outre de très-bonnes racines que les hommes mangent avec autant de plaisir que les animaux, des feuilles qui se reproduisent et donnent à ceux-ci un excellent aliment.

Les sources où l'on puisera de bons renseignemens, des détails utiles et des résultats intéressans sur la culture et l'emploi des différentes plantes qui servent à la nourriture des animaux, sont principalement,

1°. un *Traité des Prairies artificielles*, par feu *Gilbert*. Dans cet ouvrage, rien n'est omis de ce qui étoit connu alors : tout y est exposé avec clarté. C'est un ensemble bon à lire et à consulter.

2°. Le *Dictionnaire d'Agriculture*, de feu l'abbé *Rozier*.

3°. Un *Traité du mays*, par le C. *Parmentier*, qui considère cette plante sous le rapport de fourrage.

4°. Un petit écrit de l'abbé de *Commerell*, sur la betterave champêtre, qu'il appelle *racine de disette*.

5°.

5°. Le *Dictionnaire d'Agriculture* de l'*Ency-clopédie méthodique*, où l'on trouve les articles *carottes* et *betteraves*, par le C. *Tessier*.

6°. Les *Annales de l'Agriculture françoise*, rédigées par le même, où sont insérés des mé-moires sur la *sulla*, à l'occasion de l'état de l'agriculture de Malte ; sur le *rutabaga*, sur le trèfle incarnat, etc.

7°. Les instructions publiées par la Commis-sion d'agriculture et des arts, par le Bureau Consultatif d'agriculture, par le Conseil d'agri-culture du Ministère de l'Intérieur, parmi les-quelles il y en a sur la culture en grand des choux, des carottes, des navets, des plantes légumineuses, etc.

Nous attendons du C. *Yvart* un travail sur les topinambours, qu'il cultive depuis plusieurs années avec un grand succès ; travail qui met-tra à portée de juger, d'après des faits exacts et des expériences certaines, combien va devenir précieuse pour l'accroissement de nos troupeaux la multiplication facile d'une plante qui avoit été reléguée jusqu'ici, comme peu importante, dans les endroits les moins estimés de nos potagers.

Les auteurs des ouvrages cités, qui ont traité des plantes qu'on peut employer à la nourri-ture des bestiaux, ont indiqué la manière d'en conserver les récoltes pour qu'elles ne s'altèrent pas et ne causent point de maladies aux ani-maux, ni de pertes aux propriétaires. *Olivier de Serres* n'a rien dit de la conservation du foin des prés à l'air libre. Il observe avec raison, que la luzerne est trop délicate pour qu'on ne la mette pas à couvert, aussitôt qu'elle est fanée ; au défaut de fenils, il conseille de placer au-dehors le foin des prairies. Pour son pays, peut-être les précautions sont-elles inutiles, parce que rarement on serre le foin humide, et que les récoltes en foin sont peu de chose, en com-paraison de celles de la luzerne. Ce ne seroit, d'ailleurs, que dans les grandes exploitations, où on manque souvent de greniers, qu'on auroit besoin de former des meules de foin. Les pluies fréquentes des Départemens septentrionaux et l'abondance des foins exigent des moyens écono-miques et propres à les conserver : on les trouve dans l'établissement des meules à courant d'air

et des meules hollandoises, indiquées dans la note (19). (*T.*)

CHAPITRE VII.

(48) Quoique le nom de *bœuf*, d'où vient *bouvine* ou *bovine*, soit celui du mâle privé de la faculté de se reproduire, cependant on le donne au genre entier des bêtes à cornes domestiques, comme celui de *mouton* aux bêtes à laine ; en-suite, on divise le genre en vaches et taureaux qui, par la castration, deviennent bœufs. On ne peut pas dire que les naturalistes ayent en cela consulté la supériorité des bœufs, quant à l'uti-lité, sur les taureaux ou vaches ; car, outre que les individus de ce genre, qui multiplient la race, sont préférables aux autres, malgré les avantages que ceux-ci peuvent procurer, le mouton ne rend pas autant de services que le bélier et la brebis : c'est donc purement un usage. (*T.*)

(49) L'Italie tire son nom d'Italus, son pre-mier roi, selon l'opinion de *Virgile* :

> *Nunc fama minores*
> *Italiam dixisse, ducis de nomine, gentem.*
> (Æneïd. lib. III, v. 166.)

mais *Varron*, *Columelle* et *Festus* le dérivent de l'ancien mot grec Ἰταλός, qui signifioit *tau-reau*, *bœuf* ; et c'est l'étymologie qu'a suivie *Olivier de Serres*. (*H.*)

(50) Le précepte que pose ici *Olivier de Serres* est positif : les formes extérieures ne sont, en général, que des accessoires pour juger de la bonté, parce que ces formes sont toujours su-bordonnées aux idées qu'on a de la beauté, et on sait que ces idées varient non seulement chez les différens peuples, mais encore dans les diverses provinces. Le bœuf trouvé beau en Auvergne, ne seroit pas également choisi en Bourgogne, en Flandre, dans la Camargue, etc. Dans plusieurs pays la préférence est donnée au taureau court et ramassé, sur celui qui a un long corsage ; ce qui est bien contraire à l'opi-nion de notre auteur. Si on désire pour la vache un ventre large et ample, on ne le désire pas également pour le taureau, auquel il seroit fort incommode.

Page 600, *colonne* I, *ligne* 2.

Idem, *ligne* 12.

Idem, *colonne* II, *ligne* 3.

Au reste, les signes indiqués par *Olivier de Serres*, pour le choix d'un bon taureau et d'une bonne vache, sont en général les meilleurs, parce qu'ils sont ceux qui annoncent une santé vigoureuse et une bonne conformation; mais ils doivent se modifier suivant les races, suivant les pays, et suivant l'usage auquel on les destine. Une vache peut avoir le pis et les trayons très-volumineux, et ne pas donner autant de lait qu'une autre chez laquelle ces parties seroient moins amples; et souvent une vache de moyenne taille, bien ramassée, est plus laitière qu'une grande vache qui a beaucoup à entretenir et à réparer.

Quant à l'idée d'*Olivier de Serres*, sur la couleur du poil, comme signe caractéristique de la beauté et de la bonté, nous ne la croyons pas plus fondée pour les bêtes à cornes que pour les chevaux, et on sait qu'il y en a de bons de tout poil; mais on ne peut se dissimuler que chaque pays adopte pour ses animaux une couleur qui lui est, pour ainsi dire, particulière; et que les habitans ne regardent exclusivement comme beaux que ceux de ces animaux qui ont la couleur favorite. C'est ainsi que les bœufs noirs ou d'un rouge obscur sont recommandés par *Olivier de Serres*; que ceux couleur café au lait, ou soupe de lait, sont très-fréquens dans la ci-devant Bourgogne; les bais, dans les Départemens du nord, etc., etc. (*T. et H.*)

Page 600, colonne II, ligne 27.

(51) Ceci me paroît une erreur, ou du moins une chose qui n'est pas prouvée. Je sais bien qu'il est possible que, parmi les animaux, comme parmi les hommes, il y ait des individus que les insectes recherchent davantage; mais, pour que les bœufs noirs, en totalité ou en partie, craignent plus les mouches que les autres, il faut que cette couleur de la peau les rende plus sensibles, ou qu'ils ayent une transpiration plus capable d'attirer les insectes. La même cause agiroit également sur les chevaux noirs ou pies, et autres animaux de la même couleur. Il me semble qu'il y a, sous tous les poils, des individus qui redoutent davantage les piqûres des mouches, et que cela dépend de la sensibilité de leurs nerfs, ou de l'épaisseur et de la finesse de leur peau.

Ce ne seroit peut-être pas sans raison, qu'on imagineroit que la couleur noire de la peau entière ou de celle de l'encolure et des épaules des animaux empêche d'apercevoir les mouches; les gens qui les soignent ou les employent s'attachent moins à les en chasser, que du corps des animaux de tout autre poil, qui permet de les voir plus facilement. (*T.*)

Page 603, colonne I, ligne 30.

(52) Le taureau et la vache ont acquis leur accroissement, de la deuxième à la troisième année de leur vie; c'est donc là le terme où on peut les faire servir pour la reproduction, sans intéresser leur santé, et avec l'espoir fondé qu'ils donneront de bonnes productions. Le taureau est en état de couvrir les femelles plutôt, et la vache conçoit avant deux ans; mais c'est mal connoître le bon emploi de ces animaux: c'est sacrifier à des produits trop précoces, que de ne pas attendre la troisième année, pour l'un comme pour l'autre. Ceux qui, par une économie mal entendue, croyent devoir faire saillir les vaches par des taureaux d'un an, pour les châtrer à trois, feroient beaucoup mieux de ne commencer à les employer comme étalons, qu'à trois ans, et de n'en faire des bœufs qu'à l'époque où ils se fatiguent. En tenant la même conduite pour les vaches, on auroit toujours des veaux forts, bien constitués, et capables de soutenir et même d'améliorer la race.

Le taureau, comme les autres animaux entiers, est rarement méchant, lorsqu'on ne le maltraite pas, qu'il voit habituellement des hommes, et qu'il n'est pas toujours retenu au fond d'une étable. Dans beaucoup de pays, il traîne la charrue, attelé ou avec des bœufs, ou avec des vaches même; tout dépend de l'habitude, de l'attention et de l'adresse de ceux qui le soignent ou le conduisent.

Quand un taureau est bien nourri, il peut couvrir plus de soixante vaches, parce qu'elles ne sont pas en chaleur toutes en même temps. Les ruminans se fatiguent peu dans l'accouplement. (*T.*)

Idem, colonne II, ligne 22.

(53) Dans l'état sauvage, les femelles des animaux, dont la gestation est longue, ont une époque à-peu-près fixée par la nature pour la

chaleur et le désir de se reproduire. La domesticité a dérangé cet ordre jusqu'à un certain point, mais non entièrement ; car la plupart des vaches deviennent en chaleur au printemps. Quelquefois le but et les circonstances où se trouvent les propriétaires de vaches, les déterminent à reculer ou à accélérer l'accouplement. Dans les pays où l'on élève de jeunes bêtes à cornes, dans ceux où le commerce de beurre est avantageux, on fait en sorte que les veaux naissent au printemps, parce que, alors, la nourriture est plus abondante. Les laitières des environs des grandes villes partagent leurs vacheries de manière que, donnant le taureau à leurs vaches, à diverses époques, ou à l'époque la plus profitable, elles ont toujours du lait à vendre, ou qu'elles en ont davantage dans la saison où il est plus cher. Leur calcul est d'autant plus facile, qu'on connoît la durée de la gestation de la vache, qu'on fixe à neuf mois, quoique, d'après mes observations, la mise bas soit plutôt dans le dixième. (*T.*)

Page 5o3, colonne II, ligne 17.

(54) Les autres signes de la chaleur de la vache sont l'inquiétude qu'elle éprouve : elle a la tête haute, les oreilles droites, le nez au vent, pour écouter, pour chercher et pour recevoir les effluves du mâle, s'il y en a ; elle oublie la pâture, même dans la prairie ; la vulve se gonfle, l'intérieur est plus rouge et plus vermeil que dans l'état naturel ; le clitoris devient plus protubérant ; elle éjacule de temps en temps, avec contraction, une humeur blanchâtre, visqueuse, quelquefois très-abondante ; elle urine plus fréquemment. Ces signes ne durent ordinairement que deux ou trois jours, et reparoissent peu de temps après, si la vache n'a pas été couverte, ou si elle n'a pas retenu.

Il y a des vaches qui reviennent fréquemment en chaleur, ou en chasse ; elles sont ordinairement infécondes, et il faut s'en défaire, non seulement parce qu'elles ne donnent plus de profit, mais encore parce que cet état contre nature tient à un dérangement dans leur santé, et qu'elles dépérissent assez vite. Nous avons remarqué que ce dérangement a lieu dans toutes celles dont la poitrine est malade, ou qui sont affectées de la pommelière.

Quant à l'enflure des ongles, qu'indique *Olivier de Serres*, nous n'avons pas eu lieu de l'observer, et ce seroit peut-être assez difficile ; mais il est certain que, dans le temps de la chaleur, il y a une turgescence générale ; que les pieds doivent s'en ressentir comme les autres parties du corps, et que les vaches, alors, ont réellement l'air de marcher plus lentement, et de tâter, pour ainsi dire, le terrein. (*T. et H.*)

Page 5o3, colonne II, ligne 39.

(55) Il est aisé de voir, en lisant les moyens qu'indique *Olivier de Serres* pour faire entrer les vaches en chaleur, qu'il les rapporte plutôt comme historien que comme des vérités reconnues ; et nous avons déjà eu occasion, plusieurs fois, de faire observer combien peu il croyoit aux influences lunaires. Quelques-uns de ces moyens, sur l'efficacité desquels on comptoit beaucoup autrefois, tel que celui de faire flairer à la vache les parties de la génération du taureau, séchées et salées, sont de véritables préjugés, et n'ont jamais rempli le but que l'on se proposoit.

Il n'en est pas de même de l'usage du sel dans les alimens, ni de l'usage des marcs de graines huileuses, qui forment, en général, des alimens échauffans, sur-tout lorsqu'ils sont donnés en certaine quantité ; mais ils rentrent dans ce que dit notre auteur, qu'il faut sur-tout, pour que la vache devienne en chaleur, qu'elle soit bien traitée avec du bon foin ou autres exquis pâturages, selon les saisons. Au reste, la chaleur sera accélérée, si la vache est dans un troupeau où il y ait un ou plusieurs taureaux ; et elle ne manquera pas de concevoir, si elle a les conditions convenables, quand elle sera couverte, quelle que soit l'heure du jour, ou la phase de la lune. (*T. et H.*)

Page 5o4, colonne II, ligne 1.

(56) Le parcage des bêtes à laine est bien plus connu et plus en usage que celui des bêtes à cornes. De petits animaux, qui se pressent les uns contre les autres, offrent plus de facilités pour engraisser également par ce moyen un terrein sur lequel ils passent les nuits. Cependant il y a des pays où l'on tire parti des bêtes à cornes, pour les faire parquer : les uns les enferment entre des claies, qu'ils changent de place ; d'autres leur font paître, en les attachant à des piquets, toutes les parties successives des

prairies artificielles. Dans ces cas, on ramasse leur fiente, trop abondante dans des endroits, pour la porter dans d'autres, et fumer, aussi également qu'il est possible, chaque portion du champ. Quand ce sont des vaches laitières, on a soin de ne commencer le parcage que quand les gelées sont passées, et de le cesser à l'approche des grands froids. Dans les pays chauds, il vaut mieux qu'elles couchent, en été, dehors, que dans les étables, qui les échaufferoient trop. (*T.*)

Page 601, colonne II, ligne 2.

(57) L'opinion, que les chevaux boivent plus volontiers, ou aiment mieux l'eau trouble que claire, n'est point particulière à *Olivier de Serres*; elle remonte jusqu'à *Aristote*, et peut-être au-delà encore. *Aristote* prétend, dans son *Histoire des Animaux*, que les chevaux et les chameaux boivent l'eau trouble et épaisse avec plus de plaisir et d'avidité que l'eau claire, et la preuve qu'il en donne est l'action de ces animaux, de battre et de troubler l'eau avant de boire; il ajoute, que l'eau chargée de particules hétérogènes les engraisse, parce que, dès-lors, leurs veines se remplissent davantage.

Il seroit difficile, sans doute, de concilier l'opinion d'*Aristote* avec les idées physiologiques modernes, et sur-tout avec l'expérience. Présentez au cheval altéré une eau quelconque, claire ou trouble, pourvu qu'elle n'ait ni odeur ni goût particuliers, il s'abreuvera également de l'une et de l'autre; menez-le à la rivière, dans quelqu'état qu'en soit l'eau, s'il a soif, il boira sur-le-champ, et ne la battra qu'après avoir étanché sa soif, pour faire rejaillir l'eau sur lui, et même pour s'y coucher souvent, si on le lui permet.

L'usage habituel de l'eau trouble, chargée d'une plus ou moins grande quantité de parties terreuses, calcaires ou argileuses, donne lieu, à la longue, à la formation de bésoards ou de pierres plus ou moins volumineuses, dans les intestins, à des obstructions dans le bas-ventre, et au dépérissement qui en est la suite ordinaire et inévitable.

Mais je dois ajouter que les animaux, plus près de la nature que l'homme, sur-tout quant à leur boisson, qui est encore unique, sont bien plus sensibles que lui à la différence que présente cette boisson, selon les lieux et les circonstances, et se refusent assez constamment, et jusqu'à ce qu'ils soient pressés par le besoin, à boire celle à laquelle ils ne sont pas accoutumés. C'est ainsi que nous avons vu souvent des chevaux, et sur-tout des vaches, accoutumés à des eaux de mares et de jus de fumier, se refuser opiniâtrément à en boire d'autres; et, abandonnés à eux-mêmes, laisser l'eau claire et pure, pour se jeter avidement sur l'autre.

Au reste, il ne faut pas croire que ces eaux de mares, de routoirs et de jus de fumier soient aussi nuisibles qu'on le dit généralement; elles ne contiennent, en effet, le plus souvent, qu'un gluten animal ou végétal, que les parties extractives des uns et des autres; sous ce rapport, elles ressemblent à beaucoup de nos boissons, et n'en diffèrent même pas par le goût, car nous ne pouvons dissimuler que plusieurs des nôtres ne sont rien moins qu'agréables à boire. On voit des écuries et des étables particulières, on voit tous les animaux d'une ou de plusieurs communes, ne boire, toute l'année, que de ces eaux, et n'en être pas incommodés. Des expériences faites pendant long-temps, avec des eaux de routoirs et des eaux où des cadavres étoient en putréfaction, n'ont eu aucunes suites pour les animaux qui s'en sont abreuvés, et qui ont continué à se bien porter. Cependant, si un animal tombe malade, on ne manque pas de placer cette boisson au premier rang des causes de sa maladie. Qu'on ouvre tous les écrits sur les épizooties, on l'y trouvera: c'est véritablement une de ces causes banales, qui, avec deux ou trois autres semblables, qu'on y ajoute toujours, et qui ne sont pas mieux fondées, esquivent l'embarras et empêchent de chercher et de trouver les véritables. Il est donc important de réduire à leur juste valeur les effets de ces sortes de boissons, qui ne sont réellement pernicieuses que lorsque, après une longue évaporation, comme il arrive dans les marais, elles laissent échapper de ces gaz délétères qui portent promptement avec eux la destruction et la mort. L'homme attentif et soigneux, le père de famille observateur, saura toujours bien distinguer ces cas particuliers et temporaires, et ne les confondra pas avec les usages habituels et généraux. (*H.*)

Page 544,
volume II,
ligne 33.

(58) *Brahaigne, brakeigne, brehagne, bre-haigue, brehane, brehenne.* On donne généra-lement ce nom aux femelles stériles, ou qui ne produisent pas de fruits, soit naturellement, soit accidentellement; le masculin est *brehain, brehan*; ainsi, les vaches qu'on ne destine pas à porter, mais à travailler, sont *bréhaigues*; celles qu'on a coupées, le sont davantage encore. Il en est de même des brebis que *Daubenton* ap-pelle *moutonnes.* Le cheval hongre, le bœuf, le mouton, sont *brehains.* On entend, dans les marchés, lorsque les harengs et les carpes n'ont plus ni laite, ni œufs, dire qu'ils sont *brehans, brehaignes*, c'est-à-dire, qu'ils ne peuvent plus produire.

Brehaigneté se dit pour stérilité. Dans quel-ques endroits on dit *berégne, braime*, pour *brehaigne.*

Bourgelat et quelques autres hippiatres disent que les jumens qui, comme les chevaux, ont dans la bouche les dents connues, dans cet animal, sous le nom de crochets, sont appelées *brehaignes*; mais aucun ne dit pourquoi. Le premier se contente d'ajouter, que plusieurs re-gardent ces jumens comme impropres au service des haras. Ce n'est donc pas parce qu'elles ont des crochets qu'elles sont appelées *brehaignes*, mais c'est parce que les jumens qui ont de pa-reilles dents sont regardées comme infécondes ou stériles.

L'origine de ce mot n'est pas ancienne; on le fait venir du bas-breton, *brahaing*, ou de l'anglois, *barrayne, barren*, stérile; et on fait venir l'anglois de l'allemand, *onbruchtbar*, dont on a fait *unfruchthar*, qui signifie la même chose. (*H.*)

Page 545,
colonne I,
ligne 10.

(59) Les différentes races de bêtes à cornes, ou de bêtes bovines, sont très-multipliées en France; un grand nombre ont des caractères distinctifs, bien frappans et bien faciles à saisir. *Olivier de Serres* n'en a indiqué aucune en par-ticulier. Plusieurs ouvrages modernes, d'écono-mie rurale, ont donné des détails sur quelques-unes de ces races, mais ils sont trop superficiels; et ce beau travail, si important pour les progrès de notre agriculture, est entièrement à faire. Nous sommes, à cet égard, moins avancés que nos voisins, qui s'en occupent déjà depuis long-temps (*). Les statistiques des Départemens fourniront, par la suite, une source précieuse de renseignemens sur cet objet, que nous n'en-treprendrons pas de traiter ici; nous nous bor-nerons à faire connoître quelques acquisitions nouvelles en ce genre, dont nous espérons tirer un parti avantageux.

1°. *La Race italienne, ou à grandes cornes.*

On appelle ces vaches italiennes, parce que nous les avons reçues d'Italie, avec les buffles, lors de la première campagne de *Bonaparte*, par les soins de nos collègues *Thouin, Berthollet* et *Monge.* Ces vaches sont originaires de la Hongrie et de la Dalmatie, d'où on les trans-porte en Italie; elles sont grandes, sveltes, bien proportionnées, bien montées sur jambes, portant la tête haute, à la manière des bêtes fauves, très-légères; leur poil est d'un beau gris argenté, et elles ont des cornes qui ont jusqu'à un mètre et demi (quatre pieds et demi) d'envergure, très-bien placées, et imitant une lyre. Les mâles sont de la plus grande beauté.

Ces vaches ont, en général, peu de pis, quoi-qu'elles donnent de belles productions, et il paroît difficile d'en faire des vaches laitières. Leurs cornes, qui forment un très-bel ornement, sont néanmoins dangereuses, et ces animaux, sans être méchans, peuvent blesser avec cette arme dont la pointe est assez aiguë. Dans les pays où on les élève, on met à cette pointe des espèces de vis en bois, ou en corne, ou des bouchons obtus, qui préviennent les accidens, et leur servent en même temps d'ornement.

Cette race ne réussira point dans les pays où on ne s'occupe des vaches que sous le point de vue des produits du lait; mais elle doit réussir dans les pays à bœufs, elle en fait de superbes, et qui prennent bien la graisse.

2°. *La Race sans cornes.*

Ces animaux, qui, par la conformation de leur tête, paroissent être une variété particu-lière et bien distincte, forment un contraste

____

(*) Voyez l'*Essai historique sur l'Agriculture*, en tête de ce volume, page cxxj.

frappant avec ceux dont nous venons de parler; ils n'ont aucune trace de cornes, et la tête, au lieu d'être bombée et large à l'endroit qu'elles devroient occuper, est, au contraire, plus étroite et plus applatie; elle est bombée au milieu : le pariétal et la crête de l'occipital paroissent beaucoup plus forts que dans les bêtes à cornes.

Nous ignorons l'origine de cette race, qui est assez multipliée en Angleterre, et sur-tout en Écosse, d'où quelques-uns la croyent originaire; mais les Anglois et les Écossois la croient eux-mêmes étrangère à leur climat, et originaire de l'Asie. On la trouve aussi en Islande, d'où elle a pu être importée en Angleterre.

Tout, dans ces animaux, caractérise la force; quoique de grande taille, ils sont près de terre, et ont beaucoup de corps, un poitrail et une croupe très-large, un fanon énorme, et des épaules beaucoup plus musculeuses que dans la race italienne et dans les nôtres : leur peau est très-fine, leur poil est ras et également fin; deux caractères qui, dans quelques autres espèces d'animaux, appartiennent également à celles d'Asie. Leur couleur est un fond généralement blanc, mêlé de rose et de rouge brillant. Plusieurs sont, ce qu'on appelle dans le cheval, poil porcelaine; ils sont d'une très-grande douceur, soit aux champs, soit à l'étable.

Il ne faut pas croire néanmoins que cette douceur soit telle, qu'elle influe sur leur conduite avec les bêtes à cornes : les taureaux et les vaches sans cornes se battent quelquefois avec les autres, et non seulement ils leur résistent, mais souvent encore ils remportent l'avantage et les font céder. J'ai observé que, dans ces combats, qui ne sont jamais dangereux ni sanguinaires, c'étoit plus par le poitrail que par la tête que les bêtes sans cornes se défendoient, et repoussoient vigoureusement leurs adversaires.

Cette race a éprouvé, dans les commencemens de son importation chez nous, la même défaveur que les bêtes à laine d'Espagne, et les cultivateurs la rejetoient également; ils ne pouvoient se figurer que des animaux ainsi conformés pussent être utiles, et ils refusoient de leur laisser couvrir leurs vaches; il a fallu qu'ils vissent les produits qu'ils donnent, combien leur multiplication est certaine, et enfin combien l'absence des cornes est non seulement peu importante, mais utile, au contraire, dans l'économie domestique, pour être convaincus de la bonté de cette race, qui, à sa grande douceur, joint les avantages d'être bonne portière et très-bonne laitière; elle a encore celui de pouvoir être mise dans la même pâture avec des jumens pleines ou poulinières, sans craindre que les mères et les poulains soient éventrés par des coups de cornes, comme il n'arrive que trop fréquemment.

Le croisement de cette race avec les races ordinaires donne de très-bonnes productions; toutes sont sans cornes, un très-petit nombre a de légers cornillons, qui ne sont point adhérens au crâne, mais à la peau seulement; ils remuent en tout sens, et finissent même par se décalotter et tomber au bout de quelque temps.

Un croisement avec une vache italienne à grandes cornes, a donné un métis également sans cornes.

Les premiers métis croisés, ou avec des vaches aussi premières métisses, ou avec des vaches ordinaires, donnent également des productions sans cornes. Ces productions commencent à être recherchées dans les parties de la France où cette race se propage.

3°. *Les Buffles.*

On les avoit peints, lors de leur arrivée en France, comme indomptables, sauvages et méchans; ils ont eu bientôt perdu ce caractère farouche, qui n'étoit dû qu'à la manière vicieuse dont ils étoient conduits et gouvernés. Avec de la douceur, on fait d'eux, comme des autres, tout ce qu'on veut.

Ces animaux, sur lesquels nous publierons un travail particulier, mon collègue *Tessier*, le C. *Baniva* et moi, propagent annuellement dans toute la France; ils s'élèvent facilement, sont employés journellement aux labours et aux charrois, et sont très-peu difficiles sur la nourriture; ils aiment beaucoup l'eau, et pourroient convenir dans nos Départemens marécageux, où il y a peu ou point de bêtes à cornes. (*H.*)

CHAPITRE VIII.

Page 503, colonne I, ligne 34.

(60) Voyez chapitre IV, page 514, et la note (24), page 592.

La luzerne, qui est toujours ici confondue avec le sainfoin, n'est contraire aux bêtes à cornes qu'accidentellement ; car il est difficile de leur donner un meilleur aliment. Peut-être, au reste, pourroit-on quelquefois la leur donner verte impunément. Je soupçonne que, pour être dangereuse, il faut qu'elle soit donnée dans un degré de végétation dépendant de circonstances jusqu'ici inconnues, et qu'il conviendroit d'étudier : c'est un objet digne de l'attention des physiciens et des chimistes. Les Écoles vétérinaires devroient s'occuper d'expériences dirigées vers ce but utile. En attendant des éclaircissemens sur ce point, qui intéresse l'économie rurale, il est toujours bon de se rappeler qu'il ne faut donner la luzerne verte aux bêtes à cornes, qu'après l'avoir cueillie d'avance et l'avoir laissé flétrir au soleil. Si on croit devoir les conduire dans une luzernière, ce ne doit être qu'après plusieurs jours de sécheresse, et aux heures les plus éloignées de celles où il y a de la rosée. (T.)

Idem, colonne II, ligne 22.

(61) Les personnes qui soignent les vaches doivent leur distribuer la nourriture de manière qu'elles en ayent assez, et qu'elles n'en ayent pas trop. L'usage et l'attention apprennent à connoître la véritable quantité, qui varie, suivant la taille et la race des animaux, les saisons, et la qualité des alimens. Le propriétaire vigilant et entendant bien la conservation de son bétail et ses intérêts, ne s'en rapporte qu'à lui-même pour régler tout et faire exécuter ses intentions.

Depuis que nous sommes parvenus à persuader à des fermiers qu'il faut dans leurs vacheries, comme dans leurs écuries, des râteliers et des mangeoires, il se perd moins de fourrage ; rien n'est foulé sous les pieds des animaux : les fleurs et les graines des plantes données pour l'affourragement, tombant des râteliers, quand les animaux en tirent le fourrage, sont reçues dans les mangeoires, où ils ne manquent pas de les retrouver. (T.)

Page 503, colonne II, ligne 28.

(62) Lorsque le veau vient bien portant, il ne lui faut rien autre chose que le lait de sa mère, qu'il est en état de téter aussitôt sa naissance ; s'il étoit foible, un ou plusieurs jaunes (moyaux) d'œufs lui feroient du bien, en attendant qu'il puisse téter. Le jaune d'œuf est une émulsion animale, toute préparée par la nature, pour servir d'aliment au poulet.

Il existe une opinion, ou, si l'on veut, un préjugé presque général, en égard aux jeunes animaux : c'est qu'il ne faut pas les toucher sur le dos, de peur de les empêcher de croître. Ce préjugé, comme tous les autres, s'est sans doute dénaturé en s'éloignant de sa source, et il ne faut pas le prendre au pied de la lettre ; mais il est certain, cependant, qu'il est fondé sur un principe vrai : c'est que les animaux, sortant du ventre de leur mère, doivent, autant qu'il est possible, être laissés dans l'état où ils y étoient ; ainsi, il ne leur faut que du repos et des alimens : le trop grand jour même les fatigue ; le maniement fréquent les tourmenteroit bien davantage, et les empêcheroit de se développer et de prendre le repos, si nécessaire à leur âge, en même temps qu'il pourroit donner lieu à quelque luxation dans les articulations, si foibles alors. (T. et H.)

Idem, ligne 35.

(63) Nous croyons utile d'indiquer ici quelques-unes des soins que les vaches et les veaux exigent au moment du vêlage, et dans les premiers jours qui le suivent.

On reconnoît que le vêlage sera prochain, aux beuglemens, aux agitations de la vache, à l'abaissement des flancs et de la croupe, au gonflement du pis, à l'écoulement, par la vulve, d'une humeur mucilagineuse. On veillera la vache, afin d'être présent lorsqu'elle mettra bas, et de lui donner tous les secours convenables, dans le cas où le vêlage seroit laborieux.

Il faut bien se garder, comme on ne le pratique que trop communément, de se hâter de faciliter l'extraction du veau, dès qu'il paroît, en le tirant avec force, et même, comme nous l'avons vu, en l'attachant avec des cordes, et en y attelant un cheval, sans égard aux efforts de la nature, qui suffisent dans presque tous les cas : ces pratiques ne peuvent être que meurtrières pour la vache et pour le veau. Il faut laisser les eaux percer elles-mêmes, et se borner à aider la vache, en tirant doucement le veau, lorsqu'elle fait des efforts pour l'expulser.

Il est essentiel aussi, dans ces cas, de s'abstenir des moyens échauffans qu'on prodigue quelquefois pour accélérer sa sortie, tels que le vin, le sucre, la canelle, la muscade, etc., et qui là retardent, au contraire, par l'irritation qu'ils excitent; il ne faut y avoir recours que lorsque la vache paroît affoiblie, et ils doivent toujours être prescrits par un artiste vétérinaire. On se contentera, si le travail dure long-temps, de donner à la vache de bons alimens, en petite quantité, et de l'eau blanche un peu salée.

On lui fera une ample litière, afin que le veau ne puisse se faire de mal en tombant; car les vaches mettent presque toujours bas debout.

Le vélage arrive assez souvent dans une saison encore froide; il faut couvrir les vaches, ne les point sortir pendant quelques jours, et sur-tout ne pas les exposer à l'air froid, ou à la pluie.

On est assez généralement dans l'habitude, aussitôt que les vaches ont mis bas et que le cordon ombilical est rompu, d'y attacher un morceau de bois ou un petit poids quelconque, pour en empêcher la retraite dans la matrice; cette précaution, qui, le plus souvent, est inutile, peut quelquefois néanmoins faciliter la sortie du délivre et s'opposer à son séjour trop long-temps prolongé; et il est bon de la mettre en pratique, sur-tout dans les vaches foibles, et qui étant fatiguées par l'action du vélage, font peu d'efforts pour l'expulsion de l'arrière-faix.

La promptitude de cette expulsion n'est pas, au surplus, une des conditions essentielles du vélage naturel. Tant que la bête jouit de sa santé et qu'elle fait parfaitement toutes ses fonctions, on doit se borner à être spectateur; et il faut bien se garder de se hâter d'introduire la main et le bras dans la matrice, comme on ne le fait que trop fréquemment, pour en arracher tout ce qui y paroît étranger. Nous avons souvent attendu, sans le moindre danger, jusqu'au dixième jour, malgré les vives sollicitations que nous faisoient des propriétaires pour accélérer cette sortie, qui n'est jamais dangereuse quand

elle est l'ouvrage de la nature, et qui peut avoir les suites les plus funestes lorsqu'elle est sollicitée par des efforts étrangers à l'animal.

Ce n'est que lorsque la vache paroît malade, abattue, et que les forces de la nature sont évidemment insuffisantes, qu'on doit se déterminer à extraire le délivre; et cette opération, très-délicate, ne peut être avantageusement pratiquée que par un homme de l'art, qui connoisse parfaitement la structure des parties sur lesquelles il doit agir.

Il en est des breuvages d'urine, de vin, de sabine, de rue, etc., qu'on conseille en pareille circonstance, comme de ceux dont nous avons déjà parlé, et sur l'emploi desquels on doit être très-réservé; ils peuvent quelquefois faire beaucoup de mal, en excitant la fièvre, l'inflammation, etc., et ne conviennent que dans un très-petit nombre de cas qui doivent toujours être déterminés par l'artiste vétérinaire.

Au surplus, de légères promenades, lorsque la saison le permet, le bouchonnement sur les reins et sous le ventre, soit avec un bouchon de paille, soit avec un morceau d'étoffe de laine, facilitent beaucoup la sortie du délivre.

On doit se borner, lorsque les vaches sont trop long-temps à délivrer, à les aider en leur donnant une rôtie au vin, au cidre ou au poiré. Lorsqu'on la fait au vin, on le mêle avec égale quantité d'eau. Cette rôtie doit être de cinq à six litres (cinq à six pintes) de liquide, dans lequel on a émietté sept ou huit hectogrammes (environ une livre et demie) de pain rôti; elles dévorent ordinairement cet aliment.

Quelques heures après, on donne à la vache un demi-seau d'eau tiède, blanchie avec de la farine d'orge grossièrement moulue, ou avec le son de froment.

On continue de lui donner cette boisson pendant cinq à six jours, et si l'on voit que la vache soit foible, et qu'elle ait de la peine à se rétablir, on lui donne, pendant huit à dix jours, la rôtie au vin ou au cidre, dont nous venons de parler.

Beaucoup de propriétaires laissent dévorer le délivre à leurs vaches, aussitôt qu'il est expulsé, dans la fausse persuasion qu'elles auront beaucoup plus de lait; d'autres, au contraire,

ont

ont grand soin de les empêcher de le manger, et assurent que rien ne les fait autant dépérir, et qu'elles meurent ensuite de consomption. Si on fait attention à la nature des alimens dont ces animaux se nourrissent habituellement, on sera bientôt convaincu que celui-là ne leur convient pas, et qu'il est plus prudent de le soustraire. Au surplus, toutes les femelles des animaux, sauvages ou domestiques, carnivores ou herbivores, mangent généralement leur arrière-faix; et nous avons été à portée d'observer que les vaches auxquelles on le laisse manger, comme celles qui ne le mangent pas, ne paroissent en souffrir en rien pour leur santé.

On a soin de ne remettre les vaches nouvellement vélées, à la nourriture ordinaire, que par gradation; lorsqu'on néglige cette précaution, on leur donne des indigestions d'autant plus dangereuses que les vaches sont plus foibles.

On doit avoir pour règle générale, de ne donner aux vaches nouvellement vélées, qu'une assez petite quantité d'alimens à-la-fois; mais de choisir les plus nourrissans, les plus substantiels, et ceux qui se digèrent le plus aisément. Les alimens cuits, en pareil cas, sont toujours les meilleurs.

On ne doit faire usage du lait des vaches qu'on destine à être laitières, que quelques jours après le vélage : celui qu'elles donnent jusqu'à cette époque, est très-bon pour le veau, mais il n'est ni agréable, ni sain pour les usages domestiques.

Il est des vaches dont le pis s'engorge par l'abondance du lait; il faut les traire souvent et doucement, si le veau ne tète pas assez pour opérer le dégorgement. Ce moyen, qui suffit ordinairement, n'occasionne pas l'irritation, l'inflammation, et les abcès qui suivent l'application des graisses qu'on conseille toujours en pareil cas.

Il arrive quelquefois que les vaches portent deux veaux. Lorsque le premier est né, on reconnoît qu'il y en a un second, à l'agitation de la mère, qui regarde continuellement son flanc, qui continue de faire des efforts, et qui ne paroît faire que peu ou point d'attention au veau déjà né ; lorsque cet état dure trop long-temps, on aide la vache, en lui faisant prendre une bouteille de vin chaud, et en l'excitant à éternuer,

en irritant les naseaux avec un peu de tabac. Si l'effet de ces moyens n'étoit pas assez prompt, il faudroit recourir sur-le-champ aux lumières de l'artiste vétérinaire.

Quelques mères négligent de lécher leurs veaux nouveaux-nés ; on les porte à le faire, en semant sur le corps de ces veaux un peu de sel, de mie de pain, ou de son.

Il est des veaux qui ne prendroient point le trayon, si on ne les en approchoit, ou si on ne le leur mettoit dans la bouche. Cette opération doit se faire avec douceur.

C'est un préjugé encore trop généralement répandu, de frustrer le veau du premier lait, sous le prétexte qu'il est de mauvaise qualité; c'est contrarier les vues de la nature, qui a pourvu ce premier lait, séreux et jaunâtre, qu'on nomme *colostrum*, d'une qualité légèrement purgative, propre à faire évacuer doucement au veau les matières qui se sont accumulées dans ses estomacs et dans ses intestins, pendant le temps qu'il est resté dans le ventre de sa mère, matières que l'on appelle *meconium*. Il faut donc faire téter le veau, dès qu'il le pourra, et ne point traire la vache auparavant.

Les veaux craignent le froid, et il est prudent de les en garantir; mais il faut bien prendre garde aussi de ne pas tomber dans l'excès contraire, c'est-à-dire, de les tenir enfermés dans des étables trop chaudes et étouffées.

Ils sont fort sujets à un dévoiement ou flux dysentérique, qui les jette dans une maigreur extrême, qui est assez souvent suivie de la mort. On arrête les mauvais effets de cet accident, en leur donnant plusieurs fois par jour, jusqu'à guérison, des jaunes d'œufs délayés dans du vin rouge, et en leur faisant prendre quelques lavemens d'eau, dans laquelle on aura fait bouillir du son. Trois décagrammes (environ une once) de diascordium, donnés le matin, pendant quelques jours, suffisent souvent aussi pour remédier à cette diarrhée; mais si les matières étoient extrêmement fétides, il faudroit délayer le diascordium dans une verrée d'infusion de fleurs de sureau, et y faire fondre deux grammes (un demi-gros) de sel ammoniac.

D'autres veaux, au contraire, les premiers jours après leur naissance, ne peuvent ni fienter, ni uriner; ils cessent bientôt de téter, trépignent fréquemment des pieds de derrière, s'agitent les flancs, et meurent assez promptement. Cette double constipation a lieu, sur-tout, lorsqu'on ne les laisse pas téter le premier lait, ou que les mères sont nourries au sec. Il faut, pour y remédier, introduire un doigt bien graissé dans le fondement, en retirer doucement les excrémens durcis qui s'y sont amassés, et donner un ou deux lavemens faits avec l'infusion de mauve, de camomille, et quelques cuillerées d'huile commune. (*H.*)

Page 546,
colonne 1,
ligne 14.

(64) La durée de l'allaitement du veau doit varier suivant les vues qu'on se propose.

Dans les pays où le lait se débite dans l'état de lait, avec un grand profit, on ne fait couvrir les vaches que pour avoir du lait; dans ce cas, on tue et même on jette quelquefois les veaux, presqu'aussitôt qu'ils sont nés.

Ceux pour lesquels le lait concourt avec les veaux à donner un produit, laissent téter les veaux cinq ou six semaines, et les sèvrent alors pour les vendre au boucher.

D'autres croyent devoir ne séparer les veaux de leur mère, qu'à dix ou douze mois. C'est sur-tout dans les Départemens où l'on fait des élèves, que la lactation se prolonge aussi loin; là, on ne dirige point l'économie du côté du lait; il suffit que quelques vaches mises en réserve en fournissent pour les besoins des ménages, les autres vaches allaitent leurs veaux tant qu'elles ont du lait. Ces jeunes animaux, quoique tétant toujours, s'accoutument peu-à-peu à prendre d'autres alimens que le lait, et passent, sans s'en apercevoir, à la nourriture des adultes.

Un des genres d'économie, particulier à quelques cantons des environs de Paris et de Rouen, est l'engrais des veaux, uniquement par le moyen du lait. Dans ces cantons on ne laisse point téter les veaux, on leur fait boire du lait dans un seau; il y a des moyens de les y accoutumer: on en règle la quantité suivant leur âge. D'abord, on leur donne le lait de leur mère, et quand il ne suffit plus, on y ajoute celui d'une autre, et même de deux autres vaches. Quelques personnes, sur-tout si elles n'ont pas assez de lait

à leur disposition, font manger à ces veaux, plusieurs fois par jour, quelques œufs crus, délayés dans de l'eau; ou, on les leur fait avaler avec la coquille.

On soigne bien les veaux qu'on engraisse de cette manière; on les bouchonne, on les tient proprement; à trois mois ils peuvent peser jusqu'à soixante-cinq kilogrammes (cent trente-trois livres). Leur viande est blanche, tendre et excellente: on la vend très-cher.

Les pays peu distans de Paris, qui élèvent ainsi des veaux, sont: les environs de Meulan, de Pontoise, etc., sur les bords de la Seine et de l'Oise; on nomme ces veaux, *veaux de Pontoise, veaux de rivière, veaux de lait,* etc. (*T.*)

Page 546,
colonne 1,
ligne 10.

(65) C'est contrarier la nature que d'extraire le lait d'une femelle: son petit est le seul qui doive s'en nourrir et le prendre aux mammelles de sa mère. Il n'est donc pas étonnant que des femelles refusent de se laisser traire. Il paroît que cet inconvénient n'a guère lieu que dans les buffles et dans les vaches; parmi celles-ci, il y a des races, et dans les races, des individus qui y sont plus sujets que d'autres. Les vaches qui, comme les buffles, vivent presque habituellement dans l'état sauvage, ne souffrent pas qu'on les traie. Au reste, on a des moyens de prévenir cette difficulté, ou de la vaincre lorsqu'elle se rencontre.

Dans l'éducation des génisses, il faut souvent leur manier le pis et les trayons. Si, malgré cette attention, une jeune vache s'obstinoit à retenir son lait, à moins qu'on ne commençât par faire téter son veau, ou qu'il ne fût près d'elle, il me semble qu'il conviendroit d'abord d'en séparer le veau, d'attendre, pour la traire, que son pis fût engorgé, et qu'elle sentît le besoin de se débarrasser de son lait; puis on la trairoit à diverses reprises, en lui gênant auparavant une jambe: peu-à-peu elle s'accoutumeroit à donner son lait.

Un moyen qui est employé avec succès, c'est de présenter à la vache, au moment de la traire, ou pendant qu'on la trait, une nourriture appétissante; distraite par cet artifice, elle ne s'aperçoit pas qu'on la trait, ou elle ne s'en aperçoit pas assez pour résister. (*T.*)

Page 805,
colonne I,
ligne 23.

(66) C'est alors que cette dernière portion de la traite contient réellement plus de principes, et qu'il y auroit toujours du bénéfice à la faire servir aux fabriques de beurre et de fromage. Nous avons constaté, par des expériences décisives, mon collègue *Deyeux* et moi, que le lait d'une même traite, divisé en plusieurs parties, présentoit, dans toutes les saisons et chez toutes les femelles mammifères, des différences notables dans la qualité et dans les proportions des produits; que le lait le premier tiré étoit constamment le plus séreux, tandis que le dernier se rapprochoit beaucoup de l'état de la crème. Au lieu de tirer à-la-fois les quatre trayons de la vache, nous avons séparé le lait de chaque trayon, pour l'examiner dans le même ordre et de la même manière; il a fourni des résultats entièrement semblables, c'est-à-dire que le vase du n°. 3, qui contenoit la dernière portion de la traite, avoit trois fois plus de crème que le n°. 1, et le beurre s'y trouvoit encore dans une plus grande quantité, ayant plus de finesse, et d'un goût plus délicat. Mais un autre phénomène, qui nous a également frappés, c'est qu'en comparant le lait de chaque trayon tiré à part, nous avons remarqué qu'il existoit encore des différences sensibles dans la qualité et dans les proportions des parties constituantes, au point de faire croire que ce fluide provenoit de quatre vaches.

Ces expériences, que, sur notre invitation, le C. *Saint-Genis*, notre collègue, a bien voulu répéter, lui ont fourni les mêmes résultats: comme nous, il a observé qu'en général les deux trayons de derrière donnent proportionnellement plus de lait, et de meilleure qualité; et les conséquences essentielles qu'il est possible de tirer de tous ces faits, pour l'intérêt de l'agriculture et du commerce, sont consignés dans le *Précis d'Expériences et Observations sur les différentes espèces de Lait, considérées dans leurs rapports avec la chimie, la médecine et l'économie rurale* (Paris, an VII, in-8°.). (*P.*)

Idem,
colonne II,
ligne 8.

(67) Cette compensation n'est que relative; car, si les veaux, comme veaux destinés aux boucheries, ou les taureaux et génisses d'élèves, ont plus de valeur que le lait, le beurre, le fromage, nul doute qu'on ne soit dédommagé de la privation du lait, par l'accroissement des jeunes animaux qui s'en nourrissent; mais il y a sur le produit des vaches telles spéculations, qui ont pour objet principal, soit le lait entier et récent, soit quelqu'une des parties qui le constituent. Les nourrisseurs, c'est-à-dire ceux qui ont des vacheries dans les grandes villes, les fermiers même des environs, ont plus d'avantages à retirer de leurs vaches tout le lait qu'elles peuvent produire, parce qu'ils le vendent bien et journellement, qu'à nourrir quelque temps ou à engraisser des veaux: le contraire a lieu, là où le lait n'a pas de débit et par conséquent point de valeur; dans ce cas, il est plus lucratif d'élever des taureaux et des génisses. (*T.*)

Page 806,
colonne II,
ligne 27.

(68) Il est difficile de se persuader qu'une vache qui nourrit, donne, à la traite, presque autant de lait que si elle ne nourrissoit pas. Il faut supposer, au moins, qu'on ne laisse téter le veau qu'un instant; car, pour peu qu'il tète, il doit en rester moins dans le pis. Il est certain, au surplus, que, pendant quelque temps après le vêlage, la vache donne beaucoup plus de lait, et que, par conséquent, il peut être très-vrai qu'elle en donne autant d'abord, quoiqu'en nourrissant son veau, que par-la suite, en ne le nourrissant plus, sur-tout dans les Départemens méridionaux, où la température habituelle doit tendre, bien plus promptement que dans les Départemens du nord, à la diminution et à la suppression de cette sécrétion.

Quand on fait attention à ce que dit *Olivier de Serres*, sur la difficulté qu'ont les vaches à se laisser traire, sans avoir été tétées par leurs veaux, ou sans leur présence, on est porté à croire que les vaches du midi, et sur-tout celles du pays qu'il habitoit, sont plus sujettes à cet inconvénient, que les vaches du nord de la France; car nous voyons rarement ces dernières refuser de donner leur lait, même fraîchement vélées, soit que le veau tète ou ne tète pas, soit qu'on le tienne auprès de sa mère, soit qu'on l'en éloigne. (*T.*)

Indépendamment de toutes les causes qui apportent des changemens notables à la composition du lait que les vaches fournissent, elles sont encore exposées à des spasmes qui, sans rien déranger dans l'économie animale, peuvent néanmoins suspendre l'émission de ce fluide, ou en tarir tout-à-coup la source, comme des affections agréables peuvent en faciliter le cours. C'est ce qu'a très-bien développé *Bordeu*, en parlant de l'influence de l'action nerveuse sur l'organe mammaire ; il a expliqué l'effet des chatouillemens que le nourrisson exerce sur la mère, et dont il paroît sentir la valeur, comme la mère sent l'activité vitale de son nourrisson: il ne doute pas que le commerce de sensibilité établi par la nature entre l'enfant qui tète et la mère qui donne à téter, n'entre pour beaucoup dans la formation et le mouvement du lait. Mais *Bayen*, qui, comme *Bordeu*, a honoré son siècle et son pays, nous a appris qu'un jour, se trouvant dans les Pyrénées, il avoit remarqué qu'une vache retenoit son lait, précisément parce qu'elle se trouvoit entourée de beaucoup de personnes qu'elle n'étoit pas dans l'habitude de voir. Sa surprise fut extrême, en voyant un jeune pâtre lui souffler aussitôt de l'air chaud dans la vulve, au moyen d'une espèce de chalumeau; alors les mammelles laissèrent échapper le lait avec profusion. Nouvelle preuve de la correspondance qui existe entre ces deux organes; mais, ce qui paroît singulier, c'est que cette pratique est connue des Hottentots, et, peut-être, de tous les peuples nomades. *Le Vaillant*, qui en a fait la remarque dans ses voyages en Afrique, rapporte en même temps que, s'il arrive que le veau périsse, on en conserve soigneusement la peau, dont on fait un mannequin, qui sert à tromper la vache, laquelle, séduite par ce stratagème, continue de donner son lait comme auparavant. (*F.*)

Page 509, colonne II, ligne 6. (69) *Olivier de Serres* dit très-peu de choses des vaches laitières, c'est-à-dire de celles dont la vie est uniquement destinée à donner du lait. L'histoire de ces vaches et de l'espèce de prison perpétuelle à laquelle elles sont condamnées, est intéressante, comme appartenant autant à l'économie rurale, qu'à l'économie politique; je la ferai le plus brièvement qu'il me sera possible.

Les grandes villes consomment journellement une quantité immense de lait. Le dernier recensement des vaches laitières, fait à Paris et dans les environs, en portoit le nombre à six mille(*). Il y en a à-peu-près huit mille dans les environs de Londres, et on sait que l'usage du thé, auquel on ajoute du lait, doit augmenter de beaucoup la consommation de ce dernier. Quelques-unes de ces vaches donnent dix, douze et quatorze litres (pintes) de lait, par jour ; peu en donnent au-dessous de six ; car alors on s'en défait. En prenant huit litres (pintes) pour terme moyen, par vache, on consomme tous les jours quarante-huit mille litres (pintes) de lait à Paris, et soixante-quatre mille à Londres, auxquels il faut ajouter l'eau que l'on y mêle, qu'on peut hardiment évaluer au quart en sus ; et, à cet égard, les laitières de Londres ne cèdent rien à celles de Paris. Si on fixe à cinquante centimes le prix moyen du litre (pinte), on aura donc une dépense journalière de trente mille francs, au moins, pour cet objet seulement, y compris les douze mille litres (pintes) d'eau, payés le même prix.

Voyons actuellement comment sont amenés, soignés et nourris, les animaux qui donnent un pareil revenu. Je ne parlerai que des vaches laitières de Paris et des environs.

On tire principalement ces vaches des départemens du Nord, de l'Aisne, du Pas-de-Calais, de la Somme, de la Manche, de l'Oise, du Calvados et de la Seine-Inférieure, composant les ci-devant provinces de Flandre, Picardie et Normandie; en sorte qu'elles ont quelquefois jusqu'à trente myriamètres (soixante lieues), et plus, à faire pour arriver à leur destination.

Dans ces Départemens, elles sont, presque toute l'année, nourries au vert, soit à la prairie, soit dans les étables.

On les vend ordinairement à huit ou neuf ans; et c'est toujours quand elles ne donnent plus de belles productions, ou quand elles ne fournissent

---

(*) Je ne compte, dans ce recensement, que les vaches du département de la Seine. Le département de Seine-et-Oise, qui l'entoure, lui fournit aussi du lait, et on en apporte d'un rayon de cinq myriamètres (dix lieues) au moins; mais je n'ai point de donnée approximative sur le résultat de cette fourniture.

plus la même abondance de lait, qu'on s'en défait. La nature, dans ces animaux, est par conséquent déjà fatiguée, et en partie épuisée.

On les fait emplir avant de les vendre, parce qu'elles paroissent en meilleur état, et que, d'ailleurs, on sait qu'elles seront achetées pour en faire des vaches laitières. On les vend vers la fin de la gestation.

Ces bêtes, soit dans les Départemens où elles restent à l'étable, soit dans ceux où elles restent au pâturage, ne font que très-peu ou point d'exercice.

Les marchands qui en font le commerce à Paris, ont des courtiers, ou des agens, qui se répandent dans les Départemens, et vont les acheter chez les fermiers et dans les foires; ou, des marchands, qu'on appelle *de la première main*, les y achètent pour leur propre compte, et viennent les revendre dans les marchés plus près de Paris.

Les uns et les autres savent l'époque fixe des marchés dans les campagnes; et comme celui de Paris se tient deux fois par semaine, ils calculent la marche des vaches, non sur leur état de plénitude ou de fatigue, non sur la longueur de la route qu'elles ont déjà faite, et sur celle qui leur reste encore à faire, mais sur le jour du marché, et pour qu'elles arrivent la veille dans les environs.

Elles font ordinairement quatre à cinq myriamètres (huit à dix lieues) par jour, rarement moins, et quelquefois davantage, lorsque le vendeur est pressé d'arriver et de vendre.

Ces vaches sont conduites par des *toucheurs*, ou garçons qui, sans égard pour leur état, leur prodiguent les coups de bâton pour hâter la marche, et leur épargnent la nourriture par économie, et pour éviter la perte du temps.

Elles passent les nuits dans des étables d'auberge, le plus souvent sans litière; elles y sont quelquefois en si grand nombre, qu'elles ne peuvent s'y coucher et y respirer, sur-tout dans les étables des marchés; elles y reçoivent des coups de pieds ou de cornes les unes des autres, elles se pressent et se heurtent rudement en voulant sortir ou entrer toutes à-la-fois par des portes trop étroites, sur-tout pour des vaches pleines.

On peut encore ajouter à toutes ces causes celle qui résulte du poids de leur pis, et de la gêne qu'il oppose à leur marche, les marchands les laissant emplir, pour que le pis soit plus volumineux, et que les vaches paroissent meilleures laitières.

Un assez grand nombre de ces vaches tombent malades, ou vêlent en chemin. Le dégoût, la fourbure, la courbature, des inflammations de poitrine, le pissement de sang, l'avortement, l'inflammation gangréneuse de la matrice, la fièvre laiteuse, sont les maladies qu'elles éprouvent le plus communément, sur-tout pendant la mauvaise saison et par la marche sur le pavé, à la pluie, à la neige, etc. Si les marchands sont forcés de les laisser dans l'endroit où elles sont tombées malades, et si elles paroissent en danger, ils se hâtent de les vendre aux bouchers des lieux, ou, ils les y laissent séjourner jusqu'au marché prochain; heureuses encore, si, pendant ce temps, elles ne sont pas médicamentées, d'après l'ordonnance du marchand, avec l'urine, l'ail, le vin, la thériaque, et d'autres remèdes incendiaires, qui ne peuvent qu'ajouter aux dispositions inflammatoires. Ils se débarrassent également des veaux, en les vendant sur-le-champ aussi aux bouchers, quoique souvent *mort-nés*. Si les vaches peuvent marcher, ils ne leur donnent point de relâche; il faut qu'elles arrivent dans les villages aux environs de Paris, la veille du marché, pour y être conduites le lendemain matin, quelquefois de un ou deux myriamètres (deux, trois ou quatre lieues). Celles qui se ressentent de la fourbure sont dé-ergotées, chaussées, ou vigoureusement exercées et échauffées avant la vente; elles sont continuellement en exercice, et les coups de fouet et de bâton empêchent l'acheteur de s'apercevoir des fatigues de la route. Les marchands de vaches rivalisent, de ce côté, les maquignons.

Enfin, elles sont vendues, dans cet état, aux nourrisseurs, fraîches vêlées, ou prêtes à vêler; et si on se retrace toutes les fatigues dont je viens de faire le détail, on présumera sans peine que le vêlage doit être accéléré et orageux. En effet, il est ordinairement avancé d'une quinzaine de jours, et souvent accompagné ou suivi des maladies dont j'ai parlé ; mais en supposant qu'elles aient résisté à toutes ces vicissitudes et qu'elles arrivent chez le nourrisseur, bien portantes, un nouvel ordre de choses se prépare alors, pour ces vaches ; elles se trouvent portées, par une transplantation rapide, dans un climat nouveau, absolument différent de celui qu'elles quittent, dans une atmosphère chargée de toutes les impuretés d'une ville immense, et confinées quelquefois dans des quartiers dont l'air est constamment stagnant et infecté. Elles sont très-promptement privées de leurs veaux, qu'on se hâte de vendre pour éviter la consommation du lait ; les mugissemens redoublés et long-temps continués, que la plupart d'entre elles font entendre, annoncent combien cette privation les affecte.

On les tient dans une clôture et dans un repos absolus ; une fois entrées dans leur nouvelle étable et attachées à une place, elles ne la quittent ordinairement que lorsque le propriétaire déménage, ou que pour être livrées au boucher, ou conduites à la voierie ; elles ne sortent même quelquefois pas pour boire : leurs ongles prennent un accroissement qui finit par leur ôter la liberté de marcher ; plusieurs ne pouvant plus se tenir debout, par l'excessive longueur et la courbure de leurs pieds, qu'on n'a pas le soin de faire rogner, contractent l'habitude de rester long-temps sur les genoux.

Les étables, ou plutôt les lieux auxquels on donne ce nom, et qui, presque jamais, n'ont été originairement destinés aux animaux qu'ils renferment, sont généralement mal construites, mal placées, mal tenues, basses, n'ayant le plus souvent d'autre issue que celle de la porte, par conséquent mal aérées, et toujours hermétiquement fermées ; il y fait une chaleur insupportable, même en hiver : la gêne qu'y éprouve la respiration des animaux, est annoncée par le soufflement répété, le haletage, le battement des flancs, et il est impossible aux personnes qui n'y sont pas habituées, de pouvoir y respirer plus de quelques minutes. La plupart de ces lieux ne sont que salpêtrés, l'urine et les fumiers qui y séjournent y pénètrent facilement, et laissent échapper une vapeur piquante qui affecte sensiblement les yeux ; les vaches y sont très-serrées et ne peuvent se coucher que l'une après l'autre ; elles n'ont quelquefois, chacune, qu'un demi-mètre (un pied et demi ou deux) d'espace, et sont le plus souvent sans litière ; enfin, on y loge quelquefois aussi des porcs, des volailles et des lapins.

La nourriture de ces vaches est aussi très-différente, et même absolument étrangère à celle à laquelle elles étoient accoutumées ; elle est souvent viciée, corrompue, dénaturée, quelquefois extraordinaire, et toujours plus substantielle et plus abondante que ne le comporteroit leur repos absolu ; ce qui est nécessaire pour forcer la sécrétion du lait, seul et unique but de l'entretien de ces animaux.

La luzerne et le foin ne seroient, tout au plus, que des alimens trop échauffans et trop succulens, s'ils étoient donnés en grande abondance ; mais le son, qui est la nourriture la plus générale et la plus abondamment employée à la nourriture des vaches, est, dans les environs de Paris, constamment mauvais, soit pour avoir été repassé plusieurs fois à la meule, et n'être qu'un véritable squelette, un *caput mortuum*, exhalant souvent une odeur rance ; soit pour avoir été gardé pendant long-temps à l'humidité, et dans ce cas, il se pelotonne, contracte une odeur de moisi et un goût détestable : la faim seule peut déterminer les animaux à en manger. Celui des amidoniers contient quelquefois de l'oxide de plomb, et la drèche des brasseurs est dans un état continuel de fermentation vineuse ou aigre ; l'un et l'autre sont presque l'unique nourriture des vaches dans les quartiers où il y a des amidoneries et des brasseries ; on conserve même la dernière, pendant très-long-temps, dans des fosses pratiquées en terre, où la chaleur est quelquefois excessive, et qui se remplissent toujours par de nouvelle matière qu'on mêle à l'ancienne. Enfin, la paille qui a servi de litière aux chevaux, et qui est imprégnée de l'urine de ces animaux, est encore une des principales nourritures des vaches de Paris et des environs.

Leur boisson n'est guère plus salubre, c'est généralement de l'eau de puits, et l'on sait combien elle est dure dans la plupart des quartiers de Paris, par le sulfate de chaux qu'elle contient ; aussi avons-nous vu souvent des vaches que nous faisions sortir des étables , courir , de préférence , à des eaux croupies de mares ou de fumier , qu'elles buvoient avec une espèce d'avidité.

D'après cet exposé , on doit voir combien de causes se réunissent pour accélérer la durée de la vie de ces bestiaux ; il ne reste , pour le compléter , qu'à faire observer que ces vaches fournissent depuis six jusqu'à quatorze ou quinze litres (pintes) de lait par jour ; qu'on les trait , pleines ou non , deux fois par jour ; que , dans l'état de plénitude , on ne cesse de les traire qu'au moment du vêlage ; et , enfin , que rien ne fatigue autant la poîtrine qu'une lactation ou une sécrétion de lait aussi abondante et aussi long-temps continuée. (*H.*)

Page 607, tome II, ligne 27.

(70) On se persuade aisément , et l'expérience le constate , que les chevaux élevés dans des terreins secs , qui sont ordinairement exposés au soleil , sont meilleurs que ceux qu'on a nourris dans des pâturages ombragés , c'est-à-dire humides. Les premiers , à égalité d'alimens , acquièrent une constitution forte et robuste , parce que leurs alimens sont de bonne qualité. Les chevaux ainsi élevés ont les jambes plus saines et moins sujettes aux engorgemens , etc. ; sans doute , il en doit être de même de toutes les autres races d'animaux. Cependant , les pacages ombragés ont moins d'influence sur les bêtes à cornes , qui n'ont pas le même service que les chevaux , surtout les vaches , quoiqu'il ne soit peut-être pas indifférent de n'introduire dans des pays secs que des vaches nées ou élevées dans des pays également secs , *et vice versâ* , afin qu'elles n'éprouvent pas les inconvéniens du changement de nourriture. Ce ne peut être , sans doute , que sous le rapport de la santé , que les vaches des vallées ne conviennent pas dans les plaines ou dans les lieux montueux ; car , si on compare ce que donnent de lait les vaches nourries dans des positions basses et ombragées , où l'herbe est abondante , et celles qui l'ont été dans des positions élevées , on verra que les dernières en donnent davantage. Il seroit facile d'en citer des exemples.

Au reste , les avantages sans nombre qu'on doit espérer de l'éducation perfectionnée des vaches laitières , dépendent absolument des soins qu'on prend de ces animaux. Il est des attentions générales à avoir pour celles qui arrivent de loin , et qu'il faut traiter comme si elles étoient malades ; il en est , pour les acclimater dans leur nouvelle demeure et les familiariser avec les personnes chargées de les soigner ; il en est pour la nourriture , pour la boisson , pour le pansement , pour la disposition et l'entretien des étables , pour toutes les circonstances où elles se trouvent. Ces détails sont consignés dans une *Instruction sur la manière de conduire et gouverner les Vaches laitières* , rédigée par nos collègues *Chabert* et *Huzard* (Paris , an V , in-8º.) , et nous y renvoyons nos lecteurs. (*T. et P.*)

Page 607, volume II, ligne 32.

(71) Le nombre des traites influe , en effet , sur la quantité du lait ; mais cette influence s'exerce aussi puissamment , pour le moins , sur la qualité des produits. Dans la vue de découvrir jusqu'à quel point ce fluide se modifie pendant son séjour dans les mammelles , nous avons acquis la certitude , mon collègue *Deyeux* et moi , que plus on rapproche les traites , dans le cercle de vingt-quatre heures , plus le lait est abondant , et moins aussi il est riche en principes , *et vice versâ* ; qu'il faut un intervalle de douze heures pour que le lait puisse s'élaborer et se perfectionner dans l'organe qui le fabrique ; que le lait du matin a constamment plus de qualité que celui du soir , parce que , vraisemblablement , le sommeil donne à l'animal ce calme si nécessaire au perfectionnement de toutes les sécrétions ; que la succion du lait par le bout du pis en facilite beaucoup l'émission ; que , plus souvent le nouveau-né tète , moins le lait qu'il prend est substantiel et gras ; observations importantes , qu'il ne faut jamais perdre de vue , quel que soit l'usage auquel on consacre ce fluide animal. Ainsi , les fermiers qui désireroient retirer de leurs laiteries le plus grand bénéfice , pourroient calculer jusqu'à quel point il seroit intéressant pour eux de mettre à part le lait le premier tiré , et d'éviter de le mêler avec celui qui vient le dernier ; l'un serviroit à faire le beurre commun , et l'autre le beurre de choix , la qualité de ce produit étant toujours à raison

de la moindre quantité de lait qu'on réserve de la dernière portion de la traite. Peut-être, sans avoir eu l'intention d'améliorer le beurre, ou d'en obtenir une plus grande quantité, quelques fabriques doivent-elles la réputation dont elles jouissent, à la manière dont la traite est pratiquée, plutôt qu'aux pâturages, à la nature desquels, cependant, on n'hésite pas de l'attribuer exclusivement. Ce qui porte à penser ainsi, c'est ce qui a lieu dans les montagnes d'Écosse. Les habitans de cette contrée suivent un procédé fort simple et très-économique pour tirer parti de leur lait. Attachés sur-tout à faire des élèves, ils séparent des mères tous les veaux, et les gardent ensemble dans des pâturages clos; chacun, à des heures régulières, sort et court, sans se tromper, vers sa mère, pour la téter, jusqu'à ce que la vachère juge qu'il a pris assez de lait; alors elle fait écarter le veau, trait la vache, et en tire ce qui reste, pour le porter à la laiterie; et c'est cette dernière portion de la traite qui sert à la fabrique du beurre. Voyez ce que nous avons déjà dit à ce sujet, ci-devant, note (66), page 611. (*P.*)

Page 248, colonne I, ligne 4.

(72) Sans doute, comme l'observe *Olivier de Serres*, les traites doivent être réglées sur la saison et sur la nature des fourrages; mais c'est principalement d'après l'usage auquel le lait est destiné, qu'il faut en déterminer le nombre: quand il s'agit de le vendre en nature, on peut, sans inconvénient, les multiplier; mais lorsque le produit est consacré aux fabriques de beurre et de fromage, il convient d'adopter et de suivre une méthode entièrement opposée, pour les raisons déduites dans la note précédente. (*P.*)

Idem, ligne 18.

(73) Il y a plusieurs manières de faire les fromages; ou plutôt, pour préparer cet aliment, on traite le lait de plusieurs manières.

Le plus ordinairement, et dans la majeure partie des pays où on entretient des vaches, on se contente, après avoir écrémé le lait, de le laisser reposer jusqu'à ce qu'il se coagule; ce qu'on facilite en y introduisant un peu de présure. C'est ainsi que les fermières de la ci-devant Beauce emploient une partie de leur lait pour faire des fromages qu'elles destinent aux domestiques et ouvriers, et dont elles vendent même une partie dans les marchés. Ces fromages se sèchent et se durcissent à l'air.

On porte à Paris, du village de Viry, qui n'en est pas loin, des fromages blancs, qui sont dans l'état de mollesse; la crème s'y trouve mêlée avec la partie caseuse. Ces fromages sont recherchés; mais ils doivent être mangés frais.

Les fromages de Brie, les meilleurs de tous, et beaucoup d'autres, se fabriquent de même; ils n'en diffèrent, que parce qu'on les affine: quoiqu'ils ne soyent pas solides, ils peuvent se garder long-temps en pots (1).

Beaucoup de fromages se font par la pression du coagulum; ceux d'Auvergne et de Hollande sont dans cette classe.

Enfin, pour fabriquer les fromages de Gruyères, de Chester et de Parmesan, on expose le lait sur un feu modéré, ce qui lui donne une sorte de cuisson. C'est de cette dernière sorte de fromage qu'il s'agit dans *Olivier de Serres*. Il est possible que le degré de chaleur qu'on doit donner au lait, pour ces sortes de fromages, dépende, comme il le dit, de la race des vaches, du climat et de la qualité des pâturages. On ne connoît point d'expériences qui ayent été faites pour éclaircir ce point. (*T.*)

Page 248, colonne I, ligne 32.

(74) La meilleure exposition pour l'établissement d'une laiterie est le nord, et de préférence, l'est. Il faut choisir un emplacement dans le voisinage duquel il n'existe aucune mauvaise odeur, et dont le terrein présente assez de pente pour faciliter l'écoulement des eaux qui auront servi à laver le local et tous les ustensiles, où la température puisse, dans tous les temps de l'année, se soutenir à dix degrés au-dessus de la glace; cette température est la plus favorable à la séparation de la crème d'avec le lait, et à la conservation de ces deux liquides, jusqu'au moment où il s'agit de les employer à l'usage

---

(2) La réputation du fromage de Brie est très-étendue; il est excellent: on en envoie en poste jusques en Prusse, en Russie, etc. M. *Petit*, encore aujourd'hui maître de la poste aux chevaux à Meaux, en expédioit tous les jours au *Grand Frédéric*, qui l'aimoit beaucoup, et qui le recevoit frais. Il y avoit entre le monarque et le maître de poste une correspondance directe à ce sujet. (*H.*)

auquel

auquel ils sont destinés : une chaleur plus élevée opèreroit bientôt la coagulation du lait sous la crême ; moins forte, cette crême resteroit confondue dans la masse du lait, ce qui occasionneroit deux inconvéniens majeurs : dans le premier cas, une détérioration du beurre ; dans le second, une diminution de produit. (*P.*)

Page 5o8, colonne II, ligne 13.

(75) Ce ne sont pas seulement les jeunes animaux compris dans la classe des ruminans, qui peuvent fournir une substance douée de la vertu de faire coaguler le lait ; la liqueur contenue dans l'estomac, l'estomac lui-même d'une foule d'êtres qui vivent de chair, de poissons et d'insectes, de grains et d'herbes, possèdent également cette vertu à un degré assez éminent pour qu'il soit possible quelquefois d'en tirer parti ; elle est encore partagée par une multitude de végétaux, autres que ceux indiqués par *Olivier de Serres*, excepté cependant par les caillelaits (*galia, L.*), auxquels tous les auteurs ont attribué la propriété qui les fait appeler ainsi. Ces plantes, dans le premier début de leur végétation, à l'époque de leur floraison, et quand elles sont prêtes à grainer, appliquées, sous différentes formes, au lait chaud ou froid, n'opèrent aucune coagulation, tandis que le sucre, la gomme, la fécule amilacée, les liqueurs spiritueuses ou alcooliques, l'exercent d'une manière assez sensible, lorsque l'une de ces substances est mêlée au lait dans une certaine proportion.

Quels que soient, au reste, les intermèdes employés à la coagulation, il paroît que leur action est différente : les uns agissent fortement sur la matière caseuse, l'expriment, pour ainsi dire, en un instant, et lui donnent un caractère de sécheresse ; les autres, au contraire, lui conservent une sorte de moëlleux, qu'elle ne perd qu'après beaucoup de temps. Dans l'un ou l'autre cas, le serum et la matière caseuse éprouvent de grands changemens. Cette observation suffit pour prouver qu'il ne faut pas employer indifféremment tous ces agens à la coagulation du lait.

Chaque Département, chaque canton, et pour ainsi dire chaque commune, a sa méthode particulière pour employer la présure ou *tourneure* préparée comme *Olivier de Serres* l'indique : les uns ne s'en servent que dans l'état sec, et après l'avoir délayée dans un peu de lait ; les autres y ajoutent des liqueurs vineuses, des acides. Quelques-uns font digérer dans la présure, étendue d'une certaine quantité d'eau, des membranes d'estomac et des vessies d'animaux de toutes les classes, et ne l'employent que dans l'état liquide ; souvent même il suffit d'en frotter la coquille ou la petite écrémette de bois, et de plonger ensuite cet instrument dans le lait, pour déterminer la coagulation. Enfin, il y en a qui trempent dans une eau bouillante la mulette, ou poche de veau qui contient la présure, et, quatre ou cinq minutes après, cette eau est suffisamment chargée pour opérer l'effet désiré. Cette préparation est ce qu'on nomme vulgairement infusion de présure ; mais quelles que soient sa composition et la forme sous laquelle on employe ce ferment du lait, il est important d'en ménager la dose, sur-tout en été ; sans cette précaution, la pâte de fromage ne réunit pas les conditions essentielles ; si on en met par excès, elle se présente en grumeaux désunis, sans consistance, et ne retient pas assez la crême qui se sépare de la sérosité ; si on en met moins, au contraire, cette sérosité a plus de cohérence avec le caillé, et n'est pas suffisamment dépouillée de matière caseuse. Une présure à odeur forte produit encore un mauvais effet. (*P.*)

Comme le mélange qui constitue la présure est très-acide, il vaut mieux le garder dans des vases de grès ou de verre, que dans des vases de terre vernissés, qu'*Olivier de Serres* appelle *vitrés*. On sait que l'enduit intérieur de ces derniers vases est formé avec une préparation de plomb, substance très-attaquable par les acides, et très-dangereuse pour les hommes.

On devroit même porter la précaution jusqu'à ne point conserver du lait dans ces sortes de vases, comme cela n'est que trop commun dans les campagnes : le lait passant promptement à l'acidité, peut dissoudre une partie de ce vernis, se charger d'une certaine quantité de plomb, et produire des accidens dont on ne le soupçonneroit pas d'être la cause ; ce qui empêcheroit de prendre les précautions propres à y remédier promptement. (*T.*)

Page 528, colonne II, ligne 32.

(76) La nature et la forme des vases destinés à contenir le lait pendant son séjour à la laiterie, peuvent influer sur la promptitude avec laquelle il se refroidit : la crème monte à la surface et prend la consistance qui la met en état d'être séparée en totalité. L'expérience démontre que ceux de ces vases qui remplissent le plus complètement ce double objet, doivent être étroits dans leur fond, et très-évasés à leur partie supérieure, avoir environ quarante-deux centimètres (quinze pouces) par le haut, seize à dix-sept centimètres (six pouces) par le bas, et autant de profondeur. Si les poteries vernissées conviennent mieux, à cause de la facilité de leur nettoyement, il faut qu'elles soient en porcelaine ou en faïence ; car il est prudent de proscrire des laiteries les poteries communes vernissées. Tant que l'art n'aura pas trouvé pour elles une couverte peu soluble, ou dont la solubilité ne communiquera point au lait un principe qui dénature sa saveur et intervertit ses propriétés, jusques-là on ne sauroit trop recommander l'usage des terres cuites en grès et l'attention de les tenir parfaitement propres, parce que le lait, qui y adhère fortement, devient, en s'aigrissant, un principe invisible de fermentation, un véritable levain. (*P.*)

Suivant l'état de l'atmosphère et du lieu où repose le lait, la crème monte plus ou moins promptement à la surface des vases, et se sépare des autres parties. En hiver, dans des pays tempérés, s'il étoit exposé à l'air libre, il faudroit plus de dix heures ; en été, il en faudroit moins. Cette remarque s'applique également à la différence des climats chauds et des climats froids, et du degré de chaleur naturelle ou artificielle des laiteries.

Dans la ci-devant Bretagne, à la Prévalaye, par exemple, on fait le beurre non avec la crème, et par conséquent sans attendre qu'elle ait monté, mais avec le lait récent ou presque récent ; dans ce cas, il n'y a point de terme à fixer pour le repos du lait.

Olivier de Serres donne indifféremment le nom de *beurre*, à la crème, et au beurre proprement dit, comme on le voit dans ce chapitre ; ils ne diffèrent, en effet, l'un de l'autre, que parce que la crème, outre la partie grasse qui constitue le beurre, contient encore des parties de fromage ou caseum, interposées entre celles du beurre. Dans l'usage habituel, on distingue le beurre de la crème : celle-ci ne prend le nom de beurre, que quand elle est privée de tout le serum et de la partie caseuse qu'elle contient. (*T.*)

Page 529, colonne I, ligne 3.

(77) On préfère, en général, le beurre du mois de Mai (Floréal), parce que c'est la saison, dans les pays à beurre, où les plantes qui nourrissent les vaches sont abondantes et ont des principes très-nutritifs. Le beurre de ce mois est le plus fin et le plus délicat : il est toujours d'une couleur dorée.

Cependant cette règle a des exceptions, non quant aux qualités des herbes, qui, toujours et par-tout, influent sur celles du beurre, mais quant à des circonstances particulières. Dans la ci-devant Beauce, par exemple, c'est dans les mois d'Août et de Septembre (Thermidor et Fructidor) que le lait est meilleur. La seule prairie artificielle du pays est le sainfoin : on le coupe en Juin (Prairial), et on le conserve pour en donner aux chevaux pendant toute l'année. Au lieu de compter sur un regain, qui, toujours, seroit trop foible pour le couper, on en abandonne la pâture aux vaches, dans les mois d'Août et de Septembre (Thermidor et Fructidor) ; c'est alors que le beurre qu'elles donnent est excellent et coloré. (*T.*)

Il n'y a absolument que le beurre du lait de vache, qui, par l'influence des fourrages verts, contracte, au retour de la belle saison, une couleur jaune, plus ou moins prononcée ; mais cette couleur s'affoiblit insensiblement, à mesure qu'on approche de l'hiver et que l'animal passe un régime sec ; alors le beurre est d'un blanc mat, comparable à celui que fournit, pendant toute l'année, la crème du lait des autres femelles mammifères, quoique nourries dans les mêmes pâturages. Ainsi, tous les beurres transportés à Paris, des Départemens voisins, et celui préparé journellement chez les crèmières, doivent leur couleur jaune à une substance végétale teignante, telle que le suc des baies d'alkekenge ou coquerelle (*physalis al-kekengi, L.*), de graine d'asperge (*asparagus officinalis, L.*), la fleur de souci (*calendula officinalis, L.*), etc., qu'on associe, pour satis-faire l'imagination, à la crème, au moment de la verser dans la barate. Il convient, cependant, de remarquer que le beurre, pour être pâle ou blanc, n'en a pas moins de qualité que le beurre jaune; on est même en droit de présumer que, dans la nature, ce produit du lait est tout-à-fait incolore.

On trouvera des détails très-intéressans sur la fabrication des beurres, sur les laitages et sur le commerce du beurre salé du pays de Bray, dans un mémoire de M. *Jorre*, secrétaire-per-pétuel de la Société d'agriculture de Rouen, imprimé, tome I des délibérations et mémoires de cette Société. (*P.*)

Page 509, colonne II, ligne 7.

(78) C'est du beurre fondu que l'auteur veut parler; mais quoique, dans cette préparation, le beurre n'ait pas éprouvé de décomposition in-time dans ses parties constituantes, il ne res-semble plus, cependant, au beurre frais, salé ou non salé : le feu en a bien séparé la totalité de la matière caseuse qui avoit échappé au dé-laitage, et dont un des effets principaux est de concourir à la rancidité ; mais son action s'est portée en même temps sur le principe de l'odeur et de la saveur, d'où il suit que le beurre fondu à la chaleur la plus ménagée, devient transpa-rent, grenu, pâle, fade et analogue de la graisse; mais un de ses avantages est de se garder mieux que le beurre salé, et de pouvoir, par-tout où l'huile est rare et le beurre commun, servir aux pâtisseries, aux salades et dans les fritures. Ce genre d'approvisionnement de ménage doit être fait en automne, parce qu'on a remarqué que c'est la saison de l'année où le lait est le plus riche en crème, et celle-ci en beurre de bonne qualité. (*P.*)

Idem, ligne 15.

(79) Nous ne doutons point qu'on ne par-vienne à améliorer beaucoup l'art de préparer les fromages, en se bornant à manipuler sépa-rément les deux portions d'une même traite, et sur-tout en mêlant les différentes espèces de lait dans des proportions convenables, d'où ré-sulteroit infailliblement un fromage d'une qua-

lité supérieure à celui que fournit le lait de vache tout seul; nous en avons une preuve bien évidente dans le fromage de Roquefort, qui, comme les fromages de la seconde classe, a perdu sa sérosité, par la compression : il est formé ordinairement de lait de brebis ; on y mêle souvent celui de chèvre, et cette associa-tion contribue à le rendre plus délicat et plus parfait. Le fromage de Sassenage, qui jouit d'une si grande réputation, n'est-il pas com-posé du lait de vache et du lait de brebis? et quand on peut y joindre celui de chèvre, il vaut encore infiniment mieux. Il en est de cela comme du miel : le meilleur miel est celui que les abeilles vont ramasser sur les fleurs de plantes de plusieurs familles.

Au reste, beaucoup d'habitans du midi de la France préfèrent les fromages de chèvres ou de brebis, à ceux de vaches. On ne peut contester les goûts, qui varient suivant les personnes et suivant les habitudes. Cependant, en général, les fromages de vaches sont plus multipliés et plus recherchés : ceux de Brie, de Neufchâtel, de Marolles, du Livarot, d'Auvergne, de Suisse, de Hollande, etc., sont faits avec du lait de vaches. (*P. et T.*)

Page 509, colonne II, ligne 22.

(80) Les fromages si connus, de la ci-devant Auvergne, ne se conservent guère au-delà de sept à huit mois, tandis qu'il seroit si facile d'en prolonger la durée pendant des années entières, de les faire transporter au loin, et circuler dans le commerce, aussi aisément que les fromages de Hollande, avec lesquels ils ont la plus grande analogie, si ceux qui les préparent vouloient sortir du cercle de leurs habitudes. On a droit d'être étonné que les vues tendantes à amé-liorer ces fromages, présentées par des hommes dignes, à plus d'un titre, de la confiance publi-que, *Desmarets*, notre collègue, et *Boyssou*, pharmacien distingué, à Aurillac, n'ayent pu encore déterminer les fabricans à les mettre à profit, sur-tout quand on sait que ces fro-mages forment les deux tiers des revenus du département du Cantal. Il s'agiroit, pour les mieux préparer, d'exprimer plus exactement la sérosité, de changer la préparation et l'emploi de la présure, de ne pas laisser fermenter aussi

long-temps les gâteaux de caillé, de distribuer dans la masse le sel d'une manière plus égale et plus uniforme, de ne pas leur donner un volume aussi considérable, afin de les retourner plus souvent qu'on ne le fait, soit à la presse, soit à la cave ; enfin, de les préserver du contact de l'air, en les emballant dans des caisses, ou des barils doublés en fer-blanc ou en plomb laminé. Ainsi, en donnant à ces fromages toute la perfection dont ils sont susceptibles, non seulement on retiendroit dans l'intérieur de la République des fonds employés annuellement à acheter des fromages étrangers, mais on feroit encore, de ceux fabriqués en France, un objet d'exportation. (*P.*)

Page 552, colonne I, ligne 7.

(81) Ce produit en lait est trop considérable, pour qu'on puisse y croire. Sans doute les vaches de Hollande en fournissent beaucoup ; mais quarante pintes par jour, cela est impossible. En supposant qu'on entende ici, par pinte, celle de Paris, qui contenoit environ une livre et demie de lait (huit hectogrammes), il s'ensuivroit qu'une vache hollandoise peut en rendre soixante livres (environ trois myriagrammes) en un jour, quantité qui seroit trop extraordinaire. S'il s'agissoit de la mesure ordinairement employée pour le lait, dont la capacité étoit presque du double de la pinte de Paris, le produit paroîtroit encore bien plus étonnant.

En général, les vaches flandrines, bressanes et hollandoises, sont celles qui ont le plus de lait, sur-tout étant entretennes dans leurs pays ; celles de Suisse en ont plus que les françoises, et celles-ci plus que les africaines.

J'ai vu une vache frisonne, qui donnoit, à Rambouillet, peu de temps après avoir vélé, quatorze pintes de lait, ou quarante-deux livres (vingt-un kilogrammes). Les plus abondantes donnent, en Suisse, douze pintes, ou trente-six livres (dix-huit kilogrammes). (*T.*)

Idem, ligne 24.

(82) Une opération essentielle à la conservation des fromages, c'est d'en séparer le petit-lait, avec le plus de soin possible, quand il cesse de faire corps avec la matière caseuse ; il est absolument, à celle-ci, ce qu'elle est au beurre qui ne tarde pas à rancir, quand il n'en est pas entièrement dépouillé : devenu libre dans la masse du caillé, il contribue de mille manières à sa décomposition, et le fait bientôt viser à l'alkalescence. C'est donc spécialement sur la séparation de la sérosité du lait dans la matière caseuse, qu'est fondé l'art de préparer les fromages ; on peut les rapporter à trois grandes divisions, savoir :

1°. Les fromages dont le petit-lait se sépare spontanément, et qui, conservant plus ou moins de mollesse, sont ordinairement minces, ou en petites masses, tels sont les fromages de Brie, du Livarot, de Rollot, etc. ;

2°. Les fromages dépouillés de la sérosité, au moyen de la compression, et qui ont plus de consistance et de volume, tels sont les fromages d'Auvergne, de Hollande, de Gerardmer, etc. ;

3°. Les fromages auxquels on applique l'action de la presse et de la chaleur, pour leur donner une grande fermeté et le plus de durée possible, tels sont les fromages de Gruyères, de Chester, de Parmesan. Toutes ces différentes qualités de fromages, qu'on désigne communément sous les noms de fromages gras ou fermes, de fromages cuits ou non cuits, peuvent se préparer par-tout avec les différentes espèces de lait, séparément ou mélangées, en les soumettant au même procédé.

Quant au poids des fromages, il varie selon les qualités et les pays, depuis celui de Neufchâtel, qui ressemble à un bondon de tonneau, jusqu'à celui de Gruyères et autres, qui ont la grandeur et la forme d'une meule de moulin, et qui pèsent deux cent kilogrammes et plus (quatre et cinq cent livres). Voyez l'*Essai historique sur l'Agriculture*, par notre collègue *Grégoire*, en tête de ce volume, page cxij. (*P.*)

Page 553, colonne I, ligne dern.

(83) Une fermière instruite de l'utilité des précautions employées pour la traite, doit exiger de la personne à qui elle a confié ce soin, non seulement de se laver les mains avant de commencer l'opération, mais encore d'éponger les trayons avec de l'eau froide, pour les raffermir, et non avec de l'eau chaude, comme on le recommande souvent ; elle doit la choisir, autant qu'il est possible, d'un caractère doux, ayant de la flexibilité et de l'adresse dans les mouvemens. Le lait s'altère et tarit à la suite du

mauvais traitement qu'une vache éprouve ; une compression trop brusque du pis détermine souvent des engorgemens et la perte d'un ou de deux trayons ; si elle n'a pas la patience de pousser la traite jusqu'à la dernière goutte, elle fait un tort réel au propriétaire, et souvent préjudicie à la santé de l'animal ; car une trayeuse qui auroit retiré de chaque traite quatre kilogrammes (huit livres) de lait environ, par exemple, et qui, par négligence ou mal-adresse, en laisseroit trois ou quatre hectogrammes (une demi-livre ou trois quarterons) dans les mammelles, perdroit non seulement autant de crême qu'il s'en trouve dans les quatre kilogrammes (huit livres), mais encore la meilleure et la plus propre à concilier au beurre les qualités qui caractérisent sa perfection. Voyez les notes (66) et (71). Ces considérations suffisent pour prouver combien il est important de faire toujours choix, dans les fermes, de trayeuses intelligentes, attentives et propres. (P.)

Page 550, colonne II, ligne 3.

(84) *Esbeurré*, c'est-à-dire écrémé. On a vu précédemment qu'*Olivier de Serres* donne le nom de beurre à la crême. (*T.*)

Idem, ligne 24.

(85) Beaucoup de fromages se font de cette manière ; ce sont sur-tout ceux qu'on mange frais : on les appelle *fromages à la crême*; ils sont d'autant meilleurs, que la crême y entre en plus grande proportion. Pour cette sorte de fromages, on n'a point à craindre ces crevasses dont parle *Olivier de Serres* : elles n'auroient lieu que dans les fromages qu'on doit garder, si la crême et le caillé n'étoient pas mêlés exactement, ainsi qu'il le prescrit. Voyez la note (73). (*T.*)

Idem, ligne 27.

(86) On ne conçoit pas facilement qu'en salant promptement le fromage, on le rende gras, et qu'on le rende maigre, en le salant tard. L'effet que produit la salaison, consiste dans la conservation de toutes les parties dans leur état d'intégrité et de perfection : c'est cela que l'auteur appelle apparemment *engraisser*, c'est-à-dire, rendre bon ; car le fromage gras est le meilleur. En négligeant de le saler de bonne heure, on donne le temps aux parties de se désunir, ce qui ôte la qualité résultante de cette union ;

dans ce cas, il est maigre, c'est-à-dire moins bon. Je ne saurois donner une autre explication de ce passage. (*T.*)

Page 551, colonne II, ligne 27.

(87) I. *Bestiole*. Mot générique employé souvent par *Olivier de Serres*, pour signifier une petite bête, insecte, ver, etc.

II. *Ver*. Il n'y a pas encore long-temps que l'on donnoit ce nom à un grand nombre de larves d'insectes. Il est restreint aujourd'hui à une partie de cette grande famille qui n'éprouve point de métamorphoses, et qui conserve toujours la même forme. Les vers du fromage, dont les plus gros sont connus sous le nom trivial de *guillot*, ne sont point des vers, ce sont les larves de différentes mouches.

III. *Mouche*. Plusieurs mouches déposent leurs œufs ou leurs larves dessus ou dans le fromage, pour qu'ils y éclosent et s'y nourrissent jusqu'à leur transformation ; ce sont principalement la mouche de la pourriture (*musca putris*, *L.*), la dorée (*musca cadaverina*, *L.*), la bleue (*musca vomitoria*, *L.*), la commune ou domestique (*musca vulgaris domestica*, *L.*), la stercoraire (*musca stercoraria*, *L.*), etc. La larve de la première saute quelquefois de seize centimètres (environ six pouces) de haut ; elle a été trèsbien observée par *Swammerdam*. On la trouve souvent en grande quantité sur le vieux fromage.

IV. *Moucheron*. Ce nom vulgaire n'est trèsvraisemblablement employé ici, par *Olivier de Serres*, que comme un simple diminutif de celui de mouche ; il appartient, en général, à toute la famille des diptères, ou mouches à deux ailes, dont plusieurs larves se nourrissent de fromages.

V. *Artuson*, *artison*, *artuison*. On appelle ainsi, dans plusieurs anciens dictionnaires, le ver de la vermoulure du bois, et celui de la laine et du drap. Ce sont des larves de teignes (*tinea*, *L.*). Nous n'en connoissons point qui se nourrissent dans le fromage.

VI. *Mitte*. Ciron du fromage (*acarus siro*, *L.*). La multiplication de cet insecte, à peine visible, est très-rapide, et, pour ainsi dire, effrayante : un trou de fromage en contient quelquefois plusieurs milliers, et il y en a bientôt des millions et des milliards, quand le fromage peut les nourrir. Si l'on met, par exemple, un morceau de fromage de Gruyères, qui en contienne quelques-uns, sur une assiéte de faïence, on est étonné, au bout de quelques jours, de trouver le morceau sensiblement diminué, et toute l'assiète couverte d'une espèce de poussière très-fine et très-serrée, dont chaque brin est une mitte. En examinant attentivement, même à la simple vue, cette poussière, on voit chaque brin se remuer, s'agiter, et cette armée innombrable être en mouvement. On remarque aisément que les plus gros sont ronds ou ovales, luisans et presque transparens. Les mittes se multiplient tant qu'il y a du fromage, et tant qu'il conserve assez de souplesse pour pouvoir être attaqué par elles; quand il est mangé ou trop sec, elles meurent et disparoissent : à peine l'assiète est-elle salie par les débris de leur dépouille.

VII. *Vermisseau*. Petit ver. Ce nom doit se rapporter à quelques-unes des larves dont nous avons parlé.

Quelques larves de dermestes se nourrissent aussi du vieux fromage, ainsi que de toutes les substances animales. (*O. et H.*)

Page 531, *colonne* I, *ligne* 4.

(88) Trois choses, suivant l'auteur, doivent déterminer dans l'époque où il convient le mieux de saler les fromages, à dater du jour de leur fabrication ; savoir : le climat, la race des vaches, et la nature des plantes dont on les nourrit. Ainsi, l'époque juste est relative. Il n'y a guère que l'usage et la grande habitude qui puissent l'indiquer dans chaque pays.

On doit remarquer qu'*Olivier de Serres* veut souvent qu'on fasse entrer en considération ces trois choses, le climat, la race du bétail, et la nature des alimens. Il étoit sans doute persuadé de leur influence. Comme lui, je pense qu'elles peuvent en avoir ; mais je désirerois des expériences soignées, pour prouver jusqu'à quel point elles en ont. (*T.*)

Idem, *colonne* II, *ligne* 26.

(89) Le lait de beurre, le petit-lait, et tous les reliefs de la laiterie, conviennent, en général, aux porcs, aux chiens, et à la volaille ; mais le petit-lait, proprement dit, relâche les jeunes animaux, et peut leur donner la diarrhée ou le flux de ventre ; voilà pourquoi *Olivier de Serres* défend de le donner aux *couchons* ; et on verra dans le chapitre XV, qu'il donne plus particulièrement ce nom aux jeunes porcs.

Au reste, il y a plus d'économie encore à ne pas donner ces débris seuls, mais à les employer en potage, ou à ce qu'on appelle *bouée* dans beaucoup de lieux, c'est-à-dire, de faire cuire dedans des racines, des plantes, du son, des recoupes, etc. ; de cette manière, ils sont plus nutritifs encore, et on n'a pas à en redouter les effets que produisent toujours les alimens trop liquides. (*H.*)

Page 532, *colonne* II, *ligne* 6.

(90) Lorsqu'*Olivier de Serres* dit que le fromage s'engraisse en lieu humide et maigrit en lieu sec, il ne faut pas entendre qu'il acquière, ou qu'il perde quelque principe gras en séjournant dans de pareils lieux : il conserve, ou il perd une partie de son humidité seulement, et cette humidité, cette partie aqueuse, conservée dans un juste milieu, est très-utile pour l'assimilation des principes et la perfection de certains fromages. C'est ainsi que ceux de Brie, par exemple, mis à la cave, s'affinent promptement, et finiroient par couler, si on les y laissoit trop long-temps ; tandis que laissés à l'air libre, ils se durcissent, et ne s'affinent point. Il en est de même de beaucoup d'autres espèces de fromages. (*T. et H.*)

Page 533, *colonne* I, *ligne* 2.

(91) Comme les corps gras, tels que l'huile de lin, celle d'olive, et le beurre, peuvent se rancir assez promptement, il vaudroit mieux frotter les fromages, extérieurement, avec de l'eau-de-vie, du suc de mûres, ou toute autre matière analogue : le seul inconvénient, c'est que ces substances, la première sur-tout, ont besoin d'être renouvelées souvent ; ce qui, comme l'observe *Olivier de Serres*, entraîne dans une plus grande dépense. Peut-être, au reste, la rancidité que les substances grasses acquièrent, et qui n'affecte que l'extérieur des fromages, est-elle, elle-même, un moyen de chasser les insectes. (*T. et H.*)

Idem, *ligne dern.*

(92) Les fromages, comme beaucoup d'autres substances, se peuvent conserver long-temps, si on les met à l'abri du contact de l'air. Ainsi, en les enveloppant dans des feuilles de serpentaire (*arum dracunculus*, *L.*), indiquées plus

haut par *Olivier de Serres*, dans celles de quelques espèces de joncs ou de roseaux, ou de toute autre plante dont les feuilles lisses et peu poreuses laissent difficilement passer l'air extérieur ; en les enfouissant dans des monceaux de graines céréales ou légumineuses, ou d'autres espèces de plantes, ils y restent entiers et intacts. Si la graine de lin remplit mieux que les autres le but qu'on se propose, c'est parce qu'elle est lisse et qu'elle se tasse bien ; ce n'est ni à sa fraîcheur, ni à sa chaleur, qu'on en est redevable. La graine de millet produit le même effet, parce qu'elle est très-fine et se tasse bien ; nous avons déjà vu qu'*Olivier de Serres* l'employoit pour conserver les raisins frais (page 301, et note (94) du troisième Lieu). (*T. et H.*)

<hr>

CHAPITRE IX.

(93) *Omaille, aumaille, bêtes omailles*. Ces mots se trouvent fréquemment dans nos ouvrages d'économie rurale ; ils se prennent généralement pour les bêtes à cornes et à laine destinées à l'engrais. Dans la ci-devant Basse-Normandie, on appelle *aumeau*, un jeune bœuf, un *bouvard*, ou *bouveau*.

Les étymologistes ne sont pas d'accord sur l'origine de ce mot : les uns l'appliquant aux bêtes à laine, le font dériver de μαλλὸς, laine et toison, ou de μῆλον, brebis ; les autres, plus nombreux, et qui paroissent mieux fondés, le font venir d'*almum, almalia* (d'*alo, alis, alitum*, nourrir, élever). Les Espagnols disent, dans le même sens, *alimaña*. Quelques-uns dérivent *aumaille*, d'*animalia*. Ceux qui écrivent *omaille*, comme *Olivier de Serres*, ne pourroient-ils pas aussi en trouver l'étymologie dans *omasum, omentum*, graisse du ventre ? On sait que les bêtes à cornes et à laine sont généralement ventrues, et qu'elles ont beaucoup de graisse dans le bas-ventre.

On lit dans quelques anciens ouvrages, *bestes armailles*. (*H.*)

(94) Il est inutile de répéter ici ce que nous avons déjà dit dans plusieurs notes des Lieux précédens, sur l'opinion qu'on devoit avoir de l'influence de la lune, et sur celle qu'*Olivier de Serres* en avoit lui-même ; nous nous contenterons de faire une observation générale, que tous ceux qui liront le *Théâtre d'Agriculture* feront comme nous : c'est que, toutes les fois que notre auteur parle d'après sa propre expérience, il ne fait aucun cas de l'influence des astres ; mais que, lorsqu'il n'est qu'historien, il raconte l'opinion populaire sur l'objet qu'il traite. Il y a tout lieu de croire qu'*Olivier de Serres* ne coupoit pas lui-même ses jeunes taureaux, et que ceux chargés de cette opération répétoient alors, comme ils répètent encore aujourd'hui, qu'il faut choisir telles époques lunaires, de préférence à telles autres, pour bien réussir. Au reste, quand le temps est beau, comme le dit notre père de famille, et sur-tout quand l'opération est bien faite, elle réussit toujours. (*H.*)

(95) Il y a plus de deux manières de châtrer les taureaux ; mais *Olivier de Serres* ne parle ici que des principales : toutes sont pratiquées avec le même succès dans différens pays, et réussissent également bien, quand elles sont faites par des gens accoutumés à ces sortes d'opérations.

1°. On incise le scrotum, ou l'enveloppe des testicules, à une seule place, vers le milieu ; on fait sortir successivement les testicules par cette seule ouverture, et on les ampute tout simplement.

2°. On incise le scrotum devant chaque testicule ; on les fait sortir séparément par chacune de ces ouvertures, et on les ampute comme ci-dessus.

3°. Lorsqu'on a fait sortir les testicules par les incisions, on les serre dans des casseaux ou billots de bois, comme cela se pratique ordinairement pour les chevaux ; on coupe de suite les testicules sous le casseau, ou on ne les coupe qu'au bout de vingt-quatre heures, ou on les laisse tomber avec les casseaux.

4°. On lie fortement, avec une bonne ficelle, les testicules séparément, au lieu d'y mettre des casseaux.

5°. On ne fait aucune incision, on se borne à lier très-fortement au-dessus des testicules, sur la peau ; le paquet compris sous la ligature meurt et tombe au bout de quelque temps. La cicatrice suit bientôt, dans tous les cas.

6°. On coupe sur-le-champ, et d'un seul coup, tout le paquet : l'hémorrhagie est très-rarement mortelle. On employe cette méthode quand on a un grand nombre d'animaux à châtrer.

7°. On se contente, enfin, de broyer ou de tordre le cordon spermatique au-dessus des testicules, avec des tenailles de fer ou de bois, jusqu'à ce qu'on l'ait désorganisé ; c'est ce que l'on appelle *bistourner*.

Ce n'est pas ici le lieu d'entrer dans tous les détails que comportent ces différentes méthodes, et dans les variations qu'on leur fait éprouver, ou dont elles sont susceptibles ; il me suffit de répéter que toutes sont pratiquées avec succès, et qu'elles doivent l'être par des vétérinaires, ou gens accoutumés à cette sorte de travail, entre les mains desquels elles réussissent toujours mieux qu'entre celles du père de famille qui s'en occupe rarement.

La septième est la plus mauvaise de toutes, quoi qu'en dise *Olivier de Serres*. Si l'animal est bistourné de manière à ce que les testicules soient parfaitement désorganisés, il reste chargé d'un poids inutile, et d'autant plus fatiguant, qu'il est sans vie. Si les testicules conservent encore quelque vitalité, l'animal devient souvent vicieux, monte sur les vaches, qu'il trompe, ou sur les autres bœufs, et se fatigue en pure perte ; à l'engrais, sa viande est toujours moins succulente et moins faite que celle du bœuf châtré complètement, il prend moins bien la graisse et la perd plus facilement.

Quant à la méthode de faire rentrer les testicules dans le ventre, après le bistournage, elle ne peut avoir d'autre but, ou que de soustraire l'animal au poids inutile des testicules dans le scrotum, ou de faire accroire aux acheteurs que la castration a été parfaite. Dans l'un et dans l'autre cas, elle est susceptible des mêmes observations que je viens de faire contre le bistournage lui-même. (*H.*)

Page 534, colonne II, ligne 2.

(96) Si la boisson avoit quelque communication directe avec les organes qu'on enlève ou qu'on flétrit par la castration, je concevrois qu'il faut donner peu à boire à l'animal qui vient de la subir ; mais bien que les organes destinés à l'excrétion de l'urine, soient voisins de ceux de la génération, cependant les vaisseaux des uns et des autres n'ont que des communications indirectes. Une boisson d'eau douce ne peut causer aucune irritation ; elle peut, au contraire, être un bon tempérant dans l'état inflammatoire où se trouve quelquefois l'animal, ou servir à prévenir cet état. (*T.*)

Page 534, colonne II, ligne 9.

(97) Le traitement à faire aux animaux châtrés est bien simple : il faut, comme le dit *Olivier de Serres*, leur donner de la bonne nourriture, modérément s'ils sont à l'étable, et les y laisser tranquilles, avec une bonne litière ; s'ils sont aux champs, les abriter de la pluie ou des vents froids, qui donnent souvent lieu à des engorgemens dans les parties malades, ou excitent un spasme universel, et le tétanos, qui tue quelquefois, si l'animal est mal soigné. On ne les fera point travailler, qu'ils ne soient guéris, et le travail doit être d'abord léger.

Avec ces précautions simples, il est bien rare que cette opération soit suivie d'accidens ; il faut s'abstenir de droguer les animaux, comme quelques charlatans ne le conseillent que trop.

Quant au traitement particulier de la partie opérée, il suffira, si le temps est doux et qu'on soit à portée de l'eau, d'y faire passer les animaux deux ou trois fois par jour, les premiers jours seulement ; s'il survient de la suppuration, on s'en abstiendra, et on abandonnera le mal à la nature, qui le guérira bien plus promptement que lorsqu'elle est contrariée par une foule d'applications que l'on fait ordinairement dans ces cas, et qui sont au moins inutiles, si elles ne sont pas nuisibles.

Je n'excepte pas le *sain* indiqué par *Olivier de Serres*. Il suivoit alors l'impulsion générale, et on sait combien l'usage des graisses, des onguens, des emplâtres, étoit fréquent dans la chirurgie. On connoît moins tous les maux qui ont été la suite de leur application, parce qu'on n'avoit garde de les leur attribuer ; ce n'est que depuis qu'on les a généralement supprimées, qu'on a eu lieu d'observer que presque tous les

maux

maux pour lesquels on les employoit, guéris-
soient plus facilement et plus promptement.

Ce qu'*Olivier de Serres* appelle *sain* ou *sein*,
car il l'écrit aussi quelquefois de cette manière,
à l'exemple de quelques autres, est ce que nous
connoissons sous le nom de *sain - doux*, et ce
que d'anciens auteurs appeloient aussi *auve de
porc*, *sain d'auve*, etc.; c'est la graisse du
ventre des porcs et des volailles, et c'est de-là
d'où vient son nom *sain*, de *sagina*, *segimen*,
graisse, et d'*alvus*, ventre; *sagimen alvi*, sain
d'auve, graisse du ventre. Quelques-uns pensent
même que sain-doux ne s'est dit que par corruption de sain d'auve, quoique la plupart regardent ce nom comme le résultat de la qualité
douce de cette graisse. (*H.*)

*Page 556,
colonne 1,
ligne 11.*

(98) C'est avec beaucoup de raison que l'auteur conseille de ne point faire travailler les animaux par la chaleur excessive, parce qu'elle
les épuise et les fatigue de manière à les rendre
malades, quelquefois à les faire mourir subitement. On doit choisir les heures où la chaleur
est modérée, comme le matin et le soir, et le
reste du jour les laisser en repos, s'il se peut,
à l'ombre; mais je crois qu'il n'y a pas autant
à craindre de les employer par le froid, le vent,
la pluie et la neige.

Le froid, quand il est à un degré considérable,
gèle la terre, et par cette raison empêche de la labourer; mais on fait alors des charrois qui, souvent sont plus faciles que quand il ne gèle pas.
Les chevaux et les bœufs ne sont réellement incommodés du vent, que quand il est violent et
qu'ils sont exposés à toute son impétuosité, ce
qui n'a pas lieu par-tout. Quant à la pluie ou à
la neige, ils n'ont à en souffrir que lorsqu'elle
tombe avec une grande abondance; il faut, dans
ces circonstances, s'abstenir de les faire sortir
des étables, moins parce que ces météores les
incommodent, que parce que les hommes ne
peuvent alors ni rester dehors, ni faire de bon
ouvrage. S'il ne tombe que peu de pluie, ou peu
de neige, malgré l'opinion d'*Olivier de Serres*,
on ne doit pas pour cela interrompre un labour,
ou tout autre travail qu'il seroit utile de faire.
La seule attention que je conseille, c'est de
tenir les étables à une telle température, que

Théâtre d'Agriculture, Tome I.

les animaux qui en sortent ne soient pas en
hiver glacés par l'air froid du dehors, et de
les ramener, s'ils ont eu chaud en travaillant,
assez rapidement pour qu'ils ne se refroidissent
pas en chemin. (*T.*)

*Page 556,
colonne 1,
ligne 27.*

(99) La routine a tant d'empire sur les cultivateurs, qu'habitués à faire travailler leurs animaux à des heures fixes, ils ne savent pas changer ces heures quand les circonstances l'exigent.
Ordinairement on ne fait, pour les bœufs de
labour, qu'une attelée, depuis huit à neuf
heures du matin, jusqu'à cinq ou six du soir.
Pendant trois saisons, l'automne, l'hiver et le
printemps, il n'y a pas d'inconvénient à employer ces heures au travail; mais dans l'été,
lorsque les chaleurs deviennent considérables, il
faudroit qu'ils fissent deux attelées, une depuis le
grand matin jusqu'à neuf heures, et l'autre depuis quatre ou cinq heures de l'après-midi, jusqu'à dix heures du soir. Plusieurs métayers ont
perdu des bœufs, pour n'avoir pas imaginé ce
changement si simple, ou pour n'avoir pas voulu
l'adopter. J'ai vu périr aussi des chevaux de
labour et de charroi par cette cause. (*T.*)

*Idem,
colonne II,
ligne 7.*

(100) On attache les bœufs à la charrue ou à la
voiture, de plusieurs manières: la plus ordinaire
en France, est de les attacher à un joug, soit que
ce joug pose sur le sommet de la tête et soit
fixé par des courroies aux cornes, soit qu'il
pose sur le cou et soit fixé à des colliers par des
fiches qui s'y insinuent, comme il est d'usage
dans le midi. Il y a plusieurs pays où ils tirent
du poitrail, comme les chevaux, moyennant
des colliers et des traits.

On a agité la question de savoir s'il vaut
mieux faire tirer les bœufs par la tête, avec un
joug, ou du poitrail, avec des colliers. Quelques physiciens pensent que cette dernière méthode est la meilleure, et voudroient la voir
généralement adoptée. Je suis entièrement de
leur avis.

L'usage du midi de la France, où les jougs
sont attachés à des colliers, se rapproche de
la méthode par laquelle on les feroit tirer uniquement du poitrail. (*T.*)

*Idem,
ligne 3o.*

(101) Toutes ces précautions de détails, qu'indique ici *Olivier de Serres*, et que beaucoup de

K k k k

gens regardent comme minutieuses et inutiles, sont plus importantes qu'on ne le croit communément; n'auroient-elles que l'avantage de rendre les bouviers très-soigneux de leur bétail, ce seroit un grand bénéfice pour le père de famille: ces soins le mettroient à portée de reconnoître les maladies dès leur principe, et de les prévenir, pour ainsi dire, presque toujours; ce qui est évidemment plus avantageux que de les traiter lorsqu'elles existent, trop souvent sans espoir de guérison. Mais il est prouvé par l'expérience de tous les pays, que ce sont là les véritables et les plus sûrs préservatifs des épizooties, qui n'ont quelquefois lieu que par l'oubli de ces soins.

Nous avons déjà eu occasion de remarquer (note (32), à la suite du premier Lieu, page 80) qu'*Olivier de Serres* recommandoit l'usage du sel pour les bestiaux; il y revient plusieurs fois dans son ouvrage: il en connoissoit les bons effets, et nous ne saurions trop appuyer sur l'importance des préceptes qu'il donne pour l'emploi de cette substance, généralement trop peu employée, malgré son bas prix aujourd'hui. (*H.*)

Page 521, colonne 1, ligne 23.

(102) Suivant *Daubenton* (*Instruction pour les Bergers et pour les Propriétaires de troupeaux*), huit livres (quatre kilogrammes) d'herbe fraîche, perdent, par la dessication, les trois quarts de leur poids. On doit supposer la dessication moyenne d'une herbe qui ne soit pas trop aqueuse, et réduite à l'état ordinaire de foin; sans cela, l'expérience eût été mal faite. D'après cette donnée, un bœuf, en un jour, ne mange, au pâturage, que trois fois plus d'herbe fraîche que s'il la mangeoit sèche et telle qu'elle est dans l'état de foin; mais il n'en mange pas six fois plus.

Il y a une autre raison qui doit empêcher qu'on ne mette trop tôt les bœufs dans le pâturage: c'est qu'ils nuisent beaucoup à la pousse de l'herbe, et qu'ils en gâtent presqu'autant qu'ils en mangent. Plusieurs économes ont pensé qu'il étoit plus profitable de couper l'herbe verte et de la donner à l'étable aux bestiaux, que de les laisser aller dans les prairies. Outre l'épargne de nourriture, ils retirent plus d'engrais; les excrémens ne se trouvant pas éparpillés, mais

réunis, on craint moins les épizooties contagieuses, etc., etc. (*T.*)

Olivier de Serres a fait une remarque très-juste, c'est que plus l'herbe est nouvelle, plus elle est aqueuse; plus, par conséquent, elle passe vite, et moins elle nourrit; aussi, les animaux mis à l'herbe nouvelle, rendent-ils une très-grande quantité d'urine claire et inodore, et ont-ils souvent la diarrhée. Mais ce que n'a pas dit notre auteur, et ce qu'il est important de savoir, c'est que ces herbes nouvelles sont un excellent fondant, un savon naturel, un dissolvant des calculs biliaires et de ceux qui se forment dans la vessie des bœufs nourris au sec et pendant l'hiver. Ces derniers calculs ont la forme du plomb en grenaille; au premier aspect, ils paroissent métalliques: la couleur en est brillante et dorée ou argentée. Les Écoles vétérinaires ont été souvent consultées pour des cas semblables. *Voltaire* a écrit à *Bourgelat*, en lui envoyant de pareils calculs, en 1772; et le Bureau d'agriculture de Saint-Étienne-en-Forez, observe, dans son mémoire, que les bœufs qui charrient loin de leur domicile et qui vivent de foin sec, y sont plus sujets que ceux qui pâturent, ce qui vient encore à l'appui du précepte d'*Olivier de Serres*:

Jamais tes bœufs ne prestoras.

(*H.*)

Page 533, colonne 1, ligne 4.

(103) Le précepte que donne ici notre auteur, conviendroit mieux dans les Départemens du nord que dans ceux du midi. Le bœuf et le taureau, comme le mouton et le bélier, n'ont pas besoin de chaleur; il suffit qu'ils soient dans des étables sèches, à l'abri de la neige et de la pluie. La vache et la brebis ne sont pas dans le même cas, parce qu'elles sont, une partie de l'année, ou pleines, ou nourrices, ou donnant du lait; circonstances qui doivent déterminer à les garantir des grands froids. On peut donc tellement disposer l'étable du bœuf, qu'il n'ait pas trop chaud; autrement ce seroit le moyen de l'affoiblir, et même de le rendre malade. (*T.*)

Idem, ligne 25.

(104) Il est difficile d'adopter pour toutes les circonstances l'ordre qu'établit ici l'auteur dans les qualités respectives des pailles des différentes céréales. Ainsi que *Columelle*, il met

celle du millet au premier rang ; après le millet, *Columelle* place celle de l'orge, et ensuite
celle du froment. *Olivier de Serres* croit la paille
d'avoine meilleure que celle du froment ; après,
il désigne celle d'orge, puis celle de l'épeautre.
Les qualités des pailles doivent différer, suivant
les genres, espèces et variétés des plantes, les
pays où on les cultive, les époques de leurs ensemencement et récolte, la quantité et la qualité des herbes qui s'y trouvent mêlées, et l'état
où a été l'atmosphère pendant le cours de leur
végétation.

Il y a sans doute, dans le millet, des espèces
et variétés dont les pailles valent mieux que
celles des autres.

Bien certainement les pailles de tous les fromens ne se ressemblent pas, les unes sont fortes
et pleines de moëlle, les autres sont tubulées ;
plusieurs peuvent être mangées sans être ha-
chées, d'autres ont besoin qu'on les hache. Les
pailles des champs où il se mêle de l'herbe aux
tiges du froment, nourrissent plus que celles
qui sont de pur froment. Celui qu'on a semé
au printemps ne donne presque que de la paille
sèche, tandis que celui qui a été semé avant
l'hiver, ayant eu une végétation longue, donne
une paille plus abondante en sucs nutritifs. Si
la saison a été humide, les pailles sont sans
saveur et sans qualité ; le contraire a lieu, si
le temps a été sec. L'époque sèche ou pluvieuse
des récoltes conserve ou ôte aux pailles leurs
qualités.

Comme il s'agit ici des bêtes à cornes, la
paille d'avoine leur convient mieux que celle
du froment et de l'orge, parce que, d'une part,
les tiges du froment sont dures et celles de
l'avoine tendres. Il faut encore distinguer l'orge
d'automne, ou escourgeon, et l'orge de printemps : celle-ci est plus molle que celle-là ; on
ne la donne aux vaches qu'en cas de besoin.

Le seigle me paroîtroit devoir être placé avant
l'orge et après le froment.

Quant à l'épeautre, qui est une espèce de froment, je ne vois pas pourquoi on ne confondroit
pas sa paille avec celle du froment. (*T.*)

Page 539,
colonne I,
ligne 29.

(105) On n'a pas encore examiné, en France,
une question importante pour l'économie rurale
et politique, qui est jugée par nos voisins, et
qui me paroît mériter d'être approfondie ; je me
bornerai à l'indiquer ici.

Est-il plus avantageux à l'agriculture et au
commerce d'un pays de tuer les bœufs à cinq
ou six ans, que de les attendre jusqu'à dix
ou douze ?

Ceux qui ont jugé la question affirmative-
ment, disent, à l'appui de leur opinion, qu'ils
nourrissent deux bœufs sur le même terrein,
successivement, avec la même quantité de fourrage et sans augmentation de dépenses, où les
autres n'en nourrissent qu'un ; qu'ils ont deux
cuirs, deux dépouilles de suif, et deux fois
de la viande contre une ; que, par conséquent,
il y a cent pour cent à gagner en se conduisant
comme ils le font.

Je ne connois que deux raisons principales qui
contre-balancent chez nous une pareille opinion ;
mais j'avoue que je les crois très-susceptibles
d'être combattues : 1°. pour suivre cette marche,
il faut doubler et tripler la quantité d'élèves,
et avoir une beaucoup plus grande quantité de
pâturages ou de prairies artificielles, que nous
n'en avons pour les nourrir, ce qui suppose
plus d'avance à faire, plus de fonds à avoir, et
plus de richesses de la part des propriétaires ;
2°. la viande du bœuf mangé à cinq ou six ans,
n'est ni aussi faite, ni aussi bonne, ni aussi
succulente que celle du bœuf mangé à dix ou
douze ans, et le cuir n'est pas, ce qu'on appelle, assez mûr.

Je livre cette discussion à ceux qui s'occupent
d'économie publique ; je me contenterai d'observer que, dans l'état actuel des choses, nous
tirons des bœufs du dehors pour nos boucheries,
et que nous achetons aussi chez nos voisins des
cuirs et du suif. (*H.*)

Page 539,
colonne II,
ligne 3.

(106) Ce seroit une erreur de croire que, dans
les bœufs, les dents de devant ne commencent
à tomber qu'à trois ans ; c'est à cet âge environ
qu'elles sont ordinairement toutes tombées et
remplacées par des dents qui durent pendant le
reste de sa vie ; mais, dès l'âge de dix mois,
il en tombe deux, celles du milieu, et successivement les six autres, en suivant toujours le
même ordre. (*T.*)

Page 559, colonne II, ligne 11.

(107) Il en est des bœufs comme des chevaux, pour la dentition : ceux qui sont nourris à l'herbe, ou qui sont obligés de pâturer, s'usent les dents beaucoup plus vite que ceux qui sont nourris au sec, parce que, dans le premier cas, les dents étant obligées de pincer et de tirer l'herbe, travaillent nécessairement davantage et doivent plutôt s'user que celles des animaux qui ne tirent que des fourrages au râtelier, ou qui les prennent dans l'auge, où ils ne présentent aucune résistance à vaincre ; en sorte qu'on peut juger par le raccourcissement ou l'usure des dents des bœufs et des chevaux, qu'ils ont constamment été à la pâture ; et à leur longueur et à leur décharnement, qu'ils ont toujours été nourris à l'étable ou à l'écurie. Il y a même encore quelques observations à ajouter, c'est que l'usure des dents est relative à la nature des pâturages. Les animaux nourris sur des pâturages secs, dont les herbes sont courtes, dures ; sur les landes, où il y a beaucoup de genêt épineux (*ulex europæus*, *L.*) ; dans les taillis, où ils broutent les jeunes pousses de bois, se les usent beaucoup plus promptement que ceux qui sont nourris dans des pâturages gras et abondans, dont l'herbe est tendre et succulente. Les dents sont quelquefois usées jusqu'au bord des gencives, et pour ainsi dire, jusqu'à la racine ; elles tiennent fortement dans les alvéoles, sont blanches et toujours solidement enchâssées, tandis que dans les animaux qui ne pâturent pas, elles sont, au contraire, en vieillissant, séparées les unes des autres, mal enchâssées dans les gencives, vacillantes, peu enfoncées dans les alvéoles, noires, ou jaunâtres, et s'arrachent facilement. Si *Olivier de Serres* a mis ici en opposition les bœufs et les chevaux, c'est que les uns et les autres se trouvoient dans les circonstances dont nous venons de parler, les premiers étant nourris à la pâture, et les seconds à l'écurie.

Les dents s'usent en ruminant, c'est une chose certaine : la rumination est une seconde mastication, une mastication répétée ; mais elle n'a lieu dans les ruminans, comme la mastication ordinaire dans les animaux qui ne ruminent point, que sous les dents mâchelières : les dents antérieures n'y contribuent en aucune manière,

encore moins dans les ruminans que dans les autres, puisque les premiers n'en ont qu'à la mâchoire inférieure. Ainsi la rumination ne peut les user, comme le dit *Olivier de Serres*, pas même par le frottement, puisqu'elles ne portent sur rien, que les alimens contenus sous les mâchelières ou molaires, les écartent des gencives supérieures, et que, dans tous les cas, ces gencives elles-mêmes étant beaucoup plus molles que les dents, ne pourroient les user par le frottement, s'il avoit lieu.

S'il n'est pas possible de tirer de cet état des dents des renseignemens positifs sur l'âge des animaux, on doit néanmoins en conclure que ceux qui ont les dents très-courtes et très-usées, et ceux qui les ont très-longues et décharnées, sont également vieux. (*H.*)

Page 559, colonne II, ligne 16.

(108) Plusieurs autres auteurs ont indiqué, comme *Olivier de Serres*, ou d'après lui, les nœuds ou anneaux des cornes, comme des indices certains de l'âge des animaux ; mais, en général, il y a plus d'écrivains que d'observateurs, et l'observation n'a pas toujours confirmé la vérité de ce qui est avancé à ce sujet, comme nous avons été à portée de le vérifier quelquefois nous-mêmes.

Au reste, ce signe que nous regardons encore comme fort incertain, relativement aux bêtes à cornes, ne peut avoir lieu dans les races de bêtes sans cornes ; et sans négliger de s'assurer par des observations multipliées, jusqu'à quel point on peut y compter, nous croyons que l'examen des dents est bien plus constant et bien plus sûr. (*T. et H.*)

Page 560, colonne II, ligne 26.

(109) Nous avons déjà eu lieu de faire connoître ci-devant, note (101), tous les avantages qui résultoient, pour l'entretien de la santé des bœufs, des soins indiqués par notre auteur, nous nous bornerons à ajouter que non seulement ceux qu'il ordonne ici ne sont pas moins efficaces pour remplir le but pour lequel il les prescrit, mais que les gargarismes de vin et de sel sont encore un préservatif assuré du chancre ou charbon à la langue, qui fait quelquefois des ravages considérables parmi les troupeaux de bêtes à cornes. (*H.*)

Page 24, colonne I, ligne 6.

(110) Tous les herbagers et les vachers ont fait la même observation qu'*Olivier de Serres* ; c'est que les bœufs et les vaches contractent l'habitude de se lécher, et que cette habitude, qui est un véritable tic, quelle qu'en soit la cause, les fait maigrir et même dépérir, si on n'y remédie pas. Quelquefois c'est l'auge, la longe, ou l'animal voisin qu'ils lèchent ; mais les résultats sont toujours les mêmes, et ces léchemens répétés donnent lieu à des égagropiles, corps arrondis, formés de poils, de salive et de suc gastrique, qui se cantonnent dans un de leurs estomacs, ou déterminent l'évacuation d'une grande quantité de salive, d'où il résulte une sorte d'épuisement et des digestions plus difficiles. (*H. et T.*)

Idem, ligne 28.

(111) On a fait la même observation sur le cochon. Le gland est une substance astringente, dont l'effet, par conséquent, est de resserrer ; si on le donne en petite quantité, il ne produit, pour ainsi dire, qu'un demi-effet, et l'engrais n'a pas lieu, il finit même par l'empêcher, et l'animal est affecté d'engorgemens dans le bas-ventre, et des autres accidens qui sont la suite de l'usage de pareilles substances long-temps continué. Ceux qui se livrent à l'engrais des bestiaux et des porcs, dans les pays à gland, connoissent bien l'époque où il faut le donner aux animaux, le temps qu'ils doivent en manger, et le moment où il faut cesser son usage ; alors, bien loin de faire du mal, il affermit et la chair et la graisse, en même temps qu'il donne du goût à la première. (*H.*)

Idem, ligne 40.

(112) Ceux qui désireront des détails plus circonstanciés sur l'engrais des bœufs, pourront consulter trois mémoires sur ce sujet, imprimés parmi ceux de la Société royale d'agriculture de Paris ; le premier, de M. *Desmarets* (trimestre d'été, 1787), le second, de M. *Juge*, le troisième, de M. *Tenon* (trimestre d'hiver, 1791), etc. (*H.*)

Idem, même II, u dern.

(113) Je crois qu'*Olivier de Serres* est ici dans l'erreur. Les animaux de l'espèce bovine ne croissent pas toujours ; on leur trouve, comme aux autres, des termes d'accroissement, soit qu'on fasse attention à leur taille, soit qu'on fasse attention à leur grosseur. Certainement le bœuf, ainsi que le taureau et la vache, cessent de grandir quand ils sont parvenus à un état de graisse plus ou moins volumineux, suivant les races ou les individus ; ils dépériroient, c'est-à-dire, ils diminueroient de grosseur, si on vouloit continuer à les engraisser. Les vieux bœufs non seulement ne croissent plus, mais ils prennent moins de graisse que ceux d'un âge moyen. (*T.*)

CHAPITRE X.

Page 545, colonne I, ligne 11.

(114) *Liste* et raie *blanches*. On lit dans les ouvrages sur la connoissance des chevaux, que ceux de ces animaux qui ont une bande de poils blancs sur le chanfrein ou au bout du nez, sont dits *lisse* en tête, *lisse* au bout du nez. Ce mot *lisse* est mal écrit ; c'est *liste* qu'il faut, comme *Olivier de Serres* le met avec raison.

Liste vient du mauvais latin *lista*, bande, bordure, bandelette, raie ; les Italiens et les Espagnols disent également, dans le même sens, *lista* ; les Allemands, *leiste* ; les Flamands, *lijst* ; les Anglois, *list*, etc. ; et on trouve dans d'anciens auteurs François, *listre* et *litre*, pour bande, ceinture, chose étroite, etc. C'est sans doute par une faute de copiste, ou d'impression, que ce mot *lisse*, qui ne signifie rien dans ce sens, et qu'on ne trouve dans aucun dictionnaire, a été substitué à *liste*, d'où sont venus *listel*, *liston*, *liteau*, qu'on y trouve, et qui signifient la même chose. (*H.*)

Page 546, colonne I, ligne 56.

(115) Si l'étalon a été employé trop jeune au service des jumens, s'il a été fatigué par le trop grand nombre, il est vieux à douze ans, et ne doit plus servir ; mais s'il a été ménagé, s'il n'a commencé à servir qu'après l'entier développement de ses forces, et si le nombre des jumens a toujours été proportionné à ces mêmes forces, il ne sera pas vieux à douze ans, et pourra encore être de bon service pendant plusieurs années. Au moment où j'écris ceci, nous avons, au dépôt d'étalons du Pin, dans le département de l'Orne, des étalons de quinze ans et plus, qui donnent encore annuellement de bonnes productions. Ces observations sont également applicables aux jumens. (*H.*)

Page 546, colonne II, ligne 40.

(116) *Balièvres.* Ce sont les lèvres ; et ce sont aux plis qui s'y forment, sur-tout à la lèvre antérieure, que plusieurs personnes prétendent connoître l'âge des chevaux, quand ils ne marquent plus aux dents. Ce signe n'est pas plus certain que beaucoup d'autres, rapportés par *Olivier de Serres.* Quant à l'alongement des dents, voyez la note (107) de ce Lieu.

A l'époque où écrivoit *Olivier de Serres*, on employoit presque toujours l'*u* à la place du *v*, et le mot *balièvre* est écrit *balievre*. On trouve dans plusieurs anciens dictionnaires, *baleures*, *balèvre*, *baillèvres*, *baalièvre*, pour signifier les lèvres, les joues, le tour de la bouche.

Cette manière d'écrire *balieure* a donné lieu à une singulière version, de la part de M. *Gisors*, qui a remis *Olivier de Serres* en françois, dans la dernière édition en quatre volumes in-8°. ; ignorant ce que vouloit dire ce mot, il a écrit : « On connoît aussi quelquefois l'âge des che- » vaux aux *balayures* crépues de dessus, etc. » (tome II, page 106). (*H.*)

Page 547, colonne II, ligne dern.

(117) La durée du temps que la jument porte son poulain ne paroît pas plus certaine que dans les femelles des autres espèces d'animaux domestiques ; elle porte cependant assez généralement un an. Il est rare qu'elle pouline dans le onzième mois, vers la fin ; elle met ordinairement bas dans le courant du douzième, et quelquefois au commencement du treizième. Plus elle est couverte de bonne heure, plutôt elle met bas l'année suivante, et plus le poulain a acquis de force pour résister aux grandes chaleurs et aux mouches qui le tourmentent. Si elle ne met bas qu'en Juin, la saison est déjà trop avancée, sur-tout pour les Départemens méridionaux ; il faut donc la faire saillir dès le mois de Mars, s'il est possible : le poulain vient avec les premières herbes, elles sont tendres, et il peut s'accoutumer de bonne heure à les manger ; il tète d'autant moins, et sa mère fournit suffisamment à sa subsistance. Si, au contraire, les herbes commencent à être dures, il n'en mange point, tète davantage, et épuise d'autant plus sa mère, qui est obligée de fournir seule toute sa nourriture.

Il y a encore un avantage à ce que les poulains viennent de bonne heure, c'est qu'ils ont déjà acquis les moyens de résister à l'hiver, et qu'ils se trouvent avoir, en faveur de leur accroissement, deux saisons favorables, ou deux étés, contre une défavorable, ou un hiver. (*H.*)

Page 548, colonne II, ligne 3.

(118) Il y a long-temps que l'usage du polypode (*polypodium vulgare*, *L.*) est remplacé, dans la médecine vétérinaire, par des remèdes qu'on trouve sous la main en tout temps, tels que la rôtie au vin, ou au cidre, que nous avons conseillée dans des cas semblables, pour la vache note (63) de ce Lieu, et qui peut être employée avec le même avantage pour la jument. (*H.*)

Page 549, colonne I, ligne 19.

(119) Il en est du poulain nouveau-né, comme du veau et des autres jeunes animaux, qui exigent, à cette époque de leur vie, beaucoup de ménagement. Voyez ce que nous avons dit à ce sujet dans la note (62).

Page 550, colonne II, ligne 9.

(120) Le beau travail de M. *Tenon*, sur la dentition du cheval, imprimé dans les *Mémoires de l'Institut national de France* (sciences mathématiques et physiques, tome I), nous a mis à portée de connoître l'effet de l'usage des grains pour les jeunes animaux.

On avoit généralement remarqué que cet usage influoit plus ou moins fortement sur l'organe de la vue, comme le dit *Olivier de Serres*, et que les poulains mis au grain étoient plus sujets aux fluxions sur les yeux, et aux autres maladies de ces organes, que ceux qui restoient à l'herbe ; M. *Tenon* a eu lieu d'observer souvent que cet effet étoit le résultat de la fatigue occasionnée par la mastication, qui, forcée, pour ainsi dire, dans un âge encore tendre, agissoit fortement sur les dents molaires, et sur-tout sur celles qui sont près des cavités orbitaires ; que ces dents refoulées dans leurs alvéoles, ne pouvoient se développer au dehors, et fatiguoient ainsi les parties qui les environnoient ; de-là les fluxions, la gourme, les ophthalmies, etc. C'est donc un très-bon conseil que donne *Olivier de Serres*, de mouiller le grain qu'on veut donner au poulain ; ainsi ramolli, la mastication en est plus facile, et les organes qui y sont employés fatiguent moins. (*H.*)

Page 551, colonne I, ligne 7.

(121) Les chevaux des Anciens n'étoient point ferrés, c'est-à-dire que les fers n'étoient point fixés sous leurs pieds par des clous qui traver-

sent la corne, comme le sont aujourd'hui les nôtres ; c'est ce qui résulte évidemment de la lecture de leurs ouvrages, quoique *Bourgelat* paroisse être d'une opinion contraire, dans son *Essai sur la Ferrure* : en effet, *Xénophon* (*de Re Equestri*), cite un *Simon*, qui dit qu'on connoît la bonté des pieds au bruit que le sabot rend sur la terre. Il nous seroit impossible de juger ainsi avec les fers qui garnissent le dessous du pied, et dont le son seul résonneroit sur le terrein. Tout ce que *Xénophon* dit sur la tenue des écuries, relativement aux pieds, ne peut s'appliquer qu'à des pieds non ferrés ; mais ce qu'il ajoute sur le terrein qui entoure l'écurie, ne peut laisser aucun doute. Il veut que ce terrein, sur lequel on doit sortir le cheval pour le panser et le tenir une partie du jour, soit garni de pierres rondes (*galets*) bien arrangées et cimentées, maintenues par une bordure de fer, pour qu'elles ne s'écartent point ; ce terrein, ainsi préparé, sert, dit-il, à fortifier la corne des pieds, et à accoutumer le cheval à marcher sur un terrein dur et pierreux. Ce précepte seroit parfaitement inutile si les pieds avoient été ferrés.

Je ne parle point des onguens que les Anciens indiquoient pour affermir l'ongle, parce qu'ils pourroient également convenir de nos jours pour remplir le même but ; mais j'observerai que dans tout ce qui nous reste de la médecine vétérinaire et des accidens auxquels les chevaux étoient exposés, on n'en trouve aucun qui soit le résultat de la ferrure ; et on sait que ces accidens sont fréquens, et tiennent une bonne place dans tous nos livres d'hippiatrique modernes. D'une autre part, ne devroit-il pas paroître étonnant que, dans les nombreux fragmens qui nous restent de tout ce qui étoit relatif au cheval, il ne se trouve rien qui concerne la ferrure en elle-même, ou l'art du maréchal proprement dit, si cet art avoit été en vigueur chez les Grecs et chez les Romains.

Il paroît qu'en général ils se bornoient à garnir quelquefois les pieds de leurs chevaux, d'une manière de bottine ou soulier, qui étoit attachée avec des liens autour du sabot, ou même du paturon ; ces bottines, ou souliers, étoient faits de genet (*soleæ sparteæ*), de cuir (*carbatinæ*), ou garnis de fer (*ferrea soleæ*), pour les rendre plus durables, et on ne s'en servoit que dans quelques cas particuliers, comme lorsque les pieds étoient foibles, délicats ou blessés, lors de longs voyages, dans des chemins pierreux, qui usoient promptement la corne, ou dans des fêtes ; et alors ces espèces de souliers étoient garnis de plaques d'or ou d'argent.

Au reste, la ferrure, proprement dite, telle que nous la pratiquons, n'est pas aussi généralement nécessaire qu'on le croit, et les chevaux qui ne travaillent pas habituellement sur des terreins pierreux, caillouteux, ou sur le pavé, peuvent très-facilement s'en passer. Nous voyons des chevaux, dans les campagnes, garder leur ferrure six mois, qui pourroient aisément et sans inconvénient aller nu-pieds, et qu'on ne referre que parce que les sabots conservés sur cette garniture, deviennent trop longs, gênent la marche, et fatiguent les articulations. Il en est de même des chevaux de manége, qu'on est obligé de déferrer pour leur abattre du pied ; nous en avons vu faire pendant plusieurs années ce service, sans être aucunement ferrés ; enfin, nous avons vu aussi quelques chevaux de cabriolet, à Paris, n'être ferrés que des pieds de derrière seulement.

On peut donc suivre avec avantage le précepte que donne *Olivier de Serres*, de ne pas se hâter de ferrer les poulains, pour qu'ils s'endurcissent la corne en allant pied-nu en bons et mauvais chemins. (*H.*)

(122) La méthode la plus généralement employée pour la castration des chevaux, est celle des casseaux ou billots. Toutes les observations qui ont été faites relativement à la castration des taureaux et au bistournage, note (95), sont applicables ici, soit pour les différentes manières de faire l'opération, soit pour le traitement qui doit la suivre. (*H.*) *Page* 591, *colonne* II, *ligne* 6.

(123) Quand le poulain a de bonnes jambes, et qu'elles ne sont affectées d'aucunes maladies, il est inutile d'y mettre le feu ; il en est de ce remède comme de tous les autres, il suffit de l'appliquer quand il est nécessaire. Mais c'étoit l'usage du temps d'*Olivier de Serres* ; ce l'étoit encore, de notre temps, dans les grandes écuries, et cet usage, comme beaucoup d'autres ; *Idem*, *ligne* 34.

s'est perpétué par la routine et l'entêtement, qu'on prenoit pour de l'expérience. Les progrès qu'a faits l'art vétérinaire, et ceux qu'il fera encore, réduiront tous ces remèdes prophylactiques à leur véritable valeur.

Il en est de même de l'amputation de la queue, des oreilles, et de l'action de fendre les naseaux, toutes opérations aussi inutiles que barbares, et qui ne sont dues qu'à la mode et au caprice des propriétaires. On paroît avoir généralement abandonné celle de fendre les naseaux; l'amputation, ou le raccourcissement des oreilles, qui produit souvent la surdité, commence aussi à passer; mais toutes les manières d'amputer la queue sont encore en vigueur. On peut consulter ce que j'ai dit de ces amputations dans le *Dictionnaire de médecine de l'Encyclopédie méthodique.* (*H.*)

Page 552, colonne I, ligne dern.

(124) *Olivier de Serres* n'hésite pas, dans ce chapitre, à regarder comme une chose certaine et avantageuse pour le propriétaire-cultivateur, de se livrer à l'éducation ou à l'élève des chevaux, s'il a des pâturages; et c'est avec fondement qu'il reprochoit à ses compatriotes leur nonchalance à ce sujet, qui étoit telle, que déjà nous étions obligés, à notre honte, de nous approvisionner chez nos voisins, tandis, ajoute-t-il, que nous pourrions être mieux accommodés que nous le sommes.

Les observations qu'il fait sur le choix de l'étalon, sont très-sages et annoncent toujours l'observateur. Il en est une, sur-tout, qui donne la mesure de l'opinion qu'ont, en général, les officiers de cavalerie et les écuyers, qu'eux seuls sont en état de conduire des haras; c'est qu'il faut beaucoup moins s'attacher aux qualités acquises de l'étalon, qui ne lui servent de rien, qu'à ses qualités naturelles, parce que, dit *Olivier de Serres*, souventes-fois, par la diligence du savant écuyer, un cheval de mauvaise nature paroît excellent, et le cheval qui n'a point été enseigné, paroît médiocre, ou reste sans nom, quoique de bonne espérance.

Il ne veut point qu'on regarde à la peine et à la dépense dans l'achat des étalons, qu'il faut aller chercher bons, là où ils sont, quelque loin que ce puisse être.

Le tableau qu'il trace des formes du cheval est absolument semblable à ceux qu'on voit dans les ouvrages de *Newcastle*, de *Pluvinel* et autres; c'est véritablement le cheval de guerre, le vrai cheval françois, qui ne ressemble plus, que de loin, à ceux qu'on trouve décrits dans les ouvrages modernes, et qu'on ne rencontre que trop souvent aujourd'hui.

Son opinion, ou plutôt ce qu'il rapporte des indices qu'il croit résulter des marques naturelles et de la couleur des poils, pour juger de la bonté de l'animal, se trouve dans tous les écuyers de son temps, où, très-vraisemblablement, il l'a copié. La plupart de ces prétendues observations, que l'expérience a si souvent démenties, nous ont été apportées d'Italie, avec l'art du manége, et on sait combien les Italiens étoient encore alors superstitieux et crédules. Ce qui prouve même combien *Olivier de Serres* y ajoutoit peu de foi, c'est qu'il dit que le cheval pourroit être le mieux marqué du monde, s'il est vicieux, mal complexionné, rétif, mordant, ruant, etc., il faut le rejeter comme inutile.

Ce que dit notre auteur, de la connoissance de l'âge, est incomplet, et nous pouvons savoir quel est celui de l'animal, plus loin que sept ans, à l'inspection des dents; mais il est inutile de répéter ici ce qui se trouve dans tous les ouvrages modernes sur le cheval; nous nous contenterons d'indiquer à nos lecteurs celui de *Bourgelat*, dans lequel ils trouveront tout ce qui est relatif à la connoissance de cet animal; il est intitulé : *Élémens de l'art Vétérinaire; traité de la conformation extérieure du Cheval, de sa beauté, de ses défauts; des considérations auxquelles il importe de s'arrêter dans le choix qu'on doit en faire; des soins qu'il exige, etc. : cinquième édition, publiée avec des notes, par J.-B. Huzard. Paris, an XI,* in-8°.

Olivier de Serres veut, avec raison, que les étalons et les jumens poulinières travaillent sans être pressés, pour se maintenir sains, joyeux, et en bon appétit; que les poulains têtent long-temps, et que les jumens ne portent que de deux années l'une. Quelques détails sur la chaleur des jumens, sur les soins qu'elles exigent, sont susceptibles des mêmes observations que celles
que

que nous avons faites dans le chapitre précédent, et nous y renvoyons nos lecteurs. En général, notre auteur a le bon esprit de ne pas vouloir tout savoir et tout dire ; il renvoye à l'écuyer, pour l'éducation du cheval, et au vétérinaire, pour les opérations dont il peut avoir besoin. On trouvera dans une Instruction que j'ai rédigée en l'an X, sur l'amélioration des chevaux en France, par ordre du Gouvernement, et qui est principalement destinée aux cultivateurs, des détails beaucoup plus étendus sur les haras et sur leur administration économique ; détails que ne pouvoit comporter l'ouvrage d'*Olivier de Serres*, et que je crois utile d'indiquer à ceux qui s'occupent plus particuliérement de cet objet (*). (*H.*)

CHAPITRE XI.

Page 554, colonne II, ligne 10.

(125) Il en est de l'amputation des oreilles des ânes comme de celle des chevaux, elle est inutile, et peut être quelquefois suivie de la surdité. On ampute les oreilles des ânes, c'est-à-dire on les raccourcit, dans les pays où ces animaux servent de monture, pour éviter le mouvement, l'espéce de balancement que ces parties éprouvent dans la marche, et qui sont désagréables à celui qui les monte ; voilà le seul motif raisonnable qu'on puisse alléguer pour motiver une pareille opération.

On trouvera de plus grands détails sur ces animaux, dans le *Dictionnaire de médecine* de l'*Encyclopédie méthodique*, et dans l'ouvrage que j'ai déjà cité, sur l'amélioration des chevaux en France ; on y trouvera sur-tout la description de la belle race du ci-devant Poitou, très-peu connue, et qui devient de plus en plus rare ; elle fait de superbes étalons pour la propagation des mulets, et il seroit utile de la multiplier plus qu'elle ne l'est. Un bel âne de cette race, choisi pour couvrir les jumens, coûte aujourd'hui jusqu'à cinq et six mille francs. (*H.*)

(*) On trouvera cet ouvrage, ainsi que celui de *Bourgelat*, cité plus haut, dans la librairie de madame *Huzard*, rue de l'Éperon - Saint - André - des - Arts, n°. 11.

CHAPITRE XII.

Page 555, colonne II, ligne 1.

(126) *Olivier de Serres* n'est pas le seul qui soit tombé dans cette erreur, relativement à l'origine des mulets ; on l'a, en effet, long-temps attribuée à Ana, que quelques auteurs disent belle-mère d'Esaü (*), et que d'autres, en plus grand nombre, et, à ce qu'il paroît, avec plus de fondement, disent être fils de Tsibhon, Sébéon, ou Sibon, neveu d'Esaü (**) ; mais il paroît que ce qui a donné lieu à l'erreur, ou plutôt au *qui-pro-quo*, c'est que les traducteurs ont confondu les *mulets*, avec les *eaux minérales chaudes* ou *thermales*, dont le nom, en langue hébraïque, est le même. Voici la traduction ordinaire du passage de la Genèse, qui a donné lieu à cette opinion : *Iste est Ana, qui invenit mulos in solitudine, quùm pasceret asinos Sebeon patris sui* (cap. xxxvj, vers. 24) ; c'est-à-dire : cet Ana est celui qui trouva les *mulets* au désert, quand il paissoit les ânes de son père Tsibhon ; mais la Vulgate a mis *aquas calidas* (eaux chaudes), à la place de *mulos*, et il n'est fait aucune mention, dans cet endroit de la Genèse, de chevaux ni de cavales, sans lesquels il ne peut y avoir de mulets. Il est certain, en effet, qu'à cette époque de l'Écriture-Sainte, il n'y avoit pas de chevaux dans la Palestine, non plus que dans les nombreux troupeaux des patriarches ; ils vinrent plus tard d'Égypte dans la Terre-Promise. On ne lit nulle part que les Juifs se soient servis de mulets avant le temps de David, qui est venu sept cents ans après Ana ; et d'ailleurs, la loi défendoit aux Israélites de tenter aucun mélange d'espèces différentes.

Homère, *Théophraste*, *Strabon* et *Plutarque* disent que les Hénètes, peuples voisins de la Paphlagonie, sont les inventeurs des mulets, ou au moins les premiers chez lesquels ou en ait vu ; et les Arabes regardent Karon, ou Coré, comme le premier qui ait fait saillir une jument par un âne, ou une ânesse par un cheval. Ainsi il résulte de toutes ces opinions diverses, que l'origine des mulets est encore fort incertaine ;

(*) *Michaëlis*, *Hartmann*.
(**) *Olivier de Serres*, *Winter*, *Bochart*, *Hebenstreit*, *Brugnone*.

et qu'elle n'est très-vraisemblablement due qu'au hasard, comme beaucoup d'autres.

Scheuchzer n'a pas manqué de mettre les mulets dans sa *Physique sacrée* (*Amsterdam*, 1732, tome I, planche C); mais le dessinateur et le graveur ont fait plus encore, ils les ont ferrés, et ont ajouté ainsi un second anachronisme au premier. (*H.*)

Page 555, colonne II, ligne 14.

(127) Il paroît constant, d'après ce que nous lisons dans les Anciens, que les mulets et mules sont féconds, sur-tout dans les pays chauds; quoique les exemples n'en soient pas très-multipliés, ils le sont assez cependant, pour ne laisser aucun doute à cet égard; et nous voyons, sous nos yeux, les mulets des oiseaux se reproduire dans nos volières.

Que, dans le mulet proprement dit, résultant de l'accouplement de l'âne et de la jument, la mule soit plus apte à engendrer que le mulet; que ce soit en recroisant avec le mâle de l'espèce originaire, que la conception ait lieu, il n'en est pas moins vrai que si la mule ne perd pas la qualité de se reproduire, cette qualité ne doit pas être perdue non plus dans le mâle; et il y a un grand nombre d'exemples de mules fécondées, qui ont mis bas, à ajouter à celui que cite *Olivier de Serres*.

On en trouvera plusieurs dans le *Traité des Haras* de *Hartmann*, dont j'ai publié la traduction françoise en 1788. M. *Moreau Saint-Méry*, dans un *Mémoire sur les Chevaux et les Mulets dans les Colonies françaises*, en rapporte trois exemples à Saint-Domingue; et dans le moment où je rédige cette note, M. *Malats*, directeur de l'École royale vétérinaire à Madrid, me fait part d'un nouveau fait semblable arrivé sous ses yeux dans cette ville. Il y a tout lieu de croire que des expériences bien faites, suivies avec soin et pendant long-temps, donneroient des résultats satisfaisans; mais ces expériences, longues et dispendieuses, ne peuvent être tentées par des particuliers, et tout ce qui a été recueilli jusqu'à présent sur cet objet, est dû au hasard. (*H.*)

Page 557, colonne II, ligne 19.

(128) Les jeunes animaux, dans les grands quadrupèdes, tels que le cheval, le bœuf, l'âne et le mulet, sont beaucoup plus haut montés sur jambes, au moment de leur naissance et pendant les premières années de leur vie, que lorsqu'ils ont acquis toute leur croissance; alors ils paroissent plus régulièrement proportionnés, et la hauteur du corps, depuis le dessous de la poitrine, par exemple, jusqu'à une ligne qui passeroit sur la tête, est plus considérable que celle des jambes, depuis la première de ces mesures jusqu'à terre; mais dans le mulet, les extrémités restent toujours plus hautes, et *Olivier de Serres* a raison de dire qu'elles sont la moitié de sa hauteur. Au reste, c'est une légère idée des proportions des animaux, que *Lomazzo* et quelques autres Italiens nous avoient déjà fait connoître, et que *Bourgelat* a réduites, de nos jours, à des règles certaines, en prenant la tête pour base de toutes les mesures. Voyez son ouvrage cité note (124). (*H.*)

CHAPITRE XIII.

(129) L'aspect d'une habitation quelconque est le côté par lequel on y entre, ou sur lequel est placée la porte. Comme, d'après les connoissances acquises, les bergeries doivent être tellement aérées, que l'air y circule librement, il est indifférent que la porte soit à une exposition plutôt qu'à une autre; l'important est de pratiquer des ouvertures à la bergerie, soit dans tous les sens, si elle est large ou arrondie, soit aux deux extrémités, si elle est longue et étroite, ce qui, quelquefois, suffit. Il est bon que, quand les brebis font leurs petits, et dans les bergeries qui doivent renfermer de jeunes agneaux, la température ne soit pas froide; mais hors ces cas et dans toute autre circonstance, une bergerie peut être froide; pourvu qu'il n'y tombe ni pluie, ni neige, les animaux n'en sont pas incommodés. (*T.*)

Page 560, colonne I, ligne 24.

(130) On nomme ainsi une chaîne de montagnes, qui sépare les ci-devant Roussillon et comté de Foix, aujourd'hui départemens des Pyrénées-Orientales et de l'Arriége, de cette partie du ci-devant Languedoc, qui forme le département de l'Aude. En parcourant cette chaîne de montagnes, en l'an XI (1803), j'ai

colonne II, ligne 11.

été étonné d'y trouver les laines fines. C'est sur-tout auprès de la petite ville de la Grasse, qui en est comme le centre, que j'en ai pris des échantillons, qui me paroissent absolument semblables aux laines du Roussillon.

Au temps où écrivoit *Olivier de Serres*, le Roussillon n'étoit pas réuni à la France, il ne le fut tout-à-fait que par la paix des Pyrénées, en 1659. Il avoit appartenu à l'Espagne et fait partie de la Catalogne. L'auteur, dans l'énumération des pays de France qui donnoient de belles laines, ne devoit donc pas citer le Roussillon.

C'est avec raison qu'il désigne les ci-devant Berry et Sologne, qui, aujourd'hui, font partie des départemens du Cher, de l'Indre, d'Indre-et-Loire, de Loir-et-Cher et du Loiret; mais il a eu tort de dire qu'il y avoit des laines fines dans l'Isle-de-France et dans la Normandie, qui composent les départemens de Seine-et-Oise, de la Seine-Inférieure, du Calvados, de l'Orne et de la Manche; dans ces pays elles sont toutes grosses. Je ne crois pas même qu'il y en ait de belles dans le ci-devant Dauphiné, du côté de Valence, si j'en juge par celle des troupeaux que j'ai examinés aux environs de Montélimart.

Il me semble que, dans l'ordre des finesses, *Olivier de Serres* auroit dû placer d'abord les laines de la Corbière; car étant aussi fines que les laines du Roussillon, préférables à celles du Berry, elles méritoient d'être mises au premier rang. (*T.*)

Page 558, colonne II, ligne 5a.

(131) Dans les pays où les béliers sont toute l'année mêlés avec les brebis, celles-ci peuvent concevoir et donner des agneaux deux fois par an. On assure que cela a lieu habituellement en Russie, dans les ci-devant comtés de Juliers et de Clèves, et encore ailleurs; mais ce n'est pas presque par-tout, comme le dit *Olivier de Serres*. Pour que ce genre d'économie soit profitable, il faut: 1°. que la race soit naturellement forte; 2°. que les mâles et femelles employés à la reproduction soient dans l'âge de la vigueur; 3°. que la nourriture soit très-abondante et à bon marché. Dans toute autre circonstance, les propriétaires de troupeaux séparent les béliers des brebis, ou les gênent de manière qu'ils ne puissent les couvrir, pour ne les y mêler, ou leur laisser la liberté de s'accoupler qu'à une seule époque de l'année, combinée avec celle où il leur est plus avantageux de faire naître les agneaux. Cette méthode, qui est la plus ordinaire, ne procure qu'un seul agnellement par an.

Plusieurs brebis, dans presque tous les troupeaux, donnent, dans un seul agnellement, deux petits; mais la plupart n'en ont qu'un.

Il y a des races, telle que la flandrine, dont chaque portée est, plus fréquemment que celle des autres races, de deux agneaux; quelquefois elles en ont trois.

Olivier de Serres attribue la double conception et le double agnellement dans une année, uniquement à la bonté des herbages et à la localité; c'en est une des conditions, sans doute, mais elle n'est pas la seule, comme il a été dit plus haut. Ce qu'il y a de certain, c'est que les agnellemens de deux agneaux ne dépendent pas des localités; car, cette année (1804), en général, il y a eu plus d'agnellemens doubles que dans les années précédentes. (*T.*)

Page 559, colonne I, ligne 30.

(132) On appelle *bureau* ou *bure*, une sorte d'étoffe formée de laine blanche et noire dans son état naturel. Il y a un grand nombre de nos Départemens, sur-tout dans le midi, où les paysans s'habillent de ces laines, mélangées dans diverses proportions. Dans certains cantons, on distingue les habitans des différentes communes, par la couleur et la nuance de leurs habits, qui n'est pas la même, et qui dépend du plus ou moins de laine noire qu'on ajoute à la laine blanche; c'est pour cela que, dans les troupeaux du midi de la France, on entretient des moutons noirs, qu'on écarte le plus ordinairement des troupeaux, dans le nord. (*T.*)

Idem, ligne 31.

(133) Dans les troupeaux bien soignés, bien surveillés, il naît de temps en temps quelques animaux à laine noire. Quoique celui de Rambouillet soit toujours dans une enceinte close de murs, dont il ne sort pas, et où il n'entre aucune bête à laine étrangère, cependant on en voit quelquefois de cette couleur. En dix-huit ans, il y en a eu cinq, qu'on a vendus, sans en tirer de production. D'où cela dépend-il? Il

nous paroît difficile de l'expliquer ; mais ce n'est pas une raison pour adopter l'opinion d'*Olivier de Serres*, qui n'est qu'un préjugé. Quelle influence peut avoir la couleur de la langue sur celle de la laine ? Il vaut mieux convenir qu'on ne sait pas le pourquoi. D'autres attribuent les différentes couleurs des agneaux aux regards ou à l'imagination frappée des brebis, et on connoît ce que la Genèse rapporte de Jacob, qui mettoit des baguettes écorcées de différentes manières, dans les auges où les troupeaux venoient boire, dans le temps du rut, pour que les brebis conçussent des agneaux également bigarrés (chap. xxx, vers. 37—43). On sait aussi qu'il a été beaucoup écrit sur l'imagination des femmes enceintes. Nous ne répéterons point tout ce qui a été dit, pour et contre, à ce sujet ; nous nous bornerons à observer que, sans avoir recours à l'imagination ni au miracle, comme l'ont fait quelques commentateurs de l'Écriture-Sainte, pour expliquer le fait de Jacob, il suffit de diriger la nature en croisant avec soin les animaux qui ont la même couleur et les mêmes marques pour les propager. Nous pourrions en multiplier les exemples ; nous nous bornerons à observer que c'est ainsi que, dans les haras, on propage les chevaux pies, les isabelles, les alzans ; que la même chose a lieu dans les mulets, dans les bêtes à cornes et à laine, etc. ; et nous ne doutons point que Jacob, qui étoit très-intelligent, n'ait mis à profit cette observation, pour s'enrichir aux dépens de Laban, son beau-père, qui lui donnoit pour salaire, tous ceux de ses animaux qui n'étoient pas d'un poil simple.

(*T. et H.*)

Page 559, colonne II, ligne 24.

(134) Quel abri les cornes des béliers peuvent-elles leur procurer contre les vents d'hiver ? Sans doute, quand les vents sont très-violens, ils incommodent ces animaux ; mais pour que les cornes fussent capables de leur garantir seulement la tête, il faudroit qu'elles la couvrissent entièrement. D'ailleurs, si les cornes étoient le seul moyen d'abri, on ne pourroit élever, dans les pays sujets aux vents, que des races de bêtes à laine dont les femelles eussent des cornes comme les mâles ; car les femelles sont encore plus susceptibles de l'impression des vents : or, ces races ne sont pas les meilleures. Un moyen d'abri bien plus sûr et plus raisonnable à proposer, est celui qu'il prescrit plus loin contre les effets du soleil : c'est de conduire et de placer les troupeaux au pâturage, de manière qu'ils n'ayent pas le vent en face, ou de les abriter, quand on le peut, par un coteau ou un bois. Dans les momens d'ouragans et de tempêtes, il est même nécessaire de les retenir au parc ou à la bergerie, ou de les y ramener, si on prévoit ces événemens, qui s'annoncent presque toujours d'avance. (*T.*)

Page 559, colonne I, ligne 7.

(135) Il y a ici deux erreurs.

Sans parler de l'opinion où est *Olivier de Serres*, qu'il faut que les béliers ayent trois ans accomplis pour être en état de produire des animaux grands et forts, quoiqu'il soit prouvé qu'on obtient d'eux de beaux animaux, en les employant dès l'âge de deux ans, même un peu auparavant, nous ferons observer : 1°. qu'il n'est pas vrai que les mâles, comme les femelles, ne soient bons pour la reproduction, que jusqu'à leur septième année ; l'expérience, au moins pour les brebis, race de mérinos, a fait voir qu'elles pouvoient donner de beaux agneaux jusqu'à dix-huit ans. On conserve plus long-temps les animaux dans l'état de fécondité, quand on ne les fait pas servir de bonne heure à la multiplication, et quand on les nourrit abondamment ; c'est une remarque qu'il est bon de faire. Le terme ordinaire s'étend bien au-delà de la septième année, lors même qu'on n'auroit pas cette attention. 2°. Que c'est une pratique vicieuse, et partant d'un principe erroné, de tuer, au moment de leur naissance, les premiers nés des femelles des animaux, comme ne devant jamais faire de beaux individus. Nous avons peine à concevoir comment cette idée, née dans l'enfance de l'agriculture, a pu trouver encore de nos jours quelques prosélytes, et dans une classe d'hommes faits pour écarter les préjugés sur l'éducation des bestiaux. On ne pourroit, tout au plus, rejeter comme très-foibles, que les agneaux issus de pères et mères accouplés avant le terme de leur accroissement ; mais ne vaudroit-il pas mieux, pour s'éviter ces sacrifices, n'employer à la propa-

gation que des animaux d'âge fait? car il doit
en résulter un mal, soit pour le mâle, soit
pour la femelle, qu'on énerve par une précocité
de production qui ne peut avoir lieu qu'aux
dépens de la constitution de l'individu. D'après
Olivier de Serres, il faudroit même se défaire
des premiers nés des brebis de deux ans, couvertes par des béliers de trois ans, c'est-à-dire
d'agneaux issus de pères et mères alliés à l'âge
de la force, et après leur accroissement, sinon
entièrement, au moins presqu'entièrement acquis. Non seulement nous ne pouvons partager
cette opinion ni adopter ce conseil, mais nous
les proscrivons, comme contraires à la raison,
à la saine physique, à l'expérience et à la multiplication des belles races. (*T.*)

(136) Voyez ce que j'ai dit de l'usure et de
la longueur des dents, et des indices qu'on pouvoit en tirer pour la connoissance de l'âge, dans
la note (107) de ce Lieu, page 628; et ce qui est
relatif aux cornes, pour le même but, note (108),
même page. (*H.*)

(137) C'est à-peu-près le temps où, presque
dans tout le midi de la France, on donne les
béliers aux brebis, lorsqu'on ne désire en avoir
qu'une portée par an. Les agneaux naissent
en hiver, à la mi-Décembre (vers la fin de
Frimaire). Il y a des pays même où on les donne
plutôt; les agneaux naissent aussi plutôt. Ces
époques sont bien différentes de celles qu'on
adopte dans quelques Départemens du nord:
là, les propriétaires de troupeaux ne font couvrir leurs brebis qu'à la mi-Octobre, ou à la mi-
Novembre (vers la fin de Vendémiaire ou de
Brumaire). Quoique ces époques soient différentes, le même motif les a déterminées. Dans
le midi, comme dans ceux des Départemens du
nord, dont il s'agit, on veut que les agneaux
ne naissent que dans la saison où l'herbe est
abondante aux champs. Or, dans le midi c'est
en hiver, et dans le nord c'est au printemps.

Beaucoup d'économes, placés cependant dans
le nord, mettent les béliers au milieu des brebis dès le mois d'Août (vers le milieu de Thermidor), pour que les agneaux naissent en hiver.
Comme dans cette saison ces économes nour-

rissent leurs brebis de grains, et sur-tout de
froment, elles ont plus de lait qu'elles n'en auroient au printemps, où il y a bien peu d'herbe
aux champs.

Depuis l'amélioration des troupeaux, on a
plus généralement suivi cette dernière pratique,
parce que les améliorateurs, se procurant de
bons fourrages d'hiver, sont en état de bien
nourrir les mères; aussi ont-ils des agneaux
qui se trouvent plus forts à la deuxième année,
au temps de la tonte et de la vente. (*T.*)

(138) Un bélier peut couvrir un plus grand
nombre de brebis, ce qui dépend de son âge,
de sa force individuelle, et de la bonne nourriture qu'il prend. Si les brebis se trouvent toutes
en chaleur en même temps, il en couvrira, utilement pour la propagation, moins que si on
le met avec des femelles dès le commencement
de la saison, parce qu'elles ne seront en chaleur que successivement. Beaucoup de fermiers,
ou pour économiser l'achat de béliers de prix,
ou, si ce sont des béliers de race commune
qu'ils employent, voulant les renouveler souvent, leur donnent jusqu'à cent femelles et plus.
Il est souvent arrivé que toutes ces femelles se
sont trouvées fécondées. Nous avons pensé que
cinquante femelles étoient le nombre convenable.
A Rambouillet, on calcule sur cela; on a même
l'attention de ne pas mettre tous les béliers à-la-
fois, mais de les relayer, en quelque sorte,
les uns par les autres, quatre par quatre, pour
un troupeau de cent soixante brebis; par ce
moyen, chacun trouvant assez de femelles à
couvrir, ils se battent moins entr'eux, et la
fécondation est plus assurée. (*T.*)

(139) Le premier lait de la brebis est tout
aussi convenable à l'agneau que l'est au veau et
au poulain celui de la vache et de la jument; ce
seroit contrarier les vues de la Nature que de
les en priver. Nous nous bornerons à renvoyer
à ce qui a été dit à ce sujet, note (63) de ce Lieu,
page 609. (*H. et T.*)

(140) Lorsque les brebis mettent bas aux
champs ou au parc, que la saison est froide et
la terre humide, que les agneaux y séjournent
trop long-temps, ils contractent une espèce d'af-

fection rhumatismale, un refroidissement d'autant plus sensible, qu'ils sortent d'un viscère où ils ont eu plus chaud ; leurs articulations pliées se roidissent et ne peuvent plus s'étendre, quelquefois même ces animaux meurent s'ils ne sont secourus à temps ; on doit les ôter de dessus terre, les envelopper dans des couvertures ou dans de la litière sèche, ou les mettre près de leurs mères, dont la chaleur naturelle est le meilleur remède. Cette espèce d'affection est appelée *la goutte*, dans quelques endroits, et sans doute c'est de cela dont *Olivier de Serres* entend parler ici.

Si les agneaux restent trop long-temps à la bergerie, sur-tout si elle est humide, le même effet a lieu ; d'une autre part, la chaleur du fumier, qu'on y laisse, en général, séjourner trop long-temps, et sur lequel ils sont continuellement couchés, les engourdit et les échauffe. Le conseil que donne ici notre auteur, ne peut donc être que très-avantageux, non seulement sous les rapports que nous venons d'indiquer, mais encore sous celui de l'exercice, qui ne peut faire que beaucoup de bien à ces jeunes animaux.

(T. et H.)

Page 565, colonne I, ligne 1.

(141) Cette pratique n'est que pour les pays où l'on fait usage du lait de brebis pour les fromages. De temps immémorial, on trait les brebis, dans un grand nombre de Départemens où les pâturages n'étant pas assez abondans pour nourrir des vaches, et les chèvres étant sujètes à des inconvéniens, on ne peut avoir un laitage abondant que par le moyen d'un nombreux troupeau de brebis. Il seroit possible que, dans un autre système, les choses changeassent. Si on y établissoit des pâtures artificielles ; si, à des races communes et à laine grossière, on substituoit une race à laine fine, et par conséquent plus précieuse, peut-être seroit-il plus avantageux de ne plus traire les brebis, et d'avoir dans chaque exploitation quelques vaches à lait. En attendant ces changemens, il faut suivre la pratique enseignée par *Olivier de Serres*. (*T.*)

Idem, colonne II, ligne 10.

(142) Rien n'est plus sage que cette manière de conduire aux champs un troupeau ; elle est indispensable dans une bonne économie, lorsqu'on n'a pas de chiens ; mais l'emploi de chiens bien dressés est d'une grande commodité. Dans les pays méridionaux de la France, hors ceux de montagnes, on ne fait pas usage de ces animaux, dont l'extrême intelligence est mise à profit dans les Départemens du nord. Déjà quelques propriétaires du midi se procurent de la race des chiens connus sous le nom de *chiens de bergers* ; peu-à-peu on en sentira par-tout l'utilité, et la multiplication de cette excellente race sera encore un bien que le nord de la France aura fait au midi, et qu'on devra en partie à l'Établissement de Rambouillet. (*T.*)

Page 5.., colonne I, ligne 3.

(143) Lorsqu'on approche d'un troupeau, au milieu du jour, dans les temps chauds, on le voit ramassé et serré de manière qu'il occupe très-peu d'espace ; les animaux ont tous la tête baissée jusqu'à terre, et posée sous le ventre les uns des autres. Il est possible que ce soit uniquement pour préserver leur tête de la chaleur, qui lui est plus particulièrement nuisible ; car ce ne peut être pour l'éviter au reste du corps, qui, au contraire, nous paroît devoir s'échauffer davantage par cette position serrée, sur-tout avant l'époque de la tonte. *Daubenton* prétend que les bêtes à laine ne prennent cette attitude que pour se soustraire à une sorte de mouche qui vient déposer ses œufs dans leurs naseaux, et qui donne naissance à des larves qui croissent dans les cornets du nez et dans les différens sinus du front ; ces larves sont la cause de plusieurs accidens, et entr'autres d'une espèce de tournis dont nous parlerons dans le huitième Lieu. (*T.*)

Page 5.., colonne I, ligne 24.

(144) Voyez ce qui a été dit sur les *feuillées* ou *feuillars*, dans la note (24) du troisième Lieu, page 322. Dans beaucoup d'endroits on conserve les branches sans les effeuiller, on les fait sécher après les avoir coupées, et on les tient dans un lieu sec ; on les donne aux moutons par petits fagots. Cette méthode a de l'avantage sur les feuilles seules, en ce que les animaux mangent plus lentement, sont obligés d'arracher les feuilles, les mâchent mieux, digèrent plus facilement, et sont moins sujets aux empansemens ou indigestions. (*H.*)

(145) Ce conseil ne peut convenir que pour les pays chauds, où, en effet, on voit des lits de bergers qui sont montés au milieu des champs, sur des couchettes, et à découvert. En général, les ouvriers et domestiques de ces pays couchent par goût et par habitude, en plein air, pendant la plupart des nuits de l'été. (*T.*)

(146) Ce qui rend de mauvais goût la chair des mâles qu'on n'a pas châtrés, ce n'est pas la *chaleur*, en prenant ce mot dans un sens strict; mais c'est le reflux de l'humeur spermatique dans le sang, et par conséquent dans toutes les parties du corps. D'après ce principe, la chair du mouton est d'autant meilleure, qu'il a été châtré plus jeune; aussi a-t-on soin, dans les troupeaux nombreux, après la réserve des béliers étalons, de couper tous les autres mâles, depuis l'âge de huit jours jusqu'à l'âge de six mois, c'est-à-dire avant qu'il se soit formé de la liqueur séminale dans les testicules. (*T.*)

(147) Il n'est possible de juger de la douleur que l'animal éprouve dans l'opération de la castration, que par les accidens qui suivent cette opération, quelle que soit la manière de la pratiquer: or, celle de ces manières qui est plus promptement guérie, est sans contredit la meilleure, et l'amputation par l'instrument tranchant, ou par arrachement, mérite la préférence sur la torsion ou le bistournage, sur-tout pour les jeunes animaux; comme la ligature, ou ce qu'on appelle *fouetter* (parce que cette ligature est faite avec l'espèce de ficelle appelée *fouet*), est préférable pour les vieux béliers. Au reste, il faut répéter ici ce que j'ai déjà dit en parlant de la castration des taureaux et des chevaux, c'est que ces opérations ne sont presque jamais suivies d'accidens, lorsqu'elles sont faites promptement, et par des mains habituées à les pratiquer.

Le temps qu'*Olivier de Serres* indique d'attendre pour châtrer les moutons, sous prétexte que les testicules ne sont pas sortis, est beaucoup trop long; ils peuvent être châtrés au bout de huit jours, comme il est dit dans la note précédente.

Quant à ceux dont les testicules ne descendent pas au-delà de l'anneau inguinal, et qui restent dans le ventre, ce sont de véritables béliers, qui conservent le plus souvent la faculté d'engendrer. Il arrive cependant quelquefois que les testicules, gênés dans leur développement par les autres parties contenues dans le ventre, ne peuvent prendre tout l'accroissement nécessaire, et l'animal reste infécond; au reste, ces sortes de béliers-moutons ne sont estimées ni pour la progéniture, ni pour la boucherie, et il faut s'en défaire le plus promptement possible. (*H.*)

(148) *Olivier de Serres* entend par laine bâtarde la laine grossière.

Ce qu'il dit sur le rapport des laines fines aux laines grossières mérite explication.

En général, les toisons des bêtes à laine grossière sont moins pesantes que celles des bêtes à laine fine. Il y a peu de pays où les toisons des races indigènes approchent du poids de celles des mérinos; mais, à poids égal, le fabricant tire plus de laine d'une toison à laine grossière, que d'une toison à laine fine, parce que la première se charge moins d'ordure, et perd moins au lavage.

Il est vrai encore que, parmi des toisons de bêtes à laine fine, celles dont la laine est la plus fine pèsent le moins. Cette observation a déterminé beaucoup de cultivateurs qui ont des mérinos, à préférer la conservation et la propagation des animaux dont les toisons sont le plus garnies de laine; comme un grand nombre de propriétaires de vignes y multiplient des variétés de plants, qui, à la vérité, donnent de mauvais vin, mais chargent beaucoup, et procurent, par l'abondance, un plus grand profit. (*T.*)

(149) Ces petites plaies sont simples, nullement dangereuses, et guérissent toutes seules bien plus promptement que lorsqu'on les frotte avec quelque corps gras; mais dans les pays chauds, où le développement des insectes est précoce, le peu de sang ou de sérosité qui sort de ces plaies ne tarde pas à y attirer quelques-uns de ces insectes, sur-tout la mouche bleue (*musca vomitoria*), et la mouche commune (*musca vulgaris*), qui y déposent leurs larves, ce qui excite bientôt des démangeaisons qui portent l'animal à se frotter, à se déchirer, et

donnent souvent lieu à des ulcères assez longs à guérir.

Les tondeurs ont plusieurs moyens de faire sécher promptement ces petites plaies. On y employe indistinctement de la sciure de bois, de la cendre, de la poussière des routes, de celle de charbon de terre ou de charbon de bois. Ces dernières sont le remède ordinaire dans le département des Pyrénées - Orientales. (*H. et T.*)

Page 368, colonne II, ligne 2. (150) Ce que dit ici *Olivier de Serres*, donne lieu de rappeler un adage que l'observation a fait naître et qui ne peut être démenti, c'est que *bonne nourriture et bonne race font de bons animaux.* (*H.*)

Idem, ligne 24. (151) *Olivier de Serres* croit que, si les bêtes à laine nées dans les pays chauds, n'alloient pas dans les montagnes pendant l'été, elles en recevroient de grands dommages. Oui, sans doute, dans l'état actuel des choses, les cultivateurs des pays chauds, comptant, pour leurs troupeaux, sur quelques mois de montagnes, ne sèment et ne récoltent pas assez de fourrages artificiels pour suppléer au manque d'herbe des champs pendant l'été; mais s'ils en avoient assez pour leur en donner à la bergerie durant tout ce temps, les animaux ne souffriroient pas et pourroient se passer d'aller dans les montagnes. Ce n'est point le besoin de changer de pays, ni de changer d'air, qui doit déterminer cette transhumance, mais la nécessité de chercher les moyens de les faire subsister. Il est bon qu'on profite des pâturages des montagnes, lorsqu'on en a la facilité; ces pâturages, qui seroient perdus pour tout le monde, sont précieux et contribuent à la nourriture d'un grand nombre de troupeaux. L'Espagne, l'Italie et la France savent en tirer un grand parti.

Il y a cependant quelques circonstances où le changement de pays pourroit être nécessaire aux bêtes à laine; par exemple, si, dans celui où on les entretient, elles n'ont pour pâture que des herbes souvent humides, il y auroit de l'avantage à leur faire passer, tous les ans, quelque temps dans des lieux où elles trouveroient une nourriture sèche, propre à compenser les inconvéniens de la première. J'ai vu des bêtes à laine, élevées en Sologne, dont le sol est toujours mouillé, se rétablir et reprendre de la vigueur, après avoir passé quatre mois dans les plaines de la Beauce. (*T.*)

Page 367, colonne I, ligne 26. (152) Avec deux chiens bien instruits, un berger peut conduire seul trois cent bêtes ; à plus forte raison en conduiroit-il bien cent cinquante. Il est, en général, plus facile de mener un troupeau un peu considérable, qu'un petit nombre d'animaux. On étoit si peu avancé, dans le midi, dans la conduite des bêtes à laine, et on l'est encore si peu maintenant, que nous ne sommes pas étonnés de la quantité d'hommes qu'on y employe ; on y manque d'intelligence sur ce point d'économie rurale, et on y manque également de bonnes races de chiens, dont quelques propriétaires commencent néanmoins à se pourvoir. (*T.*)

Page 368, colonne II, ligne 2. (153) Pour que la rosée fût le fondement de la graisse, il faudroit qu'on ne pût engraisser des animaux qu'en les exposant de temps en temps à la rosée; cependant, dans beaucoup de pays, on engraisse des animaux, et sur-tout des moutons, sans qu'ils aillent aux champs; par exemple, ceux qui sont mis uniquement en *pouture*, c'est-à-dire, qui sont engraissés entièrement à l'étable : le nombre en est considérable.

On ne doit inférer, de ce que dit *Olivier de Serres*, autre chose, sinon que la rosée, qu'il faut éviter aux troupeaux destinés à faire des élèves, parce que toute humidité leur est contraire, n'est point à redouter pour les moutons d'engrais, qu'on ne garde pas long-temps. L'état de graisse est une sorte d'état maladif, qui seroit fâcheux pour des animaux qu'on a intérêt de conserver, mais qui devient nécessaire pour ceux qu'on veut vendre pour les boucheries. (*T.*)

Idem, ligne 4. (154) Ce qui reste sur pied des tiges des plantes céréales, et sur-tout du froment, après qu'on l'a moissonné, s'appelle *esteules*, dans plusieurs pays, et dans d'autres, *chaume*. Les troupeaux, avant que cette partie se soit séchée, en mangent volontiers la pointe, qui est tendre et sucrée. Dans le département des Pyrénées - Orientales, les bêtes à laine mangent les esteules jusqu'à la racine, parce qu'elles contiennent

tiennent plus de parties sucrées qu'ailleurs, tant à cause de la chaleur du climat, que de la variété de froment qu'on y cultive. (*T.*)

Page 568, colonne II, ligne 32,

(155) Le conseil particulier que donne ici *Olivier de Serres* pour engager les propriétaires de bêtes à laine à accélérer leur engraissement, ou à le retarder, selon qu'il y a plus de gain à l'un ou à l'autre, peut s'étendre à tous les genres d'industrie et d'économie. En agriculture, comme dans le commerce, tout doit être soumis au calcul. La méthode qui donne le meilleur produit net, est celle qu'il faut toujours adopter. Chaque économe ne doit pas faire ce que fait son voisin, si son voisin est dans des circonstances différentes. Tel cultivateur a intérêt de faire des élèves, tel autre a plus d'avantage à ne nourrir que des moutons. Il y en a qui peuvent ou doivent garder long-temps les mêmes animaux; d'autres sont forcés de les changer plus souvent, etc. (*T.*)

Page 569, colonne I, ligne 2.

(156) Le portrait du bélier, que donne *Olivier de Serres*, appartient à celui du ci-devant Roussillon, qui ressemble beaucoup à celui d'Espagne, à laine fine, connu sous le nom de *mérinos*, et dont il paroît descendre. Cette race, qui, très-vraisemblablement, a été anciennement croisée avec nos races méridionales, n'étoit point connue à cette époque, en France; c'est une conquête que nous avons faite, dont l'importance est bien sentie aujourd'hui, et que nos lecteurs nous sauroient mauvais gré de ne pas leur faire connoître.

Feu *Gilbert* a trop contribué à cette branche importante d'amélioration de notre agriculture, pour que nous ne saisissions pas cette occasion de rendre à sa mémoire le juste tribut d'hommages qu'elle mérite; si ce n'est pas à lui que nous devons l'introduction des mérinos en France, nous lui devons au moins d'avoir fait tous ses efforts pour la propager et la répandre; nous lui devons d'y avoir contribué par une activité sans bornes, et un zèle infatigable, dont il a été la victime, dans une mission en Espagne, pour une nouvelle importation de ces animaux. C'est dans l'Instruction qu'il a rédigée sur leur propagation, que nous puiserons la matière de cette note.

Des Bêtes à laine fine, de race d'Espagne.

Le vœu si souvent et toujours si infructueusement émis par les amis de l'agriculture et de la prospérité françoise, pour l'amélioration de nos laines nationales, commence enfin à se réaliser. Ce n'est plus dans le cercle étroit de quelques essais, que se trouve circonscrite cette importante régénération : il existe aujourd'hui, dans la République, plusieurs grands troupeaux de bêtes à laine fine, de race pure d'Espagne, connue sous le nom de *mérinos*; un très-grand nombre de petits sont disséminés sur beaucoup de points de la France, et le développement de ces germes précieux nous présage l'affranchissement prochain de l'énorme tribut que nos manufactures ont trop long-temps payé à l'étranger pour l'achat des laines.

Nos cultivateurs ont enfin reconnu de quelle importance il étoit pour eux de substituer à leurs races avilies, misérables, dégradées, couvertes d'une laine peu abondante et grossière, une race forte, robuste, bien constituée, et revêtue d'une toison épaisse, fine, pesant jusqu'à cinq et six kilogrammes (dix et douze livres), et se vendant trois à quatre fois autant que la laine commune.

C'est à cette heureuse mais un peu tardive conviction, qu'est dû le concours nombreux d'agriculteurs qui, depuis quelques années, accourent, de toutes les parties de la République, à la vente que fait faire le Gouvernement, des produits du superbe troupeau de cette race, qu'il entretient à Rambouillet.

C'est avoir fait un grand pas, sans doute, que d'avoir conservé, sans la plus légère trace de dégénération, pendant dix-huit années, un troupeau de la plus grande distinction, et d'en répandre chaque année les rejetons. Mais cet avantage seroit perdu, si, en disséminant des germes aussi précieux, le Gouvernement ne prenoit pas le soin d'indiquer les moyens d'en assurer le succès.

Dans les nombreux projets d'amélioration de nos laines, je ne crois pas qu'il y en ait un seul où l'on n'ait pas proposé de relever nos races du midi avec des germes d'Espagne, et celles du nord avec des germes d'Angleterre; et ce sys-

M m m m

tême est fondé sur le besoin qu'ont, de laine fine propre à la carde, nos manufactures de draperies, et de laine longue et nerveuse propre au peigne, nos manufactures d'étoffes rases. Pour peu qu'on réfléchisse sur l'effet du climat méridional sur les animaux du nord, on n'hésitera pas à renoncer à cette chimère; on hésitera bien moins encore, si l'on réfléchit que, de l'alliance d'un bélier espagnol avec une brebis flamande, artésienne, picarde, beauceronne, béarnoise, ou de toute autre race à laine longue et grosse, il résulte, et souvent dès la première génération, une production dont la laine, pour la longueur, la finesse et le nerf, ne le cède en rien à la plus belle d'Angleterre; si l'on réfléchit que ce n'est qu'en alliant des béliers espagnols à leurs races communes, que les Anglois ont obtenu la laine dont ils sont si jaloux, et qu'il est ridicule de croire que nous arriverons plus sûrement aux mêmes résultats avec des germes déjà altérés et en partie dégradés, qu'avec des germes purs et encore vierges.

Des différentes voies d'amélioration des laines par la race d'Espagne.

La première consiste à se procurer des béliers et des brebis de pure race d'Espagne, bien choisis, à les placer convenablement, à les allier et les multiplier entre eux, en écartant soigneusement du troupeau les mâles qui paroîtront être d'une race moins parfaite; à leur donner enfin, et sur-tout dans les premiers temps de l'importation, quelques soins particuliers, dont on sera amplement dédommagé par les grands bénéfices qu'on ne tardera pas à en retirer.

La seconde se réduit à acquérir des béliers espagnols, et à les allier à des brebis du pays. Cette dernière méthode arrive plus lentement à une amélioration complète; mais elle y arrive tout aussi sûrement, et elle offre l'avantage d'agir à-la-fois sur un très-grand nombre d'individus; en sorte que le temps se trouve compensé par le nombre. Elle exige à-peu-près les mêmes soins que la première, et il en est quelques autres qui lui sont particuliers.

On sent aisément que cette dernière amélioration sera d'autant plus rapide, que les brebis communes dont on aura fait choix seront plus parfaites dans leur espèce.

On peut donner comme règle générale, qu'avec les brebis les plus grossières, alliées de génération en génération avec des béliers espagnols purs, on arrive à la perfection, au plus tard à la quatrième génération.

Il est sans doute inutile d'observer que la première opération à faire lorsqu'on veut améliorer, doit être d'écarter du troupeau, ou de priver des organes de la génération tous les béliers communs et tous ceux qui naîtront du croisement. On manqueroit entièrement son but, si on laissoit dans le même troupeau des béliers espagnols et des béliers du pays, ou d'autres moins parfaits que ceux d'Espagne.

Choix des Béliers et Brebis de race pure d'Espagne.

La taille des bêtes à laine fine de race d'Espagne varie de soixante à quatre-vingt centimètres (vingt-quatre à trente pouces). On doit préférer les premières, dans tous les lieux où les pâturages sont maigres, le sol aride, et les subsistances supplétives rares. Il est de fait que, sur des terreins de cette nature, deux cent bêtes à laine de petite taille trouvent leur nourriture, où vingt de grande taille ne pourroient pas vivre; ce qui est bien facile à concevoir, puisque des animaux de grande taille ayant besoin d'une plus grande quantité d'alimens, ne peuvent se la procurer qu'en saisissant à chaque fois de plus fortes bouchées, ce qui n'est pas possible sur un terrein maigre, ou qu'en parcourant le terrein avec une célérité double, ce qui ne l'est pas davantage.

Le beau bélier espagnol de race pure a l'œil extrêmement vif et tous les mouvemens prompts; sa marche est libre et cadencée; observation qui, je crois, n'a pas été faite, et qui est commune au cheval de cette contrée : la tête est large, aplatie, carrée; le front, au lieu d'être busqué et tranchant, comme dans toutes nos races françoises, est sur une ligne droite, arrondi sur les côtés et très-évasé; les oreilles sont très-courtes, les cornes très-épaisses, très-longues, très-rugueuses, et contournées en spirale redoublée; le chignon est large et épais, le cou court, les épaules rondes, le dos cylindrique, le poitrail large, le fanon descendant très-bas, la croupe large et arrondie, tous les membres gros et courts.

Son corps, trapu, est couvert d'une laine très-fine, courte, serrée, tassée, imprégnée d'un suint beaucoup plus abondant que dans les autres races; elle s'étend sur toutes les parties du corps, depuis les yeux jusqu'aux ongles; elle réfléchit extérieurement une couleur grisâtre, et quelquefois même noirâtre, due à la poussière et aux autres corps étrangers qui, s'attachant au suint dont la toison est imprégnée, forment une sorte de croûte rembrunie; divisée avec la main, elle laisse apercevoir une laine blanche, soyeuse, frisée, dont les brins sont d'autant plus serrés, qu'elle est plus fine : on n'y découvre point, ou bien peu, de ces poils gros, durs, courts, et qu'on connoît sous le nom de *jarre*.

Les testicules sont très-gros, très-pendans, et séparés par une ligne d'intersection parfaitement bien marquée.

La brebis la plus belle est toujours celle dont les formes se rapprochent le plus des caractères qui constituent la beauté dans le mâle.

On doit, dans l'un et l'autre, s'attacher surtout à la vigueur. Outre les signes généraux qui l'indiquent dans toute l'habitude du corps, l'agilité, la prestesse des mouvemens, il est facile de s'en assurer, en saisissant l'animal par une des jambes de derrière; s'il la tire avec force, que ses saccades soient brusques, promptes et long-temps continuées, on peut se dispenser de tout examen ultérieur; si, au contraire, il ne retire point sa jambe, ou s'il ne la retire que foiblement, il faut le rejeter.

Quoiqu'avec quelques soins on puisse être assuré d'acclimater la race d'Espagne presque par-tout et à quelque âge qu'on transporte les individus, il est certain, cependant, qu'on est bien plus sûr du succès en transportant les animaux jeunes. On préférera donc, autant qu'on le pourra, des béliers de deux ans. Il est aisé de concevoir que plus les animaux sont jeunes, plus il est facile de les plier, de les façonner au nouveau climat sous lequel on les transporte.

La race d'Espagne s'accommode de toutes les plantes qui conviennent aux races communes.

Plus une toison est fine, serrée, tassée, et régulièrement étendue sur toute la surface du corps, plus il importe de soustraire aux effets de l'intempérie de l'air les animaux qu'on vient d'en dépouiller. Les grandes chaleurs ne sont pas moins à craindre dans cette circonstance, que le froid et l'humidité. La température la plus modérée est donc celle qu'on doit chercher à procurer aux bêtes à laine de race, pendant les premiers jours qui suivront la tonte : s'ils sont au parc, il importe de les en retirer, pourvu toutefois qu'on puisse les tenir sous des hangars ou dans des bergeries parfaitement bien aérées; car, dans le cas où l'on n'en auroit que de basses, d'étroites, d'étouffées, il y auroit bien moins d'inconvéniens à laisser les animaux en plain air.

Le même principe doit faire proscrire, pour les bêtes de race, la méthode de laver les laines à dos; méthode qui, peut-être même, doit être proscrite pour toutes les races, ne présentant presque aucun avantage, et offrant, au contraire, des inconvéniens majeurs. Il ne faut que les premières notions de la physique animale, pour sentir quels doivent être les effets d'une toison imbibée d'eau, qu'on laisse se dessécher sur le corps d'un animal auquel l'humidité est plus funeste qu'à aucune autre espèce connue. La qualité, la conservation de la laine, ne sont pas moins intéressées que la santé des individus, à la proscription de ce procédé, qu'on ne suit, dans beaucoup de lieux, que par l'effet de l'habitude routinière qui retient tant de cultivateurs dans l'ornière qu'ils ont trouvé tracée sur leur chemin.

La queue est, dans le mouton, un fardeau à-peu-près inutile et incommode. La queue se charge d'ordures qu'elle dépose en grande partie sur la toison, elle fatigue d'ailleurs, alors, par le battement répété, les jarrets et les jambes de l'animal. Les Anglois, les Espagnols, et généralement tous les peuples qui se sont attachés à l'amélioration des laines, ont grand soin de retrancher la queue à leurs bêtes à laine. On attend, pour couper la queue, que les agneaux ayent trois ou quatre mois; on la coupe à trois ou quatre pouces (neuf à onze centimètres) de son origine : il ne seroit pas sans danger de la couper trop près.

Produit d'un Troupeau de race d'Espagne.

Aucune entreprise agricole ne présente un produit aussi sûr et aussi considérable qu'un troupeau espagnol. Des béliers, des moutons de cette race, portent jusqu'à treize ou quatorze livres (six ou sept kilogrammes) de laine; le poids moyen de leur toison peut être évalué de huit à neuf livres (quatre à cinq kilogrammes); celle des brebis, de cinq à six livres (deux à trois kilogrammes). La laine de cette qualité s'est toujours vendue au moins trois fois autant que celle de nos races communes. On gagne donc tout-à-la-fois, et considérablement, tant sur la qualité que sur la quantité. Les productions se vendent un prix considérable; mais en portant seulement chaque production à soixante francs, on voit qu'un troupeau de cent bêtes donnera beaucoup plus de profit que tout le domaine sur lequel il sera nourri.

Il n'est pas inutile de présenter ici le tableau de ce produit.

Il faut, pour un troupeau de cent brebis et trois ou quatre béliers, un berger dont l'entretien, les gages, joints à la nourriture de ses chiens, peuvent être évalués à sept cent francs, ci . . . . 700 fr.

Pour la nourriture à la bergerie pendant six mois au plus, à raison, pour chaque individu, de deux livres (un kilogramme) de foin, évalué à vingt francs le millier (cinquante myriagrammes), ce qui peut être regardé comme le prix moyen des foins de première qualité dans toute la République. . . . 800

Pour la nourriture, pendant six mois, de quatre-vingts agneaux que donneront cent brebis, à raison d'une livre (demi-kilogramme) de foin pour chacun. 300

Pour frais de tonte et autres menus frais. 50

Total de la dépense . . . . . 1,850 fr.

Cent quatre toisons, pesant six livres (trois kilogrammes) chacune, à raison de deux francs la livre en suint, ce qui est le taux le plus bas. . 1,248 fr.

Report. . . . . 1,248 fr.

Quatre-vingt toisons d'agneaux, pesant deux livres (un kilogramme) chacune, à raison d'un franc vingt-cinq centimes. 200

Soixante, tant béliers que brebis, vendus à raison de quarante-huit francs seulement, par tête, en supposant qu'il faille en réserver vingt pour recruter le troupeau, ce qui est une supposition trop forte. 2,880

Total de la recette. . . . . 4,328 fr.

L'excédant de la recette sur la dépense est donc de 2,478 francs; et je n'ai point fait entrer en compte l'engrais fourni par le troupeau, engrais d'un si grand prix, que le plus grand nombre des cultivateurs ne tiennent des troupeaux que pour cet objet. Je l'ai fait entrer en compensation de la paille, que je n'ai point non plus comptée, mais dont il excède de beaucoup la valeur. Je n'ai point aussi porté en recette les réformes; j'ai supposé qu'un troupeau de cent bêtes en perdoit vingt par an, quoique la perte ne soit réellement que de la moitié.

Si l'on fait attention qu'une exploitation de cent arpens (cinquante hectares) bien cultivés, dont un quart seulement seroit employé en prairies artificielles, et qui jouiroit de l'avantage de quelques friches, peut très-bien entretenir un troupeau de cent bêtes à laine, sans rien perdre, et en gagnant même sur les récoltes ordinaires, on reconnoîtra aisément la vérité de mon assertion, qu'il n'y a aucune branche d'industrie rurale aussi productive.

Le produit est dans une proportion bien plus forte encore, lorsqu'au lieu de cent bêtes, l'exploitation permet d'en mettre deux cent sous la conduite du même berger.

Qu'on ne soit point arrêté par la crainte chimérique que cette race ne dégénère en France, qu'elle ne puisse réussir que sous le climat de l'Espagne.

C'est cette même race qui a amélioré les troupeaux d'Angleterre; et si on ne l'y trouve pas aujourd'hui dans toute sa pureté, c'est que les Anglois ont négligé les précautions propres à la conserver.

Comment supposer que cette race ne puisse réussir sous le climat tempéré de la France, lorsqu'elle réussit sous le climat glacial de la Suède? *Daubenton* a possédé pendant plus de trente ans le troupeau de race d'Espagne dont le succès étonnant a fait un si grand nombre de prosélytes à l'amélioration des bêtes à laine; et ce troupeau est encore aujourd'hui entre les mains de madame de Tanlai, où il continue de prospérer. Cette race, d'ailleurs, n'est pas plus propre à l'Espagne qu'à la France, qu'à l'Angleterre, qu'à la Suède; on connoît l'époque de son importation en Espagne, dont les troupeaux indigénes sont couverts d'une laine extrêmement grossière, et se trouvent dans les mêmes cantons, sur les mêmes pâturages que la race à laine fine. La conservation de cette race n'est pas due davantage, comme on l'a prétendu et comme beaucoup de personnes l'assurent journellement, aux voyages que font tous les ans, les troupeaux de mérinos. Ce qui le prouve, c'est qu'il existe dans l'Estramadure, des troupeaux de mérinos qui sont stationnaires, ne sortent jamais de leur pâturage, que pour cette raison on appelle *estantes*, et dont, d'un aveu général, la laine est égale et même supérieure en qualité à celle des troupeaux de mérinos voyageurs ou transhumans.

Les mérinos sont une variété dans l'espèce du mouton, comme les races de barbet, de basset, de lévrier, sont des variétés de l'espèce du chien; comme le bouc, le lapin, le chat angora, sont des variétés des espèces auxquelles ils appartiennent; on les conserve dans toute leur pureté, en évitant de les mésallier. Il en est ainsi de la race des mérinos : tous les cultivateurs qui ont eu le bon esprit de s'y attacher, qui, dans les premiers temps sur-tout, leur ont donné des soins particuliers et une nourriture abondante et saine, ont joui du double avantage d'enrichir leur pays en s'enrichissant eux-mêmes.

Ceux qui désireront de plus grands détails sur l'éducation et l'amélioration des bêtes à laine, les trouveront dans l'*Instruction pour les Bergers et pour les Propriétaires de troupeaux*, publiée par *Daubenton*, et que le Gouvernement a fait réimprimer, avec des notes. (*H.*)

CHAPITRE XIV.

(157) Il est bien dommage qu'on soit obligé de prendre des précautions et de sévir même contre un animal aussi utile que la chèvre. *Page 279, colonne 1, ligne 1.*

Nous savons tous que la femelle de ce genre de quadrupède donne un lait abondant, de bonne qualité, propre à la nourriture des hommes, soit qu'on en fasse usage sous la forme de lait, soit qu'on le convertisse en beurre, et sur-tout en fromage.

Nous savons encore que la peau de la chèvre est employée pour des chaussures et des marroquins, et qu'on en forme des vases nécessaires pour transporter, à dos de cheval ou de mulet, des huiles et des vins, à de grandes distances, et à travers des pays où les charrois sont impraticables.

Nous savons enfin, que le poil de chèvre sert à l'entretien de plusieurs fabriques qui sont intéressantes.

De si grands avantages peuvent s'obtenir dans un pays où l'animal auquel on les doit, est d'une éducation facile. En effet, dans nos climats, la chèvre multiplie aisément, elle y est rarement malade; elle s'accommode bien de la plupart des substances végétales dont on nourrit les autres animaux domestiques.

Malheureusement, son goût particulier, ses inclinations, et la nature des alimens qu'elle préfère, la rendent dangereuse et nuisible pour les arbres et pour certaines clôtures. Dans les lieux où il y a des chèvres, on a bien de la peine à en garantir les pépinières, les taillis, les vignes et les haies vives.

A la vérité, les pays où il y a le plus de chèvres, sont les pays de montagnes, où les productions ont moins de valeur; les dégâts que les chèvres peuvent y commettre, sont moins remarquables et moins sensibles. Avant la révolution, on en comptoit environ deux cent mille dans les départemens de la Côte-d'Or, de la Creuse, du Haut-Rhin, du Cher, de l'Ain, du Mont-Blanc et de la Meuse; le seul département du Mont-Blanc en avoit quarante-cinq mille. En six ans, le nombre des chèvres, dans ce dernier Département, s'est accru d'environ vingt-deux mille.

Si cet accroissement s'étoit fait seulement par les combinaisons d'une amélioration qui profite aux propriétaires sans nuire à personne, elle seroit un bien, on devroit la proposer pour exemple ; mais elle reconnoît une autre cause, elle n'a été que l'effet des désordres autorisés par la licence et l'impunité, et c'est à elle que les pays où elle a eu lieu, attribuent en partie la dégradation des bois et des arbres fruitiers, tant de ceux qui appartiennent à la Nation, que de ceux qui appartiennent à des particuliers. Cette multiplication a donc été regardée comme un mal réel.

Puisque, d'une part, on peut tirer un grand parti des chèvres, et que, de l'autre, elles causent de grands dégâts, il me semble que pour les conserver et les multiplier, sans rien en craindre, tout l'art consisteroit à les élever et les entretenir de manière qu'elles ne fissent point de mal, ou que le peu qu'elles en feroient fût infiniment au-dessous des avantages qu'elles procureroient. Je vais essayer de présenter quelques vues à cet égard ; ceux qui en auront de meilleures, voudront bien aussi les présenter.

Je pense d'abord que, bien que dans les pays septentrionaux de la France, on ait la facilité d'avoir des vaches pour donner du laitage, il seroit bon cependant d'avoir quelques chèvres ; il y a des circonstances où elles seroient utiles, soit pour procurer à des malades un lait médicamenteux, soit pour allaiter des enfans ou de jeunes animaux privés de leurs mères, etc. ; à plus forte raison, les chèvres sont-elles utiles dans les pays méridionaux, qui ont peu de pacages propres à entretenir des vaches. Presque par-tout il y a des troupeaux de brebis. Je suppose qu'il y ait en France cent mille troupeaux de brebis ; dans cette hypothèse, qu'à chaque troupeau de brebis on joigne deux chèvres, voilà donc deux cent mille chèvres, qui, conduites de la même manière que les brebis, pourroient, sous un bon régime de police rurale, ne commettre aucuns dégâts, et donner de grands produits en chevreaux, lait, poil, etc. Comme les troupeaux de brebis ne doivent jamais aller dans les endroits où il y a des arbres à conserver, on n'auroit pas à craindre que les chèvres les endommageassent, puisqu'elles ne s'écarteroient pas des brebis. La seule attention, lorsqu'on conduiroit un troupeau sous des arbres fruitiers, seroit de mettre à chaque chèvre une bricole analogue à celle qui, en Normandie, empêche les vaches d'atteindre les branches des pommiers, en leur permettant de paître l'herbe qui croît dessous, ou semblable à celle que notre collègue, le C. *Chabert*, a décrite dans les *Mémoires de la Société royale d'Agriculture de Paris* (trimestre d'été 1788, page 45 et suivantes).

Je ne parlerai point ici de la facilité que doivent avoir, d'entretenir des troupeaux entiers de chèvres, les riverains des montagnes. Cette facilité n'est point contestée. Les endroits élevés de ces montagnes leur offrent, pour l'été, de grandes ressources : on y conduit les chèvres, qui, plus agiles et plus adroites que les brebis, cherchent leur nourriture au milieu des rochers et des précipices, où les brebis n'osent se risquer, et dont l'herbe seroit sans cela perdue. Seulement je voudrois que, pour la saison rigoureuse, les propriétaires de ces chèvres se pourvussent, par quelques prairies artificielles, de fourrage abondant, qui les mettroit en état de retenir pendant tout ce temps les chèvres à l'étable, sans exposer à leurs dents les plantations du pays.

Mais je m'arrêterai à un moyen, qui, combiné avec quelques-uns des moyens ordinaires, pourroit faire établir, même loin des montagnes, des troupeaux uniquement composés de chèvres ; il consisteroit à former, pour ces animaux, des pacages d'arbustes, comme on en forme de plantes, et pour les bêtes à cornes et pour les bêtes à laine. On choisiroit ceux qui lèvent, croissent, et repoussent promptement, tels que le cytise des Alpes, l'acacia, le colutea, etc. Après quelque préparation donnée au sol, on y semeroit des graines de ces arbustes ; on respecteroit le jeune plant, jusqu'à l'époque où il seroit susceptible d'être récepé ; c'est alors, et non auparavant, qu'on y introduiroit les chèvres. Le cultivateur auroit autant de champs d'arbustes qu'il croiroit en avoir besoin, pour que son troupeau de chèvres en eût un, chaque année, à sa disposition, en bon état de végétation.

Le champ brouté en été, seroit récepé l'automne suivant, pour ne plus recevoir le troupeau de chèvres que quelques années après. Rien n'empêcheroit que de temps en temps ces plantations ne fussent retournées à la charrue, pour être remplacées par des semis de plantes, ce qui donneroit une manière d'alterner. Par un aménagement bien conduit, les chèvres auroient toujours, dans la belle saison, une pâture de leur goût, laquelle aidée, en hiver, de fourrages de prairies naturelles ou artificielles, ou de feuilles d'arbres ou de vignes, suffiroit à les entretenir en bon état.

Ce nouveau genre d'économie, sans doute, ne peut entrer dans tous les calculs, il ne peut convenir à toutes les positions ; aussi n'est-il présenté ici que pour celles auxquelles il conviendroit. Sur tant de terreins, qui ne portent que des bruyères, des ajoncs, des fougères, ne pourroit-on pas en consacrer des portions à des pacages d'arbustes, qui les rendroient plus profitables cent fois, par la nourriture de troupeaux de chèvres ?

Jusqu'ici j'ai supposé qu'il s'agissoit des chèvres communes, de celles dont le poil est grossier et n'a pas une grande valeur. Les résultats deviendroient plus avantageux, sous le rapport du poil, si, à la place des chèvres du pays, on substituoit les chèvres d'Angora. Ce qui jusqu'ici a retardé parmi nous la multiplication de cette dernière race, qui s'y élève avec autant de facilité que la race indigène, a été la difficulté de filer le poil de sa toison ; mais des expériences faites à diverses époques, à Paris et à Amiens, ont prouvé que nos fabricans savent aussi bien le préparer qu'on le fait dans le Levant, d'où on le tiroit tout filé. Il est donc à désirer qu'on remplace, du moins en partie, les chèvres de France, par les chèvres d'Angora, et que, par les moyens que j'ai indiqués, on accroisse le nombre de ces animaux, en prenant des mesures pour les empêcher de nuire. Ces considérations doivent rendre réservé sur la proscription qu'on est toujours tenté de prononcer contre ces animaux, quand on ne considère que leurs dégâts.

Ces dégâts deviendroient rares, 1°. si personne n'avoit le droit d'avoir une chèvre, qu'il ne prouvât qu'il a des ressources personnelles pour la nourrir ;

2°. Si tout dégât commis par une chèvre étoit sévèrement puni par une forte amende ;

3°. Si chaque propriétaire d'un troupeau de bêtes à laine, ayant des chèvres, étoit forcé de ne les envoyer aux champs qu'avec le troupeau de bêtes à laine ;

4°. Si les propriétaires de troupeaux de chèvres, voisins des montagnes, ne devoient en avoir qu'un nombre proportionné à ce qu'ils peuvent en nourrir en hiver ;

5°. Enfin, si les troupeaux de chèvres, placés loin des montagnes, ne pouvoient jamais paître dans d'autres plantations que dans celles qui seroient faites pour elles, et si les propriétaires avoient des ressources connues pour les faire vivre à l'étable, quand elles ne trouvent plus rien aux champs. (*T.*)

(158) Depuis long-temps on fait en France, avec le poil de chèvre, des camelots et quelques autres étoffes. C'est sur-tout à Amiens qu'on a établi des fabriques qui en consomment de grandes quantités, sur-tout de celui de la chèvre d'Angora, qu'on tire, tout filé, du Levant, par la voie de Marseille. Vraisemblablement, lorsqu'*Olivier de Serres* écrivoit, ces fabriques n'existoient pas encore ; ou, trop éloignées de lui, il ne les connoissoit point. (*T.*) *Page 570, colonne I, ligne 17.*

(159) La graisse, ou plutôt le suif de chèvre, n'est pas la seule matière animale employée dans la composition des cimens ; on sait que le sang de bœuf, le fromage, la cire, etc., y entrent aussi. *Idem, ligne 34.*

Le suif de bouc est usité, en pharmacie, pour la composition des emplâtres et de quelques onguens, sur-tout des dessicatifs ; car ce suif est encore plus sec que celui du mouton.

C'est sans doute le même motif qui le fait préférer dans la fabrication des chandelles ; celles dans lesquelles il entre sont moins grasses et moins coulantes. (*T. et H.*)

(160) La chèvre prend plus de graisse ou de suif, que le bœuf et le mouton, eu égard à sa taille ; c'est sur-tout quand elle mange du gland, dit *Olivier de Serres.* Beaucoup d'ani- *Idem, colonne II, ligne 3.*

maux se trouvent bien de vivre de glands. On sait que cet aliment convient aux cochons ; les vaches et les chevaux en mangent volontiers. Les cerfs, les biches, les daims s'en nourrissent dans les forêts. J'ai vu des troupeaux de moutons dévorer ce fruit, lorsqu'on les conduisoit, en automne, sous une chesnaye. Les chèvres en sont très-friandes. Voyez la note (114) de ce Lieu, page 629. (*T.*)

Page 600, colonne II, ligne 16.

(161) Ce chevrier de Nismes, qui, suivant *Olivier de Serres*, a si bien fait parler de sa vie, étoit sans doute si connu du temps de notre auteur, qu'il a cru inutile d'en détailler l'histoire. On seroit curieux d'en être informé aujourd'hui. J'ai cherché dans divers auteurs, soit dans les arrêtistes du ressort de Toulouse, soit dans les histoires de Nismes, et je n'ai rien trouvé. J'ai écrit sur les lieux. On croit qu'il est là question des ravages considérables que des chèvres, conduites par un mauvais sujet, commirent dans des bois taillis, que les dents de ces animaux dévastèrent et réduisirent à l'état de simples *garrigues*, ou broussailles éparses. L'histoire de ce chevrier est comme beaucoup d'autres faits que les contemporains négligent d'expliquer et de spécifier, parce qu'ils sont notoires et qu'ils ont même fait du bruit, mais sur lesquels ensuite on ne peut plus former que de bien vagues conjectures. Par exemple, aujourd'hui tout le monde ignore la cause de ce fameux exil d'*Ovide*, cause qui, de son temps, étoit cependant si publique, qu'il s'est cru nommément dispensé de la répéter dans une pièce détaillée, composée exprès pour transmettre à la postérité l'histoire de sa propre vie :

Causa meæ cunctis nimium quoque nota ruinæ
Indicio non est testificanda mea.
(Ovid. Trist. IV, Eleg. 10.)

Nous avons même des auteurs, bien plus récens qu'*Ovide* et *Olivier de Serres*, où l'on trouve de ces passages, de ces allusions familières à tout le monde dans le premier moment où leurs ouvrages ont paru, et que personne n'entend plus. Il y en a de cette espèce dans les *Lettres Persanes*, du président *de Montesquieu*, etc. Les nouveaux éditeurs donnent tout simplement le texte tel qu'il est, sans se

soucier de savoir s'il a besoin d'être éclairci. On devroit prendre plus de soins, du moins pour les écrits classiques. Nous aurons obligation aux lecteurs méridionaux de cette édition, s'ils peuvent nous mettre à portée de faire mieux connoître le trait du chevrier de Nismes, et un très-petit nombre d'obscurités du même genre, que nous n'avons pu débrouiller comme nous l'aurions désiré. (*F. D. N.*)

Page 600, colonne II, ligne 24.

(162) Beaucoup de personnes regardent la couleur blanche comme un signe de dégénération dans les animaux, et ensuite celles des couleurs qui approchent le plus de la blanche. Ces mêmes personnes pensent aussi que les animaux les plus forts et les plus vigoureux sont ceux dont la couleur est la plus foncée et la plus uniforme. Les chasseurs et les naturalistes ont fait à ce sujet quelques observations qu'on a peut-être trop négligées. La couleur du poil d'hiver n'est pas la même que celle du poil d'été, et la force des animaux n'est pas la même dans ces deux saisons. Au reste, dans les animaux domestiques, plus éloignés de la Nature que les animaux sauvages, on peut moins vérifier de pareilles observations, et il y a des animaux bons de tout poil. (*H.*)

Ibid, ligne 36.

(163) Les chèvres cornues avortent plus fréquemment que les autres, parce qu'en se battant elles se blessent bien plus facilement : par la même raison, celles sans cornes sont à préférer dans les troupeaux de bêtes à laine, comme le dit *Olivier de Serres* ; elles y occasionnent moins d'avortemens, en jouant ou en se battant avec les brebis portières. Cette observation est semblable à celle que nous avons faite, note (59) de ce Lieu, page 605, sur les vaches sans cornes.

Un autre motif doit déterminer encore à préférer les chèvres sans cornes dans les troupeaux de bêtes à laine, c'est qu'il est inutile d'avoir pour les chèvres des râteliers à part pour les faire fourrager à la bergerie, et que celles qui ont des cornes ne peuvent manger aux mêmes râteliers que les brebis. (*H. et T.*)

Page 601, colonne I, ligne 26.

(164) Il arrive quelquefois que, dans un troupeau de chèvres, où les mâles sont sans cornes,

il naît des chevreaux qui ont des cornes, et *vice versâ*. On ne peut guère expliquer cela, qu'en imaginant que les aïeux, ou avoient des cornes, ou n'en avoient pas. Au reste, ces cas sont rares, ce sont des exceptions qui ne doivent point faire règle. Cela n'empêche pas qu'il ne puisse y avoir des races sans cornes, parmi les chèvres, comme il y en a parmi le genre du bœuf et celui de la brebis. La nature du sol et la qualité des herbages n'influent pas sur cette conformation particulière de l'animal. Je citerai pour exemple, dans le genre du bœuf, la race sans cornes, et dans le genre de la brebis, la race du Berry, celle de Beauce, celle de Sologne, dont les descendans, quelque part qu'ils naissent, n'ont pas de cornes. On pourroit également citer, dans l'un et l'autre genre, des races dans lesquelles se perpétue l'existence des cornes, n'importe où on les élève.

Olivier de Serres rappelle ici ce qu'il a dit de l'usage des cornes dans les bêtes à laine, pour préserver la tête du froid, et je ne puis que renvoyer à la note (134) de ce Lieu, page 636. (*T.*)

Page 671, colonne I, ligne 31.
(165) Je ne connois point de faits qui constatent que le bouc n'est plus propre à donner de bonnes productions après la quatrième année de sa vie. Il me semble que, si on ne commençoit à l'employer, pour saillir les chèvres, qu'à l'âge de deux ans, il pourroit servir d'étalon plus de quatre ans, et qu'employé même dès l'âge d'un an, il donneroit de beaux chevreaux au-delà de ce terme. Dans les pays où les chèvres sont communes, elles ont si peu de valeur, qu'on n'a pas intérêt à prolonger la faculté reproductrice du bouc; on en châtre et on en renouvelle sans cesse les étalons. Cette pratique, qui tient à une routine, et qui peut être bonne, sous quelque rapport d'économie, ne prouve rien. En physique, il faudroit des résultats d'expériences, qui constatassent que le bouc n'est plus propre à engendrer, *passé le quatrième an*, pour qu'on ajoutât foi à une assertion aussi dénuée de vraisemblance, et dont nous avons la preuve contraire dans le petit troupeau de chèvres conservé à l'Établissement rural de Rambouillet. (*T.*)

Idem, ligne dern.
(166) Voyez ce qui a été dit relativement à *Théâtre d'Agriculture*, Tome I.

cette opinion d'*Olivier de Serres*, sur la valeur de la première portée des femelles, dans la note (135) de ce Lieu, page 636. Il y revient encore dans le chapitre XVI, à l'occasion de la première ventrée des chiennes; mais ici son opinion est moins positive, et il prétend même que quelques-uns préfèrent cette première ventrée. (*T. et H.*)

Page 672, colonne I, ligne 12.
(167) L'auteur donne les noms de singulières, de doubles, de tierces, aux chèvres qui font deux portées ou qui donnent deux ou trois chevreaux d'une même portée.

Pour croire qu'une chèvre qui donne deux chevreaux à-la-fois, a plus de lait que celle qui n'en donne qu'un, il faudroit des preuves et des faits qui n'existent pas; s'il en existe, je n'en ai pas connoissance : mais cela n'est pas probable. D'abord, l'abondance du lait dépend de la conformation des mammelles, de la disposition des vaisseaux secrétoires du lait, de la qualité et de la quantité de nourriture que prend la femelle, et de la facilité avec laquelle elle digère. Le petit qui naît seul d'une femelle, est souvent aussi volumineux et aussi pesant que deux qui naîtroient ensemble, comme je m'en suis assuré, à l'occasion d'agneaux jumeaux. Ces raisons suffisent pour convaincre qu'une portée double, sous le rapport seul du lait, n'est pas plus favorable qu'une portée simple. (*T.*)

Idem, colonne II, ligne 24.
(168) Sans doute les brebis sont naturellement plus lentes que les chèvres; elles sont aussi plus timides. Ces deux motifs engagent les bergers à se placer derrière, pour les faire avancer; mais cela ne doit avoir lieu que dans quelques circonstances; car, ordinairement, la bonne conduite des bêtes à laine exige qu'on ne presse pas leur marche; elles se fatigueroient trop facilement, sur-tout quand elles sont pleines. Les bergers intelligens se placent toujours à la tête de leur troupeau; les brebis s'y accoutument facilement et les suivent, sans s'arrêter, ni les devancer : par-là, les bergers se rendent maîtres de la marche. Quand ils ont des chiens bien dressés, les chiens restent derrière le troupeau, non pour le presser, mais pour le tenir rassemblé. (*T.*)

CHAPITRE XV.

Page 391,
volume I,
ligne 21.

(169) On est assez généralement dans l'opinion que les cochons se plaisent dans la fange, parce qu'ils paroissent trouver du plaisir à s'y vautrer, et peut-être est-ce là une des causes de la médiocre attention qu'on donne à leur entretien et au renouvellement de leur litière. Ces animaux, à la vérité, sont fort sales ; mais il suffit de les avoir vu naître, pour être convaincu qu'à une époque où ils n'ont encore reçu que les leçons de la Nature, ils manifestent déjà un soin tout particulier pour déposer leurs excrémens dans un coin du toit, éloigné du lieu qui leur sert de gîte. Cette attention, qui se fortifie avec l'âge, fournit un nouvel argument en faveur de l'instinct dont les cochons ne sont pas non plus dépourvus, et en même temps de leur aversion pour la mal-propreté. D'ailleurs, le bœuf, en liberté, couche sur sa bouse ; les chevaux, ou les brebis, sur leur crottin. Ces faits, appuyés d'observations nombreuses du même genre, portent à conclure que, si les cochons se vautrent quelquefois dans la fange, c'est moins par goût que par la nécessité où ils sont de calmer la chaleur de leur tempérament pendant l'été. Or, comme, dans une basse-cour, les eaux en petite masse sont ordinairement mal-propres, ces animaux recherchent un bourbier, ou un grand volume d'eau, selon les besoins plus ou moins grands qu'ils ont de se rafraîchir ; c'est donc la Nature elle-même, qui leur fait ressentir le besoin de chercher et de trouver dans la fange une espèce de coussin mollet, dont le contact leur procure ces sensations qu'ils éprouvent lorsqu'on les gratte sur diverses parties du corps, et particulièrement sous le ventre, qui les détermine à se pratiquer dans la terre récemment remuée une espèce de gîte. C'est donc une erreur de croire qu'ils se plaisent dans l'ordure. Ils n'engraissent jamais bien, si, renfermés sous leur toit, ils sont forcés de se coucher dans leur fiente : leur dépérissement est certain, quand bien même on les surchargeroit d'une excellente nourriture. (*P.*)

Idem,
volume II,
ligne 2.

(170) Les planchers en bois, que recommande *Olivier de Serres*, ont l'inconvénient de s'imprégner d'urine, et d'exhaler, sur-tout dans les temps chauds, une odeur d'ammoniaque très-désagréable, malgré l'attention qu'on a de les laver fréquemment. On leur préfère des dalles de pierre d'une épaisseur médiocre, pour ne pas être trop fraiches et se laisser pénétrer plus-facilement par la chaleur. On donne au plancher une légère pente, du côté où l'on veut que les urines s'écoulent. Ces urines elles-mêmes sont recueillies avec soin, et forment un excellent engrais, que l'on néglige beaucoup trop dans un grand nombre d'endroits. (*H.*)

Page 395,
colonne I,
ligne 1.

(171) Il faut aussi loger à part les cochons qui sont à l'engrais ou malades, mais garnir sur-tout leur toit d'un grès tout autour, et y placer un poteau contre lequel ils puissent se frotter et nettoyer parfaitement le poil. C'est de cette opération, dont tous les animaux ont besoin, que dépendent souvent leur santé et la facilité de les engraisser. Les Hollandois, dans leurs pâturages, n'oublient jamais de placer pour cet effet, de distance en distance, en forme de pieux, des os de la mâchoire inférieure de baleines ; et il n'y a pas d'animal dont la peau ait plus besoin de cette espèce d'étrille, comme le cochon, qui en cherche le secours par-tout. (*P.*)

Idem,
colonne I,
ligne 9.

(172) Il est permis de douter que cette assertion soit fondée sur quelques expériences positives ; car on sait que, par-tout où les cochons rencontrent les excrémens humains, ils se jettent dessus avec une sorte d'avidité, et on ne voit pas qu'ils en soient réellement incommodés. Sans doute que l'organisation établit de grandes différences entre les excrétions des animaux ; malgré l'analogie de leur nourriture ; mais peut-être, aussi, a-t-on attribué à cette cause une foule d'accidens qui lui étoient absolument étrangers. (*P.*)

Idem,
ligne 24.

(173) La truie porte cent treize jours, et met bas le cent quatorzième, ou, comme on dit vulgairement, trois mois, trois semaines, et trois jours ; et c'est parce qu'elle n'exige que quatre mois moins quelques jours pour la gestation, que cette femelle, abandonnée à sa fécondité naturelle, peut avoir trois portées dans le cercle de quatorze mois. Mais quel en seroit le ré-

sultat? On ne sauroit assez blâmer cette cupidité insatiable, qui rapproche ainsi les portées, fatigue et épuise les mères : en ne donnant le mâle que deux fois l'année, les petits auront le triple avantage de naître plus forts, de teter plus long-temps un lait plus substantiel, et d'avoir une mère plus robuste. Si on est curieux de connoître jusqu'où peut aller la production d'une truie pendant dix années consécutives, il faut voir le calcul estimatif extrait des manuscrits du célèbre *Vauban*, par notre collègue *François (de Neufchâteau)*, qui y a ajouté des réflexions fort sages, dans le tome I des *Mémoires de la Société d'Agriculture du département de la Seine*, page 350 et suivantes. (*P.*)

Page 576, volume I, ligne 50.

(174) La plupart des femelles des quadrupèdes ont une disposition très - marquée à manger leur arrière-faix ; mais il paroît que cet effet dépend particulièrement de leur propreté pour la nouvelle famille, puisque la jument, la vache, la brebis, la chèvre, assurément bien éloignées d'avoir, en aucun temps, un caractère vorace, mangent aussi leur arrière-faix (voyez la note (63) de ce Lieu, ci-devant, pages 608, 609). On doit néanmoins chercher à les empêcher, dans la crainte que cela ne dispose la truie qui vient de cochonner pour la première fois, à manger ses petits. On peut employer deux moyens : l'un consiste à lui fournir une nourriture surabondante, les deux ou trois jours qui précèdent celui du part ; l'autre, à frotter le dos des nouveaux-nés avec une éponge trempée dans une décoction de coloquinte ou d'autres matières amères. Mais les faits qui ont donné lieu à cette assertion, savoir, que la voracité de la truie la portoit à dévorer sa progéniture, ne sont assurément que des exceptions très-rares ; car, dans le nombre de ces femelles, il y en a toujours qui, quoique très-mal nourries, prennent cependant des soins infinis de leurs petits. Un mérite particulier qu'on ne conteste pas à celle du porc, c'est le courage avec lequel elle les défend contre les ennemis qui les menacent ; le moindre cri de leur part éveille sa sollicitude, la violence anime sa fureur, et rien ne l'intimide ni ne lui résiste : le danger disparu, elle rassemble sa famille dispersée,

en fait le recensement, et s'il lui manque quelqu'un des siens, elle en fait la recherche avec un empressement digne du plus grand intérêt. D'ailleurs, il n'y a personne qui, ayant vu naître des cochons, n'ait remarqué que le premier usage que ces jeunes êtres font ordinairement de leur existence, est de se traîner à la tête de leur mère souffrante, et de lui prodiguer des caresses, qui semblent avoir pour objet d'adoucir les douleurs qu'ils lui ont causées ; ils viennent ensuite choisir un mammelon, qui est leur domaine : alors chacun reconnoît le sien, le distingue, et s'y attache exclusivement ; de sorte que si l'un de la troupe vient à manquer, la mammelle qu'il tetoit tarit, et se dessèche en peu de jours. Ces faits, auxquels il seroit possible d'en ajouter une foule d'autres, ne semblent-ils pas prouver que les imperfections de la forme grossière du cochon ont beaucoup contribué à charger le tableau de sa stupidité. Au reste, il faut l'avouer, cette stupidité apparente dans quelques animaux, est souvent notre ouvrage ; et si nous les avions assouplis de bonne heure, ils conserveroient la docilité du premier âge, si nécessaire pour les conduire en troupeaux ; car, on ne sauroit trop le répéter, rien n'est moins indifférent que d'empêcher les domestiques de brutaliser les animaux, sur - tout lorsqu'ils sont jeunes, et c'est réellement un trésor, que des serviteurs qui les aiment d'inclination. (*P.*)

Page 576, colonne II, ligne 25.

(175) Il est aisé de voir, par ce que dit *Olivier de Serres* de la castration de la truie, qu'il n'étoit point au fait de la partie qu'on ampute à cette femelle, et peut-être, à cet égard, ceux mêmes qui font le plus habituellement cette opération dans les campagnes, ne le savent pas mieux que lui. Ce sont les ovaires, ou ce qu'on appelle les testicules de la femelle : on fait une incision dans le flanc droit, on introduit le doigt indicateur dans le ventre, on cherche et on ramène en dehors les ovaires qui sont à l'extrémité des branches de la matrice, et qui ressemblent à de petits reins ou à de gros haricots ; on les coupe, et on fait rentrer dans le ventre la portion de la matrice qui en étoit sortie. On fait un point ou deux à la plaie, on la lave avec un peu de

vin chaud, ce qui vaut mieux que de la frotter avec de la graisse, et tout est fini.

Ceux qui sont habitués à faire cette opération, la font avec une prestesse presqu'inconcevable ; et pendant que le vétérinaire ou l'anatomiste chercheroit à reconnoître les parties, le châtreur auroit expédié plusieurs femelles. Les recherches des premiers occasionneroient des accidens, tels que les meurtrissures des bords de la plaie, l'engorgement, des abcès, des fistules, etc. ; le travail du second n'a aucune suite, et la petite plaie est tout-à-fait cicatrisée en quelques jours. (*H.*)

Page 377, colonne I, ligne 59.

(176) *Gland.* Fruit du chêne (*quercus robur*, *L.*).

Faine. Fruit du hêtre, fau, fayard, fouteau, etc. (*fagus silvatica*, *L.*).

Ce fruit, quoique très-recommandé comme moyen économique d'engrais, n'est pas sans inconvénient, et en effet l'expérience a prouvé que les cochons qui en sont nourris, ne donnent qu'un lard jaune, mou, de peu de garde, se fondant à la première chaleur, et une chair qui prend mal le sel. Il n'est pas douteux que la faine auroit une destination infiniment plus utile, si, après lui avoir enlevé son écorce au moyen de meules de moulin, on réduisoit l'amande en farine, on la soumettoit à la presse pour en extraire l'huile, aussi bonne dans nos assaisonnemens que pour brûler ; le marc qui en résulteroit n'ayant plus que le caractère mucilagineux, seroit exempt des inconvéniens remarqués plus haut, il deviendroit une nourriture excellente pour les cochons ; ce qui formeroit un double profit. C'est ainsi que, dans les cantons où l'on cultive le pavot, le colsa, la navette, le lin, pour l'huile qu'on en exprime, on donne les pains aux cochons ; et ces pains, connus vulgairement sous le nom de *tourteaux*, procurent un grand profit. On leur donne aussi le marc de pommes de terre, qu'on écrase au pressoir comme des pommes à cidre, ou quand on en a préparé la fécule ; les pains de creton ou de suif ne sont pas non plus à dédaigner. (*P.*)

Châtaigne, *marron*. C'est le fruit du châtaigner sauvage, et du châtaigner cultivé, appelé marronnier (*fagus castanea*, *L.*).

Pomme. Fruit du pommier (*pyrus malus*, *L.*).

Poire. Fruit du poirier (*pyrus communis*, *L.*).

Toutes les variétés de ces deux fruits sont également bonnes à la nourriture des porcs ; il en est de même du suivant.

Prune. Fruit du prunier (*prunus domestica*, *L.*).

Cornoaille, *cornouille.* Fruit du cornouiller (*cornus mas*, *L.*).

Corme, *sorbe.* Fruit du cormier ou sorbier (*sorbus domestica*, *L.*).

Couldre, *coudre*, *noisette.* Fruit du coudrier ou noisetier (*corylus avellana*, *L.*).

On pourroit ajouter à cette liste les truffes, dont les cochons sont très-friands ; on sait même qu'on se sert des cochons pour découvrir et déterrer ces dernières. (*H.*)

Page 377, colonne II, ligne 60.

(177) *Poupons*, *melons*, du latin *pepo* et de l'italien *pepone* (*cucumis melo*, *L.*).

Tous ces fruits des cucurbitacées doivent, de préférence, être donnés cuits aux cochons ; crus, ils se digèrent mal et peuvent leur donner la diarrhée ; peut-être parce que ces alimens leur étant distribués à des heures réglées, ils se jettent dessus avec voracité, les mâchent mal, ou les avalent sans les mâcher. On n'observe pas, au moins, qu'ils produisent ces effets, lorsque les cochons les mangent entiers, et qu'ils sont pour ainsi dire obligés de les ronger et de les mâcher ; et cette observation est une preuve de plus de la nécessité de la mastication pour le perfectionnement de la digestion. (*H.*)

Idem, ligne dern.

(178) Ne seroit-on pas fondé à reprocher aux fermiers une sorte d'ingratitude envers le cochon ? Ils ne sèment rien pour sa nourriture, aucune récolte ne lui est assignée, et cet animal semble être destiné à vivre sur le commun, c'est-à-dire, à ne manger que les rebuts de tous les autres animaux. Qui pourroit cependant être indifférent à l'avantage de trouver toujours dans la métairie une viande prête à devenir un mets fondamental du repas, ou à assaisonner les herbages, les légumes et les racines potagères ; de profiter, enfin, d'un fumier extrêmement actif ? C'est pour réparer cet oubli, et tirer en même temps parti de cette branche productive de l'éco-

nomie domestique, que, dans quelques cantons, les cultivateurs, plus éclairés sur leurs
véritables intérêts, proportionnent le nombre
de cochons qu'il est possible d'élever, aux
ressources locales; ils se sont maintenant déterminés à leur consacrer une pièce de luzerne
ou de trèfle, en faisant une enceinte de ce qu'ils
doivent manger chaque jour, avec des claies
qu'on transporte plus loin le lendemain; mais
nous pensons qu'il n'y a qu'une circonstance
où on trouveroit un grand bénéfice à conduire
les cochons dans les prairies naturelles ou artificielles, ce seroit après que les chevaux et les
vaches y ont pâturé, parce que les premiers
mangent l'herbe également par-tout, et qu'elle
seroit en pure perte s'ils ne consommoient pas
ce que ceux-ci ont laissé.

En Amérique, lorsqu'il s'agit de nourrir les
cochons avec des pommes de terre, comme tous
les champs sont enfermés avec des palissades,
il est aisé de leur donner la forme et la grandeur
nécessaires. Ceux qui sont destinés à engraisser
les cochons, sont longs et étroits. Supposons-en
un, par exemple, de huit perches (quatre ares)
de large, sur soixante perches (trente ares) de
longueur: ce champ est d'abord planté avec
des pommes de terre en sillons distans les uns
des autres de trois pieds (un mètre). Vers le
mois de Septembre (Fructidor), ces racines ont
acquis leur maturité. On divise les champs avec
des palissades, à quatre perches (deux ares) de
distance du commencement; on y met ensuite
les cochons, ainsi que l'auge nécessaire pour
les abreuver. Ces animaux, en fouillant, trouvent aisément le fruit qu'ils aiment, d'autant
mieux qu'ils semblent le dérober. Quand cette
première partie est épuisée, la division est re-
placée à trois ou quatre perches (un ou deux
ares) plus avant, d'où il résulte une épargne
considérable de soins et de dépenses, en même
temps que le terrein se trouve préparé et amendé
pour une autre culture. Les carottes, les panais,
la betterave, le topinambour, ne sont pas moins
recherchés avidement par les cochons. On pourroit leur distribuer également le champ planté
de ces racines, et les conduire plusieurs jours
de suite dans ceux où on les a récoltées; en
fouillant la terre, ils profiteroient de celles qui

échappent aux ouvriers, et qui, sans cet emploi, seroient entièrement perdues. (*P.*)

(179) *Cichorée*, du latin *cichorium*, chicorée. Page 578, colonne I, ligne 30.
Toute cette famille de plantes est bonne pour
les porcs; on peut leur faire pâturer la chicorée
sauvage (*cichorium intybus*, *L.*); ils mangent
avec plaisir les débris des autres, qui sont plus
particulièrement employées à la cuisine, telles
que l'endive ou scariole (*cichorium endivia*, *L.*),
la frisée et la barbe de capucin, qui ne sont
que des variétés potagères.

Buglose, buglosse (*anchusa*, *L.*). Il paroît
que, du temps d'*Olivier de Serres*, on employoit
cette plante plus fréquemment qu'aujourd'hui.
Toutes les buglosses ont les feuilles rudes,
velues, et ne peuvent être mangées par les cochons qu'après avoir été cuites.

Jarrus, jarosse, jarousse, pois breton; c'est
la gesse (*lathyrus sativus*, *L.*). Toutes les
autres légumineuses peuvent être employées de
la même manière. (*H.*)

L'expérience prouve journellement que les
cochons préfèrent les alimens à demi-cuits,
chauds et fermentés, aux alimens frais et crus.
Avec quelle avidité ne se jettent-ils pas sur les
herbes, les graines et les racines qui ont éprouvé
l'action du feu, sur les résidus de la brasserie,
des bouilleries, des amidonneries, des laiteries
et des fromageries! On sait que les corps soumis
à la cuisson changent de nature, de propriété
et de goût; que leurs différens principes constituans se rapprochent, se combinent, acquièrent plus de consistance, de volume et de poids;
qu'ils deviennent plus agréables au palais, plus
appropriés à l'estomac, et plus efficaces dans
leurs qualités alimentaires: l'état chaud dans
lequel on les administre, donne plus d'énergie
à l'économie animale; un commencement de
fermentation augmente leur sapidité et les rend
également plus favorables à la digestion. La
dépense du combustible et les autres soins nécessaires pour imprimer à ces matières le caractère qu'elles doivent avoir, afin d'opérer la
plénitude de leurs effets, offrent de grands dé-
dommagemens, sur lesquels l'attention ne s'est
pas encore suffisamment arrêtée. Nous invitons
les agronomes à peser ces réflexions; elles nous

paroissent intéresser à-la-fois l'économie et le perfectionnement de l'engrais des animaux domestiques. (*P.*)

Page 681,
colonne 1re,
ligne 7.

(180) On a fait quelques tentatives pour parvenir à engraisser les cochons à peu de frais : tout a été essayé, jusqu'aux débris des écarrissages. Si ces derniers ont été sans succès, ils servent du moins à justifier l'observation que ces animaux digèrent mal la viande crue, et que, quand ils en mangent à un certain degré, elle les échauffe au point de les rendre furieux. Ce n'est qu'en la soumettant à la cuisson, qu'on vient à bout de prévenir un pareil inconvénient. Il leur manque d'ailleurs la conformation qui caractérise les véritables carnivores. Il est donc de la prudence de tenir les cochons écartés des boucheries et des voieries, parce que l'usage un peu considérable du sang et des intestins les exposeroit à avoir la diarrhée. On peut néanmoins accélérer l'engrais des cochons, et épargner par conséquent sur leur nourriture : le premier moyen est sans contredit la castration, elle a évidemment une grande influence sur la perfection des résultats : une autre condition aussi majeure, c'est le choix de l'âge ; si l'animal est trop jeune, les alimens qu'on lui administre, au lieu de porter à la graisse, servent à compléter sa croissance. D'autres soins sont encore pratiqués dans quelques endroits, mais ignorés ailleurs. Pour éloigner des cochons tous les objets capables d'émouvoir leurs sens, l'ivraie est conseillée ici ; son action ressemble à celle de l'opium, elle provoque au sommeil. Dans les Départemens du Rhin, on a l'habitude d'associer à leur manger les feuilles de pomme épineuse (*datura stramonium, L.*); dans quelques autres, on y associe celles de morelle (*solanum nigrum, L.*). Pour appaiser les grogneurs et les exciter au repos, il faut en modérer la dose, afin de ne pas trop affoiblir l'action vitale, sur-tout dans les pays où l'atmosphère est constamment humide.

Une longue expérience a appris aux Américains, qu'un mélange de soufre avec l'antimoine cru, donné de temps en temps aux cochons, leur est extrêmement utile, parce que ces deux ingrédiens les purgent insensiblement et les entre-

tiennent dans un état de perspiration, qui les dispose à la graisse ; une saignée faite à propos détermine aussi la propension vers cette pléthore. Un autre usage adopté dans certaines contrées, c'est de laisser dans l'auge du cochon un boulet ; qu'on remplace ailleurs par l'emploi d'une marmite de fer employée à la préparation de la nourriture, ou d'un morceau de métal. Il paroît que les martiaux, les substances amères, acerbes, tels que les fruits sauvages, les écorces de chêne, le tan, ajoutés à la nourriture, vers la fin de l'engrais, leur sont extrêmement utiles. Dès que le régime est composé de matières relâchantes, elles soutiennent l'action de l'estomac et préviennent les flatuosités, en donnant du ton à la chair, de la fermeté et du goût au lard, et la faculté à celui-ci de gonfler dans la cuisson. (*P.*)

Page 682,
colonne 1re,
ligne 7.

(181) L'automne est le vrai temps de l'année qu'il faut préférer pour l'engrais des cochons, non seulement par la raison qu'il y a alors beaucoup de fruits sauvages dont on ne tireroit aucun parti sans cet emploi, mais encore à cause des débris des récoltes, des balayures et criblures de grains, qui sont très-communes. Cette époque, d'ailleurs, est celle que la Nature semble avoir plus spécialement affectée au domaine de la graisse. On voit le gibier engraisser en peu d'heures ; les chasseurs annoncent d'avance qu'il sera plus gras aujourd'hui qu'il n'étoit hier : une journée un peu sombre, un brouillard épais, rendent souvent les grives, qui ne valoient rien la veille, plus délicieuses que les plus illustres gourmands ne sauroient les manger. La transpiration arrêtée semble se changer en graisse, et l'air raffraichi la laisse mieux se développer et augmenter que le temps chaud. Cependant, quoiqu'on ne sache pas précisément à quoi tient la disposition à la graisse, il paroît que quand les cochons ont atteint le point d'engrais convenable, il n'y a point de temps à perdre pour les tuer ; autrement, la cachexie graisseuse, cette pléthore générale, pourroit donner lieu à la maladie connue sous le nom de gras-fondu, et la mort en seroit bientôt la catastrophe.

Un des moyens de disposer les cochons à prendre graisse, c'est de leur dispenser la nourriture ainsi que la boisson, dans des formes et des quantités convenables et à des heures réglées, en ne les nourrissant d'abord que foiblement les deux ou trois premiers jours qui précédent leur entrée sous le toit, pour n'en plus sortir : ce préparatoire excite la faim chez ces animaux, distend leurs viscères, les détermine à manger plus goulument. Les Anglois ont remarqué qu'en les faisant manger avec leur avidité ordinaire, le lard devient spongieux et plus sujet à rancir que celui des mêmes cochons auxquels on n'administre la nourriture qu'à mesure du besoin : pour cet effet, ils se servent d'une machine qui leur a constamment réussi ; c'est une espèce de trémie enfoncée, mais dont une des parois est ouverte depuis le fond jusqu'à quatre ou cinq pouces (douze ou quinze centimètres) de hauteur, sur deux ou trois pouces (six à neuf centimètres) de largeur ; elle est suspendue au-dessus d'une auge de la capacité d'un pied et demi cube (cinquante centimètres cubes); on jette la mangeaille dans cette trémie, qui est un peu inclinée, et il n'en tombe qu'autant que les cochons peuvent en manger. On se sert encore, avec le même succès, d'un autre instrument à la faveur duquel les cochons, vers les derniers jours de l'engrais, sont pris par les quatre pattes, et n'ont de libre dans tous leurs mouvemens que la mâchoire, en sorte que tout ce qu'ils avalent jusqu'au dernier moment de leur existence, tourne au profit de la graisse ; mais dès qu'ils laissent de leur mangeaille, et que l'appétit diminue sensiblement, ils ne tardent guère à réunir toutes les qualités nécessaires pour entrer dans le saloir ; on ne doit pas différer alors de les tuer. (*P.*)

(182) Séparer les cochons quand ils sont malades, c'est déjà un remède ; les tenir dans une extrême propreté, en est un autre non moins efficace ; mais plusieurs causes empêchent ces animaux de profiter de la nourriture abondante qu'on leur administre, entr'autres la vermine ; elle les incommode beaucoup et fait hérisser leur soie : pour les en débarrasser, on prépare une lessive de cendres de bois neuf, avec laquelle on les frotte au moyen d'une brosse, jusqu'à ce que toutes les ordures de la peau soient enlevées; on la lave ensuite avec de l'eau claire, et on jette à la surface des cendres sèches et tamisées : les insectes qui les tourmentoient périront. On verra dans le second volume (huitième Lieu, chapitre VI), à l'article qui traite des maladies des animaux domestiques, quelles sont celles qui affectent plus particulièrement les cochons, et dont on peut triompher par des agens simples, sur-tout d'une exécution facile et peu dispendieuse ; car, pour peu que les remèdes soient compliqués, embarrassans et coûteux, il y a tout lieu de craindre que le cultivateur, effrayé des soins et des dépenses, ne renonce à prendre la peine de les traiter, même avec l'espoir fondé de les sauver. (*P.*)

CHAPITRE XVI.

(183) L'auteur établit ici une distinction de chiens, fondée sur la couleur de leur poil, et non sur les races. Dans le pays qu'il habitoit, et dans la plus grande partie du midi, on emploie la même race à la garde de la maison et à la garde des troupeaux ; ce sont des chiens de haute taille, très-gros, très-forts, et capables de résister contre les loups, les ours mêmes, et de les attaquer. On connoît cette race, qui partout n'est pas parfaitement pure, à cause des mélanges inévitables, sous le nom de *chiens de montagnes*, *chiens des Pyrénées*, où ils sont le plus communs.

Olivier de Serres prétend que les chiens de basse-cour doivent avoir le poil d'une couleur sombre, et que ceux de bergers doivent l'avoir blanc. Les raisons qu'il donne de ce choix ne me paroissent pas déterminantes : quand les chiens entendent ou sentent les voleurs ou les loups, ils ne cessent d'aboyer ; ainsi, les voleurs savent bien où ils sont, et le berger ne prend pas ses chiens pour des loups, de quelque couleur qu'ils soient ; les brebis elles-mêmes, quoique faciles à effrayer, n'ont point peur d'un chien qui ne sert qu'à les garder, et auquel elles sont accoutumées ; elles le reconnoissent même au milieu de la nuit la plus obscure. Les précautions dans le choix sont donc inutiles : sans avoir égard à la couleur, il faut s'en tenir aux autres conditions indiquées par l'auteur. (*T.*)

(184) Un chien qui est destiné à garder la maison, n'a pas besoin d'être vif et actif : il peut en être de même de celui qui garde un

troupeau dans un pays où sa fonction consiste seulement à le défendre contre les ennemis qui l'attaquent, hommes ou bêtes féroces. Mais s'il s'agit, comme dans les Départemens du nord, de protéger des cultures multipliées contre la dent des brebis, qu'on conduit cependant tous les jours aux champs, il ne faut pas des chiens lourds et pesans, mais des chiens qui aient une grande activité, indépendamment de l'intelligence dont ils doivent être doués. Il existe une race de chiens dans laquelle on trouve ces qualités réunies ; on les appelle *chiens de berger*. C'est à leur garde que sont confiés les troupeaux, ou plutôt les ensemencemens et récoltes d'un grand nombre de nos Départemens. (*T.*)

Page 3o, colonne II, ligne 14.

(185) Quoique le chien soit, en général, un animal tellement asservi, ou tellement attaché à son maître, qu'il vient lécher la main qui le frappe, si cette main est celle qui le nourrit, cependant il y a tels mauvais traitemens dont il ne perd pas le souvenir, et qui l'engagent à éviter la circonstance qui les lui a attirés ; mais je doute que, si on châtre un chien dans une cour ou auprès d'un parc à bêtes à laine, il n'y revienne pas, s'il y trouve son maître et sa subsistance : au reste, il n'y a nul inconvénient à prendre la précaution de le châtrer ailleurs. Il est difficile de choisir le lieu le plus fréquenté par un chien mâle, pour ce qu'*Olivier de Serres* appelle *sa débauche*, c'est-à-dire, pour couvrir des chiennes qu'il rencontre, au hasard, partout où il en trouve. (*T.*)

Page 58o, colonne II, ligne 9.

(186) On peut avoir quelque raison de couper la queue de certains chiens ; par exemple, les chiens qui voyagent beaucoup dans des chemins ou à travers des terreins souvent remplis de boue, se trouvent bien d'avoir la queue coupée, sur-tout si elle est longue et fournie en poil ; alors, ils sont moins exposés à se salir et à contracter à la queue des pelotes de terre, qui la rendent pesante et incommode ; mais, hors ces cas, il n'est pas nécessaire de leur faire cette opération. Le motif que donne *Olivier de Serres*, comme on le conçoit bien, est un pur préjugé auquel lui-même ajoute peu de foi, puisqu'il le rejette sur l'ancienne croyance des pasteurs. D'abord, il n'y a pas, comme il le dit, de nerf qui passe le long de la queue : les personnes qui suivent cette pratique, qui a lieu dans beaucoup de pays (les préjugés sont plus étendus que les vérités), n'arrachent pas un nerf, mais une portion du tendon d'un des muscles de la queue, et que sa blancheur fait prendre pour un nerf. Quel rapport peut avoir la conservation du bout de la queue avec la facilité de contracter la rage, dont le siége est dans les organes de la gorge et de la gueule ? Comment imaginer raisonnablement, qu'en coupant le bout de la queue d'un chien, on l'empêche d'enrager spontanément, ou de gagner la rage par la morsure d'un animal enragé ?

Bien qu'aucun homme de bon sens ne croie à l'effet de cette opération, cependant ce préjugé est assez répandu pour que quelqu'un voulût bien s'attacher à chercher ce qui peut lui avoir donné lieu. On fait la même opération aux jeunes chats par le même motif. En découvrant l'origine de ce préjugé, il sera plus facile de le combattre avantageusement.

Il en est de même de l'opération que l'on appelle *écerrer*, et qui consiste à arracher de dessous la langue des chiens une portion de tendon d'un des muscles hyoglosses, que l'on prend pour un ver, pour les empêcher également d'enrager. Cette opération, qui est antérieure à *Pline*, dont quelques-uns de nos anciens chasseurs apprécioient l'inutilité, est néanmoins encore pratiquée de nos jours par tous les gardes-chasses et les valets de chiens. (*T. et H.*)

Page 58o, colonne II, ligne 26.

(187) *De la Zoologie rurale.*

Le quatrième Lieu du *Théâtre d'Agriculture* ne renferme pas en entier cette partie de la physique économique et appliquée, qui traite spécialement des soins et des produits des divers animaux utiles à l'agriculture. Il ne s'agit ici que des bêtes à quatre pieds, et encore de celles qu'on a pu rendre domestiques : c'est là ce que les Anciens appeloient *res pecuaria* ; mais cette partie même n'a pas encore été traitée d'une manière assez complète ; et d'ailleurs, pour former une zoologie rurale, il faut y ajouter ce qu'*Olivier de Serres* a eu soin de développer dans plusieurs autres Lieux, sur les oiseaux de basse-cour, sur les mouches à miel et sur les vers

vers à soie, sur la pêche, la chasse, les garennes, l'oisellerie, les animaux nuisibles, etc.

Pour le temps où il écrivoit, le livre d'*Olivier de Serres* contient, sur tous ces points, des notions satisfaisantes. Quoique l'histoire naturelle ait fait, depuis, de grands progrès, nous ne sommes guère en état d'ajouter à ces notions ce que nous sentons qui y manque. Nous n'avons pas été, pour le bétail en général, bien plus loin que les Anciens, chez qui l'agriculture avoit été d'abord subordonnée, en quelque sorte, à la vie pastorale. Les bergers et les pâtres furent long-temps distincts des laboureurs proprement dits. C'étoient, chez les Romains, des métiers séparés, des exploitations diverses : chez nous, on les a réunis, et c'est un grand pas qu'on a fait dans la pratique agraire ; mais quant à la science, elle a eu trop peu de secours, aucun Gouvernement ne s'en est assez occupé. On a fait des ménageries, pour le luxe et l'amusement ; on a construit des parcs, pour y avoir des bêtes fauves ; on a eu sur-tout des haras, qui ont beaucoup coûté, et dont on n'a ni les registres, ni aucun résultat positif et économique ; la dépense des chasses a absorbé des fonds immenses, du temps des seigneurs et des rois. Quel dommage qu'on n'ait pas eu l'idée de détourner, pour la zoologie rurale, une foible partie de ces vaines magnificences ! Louis XI, malade, ne sachant comment se distraire, fit venir en France des rennes ; Charles Ier., en Angleterre, abandonna, dit-on, les biches du parc de Windsor au médecin *Harvei*, pour deviner comme s'opère la production du fœtus ; il y a des chameaux dans le jardin d'Aranjuez, en Espagne, dans celui du Muséum d'Histoire naturelle, à Paris, etc. Mais ces faits sont tous isolés ; mais on n'a jamais eu l'idée de perfectionner et de croiser toutes les races ; mais l'on n'a vu encore aucun grand établissement destiné à bien éclaircir cette zoologie économique et agricole, à l'égard de laquelle il reste plus qu'on ne peut croire à désirer au-delà de tout ce qu'avoit entrevu et déjà demandé le chancelier *Bacon*, dans son *Nouvel Organe* et dans son *Atlantide*.

On n'attend pas, sans doute, que l'on veuille, dans une note, indiquer ce qu'il faudroit faire pour remplir un si grand objet : on se bornera

donc à l'examen de quelques-unes des principales questions qui s'offrent sur cette matière.

1°. Quelles espèces d'animaux pourroit-on ajouter à celles qui sont déjà d'usage dans notre économie rurale ?

2°. Que doit-on faire pour garder, répandre et perfectionner les bonnes espèces connues ?

3°. Quelles expériences doit-on faire, surtout, pour rendre plus économique l'entretien du bétail ?

4°. Des Écoles vétérinaires.

5°. De la Bibliographie zoologique.

§. I. *Des divers Animaux qu'on pourroit introduire dans notre Économie rurale.*

Je ne parle pas seulement des races plus parfaites que les races connues, mais des espèces mêmes qui ne sont pas encore ou rendues domestiques, ou importées dans notre Europe.

Tout-à-l'heure j'ai observé qu'il y a des chameaux à Aranjuez et à Paris, et il semble que l'on pourroit les introduire aussi dans les contrées du midi de la France. Cet animal est vigoureux et de peu de dépense ; mais il seroit peut-être moins utile à l'Europe que le vigogne du Pérou et la brebis du Cachemire.

Dans le premier volume des *Mémoires de l'Académie impériale des Sciences de Bruxelles*, on en trouve un sur le vigogne, par M. l'abbé de *Nélis*. En voici un petit extrait :

« Le vigogne, ou le paco, comme on appelle aux Indes cet animal, lorsqu'il est devenu domestique, est l'animal le plus utile du Nouveau-Monde. La longue et fine laine qui le couvre est une marchandise aussi précieuse que la soie. Cette laine est couleur de rose sèche, et cette couleur est si fixe, qu'elle ne s'altère point sous la main de l'ouvrier ; on en fait de très-beaux gants, de très-beaux bas, d'excellentes couvertures, des chapeaux et des tapis d'un grand prix. Les vigognes servent encore de bêtes de somme, et l'on en voit quelquefois au Pérou plusieurs milliers, qui transportent des marchandises ; enfin, cet animal, si utile à l'homme, ne lui coûte presque rien. La fourrure épaisse des vigognes leur tient lieu de bât ; le peu d'herbe que ces bêtes trouvent en marchant, suffit à les nourrir, et leur fournit une salive abondante et fraîche, qui les dispense même de boire. »

Tous ces avantages, et le grand profit sur-tout qu'on tire de leur laine, avoient engagé les Espagnols à tâcher de les naturaliser en Europe; mais l'auteur de l'*Histoire des Flibustiers* dit que ce climat se trouva si peu propre à ces animaux, qu'ils y moururent tous. S'ensuivroit-il de-là que tout climat, hors de l'Amérique, leur seroit également peu convenable? Les Espagnols le croyent; mais leur expérience peut n'avoir pas été bien faite, et leur opinion peut n'être qu'une erreur. Notre illustre *Buffon* étoit persuadé que les vigognes pourroient réussir aux pieds des Alpes et des Pyrénées; il croyoit même qu'ils réussiroient en Écosse et en Norwège. Le C. *Chabert*, directeur de l'École vétérinaire d'Alfort, m'a dit qu'on avoit eu long-temps à Alfort un vigogne, malheureusement seul de son sexe, et qui n'étoit mort que d'un accident. M. l'abbé *de Nélis*, qui ne pouvoit savoir ce fait, entreprend de prouver, d'après les indices les plus forts, d'après ce que nous savons des goûts et de la nature de cet animal, qu'il vivroit, produiroit et réussiroit parfaitement dans la partie la plus élevée du ci-devant duché de Luxembourg.

Les objections qu'on pourroit faire contre ce projet, on les a faites probablement, il y a deux mille ans, contre un animal aussi commun aujourd'hui qu'il est utile, contre l'âne; car il est sûr que l'âne, qui est originaire des pays chauds, ne se trouvoit, du temps d'*Aristote*, dans aucune partie des Gaules. Il n'y a pas si long-temps qu'il existe en Suède. Il en seroit de même des vigognes: on les trouve en grande quantité dans les terres Magellaniques, où le froid est plus considérable que dans beaucoup de nos Départemens du nord; d'ailleurs, ces bêtes s'accommodent mieux d'un climat froid que chaud, elles n'habitent jamais les terreins bas; elles craignent la pesanteur de l'air autant que la chaleur. Pour naturaliser le vigogne chez nous, il n'y auroit pas tant à faire que l'Angleterre n'a fait pour les brebis d'Espagne, et que l'Espagne elle-même n'avoit fait auparavant pour les moutons de Barbarie. Le vigogne n'est pas comme la brebis, qui ne sauroit vivre sans les soins et sans les secours de l'homme.

La plus grande difficulté seroit d'avoir un certain nombre de ces animaux, jeunes, sains, vigoureux, et en état de donner de la race; mais quand il est question d'objets d'une aussi grande conséquence, quand il ne s'agit de rien moins que d'ouvrir à nos agriculteurs une mine de richesses, nouvelle et aussi précieuse, est-il donc des obstacles qui doivent arrêter?

J'ai donné, il y a long-temps, le moyen infaillible de lever ces obstacles: que l'on eût proposé une prime éclatante, à ceux qui auroient importé en France les espèces d'animaux, ou de végétaux, dont l'acquisition paroissoit aussi importante; qu'on eût fait un sacrifice proportionné à l'objet, aux risques et aux frais, et l'on eût été sûr de l'obtenir en peu d'années; mais il falloit ici deux choses qui ont été long-temps, chez nous, aussi rares que les vigognes: 1°. un Gouvernement qui entendît les vrais intérêts du pays; 2°. que ce Gouvernement eût un esprit de suite. On trouve assez de gens qui ont d'excellentes intentions, des idées et du zèle; mais la constance manque; mais le théâtre et les acteurs changent à chaque scène: tout est mobile et fugitif. Le cardinal de Richelieu, qui connoissoit bien le terrein, disoit qu'il ne falloit jamais compter en France sur un projet qui exigeât seulement dix ans de tenue.

Il n'en faudroit pas tant, pour avoir des vigognes; car ils ne sont qu'en Amérique, et chez un peuple ami. On auroit un peu plus de peine à faire venir des Indes l'animal dont la laine fait les beaux schalls de Cachemire.

Le C. *Legoux de Flaix* a présenté à la Société d'agriculture du département de la Seine, un mémoire sur les acquisitions précieuses à faire dans les Indes Orientales. Il atteste qu'il a vu des béliers et brebis du Cachemire, dont la laine soyeuse avoit presque six décimètres (vingt-deux pouces) de longueur. Le C. *Cossigny*, notre collègue, avoit eu le même projet; mais il lui avoit donné beaucoup plus d'étendue; il offre, à ce sujet, des détails curieux, dans ses *Moyens d'améliorer les Colonies* (tome III, chapitre III). Dans la *Géographie moderne*, de M. *Pinkerton*, on dit que les schalls se fabriquent non avec de la laine, mais avec le poil d'une chèvre qui ne se trouve qu'au Thibet, et qu'on a essayé en vain de naturaliser au Bengale et en Angleterre. Cet animal, chèvre ou brebis, paroît ne point s'accommoder d'une température humide. Nous aurions un grand intérêt de savoir, sur ce point, à quoi nous en tenir.

Ce n'est pas seulement, non plus, en fait d'animaux quadrupèdes, qu'on peut augmenter nos ressources ; elles peuvent s'accroître dans toutes les divisions de la zoologie. Les poissons, par exemple, n'ont pas encore été assez étudiés, quant au moyen facile d'importer les bonnes espèces d'une rivière dans une autre, des lacs dans les étangs, de la mer même dans les fleuves. Il n'y a pas deux siècles que la carpe a été portée en Danemarck. Le digne successeur de l'immortel *Buffon*, l'éloquent *Lacépède*, a insisté, avec raison, sur la nécessité de ces colonies aquatiques. Comment se fait-il donc qu'on n'ait pas encore ajouté à la ménagerie de notre Muséum d'Histoire naturelle, des piscines immenses, pour essayer aussi ce genre d'amélioration, qui donneroit des résultats si neufs et si utiles ? Mais ces sortes d'expériences ne sauroient être faites avec mesquinerie ; on les manquera tout-à-fait, si on ne les fait pas en grand ; on travaille toujours sur une trop petite échelle. Les Nations modernes ne savent trouver de l'argent que quand il faut s'entre-détruire ; elles s'épuisent pour la guerre. Quant aux arts de la paix, s'ils obtiennent des sacrifices, les sacrifices sont si foibles, qu'on doit leur appliquer le fameux vers d'*Horace* :

Curta nescio quid semper abest rei.

§. II. *De l'Amélioration et de la Conservation des Espèces connues.*

Excepté les haras, dont on s'est un peu occupé dans l'ancien régime, on n'a rien fait de remarquable, pour relever en France les espèces dégénérées, pour répandre et pour conserver les meilleures espèces, pour assurer enfin la reproduction des animaux les plus utiles.

Je ne dirai rien des haras, sur lesquels nous avons un excellent précis, par notre collègue *Huzard* (*Instruction sur l'amélioration des Chevaux en France. An X, in-8°.*).

Je dois observer seulement ce qui est à ma connoissance : c'est que l'espèce des chevaux a été rabaissée exprès dans certaines provinces, par une cause qui accuse les malheurs de la guerre et les torts des Gouvernemens. Dans les temps de Louis XIV, la ci-devant Lorraine et tous les pays limitrophes furent continuellement vexés, soit pour les charrois militaires, soit par l'enlèvement forcé des chevaux des fermiers pour remonter les troupes ; comme on avoit fixé la taille des chevaux susceptibles d'être employés dans ce service, les habitans de la campagne préférèrent d'avoir des chevaux dégradés et d'une petite stature, afin qu'on ne fût pas tenté de les en dépouiller. Ce préjugé devint si fort, qu'on a fini par croire que les terres de ce pays ne pouvoient point être exploitées par de plus grands chevaux. Il n'est pas très-rare d'y voir huit à dix haridelles attelées à une charrue. Quand on a voulu introduire des étalons plus forts, les fermiers ont été long-temps avant de vouloir s'en servir.

Il seroit curieux de rechercher aussi les causes qui ont dégradé tout-à-fait les bêtes à laine en Sologne, et ailleurs, les bêtes à cornes. L'origine du mal une fois bien connue, il seroit plus facile d'y appliquer le vrai remède.

Avant la révolution, la reproduction des animaux utiles étoit, sinon livrée au hasard et à la routine, du moins abandonnée à un régime singulier, calculé tout exprès pour amener des résultats de plus en plus mauvais, et dans une progression véritablement effrayante. La perception de la dîme, au profit du clergé, étoit souvent grevée de l'obligation de ce qu'on appeloit fourniture des bêtes mâles. Ainsi c'étoit l'évêque, ou le curé du lieu, ou même des religieuses, qui devoient à chaque commune l'entretien d'un taureau banal, ou celui d'un bélier également banal. Il étoit assez singulier que cette espèce de service fût exclusivement imposée aux seigneurs ecclésiastiques. Ils chargeoient les fermiers des dîmes de remplir ce devoir ; les fermiers lésinoient sur l'espèce et la nourriture des mâles qu'ils devoient avoir, et ne faisoient jamais que ce qu'il falloit faire bien rigoureusement pour ne pas risquer un procès sur le choix et la qualité du bélier, du taureau banal, etc. Tant que les prêtres purent influer dans les tribunaux, ces sortes de procès leur furent toujours favorables; mais dans les derniers temps, on avoit commencé à sentir l'inconvénient de la mauvaise fourniture des bêtes mâles et banales, et quelques arrêts plus sévères avoient été rendus.

Le dernier intendant de Paris, ou de l'Isle-de-France, avoit distribué dans cette généralité plus de deux mille vaches, choisies et achetées fort cher; mais on n'avoit rien fait pour des taureaux ni des béliers, qui étoient bien plus nécessaires, non seulement près de Paris, mais dans presque toute la France. Cependant, on voyoit très-bien ce qui manquoit à cet égard.

On trouve, nommément dans le *Recueil de la Société d'agriculture de Rouen*, deux mémoires qui donnent de très-bons moyens de perfectionner et de conserver pures les espèces des bêtes les plus intéressantes. M. *de Limozy*, auteur de ces mémoires, proposoit d'établir dans chaque généralité des pépinières animales, à-peu-près dans le genre des pépinières végétales. Pour les bêtes à laine, il vouloit, dans toute la France, soixante pépinières, à cinquante-quatre bêtes chacune, pour premier fonds (tome II, page 122); il pourvoyoit aux frais, par l'établissement d'une tontine agricole, dont chaque action n'eût été que de cinquante livres. On peut voir les calculs, dans le recueil cité (page 130 et suivantes).

Le même auteur a publié un mémoire sur les bêtes à cornes, où il cherche les moyens de rendre en France les vaches d'un meilleur rapport qu'elles ne sont, ce qui est, selon lui, doubler la fortune du pauvre, puisqu'une vache est la dot ordinaire d'une fille de village, laquelle est alors réputée un meilleur parti, que si elle avoit son équivalent en argent. Ce mémoire, inséré dans le troisième volume (pages 165—224), mérite d'être lu. L'auteur établit que, si le reste de la France n'est pas plus favorisé à cet égard, que le pays de Caux et la plus grande partie de la ci-devant généralité de Rouen, on ne peut douter que la Nation n'ait eu autant de négligence dans la partie des bêtes à cornes, que dans celle des bêtes à laine. Sur vingt vaches cauchoises, souvent il s'en trouve quinze, mauvaises laitières. Les vaches réputées bonnes, ne donnent que cinq à six pots de lait par jour; mais beaucoup n'en donnent que deux: celles qui en donnent dix et douze, dans la belle saison, sont rares; mais cela prouve, du moins, qu'on pourroit rendre cette abondance plus générale, par une attention plus suivie. Parmi ces vaches, les unes sont bonnes laitières et mauvaises beurrières; en sorte que l'une donnera moins de beurre avec six pots de lait, qu'une autre avec quatre. Les races, au surplus, ne peuvent que dégénérer, par le préjugé des colons, de n'avoir que de petits taureaux, et de les faire servir trop jeunes.

Comment parvenir à l'amélioration générale des bêtes à cornes? En suivant le même système proposé par l'auteur, pour les bêtes à laine; en substituant à nos espèces médiocres les meilleures races étrangères, et en établissant aussi des pépinières de ces races supérieures. Une pépinière de bêtes à cornes pourroit suffire, à son avis, pour chaque ci-devant généralité. Un taureau et quatre vaches de chaque race étrangère auroient fourni le premier fonds de chaque pépinière. L'auteur se bornoit à quatre de ces races: celle de Jutland, celle d'Irlande, celle de Hollande, et la race flandrine. Il eût été bon aussi de tirer de la race de Podolie. Il supposoit trente pépinières de bêtes à cornes en France, à seize génisses et quatre taureaux chacune. Le capital étoit moins fort que celui qu'exigeoit l'établissement des soixante pépinières de bêtes à laine; les fonds pouvoient être fournis également par un emprunt en actions de tontine, et employés sous la direction des Sociétés d'agriculture, etc., etc.

Le recueil où ce mémoire a paru, n'a été imprimé qu'en 1787, quoique le mémoire fût beaucoup plus ancien. A l'époque de sa publication, d'autres idées occupoient le public et tourmentoient le Gouvernement; ces projets n'ont eu aucune exécution. J'ai vu, depuis, un moment où il auroit été possible de les reprendre sous une autre forme; des capitalistes étrangers se chargeoient des avances. Les secousses politiques les ont éloignés. Je consigne ici ces vues, ce sont des germes qui ne sauroient manquer de fructifier. L'idée de faire des pépinières pour les bonnes espèces d'animaux, comme on en a établi pour les arbres, pour les mûriers, etc., cette idée est heureuse, et je ne doute pas qu'elle ne réussisse un jour; elle pourroit devenir lucrative pour ceux qui l'exécuteroient: elle seroit en même temps très-avantageuse à l'État.

§. III. *Des Perfectionnemens dont pourroit être susceptible l'Entretien du Bétail.*

Je n'écris pas pour la routine: ceux qui ne trouvent rien de mieux que ce qu'ont fait leurs pères, sont les maîtres de conserver leur superstition; mais quand, de tous côtés, la physique et l'expérience font faire à toutes les sciences des progrès si sensibles et des pas si rapides, la seule économie rurale voudroit-elle rester esclave des vieilles habitudes? la seule agriculture demeurera-t-elle en arrière? La viande devient chère; le beurre est, tous les jours, plus rare: on s'en est aperçu même dans le sein de la Suisse. La Société économique de Berne a été obligée de proposer un prix sur les causes de cette rareté du beurre, et sur les moyens d'y remédier. Tout nous engage à rechercher les perfectionnemens dont seroit susceptible l'entretien du bétail.

Le champ seroit trop vaste, si l'on vouloit donner l'idée des améliorations que les peuples du Nord introduisent, depuis un siècle, dans cette partie importante. On ne dira qu'un mot sur les diverses tentatives qu'on a faites dans l'étranger, et qui n'ont pas encore été suffisamment connues ni répétées en France.

En Suède, on a proposé un moyen singulier de nourrir les chevaux, à beaucoup moins de frais: on leur a fait du pain d'avoine. Voici, à cet égard, ce qu'on trouve dans les *Mémoires de l'Académie de Stockholm:*

«Un cheval consomme ordinairement trois mesures d'avoine par jour, et six tonnes et vingt-quatre kanes, en deux cent quarante jours; ce qui fait, à seize écus la tonne, cent deux écus quinze oër et demi, monnoie de cuivre. (La tunna ou tonne, en Suède, est une mesure de sept mille trois cent quatre-vingt-six pouces cubes, qui équivaut, à-peu-près, à un hectolitre et demi, ou quatorze décalitres, six litres et demi, suivant la *Mé-*

trologie universelle de M. *Fiornerod*, qui se trouve placée à la fin du neuvième volume de la *Géographie mathématique*, etc., par *Mentelle et Brun.* A Paris, an XII, 1804.)

»Avec une tonne d'avoine égrugée, on peut faire quatre cent quatre-vingt pains. Si on en donne au cheval deux par jour, il est aussi bien nourri pendant deux cent quarante jours, qu'il l'eût été avec six tonnes et vingt-quatre kanes d'avoine.

»La tonne de seigle égrugé coûte vingt-deux écus; celle d'avoine, seize; les frais de cuisson, neuf écus; ainsi l'on épargne, en deux cent quarante jours, cinquante-cinq écus et demi, au moins. Les frais sont portés ici plus haut qu'il ne faut, et le nombre des pains a été diminué; on peut en faire deux cent cinquante. En adoptant ce calcul modéré, on économise, par an, quatre-vingt-quatre écus douze oër un quart.

»Il faut saler la pâte un peu plus qu'à l'ordinaire, les chevaux boivent davantage et se portent mieux; mais on doit laisser moins aigrir la pâte, de crainte qu'elle n'agace les dents de l'animal. Un peu de petite eau-de-vie, mêlée à la pâte, rend le pain meilleur et plus nourrissant.

»Lorsque le pain est sec, on peut le briser, y mêler de la paille hachée, dans la même proportion qu'on la mêle avec l'avoine, ce qui épargne encore le foin. Deux pains pèsent moins que trois mesures d'avoine en grain; on pourroit donc croire que celles-ci donnent au cheval plus de nourriture; mais il faut observer que la farine de seigle est plus nourrissante que celle d'avoine, et comme il n'est pas bon de nourrir trop les chevaux, deux pains suffisent par jour.

»Il est plus aisé de préserver le pain que l'avoine, des insectes, des rats, et de l'infidélité des palefreniers; on peut y mettre un peu de lie, pour que le goût en soit désagréable aux hommes, ou du marc de graine de lin, après qu'on en a tiré l'huile.

»Les chevaux avalent en entier une portion de leur avoine, et la rendent de même; ainsi, l'avoine égrugée doit les nourrir davantage. On a éprouvé que les pains qui en sont préparés, rendent le poil du cheval court et brillant. Ce pain dur lui nettoye la bouche ; de sorte que l'opération annuelle qu'on lui fait, à cet égard, n'est pas nécessaire. Quelques personnes ont craint que le seigle n'échauffât l'animal ; cet inconvénient n'est point à craindre, lorsqu'on joint l'avoine au seigle : des expériences réitérées l'ont prouvé. » (*Collection académique*, partie étrangère, tome XI, page 400.)

La Société patriotique de Stockholm, frappée de ces expériences, avoit proposé, en 1775, cette question : Jusqu'à quel point la culture des prairies est-elle nécessaire ? et ne seroit-il pas avantageux de nourrir les bestiaux avec des grains ? Ce paradoxe étoit aussi appuyé sur l'exemple de la Chine, qui n'a point de prairies. Mais nous sommes trop peu au fait de l'agriculture chinoise, pour nous faire des idées nettes de son système à cet égard ; et le programme de Stockholm paroît n'avoir pas eu de suite.

J'avois moi-même commencé des essais de ce genre, pour nourrir des chevaux et plusieurs autres animaux, non pas de pain précisément, mais de farineux fermentés. Ne pouvant, par malheur, être toujours à la campagne, ni suivre ces essais moi-même, j'ai été rebuté par l'indocilité et par la négligence des préposés auxquels j'avois dû livrer mes idées. Je ne puis donc offrir aucun résultat positif, d'autant qu'il faudroit une suite d'expériences comparées et très-long-temps continuées, ce qui devient coûteux pour un simple particulier ; mais il est bien à désirer que l'on constate, en grand, cette méthode économique ; elle seroit utile, et dans l'agriculture, et pour les bestiaux qu'on est dans le cas d'embarquer, et pour le service public, pour les chevaux de nos armées, etc., etc.; elle seroit intéressante pour plusieurs sortes de bétail, et faciliteroit sur-tout ce qui paroît un si grand point aux yeux des meilleurs économes de la Suisse et de l'Allemagne ; je veux parler de l'entretien du bétail à l'étable ou dans la basse-cour.

Les premières idées de ce dernier système nous ont été transmises par M. *Tschiffeli*, dans le recueil des *Mémoires de la Société économique de Berne*, d'où ses lettres sur ce sujet ont passé, par extrait, dans le *Cours d'Agri-*

culture, de *Rozier*. On trouve aussi dans le recueil des *Instructions et Observations sur les Maladies des Animaux*, par les CC. *Gilbert*, *Flandrin* et *Huzard* (an II, troisième partie, in-8°.), la traduction d'un mémoire latin, de M. *Bruhm*, docteur en médecine, secrétaire de la Société économique de Leipsic, intitulé : *De la Nourriture des Bestiaux à l'étable*.

On a beaucoup écrit, en Allemagne, pour et contre cette méthode de la nourriture à l'étable, ou plutôt dans les cours de ferme, lesquelles sont plus spacieuses et disposées tout autrement qu'elles ne le sont, pour l'ordinaire, dans nos fermes françoises. Beaucoup d'agronomes illustres se sont déclarés hautement en faveur de cette pratique. J'en indiquerai quelques-uns.

La Société d'agriculture et des arts utiles, établie à Clagenfurt, en Styrie, proposa, pour le prix de 1769, la question suivante : Est-il plus avantageux de nourrir les bêtes à cornes dans les étables, que de les faire pâturer, soit à cause du fumier, soit par rapport à l'utilité directe que l'on tire des bestiaux ? Le prix, fondé par l'impératrice-reine Marie-Thérèse, consistoit en une médaille d'or de trente-six ducats.

Après avoir fait examiner par des Commissaires les différens mémoires qui furent envoyés sur cette question, la Société impériale et royale de Clagenfurt adjugea le prix à un mémoire allemand, qui avoit pour devise ces vers des Géorgiques :

Te quoque, magna Pales, et te memorande canemus Pastor ab Amphryso!

Le mémoire insistoit sur l'affirmative de la question. L'auteur étoit M. *J. Frédéric Mayer*, pasteur à Kupferzell, dans la principauté d'Hohenlohe-Schillingfurt, le même à qui l'on doit la découverte de l'engrais du plâtre sur les trèfles.

La Société adjugea l'accessit au mémoire françois, dont la devise étoit : *Experto crede Roberto*. Ce dernier mémoire, qui tenoit également pour l'affirmative, étoit de la composition de M. *Pierre Vollond*, habitant de Paris. (*Gazette d'Agriculture*, du 16 Décembre 1769, N°. 100.)

Dans les *Notices économiques de Silésie*,

pour l'année 1773, on trouve un article sur la nourriture des bêtes à laine dans les étables, introduite en Angleterre et de-là en Silésie, qui est, de toutes les provinces d'Allemagne, celle où l'on nourrit le plus de moutons, et où l'on a la meilleure laine.

Dans les remarques de la Société physico-économique du Palatinat, pour 1772, on voit un mémoire du savant M. *Médicus*, sur la nourriture des bestiaux dans les étables. L'auteur rapporte que, de soixante-douze villages du Palatinat, où, pendant toute l'année, on garde les bêtes à cornes dans les étables, soixante-cinq ont été, en 1772, entièrement exempts de la maladie épizootique, et que le reste n'en a essuyé que de légères atteintes ; que, de soixante-quatre autres villages, où l'on envoie le bétail aux pâturages, seulement en automne, cinq ont été ravagés, et huit médiocrement maltraités par l'épizootie.

Un autre auteur y examine les diverses espèces de préjudice que causent au bailliage supérieur de Lautern les pâturages communs pour les bêtes à cornes ; il considère ces pâturages comme la vraie cause de l'extrême médiocrité des récoltes, parce que les bestiaux répandent dans les champs les premières matières du fumier, et que l'agriculteur est ainsi hors d'état d'engraisser ses terres, etc. L'auteur cite le pays d'Hohenlohe, où, depuis cinquante ans que les habitans nourrissent chez eux leur bétail, il n'y a point eu d'épizootie.

Dans ses *Élémens d'Agriculture*, le célèbre *Beckmann* rapporte aussi un exemple remarquable de l'avantage de la nourriture à l'étable, quant au produit en lait, sur la nourriture que prennent les bestiaux dans les pâturages : Les fermiers qui se sont établis dans le bailliage de Lilienthal, duché de Bremen, sur un ancien marais qu'ils ont défriché, sont forcés de nourrir leurs bestiaux à l'étable, n'ayant point de pâturage à leur disposition. Les colons qui se sont établis près de ceux-ci, dans les bailliages d'Osterholz et d'Ottersberg, ont des pâturages ; mais huit vaches de ces derniers ne donnent pas autant de lait que trois vaches des premiers.

Un mémoire de M. *Riem*, sur la meilleure manière de nourrir les bestiaux à l'étable, a été couronné à Berlin ; il se trouve à la fin de l'*Encyclopédie économique*, du même auteur, en allemand (Leipsic, 1792, in-8e.).

J'ai ramassé, à ce sujet, grand nombre de matériaux ; je me suis attaché à cette question, parce que je regarde cette nourriture à l'étable, ou plutôt dans des basses-cours disposées avec soin, comme un des principaux moyens auxquels doit recourir celui qui ne peut exploiter qu'un domaine borné. Un fermier qui n'auroit que six à huit arpens de terre, pourroit, avec cette méthode, entretenir jusqu'à dix vaches. Le défaut de litière n'est pas même un obstacle : on sait comment les Hollandois savent y suppléer. Voici ce qu'en a dit un voyageur françois :

« Aux environs de Leyde, on s'attache surtout à la nourriture des vaches de la plus forte espèce, et l'on en prend un soin extrême. On ne leur donne point de litière : on se contente de pratiquer une rigole de pierre ou de brique, disposée de manière que les excrémens puissent y tomber, lorsque la vache est attachée à la mangeoire ; on a soin de les enlever souvent et de les mêler avec les ordures que l'on balaye devant les maisons, ce qui fait un excellent engrais. Cette manière d'économiser la paille, dans un pays où il n'y a presque point de terres labourables, est un objet de la plus grande importance. Les Hollandois étrillent et nettoyent leurs vaches de préférence à leurs chevaux ; ils croyent que cette propreté contribue sur-tout à leur faire rendre beaucoup de lait, etc. »

Mais ce que j'ai recueilli sur un sujet si étendu, alongeroit trop cette note, et ce pourra être l'objet d'un ouvrage particulier.

§. IV. *Des Écoles Vétérinaires.*

On appelle vétérinaires, les médecins des animaux. Les chevaux, les jumens, les mulets et les bœufs avoient reçu, chez les Latins, l'épithète *veterinus*, ou *vehcterinus*, ou bien *veterinus* ; c'est-à-dire, propre aux transports, *ad vecturam idoneus*. Les Anciens avoient appelé les vétérinaires, les mulo-médecins (médecins des mulets), ou bien les hippiatres (en grec, médecins des chevaux). Mais *Végèce* a fait prévaloir le titre d'art vétérinaire ; il dit, dans sa préface : « Comme les animaux viennent après les hommes, de même l'art vétérinaire obtient le pas immédiat après la médecine : *Sicut animalia post hominem, itâ ars veterinaria post medicinam secunda est.* »

J'ai beaucoup de plaisir à dire que l'on doit aux François, parmi tous les peuples modernes, l'institution importante des Écoles où l'on enseigne cette seconde médecine. Rendons hommage, sur ce point, au zèle infatigable du savant *Bourgelat*, et au patriotisme du ministre Bertin, dont se moquoient pourtant les courtisans de Louis XV, qui nommoient, par dérision, ce grand département de l'agriculture françoise, le petit ministère. Ils en plaisantèrent si bien, que le petit ministre fut supprimé en peu de temps; mais il avoit créé deux établissemens qui porteront son nom à la postérité : 1°. les Sociétés d'agriculture, 2°. les Écoles vétérinaires. Rappelons, sur ce dernier point, des faits qu'on ne sait pas assez, et des vues qu'il est utile de consacrer dans un ouvrage de l'espèce de celui-ci. Notre *Olivier* auroit joui, s'il eût pu citer, de son temps, de pareils établissemens.

Le 5 Août 1761, un arrêt du Conseil permit à *Bourgelat* d'établir dans la ville de Lyon, une École, qui devoit avoir pour objet la connoissance et le traitement des maladies des bœufs, chevaux, mulets, moutons, porcs, chiens, etc.

Bourgelat publia bientôt son prospectus, qui fut accueilli du public, et loué dans tous les journaux.

Cette entreprise si utile ne fut pas ruineuse pour le Gouvernement. Louis XV accorda cinquante mille livres, payables en six ans, à raison de huit mille trois cent trente-trois livres six sous huit deniers chaque année, pour subvenir aux dépenses de la location d'une maison, d'une pharmacie, d'un laboratoire, et d'un jardin de plantes, de la construction de plusieurs forges, de l'achat des ustensiles et des instrumens qui en dépendent, des arrangemens des écuries propres à servir d'hôpitaux, des salles d'étude, de dissections, de démonstrations, etc.

L'ouverture du premier cours se fit le 1er. Janvier 1762. C'est une époque qu'on devroit célébrer annuellement dans les Écoles actuelles.

Bientôt celle de Lyon fut peuplée d'un nombre considérable de nationaux et d'étrangers, parmi lesquels on en comptoit trois, entretenus par S. M. le roi de Danemarck, trois par S. M. Suédoise, trois par l'impératrice-reine, trois par S. M. Prussienne (*Frédéric-le-Grand*), et dix par les Cantons Suisses.

Le 31 Juin 1764, Louis XV permit à cette École de prendre le titre d'*École royale*. Cette faveur, assurément, n'étoit pas à charge aux finances.

Le 7 Décembre 1765, le ci-devant château d'Alfort, à Charenton, près de Paris, fut acheté pour trente mille livres comptant, et deux mille livres de rente foncière, afin d'y former un second établissement du même genre. *Bourgelat* ne perdit point de temps pour y créer des salles d'étude, laboratoires, forges, jardins, ménagerie, etc.

Dès le 11 Août 1765, un arrêt du Conseil avoit statué que les élèves qui auroient fait pendant quatre ans leurs cours d'études dans les Écoles vétérinaires, recevroient un brevet de privilégiés en l'art vétérinaire, etc.

Les cultivateurs ne furent pas les seuls qui profitèrent de cet Établissement; les corps de cavalerie participèrent à ses avantages. En 1769, chaque régiment détacha un sujet, pour y être instruit.

Des règlemens furent successivement arrêtés, pour fixer l'instruction et la discipline de ces Écoles. Il ne faut pas croire que ces règlemens aient été sur-le-champ combinés, exécutés et mis en ordre. Les épreuves réitérées, les circonstances, l'étude des abus, la recherche des divers moyens d'y parer, une attention constante à ce qui n'étoit pas bien et à ce qui pouvoit être mieux, en ont dicté et amélioré les dispositions. (Voyez 1°. la *Notice sur l'établissement des Écoles vétérinaires*, insérée dans le *Journal d'Agriculture, Commerce, Arts et Finances*, du mois de Novembre 1778; 2°. l'*Extrait d'une Lettre de M.* de la Tourette, *secrétaire de la Société d'agriculture de Lyon, à M.* Bertrand, *secrétaire de la Société économique de Berne*, du 6 Mai 1763, dans les *Mémoires et Observations recueillies par la Société économique de Berne*, année 1763, quatrième partie; 3°. les *Considérations sur la nécessité d'une École vétérinaire, avec des*

projets

projets sur la manière de l'établir, par M. Co-thenias, dans les *Mémoires de l'Académie de Berlin*, 1768.)

Le savant *Claude Bourgelat*, directeur et inspecteur-général de ces Écoles vétérinaires, qui lui devoient leur institution, mourut le 3 Janvier 1779. Peu d'hommes ont aussi bien mé-rité de la Patrie, et par ce qu'il a fait, et par les dignes successeurs qu'il s'étoit préparés. Nous regrettons encore la mort prématurée des *Flandrin*, des *Gilbert*. Nous désirons de conser-ver long-temps les *Chabert*, les *Huzard*, etc.

La révolution, qui s'environnoit de ruines, a respecté l'utilité des Écoles vétérinaires. Quoi-qu'on les appelât royales, on a senti qu'elles étoient encore plus nationales.

L'auteur de cette note se ressouvient avec plaisir d'avoir eu une occasion d'encourager pu-bliquement les élèves de ces Écoles. Tous les ans on décerne des prix à ces élèves. Le 10 Germi-nal an VII, il se rendit à Alfort, pour distri-buer ces prix. C'étoit la première fois qu'un ministre alloit présider cette cérémonie. Il y annonça le dessein de lier le sort des élèves, même après leur sortie des Écoles, avec deux grands objets qui l'occupoient sans cesse, l'in-térêt de l'agriculture et l'instruction des cam-pagnes. (Voyez, dans le *Recueil des Actes pu-blics du ministère de N. François (de Neuf-château)*, le discours prononcé par le Ministre de l'Intérieur, à l'École vétérinaire d'Alfort, après la distribution des prix, etc., tome II, in-4°., page 312.) La même vue devoit s'ap-pliquer aux élèves de l'École des mines, pour la partie des minéraux; aux élèves en médecine, chirurgie, pharmacie, pour la partie des végé-taux; aux différens ingénieurs, pour les plan-tations, etc. Alors il y auroit eu en France un concert général entre toutes les classes des hommes instruits, par état, en faveur de l'a-griculture.

Mais, pour parvenir à ce but, les Écoles vété-rinaires et les autres écoles auroient en besoin de secours et de règles particulières, dont l'in-dication est étrangère à notre objet. Nous n'en-trerons pas non plus dans la discussion des ré-glemens et du régime des Écoles vétérinaires; leur histoire mérite d'être traitée à part. En in-diquant ici la date de l'institution, nous avons acquitté la dette de la gratitude publique envers les fondateurs. Heureux ceux que leur influence ou leurs places appellent à l'honneur de rendre complet ce grand bienfait national ! La France en donna le modèle; puisse-t-elle mettre sa gloire, et à le soutenir et à le perfectionner !

Elle y a un vif intérêt. Ce qui manque le plus à son agriculture, conséquemment à sa richesse, et même à ses premiers besoins, ce sont les ma-tières premières provenant du règne animal. Le nombre de ses bestiaux est trop petit pour ses cultures; leur choix n'est pas assez soigné, leur commerce n'est pas réglé par des lois conve-nables; leur conservation n'est pas ce qu'elle devroit être. Les artistes vétérinaires peuvent, à cet égard, répandre dans la République l'es-prit et les lumières d'un régime amélioré. On a pris goût, par-tout, à avoir des moutons d'Es-pagne. Leur introduction et leur vogue sont très-heureuses; mais il faut savoir les soigner : et c'est à l'art vétérinaire d'éclairer et de diriger, sur ce point, nos agriculteurs.

En dernier lieu, les CC. *Chabert* et *Fromage*, directeur et professeur de l'École d'Alfort, ont donné un bon ouvrage sur les lois relatives à la garantie des animaux. C'est un point de jurisprudence qui étoit fort peu éclairci; mais il ne pouvoit l'être que par de bons vétérinaires.

§. V. *De la Bibliographie Zoologique.*

La *Bibliothèque des écrits sur l'Histoire Na-turelle et l'Économie*, par *D. G. R. Boëhmer*, publiée en 1786, donne, en deux gros volumes in-8°., les titres des ouvrages zoologiques; c'est un vaste chaos où les auteurs sont entassés. A ne considérer, dans le règne animal, que les usages purement relatifs à l'agriculture, il se-roit bon d'avoir un extrait raisonné de tous les zoologues, pris sous ce point de vue; mais ce canevas est immense : ce n'est pas l'objet d'une note, ce seroit celui d'un bon livre, ou de plu-sieurs bons livres.

Par exemple, notre collègue, le C. *Huzard*, va publier une bibliographie françoise des écrits qui concernent les abeilles, dans le tome V des *Mémoires de la Société d'Agriculture du dé-partement de la Seine*; on sera étonné de l'im-

mensité des recherches et de la quantité de livres
qui existent sur un sujet dont *Virgile* avoit
pourtant dit qu'il s'agissoit de peu de chose :

In tenui labor.

Je me proposerois de donner aussi un sommaire des ouvrages qui ont paru sur les bêtes à laine, dont une longue liste a déjà été publiée par notre collègue *Huzard*, à la suite de l'ouvrage de *Flandrin*, sur cette matière ; mais je voudrois y joindre quelques expériences neuves, qui, malheureusement, ne sont pas encore complètes. En fait d'agriculture, comme en beaucoup d'autres matières, souvent on compose des livres en compilant des livres sans critique et sans goût. Cela est aisé pour l'auteur, et pénible pour le lecteur. M. l'abbé *Carlier*, appuyé sur trois cent mémoires relatifs aux bêtes à laine, que le respectable *Turgot* lui avoit fait remettre, en tira, sans aucune peine, deux forts volumes in-4°, où il dit le pour et le contre, suivant que ses mémoires se détruisoient les uns les autres. Aussi, ses deux gros tomes n'ont pu servir à rien. On pourroit être utile, en resserrant cette matière, et en y ajoutant des observations pratiques.

Si j'avois le loisir d'achever ce travail, je prendrois pour mon épigraphe, des vers d'*Owen*, qui me paroissent dignes d'être connus des amis de l'agriculture. Ils renferment un si grand sens, et ils peignent si bien le profit des bêtes à laine, que l'on ne sauroit, ce me semble, mieux finir le premier volume du *Théâtre d'Agriculture*, que par cette citation d'un poëte qui florissoit dans le temps d'*Olivier de Serres* :

LA BREBIS.

Que peut-on désirer d'agréable ou d'utile !
Chair exquise ! agneaux gras ! lait pur ! fine toison !
Dez ! corde ! parchemin ! sur-tout, fumier fertile !...
Qu'on soigne la brebis ! on a tout à foison.

Ces quatre vers ne rendent pas la précision du latin ; on n'a exprimé que le sens. Pour dédommager le lecteur, voici le texte même :

Seu caro, seu corium, fœtus, fimus, alea, chorda,
Lana-ve, lac-ve dees ! Omnia præstat ovis.

(J. OWEN, Epigr., lib. II, ep. 193.)

On recommande ces deux vers aux agronomes qui voudront décorer d'une inscription la porte de leurs bergeries ; et s'ils n'en sont pas mécontens, on pourra leur en offrir d'autres pour toutes les parties de leurs logis champêtres. La poésie a commencé par chanter la campagne ; elle revient à son principe, en retournant à ses moutons. (*F. D. N.*)

FIN DU QUATRIESME LIEU.

TABLE DES MATIÈRES

CONTENUES DANS CE PREMIER VOLUME.

Fin de la Table et du premier Volume.

FAUTES A CORRIGER
DANS CE PREMIER VOLUME.

Pag. lxxxiv, lig. 12 et 13, au lieu de les, lisez des.

Pag. lxxxvij, lig. pénult., effacez Arthur.

Pag. lxxxviij, lig. 1, après Colloredo, ajoutez archevêque de Salzbourg.

Pag. xcij, lig. 4, après les mots ce Frédéric à qui, ajoutez sur plusieurs articles.

Pag. xcv, lig. 21, et dans les pages suivantes, effacez M. devant les noms propres.

Pag. clj, lig. 14, l'effacez de cadra.

Ibid., lig. 15, condamna, lisez condamne.

Pag. cxlij, lig. 5, Sarniki, lisez Sarnicki.

Ibid., lig. 11, Rzoczynski, lisez Rzaczynski.

Ibid., lig. 31, Kosciusko, lisez Kosciuszko.

Pag. cix, Note (1), Obstgarteinbüchlein, lisez Obstgarteinbüchlein.

Ibid., Note (10), lig. 1, des, lisez dec.

Pag. cxlij, lig. 30, Amalk, lisez Amak.

Pag. cxviij, lig. 27, Walker, lisez Walther.

Pag. cxix, lig. 5, Austin, lisez Austen.

Ibid., Note (4), lig. 1, Schewing, lisez Shewing.

Pag. cxxj, Note (9), lig. 3 et 4, of the prize Cattle, lisez of the prize of Cattle.

Pag. cxxv, lig. 1 et 2, Moeuwis Pakker, lisez Moeuwis-Bakker.

Pag. cxlj, Note (1), lig. 39, Saint-Vincent-Perrier, lisez saint Vincent-Ferrier.

Pag. clxv, lig. 11, que la France, lisez que la nôtre.

Pag. 21, col. II, lig. 36, qui qui lui défaut, lisez qui lui défaut.

Pag. 44, col. II, lig. 12, s'arrestent, lisez s'arreste.

Pag. 59, col. II, lig. 14, pour qu'une société de gens de lettres s'établir, lisez s'établît.

Ibid., lig. 18, voulurent que cette matière fut traitée, lisez voulurent que cette matière fût traitée.

Pag. 69, col. I, dans le 24e. vers, internicet, lisez inter nicet. Il ne faut pas de blanc entre ce vers et le suivant.

Ibid. col. II, vers 11, graveque, lisez gravesque.

Pag. 70, col. I, vers 10, tes troupeaux et tes chants, lisez tes troupeaux et tes champs.

Ibid., vers 15, placez la virgule après le mot rustique, et ôtez celle qui est à la fin du vers.

Pag. 89, col. II, lig. 19, exhorbitant, lisez exorbitant.

Pag. 155, col. I, lig. 14 et 15, importénament, lisez importunément.

Pag. 170, col. II, lig. 3, Leontium, lisez Leontinm.

Ibid., lig. 14, la Lybie, lisez la Libye.

Pag. 173, col. II, lig. 9 et 10, les variétés se sont extrêmement multipliés, lisez les variétés se sont extrêmement multipliées.

Pag. 175, col. II, lig. 35, Smirne, lisez Smyrne.

Ibid. lig. 47, article froment, lisez article froment.

Pag. 185, Tableau intitulé CULTURE FLAMANDE, col. IV, lig. 3, 1.13 verger enherbé, lisez » 13 verger enherbé.

Ibid., col. IV, lig. 13, 1.8 hyvernage, effacez le 8.

Pag. 186, col. I, lig. 23, (cinq kilogrammes), lisez (cinq kilomètres).

Pag. 195, col. I, lig. 13, par l'appas, lisez par l'appât.

Pag. 194, col. I, lig. 21, deux cent cinquante hectares, lisez cent cinquante hectares.

Ibid., lig. 23, onze fois et plus, lisez six fois et plus.

Pag. 200, col. I, lig. 9, 62 liv., lisez 720 liv.

Ibid., lig. 13, 156, lisez 156.

Ibid., lig. 18, 286 liv., lisez 936 liv.

Ibid., col. II, lig. 31, 10,215 liv., lisez 10,666 liv.

Pag. 201, col. I, lig. 27, (vingt-trois myriagrammes environ), lisez (cinq myriagrammes six hectogrammes).

Ibid., lig. 39, (vingt-quatre myriagrammes), lisez (six myriagrammes).

Pag. 202, col. II, lig. 11, 9,316 liv., lisez 10,666 liv.

Pag. 208, col. II, lig. 15 et 16, Clanozène, lisez Clazomène.

Pag. 246, col. II, lig. 25 et 26, quel qu'ils soit, lisez quel qu'il soit.

Pag. 256, col. II, lig. 35, le greffe l'a inséré, lisez le greffe li inséré.

Pag. 259, col. II, lig. 9, parles vins, lisez par les vins.

Pag. 274, col. II, lig. 4, consument, lisez consumment.

Pag. 329, col. I, lig. 4, clauses, lisez closes.

Pag. 336, col. I, lig. 18, peut-être, lisez peut être.

Feuille B b b, folio 375, lisez 377, et change ainsi de deux folios, jusqu'à la page 384, feuille C c c.

Pag. 473, col. II, lig. 21, d'Acilly, lisez d'Acilly.

Pag. 581, col. II, ligne 1, (59), lisez (56).

Pag. 665, col. I, lig. 35, unfruchtbar, lisez anfruchtbar.